Lehrbuch

der

Unfallbegutachtung der inneren und Nervenkrankheiten

für

Studierende und Ärzte

von

Prof. Dr. R. Finkelnburg
Dozent für innere Medizin und Versicherungsmedizin in Bonn

Bonn 1920
A. Marcus & E. Webers Verlag

Spamersche Buchdruckerei in Leipzig

Seinem hochverehrten Lehrer

Friedrich Schultze

in Dankbarkeit zugeeignet

Vorwort.

Das vorliegende Lehrbuch bildet die Frucht einer 20jährigen Gutachtertätigkeit, die an der Bonner Medizinischen Klinik unter der kritischen Schulung von Friedrich Schultze begonnen und später in selbständigem Wirkungskreis fortgesetzt wurde. Wenn ich mich trotz der vorhandenen trefflichen Werke über Unfallmedizin zur Herausgabe des Buches entschlossen habe, so waren hierfür nicht nur wissenschaftliche Gesichtspunkte, sondern auch praktische Erfahrungen bestimmend, die ich als Obergutachter bei der Durchsicht der ärztlichen Gutachten und im Umgang mit Studierenden und Ärzten in meinen Vorlesungen über Unfallbegutachtung der inneren und Nervenkrankheiten gesammelt habe. Was dem Studierenden und Begutachter not tut, das ist eine möglichst scharfe Formulierung aller für die Beurteilung eines Unfallzusammenhangs erforderlichen Bedingungen und Grundsätze, soweit sie auf gesicherter wissenschaftlicher Grundlage zur Zeit aufgestellt werden können. Ich habe deshalb in dem vorliegenden Lehrbuch versucht, jedem einzelnen Kapitel die für die Anerkennung oder Ablehnung eines Unfallzusammenhangs maßgebenden Gesichtspunkte in möglichst kurzen Leitsätzen zusammenfassend anzugliedern. Dies wird dem angehenden Gutachter die Beurteilung der Zusammenhangsfrage bei den verschiedenen Krankheitsfällen und die Abfassung des Gutachtens erleichtern. Er wird dadurch weniger leicht in den Fehler verfallen, dem eigenen subjektiven Ermessen einen allzu weiten Spielraum zu gewähren und irrtümlich einen Zusammenhang anzuerkennen, wodurch bei dem Unfallverletzten eine unberechtige Erwartung auf Rente erweckt und der Entstehung von Rentensucht mit oft langjährigem Rentenkampf Vorschub geleistet wird.

So hoffe ich denn, daß das Buch eine vorhandene Lücke ausfüllen und dem Studierenden und Praktiker als Wegweiser dienen wird zur Einarbeitung in das Spezialgebiet der Unfallerkrankungen und der Unfallbegutachtung. Aber auch dem bereits erfahrenen Begutachter wird es nicht unlieb sein, sich in strittigen und schwierigen Fällen über die Grundsätze und die Auffassung orientieren zu können, die seit Jahren von den Bonner Klinikern in Obergutachten niedergelegt und durch Entscheidungen der Oberversicherungsämter und des Reichsversicherungsamts als maßgebend anerkannt sind.

Bonn, Juni 1920.

R. Finkelnburg.

Inhaltsverzeichnis.

Allgemeiner Teil.

Spezieller Teil.

Erstes Kapitel.

Verletzungen und Erkrankungen der Lungen, der Luftröhren und des Brustfells.

Zweites Kapitel.

Verletzungen und Erkrankungen des Herzens und des Herzbeutels.

Drittes Kapitel.

Verletzungen und Erkrankungen der Gefäße.

Viertes Kapitel.

Verletzungen und Erkrankungen der Speiseröhre.

Fünftes Kapitel.

Verletzungen und Erkrankungen des Magens.

Sechstes Kapitel.

Verletzungen und Erkrankungen des Darms.

Siebentes Kapitel.

Verletzungen und Erkrankungen der Leber und der Gallenwege.

Achtes Kapitel.

Verletzungen und Erkrankungen der Milz.

Neuntes Kapitel.

Verletzungen und Erkrankungen des Pankreas.

Zehntes Kapitel.

Verletzungen und Erkrankungen des Peritoneums.

Elftes Kapitel.

Verletzungen und Erkrankungen der Nieren und der Blase.

Zwölftes Kapitel.

Bluterkrankungen.

Dreizehntes Kapitel.

Stoffwechselkrankheiten.

Vierzehntes Kapitel.

Erkrankungen der Drüsen mit innerer Sekretion.

Fünfzehntes Kapitel.

Wundinfektionskrankheiten und akute Infektionskrankheiten.

Sechzehntes Kapitel.

Tierische Infektionskrankheiten.

Siebzehntes Kapitel.

Vergiftungen.

Achtzehntes Kapitel.

Verletzungen und Erkrankungen durch elektrische Unfälle.

Neunzehntes Kapitel.

Erkrankung durch Sonnenstich und Hitzschlag.

Zwanzigstes Kapitel.

Geschwulstbildung nach Traumen.

Einundzwanzigstes Kapitel.

Verletzungen und Erkrankungen des Gehirns und seiner Häute.

Zweiundzwanzigstes Kapitel.

Geisteskrankheiten.

Dreiundzwanzigstes Kapitel.

Verletzungen und Erkrankungen des Rückenmarks und seiner Häute.

Vierundzwanzigstes Kapitel.

Verletzungen und Erkrankungen der peripheren Nerven.

Fünfundzwanzigstes Kapitel.

Neurosen.

Anmerkung: Bei Anführung der deutschen Rekursentscheidungen ist die Nummer des Bandes mit römischer, die der Entscheidung mit arabischer Ziffer bezeichnet. II, 2 bedeutet also: Rekursentscheidung des Reichsversicherungsamtes Band II, Nr. 2.

Allgemeiner Teil.

Die ärztliche Sachverständigentätigkeit bei Unfallsbegutachtungen erstreckt sich nach drei Richtungen. In erster Linie auf Begutachtung von unfallverletzten Arbeitern, die auf Grund der sozialen Versicherung Schadenersatz für Betriebsunfälle beanspruchen können (gewerbliche, landwirtschaftliche und See-Unfallversicherung des RVA. vom 19. Juli 1911). Zweitens hat der Arzt Gutachten abzugeben über unfallverletzte Privatpersonen, denen auf Grund der Reichshaftpflichtgesetze Entschädigung für erlittene Schäden gesetzlich zusteht, und drittens über unfallverletzte Privatpersonen, die sich selber in Privatversicherungsgesellschaften gegen Schäden versichert haben.

Die rechtlichen Grundlagen des Entschädigungsanspruches eines Unfallverletzten sind nun ganz verschieden bezüglich Begriff des Unfallschadens, Rentenhöhe, Möglichkeit der Rentenabfindung, Dauer der Rente, je nachdem es sich um einen der sozialen Fürsorge unterstellten Arbeiter oder um unfallverletzte Privatpersonen handelt, die Anspruch nach dem Haftpflichtgesetze oder auf Grund eines Privatversicherungsvertrags erheben. Ohne Kenntnisse der jeweilig in Frage kommenden Rechtsverhältnisse wird der ärztliche Sachverständige nicht in der Lage sein, in seinem Gutachten die gesetzliche und praktische Tragweite eines Unfallschadens in einer für die Gerichte genügend klaren Weise zu formulieren. Jeder Arzt muß deshalb nicht nur besondere ärztliche Erfahrungen in der Beurteilung von Unfallserkrankungen zu gewinnen suchen, sondern auch Kenntnisse besitzen über die rechtlichen und sozialen Grundsätze für die gesetzlichen Entschädigungsansprüche eines Unfallverletzten.

Die für den Arzt praktisch wichtigsten Gesichtspunkte, wie sie durch die Versicherungsgesetze und ihre Auslegung durch Entscheidungen der Rekursgerichte allgemeine Gültigkeit gewonnen haben, sollen zunächst in Kürze erörtert werden.

A. Unfallbegutachtung bei sozialer Versicherung.

Die soziale Unfallversicherung bezweckt den Ersatz des Schadens, den ein versicherter Arbeiter durch eine Körperverletzung, Erkrankung oder Tötung im Betrieb infolge eines Unfalles erleidet, sofern der Verletzte nicht selbst den Unfall vorsätzlich herbeigeführt hat. Vorsätzliche Verletzungen oder Selbstmord von Geisteskranken während der Betriebsarbeit sind jedoch entschädigungspflichtig, da anzunehmen ist, daß diese der freien Willensbestimmung ermangelt haben.

I. Allgemeines über die Aufgabe des Arztes bei der sozialen Unfallbegutachtung.

Die Entscheidung darüber, welche Betriebsvorgänge als Betriebsunfall aufzufassen sind, erfolgt durch Berufsgenossenschaften, Oberversicherungsamt oder Reichsversicherungsamt, und auch die Bestimmung des Grades der Erwerbsunfähigkeit durch Unfallsfolgen ist nach Entscheid des RVA. nicht Sache des Arztes, sondern der versicherungstechnischen Organe. Die Aufgabe des Arztes als sachverständiger Gutachter beruht also in erster Linie in der Diagnosenstellung und in der Klärung des Zusammenhangs zwischen dem Unfall und den von ihm festgestellten Krankheitszuständen. Mit diesen rein ärztlichen Fragen ist aber die Tätigkeit des ärztlichen Sachverständigen bei der Unfallsbegutachtung meist nicht erschöpft. Denn in der Regel wird von den Versicherungsorganen vom Begutachter auch eine gutachtliche Schätzung der Erwerbsbeschränkung durch Unfallsfolgen gefordert und in strittigen Fällen auch seine Stellungnahme gewünscht, ob der Betriebsvorgang vom ärztlichen Standpunkt aus den Charakter eines Betriebsunfalls in sich trägt. Jeder Arzt muß deshalb auch über die unfallstechnischen Fragen Bescheid wissen, und vor allem auch in der Rentenabschätzung genügende Kenntnisse und Übung besitzen. Die Zubilligung ungebührlich hoher Renten durch den Arzt erweckt bei dem Verletzten nicht selten unberechtigte Hoffnungen und führt zu einer Überschätzung der Unfallsfolgen, die den Versicherten sozial schädigen. Denn eine später vom Obergutachter erfolgende wesentliche Herabsetzung der Rente gegenüber der Ersteinschätzung durch den behandelnden Arzt, die ja meist dem Verletzten bekannt wird, erweckt bei diesem das Gefühl der ungerechten Benachteiligung und erfüllt ihn mit Mißtrauen gegen die Nachbegutachter und die Versicherungsorgane. Dies führt nicht selten zu langwierigen Rentenkämpfen mit ihren bekannten schädigenden Folgen für den Unfallskranken (Rentenneurasthenie und -hysterie, Querulantensucht). Auch ist daran zu erinnern, daß der Sachverständige für die Folgen unrichtiger Begutachtung haftpflichtig ist, wenn ihm Fahrlässigkeit nachgewiesen wird. Zur Abgabe eines gründlichen sachverständigen Gutachtens bei interner Unfallsschädigung genügt niemals eine ein- oder auch mehrmalige Sprechstundenuntersuchung, vielmehr ist stets eine mehrtägige Krankenhausbeobachtung erforderlich.

II. Begriffsbestimmung des Unfalls im Sinne des Unfallversicherunggesetzes.

Das Unfallversicherungsgesetz enthält keine nähere Definition des Begriffs „Unfall". Nach der vorliegenden Rechtsprechung des Reichsversicherungsamtes lautet die Auslegung des Begriffes „Unfall" im Sinne des Unfallgesetzes dahin: Jedes plötzliche, d. h. in einem verhältnismäßig kurzen Zeitraum sich abspielende Ereignis im Betriebe, das eine Schädigung der körperlichen oder geistigen Gesundheit oder den Tod eines Versicherten zur Folge hat, bildet einen Betriebsunfall.

Danach darf ein „Betriebsereignis" nur dann von der Berufsgenossenschaft als entschädigungspflichtiger Unfall im Sinne des Gesetzes anerkannt werden, wenn folgende fünf Bedingungen erfüllt sind:

1. Das „Ereignis" muß sich im Betrieb selbst ereignet haben.
2. Das „Ereignis" muß die Merkmale eines außergewöhnlichen Vorkommnisses während der Betriebsarbeit haben, d. h. nicht allein durch die „Gefahr des gemeinen Lebens" zustandegekommen sein.
3. Das Ereignis muß auf einem plötzlichen, d. h. innerhalb eines zeitlich abgrenzbaren Zeitraumes (von verhältnismäßig kurzer Dauer) sich abspielenden Vorgang beruhen.
4. Zwischen Unfallsereignis und Gesundheitsbeschädigung muß ein ursächlicher Zusammenhang mit großer Wahrscheinlichkeit nachweisbar sein.
5. Die Gesundheitsbeschädigung durch den Unfall muß nennenswerter Art sein, d. h. mindestens eine Minderung der Arbeitsfähigkeit von 10% bedingen.

1. Ereignis im Betrieb.

Der Nachweis, daß der Unfall mit der Betriebsarbeit in Zusammenhang steht, bildet oft eine recht schwierige, unfallstechnische juristische Frage, die von der Berufsgenossenschaft zu erledigen ist, und bei welcher der ärztliche Sachverständige nicht in Tätigkeit tritt.

2. Der Unfall als ein außergewöhnliches Vorkommnis im Betrieb.

Es ist nach der jetzt gültigen Rechtsprechung durchaus nicht erforderlich, daß ein Unfall durch eine Betriebsstörung verursacht wird.

Vielmehr sind als Betriebsunfälle alle außergewöhnlichen Vorkommnisse bei der Arbeit anzusehen:

a) Jede ungewöhnliche Störung des Betriebes, die eine körperliche oder geistige Schädigung zur Folge hat: Explosion, Brand, Gerüststurz, Gesteinsturz, Gasvergiftung durch Schadhaftwerden von Behältern, starke Schreckwirkung durch Anblick von Getöteten oder Schwerverletzten bei einem Unglück im Betrieb.

b) Unglückliche Zufälle bei der Arbeit. Auch ohne Betriebsstörung kann ein Arbeiter eine Gesundheitsschädigung durch unglückliche Zufälle während der Arbeit erleiden, wie sie auch außerhalb der Betriebsarbeit im alltäglichen Leben durch Unvorsichtigkeit oder Ungewandtheit vorkommen, wie z. B. Fall auf Treppe oder ebener Erde mit Beinbruch. Derartige Unglücksfälle bei der Betriebsarbeit, die auf Gefahr des gemeinen Lebens beruhen, gelten nur dann als entschädigungspflichtiger Betriebsunfall, wenn durch die Betriebsarbeit das Zustandekommen des „unglücklichen Zufalls" nachweislich begünstigt worden ist, oder wenn durch das Auftreten des „Zufalls" im Betrieb die Gefahr des „gemeinen Lebens" erhöht worden ist. Hierfür füge ich einige Beispiele an:

Unglückliche Zufälle bei gesunden Personen.

Während ein Beinbruch durch Ausgleiten auf ebener Erde oder Ausgleiten auf der Treppe keinen Betriebsunfall darstellt, wird Ausgleiten und Beinbruch infolge glitschigen Bodens in bestimmten Betrieben (Walkerei) als „Betriebsunfall" anerkannt. Bißverletzung durch einen fremden Hund im Betrieb ist von den Gerichten als „Betriebsunfall" abgelehnt worden, während Biß von Hunden, die zur Bewachung von Betrieben dienen, einen „Betriebsunfall" bildet. Ein Insektenstich mit Blutvergiftung wird vom RVA. nur dann als entschädigungspflichtiger Unfall anerkannt, wenn infolge der Betriebsarbeit die Gefahr, von einem infizierten Insekt gestochen zu werden, größer ist als im gewöhnlichen Leben, z. B. bei Insektenstich in Abdeckerei oder bei der Arbeit in Nähe von Leichenhallen oder im Krankenhaus. Auch die Unmöglichkeit oder Erschwerung der Abwehr von Insekten durch eine Arbeit, z. B. Fahren besonders unruhiger Pferde, stellt eine erhöhte Stichgefahr dar. Erfaßtwerden von einer Transmission durch Unvorsichtigkeit oder Ausgleiten ist ein „Betriebsunfall", da durch den Betrieb erst die gefährlichen Folgen des an sich harmlosen Ausgleitens geschaffen werden.

Unglückliche Zufälle bei kranken Personen.

Bei Arbeitern, die infolge angeborener und erworbener Leiden, wie Epilepsie, Schwindel (Arteriosklerose), Labyrintherkrankungen, an Gehstörungen und Unsicherheit leiden, kann das Leiden an sich jederzeit einen unglücklichen Zufall auslösen, indem die Betreffenden infolge eines Schwindelanfalles ohne besondere äußere Veranlassung hinfallen und sich verletzen. Sie werden auch leichter als gesunde Menschen bei der Arbeit verunglücken, und es muß deshalb vom ärztlichen Begutachter eine möglichst scharfe Abgrenzung zwischen „Gefahr des gemeinen Lebens" und eigentlichem „Betriebsunfall" gezogen werden. Beispiel: Ein Epileptiker, der in jeder Lebenslage einen Anfall bekommen kann, vermeidet in der Regel solche Arbeit, bei der er sich der Gefahr einer Verletzung oder eines tödlichen Sturzes aussetzt. Fällt nun ein Epileptiker im Betrieb infolge eines epileptischen Anfalls bei seiner gewöhnlichen Arbeit auf ebener Erde oder von der Treppe und erleidet hierbei ein Kopftrauma oder Gliedbruch usw., so handelt es sich lediglich um einen Unglücksfall durch die „Gefahr des gemeinen Lebens", der also nicht entschädigungspflichtig ist. Fällt er dagegen bei Ausführung eines Auftrages im Maschinenraum in das Getriebe oder ins Wasser und ertrinkt hierbei, so liegt Betriebsunfall vor. Denn nur durch die erhöhte Gefahr, die der Betrieb mit sich brachte, ist der tödliche Ausgang oder eine schwere Verletzung erst möglich geworden.

c) Körperliche Überanstrengung gilt nach der Rechtsprechung ebenfalls als Betriebsunfall: Jede außergewöhnliche, d. h. über den Rahmen der gewöhnlichen Berufsarbeit hinausgehende Muskelanstrengung wird als eine Überanstrengung angesehen, und ihre Folgen sind entschädigungspflichtig.

d) Gesundheitsschädigung während eines Krankenhausaufenthaltes, der auf Anordnung der Berufsgenossenschaft erfolgte, ist unter Umständen als mittelbare Unfallsfolge entschädigungspflichtig, nämlich dann, wenn durch besondere Verhältnisse im Krankenhaus eine erhöhte Gefahr der Ansteckung usw. vorgelegen hat, z. B. bei Anwesenheit anderer Infektionskrankheiten in demselben Saal.

3. Das Unfallereignis muß ein plötzliches sein.

Unter den Begriff der „Plötzlichkeit" fallen nicht nur alle im landläufigen Sprachgebrauch plötzlichen, d. h. innerhalb weniger Sekunden oder Minuten sich abspielenden Betriebsvorgänge, wie dies z. B. bei Verletzungen der Fall ist. Es gelten vielmehr auch Erkrankungen, die durch eine länger dauernde, mitunter viele Stunden sich hinziehende Betriebstätigkeit außerordentlicher Art entstanden sind, als Betriebsunfälle. Denn eine selbst mehrstündige Arbeitsleistung stellt ja ein „zeitlich bestimmbares", in einen verhältnismäßig kurzen Zeitraum eingeschlossenes Ereignis dar.

Beispiele: Gasvergiftung infolge mehrstündiger Arbeit in einem durch undichte Behälter mit giftigen Gasen erfüllten Raum oder in einer Kloake oder in einem zu reinigenden Kessel oder in der Grube nach Wetterschlag gilt als Betriebsunfall. — Gehirnblutung bei älterem Manne nach mehrstündiger pausenloser Arbeit unter Erde bei Bergungsversuchen von Verschütteten ist als Unfall anzusehen, zumal dabei die seelische Erregung mitgespielt haben kann.

4. Der Nachweis des ursächlichen Zusammenhangs zwischen Unfallereignis und Krankheit.

Das zeitliche Hervortreten von Krankheitserscheinungen nach einem Unfallsereignis beweist noch keineswegs, daß letzteres als Ursache in Betracht kommt. Denn abgesehen von böswilliger Vortäuschung von Krankheitserscheinungen können vor dem Unfall schon vorhanden gewesene Erkrankungen erst nach demselben sich in natürlicher Folge stärker bemerkbar machen. Auch kann ein rein zufälliges zeitliches Zusammentreffen einer Erkrankung mit einem an sich harmlosen Unfallsereignis statthaben und dadurch zu der irrtümlichen Annahme eines ursächlichen Zusammenhangs führen. Es ist deshalb die erste und wichtigste Aufgabe des Begutachters, derartige Fehlerquellen auszuschalten (s. Abschnitt Begutachtung).

5. Begriffsbestimmung der Gesundheitsbeschädigung durch Unfall.

Unter einer Gesundheitsbeschädigung durch Betriebsunfall versteht man nicht nur a) die durch einen Unfall entstehenden Verletzungen, sondern b) auch alle körperlichen und geistigen Krankheiten, die unmittelbar oder mittelbar mit einem Betriebsereignis in Zusammenhang stehen, und c) jede wesentliche Verschlimmerung eines schon vor dem Unfall vorhanden gewesenen Leidens. Eine Gesundheitsschädigung kann auch in indirektem Zusammenhang mit einem Unfall stehen, wenn durch diesen Unfall ein Krankenhausaufenthalt erforderlich war, und der Verletzte sich während desselben eine weitere Krankheit zuzieht, die durch die Besonderheit der Krankenhausverhältnisse entstanden ist. Ferner kann ein mittelbarer Unfallszusammenhang dadurch bedingt sein, daß durch Unfallsfolgen wie Blutarmut, Kräfteverlust und verminderte Widerstandsfähigkeit eine erhöhte Disposition für anderweitige Erkrankungen (Tuberkulose) entsteht, die dann ebenfalls entschädigungspflichtig sind.

Damit eine Unfall-Gesundheitsbeschädigung entschädigungspflichtig ist, muß die Erwerbsunfähigkeit mindestens 10% betragen.

III. Übersicht über die verschiedenen Unfallursachen und ihre Wirkungsweise.

Abgesehen von den offenen Verletzungen und deren Folgen, die der chirurgischen Begutachtung unterliegen, können Unfalls-Gesundheitsbeschädigungen zustande kommen durch 1. stumpfe mechanische Gewalteinwirkungen, 2. körperliche Überanstrengung, 3. seelische Erregungen (Angst, Schrecken, längeres Kranksein), 4. Temperatureinflüsse (Erkältungen, Erfrierungen, Hitzschlag), 5. akute Vergiftungen, 6. Insektenstich und Tierbiß, 7. Blitzschlag, 8. Operations- und Narkoseschädigung, 9. Gesundheitsschädigung durch Krankenhausaufenthalt.

Wenn auch die Folgezustände dieser verschiedenen Unfallschädigungen im speziellen Teil bei der Besprechung der einzelnen Krankheiten in ihrer Beziehung zu Unfällen wiederholt Erwähnung finden werden, so empfiehlt sich doch vorerst eine kurze zusammenstellende

Übersicht über die besonderen Bedingungen, welche die Annahme eines Betriebsunfalls rechtfertigen.

1. Mechanische stumpfe Traumen.

Eine stumpfe Gewalteinwirkung, Stoß, Schlag, Quetschung, Fall, Zerrung, wirkt nicht nur oberflächlich am Ort der Einwirkung durch subkutane Verletzung von benachbart liegenden Blutgefäßen, Nerven, Muskeln, Knochen, Gelenken, sondern bei einer gewissen Erheblichkeit auch durch Erschütterung und Quetschung auf die inneren Körperorgane und das Zentralnervensystem ein.

Ein mechanisches Trauma kann demnach auch ohne äußerlich erkennbare Verletzungsspuren den Anlaß geben:

a) zu Verletzungen innerer Organe (Blutungen, Zerreißungen, Quetschungen, Erweichungen mit anschließender Entzündung),
b) zur Entwicklung anderweitiger infektiöser Krankheiten, die infolge der inneren Verletzung einen günstigen Boden für ihre Entstehung finden (Pneumonie, Tuberkulose usw.),
c) zur Auslösung vorhandener Krankheitsanlagen (z. B. multiple Sklerose, Diabetes, Gehirntumor),
d) zur Verschlimmerung eines vorhandenen Leidens, wie z. B. Lungentuberkulose, Herzleiden, Magengeschwür, Gallensteine.

Für die Anerkennung eines ursächlichen Zusammenhanges solcher Krankheiten mit einem mechanischen Trauma ist stets der Nachweis der Erheblichkeit des Traumas erforderlich. Und zwar wird je nach der Besonderheit des Falles eine mehr oder minder große Erheblichkeit genügen, indem z. B. für die Auslösung einer Pleuritis eine geringere Gewalteinwirkung ausreicht, als zu einer Schädigung des Zentralnervensystems, das durch knöcherne Hüllen geschützt liegt. Das wird später bei den einzelnen Unfallserkrankungen genauer erörtert werden müssen. Als allgemeine Anhaltspunkte für die Erheblichkeit eines Traumas dienen dem Begutachter:

a) der Hergang beim Unfall, der nicht selten für sich allein schon eine erhebliche Gewalteinwirkung wahrscheinlich macht, z. B. Fall aus großer Höhe, Verschüttung durch große Gesteinsmassen, Fall eines schweren Balkens auf Kopf, Rücken u. ähnl.;
b) die örtlich erkennbaren Verletzungen, wie Rippenbruch, starke Blutunterlaufung, Schwellungen an den Weichteilen;
c) die unmittelbaren Folgeerscheinungen des Unfalls nach Zeugenaussagen und erstem ärztlichen Fundbericht gleich nach dem Trauma: Chokwirkung, Bewußtlosigkeit oder längere Benommenheit, Gesichtsblässe, Pulsanomalien, Erbrechen, starke Schmerzen, so daß sofortige Arbeitseinstellung erfolgte, Bluthusten, Blutbrechen, anfängliche Lähmungserscheinungen der Körpermuskulatur.

2. Körperliche Überanstrengungen.

Eine körperliche Überanstrengung, d. h. eine das Maß der gewöhnlichen Muskelarbeit überschreitende Arbeit kann auf dreifache Weise zustandekommen:

a) Außergewöhnliche Vorkommnisse bei der gewohnten Arbeit, wobei sich ein Arbeiter plötzlich und vorübergehend stark anstrengen muß. Z. B. beim Tragen einer schweren Last lastet infolge Ausgleitens oder Loslassens eines Mitarbeiters plötzlich auf dem zweiten Arbeiter die ganze Last, so daß er alle Kräfte anspannen muß, um nicht hinzufallen. Ferner kann die längere Durchführung einer gewohnten schweren Arbeit ohne Pause, z. B. mehrstündiges anhaltendes Hacken bei Rettungsversuchen Verschütteter, eine Überanstrengung bedeuten.

b) Ungewohnte Arbeit, die an sich nicht besonders schwer zu sein braucht, bildet für den ungeübten Arbeiter unter Umständen eine schädigende Überanstrengung. Beispiel: Ein Bureauarbeiter, der beauftragt wird, ausnahmsweise schwere Säcke oder Kisten abladen zu helfen, muß sich bei dieser Arbeit wesentlich stärker anstrengen als ein darin geübter Mitarbeiter.

c) Eigentliche Überanstrengung: Diese liegt vor, wenn bei der Arbeit das Maß der von einem kräftigen und gesunden Arbeiter alltäglich angewandten Muskelanstrengung überschritten wird. Beispiele: Heben und Tragen von Lasten über 100 Kilo bildet auch für sehr kräftige Arbeiter eine außergewöhnliche Anstrengung, die schädigende Folgen haben kann; desgleichen Einheben eines schwerbeladenen Kohlenwagens, der entgleist ist.

Wirkungsweise der Überanstrengungen. Die örtlichen Folgen können in Muskeleinrissen oder selbst Muskelzerreißungen bestehen, ferner bei Zerrungen einer Extremität in Zerrungen und Zerreißungen von Nervengeflechten. Wichtiger ist die Wirkung außergewöhnlicher Muskelanstrengungen auf den Blutdruck. Die dabei auftretende plötzliche Blutdrucksteigerung vermag bereits erkrankte und dadurch weniger widerstandsfähige Gefäße zum Platzen zu bringen (Gehirnapoplexie, Lungen- und Magenblutung, Ösophagusblutung bei Leberzirrhose).

3. Psychisches Trauma (Schreck, Angst).

Nicht selten bilden seelische Einflüsse, also Angst, Schreckeinwirkung, Kummer und Sorge um die Zukunft eine wesentliche Begleiterscheinung oder Folge eines körperlich schädigenden Unfalls, so daß neben den Folgen einer äußeren mechanischen Verletzung oder einer Verbrennung, einer Starkstromverletzung auch psychische Folgezustände auftreten, die entschädigungspflichtig sind: eine traumatische Neurasthenie und Hysterie. Ein Unfall kann aber auch ganz allein in einer stärkeren psychischen Einwirkung bestehen, so daß ein rein psychisches Trauma vorliegt, wenn z. B. ein Arbeiter im Betrieb bei einer Explosion, bei einem Brand in Gefahr geschwebt hat oder durch den Anblick verunglückter Mitarbeiter einen starken Schrecken erleidet.

Die Wirkung des psychischen Traumas:

Die Wirkung eines einmaligen psychischen Traumas kann sich äußern:

a) in der Entwicklung länger anhaltender geistiger oder rein funktioneller Störungen neurasthenischer, hysterischer oder hypochondrischer Natur;
b) in der Auslösung einer Schüttellähmung oder epileptischer Anfälle bei vorhandener Disposition zu diesen Leiden;
c) in einer Verschlimmerung krankhafter Zustände infolge der bei jeder erheblichen Schreckwirkung auftretenden stärkeren Blutdruckschwankungen: plötzlicher Herztod bei organischem Herzleiden, Hirnblutung bei vorgeschrittener Erkrankung der Hirngefäße (Arteriosklerose, Lues).

Erheblichkeit des psychischen Traumas:

Damit ein psychischer Unfall für solche schweren Folgezustände verantwortlich gemacht werden kann, muß er erheblicher Art gewesen sein. Es bedarf deshalb der besonderen Prüfung des Sachverständigen, ob der Unfallsvorgang seiner besonderen Art nach geeignet gewesen ist, eine starke seelische Wirkung auszulösen, damit nicht ein zufälliges zeitliches Zusammentreffen zu der Annahme eines ursächlichen Zusammenhanges führt. Dem ärztlichen Sachverständigen werden sich gewisse Anhaltspunkte für die Erheblichkeit einmal in dem Unfallshergang selbst bieten, indem jedes Betriebsereignis, das nachweislich mit einer Lebensgefahr verbunden war (Explosion, Brand, Verschüttung u. ähnl.) als hinreichend gelten kann für die Auslösung stärkerer Schreckwirkungen. Zweitens bildet das durch Zeugen festgestellte Verhalten des Unfallgeschädigten unmittelbar nach dem Unfall einen gewissen Gradmesser für die Stärke der psychischen Einwirkung: Gesichtsblässe, Ohnmacht, Zittern der Glieder, Unfähigkeit zu stehen oder zu gehen, Pulsbeschleunigung noch längere Zeit nachher, Verwirrtheit und Angstzustände.

4. Hitze- und Kälteeinwirkung als Unfallschädigung.

a) Sonnenstich und Hitzschlag.

Beide bilden nur dann einen Betriebsunfall, wenn durch Art und Ort der Betriebsarbeit besonders ungünstige Verhältnisse geschaffen worden sind, die es wahrscheinlich machen, daß die an sich natürliche hohe Temperatur und ihre Einwirkung auf den Körper durch die Betriebsverhältnisse noch wesentlich gesteigert worden ist. Zweitens erfordert die Anerkennung eines Sonnenstichs als Unfallsfolge den Nachweis, daß die schädliche Hitzewirkung innerhalb eines verhältnismäßig kurzen Zeitraumes, also während einer oder höchstens mehrerer Stunden einer Arbeitsschicht erfolgt ist. Über die besonderen Bedingungen, durch welche bei der Betriebsarbeit die natürliche Hitze wesentlich gesteigert werden kann, und über die nach Hitzschlag auftretenden Krankheitszustände findet sich das Nähere im Kapitel über „Sonnenstich und Hitzschlag“ Seite 342.

b) Erkältungen und Durchnässungen.

Die Folgen von starken Temperaturschwankungen, wie sie bei starker Abkühlung nach Überhitzung oder Durchnässung nach anstrengender erhitzender Arbeit auftreten können (Lungen-, Rippenfellentzündung, Hirnapoplexie, Nephritis usw.) sind nur dann als Betriebsunfall anzuerkennen, wenn erstens die Abkühlung eine sehr erhebliche und außergewöhnliche gewesen ist: Fall oder Arbeit in kaltem Wasser, Arbeit in kaltem Arbeitsraum nach Aufenthalt in sehr heißem Raum oder nach starkem Schwitzen, Stehen im Durchzug nach Überhitzung bei der Arbeit, und wenn zweitens die Kälteeinwirkung innerhalb eines kurzen Zeitraumes stattgefunden hat.

Dagegen gelten die gewöhnlichen Erkältungen, wie sie nach Überhitzung bei der Arbeit und anschließender Abkühlung bei vielen Berufsarten ein alltägliches Vorkommnis bilden, nicht als Unfall. Insbesondere nicht bei solchen Berufsarbeitern, die infolge ihrer gewöhnlichen Beschäftigung als Landwirte, Eisenbahnbedienstete, Schiffer einem häufigen Wechsel der Temperatur regelmäßig ausgesetzt sind (Gewerbekrankheit).

c) Erfrierung.

Nicht jedes Erfrieren von Gliedmaßen oder jeder Erfrierungstod stellt einen Unfall dar. Das ist vielmehr nur dann der Fall, wenn durch die Arbeitsverhältnisse die Gefahr des gewöhnlichen Lebens wesentlich gesteigert wurde und der außergewöhnliche Kälteeinfluß ein kurzdauernder war. Es müssen also die Zeichen des Erfrierens innerhalb weniger Stunden während der ununterbrochen fortgeführten Betriebsarbeit aufgetreten sein. Der Nachweis der besonderen Umstände, die das Auftreten einer Erfrierung begünstigten, gilt auch dann als erbracht, wenn durch mangelhafte Bekleidung oder durch Handhabung mit Schnee, Eis oder kälteleitenden Werkzeugen eine an sich nicht außerordentliche Kälteeinwirkung zu einer Erfrierung führte.

Zit. nach Kaufmann[1]): Tod durch Erfrieren infolge mangelhafter Bekleidung (Arbeitsanzug) als Unfall anerkannt.

Schornsteinfeger erfror auf seinem 8 km langen Heimweg bei einer Kälte von 14°. Er war mit seinem leichten enganliegenden Arbeitsanzug bekleidet und mußte sein Handwerkszeug mit sich tragen. Anerkannt, weil er sich gegen die Kälteeinwirkung keinen Schutz verschaffen konnte und durch die Anforderungen des Betriebs gezwungen war, sich einer Gefahr des gewöhnlichen Lebens auszusetzen.

Zit. nach Kaufmann: Erfrieren der Hände durch Arbeit mit kalten Schienen bei 18° C Kälte.

Einem Arbeiter erfror beim Legen von Geleisen die Hand bei einer herrschenden Kälte von — 18° C. Er mußte mit den Händen die gehobenen Schienenschwellen einige Zeit ruhig vorgestreckt halten.

5. Vergiftungen als Betriebsunfall.

Die in Gewerbebetrieben vorkommenden Vergiftungen sind in der Regel keine Betriebsunfälle, sondern Berufs- und Gewerbekrankheiten. Das plötzliche Auftreten mancher Vergiftungserscheinungen bei der Arbeit beweist nämlich gar nicht, daß eine Unfallsver-

[1]) C. Kaufmann, Handbuch der Unfallmedizin.

giftung vorliegt (akute Bleilähmung, Bleikolik). Denn eine wiederholte oder langdauernde Gifteinwirkung bei der gewöhnlichen Arbeit vermag die Widerstandsfähigkeit des Organismus gegen das Gift langsam zu untergraben, ohne anfänglich wesentliche Krankheitserscheinungen auszulösen. Es genügt dann schließlich eine weitere nicht außergewöhnliche Giftaufnahme, um eine bis dahin latente Organschädigung (Nervensystem, Magen, Darm, Nieren) so weit zu steigern, daß nunmehr ziemlich plötzlich Vergiftungssymptome hervortreten. Das gilt für alle Vergiftungsarten, mögen sie nun auf Einatmung giftiger Gase oder Verschlucken oder Eindringen des Giftes von der unversehrten oder verletzten Haut aus beruhen.

Eine Vergiftung darf somit nur unter bestimmten Bedingungen als Betriebsunfall anerkannt werden.

a) Die Giftwirkung muß nachweislich eine akute gewesen sein, infolge eines außergewöhnlichen Betriebsereignisses: Platzen von gifthaltigen Ballons, Undichtheit von gasführenden Apparaten oder Gasleitungen, Gasvergiftung durch Nachschwaden von Sprengschüssen (CO)

b) Die letzte Gifteinwirkung, die den Anstoß zum Ausbruch der Vergiftungssymptome bei einem länger der Giftwirkung ausgesetzt gewesenen Individuum gegeben hat, muß nachweislich eine besonders erhebliche gewesen sein. Dies ist z. B. der Fall, wenn durch besondere Arbeitsverhältnisse im Arbeitsraum eine stärkere Durchsetzung der Luft mit giftigen Gasen erfolgt ist (schlechte Lüftung bei kalter Jahreszeit, besonders viele Füllapparate oder Bomben wegen dringender Arbeit). Man wird dann die Möglichkeit zugeben müssen, daß ohne das außergewöhnliche Maß von Gifteinatmung die Erkrankung vielleicht nicht zum Ausbruch gekommen wäre.

c) Der Umstand, daß andere Arbeiter, die der gleichen Giftwirkung ausgesetzt waren, nicht an akuten Vergiftungserscheinungen erkrankt sind, darf niemals einen Grund zur Ablehnung einer unfallsweisen Vergiftung bilden. Denn die Folgen einer akuten Giftwirkung sind bei einzelnen Individuen ganz erheblich verschieden, je nach der besonderen Disposition durch Alter, allgemeinen Kräftezustand oder angeborene geringere Widerstandsfähigkeit gegenüber bestimmten toxischen Schädigungen.

Über die einzelnen Vergiftungsarten durch Unfälle findet sich das Nähere im speziellen Teil im Kapitel über Vergiftungen S. 316.

6. Insektenstich und Biß von Tieren.

a) Insektenstich und seine Folgen (Sepsis) bilden nur dann einen entschädigungspflichtigen Unfall, wenn durch die Betriebsarbeit die Gefahr des gewöhnlichen Lebens, gestochen zu werden, wesentlich erhöht worden ist. Dies ist der Fall, wenn

α) an der Betriebsstätte oder in deren unmittelbarer Nähe besonders günstige Bedingungen für die Ansammlung von Insekten und für die Möglichkeit der Übertragung von Krankheitserregern durch das Insekt vorhanden sind (Abdeckerei, Schlachthof, Krankenhaus, Tümpel mit schmutzigen Abwässern, Tierställe).

β) der Erkrankte infolge seiner Arbeitstätigkeit in der Abwehr der Insekten behindert und dadurch der erhöhten Gefahr des Gestochenwerdens ausgesetzt ist.

So wurde als Unfall anerkannt: 1. Insektenstich bei einem Kutscher, der infolge der Anziehung von Insekten durch die Pferde und weil er auf die Pferde aufpassen mußte und deshalb in der Abwehr behindert war, sich einer erhöhten Stichgefahr aussetzte. — 2. Mückenstich bei Steinbrucharbeiter, an dessen Arbeitsstelle sich ein Wassertümpel mit verwesenden Stoffen befand, weil er durch die ständige Arbeit in der Nähe des Tümpels in höherem Maße der Gefahr eines Insektenstiches ausgesetzt war als etwa eine Person, welche an dem Steinbruch vorbeigeht.

b) Biß von Hund, Katze. Nicht jede Bißverletzung während der Arbeit stellt einen Betriebsunfall dar. Ein Unfall liegt nur vor, wenn der Nachweis erbracht ist, daß durch die Betriebsarbeit eine erhöhte Gefahr, gebissen zu werden, bedingt wurde. Dies ist z. B. der Fall, wenn ein Hund durch die Bewegungen bei der Arbeit oder infolge Wegjagens vom Arbeitsplatz gereizt worden ist und die Arbeitsperson gebissen hat.

7. Blitzschlag- und Starkstromschädigung.

Eine durch Blitzschlag während der Betriebsarbeit eingetretene Gesundheitsschädigung stellt stets einen Betriebsunfall dar, da nach der jetzigen Rechtsprechung vom RVA. angenommen wird, daß immer da, wo der Blitzschlag einschlägt, ein den Blitz anziehender besonderer Tatbestand vorgelegen hat und demgemäß die Blitzgefahr gerade an jener Stelle größer gewesen ist als an anderen Orten. Über Blitzschlag nnd Starkstromschädigung siehe „Spezieller Teil", S. 335.

8. Operations- und Narkoseschädigung als mittelbare Unfallsfolge.

Jede Schädigung, die als Folge einer Operation auftritt, welcher sich ein Unfallverletzter auf Veranlassung oder mit Einwilligung der Berufsgenossenschaft zur Beseitigung von Unfallsfolgen unterzogen hat, gilt als Unfall. So der Tod an Apoplexie am Operationstag kurz vor der Operation infolge der seelischen Erregung, ebenso der Tod während oder kurz nach dem Eingriff oder durch Spätfolgen in Gestalt von Pneumonie, Herzschwäche, postoperativen Psychosen.

9. Gesundheitsbeschädigung infolge Krankenhausaufenthalt.

Erkrankungen, die während einer Krankenhausbehandlung wegen Unfallsfolgen auftreten, sind nur dann entschädigungspflichtig, wenn durch den Aufenthalt im Spital der Erkrankte einer erhöhten Gefahr ausgesetzt gewesen ist. Also bei gesteigerter Ansteckungsmöglichkeit durch Zusammenliegen in Räumen mit anderen Infektionskranken oder bei vorheriger Anwesenheit von solchen im gleichen Raum, oder bei Bedienung durch Personal, durch das eine Übertragung einer Infektion stattfinden konnte.

IV. Das ärztliche Gutachten.

A. Allgemeines über Form und Inhalt des Gutachtens.

Jedes erschöpfende Sachverständigen-Gutachten umfaßt drei Hauptabschnitte und muß als Einleitung Name, Alter, Beruf, Ort, Zeit und Zweck der Begutachtung (Auftraggeber) enthalten.

I. Vorgeschichte. Diese soll stets genaue Auskunft geben über:

1. Erkrankungen des Verletzten vor dem Unfall einschließlich erblicher Belastung, Mißbrauch von Alkohol, Nikotin, Beschäftigung in gesundheitsschädlichen Betrieben (Bleifabrik, chemischen Betrieben mit giftigen Gasen, ständige Arbeit in Nässe usw.).
2. Arbeitsleistung bis zum Unfall nach der Lohnliste der letzten Jahre.
3. Hergang des Unfalls nach eigenen, dem Untersucher gemachten Angaben und nach dem Akteninhalt. Hierbei ergeben sich häufig noch nachträglich für die Beurteilung wichtige Aufschlüsse und Widersprüche mit den anfänglichen Angaben des Kranken, wodurch die Glaubwürdigkeit der Anfangsschilderung erschüttert wird.
4. Frühere Untersuchungsbefunde und Berichte über stattgehabte Behandlung.
5. Frühere subjektive Beschwerden.

II. Untersuchungsbefund zur Zeit der Ausstellung des Gutachtens.

1. Subjektive Klagen des Verletzten über Schmerzen, Parästhäsien, Schwindelgefühl, Anfälle, körperliche und geistige Ermüdbarkeit, Intoleranz gegen Alkohol, Gedächtnisschwäche.
2. Objektiver Allgemein- und Organbefund. Es ist wegen Zeitmangels nicht möglich und auch unnötig, daß der Begutachter in jedem Fall eine Präzisionsuntersuchung sämtlicher Körperorgane vornimmt unter Benutzung aller uns zur Verfügung stehenden klinischen, bakteriologischen und chemischen Untersuchungsmethoden. Diese werden nur heranzuziehen sein bei der Prüfung der speziell vom Unfall geschädigten Organe oder Organsysteme, worüber sich das Genauere Seite 15 findet. Als Minimum muß aber jeder Unfallstatus nachfolgende Untersuchungsresultate enthalten, wobei zweckmäßig auch das Fehlen von Krankheitssymptomen angeführt wird, die für die allgemeine Beurteilung im speziellen Fall wichtig sind. Dadurch wird für Nachuntersuchun-

gen eine wertvolle Unterlage geschaffen zur Abweisung späterer unberechtigter Ansprüche auf Grund nachträglich auftretender Krankheitszustände.

a) Allgemeinstatus. Dieser soll stets Angaben enthalten über: Größe, Körpergewicht, Temperatur, Gesichtsfarbe, bei abnormer Blässe Blutbefund bezüglich Hämoglobin, Zahl und Beschaffenheit der roten und weißen Blutkörperchen, Drüsen, Ödeme, bei Luesverdacht Blutuntersuchung auf Wassermann.

b) Organuntersuchung.

Lungen: Perkussions-Auskultationsbefund, Beschaffenheit des Brustkorbs (Starre). Bei Auswurf Untersuchung auf Tuberkelbazillen.

Herz - Gefäßsystem: Herzgröße, Beschaffenheit der Töne, Blutdruck, Pulsbeschaffenheit, insbesondere Pulszahl in Ruhe, nach Bewegung, Anstrengung und Lagewechsel des Kopfes.

Magen, Darm, Leber, Milz: Palpationsbefund bezüglich Größe der Organe, abnormer Resistenzen im Abdomen, Druckschmerzhaftigkeit, makroskopische Beschaffenheit des Stuhls.

Nieren, Blase: 24stündige Urinmenge, spez. Gewicht, Eiweiß- und Zuckergehalt, Häufigkeit der Urinentleerung (nächtliche Polyurie).

Nervensystem: Untersuchung sämtlicher Hirnnerven, der Pupillen-, sämtlicher Sehnen-, Haut-, Schleimhautreflexe, der Muskulatur, des Gefühlsvermögens, der Blasen - Mastdarmfunktion, des psychischen Verhaltens.

III. Beurteilung des Falles. Diese umfaßt stets vier Punkte, die nacheinander erörtert werden müssen:

1. Die Diagnosenstellung, wobei vor allem eine Trennung zwischen etwaigen früheren Erkrankungen und Alterserscheinungen und den erst nach dem Unfall hervorgetretenen Krankheitszuständen zu machen ist. Nachweisbare Aggravation und Simulation von Krankheitszuständen ist bei der Diagnose besonders zu berücksichtigen.

2. Die Prüfung der Zusammenhangsfrage des Unfalls mit den vorhandenen Krankheitserscheinungen (s. S. 18).

3. Die Abschätzung der Erwerbsfähigkeit, soweit diese durch Unfallsfolgen bedingt ist. Dabei sind die Nichtunfallsleiden und Altersveränderungen bezüglich ihres Einflusses auf die Arbeitsfähigkeit für sich allein prozentualisch abzuschätzen. Das Genauere hierüber s. S. 19.

4. Vorschläge zur Behandlung, falls eine solche noch eine wesentliche Besserung erwarten läßt, und Angabe des Zeitpunktes, an welchem eine erneute Untersuchung nach der Besonderheit des Falles zweckmäßig erscheint. Angabe, ob der Fall zur Abfindung geeignet ist.

B. Spezielle Anhaltspunkte für die Abfassung des Gutachtens
(Untersuchungstechnik, Zusammenhangsfrage, Rentenhöhe, Simulation).

1. Untersuchungsmethoden bei Unfallschädigung der einzelnen Organe.

Wird nach einem Unfall ein bestimmter Körperteil, Kopf, Brust, Bauch als Hauptsitz der Beschwerden angegeben, oder ist einer dieser Körperabschnitte direkt betroffen worden, so werden die daselbst gelegenen Organe einer besonders eingehenden Präzisionsuntersuchung unterzogen werden müssen.

Brustkorbtraumen.

Außer dem physikalischen Befund und Blutdruckbestimmung ist stets eine genaue Röntgenuntersuchung auch durch Röntgenphotogramm erforderlich nebst Orthodiagramm des Herzens. Bei Verdacht auf Tuberkulose der Lungen regelmäßige rektale Temperaturmessungen, auch nach einstündigem Spaziergang, ferner Tuberkulinprobe, da die Pirquetsche Reaktion uns diagnostisch nicht weiterbringt; daneben mehrfache Sputumuntersuchung auf Tuberkelbazillen, evtl. nach Jodkalidarreichung, falls kein oder nur wenig Auswurf vorhanden ist.

Bei Herzbeschwerden Vornahme häufiger Funktionsprüfungen, wobei länger dauernder Pulsanstieg auf 120 (1—3 Minuten) nach 10maligen Kniebeugen oder Stuhlsteigen die Klagen berechtigt erscheinen läßt.

Unterleibstraumen.

Magen-Darmbeschwerden erfordern regelmäßig eine genaue Untersuchung des Magens auf sekretorische und Motilitätsstörungen vermittels Probefrühstück und Probemahlzeit, sowie eine Röntgendurchleuchtung nach Bariumbrei zur Feststellung von Lage, Form und Magenperistaltik. Bei abnormer makroskopischer Stuhlbeschaffenheit (breiig, flüssig, Schleimgehalt, makroskopisch zahlreiche Speisereste) ist mikroskopische, chemische (Blut) und Brutschrankprobe (Gärung), nach Schmidt-Strasburgers Probediät vorzunehmen. Sie deckt oft chronische Darmstörungen auf als Ursache von Schmerzen, die mit dem Unfall nichts zu tun haben.

Nieren und Blase. Nach Traumen der Nieren- oder Blasengegend genügt nicht die Urinuntersuchung auf Eiweiß, da nach Verletzungen bisweilen bei fehlendem Albumin mikroskopisch rote Blutkörper und sonstige Formelemente nachweisbar sind. Eine mikroskopische Untersuchung ist also stets vorzunehmen (Ausschleudern), vor allem auch nach längerem Spaziergang. Bei Unklarheit über den Ausgangsort von Hämaturien ist zystoskopische Untersuchung vorzunehmen. Über den Grad einer Nierenerkrankung kann nur eine genauere Funktionsprüfung Auskunft geben zur Feststellung der Konzentrations- und Verdünnungsfähigkeit und des Ausscheidungsvermögens für NaCl und N. Nie zu versäumen sind bei Nierenerkrankungen mehrfache Blutdruckmessungen.

Kopf-Wirbelsäulentraumen.

Röntgenuntersuchung. In keinem Fall darf eine Röntgenaufnahme des Schädels bzw. der Wirbelsäule versäumt werden, da auch ohne äußerlich erkennbare Knochenverletzung ein Splitterbruch der tabula interna des

Schädelknochens vorliegen kann, oder ein latenter Kompressionsbruch einzelner Wirbel. Ferner ergibt das Röntgenbild der Wirbelsäule bisweilen eine versteckte Karies oder eine ältere chronische Arthritis, deren Schmerzen vom Verletzten oder vom erstbehandelnden Arzt fälschlich einem an sich unbedeutenden Trauma der Wirbelsäule zur Last gelegt werden. Bei Verdacht auf Nebenhöhlenerkrankung (frühere Nasen-, Stirnhöhlen-, Ohrerkrankungen) als Ursache von Kopfschmerzen muß nicht nur eine spezialistische Untersuchung stattfinden, sondern auch ein Röntgenbild angefertigt werden.

Prüfung der Gehirnnerven. Diese erfordert außer den üblichen Methoden stets unter Hinzuziehung eines Spezialisten einen genauen Augenspiegelbefund, Gesichtsfelduntersuchung, Prüfung des Sehvermögens einschließlich Simulationsproben. Bei Schwerhörigkeit, subjektiven Ohrgeräuschen und Schwindel ist ohrspezialistische Mitbegutachtung zu veranlassen, die uns vor allem auch über eine Schädigung des Innenohrs (Labyrinthstörungen) und evtl. Aggravations- bzw. Simulationsversuche des Verletzten wichtige Aufschlüsse verschaffen kann.

Prüfung der Reflexe. Wichtige Anhaltspunkte für stattgehabte leichtere Erschütterungsschädigung des Zentralnervensystems bietet uns das Verhalten der Sehnen- und Hautreflexe: ein- oder doppelseitige Steigerung oder Fehlen der Sehnenreflexe, Auslösung des Kniereflexes von abnormen Stellen aus (Patella, Tibia), Patellar- oder Fußklonus, Fehlen der Bauchreflexe, das Babinskische Zeichen.

Prüfung der Muskelkraft. Bei angeblicher Schwäche im Bereich der Extremitätenmuskulatur sind jedesmal folgende Untersuchungsergebnisse gutachtlich zu fixieren:

a) Der Muskelumfang beider Extremitäten zum Vergleich durch genaue Bandmaßmessung unter Angabe des Ortes der Messung, damit später genaue Kontrolle möglich ist.
b) Beschaffenheit der Muskulatur: schlaff, atrophisch oder spastisch (Prüfung auf Muskelspasmen bei abgelenkter Aufmerksamkeit).
c) Elektrischer Befund in dem geschwächten oder gelähmten Muskelgebiet.
d) Prüfung der maximalen Kraft durch aktive Anspannung der Muskulatur durch den Verletzten (Handdruckmessung) unter Anwendung aller Simulationsproben (s. S. 25).
e) Prüfung auf Zielbewegungen (Ataxie, Intentionszittern) und Verhalten der Muskulatur in der Ruhe (Ruhezittern, Fibrillieren, Muskelwogen).
f) Gehproben einschließlich Treppensteigen bei angeblichen Schwächezuständen in der Rumpf-Beinmuskulatur.

Prüfung des Gefühlsvermögens. Es sind jedesmal alle Gefühlsqualitäten (Berührung, Schmerz, Temperatur, Lagegefühl) zu berücksichtigen und Simulations-Kontrollproben einzuschieben bei auf Simulation verdächtigen wechselnden Angaben.

Blasen-Mastdarmfunktion. Diese kann häufig nur durch unauffällige Kontrolle geprüft werden, wenn der Verletzte behauptet, an Blasenschwäche, Pollakurie oder Harnretention zu leiden. Wenn er dann in der

Nacht stundenlang schläft, ohne zu urinieren, oder auch bei Tage bei Beobachtung mehrere Stunden nicht den Abort aufsucht, so erscheinen seine Angaben unglaubhaft.

Schwindel. Da Schwindelgefühl symptomatisch bei den verschiedensten Krankheitszuständen vorkommt, so müssen alle anderen Entstehungsursachen unabhängig vom Unfall ausgeschaltet werden, bevor man den traumatischen Ursprung anerkennt. Außerdem sind alle Simulationsproben anzuwenden, da Schwindel überaus häufig vorgetäuscht wird. Es findet sich Schwindel

a) als rein psychogenes Symptom bei Neurasthenie, Hysterie und Zwangszuständen;
b) als Zeichen von Kreislauf - Stauungserscheinungen bei Herz-, Gefäß-, Lungenerkrankungen (Emphysem, Asthma, beginnende Herzmuskelschwäche, Arteriosklerose);
c) bei Bluterkrankungen (Anämie, Leukämie, Chlorose);
d) bei chronischer Hirndrucksteigerung (Gehirntumor, Hydrocephalus, Meningitis serosa, Gehirnabszeß).
e) bei Herderkrankungen des Kleinhirns und Stirnhirns (Tumoren und multiple Sklerose);
f) infolge von Störungen der Tiefensensibilität, z. B. bei Tabes;
g) bei Labyrinthläsionen.

Bei Schwindelgefühl nach Kopftraumen spielen, soweit nicht psychogene Einflüsse (Schreckwirkung) in Frage kommen, vor allem Labyrinthschädigungen die wichtigste Rolle. Außerdem scheinen nach Gehirnerschütterungen auch ohne gröbere organische Schädigungen, vermutlich durch funktionelle Schädigung von Vasomotorenzentren, bei Lagewechsel des Kopfes abnorme Kreislaufstörungen aufzutreten, die Schwindelgefühl und Schwindelanfälle zur Folge haben. Die Prüfung auf traumatische Schädigung des Nervus vestibularis (Gleichgewichtsnerv) und Labyrinthläsion erfolgt zweckmäßig durch den Ohrspezialisten, da eine gleichzeitige Kochlearisuntersuchung stattfinden muß. Die hauptsächlichen Prüfungsmethoden auf Schwindel sind. 1. der Rombergsche Versuch mit Schwanken bei Augenschluß und zusammengestellten Füßen (Simulationsproben S. 29); 2. der Baranysche Zeigeversuch; 3. die galvanische Vestibularreaktion nach Mann; 4. die Drehmethode am besten auf Drehstuhl; 5. die kalorische Methode durch Erregung von Nystagmus durch Einlaufen von abgekühltem Wasser (25—30° C) in den Gehörgang.

Narbenschmerz. Prüfung auf Druckempfindlichkeit von Kopfnarben und sonstigen angeblichen schmerzhaften Druckstellen. In Betracht kommen 1. der Mankopf-Rumpfsche, 2. der Parrotsche, 3. der Müllersche Versuch.

Sprachstörung. Die Prüfung hat sich auf aphasische, artikulatorische Störungen (Nachsprechen der Lippen-, Zungen-, Gaumenlaute), skandierendes Aussprechen (multiple Sklerose), Silbenstolpern (Dem. paralytica), Stottern zu erstrecken.

Schlaflosigkeit. Die genaue Schlafkontrolle durch geschultes Wartepersonal kann uns wertvolle Anhaltspunkte bezüglich der Stärke von nervösen Kopfbeschwerden und der allgemeinen Glaubwürdigkeit der Angaben des

Verletzten liefern. Steht seine Behauptung über schlechten Schlaf in dauerndem Widerspruch mit dem durch längere Kontrolle festgestellten regelmäßigen festen Schlaf und frischem, munterem Verhalten nach angeblich schlaflosen Nächten, so spricht das für direkt böswilligen Täuschungsversuch, der auch die sonstigen subjektiven Klagen des Verletzten auf Aggravation bzw. Simulation sehr verdächtig macht.

Psychisches Verhalten. Es sind stets zu prüfen nach Kopftraumen und bei Klagen über allgemeine Kopfbeschwerden: das Gedächtnis und die Merkfähigkeit (Wiederholen vierstelliger Zahlen nach 1 bis mehreren Minuten), die Intelligenz unter Berücksichtigung des Bildungsgrades, die Stimmung bezüglich Depression, Neigung zu übermäßiger hypochondrischer Selbstbeobachtung, psychischer Reizbarkeit bei der Untersuchung und auf dem Krankensaal gegen Wartepersonal und Mitkranke, unmotivierte heitere Stimmung.

Konzentrationsfähigkeit vermittels der sog. Assoziationsmethode. Bei dieser muß der Kranke auf ein Reizwort, z. B. Baum, ein zugehöriges Wort wie Blatt, Zweig, Stamm usw. nennen. Wenn bis zur Antwort eine längere Zeit verstreicht (wie 2—3 Sekunden nach erfolgter Einstellung auf die Methode), so kann diese verlängerte „Reaktionszeit" als Zeichen für psychische Hemmung, Ablenkung oder Erschwerung des Denkablaufs gedeutet werden. Die Ausschaltung von Simulation bei dieser Prüfung ist schwer möglich.

2. Prüfung der Zusammenhangsfrage.

Das zeitliche Hervortreten von Krankheitserscheinungen nach einem Unfall beweist an sich noch gar nichts dafür, daß der letztere die Entstehungsursache bildet. Denn einmal können zufällig Erkrankungen zur Zeit eines Unfalls ganz unabhängig von diesem hervortreten, zumal wenn sie, wie z. B. Alterserscheinungen, schon vorher in allmählicher Entwicklung begriffen waren, und zweitens muß man damit rechnen, dass der Unfallverletzte böswilligerweise schon länger bestehende Krankheitszustände verheimlicht und absichtlich dem Unfall zur Last schreibt. Der gutachtliche Nachweis eines direkten oder indirekten ursächlichen Zusammenhangs zwischen Unfallereignis und Krankheit bzw. Verschlimmerung schon vorher vorhandener Erkrankungen muß demnach von der Erfüllung folgender Bedingungen abhängig gemacht werden:

a) Nachweis, daß der Verletzte vorher keine Krankheitserscheinungen geboten hat.

b) Nachweis, daß der Unfall seiner Art und Erheblichkeit nach geeignet gewesen ist, die vorliegende Krankheit unmittelbar oder mittelbar zu verursachen, auszulösen oder schon vorhandene Krankheitszustände zu verschlimmern.

c) Fehlen anderweitiger Entstehungsursachen für die vorliegende Krankheit. Handelt es sich nach dem Untersuchungsbefund um Alterserscheinungen — Emphysem, Arteriosklerose mit Beteiligung von Herz, Nieren, Gehirn — so ist eine Entstehung durch den Unfall als ganz unwahrscheinlich abzulehnen. Ergibt die genaue Untersuchung, daß ein angebliches Unfallsleiden auf früherer Syphilis oder älterer Tuberkulose beruht, so kommt höchstens die Möglichkeit einer Unfallsverschlimmerung in Betracht. Bei rein nervösen Störungen ist zu erörtern, ob diese eine primäre Unfallfolge (Schreck, Schmerzen, erschöpfende Unfallleiden) bilden, oder sich erst sekundär als mittelbare Unfallfolge entwickelt haben, und ob die Rentenneurasthenie oder Rentenhysterie infolge berechtigten oder unberechtigten Rentenkampfes entstanden ist.

d) Angebliche Verschlimmerung durch Unfall. Der Nachweis einer wesentlichen Verschlimmerung durch Unfall stützt sich darauf, daß der vorher nur geringgradig oder gar nicht in seiner Arbeitskraft Geminderte nach dem Unfall ganz oder größtenteils arbeitsunfähig wird, und daß die Verschlimmerung des früheren Leidens in unmittelbarem zeitlichem Anschluß an den Unfall hervortritt, wie z. B. Lungenbluten, Fieber usw. bei vorher geringen Lungenerscheinungen oder schnell einsetzende Herzschwächezustände bei altem Klappenfehler. Namentlich bei angeblicher Verschlimmerung von Alterserkrankungen ist gutachtlich darauf hinzuweisen, daß nur akute Verschlimmerungserscheinungen nach einem Unfall mit einer gewissen Wahrscheinlichkeit als Unfallfolge anerkannt werden dürfen, während bei einem langsamen Hervortreten stärkerer Beschwerden in erster Linie eine natürliche Fortentwicklung der Alterserscheinungen ganz unabhängig vom Unfall anzunehmen ist.

e) Die Abschätzung der Erwerbsverminderung durch Unfallsfolgen bildet den letzten und oft schwierigsten Teil der ärztlichen Begutachtung. Falls durch ein Heilverfahren eine wesentliche Besserung der Arbeitsfähigkeit zu erwarten ist, so muß dies vom Gutachter mit entsprechenden Vorschlägen angeführt werden.

V. Abschätzung der Erwerbsbeschränkung durch Unfallfolgen.

1. Allgemeine Grundsätze für die Schätzung der Erwerbsfähigkeit.

Die Abschätzung der Arbeitsbehinderung durch Unfallfolgen erfolgt nicht allein unter Berücksichtigung der bisherigen Berufsarbeit. Vielmehr ist für die Bewertung der noch vorhandenen Arbeitsfähigkeit maßgebend, wieviel der Verletzte oder Erkrankte noch auf dem allgemeinen Arbeitsmarkt leisten kann. Hierbei müssen naturgemäß seine Ausbildung und Intelligenz, ferner seine Körperkonstitution und sein Alter gebührend berücksichtigt werden. So stehen z. B. einem körperlich kräftigen Arbeiter, dem durch bestimmte Unfallfolgen, wie Schwindel (nach Kopfverletzung), die Wiederaufnahme seiner Tätigkeit in gefährlichen Arbeitsbetrieben (Steinbruch, Maschinenraum) unmöglich gemacht wird, weit zahlreichere andere Arbeitsmöglichkeiten offen (Landwirtschaft usw.), als etwa einem körperlich weniger ausgebildeten oder schwächlichen Feinmechaniker. Die gleichen Unfallfolgen, z. B. Versteifung oder Verlust einzelner Finger oder einzelner Gliedmaßen oder Schädigung des Sehorgans, bedeuten für einen Handarbeiter (Weber, Schlosser), der Präzisionsarbeiten machen muß, eine weit größere Einbuße an Arbeitsfähigkeit als für einen Landarbeiter, der unter Umständen trotz dieser Beschädigungen volle Arbeit leisten kann. Ferner wird zu berücksichtigen sein, daß es für einen älteren Unfallverletzten viel schwieriger ist, sich in einen anderen Beruf einzuarbeiten und Arbeitsgelegenheit zu finden, wenn er einen alten, verbrauchten Eindruck macht. Wenn es nach dem Gesetz auch Sache des Verletzten ist, sich Arbeitsgelegenheit zu verschaffen, so muß beim Unfall in höherem Alter doch billigerweise die verminderte Möglichkeit, Arbeit zu finden, berücksichtigt werden.

2. Abschätzung der Rentenhöhe.

Man unterscheidet Vollrente (= $66^2/_3$ des bisherigen Jahresverdienstes), Hilflosenrente, die im Höchstfall den vollen früheren Jahresverdienst erreicht, und Teilrenten der Vollrente. Eine Teilrente von 50% bedeutet z. B. bei einem Jahresverdienst von 1800 M. die Hälfte der mit $66^2/_3$, also 1200 M., zu berechnenden Vollrente = 600 M.

a) Vollrente. Völlige Erwerbsunfähigkeit ist nach Entscheid des Reichsversicherungsamts dann anzunehmen, wenn der Verletzte unter Berücksichtigung seiner Vorbildung und seiner körperlichen und geistigen Fähigkeiten als außerstande anzusehen ist, sich durch Arbeit einen Verdienst zu verschaffen. Dabei gelten nach der ständigen Rechtsprechung etwaige geringe Hilfeleistungen im Haus nicht als Verdienst, selbst wenn der Verletzte an Stelle der Frau die Aufsicht über Küche und Kinder übernommen hat, und dadurch die Frau einer Berufsarbeit außerhalb des Hauses nachgehen kann; immer unter der Voraussetzung, daß der Unfallskranke tatsächlich andere lohnbringende Arbeit außerhalb des Familienkreises nach ärztlichem Ermessen nicht mehr verrichten kann.

b) Hilflosenrente. Entschädigung bis zur Höhe des vollen früheren Jahresverdienstes wird nur gewährt, falls der Zustand des Verletzten beständig oder zum mindesten in großem zeitlichen Umfang eine fremde Hilfe und Pflege nötig macht. Dies wird der Fall sein, wenn die meisten Verrichtungen des gewöhnlichen Lebens aus eigenen Fähigkeiten nicht mehr ausgeübt werden können. Sind dagegen nur einzelne Hilfeleistungen erforderlich (wie z. B. Hilfe beim An- und Ausziehen), die ohne beträchtliche Schwierigkeiten und ohne besondere Aufwendungen von der Umgebung geleistet werden können, so liegen die gesetzlichen Voraussetzungen für Gewährung der Hilflosenrente nicht vor.

c) Teilrenten. Auf Grund der ständigen Rechtsprechung der Rekursgerichte (OVA. und RVA.) gibt es für bestimmte chirurgische Unfallfolgen, wie Verlust und Versteifung einzelner Finger, Gliedmaßen, Augenverlust, Hörstörung bestimmte Teilrenten, die allgemeine Gültigkeit haben, und die nachfolgend aufgeführt sind. Diese Teilrenten sind auch annähernd maßgebend, wenn die gleichen Funktionsausfälle der Gliedmaßen nicht durch chirurgische Verletzungsfolgen (Knochen, Gelenke), sondern durch Erkrankungen des zentralen oder peripheren Nervensystems entstanden sind. So erfordert Erblindung durch Sehnervenschwund den gleichen Rentensatz wie Augenverlust nach Verletzung des Auges. Für die Unfallfolgen an anderweitigen inneren Organen lassen sich aber keine allgemeinen Regeln aufstellen, da die Rentensätze von Fall zu Fall wechseln, je nach dem Grade einer Herzmuskelschwäche, der Ausdehnung einer Lungentuberkulose, der Stärke eines Diabetes mellitus usw. Die nötigen Anhaltspunkte für die Bewertung der Rente bei inneren Erkrankungen sind deshalb bei der Besprechung der einzelnen Unfallkrankheiten im speziellen Teil des Buches angeführt.

d) Vorläufige Rente. Innerhalb der ersten 2 Jahre wird in der Regel nur eine „vorläufige Rente" gewährt, da bis zum Abschluß der Behandlung der anfänglichen Unfallsfolgen der Grad der Erwerbsfähigkeit in oft schneller Folge sich ändern kann. Es kann also innerhalb der ersten 2 Jahre durch häufigere (viertel-, halbjährige) Feststellungen des Krankheitszustandes die Rente gekürzt oder erhöht werden. Es handelt sich bei diesen vorläufigen Renten häufig um eine sog. Übergangs-Schonungsrente, die nach Abklingen der objektiven Unfallfolgen dem Verletzten gewährt wird, lediglich um eine gewisse Schonung bis zur Wiedereinarbeitung in seine Berufsarbeit zu ermöglichen etwa durch stunden- oder tageweises Aussetzen der Arbeit bei anfänglicher leichter Ermüdbarkeit durch die Arbeitsleistung.

e) Dauerrente. Nach Ablauf von 2 Jahren ist die Berufsgenossenschaft verpflichtet, eine Dauerrente für 1 Jahr festzusetzen, die also vor Ablauf dieses Jahres nicht geändert werden kann. Eine Dauerrente bedeutet also keine Rentenfestlegung auf Lebenszeit; sie kann vielmehr in jährlichen Abständen geändert werden nach jedesmaliger vorheriger Feststellung des Grades der Erwerbsfähigkeit durch erneute ärztliche Untersuchung des Verletzten.

f) Rentenkürzung. Die Herabsetzung oder Aufhebung einer Rente (vorläufige und Dauerrente) kann erfolgen, wenn entweder in den objektiven Unfallfolgen eine wesentliche Änderung eingetreten ist, oder wenn Gewöhnung an die Unfallfolgen erfolgt ist entweder durch Schwinden der subjektiven Beschwerden oder durch Hebung der Arbeits- und Lohnverhältnisse trotz Fortbestehens bestimmter objektiver Unfallsfolgen.

g) Gewöhnung an Unfallfolgen. Die Erkenntnis des hohen

Wertes der Gewöhnung an Verletzungsfolgen für das Erwerbsleben war lange Zeit vor der sozialen Unfallversicherung Allgemeingut der ärztlichen und Laienerfahrung. Die Angewöhnung mit Steigerung der Erwerbsfähigkeit beruht:

1. auf dem allmählichen Nachlaß oder völligen Schwinden der subjektiven Unfallsbeschwerden und
2. auf der Anpassung an die Unfallfolgen durch erhöhte Geschicklichkeit und bessere Ausnutzung der verbliebenen Gliedteile, Muskulatur und Sinnesorgane (Tiefeneinschätzung bei Einäugigkeit, Gehörsverlust durch Gewöhnung an Ablesen der Worte aus Mundbewegungen).

Gewöhnung durch Nachlaß der subjektiven Beschwerden. Da sehr häufig von Unfallverletzten eine Besserung der Beschwerden nicht zugegeben wird, so muß der Begutachter in erster Linie auf Grund des Allgemeinzustandes und der Arbeitsleistung ein Bild zu gewinnen suchen von der Erheblichkeit der noch vorhandenen subjektiven Beschwerden. Beide können gewissermaßen als Gradmesser dienen, wobei als weiteres unterstützendes Moment für die Beurteilung die Länge der Zeit hinzukommt, die seit dem Unfall verstrichen ist. Je größer der Zeitabstand ist zwischen Trauma und Begutachtung, um so größer ist auch die Wahrscheinlichkeit einer gewissen Anpassung an die Unfallfolgen. Es ist aber zu betonen, daß eine längere Zwischenzeit allein in der Regel nicht als genügendes Moment für eine Angewöhnung gutachtlich angeführt werden kann, da ja z. B. bei organischen Veränderungen nach Schädeltraumen (Brüche, Verwachsungen) oder bei peritonitischen Adhäsionen nach Bauchtraumen trotz längerem Bestehen eine Besserung der subjektiven Beschwerden nicht eingetreten zu sein braucht.

Der Allgemeinzustand als Gradmesser für subjektive Beschwerden.

Frisches, gesundes Aussehen, guter Ernährungszustand, Schwielenbildung in den Händen, guter Schlaf (Kontrolle im Krankenhaus) bilden neben dem Fehlen von Zeichen einer Neurasthenie und Hypochondrie die wichtigsten Anhaltspunkte für die Geringgradigkeit subjektiver Unfallsbeschwerden. Denn es ist eine Erfahrungstatsache, daß meistens bei stärkeren Schmerzen oder schlechtem subjektiven Allgemeinbefinden auch der körperliche Allgemeinzustand eines Kranken in Mitleidenschaft gezogen wird. Es pflegen nervöse Reizbarkeitszustände, nervöse und organisch ausgelöste Schmerzen und hypochondrische Verstimmung bei längerer Dauer auch auf die vegetativen Körperfunktionen ungünstig einzuwirken (Appetitlosigkeit, nervöse Darmstörungen). Darunter leiden dann auf die Dauer der allgemeine Ernährungszustand und die regelmäßigen Arbeitsleistungen.

Besserung der Arbeits- und Lohnverhältnisse. Diese kann

uns ebenfalls als Kennzeichen dafür dienen, daß trotz Ableugnen einer subjektiven Besserung die Arbeitsfähigkeit allein durch subjektive Unfallbeschwerden nicht mehr in nennenswertem Maße gemindert ist. Die Auskunft des Arbeitgebers des Verletzten und die Feststellung der Arbeitsleistung durch Kontrolle bieten oft wichtige Anhaltspunkte für die Glaubhaftigkeit der eigenen Angaben des Kranken über seine subjektiven Beschwerden und den Grad der Arbeitsbehinderung durch diese.

h) Rentenerhöhung kann auf Antrag des Unfallsverletzten erfolgen, wenn dieser durch ärztliches Attest den Nachweis einer Verschlimmerung in den Unfallsfolgen erbringt.

i) Rentenabfindung. Beträgt die Unfallrente 20% der Vollrente oder weniger, so kann mit Zustimmung des Verletzten und nach Anhören des VA. eine Kapitalabfindung erfolgen.

k) Rentenfestsetzung bei Verschlimmerung früherer Krankheitszustände durch Unfall. Nur unter bestimmten Umständen bedingt die durch Unfall verursachte Verschlimmerung schon vorhandener Erkrankungen den Ersatz der ganzen nach dem Unfall vorhandenen Arbeitsminderung. Dies ist nur dann der Fall, wenn bei dem Verletzten vor dem Unfall das Leiden latent oder in seinen ersten Anfängen bestanden hat, ohne seine Leistungsfähigkeit nachweislich zu mindern. Bestand dagegen schon eine verringerte Arbeitskraft durch Alterserscheinungen oder anderweitige Krankheitszustände, so muß der Begutachter diesen Teil der Arbeitsunfähigkeit prozentual berechnen und die Größe der allein durch den Unfall bedingten Arbeitsminderung getrennt prozentual angeben. Eine Kürzung der Unfallrente darf aber ärztlich nicht erfolgen aus dem Grunde, weil allmählich die zunehmenden Altersveränderungen für sich allein eine überwiegende oder völlige Arbeitsunfähigkeit bedingt hätten; denn für Rentenkürzung darf stets nur eine Änderung (Besserung) in den Unfallsfolgen maßgebend sein.

l) Rententabelle über die wichtigsten Funktionsausfälle an Gliedmaßen, Gesicht- und Gehörorgan[1]).

1. Obere Extremitäten.

Lähmung oder Verlust	rechts	links
beider Arme oder beider Hände	100%	
des Armes je nach Länge des Stumpfes	60—80%	50—70%
der Hand	60—70%	50—60%
Bewegungsbeschränkung im Schultergelenk über die Horizontale	30%	20%
Stumpf- oder rechtwinklige Versteifung des Ellenbogengelenks	30%	20%
Spitzwinklige Versteifung des Ellenbogengelenks . .	40—50%	30—40%

[1]) Nach Brandes-Prigge, Kaufmann, Rigler, Horn.

	rechts	links
Versteifung des Handgelenks		
in überstreckter oder gerader Stellung	25%	15—20%
in gebeugter Stellung	30—40%	20—30%
Totale Versteifung		
des Daumens (bei erhaltenem Mittelhandgelenk)	15—20%	10—15%
des Daumens (bei ebenfalls versteiftem Mittelhandgelenk)	30—35%	25—30%
Versteifung eines anderen Fingers		
(in Beugestellung)	15—20%	10—15%
(in völliger Streckstellung)	10—15%	10%
Verlust des Daumens und Mittelhandknochens	30—35%	25—30%
Lähmung oder Verlust		
des Daumens bei erhaltenem Mittelhandknochen	25%	20%
des Zeigefingers	15%	10%
des Mittel-, Ring- und Kleinfingers	10%	10%
einzelner Nagelglieder	0 od.10%	0 od.10%
von Daumen und Zeigefinger	40%	30%
von Zeige- und Mittelfinger	30%	20%
von Mittel- und Ringfinger	20%	15%
von Ring- und Kleinfinger	20%	15%
von Mittel-, Ring- und Kleinfinger	40%	30%
von Zeige-, Mittel-, Ring- und Kleinfinger	50%	40%
von Daumen, Zeige- und Mittelfinger	50%	40%

2. Unterextremitäten.

Lähmung oder Verlust	
beider Ober- und Unterschenkel	100%
eines Armes und eines Beines	100%
eines Beines (mit Verlust des Knies)	60—75%
eines Beines (mit Erhaltung des beweglichen Knies)	50—60%
eines Fußes	40—50%
Versteifung	
des Hüftgelenks in günstiger Stellung	30%
des Hüftgelenks in ungünstiger Stellung	40—50%
beider Hüftgelenke	60—80%
des Kniegelenks in Streckstellung	25—40%
des Kniegelenks in stärkerer Beugestellung	50—75%
beider Kniegelenke	70—90%
des Fußgelenks in rechtwinkliger Stellung	20—25%
des Fußgelenks in Spitz- oder Hackenfußstellung	40—50%
Lähmung oder Verlust	
der großen oder einer anderen Zehe	0%
mehrerer Zehen	10%
sämtlicher Zehen	15—20%
des Vorderfußes	30—40%

3. Sehorgan (einschl. Augenmuskeln).

Völlige Erblindung (evtl. Hilflosigkeit)	100%
Verlust eines Auges oder einseitige Erblindung oder hochgradige Schwachsichtigkeit (nach Gewöhnung)	25%

Herabsetzung	
auf $^1/_3$ bei mehr als halber Sehschärfe auf dem unverletzten Auge	0%
vereinzelt auch	10—15%
der Sehkraft bis auf $^1/_{10}$—$^1/_{12}$ bei normalem unverletztem Auge	0%
auf $^1/_{10}$—$^1/_{12}$ bei einem Schlosser	15%
auf $^1/_4$ bei vorheriger Erblindung des anderen Auges	10%
Hysterische Gesichtsfeldeinschränkung (allein) . . .	0%
Homonyme Hemianopsie (Halbseitenblindheit) . . .	20—40%
Heteronyme Hemianopsie (binasal)	10—30%
Heteronyme Hemianopsie (bitemporal)	10—30%
Starke Ptose an einem Auge	20%
Geringe Ptose an einem Auge	0—10%
Andere Augenmuskellähmungen (je nach Art und Grad des Doppelsehens)	0—25%

4. Hörorgan.

	einseitig	doppelseitig
Völlige Ertaubung	15—25%	50—75%
Hochgradige Schwerhörigkeit (Flüstersprache unter 2m)	10—15%	40—60%
Mäßige Schwerhörigkeit (Flüstersprache 2—4 m) . .	0—10%	10—30%
Leichte Schwerhörigkeit (Flüstersprache 4—6 m) . .	0%	0—10%

VI. Simulation und Übertreibung und die Prüfungsmethoden.

Die Simulation, d. h. Vortäuschung nicht vorhandener Krankheitssymptome ist verhältnismäßig selten, während die Aggravation, d. h. bewußte Übertreibung von vorhandenen subjektiven Beschwerden oder vorhandenen objektiven Unfallsfolgen nach übereinstimmenden Angaben sämtlicher in der Begutachtungspraxis erfahrenen Autoren überaus häufig ist, namentlich auch bei Unfallskranken mit nervösen Störungen. Die Angaben über den Prozentsatz von bewußter Übertreibung der mit nervösen Störungen behafteten Unfallskranken schweben zwischen 33 bis 50%, Schultze-Stursberg 36%, Seligmüller 25%, Hoffmann 33%, Horn 39,4%. Wir müssen hierbei ganz absehen von der unbewußten Übertreibung, die als krankhaftes Symptom vielen nervösen Unfallpatienten und nervösen Nichttraumatikern anhaftet. Es besteht bei ihnen infolge ihres psychischen Zustandes die krankhafte Sucht, alle ihre Beschwerden in übertriebener und oft theatralischer Weise zu schildern, und ihrer Phantasie bei der Schilderung ihrer Beschwerden, ihrer Schlaflosigkeit, ihres körperlichen Schwächezustandes usw. freien Lauf zu lassen.

Der Begutachter darf deshalb, da bei nervösen Unfallkranken die Grenze zwischen bewußter und unbewußter Übertreibung bisweilen recht schwer zu ziehen ist, seine Diagnose auf Simulation oder Aggravation niemals auf Grund der geklagten subjektiven Beschwerden stützen, auch wenn diese zu dem objektiven Befund in anscheinend erheblichem Mißverhältnis stehen. Für die Annahme einer strafbaren Simulation oder einer Aggravation bedarf es des durch bestimmte Untersuchungsmethoden zu erbringenden objektiven Nachweises, daß der Unfallverletzte bestimmte Krankheitserscheinungen total vortäuscht oder übertreibt.

Die Simulationsversuche von Unfallkranken können sich nach drei Richtungen hin geltend machen:

a) Der Unfall wird erdichtet oder nachträglich entstellt geschildert. Hier ist es in erster Linie Sache der Behörde, den ganzen Vorfall möglichst durch Zeugenvernehmungen usw. klarzustellen. Aber die Aufgabe des Arztes ist es, gutachtlich darauf hinzuweisen, daß die vorhandenen Unfallfolgen gar nicht durch die besondere Art und Weise des Unfalls entstehen konnten, oder daß der ganze Hergang und der Krankheitsbefund es sogar wahrscheinlich machen, daß der Unfall durch ein schon länger bestehendes Leiden, z. B. epileptischen Anfall bei der gewöhnlichen Arbeit, Schwindelanfall infolge eines Hirntumors usw. verursacht worden ist, so daß ein eigentlicher Betriebsunfall gar nicht vorliegt. In solchen Fällen gelingt auf Grund der vom Begutachter gewünschten nochmaligen genauen Erhebungen bei Militärbehörden, früheren Lehrern, Ortsbehörden oft doch noch die Feststellung, daß früher schon ein Nerven- oder sonstiges Organleiden bestanden hat.

b) Der Unfallkranke verheimlicht früher vorhanden gewesene Krankheitsysmptome und sucht diese absichtlich dem Unfall zur Last zu legen, oder er verheimlicht Erkrankungen, die sich erst nach dem Unfall spontan entwickelt haben (Rheumatismus, Nephritis, Diabetes).

Wenn der objektive Untersuchungsbefund nicht im Einklang steht mit Art und Erheblichkeit eines Unfalls (ausgesprochene Lungenerscheinungen oder älteres Herzleiden kurz nach einem Trauma), so muß der Gutachter genaueste Erhebungen bezüglich der Leistungsfähigkeit des Verletzten vor dem Unfall veranlassen, da die summarische Auskunft des Arbeitgebers, daß er arbeitsfähig gewesen sei, nicht genügt. Sehr häufig stellt sich dann bei eidlichen Vernehmungen heraus, daß der Kranke tatsächlich längere Zeit vor dem Unfall nur leichtere Arbeiten verrichtet hat, von seinen Kameraden unterstützt, mit durchgezogen wurde, an Kurzatmigkeit gelitten, zeitweise Blut gespuckt hat usw.

c) Die häufigste Form der Simulation und Aggravation ist die Vortäuschung und Übertreibung eines oder mehrerer Krankheitssymptome, vor allem von Lähmungen bzw. Schwäche eines Gliedes, Zittern, Schmerzen, Gefühlsstörungen, Schlaflosigkeit, Sehstörung, Hörschwäche.

1. Simulationsproben bei Lähmungen.

a) Angebliche totale Lähmung eines Gliedes.

Vorbedingung ist der Nachweis des Fehlens von Reflexstörungen, von elektrischen Veränderungen, Muskelatrophien. Bei Rückenlage hebt man den Arm und läßt ihn los, wobei er beim Simulanten meist schnell neben den Körper herabfällt bei Beibehaltung der Streckstellung des Armes im Ellbogengelenk; das ist schon verdächtig, da bei organischen Totallähmungen der Arm beim Loslassen meist im Ellbogen zusammenknickt und nicht niedersaust. Dies könnte aber noch hysterisch sein. Man hebt nun den Arm bei Wiederholung des Versuchs jedesmal etwas höher, bis er über die Senkrechte nach dem Kopf hin gehoben wird, so daß nunmehr die Zugwirkung des Armes beim Loslassen nach rückwärts erfolgt. Läßt der Kranke gleichwohl den Arm wie bei den ersten Versuchen nach vorwärts fallen, so kann das nur durch eigene Kraft erfolgen, da der Arm bei echter Lähmung nach dem Loslassen infolge seiner Schwerkraft nach dem Kopf zu fallen muß. Die Simulation ist dann objektiv erwiesen (Erben[1]). Der gleiche Versuch läßt sich nach Erben an einem angeblich total gelähmten Bein durchführen, wobei man zweckmäßig den Kranken in Bauchlage auf eine schiefe Ebene mit tiefer gelagertem Kopfe legt. Beim normalen Menschen fällt auf der schiefen Ebene der über die Senkrechte hinausgebeugte Unterschenkel gegen Oberschenkel und Becken hin, beim Simulanten infolge willkürlicher Anspannung des Unterschenkelstreckers fußwärts auf den Untersuchungstisch.

b) Vorgetäuschte Lähmung des Armhebers.

Bei Augenschluß hebt man den gelähmten Arm bis zur Horizontale und fordert den Kranken auf, den Arm nun langsam zu senken. Geschieht dies mit einer Langsamkeit, die das freie Fallen ausschließt, so ist der Heber des Armes aktiv innerviert worden und bestand keine Totallähmung. Freund und Sachs[2]) ließen einen Kranken, der den Arm nicht heben konnte, die Bauchlage einnehmen, so daß der Arm vom Untersuchungstisch herabhing. Nun befahlen sie, den Arm an den Stamm heranzuziehen, was prompt ausgeführt wurde. Darauf sollte er den Arm wieder abheben vom Rumpf bzw. den Arm wieder herabfallen lassen. Er sagte, das ginge nicht, obwohl tatsächlich nur die Schwere des Arms zum Herabfallen genügt, wenn der Kranke die Armanzieher entspannt. Durch Ablenkung der Aufmerksamkeit kann man ebenfalls Simulation einer Schultermuskellähmung nachweisen. Man hebt den Arm passiv und betrachtet die Finger-Handgelenke und läßt hier Kraftproben ausführen. Gleichzeitig übt man an dem passiv erhobenen Arm eine immer geringer werdende Unterstützung aus. Der Kranke gleicht hierbei häufig durch unwillkürliche Anspannung der angeblich gelähmten Oberarmheber das Herabsinken des Armes aus, so daß der Arm schließlich ohne jede Stütze für einige Sekunden aktiv im Schultergelenk abduziert gehalten wird.

---

[1]) Erben, Die Diagnose der Simulation. Lehrbuch 1912.
[2]) Zit. nach Erben, S. 12.

c) Vortäuschung von Fingerlähmung.

Die Finger werden vom Kranken meistens in leicht eingekrallter Stellung gehalten und auf Aufforderung weder weiter gebeugt noch gestreckt. Erben geht nun so vor, daß er die Finger passiv in Streckstellung bringt, und dem Kranken sagt, er solle sich nicht anstrengen, sondern die Finger ruhig lassen. Beim Loslassen der Finger sah Erben dann mehrfach die Finger in Streckstellung stehen bleiben als Zeichen dafür, daß der Kranke willkürlich die Fingerstrecker anspannen konnte. Ohne Anspannung der Strecker wären die Finger sofort nach dem Loslassen durch den mechanischen Zug der Fingerbeuger in Einkrallstellung zurückgegangen.

d) Vortäuschung von Schwäche.

Der Hößlinsche Versuch besteht darin, daß man von dem Untersuchten eine Ellenbogenbeugung mit äußerster Kraft ausführen läßt und der Beugung einen Widerstand mit der eigenen Hand entgegensetzt. Unterbricht man nun plötzlich den Gegendruck, so schnellt der Unterarm, wenn der Verletzte seine volle Kraft ausgenutzt hat, gegen den Oberarm heran. Bleibt dagegen der Unterarm beim unerwarteten Nachlassen der Gegenwirkung in derselben Muskelstellung stehen, so ist das ein Beweis dafür, daß der Kranke seine Antagonisten mitangespannt hat, um eine Schwäche des Unterarms vorzutäuschen. Die Versuchsordnung läßt sich auch am Bein anwenden bei angeblicher Schwäche der Unterschenkelbeuger.

e) Schwäche der Unterschenkelstrecker.

Man kann bei dem Kranken den Unterschenkel trotz angeblich maximaler Kraftanstrengung ganz leicht im Kniegelenk beugen. Fordert man nachher den Kranken auf, sich auf dem gleichen Bein im Knie sinken zu lassen und wiederaufzurichten, so geschieht das prompt. Bei einer so hochgradigen Schwäche in den Unterschenkelstreckern, wie sie der Kranke vorzutäuschen suchte, ist das aber nicht möglich.

f) Dynamometerversuch.

Bei organischer Parese werden am Dynamometer geringe Werte gedrückt, aber annähernd dieselben bei vielen Versuchen. Der Simulant drückt entweder gar nicht oder ganz wechselnde Werte (zwischen 10—70) als Zeichen, daß er in seinem Bestreben, eine Handschwäche vorzutäuschen, die jedesmal angewandte Kraft nicht kontrollieren kann, da er nicht jedesmal seine maximale Kraft anwendet. Die Probe ist um so beweisender, wenn er mit der anderen Hand normale Werte drückt, also sehr wohl weiß, wie er drücken soll.

2. Simulation von Zittern.

Langanhaltendes ununterbrochenes Zittern (1/2 bis 1 Stunde) kann nicht simuliert werden, da ein gesunder Mensch das nicht durchführen kann. Bei der Simulation schieben sich immer Pausen ein, in denen sich der Kranke erholt. Auch wechselt das simulierte Zittern, wenn es länger durchgeführt wird (10—15 Minuten), in seiner Art und Stärke, indem bei eintretender Ermüdung die Zitterbewegungen langsamer, größer und unregelmäßiger werden, der Kranke dabei außer Atem gerät, Pulsbeschleunigung aufweist. In zahlreichen Versuchen bei gesunden Menschen habe ich festgestellt, daß auch nach längerer Übung dauerndes Zittern nicht länger als höchstens 10 Minuten ausgeführt wird. Beweisend ist der Versuch von Fuchs: Man schreibt in der Luft oder zieht Kreise, Linien und fordert den Kranken auf, dies mit dem einen Arm rasch nachzumachen, wobei man seine Aufmerksamkeit möglichst auf die Tätigkeit ablenkt. Dabei achtet man auf das Zittern der anderen Hand oder eines anderen zitternden Körperteiles (Kopf, Bein), ob das Zittern unregelmäßig wird oder ganz schwindet. Bleibt das Zittern gleichmäßig bestehen, so ist das eine Gewähr für die Echtheit des Zitterns. Dagegen beweist das Ausbleiben des Zitterns nicht unbedingt Simulation, da dies z. B. auch bei der Basedowschen Krankheit, bei Paralysis agitans und hysterischem Zittern vorkommt. Finden sich an den zitternden Muskeln faszikuläre Kontraktionen oder Zucken nur einzelner Muskeln (Platysma myoides, m. sartorius, biceps), dann besteht echtes Zittern; denn isolierte willkürliche Innervation ist nicht möglich.

3. Simulation des Romberschen Phänomens und von Schwindel.

Der Neurastheniker und auch der Gesunde zeigen beim Stehen mit Augen-Fußschluß nicht selten ein geringes Schwanken. Der Tabiker, der Polyneuritiker mit Gefühlsstörung an den Beinen, Kranke mit Labyrinthaffektionen oder Kleinhirnerkrankungen zeigen meist dabei erhebliches Schwanken. Sie fallen aber nicht sofort hin, sondern bemühen sich, das Gleichgewicht zu behalten, indem sie hin und her balancieren, die aneinandergesetzten Füße unwillkürlich wieder spreizen, um sich vor dem Hinfallen zu bewahren. Ganz anders der Simulant. Er beginnt schon vor Augenschluß zu schwanken oder bei Augenschluß vor Aneinandersetzen der Füße. Er läßt sich bisweilen bei Augenschluß sofort wie ein Sack zu Boden fallen, ohne auch nur einen Versuch zu machen, sich durch Balancieren im Gleichgewicht zu halten. Die Entlarvungsproben beruhen sämtlich auf Ablenkung der Aufmerksamkeit.

a) Man kann in der Weise vorgehen, daß man den Kranken, der sich bei direkter Prüfung mit Augenfußschluß sofort hinfallen lässt, zunächst die Füße aneinander setzen läßt. Dann unterhält man sich mit ihm und prüft die Pupillen, indem man nur ein Auge vorübergehend bedeckt. Dann bedeckt man bei der Pupillenprüfung beide Augen, wobei dann der Simulant ohne jedes Schwanken steht (Schuster). Das gleiche kann in der Dunkelkammer ausgeführt werden, d. h. Unterhaltung bei Fußschluß, dann plötzliches mehrfaches Ausschalten des elektrischen Lichtes und Wiederanschalten. Der Simulant steht dabei stets ganz ruhig.

b) Eine weitere Probe, modifiziert nach Freund und Sachs[1]), besteht darin, daß man zunächst Fußschlußstellung einnehmen läßt. Man setzt dann dem Kranken auseinander, daß er die auf seiner Brusthaut mit dem Finger geschriebenen Zahlen oder Buchstaben angeben soll und fügt hinzu, daß er dabei die Augen schließen solle, damit er die Bewegungen des Fingers nicht sehen könne. Ist der Kranke soweit abgelenkt, läßt man die Augen schließen und zeichnet die Zahlen auf die Brusthaut unter steter Aufmunterung, genau aufzupassen, fängt auch sogleich mit schwereren Zahlen an. Der Simulant, der vorher bei Augenfußschluß stark schwankte oder gar sofort hinfiel, steht nun lange Zeit ganz ruhig ohne das geringste Schwanken.

c) Eine sehr zweckmäßige Probe auf Schwindelsimulation ist, den Kranken bei Augenschluß rückwärts vom Stuhl steigen zu lassen. Man läßt ihn auf den Stuhl steigen und prüft seine Beinmuskulatur durch Beklopfen und Betasten. Dann fordert man ihn auf, die Augen zu schließen und schnell herunterzusteigen. Der an echtem Schwindel Leidende tastet stets vorsichtig nach der Stuhllehne, läßt sich langsam in die Knie, während der Simulant bisweilen glatt heruntersteigt, ohne die Lehne anzufassen. Natürlich ist nur letzteres beweisend für Simulation. Der gewiegte und öfter untersuchte Simulant wird sich häufig wie ein mit richtigem Schwindel Behafteter benehmen.

d) Bei echtem Schwindel tritt ferner bei Bückprobe nach $^1/_2$—$^3/_4$ Minuteu deutliches Körperschwanken auf mit Pulsverlangsamung oder Pulsanstieg, stärkerem Blutandrang zum Kopf und Zittern der Hände, sowie Rückwärtstaumeln beim Aufrichten. Der Simulant läßt sich sofort vornüberfallen auf die vorgestreckten Hände, ohne daß dabei anderweitige Symptome wie Pulsänderung usw. zu beobachten sind. Häufig läßt er sich schon vornüberfallen, wenn er den Oberkörper noch kaum gebeugt hat, ohne auch nur den Versuch zu machen, sich durch Balancieren im Gleichgewicht zu halten.

e) Taumelnder Gang. Die Simulation von unsicherem schwankendem Gang und angeblicher Unmöglichkeit, ohne Stock zu gehen, wird sich nur durch eine längere Krankenhausbeobachtung beweisen lassen. Die Beobachtung des Kranken bei seinen Ausgängen, beim Essenholen im Krankensaal, bei Treppensteigen usw. wird dann meistens Anhaltspunkte ergeben, ob die Gehstörung vorgetäuscht wird. Ich lasse zu diesem Zwecke den Kranken während der Untersuchung zum Telephon oder zum Essen abrufen, und in der Eile vergißt er seine sonstige Gehweise beizubehalten, vergißt sogar seinen Stock mitzunehmen und läuft schnell die Treppe hinunter.

4. Simulation von Druckschmerzhaftigkeit.

Die Simulationsproben auf Druckschmerz sind sämtlich recht unsicher und höchstens bei positivem Ausfall beweisend für Fehlen von Simulation.

a) Das Mankopf-Rumpfsche Kennzeichen besteht in einer vorübergehenden Pulsbeschleunigung, die während des Druckes oder

[1]) Freund u. Sachs, Die Erkrankungen des Nervensystems. 1899.

Reibens an der angeblich schmerzhaften Stelle auftritt. Beim Versuch muß stets darauf geachtet werden, daß der Kranke gleichmäßig atmet, da eine längere und tiefere Inspiration und exspiratorisches Pressen bei nervösen Personen zu einer kurzen Pulsbeschleunigung Anlaß geben kann. Die Mankopf-Rumpfsche Herzreaktion ist auch bei sicher schmerzhaften Stellen (Karies, Stirnhöhleneiterung, frische Schädelknochenverletzungen usw.) sehr selten positiv, so daß das Ausbleiben der Pulsbeschleunigung gar nichts beweist für Fehlen von Druckschmerz. Es ist auch stets Kontrollprobe durch Druck oder Reiben an einer anderen als nicht schmerzhaft angegebenen Stelle erforderlich, da bei Nervösen auch dabei schon Pulsbeschleunigung beobachtet werden kann. Rumpf hat bei der Druck- bzw. Reibeprobe außer der Pulsbeschleunigung auch kurzdauernde Verlangsamung und nachfolgende Beschleunigung, oder Kleinwerden des Pulses, Unregelmäßigkeit des Pulses und Beschleunigung mit den genannten Änderungen beobachtet, ferner vereinzelt deutliche Senkung des Blutdrucks, häufiger Blutdrucksteigerung. Ich habe bei über 150 Soldaten mit schmerzhaften neuritischen Veränderungen an durch Schuß verletzten peripheren Nerven nur bei 10% eine deutliche Pulssteigerung beobachtet bei einem Druck, der nach Angabe des Kranken schon erhebliche örtliche Schmerzen bewirkte, niemals aber Unregelmäßigkeit und niemals Blutdrucksenkung, ganz vereinzelt geringe Steigerung des maximalen Blutdrucks bis höchstens 20 mm Hg.

b) Parrotsches Zeichen. Bei Druck auf Schmerzstelle tritt bisweilen Pupillenerweiterung ein, namentlich bei schmerzhaften Kopfnarben. Dieses Symptom wird auch als „sympathische Schmerzreaktion" bezeichnet. Cramer hat es unter 75 Fällen 68 mal, Erben dagegen nur selten nachweisen können. Ich selber habe es bei Soldaten (Kopf- und periphere Schußverletzungen) nur in 5—6% gefunden bei annähernd 1000 Fällen, wobei ich jeden Fall mindestens 6—7 mal an verschiedenen Tagen auf das Symptom geprüft habe. Es fehlte häufig auch dann, wenn unter der Kopfnarbe sich ein größerer Oberflächenabszeß befand.

c) Müllerscher Versuch. Dieser beruht auf der physiologischen Tatsache, daß zwei Tasteindrücke je nach dem Körperteil eine bestimmte Entfernung haben müssen, um getrennt empfunden zu werden. Man setzt auf die Stelle des Druckschmerzes einen Finger und außerhalb der Stelle einen Finger der anderen Hand, wobei man die Entfernung so wählt, daß der Kranke bei geschlossenen Augen nur die Empfindung einer einzigen Berührung hat. Nun läßt man den Druck im Bereich der schmerzhaften Stelle nach, indes der andere Finger den Druck unverändert erhält. Gibt er noch Schmerzen an, wenn der eine Finger nun an der nicht schmerzhaften Stelle drückt, so liegt Simulation vor.

d) Zu praktischen Ergebnissen führt häufig ein während anderweitiger Untersuchung, z. B. beim Auskultieren, gleichzeitig auf die angebliche Druckschmerzstelle ausgeübter Druck. Wenn z. B. ein Kranker bei der direkten Prüfung an der Schmerzstelle schon bei leichtem Druck an Kopfnarbe, Wirbelsäule, Abdomen stark zusammenzuckt und Abwehrbewegungen macht und nachher bei abgelenkter Aufmerksamkeit auch bei stärkerem Druck gar nicht reagiert, so spricht dies zum mindesten für starke Übertreibung.

5. Simulation von Sehstörung und Hörschwäche.

Die Begutachtung erfolgt am besten stets durch Spezialisten, zumal ja vor Annahme und Prüfung der Simulation stets durch eine genaue Präzisionsuntersuchung das Fehlen bzw. der Grad etwa vorhandener organischer Veränderungen am Seh- und Hörorgan festgestellt werden muß.

B. Unfallbegutachtung bei Haftpflichtfällen.

(Haftpflichtgesetze und Entscheidungen der ordentlichen Gerichte.)

Die Haftpflichtgesetze verlangen im Gegensatz zur sozialen Unfallversicherung nicht den Nachweis eines Betriebsunfalls als rechtliche Grundlage eines entschädigungspflichtigen Unfalls, sondern gewähren ganz allgemeinen Ersatz für einen „Schaden", der durch Tötung, Verletzung des Körpers oder Schädigung der Gesundheit entsteht.

1. Das Reichshaftpflichtgesetz vom 7. Juni 1891

nebst Umänderung durch das Einführungsgesetz BGB. gewährleistet Schadenersatz allen Personen, die bei dem Betrieb einer Eisenbahn (Voll-, Neben- Straßenbahn) getötet oder körperlich verletzt werden, sofern nicht der Unfall durch höhere Gewalt oder eigenes Verschulden des Verletzten verursacht worden ist.

Die für den Arzt wichtigsten gesetzlichen Bestimmungen sind:

Schadenersatz.

Der zu leistende Schadenersatz entspricht stets dem

a) vollen Verdienstausfall oder Vermögensnachteil im Gegensatz zur sozialen Versicherung, die nur $66^2/_3$% des vollen Jahresverdienstes gewährt;
b) Ersatz der Heilungskosten in angemessener Form, d. h. den bisherigen wirtschaftlichen Verhältnissen des Patienten entsprechend;
c) Schadenersatz für vermehrte Bedürfnisse (fremde Pflege und Wartung, Milch, besondere Stärkungsmittel);
d) Schmerzensgeld, aber nur unter besonderen Verhältnissen, wenn nämlich die Unfallschädigung vom Eisenbahnunternehmer

oder seinem Vertreter durch Vorsatz oder Fahrlässigkeit herbeigeführt wurde.

Begrenzung des ersatzpflichtigen Schadens.

a) Bei der Abschätzung der Erwerbsfähigkeit kommt nicht, wie bei der Arbeiterversicherung, der „allgemeine Arbeitsmarkt“ in Frage, sondern nur eine solche Tätigkeit, die der Vorbildung und dem Stande des Verletzten entspricht. Der Verletzte ist verpflichtet, sich um eine dementsprechende Tätigkeit zu bemühen.

b) Nicht entschädigungspflichtig ist eine Erwerbsbeschränkung, die durch unberechtigten Rentenkampf (sekundäre Rentenneurasthenie oder -Hysterie) infolge der Sucht, eine unverdiente Rente zu erzwingen, oder durch unberechtigte Operationsverweigerung verursacht worden ist. Letztere ist vorhanden, wenn bei operativer Behandlung 1. sichere Aussicht auf beträchtliche Hebung der Erwerbsfähigkeit bestand, 2. die Operation ohne Allgemeinnarkose auszuführen war, 3. nennenswerte Schmerzen nicht entstanden wären und 4. der Haftpflichtige zur Übernahme der Operationskosten sich bereit erklärte.

c) Bei traumatischer Verschlimmerung älterer Leiden wird nicht die ganze schließlich bestehende Erwerbsveränderung entschädigt, sondern nur der Anteil, der durch das schädigende Ereignis bedingt war. In Haftpflichtfällen wird deswegen dem Begutachter durch gerichtlichen Beweisbeschluß meist die Frage vorgelegt, ob und in welcher Weise ein älteres vor dem Unfall vorhanden gewesenes Leiden sich voraussichtlich auch ohne das Hinzutreten der Unfallschädigung entwickelt haben würde.

Begründung der Höhe der Erwerbsbeschränkung.

Die Abschätzung des Grades der Erwerbsbeschränkung durch Unfallfolgen ist die gleiche bei den Haftpflichtbegutachtungen wie bei sonstigen Begutachtungen. Es ist nur zu berücksichtigen, daß die Bewertung der verbliebenen Arbeitsfähigkeit stets unter dem Gesichtspunkt erfolgen muß, daß nach dem Haftpflichtgesetz der Unfallverletzte nur zu einer seiner Vorbildung und seinem Stande entsprechenden Arbeit verpflichtet ist.

Voraussichtliche Dauer der Erwerbsbeschränkung.

Das Reichsgericht vertritt den Standpunkt, daß der Arzt in bestimmten Krankheitsfällen auf Grund der allgemeinen Erfahrungen den künftigen Verlauf eines Unfallleidens im voraus feststellen kann, so daß bei der ärztlichen Annahme eines nur zeitlich begrenzten Schadens das Gericht auf eine zeitlich begrenzte Rente erkennen kann. Demgemäß braucht das Gericht keine Dauerrente festzusetzen bei Unfallkrankheiten, die voraussichtlich innerhalb einiger Jahre eine Besserung oder Heilung erwarten lassen, sondern es kann eine fallende Rente festsetzen, z. B. erstes Halbjahr 80%, zweites Halbjahr 60%, drittes Halbjahr 40% usw. bis zum Erlöschen der Rente nach einigen Jahren.

Rentenabfindung.

Der Verletzte kann nach den Einführungsgesetzen des BGB. statt der Rente eine Abfindung in Kapital verlangen, wenn ein wichtiger Grund vorliegt. Das Reichsgericht sieht einen wichtigen Grund für Umwandlung einer Rentenforderung in Kapitalabfindung dann als gegeben an, wenn die einmalige Abfindung voraussichtlich einen günstigen Einfluß auf den Gesundheitszustand des Verletzten haben wird. Es ist also die Aufgabe und Pflicht des ärztlichen Begutachters in allen Haftpflichtprozessen, die bei längerer Dauer durch die unvermeidlichen Aufregungen und die Entwicklung von sekundären nervösen Störungen und Rentenbegehrungsvorstellungen auf den allgemeinen Gesundheitszustand des Verletzten ungünstig einwirken, einen Vergleich durch Kapitalabfindung vorzuschlagen. Die bereits zahlreich vorliegenden Erfahrungen haben einwandfrei den günstigen Einfluß der Abfindung auf den Krankheitsverlauf von allen Unfallschädigungen erwiesen. Vom ärztlichen Standpunkt ist deshalb fast stets in Haftpflichtunfällen nicht nur bei rein nervösen Unfallkrankheiten, sondern auch bei allen nicht in allerkürzester Frist glatt ausheilenden Körperverletzungen eine möglichst beschleunigte Erledigung des Unfallverfahrens durch Abfindung anzustreben. Denn erfahrungsgemäß führen gerade die sekundären nervösen Unfallfolgen nach an sich harmlosen und unbedeutenden Körperschädigungen später zu langdauernden und oft schwer zu beseitigenden Störungen der Erwerbsfähigkeit. Gerade in den Haftpflichtfällen bietet sich dem Begutchter eine gute Gelegenheit zur Abfindung, während ihm bei der sozialen Versicherung durch die unheilvolle gesetzliche Begrenzung der Abfindungsmöglichkeit auf Renten bis zu 20% die Hände gebunden sind.

2. Kraftfahrzeuggesetz und BGB.

Durch das Kraftfahrzeuggesetz wird der beim Betrieb eines Kraftfahrzeuges entstehende Personen- und Sachschaden durch den Fahrzeughalter ersetzt (außer bei höherer Gewalt und schuldhaftem Verhalten des Verletzten oder eines Dritten). Die Entschädigungshöhe ist aber begrenzt, insofern im Falle der Tötung oder Verletzung eines Menschen nur bis zu einem Kapitalbetrag von 50 000 M. oder bis zu einem Rentenbetrag von jährlich 3000 M. entschädigt wird, bei Tötung oder Verletzung mehrerer Menschen nur bis zum Kapitalbetrag von insgesamt 150 000 M. oder Rentenbetrag von insgesamt 9000 M. Die für den ärztlichen Begutachter maßgebenden Gesichtspunkte sind die gleichen wie beim Rentenhaftpflichtgesetz.

3. Haftpflichtansprüche aus dem BGB.

Nach den Haftpflichtbestimmungen des BGB. kann ein Verletzter vollen Schadenersatz beanspruchen von Privatpersonen, Behörden und juristischen Personen jeder Art, falls die Gesundheitsbeschädigung durch unerlaubte Handlungen, also Fahrlässigkeit oder Vorsatz verursacht worden ist (unbeleuchtete Treppen, bei Glatteis nicht gestreute Wege). Der Schadenersatz erstreckt sich auf a) die entstandene Erwerbsverminderung, b) Vermehrung der Bedürfnisse, c) evtl. Schmerzensgeld.

C. Unfallbegutachtung bei Privatversicherung.

Wenn eine Privatperson sich bei einer Privatversicherungsgesellschaft gegen Unfall versichert hat, so richten sich seine Entschädigungsansprüche nach den jeweiligen Versicherungsbedingungen, die der Versicherte bei Eingehen des Versicherungsvertrages durch seine Unterschrift anerkannt hat. Die besonderen Vertragsbedingungen sind bei den verschiedenen privaten Versicherungsgesellschaften verschieden bezüglich der als „Unfall" anzuerkennenden Ereignisse und der Höhe der zu zahlenden Entschädigung, indem z. B. einzelne Gesellschaften Erkrankungen infolge psychischer Einwirkungen (Schreckunfälle) nicht als entschädigungspflichtige Unfälle in den Versicherungsvertrag aufgenommen haben.

In der Regel erkennen die Gesellschaften als „Unfall" alle Körperschädigungen an, die den Versicherten durch „plötzliche äußere Einwirkungen" unfreiwillig betroffen haben. Darunter sind auch einbegriffen Körperschäden, die der Versicherte bei rechtmäßiger Verteidigung (Mordüberfall) oder bei Rettungsversuchen von Menschenleben und Eigentum (Feuersbrunst, Ertrinken), bei Verbrennungen, Blitz- oder elektrischen Einwirkungen, Gaseinatmung oder Berufsinfektion erleidet. Die bezüglich letzterer von Ärzten abzuschließende „Infektionsklausel" hat bei den einzelnen Gesellschaften eine verschiedene Fassung. Es liegt eine Reichsgerichtsentscheidung vor, wonach Ansteckung eines Arztes durch einen diphtheriekranken Patienten einen nach den Versicherungsbedingungen entschädigungspflichtigen Unfall darstellt, falls der ganzen Sachlage nach anzunehmen ist, daß der Infektionsstoff durch Tropfen des ausgehusteten Sekretes übertragen wurde.

Ausgeschlossen von der Entschädigungspflicht bei Privatversicherung sind — z. T. im Gegensatz zu der sozialen Versicherung — in der Regel:

1. Folgen von Temperatureinflüssen (Erkältungen, Erfrieren, Sonnenstich, Hitzschlag).
2. Körperbeschädigungen durch Zweikampf, Schlägerei.
3. Folgen fortgesetzter Anstrengungen.
4. Gewöhnliche Krankheiten, insbesondere Infektionskrankheiten, bisweilen auch Folgeerscheinungen innerer Vergiftungen.

5. Folgezustände von Schlag-, Krampf-, Ohnmachtsanfällen, Unterleibsbrüche, Blinddarmerkrankung und zwar auch dann, wenn es sich um Folgen von Unfällen handelt.
6. Unfälle infolge Geistes- oder Bewußtseinsstörung, außer wenn diese Störung selbst durch einen Unfall herbeigeführt ist.
7. Operationen, die nicht durch Unfall veranlaßt sind, oder die der Versicherungsnehmer an sich selbst vornimmt.
8. Unfälle durch besonders hohe Gefahren oder besondere Naturereignisse, bürgerliche Unruhen, Wasserfahrten, Schwimmen, Baden und anderen Sport. Die durch letztere bedingten Unfallgefahren werden häufig in Privatverträgen durch besondere Bestimmungen geregelt.

Die besondere Art und Höhe der Unfallentschädigung (Tagesentschädigung, Invalidität, Todesfall, Kurkosten, Kapitalabfindung statt laufender Rente) richtet sich nach den jeweiligen Vertragsbedingungen der Gesellschaft.

Spezieller Teil.

Erstes Kapitel.

Verletzungen und Erkrankungen der Lungen, der Luftröhren und des Brustfells.

A. Verletzungen der Lungen und des Rippenfells durch stumpfe Brusttraumen.

Stumpfe Gewalteinwirkungen am Brustkorb, Stoß, Schlag, Quetschung, Fall auf kantige Gegenstände, können zu Verletzungen des Rippenfells und der Lungen Anlaß geben ohne gleichzeitige Schädigung der Weichteile und der Rippen. Bei der Unfallbegutachtung von Brusttraumen ist also zu berücksichtigen, daß es sehr wohl möglich ist, daß ohne äußerlich nachweisbare Gewaltspuren lediglich durch eine plötzliche starke Kompression oder Erschütterung die Brusteingeweide schwer verletzt werden. Auf Grund von Versuchsergebnissen an aus dem Thorax herausgenommenen Lungen führt man die Lungeneinrisse ohne Rippenfrakturen auf Platzrupturen zurück, indem bei einer plötzlichen gewaltsamen Thoraxkompression die Luft nicht schnell genug aus der Lunge entweichen kann (Glottisschluß), und dadurch das Lungengewebe wie eine mit Luft gefüllte Blase einreißt. Hierbei wird durch das Vorhandensein von älteren krankhaften Veränderungen des Lungengewebes mit verminderter Widerstandsfähigkeit und Verwachsungen des Rippenfells das Zustandekommen von Verletzungen begünstigt.

Folgezustände eines Brusttraumas.

Je nach der Intensität der Gewalteinwirkung handelt es sich nur um kleinere Blutungen am Rippenfell und im Lungengewebe, die mit anfänglichen Schmerzen, aber ohne Bluthusten und ohne klinisch nachweisbare Veränderungen einhergehen und meist in kurzer Zeit folgenlos für die Erwerbsfähigkeit des Verletzten abklingen, oder um größere Gefäß- und Gewebszerreißungen mit ausgesprochenen klinischen Symptomen. In letzterem Fall kann sich das Bild der: 1. trockenen oder flüssigen Pleuritis entwickeln oder 2. ein Hämatothorax bzw.

Hämatopneumothorax, 3. eine ausgedehnte Blutinfiltration des Lungengewebes mit Blutauswurf entstehen.

Der weitere Ablauf der Verletzung wird davon abhängen, ob eine Infektion hinzutritt oder nicht. Waren zur Zeit des Traumas zufällig Bakterien in der Lunge oder im Blut vorhanden, oder gelangen solche vor Abheilung der Verletzung in die geschädigten Gewebsteile, so kann es zur Entwicklung einer akuten oder chronischen Pneumonie, zur Lungenabszeß-Gangränbildung oder zu eitriger Pleuritis als sekundärer Unfallfolge kommen.

Die Beurteilung der Zusammenhangsfrage sowohl der primären als auch sekundären infektiösen Folgeerscheinungen eines Brusttraumas wird in der Regel keine Schwierigkeiten bereiten, falls 1. nachweislich der Brustkorb direkt beim Unfall betroffen worden ist und 2. sofort nach dem Trauma Verletzungserscheinungen aufgetreten sind, wie Bluthusten, starke Dyspnoë, physikalische Zeichen eines Hämatothorax, Pneumothorax, interstitielles Emphysem, und 3. gleichsam aus diesen Erscheinungen heraus eine Pneumonie oder Pleuritis sich entwickelt. Bezüglich des zeitlichen Auftretens von Bluthusten nach Brusttraumen ist es wichtig, daß dieses bisweilen nicht sofort auftritt, sondern mehrfach erst nach vielen Stunden und selbst Tagen beobachtet worden ist. Über den verschlimmernden Einfluß von stumpfen Brusttraumen auf schon bestehende Erkrankungen der Lungen (Tuberkulose, Emphysem) findet sich das Nähere in den betreffenden Kapiteln.

B. Akute Lungenentzündung nach Unfall.

Alle Unfallvorgänge, die zu einer direkten oder indirekten Verletzung des Lungengewebes oder sonstiger Schädigung der Luftröhrenschleimhaut und Alveolen Anlaß geben, können unter Umständen als wesentlich mitwirkende Gelegenheitsursache für die Entstehung einer akuten krupösen Pneumonie und einer herdförmigen Bronchopneumonie in Betracht kommen. Es wird dadurch die Ansiedelung der Erreger der Lungenentzündung ermöglicht werden, die zufällig zur Zeit des Unfalls von den Atmungsorganen beherbergt wurden, oder die erst nach dem Unfall in die Lungen hineingelangten zu einer Zeit, wo die schädigenden Einflüsse des Unfalls noch nicht abgeklungen und damit die Widerstandsfähigkeit des Lungengewebes noch vermindert war.

Folgende Möglichkeiten eines ursächlichen Zusammenhangs zwischen Unfallvorgängen und akuter Pneumonie kommen in Frage und sollen im einzelnen besprochen werden:

1. Direkte Traumen des Brustkorbes und allgemeine Körpererschütterung mit Verletzungen des Lungengewebes und der Luftröhren.

2. Körperliche Überanstrengungen, wie schweres Heben, Tragen, Schieben.
3. Starke Abkühlungen und Durchnässungen des Körpers.
4. Einatmung von giftigen Gasen, von Staub und Ansaugung von Flüssigkeiten oder festen Partikeln beim Fall ins Wasser oder im bewußtlosen Zustand.
5. Metastatische Lungenentzündung bei infektiösen Prozessen, die durch Unfall verursacht sind.
6. Schwächung des allgemeinen Kräftezustandes durch Unfallfolgen als begünstigendes Moment bei der Entwicklung einer Pneumonie.
7. Ansteckung während eines durch die Berufsgenossenschaft angeordneten Heilverfahrens im Krankenhaus.

I. Pneumonie nach Traumen des Brustkorbs und Körpererschütterung.

Die Anerkennung, daß eine akute Lungenentzündung mit Wahrscheinlichkeit traumatischen Ursprungs ist, muß von der Erfüllung bestimmter Bedingungen abhängig gemacht werden. Diese sind:

1. Fehlen von Lungenerscheinungen vor dem Unfall.
2. Nachweis, daß eine direkte mechanische Einwirkung erheblicher Art auf den Brustkorb oder eine erhebliche allgemeine Körpererschütterung stattgefunden hat.
3. Enges zeitliches Verhältnis zwischen Trauma und Beginn der Lungenentzündung.
4. Örtliche Übereinstimmung zwischen Trauma und Sitz der Pneumonie. Das Fehlen örtlicher Beziehungen bildet jedoch keinen Grund für eine Ablehnung, wenn die sonstigen Bedingungen erfüllt sind.

1. Zustand der Atmungsorgane vor dem Unfall.

Wenn der Verletzte bis zum Unfall bei anscheinend völligem Wohlbefinden seine Arbeit, und vor allem schwere Arbeit, verrichtet hat, so wird das in der Regel dafür sprechen, daß zur Zeit des Unfalls die Lungenentzündung noch nicht in der Entwicklung begriffen war. Absolut beweisend ist aber die Arbeitsleistung kurz vor dem Unfall ohne für die Umgebung erkennbare Beschwerden für das Fehlen einer Pneumonie nicht. Denn namentlich Potatoren können trotz einer bereits ausgesprochenen Pneumonie ihre gewöhnliche Tätigkeit verrichten. So hat Foß[1]) eine Beobachtung mitgeteilt, in der ein Matrose ins Wasser fiel und eine Hinterkopfwunde davontrug. Bei der sofortigen Lazarettaufnahme fand sich eine totale Dämpfung über der rechten Lunge,

[1]) Foß, Ref. Centralbl. f. Chir. 1884, S. 639.

hohes Fieber, Delirium. Ähnliche Beobachtungen hat Stern[1]) gemacht. Nur eine möglichst frühzeitige Untersuchung gleich nach dem Unfall kann deshalb eine sichere Beurteilung ermöglichen, ob der Verletzte vorher lungengesund war.

2. Nachweis der direkten Gewalteinwirkung auf die Brust oder einer erheblichen Körpererschütterung.

Ein direktes Brusttrauma kann geeignet sein, eine Lungenschädigung mit Pneumonie hervorzurufen, auch ohne daß dabei eine äußere Verletzung oder Rippenbruch erfolgt ist.

a) Sind Spuren äußerer Gewalteinwirkung vorhanden, so spricht dies für eine gewisse Erheblichkeit des Traumas. Fehlen diese, so kann der Unfallvorgang an sich häufig eine genügende Erheblichkeit der mechanischen Gewalt wahrscheinlich machen, z. B. Quetschung der Brust zwischen Puffern, Verschüttung durch Gesteinsmassen, so daß der Kranke befreit werden mußte, starker Stoß gegen Brust oder Rücken durch einen Balken, Fall mit der Brust auf Kante eines Karrens, Erschütterung durch Fall aus größerer Höhe, z. B. von einem Gerüst auf Rücken, Gesäß, Füße oder Kopf-Nacken. Nach allen solchen Traumen ist das Auftreten einer Pneumonie beobachtet worden.

b) Als weiteres wichtiges Kennzeichen für eine erhebliche Brusterschütterung und Lungenschädigung dient das Verhalten des Kranken unmittelbar nach dem Unfall. Sind sofort Klagen über heftige Schmerzen geäußert worden, so daß die Arbeit unterbrochen werden mußte, zeigte der Kranke ein blasses Aussehen oder Ohnmacht, Erbrechen, so spricht das meist für eine stärkere Chokwirkung und Verletzung der Lunge, auch wenn kein Bluthusten unmittelbar nachher aufgetreten ist. Man wird zugeben müssen, daß auch rein äußerliche Kontusionen an Weichteilen und Knochen erhebliche Schmerzen verursachen können, die eine sofortige und auch mehrtägige Arbeitsunterbrechung zur Folge haben. Wenn aber im Anschluß an eine derartige schmerzhafte Brustkontusion eine Lungenentzündung auftritt, so wird der Zusammenhang der Lungenschädigung mit dem Unfall niemals abgelehnt werden dürfen.

c) Das wichtigste Zeichen einer erheblichen Brusterschütterung und Lungenschädigung bildet das frühzeitige Auftreten von Blutauswurf unmittelbar nach dem Trauma und vor dem Auftreten der Pneumonie. Eine solche traumatische Hämoptoë wird nur in einzelnen Fällen als Vorläufererscheinung einer später auftretenden Lungenentzündung beobachtet. Ihr Fehlen spricht durchaus nicht gegen eine Lungenquetschung. Denn wenn diese nur geringgradig ist, so kommt es nicht zu Blutauswurf, oder erst später bei Beginn der

---

[1]) Stern, U. tr. Ent. innerer Erkr. II. Aufl., S. 196.

Lungenentzündung. Durch den entzündlichen Prozeß oder durch die Erschütterung beim Husten werden die zerrissenen und anfangs verklebten Gefäße in stärkerem Grade geschädigt, so daß nunmehr ein ungewöhnlich starker Blutgehalt des pneumonischen Sputums resultiert. Da aber auch bei nicht traumatischen Pneumonien ein sehr reichlicher Blutgehalt des Sputums vorkommt, so kann dies nicht als charakteristisches Zeichen einer traumatischen Pneumonie angesprochen werden. Beweisend für eine Lungenverletzung mit anschließender Lungenentzündung ist einzig und allein der Bluthusten vor Beginn der Pneumonie.

3. Zeitliches Verhältnis zwischen Trauma und Beginn der Pneumonie.

Zeitminimum zwischen Trauma und Pneumoniebeginn.

In der Mehrzahl der bisher beschriebenen Fälle von Lappenkontusionspneumonie traten die ersten Zeichen der Erkrankung innerhalb 1—3 Tagen nach dem Unfall, bisweilen schon nach einigen Stunden mit Schüttelfrost in Erscheinung. Was das Zeitminimum der Entwicklung nach einer Lungenverletzung betrifft, so wird natürlich eine traumatische Entstehung nicht angenommen werden dürfen, wenn schon einige Stunden nach dem Unfall bzw noch am Unfallstage selbst ärztlich objektive Zeichen der Pneumonie wie deutliche, Dämpfung, Bronchialatmen, ausgedehntes Knisterrasseln, typisches rostfarbenes Sputum, Fieberdelirien festgestellt worden sind. In solchen Fällen hat das Leiden zweifellos schon vor dem Trauma bestanden, und handelt es sich nur um ein zufälliges Zusammentreffen von Pneumonie und Unfall. Die Pneumoniekokken sollen nach Birsch-Hirschfeld[1]) zu ihrer Vermehrung und Virulenzbetätigung 4—8, höchstens 10—12 Stunden nötig haben, so daß man sich wohl das Einsetzen der Erkrankung eine Reihe von Stunden nach dem Unfall mit einem Schüttelfrost vorstellen kann, aber nicht in so kurzer Frist die Entstehung einer deutlich klinisch nachweisbaren Infiltration des Lungengewebes.

Zeitmaximum zwischen Trauma und Pneumonie.

Die zweite Frage, bis zu welcher maximalen Zeit nach einem Unfall man eine Pneumonieentwicklung mit einer Lungenschädigung in Zusammenhang bringen darf, läßt sich nur von Fall zu Fall entscheiden. Eine traumatische Lungenverletzung wird nicht immer innerhalb von wenigen Tagen ausheilen, so daß man eine Ansiedelungsmöglichkeit von Kokken an dem Verletzungsort viele Tage nach dem Trauma durchaus nicht als unwahrscheinlich bezeichnen kann. Unter Umständen kann eine Zerreißung des Lungengewebes mit größerer Blutinfiltration der umgebenden Gewebsteile zu einem sich über 1—2 Wochen oder noch länger hinziehenden Reizzustand der Lungen Anlaß geben, so daß

[1]) Birsch-Hirschfeld, s. Dumstrey, Monatsschr. f. Unfallheilk. 1896, S. 233.

während dieser Zeit Husten, Schmerzen, Fieber, Atemnot und zeitweiser Blutauswurf als Zeichen der noch nicht abgeklungenen Lungenschädigung bestehen bleiben. Solange aber der Prozeß in der Lunge nicht ausgeheilt ist, ist auch die Möglichkeit des Eindringens und der Ansiedelung von Pneumonieerregern vorhanden. Für die Begutachtungspraxis wird deshalb im allgemeinen nicht ein Zeitmaximum, d. h. ein bestimmter Termin für das Auftreten der Pneumonie nach einem Brusttrauma gesetzt werden dürfen. Maßgebend ist für die Beurteilung vielmehr der Zustand und das Verhalten des Verletzten in der Zwischenzeit bis zum Auftreten der Pneumonie. a) Wenn der Verletzte eine Reihe von Tagen nach dem Trauma sich völlig wohl befunden hat, seine Arbeit nach dem Unfall fortgesetzt oder nach einigen Tagen nach dem Abklingen der äußeren Kontusionsbeschwerden die Arbeit wieder aufgenommen hat, und dann erst eine Pneumonie auftritt, so ist ein ursächlicher Zusammenhang mit dem Unfall als unwahrscheinlich zu bezeichnen. Denn man darf in einem solchen Falle, wenn die Lungenentzündung später als 4—5 Tage p. tr. auftritt, meistens annehmen, daß die Lungenschädigung bereits abgeheilt war. b) Haben andererseits innerhalb der ersten 1—2 Wochen nach dem Trauma dauernd gewisse Krankheitserscheinungen bestanden, die auf eine länger sich hinziehende Lungenschädigung hinweisen (Schmerzen, Hustenreiz, Auswurf), so wird man die traumatische Entstehung einer Lungenentzündung auch bei einer längeren Zwischenzeit als 4—5. Tage als möglich und wahrscheinlich zugeben müssen. In der Regel wird nach allen vorliegenden Beobachtungen eine traumatische Lungenschädigung innerhalb von 1—2 Wochen als ausgeheilt gelten können, so daß nach dieser Zeit eine Pneumonieentstehung auf dem Boden der Verletzung ganz unwahrscheinlich ist. c) Nur in seltensten Ausnahmen wie in einem Falle von Fürbringer, wenn noch Resterscheinungen in Gestalt von Pleuritis nach Abklingen aller sonstigen Kontusionserscheinungen nachweisbar sind, wird die Möglichkeit einer Spätpneumonie nach Brusttruma in Erwägung kommen. d) Bei den akuten Bronchopneumonien ist die Beurteilung des Zeitmaximums eine andere. Ist im Anschluß an einen Unfall eine akute Bronchitis entstanden (Gasvergiftung), die sich länger hinzieht, so kann jederzeit, also auch nach Wochen, auf dem Boden der Bronchitis eine herdförmige Lungenentzündung auftreten als sekundäre Spätfolge des Unfalls. In solchen Fällen von Spätentwicklung gestattet stets die Kontinuität der Krankheitserscheinungen vom Unfall bis zum Auftreten der Pneumonie die Bejahung des Zusammenhangs.

4. Örtliche Beziehung zwischen Brusttrauma und Pneumonie.

Besteht eine Übereinstimmung zwischen der Seite der Gewalteinwirkung und dem Sitz der Pneumonie, so darf das als wertvolles Unterstützungsmittel für die Zusammenhangsfrage angesehen werden. Andererseits darf das Auftreten der Lungenentzündung an einem dem Sitz des Traumas entfernt liegenden Lungenabschnitt nicht als Beweis gegen eine traumatische Entstehung verwertet werden. Es ist bekannt, daß Lungenzerreißungen durchaus nicht immer dem Ort der Gewalteinwirkung entsprechend liegen, sondern daß auch an anderweitigen Stellen und selbst an der entgegengesetzten Seite eine Lungenschädigung erfolgen kann. Deshalb kann auch eine durch Lungenverletzung ausgelöste Pneumonie an einem dem Sitz des Trauma entfernt liegenden Lungenabschnitt auftreten.

II. Lungenentzündung nach schwerer Anstrengung.

Die Bedeutung einer starken Muskelanstrengung, wie z. B. schweres Heben, Schieben einer schwer beladenen Karre, als Ursache einer Verletzung der Lunge und einer sich daran anschließenden Lungenentzündung ist mehrfach Gegenstand gutachtlicher Erwägungen gewesen. Eine Reihe namhafter Autoren (C. Kaufmann, Kraus und v. Leyden, Stern, Thiem, Litten, Fürbringer) stehen auf dem Standpunkt, daß eine sehr erhebliche Anstrengung allein — ohne gleichzeitige Brustquetschung — nicht nur eine bereits erkrankte, sondern auch eine gesunde Lunge schädigen kann durch Zerreißung des Lungengewebes und Ruptur von Lungengefäßen. Stern sucht das Zustandekommen von Zerreißung kleinerer oder größerer Lungengefäße bei einer Anstrengung dadurch zu erklären, daß bei der Anstrengung nach einer nicht besonders tiefen Einatmung die Glottis geschlossen und die gesamte der Exspiration dienende Muskulatur aufs stärkste angespannt werde. Die dadurch bedingte Kompression der Lungenluft soll eine starke Drucksteigerung im Thoraxinnern herbeiführen mit Kompression der intrathorakalen Gefäße, Behinderung des venösen Abflusses und gleichzeitiger Steigerung des arteriellen Drucks. Plehn und Litten denken sich den Vorgang bei einer Anstrengung ähnlich wie beim Valsalvaschen Versuch, bei welchem bei geschlossener Glottis die luftgefüllte Lunge einen Druck durch den Thorax erfahre, wodurch „eine erhebliche Läsion des Lungengewebes“ verursacht werden könne. Die letzteren Autoren geben also nicht nur wie Stern die Möglichkeit einer Gefäßruptur durch abnorme Blutdrucksteigerung, sondern auch einer Lungenkompression und direkten Zerreißung von gesundem Lungengewebe zu, die unter Umständen den Ausgangspunkt für eine Pneumonie geben könne (sog. Kompressionslungenentzündung).

Gegen diese Anschauung über die Entstehungsmöglichkeit von Bluthusten oder Lungenriß bei gesunden Lungen durch schwere Anstrengungen müssen gewichtige Bedenken erhoben werden. Denn einmal ist es gar nicht erwiesen, daß jedesmal bei einer starken Anstrengung ein Glottisschluß und eine Inspirationsstellung der Lunge vorliegt, und daß die Lunge dabei wie ein luftgefüllter Sack einer Thoraxkompression ausgesetzt ist, wie das Stern, Litten u. a. behaupten. Man kann zweifellos auch bei Exspirationsstellung der Lunge schwer heben. Zweitens läßt sich niemals mit hinreichender Sicherheit sagen, daß die nach anstrengender Arbeit auftretenden Lungenblutungen aus einer gesunden Lunge stammen. Erfahrungsgemäß kann bei anscheinend ganz gesunden und arbeitsfähigen Individuen eine Lungenblutung spontan oder nach nicht außergewöhnlichen Anstrengungen als Erstlingssymptom einer latenten Tuberkulose auftreten und ohne weitere Folgezustände bleiben. In den bis jetzt ganz vereinzelt vorliegenden Beobachtungen von plötzlicher und folgenloser Lungenblutung bei bis dahin gesunden Menschen nach Anstrengungen, wie z. B. angestrengtem Blasen bei Trompetern, schwerem Heben, muß in erster Linie daran gedacht werden, daß es sich um einen kleinen latenten Tuberkuloseherd oder um Zirkulationsstörungen bei Herzfehler oder Arteriosklerose gehandelt hat. Gerade die außerordentliche Seltenheit solcher Fälle von anscheinenden Überanstrengungsblutungen spricht dafür, daß beim Zustandekommen solcher Blutungen eine Disposition in Gestalt bereits erkrankter Lungengefäße vorliegen muß.

Bis jetzt liegt jedenfalls keine durch Autopsie sichergestellte Beobachtung vor, in der eine Blutung nach starker Anstrengung einer vorher gesunden Lunge entstammte. Die wissenschaftliche Streitfrage, ob eine zur Pneumonie führende Lungenblutung nach Überanstrengung aus einer gesunden Lunge oder aus einem kleinen latenten tuberkulösen Lungenherd stammt, ist für die praktische Unfallbegutachtung von verhältnismäßig geringer Wichtigkeit. Da zweifellos eine starke Arbeitsanstrengung durch die dabei auftretende Blutdrucksteigerung eine Blutung aus einem bereits erkrankten Lungengefäß hervorrufen kann, so wird bei Begutachtungen die Möglichkeit zuzugeben sein, daß eine solche Blutungsstelle in der Lunge den Ausgangspunkt für eine Pneumonie bilden kann, wie dies für die Pneumonieentstehung nach direkten Brusttraumen längst allgemein anerkannt ist.

Anerkennung eines Unfallzusammenhanges.

Wir werden deshalb die Zusammenhangsfrage zwischen Auslösung einer Pneumonie und körperlicher Anstrengung als Unfall bejahen müssen, wenn a) der Verletzte bis zum Unfallvorgang keine Zeichen von beginnender Lungenentzündung geboten hat, b) eine außergewöhnliche Anstrengung nachweislich stattgefunden hat, c) im unmittelbaren Anschluß oder in den nächsten Stunden nach der Anstrengung Bluthusten oder sonstige deutliche Zeichen einer Lungenschädigung aufgetreten sind (erhebliche Schmerzen, Gesichtsblässe, Ohnmacht, sofortige Arbeitsunterbrechung) und d) die ersten Zeichen der Lungenentzündung sich innerhalb der nächsten

2—3 mal 24 Stunden nach dem Unfall bemerkbar machen, oder wenn bei einer etwas längeren Zwischenzeit nur 3—4 Tage deutliche Brückensymptome bestanden haben wie Husten, zeitweiser Blutauswurf, Fieber, schlechtes Allgemeinbefinden, stärkere Schmerzen mit Arbeitsunfähigkeit.

Ablehnung eines Zusammenhangs.

Wir werden andererseits die Entstehung durch körperliche Überanstrengung dann als unwahrscheinlich bezeichnen dürfen, wenn a) der Kranke nach dem Unfall und in den folgenden 2—3 und mehr Tagen ohne Unterbrechung und ohne sichtliche Beschwerden oder Bluthusten weitergearbeitet hat, da dann für eine Lungenschädigung durch die Anstrengung keine hinreichenden Anhaltspunkte gegeben sind. b) Ferner wird ein Zusammenhang dann abzulehnen sein, wenn bei dem Verletzten schon innerhalb der ersten 24 Stunden deutliche Zeichen von Lungenentzündung (größere Dämpfung, hohes Fieber, Delirium) ärztlich festgestellt worden sind. In solchen Fällen hat mit überwiegender Wahrscheinlichkeit die Pneumonie bereits zur Zeit des angeblichen Unfalls bestanden, und sind die bei der Anstrengung aufgetretenen Schmerzen lediglich der Ausdruck der schon vorliegenden Rippenfellreizung gewesen, die dem Kranken bei der Arbeit stärker zum Bewußtsein gekommen sind.

Das bis jetzt vorliegende kasuistische Material über anscheinende Pneumonieentstehung nach schwerer Muskelanstrengung ist äußerst spärlich und durchaus nicht eindeutig. Insbesondere gilt das auch für das in allen Lehrbüchern angeführte Berliner Fakultätsgutachten von Kraus und v. Leyden[1]). Der Umstand, daß bei dem Kranken bereits in der Nacht nach dem Unfall „Raserei" auftrat, und er am folgenden Tage hämorrhagisches Sputum hatte, spricht doch mit größter Wahrscheinlichkeit dafür, daß die Lungenentzündung zur Zeit des Unfalls bereits in der Entwicklung begriffen war, und daß es sich um Pneumoniedelirien gehandelt hat. Die Annahme einer Entstehung des Leidens durch das schwere Heben erscheint mir deshalb in keiner Weise hinreichend begründet, vielmehr recht wenig wahrscheinlich, während eine Verschlimmerung möglicherweise zuzugeben ist.

Der Maurer L. hob zusammen mit zwei anderen Arbeitern Steinplatten im Gewicht von 187—277 kg. Beim Senken der Platten ließen L. und ein Arbeiter dieselben mit beiden Händen ganz gleichmäßig vorn dem Körper entlang herunter und traten dann zurück. L. nahm beim Heben und Senken der Platten eine gebückte Stellung ein. Als eine Steinplatte während des Senkens etwa $1^1/_2$ m über dem Erdboden sich befand, ließ L. sie plötzlich fallen, faßte sich mit beiden Händen links an die Brust und wurde blaß. Er krümmte sich, verzog das Gesicht, ging in gebückter Haltung nach dem Bau und fuhr nach Hause. Zeugen gegenüber klagte er über starke Brustschmerzen. Zu Hause aß, sprach und trank er nicht, verfiel in der Nacht in eine Art Raserei, wollte aus dem Fenster springen. Am folgenden Tage spuckte er Blut. Am 2. Tag (nach dem Unfallstag) fand der Arzt hohes Fieber, auffallend stark blutigen Auswurf, Rasselgeräusche, paukenden Klopfschall über Unterlappen der linken Lunge. Nach anfänglich normalem Verlauf und Entfieberung entwickelte sich am 7. Krankheitstag Lungen-

[1]) Amtl. Nachr. 1904, S. 534.

gangrän, und trat am 14. Krankheitstage der Tod ein. Eine Obduktion wurde nicht gemacht.

In dem folgenden Falle hat das RVA. ebenfalls den Zusammenhang anerkannt, obwohl im Anschluß an die erhebliche Anstrengung keine Lungenerscheinungen aufgetreten waren, sodaß also lediglich die zeitliche Folge des Auftretens der Erkrankung nach der Anstrengung bestimmend gewesen ist.

Der Maurer S. brachte am 8. Juli 1903 auf einem Schiebkarren ein 6—7 Ztr. schweres Teil einer längeren Tür etwa 15 m weit zu seinem Ort. Dort angelangt, erklärte S. dem Zeugen T., es habe ihm wehgetan bei der Arbeit. Während der darauffolgenden Vesperpause aß S. nur wenig und erwiderte auf die Frage, warum er nicht esse, es schmecke ihm nicht. Am anderen Tage nahm der Zeuge T. wahr, daß S. wiederum nicht wie früher aß. Auch äußerte S., er fühle sich krank und es sitze ihm in der Brust. Am 10. Juli mußte S. sich vor Beendigung der Arbeit am Nachmittag nach Hause begeben, weil sein Zustand sich verschlimmerte und er über heftige Brustschmerzen klagte. Am 11. Juli sind nach Angabe der Ehefrau heftige Blutungen eingetreten. Am gleichen Tage klagte er dem Arzte über Atemnot, Schmerzen und Frost. Dieser stellte handbreitgroße Dämpfung und krupöse Lungenentzündung fest. Am 15. Juli starb S.

III. Lungenentzündung und Kälteeinwirkungen.

Die Bedeutung von Kälteeinwirkungen und stärkeren Temperaturänderungen als Hilfsursache bei der Entstehung akuter Lungenentzündung wird übereinstimmend von allen Autoren anerkannt und hat dementsprechend in der Rechtsprechung des RVA. auch häufiger zu anerkennenden Urteilen geführt.

Eine befriedigende wissenschaftliche Erklärung der in der Lunge bei Kälteeinflüssen sich abspielenden Vorgänge kennen wir zwar nicht, da die verschiedenen Annahmen über Durchströmung der Lungen durch abnormes Blut (J. Rosenthal) oder abnorme arterielle Hyperämie mit reichlicher Schleimabsonderung als Folge von Abkühlungen der äußeren Haut (Kißkalt) unbewiesene Hypothesen sind. Die zahlreich vorliegenden klinischen Erfahrungen über das Auftreten akuter Pneumonien in unmittelbarem Zusammenhang mit stärkeren Kälteeinwirkungen und Durchnässungen sowie experimentelle Tierversuche sprechen aber mit größter Wahrscheinlichkeit dafür, daß Kälteeinflüssen nicht selten eine wesentlich mitwirkende Rolle bei der Entstehung von Lungenentzündungen zuerkannt werden muß. F. Müller und seine Schüler konnten feststellen, daß bei Kaninchen, die nach Durchnässung des Felles einem tüchtigen Luftzug ausgesetzt wurden, in einzelnen Lungenbezirken Ödeme, Fibrinausscheidungen in den Alveolen und Blutergüsse auftraten. In Versuchen von Lode und Duerck starben Kaninchen, die erst Wärme- und dann Kälteeinwirkungen ausgesetzt wurden, nach subkutaner Infektion mit Friedländerschen Pneumoniebazillen fast sämtlich nach 26—72 Stunden (85,2%), während von den nicht abgekühlten Tieren nur wenige (12%) erkrankten. Nach diesen Versuchsergebnissen sind wir zu der Annahme berechtigt, daß Kälteeinwirkungen die Widerstandsfähigkeit des Lungengewebes gegen die Erreger der Lungenentzündung herabsetzen. Sind zufällig zur Zeit des schädigenden Einflusses der Erkältung solche Erreger in der Lunge oder gelangen sie kurz nachher in die Lunge, wenn die schädigenden Einflüsse der Kälteeinwirkung sich noch nicht wieder ausgeglichen haben, so kann das die Entwicklung der Pneumonie zur Folge haben.

Die Entscheidung, ob schädigende Temperatureinflüsse als Betriebsunfall anzusehen sind oder als gewöhnliche mit dem Gewerbebetrieb an sich verbundene Gesundheitsschädigungen in Betracht kommen, wird nicht immer leicht sein. Das Hauptgewicht wird darauf zu legen sein, daß in einer zeitlich ziemlich begrenzten Zeit, also innerhalb 1—2 Stunden, die zur Entstehung der Lungenentzündung führende Ab- bzw. Durchkühlung stattgefunden hat. Dagegen werden sich für den Grad der Erheblichkeit einer Kälteeinwirkung, die noch den Charakter des Unfalls an sich trägt, vom ärztlichen Standpunkt aus genaue Richtlinien nicht aufstellen lassen, so daß der richterlichen Beurteilung dieser Fälle ein weiter Spielraum gelassen ist. Denn bei der Entstehung von Pneumonien spielt naturgemäß auch die besondere individuelle Disposition des Menschen eine große Rolle, so daß wohl eine erhebliche, aber nicht stets eine außergewöhnliche Temperaturänderung zur Auslösung der Erkrankung erforderlich ist. Wenn von mehreren Arbeitern, die der gleichen erheblichen plötzlichen Kälteeinwirkung ausgesetzt waren, nur ein einzelner an Lungenentzündung erkrankt, so darf dies kein Grund sein, bei dem allein Erkrankten einen Unfall abzulehnen. Wir müssen vielmehr gerechterweise unser Urteil dahin abgeben, daß der an Pneumonie Erkrankte aus uns unbekannten Gründen zu einer bestimmten Zeit in erhöhtem Maße für die Entstehung der Lungenentzündung disponiert gewesen ist (Vorhandensein von Entzündungserregern u. ä.). Diese erhöhte Empfindlichkeit der Lunge gegenüber stärkeren plötzlichen Temperaturschwankungen ist oft nur eine vorübergehende, so daß der Erkrankte zu anderen Zeiten den gleichen Temperatureinflüssen ausgesetzt sein kann, ohne sich zu erkälten. Nach der Rechtsprechung des RVA. ist es nicht erforderlich, daß die Arbeit, bei der die Durchkühlung des Körpers stattgefunden hat, über den Rahmen der gewöhnlichen hinausging, also eine außerordentliche Anstrengung erforderte.

Für die Anerkennung eines ursächlichen Zusammenhanges zwischen Körperabkühlung und Pneumonie werden demnach in der Regel folgende Gesichtspunkte maßgebend sein:

a) Nachweis einer erheblichen und plötzlichen Abkühlung oder Durchnässung des Körpers. Es müssen demnach die bei der Arbeit aufgetretenen Temperaturänderungen derartige sein, daß bei kürzerer oder längerer Dauer derselben eine erhebliche Abkühlung wahrscheinlich ist. Diese Bedingung ist erfüllt, wenn entweder hohe Kälte herrscht, oder der Erkrankte heftigen kalten Winden oder Zugluft mit Durchnässung oder einem stärkeren Temperaturwechsel ausgesetzt war, also in überhitztem

Zustande oder nach Aufenthalt in einem heißen Raum einige Zeit in einem kalten Arbeitsraum verweilen mußte.

b) Die Lungenentzündung muß im unmittelbaren Anschluß an die Abkühlung, also innerhalb der ersten ein- bis zweimal 24 Stunden aufgetreten sein. Liegt ein Zwischenraum von mehreren Tagen zwischen Betriebsarbeit und Beginn der Erkrankung, so wird ein Unfallszusammenhang nur dann mit einiger Wahrscheinlichkeit anzunehmen sein, wenn in der Zwischenzeit Brückensymptome nachweislich bestanden haben, also Husten, Auswurf, Fieber, Klagen über Brustschmerzen, schlechtes Allgemeinbefinden, pleuritische Erscheinungen. Dadurch wird es wenigstens wahrscheinlich gemacht, daß die Erkältung zu einer Schädigung der Atmungsorgane geführt hat, die einen günstigen Boden für die erst später erfolgte Einwanderung und Ansiedlung der Pneumonieerreger abgegeben hat. Hat dagegen der Erkrankte nach der Kälteeinwirkung bei voller Gesundheit eine Reihe von Tagen seine Arbeit ohne Unterbrechung fortgesetzt, und tritt dann erst eine Lungenentzündung auf, so ist ein ursächlicher Zusammenhang als unwahrscheinlich abzulehnen. Es liegt dann kein hinreichender Anhaltspunkt dafür vor, daß die Lunge wesentlich durch den Unfall geschädigt worden ist. Ergibt eine frühzeitige Untersuchung, daß bereits einige Stunden nach dem Unfall deutliche objektive Pneumoniesymptome bestanden (Dämpfung, rostfarbenes Sputum, pleuritischer Erguß), so hat die Erkrankung mit Sicherheit schon vor der Kälteeinwirkung vorgelegen, da innerhalb so kurzer Frist die Entstehung ausgesprochener Infiltrationserscheinungen des Lungengewebes unmöglich ist. In solchen Fällen muß unter allen Umständen ein Zusammenhang abgelehnt werden. Die Schwierigkeit liegt meist darin, daß so frühzeitig selten eine Untersuchung stattfindet, sondern erst am folgenden oder übernächsten Tage, so daß damit die Beurteilung über den Beginn des Leidens oft mit Sicherheit nicht möglich ist.

In einer Reihe von Entscheidungen des RVA. ist nach diesen Gesichtspunkten die Frage der Unfallentstehung einer Pneumonie bejaht worden, wobei stets das Hauptgewicht darauf gelegt wurde, daß die Kälteeinwirkung innerhalb eines begrenzten Zeitraums stattfand. Ich führe einige Beispiele mit Anerkennung des ursächlichen Zusammenhangs an.

1. Ein Mann mußte morgens einen 215 Pfd. schweren Hirsch auf einem Karren nach dem Bahnhof fahren und zwar in gebirgiger Gegend und auf größere Entfernung, so daß die Arbeitsleistung eine sehr anstrengende war. Auf dem erhöht liegenden Bahnhof war er 1/2 Stunde lang bei 9° C (Wärme) in durchschwitztem Zustande der Zugluft ausgesetzt. Am Nachmittag klagte er seiner Frau, daß ihm nicht gut sei. Um 1/2 7 Uhr abends kam er nach Hause, legte sich, ohne etwas zu genießen, ins Bett. Es entwickelte sich dann eine doppelte Lungenentzündung, der er am 23. Sept. erlag.

2. Der Tagearbeiter K. warf im Januar 1907 einer Dreschmaschine Garben zu, wobei er ins Schwitzen kam. Es herrschte an dem Tage eine Temperatur von 15—18° C Kälte und bestand an der Arbeitsstelle bei offenem Tennentor Zugluft. Schon abends soll er über Stechen in der Brust geklagt haben, so daß er am nächsten Tage nicht mehr arbeiten konnte. Am 26. Januar stellte sich Lungenentzündung ein, und am 28. erfolgte der Tod.

3. Ein Bergmann war beim Versuch, einen Pulsator in Gang zu bringen, durchnäßt worden und in starken Schweiß geraten. Auf dem Arbeitsplatz war er starkem Zug ausgesetzt. Am nächsten Tage traten deutliche Erkältungserscheinungen auf; nach 4 Tagen kam Lungenentzündung hinzu, die nach 6 Tagen den Tod herbeiführte.

4. Tischler hatte sich durch anstrengende Arbeit erhitzt und verweilte dann ohne Rock während des Brandes der Fabrik auf dem Fabrikhof. 8 Tage später starb er an Lungenentzündung.

IV. Lungenentzündung nach Einatmen giftiger und reizender Gase.

Es gibt eine große Anzahl anorganischer und organischer Stoffe, die als Gase oder giftige Dämpfe bei der Einatmung während der Arbeit eine Schädigung der Luftröhrenschleimhäute und des Lungengewebes hervorrufen. Als Folge dieses Reizes entsteht eine mehr oder weniger ausgedehnte Bronchitis, aus welcher sich sofort anschließend oder auch erst später eine katarrhalische Lungenentzündung entwickeln kann. Mehrfach ist aber auch das Auftreten echt kruposer Pneumonien im unmittelbaren Anschluß an Gasvergiftungen beobachtet worden, sodaß man annehmen muß, daß in solchen Fällen die Pneumonieerreger bereits in den Atmungsorganen vorhanden waren und erst durch die toxische Schädigung der Lungen Gelegenheit zur Ansiedelung fanden. Von chemischen Verbindungen, die eine Entzündung der Luftwege hervorrufen und im Gewerbebetrieb zu akuter oder chronischer Vergiftung Anlaß geben können, sind als die wichtigsten zu nennen: Bromdämpfe, Chlorgase, Salzsäure, Schwefelsäure, Salpetersäure, salpetrige Säure, Phosphoroxychlorid, Ammoniak, Gasäther, Quecksilberdämpfe, Formaldehyd, Dimethylsulfat, erhitzte Oxalsäure, Petroleumdämpfe.

Außer diesen eine direkte Reizung der Schleimhaut hervorrufenden Stoffen können auch nichtreizende giftige Gase, wie das CO, zu Ernährungsstörungen und Blutungen der Luftwege Anlaß geben, die eine frühere oder spätere Entstehung von Pneumonie ermöglichen, wenn Infektionserreger in die geschädigte Lunge hineingelangen. Wie in der Monographie von Sachs über Kohlenoxydvergiftung hervorgehoben ist, bewirkt das CO bei der akuten Vergiftung fast regelmäßig reichliche Sekretion in den Bronchien, und tritt häufig noch während des Lebens Schaum mit Blut vermischt aus Mund und Nase. Auch sind tagelang anhaltender Blutauswurf und als Nachkrankheit langdauernde Bronchitis sowie Broncho- und Pleuropneumonie beobachtet worden. Nach Einwirkung von kohlenoxydhaltigen Gasmischungen mit anschließenden Pneumonien wird also stets die Möglichkeit einer Kohlenoxydschädigung der Atmungsorgane erwogen werden müssen. Wenn die CO-Vergiftung mit Bewußtlosigkeit einhergegangen ist, kann auch eine Schluckpneumonie in Frage kommen.

Vorbedingung für die Anerkennung einer Pneumonie nach Einatmung giftiger Gase als Unfallfolge ist: a) Fehlen von Krankheitserscheinungen vor dem Unfall; b) Stattfinden der Einatmung in ziemlich kurzem, abgrenzbarem Zeitraum, so daß eine Gewerbeschädigung nicht vorliegt, c) Nachweis, daß das Gas an und für sich geeignet war, eine Schädigung der Atmungsorgane hervorzurufen, und daß es in einer Konzentration vorhanden war, die nach den wissenschaftlichen Erfahrungen zu einer Gifteinwirkung hinreicht; d) bei CO-Vergiftung ist der besondere Nachweis erforderlich, daß die Gaseinatmung eine sehr erhebliche war (Bewußtlosigkeit, anderweitige Nachkrankheiten), so daß eine wesentliche Ernährungsstörung zahlreicher Körpergewebe anzunehmen ist, die auch eine Schädigung der Schleimhäute der Bronchien und des Lungengewebes (Blutungen) wahrscheinlich macht; e) wenn chronische Reizzustände der Atmungsorgane nach Gasvergiftungen aufgetreten sind, die eine verminderte Widerstandsfähigkeit gegenüber Pneumonieerregern bedingen, so wird unter Umständen auch eine später hinzutretende Pneumonie noch als Spätunfallfolge anzuerkennen sein.

Beispiele:

Entstehung einer Brustfell-Lungenentzündung durch Einatmung von Gasen (CO) in Teerschwelerei. (Obergutachten von Orth.)

57jähriger Mann atmet viel Schwefelgase ein, die reichlich Kohlenoxyd, Schwefelwasserstoff enthalten. Am 3. Tag Übelkeit, Appetitlosigkeit. Unter steigenden Beschwerden wird am 5. Tage nach dem Unfall Pleuropneumonie festgestellt, die nach einem Monat in Heilung ausging. In dem Obergutachten wird angenommen, daß durch Schwächung der natürlichen Schutzvorrichtungen der Lunge infolge der CO-Gaseinwirkung der Boden für die Entwicklung der Erreger der Lungenentzündung bereitet worden ist.

Tödliche Lungenentzündung durch Einatmung nitroser Gase.

30jähriger Zinngießer war eine Stunde lang damit beschäftigt, vernickelte Blechstreifen mit Schwefel- und Salpetersäure abzubeizen, wobei sich Dämpfe entwickelten. Auf dem Heimweg von der Arbeit beständiger Husten, desgleichen in der Nacht mit Auswurf rötlicher Massen. Am folgenden Tage fand der Arzt katarrhalische Lungenentzündung. Am 3. Tage nach der Arbeit trat der Tod ein. Die 7 Tage später erfolgende Obduktion ergab Lungenentzündung des linken Unterlappens. Lewin erkannte in einem Obergutachten den Tod als Unfallfolge an.

Tod an Lungenentzündung nach Einatmung von Ammoniakgas.

41jähriger Schlosser mußte drei Ammoniakapparate reinigen, wobei er 3—4mal für je $^1/_4$—$^1/_2$ Stunde in den Kessel kriechen mußte. Das geschah auch am 14. und 15. Dezember. Am 16. Dezember fühlte er sich unwohl und verrichtete deshalb nur leichte Arbeit. Bei der Heimkehr Klagen über Kopf- und Halsschmerzen, Schwindel und Entleerung gelben Schleims aus dem Halse. Am

17. Dezember Luftröhrenentzündung, Rachenkatarrh und schwere Erkältung vom Arzt festgestellt. Unter Verschlimmerung des Zustandes Tod am 21. Dezember, nach Angabe der behandelnden Ärzte an Lungenentzündung. Keine Obduktion.

Lungenentzündung nach Einatmung von Schwefelsäuredämpfen (Weigel).

41jähriger gesunder Mann, der beim Schwefeln von Hopfen unter übermäßigen Dämpfen zu leiden hatte, erkrankte am nächsten Tage an krupöser Lungenentzündung, die tödlich verlief. Sie wurde als Unfallfolge anerkannt.

Lungenentzündung nach Gasäthervergiftung.

Maurer mußte an der Decke eines Kellers in der Nähe einer Gasätherlampe arbeiten. Abends 5 Uhr mußte er die Arbeit wegen erheblichen Unwohlseins aufgeben. Der Arzt fand am folgenden Tage eine schwere Luftröhren- und Lungenentzündung. Nach 2 Monaten Wiederaufnahme der Arbeit (Tod nach 10 Monaten an Lungenleiden). Der Unfallzusammenhang wurde anerkannt.

Lungenentzündung nach Einwirkung von Teerrauch.

Ein bis dahin gesunder Gießer war am 22. Juli 1897 bei der Betriebsarbeit der Einwirkung des Rauches ausgesetzt, welcher sich beim Eingießen des zum Ausstreichen verwendeten Teers in etwa 20 Kokillen durch Verbrennung des Teers entwickelte. Die Rauchwirkung währte bei jeder Kokille etwa 5 Minuten. Am 4. August 1897 Tod an doppelseitiger Lungenentzündung. Unfall anerkannt.

V. Lungenentzündung durch Staubeinatmung und Einsaugung von Wasser.

1. Staubeinatmung.

Die Einatmung von Staub kann zu einer krupösen Pneumonie Anlaß geben, indem entweder gleichzeitig mit den Staubmengen die Pneumokokken in die Lunge hineingelangen, oder durch den Staub ein Reizzustand der Lungen ausgelöst wird, der die Ansiedlung und Entwicklung der Erreger der Lungenentzündung begünstigt. Thiem führt aus dem Sanitätsbericht der preußischen Armee ein Beispiel an, in dem ein Unteroffizier wenige Stunden, nachdem er das Ausklopfen schmutziger Säcke beaufsichtigt und diese weggepackt hatte, an katarrhalischer Lungenentzündung des linken Oberlappens erkrankte. Besonders gefährlich für die Atmungsorgane scheint das Thomasphosphatmehl zu sein, da bei Arbeitern, die mit der Herstellung des künstlichen Düngers aus Thomasphosphatmehl beschäftigt sind, wobei leicht Staub entsteht, recht oft Pneumonien lobärer oder lobulärer Art entstehen. Bei diesen Schlackenpneumonien sind Pneumokokken, Friedländersche Pneumoniebazillen oder beide zusammen gefunden worden. In der Regel wird es sich also um eine Gewerbekrankheit handeln, und nur unter ganz bestimmten Umständen, wenn ein dieser Arbeit ungewohntes Individuum nach einer zeitlich abgrenzbaren kurzen Beschäftigung mit dem Thomasmehl an Pneumonie erkrankt, wird ein Betriebsunfall in Frage kommen. So wurde Unfall in folgendem Falle angenommen:

Beim Entlöschen eines mit Thomasschlacke beladenen Dampfers während 2—3 Tagen erkrankt ein Arbeiter, dessen regelmäßige Beschäftigung im Betrieb für gewöhnlich eine anderweitige war, an tödlich verlaufender Lungenentzündung.

2. Aspirationspneumonie.

Die nach Fall ins Wasser und Ansaugung von Wasser in die Lungen auftretenden Lungenentzündungen verlaufen nach Revenstorf bald unter dem Bilde einer krupösen, bald mehr unter dem einer katarrhalischen Pneumonie. Diese wird meist durch die mit der aspirierten Flüssigkeit in die Lungen gespülten Verunreinigungen des Wassers erzeugt. Die Frage, ob zwischen einem Fall ins Wasser, wobei außer der Aspiration je nach der Jahreszeit die Kälteeinwirkung eine mitwirkende Rolle spielen kann, und der Lungenentzündung ein ursächlicher Zusammenhang besteht, wird mit Sicherheit nur auf Grund des klinischen Verlaufes und des Nachweises spezifischer Fremdkörper der Ertrinkungsflüssigkeit in den letzten Partien der Lunge möglich sein. Es ist ja sehr wohl möglich, daß der Verunglückte erst infolge einer schon bestehenden Lungenentzündung bei der Arbeit ins Wasser gestürzt ist. Findet sich sofort hinterher eine deutliche Infiltration eines einzelnen Lungenlappens, so wird das Bestehen einer Pneumonie vor dem Unfall wahrscheinlicher sein. Nach Stubenraths Versuchen an Kaninchen traten die entzündlichen Veränderungen (zerstreute Herde) frühestens nach 6, in einem Falle sogar nach $1^3/_4$ Stunden auf.

VI. Sekundäre metastatische Lungenentzündung bei infektiösen Erkrankungen nach Unfall.

Im Verlaufe von akuten Infektionskrankheiten verschiedenster Art und nach Bronchitiden können sowohl akute lobäre wie auch akute Bronchopneumonien auftreten. Wir müssen also annehmen, daß auch Streptokokken, Bacterium coli, Typhusbazillen, die allein oder zusammen mit dem Fränkelschen Pneumokokkus gefunden worden sind, in seltenen Fällen in der Lunge die gleiche Reaktion hervorrufen können wie der Pneumokokkus. Wahrscheinlich handelt es sich in einem großen Teil solcher sekundären Pneumonien, vor allem bei den nach infektiösen Prozessen, bei Sepsis, Osteomyelitis auftretenden Bronchopneumonien um hämatogene Metastasen der Entzündungserreger im Lungengewebe.

Mit dem sicheren Nachweis, daß der infektiöse Prozeß, vor allem eine Sepsis, Erysipel ihren Ausgang von einer Unfallsverletzung genommen hat, ist auch eine metastatisch entstandene Pneumonie als mittelbare Unfallsfolge anzuerkennen. Die Zusammenhangsfrage wird in der Regel unschwer zu entscheiden sein, denn auch die erst in der Rekonvaleszenz auftretenden Pneumonien werden als Folgen der Infektionskrankheit und somit unter Umständen als Unfall anzusehen sein, insofern durch den infektiösen Prozeß eine verminderte Widerstandsfähigkeit gegenüber den Pneumonieerregern geschaffen worden ist. Die auch sonst mitwirkenden Gelegenheitsursachen, vor allem Kälteeinflüsse, werden dadurch um so leichter zur Entwicklung einer Pneumonie beitragen, als durch den Unfall mit anschließender Infektion eine länger anhaltende Krankheitsbereitschaft geschaffen wurde.

VII. Lungenentzündung als mittelbare Folge eines früheren Unfalls.

1. Entstehung oder tödlicher Ausgang durch eine Schwächung des Organismus infolge anderweitigen Unfalls.

Ein mittelbarer Zusammenhang einer Lungenentzündung mit einem schon länger zurückliegenden Unfall an beliebiger Körperstelle wird dann vorliegen, wenn sich nachweislich durch den Unfall ein chronisches körperliches oder geistiges Siechtum entwickelt hat. Dadurch kann unter Umständen die Widerstandsfähigkeit eines Unfallverletzten gegenüber den Erregern der Lungenentzündung und gegenüber den Hilfsursachen einer Pneumonie (Erkältung, Trauma) so erheblich gemindert werden, daß die Entstehung dieser und ein evtl. tödlicher Ausgang durch die Folgezustände des Unfalls wesentlich begünstigt wird.

Vorbedingung für die Anerkennung eines derartigen mittelbaren Zusammenhanges zwischen Entstehung einer akuten Pneumonie mit oder ohne tödlichen Ausgang und einem früheren Unfall ist also der Nachweis,

a) daß die Abnahme des allgemeinen Kräftezustandes eine erhebliche ist, und

b) daß das chronische Siechtum lediglich als Folge des früheren Unfalls anzusehen ist und nicht etwa durch gleichzeitige anderweitige unabhängig vom Unfall bestehende Erkrankungen bedingt ist.

c) Im Fall eines tödlichen Ausgangs wird in gleicher Weise die Erfüllung der Bedingungen a und b erforderlich sein.

Man wird von einem schwerwiegenden nachteiligen Einfluß auf den Gesundheitszustand mit erheblicher Schwächung des Organismus gegenüber Krankheitserregern nur dann sprechen können, wenn ein Unfall durch langdauerndes Fieber, chronische Eiterungen, chronisches Nierenleiden oder Hirn-Rückenmarksleiden entweder zu einer deutlichen Blutarmut, starker Abmagerung, häufigem Krankenlager Anlaß gegeben hat, oder wenn infolge einer Unfall-Herzgefäßerkrankung oder eines früheren traumatischen Lungenleidens eine schlechtere Durchblutung der Lungen mit Neigung zu häufigen Luftröhrenkatarrhen entstanden ist.

Entscheid des RVA. vom 31. Oktober 1898:

Ein Erzablader hatte im November 1892 eine schwere Verletzung des r. Beines erlitten und bezog dafür dauernd eine Rente von 75%. 5 Jahre später erkrankte der Mann an einer Lungenentzündung und starb daran. Da nachweislich durch den erlittenen Unfall im Laufe der Jahre sein Ernährungs- und Kräftezustand dauernd abgenommen hatte, so wurde gutachtlich angenommen, daß der Mann gegenüber dem Ansturm einer Lungenentzündung weit weniger widerstandsfähig war als ein gesunder Mensch.

2. Lungenentzündung infolge Geistesstörung.

Eine durch Unfall entstandene akute oder chronische Geisteskrankheit kann insofern mittelbar die Entstehung einer Pneumonie begünstigen, als die Kranken gegenüber krankmachenden Witterungseinflüssen sich abnorm gleichgültig verhalten, nach Durchnässung sich nicht umkleiden, in leicht bekleidetem Zustand (Hemd) im Winter auf die Straße laufen, sich auf kalten Speichern verstecken infolge von Wahnvorstellen oder im akuten Delirium. Es liegt damit eine erhöhte Gefahr für die Entstehung der Pneumonie vor.

Der mittelbare Zusammenhang einer Pneumonieentstehung mit Geisteskrankheit ist vom RVA. in einem Entscheid vom 4. November 1912 anerkannt worden, weil der Geisteskranke sich, ohne Widerspruch zu erheben, ein an Lungenentzündung erkranktes Kind hat ins Bett legen lassen.

Ein Hauer erlitt am 1. Oktober 1898 durch Betriebsunfall eine Kopfwunde, welche eine Geistesstörung zur Folge hatte, wofür er Vollrente bezog. In das Bett des Mannes wurde ein an Pneumonie erkranktes Kind gelegt, worauf der Mann ebenfalls erkrankte und starb. Das RVA. nimmt in seinem Entscheid an, daß ein gesunder Mensch sich dagegen gewehrt haben würde, daß ein an Lungenentzündung erkranktes Kind ihm ins Bett gelegt würde. Der geistig geschwächte Mann hat die ihm drohende Gefahr nicht erkannt.

VIII. Lungenentzündung während des Heilverfahrens.

(Hypostatische Pneumonie, Schluckpneumonie, Krankenhausinfektion.)

Die Entstehung einer Lungenentzündung während des Heilverfahrens nach Unfall kann dann als indirekte Unfallfolge in Betracht kommen, wenn

1. der Unfallverletzte infolge seines Unfalls in erhöhtem Maße zu einer Pneumonie disponiert gewesen ist, oder wenn er
2. infolge eines Krankenhausaufenthaltes einer erhöhten Ansteckungsgefahr ausgesetzt war.

Erhöhte Disposition. Eine durch Unfall bedingte erhöhte Disposition für Pneumonie liegt dann vor, wenn ein Verletzter durch längere Rückenlage (Bewußtlosigkeit, Wirbelsäulen-, Becken-, Beinbruch) an Luftröhrenkatarrh erkrankt, an welchen sich eine hypostatische Pneumonie anschließt. Das gleiche gilt für die Narkose-Bronchitiden, die den Ausgang für eine tödliche Pneumonie bilden können. Ferner besteht bei Bewußtlosigkeit, bzw. stärkerer Benommenheit nach Kopftraumen, und bei traumatischer Schädigung der bulbären

Nerven mit Schluckstörungen die Gefahr des Verschluckens mit nachfolgender Aspirationspneumonie. In allen derartigen Fällen wird die Anerkennung des Zusammenhanges einer Lungenentzündung mit dem Unfall keine Schwierigkeiten bereiten.

Erkrankung im Krankenhaus. Es ist grundsätzlich anerkannt, daß Gesundheitsschädigungen von Versicherten, die während eines Krankenhausaufenthaltes entstanden sind, nur dann entschädigungspflichtig sind, wenn die Verletzten während des zu Heilzwecken dienenden Aufenthaltes im Krankenhause besonderen Gefahren ausgesetzt gewesen sind. Danach würde eine während der Krankenhausbehandlung entstandene akute Pneumonie nur dann eine Unfallsfolge darstellen, wenn der Nachweis erbracht ist, daß Krankheitserreger der krupösen Pneumonie in dem vom Verletzten bewohnten Krankensaal mit gewisser Wahrscheinlichkeit vorhanden waren, sei es, daß andere Pneumoniekranke vorher oder gleichzeitig im Saal gelegen haben, oder daß eine Übertragung der Keime durch das Pflegepersonal möglich war, insofern dieses zu derselben Zeit mit in anderen Krankensälen liegenden Pneumoniekranken in Berührung kam.

Es steht fest, daß die krupöse Pneumonie nicht nur eine infektiöse Krankheit ist, sondern unter Umständen sich auch wie eine kontagiöse Krankheit verhält. Hausepidemien sind mehrfach beobachtet und beschrieben worden. Das gleiche gilt für die Grippe-Lungenentzündungen. Durch einen Grippekranken mit Pneumonie kann ein bis dahin verschont gebliebener Krankensaal mit Grippe und Lungenentzündung angesteckt werden. Der Umstand, daß ein Verletzter zur Zeit seiner Erkrankung an Pneumonie sich überhaupt im Krankenhaus befunden hat, genügt demnach nicht für die Anerkennung eines mittelbaren Zusammenhanges mit dem Unfall. Denn ein Mensch kann im Krankenhaus ebensowohl an Pneumonie erkranken, wie außerhalb desselben. Es muß also im Krankenhaus eine erhöhte, die Gefahr des gemeinen Lebens übersteigende Ansteckungsgefahr vorhanden gewesen sein.

Die Anerkennung eines ursächlichen Zusammenhanges zwischen Pneumonie und Krankenhausaufenthalt im Sinne eines Unfalls wird dann erfolgen müssen, wenn

a) der Kranke sich beim Auftreten seiner Pneumonie schon längere Zeit (10—12 Tage) im Krankenhause befunden hat, so daß eine Infektion vor Eintritt ins Krankenhaus nicht wahrscheinlich ist.

b) In dem Krankensaal des Verletzten müssen kurz vorher oder gleichzeitig Pneumoniekranke untergebracht gewesen sein, oder das Pflegepersonal seines Saales muß ständig mit Kranken, die Lungenentzündung hatten, zu tun gehabt haben. Die Ansteckungsgefahr wird unter diesen Umständen als eine höhere angesehen werden müssen, als sie im gemeinen Leben ist.

C. Chronische Lungenentzündung (nicht tuberkulösen Charakters) und Unfall.

Chronisch pneumonische Prozesse im anatomischen Sinne finden sich bei vielen Krankheitszuständen der Lunge, so bei der Tuberkulose, bei den Pneumonokoniosen, bei chronischer Bronchitis und Bronchiektasiebildung, bei Fremdkörpern in der Lunge. Hier sollen nur diejenigen chronisch entzündlichen Zustände des Lungengewebes nichttuberkulöser Natur besprochen werden, bei denen die chronische Lungenentzündung sich klinisch zu erkennen gibt durch das Fortschreiten des Prozesses mit Fieber und anderen Krankheitserscheinungen. Weitaus die meisten chronischen Pneumonien entwickeln sich im Anschluß an akute Bronchopneumonien oder nach krupösen Lungenentzündungen, nach Verzögerung der Resolution, so daß man von sekundären Pneumonien sprechen kann. Es kommt aber auch sehr selten eine anscheinend primäre, in der Regel auf Pneumokokkeninfektion beruhende chronische Pneumonie vor, bei denen sich der erste Beginn nicht feststellen läßt.

Für die Entstehung einer chronischen Pneumonie durch Unfall bestehen folgende Möglichkeiten:

1. Chronische Lungenentzündung als Folge einer akuten durch Unfall entstandenen Pneumonie (Trauma, Erkältung, Gaseinatmung). Die Zusammenhangsfrage wird in der Regel leicht zu entscheiden sein, wenn ein direkter Übergang der akuten Krankheitserscheinungen zu den dauernd bestehen bleibenden Lungensymptomen feststellbar ist.

2. Nach Brusttraumen (Verletzungen der Lunge oder Quetschung durch stumpfe Gewalt) schleichend auftretende Lungensymptome, für welche eine anderweitige Ursache wie Tuberkulose, Pneumonokoniose nach der ganzen Verlaufsweise ausgeschlossen werden kann.

3. Durch Brusttrauma verursachter Durchbruch eines der Lunge benachbart liegenden infektiösen Herdes mit sich anschließender subakuter und chronisch werdender Pneumonie. So hat Fränkel beobachtet, daß nach einem Sturz auf den Rücken ein Traktionsdivertikel des Ösophagus in den rechten Hauptbronchus durchgebrochen ist und durch Eindringen des Inhaltes der Speiseröhre zu einer chronischen Induration Anlaß gegeben hat.

Die Frage des Unfallzusammenhanges wird in den Fällen von sekundärer chronischer Pneumonie nach akuten Lungenentzündungen leicht zu entscheiden sein. Gutachtlich schwierig sind meist nur die Fälle von primärer chronischer Pneumonie zu beurteilen, da oft erst durch eine längere klinische Beobachtung oder durch Obduktionsbefund die sichere Entscheidung möglich ist, ob eine langsam verlaufende Lungentuberkulose, Lungentumor oder eine echte chronische Pneumokokkenpneumonie vorliegt.

Die Anerkennung eines Unfallzusammenhanges wird stets davon abhängig gemacht werden müssen, daß a) das Brusttrauma nachweislich erheblicher Art war, so daß eine Lungenschädigung wahrscheinlich erscheint, b) daß gleich nach dem Trauma Erscheinungen von seiten der Atmungsorgane, Schmerzen evtl. Bluthusten, Atemnot aufgetreten sind und c) daß bis zu dem Hervortreten der ersten Lungenerscheinungen, die den Verletzten oft erst nach Wochen zum Arzt führen, nach Zeugenaussagen dauernd subjektive und objektive Beschwerden bestanden haben als wichtige Brückensymptome. Liegt dagegen ein längeres beschwerdefreies Intervall mit regelmäßiger Arbeitsleistung zwischen dem angeschuldigten Unfall und dem Beginn der Krankheitserscheinungen, so ist ein Zusammenhang als unwahrscheinlich abzulehnen.

D. Lungenabszeß und Lungengangrän als Unfallfolge.

Die Wege, auf denen ein Unfall Folgezustände an den Atmungsorganen hervorrufen kann, die zu Lungenabszeß und Lungengangrän führen, sind sehr mannigfaltig. Folgende Möglichkeiten der Entstehungsweise kommen in Betracht.

1. Aspiration von Fremdkörpern fester und flüssiger Art bei Benommenheitszuständen (Kopftrauma, Gasvergiftung, traumatische Epilepsie) und bei Fall ins Wasser
2. Durch Unfall entstandene putride Bronchitis (Gasvergiftung) und Bronchiektasie.
3. Akute krupöse oder Bronchopneumonie als Unfallfolge.
4. Quetschungen und sonstige Verletzungen der Lunge.
5. Hämorrhagischer Lungeninfarkt nach operativen Eingriffen, wobei der meist aseptische Embolus und Infarkt sekundär von den Luftwegen aus infiziert wird.
6. Septische Lungenembolie. Bei allgemeiner Sepsis wie auch bei lokalisierten Eiterungen (Knochenfistel, Abszeß, Dekubitus) können die Eitererreger auf dem Blutwege in die Lunge verschleppt werden und durch embolische Verstopfung eines größeren Astes der Lungenarterie oder durch mehrere kleinere, später konfluierende Eiterherde zur Abszeßbildung führen.
7. Fortleitung eitriger und jauchiger Prozesse von Nachbarorganen auf das Lungengewebe, z. B. bei Empyem, subphrenischem Abszeß, Leberabszeß.

Für die Anerkennung eines indirekten ursächlichen Zusammenhanges der Abszeßbildung mit dem Unfall ist in allen solchen Fällen in erster Linie der Nachweis erforderlich, daß die Eiterquelle für die metastatische eitrige Infektion der Lungen traumatischen Ursprungs ist. Für die zeitliche Entwicklung einer Lungenabszeßbildung nach einem Unfall lassen sich bestimmte Grenzen nicht setzen. Denn es ist sehr wohl möglich, daß ein traumatisch entstandener Eiterherd (Knochenfistel, Osteomyelitis, Bronchiektasie) erst nach Monaten oder Jahren zur Abszeßbildung in der Lunge Anlaß gibt, wenn der Eiterherd zufällig aus anderweitiger Ursache zum Durchbruch gelangt und damit zur Infektion der Blutwege führt.

E. Lungenembolie, Lungeninfarkt und Unfall.

Eine Embolie der Lungenarterie kann durch Verschleppung von Blutgerinnseln, von Fett, größeren Gewebepartikeln oder Luft in die Haupt- oder kleineren Äste der Lungenarterie zustande kommen. Das embolische Material der Blutgerinnsel stammt entweder aus dem rechten Herzen bei Herzfehlern oder aus thrombotischen Venen an beliebigen Körperstellen. Die Fettembolie beobachtet man nach Knochenverletzungen, aber auch nach Kontusion von fetthaltigen Weichteilen. Es genügen nach Versuchen von Ribbert schon Knochenerschütterungen, um den Übertritt von Fett in das Gefäßsystem zu ermöglichen. Embolien von Parenchymzellen oder größeren Gewebepartikelchen werden am häufigsten nach schweren Leberverletzungen beobachtet. Die Luftembolie tritt auf nach Verletzungen größerer Venen, besonders der Jugularvenen.

Eine Verstopfung des Hauptastes hat sofortigen Tod zur Folge. Werden kleinere Äste verschlossen, so entwickelt sich häufig in dem von dem verstopften Gefäß versorgten Abschnitt ein keilförmiger hämorrhagischer Infarkt. Handelt es sich um Verschleppung infektiösen Materials, so ist Pneumonie, Lungenabszeß oder Gangrän die Folge. Durch Hinzutritt von Bakterien von den Luftröhren aus kann auch ein aseptischer Infarkt infiziert werden. Die Embolie eines größeren Astes und der anschließende Infarkt äußert sich in plötzlicher Atemnot, Beklemmung, Schmerzgefühl und meist durch blutigen Auswurf. Letzterer zeigt sich in der Regel nach mehreren Stunden, nicht selten erst nach 1—3 Tagen.

Ein Unfallvorgang kommt für die Entstehung einer Lungenembolie in Betracht, wenn 1. durch ein Brusttrauma oder eine allgemeine starke Körpererschütterung bei länger bestehendem Herzfehler eine Loslösung von Herzthromben verursacht wird, 2. Venenthrombosen als Ausgangsort einer Embolie dienen, die nach Wundinfektion oder nach längerer Bettruhe mit Operationen aufgetreten sind. 3. Fettembolien werden stets Unfallfolge sein, wenn die Knochenverletzung oder sonstige Manipulationen an Knochen und Gelenken, z. B. gewaltsame Streckung versteifter Gelenke, durch Folgezustände eines Unfalls bedingt sind. 4. Bei den nach Leberzertrümmerung auftretenden Gewebsembolien wird über den Unfallzusammenhang kein Zweifel bestehen.

F. Lungenemphysem und Unfall.

Bei der Entstehung eines Lungenemphysems spielen Störungen der Atmungsvorgänge die wichtigste Rolle. Sowohl verstärkte und übermäßig vertiefte Einatmung wie auch gestörte und erschwerte Ausatmung kann eine Lungenblähung zur Folge haben, die bei längerer Dauer zu einer Überdehnung der Alveolen mit Verlust der Lungenelastizität und zu atrophischen Vorgängen des Gewebes führt. Die Entstehung eines einseitigen Emphysems beobachtet man, wenn größere Lungenpartien, z. B. durch Verstopfung eines Hauptbronchus, durch Lungenschrumpfung nach Pleuritis, Rippenresektion usw., außer Funktion gesetzt sind, da dann die übrigen gesunden Teile kompensatorisch stärker überdehnt werden. Doppelseitige chronische Lungenblähung kommt vor allem bei chronisch erschwerter Ausatmung zustande, wenn ein Katarrh der feineren und mittleren Bronchien vorliegt. Als Folge des Emphysems und der erschwerten Exspiration kommt es zu einer Inspirationsstellung des Brustkorbes und Thoraxstarre durch sekundäre Veränderung der Rippenknorpel. Diese Verminderung der Elastizität des Thorax bildet dann ein weiteres Hindernis für eine hinreichende Ausatmung. Für einzelne Fälle von Emphysem scheint eine primäre Thoraxstarre als Ursache in Betracht zu kommen; denn nach Untersuchungen von Freund u. a. können die Rippenknorpel bisweilen von frühester Jugend an eine eigentümliche Entartung zeigen, die schnell fortschreitend schon in jugendlichem Alter eine Erweiterung und Starre des Brustkorbes zur Folge hat. Durch die dauernde Inspirationsstellung des Thorax wird dann auch die Lunge dauernd ausgespannt, was zu Atrophie des Lungengewebes und Emphysem führen muß.

Entstehungsmöglichkeiten eines Emphysems durch Unfall.

Auf Grund vorstehender Anschauungen über die Pathogenese des Lungenemphysems ist eine Entstehung und Verschlimmerung einer ein- oder doppelseitigen Lungenblähung durch Unfallvorgänge in der Weise möglich, daß durch mechanische Traumen des Brustkorbes oder Erkältungseinflüsse oder Einatmung von reizenden Gasen Störungen der Atmungsvorgänge länger dauernder Art, vor allem chronische Bronchitiden, hervorgerufen werden, die zu einer chronischen Überdehnung des Lungengewebes Anlaß geben. Für die zweite denkbare Möglichkeit, daß ein einmaliges mechanisches Trauma als auslösendes Moment für die frühzeitige Entwicklung einer primären Starre des Thorax durch eine vorzeitige Degeneration der Rippenknorpel Anlaß geben könne, liegen beweisende Beobachtungen nicht vor.

1. Mechanische Traumen.

Direkte Traumen des Brustkorbes durch Quetschung, Stoß, Fall auf Brust oder Rücken können dadurch zu Lungenemphysem führen, daß durch Rippenfellentzündung mit späteren Verwachsungen oder durch Verletzung des Lungengewebes mit anschließenden Schrumpfungsprozessen eine Störung der Atmungsvorgänge bedingt wird, die zu einer meist nur einseitigen kompensatorischen Erweiterung einzelner Lungenabschnitte Anlaß gibt. Die nicht vom Trauma betroffene Lunge wird in solchen Fällen nur dann sekundär in Mitleidenschaft gezogen werden und sich ebenfalls emphysematös erweitern, wenn durch die einseitige Brustquetschung eine doppelseitige chronische Bronchitis oder dauernder Reizhusten (Pleurahusten) ausgelöst wird. Der Nachweis, daß ein mechanisches Trauma als Entstehungsursache für ein Lungenemphysem anzuschuldigen ist, wird meist außerordentlich schwierig sein, da sich für gewöhnlich niemals mit hinreichender Sicherheit ausschließen läßt, daß nicht bereits vor dem Unfall eine latente oder wenig Beschwerden verursachende Lungenerweiterung vorhanden war. In der Regel handelt es sich in den Begutachtungsfällen um die Frage der Unfallsverschlimmerung eines schon bestehenden Leidens.

Die Entscheidung wird namentlich bei älteren Unfallpatienten, bei denen ein fortschreitendes Lungenemphysem als Alters- und Aufbrauchssymptom der Lungen ohnehin zu erwarten ist, bisweilen recht erhebliche Schwierigkeiten machen. Die Zusammenhangsfrage zwischen Entstehung bzw. wesentlicher Verschlimmerung eines Emphysems und einem Trauma darf nur dann bejaht werden, wenn folgende Bedingungen erfüllt sind:

a) Der Verletzte darf bis zum Unfall keine auf Lungenerweiterung hinweisenden Krankheitserscheinungen geboten haben oder wenigstens durch diese in seiner Arbeitsfähigkeit nicht wesentlich behindert worden sein.

b) Im unmittelbaren Anschluß an das Brusttrauma müssen Zeichen einer Schädigung des Rippenfells oder der Lungen (Blutauswurf, Pleuritis, Pneumonie, Husten) aufgetreten sein.

c) Die Entwicklung des Emphysems muß sich unter Fortbestehen von Krankheitserscheinungen der Atmungsorgane (Husten, Auswurf, Bronchitis) im Laufe von Monaten vollziehen.

d) Bei einer längeren Zwischenzeit bis zu mehreren Jahren zwischen Unfall und Hervortreten der Lungenerweiterung wird ein Zusammenhang nur dann als wahrscheinlich bezeichnet werden können, wenn es sich um jüngere Individuen handelt, die also mittlerweile nicht in ein Alter getreten sind, in dem ein Emphysem als Alterserscheinung zu erwarten ist. Außerdem müssen nachweislich in der ganzen Zwischenzeit die Erscheinungen einer chronischen Bronchitis bestanden haben, so daß dadurch eine dauernde oder wenigstens sehr häufige Erschwerung der Exspiration wahrscheinlich gemacht ist.

e) Haben zur Zeit des Unfalls schon sichere Zeichen von Emphysem vorgelegen, in Gestalt mäßig verminderter Arbeitsfähigkeit durch häufigere Bronchitiden, und handelt es sich um ältere Individuen, so wird eine wesentliche Verschlimmerung nur dann als vorliegend anzuerkennen sein, wenn innerhalb kurzer Zeit (Wochen, ein bis zwei Monate) die Emphysemerscheinungen in so starkem Grade hervortreten, daß der Verletzte dauernd ganz oder größtenteils arbeitsunfähig wird. Als solche wesentlichen Verschlimmerungszeichen sind zu nennen: Dyspnoë schon nach geringen Anstrengungen, schnellem Gehen, Zunahme der Stauungsbronchitis mit dauerndem, quälendem

Husten, Herzstörungen, schnelle Abnahme des allgemeinen Kräftezustandes.

Eine sehr eigenartige und wichtige Beobachtung hat Köhler[1]) mitgeteilt, wonach sich bei einem zur Zeit des Unfalls noch jüngeren 35jährigen Manne innerhalb weniger Jahre ein ausgesprochenes Emphysem nach Brusttrauma mit Lungenverletzung entwickelte. Der Zusammenhang wird sich in diesem Fall nicht ablehnen lassen, da vor allem das jugendliche Alter und das Fehlen früherer Erkrankungen der Atmungsorgane für eine traumatische Entstehungsweise des Leidens zu sprechen scheint.

Ein 35jähriger Handlanger erlitt durch Fall aus einer Höhe von $1^1/_2$ m eine Quetschung der rechten Schulter und der rechten Brustseite. Unmittelbar nach dem Unfall und noch längere Zeit hinterher Blutspucken. Ein Jahr nachher wurde außer Schwäche im rechten Oberarm Atemnot festgestellt, bei Klagen über Schmerzen in der rechten Brustseite. Der Zusammenhang zwischen Brustbeschwerden und Unfall wurde offen gelassen. In den folgenden Jahren ständig Klagen über Atemnot, Husten, Auswurf und Rückgang des Gesamtzustandes. 10 Jahre nach dem Unfall wird hochgradiges Emphysem, chronische Bronchitis und Herzschwäche festgestellt, und vom Schiedsgericht der Zusammenhang dieser Leiden mit dem Unfall anerkannt.

Auch in dem folgenden Falle von Rumpf[2]) spricht die Schwere der Lungenverletzung, das jugendliche Alter des Verletzten und die zeitliche Entwicklung des Emphysems für einen Unfallzusammenhang.

Ein 30jähriger Fuhrmann P., der laut Aktenausweis bis dahin völlig gesund war, fiel von einem Wagen auf Rücken und rechte Brustseite. Außer Verstauchung des rechten Armes trat vom 3. Tage an Blutspeien auf. Der behandelnde Arzt konstatierte eine Dämpfung des rechten Oberlappens mit feuchten Rasselgeräuschen. Die Dämpfung schwand nach 6 Wochen. Seitdem litt P. an Schmerzen in den hinteren unteren Lungenpartien, Atemnot, Husten, Auswurf. Bei vielfachen ärztlichen Untersuchungen wird die rechte Brustseite abgeflacht gefunden und Bronchitis konstatiert. 5 Jahre nach dem Unfall fand Prof. Rumpf Lungenerweiterung (VII. und XII. Rippe), beschleunigte Atmung bei gut gebautem Brustkorb, über dem rechten unteren Lungenlappen reichliche Rasselgeräusche, links nur geringe katarrhalische Erscheinungen, Auswurf schleimig ohne Tuberkelbazillen (Tuberkulinreaktion negativ).

Thiem[3]) hat in folgendem Falle wesentliche Verschlimmerung nach Brusttrauma bei einer schon lange bestehenden Lungenblähung angenommen.

Ein 58jähriger Bergmann G., der schon seit 6 Jahren häufiger an Luftröhrenkatarrh gelitten, aber in den letzten $^5/_4$ Jahren ohne Krankfeiern gearbeitet hatte, wurde von einem Pfahl gegen die rechte Brustseite getroffen. Wegen großer Schmerzen mußte er sofort aus der Grube geschafft werden. Es bestand Bruch der 8. und 9. Rippe und ausgedehnte Luftansammlung unter der rechten Brusthaut. 3 Monate nach dem Unfall, während welcher Zeit G. dauernd gefeiert hatte, wurde Lungenblähung, erhebliche Atemnot, Herzschwäche, Bronchitis festgestellt. $1^1/_2$ Jahr später war der Zustand der gleiche, und bestand

[1]) Köhler, Ärztl. Sachverst.-Ztg. 1906, S. 363.
[2]) Rumpf, Lehrb. d. Arb.-Vers. von Gumprecht 1913, S. 271.
[3]) Thiem, Monatsschr. f. Unfallheilk. 1915, S. 139.

völlige Erwerbsunfähigkeit. Thiem schließt: „Ich halte es für unmöglich, auch nur mit annähernder Sicherheit zu sagen, daß die Verschlimmerung der Lungenblähung auch ohne den Unfall früher oder später hätte kommen müssen; sie ist offenbar vor dem Unfall so geringfügig gewesen, daß einzelne Begutachter sie bis beinahe ein Vierteljahr nach dem Unfall nicht erwähnen."

2. Lungenerweiterung infolge Einatmung giftiger reizender Gase oder Erkältung mit chronischen Katarrhen.

Der Nachweis, daß das Lungenemphysem eine indirekte Unfallfolge ist nach Einatmung reizender Gase, wird meist keine Schwierigkeiten bereiten, wenn das akute Auftreten und längere Bestehen eines Luftröhrenkatarrhs im unmittelbaren Anschluß an den Unfallvorgang erwiesen ist, und es sich um jüngere Personen handelt, die früher nicht aus anderweitiger Ursache an Bronchitis gelitten haben. In erster Linie ist natürlich die Feststellung erforderlich, daß keine chronische Gasreizwirkung durch die regelmäßige Betriebsarbeit vorliegt, sondern eine einmalige Gasvergiftung.

Einschlägige Beobachtungen sind von Schultze, Stursberg, Rumpf[1]) mitgeteilt worden, in denen nach Einatmung von Phosphoroxychlorid, nitrosen Gasen eine Emphysementwicklung erfolgte.

Ein 44jähriger Mann erkrankte nach Einatmung von nitrosen Gasen unter stürmischen Erscheinungen von Reizung der Luftwege, Kurzatmigkeit, Zyanose. 6 Monate später wurde von R. hochgradiges Emphysem und Bronchitis mit starker Beschleunigung der Herztätigkeit festgestellt. Dabei war der Thorax nicht emphysematisch. Die Bronchitis schwand, und das Emphysem ging so zurück, daß die unteren hinteren Lungengrenzen nicht mehr am 12., sondern zwischen 10. und 11. Brustdornfortsatz standen. 1 Jahr später ergab die Röntgenuntersuchung ein ausgedehntes Emphysem und außerdem stärkere Schattenbildung im Verlauf der großen Luftröhre.

G. Lungentuberkulose und Unfall.

Die Entstehungsmöglichkeit einer Lungentuberkulose durch eine Unfallschädigung des Lungengewebes muß theoretisch zugegeben werden. Denn es ist sehr wohl denkbar, daß Tuberkelbazillen erst nach erfolgter Lungenverletzung auf dem Luft-, Blut- oder Lymphwege in den Körper und in das Lungengewebe oder von einem anderweitigen Tuberkelherd im Körper in die verletzten Lungenpartien hineingelangen und dort einen günstigen Ansiedelungsboden finden. Der sichere Nachweis, daß auf diese Weise eine Lungentuberkulose erst durch den Unfall verursacht worden ist, wird aber praktisch nicht erbracht werden können. Wir werden niemals aus dem Hervortreten von tuberkulösen Lungenerscheinungen nach einem Unfall den Schluß ziehen dürfen, daß der Unfallverletzte vor dem Unfall noch keine Lungentuberkulose gehabt habe. Denn erfahrungsgemäß kann ein tuberkulöses Lungenleiden lange Zeit klinisch latent verlaufen, und ohne den

---

[1]) Rumpf, Lehrb. d. Arb.-Vers. S. 273.

bereits Erkrankten in seiner Arbeitsfähigkeit wesentlich zu beeinträchtigen. Durch eine Unfallschädigung kann in solchen Fällen ein bis dahin latenter (abgekapselter) tuberkulöser Lungenherd mobilisiert oder eine in der Entwicklung begriffene Lungentuberkulose zu einem schnelleren Fortschreiten veranlaßt werden, so daß der Unfall lediglich als auslösendes Moment für die nachher eintretende Arbeitsunfähigkeit anzusprechen ist. Bei den Begutachtungsfällen von Lungentuberkulose nach Unfall ist deshalb die Frage der Entstehung des Lungenleidens erst durch den Unfall von mehr nebensächlicher Bedeutung. Die Hauptaufgabe des Begutachters liegt vielmehr in der Beantwortung der Verschlimmerungsfrage: ob der Unfall geeignet war, eine bis dahin latente schlummernde Lungentuberkulose zu mobilisieren oder den in der Entwicklung begriffenen Lungenprozeß wesentlich ungünstig zu beeinflussen, indem er eine schnellere Verlaufsweise verursachte.

I. Entstehungs- und Verschlimmerungsursachen einer Lungentuberkulose bei Unfällen.

Jeder Unfallvorgang, der auf mechanischem, seelischem, chemisch-toxischem, thermischem oder infektiösem Wege zu einer direkten oder indirekten Schädigung der Atmungsorgane Anlaß gibt, wird unter Umständen auch als Verschlimmerungsmoment für eine Lungentuberkulose in Frage kommen.

In ihrer Beziehung zur Lungentuberkulose sind demnach zu besprechen:

1. Direkte Traumen des Brustkorbes.
2. Allgemeine Körpererschütterung.
3. Körperliche Überanstrengung.
4. Periphere Verletzungen.
5. Seelische Erregungen (Angst, Schrecken).
6. Temperaturschwankungen, Abkühlungen.
7. Einatmung giftiger Gase mit Bronchitis und Pneumonie.
8. Langes Krankenlager und Schwächung der Körperkräfte.
9. Behinderung der Brustkorbausdehnung (Rippenfraktur, Narbenzug) oder der Nasenatmung durch Unfallsfolgen.

1. Direkte Brusttraumen.

Bei jeder stärkeren stumpfen Gewalteinwirkung auf den Brustkorb durch Stoß, Schlag, Fall auf Brust oder Rücken, Quetschung durch fallendes Gestein oder zwischen Puffern können durch die dabei erfolgenden Erschütterungen und Quetschungen der Lungen und des Rippenfells vor allem bereits erkrankte Lungenherde geschädigt werden. Es kommen dabei Einrisse und Blutungen zustande, zumal in tuberkulös verändertem Lungengewebe und an erkrankten Gefäßen.

Bei Ruptur größerer Gefäße wird entweder sofort oder, bei anfangs partieller Wandverletzung, erst nach Stunden oder 1—2 Tagen eine Hämoptoë auftreten, während kleinere Blutungen nur zu einer Infiltration in der Umgebung des erkrankten Lungenherdes führen und dadurch eine schnelle Ausbreitung des tuberkulösen Prozesses begünstigen. Ferner vermag eine Blutung durch Verschleppung von tuberkulösem Material bisher gesunde Lungenabschnitte zu infizieren.

2. Allgemeine Körpererschütterung.

In gleicher Weise wie direkte mechanische Traumen wirkt eine erhebliche allgemeine Körpererschütterung, also ein Fall aus größerer Höhe (mehrere Meter) auf Gesäß, Schulter, Füße. Da es erwiesen ist, daß eine derartige Erschütterung in vorher gesunden Lungen Einrisse hervorzurufen vermag, so wird das erst recht bei vorher tuberkulös erkrankten Menschen der Fall sein. Auch ist die Möglichkeit zuzugeben, daß durch stärkere direkte oder indirekte Erschütterungen der Brustorgane die in tuberkulösen Drüsen der Lungenwurzel oder an anderweitigen Körperstellen ruhenden Bazillen mobilisiert werden und auf retrogradem Lymphwege oder infolge Durchbruchs in die Luftröhren eine Lungeninfektion verursachen.

3. Körperliche Überanstrengung.

Der ungünstige Einfluß einer erheblichen körperlichen Anstrengung (schweres Heben, Tragen, Ziehen) auf eine erkrankte Lunge kann sich in der Weise geltend machen, daß durch die damit einhergehende Blutdrucksteigerung eine Ruptur eines tuberkulös erkrankten Lungengefäßes zustande kommt. In der Regel wird dann das Auftreten einer Hämoptoë in unmittelbarem Anschluß an die körperliche Anstrengung die Folge sein.

4. Periphere Verletzungen.

Verletzungen einer Extremität, Stoß oder Quetschung des Kopfes, der Schulter, Traumen des Unterleibs und äußere Wunden kommen nicht als lungenschädigende Unfälle in Frage, es sei denn, daß sie gleichzeitig mit einer erheblichen Körpererschütterung oder erheblichen Blutverlusten und Infektion verbunden waren.

5. Psychische Traumen (Angst, Schrecken) als Verschlimmerungsursache.

Die Verschlimmerung einer Lungentuberkulose durch eine Unfall- Schreck- oder Angsteinwirkung ist in der Weise möglich, daß durch die bei seelischer Erregung eintretende Blutdrucksteigerung ein bereits tuberkulös erkranktes Lungengefäß zur Ruptur kommt. Die Hämoptoë kann dann den Anstoß zu einer schnelleren Ausbreitung des Lungenprozesses geben.

Finkelnburg (eigene Beobachtung):

43jähriger Bergmann, der 3 Jahre vorher wegen Spitzenkatarrh in Heilstätte gewesen war, mußte bei einer Grubenexplosion 40—50 m weit in großer Angst vor weiteren Explosionen laufen. Nachdem er noch weitere 200 m langsam gegangen und sich am Schacht hingesetzt hatte, trat annähernd 10 Minuten nach dem Schrecken eine Lungenblutung auf. Von da ab schnelle Ausbreitung der Tuberkulose, so daß er nach 4monatlichem Krankfeiern nur noch leichte Hausarbeit verrichten konnte und 16 Monate nach dem Unfall starb.

6. Temperaturschwankungen, Kälteeinwirkung als auslösendes Moment für eine Verschlimmerung.

Nach starker Abkühlung des Körpers, Fall ins Wasser, mehrstündigem Arbeiten bis Bauch im Wasser, wird nicht selten eine plötzliche Verschlimmerung der Lungenerscheinungen beobachtet und selbst ein erstes Hervortreten von Krankheitserscheinungen (Blutung) bei bis dahin latenter Tuberkulose. Für die Anerkennung eines Zusammenhangs bedarf es vor allem des Nachweises, daß die Kälteeinwirkung eine erhebliche war und in einem zeitlich scharf umgrenzten kurzen Zeitraum erfolgte, und daß sich die Verschlimmerungszeichen unmittelbar an die Erkältung angeschlossen haben. Bei der Häufigkeit von Tuberkuloseverschlimmerung bei der regelmäßigen Betriebsarbeit infolge unvermeidlicher Temperaturschwankungen des alltäglichen Lebens dürfen vom ärztlichen Standpunkt aus stets nur ganz außergewöhnliche Kälteeinflüsse als Betriebsunfall anerkannt werden. Und diese können auch nur dann als wesentliche Unfallsschädigung in Betracht kommen, wenn danach die Tuberkulose eine ausgesprochene Wendung zum Schlimmeren genommen hat. In einer Rekursentscheidung (VIII, 11) wurde eine zum Tode führende Verschlimmerung bei einem Obermüller als Unfall anerkannt, weil der beschleunigte Krankheitsverlauf sich an eine mehrstündige Arbeit in fußhohem eiskalten Wasser angeschlossen hatte.

7. Einatmung giftiger und reizender Gase und Dämpfe als Verschlimmerungsursache.

Chemische Reizung der Schleimhäute durch Säuredämpfe (Salzsäure, Brom, Schwefelsäure, Salpetersäure, Ammoniak) bei Unglücksfällen in Betrieben können durch Auslösung einer akuten oder chronischen Bronchitis mit starkem Hustenreiz und Bronchopneumonie eine latente Tuberkulose mobilisieren und zu Hämoptoë bei Lungentuberkulose mit anschließender vorübergehender oder dauernder Verschlimmerung Anlaß geben. Auch nach CO-Vergiftung ist das Auftreten von Lungentuberkulose beobachtet und als Unfallsfolge vom RVA. anerkannt worden.

RE. XXII, 61. Bluthusten nach Einatmung von Salpetersäure mit Entwicklung einer Lungentuberkulose.

56jähriger, an Emphysem und chronischer Bronchitis leidender Arbeiter einer chem. Fabrik atmet infolge Bruches eines Ballons mit Salpetersäure

(30 Liter ausgelaufen) 5—10 Minuten lang Säuregas ein. An den zwei folgenden Tagen Bluthusten. Sofort ärztliche Behandlung wegen schwerer Luftröhrenentzündung. Nach 3 Monaten, nachdem in der Zwischenzeit mehrfach blutiger Auswurf bestanden hatte, wurde eine Verdichtung der linken Lunge festgestellt.

Lewin[1]): Lungentuberkulose nach CO-Vergiftung.

31jährige Frau erlitt starke CO-Vergiftung mit Bewußtlosigkeit. Bei der Krankenhausaufnahme Lungen für gesund befunden. Nach 10 Tagen Fieber, Eiterung in einer Gesäßhälfte, Durchfall, Eiweiß im Harn. Nach etwa 8 Wochen wurden Veränderungen in dem oberen Teil beider Lungen festgestellt. Später Tuberkelbazillen im Auswurf. Nach weiteren 10 Wochen Verschlimmerung und nach weiteren 3 Monaten Tod an ausgedehnter Lungen- und Darmtuberkulose.

8. Langes Krankenlager und Schwächung der allgemeinen Körperkräfte in ihren Beziehungen zur Tuberkulose.

Es ist zuzugeben, daß ein Unfall mittelbar den Ausbruch einer Lungentuberkulose begünstigen und eine latente oder gutartig verlaufende Tuberkulose in eine schwere Form überführen kann, wenn durch ihn der allgemeine Ernährungs- und Kräftezustand wesentlich geschädigt wird. Langwieriges Krankenlager, langdauernde Eiterungen und Fieberzustände, häufige Blutverluste und Operationen, chronische Verdauungsstörungen organischer oder funktioneller Art (Ulcus ventriculi und Perityphlitis chron. nach Trauma) sind geeignet, die Widerstandsfähigkeit des ganzen Organismus gegenüber dem tuberkulösen Virus erheblich zu schwächen, sodaß dadurch das Leiden bei vorhandener Disposition zum Ausbruch kommt oder einen schnelleren Verlauf nimmt. Die erschreckende Zunahme der Tuberkulosesterblichkeit durch den eben durchgemachten Hungerkrieg zeigt am besten, welche Rolle die chronische Unterernährung bei der Entwicklung und Verlaufsweise der Lungentuberkulose spielt.

Für die Anerkennung eines mittelbaren Zusammenhangs zwischen Unfall und Entwicklung oder Verschlimmerung einer Tuberkulose darf niemals allein die lange Dauer einer Behandlung wegen Unfallfolgen maßgebend sein, sondern lediglich der Nachweis einer erheblichen Reduktion des ganzen Kräftezustandes (Blutarmut, stärkere Abmagerung). Ein langes Krankenlager ohne Komplikationen bedingt durchaus nicht eine erhöhte Disposition für Lungentuberkulose.

Priessen[2]) (Fall 68): Bruch des Oberkiefers mit erschwerter Nahrungsaufnahme und Unterernährung als Verschlimmerungsursache einer Lungentuberkulose.

55jähriger, bis dahin gesunder Holzschneider erlitt November 1903 durch Gegenfall eines Holzstückes einen Bruch des Oberkiefers. Aufnahme auch flüssiger Nahrung 3 Wochen lang stark erschwert. Erst nach 3 Monaten Auf-

[1]) Lewin, Amtl. Nachr. 1908, S. 739.

[2]) Priessen, Über Lungentuberkulose nach Unfall. Dissert. Bonn 1917.

nahme fester Speisen möglich. In der 4. Woche nach dem Unfall Bronchialkatarrh, der nicht weichen wollte, dazu Nachtschweiße. Trotzdem Arbeitsaufnahme. Am 1. August 1904 Lungenkatarrh, starke Kurzatmigkeit, Nachtschweiße, Husten, viel Auswurf. Am 20. November 1904 — 1 Jahr nach dem Unfall — fortgeschrittene Lungentuberkulose.

9. Mechanische Behinderung der Nasenatmung oder der Ausdehnungsfähigkeit einer Brusthälfte als Ursache einer erhöhten Disposition für Lungentuberkulose.

Lungenabschnitte, deren Ausdehnungsfähigkeit durch vorausgegangene pleuritische Prozesse oder ausgedehnte Rippenfrakturen oder narbige Kontrakturen der Brustmuskulatur behindert ist, können eingeatmete Entzündungserreger weniger gut entfernen und sind hierdurch einer erhöhten Gefahr für Katarrhe überhaupt und insbesondere für primäre oder sekundäre Infektion mit Tuberkelbazillen ausgesetzt. Die Wichtigkeit lokaler Momente für die Entstehung der Phthise wird durch zahlreiche Beobachtungen wie die von Hansemann[1]) erwiesen, in der eine Deformität des Thorax zu einem Druck auf eine untere Lungenpartie geführt und sich im komprimierten Teil eine Tuberkulose entwickelt hatte. Desgleichen erhöhen alle Krankheiten, die die Nasenatmung ganz oder erheblich stören und zur Mundatmung zwingen, die Disposition zu Erkrankungen der Luftwege, die dann ihrerseits eine Tuberkulose auslösen können.

Der ursächliche Zusammenhang zwischen Tuberkuloseentwicklung und traumatisch entstandener Störung des Atmungsmechanismus darf aber nur dann als wahrscheinlich angenommen werden, wenn

a) nach dem physikalischen und Röntgenbefund die Entfaltungsbehinderung der Lungen nachweislich eine erhebliche ist,

b) die betroffene Seite vorwiegend und längere Zeit Sitz chronischer Katarrhe gewesen ist als begünstigendes Moment für Entwicklung der Tuberkulose,

c) die Lungentuberkulose zuerst und überwiegend in der geschädigten Brusthälfte lokalisiert ist.

Das Reichsversicherungsamt vertritt in einer Entscheidung den Standpunkt, daß eine traumatisch enstandene Thoraxdeformität mit schlechter Lungenentfaltung eine dauernde Krankheitsbereitschaft für Lungentuberkulose schafft, so daß eine viele Jahre später auftretende Phthise als mittelbare Unfallsfolge anzuerkennen ist. Dies ist zweifellos richtig, aber nur dann, wenn die Tuberkulose nachweislich zuerst in der in seiner Ausdehnungsfähigkeit dauernd behinderten Brusthälfte oder gar in dem besonders von der Thoraxdeformität (schlecht geheilte Rippenbrüche) betroffenen Lungenabschnitt beginnt.

[1]) v. Hansemann, Berl. klin. Wochenschr. 1911, Nr. 1.

RVA. XXIV, 181: Tuberkulose 7 Jahre nach einem zu starker Narbenretraktion und Defekt der Muskulatur der rechten Brustseite führenden Unfall als Unfallfolge anerkannt.

23jähriger Maler erlitt Oktober 1895 eine Fingerverletzung mit Blutvergiftung, die eine Entfernung der Haut und Muskulatur der ganzen rechten Brustseite nötig machte, so daß die Rippen völlig bloß lagen. Es entstand eine enorme Narbenkontraktion. Dauernde Klagen über Schmerzen in der rechten Brustseite. 1902 rechtsseitiger Spitzenkatarrh, der innerhalb dreier Jahre schwand. 1907 Influenza und daran anschließend Erkrankung beider Lungenspitzen und Kehlkopftuberkulose. Tod April 1908.

II. Beurteilung des Zusammenhangs einer Lungentuberkulose mit mechanischen Traumen.

Die gutachtliche Anerkennung, daß mechanische Unfalleinwirkungen, also direkte Brusttraumen, Körpererschütterung, Überanstrengung, mit dem Auftreten einer Lungentuberkulose oder der Verschlimmerung einer schon offenkundigen Tuberkulose in ursächlichem Zusammenhang stehen, wird von der Erfüllung einer Reihe von Bedingungen abhängig gemacht werden müssen. Denn einmal genügt die Tatsache, daß überhaupt ein Unfall stattgefunden hat, keineswegs für die Bejahung einer Unfallverschlimmerung, wenn nicht Anhaltspunkte für eine besondere Erheblichkeit desselben vorliegen. Zweitens besteht bei der Häufigkeit plötzlicher spontaner Lungenblutungen bei latenter Lungentuberkulose ohne besondere äußere Veranlassung und bei der wechselnden Verlaufsweise tuberkulöser Lungenleiden mit akuter schubweiser Verschlimmerung in natürlicher Folge die Gefahr, daß ein rein zufälliges zeitliches Zusammentreffen eines Traumas mit einer Blutung oder sonstigen Verschlimmerung zu der irrtümlichen Annahme eines Unfallzusammenhangs Anlaß gibt. Maßgebend für die Beurteilung der Zusammenhangsfrage zwischen Unfall und Verschlimmerung sind demnach:

1. Der Zustand der Lungen vor dem Unfall.
2. Nachweis der Erheblichkeit der Unfalleinwirkung.
3. Das zeitliche Auftreten der Verschlimmerungserscheinungen nach dem Unfall.
4. Örtliche Übereinstimmung zwischen Seite der Gewalteinwirkung und Sitz der Verschlimmerung.

1. Zustand der Lungen vor dem Unfall.

Die Feststellung, welcher Grad von Lungentuberkulose vor dem Unfall vorgelegen hat, ist in allen solchen Fällen äußerst schwierig, in denen der Unfallverletzte vor dem Unfall wegen Lungenerscheinungen nicht in Behandlung gestanden hat. Der Gutachter ist dann darauf angewiesen, aus dem Verhalten des Kranken vor dem Unfall Rückschlüsse zu machen über den Zustand der Lungen vor der Verletzung. Das ist aber äußerst mißlich, denn erfahrungsgemäß können an Lungentuberkulose Leidende nicht nur mit beginnender, sondern auch mit ausgesprochener Tuberkulose noch regelmäßige Arbeit verrichten, so daß die Arbeitsleistung bis zum Tage des Unfalls gar keinen absolut sicheren Gradmesser für die Ausdehnung eines tuberkulösen Lungenprozesses vor dem Trauma bildet. Es kommen nicht selten Lungenkranke mit ausgesprochenen Verdichtungserscheinungen einer oder beider Lungenspitzen und tuberkelhaltigem Auswurf in die öffentliche Sprechstunde, die bis dahin ohne Unterbrechung oft recht schwere körperliche Arbeit verrichtet haben. Das sind aber doch Ausnahmen, und in der Regel wird der durch Zeugen zu erhebende Nachweis, daß der Verletzte bis zum Unfall seine Arbeit regelmäßig ohne Krankfeiern und ohne der Umgebung auffallende Erscheinungen (Husten, Auswurf, Klagen über Schmerzen und Müdigkeit bei der Arbeit) durchgeführt hat, dahin zu verwerten sein, daß die Lungentuberkulose zur Zeit des Unfalls erst in ihren Anfängen bestanden hat oder ausgeheilt war. Die sicherste Grundlage für die Beurteilung liefert aber stets ein möglichst frühzeitig nach dem Unfall erhobener Lungenbefund und der allgemeine Kräftezustand (Abmagerung, Blutarmut) kurz nach dem Trauma. Je vorgeschrittener die Lungenveränderungen sind, die gleich oder kurz nach dem Unfall festgestellt werden, desto zurückhaltender muß der Begutachter sein mit der Anerkennung einer Verschlimmerung als Unfallfolge. Da bei jeder vorgeschrittenen Lungentuberkulose in natürlicher Entwicklung eine stetige Verschlimmerung zu erwarten ist, so wird nur eine außergewöhnlich schnell einsetzende und progressive Zunahme der Krankheitserscheinungen als Zeichen einer Unfallverschlimmerung gelten können.

2. Nachweis der Erheblichkeit einer Gewalteinwirkung und der außergewöhnlichen Anstrengung.

Die Abschätzung der für eine Lungenschädigung erforderlichen Erheblichkeit eines Unfalls stützt sich auf die Kenntnis des Unfallhergangs nach Angaben des Kranken und der Augenzeugen, auf das Verhalten des Verletzten unmittelbar nach dem Trauma und auf die Feststellung von äußeren Verletzungsspuren.

a) Der Unfallhergang als Maßstab für die Erheblichkeit.

Oft gibt ohne weiteres der Unfallhergang an sich hinreichende Anhaltspunkte für das Vorliegen einer stärkeren Gewalteinwirkung auf den Brustkorb, wenn z. B. der Verletzte zwischen Eisenbahnpuffern eingeklemmt, von schweren Gesteinsmassen verschüttet wurde, oder wenn der Unfall in Überfahren der Brust durch beladenen Wagen, in Fall mit der Brust auf scharfe Kanten (Schiebkarren) bestanden hat. Dagegen wird ein einfacher Stoß bei der Arbeit durch Hackenstiel oder Fall auf

Schulter oder Rücken auf ebener Erde, Anprall eines Arbeitsinstruments (Schraubenzieher) gegen die Brust nicht als erhebliches Brusttrauma anzusehen sein. Ein derartiger Unfall kann höchstens bei vorgeschrittener Tuberkulose als auslösendes Moment für eine Lungenblutung dienen.

Falls eine allgemeine Körpererschütterung als Verschlimmerungsursache einer Lungentuberkulose angeschuldigt wird, so muß es sich stets um einen Fall aus größerer Höhe auf das Gesäß, die Füße, den Rücken oder die Schultergegend gehandelt haben. Ein einfacher Fall auf ebener Erde durch Ausgleiten bei Glatteis oder auf der Treppe, beim Überschreiten eines Geleises genügt nicht, um eine erhebliche, zu Lungenverletzung führende Brusterschütterung hervorzurufen.

Eine körperliche Anstrengung, wie schweres Heben, Tragen von Lasten, Ziehen, trägt ohne weiteres den Charakter der außergewöhnlichen Überanstrengung, wenn die Arbeitsleistung außerhalb des Rahmens der gewöhnlichen Tätigkeit des Verletzten erfolgt ist. Wenn z. B. Lungenblutung bei einem Manne auftritt, der für gewöhnlich nur leichte Arbeit, wie Bureau- oder Aufsichtsdienst verrichtete, und aushilfsweise schwere Balken, Säcke mittragen mußte, so handelt es sich um eine Unfallfolge. Denn der an Blutung Erkrankte mußte sich, weil die Arbeit ungewohnt für ihn war, wesentlich mehr anstrengen als seine Mitarbeiter, die alltäglich die gleiche Kraftanstrengung anwenden. Es ist deshalb bei der für ihn ungewöhnlichen Anstrengung auch eine stärkere Blutdrucksteigerung zu erwarten, die ein schon tuberkulös erkranktes Lungengefäß zur Ruptur bringen kann. Der Nachweis der außergewöhnlichen körperlichen Anstrengung wird zweitens dann als erbracht anzusehen sein, wenn während der gewöhnlichen Arbeitsverrichtung ein außergewöhnliches Vorkommnis eingetreten ist. Wenn z. B. eine Schraube eingerostet war, so daß sich der Arbeiter längere Zeit erheblich abmühen mußte und nach Aussagen von Zeugen stark schwitzte, starken Blutandrang zum Kopf aufwies, so ist der Beweis der Erheblichkeit einer Anstrengung erbracht. Wenn beim Tragen eines schweren Balkens durch mehrere Personen ein Arbeiter ausgleitet, so daß vorübergehend der Mitarbeiter die ganze Last auf der Schulter trägt und sich nur mit aller Anstrengung aufrecht hält, so liegt zweifellos eine Überanstrengung vorübergehender Art vor, die zu einer Lungenblutung Anlaß geben kann. In einem meiner Begutachtungsfälle war eine Lungenblutung bei einem bis dahin gesunden Tierarzt aufgetreten, der sich beim Ziehen an den Beinen eines Kalbes bei dessen schwieriger Geburt über eine Stunde lang sehr stark hatte anstrengen müssen.

b) Verhalten des Verletzten nach dem Unfall.

Auf eine gewisse Erheblichkeit eines Brusttraumas kann man dann schließen, wenn der Verletzte die Arbeit sofort wegen stärkerer Brustbeschwerden hat unterbrechen müssen und Zeichen einer stärkeren Chokwirkung geboten hat: Gesichtsblässe, Ohnmacht, Erbrechen, Unfähigkeit allein nach Hause zu gehen. Das wichtigste Symptom bildet Blutauswurf unmittelbar nach dem Unfall oder innerhalb der nächsten Stunden (s. später). Ist andererseits die Arbeit ohne Unterbrechung am Unfallstag und an den folgenden Tagen fortgesetzt worden, und hat der Verletzte seinen Mitarbeitern während der weiteren Tätigkeit nicht über Schmerzen geklagt, so erscheint eine nennenswerte Unfallschädigung der Lungen nicht wahrscheinlich.

c) Äußere Verletzungsspuren.

Diese bilden einen wertvollen Anhaltspunkt für den Ort der Gewalteinwirkung und die Stärke der Brusterschütterung. Hautblutung, Schwellung der Weichteile und Rippenverletzung können aber auch nach erheblichen stumpfen Traumen mit Schädigung des Lungengewebes ganz fehlen. Denn die Elastizität der Rippen genügt, um Quetschungen und Einrisse der Lungen hervorzurufen ohne gleichzeitigen Bruch des knöchernen Teiles des Brustkorbes. Wenn die sonstigen Momente für eine erfolgte Lungenschädigung sprechen, darf also das Fehlen äußerer Verletzungsspuren keinen Gegengrund bilden für die Annahme einer Erschütterungsschädigung der Lungen.

3. Zeitliches Auftreten der Lungenerscheinungen nach dem Unfall.

Die Folgeerscheinungen einer Schädigung des Lungengewebes bei bis dahin latenter oder bereits offenkundiger Lungentuberkulose durch mechanische Traumen können entweder ganz akut in Gestalt von Lungenblutung, Pneumonie, Pleuritis, Miliartuberkulose im unmittelbaren Anschluß an den Unfall hervortreten oder sich ohne besondere Anfangserscheinungen mehr allmählich und schleichend entwickeln.

a) Lungenblutung.

Eine unmittelbar nach Brusttrauma oder körperlicher Überanstrengung auftretende Lungenblutung bildet das wertvollste Kennzeichen einer traumatischen Verletzung einer tuberkulösen Lunge. Die Blutung erfolgt nicht immer sofort, sondern bisweilen erst nach Stunden oder innerhalb der ersten 1—2 Tage. Denn es ist sehr wohl möglich, daß durch die Erschütterung oder die Blutdrucksteigerung bei einer Anstrengung die Wandung eines bereits tuberkulös erkrankten Gefäßes nicht sofort ganz einreißt, sondern nur teilweise so weit geschädigt wird, daß sie erst später bei Fortsetzung der Arbeit gegenüber den normalen Blutdrucksteigerungen widerstandsunfähig wird und platzt. Liegen dagegen zwischen dem Unfall und dem Auftreten der Blutung viele Tage oder gar Wochen, so ist ein ursächlicher Zusammenhang als unwahrscheinlich abzulehnen. Denn erfahrungsgemäß bildet eine Lungenblutung überaus häufig das Erstlingssymptom bei einer bis dahin latenten Lungentuberkulose, und es kann eine Hämoptoë bei einer offenkundigen Lungentuberkulose jederzeit ohne besondere äußere Veranlassung als Komplikation auftreten. Bemerkenswert für die Häufigkeit von Lungenblutungen ohne besondere Ursache ist eine Statistik von Stricker, nach der unter 900 Hämoptoën bei Soldaten in 442 Fällen eine besondere auslösende Gelegenheitsursache nicht nachweisbar war. Es besteht naturgemäß bei Unfallverletzten die Neigung, eine aus anscheinend voller Gesundheit heraus auftretende Blutung auf einen an sich harmlosen Vorgang bei der Betriebsarbeit zurückzuführen. Die Gefahr, bei einem rein zufälligen zeitlichen Zusammentreffen von Lungenblutung mit einem kürzer oder länger zurückliegenden Betriebsunfall einen Zusammenhang irrtümlich anzunehmen, ist deshalb recht groß. Ein solcher Fehlschluß kann dadurch vermieden werden, daß man stets nur in solchen Fällen eine Verschlimmerung als wahrscheinlich anerkennt, in denen die Blutung innerhalb der ersten ein- bis zweimal 24 Stunden nach einem nachweislichen Trauma erheblicher Art sich einstellt, und zwar bei dem bis dahin anscheinend gesunden und arbeitsfähigen Menschen.

Es ist für die Anerkennung einer Auslösung bzw. Verschlimmerung von Tuberkulose infolge einer traumatischen Lungenblutung keineswegs erforderlich, daß gleich nach derselben die tuberkulösen Lungenerscheinungen in schneller Folge hervortreten. Recht häufig spielt sich der Vorgang in der Weise ab, daß nach Abklingen der Blutung der Verletzte seine Arbeit wieder ganz oder beschränkt aufnimmt, und daß allmählich zunehmende Beschwerden während der Arbeit (Schmerzen, Husten, Ermüdbarkeit, nächtliches Schwitzen) die Brückensymptome bilden bis zu der erst nach Monaten bis zu einem Jahr durch objektive physikalische Erscheinungen feststellbaren Lungentuberkulose. In solchen Fällen hat die initiale traumatische Blutung den Anstoß zur allmählichen und unaufhaltsam fortschreitenden Entwicklung des Leidens gegeben. Auch ein erst nach Jahren eintretender Tod wird dann als Unfallfolge anzuerkennen sein, falls dauernd oder wenigstens zeitweise Kettensymptome seit der Blutung bestanden haben.

Finkelnburg (eigene Beobachtung): Blutung nach Brustquetschung, Tod 3¾ Jahr später, als Unfallfolge anerkannt wegen kontinuierlicher Verschlimmerung vom Trauma an.

30jähriger, bis dahin angeblich gesunder Bergmann geriet am 28. Mai 1912 beim Einheben eines beladenen Kohlenwagens mit Brust und Leib zwischen Wagen und einen Stempel. Er spuckte sofort Blut, hörte mit Arbeiten auf, mußte am folgenden Tag einen Arbeitsversuch aufgeben. Am 1. Juni fand sich Katarrh der rechten Lungenspitze, im Juli wurden Bazillen festgestellt und machte G. wegen erneuter Blutungen eine Kur in Lippspringe durch. Im Jahr 1913 50% arbeitsunfähig. Februar 1914 Ausdehnung der Tuberkulose auf linke Spitze, 1915 allmähliche Verschlimmerung. Am 11. Februar 1916 Tod.

Priessen[1]) (Fall 5): Bluthusten nach Brustquetschung, anschließend allmähliche Entwicklung der Tuberkulose.

31 jähriger, bis dahin gesunder Mann, dessen Vater an Lungenleiden gestorben ist, erlitt am 4. Juni 1902 eine Brustquetschung zwischen Puffern. Dabei Bluthusten mit längerem Kranksein. Bis 1. Juli 1903 ohne Tätigkeit. Dann leichte Arbeit mit ständigen Brustschmerzen. November 1903 Spitzenkatarrh ärztlich festgestellt und Heilstättenbehandlung. Im Mai 1908 rechter Oberlappen leicht gedämpft, beide Schlüsselbeingruben eingesunken. Atemgeräusch zeigt auf der Höhe des Inspiriums rechts leichtes Knacken. 20% Erwerbsverminderung angenommen.

Priessen (Fall 59): Bluthusten nach schwerem Heben, von da ab allmählich fortschreitende Entwicklung der Tuberkulose.

44 jähriger, bis dahin stets gesunder Bergmann, hereditär nicht belastet, bekam am 26. Januar 1909 beim Heben eines Förderwagens plötzlich Bluthusten. Am 9. März und 10. Juni 1909 weiterer Blutauswurf. Heilstättenkur, wobei Erkrankung beider Lungenspitzen festgestellt wird. Nach kurzer Besserung wieder Blutauswurf, Kurzatmigkeit und Durchfälle. Im März 1910 geringes Fortschreiten der doppelseitigen Spitzentuberkulose.

Priessen (Fall 66): Bluthusten nach Körpererschütterung (und Anstrengung) mit schneller Verschlimmerung der schon länger bestehenden Lungentuberkulose.

67 jähriger Puddler, der im letzten Jahr vor dem Unfall wegen seiner Lungen ärztlich behandelt worden war, fiel am 13. Mai 1907 beim Heben einer schweren Last heftig zu Boden auf die linke Gesäßseite, wobei er Schmerzen in der linken Brustseite verspürte. Zugleich Aushusten einer beträchtlichen Blutmenge, das sich nach 3 Tagen nochmals wiederholte. Seit dieser Zeit Husten und Auswurf mit zeitweiliger Blutbeimengung; starke Nachtschweiße, Heiserkeit und später Durchfälle. 3 Monate nach dem Unfall über der ganzen linken Lunge und rechter Spitze zahlreiche Rasselgeräusche. Viel Husten und Auswurf.

b) Akut-pneumonische Erscheinungen als Ausgangspunkt einer traumatischen Lungentuberkulose.

Viel seltener als nach traumatisch ausgelösten plötzlichen Lungenblutungen wird eine Tuberkuloseentwicklung nach akuter Pneumonie infolge von Brusttraumen beobachtet. Die Tuberkulose tritt oft erst ganz allmählich im Verlauf vieler Wochen oder Monate nach Abklingen der akuten Pneumoniesymptome hervor. Eine sichere Entscheidung ist meistens nicht möglich, ob die akut aufgetretenen pneumonischen Erscheinungen auf einer echten infektiös traumatischen Kontusionspneumonie beruht haben, die auslösend für spätere Tuberkulose wirkte, oder ob es sich um von vorn herein akut tuberkulöse Entzündungen handelte. Entscheidend für die Unfallbegutachtung solcher Fälle ist der Nachweis, daß im engen zeitlichen Anschluß an ein Brusttrauma akute Pneumonieerscheinungen aufgetreten sind, und daß sich nach Abklingen derselben allmählich in kontinuierlicher Folge eine Lungentuberkulose entwickelt hat. Ich führe zwei

[1]) Priessen, Über Lungentuberkulose nach Unfall. Dissert. Bonn 1917.

bekannte Beobachtungen von Jaccoud[1]) und Schrader[2]) an, in denen der ursächliche Zusammenhang zwischen Brusttrauma und Tuberkulose durch das Bindeglied einer akuten Pneumonie als nicht unwahrscheinlich zu bezeichnen ist.

Jaccoud[1]):

35jähriger Mann wurde im Februar 1884 am dritten Tag einer Kontusionspneumonie aufgenommen. Nach schwerem Verlauf befand sich der Kranke bei der Entlassung im Mai wohl, doch waren an der befallenen Lunge eine geringe Dämpfung und einige Rasselgeräusche zurückgeblieben. Im September 1885 wurde eine vorgeschrittene Tuberkulose festgestellt mit reichlich Bazillen im Auswurf. Die Sektion ergab sehr ausgesprochene tuberkulöse Veränderungen mit vorwiegender Beteiligung der von der traumatischen Pneumonie befallen gewesenen Lungenpartie.

Schrader[2]):

29jähriger, früher stets gesunder Holzarbeiter ohne hereditäre Belastung fiel am 20. Mai 1887 wuchtig auf die rechte Rückenseite und war $^1/_4$ Stunde bewußtlos. Am Abend desselben Tages Gefühl von Kranksein. Trotzdem am 21. Mai Arbeitsaufnahme; am 22. Mai wegen schlechten Allgemeinbefindens, Kopfschmerzen und Fieber Lazarettaufnahme. Es fand sich rechtsseitige Pneumonie im Mittel- und Unterlappen. In der nächsten Zeit Fiebertypus mit abendlich hohen Temperaturen und am Morgen Remissionen bis zur Norm, dabei Ausdehnung der Dämpfung über ganze rechte Lunge. Nach 6 Wochen Tuberkelbazillen im Auswurf und linksseitige Spitzentuberkulose. Vom 1. August an normale Temperaturen. Am 19. September verkürzter Schall über der rechten Lunge, sonst keinerlei Zeichen von Lungenerkrankung.

c) Beginn der traumatischen Lungentuberkulose mit akuter seröser oder eitriger Pleuritis.

Wenn im Anschluß an ein Brusttrauma die Zeichen einer akuten Pleuritis mit Exsudation auftreten mit nachfolgender fortschreitender Entwicklung einer Tuberkulose bei einem vorher anscheinend gesunden Menschen, so ist ein ursächlicher Zusammenhang mit Wahrscheinlichkeit anzunehmen. In solchen gar nicht so seltenen Fällen bildet die akute Pleuritis dann das Kennzeichen dafür, daß eine wahrscheinlich schon bestehende latente Tuberkulose durch die Brusterschütterung aufgerüttelt worden ist. In der Regel wird die Pleuritis nach dem Trauma schon tuberkulöser Natur sein. Es besteht aber auch die Möglichkeit, daß eine einfache traumatische Pleuritis beim Übergang in die chronische Form mit ihren Folgewirkungen auf die gleichseitige Lunge (Verwachsungen, chronisch entzündliche Veränderungen) auslösend oder verschlimmernd wirken kann auf eine bis dahin latente Lungentuberkulose.

Schwarz[3]):

Ein schon vorher an latenter Tuberkulose der rechten Lungenspitze leidender Mann erhielt einen heftigen Stoß mit einer Leiter gegen die linke Schulter. Es

[1]) Jaccoud, Sem. medic. 1896, Nr. 6.
[2]) Schrader, Berl. klin. Wochenschr. 1897, Nr. 46.
[3]) Schwarz, Traumat. Lungentuberkulose. Dissert. München 1900.

entstand in wenigen Tagen eine bald tödlich verlaufende rechtsseitige Pleuritis. Bei der Sektion fanden sich als Beweis für die erhebliche Gewalteinwirkung des Brusttraumas unter dem Endokard beider Ventrikel Blutaustritte.

d) Miliartuberkulose nach Brusttraumen.

Im Anschluß an Brusttraumen und Überanstrengung wird bisweilen mit oder ohne initiale Lungenblutung das Auftreten einer akuten Miliartuberkulose beobachtet. Fürbringer meint, daß eine Lungenblutung bei Tuberkulösen zur Miliartuberkulose führe wegen Verbreitung bazillenhaltigen Blutes in die Nachbarschaft. Bei einer Gewalteinwirkung gegen den Brustkorb kann der Einbruch von Tuberkelbazillen in die Blut- oder Lymphbahnen in der Weise erfolgen, daß entweder durch das Trauma an der Innenseite der Gefäße sitzende Gefäßtuberkel zerrissen werden, oder daß der Inhalt verkäster Lymphdrüsen oder tuberkulöser Herde, deren Hülle durch die Gewalt platzt, sich in ein gleichzeitig verletztes Gefäß ergießt. Eine gleichzeitige äußere Lungenblutung bildet hierbei eine seltene Begleiterscheinung. Es kommt vor, daß die Ausschwemmung von Tuberkelbazillenmassen aus dem Tuberkelherd schubweise erfolgt mit entsprechendem Verlauf der Miliartuberkulose in einzelnen Schüben. Für die Begutachtungspraxis ist dies wichtig, da nicht immer innerhalb weniger Tage nach dem Trauma der Beginn der Miliartuberkulose ein ganz plötzlicher zu sein braucht, sondern auch ein mehr allmählicher über Tage verzögerter sein kann mit allgemeinen Vorläufersymptomen ohne anfänglich ausgesprochene örtliche pulmonale oder meningeale Erscheinungen.

Thiem[1]): Miliartuberkulose mit Tod am 33. Tage nach Körpererschütterung bei alter Lungentuberkulose als Unfallfolge anerkannt.

48jähriger Schmied erhielt am 4. Mai 1911 beim Arbeiten mit einer Rundeisenschere einen heftigen Ruck. Er griff sofort nach der linken Brustseite, ruhte etwa 1 Stunde, sah „käseweiß" aus. Am 5. und 6. Mai hat er noch gearbeitet, aber zuletzt minderwertig, hat auch bei der Arbeit nicht wie sonst gegessen und getrunken. Am 8. Mai zum Arzt, der nichts Sicheres feststellen konnte bei Klagen über Schmerzen in linker Seite. Am 18. Mai Fieber festgestellt. Am 22. Mai plötzliche Lähmung der rechten Hand mit Sprachstörung. Deswegen am 3. Juni Operation, wobei zahlreiche Tuberkel an den weichen Hirnhäuten gefunden wurden. Am 7. Juni Exitus. Sektion: Allgemeine Miliartuberkulose, alte Spitzentuberkulose, ausgedehnte Drüsentuberkulose gleich unterhalb der Schilddrüse beginnend bis unterhalb Teilungsstelle der Aorta reichend.

e) Allmähliche traumatische Verschlimmerung einer latenten Lungentuberkulose ohne besondere Anfangssymptome.

Es besteht die Möglichkeit, daß ein Brusttrauma auch ohne akut hervortretende Zeichen einer Lungenschädigung, wie Bluthusten, Pneumonie, durch kleinere Blutungen im Innern oder durch Zerreißungen des Lungengewebes und Sprengung abgekapselter älterer Tuberkulose-

[1]) Thiem, Monatsschr. f. Unfallheilk. Bd. 19, S. 168 (1902).

herde den Anstoß zur allmählichen schleichenden Entwicklung einer fortschreitenden Lungentuberkulose gibt. Bis derartige traumatisch ausgelöste tuberkulöse Herde eine solche Ausdehnung gewonnen haben, daß sie erheblichere subjektive und objektive Erscheinungen machen, die zur Arbeitsbehinderung führen, können natürlich je nach der Art des anatomischen Prozesses — chronische peribronchitische oder kavernöse Herde — Wochen oder Monate vergehen. Je länger die Zwischenzeit ist zwischen Unfall und erstem Hervortreten klinischer Zeichen der Tuberkulose (Bluthusten, Abmagerung, Schweiße, stärkeres Fieber), desto schwieriger gestaltet sich die Beurteilung der Zusammenhangsfrage. Denn bei der Häufigkeit der Lungentuberkulose in jedem Lebensalter wird ein zufälliges Auftreten der Erkrankung einige Zeit nach einem beliebigen Unfall, also ganz unabhängig von diesem, kein seltenes Vorkommnis bilden. Bei einem längeren Zwischenraum zwischen Trauma und Beginn des Leidens werden deshalb eine ganze Reihe von Umständen zusammentreffen. müssen, wenn ein ursächlicher Zusammenhang mit hinreichender Wahrscheinlichkeit angenommen werden soll. Nach den vorliegenden klinischen Erfahrungen zeigen sich die ersten Zeichen einer Lungentuberkulose nach einem Trauma in der Regel spätestens innerhalb von Monaten bis ½ Jahr nach dem Unfall. Es ist nicht erforderlich für die Anerkennung des Zusammenhangs, daß nach einem halben Jahr schon ausgesprochene Zeichen einer Lungentuberkulose wie Spitzendämpfung, Bronchialatmen, Bluthusten, Bazillensputum vorliegen. Vielmehr genügt es, wenn sich bei dem Verletzten in den folgenden Monaten nach einem nachweislich erheblichen Brusttrauma allmählich bei der Arbeit Beschwerden bemerkbar gemacht haben: Mattigkeit, Brustschmerzen, Kurzatmigkeit, Hustenreiz oder nächtliches Schwitzen, Abmagerung, geringer Auswurf, und wenn die Untersuchung dann Temperatursteigerungen (nach Anstrengungen!), Veränderungen des Atmungsgeräusches über den Spitzen, feinblasiges Rasseln ergibt. Ein vollkommen symptomloses Intervall von ½ Jahr und länger nach dem Unfall mit Wohlbefinden und unbehinderter Arbeitsfähigkeit gestattet dagegen die Ablehnung eines Zusammenhangs. Wenn also durch genaue Ermittlungen bei Arbeitgebern und Mitarbeitern festgestellt werden kann, daß erst nach ½—¾ Jahren die ersten für Tuberkulose verdächtigen Erscheinungen aufgetreten sind, so darf eine Beziehung mit dem länger zurückliegenden Trauma gutachtlich nicht mehr als wahrscheinlich bezeichnet werden. Bei jeder längeren Zwischenzeit bilden demnach die ebengenannten Brückensymptome die unerläßliche Vorbedingung für die Bejahung eines ursächlichen Zusammenhangs.

Es genügt auch, daß diese Brückensymptome im ersten Halbjahr nur zeitweise vorhanden waren, insofern der Verletzte in größeren

Abständen durch seine Beschwerden vorübergehend für Tage feiern mußte, auch wenn vom Arzt die Diagnose damals noch nicht auf beginnende Tuberkulose gestellt worden ist. Die nachträgliche Entwicklung des Leidens sichert dann hinlänglich die Annahme, daß die im ersten $^1/_2$—$^3/_4$ Jahr nach dem Unfall zeitweise aufgetretenen Beschwerden die Erstlingssymptome der Lungentuberkulose gewesen sind, die zunächst nicht richtig erkannt wurden. Es ist für die Anerkennung des Zusammenhangs auch ohne Belang, ob der Verlauf ein schneller oder langsamer ist, und ob der tödliche Ausgang nach dem Brusttrauma erst nach Jahren erfolgt. Sobald der Nachweis erbracht ist, daß seit dem Unfall immer wieder Schübe der Tuberkulose aufgetreten sind als Zeichen der allmählichen Verschlimmerung der Tuberkulose, daß also dauernd Brückensymptome bestanden haben, wird auch ein nach Jahren erfolgter Tod als Unfallfolge zu betrachten sein.

Brehmer[1]): Allmähliches Hervortreten der Tuberkulose etwa 4 Wochen nach Brustquetschung.

46jähriger Landwirt, früher selbst gesund und aus gesunder Familie stammend, fiel durch die Falltür eines Schüttbodens in den untersten Stock herab mit linker vorderer Brustseite auf hölzernen Gegenstand. Verletzungen waren nicht vorhanden. Nach 14 Tagen fing ein trockener Husten an, bald darauf etwas Auswurf. $1^1/_2$ Monate nach dem Unfall Fieber, Appetitlosigkeit, Abmagerung, Nachtschweiße und viel Auswurf. $2^1/_2$ Monate p. tr. Infiltration der linken Lungen mit kleiner Kaverne ärztlich festgestellt. Im Sputum reichlich elastische Fasern. Günstiger Verlauf.

Grosser[2]): Allmähliche Entwicklung der Tuberkulose innerhalb von 3 Monaten nach Brustquetschung.

36jähriger, früher nie kranker Zimmermann fiel Januar 1903 beim Abladen von Dachbalken mit der rechten Seite auf Holz: Bruch der 9. und 10. Rippe rechts. Innere Organe, speziell Lungen gesund befunden. Nach 3 Wochen geheilt aus Krankenhaus entlassen. Danach allmählich Husten, Auswurf, Seitenstechen, Nachtschweiße; trotzdem Arbeit unvollkommen bis Ende April fortgesetzt. In Charité Juni 1903, also 4 Monate p. tr., Infiltration des rechten Oberlappens festgestellt mit Bronchialatmen und feinblasigem Rasseln, Tuberkelbazillen im Auswurf. Von da ab schnelles Fortschreiten der Tuberkulose.

f) Traumatische Verschlimmerung einer bereits offenkundigen Lungentuberkulose.

Hat bei einem Unfallverletzten bereits vor dem Unfall eine Lungentuberkulose offenkundig vorgelegen, so daß er zeitweise oder dauernd deswegen in ärztlicher Behandlung gestanden hat und in seiner Arbeitsfähigkeit beschränkt war, so kann sich eine wesentliche Verschlimmerung durch ein mechanisches Trauma in zweifacher Weise kenntlich machen, entweder

1. durch Auftreten einer akuten Blutung in unmittelbarem Anschluß an den Unfall mit von da ab schnellem Fortschreiten

[1]) Brehmer, Die Ätiologie der chron. Lungenschwindsucht. Berlin 1885.

[2]) Grosser, Über den Zusammenhang von Lungentuberkulose und Trauma. Dissert. Leipzig 1903.

des Leidens, so daß nach dem Trauma der frühere Grad der Arbeitsfähigkeit nicht mehr erreicht wird, oder

2. ohne initiale Blutung durch schnelle Verschlimmerung des ganzen Krankheitsbildes, indem bei vorher gutartiger Verlaufsweise innerhalb von wenigen Wochen oder spätestens 2 bis 3 Monaten durch zunehmenden Husten, Auswurf, Fieber, Kräfteverfall die Krankheit eine ungünstige Wendung nimmt. Man wird in solchen Fällen annehmen müssen, daß durch Erschütterungsblutungen und Gewebeverletzungen eine schnelle Aussaat und Verschleppung von Bazillen in bis dahin gesunde Lungenabschnitte erfolgt ist.

Da nun erfahrungsgemäß bei einer Lungentuberkulose jederzeit in natürlicher Folge akute Verschlimmerungen ohne besondere Ursachen auftreten können, so müssen besonders strenge Anforderungen an den Nachweis einer ursächlichen Beziehung von Verschlimmerung des Leidens mit einem Unfall gestellt werden. Die Anerkennung eines ursächlichen Zusammenhangs zwischen ungünstiger Entwicklung einer Tuberkulose infolge Traumas darf deshalb nur dann erfolgen, wenn:

1. das Trauma nachweislich erheblicher Art war (direkte stärkere Brustquetschung oder starke Überanstrengung) und
2. die Verschlimmerungserscheinungen sich spätestens innerhalb der nächsten Wochen in schnell zunehmender Form kenntlich machen, so daß bei vorher nur wenig beschränkter Arbeitsfähigkeit nach dem Unfall eine Wiederaufnahme der Arbeit bis zum Tode gar nicht mehr möglich wird oder nur noch in sehr geringem Umfang.

Die Ablehnung einer wesentlichen Unfallverschlimmerung muß dagegen erfolgen, wenn

der Verletzte noch wochenlang seine Arbeit fortsetzt, und wenn die Lungentuberkulose in den folgenden Monaten einen zwar deutlichen, aber nur allmählichen Fortschritt zeigt.

Denn in derartigen Fällen liegen nicht genügende Wahrscheinlichkeitsgründe dafür vor, daß die Entwicklung des Leidens sich ohne das Dazwischentreten des Unfalls wesentlich anders gestaltet haben würde.

RE. vom 18. Oktober 1900: Verschlimmerung einer Lungentuberkulose mit tödlichem Ausgang durch Quetschung der Brust anerkannt.

55jähriger Maurer, der seit etwa 1 Jahr vor dem Unfall an chronischer Tuberkulose der linken Lunge litt, fiel Ende Mai 1899 4 m tief und zog sich Quetschung der rechten Brustseite und des rechten Unterschenkels zu. Nach dem Unfall entwickelte sich eine Rippenfellentzündung und rechtsseitige Lungentuberkulose. Tod annähernd 7 Monate nach dem Trauma. Das Gericht nahm eine wesentliche Beschleunigung des Todes an Lungentuberkulose an, da ohne den Unfall zeitweiser Stillstand und Besserung möglich gewesen wäre, und der tödliche Ausgang sich ohne den Unfall noch möglicherweise jahrelang verzögert haben würde.

III. Rentenabschätzung.

1. Bei traumatischer Auslösung einer Lungentuberkulose.

Ist eine latente Lungentuberkulose erst durch den Unfall mobilisiert worden, und war der Verletzte vorher voll erwerbsfähig, so fällt die gesamte Arbeitsminderung durch die Lungentuberkulose und ihre Komplikationen (Pleuritis, Kehlkopftuberkulose) dem Unfall zur Last.

a) Vollrente muß gewährt werden wenn offene Tuberkulose besteht (bazillenhaltiges Sputum), Fieber vorhanden ist, der Lungenprozeß ausgedehnte Teile ergriffen hat (1—2 Lappen) mit Neigung zu dauernder Progression, Blutungen kurz hintereinander gefolgt sind. Mindestens für $^1/_4$ Jahr nach jeder größeren Lungenblutung ist der Kranke ganz erwerbsunfähig. b) Zeigt der Lungenprozeß nach Abklingen der akuten Anfangserscheinungen (Blutung, pneumonische Infiltration, Pleuritis exsudativa, Fieber) keine Neigung zum Fortschreiten, und bleibt der allgemeine Kräftezustand ein guter unter Fortbestehen von geringen katarrhalischen Erscheinungen, Husten, geringen Atembeschwerden bei Anstrengungen, Auswurf, so ist der Verletzte fähig zu leichten und bestimmten mittelschweren Arbeiten, so daß je nach dem Allgemeinzustand die Erwerbsbeeinträchtigung auf annähernd **50—70%** zu schätzen ist. Ebenso bei Neigung zu zeitweisen Blutungen nach körperlichen Anstrengungen bei sonst gutem Kräftezustand. c) Ist das Leiden längere Zeit zum Stillstand gekommen (1—$1^1/_2$ Jahr) oder nach dem gesamten klinischen Bild zur Ausheilung gelangt (Fehlen von Husten, Auswurf, Schmerzen, Nachtschweißen, Dyspnoë; gesundes Aussehen, regelmäßige Arbeit), so ist für manche Berufe mit körperlichen Anstrengungen nur noch eine dauernde Schonungsbedürftigkeit von schwerer körperlicher Arbeit erforderlich, so daß eine Schonungsrente von **10—20%** in Frage kommt; in manchen Fällen, wie z. B. bei Aufsichtsstellen, Werkmeistern, kann die Rente ganz fortfallen, wenn 2—3 Jahre nach dem Unfall völliges Wohlbefinden besteht.

2. Bei Verschlimmerung einer vor dem Unfall offenkundigen Tuberkulose.

Bei der Abschätzung der Unfallverschlimmerung einer Lungentuberkulose ist der schon vor dem Unfall vorhanden gewesene Grad von Erwerbsverminderung zu berücksichtigen. Man unterscheidet zwischen dauernden und vorübergehenden Verschlimmerungsfolgen.

a) Dauernde Verschlimmerung liegt vor, wenn der Verletzte nach dem Unfall nicht mehr den vor dem Unfall vorhanden gewesenen Grad von Erwerbsfähigkeit erreicht. Das wird der Fall sein, wenn durch den Unfall die Lungentuberkulose eine erheblich weitere Ausdehnung erreicht hat, der allgemeine Kräftezustand dauernd ein schlechter

(Abmagerung) oder Neigung zu Blutungen bestehen bleibt. Man geht bei der Schätzung praktisch in der Weise vor, daß man die ganze nach dem Unfall bestehende Erwerbsverminderung einschätzt, also z. B. 75% und dann hinzufügt, daß der Verletzte vor dem Unfall etwa schon 25% erwerbsunfähig war, so daß die Unfallfolgen auf 50% zu bewerten sind.

b) Vorübergehende Verschlimmerung durch Unfall. Ein Unfall bedingt durchaus nicht immer eine dauernde Verschlimmerung. Wenn z. B. ein schon früher an Lungentuberkulose erkrankt gewesener Arbeiter (früher Heilstättenbehandlung) durch ein Trauma an Lungenbluten oder Pleuritis, Fieber, stärkeren Auswurf usw. erkrankt, so kommt eine Unfallrente nur so lange in Frage, bis die Verschlimmerungserscheinungen abgeklungen sind. Ist eine längere Frist (1/4 Jahr) seit der traumatischen Blutung verstrichen, oder haben sich die katarrhalischen Erscheinungen wieder zurückgebildet, so fällt die Unfallrente nach Aufnahme der Arbeit fort, da ja dann eine dauernde Beeinflussung des Krankheitsablaufes durch die traumatische Blutung nicht vorliegt.

c) Rezidive. Auch spätere (nach 1 oder mehr Jahren) erneut auftretende Schübe der Tuberkulose bilden keine entschädigungspflichtige Unfallfolge mehr. Denn es muß berücksichtigt werden, daß jede Lungentuberkulose in natürlicher Folge zu zeitweisen akuten Spontanverschlimmerungen neigt. Wenn also nach längerem Schwinden der akuten Zeichen einer traumatischen Verschlimmerung, nachdem der Kranke in der Zwischenzeit sich wohlgefühlt und Arbeit geleistet hat wie vor dem Unfall, das Leiden nach Jahren Neigung zum Fortschreiten zeigt, so handelt es sich hierbei nicht um eine Unfallfolge.

H. Lungengeschwülste und Bronchialdrüsentumoren.

Für die Anerkennung einer traumatischen Geschwulstbildung in den Lungen und Bronchialdrüsen wird die Erfüllung derselben Bedingungen verlangt wie auch bei Geschwülsten an anderen Körperstellen: 1. erhebliches direktes Trauma des Brustkorbes, 2. örtliche und zeitliche Beziehungen zwischen Trauma und Geschwulstentstehung.

Sowohl Lungenkarzinome wie Sarkome können längere Zeit symptomlos verlaufen und plötzlich zu akuten Erscheinungen wie Dyspnoë, Blutung, pleuritischem Exsudat führen, so daß man über den eigentlichen Beginn des Leidens meist gar nichts Sicheres aussagen kann. Ein ursächlicher Zusammenhang erscheint nur dann bis zu einem gewissen Grade wahrscheinlich, wenn bei vorheriger Gesundheit die ersten Symptome 6—8 Wochen nach dem Unfall allmählich hervortreten. Bei einem längeren Intervall von 1/2—1 Jahr wird eine Beziehung zu einem Trauma recht unwahrscheinlich sein, es sei denn, daß in der Zwischenzeit nachweislich Brückensymptome bestanden haben (Schmerzen bei der Arbeit, Hustenreiz, Gewichtsabnahme, Klagen über Beklemmungsgefühl bei anstrengender Arbeit). Eine noch längere Zwischenzeit von ein bis mehreren Jahren schließt in der Regel einen Zusammenhang ganz aus, da die bösartigen Lungentumoren für gewöhnlich innerhalb von $^1/_2$—$1^1/_2$ Jahr nach dem Hervortreten der Krankheitserscheinungen tödlich verlaufen. Nur wenn der autoptische Nachweis möglich ist, daß die Geschwulst sich im Bereiche einer verletzten Lungenpartie (Narbe, chronische Pneumonie) entwickelt hat, bildet auch eine mehrjährige Zwischenzeit keinen Gegengrund für die Anerkennung der traumatischen Genese.

Georgi (zit. nach Thiem):

64jähriger Schmied wurde von einem 4 kg schweren Eisenstück gegen die linke vordere und untere seitliche Brusthälfte getroffen. 7 Wochen später traten die ersten Erscheinungen auf (Husten, Appetitlosigkeit, Mattigkeit). Tod 13 Monate nach dem Unfall. Sektion: Medullarkrebs im Oberlappen.

J. Bronchitis und Unfall.

Beziehungen zwischen Unfällen und Bronchitiden sind in zweifacher Hinsicht möglich.

1. Eine Reihe von Unfallschädigungen können direkt akute Bronchitiden auslösen, die unter Umständen später chronisch werden: Kälteeinflüsse, Durchnässung nach Überhitzung, Einatmung von reizenden Gasen, Dämpfen, Aspiration von Flüssigkeit bei Fall ins Wasser, längere Rückenlage bei Verletzungen der Extremitäten, der Wirbelsäule, Schädeltraumen, namentlich bei älteren Personen.
2. Ein Unfall vermag mittelbar das Entstehen einer Bronchitis wesentlich zu begünstigen, wenn er zu einer dauernden Behinderung der normalen Atmungsvorgänge Anlaß gibt: Verletzungen der Nase (Bruch, Schiefstand des Nasenbeins), die infolge Erschwerung der Nasenatmung zu vorwiegender Mundatmung zwingen. Traumatisch entstandene pleuritische Verwachsungen oder ausgedehnte Rippenbrüche, die eine verminderte Beweglichkeit einer Brusthälfte zur Folge haben, werden der Entwicklung einer chronischen Bronchitis Vorschub leisten können, vor allem auch dadurch, daß sie ungünstig einwirken auf den Ablauf einer aus anderweitiger Ursache entstandenen akuten Bronchitis.

K. Bronchiektasie und Unfall.

Bronchiektasien können vor allem auf dem Boden traumatischer Lungen- und Brustfellentzündungen zur Entwicklung kommen. Es ist eine längst bekannte Tatsache, daß nach lange dauernden pleuritischen Ergüssen und nach pleuritischer Schwartenbildung mit

Übergreifen cirrhotischer Prozesse auf das Lungengewebe Bronchialerweiterungen auftreten. Auch eine bronchostenotische Bronchiektasie durch traumatische narbige Verengerung eines Bronchus wäre denkbar, ist aber bisher nicht beschrieben worden. Für die Anerkennung eines ursächlichen Zusammenhangs ist es erforderlich: 1. daß von dem Brusttrauma an bis zur Entwicklung der Bronchiektasien eine fortlaufende Kette von Krankheitserscheinungen bestanden hat, und 2. daß eine anderweitige Entstehungsursache (frühere Pleuritis, Pneumonie, chronische Bronchitis) nicht nachweisbar ist.

Finkelnburg (eigene Beobachtung): Bronchiektasien im linken Oberlappen nach linksseitiger Brustquetschung als Unfallsfolge anerkannt.

35jähriger Postbeamter, der außer einer Kehlkopfentzündung (1902) und leichter Influenza (1903) ohne anschließende Lungenerscheinungen stets gesund war, erlitt Ende Januar 1904 eine starke Brusterschütterung und Quetschung dadurch, daß er mit der linken oberen Brustseite gegen eine geschlossene Bahnsteigstange heftig (im Laufen) anstieß, wobei er gleichzeitig von der beladenen Perronkarre in der rechten unteren Brustseite getroffen wurde. Es wurde ihm übel bei starken Brustschmerzen, und es fand sich Bruch der 11. und 12. Rippe rechts. Erst Ende März war er wieder dienstfähig, hatte aber ständig mit Kurzatmigkeit, Husten, Brustschmerzen links und rechts zu tun, so daß wegen „Lungenspitzenkatarrh" Heilstättenbehandlung erfolgte. In den folgenden Jahren 1905—1907 tat er mit Unterbrechung Dienst als Briefträger. Januar 1908 Verschlimmerung der Brustbeschwerden. Es fand sich: leichte Schallverkürzung links vorn unterhalb des Schlüsselbeins, Rasselgeräusche im linken Oberlappen, reichlicher eiteriger Auswurf (250—350 ccm täglich). Trommelschlägerfinger, im Röntgenbild deutliche Verschattung im linken Oberlappen, im Auswurf keine Bazillen. Da monatelange Behandlung keine Besserung brachte, und der Kranke immer elender wurde, am 10. Dezember 1908 Operation mit Tod am folgenden Tag. Obduktion: Im linken Oberlappen eine über hühnereigroße ovale Höhle, sowie eine zylindrische Erweiterung zahlreicher Bronchien. Verwachsung der Lunge in dieser Gegend mit Rippenfell. Auch rechts hinten unten Verwachsungen.

L. Pleuritis und Unfall.

Als auslösende Unfallsursachen einer trockenen und flüssigen Pleuritis kommen in Betracht:

1. direkte mechanische Traumen des Brustkorbs,
2. starke Kälteeinflüsse (Erkältungen),
3. traumatisch entstandene Infektionskrankheiten oder eitrige Prozesse in der Nachbarschaft (Pneumonie, Lungenabszeß, Sepsis, subphrenischer Abszeß), die entweder durch direktes Übergreifen auf die Pleura oder auf metastatischem Wege zu sekundären Pleuritiden Anlaß geben können,
4. Pleuritis als Folge einer körperlichen Überanstrengung.

1. Direkte Traumen der Brust.

Umschriebene trockene Pleuritis wird nicht selten an der Stelle der direkten Gewalteinwirkung nach Stoß, Schlag, Fall gegen die Brust beobachtet, auch ohne Rippenfraktur und äußere Verletzungsspuren und ohne jede erkennbare Verletzung oder Entzündung des Lungengewebes. Man findet dann einige Tage nach der Brustquetschung an der als schmerzhaft bezeichneten Stelle pleuritisches Reiben. Die Pleuritis sicca kann sich aber auch entfernt von dem Ort der Einwirkung und entfernt von einer Rippenfraktur entwickeln. Während die aseptische Natur der trockenen Pleuritis infolge von Traumen als ziemlich gesichert gelten kann, erscheint es fraglich, ob die bisweilen sich anschließende Exsudatbildung nicht auf einer infektiösen Komplikation (Tuberkulose) beruht. Die traumatisch ausgelöste flüssige Pleuritis entsteht meistens schleichend langsam, so daß der Nachweis einer solchen erst mehrere Wochen nach dem Unfall nichts Außergewöhnliches ist, da das Exsudat meist erst von einer gewissen Größe an zu stärkeren subjektiven Beschwerden führt. Findet sich schon wenige Tage nach dem Trauma ein klinisch nachweisbarer Erguß, so handelt es sich meist um einen Hämatothorax, der in ein entzündliches Exsudat übergehen kann. Bei längerer Zwischenzeit von Wochen zwischen Exsudatbildung, bzw. Nachweis derselben, und Unfall wird die Anerkennung eines ursächlichen Zusammenhangs davon abhängig zu machen sein, daß

a) das Exsudat in der vom Trauma direkt betroffenen Brustseite entstanden ist,
b) eine anderweitige Entstehungsursache, wie kürzlich durchgemachte Infektionskrankheit, Erkältungen, nicht vorhanden ist,
c) anfänglich nach dem Trauma länger sich hinziehende Schmerzen, Husten oder Atembeschwerden bestanden haben, die eine zunächst trockene Rippenfellentzündung wahrscheinlich machen (Brückensymptome).
d) Bei gleichzeitiger Lungentuberkulose wird die Entstehungsweise der Pl. exsudat. durch ein Trauma sehr wohl möglich sein, so daß bei nachgewiesener Erheblichkeit der Brusterschütterung oder Quetschung und Übereinstimmung zwischen Seite des Brusttraumas und Sitz des Exsudats der Zusammenhang nicht abgelehnt werden kann. Man wird ferner zugeben müssen, daß auch leichtere Traumen eine bei Tuberkulose so häufige latente trockene Pleuritis in das flüssige Stadium überzuführen imstande sind.

Sturdza[1]): Doppelseitiges Exsudat 4 Tage nach Brustquetschung mit Rippenfraktur.

58jähriger bis dahin gesunder Mann wurde von einem Wagen überfahren. Das Vorderrad ging ihm quer über den Rücken, ein Hinterrad über den vorderen unteren Teil des Brustkorbes. Nachher heftige Schmerzen in der Brust, aber kein Blutauswurf. Fraktur der 6.—9. Rippe links mit starker Dislokation. Auskultatorisch überall normales Atmen. Am 4. Tag trat ein beiderseitiger

[1]) Sturdza, La pleurésie traumatique. Thèse de Paris 1897.

Pleuraerguß auf; der linke war leicht blutig gefärbt. Kulturen blieben steril. Nach $1^1/_2$ Monaten Heilung bis auf geringe Schmerzen in der linken Seite. Lungenbefund normal.

Candels[1]) Fall (15): Trockene Pleuritis einige Tage nach Fall auf die Brust ohne Rippenbruch.

50jähriger Erdarbeiter, vor 13 Jahren Lungenentzündung, sonst gesund, fiel auf eine Schienenkante. Er ging sofort zum Arzt, der anfangs nur Rippenquetschung und nach einigen Tagen Pl. sicca feststellte. Nach 4 Monaten kein krankhafter Befund außer Druckempfindlichkeit der 7. Rippe.

Aronheim[2]): Tuberkulöse Pleuritis 2 Tage nach Schlag gegen die Brust ohne Lungenverletzung.

33jähriger, bis dahin gesunder Mann erhielt einen heftigen Schlag von einer Gerüststange gegen die rechte Brustseite. Nach 2 Tagen handbreit unter dem rechten Schulterblatt Erscheinungen einer Pleuritis sicca, an welche sich ein Erguß in den Brustraum anschloß. In der Punktionsflüssigkeit waren Tuberkelbazillen nachweisbar.

Schwarz[3]): Tuberkulöse Pleuritis rechts nach Stoß gegen linke Schulter.

Bei einem schon vorher an latenter Tuberkulose der rechten Lungenspitze leidenden Mann entstand wenige Tage nach einem Stoß mit einer Leiter gegen die linke Schulter eine bald tödlich verlaufende rechtsseitige Pleuritis. Bei der Sektion fanden sich Blutaustritte unter dem Endokard beider Ventrikel.

2. Kälteeinflüsse als auslösendes Moment einer Pleuritis.

In der Erkältung — starke einmalige Abkühlung — und vor allem in Durchnässung nach vorheriger Erhitzung bei der Arbeit haben wir einen disponierenden Faktor für die Pleuritis zu sehen. Man kann beim Zustandekommen einer Erkältungspleuritis an eine direkte Abkühlung der Pleura costalis von der Oberfläche her denken oder auch Zirkulationsstörungen im Körper — oder Lungenkreislauf annehmen, die eine Ansiedelung von Bakterien im Rippenfell begünstigen. Da in den bekannten Kälteversuchen von F. Müller bei Kaninchen in den Lungen Ödem, Fibrinausscheidungen in den Alveolen und Blutergüsse auftraten, wird auch eine Rippenfellschädigung als sehr wohl möglich zuzugeben sein. Es ist dies aber nach den klinischen Erfahrungen sehr selten der Fall, so daß ohne ein zufällig gleichzeitiges Vorhandensein von Entzündungserregern in Blut- und Lymphbahnen eine einmalige starke Kälteeinwirkung wohl kaum als alleiniges auslösendes Moment in Frage kommt. Ein ursächlicher Zusammenhang darf nur dann angenommen werden: a) wenn die Temperaturschwankung nachweislich eine beträchtliche gewesen ist, z. B. Fall in kaltes Wasser, längeres Arbeiten in kalter Jahreszeit auf Dach oder an besonders zugiger Arbeitsstelle, z. B. bei Unglücksfällen, Aufenthalt in

[1]) Candels, Über Erkrankungen des Brustkorbes, Brustfells usw. Dissert. Bonn 1915.

[2]) Aronheim, Monatsschr. f. Unfallheilk. 1907, Nr. 4.

[3]) Schwarz, Dissert. München 1900.

kühlem Raum nach starker Überhitzung am Ofen; b) die Erscheinungen der Pleuritis müssen innerhalb der nächsten 2 × 24 Stunden aufgetreten sein.

Finkelnburg (eigene Beobachtung):

Ein 42jähriger, bis dahin stets gesunder Ingenieur mußte sich längere Zeit an einem Hochofen aufhalten. In ganz überhitztem und schwitzigem Zustand besichtigte er dann einen kalten Aufbewahrungsraum (Dezember) wegen Reparaturarbeiten (1/2 Stunde). Am Spätnachmittag befand er sich nicht wohl. In den Morgenstunden der folgenden Nacht fror er und fühlte sich beim Aufstehen fiebrig, arbeitete aber den ganzen Tag durch. Am Nachmittag hatte er leichte Schmerzen beim Atmen und nahm abends Schwitzbad, da er Rheumatismus vermutete. Abends 39,5°. Am darauffolgenden Morgen stellte der Arzt Pleuritis fest mit beginnendem Exsudat. Am 6. Tag Punktion von 400 ccm Flüssigkeit (mikroskopisch keine Tuberkelbazillen). Allmähliches Abklingen, so daß nach 14 Tagen Verlassen des Bettes erlaubt wurde. Als ich den Kranken 6 Wochen nach dem „Kälteunfall" untersuchte wegen leichter Beschwerden beim Atmen und Furcht vor Tuberkulose, fand sich nur geringe Schallabschwächung rechts hinten unten. Auch bei der Röntgendurchleuchtung keine Zeichen von Tuberkulose der Lungen, Hilusdrüsen usw.

3. Pleuritis nach infektiösen Prozessen, Blutverlusten.

Eine Rippenfellentzündung findet sich bisweilen als Komplikation von traumatisch entstandenen oder durch Unfall verschlimmerten Infektionskrankheiten. So kann eine einfache Erkältungsbronchitis oder Kontusionspneumonie das Brustfell beteiligen. Die durch Unfall ausgelöste Verschlimmerung einer Lungentuberkulose führt nicht selten zu gleichzeitigem Auftreten einer Pleuritis, die ihrerseits wieder das Lungenleiden ungünstig beeinflußt. O. Rosenbach[1]) weist darauf hin, daß man auch nach schweren Blutverlusten Pleuritiden beobachtet, häufig verbunden mit Venenthrombosen an den unteren Extremitäten. Bei einer Sepsis bildet eine eitrige Pleuritis bisweilen eine der wichtigsten Komplikationen. Endlich können traumatisch entstandene infektiöse Erkrankungen der Bauchhöhle durch das Zwerchfell durchwandern und eine Entzündung der Pleura hervorrufen oder metastatisch eine solche auslösen (Perityphlitis, Paranephritis, eitrige Cholezystitis).

4. Pleuritis und Überanstrengung.

Es ist nicht erwiesen und gutachtlich als unwahrscheinlich abzulehnen, daß eine einmalige körperliche Überanstrengung bei einem vorher gesunden Menschen eine Pleuritis hervorrufen kann. Falls bei der Anstrengung plötzlich Schmerzen auftreten und nachher eine Rippenfellentzündung gefunden wird, hat es sich mit größter Wahrscheinlichkeit um eine schon vorher bestehende Erkrankung des Rippenfells gehandelt, auf welche der Kranke erst bei der

---

[1]) Rosenbach, Nothnagels spez. Pathol. Bd. 14, I.

Anstrengung aufmerksam geworden ist, wie ja geringe Grade einer Pleuritis nur bei tieferem oder angestrengtem Luftholen, beim Husten, Nießen oder Pressen Schmerzen verursachen.

Nur die Möglichkeit der Verschlimmerung einer Pleuritis durch Überanstrengung ist zuzugeben, da eine Überanstrengung zur Sprengung eines älteren abgekapselten Eiterherdes der Pleura oder zum Einreißen einer umschriebenen pleuritischen Verwachsung bei Lungenkavernen an der Peripherie der Lunge und dadurch zur Ausbreitung der Entzündung im ganzen Brustfellsack Anlaß geben kann.

Thiem[1]) hat über einen Fall berichtet, in welchem eine stärkere Anstrengung den Durchbruch einer jahrelang latenten Eitergeschwulst im Innern der Brust in die Bauchhöhle verursacht hat.

Ein Puddler, der vor langen Jahren eine Rippen- und Brustfellentzündung durchgemacht hatte, verspürte beim Heben einer Eisenstange plötzlich Schmerzen im Unterleib, so daß er die Arbeit unterbrechen und ins Krankenhaus gebracht werden mußte. Er starb dort 19 Tage nach dem Unfall. Die obduzierenden Ärzte gaben ihr Gutachten dahin ab, daß durch das Heben der schweren Eisenstange eine Eitergeschwulst im Innern der Brusthöhle geplatzt und sich durch ein Loch im Zwerchfell in die Bauchhöhle entleert habe mit anschließender Bauchfellentzündung.

M. Rentenabschätzung der Folgezustände von Lungenverletzungen, Pneumonie, Pleuritis, Lungenemphysem, Bronchitis nach Unfall.

1. **Traumatische Lungenblutung.** Wenn 3—4 Monate nach Lungentrauma mit anfänglichem Bluthusten keine sekundäre Erscheinungen (Pleuritis, chronische Pneumonie, chronische Bronchitis, Bronchiektasie) zur Entwicklung gekommen sind, so ist für $^1/_2$ Jahr eine Schonungs-Übergangsrente von **20%** zu gewähren. Nach dieser Zeit kann Renteneinstellung erfolgen, falls in der Zwischenzeit keine erneuten Blutungen aufgetreten sind.

2. **Chronische Pneumonie,** nach Traumen oder als Ausgang einer akuten Pneumonie. Bestehen Zeichen von chronischer Pneumonie — Schallabschwächung, Bronchialatmen, Rasselgeräusche, zeitweise geringe Temperaturen, Auswurf und Husten — so darf der Verletzte nur leichte Arbeit verrichten und ist Rente von **50—66$^2/_3$%** Erwerbsverminderung erforderlich. Bleibt nur Dämpfung zum Schluß zurück mit Nachschleppen der erkrankten Seite, fehlen aber die obengenannten Zeichen von chronischer Entzündung, so genügt eine weitere Schonungsrente von **20%** für 1 Jahr. Diese kann dann in Fortfall kommen, wenn bei gutem Allgemeinzustand nur eine Dämpfung an umschriebener Stelle besteht, da dadurch eine abschätzbare Minderung der Arbeitsfähigkeit nicht bedingt wird. Solche Kranke dürfen nur nicht in Arbeitsbetrieben mit giftigen Gasen tätig sein.

---

[1]) Thiem, Handb. d. Unfallerkr. Bd. II, 2, S. 194.

3. **Pleuritis exsudativa** als Unfallfolge bedingt bei ausgesprochenen Graden stets volle Erwerbsunfähigkeit und Krankenhausbehandlung.

4. **Pleuritis sicca** behindert oft die Arbeitsfähigkeit nicht nachweislich. Meist bestehen aber bei anstrengender Arbeit gewisse Beschwerden, so daß eine Rente von **10—20%** gewährt werden muß.

5. **Pleuritische Schwartenbildung** in geringer Ausdehnung: **10—20%** Erwerbsverminderung. Ausgedehnte Verwachsungen: **33$^1/_3$—50%**.

6. **Chronische Bronchitis.** Geringe Grade mit mäßigem Husten und Auswurf sind mit **10—20%** zu bewerten. Stärkere Grade (diffuser Katarrh über beiden Lungen) mit reichlichem Auswurf, stärkerem Hustenreiz, Kurzatmigkeit bei Anstrengungen stören die Arbeitsfähigkeit in oft recht erheblichem Maße, namentlich wenn sich als Folgezustand bei längerer Dauer Lungenemphysem hinzugesellt: **33$^1/_3$** bis **66$^2/_3$%** Erwerbsverminderung. Die purulente Form erfordert bisweilen Vollrente.

7. **Lungenemphysem** geringen Grades, d. h. mit nur geringen bronchitischen Erscheinungen ohne Beteiligung des Herzens und ohne nennenswerte Kurzatmigkeit nach Probeanstrengungen behindert die Arbeitsfähigkeit nur wenig, so daß **10—15%** Rente genügen. Stärkere Grade mit deutlicher Dyspnoë nach Anstrengungen, und ausgesprochener Bronchitis sind mit **25—40%** zu bewerten. Emphysemkranke mit Dyspnoë schon nach geringen Anstrengungen und Beteiligung des Herzens können nur leichte Arbeit verrichten: **40—75% Rente.** Bestehen Zeichen von Dekompensation des Herzens — Dyspnoë, kleiner, beschleunigter, irregulärer Puls in Ruhe oder nach geringen Anstrengungen —, so muß Vollrente gewährt werden.

Zweites Kapitel.

Verletzungen und Erkrankungen des Herzens und des Herzbeutels.

A. Entstehungsursachen von Herzkrankheiten durch Unfall.

Organische Erkrankungen des Herzens, sowohl des Herzmuskels wie der Herzklappen und des Endo- und Perikards, und nervöse Herzstörungen können auf die verschiedenste Weise durch einen Unfall hervorgerufen oder verschlimmert werden. Folgende Entstehungs- bzw. Verschlimmerungsmöglichkeiten kommen in Betracht:

1. Stumpfe Traumen des Brustkorbes und allgemeine Körpererschütterungen.
2. Körperliche Überanstrengung.
3. Seelische Erregung (Angst, Schrecken) und länger dauernde Zustände von nervöser Übererregbarkeit (traumatische Neurasthenie).

4. Sekundäre Infektion des Herzmuskels und Endokards auf dem Blutwege von entfernt liegenden, traumatisch entstandenen Eiterprozessen (Sepsis, Phlegmone, Infektionskrankheiten) oder durch Übergreifen von dem Herzen benachbart liegenden infektiösen Herden (Pleuritis, Perikarditis).
5. Toxische und nervöse Einwirkungen bei Gasvergiftung, Narkose, Verbrennungen.
6. Elektrische Schädigungen (Blitz-, Starkstromeinwirkung).
7. Mechanische Beeinträchtigung der Herztätigkeit durch traumatisch entstandene Wirbelsäulenverkrümmung, Thoraxdeformitäten, Herzverlagerung (Rippenbrüche, Resektionen, Schrumpfungen nach Mediastinitis und Pleuritis).
8. Schädigender Einfluß längerer Bettruhe bei Herzmuskelerkrankung (Fettherz).
9. Schädigender Einfluß längeren Siechtums (chronische Eiterungen, fieberhafte Prozesse) mit Ernährungsstörungen und sekundärer Anämie auf ein bestehendes Herzmuskelleiden.

In der Mehrzahl der Fälle von fraglichen Unfallschädigungen des Herzens wird eine sichere gutachtliche Entscheidung, ob das Herzleiden durch einen der oben angeführten Unfallvorgänge entstanden ist, oder ob es sich nur um eine Verschlimmerung einer bis dahin latenten Erkrankung handelt, kaum möglich sein. Denn es ist durch zahlreiche klinische Erfahrungen erwiesen, daß organische Herzerkrankungen lange Zeit ganz symptomlos verlaufen können und ohne den Träger des Leidens wesentlich in seiner Leistungsfähigkeit zu behindern. Deshalb hält auch keine der bis jetzt vorliegenden Beobachtungen von anscheinend traumatischer Entstehung einer Myokarditis, Endokarditis usw. einer streng wissenschaftlichen Kritik stand, da in der Regel keine mit allen Hilfsmitteln durchgeführte Untersuchung und Funktionsprüfung des Herzens vor dem Unfall vorliegt. Das zeitliche Auftreten von Herzstörungen subjektiver oder objektiver Art, namentlich einer Herzmuskelinsuffizienz. nach Unfallschädigungen beweist eben nur, daß ein vorher anscheinend leistungsfähiger Herzmuskel durch den Unfall leistungsunfähig geworden ist. Dabei bleibt es zunächst ganz unentschieden, ob das Herz vorher gesund oder bereits erkrankt war.

Für die praktische Unfallbegutachtung ist aber die Frage der primären Entstehung durch einen Unfall von geringerer Bedeutung. Das Wichtigste ist vielmehr der Nachweis, daß die Herzstörungen tatsächlich erst zeitlich nach dem Unfall hervorgetreten sind, und daß der vorher arbeitsfähige Mann erst durch den Unfall infolge der Herzstörung arbeitsunfähig geworden ist. Die besonderen Bedingungen, die bezüglich der Art des Unfalls und der zeitlichen Entwicklung einer Herzkrankheit erfüllt sein müssen, wenn ein Unfallzusammenhang als wahrscheinlich anerkannt werden darf, sind natürlich verschiedenartig, je nachdem es sich um eine Erkrankung des Herzmuskels, des Klappenapparates, des Perikards oder nur um eine mechanische Behinderung der Herztätigkeit durch Unfallfolgen handelt. Es wird deshalb im folgenden jede einzelne Herzkrankheit bezüglich der besonderen maßgebenden Grundsätze bei der Beurteilung der Zusammenhangsfrage getrennt besprochen werden.

B. Herzmuskelerkrankung, Herzmuskelinsuffizienz.

I. Herzmuskelschädigung durch mechanische Traumen.

Durch ein direktes stumpfes Trauma der Herzgegend (Stoß, Schlag, Quetschung der Brust zwischen Puffern, Fall auf die Brust) und durch allgemeine Körpererschütterung bei einem Fall aus größerer Höhe auf Gesäß, Rücken, Schulter kann der Herzmuskel nach den vorliegenden anatomischen Befunden im Tierversuch und beim Menschen auf verschiedenem Wege direkt und indirekt geschädigt werden, so daß das Bild einer Herzmuskelinsuffizienz entsteht. a) Es sind Blutungen und Zerreißungen der Herzmuskulatur und größerer Herzgefäße nach direkten Traumen der Herzgegend und allgemeinen Körpererschütterungen beobachtet worden. Falls nicht sofort oder nach einigen Tagen der Tod erfolgt, kommt es zu schwieliger Vernarbung des nekrotisierten Muskelgewebes und unter Umständen zur allmählichen Entwicklung von Herzaneurysmen. b) Eine akute oder chronische Myokarditis kann möglicherweise dadurch entstehen, daß auf dem Blutwege zufällig im Körper vorhandene pathogene Mikroorganismen in dem verletzten Muskelgewebe einen günstigen Ansiedlungsboden finden oder daß ältere abgekapselte endokarditische Herde zum Aufflackern gebracht werden und den Herzmuskel in Mitleidenschaft ziehen. c) Die dritte Möglichkeit einer Herzmuskelerkrankung durch Unfall besteht in dem Übergreifen einer traumatisch entstandenen infektiösen Perikarditis, Mediastinitis, Pleuritis auf den Herzmuskel. d) Nicht erwiesen ist die von manchen Autoren behauptete Entstehung einer akuten Herzdilatation durch direkte mechanische Traumen.

Die Anerkennung eines ursächlichen Zusammenhangs zwischen Herzmuskelerkrankung und Herzmuskelinsuffizienz mit einem Trauma wird davon abhängig zu machen sein: 1. daß das mechanische Trauma erheblicher Art war, und 2. daß die Entwicklung des Herzleidens in einem gewissen zeitlichen Anschluß an das Trauma erfolgt ist.

1. Erheblichkeit des Traumas.

Ein einfacher Stoß, Schlag gegen die Herzgegend oder gar an entfernt vom Herzen liegenden Brustkorbteilen oder ein Fall auf Brust, Rücken,

Gesäß auf ebener Erde wird niemals vom Begutachter als genügend anerkannt werden dürfen, um Verletzungen des gesunden Herzmuskels, des Endo- oder Perikards auszulösen. Derartige nach dem Unfallhergang ohne weiteres schon als leichte Traumen sich darbietende Unfälle werden höchstens als Verschlimmerungsmoment bei einem schon vorhandenen vorgeschrittenen Herzmuskelleiden in Betracht kommen, insofern durch die Erschütterung Blutungen aus schon erkrankten Herzgefäßen oder Zerreißungen erkrankter Herzwandabschnitte entstehen können. In den viel zitierten Tierexperimenten von Külbs[1]) waren stets sehr erhebliche, direkt die Herzgegend treffende Schläge erforderlich, um Verletzungen des Herzens und der Herzklappen hervorzurufen. Denn in den Versuchen mit positivem anatomischem Befund am Herzen starb nach den Schlägen gegen die linke Brustseite eine ganze Anzahl von Hunden unmittelbar nach dem Trauma, und fanden sich als Zeichen der sehr erheblichen Gewalteinwirkung ausgedehnte Hämorrhagien im Unterhautzellgewebe, in der Brust- und Interkostalmuskulatur, Rippeninfraktion, Zwerchfellblutungen und selbst Leberverletzungen an der Kuppe. Eine Übertragung dieser Ergebnisse im Tierversuch auf die traumatische Entstehungsmöglichkeit von Herzverletzungen beim Menschen ist deshalb nur dann erlaubt, wenn es sich bei dem Unfallvorgang nachweislich um eine ganz außerordentlich erhebliche Gewalteinwirkung gehandelt hat.

Eine solche kann mit einer gewissen Wahrscheinlichkeit nur dann gutachtlich angenommen werden, wenn a) nach der Art des Unfallherganges eine starke Erschütterung der Herzgegend erfolgt ist, z. B. bei Quetschung zwischen Puffern, Brustquetschung durch Verschüttung mit schweren Gesteinsmassen, Anprall eines schweren Balkens oder eiserner Kranen gegen die vordere Brustseite. b) Das Vorhandensein äußerer Verletzungsspuren, vor allem von Infraktionen des Brustbeins und der Rippen, wird dabei als wertvolles Unterstützungskennzeichen der Erheblichkeit des Traumas dienen, bildet aber kein unbedingtes Erfordernis, da auch ohne diese eine stumpfe Gewalt zu einer heftigen Erschütterung der Brustorgane Anlaß geben kann. c) In gleicher Weise wie direkte Brusttraumen wirken unter Umständen sehr starke Körpererschütterungen, wenn es sich dabei um Sturz aus der Höhe von mehreren Metern auf Brust, Rücken oder Gesäß handelt. d) Als weiterer wichtiger Anhaltspunkt für die Erheblichkeit eines Brusttraumas dient uns, namentlich auch beim Fehlen äußerer Verletzungsfolgen, das Verhalten des Verletzten unmittelbar nach dem Trauma. Anfängliche Chokerscheinungen, bestehend in Ohnmacht, Gesichtsblässe, sowie Pulsverlangsamung und Irregularität bei der ersten ärztlichen Untersuchung unmittelbar oder einige Stunden nach dem Trauma, sowie Klagen über starke Brustschmerzen, Atemnot, die eine sofortige Arbeitseinstellung zur Folge hatten, sprechen in zweifelhaften Fällen für eine stattgehabte stärkere Einwirkung auf das Herz. Andererseits wird die Feststellung, daß der Verletzte die Arbeit nach dem Trauma sofort oder nach kurzer Unterbrechung fortgesetzt und keine Klagen über Brustbeschwerden geäußert hat, gegen eine erhebliche Schädigung sprechen.

[1]) Külbs, Verh. d. D. pathol. Ges. 1908 u. Mitt. a. d. Grenzgeb. 1909, Bd. 19.

2. Zeitliches Auftreten der Herzstörung nach dem Trauma.

a) Herzstörungen von Beginn an.

Die Folgen einer Herzmuskelschädigung können manchmal im unmittelbaren Anschluß an das Trauma in Erscheinung treten, indem nach der Brustkontusion Unregelmäßigkeit oder nur Beschleunigung der Herztätigkeit nachweisbar ist bei Klagen über Herzklopfen, Schmerzen oder Beklemmungsgefühl in der Herzgegend, das sich bei Anstrengungen verstärkt. Diese anfangs unsicheren Erscheinungen, deren Deutung als organische oder funktionelle Herzstörung zunächst recht schwierig sein kann, verstärken sich dann im Laufe von Wochen und Monaten bis zu den deutlichen Zeichen von Herzinsuffizienz. In solchen Fällen mit deutlichen Brückensymptomen zwischen einer nach Monaten zum Vorschein kommenden Herzmuskelinsuffizienz und früherem Brusttrauma wird die Zusammenhangsfrage auch dann zu bejahen sein, wenn der Verletzte nach Überwindung der ersten Chokwirkung des Unfalls seine Arbeit wieder eine Zeitlang hat fortsetzen können.

b) Anfängliches Fehlen von Herzstörungen nach dem Trauma.

Weit schwieriger liegt die Entscheidung in solchen Fällen, in denen ohne anfängliche objektive Herzstörung oder stärkere subjektive Beschwerden nach dem Unfall erst nach einigen Wochen oder vielen Monaten die Erscheinungen einer Herzmuskelinsuffizienz sich allmählich bemerkbar machen und jetzt erst den Verletzten zum Arzt führen. Es muß ja zweifellos die Möglichkeit zugegeben werden, daß eine traumatisch ausgelöste chronische Myokarditis erst in einem gewissen Entwicklungsstadium, das einige Zeit nach dem Unfall erreicht wird, zu stärkeren subjektiven Beschwerden und objektiven Herzstörungen Anlaß gibt. Es können vielleicht Monate vergehen, bevor diese Störungen bei einem arbeitswilligen Menschen die Arbeitseinstellung erzwingen. Je größer aber dieses beschwerdefreie Intervall zwischen Unfall und Beginn der Herzmuskelinsuffizienz ist, desto unsicherer wird der Zusammenhang sein. Bei einem ganz symptomlosen Intervall von länger als $^1/_2$—$^3/_4$ Jahr bis zum Beginn des Leidens wird man deshalb nur dann die traumatische Entstehungsmöglichkeit nicht ablehnen, wenn 1. das Brusttrauma nachweislich sehr erheblicher Art war, 2. es sich um jugendliche Personen handelt, bei denen eine Arteriosklerose nach Alter und sonstigem Körperbefund nicht in Frage kommt, und 3. keine Anhaltspunkte für eine anderweitige Ursache der Herzmuskelerkrankung vorliegen, wie Lues, Nephritis, vorausgegangene Infektionskrankheiten oder chronische Intoxikationen. Wenn es sich dagegen um ältere Individuen handelt, bei denen Arteriosklerose nachweisbar ist, oder deren Entwicklung dem Alter nach an einzelnen Organen vermutet werden darf, so liegt der erforderliche Grad von Wahrscheinlichkeit für eine traumatische Entstehung der Myodegeneratio nicht vor. Denn es besteht in derartigen Fällen mit großer Zwischenzeit zwischen Trauma und Beginn der Herzmuskelerkrankung mindestens der gleiche Grad von Wahrscheinlichkeit, daß das Leiden in natürlicher Folge zufällig längere Zeit nach dem Unfall zur Entwicklung gekommen ist.

Beispiele von traumatischer Verschlimmerung einer bis zum Unfall latenten Herzmuskelerkrankung.

Beobachtungen aus Bonner Klinik: Verschlimmerung durch allgemeine Körpererschütterung.

61jähriger Dachdecker, der bis zum Unfall regelmäßig gearbeitet, fiel am 22. Juli 1910 aus 8 m Höhe auf einen Haufen Ziegelsteine, wobei wahrscheinlich auch die linke Brustseite gequetscht wurde. Bewußtlosigkeit bis zum nächsten Morgen; Bruch des linken Arms und rechten Oberschenkels. Seit dem Unfall dauernd Herzbeschwerden, so daß er arbeitsunfähig blieb. Gleich nach dem Unfall stellte der Arzt Herzschwäche fest. Juli 1911 Herzdilatation, Puls nach einmaligem Treppensteigen 120 und irregulär.

Verschlimmerung einer latenten Myodegeneratio durch direktes Herztrauma.

49jähriger Arbeiter, der bis dahin regelmäßig schwere Arbeit verrichtet, glitt am 3. Oktober 1906 beim Schieben einer Karre aus und fiel mit der Brust auf den Karrenbaum. Es fand sich Rippenknorpelbruch (4. linke Rippe) bei starken Brustschmerzen. Seit dem Unfall Herzklopfen, Wühlen in der Herzgegend bei Anstrengungen. Januar 1907 Pulsbeschleunigung und Irregularität. Vier Jahre später, nachdem in der Zwischenzeit stets Beschwerden bestanden hatten bei beschränkter Arbeitsfähigkeit, fanden sich: Herzdilatation nach links und rechts, dauernde Tachykardie und Irregularität.

II. Herzmuskelinsuffizienz und Überanstrengung.

Über die anatomischen Folgezustände einer akuten schweren Überanstrengung für den Herzmuskel sind die Ansichten geteilt. Obwohl Moritz und Dietlen nach langdauernden und anstrengenden Radfahrübungen orthodiagraphisch eine Herzverkleinerung nachweisen konnten, scheint nach neuerlichen Untersuchungen von Schott, Bruns u. a. bei starken sportlichen Anstrengungen eine akute Herzdilatation vorzukommen. Es wird sich freilich meist schwer entscheiden lassen, ob in den Fällen von akuter Herzerweiterung nach sportlichen Anstrengungen oder nach einer einmaligen Überanstrengung durch schweres Heben, Tragen schwerer Lasten, gewaltsames Ziehen oder Drücken der Herzmuskel vorher ganz gesund war oder bereits Myokardveränderungen vorgelegen haben. Es ist bisher nicht erwiesen, daß eine einmalige Überanstrengung einen Zustand von dauernder Herzmuskelschwäche bei einem vorher gesunden Manne hervorrufen kann, denn in den bisher mitgeteilten Beobachtungen hat eine genaue Herzuntersuchung vor dem Unfall nicht stattgefunden, so daß nur die Arbeitsleistung bis zum Unfall als Maßstab für die Herzfunktion gedient hat. Die nach Überanstrengungen auftretenden Erscheinungen von beschleunigter Herzaktion, kaum fühlbarem Puls, Atemnot, Zyanose, allgemeiner Schwäche, Schweißausbruch, blasser Gesichtsfarbe bilden sich beim Gesunden nach Stunden oder Tagen ganz zurück. War dagegen der Herzmuskel erkrankt, so kann die Überanstrengung einen plötzlichen Herztod bedingen oder den Anstoß zu einer dauernd bestehen bleibenden Herzmuskelinsuffizienz geben bei einem vorher ganz oder teilweise leistungsfähigen Herzen.

Das Zustandekommen der akuten Herzmuskelüberanstrengung ist darauf zurückzuführen, daß jede starke Muskeltätigkeit die Arbeit des Herzens erhöht. Dies beruht einmal darauf, daß infolge der Erweiterung der Blutgefäße an den arbeitenden Muskeln die Menge des in der Zeiteinheit aus dem Herzen beförderten Blutes zunimmt, indem die Zahl der Herzkontraktionen steigt und das Schlagvolumen wächst. Zweitens bedingt körperliche Anstrengung, namentlich ungewohnte, ein Steigen des Blutdruckes, so daß das Herz besondere „Mehrarbeit" zu leisten hat, indem es die bei jeder Herzsystole entleerte Blutmenge, die außerdem bei der Arbeit größer ist als in der Norm, gegen einen erhöhten Widerstand austreiben muß. Wichtig ist ferner, daß beim Valsalvaschen Versuch, bei dem ja die Druckverhältnisse im Brustraum ähnlich sind wie bei einer momentanen stärkeren Anstrengung, Kraus und de la Camp nicht nur eine Verkleinerung des Herzens, sondern zuweilen auch eigentümlich zappelnde Bewegungen des Herzens sahen, wobei der Radialpuls unfühlbar war. Dies spricht, wie schon Stern betont hat, dafür, daß das Herz auch bei einmaligen kurzandauernden Anstrengungen infolge von Kompression und vielleicht auch durch mangelnde Blutzufuhr in seiner Funktion geschädigt wird.

1. Nachweis der Erheblichkeit der Überanstrengung.

Für den Begutachter erhebt sich nun die Frage, unter welchen Umständen körperliche Anstrengung als eine außergewöhnliche, also als eine Überanstrengung und demnach als Unfallschädigung zu betrachten ist, falls Herzstörungen sich angeschlossen haben. Es kann ja dieselbe körperliche Anstrengung, die ein Schwerarbeiter regelmäßig verrichtet, unter Umständen für einen schwächlicheren Menschen, der diese Arbeit nicht gewohnt ist, eine außergewöhnliche Anstrengung bilden. Wir müssen deshalb zwischen relativen und absoluten Überanstrengungen unterscheiden.

a) Eine relative Überanstrengung, die gleichwohl den Charakter des Unfalls trägt, liegt dann vor, wenn ein Individuum durch äußere Umstände, wie Feuersbrunst, Aushilfsarbeit usw., gezwungen ist, eine ihm ungewohnte körperliche Arbeit für Minuten oder Stunden zu verrichten und im Anschluß hieran an Herzstörungen erkrankt. Die Arbeit, wie z. B. Tragen von Säcken, Abladen von Kisten, braucht demnach an sich in solchem Falle keine besonders anstrengende gewesen zu sein für einen der körperlichen Arbeit gewohnten Mann, während sie z. B. für einen Bureauarbeiter oder einen sonstige leichtere Arbeit verrichtenden Menschen eine außergewöhnliche Anstrengung bedeutet, die sein dieser Arbeit nicht gewohntes Herz zu schädigen vermag, namentlich wenn dieses bereits erkrankt war. Denn es ist eine Erfahrungstatsache, daß der Nichttrainierte bei Verrichtung einer ihm ungewohnten Arbeit seine Muskeln und damit auch seinen Herzmuskel viel stärker anstrengt.

Eigenes Beispiel:

Ein 34jähriger Bureaudiener litt seit seinem 25. Lebensjahre nach einem Gelenkrheumatismus an einer Mitralinsuffizienz, die vollkommen kompensiert war und ihn, wie durch Zeugenaussagen festgestellt wurde, auch nicht an größeren mehrstündigen Spaziergängen, Schwimmen usw. hinderte. Am 11. November 1916 mußte er morgens wegen Erkrankung von Personal mehrere Stunden lang helfen, Kisten von 40—50 Pfund Gewicht aufzuladen. Er verspürte nach einer Stunde eine leichte Brustbeklemmung und leichtes Schwindelgefühl, arbeitete aber noch 2 Stunden weiter, indem er die Kisten zuletzt nur gemeinsam mit einem Mitarbeiter trug und nicht mehr allein wie anfangs. Nach Ablauf der 2 Stunden mußte er die Arbeit wegen Schwindelgefühl, Atemnot und stärkerem Herzklopfen einstellen. Der Arzt stellte am Abend Pulsbeschleunigung und Irregularität fest, 3 Tage später traten Ödeme an den Beinen auf, Eiweißausscheidung im Urin. Nach einer Digitaliskur und Bettruhe schwanden die Insuffizienzerscheinungen nach 5—6 Wochen. Doch blieben von da ab dauernde Beschwerden nach Anstrengungen mittlerer Art zurück, so daß Spaziergänge über $^3/_4$—1 Stunde, schnelles Treppensteigen regelmäßig Beklemmungsgefühl und Herzklopfen auslösten.

In diesem Falle bildete die an sich nicht anstrengende Arbeit eine relative Überanstrengung für den Kranken, da für ihn die Arbeit eine ungewohnte war, und weil das Herz zwar erkrankt, aber bis zum Unfall noch gut kompensiert war.

b) Absolute Überanstrengung. Eine außergewöhnliche Überanstrengung kann vom Gutachter dann angenommen werden, wenn während der Verrichtung der gewöhnlichen körperlichen Arbeit durch ein plötzliches Vorkommnis eine plötzliche erhöhte Muskelanspannung von kürzerer oder längerer Dauer nötig wurde. Oder wenn eine anstrengende Arbeit infolge außergewöhnlicher Umstände lange Zeit hindurch ohne Unterbrechung ausgeführt werden mußte, z. B. Bergearbeiten bei Verschüttungen, bei einem Brandunglück u. ä. Als außergewöhnliches Vorkommnis kann gelten, wenn z. B. beim Tragen schwerer Balken durch zwei Arbeiter infolge Strauchelns des einen Arbeiters der andere vorübergehend die ganze Last zu tragen hat und nur mit aller Gewalt den eigenen Fall verhütet, oder wenn ein Arbeiter einen vom Gerüst abrutschenden Balken eine Zeitlang allein halten muß, um nicht unter denselben zu kommen. Es bedeutet eine außergewöhnliche Anstrengung, wenn ein Arbeiter sich bei Loslösung einer verrosteten Schraube lange Zeit abmühen muß, oder wenn er einen schwerbeladenen entgleisten Förderwagen allein in das Gleis einzuheben sucht. Es sind in der Unfallliteratur eine ganze Anzahl derartiger Beobachtungen mitgeteilt worden, in denen im Anschluß an solche einmalige Überanstrengung das Auftreten länger anhaltender oder auch dauernder Herzmuskelinsuffizienzen beobachtet wurde. In vielen Fällen hat es sich sicherlich, namentlich bei älteren Leuten, um einen bereits erkrankten Herzmuskel gehandelt. Aber die Tatsache, daß die Verletzten bis zum Unfall schwere Arbeiten ausgeführt haben, kann als Beweis dafür gelten, daß das bis dahin latente Herzmuskelleiden erst durch die Überanstrengung wesentlich verschlimmert wurde, sodaß das Herz erst von dem Zeitpunkt an gegenüber der gewöhnlichen Arbeitsanstrengung versagte, und der Verletzte in seiner Arbeitsfähigkeit wesentlich und dauernd geschädigt wurde.

Schlecht (Fall 5)[1]: Herzstörung nach Tragen einer schweren Last.

Ein 39jähriger bis dahin stets gesunder Schmied, der stets außerordentlich schwere Arbeit geleistet hatte, trug im Dezember 1900 mit einem anderen Arbeiter

[1]) Schlecht, Monatsschr. f. Unfallheilk. 1908, Nr. 10.

eine 70—100 kg schwere Eisenbahnschiene. Danach Stiche in der Brust und Herzgegend. 4 Tage nach dem Unfall fand sich beschleunigte Herztätigkeit. Bis Juli 1901 dieselben subjektiven Beschwerden. Dann fähig zu leichter Arbeit als Maschinist, aber bei geringeren Anstrengungen Herzklopfen, Kurzatmigkeit, Beklemmungsgefühl, Stechen in der Herzgegend. Juli 1902 keine Herzvergrößerung, verlangsamte Herztätigkeit, 44—66 Schläge, nach Bewegungen leicht unregelmäßig, an der Mitralis leises systolisches Geräusch. Bei größeren Anstrengungen Zunahme der Irregularität.

Rumpf (Fall 11)[1]: Akute Herzstörung nach schwerem Heben.

Ein 44jähriger Arbeiter, der bis zum Unfall ununterbrochen die schwersten Arbeiten verrichtet hat und früher angeblich nie krank gewesen war, hat am 27. April 1901 einen Förderwagen, der aus dem Gleis gesprungen war, unter starker Anstrengung wieder in dasselbe hineingehoben. Er verspürte sofort Schmerzen in der rechten Leistengegend und bemerkte eine Anschwellung. Am anderen Tage Atemnot, Gefühl von Angst, Beengung in der linken Brustseite. Am 2. Januar 1902 fand sich: Beträchtliche Verbreiterung der Herzdämpfung nach beiden Seiten, Töne rein, Herztätigkeit außerordentlich unregelmäßig, Puls häufig aussetzend, Radialarterien hart. In den folgenden Jahren derselbe Befund, dieselben subjektiven Beschwerden. Im Jahre 1907 wurde eine Zunahme der Herzverbreiterung festgestellt bei Klagen über andauernd stechende Schmerzen in der Herzgegend.

2. Nachweis des engen zeitlichen Zusammenhangs zwischen Überanstrengung und Herzleiden.

In der Regel werden sich die Erscheinungen einer Herzmuskelschädigung durch Überanstrengung unmittelbar nach dem Unfall durch subjektive Beschwerden bemerkbar machen, sei es, daß der Verletzte die Arbeit einstellt wegen Herzstechen, Atemnot, Beklemmungsgefühl, Schwächegefühl, oder daß er die Arbeit noch einige Stunden oder 1—2 Tage fortsetzt unter gewisser Schonung und dann erst den Arzt aufsucht. Findet dieser dann Zeichen einer Herzmuskelinsuffizienz in Gestalt von Pulsbeschleunigung, Irregularität, Atembeschleunigung nach leichten Anstrengungen (Treppensteigen, Stuhlheben) bei einem vorher voll arbeitsfähigen Mann, so muß eine Überanstrengungsverschlimmerung eines vorher latenten Herzleidens als wahrscheinlich angenommen werden. Bei einem längeren Intervall zwischen Unfall und Krankmeldung von vielen Tagen oder 1—2 Wochen darf nur dann ein ursächlicher Zusammenhang anerkannt werden, falls der Kranke in der Zwischenzeit laut Zeugenangaben über Herzbeschwerden geklagt hat oder seine Arbeit in dieser Zeit weniger gut hat verrichten können, evtl. nur durch Unterstützung seiner Mitarbeiter oder durch Zuerteilung leichterer Arbeiten. Denn es ist sehr wohl möglich, daß ein arbeitswilliger und fleißiger Arbeiter zunächst geringeren Beschwerden keine besondere Bedeutung beimißt und erst bei zunehmenden Beschwerden seine Arbeit niederlegt.

---

[1]) Rumpf, Monatsschr. f. Unfallheilk. 1910, Nr. 10/11.

Dagegen wird beim Fehlen von Anfangserscheinungen und von Brückensymptomen nach der Anstrengung, also bei Fortsetzung derselben Arbeit noch viele Tage oder mehrere Wochen lang ohne Beschwerden, eine erst nach Wochen oder noch später auftretende Herzmuskelstörung nicht mit hinreichender Wahrscheinlichkeit als Unfallfolge anzusprechen sein. Denn in der überwiegenden Mehrzahl der Fälle von länger dauernder Herzmuskelinsuffizienz nach angeblicher Überanstrengung handelt es sich ja um eine allmähliche Verschlimmerung eines bis dahin latenten Herzleidens in natürlicher Folge. Ein enges zeitliches Verhältnis zwischen Unfall und Hervortreten der Herzstörung muß danach für den Begutachter als wichtigstes Beweismaterial dienen für die Anerkennung der Zusammenhangsfrage.

III. Seelische Erregung (Angst-Schreckwirkung) und Herzmuskelinsuffizienz (plötzlicher Herztod).

Bei den nach seelischen Erregungen auftretenden Herzmuskelstörungen handelt es sich stets um Verschlimmerung eines schon bestehenden Herzleidens.

1. Plötzlicher Herztod.

Bei einem organischen Herzleiden (Herzmuskelentartung, Koronarsklerose mit Myodegeneratio) kann infolge einer seelischen Chokwirkung (Schreck) ein plötzlicher Herztod eintreten, ebenso wie nach einer stärkeren körperlichen Chokwirkung, z. B. nach Bauchtraumen, oder Verletzungen mit Blutverlust auf reflektorischem Wege ein akutes Versagen des Kreislaufs mit Herztod beobachtet wird selbst bei herzgesunden Menschen. Da bei organischen Herzerkrankungen eine plötzliche Herzinsuffizienz mit tödlichem Ausgang nicht selten ohne jede äußere Veranlassung auftritt bei Leuten, die vorher nur leichte Erscheinungen von Myodegeneratio cordis zeigten, so ist stets der Nachweis der Erheblichkeit der psychischen Einwirkung erforderlich und des Todes unmittelbar nach derselben. Nur wenn beides der Fall ist, kann mit Wahrscheinlichkeit der Tod auf den Unfall zurückgeführt werden. Unglücksfälle, wie Explosionen, vorzeitiges Losgehen von Schüssen oder sonstige Betriebsvorgänge mit Todesgefahr, Furcht vor Operation, Anblick des Todes von Mitarbeitern bilden genügende auslösende Unfallsmomente für ein akutes Versagen des kranken Herzmuskels. Wenn dagegen, wie nicht so selten, ein alltägliches Vorkommnis bei der Betriebsarbeit, wie Ausgleiten auf ebener Erde, Anstoß mit dem Kopf, Fall eines kleinen Gesteinstückes gegen Extremitäten oder schnelles Weggehen nach Anlegen des Schusses, als Entstehungsursache für einen plötzlichen Herztod angeschuldigt wird, so handelt es sich hierbei nicht um einen Betriebsunfall. Denn es genügt bei einem Herzleiden, das bis zu einem gewissen Grad vorgeschritten ist, unter

Umständen schon eine unbedeutende Blutdrucksteigerung, wie sie bei seelischen Erregungen alltäglicher Art vorkommen, um das Herz zum Versagen zu bringen. Unbedingt erforderlich ist demnach der Nachweis einer außergewöhnlich starken und plötzlichen psychischen Erregung, wenn ein besonders frühzeitiges Versagen des Herzmuskels durch einen Unfallvorgang als wahrscheinlich angenommen werden soll. Außerdem muß der Tod unmittelbar nach der Schreckeinwirkung oder wenigstens innerhalb einiger Stunden auftreten nach anfänglichen Zeichen einer Chokwirkung (Ohnmacht, Benommenheit, Gesichtsblässe mit anfänglicher Erholung). Tritt der Tod dagegen erst nach Tagen ein bei anscheinendem Wohlbefinden in der Zwischenzeit und weiterer Arbeitsleistung nach dem Unfall, so ist ein Zusammenhang ganz abzulehnen.

Tod durch Schreckwirkung vom RVA. anerkannt. (Amtl. Nachr. RVA. 1895, Nr. 4.)

In einem Kiesgrubenbetrieb wurde durch Umstürzen von drei vollbeladenen Eisenbahnlastwagen ein Arbeiter verschüttet. Der den Zug führende Kutscher, welcher schon früher an Herzklopfen litt, wurde vor Schreck derart erregt, daß er bei dem Versuch, mit den Händen den Kies von dem Verschütteten wegzuscharren, plötzlich tot zusammensank. Entgegen dem ablehnenden Bescheid der Berufsgenossenschaft wurde vom Schiedsgericht und Reichsversicherungsamt der Tod „als mittelbar durch den Betrieb verursacht" angesehen, da das Ereignis geeignet war, dem Verstorbenen einen heftigen Schreck einzuflößen, der wohl bei nicht normaler Beschaffenheit des Herzens einen Herzschlag bewirken konnte.

Tod an Herzschlag durch geschäftliche Aufregung vom RVA. anerkannt.

Ein Kapitän hatte an Bord seines in einem südafrikanischen Hafen befindlichen Schiffes eine Ladung aufgenommen. Es wurde ihm im Geschäftszimmer des Abladers eine telegraphische Weisung des Reeders übermittelt, die eine Änderung des Fahrplans enthielt. Er verfiel sofort in heftiges Zittern und Krämpfe, sank zu Boden und starb einige Stunden darauf. Die Leichenschau ergab, daß der Tod an chronischer Herzmuskelentzündung eingetreten war. Die schädigende Einwirkung der Erregung auf den erkrankten Herzmuskel wurde als Unfall anerkannt.

Tod an Herzschlag durch seelische Erregung. (Rekursentscheid vom 28. Oktober 1897.)

Ein Aufseher war am 8. April Zeuge des gräßlichen Todes seines Mitarbeiters beim Auflegen eines Treibriemens. Dadurch und durch die Befürchtung, es könne ihm ein Verschulden zur Last gelegt werden, war er hochgradig erregt. Am anderen Tage bei der Besichtigung der Unfallstelle steigerte sich diese Erregung, und trat der Tod am 9. April ein.

Herztod infolge Angst vor einer Operation. (RVA.-Entscheidung vom 10. Juli 1891.)

Ein Gasinspektor hatte sich am 15. Oktober 1889 bei Abnahme einer Gasleitung eine Hodenquetschung zugezogen und sollte, nachdem von dem ihn behandelnden Arzte ein Herzleiden nicht festgestellt worden war, zur Beseitigung des Hodens am 16. Juni 1890 operiert werden. Am Tage vor der Operation während der Vorbereitungen (Rasieren der Operationsstelle) starb er am Herzschlag.

2. Chronische Herzmuskelinsuffizienz nach psychischem Trauma.

Es kommt vor, daß die Schreckeinwirkung nicht tödlich ist, sondern daß der Kranke die erste Schockwirkung (Ohnmacht) überwindet, und daß von da ab bei dem vorher anscheinend gesunden Menschen, der aber tatsächlich latent herzkrank war, dauernde Herzstörungen bestehen bleiben, die sich fortschreitend verschlimmern können. Es kann dann der Tod nach einigen Tagen eintreten oder auch erst nach Monaten unter zunehmender Verschlimmerung der Herzinsuffizienzerscheinungen.

Eigene Beobachtung aus Privatversicherung.

Ein 51jähriger Kaufmann hatte früher nie an Herzstörungen gelitten, war aber starker Raucher und Potator. 3 Tage vor dem Unfall hatte er noch eine zweistündige Radtour in leicht bergiger Gegend gemacht ohne Beschwerden. Am 16. April erlitt er einen Eisenbahnunfall, wobei er selbst nicht, aber ein Mitreisender durch den zertrümmerten Wagen eingeklemmt und schwer verletzt wurde. Er weiß nicht, wie er aus dem Wagen herausgekommen ist, wurde nach Angaben von Zeugen außerhalb des Wagens ohnmächtig und mußte, nachdem ein Hilfszug die Reisenden zur nächsten Station gebracht hatte, daselbst ins Krankenhaus geschafft werden. Dort wurde starkes Zittern, kleiner sehr beschleunigter Puls, Gesichtsblässe festgestellt. Als er nach 3 Tagen das Bett verließ, wurde er erneut ohnmächtig, dabei Pulsirregularität. In den folgenden Wochen stand er wegen Herzstichen, Herzklopfen dauernd in ärztlicher Behandlung. Nach 4 Wochen fand sich eine Vergrößerung der Herzdämpfung nach links um $1^1/_2$ cm, kleiner unregelmäßiger Puls, 120 Pulse nach zweimaligem Treppensteigen, dabei Dyspnöe. 3 Monate nach dem Unfall Dilatation rechts und links, Stauungsniere, geringe Leberschwellung, dauernde Irregularität. 8 Monate p. tr. Tod an Herzmuskelinsuffizienz. Die Obduktion ergab Myodegeneratio mit deutlicher Verkalkung der Coronararterien.

IV. Entstehung und Verschlimmerung eines Herzmuskelleidens durch traumatisch verursachte Eiterprozesse und Infektionskrankheiten.

Bei allen Infektionskrankheiten und bei allen örtlichen Eiterprozessen in der Nachbarschaft des Herzens oder an entfernten Körperstellen kann außer den Herzklappen und dem Perikard auch das Myokard in Mitleidenschaft gezogen werden. Eine mittelbare Entstehung einer Herzmuskelentzündung durch einen Unfall liegt deshalb immer dann vor, wenn ein Unfall (Erkältung, Trauma) nachweislich als auslösende Ursache für eine Pneumonie, Empyem, Erysipel, Polyarthritis acuta, Furunkelbildung, Phlegmone, Sepsis, Perityphlitis anzuerkennen ist, und wenn in unmittelbarem Anschluß an diese Erkrankungen die ersten Zeichen der Myokarditis aufgetreten sind. Durch die genannten Krankheiten kann ferner eine schon bestehende Herzmuskelveränderung wesentlich verschlimmert werden, so daß ein bis zum Unfall leistungsfähiges Herz dauernd leistungsunfähig wird. Man beobachtet das vor allem beim Fettherz. Bei ihm bilden fieberhafte Erkrankungen eine oft gefährliche Komplikation, so daß sich bei einem bis dahin rüstigen Fettleibigen eine dauernde Herzmuskelinsuffizienz entwickelt oder ein unerwarteter Tod eintritt. In beiden Fällen fällt dem Unfall die ganze durch das Herzleiden bedingte Minderung der Arbeitsfähigkeit zur Last.

In Fällen, in denen der Kranke infolge seines vor dem Unfall schon vorhandenen Herzleidens bereits weniger leistungsfähig war, wird nur ein gewisser Prozentsatz der nach dem Unfall vorhandenen Arbeitsunfähigkeit als Unfallfolge anzuerkennen sein. Auf Grund der Aussagen des Arbeitgebers und der Mitarbeiter, sowie des Arbeitsverdienstes vor dem Unfall wird sich der Begutachter ein Urteil darüber bilden müssen, um wieviel Prozent der Verletzte schon vorher in seiner Arbeitsfähigkeit geschädigt gewesen ist. Dieser Prozentsatz ist von dem nach dem Unfall bestehenden prozentualen Grad der Arbeitsunfähigkeit abzuziehen.

Verschlimmerung eines Herzfehlers durch Sepsis anerkannt. (Zit. nach Kaufmann, XV, 239.)

54jähriger Handarbeiter zog sich eine Daumenverletzung zu mit anschließender schwerer Lymphgefäßentzündung des Armes. Genesung mit Versteifung des rechten Daumens und Schultergelenkes. Schon vor dem Unfall hatte ein Herzfehler bestanden. Tod 13 Monate nach dem Unfall an Herzschwäche. Es bestand Verkalkung der Aorta, Verdickung und Schlußunfähigkeit der Aortenklappen und Herzerweiterung. Die Hinterbliebenenrente wurde bewilligt, weil das Obergutachten dahin lautete, daß Blutvergiftungen sehr häufig erhebliche und dauernde Schädigungen des Herzmuskels hervorrufen, die vielfach eine dauernde und fortschreitende Schwäche seiner Leistungsfähigkeit zur Folge haben.

V. Herzmuskelinsuffizienz nach Einwirkung giftiger Gase.

Die Einatmung giftiger und reizender Gase kann direkt und indirekt zu einer Schädigung des Herzmuskels Anlaß geben. Indirekt dadurch, daß die akute Einwirkung von Schwefeldämpfen, Ammoniakgas, Nitrosegasen unter anderem eine Bronchopneumonie oder eine chronische Bronchitis hervorrufen, die ungünstig auf einen schon erkrankten, aber bis zum Unfall noch leistungsfähigen Herzmuskel einwirken und zu einer dauernden Dekompensation führen. Einzelne Gase wie CO, Phosphoroxychlorid, Chloroform wirken direkt schädigend auf den Herzmuskel ein durch multiple Blutungen, fettige Degeneration und sonstige Parenchymveränderungen. Wir sehen nach einer glücklich überstandenen akuten Vergiftung mit Leuchtgas oder sonstigen CO-haltigen Gasgemischen (Grubengas, Rauchvergiftung) oft lange Zeit oder dauernd eine unregelmäßige oder beschleunigte Herztätigkeit als Zeichen einer Schädigung des Herzmuskel- oder Herznervenapparates oder beider zusammen.

Die Zusammenhangsfrage zwischen Herzmuskelinsuffizienz und Gasvergiftung wird bei der direkten wie indirekten Einwirkung dann anerkannt werden müssen, wenn

1. der Erkrankte bis zu dem Unfallvorgang voll leistungsfähig gewesen ist;

2. die Herzstörung sich in engem, zeitlichem Anschluß an die Gaserkrankung der Atmungsorgane (Pneumonie) eingestellt hat;
3. die Erscheinungen der akuten CO-Vergiftung nachweislich erhebliche gewesen sind (Bewußtlosigkeit, Herzschwächezustand).

VI. Herzmuskelerkrankung nach Operation und Narkose.

Eine Operation und Narkose wirkt einmal durch die mit ihr einhergehende seelische Erregung, zweitens durch die direkte toxische Einwirkung des Chloroforms und die bei jeder Narkose auftretende Blutdrucksenkung und drittens durch die Blutverluste schädigend auf den Herzmuskel ein. Der Tod kann unmittelbar in der Narkose eintreten oder einige Tage später dadurch, daß das Chloroform degenerative Veränderungen am Herzmuskel hervorruft. Bisweilen bleiben nach einer gut überstandenen Narkose bei einem vorher anscheinend herzgesunden Menschen dauernd Herzstörungen geringer Art bestehen (Pulsbeschleunigung mit Irregularität, subjektive Herzbeschwerden mit Beklemmungsgefühl), die sich oft erst viel später zu einer deutlichen Herzmuskelinsuffizienz auswachsen. Man wird es dann gutachtlich nicht ablehnen können, daß die Narkose verschlimmernd gewirkt hat bei einem bis dahin latenten Herzmuskelleiden.

VII. Herz und Verbrennung.

Nach Verbrennungen auch von kleineren Hautbezirken beobachtet man nicht selten Kollapserscheinungen, d. h. blasse Haut, kleinen beschleunigten Puls, vorübergehende oder länger anhaltende Bewußtlosigkeit. Der Tod tritt bisweilen unmittelbar ein, anscheinend durch Herzstillstand. Es kommt aber auch vor, daß sich erst nach Tagen eine tödlich verlaufende Herzmuskelinsuffizienz entwickelt. Über die Ursache der Herzmuskelstörung ist nichts Sicheres bekannt, da man außer Hyperämie der inneren Organe und leichten Verfettungen des Herzmuskels keinen greifbaren Befund für den Herztod erhoben hat. Man wird aber bei den Herzmuskelstörungen, die anscheinend nach Verbrennungen aufgetreten sind, mit der Möglichkeit ihrer Entstehung durch Verbrennungsschädigung rechnen müssen. Das Hauptgewicht bei der Beurteilung wird darauf zu legen sein: 1. daß anderweitige Ursachen für eine schnelle Entwicklung von Herzmuskelstörungen nach einer Verbrennung nicht nachweisbar sind, und 2. daß im unmittelbaren Anschluß an die Verbrennung deutliche Herzerscheinungen (Kollaps) aufgetreten sind, die dann allmählich abgeklungen sind, ohne dauernd zu verschwinden.

VIII. Starkstrom- und Blitzschlagschädigung und Herzmuskelerkrankung.

Nach den Untersuchungen Jellineks kann der Tod durch Elektrizität sowohl durch primäre Herzlähmung als auch durch primäre

Atmungslähmung auftreten. Als Folgezustände einer Starkstromverletzung bleiben nach Abklingen der nervösen Allgemeinerscheinungen Pulsbeschleunigung, Verlangsamung und Pulsirregularität oft längere Zeit bestehen, so daß zweifellos das Herz, sei es durch Schädigung der Herznerven, sei es durch direkte Einwirkung auf den Herzmuskel, in erheblicherem Maße in Mitleidenschaft gezogen werden kann. Die Möglichkeit einer Herzmuskelschädigung wird schon dadurch wahrscheinlich gemacht, daß beim Tod durch Starkstrom im Herzen Hämorrhagien gefunden worden sind. Treten nach einer Blitz- oder Starkstromverletzung allmählich Erscheinungen von Herzmuskelinsuffizienz auf bei einem vorher anscheinend herzgesunden, bis zum Unfall arbeitsfähigen Individuum, so wird man die Entstehungs- oder jedenfalls Verschlimmerungsmöglichkeit eines vorher latenten Herzleidens nicht ablehnen können. Es scheint dies aber ein sehr seltenes Vorkommnis zu sein, da in der Unfalliteratur keine einschlägigen eindeutigen Beobachtungen vorliegen.

In einem von Förster mitgeteilten Fall ist der Zusammenhang zwischen dem Tod an Herzleiden und der 5 Jahre vorher erfolgten Blitzschädigung recht unsicher, da kein genügender Krankenbericht vorliegt, der eine sichere Ausscheidung anderer Ursachen des Herzleidens (Nephritis, Lues) ermöglicht, und ein zwischendurch überstandener „Rheumatismus" möglicherweise für die Herzerkrankung in Betracht kommt, wenn der Mann auch nur 2 Tage deswegen krank gefeiert hat. Es ist demnach nur die Möglichkeit der Entstehung des Herzleidens durch den Blitzunfall zuzugeben, aber nicht die erforderliche Wahrscheinlichkeit.

Förster: Obergutachten über den Zusammenhang plötzlichen Todes mit einem früheren Blitzunfall[1]).

42jähriger Mann wurde am 14. Juni 1905 durch einen Blitzstrahl angeblich 4 m weit fortgeschleudert und war einige Tage bewußtlos. Seit der Zeit Klagen über Herzbeklemmungen und nervöse Störungen, besonders bei Gewittererscheinungen. Der erste Arzt hat nach dem Blitzstrahl keine Nervenerscheinungen festgestellt. Am 16. Juni 1905 Arbeitsbeginn. In der Zeit von Juni 1905 bis 9. Juli 1910 war er arbeitsfähig, und wurden Unfallstörungen bei der Arbeit nicht bemerkt. Nach Angabe mehrerer Zeugen zeigte L. bei Gewitter eine nervöse Unruhe (Zittern der Hände und des Körpers) und soll von Herzbeklemmungen befallen worden sein. Einige Wochen vor seinem Tode konsultierte L. Herrn Dr. A. wegen Luftbeklemmungen und Angstanfällen, da die Beschwerden in letzter Zeit schlimmer geworden seien. Es fand sich systolisches Geräusch an der Herzspitze und verstärkter II. Pulmonalton. Im Mai—Juni 1910 sollen die Beine angeschwollen gewesen sein. Gleichwohl nahm er am 16. Juni 1910 die Arbeit wieder auf, obwohl er noch krank war. Am 9. Juli 1910 während eines Gewitters fiel L. plötzlich wie gelähmt hin und starb am folgenden Tage. Über die Art der angeblichen Lähmungserscheinungen ließ sich nichts ermitteln, so daß auch die eigentliche Todesursache nicht mit Sicherheit feststeht, da der Tod ebensowohl durch Apoplexie wie durch Embolie vom Herzen aus eingetreten sein kann. Aus-

[1]) Förster, Monatsschr. f. Unfallheilk. 18, 141 (1911).

lösend könnte hierbei die bei L. regelmäßig während eines Gewitters auftretende nervöse Erregung gewirkt haben. Es wurde deshalb anerkannt, daß die nervöse Gewitterfurcht als Folge des Blitzunfalls vom Jahre 1905 die mitwirkende und auslösende Ursache beim plötzlichen Tode gewesen sei.

IX. Herzmuskelstörung infolge mechanischer Beeinträchtigung des Kreislaufs im Thorax.

Verkrümmungen der Wirbelsäule stärkeren Grades, die mit Brustkorbveränderungen einhergehen (Kyphoskoliose), sowie Rippen- und Brustbeinverletzungen mit Verschiebung und Verlagerung des Herzens und der großen Gefäße bedingen auf die Dauer eine vermehrte Arbeitsleistung für den Herzmuskel, die sich durch Auftreten von Kurzatmigkeit, Herzklopfen und subjektiven Herzbeschwerden bei körperlichen Anstrengungen zu erkennen gibt. Die ungünstige Einwirkung auf die Herzarbeit beruht zum Teil auf einer Raumbeengung im Thorax, wodurch das Herz genötigt ist, gegen die zu enge Thoraxwand anzukämpfen, zum Teil auf Abknickungen der Aorta und Pulmonalis, und zum Teil auch auf Ausbleiben des für die Zirkulation normalerweise wesentlichen Einflusses der Thoraxbewegungen auf die Atmung. In ähnlicher Weise wie die genannten Veränderungen an dem knöchernen Thorax können Verlagerungen des Herzens infolge schrumpfender Prozesse mit Narbenbildung bei Pleuritis, Pleuroperikarditis und Mediastinitis traumatischen Ursprungs eine Störung der Herztätigkeit bedingen. Es kommt dadurch zu einer vorzeitigen Abnutzung des Herzmuskels, der beständig gegen vermehrte Widerstände zu arbeiten hat, und zu frühzeitiger Entwicklung von Herzmuskelinsuffizienz ohne sonst nachweisbare Ursache. Mit der Feststellung, daß eine solche mechanische Beeinträchtigung der Herztätigkeit durch einen Unfall entstanden ist, wird auch die Herzmuskelstörung als mittelbare Unfallfolge anzuerkennen sein.

Als Beispiel führe ich die Beobachtung von Elten[1]) an:

Bei einem 64jährigen Manne waren durch den Stoß einer Deichsel in die Herzgegend mehrere Rippen verbogen worden, daß sie am Brustbein links buckelförmig hervorragten, dagegen über dem Herzen plattgedrückt waren, so daß man in die Aushöhlung am Brustkorb etwa eine flache Hand einlegen konnte. Der Verletzte war durch das hiervon hervorgerufene Herzklopfen und die Beängstigungen arbeitsunfähig geworden. v. Nußbaum durchtrennte die dem Herzen am nächsten gelegenen drei Rippen, bog die Rippenenden nach außen um mit dem Erfolg, daß der Verletzte wiederhergestellt wurde.

X. Herzmuskelschädigung durch Bettruhe und Zunahme einer Fettleibigkeit.

Erfahrungsgemäß wirkt längere Bettruhe, z. B. infolge von Frakturen der Extremitäten, Wirbelsäulenbruch mit Lähmungserscheinungen

[1]) Elten, Vierteljahrsschr. f. gerichtl. Med. 3. Folge Bd. 5, 1893.

bisweilen ungünstig auf ein vorhandenes Herzmuskelleiden ein, vor allem auf das muskelschwache Herz von fettleibigen Personen, einmal dadurch, daß durch den Mangel von regelmäßiger Bewegung die Leistungsfähigkeit des Herzmuskels nachläßt, und zweitens durch die nicht seltene Zunahme der allgemeinen Fettleibigkeit infolge der Bettruhe. Dadurch werden an einen schon geschwächten Herzmuskel größere Anforderungen gestellt, indem sich das Mißverhältnis zwischen Herzkraft und Körpergewicht noch ungünstiger gestaltet als vor dem Unfall. Man beobachtet deshalb nicht selten, daß nach einem Unfall mit erzwungener längerer Bettruhe bei Wideraufnahme der Tätigkeit das Herz eine dauernde Dekompensation zeigt, so daß dann eine mittelbare Schädigung durch den Unfall vorliegt.

C. Erkrankungen der Herzklappen durch Unfall.

Eine Schädigung der Herzklappen, ein Herzklappenfehler, kann auf zweifache Weise durch Unfall zustande kommen:

I. Klappenzerreißungen (Abrisse und Einrisse) gesunder und kranker Klappen werden nach stumpfen Gewalteinwirkungen am Thorax, vor allem in der Herzgegend, Erschütterungen der Brust und starken Muskelanstrengungen beobachtet. Letztere können aber nur an kranken Klappen zu Zerreißungen führen.

II. Entzündungen der Herzklappen, akute oder chronische Endokarditis, können primär im Anschluß an Verletzungen des Endokards nach direkten Brusttraumen auftreten oder sekundär entstehen als Komplikation bei anderweitigen infektiösen Prozessen im Körper, die durch Unfall entstanden sind.

I. Herzfehler nach Klappenzerreißung.

1. Klappenzerreißung infolge direkter Traumen des Thorax und Körpererschütterung.

Es ist durch zahlreiche Obduktionsbefunde am Menschen und durch Tierversuche erwiesen, daß eine erhebliche direkte Gewalteinwirkung am Brustkorb, vor allem ein starker Stoß, Schlag, Quetschung in der Herzgegend, sowie eine Erschütterung des Thorax durch Fall aus großer Höhe auf Rücken, Schulter, Brust zu schweren Verletzungen der Herzklappen führen kann. Es sind neben Perikard- und Myokardläsionen totale Abrisse einzelner Klappen, tiefe Einrisse, ausgedehnte Blutungen, Zerreißungen von Papillarmuskeln und Sehnenfäden, größere Abhebungen und Aufrollungen des Endokards beobachtet worden. In der Mehrzahl der bis jetzt bekannt gewordenen Klappenzerreißungen scheint es sich um vorher bereits erkrankte Herzen gehandelt zu haben, um eine erhöhte Zerreißbarkeit der Klappenansätze und Herzklappen infolge von Gelenkrheumatismus, von anderweitigen Infektionskrankheiten, Syphilis, Nephritis, Alkoholismus. An dem Vorkommen von Zerreißungen gesunder Herzklappen kann aber nicht gezweifelt werden. Ohne Obduktion, also lediglich auf Grund des klinischen Befundes wird man freilich niemals mit Sicherheit entscheiden können, ob eine Klappenzerreißung an einer vorher gesunden oder kranken Klappe stattgefunden hat. Jedenfalls ist stets die Untersuchung auf Wassermann erforderlich. Vorwiegend werden Mitralis und Aorta betroffen, während Zerreißungen an Pulmonalis und Trikuspidalis sehr selten sind.

Die klinischen Erscheinungen einer Herzklappenzerreißung bestehen in einem plötzlichen heftigen Schmerz und Gefühl des Zerspringens in der Herzgegend, ausstrahlenden Schmerzen bisweilen in den linken Arm und in den Hals, seltener gegen die Lumbalgegend hin, Atemnot, Herzklopfen, starker Pulsbeschleunigung, oft starker Chokwirkung und plötzlichem Auftreten eines lauten Herzgeräusches, das sich dem Verletzten sofort sehr unangenehm bemerkbar macht und ihn zum Arzt führt.

Foster[1]): **Fall von anscheinend rein traumatisch entstandener Aorteninsuffizienz.**

Ein nach ärztlicher Untersuchung für gesund und tauglich erklärter Matrose wurde bei schwerem Wetter auf Deck heftig vorwärts geworfen. Trotz großer Anstrengung, sich zu halten, fiel er hin und schlug mit der linken Brustseite auf. Er mußte nach unten getragen werden, war einige Tage dienstunfähig, versuchte dann seine Arbeit aufzunehmen, ohne dies durchführen zu können. Bald trat Atemnot ein im Liegen und schnelle Verschlimmerung. Tod 18 Monate nach dem Unfall. Die Obduktion ergab: Beide Ventrikel stark erweitert. Ihre hypertrophischen Wandungen im Beginn der Degeneration. Trikuspidal-, Mitral- und Pulmonalklappen gesund. Aortenklappen stark insuffiziert durch eine ausgedehnte Zerreißung der hinteren und der rechten Klappe an ihrer Basis. Ein Teil des hinteren Segels flottierte träge. In der Aorta frische Stellen atheromatöser Degeneration nahe den Klappen, sonst ihre Wandungen gesund.

Hectoen[2]): **Fall zusammen mit übergroßer Muskelanstrengung als Ursache von teilweisem Abriß einer Aortenklappe.**

27jähriger Eisenbahnpackmeister fiel während der Eisenbahnfahrt infolge Stoßes in einer Kurve zu Boden. Er suchte den Fall unter starker Muskelanstrengung zu verhindern. Während des Falles hatte er das Gefühl eines heftigen stechenden Schmerzes. Er setzte die Arbeit fort und bemerkte in den nächsten 3—4 Tagen keine nachteiligen Folgen, bis er auf ein klappendes Geräusch in der Herzgegend aufmerksam wurde. Bald litt er auch an Kurzatmigkeit, so daß er seinen Dienst nicht mehr verrichten konnte. Später wurde eine Aorteninsuffizienz festgestellt. Die Sektion ergab: Endokard vollständig gesund. Klappen intakt bis auf die Aortenklappen, von denen die hintere teilweise abgerissen war. Im rechten Herz fanden sich zwei partielle Aneurysmen.

Legendre[3]): **Fall von traumatischer Zerreißung der Mitralis nach Brustquetschung.**

---

[1]) Foster, Med. Times a. Gaz. 1873.

[2]) Hectoen, Ref. Virch. Hirsch 1892, II, S. 115.

[3]) Legendre, Bull. de la Soc. anat. Paris 1839, S. 195.

Ein Mann hatte infolge starken Druckes auf den Thorax eine Rippenfraktur davongetragen, darauf Orthopnoë, Dämpfung der linken Brustseite, Geräusch, das beide Töne verdeckte. Wenig später erneute Anfälle von Atemnot, Ödeme und Tod. Autopsie: Reichlicher Erguß in den Pleurahöhlen, ein Papillarmuskel, dessen Sehnenfäden zum hinteren Mitralsegel gehen, ganz zerrissen, im übrigen Herz intakt.

2. Herzklappenzerreißung infolge von starker Muskelanstrengung.

Beispiele von Klappenzerreißungen durch eine einmalige starke Muskelanstrengung liegen zahlreich vor. Es ist aber bisher noch nicht erwiesen, daß Überanstrengung eine Klappenzerreißung an einem bisher gesunden Herzen bewirken kann. Die häufige Angabe in den Obduktionsprotokollen, daß das Herz sonst „makroskopisch" gesund erschien, genügt nicht, da selbst ausgedehnte myokarditische Herde nur durch die mikroskopische Untersuchung festgestellt werden können. In den beschriebenen Fällen von plötzlichem Klappenabriß oder Einreißen nach Schieben eines schweren Wagens, Heben einer schweren Last, z. B. eines fetten Ochsen auf die Schulter, schnellem Laufen verbunden mit seelischer Erregung (Verhütung eines Unglücks), Springen über einen Zaun, raschem Klettern waren meistens in den zerrissenen Klappen sonstige krankhafte Veränderungen nachweisbar: Rigidität, Verdickung, Verwachsung. Auch erwies sich der Herzmuskel häufig als erkrankt.

Tretzel[1]): Abriß einer Aortenklappe nach schwerem Schieben.

41 jähriger muskulöser Mann, dessen Herz ein Jahr vorher nicht krank befunden worden war, verspürte beim Schieben eines schweren Wagens mit der Deichsel plötzlich einen schmerzhaften Ruck in der Brust. Abends zu Hause fiel ihm und seiner Frau ein eigentümliches an Katzenschnurren erinnerndes Geräusch an der Brust des Mannes auf. Allgemeinbefinden, bis auf leichte Brustbeklemmung, nicht gestört. Die Untersuchung einige Tage nach der Überanstrengung ergab: Leichte Atembeschleunigung, Pulsbeschleunigung, in der Entfernung von 2—3 m vom Patienten hörbares lautes Herzgeräusch, das diastolischer Natur war, Herzdämpfung bis Manillarlinie. Tod $2^1/_4$ Jahr nach dem Unfall. Sektion: Linker Ventrikel stark dilatiert, Wandung hypertrophisch. Geringere Dilatation und Hypertrophie des rechten Ventrikels. Herzmuskulatur im Durchschnitt blaß, etwas brüchig. Rechte Klappe der Aorta hängt mit ihrer vorderen Seite schlaff herab, ihr vorderer Teil ist von seiner Insertionsstelle bis nahe zur Basis abgerissen, die anderen Aortenklappen zart und glatt, wie auch sonst keine atheromatösen oder endokarditischen Veränderungen bestanden.

Pepper[2]): Abriß zweier Aortenklappen nach schwerem Heben.

35 jähriger bis auf einige Anfälle von subakutem Rheumatismus vorher ganz gesunder Kellner empfand beim Heben einer schweren Last heftige Schmerzen in der Herzgegend und Ohnmachtsgefühl. Sofort hinterher war ein schnurrendes Geräusch in der Entfernung hörbar geworden, bei sehr unruhiger Herzaktion. Puls nach dem Unfall auf 212 Schläge geschätzt. Die spätere Untersuchung ergab

[1]) Tretzel, Berl. klin. Wochenschr. 1891.

[2]) Pepper, zit. nach Lindmann, Dtsch. Archiv f. klin. Med. 25.

ein diastolisches Geräusch in der Aorta. Der Mann lebte noch 5 Jahre, blieb aber stets kränklich. Sektion: Erweiterung der Aorta mit Verdickung und atheromatöser Entartung ihrer Wandung. Linker Ventrikel mäßig, rechter bedeutend erweitert. Zwei Aortenklappen miteinander verwachsen, an ihrer Anheftung an der Aorta abgerissen.

Buchwald[1]): Abriß der Sehnenfäden der Mitralklappe nach schwerem Heben.

Kräftiger Fleischergeselle, Mitte der dreißiger Jahre, wollte einen fetten Ochsen auf die Schulter heben. Hierbei brach er zusammen und wurde unter den Erscheinungen schwerster Herzinsuffizienz und Zeichen einer Schlußunfähigkeit der Mitralis in die Klinik aufgenommen. Tod einige Stunden darauf. Sektion: Abriß der Sehnenfäden der Klappe teilweise von den Papillarmuskeln. Das Herz schien sonst gesund.

Die Diagnose einer Klappenzerreißung und die Beurteilung des Zusammenhanges mit dem Unfall.

Die Diagnose, daß ein Klappenfehler durch eine Klappenzerreißung entstanden ist, wird nur in seltenen Fällen mit hinreichender Sicherheit möglich sein, nämlich dann, wenn entweder eine Untersuchung des Herzens kurz vor dem Unfall keine Zeichen eines Herzklappenfehlers ergeben hat, oder wenn durch die Obduktion eine Klappenzerreißung sichergestellt ist. Beide Bedingungen werden aber nur bei dem kleinsten Teil der zur Begutachtung gelangenden Fälle erfüllt sein, zumal es sich in der Regel um Untersuchungen am Lebenden handelt. Herzklappenfehler verlaufen erfahrungsgemäß oft lange Zeit ganz symptomlos und ohne nennenswerte Beeinträchtigung der Arbeitsfähigkeit. Es können also nach einem Trauma festgestellte Herzgeräusche durch ein schon länger bestehendes Herzleiden verursacht sein. Für die Anerkennung eines wahrscheinlichen Zusammenhanges zwischen einem Klappenfehler durch Klappenriß und einem Unfall sind im wesentlichen folgende Gesichtspunkte maßgebend:

1. Fehlen von Herzstörungen vor dem Unfall, bzw. volle Arbeitsfähigkeit bis zum Tage des Unfalls.
2. Nachgewiesene Erheblichkeit des Traumas, insofern eine starke direkte Gewalteinwirkung am Thorax stattgefunden hat oder eine körperliche Überanstrengung oder eine Kombination beider.
3. Feststellung der Herzgeräusche unmittelbar nach dem Unfall oder wenigstens innerhalb der nächsten Tage.
4. Bei einem längeren zeitlichen Abstand zwischen Trauma und Nachweis von Herzklappenstörung müssen akute Anfangserscheinungen einer Herzschädigung (Chokwirkung, Ohnmacht, Gesichtsblässe, Pulsstörungen, sofortige Arbeitseinstellung unter stärkeren Schmerzen) und Brückensymptome bis zum stärkeren Hervortreten des Herzfehlers verlangt werden. Man wird mit der Möglichkeit rechnen müssen, daß eine kleinere Klappenschädigung unter Umständen erst nach einiger Zeit zu Herzveränderungen und damit zu Störungen der Arbeitsfähigkeit Anlaß gibt, die den Verletzten erst später zum Arzt führen.

[1]) Buchwald, zit. nach Stern S. 60.

II. Entzündungen der Herzklappen.

1. Akute Endokarditis durch direkte Traumen und Überanstrengung.

Die traumatische primäre Entstehung einer akuten Endokarditis ist vom streng wissenschaftlichen Standpunkt aus noch nicht sicher erwiesen. Denn es liegt bisher kein autoptischer Befund vor, daß ein bis dahin gesundes Herz durch eine stumpfe Gewalteinwirkung an der Brust oder eine starke körperliche Anstrengung an akut entzündlichen Veränderungen des Endokards erkrankt ist. Man muß aber die Möglichkeit sicher zugeben, daß sich an eine Verletzung des Endokards eine akute Endokarditis anschließen kann, wenn zur Zeit des Unfalls zufällig Infektionserreger im Blute kreisen. Wir wissen, daß nach schweren Brusttraumen Zerreißungen, Blutungen, Abhebungen des Endokards und Klappenhätome vorkommen, bisweilen ohne erhebliche Schädigungen des Myokards und Perikards, und daß erkrankte Herzklappen bei Muskelerkrankung infolge von körperlicher Überanstrengung teilweise einreißen können. In beiden Fällen besteht die Möglichkeit, daß, ebenso wie es bei einer traumatischen Pneumonie, Osteomyelitis usw. der Fall ist, an den Verletzungsstellen des Endokards durch Ansiedelung von im Blut zirkulierenden Infektionserregern eine akute Endokarditis zur Entwicklung kommt. In gleichem Sinne sprechen die Ergebnisse von Tierversuchen (Orth, Netter, Weichselbaum).

Die vorliegenden klinischen Beobachtungen über akute Endokarditts nach Trauma sind außerordentlich spärlich und größtenteils deswegen nicht zweifelsfrei, weil häufig ein schon früher vorhanden gewesener Herzklappenfehler nicht mit hinreichender Sicherheit ausgeschaltet werden kann. Immerhin liegen einzelne Fälle vor, in denen man wenigstens mit Wahrscheinlichkeit das zeitliche Auftreten akuter endokarditischer Erscheinungen nach Trauma annehmen kann. Mag auch in diesem und ähnlichen Fällen früher schon ein endokarditischer Prozeß bestanden haben, der zum Stillstand gekommen war, so wird doch in solchen Fällen zum mindesten eine akute Verschlimmerung, ein Wiederaufflackern des alten Prozesses anzuerkennen sein, wobei das Trauma die auslösende Rolle gespielt hat. Auf Grund unserer pathologisch-anatomischen Anschauungen und klinischen Erfahrungen über die Entwicklung akuter Endokarditiden nach Brusttraumen wird man mit Litten folgende Mindestforderungen bei der Anerkennung einer wahrscheinlich traumatischen Entstehungsweise des Leidens aufstellen müssen:

a) Fehlen von Herzerscheinungen und volle Arbeitsfähigkeit vor dem Unfall.

b) Erheblichkeit des direkten Brusttraumas oder der allgemeinen Körpererschütterung nach Art des Unfalls, nach örtlichen oder anfänglichen Allgemeinerscheinungen (Wirkung).

c) Auftreten der ersten Krankheitserscheinungen der akuten Endokarditis innerhalb weniger Tage nach dem Trauma. Fieber, starke Pulsbeschleunigung, Irregularität, stärkere Herzbeschwerden, Oppression, Dyspnoë und allmähliches Hervortreten von Herzgeräuschen.

Diese Bedingungen sind in den folgenden Fällen erfüllt, so daß man bei ihnen mit Wahrscheinlichkeit einen ursächlichen Zusammenhang zwischen Brusttrauma und akuter Endokarditis annehmen darf.

Uhlot[1]): Junger Tagearbeiter schlug beim Fall von einer Treppe mit der linken Brustseite auf eine Türklinke auf. Unmittelbar nach dem Trauma war der Puls klein und unregelmäßig (160—180 pro Minute). Nach einigen Tagen Fieber. Nach 7 Monaten wurde der Kranke mit einer leidlich ausgeglichenen Mitralinsuffizienz aus dem Krankenhause entlassen.

Litten[2]): Junger Mann, der beim Eintritt als Einjähriger vollkommen gesund befunden worden war, erhielt beim Pferdeputzen eine Brustquetschung (gegen Stallpfosten gepreßt) und einen Hufschlag gegen die linke Brustseite, so daß er zu Boden geschleudert wurde und leicht benommen liegen blieb. Es bestand nachher gesteigerte Herztätigkeit, Beklommenheit, Herzklopfen, ausstrahlende Schmerzen. Fieber mehrwöchig. Mitte der zweiten Woche wurde zuerst ein hauchendes systolisches Geräusch an der Herzspitze beobachtet. Einige Monate später fand Litten ein lautes systolisches Geräusch an der Spitze, eine erhebliche Vergrößerung des rechten neben einer geringeren des linken Ventrikels, scharfes systolisches Geräusch an der Aorta, verstärkter II. Pulmonalton.

Jottkowitz[3]): Ein 16 jähriger junger Mann wurde am 24. November von einem Transmissionsriemen heftig umhergeschleudert, dabei auch mit der linken Brustseite gegen die Welle und unter Zusammenpressung des Brustkorbes zwischen Welle, Stubendecke und Wand. Unmittelbar nachher fand sich: Komplizierter Bruch des linken Ober- und Unterarms, linke 6. Rippe in Herzgegend frakturiert, Herzaktion stark beschleunigt und schwach bei reinen Herztönen. Chloroformäthernarkose wegen der chirurgischen Verletzungen. Am ersten Tage p. tr. normale Temperatur, Puls dünn, beschleunigt, 120 bei normalem Auskultationsbefund an Horz und Lungen. Desgleichen am 2. Tag. Am 3. Tag abends 38,7 (bei normalen Wundverhältnissen), stürmische Herztätigkeit, Oppressionsgefühl, Puls 148. Bei Fortdauer von Temperatursteigerungen bis 8 Tage p. tr. allmähliche Entwicklung eines systolischen Geräusches an der Herzspitze. Ein Jahr nach dem Unfall fand sich eine gut kompensierte Mitralinsuffizienz.

2. Akute Endokarditis als Komplikation einer durch Unfall entstandenen Allgemeininfektion.

Bei jeder Körperverletzung, die das Eindringen von pathogenen Mikroorganismen ermöglicht, kann auf dem Blutwege im Anschluß an die Wundinfektion oder an eine infektiöse Erkrankung anderer Organe eine akute Endokarditis auftreten. Also bei allen septischen Prozessen, nach Panaritien, Phlegmonen, Verbrennung mit Infektion der Brandblasen, bei traumatisch entstandener Pneumonie, Perityphlitis, Pyelitis usw.

Die Bejahung des Zusammenhangs wird meist keine Schwierigkeiten bereiten, wenn bei einem vorher nicht nachweislich herzkranken Menschen,

---

[1]) Uhlot, Allg. med. Zentralztg. 1896, Nr. 13.
[2]) Litten, Ärztl. Sachverst.-Ztg. 1900, Nr. 24 u. Berl. klin. Wochenschr. 1897.
[3]) Jottkowitz, Ärztl. Sachverst.-Ztg. 1910, Nr. 6.

und zwar in unmittelbarer zeitlicher Folge bzw. während des fieberhaften Prozesses die Herzstörungen hervortreten, die später das Bild eines Herzklappenfehlers bieten. Auch ein späteres Auftreten der Endokarditis nach einem Unfall ist möglich, falls dieser zu einem länger sich hinziehenden Eiterprozeß führt, in dessen Verlauf es jederzeit zu einem Eindringen von Infektionserregern in die Blutbahn kommen kann.

3. Chronische Endokarditis und Trauma.

Es liegt eine kleine Zahl von genügend sicheren Beobachtungen vor, in denen innerhalb einiger Wochen bis Monate nach einem schwereren Brusttrauma (Quetschung der Brust, Erschütterung der Herzgegend bei Fall auf Brust, Rücken) die Entwicklung eines Herzklappenfehlers unter den Augen des Arztes verfolgt worden ist bei vorher anscheinend herzgesunden Menschen. Wir wissen nicht, in welcher Weise sich der pathologisch-anatomische Vorgang hierbei abspielt. Es ist noch nicht bekannt, ob es sich jedesmal um eine Ansiedelung weniger virulenter Infektionserreger an verletzten Endokardstellen handelt, die anstatt einer akuten Endokarditis nur eine schleichende Entzündung hervorzurufen imstande sind, oder ob auch nichtinfektiöse Entzündungen im Anschluß an Verletzungen zu chronischer Endokarditis und zu einem Herzklappenfehler Anlaß geben können. Die sichere Feststellung, daß ein nach einem Unfall festgestellter Herzfehler erst durch diesen entstanden sei, stößt überaus häufig auf große Schwierigkeiten, da bekanntermaßen Klappenfehler sich häufig ganz schleichend ohne nachweisbare Veranlassung entwickeln und lange Zeit symptomlos bestehen können. Das Fehlen von Herzstörungen bis zu einem Unfall darf deshalb für sich allein niemals als hinreichender Grund dafür gelten, bei einem nach Trauma hervortretenden Klappenfehler eine traumatische Genese anzuerkennen. Ein Trauma vermag bei einem schon länger bestehenden Herzfehler vorübergehend stärkere subjektive Beschwerden auszulösen, die erst zur Aufdeckung des älteren Herzfehlers Anlaß geben, aber vom Verletzten irrtümlich als Beginn des Leidens gedeutet werden.

Verlaufsweise der traumatisch-chronischen Endokarditis und die Richtlinien bei der Begutachtung.

In Begutachtungsfällen von angeblich durch Unfall entstandenen chronischen Endokarditiden wird das Hauptgewicht darauf zu legen sein, daß die allmähliche Entwicklung des Herzfehlers nach dem Unfall ärztlich beobachtet werden konnte. Je größer der zeitliche Abstand ist zwischen Unfall und erstem Hervortreten bzw. Feststellung des Herzfehlers, und je ungenauer die klinische Beobachtung ist, desto unsicherer ist der Zusammenhang. Die Bedingungen, unter welchen die traumatische Entstehung eines Herzklappenfehlers mit Wahrscheinlichkeit anzuerkennen ist, sind deshalb vor allem durch die Verlaufsweise der Erkrankung nach dem Trauma gegeben. Nach der klassischen Darstellung von Stern hat sich die Entwicklung der subakuten und chronischen Endokarditis in den wahrscheinlich traumatischen Fällen folgendermaßen abgespielt:

Die Anfangserscheinungen der mit oder ohne äußere Verletzungen verlaufenen Brustquetschung oder Erschütterung der Herzgegend bestanden in Chokerscheinungen oder Zeichen einer Herzverletzung oder nur geringen unbestimmten subjektiven Beschwerden, Sensationen in der Herzgegend, bisweilen auch in stärkeren Schmerzen, Herzklopfen, Atemnot bei der Arbeit. Mehrfach wurden Pulsanomalien in der ersten Zeit beobachtet, Beschleunigung, Irregularität, Labilität als Zeichen einer gleichzeitigen Schädigung des Herzmuskels oder des Herznervensystems. Endokardiale Geräusche traten stets erst nach mehreren Tagen, gewöhnlich erst nach einigen Wochen oder selbst Monaten auf, und zwar waren meist die Klappen des linken Herzens betroffen. Fieber fehlte in der Mehrzahl der Fälle, und es war der Verlauf meistens ein langsamer und gutartiger.

Wir werden auf Grund der vorliegenden Erfahrungen einen ursächlichen Zusammenhang mit einem Trauma als wahrscheinlich annehmen, wenn folgende Bedingungen erfüllt sind:

a) Der Verletzte darf früher keine Herzstörungen geboten haben.

b) Die Erheblichkeit des Traumas muß durch Zeugen oder Verletzungsspuren erwiesen sein (direkte Gewalteinwirkung, Erschütterung durch Fall auf Rücken).

c) Sofort nach dem Unfall und in den ersten Tagen dürfen keine Zeichen eines Klappenfehlers nachweisbar sein, solche vielmehr allmählich im Verlaufe von Wochen und Monaten zur Entwicklung kommen, wobei dauerndes Bestehen subjektiver Beschwerden, Brustschmerzen, Dyspnoë, bei Anstrengungen als besonders wichtige Brückensymptome gelten.

Fälle mit Hervortreten der Endokarditis längere Zeit (Wochen und Monate) nach dem Trauma.

Ritter[1]): 34jähriger Drechsler, früher angeblich immer gesund, wurde von einem großen Kloben Holz an der Brust getroffen, so daß er umfiel und kurze Zeit bewußtlos liegen blieb. Gleich darnach heftige Brustschmerzen und Blutauswurf, der nach 5 Tagen aufhörte. Das Brustbein war gebrochen. Keine Temperaturerhöhung, keine Steigerung der Pulsfrequenz. Bei der Entlassung am Ende der 5. Woche ergab die Herzuntersuchung nichts Abnormes. Bei einer Kontrolluntersuchung 4 Monate p. tr. fand sich fühlbares Schwirren in der Herzgegend, präsystolisches Geräusch, am deutlichsten in der Herzgrube, Verstärkung des II. Pulmonaltones, arhythmischer Puls.

Stern[2]): 35jähriger Tischler, früher außer Blasenkatarrh stets gesund, fiel von einer Leiter auf Kopf und Rücken und wurde vom Arzt „in fast bewußtlosem Zustande" angetroffen. Beim Verlassen des Bettes nach mehreren Tagen neben anderen Beschwerden auch Schmerzen in der Herzgegend, die zunahmen, und Beklemmung. Objektiv fand sich nur mäßige Pulsbeschleunigung. Nach 6 Wochen war zum ersten Male ein Herzgeräusch hörbar und nach 8 Wochen eine Verlagerung des Spitzenstoßes nach links und unten nachweisbar. 3 Monate p. tr. stellte Stern fest: Hypertrophie und Dilatation des linken Ventrikels, lautes systolisches Geräusch, am stärksten über dem Aortenostium, daselbst systolisches Schwirren. Nach 7 Jahren konnte noch leichte Arbeit geleistet werden.

[1]) Ritter, Berl. klin. Wochenschr. 1889.

[2]) Stern, Über tr. Entst. Monogr. II. Aufl. S. 43.

Tegeler[1]): 19jähriger Bergmann, vollwertiger Arbeiter, wurde mit einem Kameraden von Gestein verschüttet, wobei letzterer sofort tot blieb. Es bestand schwere Quetschung der rechten Brusthälfte mit Rippenbruch und Bluthusten sowie Komplikation durch Rippenfellentzündung. Am Ende der halbjährigen Krankenhauspflege Klagen über zeitweiliges Herzklopfen. $^3/_4$ Jahre p. tr. beim Fortbestehen von Herzschmerzen und Herzklopfen 120 Pulsschläge in Ruhe. 13 Monate nach dem Unfall wurde ein starkes systolisches Geräusch festgestellt, Verstärkung des II. Pulmonaltons. Plötzlicher Tod $10^1/_2$ Jahre nach dem Unfall. Sektion: Verwachsung des gebrochenen Brustbeins mit den serösen Häuten und Verwachsungen an Herzbeutel, Brustfell, Zwerchfell, Leber. Klappen des rechten Herzens und Mitralis unverändert. Mündung der Aorta zu einem starren Ring umgewandelt, so daß die Kuppe des kleinen Fingers nicht eindringen kann.

D. Krankheiten des Perikards und Unfall.

Das Perikard kann, abgesehen von offenen Verletzungen durch Stich, Schuß, Schnitt, durch einen Unfall auf zweifache Weise in Mitleidenschaft gezogen werden:

I. einmal durch stumpfe machanische Traumen der Herzgegend oder sehr erhebliche allgemeine Körpererschütterungen und

II. durch sekundäre Infektion des Herzbeutels bei traumatisch entstandenen infektiösen Prozessen in der Nachbarschaft des Herzens oder an entfernten Körperstellen.

I. Mechanische Traumen der Herzgegend.

Das Auftreten von Blutungen und Entzündungserscheinungen am Perikard nach direkten Traumen der Herzgegend (Bajonettstich, Hufschlag, Fall auf die Brust) ist nicht nur durch zahlreiche klinische Beobachtungen, sondern auch durch pathologisch-anatomische Befunde am Menschen und experimentelle Tierversuche von Külbs allgemein anerkannt und sichergestellt. Die oberflächliche Lage des Perikards bedingt es, daß Perikardverletzungen häufiger und nach leichteren direkten Traumen der Herzgegend beobachtet werden als Verletzungen des Endo- und Myokards. Külbs sah bei seinen Tierversuchen mit Schlägen gegen die linke Brustseite relativ oft Perikardblutungen und einmal auch eine exsudative Perikarditis. Bei größeren Perikardeinrissen nach sehr schweren Traumen des Brustkorbes, z. B. nach Überfahrenwerden, ausgedehnten Rippen-Brustbeinfrakturen können größere Blutungen in den Herzbeutel (Hämoperikard) mit oder ohne Lufteintritt (Hämopneumoperikard) entstehen mit tödlichem Ausgang, sofort nach dem Unfall oder erst nach einigen Tagen, infolge späteren Platzens eines traumatischen Aneurysmas oder eines Herzbeutelgefäßes. Leichtere Verletzungen des Perikards haben meist nur umschriebene trockene Perikarditis zur Folge, an welche sich durch Einwanderung von Infektionserregern an der Verletzungsstelle eine exsudative

[1]) Tegeler, zit. nach Stern S. 39.

Entzündung anschließen kann. Nach Abklingen der Perikarditis nach Tagen oder Wochen verursachen evtl. zurückbleibende Verwachsungen oft dauernde Herzstörungen. Häufig scheint bei Perikardverletzungen eine gleichzeitige Schädigung des Endo- und Myokards vorzukommen, sei es durch Übergreifen der Perikarditis auf das Myokard oder durch direkte Mitbeteiligung des Herzmuskels und der Herzinnenhaut bei dem Brusttrauma. Traumen, die nicht die Herzgegend direkt betreffen, also allgemeine Körpererschütterungen, werden nur dann zu einer Perikardverletzung Anlaß geben, wenn es sich um sehr erhebliche Einwirkungen handelt bei Fall aus größerer Höhe (mindestens mehrere Meter) auf Gesäß, Schulter, Rücken, wobei in der Regel schwere anderweitige Organverletzungen (Lungenbluten, Leberverletzung, Darmblutung, Nierenblutung) vorliegen.

Bei der traumatischen Entstehung einer Perikarditis finden sich meist schon innerhalb der ersten Tage an umschriebener Stelle an Herzspitzen oder Herzbasis Reibegeräusche, die bei der Entwicklung eines Exsudates bald verschwinden. Ein späteres Auftreten perikarditischer Erscheinungen kann dadurch bedingt sein, daß vor allem bei der tuberkulösen Form, nach Einwanderung von Tuberkelbazillen in das verletzte Perikard von einem tuberkulösen Lungenherd aus, die Erkrankung einen schleichenden Verlauf zeigt. Stern hat aber mit Recht betont, daß man bei der chronischen Entwicklung einer tuberkulösen Perikarditis nach Trauma in erster Linie daran denken muß, daß schon vorher eine latente tuberkulöse Entzündung geringen Grades bestanden hat, die durch das Trauma nur mobilisiert und verschlimmert worden ist.

Beispiele von traumatischer Entstehung einer Perikarditis durch direkte Brusttraumen.

Düms[1]: Ein früher gesunder Soldat erhielt am 12. Juli zwei starke Bajonettstöße gegen die linke Brustseite, die ihm nachher das Atmen erschwerten und Schmerzen zurückließen. Am nächsten Tage bleiches Aussehen des Mannes, grüngelbliche Verfärbung der Haut in der Herzgegend, starkes Oppressionsgefühl, perikarditisches Reiben, das seine Stelle wechselt, Schmerzhaftigkeit besonders an der Herzspitze, nach dem linken Arme ausstrahlend. Temperatur anfangs 38,9, in den folgenden Tagen zur Norm sinkend. Der Puls zeigte in der 5. Woche auch in der Ruhe zwischen 90 und 110 Schläge.

Thiem[2]: Bei einem 48jährigen Arbeiter, der mit einem Lederriemen einen Schlag gegen die linke Brustwand bekommen hatte, entwickelte sich innerhalb 4 Tagen eine Perikarditis, die 16 Tage nach dem Trauma zum Tode führte. Die Sektion ergab auf dem Epikard ein dickes fibrinöses Exsudat mit lokaler hämorrhagischer Durchtränkung der Herzwand, im Perikard 500 ccm serös-fibrinöses Exsudat. Muskulatur im 5.—8. Rippenzwischenraum blutig durchtränkt. Im linken Brustfellraum mäßige Flüssigkeitsmenge neben unzweifelhaft frischen entzündlichen Verklebungen zwischen Brustwand und Lunge. Lunge ohne tuberkulöse Herde.

---

[1] Düms, Handb. d. Militärkr. 2. Leipzig 1899.

[2] Thiem, Monatsschr. f. Unfallheilk. 1896, Nr. 3.

Reichel und Ercklenz[1]): Bei einer 60jährigen Handelsfrau trat 9 Wochen nach einem Fall auf das Straßenpflaster der Tod ein unter Herzinsuffizienzerscheinungen. Die Obduktion ergab eine Verwachsung der Herzspitze und des rechten Vorhofs mit dem Perikard. Das Perikard und das Epikard bis auf $^1/_2$ cm verdickt und mit Schwarten besetzt, im Herzbeutel 40 ccm gelblich getrübte Flüssigkeit.

II. Mittelbare Entstehung einer Perikarditis durch Unfall.

Entwickelt sich im Verlauf einer durch Unfall entstandenen oder verschlimmerten Infektionskrankheit (Pneumonie, Sepsis, Erysipel) oder bei einem Eiterherd traumatischen Ursprungs (Paranephritis, Panaritium, Phlegmone, Perityphlitis) eine Perikarditis, was ein sehr seltenes Vorkommnis darstellt, so ist letztere als mittelbare Unfallfolge anzuerkennen. Das gleiche ist der Fall, wenn im Anschluß an eine durch Unfall ausgelöste Verschlimmerung einer Lungentuberkulose eine tuberkulöse Perikarditis entsteht. Namentlich mechanische Traumen des Brustkorbes mit nachfolgender Entwicklung einer Lungentuberkulose und komplizierender tuberkulöser Perikarditis werden als auslösendes Moment in Betracht kommen, da es hierbei naheliegt, an gleichzeitige Perikardverletzungen zu denken, die eine Ansiedelung des Tuberkelbazillus von den Lungen aus begünstigt haben. Die Beurteilung der tuberkulösen Perikarditis als Unfallsfolge wird anderseits die meisten Schwierigkeiten bereiten, da das Leiden lange Zeit ohne besondere klinische Symptome verlaufen kann, so daß sich in der Regel der Begutachter darauf beschränken muß, die Möglichkeit oder Wahrscheinlichkeit einer traumatischen Verschlimmerung bei einem vorher latenten Leiden zu betonen.

Maßgebende Gesichtspunkte für die Anerkennung des Zusammenhangs zwischen Unfall und Perikarditis.

Die Bejahung der Wahrscheinlichkeit eines Zusammenhangs zwischen Unfall und Perikarditis muß von folgenden Bedingungen abhängig gemacht werden:

a) Fehlen von Herzstörungen vor dem Unfall.
b) Nachweis der direkten Gewalteinwirkung in der Herzgegend, einer erheblichen allgemeinen Körpererschütterung oder eines zur Zeit der Entwicklung der Perikarditis bestehenden Eiterherdes oder sonstiger infektiösen Prozesse sicher traumatischen Ursprungs.
c) Nachweis der Erheblichkeit des Brusttraumas. Dies wird dann der Fall sein, wenn der Unfallvorgang an sich eine Erheblichkeit wahrscheinlich macht, z. B. Hufschlag, schwerer Balkenstoß, Pufferquetschung der Brust, oder wenn äußere Gewaltspuren vorgelegen haben (Blutunterlaufung, Rippenbruch), oder wenn gleich nach dem Unfall Zeichen einer Herzschädigung aufgetreten sind (Gesichtsblässe, kleiner Puls, starke Schmerzen, Atemnot).

[1]) Reichel, Dissert. Breslau 1898 (s. a. Jessen, Monatsschr. f. Unfallheilk. 1898, Nr. 8).

d) Enges zeitliches Verhältnis zwischen Unfall und Perikarditis, d. h. Auftreten perikarditischer Erscheinungen (Reibegeräusche) innerhalb einiger Tage nach dem Trauma. Auch bei einem längeren Intervall bis zu mehreren Wochen bis zum Hervortreten objektiver Symptome einer tuberkulösen trockenen oder exsudativen Perikarditis wird der Zusammenhang nicht abgelehnt werden können, falls der Unfall erheblich war und der Kranke dauernd nach dem Trauma Beschwerden geäußert hat, die auf das Herz hinweisen.

E. Paroxysmale Tachykardie und Unfall.

Die Pathogenese der paroxysmalen Tachykardie, einer unfallsweise auftretenden exzessiven Pulsbeschleunigung auf 200 und mehr, ist noch ungeklärt. Wir sehen sie als Symptom bei verschiedensten organischen Herzleiden, als vorübergehende Begleiterscheinung bei rein funktionellen Krankheiten des Herzens und des Nervensystems (Neurasthenie und Hysterie), bei organischen Erkrankungen des Zentralnervensystems, insbesondere Hirnsyphilis, und selten als anscheinend selbständiges Leiden auftreten.

Bei dieser Mannigfaltigkeit der Beziehungen der paroxysmalen Tachykardie zu den verschiedensten Organerkrankungen bestehen zahlreiche Möglichkeiten, wie ein Unfall als ursächliches oder auslösendes Moment für das Leiden in Betracht kommen kann.

1. Schreck und Aufregung spielen erfahrungsgemäß eine nicht so seltene Gelegenheitsursache für das Auftreten des Leidens bei dazu disponierten neurasthenischen oder hysterischen Personen. Es kann also unter Umständen ein psychisches Trauma bei einem Betriebsunfall entschädigungspflichtig werden beim erstmaligen Auftreten des Leidens nach dem Unfall.

2. Mechanische Traumen verschiedenster Art können einmal durch die häufig gleichzeitige seelische Einwirkung oder anscheinend auch durch direkte Schädigung des Herzens (Narben am Reizleitungssystem) das Leiden hervorrufen.

3. Anstrengende körperliche Arbeit und schnelles Laufen sollen nach Beobachtungen von Hoffmann[1]) mehrfach das auslösende Moment für den ersten Anfall gebildet haben, der dann in der Folgezeit immer bei stärkeren Muskelanstrengungen sich einstellte.

4. Anämie und allgemein schwächende Zustände (langes Krankenlager, starke Gewichtsabnahme) können anscheinend paroxysmale Tachykardie auslösen.

Herzjagen nach Kopftrauma.

Lécorché et Talamon[2]): 43jähriger nervöser Mann fiel 8 m tief auf den Kopf und war darnach $1^1/_2$ Monat ohne volles Bewußtsein. Seitdem Anfälle

[1]) A. Hoffmann, Die parox. Tach. Wiesbaden 1900.
[2]) Zit. nach A. Hoffmann.

von Herzklopfen 3—4 mal im Monat. Bei den Anfällen tritt Schwindelgefühl ein, so daß er einen Stützpunkt suchen muß, um nicht hinzufallen. Im Anfall, der plötzlich einsetzt und plötzlich auf hört, beträgt die Pulszahl 200. Außerhalb der Anfälle Befund normal.

Dentu: 49jähriger Kutscher erlitt durch Sturz vom Bock eine starke Schädelkontusion mit offener Wunde, bis zum Knochen reichend. Am folgenden Tage bekam er einen 10 Stunden dauernden Anfall von Herzjagen (200 bis 240 Pulse).

Herzjagen nach Brusttrauma.

Schlüter[1]): 35jähriger bis dahin gesunder Mann fiel vom Pferd, wobei ihm der schwere Wagen mit Vorder- und Hinterrad über die Brust fuhr. Anfangs mehrfach Bluthusten. Nach der Entlassung aus dem Krankenhause merkte er, daß er bei stärkeren Anstrengungen Herzklopfen bekam. Später förmliche Anfälle von Herzklopfen, Herzschwäche, kaum fühlbarem Puls, Kühle der Extremitäten. 3 Jahre später wurde in der Rostocker Klinik ein mehrstündiger Anfall beobachtet mit Puls von 200, starker Herzverbreiterung, Pulsirregularität. Nach dem Anfall Herzbefund normal.

Herzjagen im Anschluß an großen Gewichtsverlust

Brandt[2]): Kesselschmied zog sich durch schweres Heben eine Leistenbrucheinklemmung zu. Während der 3 Monate langen Lazarettbehandlung starker Gewichtsverlust von angeblich 60 Pfund. Kurz nach der Entlassung traten zum ersten Male Anfälle von Herzklopfen auf mit Schwindel, Angstgefühl, Gesichtsblässe, die sich in kürzeren und längeren Pausen wiederholten und namentlich durch körperliche Arbeit ausgelöst wurden. Der Herzbefund war außerhalb der Anfälle ganz normal.

Die Anerkennung eines ursächlichen Zusammenhangs zwischen Unfall und paroxysmaler Tachykardie wird davon abhängig zu machen sein, daß durch genaue Erhebungen bei Arbeitgebern und Mitarbeitern das Fehlen von Anfällen von Herzbeschleunigung bei der Arbeit vor dem Unfall festgestellt wird. Zweitens ist der Nachweis erforderlich, daß die ersten Anfälle in engem zeitlichem Abstand nach dem Unfall aufgetreten sind, wobei vor allem das erste Auftreten beim Arbeitsbeginn nach dem Unfall charakteristisch ist.

F. Plötzlicher Herztod und Unfall.

1. Abgrenzung des Herztodes von anderen plötzlichen Todesursachen.

Ein plötzlicher Tod bei der Betriebsarbeit ist nicht immer auf einen plötzlichen Herztod zurückzuführen, sondern kann auch auf anderweitigen Ursachen beruhen, vor allem auf akutem Hirndruck bei latentem chronischen Hydrocephalus, bei plötzlicher Blutung in einen bis dahin symptomlosen Hirntumor, bei größerer Hirnventrikelblutung, bei Lungenembolie nach Venenthrombose oder bei Status thymo-lymphaticus oder Morbus Addisonii. In Begutachtungsfällen von plötzlichem Tod während der Arbeit wird

[1]) Schlüter, Med. Klin. 1905, Nr. 15.
[2]) Brandt, Monatsschr. f. Unfallheilk. 11, 12.

deshalb in erster Linie die Feststellung erforderlich sein, welche Todesursache in Betracht kommt, und das ist ohne zuverlässigen Obduktionsbefund oft gar nicht möglich. Erst nach erbrachtem Nachweis, daß ein organisches Gehirnleiden und lymphatische Konstitution nicht bestanden haben, und daß ein Herzleiden als Todesursache anzusehen ist, stehen wir vor der gutachtlich zu entscheidenden Frage, ob der Betriebsvorgang als solcher geeignet war, das plötzliche Versagen des Herzens auszulösen.

2. Herztod durch akute Herzinsuffizienz.

Es ist nicht erwiesen, daß herzgesunde Menschen an plötzlichem Herztod sterben können infolge einer einmaligen mechanischen oder psychischen Chokwirkung. In den Fällen von akutem Versagen des Herzmuskels bei vorher anscheinend ganz gesunden und arbeitsfähigen Menschen konnten bei genügend sorgfältiger Untersuchung (mikroskopischer Befund) stets organische Veränderungen an Herzgefäßen, Aorta und Herzmuskel festgestellt werden. Die häufigste Ursache eines plötzlichen Herztodes bilden ausgedehnte Arteriosklerose der Herzgefäße, Syphilis der Herzgefäße, Embolie der Koronargefäße, Myodegeneratio, diffuse Myokarditis und Herzklappenfehler. Auch bei Fettdurchwachsung des Herzmuskels, fettiger Degeneration und bei Verschluss der Aorta durch Loslösung des atheromatös veränderten Aortenostiums ist akuter Herzstillstand beobachtet worden. Worauf das plötzliche Versagen des Herzmuskels beruht, wissen wir nicht sicher. Wahrscheinlich handelt es sich um eine oft plötzliche ungenügende Blutzufuhr (bei Embolie, Koronarsklerose) mit Anämie des ganzen Herzmuskels oder der Herzgefäße, welche die reizerzeugenden Herznervenzentren versorgen. Der gleiche Vorgang der Ernährungsstörung scheint sich auch akut auf nervösem Wege reflektorisch abzuspielen bei psychischen Chokwirkungen. Friedenthal hat experimentell durch gleichzeitige Vagus- und Akzeleransreizung Herzstillstand erzielt.

3. Auslösende Unfallsursachen beim plötzlichen Herztod.

Da bei organischem Herzleiden eine akute Herzinsuffizienz häufig ohne besondere äußere Veranlassung, also spontan auftritt (beim Stuhlgang, bei Verrichtung der gewöhnlichen Arbeit), so kann die Entscheidung außerordentlich schwierig sein, darüber ob nur ein zufälliges zeitliches Zusammentreffen mit der Betriebsarbeit vorliegt, oder ob letztere als Ursache des plötzlichen Herztodes anzusehen ist.

Als wesentlich mitwirkende Ursachen einer akuten Herzinsuffizienz sind unter Umständen anzuerkennen:

a) einmalige erhebliche körperliche Anstrengung (häufig mit Erschütterung),

b) starke Schreckeinwirkung,
c) starke Kälteeinwirkung,
d) Unterleibstraumen und sonstige mit starker Chokwirkung einhergehende Verletzungen,
e) Narkosen.

a) Körperliche Anstrengung.

Die nach körperlichen Anstrengungen beobachteten plötzlichen Todesfälle beruhen entweder darauf, daß durch Loslösung eines Herzthrombus eine Embolie der Koronararterien erfolgt, oder daß der geschwächte Herzmuskel gegenüber einer stärkeren Blutdrucksteigerung, wie sie bei anstrengender Arbeit auftritt, versagt. Da bei stärker vorgeschrittenem Herzmuskelleiden unter Umständen eine schon nicht besonders erhebliche Anstrengung genügt, um Herzlähmung auszulösen, so wird die Abgrenzung zwischen gewohnter und außergewöhnlicher Betriebsarbeit besonders sorgfältig bei der Begutachtung durchzuführen sein. Das ist aber Sache des Gerichts und nicht Aufgabe der ärztlichen Tätigkeit, die sich auf die Feststellung zu beschränken hat, ob die Arbeitsleistung ihrer besonderen Art nach geeignet war, bei der Entstehung des plötzlichen Herztodes eine wesentlich mitwirkende Rolle zu spielen.

Bei der Durchsicht der durch Rekursentscheidungen als Unfallfolge anerkannten plötzlichen Herztodesfälle läßt sich nicht verkennen, daß die Gerichte bezüglich der Bejahung der Zusammenhangsfrage sehr weitherzig sind. Vielfach sind Herztodesfälle nach nicht außergewöhnlicher Betriebsarbeit als Unfallfolge anerkannt worden, wohl unter dem Eindruck der ärztlichen Begutachtung, daß eine Arbeitsleistung den letzten Anstoß zum Versagen des in Wirklichkeit schon lange als Todeskandidat geltenden Herzens gegeben hat.

Schultze-Schmidt[1]): Schlagen mit 10pfündigem Hammer als Unfallüberanstrengung bei Herztod anerkannt.

45jähriger, vorher anscheinend gesunder Hauer macht in hockender Stellung etwa 6 Schläge mit einem 10pfündigen Hammer (sog. Treibfäustel), fällt dann plötzlich um und stirbt. Die Sektion ergibt eine mäßige Vergrößerung des Herzens, speziell der linken Kammer ohne mikroskopische Veränderungen. Es wird eine über das Maß der gewöhnlichen Betriebstätigkeit hinausgehende Anstrengung angenommen und Hinterbliebenenrente zugesprochen.

Kast[2]): Herztod nach Überanstrengung.

31 Jahre alter Schlepper mußte mit einer Hand am Seil hängend mit der anderen die Anhaltevorrichtung eines Kastens an Luftseilbahn lösen und durch Stoß mit dem Fuß fortbewegen. Unmittelbar nach dieser Arbeit brach er röchelnd zusammen und verstarb nach wenigen Minuten. Die Obduktion ergab Verkalkung und Erweiterung der Brustschlagader mit Verdickung und Schlußunfähigkeit ihrer Klappen, Hypertrophie der linken Herzkammer und Erweiterung beider Kammern.

---

[1]) Schultze-Schmidt, A. N. d. RVA. 1902, S. 553.
[2]) Kast, A. N. d. RVA. 1. August 1897.

Rumpf[1]): Abriß der atheromatösen Aortenintima nach leichter Erschütterung des Körpers mit plötzlichem Tod durch Aortenverschluß.

Ein Mann, der sich in der Rekonvaleszenz einer unbedeutenden Erkrankung befand, ging zum Inspektor, um sich zu beklagen. Abgewiesen drehte er sich mit einer kräftigen Bewegung um, wobei er mit dem Fuß heftig auftrat. In diesem Augenblick wurde er von einem Schwindel befallen. Es stellte sich dann Zyanose und Angst ein, und innerhalb weniger Stunden erfolgte der Tod. Die Obduktion ergab, daß die Intima der Aorta desc. an einer atheromatös entarteten kleinen Stelle einige Finger breit unterhalb des Bogens von der Muskularis in etwa dem halben Umfang der Aorta und weiter bis tief in die Bauchaorta abgelöst war. Dadurch vollständiger Verschluß der Aorta.

b) Seelische Erregung (Angst, Schreckwirkung).

Bei psychischen Traumen wird man ebenso wie bei körperlicher Überanstrengung der mit starker seelischer Erregung einhergehenden Blutdrucksteigerung die Hauptrolle für das plötzliche Versagen des Herzmuskels zuerkennen müssen. Es muß aber bei den nach Schreck- und Angsteinwirkung erfolgten Todesfällen noch dringender als bei Überanstrengungen der sichere Nachweis verlangt werden, daß die seelische Chokwirkung eine sehr erhebliche gewesen ist, bevor man einen ursächlichen Zusammenhang anerkennt. Denn geringfügige seelische Erregungen, wie sie das Leben alltäglich mit sich bringt (Ärger bei der Arbeit, Zusammenfahren bei starken Geräuschen, beim Ausrutschen auf dem Boden usw.) gehen nicht mit nennenswerten Blutdruckschwankungen einher, so daß dabei auch keine nennenswerte Mehrbelastung des Herzmuskels stattfindet. Es ist also die Aufgabe des ärztlichen Sachverständigen, festzustellen, ob nach den unmittelbaren Folgeerscheinungen der Schreckwirkung (Gesichtsblässe, Zittern) eine stärkere seelische Chokwirkung als wahrscheinlich angenommen werden kann. Beispiele über plötzlichen Herztod finden sich im Abschnitt über Herzmuskelinsuffizienz nach seelischer Erregung (S. 96).

c) Starke Kälteeinwirkung.

Der verschlimmernde Einfluß einer plötzlichen starken Kälteeinwirkung auf ein organisch erkranktes Herz ist darauf zurückzuführen, daß durch die reflektorische Zusammenziehung der peripheren und vielleicht auch zentralen Gefäße eine akute Blutdrucksteigerung zustande kommen kann, so daß an das linke Herz außergewöhnliche Anforderungen gestellt werden. In einer Beobachtung von Schiller[2]) starb ein Herzkranker an akutem Lungenödem nach Fall in eiskaltes Wasser.

Ein Schiffer, der im letzten Jahr vor dem Unfall über Schwindel geklagt hatte, fiel im November während des Treidelns ins Wasser. Er wurde bis an den Hals im Wasser stehend mit Schaum vor dem Munde offenbar tot aufgefunden.

---

[1]) Rumpf, Lehrb. der Arbeiter-Versicherungsmedizin v. Gumprecht-Rigler, S. 283.

[2]) Schiller, Monatsschr. f. Unfallheilk. 1895, Nr. 7.

Die Obduktion ergab Verkalkung der Aortenklappen, Aortensklerose, Herzmuskel von guter Konsistenz, Lungenödem, Blut dünnflüssig. Es hat sich also um eine plötzliche Erlahmung des linken Ventrikels gehandelt. Zeichen eines Ertrinkungstodes bestanden nicht.

G. Abschätzung der Erwerbsfähigkeit bei organischen und funktionellen Erkrankungen des Herzens.

1. Organische Herzkrankheiten.

a) Jede durch Unfall ausgelöste akute Herzschädigung (Endokarditis, Myo-Perikarditis) oder akute Verschlimmerung eines älteren Herzleidens erfordert Vollrente, solange Zeichen eines frischen entzündlichen Prozesses oder einer ausgesprochenen Herzmuskelinsuffizienz nachweisbar sind: Fieber, Pulsbeschleunigung und Irregularität in der Ruhe, Dilatation, Dyspnoë und Schmerzen nach geringen Bewegungen, Stauungserscheinungen an den inneren Organen. Erst wenn der Kranke nach Abklingen der ernsteren Symptome viele Wochen (6—8) ohne Insuffizienzerscheinungen umhergegangen ist, und die Funktionsprüfung nach längerem Spaziergang eine gewisse Leistungsfähigkeit des Herzmuskels gegenüber den gewöhnlichen Anstrengungen des alltäglichen Lebens ergeben hat, kommt eine allmähliche Rentenkürzung in Frage.

b) Fehlen Zeichen von Dekompensation bei leichteren Kraftanstrengungen und treten Insuffizienzerscheinungen (Dyspnoë, Tachykardien) nur nach stärkeren Muskelanstrengungen auf, so ist der Kranke fähig, dauernd leichtere Berufsarbeiten wie Aufsicht, Hofarbeiten, Botendienst, sitzende Arbeit zu verrichten. Die Erwerbsverminderung wird dann annähernd **40—60%** betragen.

c) Gut ausgeglichene Herzklappenfehler gestatten in der Regel auch die Ausübung mittelschwerer Arbeiten, so daß meist eine Rente zwischen **15—25%** genügt. Sehr häufig verrichten Arbeiter mit Herzklappenfehler lange Zeit schwerste Arbeit, und zwar ohne besondere Beschwerden. Für die gutachtliche Abschätzung darf dies aber nicht maßgebend sein, da bei jeder anstrengenden Tätigkeit wie schweres Heben, Tragen, jederzeit die Gefahr einer akuten Herzmuskelinsuffizienz besteht.

Die angeführten Rentensätze können aber nur als allgemeine Richtlinien gelten. Denn bei der Bewertung der Arbeitsfähigkeit Herzkranker werden in jedem Einzelfall etwaige sonstige Organveränderungen in ihrem Einfluß auf die Herzarbeit mitberücksichtigt werden müssen, vor allem: Arteriosklerose, Nephritis, Lungenerkrankung, Alterserscheinungen (Emphysem, chronische Bronchitis), allgemeine Körperkonstitution. Bei gleichzeitiger Altersarteriosklerose, insbesondere mit Blutdrucksteigerung, bedingt eine traumatische Herzmuskel- oder Klappenschädigung eine weit höhere Minderung der

Arbeitsfähigkeit als bei einem sonst gesunden und muskelkräftigen Individuum. Das gleiche gilt für einen Emphysematiker mit oder ohne Bronchitis und für einen Phthisiker, da durch diese Erkrankungen an und für sich schon erhöhte Anforderungen an den Herzmuskel gestellt werden.

2. Rein nervöse Herzstörungen.

Wenn durch eine genaue Untersuchung mit allen Hilfsmitteln (Röntgen, Wassermann, Funktionsprüfung) eine organische Erkrankung und ein Basedowleiden mit Wahrscheinlichkeit auszuschließen ist, und die Diagnose auf rein nervöse Herzbeschwerden gestellt werden darf, so ist in der Regel die Arbeitsminderung gering einzuschätzen. Rein subjektive Herzbeschwerden (ohne Pulsbeschleunigung nach Probeanstrengungen) erfordern überhaupt keine Rente. Bei Ruhetachykardie und längerer Pulssteigerung nach Anstrengungen ist bis zur Angewöhnung an die Arbeit eine Rente von 20—30% zu gewähren. Denn die alltägliche Erfahrung lehrt, daß derartige nervöse Herzstörungen gerade durch steigende Arbeitsanforderungen an das Herz günstig beeinflußt werden. Es wäre also ärztlich falsch gehandelt, wenn man den meist an sich wegen ihres Herzklopfens ängstlichen Kranken durch Gewährung höherer Schonungsrenten an nur ganz leichte Arbeit gewöhnt, und in ihnen den Gedanken erweckt, daß sie unfähig seien zu anstrengenden Arbeiten. Nur bei sehr hochgradiger nervöser Tachykardie (Ruhepuls 110—120) und beträchtlicher Steigerung nach jeder körperlichen Anstrengung (120—140) sind höhere Renten bis zu 50% angebracht.

3. Paroxysmale Tachykardie.

Die Abschätzung der Arbeitsfähigkeit wird davon abhängig sein, ob die Anfälle jedesmal nach körperlicher Anstrengung einsetzen, wie das häufig der Fall ist, oder auch unabhängig von der Tätigkeit in wechselnd größeren oder kleineren Pausen. Im ersteren Falle ist die Arbeitsminderung meist eine erhebliche und etwa mit 50—75% zu bewerten, im letzteren Falle weit geringer mit 20—30%.

Drittes Kapitel.

Verletzungen und Erkrankungen der Gefäße.

A. Erkrankungen der Arterien.

Die Beziehungen zwischen Erkrankungen der Arterien und Unfallschädigungen sind sehr mannigfaltig. Einmal können Unfälle 1. durch direkte mechanische Gewalten, 2. durch infektiöse oder chemisch-toxische Einwirkung (Gasvergiftung, Eiterungen, septische Prozesse) zu einer örtlich umschriebenen oder auch ausgedehnteren Entzündung oder Degeneration der Gefäßwände Anlaß geben. 3. muß die Möglichkeit einer indirekten Gefäßschädigung erwogen werden, insofern traumatisch entstandene nervöse Herzgefäßstörungen bei der vorzeitigen Entwicklung einer allgemeinen Arteriosklerose oder bei der Verschlimmerung einer solchen eine mitwirkende Rolle spielen können. 4. Endlich vermögen Unfälle, die mit plötzlicher Blutdrucksteigerung einhergehen (Überanstrengung, seelische Erregung), zu einer akuten Gefäßwandschädigung und Ruptur bereits erkrankter Hirn- oder sonstiger Gefäße Anlaß zu geben.

I. Verletzungen der Gefäße durch stumpfe Gewalteinwirkungen und ihre Folgezustände: Arteriitis und Aneurysmen.

1. Periphere Traumen der Extremitäten.

Durch direkte Traumen (Quetschung, Schlag, Stoß, Fall) können auch ohne äußere Verletzungen partielle oder totale Wandzerreißungen an peripheren oder zentralliegenden Gefäßen (Gehirngefäße, Aorta) verursacht werden. Malkoff erzeugte im Tierversuch durch Quetschung der Karotis Verletzungen der elastischen Wandelemente und Ausdehnung des Gefäßes, woran sich zellenreiche Wucherung der Media und Intima mit Verengerung des Lumens anschloß. Es scheint also nach Wandverletzungen eine auch nichtinfektiöse Entzündung auftreten zu können. Außerdem besteht bei Anwesenheit von Entzündungserregern im Blut die Möglichkeit einer infektiösen Gefäßentzündung von kleinen Einrissen der Innenhaut aus. Als Folgezustand totaler Gefäßrupturen sehen wir Blutansammlung in unmittelbarer Umgebung des Gefäßes mit Abkapselung durch Bindegewebe, ein sog. Aneurysma spurium. Bei teilweiser Wandzerreißung kommt es entweder zur Blutansammlung zwischen den Wandschichten, sog. Aneurysma dissecans, oder auch bei kleineren Einrissen zu einer allmählichen Ausbuchtung der Gefäßwand an umschriebener Stelle mit Bildung eines echten Aneurysmas.

2. Schädeltraumen.

Nach jeder erheblichen Kopfkontusion können die gleichen Veränderungen an den Gehirngefäßen zur Entwicklung kommen wie bei Quetschung peripherer Gefäße: Rupturen gesunder Gefäße, örtliche Wandentzündungen, Aneurysmabildung, Verengerungen und Obliterationen kleinerer und größerer Gefäße. Bereits erkrankte Gefäße bei Arteriosklerose können schon nach leichteren Kopftraumen platzen (siehe Abschnitt „Gehirnapoplexie").

Geipel: 36jähriger Mann bekam 10 Jahre nach einem schweren Kopftrauma mit Schädelbasisbruch kurz hintereinander zwei Schlaganfälle und starb in einem Anfall. Die Obduktion ergab ausgedehnte Erweichung in der rechten Großhirnhälfte infolge Thrombose der rechten Art. fossae Sylvii, thrombosiertes Aneurysma der linken Balkenarterie, chronische Entzündung der weichen basalen Häute. Die rechte Art. vertebralis war erweitert mit einzelnen gelblich-weißen Wandverdickungen, rechte Art. fossae Sylv. in Länge von 2 cm vollständig verschlossen durch Pfropf, Wand in dessen Bereich sklerotisch.

3. Brusttrauma und Aortenaneurysma.

Erhebliche stumpfe Gewalteinwirkungen an der Brust können, auch ohne vorherige entzündliche oder degenerative Veränderungen der Aorta, Aneurysmen hervorrufen. Als Folge von erheblichen Brustquetschungen kann es zu totalen oder partiellen Einrissen der Aortawand kommen, wie dies von Brukhart[1]) und Heller[2]) mitgeteilte Fälle zeigen, mit Blutungen zwischen den Wandschichten (Aneurysma dissecans), oder auch zu kleineren Zerreißungen innerhalb der Arterienwand mit sich anschließenden Entzündungsvorgängen. Das sich bildende Narbengewebe wird dem Blutdruck nachgeben und dadurch umgrenzte Ausbuchtungen veranlassen, also ein echtes Aneurysma.

Das Vorkommen solcher traumatischen Schädigungen der geschützt liegenden Aorta gehört aber zu den allergrößten Seltenheiten. Die schon längst gültige Auffassung, daß die Aortenaneurysmen des mittleren Lebensalters in der Regel auf syphilitischer Erkrankung der Aorta beruhen, ist durch die verfeinerte Diagnostik mittels der Wassermannschen Reaktion bestätigt worden. Findet sich bei einem anscheinend traumatischen Aneurysma positiver Wassermann, so ist der Zusammenhang zwischen Trauma und Entstehung des Leidens ganz abzulehnen. Es kommt dann höchstens die Frage der Unfallverschlimmerung in Betracht. Aber auch der Nachweis einer Verschlimmerung stößt meist auf große Schwierigkeiten und ist nur selten mit hinreichender Sicherheit zu erbringen. Denn erfahrungsgemäß kann ein Aortenaneurysma lange Zeit, ja selbst bis zu dem tödlichen Durchbruch ganz symptomlos verlaufen. Wenn deshalb einige Zeit, Wochen, Monate, nach einem Brusttrauma oder einer stärkeren allgemeinen Körpererschütterung unbestimmte Brustbeschwerden auftreten und nun röntgenologisch ein Aneurysma nachgewiesen wird, so ist man durchaus nicht berechtigt, eine Unfallverschlimmerung mit dem erforderlichen Grad von Wahrscheinlichkeit zu bejahen. Man wird das nur dann tun dürfen, wenn in unmittelbarem Anschluß an das Trauma bei dem vorher leistungsfähigen Manne stärkere Schmerzen, Brustbeklemmung, Pulsstörungen aufgetreten sind, die sich in der Folgezeit fortschreitend verschlimmerten unter deutlichem Hervortreten der objektiven Aneurysmasymptome. Denn nur bei solchem schnellen Hervortreten subjektiver und objektiver Krankheitserscheinungen bei einem bis dahin symptomlos verlaufenen Aneurysma ist der Rückschluß berechtigt, daß durch das Trauma infolge von Blutungen, Einrissen und Wand-

[1]) Brukhart. zit nach Külbs Handb. i. Kr. II S. 1146.
[2]) Heller, Arch. f. klin. Med. Bd. 79.

überdehnung des Aneurysmas ein besonders schnelles Wachstum desselben ausgelöst worden ist. Liegen dagegen zwischen dem Trauma und dem Auftreten der Beschwerden bei röntgenologisch deutlichem Aneurysma mehrere beschwerdefreie Arbeitswochen, so ist eine wesentliche Unfallverschlimmerung als nicht wahrscheinlich abzulehnen.

4. Bauchtrauma und abdominale Aortenaneurysmen.

Thiem hat 2 Fälle mitgeteilt, in denen er Aneurysmen der Bauchaorta auf stumpfe Gewalteinwirkung gegen das Abdomen zurückführt. Da nach den Beobachtungen von Weitz[1]) bei den selten vorkommenden Aneurysmen der Aorta abdominalis die Lues ätiologisch sehr häufig in Frage kommt, so wird bei den anscheinend nach Bauchkontusionen sich entwickelnden Aneurysmen stets in erster Linie auf frühere Syphilis (Wassermann) gefahndet werden müssen. In dem Bericht von Thiem über seine beiden als traumatisch bezeichneten Aneurysmen ist die Luesätiologie unberücksichtigt geblieben, so daß die Fälle nicht als ganz einwandfrei gelten können.

Fall 1. 40jähriger Bauer erhielt von der Wrange einer losgelassenen Winde einen Schlag gegen den Bauch, so daß er angeblich 15 Schritt rückwärts geschleudert wurde (?). Allmählich stärkere Schmerzen in der Bauchhöhle, als deren Ursache eine sehr druckempfindliche, das Schlagen der Bauchschlagader fortleitende Geschwulst angesehen wurde. Thiem fand $5^1/_2$ Jahr nach dem Unfall eine 9 cm lange spindelförmige Anschwellung der Lage der Bauchaorta entsprechend mit fühlbarem Schwirren.

Fall 2. 35jährige Dienstmagd erhielt heftigen Stoß durch das linke Horn einer Kuh in die linke Bauchgegend etwa in Nabelhöhe. Nach einiger Zeit ließen die anfangs heftigen Schmerzen nach, wurden aber nach 8 Tagen wieder heftiger, so daß sie zum Arzt ging. Bis 3 Monate nach dem Unfall befand sie sich wohl. Dann stellten sich bei stärkeren Anstrengungen (Wasserschöpfen aus Brunnen) Leibschmerzen ein. Der Arzt fand ein großes Scheidengeschwür, Beckenzell- und Beckenbauchfellentzündung. Thiem fand bald nachher in der linken Bauchseite dicht neben der Mittellinie eine stark pulsierende und das Gefühl des Schwirrens erzeugende spindelförmige Geschwulst.

II. Entzündungen der Arterien, Arteriitis und toxische Schädigung als Unfallsfolge.

a) Eine akute Entzündung größerer Arterien kann unfallsweise einmal in der Weise zustande kommen, daß durch direktes Übergreifen der Entzündung von benachbarten entzündlichen Prozessen (Abszeß, Phlegmone) traumatischen Ursprungs oder auf dem Blutwege eine örtliche Erkrankung der Arterienwand entsteht. Dabei thrombosiert öfters das Gefäß an der erkrankten Stelle, wobei schwere Folgezustände an einer Extremität durch Zirkulationsstörungen und Ernährungsstörungen des Gewebes eintreten können (Gangrän). Die zweite Möglichkeit besteht in einer örtlichen Wanderkrankung durch Ein-

[1]) Weitz, D. Arch. für klin. Med. 104, 911.

schleppung eines infektiösen Embolus bei septischen Prozessen, traumatisch ausgelöster Endokarditis, Erysipel. Eine toxische Schädigung der Arterienwand, die man vor allem bei Vergiftung beobachtet, gewinnt nur selten, wie z. B. bei Blutung aus Gehirngefäß mit apoplektischem Insult, eine selbständige klinische Bedeutung. Der Zusammenhang mit dem Unfall ist in solchen Fällen meist leicht nachweisbar, da die Arterienerkrankung in der Regel nur als Begleitsymptom sonstiger schwerer CO-Vergiftungserscheinungen aufzutreten pflegt.

III. Arteriosklerose und Unfall.

Vorbemerkungen über die Pathogenese der Arteriosklerose.

Das anatomische Wesen der Arteriosklerose sehen wir in einer degenerativen Veränderung der Gefäßwand mit primärer Erkrankung der Intima und Elastica externa. Bezüglich der Entstehungsursache stehen sich im wesentlichen zwei Theorien gegenüber, die chemisch toxische und die mechanische Theorie. Marchand und Romberg führen die vorzeitige Abnutzung der Gefäße auf eine Überanstrengung derselben zurück. Beim Zustandekommen der Gefäßabnutzung soll vor allem das Zusammenwirken großer körperlicher Anstrengungen und nervöser Einflüsse die Hauptrolle spielen. Die dadurch bedingten häufig wiederkehrenden stärkeren Blutfüllungen und Wanddehnungen und die durch nervöse Einflüsse hervorgerufenen Schwankungen des Gefäßtonus bewirken naturgemäß eine dauernde stärkere Inanspruchnahme der Gefäße.

Gegenüber dieser Auffassung einer vorwiegend mechanischen Pathogenese der Arteriosklerose sprechen zahlreiche andere Autoren, abgesehen von übermäßigem Gebrauch von Genußmitteln (Nikotin, Alkohol, Kaffee), vor allem Infektionen akuter und chronischer Art, chemisch-toxischen Schädlichkeiten und alimentären Stoffwechselschädlichkeiten die Hauptrolle in der Ätiologie der Arteriosklerose zu, während die Blutdruckschwankungen nur als ein die Entwicklung begünstigender Faktor angesehen werden.

Prüft man im Hinblick auf die vorliegenden Anschauungen über die Pathogenese der Arteriosklerose die Frage, in welcher Weise Unfälle möglicherweise bei einer vorzeitigen Entstehung einer Atheromatose eine wesentlich mitwirkende Rolle spielen können, so wird zunächst zuzugeben sein, daß bei Unfallsvorgängen verschiedenster Art das Gefäßsystem direkt oder indirekt mechanischen, chemischen, toxischen, infektiösen und nervösen Schädigungen ausgesetzt ist. Daß aber derartige schädigende Einwirkungen auf die Gefäßwand tatsächlich zur Entstehung einer örtlichen oder allgemeinen Arteriosklerose Anlaß geben können, ist nicht erwiesen. Die vorliegenden klinischen Beobachtungen und experimentellen Ergebnisse sprechen vielmehr dagegen, und die Mehrzahl der Fälle, die als Beweise für die traumatische Entstehungsweise einer Arteriosklerose angeführt werden, halten der Kritik nicht stand.

1. Mechanische Traumen und Arteriosklerose.

a) Periphere Arteriosklerose.

Es liegt bisher keine einwandfreie Beobachtung dafür vor, daß sich im Anschluß an eine örtliche Schädigung eines peripheren Gefäßes durch Stoß, Schlag, Quetschung eine Arteriosklerose an der vom Trauma betroffenen Gefäßstelle oder gar an der ganzen betroffenen Extremität entwickelt hätte. Bei den in der Literatur angeführten Fällen von angeblicher Entstehung von Extremitätenarteriosklerose nach stumpfen Traumen (Erb, Veiel, Voltz, Bernhardt) handelt es sich tatsächlich gar nicht um Arteriosklerose, sondern um traumatisch entzündliche Gefäßveränderungen (Arteriitis obliterans).

b) Gehirnarteriosklerose und Schädeltrauma.

Entstehung einer Gehirnatheromatose durch Trauma?

Für die Annahme, daß nach Traumen des Schädels mit oder ohne Knochenverletzung infolge der Erschütterung bei vorher gesunden Gefäßen eine örtliche oder allgemeine frühzeitige Arteriosklerose der Gehirngefäße sich entwickeln könne, liegen eindeutige klinische und autoptische Beobachtungen nicht vor. Selbstverständlich kann es infolge stärkerer mechanischer Erschütterungsschädigung der Gehirngefäße zu Verletzungen der Gefäßwände, Zerreißungen einzelner Wandschichten, Blutungen in und um die Gefäßwände mit Aneurysmabildung, Verkalkung, Verengerung und Obliteration kleinerer Gefäße kommen. Es werden sich dieselben Vorgänge mit entzündlichen und arteriitischen Prozessen der Gefäßwand abspielen, wie bei einer Quetschung peripherer Gefäße. Aber die Entwicklung einer örtlichen oder allgemeinen echten Arteriosklerose an Gehirngefäßen durch Kopftrauma ist nicht erwiesen. Hoffmann hat in seinem Referat über Gefäßerkrankungen und Unfall auf dem III. Internationalen Unfallkongreß die Entstehung einer Arteriosklerose durch mechanische Traumen ganz abgelehnt. Den gleichen Standpunkt vertritt Nonne, der auf Grund seines Beobachtungsmaterials bei anscheinend traumatischer frühzeitiger Hirnarteriosklerose (publiziert durch Holzmann) besonders betont, daß sehr häufig bei frühzeitig arteriosklerotischen Individuen, die sonst gar keine nachweisbaren Zeichen einer überstandenen Syphilis darbieten, mit Hilfe der Wassermannschen Reaktion der Nachweis gelingt, daß eine Syphilis im Spiele ist. Alle Beobachtungen von anscheinend traumatischer Frühsklerose, bei denen nicht genaueste Untersuchung auf Blut und Liquorwassermann vorliegt, müssen deshalb als Beweismaterial für traumatische Entstehung frühzeitiger Atheromatose abgelehnt werden.

Sämtliche vorliegenden kasuistischen Mitteilungen über Arteriosklerose und Unfall geben zu erheblichen kritischen Bedenken Anlaß und sind nicht beweisend.

Verschlimmerung einer (latenten) Gehirnarteriosklerose durch Kopftrauma.

Die Verschlimmerungsmöglichkeit latenter Gehirnsklerose durch Commotio cerebri ist zweifellos zuzugeben. Ich sehe hier ab von den durch Schädeltraumen verursachten Apoplexien erkrankter Gehirngefäße. Für die Unfallsbegutachtung wichtiger sind diejenigen Fälle, in denen bei älteren Leuten jenseits der fünfziger Jahre mit bereits nachweisbar verhärteten Gefäßen im Anschluß an ein Schädeltrauma ziemlich schnell die Erscheinungen von Gehirnarteriosklerose auftreten. Die zur Zeit des Unfalls schon vorhandene Atheromatose der Gehirnarterien ist bis dahin symptomlos verlaufen, ohne nennenswerten Einfluß auf die Arbeitsfähigkeit. Nach dem Trauma treten die subjektiven und objektiven Erscheinungen — Schwindel, Kopfschmerz, Gedächtnisschwäche, Veränderung der Psyche — in schneller Folge zutage und kommen nicht wieder zur Rückbildung. Wie lange ein solches latent arteriosklerotisches Gehirn ohne Unfall den Anforderungen des täglichen Lebens noch hätte nachkommen können, wird sich meist schwer entscheiden lassen. Für die Unfallbegutachtung, d. h. für die Annahme der traumatischen Verschlimmerung, genügt der Nachweis, daß der Kranke bis zum Unfall seine gewohnte Arbeit hat verrichten können, daß somit der Unfall auslösend gewirkt hat auf die bis dahin latente Arteriosklerose. Den gleichen Vorgang eines plötzlichen Versagens des Gehirns beobachtet man — ohne Unfall — nicht selten nach an sich geringfügigen spontanen Apoplexien. Es kann sich bei den Verschlimmerungen nach Schädeltraumen nicht sowohl um ein tatsächliches akutes Fortschreiten der Gefäßveränderungen handeln, als vielmehr um eine Störung der bei latenter Gehirnarteriosklerose anzunehmenden Ausgleichsvorrichtungen unbekannter Art (Windscheid). Hierbei spielen wahrscheinlich die durch körperliche und seelische Traumen ausgelösten Kreislaufstörungen im Gehirn eine entscheidende Rolle.

c) Aortensklerose (diffuse Erweiterung der Aorta) und Brusttrauma.

Daß nach stumpfen Gewalteinwirkungen des Thorax im Gefolge von partiellen Einrissen der Aortenwand bisweilen umschriebene aneurysmatische Ausbuchtungen entstehen können, ist bereits bei Besprechung der Gefäßverletzungen erörtert worden. Hier handelt es sich um die Frage, ob eine einmalige Gewalteinwirkung am Brustkorb oder eine einmalige heftige Körpererschütterung die Entwicklung einer diffusen arteriosklerotischen Veränderung der Aorta auslösen kann. Da nach den vorliegenden klinischen Beobachtungen und experimentellen Versuchen die Entstehung einer örtlichen Arteriosklerose peripherer Arterien durch Traumen als ganz unbewiesen und unwahrscheinlich abgelehnt werden muß, so gilt dies in noch höherem Maße für eine ausgedehnte Arteriosklerose der Aorta, die außerdem gegenüber mechanischen Einwirkungen wesentlich geschützter liegt. Findet sich ein diffuses Aortenaneurysma (diffuse Erweiterung) bei noch jüngeren Unfallskranken, so muß in erster Linie an Lues gedacht werden. In der Regel wird man in solchen Frühfällen von Arteriosklerose, falls keine Syphilis vorliegt, bei genauer Untersuchung an anderen Arterien und am Herzen Veränderungen (hebenden Spitzenstoß) nachweisen können, wie sie Romberg[1]) und Bäumler[2]) bei jugendlichen Individuen ohne Nephritis beobachtet und beschrieben haben.

Die traumatische Verschlimmerung einer diffusen Aortensklerose durch Brusttraumen ist natürlich als möglich zuzugeben, insofern es durch Blutungen und Zerreißungen erkrankter Wandschichten zu einer umschriebenen Ausbuchtung neben der diffusen Alterserweiterung kommen kann. Für die gutachtliche Anerkennung einer wesentlichen Verschlimmerung muß aber verlangt werden, erstens daß der Verletzte bis zum Unfall durch seine schon vorhandene Aortensklerose in seiner Arbeitsfähigkeit nicht nachweislich beeinträchtigt war, und zweitens der sichere Nachweis, daß in schneller Folge nach dem Brusttrauma, d. h. innerhalb von Tagen bis zu einigen Wochen, deutliche Brustbeschwerden auftreten (Schmerzen, Kurzatmigkeit, schnelle Ermüdung bei der Arbeit), die ein wesentlich schnelleres Fortschreiten des Leidens nach dem Unfall wahrscheinlich machen und die Arbeitsfähigkeit erheblicher beeinträchtigen.

2. Toxische, infektiöse, elektrische Unfallschädigungen und Arteriosklerose.

Nach der Ansicht mancher pathologischer Anatomen und Kliniker sollen toxische und infektiöse Schädlichkeiten (Alkohol, Nikotin, Blei, akute und chronische Infektionskrankheiten verschiedenster Art) eine Hauptrolle spielen bei der Entstehung der Arteriosklerose. So wird denn der Begutachter bisweilen auch vor die Frage gestellt, inwieweit im Anschluß an Unfälle aufgetretene toxisch-infektiöse Prozesse, also chronische Eiterungen, Phlegmonen, Erysipel, Verbrennung, Starkstrom- und Blitzschlagverletzungen, Einatmung giftiger Gase, von ursächlicher Bedeutung sind für das Auftreten von Früharteriosklerose nach Unfällen. Daß nach Infektionskrankheiten sehr häufig Veränderungen der elastischen und muskulösen Bestandteile der Gefäßwand auftreten, hat Wiesel[3]) festgestellt. Im Tierversuch ist es auch gelungen, durch Injektion verschiedenster Substanzen von spezifisch blutdrucksteigernder oder mehr toxischer Natur (Nebennierenextrakte, Nikotin, Bakterienprodukte und Toxine) die verschiedensten Gefäßveränderungen hervorzurufen in Form von Medianekrose und Verkalkung, Intimaverfettung, Hypertrophie und Degeneration der elastischen Fasern. Alle diese experimentell erzeugten Gefäßschädigungen haben aber nur eine gewisse Ähnlichkeit mit der menschlichen Arteriosklerose und unterscheiden sich wesentlich von letzterer, wie dies namentlich bei der sog. Adrenalinarterio-

[1]) Romberg, Handb. d. pr. Med. Bd. I S. 755, 785.
[2]) Bäumler, M. med. W. 1898 Nr. 5.
[3]) Wiesel, Wien. klin. Wochenschr. 1906, Nr. 24.

sklerose festgestellt worden ist. Es ist bisher noch nicht erreicht worden, durch toxische Einwirkungen experimentell eine echte Arteriosklerose hervorzurufen, und wir werden nur so viel sagen können, daß toxische und infektiöse Gefäßwandschädigungen die Entwicklung einer Arteriosklerose begünstigen und eine bestehende Arteriosklerose verschlimmern können.

Die Annahme einer wesentlichen Verschlimmerung einer vorher latenten oder schon nachweislich vorhandenen Arteriosklerose durch unfallsweise entstandene toxisch-infektiöse Schädigungen ist nur dann erlaubt, wenn es sich a) um jüngere Individuen handelt, die bis zu dem Unfall mit seinen Folgeerscheinungen von Eiterung, Sepsis usw. keine Zeichen von Arteriosklerose geboten haben, und wenn sich b) in rascher Folge innerhalb 1—2 Jahren deutliche Arteriosklerosееrscheinungen ausbilden (Herzstörungen, Gehirnsklerose, Blutdrucksteigerung), die in kurzer Zeit zu dauernder Minderung der Arbeitsfähigkeit führen. c) Handelt es sich um ältere Individuen, die ihren Jahren nach mit Wahrscheinlichkeit schon zur Zeit des Unfalls an Gefäßverkalkung gelitten oder bereits Erscheinungen geboten haben, so wird der Nachweis eines wesentlich schnelleren Fortschreitens der Arteriosklerose durch eine Infektion nur dann anzuerkennen sein, wenn in unmittelbarem Anschluß an die Erkrankung oder zum mindesten sogleich nach Wiederaufnahme der Arbeit mit ihren erhöhten Anforderungen objektive Funktionsstörungen bestimmter Organe auftreten, also Herzmuskelschwäche, Anfälle von Angina pectoris, zerebrale Symptome, Zunahme der Blutdrucksteigerung. Liegt dagegen zwischen dem Unfall und dem Auftreten einer objektiv nachweisbaren Verschlimmerung eine längere Zeit von Monaten oder gar 1—2 Jahren, so ist ein ursächlicher Zusammenhang als unwahrscheinlich abzulehnen, da im vorgeschrittenen Alter jederzeit in natürlicher Folge ein akutes Versagen arteriosklerotischer Organe vorkommt.

In der Literatur habe ich beweisende Fälle von vorzeitiger Arteriosklerose im Verlauf toxischer und infektiöser Unfallschädigungen nicht gefunden. Horn[1]) hat einen Fall mitgeteilt, in dem bei einem 28jährigen Mann, der eine ausgedehnte Verbrennung mit Erysipel erlitten hatte, 1—$1^1/_2$ Jahre später eine Verhärtung der Arterien, Blutdrucksteigerung, systolische Herzgeräusche beobachtet wurden. Wir erfahren aus der Krankengeschichte leider nichts darüber, wie der Blutdruck und die Gefäße gleich oder kurz nach dem Unfall waren, auch nichts über Urinbefund, Augenhintergrund, Wassermann. Der Fall ist somit nicht genügend geklärt. Eine weitere Beobachtung von Horn[2]) betrifft einen Blitzschlagunfall, der Anlaß zu frühzeitiger Arteriosklerose gegeben haben soll. Es fand sich bei einem 38jährigen Landwirt 4 Jahre nach Blitzschlag (ohne nähere Angabe) maximaler Blutdruck von 180 mm Hg, rigide Arterien, 2. Aortenton akzentuiert. Jede Angabe über Urinbefund, Funktionsprüfung der Niere (benigne Nierensklerose ?), Lues-Wassermann fehlt, so daß ich dem Fall irgendwelche Beweiskraft für Arterioskleroseentwicklung durch Blitzschlagschädigung nicht zuerkennen

[1]) Horn, Ärztl. Sachverst.-Ztg. **22**, Nr. 18/19.
[2]) Horn, Dtsch. Zeitschr. f. Nervenheilk. **54**.

kann. Jellinek[1]) führt an, daß er als Frühsymptom gleich nach dem Unfall durch Starkstrom an peripheren Gefäßen, besonders wenn sie im Bereich großer Stromdrähte lagen, einige Sekunden stärkere Rigidität und Schlängelung beobachtet habe, was er selber mit Recht als periodischen Gefäßkrampf auslegt. Aus dieser Beobachtung aber den Schluß zu ziehen (wie dies Horn tut), daß eine spezifisch elektrische Schädigung der Gefäßauskleidung zustande komme, die den Ausgangspunkt für vorzeitige Arteriosklerose abgeben soll, ist doch wohl zu weitgehend und eine rein hypothetische Annahme, die bisher durch klinisch einwandfreie Beobachtungen nicht gestützt ist. Auch über die Entstehung vorzeitiger Atheromatose durch einmalige akute chemisch-toxische Einwirkung liegt nichts Beweisendes vor. Edel[2]) hat über eine Beobachtung berichtet, in der eine akute Ammoniakgasvergiftung Verschlimmerung einer bestehenden Arteriosklerose verursacht haben soll. Da es sich um einen 56jährigen in Brauerei tätigen Mann handelt, bei dem 1 1/2 Jahre später deutliche Altersveränderungen am Herzgefäßsystem festgestellt wurden, und erst 1 3/4 Jahre nach dem Unfall ein Schlaganfall auftrat, und bei dem die Altersarteriosklerose nur allmählich im Verlauf von 8 Jahren fortschritt bis zum Tode im 64. Lebensjahre, so erscheint mir der Beweis nicht genügend erbracht, daß die Ammoniakgasvergiftung einen außergewöhnlich schnellen Fortschritt der Arteriosklerose ausgelöst hat.

3. Arteriosklerose als mittelbare Unfallfolge bei nervösen Herz-Gefäßstörungen.

Von einer Reihe von Autoren (Oppenheim, Romberg, Goldscheider) wird der Standpunkt vertreten, daß längerdauernde und häufig wiederkehrende stärkere Blutfüllung der Gefäße und durch nervöse Einflüsse bedingte Blutdruckschwankungen und Beschleunigung der Herztätigkeit zu einer vorzeitigen Arteriosklerose Anlaß geben können. Das klinische Beobachtungsmaterial, das als Beweis für den Übergang nervöser Herz-Gefäßstörungen in organische Gefäßerkrankung (Arteriosklerose) dienen soll, ist äußerst dürftig, und die Mehrzahl der Literaturfälle sind ganz unbeweisend, da bei ihnen anderweitige Entstehungsursachen für eine Gefäßerkrankung, wie Lues, Nephritis, Alkoholismus usw., nicht genügend sicher ausgeschaltet sind. Immerhin liegen vereinzelte Beobachtungen vor, wie die von Goldscheider, die es wahrscheinlich machen, daß ein angeboren minderwertiges Gefäßsystem oder Gefäße, die durch anderweitige toxische oder infektiöse Schädigungen bereits weniger widerstandsfähig sind, auf länger anhaltende nervöse Einflüsse mit vorzeitiger Entwicklung von Arteriosklerose reagieren können. Goldscheider[3]) beobachtete bei einem 26jährigen Mann (ohne Lues, Nephritis, Alkoholismus) innerhalb 1 3/4 Jahr nach Kopftrauma mit außerordentlich erheblicher Tachykardie (180 Pulse bei Anstrengungen) Wandverhärtung und Schlängelung der Armschlagader ohne Blutdrucksteigerung.

Die Möglichkeit muß also zugegeben werden, daß ein Unfall durch das Bindeglied einer traumatischen Neurasthenie mit stärkerer

[1]) Jellinek, Wien. klin. Wochenschr. 21, Nr. 59.
[2]) Edel, Ärztl. Sachverst.-Ztg. 1900, Nr. 8.
[3]) Goldscheider, Berl. klin. Wochenschr. 1906, Nr. 7.

nervöser Herz-Gefäßstörung eine Arterioskleroseentstehung begünstigen oder eine schon bestehende Arteriosklerose verschlimmern kann. Dies ist aber eine ganz außerordentliche Seltenheit, denn Horn[1]) hat unter 3000 Unfallneurosen niemals vorzeitige Arteriosklerose gesehen, und ich selbst[2]) konnte bei 169 Unfallskranken mit sehr ausgesprochenen nervösen Herz-Gefäßstörungen in keinem Fall eine außergewöhnlich schnelle Entwicklung von Arteriosklerose feststellen.

Für die Begutachtungspraxis ergibt sich hieraus die Lehre, mit der Anerkennung einer Arterioskleroseentstehung oder anscheinenden Verschlimmerung weit zurückhaltender zu sein, als es leider bisher üblich ist. Die Wahrscheinlichkeit eines ursächlichen Zusammenhangs zwischen Arteriosklerose und traumatischer Neurasthenie darf nur dann zugegeben werden, wenn die nachfolgenden Bedingungen insgesamt und einwandfrei erfüllt sind:

1. Der Unfallkranke darf vor dem Unfall und bei den ersten Untersuchungen nach dem Unfall keine Zeichen von Arteriosklerose geboten haben und muß voll arbeitsfähig gewesen sein. Dazu gehört vor allem auch eine genaue und wiederholte Blutdruckmessung.
2. Anderweitige für Arteriosklerose ätiologisch in Betracht kommende Erkrankungen wie Alkoholismus, Lues, chronische Nephritis, Diabetes mellitus, müssen mit Sicherheit ausgeschaltet sein.
3. Der Kranke darf zur Zeit des Unfalls nicht in einem höheren Alter stehen, in dem Arterioskleroseentwicklung als eine natürliche Folge im Lauf einiger Jahre nach dem Unfall zu erwarten war.
4. Die durch den Unfall ausgelösten nervösen Herzgefäßstörungen müssen erheblicher Natur sein. Eine zeitweilige geringe Pulsbeschleunigung in der Ruhe oder nur nach Anstrengungen genügt keineswegs; vielmehr müssen eine erhebliche Ruhebeschleunigung des Pulses und abnorme Blutdruckschwankungen nach Anstrengungen festgestellt sein und längere Zeit (viele Monate oder Jahre) bestanden haben.
5. Die Entwicklung der Arteriosklerose bei dem bis zum Unfall voll leistungsfähigen Menschen muß sich gleichsam unter unseren Augen im Verlaufe von 1—2 Jahren, d. h. in verhältnismäßig schneller Folge vollziehen, wie z. B. in dem Falle von Goldscheider. Handelt es sich um jugendliche Personen, so wird bei jahrelangem Fortbestehen von nervösen Herzgefäßstörungen auch ein größerer Zeitabstand von mehreren Jahren vorhanden sein dürfen. Bei älteren Personen wird mit der wachsenden Größe des Zeitabstandes zwischen Unfall und Auftreten der Arteriosklerose die Wahrscheinlichkeit eines ursächlichen Zusammenhangs immer geringer werden, zumal wenn die allmähliche Entwicklung der Arteriosklerose erst in einem Alter erfolgt, in dem diese an und für sich bei der schwerarbeitenden Bevölkerungsklasse nichts Außergewöhnliches ist.

---

[1]) Horn, Ärztl. Sachverst.-Ztg. 22, Nr. 18/19.
[2]) Finkelnburg, Dtsch. Zeitschr. f. Nervenheilk. 60, H. 1—3.

B. Erkrankungen der Venen.

I. Entstehung von Krampfadern durch Unfall.

Bei der Entstehung von Krampfadern spielt eine ererbte oder angeborene Schwäche der Venenwandung eine wichtige Rolle, insofern bei einer solchen Anlage eine bestimmte Arbeitsweise, die mit dauerndem Stehen oder häufigem schweren Heben verbunden ist, die Entwicklung des Leidens begünstigt. Die Entstehung von Krampfadern durch Unfall ist erstens dadurch möglich, daß dieser mechanische Hindernisse für den Blutrücklauf verursacht, die längere Zeit andauern, so daß es zu einer chronischen Venenstauung mit Wandüberdehnung kommt. Zweitens können Entzündungen in der Nachbarschaft von Venen deren Wand so weit schädigen, daß diese gegenüber den gewöhnlichen Einwirkungen des alltäglichen Lebens nachgeben und sich erweitern. Wir werden also Krampfaderbildung beobachten:

a) bei einer auf septischer Infektion beruhenden Thrombophlebitis oder Lymphangitis mit Wandschädigung der benachbart liegenden Venen,

b) bei traumatisch entstandener Narbenbildung im Bereiche größerer Venenstämme.

In beiden Fällen wird eine erst nach vielen Monaten oder Jahren hervortretende Krampfaderbildung als mittelbare Unfallfolge anerkannt werden müssen. Dabei kommt es nicht selten vor, daß die Anfänge des Leidens längere Zeit verkannt und irrtümlich als Neuralgie oder Muskelrheumatismus gedeutet werden, so daß die Frage der unfallsweisen Entstehung oft erst nach Jahren der gutachtlichen Beurteilung unterliegt.

Rekursentscheidung XVII, S. 89: Krampfadern als Folge einer durch septische Fingerverletzung entstandenen Lymphgefäßentzündung des linken Unterschenkels anerkannt.

Arbeiter erkrankt im Anschluß an Fingerabquetschung an Blutvergiftung, Nierenentzündung und Lymphgefäßentzündung des linken Unterschenkels. 1¾ Jahre nach dem Unfall Krampfadern am linken Bein mit Geschwürsbildung. Vorher keine Krampfadern. Es wird Unfallzusammenhang angenommen, da bei den sich abspielenden Entzündungsprozessen bei Lymphangitis die benachbart liegenden Venen mitbeteiligt werden, wodurch ihre Wandungen weniger widerstandsfähig werden.

Rekursentscheidung XXIV, 102: Krampfadern als Folge traumatisch entstandener Narbenbildung in beiden Leistengegenden.

Bei 25jährigem Arbeiter bildete sich im Anschluß an schwere Verletzung der Wirbelsäule eine langwierige Eiterung des Kreuzbeins mit Fistelgängen in den Leistenbeugen. Die Heilung der Fisteln zog sich unter Bildung derber Schwielen und Schwarten in beiden Leisten über 11 Jahre hin. Die nach 10 Jahren festgestellten Krampfadern an beiden Beinen wurden als Unfallfolge anerkannt unter der Annahme, daß die derben schrumpfenden Schwielen die großen Gefäße des Beckens gewissermaßen ummauert hätten unter Hinderung des Rückstromes des Venenblutes aus den Beinen.

II. Verschlimmerung von Krampfadern durch Unfall.

Eine Verschlimmerung bestehender Krampfadern kann verursacht werden:

a) durch direkte mechanische Traumen mit anschließender Thrombosenbildung und dadurch bedingter Zunahme der Krampfadern,

b) durch Verletzung von Krampfadern mit folgender Geschwürsbildung. Dabei kann nach einmal erfolgter traumatischer Geschwürsbildung diese Stelle dauernd weniger widerstandsfähig bleiben gegenüber geringfügigen äußeren Einwirkungen, so daß ein häufig sich wiederholendes Aufbrechen der Geschwürsnarbe beobachtet wird. Derartige Geschwürsbildungen an der ursprünglichen Verletzungsstelle sind als Unfallfolge anzuerkennen, nicht aber die später an anderen Stellen auftretenden Krampfadergeschwüre. Ein ursächlicher Zusammenhang zwischen einer Geschwürsbildung am Bein und später anderweitig sich entwickelnden Geschwüren ist nur dann anzunehmen, wenn das erste traumatisch ausgelöste Geschwür eine große Ausdehnung gewonnen hatte, so daß nach seiner Ausheilung durch Stauungserscheinungen (Ödem) die Haut in weiterer Umgebung des ursprünglichen Geschwürs in ihrer Ernährung beeinträchtigt worden ist.

c) Platzen einer Krampfader durch Schlag, Stoß, Fall oder durch einmalige körperliche Überanstrengung. Bei einer gewissen Ausdehnung der Venenwandveränderung kann eine Berstung spontan bei der gewöhnlichen Arbeitsverrichtung jederzeit erfolgen. Es ist deshalb der Nachweis einer plötzlichen außergewöhnlichen Körperanstrengung und die unmittelbare zeitliche Folge der Blutung für die Anerkennung einer Unfallschädigung erforderlich.

III. Venenthrombose.

Die Entstehung von Venenthrombosen durch Unfall ist auf doppelte Weise möglich. Einmal handelt es sich um unmittelbare Folgen von Verletzungen der Venenwand durch Stoß, Quetschung, Knochenbruch ohne oder mit gleichzeitiger Infektion. Meist führen solche Traumen nur an kleineren Venen zur Thrombosierung. Nach erheblicher Körpererschütterung, z. B. bei Fall aus größerer Höhe, sind auch Thrombosen der großen Venenstämme, wie der Vena cava inferior, beobachtet worden. Thiem sah Blutgerinnung der rechten

Hüftvene 3 Tage nach einem Fall vom Rad auf den Steiß. Rosenthal[1]) berichtet über Thrombose der Vena axillaris und subclavia in 2 Fällen nach verhältnismäßig geringer körperlicher Anstrengung, ebenso Heinecke nach Erschütterung der oberen Extremität. Als Spätkomplikation einer traumatischen Venenthrombose kann eine Lungenembolie noch nach langer Zeit eintreten.

Zweitens kann ein Unfall mittelbare Ursache einer Venenthrombose sein, wenn durch ihn veränderte mechanische Bedingungen geschaffen werden, wie Blutverlust und längere Bettruhe nach Operation, wodurch die Entstehung von Thrombosen erfahrungsgemäß begünstigt wird.

IV. Die Thrombo-Phlebitis der Extremitäten.

Eine Entzündung der Venen, eine Phlebitis, kann durch Unfall in der Weise zustande kommen, daß durch entzündliche Vorgänge in der Nachbarschaft (Abszeß, Furunkel, Panaritium) von außen her Entzündungserreger in die Venenwand eindringen. Ferner ist die Entstehung einer Phlebitis auf dem Blutwege möglich bei septischen Prozessen, Erysipel, Phlegmonen, die sich im Anschluß an Unfallverletzungen entwickelt haben.

Viertes Kapitel.

Verletzungen und Krankheiten der Speiseröhre.

I. Speiseröhrenverletzungen durch subkutane Traumen.

Man nimmt an, daß es sich bei den Ösophagusrupturen nach stumpfen Traumen am Rumpf um Berstungsrupturen handelt, da eine direkte Quetschung oder ein Abreißen der Speiseröhre wegen ihrer geschützten Lage und Verschieblichkeit kaum vorkommen kann. Der Vorgang soll sich derart abspielen, daß bei dem Trauma durch eine Kompression der Oberbauchgegend Mageninhalt in den unteren Teil der Speiseröhre hineingepreßt wird, wodurch Überdehnungslängsrisse entstehen. Diese liegen meist in dem unteren Abschnitt des Ösophagus. Derselbe Mechanismus soll auch das Zustandekommen der sog. Spontanrupturen der Speiseröhre bei Erbrechen ermöglichen (Petren)[2]).

II. Speiseröhrenblutungen.

Außer durch traumatische Ösophaguszerreißung kann ein Unfall dadurch zu einer Ösophagusblutung Anlaß geben, daß durch eine Körpererschütterung erheblicher Art (Fall aus größerer Höhe auf Füße,

[1]) Rosenthal, Monatsschr. f. Unfallheilk. 1916, S. 3.
[2]) Petren, Beitr. z. klin. Chir. 61, 265.

Rücken, Schulter, Bauch) oder eine starke körperliche Anstrengung Ösophagusvarizen (Leberzirrhose und sonstige chronische Pfortaderstauung) zum Platzen gebracht werden. Eine stärkere Muskelanstrengung bedingt durch die dabei auftretende Blutdrucksteigerung ein Einreißen der krankhaft veränderten und verdünnten Venenwandungen.

Bei derartiger krankhafter Varizenbildung im unteren Ösophagusabschnitt tritt eine profuse Blutung oft schon ohne besondere äußere Veranlassung oder bei ganz unbedeutenden Anstrengungen des alltäglichen Lebens auf. Curschmann sah schon nach einem unterdrückten stärkeren Hustenreiz und nach Rücken eines Möbelstückes eine tödliche Blutung aus Ösophagusvarizen und Schmidt eine Blutung nach Heben eines 15 kg schweren Kettenbaums. Man wird also eine tatsächliche Verschlimmerung bzw. eine Auslösung der Blutung (die selbst tödlicher Natur sein kann) nur dann als Unfallfolge anerkennen, wenn eine außergewöhnliche Anstrengung oder eine sehr erhebliche Erschütterung des Brustkorbs — nicht etwa ein einfacher Stoß oder leichter Schlag gegen die Brust — stattgefunden hat; denn eine leichte Erschütterung wird niemals imstande sein, die tiefliegende Speiseröhre so erheblich zu schädigen, daß dadurch ein Gefäß berstet.

III. Speiseröhrendivertikel.

Die Möglichkeit ist zuzugeben, daß ein Trauma sowohl bei der Entstehung eines Zenkerschen Pulsionsdivertikels wie auch beim Zustandekommen eines Traktionsdivertikels eine wesentlich mitwirkende Rolle spielt. Da man für die Entwicklung des Pulsionsdivertikels eine angeborene Schwäche bestimmter Teile der Speiseröhrenwand annimmt, die so groß sein kann, daß schon der gewöhnliche mechanische Druck beim Schlingakt für eine allmähliche Ausbuchtung der Schleimhaut genügt, so ist nicht abzulehnen, daß direkte Traumen am Hals an solchen prädisponierten Wandstellen zu einer Zerreißung von Muskelfasern mit sekundärer Divertikelbildung Anlaß geben können. Moczulski[1]) berichtet über einen Kranken, der sich 3 Jahre vor Feststellung eines in der Höhe des 2. Halswirbels sitzenden Divertikels heftig mit der Halsgegend gegen ein scharfes Eisstück gestoßen hatte, sodaß er bewußtlos war und aus dem Munde blutete. Ein Traktionsdivertikel kann durch Unfall in der Weise verursacht werden, daß traumatisch entzündliche Veränderungen in der Umgebung der Speiseröhre (Pleuritis, Mediastinitis) durch sich anschließende narbige Schrumpfungsprozesse einen dauernden Zug auf die Speiseröhrenwand ausüben. Verschlimmerung eines Divertikels durch Ruptur mit anschließender Lungengangrän infolge stumpfer Traumen und Anstrengungen ist mehrfach beschrieben worden (Liebe, A. Fränkel).

---

[1]) Moczulski, Zentralblatt f. d. Grenzgeb. 1909, Nr. 4.

IV. Kardiospasmus und Speiseröhrenerweiterung.

Speiseröhrenkrampf findet sich nicht selten als Begleiterscheinung funktioneller Neurosen (Hysterie, Neurasthenie), und es liegen auch Beobachtungen vor, in denen das Leiden im Anschluß an Traumen des Kopfes, der Wirbelsäule und des Thorax aufgetreten ist. Eine unfallsweise Entstehung eines Krampfes des Ösophagus durch das Bindeglied einer traumatischen Neurasthenie oder Hysterie ist deshalb sehr wohl möglich. Der ursächliche Zusammenhang ist aber nur dann anzuerkennen, wenn der Spasmus in unmittelbarem Anschluß an ein Trauma (Schreckwirkung) oder auf dem Boden allgemeiner nervöser Unfallsstörungen zur Entwicklung gekommen ist. Eine Speiseröhrenerweiterung kann nicht nur als Folge eines Kardiospasmus, sondern auch durch entzündliche und narbige Prozesse in der Nachbarschaft (Wirbelbruch, Mediastinitis, Karies der Wirbelsäule) mit Zugwirkung und Abknickung des Ösophagus entstehen. In einer Beobachtung von Nicke[1]) traten Schluckstörungen, die auf einem Hindernis (Spasmus oder Abknickung) im untersten Teil der Speiseröhre beruhten, erst $1^1/_2$ Jahr nach einer Wirbelsäulenfraktur hervor.

Ein Heizer verunglückte durch Fall in einen 60 Fuß tiefen Keller mit Quetschung der Wirbelsäule und der Beine und Gehirnerschütterung. Nach $1^1/_2$ Jahr wurde zuerst eine Buckelbildung am I. Lendenwirbel festgestellt bei gleichzeitigen Klagen über Schluckbeschwerden bei festen Speisen. Diese konnten nur durch Flüssigkeiten fortgespült werden, andernfalls wurden sie nach einiger Zeit unverdaut erbrochen. Dabei war in den folgenden Jahren ein Einfluß der Schluckstörung auf den Ernährungszustand nicht bemerkbar, sodaß 5 Jahre nach dem Unfall die Erwerbsminderung nur mit 10% geschätzt wurde. Erst 13 Jahre später trat eine Verschlimmerung ein, besonders auch bezüglich der Schluckbeschwerden. Es gelang jetzt und auch später nicht, die Sonde in den Magen einzuführen (bei 45 cm Hindernis), dabei annähernd 10 cm langer Buckel, IX. Brust- bis III. Lendenwirbel, starke Abmagerung.

V. Speiseröhrenkrebs.

Die Angabe von Thiem in seinem Handbuch der Unfallkrankheiten, daß ihm Fälle von Speiseröhrenkrebs nach Unfall nicht bekannt seien, besteht auch jetzt noch zu Recht. Eine Krebsentstehung wird nur dann in Frage kommen, falls ihr eine Unfallverletzung der Speiseröhre nachweislich vorhergegangen ist, und sich dann ein Karzinom auf dem Boden narbiger Prozesse der Speiseröhrenschleimhaut entwickelt. Für eine solche Feststellung genügt aber in der Regel nicht die klinische Beobachtung; vielmehr ist ein genauer Obduktionsbefund erforderlich, der Reste einer früheren Verletzung der Speiseröhre ergibt.

Die Verschlimmerung eines Speiseröhrenkrebses liegt nur dann vor, wenn in unmittelbarer zeitlicher Folge nach einem erheblichen Brusttrauma Blutungen, starke Schmerzen, akute Schluckstörun-

[1]) Nicke, Monatsschr. f. Unfallheilk. 17, 517.

gen oder Perforationserscheinungen nach dem Mediastinum, Lunge auftreten, und der Krankheitsverlauf von da ab ein außergewöhnlich schneller ist. Nach Fürbringer[1]) kann man als Durchschnittszeit bei Carcin. oesophagi vom Beginn der ersten Erscheinungen, vor allem der Schluckbeschwerden, bis zum Tode 6—9 Monate rechnen, und es wird nicht gerade häufig die Jahresfrist und nur selten die Dauer von $1^1/_2$ Jahren überschritten. Von einer wesentlichen Beschleunigung der tödlichen Verlaufsweise kann also erst gesprochen werden, wenn bei vorheriger Latenz innerhalb von 3—4 Monaten nach dem Trauma der Tod eintritt, da nur in solchen Fällen die Wahrscheinlichkeit eines beschleunigten Wachstums mit frühzeitiger Stenose und Kachexie durch Behinderung der Nahrungsaufnahme angenommen werden kann.

VI. Rentenabschätzung.

a) Verletzungen. Nach Abklingen der akuten Verletzungserscheinungen und bei gutem Schluckvermögen wird in der Regel eine abschätzbare Minderung der Arbeitsfähigkeit nicht zurückbleiben.

b) Stenosen, die sich nachträglich ausbilden, erfordern stets Krankenhausbehandlung. Restiert eine Schluckbehinderung, so wird auch bei gutem Allgemeinzustand wegen der besonderen Aufwendungen für geeignete Diät zur Erhaltung des Kräftezustandes eine Rente von annähernd **20—30** % zu gewähren sein.

c) Speiseröhrendivertikel sind wie Stenosen zu bewerten.

d) Kardiospasmus und sekundäre **Erweiterung** können sehr erhebliche Beschwerden verursachen und die Arbeitsfähigkeit nicht unerheblich stören, so daß Renten von **30—50**% in Frage kommen. Letztere aber nur, wenn der Allgemeinzustand erheblich in Mitleidenschaft gezogen wird.

Fünftes Kapitel.

Verletzungen und Erkrankungen des Magens.

A. Die Entstehungsursachen von Magenleiden durch Unfall.

Erkrankungen des Magens können direkt oder indirekt durch die verschiedenartigsten Unfallereignisse ausgelöst oder verschlimmert werden, so daß die Erörterung der Zusammenhangsfrage zwischen Unfall und funktionellen oder organischen Magenstörungen unter Umständen eine recht schwierige ist und eine genaue Kenntnis aller in Betracht kommenden Möglichkeiten erfordert. 1. In erster Linie sind es direkte stumpfe Traumen der Magengegend und erhebliche allgemeine Körpererschütterungen, die als Entstehungsursache für eine Schädigung des Magens in Frage kommen. 2. Nicht selten werden starke körper-

[1]) Fürbringer, Obergutachten f. RVA. vom 8. April 1905.

liche Anstrengungen, wie z. B. schweres Heben, als Entstehungs- und Verschlimmerungsursache von Magenleiden beschuldigt. 3. An dritter Stelle sind Unfallereignisse zu nennen, die mittelbar zu Erkrankungen der Magenschleimhaut führen können, wie z. B. Verbrennungen, septische oder embolische Prozesse. 4. Ein Unfall kann indirekt zur Entwicklung von Magenneurosen Anlaß geben, wenn sich als Teilerscheinung einer traumatischen Neurasthenie oder Hysterie nervöse Magenstörungen einstellen. 5. An letzter Stelle ist die mittelbare Entstehung von Magenleiden bei traumatischen Verletzungen der Kauwerkzeuge (Kieferbruch, Zahnverlust usw.) zu erwähnen. Im folgenden soll zunächst besprochen werden, unter welchen besonderen Bedingungen allen den eben angeführten Unfallvorgängen tatsächlich eine Rolle bei der Entstehung oder Verschlimmerung von Magenerkrankungen zuerkannt werden darf.

B. Magenverletzungen durch mechanische Gewalteinwirkung.

1. Direkte Traumen des Leibes und ihre Folgezustände.

Durch stumpfe Gewalteinwirkung, wie Stoß, Schlag, Quetschung des Leibes, Fall auf den Bauch, können nachgewiesenermaßen auch ohne äußerlich erkennbare Verletzung der Haut und der Bauchmuskulatur schwere Verletzungen der Magenwandungen und der Schleimhaut hervorgerufen werden. Es sind beobachtet worden: Rupturen der ganzen Magenwand mit oder ohne Einrisse des Peritonalüberzuges, Einrisse einzelner Magenwandschichten oder der Schleimhaut allein, Blutungen zwischen den verschiedenen Wandschichten und unter der Schleimhaut mit Abhebung derselben. Abgesehen von diesen direkten Verletzungen hat man bisweilen auch noch Traumen der Magengegend, akute Magenerweiterung beobachtet[1]).

Als unmittelbare Folge jeder erheblichen Magenwandschädigung stellen sich als wichtigste Symptome Blutbrechen und Blutabgang im Stuhl ein, neben spontanem Druckschmerz der Magengegend und häufig allgemeinen Chokerscheinungen (Blässe, Ohnmacht, Übelkeit). Bei kleineren Blutungen braucht kein Erbrechen von Blut aufzutreten, so daß in solchen Fällen der Nachweis von Blutabgang im Stuhl (teerfarbener Stuhl) von besonderer Wichtigkeit ist. Das Blutbrechen mit Blutstuhl tritt auch nicht immer unmittelbar nach dem Trauma ein, sondern ist mehrfach erst nach Stunden oder Tagen oder selbst Wochen beobachtet worden, wenn bei sub-

[1]) Ob es sich in den Fällen von akuter Magendilatation nach Trauma der Magengegend um eine Lähmung der Muskulatur bzw. der Magennerven handelt, oder ob eine reflektorische Wirkung vorliegt, ist nicht bekannt. Auch nach Wirbelfrakturen wird akute Erweiterung des Magens beobachtet. Tödlicher Ausgang ist mehrfach beschrieben worden.

mukösen Hämatomen die Abstoßung und Nekrotisierung der Schleimhaut erst später erfolgt unter Bildung von geschwürigen Prozessen, die erst nach einiger Zeit zu Blutungen Anlaß geben können. Bei der Beurteilung von Magentraumen ist ferner die Kenntnis von Wichtigkeit, daß trotz erheblicher Schädigung der Magenwand die Anfangserscheinungen äußerst geringgradig sein können. Besonders lehrreich ist in dieser Hinsicht eine von v. Winiwarter[1]) mitgeteilte Beobachtung, in der ein Fußballspieler nach einem Stoß in die Magengegend mit anschließender Ohnmacht wieder weiter spielte und erst 12 Tage später nach wiederholten Exzessen im Trinken und Essen an Erbrechen und teerfarbigen Stuhlentleerungen erkrankte, mit Blutbrechen am 14. Tage. Die annähernd 3 Wochen nach dem Trauma vorgenommene Operation ergab 2 Schleimhautrisse an der vorderen Magenwand, die als frische Rißwunden imponierten.

Die Heilung von Magenverletzungen ist nicht selten eine schnelle und vollkommene, sodaß der Kranke nach einigen Wochen beschwerdefrei ist und erwerbsvermindernde Unfallfolgen nicht mehr vorliegen, auch wenn anfangs sichere Zeichen einer Schleimhautverletzung bestanden haben. Nicht selten treten aber ernstere Folgezustände auf in Gestalt von Krankheitserscheinungen, die auf eine länger sich hinziehende Geschwürsbildung hinweisen (s. Abschnitt Magengeschwür nach Unfall). Sehr selten kommt es durch Infektion einer Magenwunde zu einer Eiterung außerhalb der Magenwand, zu einem Magenabszeß. Ferner beobachtet man infolge von narbigen Prozessen Pylorusstenose, Verwachsungen des Magens mit der Umgebung, perigastrische Abszesse, Magenwandzysten. Was die Entstehung von Magengeschwülsten nach direktem Trauma betrifft, so verweise ich auf das Kapitel Magenkarzinom nach Trauma.

Da der Magen eine durch die Rippenbögen wesentlich geschütztere Lage hat und nur in kleiner Ausdehnung (Pylorusteil) der Wirbelsäule aufliegt als der Darm, so wird eine Quetschung der Magenwandung wesentlich seltener sein als die Darmverletzungen. Die Verletzungen des Magens kommen durch Kompression (gegen Wirbelsäule) oder durch Berstung zustande, wofür Füllung des Organs Vorbedingung ist. In letzterem Falle kann eine auch weniger erhebliche, stumpfe Gewalteinwirkung eine Verletzung hervorrufen. Die Erheblichkeit eines Traumas ergibt sich einmal aus dem Unfallvorgang selbst, ferner aus dem Auftreten von Chokerscheinungen und stärkeren subjektiven Beschwerden unmittelbar nachher mit sofortiger Arbeitseinstellung und den Zeichen einer Magenverletzung (Erbrechen, Blutbrechen, Blutstuhl). Das Vorhandensein äußerlich erkennbarer Verletzungsspuren in der Magengegend (Bluterguß in Haut und Bauchdecken) bildet natürlich ein wichtiges Beweismittel für eine stärkere örtliche Einwirkung.

[1]) v. Winiwarter, Wien. klin. Wochenschr. 1902, Nr. 52.

2. Allgemeine Körpererschütterung.

Daß auch eine starke Erschütterung des Körpers, wie sie bei einem Fall oder Sprung aus größerer Höhe auf Füße oder Gesäß statthat, eine Verletzung eines vorher gesunden Magens herbeiführen kann, muß zugegeben werden. Das Zustandekommen der Verletzung hat man sich in gleicher Weise vorzustellen wie bei den häufiger beobachteten Darmverletzungen, wobei vollkommene Abrisse von Darmteilen bei Körperfall beobachtet worden sind. Dadurch, daß beim Aufprallen des Körpers die Fallrichtung des Körpers aufgehalten wird, während die mit Inhalt gefüllten Magendarmteile ihre Fallgeschwindigkeit beibehalten, erleiden diese eine Zerrung und Erschütterung, wobei es zu Einrissen der Magenschleimhaut kommen kann. Vor allem wird eine Verletzung dann stattfinden, wenn der Magen bereits erkrankt ist, also bei einem frischen oder vernarbten Magengeschwür, oder wenn Verwachsungen des Magens mit Nachbarorganen bestehen. Ein Abriß des Magens durch Erschütterung ist nach Kausch bisher nur einmal beobachtet worden.

3. Körperliche Anstrengung und Magenverletzung.

Die Möglichkeit, daß durch eine starke Körperanstrengung, wie schweres Heben, Tragen, Ziehen, wobei es zu einer starken Anspannung der Bauchmuskeln kommt, eine schwere Verletzung des gesunden Magens entstehen kann, wird von internen Klinikern und Chirurgen behauptet. So sagt Kausch in dem Handbuch der praktischen Chirurgen (4. Aufl., Bd. III, S. 185): „Die Ruptur des Magens ist gelegentlich bei stark gefülltem Organ auch nach außerordentlich leichten Traumen beobachtet worden, selbst nach starker Anspannung der Bauchmuskeln," und fügt hinzu: „Diese Fälle stehen denen von sog. Spontanruptur sehr nahe." Ich habe in der Unfallsliteratur keine Beobachtungen für die von Kausch gemachte Annahme gefunden. Es liegt nur eine Mitteilung von Pauly[1]) vor, nach der eine starke ruckartige Rückwärtsneigung des Oberkörpers zur Verhütung des Fallens den Anlaß zu einer Geschwürsbildung am Anfangsteil des Duodenums gegeben haben soll.

Ebstein[2]) hat 3 Fälle mitgeteilt, in denen er Blutbrechen, das einige Tage nach schwerem Heben auftrat, auf die Entstehung eines traumatischen Magengeschwürs zurückführt. Er nimmt an, daß durch die allgemeine Blutdrucksteigerung bei starken körperlichen Anstrengungen eine hämorrhagische Infiltration der Magenschleimhaut oder der Submukose entstehen kann, und daß die aus der Blutzirkulation ausgeschaltete Stelle der Magenwand der Verdauung durch den Magensaft anheimfällt, womit es zur Geschwürsbildung kommt.

---

[1]) Pauly, Ärztl. Sachverst.-Ztg. 1898, Nr. 2.

[2]) Ebstein, Dtsch. Archiv f. klin. Med. 54, 442.

Daß es sich nun in den Fällen Ebsteins um gesunde Mägen gehandelt hat, erscheint ganz unbewiesen. Die Annahme von Ebstein mag sicherlich Geltung haben, wenn es sich um bereits durch Arteriosklerose oder an chronischem Ulcus ventriculi erkrankte Magengefäße handelt; daß aber gesunde Magengefäße — ohne Stauung, wie bei Leberzirrhose, Herzfehler usw. — durch eine starke Blutdrucksteigerung platzen sollten, ist ganz unwahrscheinlich. Es müßte das dann doch ein sehr häufiges Vorkommnis bei unseren Schwerarbeitern sein.

In Fällen, in denen anscheinend im unmittelbaren Anschluß an körperliche Anstrengungen Blutbrechen auftritt, wird man daran denken müssen, daß — abgesehen von Blutungen aus bis dahin latentem Magengeschwür und aus Varizen des Ösophagus bei Leberzirrhose — spontane Massenblutungen aus dem Magen bisweilen auch ohne jede nachweisbare Magenverletzung und bisweilen ohne besondere äußere Veranlassung vorkommen können. Magenblutungen nach Heben schwerer Lasten mit tötlichem Verlauf ohne nachweisbare Blutungsquelle an der Magenschleimhaut (sog. parenchymatöse Blutung) sind von Wiemann[1]), solche von spontanem Auftreten von Reichard und Ewald[2]) beschrieben worden. Der erste Fall von Wiemann ist nicht beweiskräftig, da bei der Obduktion bei normalem Magenbefund an dem unteren Ösophagusabschnitt ungewöhnlich starke Venenerweiterungen gefunden wurden, so daß es sehr wohl möglich ist, daß die nach Heben eines schweren Wagens erstmalig aufgetretene Blutung durch Platzen der Varizen verursacht worden ist, ebenso wie die folgenden nach 4 Jahren zum Tode führenden Blutungen.

Der zweite Fall ist wichtiger für die Frage der Auslösung sog. parenchymatöser Magenblutungen durch Anstrengung:

Ein früher stets gesunder Hauer hob mit sechs andern Kameraden einen aus dem Geleis gesprungenen Wagen und klagte laut Zeugenaussage etwa 10 Minuten später über Schmerzen im Leib. Er will 3 Tage später Bluterbrechen gehabt und schwarz gefärbten Stuhl entleert haben. Krankenhausaufnahme erfolgte am 9. Krankheitstag. Der Kranke sah sehr anämisch aus und war die Magengegend auf leichten Druck schmerzhaft. Am 14. Tag nach dem Unfall neue Blutung aus dem Mund und Exitus. Die Obduktion ergab außer einem kleinen Riß an der hintern Magenwand, der nach dem Gutachten von Herrn Prof. Ponfick erst bei der Sektion entstanden war, keinen krankhaften Befund an der Magenschleimhaut und überhaupt keine Blutungsquelle am ganzen Verdauungsrohr.

Bei unserer Unkenntnis über das Zustandekommen derartiger tötlicher Blutungen aus dem Magendarmkanal ohne erkennbare Schleimhautveränderung wird man vorerst körperliche Anstrengungen als auslösende Ursache nicht abweisen können, wenn sich die Blutung im unmittelbaren zeitlichen Anschluß an eine außergewöhnliche Überanstrengung angeschlossen hat.

[1]) Wiemann, Monatsschr. f. Unfallheilk. 1900, Nr. 3.

[2]) Reichard u. Ewald, Zeitschr. f. Chir. 1900, Nr. 5.

C. Magengeschwüre und Unfall.

I. Entstehung eines Magengeschwürs durch Unfall.

Für die unfallsweise Entstehung geschwüriger Prozesse am Magen kommen folgende Möglichkeiten in Betracht: 1. direkte und indirekte Gewalteinwirkungen, die zu Schleimhautverletzungen, Zerreißungen oder submukösen und intramukösen Blutungen Anlaß geben; 2. ausgedehnte Hautverbrennungen; 3. septische Prozesse mit Magenschleimhautschädigung; 4. irrtümliches Verschlucken von ätzenden Flüssigkeiten. 5. Die Entstehungsmöglichkeit eines Ulcus ventriculi durch nervösen Spasmus der Magenwand, wie dies v. Bergmann annimmt, ist bisher rein hypothetischer Natur. Für die praktische Unfallbegutachtung kommt vorerst eine Magengeschwürsbildung durch Vermittlung einer traumatischen Neurasthenie oder Hysterie nicht in Frage.

1. Direkte und indirekte Traumen der Magengegend mit Magenblutung bei vorher anscheinend gesunden Personen.

Im Anschluß an direkte Traumen der Magengegend (Stoß, Schlag, Fall, Quetschung) beobachtet man bisweilen die Entwicklung von Krankheitserscheinungen, die das klinische Bild eines chronischen Magengeschwürs bieten: Schmerzen nach dem Essen, Erbrechen mit oder ohne Blutbeimengung, Blutabgang im Stuhl, umschriebene Druckempfindlichkeit des Magens. In einem Teil der Fälle verlieren sich die Magenerscheinungen, die mit akuter Blutung begonnen haben, nach Einleitung einer Ulcuskur nach kurzer Zeit; bisweilen vergehen einige Wochen oder Monate, bis vollständige Ausheilung erreicht wird. Seltener zieht sich das Leiden unter Rückfällen mit immer wiederkehrenden Blutungen über viele Jahre hin, und ergibt dann die Operation oder die Sektion einen anatomischen Befund wie bei Ulcus rod. ventriculi. Da erfahrungsgemäß ein Magengeschwür lange Zeit latent verlaufen kann, oder unter unbedeutenden Magenerscheinungen, die nichts für Magengeschwür Charakteristisches bieten, so wird man beim Auftreten einer Magenblutung nach Magentrauma mit sich anschließenden Geschwürerscheinungen niemals mit voller Sicherheit behaupten können, daß nicht zur Zeit des Traumas schon ein Magengeschwür bestanden hat, das durch die Gewalteinwirkung lediglich verschlimmert worden ist. Andererseits kann aber auch nicht abgelehnt werden, daß eine traumatische Schädigung der Magenschleimhaut — Blutung in oder unter der Schleimhaut mit Nekrotisierung der ausgeschalteten Schleimhautstellen oder Einrisse der Schleimhaut — den Anlaß zu geschwürigen Prozessen geben kann. Diese Möglichkeit wird vor allem dann nahe liegen, wenn sich bei einem vorher nicht nachweislich magenkranken Menschen im unmittelbaren Anschluß an ein erheblicheres Trauma der Magengegend oder nach heftiger Körpererschütterung durch Fall auf Füße und Gesäß Blutbrechen eingestellt hat, und in der Folgezeit länger anhaltende Blutungen per os oder im Stuhl sicher festgestellt werden. Ob es sich in solchen Fällen von Blutungen nach Traumen um chronische Ulzerationen infolge Verletzung der Schleimhaut ohne Neigung, in die Tiefe zu dringen, handelt, oder ob ein echtes Ulcus rotundum vorliegt, wird nur durch Operation oder Sektion mit Sicherheit festzustellen sein. Für die Unfallbegutachtung ist diese Unterscheidung von geringerer Bedeutung als der Nachweis, daß der Unfallkranke vor dem Trauma keine Magenerscheinungen geboten hat, da damit bei der Rentenabschätzung die im Anschluß an das Trauma aufgetretene Blutung und die weiteren Folgezustände lediglich als Unfallfolge anzuerkennen sind. Aus der reichen Kasuistik von Magenblutungen nach direkten Traumen mit schneller Heilung oder länger sich hinziehender Krankheit führe ich einige Beispiele an[1]).

Fälle mit rascher Heilung nach direktem Magentrauma:

1. 25jähriger, früher gesunder Gärtner erhielt heftigen Fußtritt gegen den Leib. Bewußtseinsverlust, Blutbrechen und Bluturin. Später noch einige Male Blutbrechen und Blutabgang im Stuhl bis 6 Wochen nach dem Trauma. Nach weiteren 4 Wochen anscheinend völlige Heilung (aus Derouets Kasuistik von Panas mitgeteilt).

2. 34jähriges Dienstmädchen, das vorher keine Verdauungsstörungen geboten, bekam 4 Stunden nach einer Mißhandlung mit Schlägen, die unter anderm auch die Magengegend trafen, Blutbrechen, das sich mehrmals am Tage wiederholte. Bei Aufnahme fester Speisen am 3. Tag traten sehr heftige Schmerzen im Epigastrium auf; auch bestand Druckschmerz unterhalb des Processus xiphoideus und entlang dem linken Rippenbogen. Nach 14 Tagen schwanden die Schmerzen auch bei Nahrungsaufnahme, wie auch alle sonstigen Magensymptome (Zit. nach Duplay).

3. Bis dahin gesunder Pionier schlug bei einem Fehlsprung mit dem Bauch auf einen Balken. Im Quartier trat Blutbrechen auf; doch tat er nachmittags, da er keine Schmerzen fühlte, wieder Dienst. Abends erneut Blutbrechen, Magengegend auch druckempfindlich. Nach 3 Tagen hörte das Blutbrechen auf; doch wurde noch annähernd 3 Wochen lang beim Husten oder durch Aufstoßen eine geringe Menge rötlicher Flüssigkeit aus dem Magen entleert. Nach $2^1/_2$ Monaten wurden wieder feste Speisen vertragen. Nach 3 Monaten Entlassung als geheilt. (Zit. nach Stern aus dem Sanitätsbericht der preußischen Armee. Berichtsjahr 1888/89.)

Fälle mit chronischem Verlauf nach direktem Trauma der Magengegend:

4. 40jähriger Landmann, der früher nie magenkrank war, erlitt bei einer Zugentgleisung eine Quetschung der Brust zwischen den Bänken des Waggons. Am folgenden Tag Blutbrechen und 3 Wochen später Magenschmerzen nach dem Essen und manchmal Erbrechen. In den folgenden $3^3/_4$ Jahren dauernd Verdauungsstörungen, öfters Erbrechen, zuweilen mit Blut, gastralgische Anfälle. Bei der Krankenhausbeobachtung 3 Anfälle von Gastralgie mit Erbrechen; unter Milchdiät Besserung. Nach 6 Wochen bei Wiederkehr zur gewöhnlichen Nahrung erneut starkes Blutbrechen. (Zit. nach Rendu.)

[1]) Zit. nach Stern, Traum. Entst. i. Krankh. S. 259.

5. 45jähriger, früher stets gesunder Müllergeselle, fiel mit einer Leiter um und schlug mit dem Magen gegen die Kante einer Treppenstufe. Er wurde bewußtlos aufgefunden mit Blut neben ihm. Gleich nachher heftige Schmerzen in der Magengegend, die sich durch mehrwöchige Bettruhe und strenge Diät soweit besserten, daß er leichte Arbeit aufnehmen konnte. Bald darauf erneut Blutbrechen, das sich 5 Jahre lang in Pausen von mehreren Monaten wiederholte. Bei einer Krankenhausbeobachtung 5 Jahre nach dem Unfall trat bei Druckschmerz in der Magengegend mehrfach Blutbrechen auf. Nach Bericht des behandelnden Arztes bestanden nach 10 Jahren noch Zeichen eines chronischen Magenulcus. (Zit. nach P. Müller.)

Fall von Magenblutung nach starken körperlichen Anstrengungen:

6. 26jähriger Steinhauer, der angeblich bisher immer gesund gewesen, erkrankt im Anschluß an Heben eines schweren Steines an dyspeptischen Beschwerden, unter anderm Erbrechen von bluthaltigen Massen. Er arbeitete noch stundenweise, bis er $3^1/_2$ Wochen nach dem angeblichen Unfall mit den Zeichen eines akuten Magengeschwürs erkrankte: heftige Magenschmerzen, unstillbares Blutbrechen, Blutabgang durch den Stuhl. 7 Monate nach dem Unfall stellte Ebstein eine beträchtliche Erweiterung des Magens fest bis drei Querfinger breit unterhalb des Nabels und nahm eine Verengerung des Magenpförtners infolge Vernarbung eines Magengeschwürs an.

Richtlinien für die Anerkennung der traumatischen Entstehung eines Magengeschwürs.

Die gutachtliche Anerkennung, daß ein Trauma (Quetschung, Erschütterung, Überanstrengung) mit Wahrscheinlichkeit als Entstehungsursache für ein unter dem Bilde eines Magengeschwürs verlaufendes Magenleiden in Betracht kommt, muß von der Erfüllung folgender Bedingungen abhängig gemacht werden.

1. Der Kranke darf bis zum Unfall keine Verdauungsstörungen geboten haben.
2. Das Trauma muß nachgewiesenermaßen erheblicher Natur gewesen sein, also in einer starken Quetschung der Magengegend, Körpererschütterung durch Fall aus größerer Höhe auf Füße oder Gesäß, oder starker körperlicher Überanstrengung bestanden haben.
3. Auftreten von Magensymptomen im unmittelbaren Anschluß an das Trauma, wobei Blutbrechen gleich nachher oder einige Stunden später und Blutstuhl der sicherste Beweis einer Magenverletzung ist, ferner starke Chokerscheinungen, heftige Schmerzen, Brechneigung. Das anfängliche Fehlen von Blutbrechen spricht nicht gegen eine schwere Verletzung, da einmal kleinere Blutungen lediglich durch den Stuhl abgehen können, und außerdem Magenblutung oft tagelang nach Magentraumen auftreten können, wenn die Ablösung und Abstoßung nekrotisch gewordener Schleimhautteile erst später erfolgt.
4. In Fällen mit längerem Intervall (mehrere Wochen oder Monate) zwischen Trauma und Hervortreten sicherer Geschwürserscheinungen, in denen also anfänglich kein Blutbrechen bestanden hat, sondern erst später auftritt, müssen in der Zwischenzeit und von Beginn an nach dem Trauma dauernd Magensymptome bestanden

haben, also Brückensymptome in Gestalt von Schmerzen, die eine häufige Arbeitsunterbrechung nötig machten, erschwerter Nahrungsaufnahme wegen der Schmerzen, Abmagerung, zeitweises Erbrechen, Blutarmut (infolge okkulter Blutungen).

2. Hautverbrennung und Magengeschwür.

Das Zusammentreffen von ausgedehnten Hautverbrennungen mit Magen- und Duodenalgeschwüren ist durch zahlreiche klinische Beobachtungen erwiesen. Ponfick und Sonnenburg nehmen an, daß die blutigen Anschoppungen, wie sie im Verlauf des ganzen Verdauungskanals bei Verbrennungen vorkommen, den Anstoß zur Entwicklung von geschwürigen Prozessen geben, und daß vielleicht dabei eine Selbstverdauung mitwirke. Curling hat vor langer Zeit (1842) 12 Fälle zusammengestellt, in denen die Geschwüre bis auf einen Fall sämtlich in akuter Weise vom 7.—17. Tag tödlich verliefen. Der von Dietrich und Löbker in einem Obergutachten angenommene Zusammenhang ist vom RVA. anerkannt worden.

Bergmann erlitt am 2. Januar 1894 durch Pulverexplosion ausgedehnte Verbrennungen ersten und zweiten Grades. Gleich nachher und während der 3 Monate langen Krankenhausbehandlung Magenschmerzen. Fortdauernde Magenbeschwerden bis zum Auftreten von Magenblutungen 1897. Im Jahre 1903 erneut Magenblutung. Im Jahre 1906 Operation: Pylorus verengt, an der Vorderwand zwei kleine Narbenstellen mit Netzverwachsung, kleine Kurvatur nach der Leber verzogen. Verlauf günstig.

3. Septische Prozesse und Magengeschwür.

Das Vorkommen von ulzerösen Prozessen der Magenschleimhaut im Anschluß an septische Prozesse (puerperale Prozesse, Phlegmonen) ist bekannt. Nach P. Dufour handelt es sich bei diesen Magenschleimhautschädigungen um umschriebene submuköse Ekchymosen oder echte perforierende Magengeschwüre oder einfache Ulzerationen. Plötzliche und starke Blutungen kommen als Früh- und Spätsymptome bei septischen Prozessen vor, nicht selten mit tödlichem Ausgang in wenigen Stunden. Sobald der Nachweis erbracht ist, daß die septische Infektion auf einer Unfallschädigung beruht, muß deshalb jede im Verlauf dieser auftretende Magengeschwürsbildung bei vorheriger Gesundheit als mittelbare Unfallfolge anerkannt werden.

C. Kaufmann: 35jähriger Herr erkrankt septisch nach Fingerwunde bei anscheinend günstigem Verlauf. In der 3. Woche reichliches und wiederholtes Blutbrechen und Tod. Bei der Obduktion wird Magengeschwür gefunden. Zusammenhang von Privatversicherung anerkannt.

Curschmann[1]): Tod an Magenblutung 20 Monate nach Insektenstich.

Im Anschluß an Insektenstich brandige Zellgewebsentzündung und schwere Blutveränderungen, die nach Aussage der Ärzte und Zeugen bis zur tödlichen Schlußkrankheit bestanden haben. 20 Monate nach dem Stich plötzliche schwere Magenblutung mit tödlichem Ausgang.

---

[1]) Curschmann, Unfallvers.-Praxis 1903, Nr. 12.

II. Traumatische Verschlimmerung eines Magengeschwürs.

Wie schon oben ausgeführt ist, wird es sich in einer großen Anzahl von Fällen anscheinend traumatischer Geschwürsbildung lediglich um die Auslösung akuter Erscheinungen bei einem bis dahin latent verlaufenen Magengeschwür handeln. Vor allem gilt dies für das Auftreten von Magenblutungen nach indirekten Traumen, wie Körpererschütterung, starken körperlichen Anstrengungen, wie Heben und Tragen von Lasten, starkem Ziehen, Stemmen usw.

Die entschädigungspflichtige Verschlimmerung eines Magengeschwürs kommt dann in Betracht, wenn der Unfallverletzte früher an einem Magengeschwür gelitten hat, das aber zur Zeit des Unfalls infolge Vernarbung keine Beschwerden mehr machte, oder wenn zur Zeit des Unfalls nur geringe, die Arbeitsfähigkeit nicht wesentlich störende Verdauungsbeschwerden bestanden haben. In beiden Fällen kann durch ein Trauma eine wesentliche Verschlimmerung ausgelöst werden, indem das vernarbte Geschwür erneut in ein akutes Stadium übergeführt oder ein vorhandenes offenes Geschwür zu einer schnelleren Entwicklung angeregt wird. Die traumatische Verschlimmerung kann klinisch in dreifacher Weise hervortreten:

1. Im Anschluß an ein Trauma erneutes Auftreten einer Magenblutung, entweder nur vorübergehender Art oder den Anstoß gebend zu einer fortschreitenden Entwicklung des Geschwürs mit immer wiederkehrenden Blutungen und schließlicher Narbenstenose des Pylorus.

2. Perforation mit evtl. tödlichem Ausgang.

3. Allmähliche Verschlimmerung durch Trauma ohne akute Blutungen. Abgesehen von der traumatischen Verschlimmerung durch eine größere Blutung infolge Zerreißen oder Platzen eines größeren Geschwürgefäßes (z. B. auch nach körperlicher Anstrengung mit Blutdrucksteigerung) und infolge von Perforation eines Ulcus ist ein ungünstiger Einfluß auf ein Magengeschwür auch in der Weise möglich, daß durch kleinere submuköse oder intramuköse Blutungen ein weiteres und schnelleres Umsichgreifen des Geschwürs veranlaßt wird. Derartige Fälle werden besonders schwierig zu beurteilen sein, da ausgesprochene Anfangserscheinungen, vor allem Blutbrechen und Abgang größerer Blutmengen im Stuhl, ganz fehlen können, und anfängliche kleinere okkulte Blutungen in den Fäzes der Beobachtung meistens entgehen werden, wenn nicht zufällig kurz nach dem Trauma eine genauere chemische Untersuchung des Stuhlgangs vorgenommen wird. Es werden also lediglich die subjektiven Angaben des Kranken über anhaltende stärkere Schmerzen nach dem Trauma als Anhaltspunkt für eine angebliche Unfallverschlimmerung vorliegen und außerdem sein Verhalten bei der Arbeit.

Maßgebende Gesichtspunkte für die Anerkennung einer Verschlimmerung durch Unfall.

Da erfahrungsgemäß Magengeschwüre sich jederzeit und oft ohne nachweisbare äußere Veranlassung plötzlich verschlimmern können, bisweilen infolge geringfügiger Diätfehler, und spontane Magenblutungen etwa bei der Hälfte aller Magengeschwüre vorkommen, so wird man mit der Anerkennung einer Unfallverschlimmerung außerordentlich zurückhaltend sein müssen. Die Wahrscheinlichkeit eines ursächlichen Zusammenhangs zwischen einem Trauma und Verschlimmerung eines Ulcus ventriculi liegt nur dann vor, wenn 1. die Erheblichkeit des Traumas sicher erwiesen ist, und 2. die Zeichen der Verschlimmerung (Blutbrechen, Blutabgang im Stuhl, Perforation) sich in enger zeitlicher Folge an den Unfall angeschlossen haben.

1. Nachweis der Erheblichkeit eines Unfalls.

Bei direkten Traumen muß die Magengegend selbst von der Gewalteinwirkung betroffen worden sein, oder es muß eine starke Quetschung auf den ganzen Leib eingewirkt haben, durch Überfahrenwerden, Fall von Gesteinsmassen auf den Leib, Quetschung zwischen Eisenbahnpuffern. Bei Körpererschütterungen als angebliche Ursachen von Magenblutung oder Durchbruch genügt nicht ein einfacher Fall auf ebener Erde auf Rücken, Schulter, Arme; vielmehr muß es sich um einen Sturz oder Sprung aus größerer Höhe auf Füße oder Gesäß gehandelt haben. Wird eine körperliche Anstrengung angeschuldigt für das Auftreten einer Magenblutung oder Durchbruch eines Geschwürs, so muß nachweislich eine außergewöhnliche Kraftanstrengung erfolgt sein, die mit Wahrscheinlichkeit zu stärkerer momentaner Blutdrucksteigerung (mit Zerreißung eines Gefäßes) geführt hat. Es bedarf dabei nicht des Nachweises, daß die betreffende Arbeit für einen Arbeiter von gesunder Körperbeschaffenheit eine außergewöhnliche Anstrengung bedingt haben muß, sondern es genügt, wenn nur die Anstrengung für die in Frage kommende Person eine erhebliche gewesen ist. Wenn z. B. ein Büroarbeiter, der früher an Magengeschwür gelitten hat, aushilfsweise zum Heben schwerer ($1^1/_2$ Zentner) Säcke abkommandiert wird und nach Heben zweier Säcke plötzlich Blutbrechen bekommt, wie dies in einer eigenen Beobachtung der Fall war, so stellt diese an sich nicht besonders erhebliche Arbeitsleistung für den solcher Arbeit ungewohnten Schreiber eine außergewöhnliche Anstrengung dar, so daß auf Unfallverschlimmerung erkannt werden mußte.

2. Enges zeitliches Verhältnis zwischen Unfallvorgang und Auftreten von Magensymptomen.

a) **Blutbrechen** muß sich entweder unmittelbar oder wenigstens in den nächsten 24 Stunden nach dem Trauma einstellen. Denn wir führen ja die Blutung auf das Zerreißen eines Geschwürgefäßes durch direkte Schädigung oder durch den gesteigerten Blutdruck bei Körperanstrengung zurück, wobei beide Male die Blutung sofort oder bei nur teilweiser Wandschädigung erst später eintreten wird, wenn die verdünnte Wandstelle zunächst noch hält, aber bei der nächsten Gelegenheit mit stärkerer Inanspruchnahme, z. B. bei Füllung des Magens, Blutdrucksteigerung durch Pressen beim Stuhlgang usw., ganz einreißt. Gleichwertig mit dem Blutbrechen, das auch bei größerer Magenblutung fehlen kann, ist der Abgang von Blut im Stuhl, wenn der Kranke außerdem wegen eintretender Schmerzen, Übelkeit oder Chokwirkung die Arbeit sofort eingestellt, nachher auffällige Gesichtsblässe gezeigt hat (infolge Blutverlustes durch den Darm). Tritt dagegen bei einem an Magenulcus schon länger leidenden Kranken Blutbrechen erst viele Tage oder gar einige Wochen nach einem Trauma ein, und hat der Betreffende nach dem Unfall seine Arbeit gar nicht oder nur kurz ausgesetzt, so wird man ablehnen, daß ein genügender Grad von Wahrscheinlichkeit vorliegt, daß das Trauma auslösend für die Blutung eingewirkt hat, selbst wenn der Kranke nachträglich behauptet, daß er seit dem Unfall stärkere Magenbeschwerden gehabt habe. Die spontane Magenblutung ist bei chronischem Ulcus ein so häufiges Vorkommnis, daß jedes längere Intervall zwischen Trauma und Blutung einen ursächlichen Zusammenhang fraglich und unwahrscheinlich macht.

b) Perforation. Diese muß sich zeitlich unmittelbar an das Trauma anschließen. Dabei ist zu bedenken, daß die Beschwerden bei einem plötzlichen Durchbruch eines Geschwürs keineswegs sofort hochgradige zu sein brauchen, ja daß Schmerzen anfangs ganz fehlen können. Denn es ist beobachtet worden, daß ein Kranker nach erfolgter Perforation zunächst noch weiter arbeitet, längere Strecken zu Fuß geht. Die Schmerzen treten erst dann auf, wenn die Bauchfellentzündung eine gewisse Höhe erreicht hat, und bis dahin können 1—2 Stunden vergehen. In einer Beobachtung von Thiem fiel ein Bierkutscher beim Tragen eines vollen Bierfasses nach vorn mit dem Leib auf das Faß. Er brachte das Faß noch allein auf den Wagen, fuhr noch zu andern Kunden, wo er Kognak und Selterswasser trank, ging dann zu Fuß nach Hause, wobei er Schmerzen verspürte. Am folgenden Tag wurde er in die Klinik gebracht und wegen peritonealer Erscheinungen operiert, wobei sich im Grunde eines älteren Magengeschwürs ein sternförmiger Riß mit den nach der Bauchhöhle zu umgeklappten noch blutigen Fetzen vorfand. Orth hat sich dahin ausgesprochen, daß außer der Erheblichkeit der Traumen und dem zeitlichen Auftreten vor allem auch auf das anatomische Verhalten der Durchbruchstelle besonderes Gewicht zu legen sei. Er macht die Anerkennung der traumatischen Entstehung einer Perforation davon abhängig, daß bei der Operation oder Obduktion an der Durchbruchstelle des Geschwürs noch haltbares Gewebe vorliegt, welches einen spaltförmigen von mehr oder weniger zackigen Rändern umgebenen Riß zeigt. Findet sich dagegen nur morsches abgestorbenes oder erweichtes Gewebe des Geschwürsgrundes oder eine runde, wie mit dem Locheisen ausgeschlagene Öffnung, so spricht das für spontane Perforation. Orth nimmt im letzteren Fall an, daß eine bereits widerstandslose Gewebsmasse den Geschwürsboden bildete, die dicht vor dem Durchbruch stand, bei schon geringer Gewalteinwirkung einreißen konnte und in kurzem auch ohne wesentliche äußere Einwirkung eingerissen sein würde.

Es erscheint mir sehr fraglich, ob diese Schlußfolgerungen Orths für die Beurteilung maßgebend sein dürfen. Es bleibt zu bedenken, daß nach den klinischen Erfahrungen nur eine Minderzahl von Magengeschwüren von selbst nach der Bauchhöhle durchbricht, daß es vielmehr in der Regel durch Fortleitung der Entzündung von dem Geschwürsgrund auf den Bauchfellüberzug zu entzündlichen Verwachsungen mit Milz, Pankreas und anderen Baucheingeweiden kommt, wodurch ein natürlicher Schutz gegen die Durchbruchsgefahr bewirkt wird.

Man wird deshalb niemals ablehnen können, daß ein Geschwür — auch wenn es bei der Operation oder Sektion nach Trauma den Eindruck machte, als ob es dicht vor der Perforation gestanden hätte — ohne Trauma nicht doch zu entzündlichen Verklebungen und Verwachsungen Anlaß gegeben haben würde, so daß es ohne Trauma nicht zum Durchbruch gekommen wäre.

Das Hauptgewicht bei der Anerkennung eines traumatisch ausgelösten Durchbruchs wird man stets auf den Unfallvorgang selbst und dessen Erheblichkeit und auf die zeitliche Folge unmittelbar nach dem Trauma legen müssen.

D. Magenkrebs und Unfall.

I. Entstehung eines Magenkarzinoms durch Unfall.

Da ein Magenkrebs in seinen ersten Anfängen lange Zeit symptomlos bleiben kann, und wir über seine Entwicklungsdauer nichts Sicheres wissen, so ist der streng wissenschaftliche Nachweis einer Krebsentwicklung durch Traumen ganz unmöglich. In allen Fällen von Auftreten einer Krebsgeschwulst kürzere oder längere Zeit nach einem Betriebsunfall wird stets der berechtigte Einwand erhoben werden können, daß das Leiden zur Zeit des Unfalls schon latent vorhanden war, so daß es sich nur um ein zufälliges zeitliches Zusammentreffen handelt.

Andererseits wird die Möglichkeit einer Magenkrebsentstehung durch bestimmte Unfallschädigungen des Körpers keineswegs abgelehnt werden dürfen. Denn wir wissen aus vielfachen klinischen, durch anatomische Befunde gestützten Beobachtungen, daß chronische Reizzustände der Haut und Schleimhäute auslösend wirken für Karzinombildung. Insbesondere ist es auch erwiesen, daß gar nicht selten ein Magenkrebs auf dem Boden eines chronischen Magengeschwürs zur Entwicklung kommt, so daß man annehmen darf, daß die Geschwürsbildung als auslösender Reiz für die Krebsentstehung gewirkt hat.

Die Mehrzahl der Forscher steht deshalb bezüglich der Entstehungsmöglichkeiten eines Magenkrebses durch Unfall auf folgendem Standpunkt:

1. Traumatisch entstandene Magengeschwüre können den Ausgangsort späterer Karzinome bilden (direkte Quetschung der Magengegend, allgemeine Körpererschütterung, evtl. auch Ulzera nach Verbrennung).

2. Chronische Reizzustände am Magen, also Schleimhautnarben und traumatisch entzündliche Magenwandverände-

rungen mit perigastritischen Verwachsungen sind ebenfalls als auslösende oder jedenfalls wesentlich mitwirkende Ursache von Karzinombildung anzuerkennen.

3. Ob einem einfachen durch Unfall entstandenen chronischen Magenkatarrh eine wesentlich mitwirkende Rolle für eine später aufwachsende Karzinomgeschwulst zugebilligt werden darf, ist ganz unsicher. Man wird höchstens die Möglichkeit, meistens aber nicht die erforderliche Wahrscheinlichkeit zugeben können.

4. Eine „allgemeine Schwächung, die der Organismus durch einen irgendwie gearteten Unfall erleidet, ist nach der jetzt gültigen Anschauung nicht von irgendwelchem Einfluß für die Entstehung oder für das Wachstum einer Magenneubildung.

1. Magenkrebs nach mechanischen Traumen.

Ein ursächlicher Zusammenhang zwischen Traumen der Magengegend und allgemeiner Körpererschütterung darf nur dann mit Wahrscheinlichkeit angenommen werden, wenn erstens die Erheblichkeit der Gewalteinwirkung erwiesen, und zweitens die Krebsentstehung in einem entsprechenden zeitlichen Abstand nach dem Trauma erfolgt ist.

a) Genügende Erheblichkeit des Traumas.

In erster Linie muß es sicher erwiesen sein, daß der Unterleib getroffen worden ist; denn eine Brustquetschung oder einfacher Fall auf eine Körperseite, Rücken, Extremitäten oder Beckenquetschung sind nicht als geeignet anzuerkennen für das Entstehen einer Magenverletzung. Außer durch direkte Bauchkontusion kann nur noch durch eine starke Körpererschütterung bei Fall aus größerer Höhe auf Füße, Gesäß, Rücken eine Magengeschwürsbildung hervorgerufen werden. Der Nachweis, daß bei einer Bauchquetschung erheblicher Art, wie Pufferquetschung, Fall auf kantigen Gegenstand, Deichselstoß, Hufschlag, Überfahrenwerden, gerade die Magengegend getroffen wurde, wird häufig nicht möglich sein. Wenn aber nach einer Kontusion des Bauches oder einer allgemeinen Körpererschütterung Blutbrechen oder okkulte Blutungen im Stuhl aufgetreten sind, so gilt das als hinreichender Beweis für eine gewisse Erheblichkeit der Gewalteinwirkung mit Schädigung der Magenschleimhaut. Die Hauptbedingung für die Möglichkeit einer späteren Krebsbildung auf der Grundlage eines Geschwürs oder einer Narbe ist dann als erfüllt anzusehen.

Der Nachweis von Blutungen nach einer Bauchkontusion ist aber keineswegs die conditio sine qua non für die Anerkennung eines ursächlichen Zusammenhangs zwischen Trauma und Karzinom. Nicht jede Magenverletzung und auch nicht jeder Schleimhautriß führt zur Geschwürsbildung und kann gleichwohl durch Narbenbildung oder Verwachsungen die Bedingungen für einen chronischen Reizzustand schaffen. Es ist sehr wohl möglich, daß eine kleinere Schleimhautverletzung zu keiner nennenswerten Blutung oder zu nur einmaligem Blutabgang im Stuhl Anlaß gibt, die deshalb der Beobachtung entgehen. In solchen Fällen ohne anfängliche objektive Zeichen einer Magenverletzung ist man aber nur dann zur Annahme einer traumatischen Karzinombildung berechtigt, wenn in der Zwischenzeit dauernd Brückensymptome in Gestalt von Schmerzen, zeitweiser Übelkeit bestanden haben, und wenn die Operation oder Obduktion greifbare Veränderungen ergibt (Narbe, Verwachsungen, entzündliche Magenwandveränderungen), die als traumatisch angesprochen werden dürfen. Da aber auch die Deutung von Schleimhautnarben bei der Obduktion nicht immer leicht ist, insofern es vorkommen kann, daß ein Magenkrebs stellenweise vernarbt und nach der anderen Richtung fortwuchert, so gehört die Beurteilung solcher fraglichen Magenkrebsfälle zu den schwierigsten Aufgaben der Unfallbegutachtung. Die verschiedenen von den Rekursgerichten zur Begutachtung herangezogenen Forscher gelangen deshalb recht häufig zu völlig entgegengesetzten Entscheidungen bezüglich der Zusammenhangsfrage, wobei vor allem die jeweilige subjektive Auffassung über die Erheblichkeit des Traumas für die Anerkennung oder Abweisung einer Magenverletzung von maßgebender Bedeutung sein wird.

b) Erforderlicher zeitlicher Abstand zwischen Trauma und Krebsbildung.

Der kürzeste Zeitraum ist nach Ewald u. A. $^3/_4$—1 Jahr bis zur nachweisbaren Krebsentwicklung, und die vorliegenden Erfahrungen scheinen hiermit übereinzustimmen. Jedenfalls wird man bei einem wesentlich früheren Hervortreten sicherer Magenkrebserscheinungen, also fühlbaren Tumors, Blutbrechen, Abmagerung, schon wenige Wochen oder einige Monate p. tr. niemals eine Entstehung des Leidens durch den Unfall annehmen dürfen, sodaß höchstens die Frage der Verschlimmerung einer schon länger bestehenden Geschwulst in Erwägung zu ziehen ist. Die obere Zeitgrenze, innerhalb welcher eine Krebsentwicklung auf traumatischer Grundlage zu erwarten ist, beträgt meist 1 Jahr, unter Umständen aber auch Jahre, wenn zu einem über Jahre sich hinziehenden und immer wieder rezidivierenden Magengeschwür schließlich ein Krebs hinzutritt. Bei einem solchen größeren zeitlichen Abstand von 1—2 oder mehr Jahren ist der sichere Nachweis eines in der Zwischenzeit vorhanden gewesenen chronischen Magengeschwürs die unerläßliche Vorbedingung für die Anerkennung eines Zusammenhangs. Allenfalls genügt auch die Feststellung, daß ein Karzinom sich gerade an einer Magenwandstelle nach Jahren entwickelt hat, die durch perigastritische Narben organisch verändert und dadurch in einen chronischen Reizzustand versetzt worden ist.

Ich führe einige Beispiele an, in denen vom RVA. bzw. von der BG. die Karzinombildung auf der Grundlage eines traumatischen Magengeschwürs oder einer Magenverletzung mit perigastritischen Verwachsungen als Unfallfolge anerkannt wurde.

Entscheidung des RVA. (XIV, 274): Tod an Magenkrebs $4^1/_2$ Jahre nach Stoß gegen Magengegend.

Zimmerpolier erhielt Mitte Dezember 1897 von der Spitze eines Kahns einen heftigen Stoß gegen die Magengegend, sodaß er zu Boden fiel und gleich nachher zum Arzt ging. Behandlung bis Februar 1898. Nachher immer magenleidend, hatte Schmerzen, magerte schon Februar 1898 ab. Leib stets druckempfindlich, so daß keine anliegenden Kleider vertragen wurden. Ende 1900 häufiges Aufstoßen. $3^3/_4$ Jahre nach dem Trauma wurde ein Krebsleiden festgestellt. Es wird Schleimhautverletzung mit $3^1/_2$ Jahr dauernder Geschwürsbildung angenommen, die Anlaß zur Krebsentwicklung gab.

Albu[1]): Tod an Magenkrebs 4 Jahre nach Magenverletzung durch Stoß mit Gewehrkolben.

25jähriger Mann erhielt als Soldat einen Stoß mit dem Gewehrkolben in die Magengegend, worauf er Blutbrechen bekam. 2 Jahre später wurde er wegen heftiger Schmerzen in der Magengrube operiert, wobei sich daumendicke peritonitische Verwachsungen vorfanden. Nach weiteren 2 Jahren starb der Mann an Faserkrebs des Magens, der sich nach Albu aus dem homogenen Bindegewebe der peritonitischen Adhäsionen entwickelt hatte.

2. Chronischer Magenkatarrh und Magenkrebs.

Die Frage über die Beziehungen zwischen chronischer Gastritis und Magenkarzinom wird nur selten Gegenstand der Begutachtung sein, da die unfallsweise Entstehung eines chronischen Katarrhs des Magens als angebliches Bindeglied für spätere Karzinombildung ebenfalls eine Seltenheit bildet. Einzelne ältere Autoren (Henoch, Bamberger, Bube), denen sich Schönborn[2]) angeschlossen hat, stehen auf dem Standpunkt, daß sich ein Magenkrebs auch auf dem Boden eines durch chronischen Magenkatarrh bedingten chronischen Reizzustandes der Magenschleimhaut entwickeln könne, und Verré und Saltzmann behaupten sogar, daß die meisten Magenkrebse durch chronische Gastritis ausgelöst würden. Sie glauben dies daraus schließen zu dürfen, daß sie in 81 Fällen von Magenkrebs am resezierten Material neben der Krebsgeschwulst gastritische Veränderungen der Schleimhaut fanden. Dieser Schluß ist aber nicht berechtigt, denn die genannten Autoren übersehen, daß die Schleimhautveränderungen ebensowohl Folgezustände der Krebsgeschwulst sein können. Ewald[3]) hat in seinem Vortrag über traumatische Erkrankungen der Verdauungsorgane die Frage der Karzinombildung auf gastritischer Grundlage gar nicht berührt, und auch Thiem hat sich in seinem Handbuch

[1]) Albu, zit. nach Thiem Bd. I, 646.
[2]) Schönborn, Amtl. Nachr. d. RVA. 1897, S. 336.
[3]) Ewald, Amtl. Nachr. 1909, S. 626.

weder in zustimmendem noch ablehnendem Sinne geäußert. Gegen engere Beziehungen zwischen Gastritis und Krebs spricht jedenfalls die Tatsache, daß meistens der Magenkrebs sich bei Menschen ohne vorhergehende Zeichen eines Magenkatarrhs entwickelt. Der einzige bis jetzt vorliegende Fall, in dem der Zusammenhang zwischen einer traumatisch entstandenen chronischen Gastritis und Karzinom behauptet und vom RVA. auch anerkannt worden ist, stammt von Schönborn[1]).

Jugendlicher Kutscher erhielt von einer Bremse einen Stoß gegen den Brustkasten und wahrscheinlich auch unmittelbar in die Magengegend mit anschließendem Blutspucken. Ein Jahr darauf wird erheblicher chronischer Magenkatarrh festgestellt. $1^1/_2$ Jahr nach dem Trauma Druckgefühl im Magen und Schleimbrechen; 5 Jahre nach dem Unfall Tod an vielfachem Krebs in einer größeren Anzahl von Organen der Bauchhöhle, wobei nach Sch. ein Magenkarzinom den Ausgangsort gebildet hat.

II. Verschlimmerung eines Magenkrebses durch Unfall.

Über den Einfluß von Traumen auf schnelleres Wachstum eines Magenkrebses und die Entstehung von Metastasen sind unsere Kenntnisse ebenso unsicher wie bezüglich der Krebsgenese durch Unfälle.

Mit der Frage der Verschlimmerung eines Magenkarzinoms hat sich der Begutachter dann zu befassen, wenn 1. kurze Zeit nach einem Unfall die Erscheinungen des Krebses deutlich hervortreten und der Krankheitsverlauf ein schneller ist, wenn 2. im zeitlichen Anschluß an ein Trauma eine Magenblutung aus einem Magenkrebs oder Durchbruch in die Bauchhöhle statthat, oder 3. schnelle Entstehung von Tochtergeschwülsten nach einem Unfall beobachtet wird, oder wenn 4. bei einem Krebskranken infolge eines Unfalls eine allgemeine Schwächung der Körperkräfte entsteht, etwa durch längeres Krankenlager nach fieberhaften Prozessen, wodurch nach Ansicht des Kranken oder des behandelnden Arztes eine schnellere Entwicklung der Krebsgeschwulst ausgelöst oder der Tod an Krebs wesentlich früher verursacht worden sein soll, als dies ohne den Unfall der Fall gewesen wäre.

1. Schnelleres Wachstum des Krebses nach Trauma.

Die von manchen Autoren vertretene Auffassung, daß ein Trauma der Magengegend (Stoß, Schlag, Fall, Erschütterung) durch Blutungen in die Geschwulst oder in der Umgebung derselben mit oder ohne sekundäre Infektion ein beschleunigtes Wachstum auslösen könne, stützt sich vor allem auf klinische Beobachtungen, wonach Probeexzisionen an oberflächlich gelegenen Geschwülsten bisweilen ungünstig einwirken, und anoperierte Geschwülste ein schnelles Wachs-

[1]) Schönborn, Amtl. Nachr. d. RVA. 1897, S. 336.

tum zeigen. Bisweilen wird bei einem bis zum Unfall symptomlos oder unter unbedeutenden Magenerscheinungen verlaufenen Krebs eine schnelle Entwicklung mit tödlichem Verlauf innerhalb weniger Wochen oder Monate beobachtet. Die Möglichkeit einer schnelleren Ausbreitung einer Geschwulst infolge traumatischer Gewebsschädigung der nächsten Umgebung durch intra- oder submuköse Blutungen, Geschwürsbildung usw. wird man nicht ohne weiteres ablehnen können, und es wird deshalb in der Unfallpraxis die Möglichkeit und Wahrscheinlichkeit der Beschleunigung des tödlichen Ausgangs durch Traumen von der Mehrzahl der Autoren anerkannt (Orth, Thiem, Lubarsch). Bezüglich der besonderen Bedingungen, die erfüllt sein müssen, damit eine wesentliche Wachstumsbeschleunigung eines Magenkrebses anzunehmen ist, weichen aber die Ansichten recht erheblich voneinander ab, sodaß derselbe Fall von verschiedenen erfahrenen Begutachtern eine ganz wechselnde Beurteilung und damit bald Anerkennung, bald Ablehnung erfahren hat. Es beruht das in erster Linie darauf, daß bei der Beurteilung die Ansichten ganz willkürlich schwanken bezüglich des wichtigsten Punktes, welche Zeitspanne zwischen Trauma und Krebstod als besonders schnelles Wachstum eines Krebses oder als normaler Ablauf anzusprechen ist. Die Verlaufsweise der Magenkarzinome ist eine ganz verschiedene, und wir wissen gar nicht, welche besonderen Verhältnisse im Einzelfall für ein spontanes schnelleres Wachstumstempo von Einfluß sind. v. Mikulicz rechnet für Magenkrebs von den ersten Erscheinungen bis zum Tode längstens bis 38 Monate, im Mittel $11^1/_5$ Monat. Die Mehrzahl der Autoren scheint für die durchschnittliche Lebensdauer bei unoperierten Fällen vom Zeitpunkt der sicheren Krebssymptome etwa $1^1/_2$—2 Jahre anzunehmen, wenn auch sichere Fälle von längerer Dauer als 2 Jahre und ebenso Beobachtungen mit spontanem, rapidem Verlauf innerhalb weniger Wochen und Monate vorliegen. Für die jeweilige Verlaufsweise ist eben nicht nur der Sitz der Geschwulst — mit besonderer Störung der Verdauungstätigkeit z. B. am Pylorus —, sondern auch die besondere Art des Krebses maßgebend, insofern harte Karzinome im allgemeinen eine längere Verlaufszeit haben als die weichen, zum Zerfall und zu Ulzerationen neigenden Krebse. Von dem Zeitpunkt des unzweifelhaften Hervortretens der Kardinalsymptome des Magenkarzinoms — palpabler Tumor, Erbrechen, sichtliche Beeinträchtigung des allgemeinen Kräftezustandes (Krebskachexie) mit auffälliger Gewichtsabnahme, Metastasenbildung — bis zum Tode kann man nach allen vorliegenden Erfahrungen durchschnittlich $^1/_4$—$^1/_2$ Jahr rechnen. Fälle mit sehr rapider Entwicklung mit tödlichem Ausgang innerhalb 5—20 Wochen nach Beginn der ersten Erscheinungen sind von Schweppe, Boas u. a. mitgeteilt worden.

Die Frage einer vorliegenden Unfallverschlimmerung wird also je nach den Besonderheiten von Fall zu Fall entschieden werden müssen, wobei als maßgebende Anhaltspunkte für die Beurteilung dienen werden:

1. die Art des Traumas; 2. der Allgemeinzustand des Kranken bis zum Unfall (Krankheitserscheinungen, Arbeitsfähigkeit); 3. der örtliche Magenbefund bei der ersten Untersuchung nach dem Unfall; 4. der Zeitabstand zwischen dem Trauma und dem Tod; 5. die besondere Art des Krebsgewächses.

Fälle ohne Krebserscheinungen bis zum Unfall.

Hat der Verletzte bis zum Unfall keine oder nur unbestimmte dyspeptische Erscheinungen geboten, ohne daß dadurch seine Arbeitsfähigkeit nennenswert beeinträchtigt war, und entwickeln sich nach einem nachweislich erheblichen direkten Trauma der Magengegend oder sehr erheblicher Körpererschütterung innerhalb weniger Wochen oder Monate unzweifelhafte Krebssymptome — schnell wachsender Tumor, Kräfteverfall — so wird eine Verschlimmerung eines vorher latenten Krebses als wahrscheinlich angenommen werden müssen.

Liegt dagegen zwischen dem Trauma und dem Hervortreten sicherer Krebserscheinungen ein größerer Zeitraum von 1 Jahr oder länger, so ist ein Verschlimmerungszusammenhang als ganz unwahrscheinlich abzulehnen, da erfahrungsgemäß ein bis zum Unfall latenter oder nur wenig Erscheinung machender Magenkrebs innerhalb der Frist von 1 Jahr auch ohne besondere äußere Veranlassung die gleiche Entwicklung zu zeigen pflegt.

Fälle mit ausgesprochenen Erscheinungen zur Zeit des Unfalls.

Wenn bei dem Unfallverletzten zur Zeit des Unfalls schon unzweifelhafte Erscheinungen von Krebs bestanden haben, die bereits eine nachweisliche Störung der Leistungsfähigkeit bedingten, und wenn gleich nach dem Unfall ein palpabler Tumor oder Metastasenbildung und schlechtes Aussehen festgestellt wird, so kommt eine wesentliche Beschleunigung des Verlaufs und frühzeitigerer Tod nur dann mit einiger Wahrscheinlichkeit in Frage, wenn das Trauma den Anstoß zu Magenblutungen, Erbrechen usw. gegeben hat, wodurch der allgemeine Kräftezustand in erheblichem Grade weiter geschädigt worden ist (s. unter 2).

2. Magenblutung und Perforation als traumatische Verschlimmerung eines Magenkrebses.

a) Magenblutung.

Tritt im unmittelbaren zeitlichen Anschluß an ein Magentrauma eine einmalige oder sich häufiger wiederholende Blutung aus dem Magen-Darmkanal bei einem bis zum Unfall latenten oder schon festgestellten Magenkrebs ein, so kann die Blutung nicht nur zu einer vorübergehenden Beeinträchtigung der Arbeitsfähigkeit Anlaß geben, sondern auch, wie dies oben unter 1. ausgeführt worden ist, ein schnelleres Wachstum der Geschwulst bedingen. Dabei ist besonders zu berücksichtigen, daß häufigere Blutungen den Eintritt der ohnedies bei Krebs zur Entwicklung gelangenden Anämie wesentlich beschleunigen und dadurch die schnellere Entstehung der Krebskachexie und des allgemeinen Kräfteverfalls begünstigen können.

b) Perforation eines Magenkrebses.

Eine Spontanperforation gehört zu den seltenen Vorkommnissen bei Magenkrebs Das Auftreten eines Durchbruchs im unmittelbaren Anschluß oder wenige Stunden und Tage nach einem nachweislichen, erheblichen direkten oder indirekten Trauma der Magengegend spricht deshalb für einen Zusammenhang, zumal wenn gleich nach dem Trauma Zeichen einer Magenschädigung von Zeugen beobachtet worden sind in Gestalt von Erbrechen mit oder ohne Blut und stärkeren Schmerzen in der Magengegend, die eine sofortige Arbeitseinstellung nötig machten.

3. Tochtergeschwulstbildung bei Magenkrebs durch Trauma.

Die Möglichkeit, daß bei schon vorhandenem Krebs eine Quetschung der Geschwulst zur Verschleppung von Gewächsteilen und zur Bildung von Metastasen Veranlassung gibt, muß zugegeben werden. Dies kann auf zwei Wegen geschehen. Entweder trifft die quetschende Gewalt die Krebsgeschwulst selbst, wodurch Krebsteilchen mechanisch losgelöst werden und in den Blutkreislauf oder Lymphgefäße gelangen können, womit die Verschleppung in andere Organe gegeben ist. Oder aber das Trauma schädigt nicht das krebsige Gebilde selbst, sondern ein anderes Organ, in welchem Blutgefäße zerquetscht werden. Befinden sich nun Krebszellen im Blut, so werden sie in dem gequetschten Gebilde abgelagert, weil hier die Blutgefäße zerrissen sind und damit die Transportbahn der Krebszellen unterbrochen ist. Beide Vorgänge, also Quetschung des Krebses selbst und Quetschung eines anderweitigen Organs können natürlich auch gleichzeitig durch ein Trauma hervorgerufen werden. Thiem hat früher in seinem Handbuch ganz abgelehnt, daß ein einmaliges Trauma den Ort der Metastase bestimme, da die verschleppte Krebszelle lebendiges Gewebe zur Weiterentwicklung brauche. Später hat er aber in einem Obergutachten (s. u.) ausdrücklich diese Möglichkeit zugegeben. Lubarsch[1]) erwähnt ebenfalls eine Beobachtung, in der sich bei einem Manne, der bereits unbestimmte Verdauungsbeschwerden hatte, im Anschluß an ein Trauma, das den linken Unterarm betroffen hatte, in einigen Monaten eine Geschwulst ausbildete, die sich bei der annähernd $^3/_4$ Jahr nach dem Trauma vorgenommenen Sektion als Metastase eines Ösophaguskrebses herausstellte, der sonst nur noch zwei kleine Metastasen in der Leber gemacht hatte.

---

[1]) Lubarsch, Monatsschr. f. Unfallheilk. 1912, S. 264.

Die Anerkennung eines Unfallzusammenhangs zwischen einem Trauma und Tochtergeschwulstbildung wird nur dann berechtigt sein, wenn folgende Bedingungen erfüllt sind:

1. Die Magengeschwulst muß nach der Art des Traumas direkt gequetscht worden sein, wobei das Auftreten von Erbrechen und Magenblutung im unmittelbaren Anschluß an das Trauma als Kennzeichen einer Schädigung des Magens besonders wichtig ist.
2. Die Entwicklung der Metastasen muß sehr schnell innerhalb einiger Wochen nach dem Trauma deutlich erkennbar werden, also die Ausbreitung des Krebses einen stürmischen Verlauf nehmen.
3. In dem besonderen Fall, daß die Geschwulst selbst nicht direkt vom Trauma betroffen worden ist, sondern ein anderweitiges Organ, das später Sitz der Tochtergeschwulst wird, ist in erster Linie der absolut sichere Nachweis zu verlangen, daß das Trauma tatsächlich den Ort der späteren Metastase direkt und erheblich getroffen hat, so daß das Auftreten von Blutung und Gewebsschädigung als gesichert gelten kann. Zweitens muß die Entwicklung der Metastase an der Verletzungsstelle zeitlich sich eng anschließen und als erstes Zeichen einer Keimverschleppung auftreten. Findet sich dagegen allgemeine Karzinose, wobei auch die verletzte Stelle als Sitz einer Metastase mit betroffen ist, so muß man es als wahrscheinlich bezeichnen, daß bei allgemeiner Metastasenbildung zufällig auch in dem vom Unfall betroffenen Organ eine Tochtergeschwulst sich entwickelt hat; man wird deshalb eine Unfallverschlimmerung als unwahrscheinlich ablehnen. Ein von Thiem[1]) und vom O.V.A. anerkannter Fall von traumatischer Tochtergeschwulstbildung ist folgender:

Ein Arbeiter B., der kurz vor dem Unfall wegen Magenbeschwerden den Arzt aufgesucht hatte, aber bis zum Trauma regelmäßig schwere Arbeit verrichtete, fiel auf den Rücken, wobei ein Körper aus Ziegelsteinen und Zement von $2^1/_2$ m Breite und einem Gewicht von $2^1/_2$—3 Zentnern auf seinen Leib zu liegen kam und mit Hilfe seiner Mitarbeiter entfernt werden mußte, bevor der Verletzte aufstehen konnte. Er konnte die Arbeit nicht fortsetzen und befand sich seitdem dauernd in Behandlung wegen Magenschmerzen. 3 Wochen nach dem Unfall wurde eine starke Druckempfindlichkeit des linken Leberlappens festgestellt; in den folgenden Wochen zunehmend schlechteres Aussehen und 3 Monate p. Trauma bereits Bauchfellwassersucht und Krebsknoten von halber Faustgröße am linken Leberlappen. Tod $4^1/_2$ Monate nach dem Unfall.

Thiem nimmt in diesem Falle an, daß bei einem langsam wachsenden Magenkrebs, der ohne Trauma vielleicht noch 2 Jahre Lebensdauer gegeben hätte, die schwere Last mit breiter Angriffsfläche auf den Bauch auch das schon bestehende Magenkarzinom geschädigt hat. Dadurch kann es zur schnellen Metastasenbildung in der Leber gekommen sein mit stürmischem Verlauf, wodurch der Tod bei dem bis zum Unfall arbeitsfähigen Mann innerhalb kurzer Zeit von $4^1/_2$ Monaten herbeigeführt wurde.

---

[1]) Thiem, Monatsschr. f. Unfallheilk. 22, 87.

4. Beschleunigung des tödlichen Ausgangs einer Krebserkrankung durch Hinzutreten einer anderweitigen Unfallkrankheit.

Daß eine stärkere Schwächung der allgemeinen Körperkräfte, also Anämie nach schweren Blutverlusten, Siechtum durch traumatisch entstandene, längerdauernde fieberhafte und eitrige Prozesse, traumatisch verschlimmerte Lungentuberkulose usw., den Tod eines an Magenkrebs leidenden Menschen schneller herbeiführen können, als dies durch das Krebsleiden allein der Fall gewesen wäre, muß man mit Thiem zweifellos zugeben. Man wird also insofern die Beschleunigung des tödlichen Ausgangs eines Magenkrebses durch Hinzutreten einer anderweitigen Unfallkrankheit zugeben, als durch diese die Widerstandsfähigkeit des Körpers gegenüber dem Krebsgift wesentlich herabgesetzt wird, so daß die Krebskachexie und damit der Tod früher eintritt als ohne das Hinzutreten des Unfalls. Eine solche wesentliche Beschleunigung des Todes wird natürlich nur dann vorliegen, wenn es sich um einen zur Zeit des Unfalls erst in den Anfängen befindlichen Magenkrebs oder eine noch nicht vorgeschrittene Krebsgeschwulst ohne Zeichen einer Schädigung des allgemeinen Kräftezustandes handelte, sodaß noch auf eine Verlaufszeit von 1—2 Jahren zu rechnen war, und nur infolge der hinzutretenden Unfallschädigung der Tod schon innerhalb weniger Monate bis $^1/_2$ Jahr erfolgte.

E. Magenkatarrh und Unfall.

Daß durch direkte Traumen der Magengegend ein chronischer Magenkatarrh entstehen kann, ist nicht erwiesen und auch nicht wahrscheinlich, denn kleine Schleimhautverletzungen pflegen meist schnell zu heilen. Die Entwicklung einer Gastritis chronica ist nur in der Weise denkbar, daß bei Schädigung der Kauwerkzeuge, Zahnverlust, erschwerter Mundöffnung nach Kieferbruch durch die schlecht gekauten Speisen allmählich eine Schleimhautschädigung verursacht wird, die zum Katarrh führt. Zweitens können unter Umständen chronische Stauungen im Magen infolge von peritonitischen Adhäsionen und teilweiser Stenosierung des Magenausgangs eine Gastritis hervorrufen.

In beiden Fällen bietet die Beurteilung der Zusammenhangsfrage keine Schwierigkeit, sobald nachgewiesen ist: 1. daß vorher keine Magenbeschwerden bestanden haben, und der Kranke sich früher bei der Nahrungsaufnahme keine Schonung auferlegt hat; 2. daß die Magenstörung sich allmählich viele Wochen und Monate nach dem Unfall entwickelt hat.

F. Lageveränderungen des Magens und Darms nach Trauma.

Ein Unfall kann auf dem Wege peritonitischer Adhäsionen zu Verlagerungen des Magens und einzelner Darmabschnitte meist mit Abknickungen Anlaß geben. Es ist aber nicht bekannt, daß ein einmaliges Bauchtrauma zur plötzlichen Entstehung einer Magenptose oder allgemeinen Enteroptose führen kann, denn auch in den Fällen von schwerster Verletzung des Magens und Darms nach Überfahrenwerden, Hufschlag, Pufferquetschung ist bisher neben den Quetschungs- und Berstungseinrissen der Wandungen eine vollständige Verlagerung der Organe durch Abriß der Befestigungsbänder nicht beobachtet worden.

Es handelt sich bei der Enteroptose um eine meist angeborene Lageanomalie, die sich recht häufig mit einem bestimmten Körperhabitus verbunden vorfindet (schmaler Brustkorb, spitzwinklig geformter epigastrischer Winkel, schlaffe Bauchdecken). Sie kann unter Umständen durch länger einwirkende mechanische Einflüsse wie Schnüren mit Korsett oder straffem Leibriemen bei geringer angeborener Anlage verschlimmert werden. Findet sich deshalb nach einer Bauchkontusion mit länger anhaltenden Schmerzen eine Enteroptose, so ist man nicht berechtigt, diese als Folgezustand des Traumas aufzufassen. Dabei ist es freilich sehr wohl möglich, daß die bestehenden Schmerzen auf einer traumatischen Zerrung der schon vorher verlagert gewesenen Organe bzw. ihrer Befestigungsbänder beruhen.

G. Magen-Darmneurosen und Unfall.

Die nach Unfällen auftretenden nervösen Magen-Darmstörungen, die häufig Kombinationen von motorischen sensiblen und sekretorischen Störungen der Funktion darstellen, bilden in der Regel nur Teilerscheinungen einer allgemeinen traumatischen Neurasthenie oder Hysterie. Es handelt sich also um eine mittelbare Unfallfolge, wobei eine traumatisch entstandene Neurasthenie das Bindeglied ist für oft erst längere Zeit nach einem Unfall hervortretende Magen-Darmneurosen. Verhältnismäßig selten stehen diese so sehr im Vordergrund des Krankheitsbildes der traumatischen Neurasthenie, daß ihnen eine besondere Bedeutung zukommt bei der Abschätzung der durch die Neurasthenie bedingten Arbeitsminderung. Dies wird nur dann der Fall sein, wenn nervöse Magen-Darmstörungen bei längerer Dauer zu einer nennenswerten Schädigung des allgemeinen Ernährungs- und Kräftezustandes führen durch hartnäckige Appetitlosigkeit, häufiges Erbrechen, nervöse Durchfälle mit ihren Folgezuständen Anämie, Abmagerung und allgemeiner Körperschwäche.

Die Differentialdiagnose zwischen rein neurogenen Magenstörungen und organischer Magenerkrankung ist häufig sehr schwierig, da die bei organischem Magenleiden auftretenden klinischen Symptombilder und vor allem die subjektiven Beschwerden mit den rein nervös bedingten Magenstörungen eine weitgehende Ähnlichkeit haben können. Außerdem gesellen sich recht häufig zu geringfügigen organischen Magenveränderungen stärkere nervöse Störungen hinzu. Es bedarf also stets einer mit allen Hilfsmitteln ausgeführten genauen klinischen Beobachtung (Probefrühstück und Mahlzeit, Röntgenuntersuchung, Stuhluntersuchung), bevor man die Diagnose auf Unfallneurose des Magens stellen und ein anderweitiges schon länger bestehendes Magenleiden mit Sicherheit ausschalten kann. Die für die Unfallbegutachtung wichtigsten nervösen Magen-Darmstörungen, die den allgemeinen Kräftezustand erheblicher in Mitleidenschaft ziehen können, sind: die nervöse Dyspepsie, Superazidität, Anorexie, Gastralgie, nervöse Rumination, nervöses Erbrechen, nervöse Motilitätsstörungen (Atonie, Obstipation) des Magens und Darms. Recht häufig finden sich mehrere der genannten Zustände gleichzeitig bei demselben Kranken. Über das Vorkommen der Achylia gastrica auf rein nervöser Basis besteht noch keine hinreichende Klarheit, wie wir nachher sehen werden.

1. Nervöse Dyspepsie.

Bei der nervösen Dyspepsie sind die verschiedensten Funktionen des Magens betroffen, indem Störungen der Sensibilität, der Sekretion und der Motilität angetroffen werden. Neben den mannigfaltigsten und durch ihre Intensitätsschwankungen auffälligen subjektiven Magenbeschwerden (stechende, nagende, brennende, klopfende Schmerzen) finden sich die wechselndsten Grade der Salzsäuresekretion. Und gerade die schnellen Schwankungen, indem innerhalb weniger Tage nach Probefrühstück bald Fehlen von freier Salzsäure, bald normale Säurewerte, bald Hyperazidität festgestellt werden kann, bilden ein charakteristisches Zeichen für die nervöse Dyspepsie. Gleichzeitig kann die motorische Tätigkeit normal sein, oder es besteht Atonie mit verlangsamter Austreibung. Nicht selten erweist sich aber die motorische und sekretorische Tätigkeit als völlig normal in schroffem Gegensatz zu den hochgradigen subjektiven Beschwerden des Kranken.

Die Diagnose einer unfallsweise ausgelösten nervösen Dyspepsie wird sich demnach in erster Linie auf das Fehlen von Zeichen eines organischen Magenleidens stützen (keine okkulten Blutungen, kein Schleim, keine Retention nach Probeabendessen) und zweitens auf die charakteristischen Schwankungen in den funktionellen Leistungen des Magens, vor allem der wechselnden Sekretion. Drittens muß der Nachweis erbracht sein, daß der Kranke vor dem Unfall nicht an Magenstörungen gelitten hat.

2. Hyperazidität.

An dem Vorkommen von rein neurogener Superazidität kann nach vorliegenden klinischen durch anatomische Befunde gestützten

Beobachtungen nicht gezweifelt werden. Die bei Neurasthenikern auftretenden Hyperaziditätsbeschwerden sind bisweilen recht erheblich und können durch verminderte Nahrungsaufnahme aus Furcht vor Schmerzen zu einer stärkeren Schwächung des allgemeinen Kräftezustandes Anlaß geben.

Da eine Hyperazidität bei einer ganzen Reihe anderweitiger Magenleiden (Ulcus, chronische Gastritis), ferner bei Erkrankungen der Gallenwege, habitueller Obstipation, Tabes vorkommt, so ist die Diagnose auf rein nervöse Superazidität bei Neurasthenie nur mit Vorsicht zu stellen.

3. Nervöse Anorexie.

Diese oft über Monate sich hinziehende Störung darf nur dann als Teilerscheinung allgemeiner Neurasthenie angenommen werden, wenn die anderweitigen Ursachen von hartnäckiger Appetitlosigkeit, vor allem Carcin. ventriculi, chronische Gastritis, Anämie, Tuberkulose ausgeschaltet worden sind.

4. Nervöse Gastralgie.

Anfallsweise auftretende heftige Schmerzen im Epigastrium, unabhängig von der Nahrungsaufnahme, beobachtet man auf rein nervöser Basis im Gefolge von Neurasthenie oder Hysterie. Der normale Befund bezüglich Sekretions- und Motilitätsverhältnissen des Magens, sowie das Fehlen okkulter Blutungen und anderweitiger Ursachen der Schmerzanfälle (Rückenmarksleiden, peritonitische Adhäsionen, Hernia epigastrica, Nieren-Gallensteine) können bei längerer Beobachtung die Diagnose auf nervöse Gastralgie hinreichend sicherstellen.

5. Nervöse Rumination und nervöses Erbrechen.

Ein Zurücktreten eines Teiles der Speisen in die Mundhöhle, kürzere oder längere Zeit nach dem Essen, und Erbrechen der Speisen bisweilen nach jeder Mahlzeit, findet sich auf rein nervöser Grundlage bei ganz normalen Sekretionsverhältnissen des Magens. Die Diagnose auf nervöses Erbrechen wird gestellt auf Grund des sonst normalen Befundes am Magen und der psychischen Beeinflußbarkeit des Erbrechens. Bei sachgemäßer Behandlung läßt sich das Leiden leicht beseitigen und bedingt deshalb meist keine abschätzbare Minderung der Erwerbsfähigkeit. Vor allem darf der Begutachter nicht wegen gelegentlicher Rumination oder wöchentlich 2—3 mal auftretenden Erbrechens, wobei es sich außerdem bei genauer Beobachtung nur um kleine Teile der Mahlzeit handelt, eine Rente gewähren. Dadurch wird das Schwinden des nervösen Erbrechens nur verhindert.

6. Magenatonie.

Durch nervöse Einflüsse wird auch die Magenmotilität beeinflußt, so daß unter den Erscheinungen einer Magenatonie auftretende Krankheitserscheinungen eine häufige Begleiterscheinung von nervöser Dyspepsie bilden. In der Regel sind aber die atonischen Magenbeschwerden bei traumatischer Neurasthenie nicht so hochgradig, daß dadurch eine abschätzbare Schädigung der Arbeitsfähigkeit bedingt wird. Sie stellen aber insofern eine ungünstige Folgeerscheinung von Neurasthenie dar, als sie den Ausgleich einer Unfallneurasthenie verzögern, da die Magenatonie eine nervöse Dyspepsie auslösen kann.

7. Nervöse motorische Darmstörungen.

Auch die Darmmotilität kann bei Neurasthenie ähnlichen Schwankungen ausgesetzt sein wie die Magenmotilität. Häufiger Wechsel von Verstopfung und Durchfall oder länger anhaltende sehr quälende Obstipation oder akute Durchfälle werden bei Neurasthenie und Hysterie beobachtet.

8. Achylia gastrica (Mangel an Salzsäure und Fermenten).

Das Vorkommen der Achylia gastrica auf rein nervöser Basis, vor allem auch als Teilerscheinung einer Neurasthenie, ist bisher nicht erwiesen. Die Tatsache, daß eine Achylia häufig mit Erscheinungen der Neurasthenie einhergeht, ist absolut kein Beweis für einen nervösen Ursprung des Leidens, da man überaus häufig organische Magenaffektion mit neurasthenischen Symptomen beobachtet. Da nach unseren bisherigen Erfahrungen die Magenschleimhaut bei Achylie nur selten ganz normal gefunden wird und meist Zeichen einer granulierenden Gastritis bestehen, so ist vorerst eine Achylie als mittelbare Unfallfolge einer traumatischen Neurasthenie oder selbständig zur Entwicklung gekommene Magenneurose (direktes Bauchtrauma) gutachtlich abzulehnen.

Ein Unfallzusammenhang mit Achylia gastrica ist nur in der Weise möglich, daß durch das Bindeglied einer mechanischen oder toxischen Unfallschädigung der Magenschleimhaut eine chronische Gastritis entsteht mit Ausgang in Achylie.

H. Rentenabschätzung.

1. Magenverletzungen und Magengeschwür. Solange noch Blutbrechen und okkulte Blutungen im Stuhl bei genauer chemischer Untersuchung bestehen (unter Vermeidung aller Fehlerquellen), ist Vollrente erforderlich. Arbeit kann erst aufgenommen werden 3 bis 4 Wochen nach dem letzten Blutnachweis im Stuhl, und wenn sich der körperliche Kräftezustand in dieser Zeit gehoben hat. Nach stärkeren Blutungen mit sekundärer Anämie ist stets eine Erholungsschonzeit von 3 Monaten mit Vollrente nötig. Dann für das folgende Halbjahr **50—60%**, da zunächst nur leichte und höchstens mittelschwere Arbeit gestattet ist. Bei guter Erholung und gutem Allgemeinzustand kann im zweiten Halbjahr die Rente auf **25—35%** gemindert werden, wenn keine Komplikationen aufgetreten sind (Verwachsungsschmerzen, Stenoseerscheinungen, stärkere Hyperaziditätsbeschwerden). Vor jeder Rentenminderung ist stets genaue chemische und röntgenologische Untersuchung erforderlich. Erst bei Beschwerdefreiheit von 1—1½ Jahr nach der letzten Blutung kann beim Fehlen von objektiven Symptomen und gutem Kräftezustand Renteneinstellung erfolgen. Bei Neigung zu häufigen Rezidiven und Blutungen ist die Erwerbsverminderung auf **40—50%** zu schätzen, da jede Anstrengung stärkerer Art gefährlich ist. Ulcus callosum (Röntgenbild), Adhäsionszeichen, Stenosen des Pylorus bedingen ebenfalls eine Erwerbsverminderung von **30—60%**, je nach der Einwirkung der Verdauungsbeschwerden auf den allgemeinen Kräftezustand.

2. Magenkrebs erfordert in der Regel Vollrente. Bei frühzeitiger Erkennung und anfangs gutem Allgemeinzustand kann ganz leichte Arbeit geleistet werden (Aufsicht, Büro, Ausgabeposten), wobei die Erwerbsverminderung auf **70—80%** zu schätzen ist.

3. Magenkatarrh bedingt nur dann eine abschätzbare Minderung der Erwerbsfähigkeit, wenn dabei der allgemeine Kräftezustand reduziert ist durch gastrogene Diarrhöen (bei Achylia gastrica), wobei meist Renten von **15—25%** genügen.

4. Magenneurosen können die Arbeitsfähigkeit bisweilen nicht unerheblich mindern; vor allem ist dies bei Hyperaziditätsbeschwerden mit Pylorospasmus der Fall: **30—40%** Rente. In der Regel wird, man bei allen stärkeren nervösen Unfall-Magenbeschwerden (Erbrechen, Appetitlosigkeit) eine Krankenhausbehandlung dringend anraten, da bei ambulanter Behandlung, ohne Kontrolle der Diäteinhaltung seitens des Kranken, meist keine Besserung erreicht wird.

Sechstes Kapitel.

Verletzungen und Erkrankungen des Darms.

I. Darmverletzungen.

Subkutane Verletzungen des vorher gesunden oder kranken Darms können hervorgerufen werden durch 1. direkte stumpfe Gewalteinwirkungen auf den Leib; 2. durch eine starke Körpererschütterung und 3. durch starke körperliche Anstrengungen.

1. Kontusionen des Leibes.

Hufschlag, Pufferquetschung, Fall auf scharfe kantige Gegenstände, Deichselstoß bilden die häufigste Ursache von subkutanen Darmverletzungen. Es kommt hierbei zu totalen oder partiellen Zerquetschungen der Darmwandungen an umschriebener Stelle, oder zu einer Darmberstung mit Einrissen des Darmes, entweder der Schleimhaut allein oder der Muskulatur, oder zu Abrissen von Darmteilen durch gewaltsame Zerrung. Die Darmverletzung ist häufig kompliziert durch gleichzeitige Verletzung des Netzes, des Mesenteriums und anderer Bauchorgane. Je nach der Stärke der Gewalteinwirkung sieht man Serosarisse, Serosamuskulariseinrisse, Ablösung der Mukosa von der Muscularis durch Hämatom, Mukosaeinrisse oder die ganze Wand durchsetzende Risse zustandekommen.

Die klinischen Erscheinungen einer Darmläsion setzen sich zusammen aus der allgemeinen Chokwirkung, wie bei jeder stärkeren Bauchkontusion, und aus den örtlichen Zeichen (Schmerz, Blutung). Erstere können ausgesprochen vorhanden sein, ohne daß eine schwerere Schädigung des Darmes vorliegt. Für die Unfallbegutachtung ist die Kenntnis von Bedeutung, daß eine schwere Darmverletzung, selbst totale Ruptur und vollkommene Abrisse des Darmes ohne stärkere Chokwirkung verlaufen können. Es ist sogar Fortsetzung der Arbeit für Stunden beobachtet worden bei tödlich verlaufenden Berstungen.

Soestmann[1]): Dienstmädchen hat nach einem Fall auf der Treppe (11 Stufen hoch) nur geringe Beschwerden, so daß sie noch 2 Tage lang weiterarbeitet. Dann zunehmende Beschwerden. Am 4. Tag Peritonitis und am 8. Tag Exitus. Obduktion: Riß an der Hinterwand des Duodenums.

Stolper[2]): Ein vom Hufschlag Getroffener konnte noch 2 Meilen weit reiten trotz eines haselnußgroßen Risses im Jejunum.

Das wichtigste klinische Symptom einer Darmwandverletzung ist die Darmblutung. Diese kann unter Umständen erst viele Tage später erfolgen — traumatische Spätblutung —, wenn sich im Anschluß an zunächst kleinere Verletzungen Darmnekrosen oder Ulzerationen anschließen. Auch totale Darmrupturen brauchen nicht immer tödlich zu verlaufen durch Austritt von Darminhalt oder innere Verblutung in die Bauchhöhle. Durch rasche Verklebung mit Netz- und anderen Darmteilen nach anfänglicher tonischer Kontraktion der verletzten Darmmuskularis kann Heilung erfolgen bisweilen unter Abkapselung von in die Bauchhöhle ausgetretenem Darminhalt. Eine Spätperforation einer ulzerierten Darmwandstelle erfolgt bisweilen erst nach Monaten (s. Abschnitt Darmgeschwüre).

2. Starke Körpererschütterung und Darmquetschung.

Nach Sturz aus größerer Höhe auf Füße und Gesäß sind Ein- und selbst vollständige Abrisse des Darmes beobachtet worden, wobei die Verletzungsstellen sich vorwiegend an den Fixationsstellen des Darmes finden. Die Entstehung derartiger Verletzungen muß man

[1]) Soestmann, Ref. Monatsschr. f. Unfallheilk. 1905, S. 320.
[2]) Stolper, Ärztl. Sachverst.-Ztg. 1903, S. 138.

sich so vorstellen, daß durch den Anprall auf den Boden die Fallrichtung des Körpers aufgehalten wird, während der Verdauungsschlauch seine Fallgeschwindigkeit beibehält, zumal in den mit Darminhalt gefüllten schwereren Teilen, und dadurch abreißt. So kommen Abrisse des Duodenums dicht am Magen vor. Da die zerrissene Darmmuskulatur sich häufig unmittelbar nach der Gewalteinwirkung zusammenzieht und sich anscheinend bisweilen erst nach einigen Stunden bei eintretender Lähmung öffnet, so kann es vorkommen, daß der Verletzte nach der Chokwirkung zunächst noch eine Strecke weit (nach Hause) geht, selbst leichte Arbeit verrichtet bis zum Einsetzen schwererer Erscheinungen.

3. Körperliche Anstrengung (schweres Heben, Lasttragen) als Ursache von Darmrissen.

Bei den durch starke Anspannung der Bauchmuskeln entstehenden Darmverletzungen am gesunden Darm handelt es sich um Darmrisse infolge von Darmberstung. Es müssen aber stets besondere Bedingungen vorliegen, wenn ein Darm einreißt bei schwerer körperlicher Anstrengung, wie z. B. beim Heben oder Tragen schwerer Lasten, starkem Ziehen an Ketten. Denn eine willkürlich noch so straffe und plötzliche Anspannung der Bauchmuskeln allein wird niemals eine mit Flüssigkeit, Luft oder festen Massen angefüllte Darmschlinge bis zum Bersten überdehnen können, da ja bei der Erhöhung des Innendrucks ein Ausweichen des Darminhaltes in andere, weniger gefüllte Darmteile stattfinden kann. Wie Bunge[1]) gezeigt hat, führt eine plötzliche Drucksteigerung im Leib nur dann in seltenen Fällen zu einer Wandüberdehnung und Darmwandverletzung, wenn der Darminhalt einer Schlinge infolge Einpressung in eine Bruchanlage oder einen ausgebildeten Bruch nicht ausweichen kann bei Erhöhung des Innendrucks. Als wichtigste Verletzungsstellen führt Bunge die Bauchpforten an. Unter 11 Fällen von Darmruptur bei gesundem Darm infolge plötzlicher intraabdomineller Drucksteigerung, die Grasmann[2]) zusammengestellt hat, handelte es sich 8mal um Bruchkranke. In einem Fall von Körte von Dünndarmriß nach schwerem Heben fand sich eine strangförmige Anwachsung des Darmes.

Für die Unfallbegutachtung ist die Kenntnis wichtig, daß ganz vereinzelt auch spontane Darmrisse beschrieben worden sind nach ganz geringen Anstrengungen wie Stuhlpressen, Herausspringen aus dem Bett. Es hat sich in solchen Fällen nicht um Einrisse der vorher gesunden Darmwandung, sondern um Durchbrüche von latenten Darmgeschwüren, namentlich bei ambulatorischem Typhus, gehandelt, bei denen trotz vorgeschrittener örtlicher Darm-

[1]) Bunge, Beitr. z. klin. Chir. 47, 771.

[2]) Grasmann, Dtsch. Zeitschr. f. Chir. 91, 41.

veränderungen die Allgemeinerscheinungen des Typhus so geringgradig waren, daß der Betreffende noch Arbeit verrichten konnte. In einer Beobachtung von v. Miculicz[1]) empfand ein junger Mann, als er nachts durch Klopfen gestört wurde, beim Herausspringen aus dem Bett plötzlich einen Schmerz in der Nabelgegend, worauf sich Zeichen von Darmverschluß einstellten. Bei der 60 Stunden später gemachten Operation fand sich an einer Dickdarmschlinge eine Öffnung von 6 mm Länge und 4 mm Breite neben sonstigen Zeichen von Typhus. Bei jeder angeblich durch körperliche Anstrengung erfolgten Darmverletzung mit Durchbruchserscheinungen wird man also stets mit der Möglichkeit einer sog. Spontanruptur bei latenter Darmulzeration rechnen müssen und ohne Operations- bzw. Obduktionsbefund kein Urteil über den ursächlichen Zusammenhang mit einer vorhergegangenen Arbeitsleistung abgeben können.

Mohr[2]): Mastdarmriß nach Heben einer schweren Platte.

30jähriger Markthelfer verspürte nach Heben einer eisernen Platte heftigen Schmerz im Bauch und kam unter den Erscheinungen einer Bauchfellentzündung zur Operation, ohne daß am Magen oder Darm Veränderungen gefunden wurden. Erst bei der Leichenschau fand sich an der Hinterwand des Mastdarms 17 cm oberhalb des Afters etwas nach vorn von der Anheftungsstelle des Bauchfells ein 1,2 cm langer Längsriß und gleich neben diesem ein Klaffen der Längsmuskeln, ebenso 20 cm oberhalb dieser Stelle an einem Bandstreifen (Tänie).

Graßmann[3]): Ruptur des Darms infolge Hebens bei doppelseitigem Leistenbruch.

48jähriger Tagelöhner hob in halbgebückter Stellung einen 1 Zentner schweren Sack $^1/_2$ m hoch und verspürte dabei sofort einen stechenden Schmerz in der rechten Unterbauchseite. Bei der am nächsten Tag vorgenommenen Operation wurde in einer dicht neben dem rechten inneren Leistenring gelegenen Dünndarmschlinge eine erbsengroße Durchbruchstelle und allgemeine eitrige Peritonitis festgestellt. Der Darm war frei von Geschwüren, und auch die mikroskopische Untersuchung an der Durchbruchstelle ergab außer geringer kleinzelliger Durchwachsung keinen krankhaften Befund. Es bestand doppelseitiger Leistenbruch.

Kempf[4]): Dünndarmruptur nach schwerem Heben bei rechtsseitigem Leistenbruch.

55jähriger Mann hebt sehr schwere Zementsäcke. Danach heftiger Schmerz am rechten Leistenbruch (durch Band zurückgehalten). $6^1/_2$ Stunden später Bauchschnitt, wobei am Dünndarm 70 cm oberhalb der Blinddarmklappe ein linsengroßes Loch mit Schleimhautausstülpung, sowie Peritonitis gefunden wurde.

II. Erkrankungen der Darmschleimhaut durch Unfall.

1. Darmgeschwüre.

Eine Geschwürsbildung am Darm kann durch einen Unfallvorgang direkt oder indirekt bedingt sein als Folge a) einer Darmverletzung

[1]) v. Miculicz, Zentralbl. f. Chir. 1894.
[2]) Mohr, zit. nach Thiem, Handb. II, S. 420.
[3]) Grasmann l. c.
[4]) Kempf, zit. nach Thiem, Handb. II, 2, S. 420.

durch stumpfe Traumen des Abdomens oder allgemeine Erschütterung, b) von Verbrennung, c) von Embolien und Thrombosen der Mesenterialgefäße, die auf der Grundlage einer allgemeinen Kreislaufschwäche — Herzschwäche nach Unfallschädigung — zur Entwicklung kommen, 4. von Ansiedelung von Tuberkelbazillen bei Schädigung der Darmschleimhaut.

a) Geschwüre nach Darmwandverletzung.

Die durch stumpfe Bauchkontusionen (Hufschlag, Stoß, Quetschung zwischen Puffern) verursachten Darmwandschädigungen führen nicht immer zu vollständigen Durchrissen der Wand. Durch kleine Einrisse der Schleimhaut allein oder Blutungen in die Mukosa und Submukosa oder durch Quetschungen kleiner Zweige der Mesenterialgefäße mit Störungen der Zirkulation können Schleimhautnekrosen entstehen mit anschließender Geschwürsbildung. Diese führen unter Umständen durch Ausdehnung in der Tiefe zu Perforationen mit Peritonitis oder nur zu Blutungen und späterer Narbenstenose des Darmes.

Poland[1]). Spätperforation 3 Monate nach dem Trauma.

Einem 24jährigen Mann ging das Rad eines beladenen Wagens über das Abdomen. Danach Schmerz im linken Hypochondrium und Harnretention. Nach einer Woche „dysenterische" Symptome mit Frösteln, Schwitzen, Leibschmerzen, übelriechenden Stuhlgängen. Nach allmählicher Besserung am Ende der 3. Woche Entlassung. In der Folgezeit häufiger heftige Leibschmerzen, Auftreibung des Leibes. 3 Monate p. tr. erneute Behandlung wegen seit 2 Tagen bestehender Schwellung und Schmerzen im linken Bein. Einige Tage später plötzlicher heftiger Schmerz im Abdomen und Tod in der folgenden Nacht.

Obduktion: Adhäsionen zwischen den Dünndarmschlingen. Im unteren Teil derselben eine Perforation. An dieser Stelle Dünndarm fast in seinem ganzen Umfang ulzeriert: Peritonitis.

b) Darmgeschwüre nach Verbrennung.

Das Vorkommen von Hyperämien und entzündlichen Veränderungen des Darms nach ausgedehnten Hautverbrennungen ist schon von alters her bekannt. Die Geschwüre nach Verbrennungen sitzen meist im oberen Darmabschnitt, ganz überwiegend in der Pars horizontalis superior duodeni, in Gestalt von hämorrhagischen Erosionen bis zu tiefen Substanzverlusten. Sie sind teilweise von unregelmäßiger Form und im Verhältnis zur Breite sehr lang und durch diese anatomischen Verhältnisse von den gewöhnlichen peptischen Duodenumgeschwüren unterschieden. Auch die Entwicklung ist eine andere; da die Geschwüre sehr rasch 1—2 Wochen nach der Verbrennung, manchmal noch früher entstehen.

c) Geschwüre nach Embolien und Thrombosen der Mesenterialgefäße.

Embolische Verstopfung oder Thrombosen kleinerer Verzweigungen der Art. mesenteria führen zu umschriebenem Gewebs-

[1]) Poland, Guys Hospital reports III. Serie, Vol. 4. 1858.

zerfall und Geschwürsbildung im Bereiche des verstopften Gefäßbezirkes. Ein Unfall kann den Ausgangspunkt für Embolien schaffen durch Auslösung oder Verschlimmerung endokarditischer Prozesse oder durch Erzeugung von Lungenabszessen nach Brusttrauma. Thrombotischer Verschluß wird als Folge von Schwäche des Kreislaufs auftreten können, deren Entstehung auf einen Unfall mit seinen Folgen (Operation, Narkose, langes Krankenlager) zurückzuführen ist.

Rekursentscheid vom 10. 1. 1898: Darmgeschwür als Folge einer Beinverletzung anerkannt.

Der Bergmann P. bezog aus Anlaß eines am 28. Mai 1896 erlittenen Unfalls zuletzt eine Rente von $66^2/_3$%. Er starb am 27. Februar 1897 an Blutung aus Darmgeschwüren. Als Folge der Beinverletzung bestand eine thrombotische Venenentzündung des Beines. Es wird ein mittelbarer Zusammenhang angenommen, insofern der Unfall als Entstehungsursache einer Thrombose von Mesenterialgefäßen mit Bildung von Darmgeschwüren in Betracht komme, indem er durch das längere Krankenlager auf eine schon vorher vorhanden gewesene Herzmuskelschwäche ungünstig eingewirkt haben könne.

d) Tuberkulöse Darmgeschwüre nach Bauchkontusion.

Die Tuberkelbazillen gelangen durch Verschlucken von bazillenhaltigem Sputum oder durch bazillenhaltige Nahrungsmittel in die Darmwand und ist eine Epithelverletzung keine notwendige Vorbedingung hierzu. Eine Verletzung der Darmschleimhaut erleichtert aber das Eindringen und die Ansiedelung der Bazillen. Denn van der Slys hat bei Verfütterung tuberkulösen Fleisches durch gleichzeitige Beimengung kleiner Knochensplitter eine wesentliche Begünstigung der Infektion festgestellt. Die Entstehung von tuberkulösen Darmgeschwüren dürfte aber nur dann als vielleicht traumatisch angesprochen werden, wenn bei einem an Lungentuberkulose Leidenden nach Bauchkontusion an einer umschriebenen Darmstelle, die Zeichen einer früheren Verletzung (Narbe) bietet, ein tuberkulöses Geschwür zur Entwicklung kommt, das dann durch Durchbruch und Blutung einen vorzeitigen Tod verursacht.

2. Enteritis und Unfall.

Die Entstehung einer chronischen Entzündung der Darmschleimhaut mit ungünstiger Einwirkung auf den allgemeinen Ernährungszustand und dadurch verursachter dauernder Minderung der Arbeitsfähigkeit durch Unfall ist auf dreifache Weise möglich: a) durch Traumen des Unterleibs kann es zur Entwicklung von Darmstenosen leichteren Grades kommen (peritonitische Adhäsionen oder narbige Stenosen nach Schleimhautverletzungen), die zu einer Stagnation von Darminhalt mit sekundärer bakterieller Entzündung weiterer Schleimhautstrecken Anlaß geben; b) eine durch Unfall verursachte Schädigung des Kauvermögens — Verlust der Zähne, Kieferbruch mit erschwertem Kauen — vermag eine Erkrankung der Magenschleimhaut mit Störung der Sekretion

(Achylia gastrica) hervorzurufen, die allmählich zu einer chronischen Enteritis führt (gastrogene Diarrhöen). c) Durch akute Vergiftungen (Arsenik, CO, Nitrobenzol) können akute Magen-Darmstörungen verursacht werden, die als Folgezustände längerdauernde gastrische und enteritische Erscheinungen bedingen.

In allen solchen Fällen bildet der Nachweis, daß Darmstörungen vor dem Unfall gefehlt haben, und daß anderweitige Ursachen der Enteritis nicht vorhanden sind, das Haupterfordernis für die Anerkennung einer solchen mittelbaren Entstehung eines Darmkatarrhs.

III. Chronische Darmverengerung und Unfall.

Bei den durch Unfall hervorgerufenen Darmstenosen handelt es sich in der Regel um Folgezustände von direkten mechanischen Traumen des Abdomens oder allgemeiner Körpererschütterung oder Überanstrengungsschädigungen des Darms. Die Entstehung einer Darmverengerung als mittelbare Unfallfolge ist ebenfalls möglich. Es kann auf andere Weise, etwa durch Verbrennung, Gasvergiftung oder Thrombose der Mesenterialgefäße (nach Beinverletzung Entsch. der RVA. vom 10. 1. 1898), zu Geschwürsbildung und narbigen Stenosen des Darms kommen. Oder traumatisch ausgelöste Erkrankungen der Gallenwege (Cholezystitis) oder des Magens (Ulcus ventriculi) geben zu peritonitischer Strangbildung mit Abknickung des Darmrohrs Anlaß.

1. Entstehungsweise der Darmstenose nach Kontusionen des Bauches.

Die direkten Kontusionen des Abdomens können auf verschiedenste Weise zu einer späteren Darmverengerung führen: a) ring- oder kanalförmige narbige Prozesse als Folge von traumatischer Geschwürsbildung der Darmschleimhaut; b) Abknickungen durch umschriebene peritonitische Stränge und Darmverklebungen nach Kontusionsverletzungen des parietalen Blattes des Bauchfells (Zerreißung der Epithelschicht, subseröse Blutungen); c) Darmstenose durch Bildung traumatischer Divertikel infolge Ausstülpung der Darmschleimhaut bei Ruptur der Darmmuskularis; d) traumatische Perforation schon vorhandener falscher Divertikel nichttraumatischen Ursprungs; e) traumatische Entzündung eines angeborenen Meckelschen Divertikels. Auf die klinischen Zustandsbilder einer Darmstenose allein nach Bauchtrauma wird sich in der Regel keine Diagnose stellen lassen, welche von den angeführten Entstehungsursachen in Betracht kommt. Nicht selten werden gleichzeitig mehrere Veränderungen, wie Verletzungen der Schleimhaut mit Geschwürsbildung und peritoneale Entzündungen, vorliegen, so daß erst die Operation Aufklärung verschafft.

2. Klinische Verlaufsweise.

Die Anfangserscheinungen einer zu Darmverengerung führenden Verletzung des Darms brauchen gar nicht erheblich zu sein, so daß nach anfänglicher Chokwirkung und oft nur geringen örtlichen Schmerzen an der Stelle der Gewalteinwirkung der Kranke seine Arbeit selbst monatelang fortsetzen kann. Insbesondere fehlen sehr oft die Zeichen einer Schleimhautläsion, wie Darmblutungen oder Abgang entzündlicher Veränderungen der Darmschleimhaut in Gestalt von Eiter, Schleimfetzen u. ähnl. Die ersten Erscheinungen einer sich entwickelnden Darmverengerung — akute Schmerzanfälle, umschriebener Meteorismus, sichtbare Peristaltik, zunehmende Obstipation — treten dann allmählich sich verstärkend oft erst nach Monaten hervor. Es kann vorkommen, daß umschriebene Strangbildungen erst nach Jahren bei Gelegenheit eines erneuten leichten Bauchtraumas oder nach körperlicher Überanstrengung oder aus anderweitiger unbekannter Ursache plötzlich zu ziemlich akuter Darmabknickung oder Darminvagination führen, so daß derartige jahrelang nach Bauchkontusionen auftretende Zustände mit tödlichem Ausgang als Unfallfolge anerkannt werden müssen.

Ponzet (zit. nach Stern): Narbige Darmstenose 5½ Monate nach Bauchkontusion ohne besondere Anfangserscheinungen.

46jähriger Mann fiel bei einem Kellerabstieg und bekam dabei einen heftigen Stoß gegen das Abdomen. Er hatte mehrere Tage starke Schmerzen an der getroffenen Stelle, die allmählich nachließen, so daß er seiner Beschäftigung nachgehen konnte. Etwa 4 Monate später Koliken. Keine Diarrhöe, kein Blut im Stuhl. Nach 5½ Monaten Erbrechen reichlich und gallig gefärbt. Sehr starke Verstopfung. Im Krankenhaus bestand Erbrechen fort; starke Abmagerung. Tod 8 Monate nach dem Trauma. Obduktion: 15 cm abwärts vom Duodenum ist der Darm so verengt, daß man kaum mit einer gewöhnlichen Silbersonde durchkommt. Die verengte Darmschlinge ist adhärent an einer zweiten darunter gelegenen. Beim Einschneiden der Verengerung harter weißer Ring, der nicht mehr als ½ cm Dicke hat.

Neuhaus[1]). Darmstenose durch peritonitische Adhäsionen an Duodenum und Magen 6 Monate nach Verschüttung.

47jähriger Bergmann wurde Mai 1905 bei der Arbeit verschüttet und mittels eines unterhalb der Rippenbogen um den Körper geschlungenen Strickes herausgezogen. Keinerlei äußere Verletzungen oder objektive Erscheinungen wie Blutbrechen, Darmblutung usw. Seit dem Unfall Magenschmerzen, häufiger saures Aufstoßen. Gegen Ende September 1905 verursachten feste Speisen erheblich mehr Beschwerden, später Erbrechen nach fester Nahrung. Im März 1906 Aufnahme in chirurgische Klinik. Die Magenuntersuchung ergab motorische Insuffizienz und Fehlen von freier Salzsäure. Bei der Laparotomie fanden sich keine Veränderungen am Magen und Darm, wohl aber bestanden in der Pylorusgegend zwischen Magen und Duodenum zahlreiche flächenartige und strangartige Adhäsionen.

3. Die Anerkennung eines ursächlichen Zusammenhangs zwischen einer Darmstenose und Bauchtrauma hat zur Voraussetzung:

1. Die sichere Feststellung, daß das Abdomen direkt erheblich betroffen worden ist; bei mittelbarer Entstehung Auftreten von Zeichen

[1]) Neuhaus, Monatsschr. f. Unfallheilk. 1905, S. 229.

eines Darmgeschwürs unmittelbar nach Verbrennung, Vergiftung oder einer Erkrankung der Gallenwege oder des Magens als Bindeglied.
2. Nachweis, daß eine anderweitige Entstehungsursache der Stenose unabhängig vom Unfall nicht vorliegt (Tumor, angeborene Darmveränderung nach Hirschsprung), was in der Regel nur durch Operation oder Obduktion möglich ist.
3. Bei einem längeren Intervall von vielen Jahren dürfen in der Zwischenzeit nach dem Trauma keine anderweitigen Erkrankungen aufgetreten sein, die zu Darmstenose Anlaß geben können (Dysenterie, Typhus, Duodenalulcus, Erkrankung der Genitalorgane).

IV. Darminvagination (Darmeinscheidung) nach Unfall.

Die Beurteilung eines ursächlichen Zusammenhangs zwischen einem Unfallvorgang und Darminvagination stößt deshalb auf große Schwierigkeiten, weil wir über die Pathogenese der spontan auftretenden Darmeinstülpung keine genügenden Kenntnisse besitzen, und weil diese ganz plötzlich und meist ohne nachweisbare äußere Veranlassung sich einstellen kann. Es sind also lediglich die vorliegenden klinischen Erfahrungen, wonach das Auftreten akuter Darmeinscheidungen in unmittelbarem zeitlichem Anschluß an Traumen beobachtet wird, die zu der Annahme einer unfallsweisen Entstehung der Erkrankung geführt haben.

Als seltene Ursachen einer Darminvagination werden in der Literatur angeführt: 1. Direkte Traumen des Leibes, 2. Erschütterungen des Körpers, 3. große körperliche Anstrengungen, 4. Erkältungen, 5. plötzlicher Schrecken.

1. Direkte Bauchkontusionen und Körpererschütterung.

Leichtenstern[1]) erwähnt in seiner Statistik unter 593 Fällen von Darminvaginationen 14 Fälle von Bauchquetschung (2,4%) und 12 Fälle von Körpererschütterung (Springen) und körperlicher Anstrengung. Das Zustandekommen der Invagination sucht Leichtenstern dadurch zu erklären, daß durch Einwirkung stumpfer Gewalten auf das Abdomen eine vorübergehende Darmlähmung an umschriebener Stelle entstehen kann, so daß bei lebhafter Peristaltik der oberhalb gelegenen Darmteile die Einstülpung von obenher erfolgen soll. Daß Bauchtraumen zu einer solchen vorübergehenden Erhöhung der Peristaltik führen können, muß nach anderweitigen Beobachtungen als wahrscheinlich gelten. Ein Fall von Körpererschütterung (Hufschlag gegen Arm und Überschlagen des Körpers) mit anschließender Invagination findet sich in dem Sanitätsbericht der preußischen Armee 1905/06. Das Hauptgewicht bei der Anerkennung einer traumatischen Darminvagination legen alle Autoren auf den engen zeitlichen Zusammenhang: also sofort auftretende Schmerzen nach dem Trauma mit anschließenden Erscheinungen von akuter Darmstenose, Brechneigung und eventuelle Darmperforation mit Peritonitis. Oder auch

---

[1]) Leichtenstern, Vierteljahrsschr. f. prakt. Heilk. 118—121.

vom Trauma an länger sich hinziehende dauernde oder anfallsweise kolikartige Schmerzen mit Darmblutungen und Abstoßung nekrotischer Darmwandteile und schließlicher Ausgang in Genesung mit oder ohne Operation. In letzteren Fällen handelt es sich um das Zustandekommen einer adhäsiven Peritonitis zwischen den serösen Flächen des äußeren und inneren Darmrohres, so daß nach Abstoßung und Entleerung des invaginierten Darmstückes durch den After der Darmkanal in seiner Kontinuität erhalten bleibt. Es können sich also die anfangs stets mit heftigen Schmerzen einsetzenden Krankheitserscheinungen einer traumatischen Einstülpung viele Wochen und Monate hinziehen mit dauernden Darmbeschwerden, bis durch Operation oder Obduktion die Invagination als Ursache des Krankheitszustandes sicher erwiesen wird.

Moritz[1]): Invagination nach Bauchtrauma.

Ein Bauer erlitt beim Aufladen eines Baumstammes eine Quetschung der rechten Bauchseite. Sofort Schmerzen im Leib, zuerst andauernd, später anfallsweise kolikartig. Mehrere Monate lang beim Fortbestehen der Beschwerden blutige Stühle. In der Mittelbauchgegend ist eine Geschwulst zu fühlen. Bei der Operation fand sich das Coekum bis zum Kolon transversum eingeschoben. Ausgang in Heilung.

J. P. Albrecht[2]). Spontanheilung einer traumatischen Invagination durch Abstoßung eines nekrotischen Darmteiles.

40jähriger Soldat wurde niedergeworfen und getreten. Er klagte einige Wochen hindurch über sehr heftige Schmerzen im Abdomen, dabei öfters hartnäckige Verstopfung und Brechneigung. Plötzlich entleerten sich große Mengen schleimiger Massen mit Blut und Eiter vermischt. Hierauf wieder hartnäckige Verstopfung und Gefühl des Fremdkörpers im Mastdarm, den der Kranke in Gestalt eines entzündlichen nekrotischen Darmteils (mit Netz) aus dem After herauszog. Noch einige Tage Eiter, dann Genesung.

2. Körperliche Anstrengung.

Schwere körperliche Anstrengung, wie Heben, Tragen schwerer Lasten, starkes Drücken, längeres Bücken, wird man als Gelegenheitsursache einer Darminvagination und zum mindesten als akutes Verschlimmerungsmoment bei bereits eingeleiteter Einstülpung nicht ablehnen können, aber nur unter der Bedingung, daß ein enger zeitlicher Zusammenhang einwandfrei erwiesen ist beim Fehlen von jeglichen Darmerscheinungen vor dem Unfall. Es scheint aber diese Entstehungsweise nach den wenigen Fällen, die vorliegen und die zum Teil auch nicht völlig einwandfrei sind, äußerst selten zu sein.

Baeskow[3]): Invagination nach Überanstrengung.

21jähriger Arbeiter bückte sich am 23. April, als ihm beim Steinladen ein besonders schwerer Stein entglitt, schnell, und es gelang ihm, denselben aufzufangen

---

1) Moritz, Münch. med. Wochenschr. 1901, Nr. 5.
2) Albrecht, zit. nach Stern, Über tr. Entst. II. Aufl. S. 297.
3) Baeskow, Monatsschr. f. Unfallheilk. 1905, S. 57.

und mit großer Anstrengung in den Wagen zu werfen. Er arbeitete nach diesem Vorfall noch kurze Zeit, klagte dann über Leibschmerzen und legte die Arbeit nieder. Er mußte sich ins Bett legen und ließ, als nach 3 Tagen keine Besserung eintrat, den Arzt rufen, der bei ihm Leibschmerzen, Stuhlverstopfung und Brechneigung feststellte. Am 6. Tag nach dem Unfall (29. April) Krankenhausaufnahme. Am 18. Krankheitstag schwere Darmblutung und am 26. Tag Entleerung eines 21 cm langen nekrotischen Schleimhautstückes. Ausgang in Heilung. Unfall anerkannt von der Berufsgenossenschaft.

Brunner[1]): Invagination nach Drehen einer Kurbel.

27jähriger Tagelöhner, der vor wenigen Wochen gesund vom Militär entlassen worden war, verspürte am 12. Juni 1901 beim Drehen der Kurbel einer einzulassenden Maschine plötzlich einen heftigen Schmerz. Am Nachmittag Übelkeit, Erbrechen, Durchfälle, blutige Stühle. Unter Zunahme aller Erscheinungen wurde das Krankheitsbild immer ernster. August und September Operationen (Erlanger Klinik), wobei sich ergab, daß es sich um eine Darmeinschiebung des unteren Teiles des Dünndarms und des aufsteigenden Dickdarms in das Kolon transv. handelte. Am 4. Oktober 1901 Tod an Peritonitis. Unfall wurde anerkannt wegen „des lückenlosen Zusammenhangs der Erscheinungen der Darmerkrankung vom ersten Schmerz beim Kurbeldrehen bis zum Tode."

3. Kälteeinwirkung.

Einzelne Forscher wie Leichtenstern und Treves[2]) führen unter den auslösenden Ursachen einer Invagination auch Kälteeinflüsse an. Die Möglichkeit einer solchen Entstehung wäre denkbar, wenn eine Erkältung auf dem Wege einer Enteritis zu einer gesteigerten Peristaltik des Darms Anlaß gibt. In der Unfallkasuistik liegt bisher kein Fall vor, in dem eine Kälteeinwirkung als Entstehungsursache einer Darmeinstülpung angeschuldigt worden ist.

4. Schreckeinwirkung.

In der Literatur findet sich nur eine Beobachtung von Milne, in der im Anschluß an einen plötzlichen Schrecken eine Invagination aufgetreten sein soll.

10jähriges Mädchen empfand als Folge eines plötzlichen Schreckens heftige Schmerzen im oberen Teil der rechten Bauchhöhle. Diese hielten einige Stunden an und kehrten in der Nacht in heftigster Weise wieder. Von nun an blieb der Schmerz bestehen. Dann trat Erbrechen ein und Singultus, sowie Stuhlentleerung mit Schleim dreimal in 5 Tagen ohne Blut. Objektiv wurde ein Tumor im Bauch festgestellt. Am Morgen des 7. Tages Symptome akuter Obstruktion (Meteorismus, Kollaps). Bei der Operation zeigt sich das Ileum in das Kolon verschwunden, in das die Appendix mitgezogen war. Daneben zeigte sich gangränöse Intussusception des Ileums in das Ileum.

V. Innere Einklemmung (innere Hernie) und Unfall.

Eine innere Darmeinklemmung kann zustande kommen: 1. bei angeborenem oder traumatisch entstandenem Schlitz im Mesenterium

---

[1]) Brunner, zit. nach C. Kaufmann Handb. II, S. 377.

[2]) Treves, Darmobstruktion. Deutsch von Pollack. Leipzig 1888.

oder Netz, 2. bei durch Bauchkontusionen erzeugten Spalten in der Bauchwand, 3. bei durch subkutane Zwerchfellruptur entstandener oder kongenitaler Hernia diaphragmatica.

Die Einklemmung einer Darmschlinge erfolgt entweder kurz nach der Bauchkontusion, die zu der inneren Verletzung führt, oder nach einer starken körperlichen Anstrengung mit schwerem Heben und Pressen in präformierte Spalten.

Traumatische Zwerchfellhernien können nach Abklingen der durch die Zerreißung bedingten stürmischen Anfangserscheinungen lange Zeit, selbst viele Jahre, mit unwesentlichen Erscheinungen bestehen (zeitweise Schmerzen, Obstipation) und erst nach Jahren zu akuter Darmeinklemmung Anlaß geben infolge starken Hebens, Pressens usw.

Lefort sah bei einem jungen Mann Symptome innerer Inkarzeration kurz nach Hufschlag gegen den Bauch. Die Autopsie ergab zwei Hernien des Dünndarms durch zwei Schlitze im großen Netz.

Fowler beobachtete Hineindrängen eines großen Teiles des Dünndarms durch einen traumatisch entstandenen Riß im Netz.

Lotheissen sah Ileussymptome nach Bauchkontusion durch Wagendeichsel. Bei der Lazarettaufnahme 10 Tage p. tr. fand sich die vordere Wand des Kolon transversum in eine zwischen den Mm. recti entstandene Lücke eingeklemmt.

Martin: 15jähriger Junge war in seinem 13. Lebensjahr in einen Keller gefallen und hatte sich dabei schwer verletzt. Am 24. April 1904 fiel er vom Bock eines Milchwagens mit der rechten Seite auf einen Holzklotz. Gleich darauf heftige Leibschmerzen. Am 29. April typisches Bild der inneren Einklemmung. Die Laparotomie $5^1/_2$ Tage nach dem Unfall ergab Zwerchfellhernie mit eingeklemmter Dickdarmschlinge. Bei der Obduktion fand sich die Bauchpforte am Zwerchfell links seitlich an der Kuppe als kreisrundes markstückgroßes Loch mit glatten sehnigen Rändern ohne Merkmale einer frischen Verletzung.

VI. Achsendrehung (Volvulus), Knotenbildung (Darmverschlingung) und Trauma.

Für die Beurteilung der angeblich nach Traumen auftretenden Achsendrehungen und der Darmverschlingung gelten dieselben Erwägungen wie bei der Darminvagination. In der Mehrzahl der Fälle ist ein äußerer Anlaß nicht nachweisbar, so daß man niemals mit Sicherheit ein zufälliges zeitliches Zusammentreffen einer Darmverschlingung mit einer Arbeitsleistung oder einem Unfall ausschalten kann. Immerhin ist nicht so selten das plötzliche Auftreten der Darmstörung im unmittelbaren Anschluß an Bauchkontusionen, Körpererschütterung (Springen), nach schwerem Heben, raschen Körperbewegungen, angestrengtem Stuhlgang, Erkältung beobachtet worden. Es erscheint deshalb wahrscheinlich, daß ein Unfall bei vorhandener anatomischer Prädisposition (langer Flexus) schmales Mesenterium), und zwar sowohl ein direktes Bauchtrauma oder stärkere Anspannung der Bauchpresse bei sehr anstrengender Arbeit oder Körpererschütterung (Sprung, Fall) als auslösendes Moment in Betracht kommt, indem dadurch eine schon bestehende Drehung verstärkt oder der Durchtritt von Dünndarmschlingen durch die Flexusschlinge begünstigt wird. Zweitens kann ein Unfall als mittelbare Ursache zu einer Darmverschlingung Anlaß geben, wenn durch Bauchtrauma peritonitische Adhäsionen oder Stränge entstanden sind, die oft erst nach Jahren eine Achsendrehung auslösen. Voraussetzung für die Anerkennung eines ursächlichen Zusammenhangs ist stets der Nachweis des Fehlens von Beschwerden vor dem Unfall und das unmittelbare zeitliche Auftreten von Schmerzen und Stenoseerscheinungen nach dem Trauma, sowie dessen Erheblichkeit. Nur in Fällen von Darmverschlingung infolge von allmählich nach einem Trauma zur Entwicklung gekommenen peritonitischen Strängen wird ein längerer zeitlicher Abstand möglich sein, wie in einer Beobachtung von Kohn.

Kohn[1]): 34jähriger Mann fiel 2 m tief mit der rechten Seite auf den Schiffsbord. Arbeitete trotz Atemnot weiter. Nach 8 Tagen Rippenbruch festgestellt. In den nächsten Wochen Verstopfung und häufiges Erbrechen. 3 Jahre später Schmerzen, Auftreibung des Leibes, Stuhlverhaltung. Schließlich Operation: Leber durch Verwachsungen mit dem Zwerchfell von der rechten Bauchwand abgezogen und in dem so gebildeten 1 cm breiten Spalt eine Darmschlinge. Magenerweiterung durch Narben des Bauchfellüberzuges.

Rekursentscheidung vom 18. Dezember 1888. Darmverschlingung nach anstrengender Arbeit in gebückter Stellung als Unfall anerkannt.

Puddler verrichtet durch Umstoßen von erkalteter Schlacke anstrengende Arbeit und mußte diese wegen heftiger Schmerzen im Unterleib einstellen. Nach 2 Stunden wurde Darmverschlingung festgestellt, die tödlich verlief.

Rekursentscheidung vom 11. November 1890. Darmverschlingung nach Körpererschütterung (Sprung) als Unfallfolge anerkannt.

Bis zum Unfall völlig gesunder Schreiner machte aus $1^1/_2$ m Höhe einen Sprung, der ihn zu Fall brachte. Von diesem Tage an unwohl, heftige Leibschmerzen und Entwicklung von Erscheinungen einer Darmverschlingung, die 10 Tage nach dem Unfall zu Tode führte.

Salger. Darmverschlingung nach Bauchkontusion:

6jähriger Junge erhielt einen Stoß mit der Wagendeichsel in die obere Bauchgegend. Gleich danach starke Schmerzen ohne Erbrechen. Am nächsten Morgen Wohlbefinden. 4 Tage nach dem Unfall angeblich nach Genuß von verdorbenem Obst galliges Erbrechen, dabei heftige Schmerzen im ganzen Bauch. Zunehmende Obstipation und fast tägliches Erbrechen. In den letzten 6 Wochen nahm das Erbrechen fäkulenten Charakter an. Angeblich öfters dünnflüssiger Stuhl erbrochen. 8 Wochen nach Beginn des Leidens Operation: diese ergab spitzwinklige Abknickung des Dünndarms durch Adhäsionen, Dünndarm bis ungefähr 80 cm von der Flex. duodeno-jejunalis mächtig gebläht, mit einer Schlinge unter dem Querkolon in die linke Fossa iliaca absteigend.

---

[1]) Kohn, Ärztl. Sachverst.-Ztg. 1899, Nr. 3.

Garré[1]). Achsendrehung nach heftiger Muskelanstrengung:

37jähriger Mann erkrankte nach Wasserpumpen plötzlich mit heftigen Leibschmerzen und Erbrechen. Bei der 20 Stunden später erfolgten Operation fand sich das armdick geblähte blauschwarz gefärbte Dickdarmende mit seinem Gekröse um 360° nach links gedreht. Entfernung des 1 m langen Endstückes und Anlegung einer seitlichen Verbindung zwischen Mastdarm und absteigendem Dickdarm. Heilung.

VII. Darmlähmung (Ileus paralyticus).

Eine Darmlähmung ohne anatomische Veränderung des Darms oder des Peritoneums wird beobachtet:

1. nach stumpfen Traumen des Bauches;
2. nach Verletzung des Zentralnervensystems.

Bauchkontusion. Der durch akute Darmlähmung bedingte Meteorismus tritt meistens entweder sofort oder einige Stunden nach dem Bauchtrauma auf. Nach Vogel kann er erst am 2. oder 3. Tag beginnen. Für eine reflektorische nervöse Entstehung (Reizung des Splanchnikus oder Vaguslähmung) spricht, daß man Darmlähmung auch nach Kontusion des Hodens beobachtet hat.

Heinecke[2]): Bei einem 42jährigen Mann, der von einem Holzstück gegen die Oberbauchgegend getroffen wurde, fand sich nach 2 Stunden starke Druckempfindlichkeit am rechten Rippenbogen. Bauch stark aufgetrieben. Am nächsten Tag Rückgang des Meteorismus. Keine peritonitischen Erscheinungen. Heilung.

Vogel[3]): Fall 4. 28jähriger Hausdiener fiel am 19. März 1906 in einen Keller mit der rechten Seite auf Treppenkante. Starke Schmerzen, Urin leicht blutig. Am 2. Tag wurde Leib praller, Obstipation, Clysmata ohne Erfolg. Nach 0,001 Physostigmin subkutan Stuhl.

Verletzung des Zentralnervensystems.

Nach Verletzung der Wirbelsäule und des Rückenmarks wird starker Meteorismus mit Ileuserscheinungen beobachtet, meist 1—2 Tage nach dem Trauma. Es handelt sich nicht immer um schwere Verletzungen. Stolper sah am 2. Tag nach Sturz von der Treppe Ileus, der zur Laparotomie Anlaß gab. Es handelte sich um starke Aufblähung des Dickdarms. In der folgenden Nacht Exitus. Im Hals- und Brustmark mehrere frische Blutungen.

Anhang.

Spastische Kontraktion des Darms nach Bauchquetschung.

Eine solche Beobachtung liegt von Rehn[4]) vor, in der nach Kontusion des Leibes wegen schwerer Krankheitserscheinungen operiert wurde, ohne daß eine Darmverletzung vorlag.

[1]) Garré, Münch. med. Wochenschr. 1901/13.
[2]) Heinecke, Arch. f. klin. Chir. 83, 1104.
[3]) Vogel, Mitt. a. d. Grenzgeb. d. Med. u. Chir. 17.
[4]) Rehn, Zentralbl. f. Chir. 1900, S. 57.

Ein Mann wurde 3 Stunden nach einer Kontusion des Abdomens wegen Perforationserscheinungen laparotomiert. Es fand sich keine Verletzung, sondern nur eine tetanische Kontraktion der Flex. colica sin. Heilung.

VIII. Darmkrebs und Trauma.

1. Auslösung eines Darmkrebses durch Trauma.

Es ist auffällig, daß die Unfallkasuistik sich über Darmkrebs nach Bauchtraumen fast ganz ausschweigt. Denn Verletzungen des Darms durch stumpfe Gewaltseinwirkungen sind zweifellos häufiger als solche des Magens, dessen Traumen viel häufiger als Entstehungsursache eines Magenkarzinoms angeschuldigt werden. Die Möglichkeit, daß eine traumatische Verletzung der Darmschleimhaut als auslösende Gelegenheitsursache für Krebsentwicklung in Betracht kommt, muß nach unseren jetzt gültigen Anschauungen über Geschwulstentwicklung durch mechanische Traumen zugegeben werden, vor allem auf dem Boden eines traumatisch entstandenen Darmgeschwürs, ebenso wie ein Magenkrebs bei Magengeschwür oder einer Geschwürsnarbe. Denn die Entwicklung von Karzinomen in dysenterischen Narben ist mehrfach beobachtet worden (Nothnagel, Erkr. d. Darms, S. 219). Es scheint dies aber außerordentlich selten der Fall zu sein, sodaß die gutachtliche Anerkennung eines wahrscheinlichen ursächlichen Zusammenhangs nur dann erfolgen darf, wenn alle allgemeinen Bedingungen einer traumatischen Karzinombildung erfüllt sind, nämlich: a) nachweisliche Erheblichkeit einer direkten Bauchkontusion an der Stelle der späteren Geschwulst, sodaß eine Verletzung des Darms mit späterer Geschwürsbildung im Bereiche der Wahrscheinlichkeit liegt nach den anfänglichen Erscheinungen wie starke Schmerzen, Zeichen der Verletzung anderer Bauchorgane, Abgang von Blut sofort oder später. b) Auftreten der ersten sicheren Krankheitserscheinungen eines Karzinoms bei dem vorher gesunden und arbeitsfähigen Individuum erst einige Monate nach dem Trauma. Bei einem längeren Zeitabstand von 1 bis höchstens 2 Jahren müssen Brückensymptome vorliegen, die für die Möglichkeit eines durch langsame Geschwulstentwicklung nur allmählich aufgetretenen Krankheitszustandes sprechen. c) Eine allgemeine Schwächung des Körpers durch Unfallfolgen wird als ein die Entwicklung eines Darmkrebses, wie von Karzinomen überhaupt, begünstigendes Moment nicht anerkannt nach der ständigen Rechtsprechung des RVA.

Durchmustert man die Unfallliteratur über traumatischen Darmkrebs, so handelt es sich meist um Fälle, in denen ein ursächlicher Zusammenhang abgelehnt wurde. Die ganz vereinzelten Mitteilungen, in denen wegen angeblicher örtlicher und zeitlicher Übereinstimmung die Zusammenhangsfrage bejaht wurde, erscheinen nicht eindeutig und ohne genügende Beweiskraft. Dies gilt auch für den Thiemschen Fall[1]), in dem die Auslösung eines Mastdarmkrebses durch eine traumatisch entstandene Appendizitis (die nach 1 Monat operativ erledigt wurde) damit begründet war, daß durch die 4wöchige Appendizitis ein „chronischer Reizzustand" in der Bauchhöhle bestanden habe. Diese Auffassung von Thiem' muß aber als recht hypothetisch bezeichnet werden, denn es fehlt bisher jeder Beweis dafür, daß durch eine akute oder chronische Appendizitis die Mast- oder Dickdarmschleimhaut in einen Reizzustand versetzt werden kann.

44jähriger Arbeiter fällt am 8. Mai in ein Loch und verspürt sofort heftige Leibschmerzen. Am 19. Juni 1899 Entfernung des Wurmfortsatzes. 1 Jahr später teilt der Verletzte mit, daß er einmal Blut im Stuhl verloren habe. Am 15. Mai 1901 — also 2 Jahre nach der Appendizitis — Klagen über Schmerzen in linker Bauchseite beim schweren Heben und öfters blutigen Stuhl. Am 1. Januar 1903 Tod. Obduktion: Krebs des S Romanum mit geschwürigem Zerfall. Ebenso unsicher und unbeweisend ist die Beobachtung von Fewson, in der schon die große Zwischenzeit von 19 Monaten zwischen dem Unfall und dem ersten Auftreten einer Darmblutung den ursächlichen Zusammenhang recht unwahrscheinlich erscheinen läßt.

Fewson: Älterer Gastwirt erleidet am 17. Januar 1905 eine Bauchquetschung durch Fall mit einer Leiter, wobei sein Bruchband zerbricht. Der linksseitige Leistenbruch soll nachher doppelt so groß geworden sein. Der am Tag nach dem Unfall gelassene Urin war blutig. Am 19. November 1906 traten zum erstenmal Blutungen aus dem Darm auf. Tod am 18. Februar 1907 — also 2 Jahre 1 Monat nach dem Unfall — an Perforation eines Karzinoms des Querkolons mit eitriger Peritonitis.

2. Verschlimmerung von Darmkrebs durch Trauma.

Die Möglichkeit der Verschlimmerung eines Darmkrebses ist dann gegeben, wenn:

a) ein erheblich rasches Wachstum der Geschwulst nach dem Trauma nach der ganzen Verlaufsweise anzunehmen ist. Körber[2]) hat nach einer umfangreichen Statistik eine Durchschnittsentwicklungszeit — von der Erkennung bis zum Tode — für Darmkrebs von 13, 1 Monat gefunden. Von einer wesentlichen Beschleunigung eines an sich unbedingt tödlich verlaufenden Leidens, die die Berufsgenossenschaft zur Entschädigung verpflichtet, kann also nur dann gesprochen werden, wenn der Tod infolge Unfallverschlimmerung mindestens 1 Jahr früher erfolgt. Danach kommt eine wesentliche Beschleunigung des Krankheitsverlaufs bei Darmkrebs nur dann in Frage, wenn z. B. unmittelbar nach dem Trauma oder in den nächsten Wochen eine Perforation nach der Bauchhöhle oder eine tödliche Blutung erfolgt bei einer zur Zeit des Unfalls noch nicht weit vorgeschrittenen Geschwulstbildung. Denn nur dann ist es denkbar, daß das Trauma durch Einrisse oder Erweichungen eine Perforation oder Blutung wesentlich beschleunigt hat.

b) Zweitens kann durch Tochtergeschwulstbildung ein frühzeitigeres Eintreten des Todes erfolgen, indem z. B. durch Hirn- oder

[1]) Thiem, Handb. I, S. 655.

[2]) Körber, Mitt. a. Staatskrankenanst. (Hamburg) 1909.

Wirbelsäulenmetastasen der tödliche Ausgang von diesen Stellen aus wesentlich frühzeitiger verursacht wird, oder durch ausgedehnte Metastasenbildung ein schneller allgemeiner Kräfteverfall bedingt wird.

c) Die dritte Verschlimmerungsmöglichkeit besteht darin, daß zwar nicht der tödliche Ausgang wesentlich beschleunigt wird, daß aber die Arbeitsfähigkeit frühzeitiger vermindert oder aufgehoben wird, als dies ohne den Unfall zu erwarten war. Dies ist der Fall, wenn nach dem Trauma stärkere Beschwerden im Leib (Verwachsungen) entstehen oder eine Zunahme der latenten Blutungen mit schnell sich entwickelnder Blutarmut. In solchen Fällen kommt nur die Entschädigung der Erwerbsbeschränkung als Unfallfolge, nicht aber die Gewährung der Hinterbliebenenrente in Frage.

IX. Appendizitis und Unfall.

A. Allgemeines über mechanische Traumen und Appendizitis.

Die Anschauungen über die Entstehungsmöglichkeit einer Appendizitis durch direkte und indirekte mechanische Traumen: Kontusionen des Abdomens, allgemeine Körpererschütterung, Überanstrengung durch schweres Heben, sind geteilt. Einzelne hervorragende Forscher wie Sprengel, Sonnenburg, v. Bergmann lehnen das mechanische Trauma als ätiologisches Moment ganz ab, weil ihrer Ansicht nach der Appendix durch seine Beweglichkeit und geschützte Lage einer traumatischen Läsion nicht zugänglich sei. Sie nehmen deshalb an, daß es sich in den Fällen mit Auftreten einer Blinddarmentzündung nach Bauchkontusion stets um ein schon vorher erkranktes Organ handle, wobei das Trauma nur als Gelegenheitsursache für das Aufflackern einer schleichenden chronischen Appendizitis anzusehen sei. Demgegenüber vertreten eine Reihe von Autoren, Fürbringer, v. Hansemann, Stern u. a., den Standpunkt, daß ein Trauma zu isolierten Quetschungen, Zerreißungen und Zirkulationsstörungen am normalen und vor allem am kotsteinhaltigen Wurmfortsatz Anlaß geben könne, wobei durch Schleimhautverletzung eine Infektion möglich ist. Sie stützen sich hierbei vor allem auf Beobachtungen, wonach isolierte Verletzungen des vorher normalen Blinddarms durch stumpfe Bauchkontusionen sichergestellt sind. Bei der zweifellos häufigen klinischen Latenz von chronischer Appendizitis mit oder ohne Abszeßbildung wird meistens eine sichere Feststellung, ob ein Wurmfortsatz zur Zeit des Traumas ganz normal oder bereits chronisch entzündet war, gar nicht möglich sein. In Begutachtungsfällen von anscheinend traumatischer Appendizitis handelt es sich deshalb für den Gutachter häufig nicht sowohl um die Frage der Entstehung des Leidens durch das Trauma, als um den Nachweis, daß durch den Unfall eine schon vorhandene latente Entzündung des Wurmfortsatzes wesentlich verschlimmert worden ist. Diese Verschlimmerung kann beruhen in der Auslösung eines akuten Appendizitisanfalls oder in der Überführung eines abgelaufenen Prozesses in einen chronischen mit dauernden Schmerzen einhergehenden Entzündungszustand.

1. Direkte Traumen des Bauches.

An der Möglichkeit, daß ein gesunder, gutbeweglicher, nicht kotsteinhaltiger Wurmfortsatz durch eine stumpfe Gewalteinwirkung (Hufschlag, Stoß, Fall auf kantigen Gegenstand, Verschüttung) schwer geschädigt werden kann, darf nach den vorliegenden Beobachtungen nicht gezweifelt werden. Die Lage des Wurmfortsatzes ist durchaus nicht immer versteckt und geschützt gegen direkte Traumen. Ungewöhnliche Lagerung (antezökal) direkt unter den Bauchdecken oder größere Länge mit Querlagerung bis zur Wirbelsäule und selbst über diese hinaus begünstigen, ebenso wie vorhandene Kotsteine, eine Quetschung desselben. Ebenso wird eine Beschränkung der Beweglichkeit des Appendix durch breites und kurzes Mesenteriolum eine Verletzung leichter möglich machen. Vogel[1]) fand den Appendix nach Bauchkontusion in der Nähe seines Endes abgerissen, und Schuchardt[2]) operierte ein 10jähriges Kind nach Hufschlag gegen den Bauch, bei dem außer Verletzung der rechten Niere das Mesenteriolum stark blutig durchtränkt war. Volbert sah nach einem Fußtritt gegen den Leib den Wurmfortsatz stark gequetscht und ein sehr ausgedehntes Hämatom zwischen Schleimhaut und Muskularis. Das Auftreten auch geringfügiger Schleimhautverletzungen eines vorher normalen Blinddarms durch direkte Traumen des Abdomens muß danach als durchaus wahrscheinlich gelten, sodaß für die Entwicklung entzündungserregender Kotsteine ein günstiger Boden geschaffen werden kann. Beweisend für die Entstehung traumatischer Appendizitis bei vorher nichterkranktem Blinddarm ist eine Beobachtung von Keller[3]), da in diesem Fall die mikroskopische Untersuchung keine Spuren einer chronischen Entzündung oder früher überstandener Anfälle ergeben hat.

Vorher stets gesunder Mann, der niemals Schmerzen im Leib gehabt haben wollte, erhielt einen Hufschlag gegen die rechte Unterbauchseite; er fiel ohnmächtig um, erholte sich aber und vermochte zunächst noch Dienst zu tun. Nach 3 Stunden Schüttelfrost und Hitzegefühl. Nach 12 Stunden Zunahme der Schmerzen. Am 5. Tag verfallenes Aussehen, Auftreibung des Leibes. Operation: Bauchdecken und Bauchfell blutig durchtränkt. Wurmfortsatz lag vor dem Blinddarm, locker verwachsen, an der Spitze brandig durchlöchert. An den Darmschlingen wie am Wurmfortsatz und dessen Mesenteriolum nur frische Veränderungen. Auch mikroskopisch keine Spuren früher überstandener Anfälle oder chronischer Entzündung nachweisbar.

Aschoff hat auf eine weitere Möglichkeit einer traumatischen Blinddarmentzündung bei gesundem Appendix hingewiesen, indem die oft auf ein Trauma folgende Darmlähmung (reflektorisch) die Entstehung von Stauungen und Retentionen und damit das Eindringen und die Ansiedlung von Entzündungserregern begünstigen kann.

[1]) Vogel, Münch. med. Wochenschr. 1908, Nr. 23.
[2]) Schuchardt, Ref. Dtsch. med. Wochenschr. 1901, Nr. 32.
[3]) Keller, zit. nach Brünning, siehe klin. Vortr. Nr. 609/16.

Verschlimmerung einer schon bestehenden Appendizitis.

Zweifellos kann auch durch weniger erhebliche Bauchtraumen bei einem vorher pathologisch veränderten Wurmfortsatz durch Zerrung von Verwachsungssträngen oder Sprengung eines abgekapselten älteren Abszesses ein akuter Anfall von Appendizitis ausgelöst und eine bis dahin latente und schmerzfreie Appendizitis in ein dauerndes Schmerzstadium übergeführt werden. In der Regel werden sich dann die Krankheitserscheinungen in unmittelbarem Anschluß an das Trauma innerhalb der ersten 24 Stunden entwickeln.

Strohe[1]). Platzen eines latenten Abszesses nach Fall: Ein Junge kam beim Glockenziehen in der Kirche zu Fall und fühlte sofort einen starken Schmerz in der rechten Seite, der ihn am Gehen hinderte. Am folgenden Tag Operation: eitrige allgemeine Peritonitis. Der Eiter stammte aus einem geplatzten etwa hühnereigroßen alten Eitersack, dessen Wände aus verklebten und verdickten Darmschlingen bestanden und mit dem fast verschwundenen Wurmfortsatz verwachsen waren.

2. Indirekte Gewalteinwirkungen.

Die mechanischen Vorgänge, die sich bei einer erheblichen Körpererschütterung durch Sturz auf Füße, Knie, Gesäß, Anprall des Förderkorbes oder bei einer stärkeren körperlichen Anstrengung, wie schweres Heben, im Abdomen abspielen, sind derart, daß dadurch zweifellos ein bereits erkrankter Wurmfortsatz geschädigt werden kann. Weniger gesichert erscheint die Entstehung einer akuten Appendizitis durch solche indirekte Traumen.

a) Allgemeine Körpererschütterungen.

Es ist bekannt, daß bei Körperfall aus größerer Höhe Darmverletzungen bis zu vollkommenen Abrissen von Darmteilen vorkommen, wahrscheinlich dadurch bedingt, daß beim Aufprallen des Körpers die mit Inhalt gefüllten Magen-Darmteile ihre Fallgeschwindigkeit beibehalten und dadurch eine Zerrung und stärkere Erschütterung erleiden. Es ist danach leicht verständlich, daß durch Körpererschütterung bei bestehender Appendizitis schützende Verwachsungen gesprengt werden und abgekapselte Abszeßmembranen ganz oder teilweise einreißen können mit anschließendem akuten Appendizitisanfall. Durch Zerrung bestehender Verwachsungen können ferner Abknickungen und Stauungserscheinungen veranlaßt werden, die eine bis dahin symptomlose chronische Appendizitis in einen Zustand mit dauernden Schmerzen überführen.

Die Schädigung einer Abszeßwandung durch Erschütterung braucht nicht immer eine totale zu sein, sodaß in unmittelbarem Anschluß an den Unfall keine Erscheinungen der Perforation und Peritonitis aufzutreten brauchen. Es genügt, daß schon mikroskopisch

[1]) Strohe, Dtsch. Zeitschr. f. Chir. 95, 43 (1908).

kleinste Einrisse entstehen, die das Durchwandern der vorher abgekapselt liegenden virulenten Entzündungserreger in die Umgebung ermöglichen. Die Verschlimmerungserscheinungen in Gestalt von schnellerer Ausdehnung des Abszesses werden sich dann erst allmählich innerhalb der nächsten Tage bemerkbar machen.

Stricker[1]). Akute Perforation eines perityphlitischen Abszesses nach Körpererschütterung durch Sprung:

21 jähriger Musketier. Mit 15 Jahren Blinddarmentzündung. Bald nach dem Dienstantritt Klagen über Leibschmerz und Verstopfung. Nach einem Sprung über die Schnur empfand er plötzlich heftige Schmerzen in der Ileozökalgegend. Erbrechen und Symptome allgemeiner Bauchfellentzündung am selben Tag. Schnelle Verschlechterung und Tod am 8. Krankheitstag. Obduktion: allgemeine eitrige Peritonitis. Zwischen alten Adhäsionen am Blinddarm ein mit der Bauchhöhle kommunizierender Eiterherd und darin der Rest des Wurmfortsatzes.

b) Starke körperliche Anstrengung: schweres Heben, Tragen, Ziehen.

Verschlimmerung einer Appendixerkrankung.

Durch plötzliche Anspannung der Bauchmuskeln, die mit einer plötzlichen Erhöhung des Innendrucks der Bauchhöhle einhergeht, werden mit der vorderen Bauchwand verwachsene Abszesse zur Ruptur gebracht werden können. Aber auch eine Läsion tiefer liegender Abszesse ist möglich, da ja der Inhalt der Bauchhöhle nicht aus einer in allen Teilen gleich kompressionsfähigen Masse besteht, sondern teils gasförmig, teils fest, teils flüssig ist. Durch Verschiebung der einzelnen Darmteile bei starker Bauchmuskelpresse wird es dabei zu Zerrungen des mit der Umgebung verwachsenen erkrankten Wurmfortsatzes kommen mit Einriß von weniger widerstandsfähigen, bereits verdünnten Abszeßwandstellen. Namentlich auch bei Verwachsungen zwischen Appendix und M. psoas ist es denkbar, daß starke Kontraktionen dieses Muskels bei starken Anstrengungen zu Zerrungen und Blutaustritten ins erkrankte Gewebe Anlaß geben und einen akuten Anfall auslösen. So führt Riedel[2]) das Exerzieren mit langsamem Schritt und Radfahren als anfallauslösendes Moment an. Abszeßperforation ist schon nach heftigem Pressen beim Stuhlgang bei Kranken in der Rekonvaleszenz nach akuter Appendizitis beschrieben worden (Stricker, Rotter).

Rekursentscheidung des RVA. (XXVI 68). Durch schweres Heben ausgelöste akute Appendizitis bei vorher krankem Wurmfortsatz mit Kotsteinen:

45 jähriger Laternenwärter erkrankte unmittelbar nach dem Heben der schweren Leiter (die er seit 10 Tagen in gleicher Weise benutzt hatte) an Blinddarmentzündung. Tod durch Perforation mit Peritonitis. Die Obduktion ergab, daß Blinddarm und Wurmfortsatz an das benachbarte Bauchfell der vorderen Bauchwand durch alte bindegewebige feste Stränge fixiert waren. In dem chronisch entzündeten Fortsatz befanden sich zwei Kotsteine, die zu einem Druck-

[1]) Stricker, Bibliothek von v. Coler 23, 1906.
[2]) Riedel, Arch. f. klin. Chir. 66, 1.

brand der Wandung und Perforation geführt hatten. Es wird die Auslösung des akuten Appendizitisanfalls durch beim Heben entstandenes Reißen am chronisch entzündeten Wurmfortsatz angenommen.

Orth[1]). Perforation durch Heben einer 4 Zentner schweren Eisenplatte. Keine wesentliche Beschleunigung des Ablaufs der Erkrankung.

Schlosser erkrankte unmittelbar nach Heben einer 4 Zentner schweren Eisenplatte mit heftigen Leibschmerzen. Sofort bettlägerig. Am 3. Tag wird allgemeine Bauchfellentzündung festgestellt, die noch am selben Tage zum Tod führt. Obduktion: jauchige Peritonitis, ausgehend von einer Zerreißung des an seinem Ende gangränösen Wurmfortsatzes. Es wird angenommen, daß der Wurmfortsatz erkrankt war und unmittelbar vor der Perforation stand. Orth glaubt nicht, daß der Ablauf der Erkrankung durch das Heben der Platte eine wesentliche Beschleunigung erfahren hat.

Erkrankung eines gesunden Appendix durch körperliche Anstrengung.

Namhafte Autoren, wie Fürbringer, v. Bramann, v. Hansemann u. a. sind dafür eingetreten, daß durch starke körperliche Anstrengungen die Bedingungen für eine akute Appendizitis an einem vorher ganz gesunden Wurmfortsatz entstehen können. Fürbringer[2]) nimmt an, daß durch eine plötzliche Drucksteigerung im Leib eine starke Einpressung von Darminhalt in den Appendix mit Schleimhautläsionen und Stagnation vorkommt, die die Entwicklung einer Entzündung ermöglicht. Hierbei soll nach Versuchen von v. Hansemann die Gerlachsche Klappe eine wichtige Rolle spielen. Die Funktion dieser ist abhängig von der Lage des Wurmfortsatzes und von dem Füllungszustand des Zökums. v. Hansemanns Versuche haben ergeben, daß eine Klappe, die ein erschwertes Eindringen von Kotmassen in das Zökum bedingt, auch die eingedrungenen festen und flüssigen Massen schlechter herausläßt. Wird der Darm meteoristisch aufgetrieben, so richtet sich auch der Appendix auf und öffnet sich durch diesen Lagewechsel, während er vorher undurchlässig war. Auf diese Weise können bei plötzlichen Druckwirkungen Gase und Kotmengen in den Appendix hineingelangen, die nach dem Zurücksinken des Wurmfortsatzes in seine ursprüngliche Lage wie in einem abgeschlossenen Sack stagnieren und das Bakterienwachstum begünstigen. Eine zweite Möglichkeit einer Verletzung des Wurmfortsatzes ist nach Fürbringer dadurch gegeben, daß durch das plötzliche Hineinpressen von Kot bei Anspannung der Bauchpresse etwa vorhandene Kotsteine unter Verletzung der Schleimhaut tiefer in den Blinddarm hineingetrieben werden.

Fürbringer. Tödliche Perityphlitis bei vorher gesundem Mann nach Heben einer 70 Pfund schweren Kiste.

50jähriger Kaufmann, der früher nie Erscheinungen einer Blinddarmentzündung geboten hatte, klagte etwa $1^1/_2$ Stunde nach Heben einer 70 Pfund schweren

[1]) Orth, Monatsschr. f. Unfallheilk. 1912, Nr. 3.
[2]) Fürbringer, Ärztl. Sachverst.-Ztg. 1900, Nr. 9.

Kiste über Schmerzen im rechten Unterleib. Es entwickelte sich eine Perityphilitis. 4 Tage nach dem Unfall fand F. bereits Zeichen einer diffusen Peritonitis. Tod nach einigen Tagen. F. führte in seinem Gutachten aus, daß ein gesunder Darm aus Anlaß des Hebens noch so schwerer Lasten keine Zusammenhangstrennung erleide, daß aber die Möglichkeit vorliege, daß unter der Einwirkung der Bauchpresse Darminhalt aus dem Blinddarm in den Wurmfortsatz gedrungen, eingedrückt worden und unter Einwirkung einer Schleimhautverletzung die Entzündung auf dem Wege des Bakterienfraßes eingeleitet habe

Eine dritte Möglichkeit einer Wurmfortsatzschädigung durch körperliche Anstrengung besteht dann, wenn sich der Appendix bei bestehendem Leisten- oder Schenkelbruch in der Nähe des Bruchringes befindet. Dadurch kann sowohl dauernde Einklemmung des Wurmfortsatzes im Bruchring als auch eine vorübergehende Quetschung gegen den meist sehr scharf vorspringenden Bruchring zustande kommen. Es sind eine Reihe von Fällen mitgeteilt worden, in denen sich bei Appendizitis nach Brucheinklemmung bei der Operation der Appendix nicht im Bruchsack, sondern in der Bauchhöhle in der Nähe des Bruchringes fand.

Riedel[1]): 62jähriger Mann hat sich vor 33 Stunden einen rechtsseitigen Leistenbruch selbst reponiert. Darauf Schmerzen und Erbrechen. Bei der Operation fand sich im Bruchsack Eiter. Der perforierte Wurmfortsatz lag in der Bauchhöhle dicht am Lig. Poupartii. Bauchfellentzündung und Tod.

Brüning[2]): 50jähriger Landwirt, früher niemals krank. Leidet seit Jahren an rechtsseitigem reponiblen Leistenbruch, der sich nach Fall auf der Treppe plötzlich nicht mehr zurückbringen ließ. Sofort heftige Schmerzen, später Erbrechen. Operation 30 Stunden nach dem Unfall. Im Bruchsack nur Netz und leicht getrübtes Bruchwasser. In der Bauchhöhle kotig riechender Eiter. Der stark entzündete Wurmfortsatz liegt quer vor dem inneren Leistenring frei ohne Verwachsungen. Akute Gangrän desselben mit Perforation. Kein Kotstein, keine Knickung, keine Stenose. Entfernung des Wurmfortsatzes und Heilung.

3. Maßgebende Gesichtspunkte für die Anerkennung eines ursächlichen Zusammenhangs zwischen Appendizitis und mechanischen Traumen.

a) Akute Appendizitis.

Da erfahrungsgemäß eine Wurmfortsatzentzündung nach längerem symptomlosem Bestehen plötzlich ohne besondere äußere Veranlassung in einem akuten Anfall hervortreten kann, so wird man in Fällen, in denen die Appendizitis auf ein Trauma zurückgeführt wird, stets mit der Möglichkeit eines zufälligen zeitlichen Zusammentreffens mit einem für die Entwicklung der Erkrankung an sich bedeutungslosen Unfallvorgang während der Betriebsarbeit rechnen müssen. Einem Trauma darf deshalb nur unter folgenden Bedingungen eine ursächliche Bedeutung bei der Entstehung oder Verschlimmerung einer akuten Appendizitis zuerkannt werden.

α) Fehlen von Krankheitszeichen vor dem Unfall. Es dürfen bei genauer Erhebung der Vorgeschichte keinerlei Krankheitserscheinungen

[1]) Riedel, Arch. f. klin. Chir. 66, 1.
[2]) Brüning, Samml. klin. Vortr. N. F. Chir. Nr. 170/71.

vor dem Unfall bestanden haben, die das Bestehen entzündlicher Erscheinungen am Appendix kurz vor dem Unfall wahrscheinlich machen. Es muß also volle Arbeitsfähigkeit (ohne Schonung) bis zum Trauma verlangt werden, letzteres vor allem auch dann, wenn der Kranke früher eine Appendizitis durchgemacht hat. Hat der Verletzte wegen unbestimmter Beschwerden von seiten des Magens und Darmes kürzere oder längere Zeit vor dem Unfall ärztliche Hilfe in Anspruch genommen, so spricht das für eine in der Entwicklung begriffene Appendizitis.

β) Das direkte Bauchtrauma oder die körperliche Überanstrengung muß durch Zeugen erwiesen sein. Das Trauma kann als erheblich angesehen werden, wenn ein heftiger Schlag, Stoß, Quetschung, Fall auf kantigen Gegenstand stattgefunden hat mit anschließenden Chokerscheinungen, oder wenn der Kranke sofort über stärkere Schmerzen geklagt hat, so daß er die Arbeit sofort dauernd oder wenigstens eine Zeitlang aussetzen mußte. Die körperliche Anstrengung muß eine erhebliche, über den Rahmen der gewöhnlichen Arbeitsleistung hinausgehende gewesen sein. So wurde z. B. vom RVA das Tragen einer schweren Leiter mit anschließender Perforation als Betriebsunfall abgelehnt, da der Verletzte bereits 14 Tage lang die Leiter ohne Störung getragen hatte.

γ) Enger zeitlicher Zusammenhang zwischen Trauma und Beginn der Erkrankung. Die Fälle mit Symptomen der Entzündung in unmittelbarem Anschluß an das Trauma, also innerhalb der ersten 12—24 Stunden aufgetretenen Schmerzen, Fieber usw., bieten die meiste Gewähr für die Wahrscheinlichkeit einer traumatischen Entstehung bzw. Verschlimmerung. Aus den Untersuchungen Aschoffs[1]) wissen wir, daß schon von der 6. Stunde nach Beginn des Unfalls an sich das phlegmonöse und ulzeröse Stadium der Wurmfortsatzentzündung entwickelt haben kann, so daß bei der brandigen Form eine Perforation (beim Fehlen von Verwachsungen von früheren Anfällen) schon sehr bald nach dem Unfall möglich ist. Bei einer weniger erheblichen Infektion und geringerer traumatischen Läsion des Appendix wird man aber zugeben müssen, daß die anfänglichen Beschwerden nicht hochgradig zu sein brauchen, so daß der Verletzte mit seiner Appendizitis noch 1 oder 2 Tage weiterarbeiten kann. Wir beobachten das ja auch bei der nicht traumatischen Blinddarmentzündung. Wir werden deshalb mit Sonnenburg in dem Umstand, daß ein Kranker noch 1—2 Tage lang mit gewissen Beschwerden nach dem Unfall gearbeitet hat, keinen Gegengrund sehen für eine traumatische Auslösung. Sonnenburg hat einen Unfallzusammenhang noch anerkannt in einem Falle, in dem der Verletzte nach einem Schlag gegen den Unterleib am Samstag, am Montag und Dienstag noch, unter Angabe von Schmerzen, gearbeitet hat. Das Haupterfordernis bei jedem längeren Intervall von 2—3 und mehr Tagen zwischen Auftreten ausgesprochener akuter Appendizitiserscheinungen und Trauma beruht auf dem Nachweis, daß der Verletzte in dieser Zwischenzeit über Beschwerden geklagt hat. Diese müssen sofort nach der Gewalteinwirkung aufgetreten sein, bedingt durch die Verletzungsschmerzen des Appendix und müssen dauernd fortbestanden haben infolge allmählichen Hinzutretens der entzündlichen Erscheinungen des Bauchfells. Ein beschwerde-

[1]) Aschoff, Über Wurmfortsatzentzündung. Jena (Fischer) 1908.

freies Intervall von 2—3 Tagen zwischen Trauma und akuten Appendizitiserscheinungen mit voller Arbeitsleistung ohne Klagen macht dagegen einen Zusammenhang höchst unwahrscheinlich.

b) Chronische Appendizitis.

Der Nachweis des ursächlichen Zusammenhangs zwischen chronischer Appendizitis und Trauma ist meist sehr schwierig. Die Möglichkeit ist sicherlich zuzugeben, daß eine weniger intensive Gewalteinwirkung lediglich in der Umgebung des Appendix (ohne gleichzeitige Schädigung dieses selbst) Anlaß geben kann zu chronisch entzündlichen Veränderungen mit allmählich entstehenden Verwachsungen und peritonealen Schrumpfungen. Diese können dann durch Abknickung und Stauungen oft erst nach Wochen, Monaten und selbst Jahren zu akuter oder chronischer Appendizitis führen. Die genügend sichere Feststellung, daß dieser Entstehungsmechanismus vorliegt, und daß hierfür ein länger zurückliegendes Trauma verantwortlich zu machen ist, wird aber in der Regel nicht möglich sein. Die Anerkennung eines wahrscheinlichen Zusammenhangs ist deshalb nur dann gerechtfertigt, wenn

α) im unmittelbaren Anschluß an das Trauma Schmerzen in der Blinddarmgegend aufgetreten sind, die, ohne zu akuten Appendizitiserscheinungen zu führen, in der Folgezeit unter Schwankungen ihrer Intensität dauernd bestehen blieben, bis allmählich die Erscheinungen einer sicheren chronischen Appendizitis hervorgetreten sind.

β) In Fällen mit längerem beschwerdefreiem Intervall zwischen Trauma und Auftreten von Erscheinungen einer chronischen Appendizitis ist die Beurteilung ganz unsicher. Man könnte dann schließlich dazu kommen, jede Blinddarmentzündung, bei der vor längerer Zeit ein Trauma der rechten Bauchseite stattgefunden hat, als Unfallfolge anzusprechen. Die ursächliche Bedeutung des Unfalls kann nur unter der Bedingung bei längerem Zwischenraum anerkannt werden, daß die Operation am Wurmfortsatz oder dessen nächster Umgebung Reste von Blutungen oder Zerreißungen als sichere Zeichen einer stattgefundenen Verletzung ergibt. Ist das nicht der Fall, so wird nur die entfernte Möglichkeit, aber niemals die erforderliche Wahrscheinlichkeit eines Zusammenhangs gutachtlich zugegeben werden dürfen. Ich lasse einige Beispiele folgen, in denen wegen der Kontinuität der Schmerzen vom Unfall an und wegen des Operationsbefundes die traumatische Entstehung der chronischen Appendizitis ziemlich wahrscheinlich erscheint.

Strohe[1]): 14jähriger Schlosserlehrling fiel ein Stock tief und blieb bewußtlos liegen. Schon in den ersten Tagen Schmerzen in der rechten Unterleibsseite. Einen Monat später Zunahme der Schmerzen unter erneuter Bettruhe und Eisblase. Solche Anfälle wiederholen sich öfters. 5 Monate nach dem Unfall Operation. Der Wurmfortsatz lag innen und unten gegen die Blase zu und war dort leicht verwachsen und etwa 1 cm von seinem Ende entfernt verlief über ihn ein querer Gewebsstrang, der das Wurmende stark einschnürte. Wurmfortsatz von normaler Konsistenz. Die Schleimhaut ein wenig verdickt. Von der Einschnürung an

[1]) Strohe l. c.

war der Fortsatz kolbig aufgetrieben und mit schmierig stinkendem Inhalt gefüllt, die Schleimhaut geschwürig, beginnende Gangrän.

Sonnenburg[1]): Eine vorher stets gesunde Frau erhält durch einen Waschzuber einen Schlag gegen die rechte Bauchseite. Danach bald unbestimmte, von Zeit zu Zeit wiederkehrende Schmerzen. Die Operation 5 Monate p. tr. ergab Verwachsungen des Processus und ein Kotkonkrement in demselben. Es wird angenommen, daß durch das Trauma Blutaustritte in der Umgebung des Zökums und des Appendix erfolgt sind, aus denen sich Verwachsungen gebildet haben.

Brunner (zit. nach Kaufmann). Chronische Appendizitis nach Stoß gegen rechte Leistengegend:

38jährige Frau rutschte am 25. April 1901 in der Küche aus und stieß mit der rechten Leistenbeuge an der eisernen Herdeinfassung an. Von da ab Schmerzen. Am 17. Juni 1901 erste ärztliche Untersuchung: Fieber, Schwellung der getroffenen Gegend, allgemeine Druckempfindlichkeit des Bauches. Am 26. Juni 1901 Eröffnung eines Abszesses in der rechten Leistengegend mit Eiterentleerung. Nachher Besserung, dann wieder zunehmende Schmerzen und Eröffnung eines Abszesses in rechter Nierengegend, starke Schwartenbildung und Fistel gegen Blinddarmgegend. November 1901 Erweiterung der Fisteln und Auskratzung. Nachher noch zwei weitere Operationen. Tod am 26. Februar 1902. Obduktion: Fehlen des Appendix und umschriebene Nekrose der Darmbeinschaufel, beiderseitige Schrumpfniere, links haselnußgroßer Stein, rechts starke Erweiterung des Nierenbeckens und Harnleiters infolge Harnstauung durch Infiltratentwicklung und Schwartenbildung.

B. Einmalige Kälteeinwirkung als unmittelbare Ursache einer akuten Appendizitis.

Eine sehr starke Kälteeeinwirkung kann unter Umständen im menschlichen Organismus Veränderungen hervorrufen, die das Zustandekommen einer Entzündung des Blinddarms wesentlich erleichtern, wenn die übrigen Bedingungen für Appendizitisentstehung vorhanden sind. Starke Kälteeinflüsse, wie längeres Stehen bis zur Brust im kalten Wasser oder sehr starke Abkühlung durch Arbeit in kaltem Raum, Sitzen auf kaltem Boden, vermögen nach vorliegenden Erfahrungen auf die Durchblutungsverhältnisse des Darms ungünstig einzuwirken und das Auftreten von Darmkatarrhen zu begünstigen. Denn der jeweilige Zustand der Darmschleimhaut ist nach unseren heutigen Kenntnissen bedeutungsvoll für das Haften der Infektion. Von diesen Gesichtspunkten aus hat das RVA. (XXIV 170) den Zusammenhang einer Appendizitis mit Kälteeinwirkung im folgenden Fall angenommen, obwohl gerade in diesem Falle meiner Ansicht nach eine besondere Kälteeinwirkung des Wassers wegen der Sommerszeit nicht sehr wahrscheinlich erscheint.

Färbergeselle mußte am 28. Juli 1908 etwa eine Stunde lang bis zur Brust im Wasser stehen. Gleich nach der Durchnässung Klage über Unwohlsein und Durchfall. In der Nacht vom 1. zum 2. August schwere Erkrankung. Operation am 4., Tod am 8. August 1908 an Bauchfellentzündung.

[1]) Sonnenburg, Dtsch. med. Wochenschr. 1901, S. 649.

Natürlich wird nur dann die Zusammenhangsfrage in Betracht kommen, wenn im unmittelbaren Anschluß an sehr erhebliche Kälteeinflüsse eine akute Enteritis aufgetreten sein sollte mit sich unmittelbar anschließender Appendizitis. Diese Bedingungen sind in einer eigenen Beobachtung erfüllt, bei der die Unfallsfrage nicht in Betracht kam.

25jähriger Student setzte sich morgens 11 Uhr bei einem Schneeschuhkurs als er ganz verschwitzt und müde war, in den Schnee, angeblich über $^1/_2$ Stunde lang. Am Nachmittag verspürte er Kollern im Leib, und abends stellte sich Durchfall ein, der auch am folgenden Tag noch anhielt (schon früher Neigung zu Darmkatarrhen). Am 3. Tag nach der Tour verspürte er morgens beim Aufwachen Schmerzen in der rechten Unterbauchseite. Als ich den Kranken nachmittags 6 Uhr sah, bestand ausgesprochene Druckempfindlichkeit der Blinddarmgegend, Rektaltemperatur 38,8. Am folgenden Tag fühlbare Resistenz; Temperatur 39,2 bei gutem Puls und gutem Allgemeinbefinden. Innerhalb von 8 Tagen Abklingen der Erscheinungen. Operation im Intervall ergab chronisch-entzündliche Verdickung des Blinddarms.

Die zweite Möglichkeit eines Zusammenhangs zwischen Appendizitis und Kälteeinwirkung ist dann gegeben, wenn eine Hals- oder Lungenentzündung nach einer Erkältung auftritt und sich hieran anschließend eine Blinddarmentzündung entwickelt. Es müssen aber im Wurmfortsatz und in den Mandeln bzw. den Lungen die gleichen Krankheitserreger festgestellt werden, bevor eine Beziehung nicht nur als möglich, sondern als wahrscheinlich angenommen werden kann.

C. Infektionskrankheiten und Appendizitis.

Wir wissen, daß die akute Entzündung des Wurmfortsatzes als Teilerscheinung einer allgemeinen Infektion auftreten kann. Es handelt sich hierbei entweder um Infektion vom Darm aus durch Verschlucken infektiösen Materials, z. B. bei Angina, oder meistens um metastatische Appendizitis. In letzterem Falle gelangen die Infektionserreger bei Angina, Influenza, Pneumonie, seltener bei Eiterungen an anderen Körperstellen, bei Furunkeln, Phlegmonen, in die Blutbahn und bilden embolische Herde in den Follikelgefäßen des Appendix mit Absterben der Gefäßwand und Follikelnekrose. Ist der Nachweis der unfallsweisen Entstehung einer Infektionsquelle erbracht (Erkältungsangina, traumatische Pneumonie, Verletzungspanaritium), so müssen nach Sonnenburg weitere Bedingungen erfüllt sein, bevor eine metastatische Appendizitis mit Wahrscheinlichkeit angenommen werden darf.

1. Zunächst ist eine intensive primäre Infektion und der Nachweis ihres Fortschreitens in den regionären Lymphgefäßen und Lymphdrüsen mit allgemeiner Blutvergiftung erforderlich. Denn nicht jede Infektion und einfache Eiterung an den Extremitäten, die ohne Neigung zur weiteren Ausbreitung in den

Lymph- und Blutwegen zum schnellen Abschluß gekommen ist, kann als Infektionsquelle für eine Appendizitis angesprochen werden.

2. Es muß nach Möglichkeit der Beweis erbracht sein, daß als Ursache der Blinddarmentzündung dieselben Infektionserreger anzusprechen sind, die den primären Eiterherd verursacht haben.

3. Zwischen der infektiösen Erkrankung und dem Auftreten der Appendizitis darf kein größerer Zwischenraum liegen, vielmehr muß sich die Erkrankung im unmittelbaren Anschluß an die primäre Infektion oder spätestens einige Tage nach dem Abklingen derselben entwickeln.

Sonnenburg: Ablehnung des Zusammenhangs einer brandigen Perityphlitis mit einer $3^1/_2$ Wochen zurückliegenden Lymphangitis und Lymphadenitis am Arm. Gründe: Fehlen von Zeichen einer allgemeinen Blutvergiftung und längeres beschwerdefreies Intervall mit regelmäßiger Arbeitsleistung.

31 jähriger Geschäftsführer erkrankte am 5. Januar 1901 infolge Verletzung an einer eiternden Wunde am rechten Daumen mit anschließender Lymphgefäßentzündung und Achseldrüsenschwellung. Die kleine Wunde heilte rasch ab; die Lymphgefäßentzündung brauchte längere Zeit zur Besserung, doch konnte W. am 16. Januar seine Tätigkeit wieder aufnehmen. Am 3. Februar 1901 kam W. wegen ausgesprochener Erkrankung am Blinddarm erneut in ärztliche Behandlung. Unter den Erscheinungen der Sepsis und diffuser Bauchfellentzündung nebst Herzinsuffizienz trat am 8. Februar der Tod ein. Die Sektion ergab bei sonst völlig gesunden Organen brandige Entzündung des Wurmfortsatzes und diffuse Peritonitis.

D. Durch Unfall entstandene allgemeine körperliche Schwäche als Ursache eines ungünstigen Ablaufs einer Appendizitis.

Die Möglichkeit ist gutachtlich zuzugeben, daß unter Umständen eine unfallsweise entstandene allgemeine Körperschwäche, Anämie, schlechter Ernährungszustand, Herzmuskelschwäche nach längerem Krankenlager mit Schmerzen, längerem Fieber durch Herabsetzung der Widerstandsfähigkeit des Körpers den Ablauf einer spontan aufgetretenen Blinddarmentzündung ungünstig beeinflussen kann. Der Nachweis wird freilich schwer zu erbringen sein, daß ohne den reduzierten Kräftezustand die Appendizitis keine Neigung zum Fortschreiten gezeigt hätte. Immerhin ist zu bedenken, daß die Entzündung nicht allein von der pathogenen Kraft der Bakterien abhängt, sondern auch von der Widerstandsfähigkeit der Gewebe. Man wird deshalb zugeben müssen, daß die Folgewirkungen einer mit höherem Fieber einhergehenden Perityphlitis wesentlich eingreifender sein werden bei einem geschwächten Organismus, so daß ein unglücklicher Ausgang durch verhältnismäßig früh einsetzende Herzschwäche mit oder ohne operativen Eingriff möglicherweise auf Rechnung des früheren Unfalls zu setzen ist. Dies wird aber nur für bestimmte Formen von Wurmfortsatzentzündung der Fall sein, die sonst ihrer ganzen Verlaufsweise nach als gutartig zu bezeichnen sind. Dagegen kommt es erfahrungsgemäß bei den brandigen und mit Blutvergiftung einhergehenden Entzündungen des Wurmfortsatzes gar nicht auf eine höhere oder geringere Widerstandsfähigkeit des Körpers an. In solchen Fällen wird infolge der Entwicklung der Giftstoffe im Körper auch der kräftigste Organismus so geschädigt, daß die Herztätigkeit, mag sie auch im Anfang der Erkrankung noch so gut gewesen sein, doch völlig vernichtet wird. Bei der brandigen Blinddarmentzündung, die ohne rechtzeitige Operation meistens tödlich ausläuft, wird man deshalb eine vorher schlechte Körperbeschaffenheit niemals mit hinreichender Wahrscheinlichkeit für einen schnell tödlichen Ausgang verantwortlich machen dürfen.

X. Rentenabschätzung.

1. **Darmverletzungen** erfordern nach Abklingen der anfänglichen Verletzungserscheinungen nur dann eine Rente, wenn sich Folgezustände in Gestalt von chronischer Geschwürsbildung, Stenosen oder peritonitischen Adhäsionen mit stärkeren Zerrungsbeschwerden bei der Verdauung und stärkerer Obstipation entwickeln.
2. **Geschwürsbildung** mit okkulten Blutungen erfordert Krankenhausbehandlung. Bei Neigung zu Rezidiven **30—50%** Rente, da nur leichte und mittelschwere Arbeit geleistet werden darf. Maßgebend ist der Einfluß der Blutungen auf den Allgemeinzustand (Anämie, Abmagerung).
3. **Stenosen.** Bei diesen ist stets chirurgische Behandlung anzuraten; falls diese verweigert wird, Rente **40—50%**.
4. **Adhäsionsbeschwerden** bedingen je nach der Stärke der Beschwerden und ihrer Rückwirkung auf den allgemeinen Kräftezustand Renten von **20—50%**.
5. **Chronische Appendizitis.** Falls Operation abgelehnt wird, wird die Erwerbsverminderung je nach der Häufigkeit von Rezidiven und dem Grad der Beschwerden und der Rückwirkung auf den Allgemeinzustand (Neurasthenie, Abmagerung usw.) auf **30—60%** zu schätzen sein.

Siebentes Kapitel.

Verletzungen und Erkrankungen der Leber und Gallenblase.

I. Allgemeines über die Entstehungsursachen von Leber-Gallenwegerkrankungen durch Unfall.

Die Schädigung einer vorher gesunden Leber und der Gallenwege und die Verschlimmerung von Erkrankungen der Leber und des Gallengangystems kann auf die verschiedenste Weise durch Unfallvorgänge verursacht werden:

1. Direkte Gewalteinwirkungen auf den Leib und Erschütterung des Körpers beim Fall auf Kopf, Füße, Gesäß können zu Verletzungen der Leber und der Gallenwege führen, woran sich eine Infektion anschließen kann.
2. Körperliche Anstrengungen, wie schweres Heben, Tragen, vermögen zu Verschlimmerungen bei Eiterprozessen und anderweitigen krankhaften Veränderungen der Leber und zu Rupturen bei Fettleber und karzinomatöser Degeneration Anlaß zu geben.
3. Mittelbar führt ein Unfall bisweilen dadurch zur Erkrankung der Gallenwege, daß von einem traumatisch entstandenen Infektionsherd oder von traumatisch hervorgerufenen geschwürigen Prozessen am Magen und Darm die Leber oder Gallenblase sekundär infiziert wird.
4. Durch Unfall entstandene peritonitische Prozesse können zu Verwachsungen und dadurch später zu einer Kompression und Abknickung der großen Gallengänge führen mit den Folgezuständen der Gallenabflußbehinderung.

II. Spezielle Unfallschädigungen der Leber und Gallenwege.

1. Leberverletzungen durch stumpfe Gewalteinwirkungen.

a) Direkte und indirekte Gewalteinwirkungen.

Nach direkten subkutanen Quetschungen der Leber durch Fall auf den Leib, Überfahrenwerden, Kolben-, Deichselstoß, Fußtritt, Hufschlag beobachtet man schwere Verletzungen der Leber, ohne daß dabei äußere Verletzungsspuren oder Rippenbrüche vorzuliegen brauchen. Die gleiche Wirkung kann ein Fall aus größerer Höhe auf Kopf, Füße, Knie und Gesäß und selbst ein starker Schlag gegen die rechte Brustseite haben. Für die Entstehungsweise solcher indirekten Leberschädigung wird angenommen, daß beim Fall auf die Füße der Körper in seiner Fallgeschwindigkeit plötzlich aufgehalten wird, während die mehrere Pfund schwere Leber diese noch beibehält, sodaß sie von ihren Halteliandern, die wegen ihrer größeren Elastizität schwerer zerreißlich sind, leicht losgetrennt werden kann.

Pathologisch-anatomisch kommen 3 Formen der subkutanen Leberverletzungen in Betracht (zit. nach Kehr[1]): 1. Die eigentlichen Rupturen des Lebergewebes verbunden mit Einrissen der Leberkapsel, die sich mehr oder weniger tief in das Lebergewebe fortsetzen und zu vollständigen Abtrennungen von Leberteilen führen können. 2. Die Ablösung der Kapsel von der Lebersubstanz mit subkapsulärem Hämatom. 3. Die sogenannten Leberapoplexien (zentrale Rupturen). Der Ausgang der Leberrupturen richtet sich nach der Größe der Verletzung. Größere Verletzungen verlaufen

[1]) Kehr, Die Verletzungen der Leber usw. Handb. d. prakt. Chir. Stuttgart 1907.

ohne Operation meist tödlich, kleinere heilen unter Narbenbildung ohne weitere Folgen aus. Die zentralen Rupturen führen bisweilen zu zystenähnlichen Höhlen.

Symptomatologie der Leberverletzungen:

Das klinische Bild der Leberzerreißung unterscheidet sich im Anfang nicht wesentlich von dem jeder anderen Verletzung der Bauchorgane (Erbrechen galliger Massen, Singultus, Bauchdeckenspannung, Schmerzen, Kollaps), so daß es oft ganz unmöglich ist, eine sichere Diagnose auf Leberverletzung zu stellen und besonderes Gewicht auf die Einwirkungsstelle des Traumas in der Lebergegend gelegt werden muß. Neben den Zeichen innerer Blutung (Anämie) findet sich bei Leberruptur Ikterus meist erst nach 3—4 Tagen, auftretend durch Resorption der in der Bauchhöhle ergossenen Galle, heftige Schmerzen spontan und bei Druck in der Lebergegend, selten Glykosurie, häufiger vermehrter Urobilingehalt. Bei peripheren Leberverletzungen kommt es bei der Heilung gewöhnlich zu Verwachsungen mit benachbarten Organen.

Es ist nun für die Begutachtung von Lebererkrankungen nach Trauma wichtig, zu wissen, daß Fälle bekannt sind, in denen trotz schweren Rupturen der Leber alle Erscheinungen von Chok und Kollaps anfänglich fehlten. Bei kleineren Blutungen und Zertrümmerungen des Lebergewebes wird also ein Fehlen von Anfangserscheinungen einer Leberschädigung erst recht im Bereiche der Möglichkeit liegen, so daß ein negativer anfänglicher Befund nicht ohne weiteres zur Ablehnung einer Leberverletzung berechtigt, wenn später ein Leberleiden zur Entwicklung kommt. Vereinzelt ist nach Quetschung oder Lebererschütterung eine längere Zeit anhaltende Anschwellung und Druckempfindlichkeit des Organs beobachtet worden, so daß beim gleichzeitigen Auftreten von Ikterus das Bild eines katarrhalischen Ikterus bestand. Ob es sich in solchen Fällen von Leberschwellung um Blutungen in das Innere des Organs oder unter der Leberkapsel handelt, oder ob die Vergrößerung, wie einzelne Autoren angenommen haben (Thierfelder, Eichhorst), auf einer aktiven Leberhyperämie oder einer paralytischen Erweiterung der Lebergefäße beruht (ähnlich wie beim Goltzschen Klopfversuch), ist noch ganz unentschieden.

Stern[1]) führt eine eigene Beobachtung an:

Ein Maurer erhielt einen Fußtritt gegen die Bauchgegend ohne Ohnmacht und ohne starke Schmerzen, so daß er nach Hause gehen konnte. Nach einer Stunde stechende und schneidende Schmerzen im Leib. Am folgenden Tag trat während der Arbeit, die er trotz Weiterbestehens von Leibschmerzen aufgenommen hatte, Gelbsucht auf. Am 3. Tage nach dem Trauma fand sich Lebervergrößerung bis zwei Finger breit unter Rippenbogen ohne Druckempfindlichkeit, Druckschmerz in der Linea alba, starker Ikterus der Haut und Schleimhäute, Leib nicht aufgetrieben, im Stuhl positive Guajakprobe bei fleischfreier Kost. Im Verlauf von 4 Wochen Schwinden aller Erscheinungen.

---

[1]) Stern, Über traumat. Entst. innerer Krankh. II. Aufl., S. 371.

Inwieweit direkten und indirekten Traumen bei der Entstehung bzw. Verschlimmerung anderweitiger Erkrankungen der Leber und der Gallenwege eine Rolle zukommt, also bei Leberabszeßbildung, Gallenblasenentzündung, Gallensteinen, Leberzirrhose, akuter gelber Leberatrophie, wird später erörtert werden bei der Besprechung dieser Krankheiten.

b) Körperliche Anstrengungen als Entstehungs- und Verschlimmerungsursache von Erkrankungen der Leber und Gallenwege.

Daß durch eine einmalige stärkere körperliche Anstrengung, also durch schweres Heben, Tragen von Lasten, starkes Ziehen, eine vorher gesunde Leber verletzt werden kann, ist ganz unbewiesen. C. Kaufmann[1]) hat eine Beobachtung mitgeteilt, in der bei einem Maschinenschlosser beim Heben eines über 80 kg schweren Lagergehäuses eine Leberruptur auf der Unterfläche mit großem Bluterguß aufgetreten ist. Sofort Schmerzen in der Lebergegend, Vereiterung des Blutergusses und Tod 40 Tage nach dem Unfall an Blutvergiftung. Es wird sich wohl in diesem Fall wie in den sonstigen vereinzelten Fällen von Leberruptur nach oft ganz geringfügigen Anstrengungen oder Anspannung der Bauchpresse um ein bereits erkranktes Organ gehandelt haben, wodurch eine größere Brüchigkeit bedingt wurde. Bei Fettleber, Lebervergrößerung bei Infektionskrankheiten, karzinomatöser Degeneration, gummösen Leberveränderungen und adenomatöser hypertrophischer Zirrhose sind sogenannte Spontanrupturen der Leber, bzw. nach Anstrengungen, beschrieben worden. So hat Heinzelmann[2]) über einen Fall berichtet, in der ein an Pneumonie mit nachfolgender Pleuritis und Perikarditis erkrankter junger Mann nach einer plötzlichen Umdrehung im Bett einen Leberriß bekam und daran zugrunde ging. In einer Beobachtung von Chiari[3]) trat ebenfalls nach schneller Drehung im Bett Ruptur einer karzinomatös veränderten Leber auf. Engel[4]) beobachtete das Auftreten einer Leberzerreißung bei einer schweren Lungentuberkulose, als der Kranke beim Ausgleiten auf leicht geneigtem Wege eine ruckweise Bewegung des Oberkörpers im Sinne einer übermäßigen Rechtsdrehung gemacht hatte. Tod am andern Morgen mit Befund eines 10 cm langen, 1 cm tiefen Risses au der oberen Wölbung des rechten Leberlappens vor dem Ansatz der Lig. coron. Außerdem Fettembolie der Lungen.

In den Fällen, in denen bei anscheinend vorher gesunden Menschen im Anschluß an starkes Heben usw. Gallenblasenentzündung oder Gallensteinkolik aufgetreten ist, hat es sich entweder nur um

[1]) C. Kaufmann, Handb. d. Unfallmedizin 1, 309.
[2]) Heinzelmann, Königs Lehrb. 2, 113.
[3]) Chiari, zit. nach Hofmann, Lehrb. d. ger. Med. 6. Aufl., S. 281 (1893).
[4]) Engel, Münch. med. Wochenschr. 1901, Nr. 26.

ein zufälliges Zusammentreffen von stärkerer Anspannung der Bauchpresse und Bemerkbarwerden des schon länger bestehenden Leidens gehandelt oder um eine tatsächliche Mobilisierung von Gallensteinen mit Auslösung von Kolikanfällen (s. S. 203).

2. Leberabszeß und Unfall.

Die Beziehungen zwischen Leberabszeß und Unfallschädigungen sind sehr mannigfaltig. Ein Unfall kann 1. direkt durch mechanische Gewalteinwirkungen, die subkutane Verletzungen der Leber hervorrufen, eine Abszeßbildung verursachen. 2. Die mittelbare Entstehung eines Leberabszesses ist dadurch möglich, daß ein Unfall zu anderweitigen entzündlichen Prozessen Anlaß gibt, von denen aus entweder durch direktes Übergreifen auf die Leber (eitrige Cholezystitis, traumatischer Nierenabszeß, Magen-Darmgeschwür) oder auf metastatischem Wege die Eitererreger in die Leber gelangen (Wundinfektion, Appendizitis, ulzeröse Endokarditis, Blasenentzündung, Periproktitis, Lungenabszeß, putride Bronchitis).

Subkutane Leberverletzung und Abszeß.

Jede subkutane Leberverletzung kann zu Abszeßbildung führen dadurch, daß auf dem Blutwege oder vom Darm aus Infektionserreger in die Verletzungsstellen hineingelangen.

a) Art des Traumas.

Nicht nur direkte Traumen der Lebergegend (Stoß, Schlag, Quetschung), sondern auch allgemeine Körpererschütterung und starke körperliche Anstrengung kommen als Entstehungsursache eines Leberabszesses in Betracht.

Weitenweber[1]): Leberabszeß nach stumpfem Bauchtrauma.

22jährige Magd wurde von Kuh mit den Hörnern mehrere Male in die rechte Rippenseite gestoßen; heftiges Fieber, Erbrechen, am 4. Tag Gelbsucht, Frösteln und Entwicklung einer schmerzhaften Geschwulst im rechten Hypochondrium. Am 7. Tag Fluktuation, am 10. Tag in der Gegend des rechten Leberlappens ein zwei Fäuste großer Abszeß, nach dessen Entleerung ($^1/_2$ Pfund Eiter) Heilung eintrat.

C. Kaufmann[2]): Leberabszeß nach schwerem Heben.

Bei Maschinenschlosser entstand beim Heben eines über 80 kg schweren Lagergehäuses unter Schmerzen eine Leberruptur auf der Unterfläche mit großem Bluterguß. Vereiterung desselben und Tod 40 Tage nach dem Unfall an Blutvergiftung.

b) Zeitabstand zwischen Unfall und Auftreten der Abszeßerscheinungen.

Die Infektion der Verletzungsstelle kann sofort erfolgen und schon nach wenigen Stunden durch Fieber und Schüttelfrost sich bemerkbar

[1]) Weitenweber; zit. nach Stern S. 374.
[2]) C. Kaufmann, Handb. d. Unfallheilk. S. 276.

machen, oder erst nach 3—14 Tagen. Ein Leberabszeß, der sich abgekapselt hat, bleibt oft Wochen, Monate und selbst Jahre symptomlos und tritt bisweilen erst bei Gelegenheit eines besonderen Vorkommnisses, wie z. B. bei erneutem Trauma oder fieberhafter Erkrankung mit Sekundärinfektion des alten Abszesses in Erscheinung.

Schweninger[1]): Nach Sturz vom Pferd anfangs günstiger Verlauf. 4 Jahre später Tod durch Perforation eines Leberabszesses in die Bauchhöhle. Die Sektion ergab tiefe strahlige Narben in der Leber, von denen eine kontinuierlich in eine walnußgroße Abszeßhöhle überging.

Münzenthaler[2]): Ein Schlachter erhielt von einem Stier einen Stoß gegen die Lebergegend. Nach 10 Jahren Operation wegen eines fast die halbe rechte Bauchgegend einnehmenden Leberabszesses.

Bei einem längeren und symptomlosen Intervall zwischen Trauma und anfänglichen Beschwerden in der Lebergegend und späterer Abszeßbildung darf auf einen ursächlichen Zusammenhang nur dann erkannt werden, wenn in der Zwischenzeit keine anderweitigen für Leberabszeßbildung in Betracht kommenden Erkrankungen (Ruhr, Typhus) aufgetreten sind und die Operation bzw. Obduktion Zeichen von Leberverletzung (Narben) ergibt.

3. Lebersenkung, Wanderleber.

Die Möglichkeit ist zuzugeben, daß durch eine einmalige sehr erhebliche Gewalteinwirkung z. B. Überfahrenwerden des Unterleibes, Pufferquetschung, Hufschlag, ein teilweiser Abriß der Haltebänder der Leber und Lebersenkung erfolgt, oder daß durch peritonitische Schrumpfung nach Trauma eine gelockerte Leber verlagert wird. Es ist dagegen abzulehnen, daß eine einmalige körperliche Anstrengung, wie schweres Heben, Tragen, Ziehen, oder eine einfache Körpererschütterung, wie Fall auf ebener Erde auf Bauch, Rücken, Knie, bei vorher normal gelagerter Leber zu einer abnormen Beweglichkeit, einer Wanderleber, Anlaß geben kann. In den nicht seltenen Fällen, in denen eine Überanstrengung als Ursache einer Leberverlagerung angeschuldigt wird, handelt es sich lediglich um ein Manifestwerden des schon länger bestehenden Leidens. Denn bei einer abnorm beweglichen Leber wird es bei starker Anspannung der Bauchpresse zu einer Zerrung der Bänder mit stärkeren Schmerzen kommen können, so daß unter Umständen durch diese nach einer Anstrengung auftretenden Schmerzen der Kranke zuerst auf sein Leiden aufmerksam gemacht wird. In der Regel wird man auch den Nachweis führen können, daß die Lebersenkung bereits früher vorhanden war, indem sich Verlagerungen anderer Bauchorgane nachweisen lassen (Wanderniere, Wandermilz, Magen-, Darmptose) als Zeichen einer allgemeinen angeborenen oder erworbenen Enteroptose (Schwangerschaft, Abmagerung, nach Operation von Bauchtumoren).

---

[1]) Schweninger, Ref. Dtsch. Medizinalztg. 1883, Nr. 11.

[2]) Münzenthaler, zit. nach Langenbuch. D. Chir. Lief. 45c, Chirurgie der Leber und Gallenblase.

Wanderleber nach Überfahrenwerden[1]):

Musketier wurde von Wagen überfahren, wobei ihm Vorder- und Hinterrad über Rippen- und Oberbauchgegend gingen. Sofortige heftige Schmerzen und bei sofortiger Krankenhausaufnahme Dämpfung, welche sich an die Leberdämpfung anschließend letztere um 4 Querfinger nach unten überragte. 2 Monate bestanden ernste Erscheinungen: Meteorismus, lähmungsartige Schwäche des Darms, abendliche Delirien, Atemnot, schlechter Puls. Nach 3 Monaten, nach Abschwellen des Leibes, konnte festgestellt werden, daß beim Aufsitzen die Leberdämpfung sich perkutorisch nach abwärts verschob. Auch fühlte man eine verschiebliche Geschwulst in der Lebergegend, die nun als Wanderleber gedeutet werden konnte.

Gortscharenko[2]): Nach schwerem Heben plötzlich aufgetretene Beschwerden bei Wanderleber.

23jähriger Soldat empfand unmittelbar nach dem Heben einer schweren Last einen heftigen Schmerz im Leib, als ob etwas zerrissen wäre. Darauf kalter Schweiß, Erbrechen, Fieber (Angaben des Mannes 6 Jahre nach dem Unfall bei Gelegenheit einer Krankenhausaufnahme wegen akuter Pleuritis). Nach 10 Tagen erschien der Kranke wieder hergestellt, fühlte sich aber seitdem unfähig zu schwerer Arbeit, die bei ihm Diarrhoe hervorrief. Es wurde Wanderleber konstatiert.

Wenn die Beschwerden bei nachweislich vorher symptomloser Wanderleber in unmittelbarem Anschluß an eine besonders schwere körperliche Anstrengung aufgetreten sind und länger bestehen bleiben, so wird eine entschädigungspflichtige Verschlimmerung anerkannt werden müssen.

4. Leberzirrhose und Unfall.

Für die Möglichkeit der Entstehung einer echten progredienten Laennecschen Leberzirrhose durch Trauma liegen beweisende Beobachtungen nicht vor. In der Ätiologie der Leberzirrhose nehmen toxische und infektions-toxische Schädigungen der Leber durch Alkoholmißbrauch, Lues, Malaria und Tuberkulose eine beherrschende und durch klinische Erfahrungen gesicherte Stellung ein, so daß man in Fällen von Hervortreten des Leidens nach einer einmaligen Gewalteinwirkung in der Lebergegend stets annehmen muß, daß die Erkrankung schon vorher symptomlos und unerkannt bestanden hat. Es ist also höchstens die Verschlimmerungsfrage gutachtlich zu erwägen.

Dagegen ist zuzugeben, daß Verletzungen der Leber und entzündliche Prozesse in der Nachbarschaft in seltenen Fällen zu anatomischen Veränderungen des Lebergewebes und zu klinischen Symptomen führen können, die mit denjenigen einer Leberzirrhose eine gewisse Ähnlichkeit haben.

a) Vereinzelt ist nach Lebertraumen das Auftreten sekundärer Entzündung des Leberbindegewebes beobachtet worden mit partieller umschriebener Leberschrumpfung. Beim Sitz dieser narbigen

[1]) Sanitätsber. d. preuß. Armee für 1888/89. Berlin 1891. S. 132. Zit. nach Stern.

[2]) Zit. nach Stern S. 369.

Schrumpfungsprozesse an der porta hepatica kann sich dann unter Auftreten von Stauungserscheinungen im Pfortadergebiet mit Aszites ein Krankheitsbild entwickeln, das zur Verwechslung mit einer echten Leberzirrhose Anlaß gibt.

b) Eine chronische Perihepatitis, die von einer traumatisch ausgelösten umschriebenen Peritonitis oder Perikarditis oder Pleuritis ihren Ausgang nimmt, kann das Lebergewebe und die Leberfunktion schädigen. Einmal dadurch, daß nach Senator durch Übergreifen der Entzündung der Leberkapsel in die Tiefe an dem Leberbindegewebe Schrumpfungsvorgänge auftreten, die zu einer allgemeinen Leberschrumpfung mit den Symptomen einer Leberzirrhose führen. Zweitens besteht die Möglichkeit, daß eine ausgedehnte schwartige Perihepatitis (Zuckergußleber) lediglich durch Kompression in der Leber Zirkulationsstörungen bedingt, die ein der Zirrhose ähnliches Krankheitsbild hervorrufen.

Zusammenhangsfrage.

Nur bei dem sicheren Nachweis, daß auf einem der eben genannten beiden Wege die Leber sekundär in Mitleidenschaft gezogen worden ist, wird man die nach einem Unfall unter dem Bilde einer Leberzirrhose auftretenden Krankheitserscheinungen als direkte oder indirekte Unfallfolge anerkennen dürfen. In der Regel wird dies allein durch den Obduktionsbefund möglich sein, der uns über die primäre traumatische Schädigung, Leberverletzung mit Narben, adhäsive Peritonitis und Perihepatitis Aufschluß gibt. Bei Lebzeiten wird die Diagnose recht schwierig sein und sich darauf stützen müssen, daß anfänglich nur Erscheinungen einer Leberverletzung oder einer peritonitischen Reizung (Schmerzen, Erbrechen) bestanden haben oder Zeichen einer traumatischen Perikarditis oder Pleuritis und Perihepatitis, und daß dann erst allmählich Stauungen im Pfortaderkreislauf hinzugetreten sind.

Die Verschlimmerung einer echten Leberzirrhose durch Trauma ist nur dann anzunehmen, wenn bei einer bis dahin symptomlos oder nur mit unbestimmten Symptomen (chronische Dyspepsie) verlaufenen Leberzirrhose in schneller Folge innerhalb weniger Wochen Stauungserscheinungen im Pfortadergebiet, vor allem Aszites, zur Entwicklung gekommen sind. In solchen Fällen wird man es nicht ablehnen können, daß traumatische Blutungen und Erschütterungen des Lebergewebes zu einem schnelleren Verfall des ohnehin geschädigten Leberparenchyms Anlaß gegeben haben, mit schnellerem Fortschreiten der sekundären Bindegewebsentzündung und Schrumpfung. Ich führe einige der spärlichen Beobachtungen an, in denen ein Trauma der Lebergegend mit Wahrscheinlichkeit als Entstehungs- bzw. Verschlimmerungsursache von progredienten Schrumpfungsprozessen in der Leber anerkannt werden darf.

Alexander[1]): Partielle zirkumskripte Leberschrumpfung nach Bauchtrauma (wahrscheinlich Verschlimmerung).

26jähriger Handelsmann, bis dahin stets gesund, erhielt heftigen Stoß mit einer Deichsel gegen den Leib. Arbeitete noch 2 Wochen weiter, dann Zunahme

[1]) Alexander, Dtsch. med. Wochenschr. 1907, Nr. 45.

der Schmerzen und Leibschwellung, die mehrfache Punktionen nötig machte. 3 Monate p. tr. war die Leber als handbreit den Rippenbogen überragender Tumor fühlbar. $5^1/_2$ Monate nach dem Unfall Tod an Erschöpfung. Obduktion: Leber um das $1^1/_2$fache vergrößert, besonders stark die mediale Partie des linken und rechten Lappens, hart, beim Einschneiden knirschend. Zwei markstückgroße umschriebene Partien, um welche ein scharf abgegrenzter Bindegewebswall liegt. Von einem der Herde ziehen Streifen von Bindegewebe mit eingelagertem Blutpigment in das Organ hinein. In der Gegend des Leberhilus sind die Gefäße von einem reichlichen Bindegewebsfasernetz umgeben.

Senator[1]): Leberzirrhose (und Magenkrebs) infolge traumatisch entstandener Pleuritis mit sekundärer Perihepatitis.

S. fiel März 1894 eine Kellertreppe hinunter, wobei er Verletzungen am Kopf sowie Quetschungen der rechten Rumpfhälfte erlitt mit Rippenbrüchen und Verletzungen des linken Arms. Er erholte sich nicht wieder vollständig, hatte namentlich über Verdauungsbeschwerden zu klagen, verfiel immer mehr und starb $1^3/_4$ Jahr nach dem Unfall. Die Obduktion ergab 1. eine große Krebsgeschwulst am Magen, 2. beginnende Verhärtung der Leber (Zirrhose), 3. starke perihepatitische Schwarten an der Oberfläche der Leber, welche mit dem Zwerchfell verlötet war, 4. Verwachsungen der beiden Flächen des Brustfells und mit Verbiegung geheilte Rippenbrüche rechts. Senator nimmt an, daß durch die Rippenbrüche eine Rippenfellentzündung entstanden sei, die durch das Zwerchfell hindurch sich auf die Leberoberfläche fortgesetzt hat und zur Verhärtung der Leber geführt hat durch Übergreifen der Entzündung auf das Leberbindegewebe.

5. Akute gelbe Leberatrophie.

Vorbemerkungen über die Ätiologie.

Die frühere Vorstellung, daß die akute gelbe Leberatrophie der Ausdruck einer Infectio sui generis sei, ist heute nicht mehr haltbar. Übereinstimmend wird angenommen, daß der akute Zerfall des Leberparenchyms ein sekundärer Vorgang ist und daß primäre, die Leberzelle schädigende toxische Substanzen bei der Entstehung der akuten Leberatrophie neben einer besonderen Disposition die Hauptrolle spielen. Durch die vorliegenden klinischen Beobachtungen kommen als auslösende Momente für das Leiden außer wahrscheinlich endogen entstandenen toxischen Stoffwechselprodukten (Gravidität, Wochenbett) auch körperfremde anorganische und organische Gifte in Betracht, wie z. B. Phosphor, Chloroform in der Narkose, ferner bakterielle Infektionen, Sepsis, Erysipel, Osteomyelitis, akuter Gelenkrheumatismus.

Die Möglichkeit liegt demnach vor, daß ein Unfall als wesentlich mitwirkende auslösende Ursache einer akuten Leberatrophie in Betracht kommt, a) wenn im Anschluß an eine Narkose oder b) im Gefolge einer traumatisch entstandenen septischen Infektion die Erkrankung auftritt. c) Auch mechanische Traumen der Leber können als Teilursache nicht abgelehnt werden, indem Verletzungen des Leberparenchyms eine erhöhte Disposition für die Einwirkung von Giftwirkungen bekannten und unbekannten Ursprungs schaffen können. Voraussetzung für die Anerkennung eines ursächlichen Zusammenhangs bildet aber stets, vor allem auch beim

[1]) Senator, Ärztl. Sachverst.-Ztg. 1898, S. 340.

mechanischen Trauma, außer der Erheblichkeit der Gewalteinwirkung die unmittelbare zeitliche Folge der Leberatrophie, wie in der Beobachtung von H. Curschmann[1]):

Ein 2jähriges Kind fiel mit einem Stuhl derart, daß die Lehne so heftig gegen den Bauch drückte, daß auf beiden Bauchseiten zwei blutunterlaufene Stellen auftraten. Am gleichen Tag nochmals Fall vom Stuhl (blaue Flecken am Bauch und an Schultern). 2—3 Tage später fiel ein leichter gelblicher Schimmer der Augen auf. Am 7. Tag starke Gelbsucht, am 9. Tag Tobsuchtsanfall und bald danach Tod. Die Diagnose auf akute gelbe Leberatrophie wurde durch die Sektion bestätigt.

6. Leber-Gallenblasenkrebs nach Trauma.

Die Möglichkeit ist zweifellos zuzugeben, daß ein direktes Trauma der Gallenwege mit sich anschließenden entzündlichen und narbigen Prozessen an Leber und Gallenblase einen chronischen Reizzustand schaffen kann, wodurch eine Krebsbildung in diesen Organen begünstigt wird. Der ursächliche Zusammenhang darf aber nur dann als wahrscheinlich bejaht werden, falls a) anfänglich sichere Zeichen einer traumatischen Schädigung der Leber und Gallenwege vorgelegen haben, und b) eine fortlaufende Kette von Krankheitserscheinungen seit dem Unfall bis zur vollen Entwicklung der Krankheit besteht. Bisher liegt ein durch Obduktion erhärteter Fall von wahrscheinlicher Karzinombildung der Leber oder Gallenblase nach Trauma nicht vor. Zahn (Arch. f. Verd. Bd. II, S. 48) hat eine Beobachtung von Leberkrebs nach chronischer mechanischer Reizwirkung durch Rippenbruch mitgeteilt:

50jährige Frau hatte eine winklig einspringende Knickung des Rippenbogens linkerseits, bedingt durch eine mit Dislocatio ad axim geheilte Fraktur im Bereich des VII. Rippenknorpels. Der linke Leberlappen, in dem allein die Krebsknoten saßen, wurde durch den Knochenvorsprung gedrückt.

7. Leberechinokokkus und Trauma.

Es ist bisher nicht erwiesen, daß ein Lebertrauma bestimmend auf die Lokalisation eines Echinokokkuskeimes einwirken kann, in der Weise, daß erst eine Leberverletzung eine günstige Gelegenheit für die Ansiedelung eines Echinokkus schafft. Zweifellos vermag aber ein Bauchtrauma eine wesentliche Verschlimmerung einer Echinokokkuserkrankung der Leber hervorzurufen entweder durch Herbeiführung einer Vereiterung einer Zyste oder durch Auslösung einer Perforation eines Echinokokkussackes. Drittens besteht die Möglichkeit, daß ein direktes Bauchtrauma in der Umgebung einer Echinokokkuszyste, die oberflächlich gelegen ist, eine reaktive Entzündung und umschriebene Peritonitis hervorruft, so daß von dem Unfall an die vorher symptomlose Zyste zu dauernden Schmerzen mit Arbeitsbehinderung Anlaß gibt.

---

[1]) H. Curschmann, Dtsch. med. Wochenschr. 1915, Nr. 52.

8. Verletzungen der Gallenwege.

Von Unfallvorgängen, die zu einer subkutanen Verletzung gesunder oder schon erkrankter Gallenwege Anlaß geben können, sind zu nennen: a) stumpfe Gewalteinwirkung auf den Leib, insbesondere in der Gegend der Gallenblase, also Quetschung durch Stoß, Schlag, Fall auf eine Kante, Überfahrenwerden, b) erhebliche Erschütterung des Körpers bei Fall aus größerer Höhe auf Füße, Gesäß, Knie, Rücken, c) körperliche Anstrengungen, wie Heben und Tragen schwerer Lasten.

a) Direkte mechanische Traumen.

Durch direkte Quetschung entstandene Verletzungen der Gallenblase und der extrahepatischen Gallengänge sind erheblich seltener als diejenigen der Leber wegen der geschützteren Lage dieser Organe. Je nach der Stärke der Gewalteinwirkung kann es zu vollständigen Rupturen der Gallenblase und Abreißung der Gallengänge kommen oder nur zu leichteren Quetschungen der Blasenwand und Gallengänge mit Schleimhautschwellung, Blutungen in die Gallenblase, wobei sich an eine innere Wandblutung und Gefäßverstopfung eine umschriebene Wandgangrän mit Perforation anschließen kann. Die durch sekundäre Infektion vom Darm oder auf dem Blutwege auftretenden anderweitigen Folgezustände einer Verletzung der Gallenwege, die Entzündungen der Gallenwege, Gallenblaseneiterung, Neubildung usw. werden nachher des Genaueren besprochen werden. Die Ruptur der Gallengänge hat außer den anfänglichen Chokerscheinungen, wie bei allen schweren Verletzungen der Bauchorgane, den Austritt der Galle in die Bauchhöhle zur Folge mit sich anschließender umschriebener oder diffuser Peritonitis. Der weitere Verlauf hängt wesentlich davon ab, ob die Galle infiziert oder keimfrei ist und es nachträglich auch bleibt. Eine die Gallenblasengegend treffende stumpfe Verletzung kann ferner ohne wesentliche Verletzung der Gallenwege selbst, wie auch der anderen Organe der Bauchhöhle, zunächst nur eine zirkumskripte einfache, d. h. nicht infektiöse Peritonitis, eine Pericholezystitis hervorrufen. Als Folge dieser Peritonitis bilden sich Adhäsionen, die von der Gallenblase, dem Duct. cysticus und Choledochus einerseits zu Magen, Duodenum, Netz andererseits ziehen und zu Zerrungen und Abknickungen der Gallenwege führen mit Gallenstauung und deren Folgen.

b) Allgemeine Körpererschütterung.

Die Möglichkeit, daß eine starke Erschütterung des Körpers eine Schädigung von gesunden Gallenwegen veranlassen kann, wird man nicht ablehnen können, wenn man bedenkt, daß nach Fall aus größerer Höhe schwere Verletzungen der Leber und selbst Abriß des Magens beobachtet worden ist, so daß also Zerrungen und Einrisse der

Gallenwege sehr wohl erfolgen können. In der Mehrzahl der Fälle von Erkrankungen der Gallenwege nach Körpererschütterung wird es sich freilich nur um Verschlimmerung von latenten Krankheitszuständen handeln, um Mobilisation bis zum Unfall in Ruhezustand befindlicher Gallensteine, um Aufflackern einer versteckten Cholezystitis usw.

c) Körperliche Überanstrengung.

Von einzelnen Autoren, wie Kehr, wird angenommen, daß durch körperliche Anstrengungen, wie schweres Heben, eine Entzündung der Gallenblase (Cholezystitis und Pericholezystitis) entstehen könne, ohne daß Fremdkörper in der Blase vorhanden sind. Ein sicherer Beweis für eine solche Annahme steht aber noch aus, und es kann bisher nur als erwiesen gelten, daß in nicht seltenen Fällen durch eine stärkere Anspannung der Bauchpresse beim Heben und Tragen von Lasten latente oder nur unbedeutende Beschwerden machende Krankheitszustände der Gallenwege sich akut verschlimmern können, indem sich im Anschluß an stärkere körperliche Anstrengungen Gallensteinkoliken oder Zeichen eines akuten Schubes einer bis dahin schleichend verlaufenen Gallenblasenentzündung einstellen.

9. Gallenblasenentzündung und Unfall.

Eine subkutane Verletzung der Gallenblasenschleimhaut — Blutungen, Quetschungen, Einrisse — oder der großen Gallengänge kann bei schon bakterienhaltiger oder erst im Verlaufe des Unfalls infizierter Galle zu einer Entzündung der Gallenblasenwand führen. Unter Umständen wird schon eine leichtere Quetschung und Schwellung der Schleimhaut der großen Gallengänge und Blutungen der Schleimhaut mit Gerinnselbildung durch teilweise Verlegung der Abflußwege der Galle zu Gallenstauung und sekundärer Infektion Anlaß geben. Außerdem kann eine stumpfe, die Gallenblasengegend treffende Verletzung zunächst eine Pericholezystitis hervorrufen, eine einfache nicht infektiöse zirkumskripte Peritonitis, die zu Verwachsungen der Gallenblase und Gallengänge mit den Nachbarorganen und zu Abknickungen der Gallengänge führt mit Behinderung des Gallenabflusses. Sowie aber der Gallenstrom stockt, wenn sich aus einem der oben genannten Gründe eine Gallenstauung entwickelt, ist die Gelegenheit zur Infektion der Galle vorhanden, da die vom Darm in den alleruntersten Teil des Ductus cholechodus (der normalerweise stets Darmbakterien enthält) eindringenden Bakterien durch den Gallenstrom nicht mehr wie gewöhnlich herausgefegt werden, sondern sich schnell nach oben verbreiten. Auch besteht die Möglichkeit, daß auf hämatogenem Wege, also durch gleichzeitige Verletzung der Gefäße, falls zufällig das Blut Bakterien enthält, eine Infektion der verletzten Gallenblase erfolgt. Der sichere Nachweis, daß eine nach Trauma auftretende Cholezystitis erst durch das Trauma entstanden ist, und daß nicht schon vorher das Organ latent erkrankt war, wird freilich meistens nicht möglich sein, es sei denn, daß durch eine frühzeitige Operation oder Autopsie das Fehlen älterer entzündlicher Veränderungen (verdickte, entzündete Wandungen, Schrumpfungszustände) sichergestellt wird.

Als Entstehungsursache einer Entzündung kommen sowohl direkte Gewalteinwirkungen auf die Gallenblasengegend in Betracht, als auch indirekte Gewalten, wie starke Erschütterung des Körpers. Daß eine starke körperliche Anstrengung — Heben, Tragen schwerer Lasten — eine Entzündung hervorzurufen vermag, ist nicht erwiesen. Sie kann aber zweifellos eine Verschlimmerungsursache bilden bei latenten Gallensteinen mit oder ohne entzündliche Prozesse der Blase.

Die Verschlimmerung einer vorher latenten oder nur unbedeutende Beschwerden verursachenden Cholezystitis wird sich dadurch kennzeichnen, daß in zeitlich engem Anschluß an eine direkte oder indirekte Gewalteinwirkung der Gallenblasengegend oder an eine erhebliche körperliche Anstrengung — also unmittelbar oder wenige Tage später — stärkere örtliche Schmerzen mit Fieber, unter Umständen mit Gelbsucht auftreten, die entweder abklingen oder zur Operation führen, wobei dann Cholezystitis und Pericholezystitis ohne Fremdkörper gefunden wird. Wenn die Beschwerden abklingen, so ist nur die durch die akute Verschlimmerung hervorgerufene vorübergehende Arbeitsminderung als entschädigungspflichtige Unfallfolge anzuerkennen. Denn mit der Rückkehr der Erscheinungen in ein gewisses Latenzstadium ist auch die Unfallverschlimmerung beseitigt. Unter Umständen können die genannten Traumen auch die Ruptur einer mit Eiter gefüllten Gallenblase mit tödlichem Ausgang zur Folge haben.

Beispiele für wahrscheinlich traumatische Entstehung einer Cholezystitis.

Siegel[1]): Bei einem jungen bis dahin gesunden Manne traten 8 Tage nach einem Fall vom Rad, der rechtsseitige Rippenbrüche und Eitererguß in die rechte Pleurahöhle zur Folge hatte, heftige Leibschmerzen und Koliken auf. Bei leichtem Ikterus und Fieber ergab die Untersuchung eine stark vergrößerte Gallenblase. Die Operation ergab eine von Netzverwachsungen überlagerte, sehr stark ausgedehnte, gangränös verfärbte Gallenblase, die am Fundus eine linsengroße, brandige, perforierte Stelle aufwies und eine große Menge jauchig riechender, mit Blutgerinnseln vermengter Flüssigkeit enthielt, aber keine Gallensteine.

Smith und Moullin[2]): Ein 59jähriger Mann fiel auf der Straße auf die rechte Seite und arbeitete noch 5 Tage mit Schmerzen. Am 7. Tag zweimal melänafarbiger Stuhl und Erbrechen. Am 10. Tag Laparotomie wegen absoluter Koprostase und Ileuserscheinungen. Die Sektion ergab akute hämorrhagische nekrotisierende Entzündung der Gallenblase, in deren Innerem mäßige Mengen verändertes Blut. Keine Steine, keine Geschwulst.

22jähriger Mann stürzte in eine 7 Fuß tiefe Grube. Nach 10 Tagen harte elastische Geschwulst am Leberrand, leichte Gelbfärbung der Augenbindehäute, Erbrechen nach dem Essen. Durch mehrfache Punktionen wurde schleimige Galle entfernt und Rückbildung der Geschwulst erreicht.

Berger[3]): Eine früher gesunde Frau glitt aus und fiel mit der rechten Bauchseite auf eine Eimerkante. Nach 2 Tagen Erscheinungen von Bauchfellreizung. Die Operation ergab eine ganz akute Gallenblasenentzündung.

[1]) Siegel, Münch. med. Wochenschr. 1909, Nr. 7, S. 341.
[2]) Smith and Moullin, Lanzet 1904, Jan. 23.
[3]) Berger, Monatsschr. f. Unfallheilk. 1902, S. 249.

Beispiele von akuter Verschlimmerung einer Cholezystitis durch Trauma.

Kehr (zit. nach Thiem): Verschlimmerung nach Anstrengung.

Eine 48jährige Frau litt seit 2 Jahren an unbestimmten Beschwerden in Magen- und Lebergegend. Nach Hochziehen einer Jalousie starke Schmerzen in der Gallenblasengegend, Frösteln und leichte Gelbsucht und seitdem dauernd Schmerzen. Die Operation ergab eine große Gallenblase mit chronisch entzündeter Wandung, trüber Galle, ohne Steine und Verwachsungen zwischen Gallenblasengang und Zwölffingerdarm.

Kehr: Verschlimmerung nach Erschütterung.

28jähriger Leutnant litt seit 2 Jahren nach Influenza an unbestimmten Beschwerden in der Lebergegend. Nach einem anstrengenden Ritt traten starke Schmerzen und zahlreiche heftige Schmerzanfälle auf. Die Operation ergab prall gefüllte Gallenblase, durch eine Verwachsung zwischen Gallenblaseneingang und Duodenum abgeknickt.

10. Gallensteine und Unfall.

Vorbemerkungen. In der Frage über die Entstehungsweise der Gallensteine hat auch heute der von Naunyn aufgestellte Satz unbestrittene Geltung: Die einzig sicher gestellte allgemeine Ursache für die Entstehung der Gallensteine bildet die Stauung der Galle. Die zweite von Naunyn als unerläßlich betrachtete Vorbedingung für Steinbildung, das Vorhandensein einer Entzündung der Gallenblasenschleimhaut, wird neuerdings von Aschoff bestritten. Während nämlich Naunyn annimmt, daß die Gallenstauung zunächst einen infektiösen Katarrh der Blasenschleimhaut zur Folge haben müsse mit Abstoßung von Epithelien in der Galle, deren ausquellendes Myelin bzw. Cholestearin die erste Anlage der Steine bilde, glaubt Aschoff, daß die Hauptmenge des zum Aufbau der Steine dienenden Cholestearins von der Galle selbst geliefert werde und nicht von den Epithelien. Es kann also nach Aschoff auch bei normaler Schleimhaut und auch nicht infizierter gestauter Galle Cholestearin zur Steinbildung ausfallen.

a) Entstehung von Gallensteinen durch Unfall.

Daß durch direkte und indirekte subkutane Traumen der Gallenblasengegend die Gelegenheit zur Gallensteinbildung geschaffen werden kann, wird man nach den obigen Ausführungen ohne weiteres zugeben müssen.

a) Durch eine Verletzung der Gallenblase und der größeren Gallengänge kann eine Abflußbehinderung der Galle verursacht werden, wenn durch Blutgerinnsel oder durch Schleimhautquetschung mit submukösen Blutungen eine Verlegung des Gallenblasenausgangs oder des Ductus cholechodus zustande kommt mit gleichzeitiger Gelegenheit zur Infektion der Galle, falls diese nicht schon zufällig Bakterien enthielt.

b) Eine traumatische Entzündung des Peritoneums nach Bauchtraumen in der Umgebung der Gallenblase (Pericholezystitis) und spätere Verwachsungen können eine Abknickung oder Kompression der Gallenwege mit ihren Folgezuständen für den Gallenabfluß bedingen.

c) Traumatisch entstandene geschwürige Prozesse des Magens und Duodenums vermögen infolge Tieferdringens eine peritoneale Reizung zu verursachen mit Fibrinauflagerungen und ausgedehnten Verwachsungen des Magens mit den angrenzenden Organen und mechanischer Behinderung des Gallenabflusses.

Der sichere Nachweis, daß in Fällen, in denen nach Traumen sich Zeichen eines Gallensteinleidens entwickelt haben, der Verletzte vor dem Unfall frei von Gallensteinen gewesen ist, wird niemals zu erbringen sein, da ja erfahrungsgemäß jahrelang und bis zum Tode Steine in der Gallenblase latent liegen können, ohne jemals im Leben sich ihrem Träger bemerkbar zu machen. In der Mehrzahl der Fälle von anscheinender traumatischer Gallensteinbildung wird es sich nur um Mobilisation bis zum Unfall latenter Gallensteine handeln, also lediglich um eine Verschlimmerung.

b) Verschlimmerung eines Gallensteinleidens durch Trauma.

Eine Verschlimmerung bei vorher latenten Gallensteinen oder bei einem Steinleiden, das bis zum Unfall nur mit zeitweiligen und unbestimmten Beschwerden einherging, kann ausgelöst werden:

α) Durch direkte Traumen des Unterleibes, *β*) durch Erschütterung des Körpers und *γ*) durch starke körperliche Anstrengung, wie schweres Heben, Tragen von Lasten, starkes Ziehen, durch alle Arbeiten, die zu einer stärkeren Anstrengung der Bauchpresse Anlaß geben, *δ*) durch psychische Traumen, starke Schreckwirkung auf dem Wege gesteigerter Peristaltik.

Die Verschlimmerung ist entweder nur eine vorübergehende, indem durch das Trauma die vorher im Ruhezustand befindlichen Steine akut mobilisiert werden und zu einem einmaligen oder mehrmaligen Kolikanfalle führen ohne weitere Folgen nach Abklingen der Anfälle, oder sie ist eine dauernde. Letzteres ist der Fall, wenn es durch die Mobilisation der vorher latenten Steine zur Entwicklung einer Entzündung der Gallenblase kommt mit anfangs geringen, später sich steigernden Beschwerden und häufiger wiederkehrenden Kolikanfällen. Es hat damit das Trauma den Anstoß zur Entstehung von Veränderungen der Blasenschleimhaut gegeben, die das Auftreten neuer Entzündungen begünstigen, so daß auch alle späteren Anfälle als Folgen des Unfalls anzuerkennen sind. Eine akute Verschlimmerung ist auch insofern möglich, als die oben genannten Traumen bei schon entzündeter Gallenblase eine so erhebliche Wandschädigung bedingen, daß es zu Gangrän und Perforation mit evtl. tödlichem Ausgang kommen kann.

Die Anerkennung, daß ein Gallensteinleiden mit Wahrscheinlichkeit durch einen Unfallvorgang verschlimmert worden ist, wird von der Erfüllung folgender Bedingungen abhängig gemacht werden müssen:

a) Der Verletzte darf vorher keine oder nur unbedeutende und nur zeitweilige Beschwerden gehabt haben, die seine Arbeitsfähigkeit nicht wesentlich beeinträchtigten.

b) Das Trauma muß sicher erwiesen sein in Form einer direkten erheblichen Gewalteinwirkung auf den Unterleib in der Gallenblasengegend, einer stärkeren Körpererschütterung (Fall aus größerer Höhe) oder einer starken körperlichen Anstrengung (schweres Heben, Tragen, Ziehen), die außerhalb der gewöhnlichen Arbeitsleistung lag.

c) In der Regel muß verlangt werden, daß im unmittelbaren zeitlichen Anschluß an den Unfall, also zum mindesten innerhalb der nächsten Tage, sich Erscheinungen des Steinleidens einstellen in Gestalt von stärkeren Schmerzen, Kolikanfällen, Erbrechen, Ikterus, eventuell Fieber, Frösteln. Durch ein Trauma bei Cholelithiasis kann aber auch eine schleichende Gallenblasenentzündung ausgelöst werden ohne anfängliche Mobilisation der Steine, die erst allmählich zu stärkeren Beschwerden und Koliken Anlaß gibt. Man wird deshalb bei einem größeren Zeitabstand von Wochen und Monaten zwischen Trauma und Hervortreten von Gallensteinbeschwerden und Cholezystitis die Möglichkeit eines Unfallzusammenhangs nicht ohne weiteres ablehnen können. Eine Wahrscheinlichkeit liegt aber nur dann vor, wenn nachweislich unmittelbar nach dem Trauma Beschwerden in der Gallenblasengegend aufgetreten sind (stärkere Schmerzen mit zeitweiser Arbeitseinstellung), und wenn in der Folgezeit bis zur Feststellung der Cholezystitis der Kranke dauernd mit Unterleibsbeschwerden zu tun gehabt hat, dauernd geklagt hat gegenüber Mitarbeitern und Arzt und zunehmend dadurch in seiner Arbeitsfähigkeit behindert worden ist. Entwickelt sich dagegen nach einem wochen- und monatelangen beschwerdefreien Intervall mit regelmäßiger Arbeitsleistung eine Gallenblasenentzündung mit Gallensteinkoliken, so kann ein Zusammenhang als nicht genügend erwiesen gelten.

Beispiele von akuter Verschlimmerung eines Gallensteinleidens.

Kehr: Verschlimmerung nach Erschütterung.

52jähriger Arzt litt seit 6—8 Jahren an zeitweiligen Magenstörungen. Er wurde von einem Radfahrer angerannt und zu Boden geworfen, wobei der Stoß die Brust traf. Nach 4 Stunden verspürte er heftige Schmerzen in der Gallenblasengegend mit Erbrechen. Diese Anfälle wiederholten sich alle zwei Tage. Die Operation 2 Monate nach dem Trauma ergab Eiter in geschrumpfter Gallenblase, Stein im Gallenblaseneingang.

Kehr: Verschlimmerung nach Bauchtrauma.

42jähriger vorher immer gesunder Gerber erhielt einen heftigen Stoß in die Magengegend, seitdem täglich 4—5 Stunden „innerlicher Krampf“. Die Operation (anscheinend $1^1/_2$ Jahr nach dem Trauma) ergab langgezogene, mit Netz, Magen, Duodenum verwachsene Gallenblase, welche eingedickte Galle und über 20 Steine enthielt.

Riedel: Verschlimmerung nach körperlicher Anstrengung.

30jährige Frau, bis dahin stets gesund, hob eine schwere Kiste, hatte am nächsten Tag heftige Schmerzen im Bauch und bemerkte eine Geschwulst unterhalb des Nabels. Die Operation 3 Tage nach dem Unfall ergab: sehr große prall gespannte, stark entzündete Gallenblase, in ihr eitrige Flüssigkeit und ein sehr großer Stein.

Beispiel von allmählicher Verschlimmerung nach Trauma.

Kehr: Verschlimmerung nach Stoß gegen Leib.

39jähriger, früher angeblich stets gesunder Steiger erhielt einen Stoß vor den Leib, so daß er rücklings in den leeren Wagen fiel. Er stand auf und konnte ohne besondere Beschwerden gehen. In den nächsten Wochen hatte er häufig ein eigentümliches Gefühl im Oberbauch, einen dumpfen Druck, der sich allmählich steigerte, so daß er nach 6 Wochen die Arbeit aussetzen mußte. Die Anfälle mehrten sich und dauerten schließlich bis zu 8 Tagen, so daß er oft monatelang arbeitsunfähig war. Bei der Operation 3 Jahre nach dem Trauma enthielt die Gallenblase Eiter und Steine, und fanden sich zahlreiche Verwachsungen zwischen Gallenblase, Netz und Zwölffingerdarm.

III. Rentenabschätzung.

1. Gallensteine und Gallenblasenentzündung. Die Abschätzung der Erwerbsfähigkeit richtet sich nach der Häufigkeit der Anfälle und deren Einwirkung auf das körperliche Allgemeinbefinden (sekundäre Neurasthenie). Seltene Anfälle — jährlich 1—2 Anfälle — verursachen häufig gar keine abschätzbare Einbuße an Erwerbsfähigkeit oder höchstens **10%**. Häufigere Anfälle mit ganz beschwerdefreien Intervallen — monatlich ein Anfall — bedingen eine Erwerbsverminderung von annähernd **25—33⅓%**, namentlich wenn der Patient durch Nachwirkung der Anfälle regelmäßig eine Reihe von Tagen feiern muß. Gehäufte Anfälle und solche Formen, in denen auch zwischen den Anfällen häufige oder dauernde Beschwerden bestehen (Verwachsungen), oder Komplikation mit Cholezystitis beeinträchtigen die Arbeitsfähigkeit meist sehr erheblich, da schwere und selbst mittelschwere Arbeiten bisweilen nicht verrichtet werden dürfen: **50—75%** Erwerbsverminderung und unter Umständen selbst Vollrente.

2. Wanderleber je nach dem Grad der Ptose und der Einwirkung auf den Allgemeinzustand (sekundäre Neurasthenie, Verdauungsstörungen) **10—33⅓%**.

3. Leberzirrhose im Beginn **20—30%**, bei zunehmenden Stauungserscheinungen **50—100%** Erwerbsverminderung.

4. Leberverletzungen zunächst Vollrente für 2—5 Monate und, falls keine Komplikationen auftreten (Adhäsionsbeschwerden, Abknickungen der Gallenwege, sekundäre Cholelithiasis), innerhalb von 1—2 Jahren Absinken bis auf **0%** Rente.

Achtes Kapitel.

Verletzungen und Erkrankungen der Milz.

Abgesehen von den offenen Verletzungen, die der chirurgischen Beurteilung unterliegen, kommen folgende Möglichkeiten von Schädigungen der Milz durch Unfälle in Betracht:

I. Subkutane Verletzungen der Milz und ihrer Kapsel durch stumpfe direkte Traumen der Milzgegend oder indirekte Erschütterung des Organs bei Fall aus größerer Höhe auf Gesäß, Rücken, Bauch.

II. Entzündliche Veränderungen der Milz — Milzabszeß, eitrige Perisplenitis, perilineale bzw. subphrenische Eiterherde —, sekundär im Anschluß an stumpfe Verletzungen oder im Gefolge anderweitiger, durch Unfall entstandener Eiterherde.

III. Traumatische Entstehung und Verschlimmerung einer Wandermilz.

IV. Leukämie nach Milzverletzungen. Diese Frage ist in dem Kapitel „Traumatische Leukämie" besprochen.

I. Subkutane Milzverletzungen.

Subkutane Verletzungen der Milz werden nur nach sehr beträchtlichen Gewalteinwirkungen in der Milzgegend, wie Schlag, Stoß mit der Deichsel, Quetschung zwischen Puffern, Überfahrenwerden, Rippenbrüche mit Anspießung der Milz, beobachtet, wobei meistens andere Bauchorgane gleichzeitig mitgeschädigt sind. Auch gewaltsame Erschütterungen der Bauchorgane durch Anprall bei einem Fall aus größerer Höhe auf Füße, Gesäß, Rücken, Bauch vermögen Milzzerreißungen, teilweise Zerquetschungen, Blutungen in das Milzgewebe und die Kapsel hervorzurufen.

Bisweilen sind schon nach geringfügigen Einwirkungen, wie schwerem Heben, Pressen, tiefem Bücken, Erbrechen, Milzrupturen entstanden. Es hat sich dann stets um kranke Milzen gehandelt bei Malaria, Leukämie, Typhus, Pyämie, Leberzirrhose, Hämophilie, Lues, Pneumonie, Tuberkulose, Schwangerschaft. Infolge abnormer Brüchigkeit genügt dann oft schon einfaches Umdrehen im Bett, Husten, Niesen, um eine Milzverletzung hervorzurufen. Ergibt sich aus dem klinischen Befund oder der Obduktion, daß die Milz bereits erkrankt war, so wird, wenn während der Arbeit eine Milzruptur eingetreten ist, der Nachweis zu führen sein, daß die Anstrengung eine außergewöhnliche gewesen ist. Der Begutachter wird dann ausführen müssen, daß wegen der abnormen Verletzbarkeit der Milz die Verletzung schon bei gewöhnlicher Arbeitsleistung hat auftreten können. Nach Stern handelt es sich in der Hälfte der mitgeteilten Fälle von Milzrupturen um vorher pathologisch veränderte Organe.

Diagnose der Milzverletzung.

1. Anfangserscheinungen einer Milzverletzung können fehlen oder so geringgradig sein, daß es vorkommt, daß der Verletzte trotz teilweiser Zertrümmerung noch stundenlang umhergeht und selbst

noch tagelang Arbeit verrichtet, bis plötzlich nach Tagen die Erscheinungen einer inneren Blutung, einer Spätblutung auftreten. Leichtere Verletzungen in Gestalt kleiner Einrisse, Kapselblutungen können nur mit Schmerzen von kurzer oder längerer Dauer einhergehen und folgenlos ausheilen. Das wichtigste diagnostische Symptom einer Milzruptur ist die innere Blutung bei gleichzeitigen Schmerzen in der Milzgegend, wobei die Schmerzen bisweilen in linke Schulter und linken Arm ausstrahlen. Durch rechtzeitige Operation und Milzexstirpation ist in vielen Fällen völlige Heilung erzielt worden.

2. Von Spätfolgen einer Milzverletzung kennen wir, außer der Spätblutung, die Milzzysten und die traumatischen Infektionen der Milz, den Milzabszeß und den perisplenitischen Abszeß.

a) Spätblutung bei Milzruptur.

Es kommt vor, daß bei Milzzerreißung anfänglich unbedeutende Kontusionserscheinungen auftreten, bis nach Stunden oder Tagen eine innere Blutung auftritt. Der Begutachter muß das Vorkommen solcher traumatischen Spätblutungen kennen, damit beim Fehlen einer Obduktion nicht irrtümlich der Zusammenhang mit einer tagelang vorher erfolgten, an sich oft nicht sehr erheblichen Gewalteinwirkung abgelehnt wird.

Oehlecker[1]): Hufschlag gegen die linke Brustseite, mäßige Erscheinungen einer Kontusion. 14 Tage später während der Arbeit plötzliche Schmerzen in der linken Seite und Zeichen einer schweren inneren Blutung. Die Operation ergab profuse Blutung aus dem nur durch ein teilweise organisiertes Blutgerinnsel verstopften Milzriß. Nach Milzexstirpation glatte Heilung.

Nast-Kolb[2]): 38jähriger Fuhrmann befand sich nach einem Hufschlag in die Milzgegend bis auf geringe Druckschmerzen in der linken Brustseite 4 Tage lang wohl und war fieberfrei. Plötzlich traten ohne Vorboten beim Pressen auf der Bettschüssel die Erscheinungen einer intraabdominellen Blutung auf. Die 2 Stunden später vorgenommene Operation ergab Spätblutung aus der zerrissenen Milz. Diese fand sich ganz in lockeres, frisch verklebtes Netz eingehüllt.

b) Milzzysten.

Im Anschluß an Bauchkontusionen kann es zur Entwicklung allmählich wachsender Blutzysten der Milz kommen, die oft erst nach Monaten oder vielen Jahren nach dem Unfall durch ihre zunehmende Größe und sich bildende Verwachsungen mit der Umgebung wegen stärkerer Beschwerden eine Operation erforderlich machen. Daß auch durch stärkere Anstrengung eine Milzblutung mit anschließender Zystenbildung entstehen kann, ist nicht bekannt. In der nachfolgenden Beobachtung von Morechi-Ghetti[3]) muß das direkte Trauma der Milz-

[1]) Oehlecker, Dtsch. med. Wochenschr. 1914, Nr. 12/13.

[2]) Nast-Kolb, Bruns Beitr. z. klin. Chir. 77, H. 2, S. 503.

[3]) Morechi-Ghetti, Thèse de Paris 1905. Hématomes intra- et périspléniques.

gegend und nicht das Tragen des schweren Kessels, das annähernd ein Jahr früher stattgefunden hatte, die Milzzyste hervorgerufen haben.

Eine 42jährige Frau trug $^3/_4$ Jahr nach der letzten Entbindung einen schweren Kessel, wobei sie einen reißenden Schmerz im linken Hypochondrium verspürte, der mehrere Monate in geringem Grade anhielt. Nach einem weiteren halben Jahr erhielt sie einen Stoß mit der Heugabel in die linke Seite, wonach sich eine schmerzhafte schnell wachsende Anschwellung in der Milzgegend entwickelte. Die 6 Wochen später vorgenommene Operation ergab eine Milzzyste mit 1 Liter dunkler, zahlreiche weiße und rote Blutkörperchen enthaltender Flüssigkeit. Splenektomie brachte Heilung.

Stern erwähnt zwei weitere Fälle von traumatischen Milzzysten, die beide durch das nach Jahren noch auftretende plötzliche rasche Wachstum für die Unfallbegutachtung wichtig sind.

Routier[1]): Bei einem 20jährigen Mädchen entwickelte sich im Anschluß an eine Kontusion ein faustgroßer Milztumor, der in einigen Monaten so groß wurde, daß er nach rechts bis unter den Nabel reichte. 5 Jahre später normale Gravidität und Entbindung. 8 Jahre nach dem Unfall plötzlich rasches Wachstum des Milztumors; die Splenektomie ergab einen $3^1/_2$ kg schweren Tumor, der aus einem mit Fibrinmassen und Gerinnsel gefüllten Sack bestand.

Credé[2]): Ein 44jähriger Mann bekam im Anschluß an eine Kontusion heftige Schmerzen in der Milzgegend. 8 Jahre später bemerkte er eine Anschwellung in der linken Seite des Unterleibs, die rasch wuchs. Die 10 Jahre nach dem Trauma vorgenommene Operation ergab eine in der unteren Milzhälfte sitzende dünnwandige Zyste, die über $1^1/_2$ Liter einer dicken gelblichen, cholesterinhaltigen Flüssigkeit enthielt. Heilung durch Splenektomie.

c) Folgen der Milzexstirpation für den Organismus und die Arbeitsfähigkeit.

Die Frage, ob die Entfernung einer verletzten Milz, die totale Milzexstirpation, eine dauernde Schädigung des Körpers und eine dauernde Minderung der Arbeitsfähigkeit bedingt, ist vom R. V. A. in einer älteren Entscheidung (3. Juli 1898) bejaht worden. Diese Auffassung besteht nach jetzt zahlreich vorliegenden Beobachtungen über die Einwirkung der Milzexstirpation auf den menschlichen Organismus nicht mehr zu Recht. Die Blutbeschaffenheit kann nach Entfernung der Milz eine dauernd normale bleiben, so daß es feststeht, daß andere Blutbildungsstätten in vollem Maße als Ersatz für die ausscheidende Milz eintreten können. Es braucht somit der dauernde Wegfall der Milzfunktion keine dauernde Minderleistung des Körpers oder dauernde Verminderung der Widerstandsfähigkeit des Organismus gegenüber schädigenden Einwirkungen (Infektionen usw.) auszulösen. Für die Beurteilung, ob eine Milzentfernung für den Verletzten eine dauernde Schädigung bedingt hat, kann demnach nicht die Tatsache als solche, daß das Organ weggefallen ist, sondern nur das Verhalten der Blutbeschaffenheit entscheidend sein. Ist der Blutbefund nach der Milzexstirpation nach Hämoglobingehalt und Zahl der roten Blutkörper ein dauernd normaler, so ist der Verletzte voll

[1]) Routier, Rev. de Chir. 11, 516 (1901).
[2]) Credé, Arch. f. klin. Med. Bd. 28.

arbeitsfähig trotz Fehlens der Milz. Bleibt dagegen die Blutbeschaffenheit eine minderwertige als Zeichen dafür, daß der Milzausfall durch die anderen Blutbildungsstätten nicht genügend ersetzt wird, so bedingt die Milzexstirpation eine dauernde Schädigung des Organismus und eine dauernde Minderleistung des Verletzten, die je nach dem Grade der bestehen bleibenden Blutarmut entschädigungspflichtig ist.

II. Entzündliche Veränderungen der Milz.

Nach subkutanen Milzverletzungen vermögen die Quetschungs- und Blutungsherde die Ansiedelung von Entzündungserregern zu begünstigen, die zufällig zur Zeit des Traumas in der Blut- und Lymphbahn kreisen. Als Folge kommt es zur Entwicklung von Milzabszessen und durch Übergreifen auf den peritonealen Überzug des Organs zu umschriebenen — seltener diffusen — Bauchfellentzündungen und chronischer Perisplenitis mit abgesackten Eiterherden in naher oder weiterer Umgebung der Milz (perilienale und subphrenische Abszesse). Küttner[1]) hat auch experimentell durch Injektion virulenter Staphylokokken in die Ohrvene oder Kolibazillen in die Bauchhöhle von Kaninchen nach vorheriger Milzquetschung Milzabszesse erzeugt. Die Zeichen der Abszeßbildung treten in der Regel einige Tage nach dem Trauma der Milzgegend auf, so daß der Zusammenhang mit dem Unfall stets klar liegt. Da eine traumatische Milzzyste unter Umständen erst nach Jahren infiziert werden kann, so wird bei einem langen zeitlichen Intervall zwischen Milzabszeß und Bauchkontusion ein ursächlicher Zusammenhang anzunehmen sein, wenn die Operation oder Obduktion eine Blutzyste der Milz ergibt und eine frühere Milzkontusion erwiesen ist.

Bardenheuer-Pflücker[2]):

Ein 12jähriges Mädchen fiel 4 m tief hinab. Fraktur der linken 6. und 7. Rippe mit Hämatothorax und beträchtlichem Chok. Nach vorübergehender Besserung traten am 11. Tage nach dem Unfall Fieber und peritonitische Reizerscheinungen auf. Bei der Laparotomie fand sich ein großes abgekapseltes in Vereiterung begriffenes Hämatom, in welchem die geborstene, etwa auf das Doppelte vergrößerte Milz lag. Heilung durch Splenektomie.

III. Traumatische Wandermilz.

In der Regel handelt es sich bei Lageveränderungen der Milz nach Bauchtraumen nicht um eine plötzliche gewaltsame Lockerung einer vorher normal befestigten Milz, sondern um Verlagerung des vorher mangelhaft befestigten oder bereits dislozierten Organs. Meist besteht in solchen Fällen von angeblicher Wandermilz nach direkten Bauchtraumen oder körperlichen Anstrengungen eine allgemeine Enteroptose.

---

[1]) Küttner, Beitr. z. klin. Chir. Bd. 54, S. 405.

[2]) Bardenheuer-Pflücker, Vereinsbeil. d. Dtsch. med. Wochenschr. 1897, S. 154.

Durch die Zerrung der peritonealen Befestigungen der bereits abnorm beweglichen Milz bei dem Unfall entstehen Schmerzen, wodurch der Verletzte erst auf sein Leiden aufmerksam wird. Die Erwerbsverminderung durch Milzverlagerung ist auf annähernd 10—20% zu schätzen.

Neuntes Kapitel.

Verletzungen und Erkrankungen des Pankreas.

Die Bauchspeicheldrüse kann direkt und indirekt durch Unfallschädigungen in Mitleidenschaft gezogen werden. Ihre Erkrankung ist aber für sich allein nur sehr selten Gegenstand der Unfallbegutachtung, da in der Regel die Störung der Pankreasfunktion nur ein Teil- und Begleitsymptom anderweitiger im Vordergrund stehender Unfallerkrankungen bildet. In Betracht kommen:

1. Pankreasverletzungen nach stumpfen Bauchtraumen mit anschließender Pankreasnekrose.

2. Sekundäre Erkrankung der Drüse entweder im Anschluß an Krankheitsprozesse der Gallenwege oder durch Übergreifen entzündlicher Prozesse von der Nachbarschaft (Magen-Duodenalulcus, traumatische Peritonitis) auf die Drüse selbst, oder metastatisch nach Sepsis und Eiterungen an anderen Körperstellen. Krankheiten der Gallenwege können durch Steineinklemmung unterhalb des Ductus pancreaticus das Eindringen von Galle in die Bauchspeicheldrüse zur Folge haben, ferner peritonitische Verwachsungen zu Abknickungen und Abflußbehinderung des Bauchspeichels Anlaß geben, beide mal mit sekundärer Entzündung des Pankreas durch bakterielle aufsteigende Infektion im Pankreasgang.

1. Pankreasverletzung und ihre Folgezustände (Pankreasnekrose, Pankreaszysten).

Wegen ihrer geschützten Lage wird die Bauchspeicheldrüse nur selten von Verletzungen betroffen durch sehr erhebliche Gewalteinwirkungen gegen den Unterleib (Überfahrenwerden, Hufschlag, Deichselstoß, Stoß mit einem Horn, Fußtritt), wobei es durch Anpressung der Drüse an die Wirbelsäule zu Quetschungen und teilweisen oder totalen Durchtrennungen der Drüse kommen kann. Die ersten Krankheitserscheinungen bieten nichts Charakteristisches. Bisweilen treten sofort starke Chokerscheinungen auf, die für einige Tage nachlassen bis zum allmählichen Einsetzen schwerer peritonitischer Symptome. Nach Körte und Garré können auch in den ersten Stunden und Tagen keinerlei bedrohliche Erscheinungen vorliegen und nur geringe Schmerzen, so daß anfänglich eine Diagnose auf Pankreasverletzung gar nicht möglich ist. Die schwerwiegendste Folge jeder ausgedehnteren Schädigung bildet das Auftreten einer Peritonitis und Pankreasnekrose bzw. Fettgewebsnekrose. Es kommt dabei durch den bei der Verletzung austretenden Drüsensaft zu einer autolytischen Verdauung zunächst des Drüsengewebes und der Gefäße und später des Fettgewebes der ganzen Bauchhöhle mit tödlichem Ausgang. Pankreasnekrosen können anscheinend auch ohne größere Rupturen oder Quetschungen der Drüse allmählich zustande kommen.

Selberg[1]): Pankreasnekrose 17 Tage nach Hufschlag.

39jähriger Mann erhielt am 18. Oktober 1900 Hufschlag in die Magengegend. Zunächst Bewußtlosigkeit, dann Magenschmerzen, normale Temperatur, keine Pulsbeschleunigung, normaler Abdominalbefund. Allmähliche Auftreibung der Magengegend. Am 5. November 1900 machte er schwerkranken Eindruck. Erbrechen grünlich brauner Massen, dünner Stuhl, starke Schmerzen, linksseitiges Pleuraexsudat. Am 7. November 1900 Exitus. Obduktion: Peritonitis, zahlreiche Fettnekrosen, Kopf des Pankreas völlig nekrotisch, das übrige Pankreas hämorrhagisch infiltriert.

Pankreaszysten. Nach Verletzungen des Pankreas hat man die Entwicklung großer Zysten gesehen, bisweilen schon nach wenigen Tagen, oft erst nach Wochen, Monaten oder vielen Jahren. Sie liegen entweder in der Drüse selbst oder retroperitoneal mit selbständiger Wand in der Umgebung der Drüse aus dem Erguß von Blut und Sekret der verletzten Drüse.

2. Entzündungen des Pankreas.

Akut eitrige und chronische Entzündungen des Pankreas entstehen durch das Eindringen von Infektionskeimen vom Darm her in den Ductus pancreaticus namentlich bei infektiösen Erkrankungen der Gallenwege. Ein Unfall kann somit die mittelbare Entstehungsursache bilden, wenn durch ein Trauma eine Cholezystitis verursacht worden ist, oder durch die Erschütterung des Abdomens bei schon vorhandener infektiöser Erkrankung der Gallenwege das Hineinwandern der Entzündungserreger in die Drüse begünstigt wird. Dies wird namentlich der Fall sein, wenn ein Gallenstein durch ein Trauma mobilisiert worden ist und sich im Duodenum einklemmt, wodurch Abflußstörungen im Bauchspeichelgang entstehen, die eine Infektion erleichtern. Nur beim Auftreten einer akuten Pankreatitis im unmittelbaren Anschluß an ein Trauma wird ein ursächlicher Zusammenhang als wahrscheinlich anerkannt werden können.

3. Bösartige Geschwülste des Pankreas.

Lymphosarkom 8 Monate nach Bauchtrauma hat Josselin de Jong[2]) beschrieben.

52jähriger Arbeiter erleidet eine schwere Zusammenpressung des Rumpfes. Nach der Spitalbehandlung kurze Zeit gearbeitet, dann zunehmende Schwäche

[1]) Selberg, Berl. klin. Wochenschr. 1901, Nr. 36.
[2]) Josselin de Jong, Monatsschr. f. Unfallheilk. 1914, S. 311.

und Ikterus. Nach 8 Monaten erneute Aufnahme, wobei Geschwulst in der Tiefe des Epigastriums nachweisbar ist. Tod im Anschluß an erfolglose Operation. Obduktion: Lymphosarkom des Pankreas, Kompressionsbruch des XII. Brust- und I. Lendenwirbels.

Zehntes Kapitel.

Erkrankungen des Peritoneums.

I. Akute diffuse Peritonitis.

Abgesehen von den nach offenen Verletzungen des Bauches auftretenden Bauchfellentzündungen kommen folgende Entstehungsmöglichkeiten einer akuten diffusen Peritonitis durch Unfallvorgänge in Betracht.

1. Direkte Traumen des Bauches und erhebliche Körpererschütterungen können Verletzungen, Zerreißungen der gesunden oder bereits erkrankten Wandungen des Magen-Darmkanals bedingen oder zur Ruptur von intraabdominellen Eiterherden (perityphlitischer, subphrenischer Abszeß, eitrige Cholezystitis) Anlaß geben mit sich anschließender akuter Peritonitis.

2. Starke Muskelanstrengungen ohne gleichzeitige äußere Gewalteinwirkung, also Heben, Pressen, Ziehen, können unter bestimmten Verhältnissen eine Zerreißung und Schädigung (Blutungen) gesunder Darmwandungen veranlassen mit Übertritt von Infektionserregern in die Bauchhöhle. Dies wird um so leichter der Fall sein, wenn zufällig die unter 1. erwähnten krankhaften Prozesse vorliegen.

3. Mittelbare Entstehung einer akuten Peritonitis als Unfallfolge. Mittelbar kann ein Unfall auf zweifache Weise eine akute Peritonitis verursachen. Einmal dadurch, daß ein traumatisch entstandenes Magen-Darmulcus, traumatische Perityphlitis, Peri-Paranephritis späterhin auf das Bauchfell übergreift. Zweitens kann ein Unfall an anderweitiger Körperstelle einen Infektionsherd schaffen, — Pneumonie, Empyem, Wunderysipel —, von dem aus metastatisch auf dem Blutwege das Peritoneum infiziert wird.

1. Direkte Traumen des Bauches und Körpererschütterung.

Die anatomischen Prozesse, die nach direkten stumpfen Gewalteinwirkungen am Bauch (Hufschlag, Fußtritt, Stoß, Schlag, Fall auf den Leib) oder allgemeiner Körpererschütterung (Fall aus größerer Höhe auf Rücken, Gesäß, Füße) die Entwicklung einer akuten Peritonitis ermöglichen, sind sehr verschiedenartig und finden sich, ohne daß jedesmal an den Bauchdecken selbst äußere Verletzungsspuren nachweisbar sein müssen.

a) Vollständige Einrisse und Durchtrennung der Magen-Darmwandung ermöglichen ein Eindringen von Infektionserregern in das

Peritoneum und werden meist sofortige und stürmische peritonitische Erscheinungen zur Folge haben.

b) Eine Magen- oder Darmruptur kann zunächst zu einer umschriebenen peritonitischen Abszeßbildung Anlaß geben, die unter Umständen erst nach Tagen, Wochen oder Monaten durch Perforation eine diffuse Peritonitis hervorruft.

c) Kleine Blutungen und partielle Wandeinrisse führen zunächst zu umschriebenen Ulzerationen oder allmählicher Nekrose der Darmwand, so daß erst nach Tagen oder selbst einigen Wochen eine Perforation mit tödlicher Peritonitis erfolgt.

d) Ausschließliche Verletzungen des Peritoneums, Quetschungen, Abrisse und Blutungen des Mesenteriums durch stumpfe Gewalten sind selten. Nachträgliche hämatogene Infektion der verletzten Gewebsteile führt dann zu eitriger Bauchfellentzündung.

e) Umschriebene peritonitische Verklebungen und Stränge nach Bauchtraumen können nach anfänglich geringfügigen Schmerzen jahrelang symptomlos bestehen und dann plötzlich zu Darmabknickungen und Darmperforation mit Peritonitis führen, so daß trotz jahrelangem Intervall zwischen Unfall und Auftreten der Bauchfellentzündung ein Unfallzusammenhang besteht.

f) Traumatische „kryptogenetische“ Peritonitis. Bisweilen scheinen schon geringfügige Zirkulationsstörungen in der Darmwand nach Bauchkontusionen zu genügen, um eine erhöhte Durchlässigkeit der Wandung für Bakterien hervorzurufen. Es finden sich dann keine makroskopisch erkennbaren Veränderungen an der Darmwand und an den sonstigen Unterleibsorganen, die als Eintrittspforte für die Bakterien in die Bauchhöhle gedient haben (Weichsel)[1].

Zeitliches Auftreten der akuten Peritonitis nach dem Trauma.

Je nach der Besonderheit der durch die Bauchkontusion verursachten anatomischen Veränderungen an den Unterleibsorganen — Ruptur, Blutung mit späterer Nekrose usw. — werden die akuten peritonitischen Erscheinungen sofort oder erst nach Tagen, Wochen oder selbst Jahren als Früh- oder Spätfolgen auftreten können. Ein Unfallzusammenhang wird deshalb unter bestimmten Bedingungen auch bei einem monate- und jahrelangen Intervall zwischen Trauma und Peritonitis noch anerkannt werden müssen.

Frühperitonitis nach Bauchtraumen:

Der Zusammenhang mit dem Unfall wird auch in solchen Fällen, in denen nicht sofort, sondern erst nach Tagen die akute Peritonitis einsetzt, meist eindeutig sein. Es muß eben berücksichtigt werden, daß bei subserösen Blutungen und Verletzungen von Magen-Darmgefäßen bis zur Entwicklung der Wandnekrose und Perforation einige Zeit verstreicht. Dabei brauchen die anfänglichen Beschwerden einer Magen-Darmverletzung gar nicht hochgradig zu sein, so daß der Ver-

[1]) Weichsel, Diss. Leipzig 1911. Beitr. z. Kenntnis d. Peritonitis.

letzte noch lange Wege gehen, reiten, auch noch leichte Arbeiten verrichten kann, bis dann einige Stunden später die Erkrankung einsetzt. Bei kleineren traumatischen Perforationen kann durch primäre Verlegung der Perforationsöffnung durch die geschwollene Schleimhaut das Eindringen des infektiösen Materials in die Bauchhöhle erst nach einiger Zeit erfolgen und deshalb die Peritonitis erst nach 1—2 Tagen auftreten.

Spätperitonitis durch Spätperforation oder Ileus.

Bei einem längeren zeitlichen Intervall kann die Zusammenhangsfrage nur auf Grund des Obduktionsbefundes mit Sicherheit entschieden werden. Ergibt die Sektion als Folgezustand einer früheren sicher umschriebenen Bauchkontusion umschriebene peritonitische Abszeßbildung oder peritonitische Adhäsionen mit Abknickung, und findet sich keine anderweitige Ursache für die diffuse Peritonitis (perforiertes Magen-Duodenalulcus, akute Perityphlitis, Adnexerkrankung usw.), so wird man die Erkrankung als Unfallfolge anerkennen dürfen, auch wenn Monate und Jahre seit dem Unfall verstrichen sind. Die wichtigste Aufgabe des Begutachters in Fällen von langem, zeitlichem Intervall zwischen dem Unfall und akuter Peritonitis wird also darin bestehen, nach Möglichkeit eine anderweitige Entstehungsursache der Krankheit auszuschalten.

2. Akute Peritonitis und Überanstrengung.

Auch allein durch erhebliche Muskelanstrengung kann in seltenen Fällen (Heben eines schweren Balkens usw.) eine akute Peritonitis verursacht werden. In der Regel handelt es sich hierbei um Rupturen von eitrigen Prozessen in der Bauchhöhle, — Cholezystitis, abgekapselte Perityphlitis oder Periproktitis (s. unten Beispiel), Perforation von ulzerativen Prozessen am Magen-Darmkanal, eitrige Tubenentzündung —, oder es liegen Verwachsungsstränge vor, also Resterscheinungen von älteren entzündlichen Prozessen, die bei starker Körperanstrengung zu Zerreißungen und Darmeinrissen Anlaß geben können. (Fall Körte in Bruns Handbuch der Chirurgie.) Es besteht aber auch die Möglichkeit, daß eine gesunde Darmwand durch starke Anspannung der Bauchpresse bis zur Zerreißung geschädigt werden kann, so daß ein Übertritt von Infektionserregern nach dem Peritoneum erfolgt. Solche Berstungsrisse nach Überheben sind aber nur unter bestimmten Umständen möglich, wenn der Darm an irgendeiner Stelle ausweichen kann, so daß er sich vorbuchtet, z. B. bei Bruchpforten der Leistengegend (Bungescher Mechanismus). Derartige Beobachtungen sind vielfach mitgeteilt worden von Mohr, Kempf, Grasmann, der 10 Fälle aus der Literatur zusammengestellt hat, in denen die Darmzerreißung mit anschließender Peritonitis ohne äußere Gewalteinwirkung, nur durch Erhöhung des Druckes in der Bauchhöhle zustande gekommen ist.

Grasmann[1]): Dünndarmperforation mit Peritonitis nach schwerem Heben.

48jähriger Tagelöhner hob in halb gebückter Stellung einen 1 Zentner schweren Sack $^1/_2$ m hoch, wobei er sofort einen sehr heftigen Schmerz in der Unterbauchgegend verspürte. Der Mann hatte seit Jahren einen doppelseitigen Leistenbruch. Bei der Operation am folgenden Morgen wurde in einer dicht neben dem inneren Leistenring gelegenen Dünndarmschlinge eine erbsengroße Durchbruchsstelle und allgemeine eitrige Bauchfellentzündung festgestellt.

Wolff-Eisner[2]): Tödliche Peritonitis durch Verheben bei experitonealer lokalisierter Eiterung am Mastdarm.

Der 26jährige Hauer X. hat am 4. September 1912 mit einem Arbeiter einen mit Steinen beladenen Wagen, der entgleist war, auf die Schienen gehoben. (Das Gewicht des Wagens ist nicht angegeben, wird aber auf 3—4 Zentner geschätzt.) Der Mitarbeiter hat ausgesagt, daß der X. dabei über Schmerzen in der Leistengegend klagte. Nachdem beide gemeinsam den Wagen noch 30 m weit gebracht hatten, konnte X. nicht mehr arbeiten und setzte sich nieder, wobei er über Schmerzen im Rücken und in der Leistengegend und gleich nachher auch über Frostgefühl klagte. Am 8. September 1912 stellten sich dann heftige Schmerzen im Unterleib und Temperatur bis 39°, daneben Durchfälle ein, so daß irrigerweise ein Unterleibstyphus angenommen wurde. Am 16. September Exitus. Die Obduktion ergab eitrige Peritonitis, die nicht nur auf die unmittelbare Umgebung des Dickdarms beschränkt war, sondern durch Schwartenbildung zu Verklebungen zwischen Mastdarm und S. Romanum geführt hatte.

Wolff-Eisner nimmt wohl mit Recht an, daß durch das Verheben, d. h. durch die starke Muskelanstrengung ein Einreißen der vorhandenen Verwachsungen und Fixationen der Organe erfolgte, wodurch Eitererreger auf das empfindliche Bauchfell gelangten. Der Umstand, daß keine Durchbruchstelle mehr nachweisbar war, spricht nicht dagegen, da eine solche nur klein zu sein brauche und der Untersuchung entgehen könne.

Unfallzusammenhang.

Die Feststellung, daß eine starke Muskelanstrengung als Ursache einer akuten Peritonitis infolge Darmriß oder Platzen eines älteren Eiterherdes mit Wahrscheinlichkeit anzusehen ist, wird meist nicht schwierig sein, wenn in unmittelbarem Anschluß an die Körperanstrengung starke Schmerzen aufgetreten sind und peritonitische Erscheinungen sich anschließen. Die weitere Hauptfrage, ob ein Betriebsunfall vorliegt, wird nur dann zu bejahen sein, wenn nachweislich die Arbeitsleistung eine für den Verletzten außergewöhnliche war. Denn Eiterungsprozesse in oder am Darm können in natürlicher Fortentwicklung zu einer so erheblichen Verdünnung der den Eiterherd abschließenden Kapsel führen, daß schließlich spontan oder bei Gelegenheit der alltäglich bei der Arbeit vorkommenden Muskelanstrengung die Ruptur erfolgt. Dann handelt es sich natürlich nicht um einen Betriebsunfall. Ebenso kann die Berstung einer gesunden Darmwand — bei vorhandenem Bruch oder Bruchanlage — auch bei einer nicht außergewöhnlichen Muskelanstrengung erfolgen, wenn zufällig zur Zeit des Hebens oder

[1]) Grasmann, Dtsch. Zeitschr. f. Chir. 91, H. 1 u. 2.
[2]) Wolff-Eisner, Ärztl. Sachverst.-Ztg. 1913, Nr. 13.

Drückens bei der gewöhnlichen Arbeit der Darm stärker mit Flüssigkeit und Gas erfüllt war, so daß in dem Darmteil, der sich beim Heben in eine Ausbuchtung vorwölbt (Bruchpforte) ein besonders starker Spannungszustand der Wand entwickelt. So ist es beobachtet worden, daß schon nach einfachem Pressen beim Stuhlgang eine Darmruptur aufgetreten ist. Es darf deshalb nicht die bloße Tatsache, daß ein Darmriß mit Peritonitis nach einer körperlichen Anstrengung bei der Betriebsarbeit entstanden ist, genügen, um einen Unfall anzuerkennen. Vielmehr muß aus den schon angeführten Gründen der Nachweis gefordert werden, daß die Muskelanstrengung (Heben, Ziehen, Drücken) eine für den Verletzten ungewöhnliche gewesen ist.

II. Chronische nicht tuberkulöse Peritonitis.

1. Diffuse Peritonitis.

An dem sehr seltenen Vorkommen einer chronisch progressiven, nicht auf Tuberkulose beruhenden diffusen Peritonitis nach Bauchtraumen kann nach den Beobachtungen von Gangitano, Stuart, Beck, Senator, Henoch u. A. nicht gezweifelt werden. Nur durch die Obduktion und genaue mikroskopische Untersuchung kann eine derartige Peritonitis von einer tuberkulösen Peritonitis mit hinreichender Sicherheit differentialdiagnostisch abgegrenzt werden. In den bisher mitgeteilten Fällen von traumatischer progressiver Peritonitis bot das klinische Bild mehrfach eine gewisse Ähnlichkeit mit einer Leberzirrhose, so daß erst durch die Laparotomie oder Sektion die Diagnose ermöglicht wurde. In den wenigen bisher bekannt gewordenen Fällen entwickelte sich nach einer Quetschung des Unterleibs (Fußtritt, Fall auf den Leib aus größerer Höhe) innerhalb von mehreren Tagen bis zu 2—3 Wochen ein Aszites, der trotz Punktionen sich immer wieder neu bildete. Die Obduktion ergab dann neben ausgedehnter diffuser Peritonitis mit derben bindegewebigen Verwachsungen und Schwartenbildung auch Leberveränderungen, Kapselrupturen und Verwachsungen der Leber, die den Anlaß zu Schrumpfungsprozessen an einzelnen Leberlappen gegeben hatten, ohne daß die histologische Untersuchung das Bild einer echten Leberzirrhose bot. Mit dem allmählichen Fortschreiten der peritonealen Entzündungsvorgänge werden auch die übrigen Organe der Bauchhöhle in den Krankheitsprozeß mit hineingezogen. Das frühzeitige Auftreten von Aszites — bisweilen schon nach einigen Tagen — läßt sich nicht als Folge einer Pfortaderstauung erklären, sondern nur durch einen durch das Trauma bedingten Reizzustand der peritonealen Serosa.

Gangitano[1]):

Ein 54jähriger Bauer fiel April 1905 aus 2 m Höhe auf den Bauch. Die sofort heftigen Schmerzen schwanden erst nach 8—10 Tagen völlig. 25 Tage nach dem Unfall traten Schwellung des Bauches und Verringerung der Urinmenge auf.

[1]) Gangitano, Dtsch. Zeitschr. f. Chir. **106**.

2 Monate nach dem Fall Entleerung von 5 Liter Flüssigkeit (spez. Gew. 1007, Eiweiß 2%) durch Bauchpunktion. Wegen stets erneuter Flüssigkeitsansammlung wurde nach 2 Jahren die Laparotomie ausgeführt, wobei sich das parietale Peritoneum als stark verdickt erwies mit reichen Gefäßneubildungen. Tod $3^1/_2$ Jahre nach dem Trauma. Die Sektion ergab: Starke Verdickung des Periton. parietale und starke, beim Durchschneiden mit dem Messer knirschende Verdickungen des peritonealen Überzuges sämtlicher Baucheingeweide und zahlreiche Verwachsungen. Leber makroskopisch annähernd normal, mikroskopisch geringe Verdickung des perilobulären Bindegewebes und ganz vereinzelte kleine Hämorrhagien. Milz in toto vergrößert mit großem Infarkt.

2. **Partielle chronische Peritonitis** (Adhäsive Peritonitis).

Entstehungsweise und anatomischer Befund.

Eine umschriebene Peritonitis nach subkutanen Bauchtraumen in Form von oft derben Strängen und Verwachsungen zwischen Netz und einzelnen Organen und der Bauchwand ist viel häufiger als die diffuse progressive Peritonitis. Für ihr Zustandekommen genügen, wie Vogel experimentell gezeigt hat, rein mechanische aseptische Verletzungen des Peritoneums ohne jede Infektion vom Darm aus. Vogel erzielte beim Tier Adhäsionen durch mechanische Verletzung des Endothels des Peritoneums bei Anwesenheit von Blut in der Bauchhöhle. Dagegen bedingt Blut, das in die intakte Bauchhöhle eingeführt wird, keine Adhäsionen, sondern wird resorbiert. Wir werden demnach die traumatischen Abdominal-Adhäsionen beim Menschen, wie man sie als stationäre Folgezustände nach Hufschlag, Fußtritt, Stoß, direkter Quetschung des Leibes beobachtet, auf leichtere Verletzungen, Blutungen und Quetschungen des Peritoneums an umschriebener Stelle zurückführen können. Manchmal wird auch eine milde verlaufende Infektion bei gleichzeitiger Verletzung des Darmes oder eines anderen Unterleibsorganes hinzukommen, die nicht zur diffusen Eiterung führt, sondern nur zu unscheinbaren, kleinen, abgesackten Eiterherdchen in der reaktiven Bindegewebswucherung.

Klinische Symptome der umschrieben traumatischen Peritonitis (Adhäsionsbeschwerden).

Im Vordergrund stehen stets Schmerzen, die spontan, vor allem aber bei körperlichen Anstrengungen auftreten, die mit starker Anspannung der Bauchmuskeln verbunden sind, oder nach Erschütterungen oder nur zu bestimmten Zeiten der Verdauungsperiode. Dabei besteht häufig ein zirkumskripter Druckschmerz. Stern erwähnt, daß es bisweilen gelingt, ein peritonitisches Reibegeräusch an der getroffenen Stelle wahrzunehmen. Zu diesen oft recht unbestimmten Erscheinungen treten in manchen Fällen — je nach dem Sitz stärkerer Adhäsionen am Magen oder Darm — allmählich zunehmende Störungen von seiten des Magens oder der Darmfunktion. So kann sich allmählich das klinische Symptombild der Pylorusstenose entwickeln mit Anfangserscheinungen eines Ulcus oder Carcinoma ventriculi. Die Darmerscheinungen äußern sich meist in hartnäckiger Verstopfung und Kolikanfällen, die nach Abgang von Stuhl und Flatus schwinden. Auch ileusartige Anfälle können auftreten.

Die Diagnose kann häufig, da meist abtastbare Verdickungen fehlen, nur durch eine sehr sorgfältige klinische Beobachtung mit Röntgenuntersuchung des Ablaufs der Magen-Darmtätigkeit gestellt werden oder durch die Laparotomie. Sehr zweckmäßig zur Feststellung von Adhäsionen ist auch die neue Methode der Luftaufblähung des Bauches mit Röntgenogramm. In Fällen, die nur mit unbestimmten, zeitweisen Schmerzen verlaufen ohne objektive Störungen der Magen-Darmfunktion, kann sehr leicht der für die Begutachtung folgenschwere Irrtum der Simulation entstehen. Bei nachweislichen vorhergegangenen erheblichen direkten Bauchtraumen wird man stets in erster Linie an eine organische Schädigung denken müssen und sich nicht durch die meist sekundär hinzugetretenen neurasthenischen Beschwerden zu der Annahme rein nervöser Unfallstörungen verleiten lassen.

Zeitliches Auftreten der Adhäsionsbeschwerden nach dem Unfall.

Die unmittelbaren Folgeerscheinungen nach stumpfen Bauchtraumen sind oft ganz unbedeutend, so daß die Verletzten die allmählich im Verlaufe von Wochen oder Monaten sich einstellenden Beschwerden (Schmerzen, Verstopfung, Magenbeschwerden) anfänglich kaum beachten. Diese sich langsam steigernden oder periodenweise auftretenden Unterleibsstörungen dienen dann bei der späteren Entwicklung von ausgesprochenen Adhäsionsbeschwerden als wichtige Brückensymptome. Für die Anerkennung eines Unfallzusammenhanges sind folgende Gesichtspunkte maßgebend:

a) Fehlen von Krankheitserscheinungen bis zum Unfall.
b) Sicher erwiesene erheblichere Bauchkontusion.
c) Sofortige oder allmählich stärker hervortretende Unterleibsbeschwerden.
d) Fehlen anderweitiger Entstehungsursachen für eine chronische adhäsive Peritonitis (Perityphlitis, Periproktitis, chronisches Magen-Darmulcus, Cholezystitis).

Beispiele mit anfänglich geringen Beschwerden.

Vogel[1]): Peritonitische Adhäsionen nach Bauchtrauma.

Ingenieur erlitt durch Anfahren eines Radfahrers gegen die rechte Bauchseite eine nicht sehr erhebliche Quetschung. Er beachtete den Vorfall zunächst kaum, da er keine nennenswerten Beschwerden hatte. Ganz allmählich entwickelten sich dann zeitweise auftretende Schmerzen, Spannung im Leib, Aufbäumen des Darmes, plötzliche Erleichterung nach Gasabgang, kolikartige Anfälle. Wegen Zunahme der Beschwerden Operation $^3/_4$ Jahre nach dem Unfall. Rechts von der Mittellinie stößt man sofort auf ziemlich ausgedehnte teils strang-, teils flächenförmige Verwachsungen der Därme unter sich und mit dem Netz und der vorderen Bauchwand.

Schönwerte[2]): Umschriebene peritonitische Strangbildung nach Fall auf den Leib.

Ein bis dahin gesunder Infanterist fällt beim Exerzieren mit dem Unterleib auf den Boden. Einige Stunden darauf Erbrechen, 2—3 Tage lang Schmerzen,

---

1) Vogel, Med. Klin. 1908, Nr. 6.

2) Schönwerte, zit. nach Hammerschmidt, Monatsschr. f. Unfallheilk.

dann völliges Wohlbefinden. Ein volles Jahr später Erscheinungen von anscheinender Perityphlitis. Die Operation ergibt Abknickung des Dünndarms etwa 6 cm vor seiner Mündung in den Dickdarm durch eine schmale Spange, die von einer dem Gekrösenetz gegenüberliegenden Darmfalte ausgeht und sich am wandständigen Bauchfell im kleinen Becken ansetzt. Durch Operation glatte Heilung.

Beispiele mit zeitweisen geringfügigen oder dauernden Beschwerden vom Anfall an.

Swojecheton[1]): 11jähriger Junge zeigte nach Sturz vom Wagen zunächst Zeichen von Peritonitis. Nach Abklingen dieser Erscheinungen bleibt gelegentliches Erbrechen bei der Arbeit und nach reichlicher Nahrungsaufnahme zurück. Ein Jahr p. tr. Laparotomie. Magen frei, Colon transversum mit der vorderen Bauchwand verwachsen.

Riedel[2]): Ein 53jähriger Fuhrmann erhielt am 8. September 1891 einen Hufschlag in die Gegend des rechten Rippenbogens. Er lag nur kurze Zeit zu Bett. Am Tage nach dem Unfall trat Blutbrechen auf, das sich ein halbes Jahr später wiederholte. Vom Moment des Schlages an hatte Patient heftige Schmerzen in der Gegend des rechten Hypochondriums, die in der ersten Zeit nach dem Unfall nachließen, aber nie ganz verschwanden und morgens nach dem Aufstehen und nach jeder Anstrengung sich verstärkten, so daß schließlich völlige Arbeitsunfähigkeit resultierte. Der Kranke wurde der Simulation für verdächtig gehalten, erklärte sich aber zur Operation bereit, um seine Schmerzen loszuwerden. Operationsbefund: Leber weitgehend mit der vorderen Bauchwand durch z. T. sehr dickes, hartes, schwieliges Gewebe verwachsen, Netz überall adhärent an der Leber und Gallenblase. Hintere Fläche der Gallenblase, die selbst unversehrt ist, ebenfalls von Netzmassen überzogen.

Beispiel mit vorwiegenden jahrelangen Magenstörungen infolge von Perigastritis adhaesiva.

Obolenski[3]): 50jähriger Mann erlitt 8 Jahre vor der Operation bei einer Prügelei Schläge gegen die Magengegend. 2 Jahre litt er an stärkeren Schmerzen in der Magengegend, so daß er völlig arbeitsunfähig war. Allmählich besserte sich der Zustand. 6½ Jahre nach dem Unfall erneute starke Schmerzen, zuletzt Tag und Nacht anhaltend, verbunden mit Steifungen des Magens. Die Laparotomie 8 Jahre nach dem Unfall ergab rechts von der Linea alba strangförmige Verwachsungen zwischen der kleinen Kurvatur des Magens und der Leber. Gastroenterostomie und Gesundung.

III. Tuberkulöse Peritonitis nach Unfall.

Dieselben Gesichtspunkte, die für die Anerkennung der traumatischen Auslösung und Verschlimmerung einer tuberkulösen Erkrankung anderer seröser Häute, wie der Pleura und des Perikards maßgebend sind, haben auch für die tuberkulöse Peritonitis Gültigkeit.

1. Direkte stumpfe Traumen des Abdomens können durch Erschütterungs- oder Quetschungsschädigungen des Bauchfells die Ansiedlung von zufällig im Blut kreisenden Tuberkelbazillen begünstigen oder eine Mesenterialdrüsentuberkulose mobilisieren, indem

[1]) Swojecheton, Ref. Zentralbl. f. Chir. 1904/05.
[2]) Riedel, Arch. f. klin. Chir. 47 (1894).
[3]) Obolenski, Ref. Zentralbl. f. inn. Med. 1896, Nr. 41.

durch die Erschütterung die in verkästen Abdominaldrüsen ruhenden Bazillen in die Lymphbahnen des Peritoneuns hineingetrieben werden.

2. Schwere allgemeine Erschütterungen des Körpers vermögen in gleicher Weise auf eine bis dahin latente Tuberkulose der Mesenterialdrüsen zu wirken und auch von anderweitigen tuberkulösen Herden aus (Mediastinal-Bronchialdrüsen) auf hämatogenem Wege eine tuberkulöse Peritonitis auszulösen.

3. Körperliche Überanstrengungen kommen unter Umständen als Verschlimmerungsursache einer Peritonealtuberkulose in Betracht. Durch Anspannung der Bauchpresse beim schweren Heben, Tragen, Ziehen kann eine stärkere Zerrung und Sprengung vorhandener Verwachsungen verursacht werden, die nicht nur zu vorübergehenden Schmerzen, sondern auch zum erneuten Aufflackern des tuberkulösen Prozesses Anlaß gibt.

4. Schwächung des allgemeinen Ernährungs- und Kräftezustandes als Unfallfolge wird bisweilen als wesentlich mitwirkendes Hilfsmoment für die Entwicklung oder schnelleres Fortschreiten einer Perit. tuberc. nicht abgelehnt werden können.

Beurteilung der Zusammenhangsfrage.

Da erfahrungsgemäß eine Bauchfelltuberkulose bei anscheinend gesunden, kräftigen und voll arbeitsfähigen Menschen längere Zeit symptomlos oder unter ganz unbestimmten Krankheitserscheinungen verläuft, die anfänglich als Blutarmut, Magenkatarrh usw. gedeutet werden, so ist in der Regel der Nachweis sehr schwierig oder unmöglich, daß vor dem Trauma das Leiden noch nicht bestanden hat. In Begutachtungsfällen handelt es sich deshalb in erster Linie um die Feststellung, daß die Erscheinungen der Peritonitis erst nach dem Unfall in fortschreitender Weise hervorgetreten sind, so daß dadurch zum mindesten eine wesentliche Verschlimmerung der bis dahin latenten Erkrankung wahrscheinlich gemacht wird. Die Anerkennung eines ursächlichen Zusammenhangs mit einem Unfall wird von folgenden Bedingungen abhängig gemacht werden müssen:

1. Fehlen von Unterleibsbeschwerden und volle Arbeitsfähigkeit bis zum Unfall.
2. Nachweis der Erheblichkeit des Bauchtraumas, der Körpererschütterung oder der Minderung des allgemeinen Kräftezustandes (langes Krankenlager, Eiterungen, fieberhafte Prozesse, Abmagerung, stärkere Anämie).
3. Enge zeitliche Beziehung zwischen Unfall und Beginn der Erkrankung. Treten innerhalb von 2—3 Wochen nach dem Trauma die ersten für Bauchfelltuberkulose verdächtigen Erscheinungen (Schmerzen, Erguß, Magen-Darmstörungen, Resistenzen) bei einem bis dahin anscheinend gesunden Menschen auf, so spricht dies mit Wahrscheinlichkeit für einen Zusammenhang. Bei einem längeren Intervall

von vielen Wochen oder mehreren Monaten zwischen sicherer Feststellung des Leidens und Trauma sind dauernde Brückensymptome erforderlich. Liegen dagegen zwischen Beginn der Peritonitis und Unfall mehrere Monate völligen Wohlbefindens und regelmäßiger Arbeitsleistung, so wird wohl die entfernte Möglichkeit, aber niemals der nötige Grad von Wahrscheinlichkeit eines Zusammenhangs bejaht werden dürfen.

4. Eine Verschlimmerung einer schon vor dem Unfall offenkundigen Bauchfelltuberkulose liegt nur dann vor, wenn im unmittelbaren Anschluß an ein direktes oder indirektes Trauma der ganze Krankheitsprozeß eine plötzliche Wendung zum Schlimmeren genommen hat, indem sich bei dem vorher noch ganz oder teilweise arbeitsfähigen Individuum in schneller Folge (1—2 Wochen) stärkerer Aszites, Fieber, Ileuserscheinungen, Schmerzen, Kräfteverfall einstellen.

Lücke[1]): Auslösung einer diffusen Tuberkulose durch Bauchtrauma bei Mediastinal- und Mesenterialdrüsentuberkulose.

12jähriger, früher stets gesunder Knabe fällt beim Schlittschuhlaufen auf den Rücken und ein Genosse auf seinen Leib. Abends verspürte er Schmerzen und es trat Erbrechen auf; 12 Tage nach dem Fall ist der Leib sehr aufgetrieben bei sichtbar geblähten Darmschlingen und wenig Stuhl. Am 13. Tag kein Stuhl mehr, 120 Puls, 36,8 Temperatur. Bei der Operation am 15. Tag finden sich gerötete fibrinös belegte Darmschlingen, zahlreiche miliare Knötchen, ebenso im Peritoneum, Mesenterialdrüsen stark geschwollen. Ein Strang führt von einer Dünndarmschlinge zum kollabierten Kolon. Exitus 4 Stunden nach der Operation. Obduktion: Ausgebreitete Miliartuberkulose des Peritoneums, des Darms und ebenso im Netz, in Milzkapsel, Nierenoberfläche. Mediastinaldrüsen z. T. verkäst, retroperitoneale Drüsen und Halsdrüsen geschwollen, anscheinend nicht verkäst.

Kries[2]): Verschlimmerung einer chronischen Bauchfelltuberkulose durch Körperanstrengung.

Ein kräftiger, fleißiger und als gesund geltender Maschinist half beim Abladen einer 35—40 Zentner schweren Maschine. Während der Arbeit trat er plötzlich von der Maschine zurück und verließ die Arbeitsstätte. Nach kurzer Zeit stellten sich Magen- und Unterleibsbeschwerden ein, Schmerzen im Leib, Empfindlichkeit, gastrische Störungen, die sich auch durch die 3 Tage nach dem Unfall erfolgte ärztliche Hilfe nicht besserten. Es traten vielmehr am 27. Tag p. tr. schwere Blutungen auf, die als Magenbluten aufgefaßt wurden und 3 Tage später den Tod herbeiführten. Die Obduktion ergab keine Blutungsquelle an Magen und Speiseröhre, keine Leberzirrhose. Das Netz war sehr verdickt und klumpig, mit erbsengroßen kreidigen Einlagerungen. Das Obergutachten nimmt an, daß durch die Bauchpresse eine Lösung tuberkulöser Verklebungen mit akuter Bauchfellentzündung aufgetreten ist, und als Blutungsquelle kleine tuberkulöse Geschwüre im Duodenum, die bei der Obduktion übersehen wurden.

---

[1]) Lücke, Berl. klin. Wochenschr. 1903, Nr. 18.

[2]) Kries, Ärztl. Sachverst.-Ztg. 1898, Nr. 9, S. 173; Entsch. d. RVA. vom 12. Februar 1898.

Elftes Kapitel.

Verletzungen und Erkrankungen der Nieren.

I. Nierenverletzung.

Direkt und indirekt einwirkende mechanische Gewalten können auf dreifache Weise zu einer subkutanen Schädigung der Nieren Anlaß geben: 1. durch direkte Quetschung des Nierengewebes bei einem Stoß, Schlag, Fall gegen die Nierengegend, bei Einklemmung z. B. zwischen Eisenbahnpuffern oder beim Überfahrenwerden; 2. durch Erschütterung der Nieren bei Fall aus größerer Höhe auf Füße oder Gesäß. 3. Eine einmalige starke Muskelanstrengung bei schwerem Heben, starker ruckartiger Rückwärtsbeugung des Oberkörpers bei drohendem Hinfallen, scheint ebenfalls in sehr seltenen Fällen eine Nierenverletzung (Quetschung) auslösen zu können.

Die Folgezustände einer Nierenverletzung durch derartige Unfalltraumen werden je nach der Stärke der Gewalteinwirkung und der besonderen Art des Traumas sehr verschiedenartig sein.

1. Die Nierenquetschung durch direkte Traumen der Nierengegend.

Bei einer erheblichen Gewalteinwirkung können partielle oder totale Rupturen der Nieren mit oder ohne gleichzeitige Zerreißung der fibrösen Kapsel und der Hilusgebilde und perirenale Hämatome zustande kommen. Weniger schwere Quetschungen führen nur zu größeren oder kleineren Blutungen und umschriebenen Zertrümmerungsherdchen im Nierengewebe. Außerdem werden unter Umständen allein oder gleichzeitig Blutungen im Nierenbecken und Verletzungen der Harnleiter auftreten.

Die unmittelbaren Folgen jeder ausgedehnteren Nierenverletzung bestehen in der Regel in Chokerscheinungen (Ohnmacht, kleiner Puls, Erbrechen), starker Schmerzhaftigkeit der betroffenen Nierengegend, eventueller palpabler Anschwellung der Niere infolge Blutergusses in der Umgebung der Niere und Bluthamen. In manchen Fällen fehlen aber trotz schwerer Verletzung anfangs alle bedrohlichen Erscheinungen, so daß es vorkommt, daß schwer Verletzte noch weite Gänge machen oder noch einige Stunden weiterarbeiten.

Hämaturie. Die Hämaturie tritt nicht immer sofort nach einer Nierenverletzung auf, sondern bisweilen erst nach Stunden oder mehreren Tagen, was wahrscheinlich darauf beruht, daß Einrisse anfänglich durch Blutgerinnsel verklebt sind oder der Harnleiter durch Blutkoagula sich verstopft hat. In manchen Fällen führt ein Nierentrauma überhaupt gar nicht zu einer im Harn makroskopisch sichtbaren Blutung, sondern zu einem nur mikroskopisch erkennbaren Blutkörperchengehalt des Urins, so daß ein Ausschleudern des Harns bei Verdacht auf Nierentrauma unbedingt nötig ist.

Kurzdauernde Albuminurie. Meist handelt es sich nur um kurzdauernde Eiweißausscheidung, die spätestens nach einigen Tagen verschwunden ist, seltener um länger dauernde, über Wochen und Monate sich erstreckende Albuminurien. In beiden Fällen können neben der Eiweißausscheidung auch Harnzylinder (hyalin und gekörnt), Epithelien und nach Abklingen der Hämaturien auch rote Blutkörper in geringer Menge nachweisbar sein. Die nur kurz dauernden Albuminurien sind früher fälschlich als „traumatische Nephritis" bezeichnet worden. Denn es handelt sich in diesen Fällen lediglich um eine Ausschwemmung der durch das Trauma geschädigten Nierengewebsbestandteile, nach deren Resorption die Eiweißausscheidung schwindet. Anatomisch finden sich hierbei, wie durch Untersuchungen von Holtz[1]) und Pfeiffer[2]) erwiesen, ausgedehnte Nekrosen zum Teil mit weitgehender Verfettung und Blutungsherden.

Albuminurie von längerer Dauer. Mehrfach ist eine länger anhaltende Albuminurie bis zur Dauer von mehreren Monaten bis ein Jahr lang beobachtet worden, so daß man von einer Ausschwemmung von zerstörten Gewebsteilen nicht wohl sprechen kann. Da außer dem Urinbefund wie bei einer Nephritis (Eiweiß, hyaline und granulierte Zylinder) keine sonstigen Nephritissymptome, also kein Ödem oder Herzgefäßstörungen in solchen Fällen von längerer Albuminurie nachweisbar sind, so erscheint es wahrscheinlich, daß es sich nur um ganz umschriebene auf die vernarbten Verletzungsstellen beschränkte entzündliche Prozesse in der Niere handelt, die spontan nach einiger Zeit ausheilen.

Bäumler[3]): 28jähriger Patient wurde von einem Wagen überfahren und zeigte alle Symptome einer rechtsseitigen Nierenquetschung. Nachdem am 6. Tag eine stärkere Hämaturie eingetreten war, nahmen die Blutungen allmählich ab. Nach 14 Tagen enthielt der Urin noch viel Blut- und Eiterkörperchen sowie bräunliche Massen ohne Zylinder oder Nierenepithelien. Nach 3 Wochen enthielt der Urin größere Eiweißmengen und zahlreiche Körnchenzylinder. Bei der Entlassung 5 Wochen später bestand noch dauernd Eiweiß- und Zylinderausscheidung. Nach 8—10 Wochen wurde fortschreitende Heilung konstatiert.

Curschmann[4]): Tiefbauarbeiter wurde von einer Kurbel erfaßt und mehrmals hin- und hergeschleudert. Starke Quetschung der rechten unteren Thoraxhälfte und der rechten Bauchseite; $^1/_2$ Stunde nach dem Trauma Benommenheit, Erbrechen, Meteorismus, kindskopfgroße Geschwulst in rechter Nierengegend (pararenales Hämatom), die nach 2 Monaten geschwunden ist; $^5/_4$ Jahr nach dem Trauma wurden bei dem Kranken mit dauernden Schmerzen in der rechten Seite geringe Mengen Eiweiß ($^1/_2$ ‰), mikroskopisch spärliche hyaline und granulierte Zylinder,

[1]) Holtz, Münch. med. Wochenschr. 1895, Nr. 34.

[2]) R. Pfeiffer, Über Erkrank. d. Niere infolge von Kontusion. Diss. Leipzig 1897.

[3]) Bäumler, zit. nach Stern S. 458.

[4]) Curschmann jun., Münch. med. Wochenschr. 1902, Nr. 38.

daneben einige Epithelien und Leukozyten festgestellt. Nach $2^1/_2$ Jahren bestand der gleiche Befund, sonstige nephritische Symptome fehlten während der ganzen Beobachtungszeit.

Bei einseitigem Nierentrauma kann möglicherweise auch die nicht verletzte Niere vorübergehend in Mitleidenschaft gezogen werden, insofern es zu einer Eiweißausscheidung aus ihr kommt, aber nur so lange wie der Aufsaugungsprozeß an der verletzten Niere stattfindet. Isobe u. a. fanden bei Tieren nach Ureterenunterbindung, Venenligatur und Quetschung einer Niere an der anderen Niere geringgradige Veränderungen an den Epithelien der Harnkanälchen und Erweiterung der Kanälchen, die mit hyalinen körnigen Massen angefüllt waren. In Tierversuchen von längerer Dauer, in denen die durch Venenligatur nekrotisierte Niere in ein kleines verkalktes Knötchen umgewandelt war, war die andere Niere normal. Es handelt sich demnach mit Wahrscheinlichkeit um eine leichte toxische Reizung der nicht verletzten Niere durch die ins Blut gelangenden Zerfallsprodukte der verletzten Niere. Etwas Ähnliches sehen wir ja auch bei einseitiger Tuberkulose, Pyonephrose und Nierentumoren, indem hierbei aus der andern, sonst gesunden Niere eine Eiweißausscheidung vorhanden ist, die nach Beseitigung der erkrankten Niere schwindet. Wir sind aber nicht berechtigt, wie dies Posner tut, in solchen Fällen von einer sekundären Nierenentzündung der anderen Niere nach Verletzungen der einen Niere zu sprechen, denn es ist bisher niemals beobachtet worden, daß nach einseitigem Nierentrauma eine echte ein- oder gar doppelseitige Nierenentzündung zur Entwicklung gekommen ist.

Spätfolgen einer Nierenverletzung.

Die später zur Entwicklung kommenden Folgezustände von ausgedehnteren Verletzungen der Niere und des Anfangsteiles der Harnleiter sind sehr mannigfaltig. Durch Narbenbildung im Nierenbecken und am Ureter und durch Schrumpfungsvorgänge nach perirenalen Blutungen kann es zur Hydronephrosenbildung kommen (s. dort) Tritt eine Infektion zur Nierenentzündung hinzu, sei es, daß entzündliche Veränderungen am Nierenbecken (Pyelitis, Bakteriurie) zur Zeit des Traumas bereits bestanden haben, oder daß die Bakterien erst später an die Verletzungsstelle gelangen, so können eitrige Prozesse entstehen, Pyelitis, Pyelonephritis, Nierenabszeß, Para-Perinephritis, Pyonephrose.

Rawdon[1]): Ein 12jähriger Knabe fiel von 8 Fuß Höhe auf das Steinpflaster und verspürte danach sehr starke Schmerzen in der rechten Nierengegend. Es trat Hämaturie auf, die nach einigen Tagen schwand, sich aber bald wieder einstellte, gleichzeitig mit akutem Blasenkatarrh. Bei der am 17. Krankheitstag erfolgten Nephrektomie fand sich die Niere quer entzweigerissen. 40 Tage später Tod infolge linksseitiger Pyelonephritis. Der Blasenkatarrh, der zur Pyelitis an der nicht verletzten Niere führte, war unmittelbare Unfallfolge.

[1]) Rawdon, zit. nach Réczey. Wien. Klinik 1888.

Israel[1]: Ein 37jähriger Hauptmann, der eben von einem Nackenkarfunkel fast völlig geheilt war, erhielt einen Fußtritt in die linke Flanke. Am nächsten Tag unter zunehmenden Schmerzen 39,9 Temperatur. Bei Fortdauer von Schmerzen und Fieber entstand Schwellung in der linken Flanke, zeigte sich im Urin wenig Eiweiß, viele weiße, vereinzelte rote Blutkörper. Die am 23. Tag nach dem Unfall erfolgte Operation ergab ausgedehnte paranephritische Eiterung und eitrige Infiltration der Niere. Die nephrektomierte Niere zeigte einen ovalen Herd im mittleren Drittel, der aus konfluierenden Miliarabszessen bestand.

Thiem: 26jähriger Schornsteinfeger fiel von der Treppe mit der linken Lendengegend gegen eine Kante der Steinstufe, arbeitete nach dem Unfall trotz der Schmerzen noch 3 Tage, mußte dann wegen Schmerzen und Fieber das Bett hüten; Harn frei. Bei der Operation am 26. Tage nach dem Unfall fand sich unmittelbar hinter der Niere ein gewöhnlicher paranephritischer Abszeß.

2. Nierenschädigung durch Erschütterung.

Bei Einwirkung der Gewalt auf einen entfernten Körperteil, also Fall auf Füße oder Gesäß, ist recht selten eine Nierenverletzung beobachtet worden. Meist handelt es sich um sehr erhebliche allgemeine Körpererschütterungen durch Fall vom Pferde, Fallen auf dem Eis, Sturz aus der Lokomotive während der Fahrt. Küster[2]) zitiert eine Beobachtung von Bazille, in der ein Mann, der etwa 2 Fuß hoch rittlings auf eine Eisenstange fiel, eine Nierenverletzung davontrug. Zu den Erschütterungsschädigungen der Niere sind auch die Nierenblutungen zu rechnen, die bisweilen in unmittelbarem Anschluß nach mehrstündigen anstrengenden Ritten, nach großen Radtouren bei anscheinend gesunden Menschen beobachtet werden. Daß es sich hierbei um Hämaturien renaler Herkunft handelt, geht aus der mikroskopischen Untersuchung hervor, die fast in allen Fällen zu Zylinderform zusammengeballte Erythrozytenmassen im Sediment ergab. Der Nachweis, daß es sich bei diesen akuten Nierenblutungen um Blutungen aus gesunden Nieren handelt, wird freilich ohne längere Beobachtung nicht möglich sein. Nierengeschwülste, Nephrolithiasis, Tuberkulose führen erfahrungsgemäß zu spontanen Blutungen, und es wird bei diesen oft längere Zeit latenten Erkrankungen schon durch geringgradige Erschütterungen eine Nierenblutung ausgelöst werden können. Derartige latente Nierenleiden liegen aber keineswegs immer als Ursache der Blutungen vor. Denn es sind Beobachtungen mitgeteilt worden, in denen wegen dauernder und massenhafter Hämaturie im Anschluß an Erschütterungstraumen und körperliche Überanstrengungen die blutende Niere exstirpiert worden ist und die makro- und mikroskopische Untersuchung keine anatomischen Veränderungen nachweisen konnte. Der Entstehungsmechanismus derartiger Blutungen aus einer Niere ohne nachweisbare Erkrankung des Nierenparenchyms ist noch unaufgeklärt. Klemperer[3]) sucht die Blutung durch Lähmung

[1]) Israel, Dtsch. med. Wochenschr., Vereinsber. 1905, Nr. 41, S. 1660.
[2]) Küster, Deutsche Chirurgie, Lfg. 52b. Stuttgart 1902.
[3]) Klemperer, Dtsch. med. Wochenschr. 1897, Nr. 9 und 1902, Nr. 5.

der vasokonstriktorischen Nerven der Niere zu erklären, indem infolge Vasomotorenparalyse eine Erweiterung der Gefäßwandzellen zustande kommen soll, welche den Durchtritt der roten Blutkörper gestattet, und er begründet seine Ansicht mit Beobachtungen, bei denen die Nierenblutung durch einfaches Bloßlegen der Niere (ohne Einschnitt) aufhörte. Von anderer Seite (Fröhner, Kasten, Lifschitz[1]) ist die Hypothese aufgestellt worden, daß die Ursache der Nierenblutungen auf die bei außerordentlichen Anstrengungen im Körper übermäßig aufgesammelten Stoffwechselprodukte zurückzuführen sei, daß es sich also um eine Autointoxikation handle. Ich führe Beispiele an, in denen durch eine längere Beobachtungszeit oder die Operation eine anderweitige Nierenerkrankung als Blutungsquelle mit großer Wahrscheinlichkeit ausgeschaltet werden konnte.

Askanazy: Ein Cand. med. ritt in einer seiner ersten Reitstunden ein sehr unruhiges Pferd, das sehr warf. Nach einem langen Ritt verspürte er plötzlich starke Schmerzen in der Seite. Als er nach Hause kam, entleerte er etwa $^3/_4$ Liter blutigen Urin, der mikroskopisch außer Blut keine abnormen Bestandteile enthielt. Am nächsten Tage war der Urin blutfrei. Die rechtsseitigen Schmerzen traten nach mehreren Wochen, besonders bei körperlichen Anstrengungen, zeitweise auf. Später traten ähnliche Erscheinungen bei jahrelanger genauer Beobachtung und ständiger Urinkontrolle auch nach Überanstrengungen nicht wieder auf.

Fürbringer[2]): Ein Professor der Medizin bekam jedesmal nach anstrengenden Ritten vorübergehend Hämaturien mit Blutzylindern. Schon nach wenigen Stunden oder spätestens am nächsten Tage war das Blut aus dem Harn verschwunden. Später blieb der Urin bis zu seinem Tode an einer akuten Erkrankung stets normal.

Klemperer[3]): Ein 45jähriger Offizier, früher stets gesund, spürte nach einem siebenstündigen Ritt Urindrang und bemerkte, daß der entleerte Urin schwarzrot war. Die Blutung dauerte 24 Stunden an. Im Sediment des Urins, der Spuren von Eiweiß enthielt, fanden sich nur Blutzylinder, keine sonstigen Zylinder, keine Kristalle. Am 3. Tag war im Urin nichts Krankhaftes mehr nachweisbar. Er war nachher wieder als Offizier tätig und hat sich nie wieder Hämaturie gezeigt.

3. Nierenverletzung durch körperliche Anstrengung.

Küster und die Mehrzahl der Chirurgen geben an, daß durch starke Muskelanstrengung beim schweren Heben oder heftiger ruckartiger Beugung des Oberkörpers nach hinten, z. B. beim drohenden Fall, eine Nierenverletzung entstehen könne. Küster stellt sich den bis jetzt noch nicht geklärten Verletzungsmechanismus so vor, daß eine plötzliche krampfhafte Zusammenziehung der Bauchwandmuskeln, soweit sie an den unteren Rippen sich befestigen, eine stoßweise Adduktionsstellung dieser Knochen herbeiführen muß, genau wie eine die Lendengegend direkt treffende Gewalt. Die Beweglichkeit der

[1]) Lifschitz, Die Nierenblutung durch Überanstrengung. Diss. Basel 1915 (daselbst Literatur).

[2]) Fürbringer, Disk. z. Klemperers Vortrag. Dtsch. med. Wochenschr. 1897, Nr. 5.

[3]) Klemperer l. c.

11. und 12. Rippe ist nach Küster so groß, daß es durch Druck von hinten oder von der Seite her an der ihres Bauchinhaltes entkleideten Leiche ohne Schwierigkeit gelingt, die Rippen bis in die nächste Nachbarschaft der Nieren zu bringen; insbesondere ist dies bei Kindern und jungen Leuten der Fall. Einzelne Beobachtungen scheinen tatsächlich dafür zu sprechen, daß durch plötzlichen Muskelzug eine Nierenschädigung zustande kommen kann. Wer will aber ohne genaueste mikroskopische Untersuchungen einer Niere behaupten, daß die nach solcher Überanstrengung auftretende Blutung aus einer vorher gesunden Niere stammt? Massenblutungen im Nierenlager werden bei latentem Nierenleiden, vor allem bei chronischer Nierenentzündung, Nierentumoren, Nierentuberkulose und Bluterkrankung oft ganz spontan oder nach geringfügigen Anstrengungen (Drehen im Bett, Pressen beim Stuhlgang) gelegentlich beobachtet. Bei der Prüfung der Zusammenhangsfrage, ob tatsächlich stärkeres Heben eine Verletzung der Niere hervorgerufen hat, ist deshalb besondere Vorsicht am Platze, und es muß stets der Nachweis verlangt werden, daß tatsächlich eine außergewöhnliche Kraftanstrengung unmittelbar vor der Hämaturie stattgefunden hat. Ich führe einige bekannte Beispiele an:

Lucas[1]): Ein 66jähriger Mann geht hinter einem mit Säcken beladenen Wagen her. Als einer der Säcke herabfällt, sucht er denselben durch plötzliches Zugreifen mit beiden Händen zu halten, verspürt aber sofort heftigen Schmerz und entleert nach kurzer Frist blutigen Urin.

Londeutte[2]) erzählt einen Fall, in welchem ein mit einem Kameraden ringender Soldat plötzlich heftigen Schmerz empfand und eine tödlich verlaufende und durch Sektion nachgewiesene Nierenverletzung davontrug. Küster sah selber eine schwere Nierenzerreißung bei dem Aufheben einer Last zustande kommen. Nach Thiems Beobachtung empfand ein Former beim Anheben eines schweren Formkastens plötzlich einen heftigen Schmerz in der linken Lendengegend und ließ 5 Wochen blutigen Urin.

Kaufmann[3]): 27jähriger Bergmann zieht sich durch Heben eines 3 bis 4 Zentner schweren Transportbandes eine Verletzung der rechten Niere zu und stirbt nach 17 Tagen. Die Sektion ergibt: Der obere Pol der rechten Niere ist in eine eitrige, breiige Masse verwandelt, die bis zum Nierenbecken reicht, und eine hinter und oberhalb der Niere gelegene Eiterung. Der Begutachter nimmt wegen des Fehlens einer anderweitigen Ursache für die Eiterung an, daß das Heben der schweren Last eine Nierenverletzung durch Muskelzug verursacht hat mit sekundärer Infektion.

Der Fall ist recht zweifelhaft bezüglich der Entstehung der Niereneiterung durch den Unfall, während eine Verschlimmerung eines vorher bestehenden latenten Eiterungsprozesses der Niere nicht abgelehnt werden kann.

Vorbedingungen für die Anerkennung eines ursächlichen Zusammenhangs zwischen Überanstrengung und Nierenerkrankung.

1. Nachweis vorherigen Fehlens von Krankheitserscheinungen der Nieren.

[1]) Lucas und [2]) Londeutte, zit. nach Thiem, Handbuch II, 2, S. 58.
[3]) Kaufmann, Handbuch II, S. 467.

2. Nachweis der außergewöhnlichen Kraftanstrengung.
3. Auftreten sofortiger stärkerer Schmerzen und einer Nierenblutung oder mikroskopischer Blutbeimengungen und Eiweiß im Urin unmittelbar nach der Anstrengung.

II. Nephritis und Unfall.

1. Akute Nephritis.

Vorbemerkung. Wenn die Beziehungen zwischen Unfallschädigungen und Nephritis erörtert werden sollen, so muß man davon ausgehen, daß nach unseren jetzigen Anschauungen die echt entzündlichen Nephritiden von den nicht entzündlichen degenerativen Erkrankungen des Nierenparenchyms, den sogenannten Nephrosen, abzugrenzen sind. Das klinische Charakteristikum der entzündlichen Nephritis liegt vor allem in der Blutdrucksteigerung und der regelmäßigen Beimischung von Blut zum Harn neben den sonstigen nephritischen Symptomen (Ödeme, Herzhypertrophie usw.). Demgegenüber wird nach Volhard das Krankheitsbild der sog. Nephrose beherrscht durch die regelmäßig vorhandenen Ödeme, die Abscheidung von Degenerationszylindern beim Fehlen von Blutdrucksteigerung und Herzhypertrophie auch bei längerem Bestehen des Leidens. Freilich muß zugegeben werden, daß Kombinationsformen durch Hinzutreten einer Nephritis zu einer Nephrose und umgekehrt vorkommen. Bei einer Besprechung der Wirkungsweise von Unfallschädigungen bei akuten und chronischen Erkrankungen des Nierengewebes müssen wir demnach die Entstehungsmöglichkeit einer akuten Nephritis, einer Nephrose und einer chronischen Nephritis durch Unfall gesondert betrachten.

a) Entstehung einer akuten Nephritis durch mechanische Traumen.

Bei der Entstehung einer echt entzündlichen akuten und chronischen Nephritis kann ein Unfall auf zweifache Weise eine mitwirkende bzw. auslösende Rolle spielen. Einmal in der Weise, daß dieser in einer erheblichen einmaligen Kälteeinwirkung und Durchnässung besteht, welche eine akute Erkältungsnephritis zur Folge hat, die unter Umständen chronisch werden kann. Zweitens auf dem Wege einer Wundinfektion, Sepsis, Erysipel, zu welcher als Komplikation eine akute Nephritis hinzutritt, die dann eine mittelbare Unfallfolge darstellt. Anderweitige Unfallschädigungen, wie mechanische Traumen der Niere, körperliche Überanstrengung, Verbrennung[1]), verursachen niemals eine akute ein- oder doppelseitige Nierenentzündung, sondern können höchstens als Verschlimmerungsursache einer schon bestehenden Nephritis in Betracht kommen. Die früher von manchen Autoren vertretene Anschauung, daß ein einseitiges Nierentrauma zu einer diffusen ein- oder doppelseitigen Nephritis Anlaß geben könne, findet weder in klinischen Beobachtungen, noch

[1]) Nach Verbrennungen werden nur kurzdauernde Eiweiß- und Zylinderausscheidungen beobachtet.

experimentellen Versuchen eine genügende Stütze. Bei den nach Nierentraumen auftretenden Albuminurien von kürzerer oder längerer Dauer handelt es sich nicht um eine echte Nierenentzündung, sondern meist um vorübergehende Folgezustände von Blutungen und Erweichungen des Nierengewebes, die nicht in eine echte Nierenentzündung übergehen. Findet sich nach Nierentraumen eine länger anhaltende Eiweißausscheidung mit gleichzeitigem Auftreten anderweitiger nephritischer bzw. nephrotischer Erscheinungen (Ödeme), so hat vor dem Unfall eine latente Nephritis bestanden, die durch den Unfall verschlimmert worden ist, oder es handelt sich um eine möglicherweise traumatisch ausgelöste Nephrose, worauf nachher eingegangen werden soll. Es steht jedenfalls soviel fest, daß beweisende Fälle von Entstehung einer echten diffusen Nephritis durch mechanische Traumen nicht vorliegen, wie dies schon Stern in seiner kritischen Besprechung des kasuistischen Materials von angeblich traumatischen Nephritiden nachdrücklichst betont hat.

b) Nephritis nach Kälteeinwirkung.

Der Einfluß starker Kälteeinwirkungen und Durchnässungen auf die Entstehung einer akuten Nephritis ist durch zahlreiche einwandfreie Beobachtungen sichergestellt. Eine befriedigende Erklärung, wie die Einwirkung der Kälte auf die äußere Körperoberfläche zu einer Erkrankung der Nieren führt, besitzen wir noch nicht.

F. Müller und v. Noorden nehmen an, daß es sich, wie etwa bei Verbrennungen, um Bildung giftiger Stoffe im Blut handeln könne durch Veränderung der Eiweißkörper, vor allem auch infolge Schädigung und Zerfall der roten Blutkörper bei starker Abkühlung. Andere denken an eine bei äußerer Kälteeinwirkung eintretende Verengung der Nierengefäße und Nierenanämie, wodurch die Widerstandsfähigkeit gegenüber anderweitigen krankmachenden Schädlichkeiten, insbesondere Bakterien und deren Stoffwechselprodukten, herabgesetzt werde. Durch die auftretende Zirkulationsstörung soll die schädigende Einwirkung zufällig im Blut kreisender Bakterien ermöglicht werden, die ohne die Kälteschädigung nicht dazu imstande gewesen wären. Der mehrfach erhobene Befund von oft massenhaften Streptokokken im Urin bei anscheinend reiner „Erkältungsnephritis“ ohne nachweisbare Angina oder sonstige Infektionsquelle und sonstige Krankheitssymptome septischer Art spricht jedenfalls für die Bedeutung von Infektionserregern beim Zustandekommen der Nierenentzündung nach Kälteeinflüssen.

Die Anerkennung einer Kälteeinwirkung als auslösendes Unfallmoment für eine akute Nephritis ist unter folgenden Bedingungen erlaubt:

a) Fehlen von Krankheitserscheinungen vor dem Unfall.

b) Fehlen von anderweitigen vorausgegangenen Entstehungsursachen einer Nephritis (Angina, Otitis, Infektionskrankheiten).

c) Erhebliche Kälteeinwirkungen, wie sie nach vorliegenden Beobachtungen von Erkältungsnephritiden vorausgegangen sind, z. B.

mehrstündiges Arbeiten bis zu den Knien in kaltem Wasser, Arbeit in kaltem Raum zur Winterzeit nach vorheriger starker Erhitzung an Schmelzöfen, längeres Liegen auf kaltem Boden infolge Bewußtlosigkeit nach Kopftraumen, Fall in kaltes Wasser, längeres Stehen im Durchzug nach vorherigem starken Schwitzen infolge anstrengender Arbeit. Einfache Kälteeinflüsse, wie sie alltäglich bei Arbeiten in kalter Jahreszeit vorkommen, werden dagegen als Unfallschädigung abzulehnen sein, wie z. B. Arbeiten auf dem Dach bei mäßig kalter Witterung, Reinigen eines Hofes bei Schneeschmelze, wobei sich der Erkrankte ständig bewegt hat. Wenn bei relativ unbedeutender Kälteeinwirkung bereits eine Nierenentzündung auftritt, so handelt es sich eben um eine abnorm verringerte Widerstandsfähigkeit des betreffenden Individuums gegenüber Witterungseinflüssen,, die ein normaler Mensch reaktionslos verträgt; die nicht außergewöhnliche Kälteeinwirkung trägt dann nicht den Charakter eines Betriebsunfalls in sich.

d) Auftreten der nephritischen Erscheinungen innerhalb der ersten Tage nach dem Unfallvorgang, spätestens nach zwei bis drei Wochen. Bisweilen entwickelt sich eine akute diffuse Nephritis nicht unter stürmischen Erscheinungen, so daß schon nach einigen Tagen Oligurie, Rückenschmerzen, Ödeme auftreten, sondern langsam, indem die nach ein bis zwei Wochen auftretenden Schwellungen an Gesicht und Beinen den Kranken zum Arzt führen.

Ich führe einige Beispiele von wahrscheinlicher Erkältungsnephritis an:

Strasser[1]): Ein 40jähriger Arbeiter mußte auf einem eingebrochenen Dachboden durch Tauwetter erweichte Schneemassen wegschaufeln, wobei er ganz durchnäßt bis an die Hüften in feuchter Masse stehend 7—8 Stunden arbeitete. Eine Woche später wurde er mit schwerer akuter Nephritis ins Krankenhaus aufgenommen.

Geller (Fälle aus der Medizinischen Klinik in Bonn):

1. Ein Mann arbeitete im November mehrere Stunden lang bis über die Knie im Wasser des Rheins und betrat dann ein eisernes Schiff, dessen Boden bereift war. Nach einigen Tagen traten Schmerzen in der Nierengegend, Schwellung der Füße, Harndrang auf. Es wurde dann akute Nierenentzündung festgestellt, die 5 Monate später noch bestand (ohne Blutdrucksteigerung).

2. Ein 37jähriger Mann lief in betrunkenem Zustand nachts bei kaltem Wetter und nur leicht bekleidet barfuß auf der Straße herum. Nach 10 Tagen Schwellung an Beinen, Skrotum und Vorhaut. Bei der Aufnahme in die Klinik 3 Wochen nach der Kälteeinwirkung starke Ödeme an den Beinen, Genitalien und Rumpf. Blutdruck 230 mm Hg, Harnmenge 1400 ccm, Eiweiß 6‰, viele granulierte Zylinder, weiße und rote Blutkörper.

2. Chronische Nephritis.

a) Entstehung einer chronischen Nephritis durch Unfall.

Dies kann auf zweifache Weise geschehen. Einmal besteht die Möglichkeit, daß eine durch infektiöse Prozesse (Wunderysipel, Phlegmone

[1]) Strasser, Deutsche Klinik I, 1903, zit. nach Geller, Diss. Bonn 1913.

usw.) hervorgerufene akute Nephritis nicht ausheilt und chronisch wird. Zweitens könnte unter Umständen eine durch Nierentrauma entstandene Nephrose, die chronisch geworden ist, das Hinzutreten einer echten chronischen Nephritis begünstigen. In einem solchen Falle würde also der Unfall, indem er zu der degenerativen Erkrankung des Nierengewebes Anlaß gegeben hat, eine verminderte Widerstandsfähigkeit der Nieren gegenüber Infektionen bedingen und somit mittelbar als eventuelle Entstehungsursache einer hinzutretenden echten Nephritis mit Übergang in ein chronisches Stadium anzuerkennen sein.

Beweisende Fälle für die Entstehung einer echten chronischen Nephritis durch einseitiges Nierentrauma oder allgemeine Körpererschütterung liegen bisher nicht vor, so daß es sich, wenn überhaupt, jedenfalls um eine Unfallfolge von allergrößter Seltenheit handelt. In den bisher in der Literatur mitgeteilten Beobachtungen konnte das Vorhandensein einer Nephritis vor dem Unfall niemals mit Sicherheit ausgeschaltet werden, so daß in allen diesen Fällen höchstens die Frage der Verschlimmerung in Betracht kommt. Goldscheider und Israel, die mehrere Obergutachten über chronische Nephritiden nach Traumen abgegeben haben, verlangen vor allem eine traumatische Schädigung beider Nieren, da sie mit Recht annehmen, daß ein einseitiges Nierentrauma niemals zu einer echten akuten oder chronischen Entzündung der anderen Niere Anlaß geben könne. Der Versuch von Orth[1]), auf den sich Posner[2]) stützt, wo nach Quetschung einer Kaninchenniere eine narbige Schrumpfung des geschädigten Organs zur Entwicklung kam, beweist gar nichts für die Frage der Entstehung einer echten Schrumpfniere durch Trauma. Goldscheider hat in einem Obergutachten die Entstehung einer chronischen Nephritis durch ein Trauma als wahrscheinlich angenommen, während meines Erachtens höchstens eine vorübergehende Verschlechterung zuzugeben ist.

Ein Bergmann wurde am 3. Juni 1911 von einem Wagen mit dem Unterleib gegen einen Pfeiler gedrückt, wobei er vom Wagen selbst in der Nierengegend getroffen wurde. Er mußte nach dem Unfall einige Zeit ruhen und empfand heftige Schmerzen nicht nur im Kreuz, sondern auch im Unterleib und den Genitalien. Er will am selben Abend Blut im Urin bemerkt haben. Am 3. Tag nahm er die Arbeit auf, konnte sie aber nicht durchführen und meldete sich deshalb am 5. Tag krank. Am 14. Tag nach dem Unfall wurde im Krankenhaus akute parenchymatöse Nephritis festgestellt: Blut, Eiweiß $3^1/_2$—$^1/_2$ ‰ gekörnte Zylinder. Am 20. Mai 1912 nahm er die Arbeit wieder auf und verrichtete seit dem 1. April 1913 leichtere Arbeit. Im September 1913 (also $2^1/_4$ Jahr nach dem Trauma) bestand die Nephritis noch ohne Blutdrucksteigerung und ohne deutliche Herzveränderung, 9 ‰ Eiweiß, rote Blutkörper, spez. Gew. 1017—1020, gekörnte Zylinder.

---

[1]) Orth, Verh. d. pathol. Ges. 1905, S. 109.

[2]) Posner, Dtsch. med. Wochenschr. 1906 und Ärztl. Sachverst.-Ztg. 1915, Nr. 7.

Ganz unsicher und ohne Beweiskraft ist der Fall von v. Leyden[1]), in dem das RVA., freilich unter Anführung erheblicher Bedenken, der Auffassung des Obergutachters gefolgt ist und die Rentenansprüche anerkannt hat. Da nachweislich der Urin am 2. Tag nach dem Trauma frei von Eiweiß und Blut war, so ist es überhaupt nicht erwiesen, daß eine Schädigung beider Nieren stattgefunden hat. Außerdem ist das Nierenleiden erst $3^1/_2$ Monat nach dem Unfall festgestellt worden. Mir erscheint nach der ganzen Sachlage auch eine Verschlimmerung nicht erwiesen, höchstens möglich.

54jähriger Mann fiel $3^1/_2$ m tief auf linke Brustseite und Rücken. Es bestanden erhebliche Quetschungen an Brust, Rücken und Beckenknochen mit Bluterguß in der Lendenmuskulatur. Eine Urinuntersuchung am 2. Tag nach dem Unfall ergab weder Eiweiß noch Blut. Nach $3^1/_2$ Monaten wurde Nierenentzündung festgestellt, die auch 3 Jahre später noch bestand.

b) Verschlimmerung einer chronischen Nephritis durch Trauma und Kälteeinwirkung.

Es muß in Übereinstimmung mit allen Autoren zugegeben werden, daß stärkere Kälteeinflüsse und erhebliche Quetschungen und Erschütterungen eine zur Zeit des Unfalls noch latente oder schon offenkundige chronische Nephritis verschlimmern können. Es ist ohne weiteres verständlich, daß Blutungen und Erschütterungsdegenerationen der schon erkrankten Nierenepithelien bestehende entzündliche Prozesse ungünstig beeinflussen werden, so daß akute Verschlimmerungserscheinungen vorübergehender oder dauernder Art ausgelöst werden können. Eine wesentlich ungünstige Beeinflussung des Krankheitsprozesses durch ein Trauma darf man aber nur unter folgenden Bedingungen zugeben:

α) Nachweis, daß der Unfall geeignet war, eine Erschütterungsschädigung oder Quetschung einer oder beider Nieren auszulösen (siehe Abschnitt Nierentrauma).

β) Nachweis, daß das Trauma in der Nierengegend eingewirkt hat (Blutunterlaufung, Schwellung, starke Schmerzhaftigkeit), und daß die Nieren geschädigt worden sind, durch Feststellung von Blutharnen, Oligurie oder Anurie, plötzlichem Anstieg des Eiweißes, urämischen Symptomen. Eine Zunahme lediglich der subjektiven Beschwerden genügt nicht für die Annahme einer wesentlichen Verschlimmerung.

γ) Die unter β) genannten Verschlimmerungszeichen müssen unmittelbar nach dem Unfall aufgetreten sein.

δ) Im Fall der Tod als Unfallfolge angesprochen wird, muß die nach dem Unfall aufgetretene Verschlimmerung dauernd bestanden haben, und der Krankheitsverlauf von da ab ein besonders schneller gewesen sein, damit ein frühzeitigerer Tod durch das Trauma anerkannt werden kann.

Goldscheider[2]) hat in einem Falle eine Unfallverschlimmerung angenommen, obwohl eine Zwischenzeit von 2 Monaten zwischen Trauma und Auftreten schwerer Krankheitserscheinungen gelegen ist.

Ein bis dahin anscheinend gesunder 29jähriger Arbeiter stürzt im Schlaf 6—7 m herab und erlitt dadurch eine Quetschung des Unterleibs, welcher blut-

[1]) v. Leyden, zit. nach C. Kaufmann, Handbuch II, S. 472.
[2]) Goldscheider, Berl. klin. Wochenschr. 1913 und 1914, Nr. 1.

unterlaufen war. Nach 3 Wochen Arbeitsaufnahme. 2 Monate später trat er wegen Wassersucht und Nierenentzündung in ärztliche Behandlung. Tod 4½ Monate nach dem Unfall. Die Sektion ergab beiderseits Schrumpfniere und Verwachsungen der Leber mit dem Zwerchfell, sowie der Milz, und der linken Niere mit dem linken Leberlappen. Wegen der Kürze des zeitlichen Zwischenraumes nahm Goldscheider an, daß die Nierenschrumpfung schon zur Zeit des Unfalls vorhanden war, erkannte aber auf wesentliche Verschlimmerung.

Ich halte dies für recht bedenklich. Da wir nicht selten akute Verschlimmerungen bei chronischer Nephritis jederzeit ohne besonders nachweisbare äußere Veranlassung auftreten sehen, so wird der Begutachter nur dann sich vor der irrtümlichen Annahme eines ursächlichen Zusammenhangs eines Traumas mit einer zufälligen einige Zeit nach dem Trauma aufgetretenen Verschlechterung schützen können, wenn er auf eine ganz enge zeitliche Beziehung das entscheidende Gewicht legt. Hierzu sind wir auch berechtigt, da gerade ein bereits erkranktes Nierengewebe, wenn es traumatisch geschädigt wird, mit Wahrscheinlichkeit ziemlich akut mit Blutungen und Funktionsstörungen der Niere reagieren wird. Nur das Auftreten solcher Krankheitserscheinungen unmittelbar nach dem Unfall wird deshalb einen tatsächlichen ungünstigen Einfluß eines Traumas wahrscheinlich machen. Vergeht gar ein längerer Zeitraum von ½ Jahr und mehr bis zu der ersten Feststellung eines Nierenleidens, so ist ein Zusammenhang zwischen Trauma und Verschlimmerung einer latenten chronischen Nephritis ganz abzulehnen.

III. Nephrose und Unfall.

1. Mechanische Traumen und Nephrose.

Es liegen Beobachtungen vor, in denen nach einem einseitigen Nierentrauma oder nach schwerer allgemeiner Körpererschütterung nicht nur eine länger dauernde Eiweiß- und Zylinderausscheidung auftrat, sondern in oft ungewöhnlicher Schnelligkeit auch ödematöse Schwellungen der Füße, des Gesichtes oder des ganzen Körpers bisweilen halbseitiger Natur zur Entwicklung kamen. Mehrfach hatte im Beginn eine Hämaturie bestanden als Zeichen einer erheblichen Verletzung der Nieren, andere Male nicht. In einem Teil der Fälle trat nach Wochen volle Heilung ein, in anderen erfolgte keine Besserung. Da meistens, trotz längeren Bestehens der Erkrankung, Blutdrucksteigerung und Herzhypertrophie vermißt werden, so weicht das Krankheitsbild dieser traumatischen Nierenerkrankung ab von demjenigen einer subakuten oder chronischen diffusen Nierenentzündung. Es weist vielmehr eine gewisse Übereinstimmung auf mit den rein degenerativen Prozessen des Nierenparenchyms, den sog. Nephrosen, die ja gerade charakterisiert sind durch ausgesprochene Wassersucht beim Fehlen von Veränderungen am Herz-Gefäßsystem. Wenn auch die eigentliche Pathogenese der Nephrose noch ganz dunkel ist, so scheinen doch vor allem Giftwirkungen bekannter und unbekannter Art die Hauptrolle zu spielen bei der Degeneration der Epithelien, deren Zerfallsprodukte dann ihrerseits zu einer Schädigung der Blutgefäße und zum Auftreten der Wassersucht Anlaß geben. Nach den vorliegenden klinischen Beobachtungen wird man die Möglichkeit nicht ablehnen können, daß sich auf dem Wege einer ausgedehnten traumatischen Zertrümmerung oder Degeneration des Nierenparenchyms das Symptombild einer Nephrose entwickeln kann, wobei bestimmte beim traumatischen Zerfall der Epithelien ins Blut gelangende Substanzen zu einer akuten Schädigung der Gefäße und abnormen Durchlässigkeit derselben führen. Es ist auch möglich, daß bei vorhandener Disposition zu Nephrose (Lues, Tuberkulose) ein Nierentrauma ohne schwerere Verletzung die Erkrankung auszulösen vermag. Einzelne Autoren, wie Posner, sprechen bereits jetzt von traumatischer Nephrose. Volhard[1]) hat eine Beobachtung mitgeteilt, in der sich bei einem Manne, der vor elf Jahren eine regulär behandelte Lues durchgemacht hatte, aber bis zum Unfall anscheinend ganz gesund war, nach einem Fall aus Stockwerkhöhe auf das Kreuz ohne äußere Verletzung das typische Krankheitsbild der Nephrose entwickelte: Bei seinem ersten Aufstehen drei Wochen nach dem Trauma stellte sich in wenigen Tagen ein allgemeiner Hydrops ein, der monatelang anhielt. Sicherlich besteht bei solchen, unter dem Bild einer Nephrose verlaufenden Fällen die gleiche Gefahr wie bei der Beurteilung der angeblich traumatisch entstandenen echten Nephritiden, daß nämlich das Leiden bereits vor dem Unfall bestanden hat. Da aber Nephrosen frühzeitig mit Ödemen verlaufen, die der Aufmerksamkeit weniger leicht entgehen und dadurch den Kranken zum Arzt führen, so bietet das Auftreten solcher Ödeme neben Albuminurie kurze Zeit nach einem Trauma immerhin eine gewisse Gewähr für vorheriges Fehlen der Erkrankung. Auf jeden Fall wird man aber in der schnellen Entwicklung von Albuminurie und Ödemen nach einem sicher erwiesenen direkten Nierentrauma oder erheblicher allgemeiner Körpererschütterung mindestens eine Verschlimmerung des Leidens bei vorheriger Latenz annehmen müssen. Ich führe einige Beispiele an, in denen sich das Bild der Nephrose nach Trauma entwickelte, bei vorher anscheinend gesunden Menschen.

Boissard[2]): Ein 64jähriger Mann fiel von der Höhe des ersten Stockwerkes. Danach lebhafter Schmerz in der Gegend der linken Niere, aber keine Hämaturie. Nach 10 Tagen, nachdem der Schmerz völlig geschwunden war, trat allgemeines Ödem auf. Bei der Hospitalaufnahme war der reichlich gelassene Urin (1800 ccm in 24 Stunden) rötlich gefärbt, reich an Eiweiß und zeigte mikroskopisch zahlreiche rote Blutkörper. Keine Herzhypertrophie. 3 Wochen nach dem Unfall war das Ödem völlig geschwunden; der Urin enthielt jedoch noch bis etwa 2 Monate nach dem Unfall reichlich Eiweiß bei gleichzeitiger Polyurie. Wenig über 2 Monate nach dem Trauma wurde der Patient entlassen.

---

[1]) Volhard in Handb. d. inn. Med. von Mohr-Stähelin.
[2]) Boissard, zit. nach Poireault, These Paris 1882.

Alapy[1]): Ein 59jähriger Arzt fiel mit der linken Seite gegen den Riegel eines eisernen Kastens. Heftige Schmerzen, wiederholtes Erbrechen und Entleerung von reinem Blut im Urin 3 Stunden nach dem Unfall. Zunächst starker Kollaps, Abdomen aufgetrieben und druckempfindlich, Dämpfung über unterstem Teil der linken Pleurenhöhle. Nach 10 Tagen waren Hämaturie und Schmerzen geschwunden. Plötzlich Albuminurie und am 18. Tage Ödeme an den Beinen, die bereits am nächsten Tage unter Zunahme der Harnmenge schwanden. Am 25. Tag plötzlich Ödem im Gesicht mit allgemeinem Unwohlsein. 2 Monate nach dem Unfall guter Gesundheitszustand und Spuren von Eiweiß, das auch nach 3 Monaten noch nachweisbar, nach 1 Jahr geschwunden war.

Klippel und Chabrol[2]): Ein 10jähriger Knabe wird überfahren und erleidet eine Quetschung der linken Nierengegend. Vorübergehende Hämaturie. Rasche Besserung. Nach 8 Tagen Erscheinungen von Niereninsuffizienz, Oligurie, Albuminurie, Zylindrurie, Erbrechen. Der Fall geht in Genesung über.

2. Toxische Schädigung der Niere bei Vergiftungen, nekrotisierende Nephrosen.

Die durch chemische Stoffe verursachten Nierenschädigungen gehören zu den degenerativen Nierenerkrankungen, zu den Nephrosen. Von der großen Menge der Gifte, die zu einer schweren Schädigung der Epithelien der Tubuli und der Glumoruli Anlaß geben, sind als die praktisch wichtigsten zu nennen: die Mineralsäuren (Schwefelsäure, Salzsäure, Salpetersäure), Oxalsäure, Phosphor, Arsenik, Arsenwasserstoff, arsenige Säure, Blei, Quecksilber (Sublimat), chromsaures Kali, Kanthariden, Karbolsäure, Zink, Zyanwasserstoff.

In der Regel wird es sich bei den Vergiftungen mit Nierenschädigung um eine chronische Betriebs- bzw. Gewerbekrankheit handeln, die keine Unfallfolge darstellt, und nur unter ganz bestimmten Umständen kommt eine als Betriebsunfall anzuerkennende akute Vergiftung in Frage. Nach der ständigen Rechtsprechung des RVA. muß die Vergiftung durch eine Arbeit von höchstens einigen Stunden erfolgt sein, da eine längere Tätigkeit nicht mehr unter den Begriff Unfall fällt. Die Giftwirkung, die zu einer Nierenerkrankung führt, kann durch Einatmung giftiger Gase, durch Verschlucken bei Verwechslungen mit Getränken und Arzneien (in letzterem Fall eventuell Betriebsunfall) und von der äußeren Haut aus erfolgen, letzteres vor allem, wenn Hautverletzungen vorhanden sind.

Ich führe einige Fälle von eigenartiger Vergiftung bei der Arbeit an, in denen eine als Unfall aufzufassende toxische Nierenschädigung vorgelegen hat.

Goldscheider hat eine Beobachtung mitgeteilt, in der eine mehrstündige Anwendung von arseniger Säure die Aufnahme des Arseniks in den Körper und den Tod an Nierenerkrankung zur Folge gehabt hat.

---

[1]) Alapy, Ann. des malades des organ gén. 1892, S. 514.

[2]) Klippel u. Chabrol, zit. nach Posner, Ärztl. Sachverst.-Ztg. 1915, S. 73.

Ein Mann hatte Schafe mit einer Lösung von arseniger Säure gewaschen, wobei er die 4—5 Liter Arseniklösung, die jedesmal über das Schaf gegossen wurde, verrieb. Im Anschluß daran bekam er rote juckende Knötchen an den Händen, später an anderen Teilen des Körpers. Nach 3 Wochen entstanden zunehmende Anschwellungen der Beine, Hände und des Gesichts, und wurde vom Arzt Nierenentzündung festgestellt. Weiterhin kam es zu Krampfanfällen. Nach 8 Wochen erfolgte der Tod. Die Obduktion ergab: Verfettung und Schwellung beider Nieren, Verfettung der Leber, rechtsseitige serös-eitrige Brustfellentzündung.

Ascoli: Ein Mann erkrankte, nachdem er mehrere Stunden lang in einem Raum sich befunden, in welchem reichlich Sublimat behufs Desinfektion verspritzt wurde, an Übelkeit, üblem Geschmack im Mund, Unwohlsein und Leibschmerzen. Am selben Tage wurde er bettlägerig, der Harn war sparsam, das Gesicht gedunsen. Bei der 4 Tage später erfolgenden Krankenhausaufnahme fanden sich im Urin reichliche Eiweißmengen, Blutzellen, Nierenzylinder, außerdem ausgebreitetes Ödem, Meteorismus, Diarrhoe, über den Lungen diffuser Katarrh. Nach etwa einem Monat verließ der Mann die Klinik fast vollkommen genesen.

IV. Rentenbewertung bei Nephritis und Nephrose.

Jeder Kranke mit akuter Nephritis oder akuter Nephrose ist vollständig erwerbsunfähig. Die Erwerbsfähigkeit eines Menschen mit chronischem Nierenleiden hängt ab:

1. von dem Grade der Funktionsstörung der Niere und
2. dem allgemeinen Körperzustand, vor allem dem Verhalten des Herz-Gefäßsystems.

Besteht ausgesprochene Niereninsuffizienz (Ödeme, Hyposthenurie, erhöhter Reststickstoff im Blut), so ist der Erkrankte als voll erwerbsunfähig zu bezeichnen. Bei geringerem Grade von Insuffizienz (Fehlen oder nur zeitweises Auftreten von Ödemen und geringe Störung beim Wasserversuch) wird **40—60 %** Erwerbsverminderung anzunehmen sein. Liegen deutliche Herz-Gefäßstörungen vor mit starker Hypertonie und beginnender Herzdilatation, so darf der Erkrankte nur leichtere Arbeiten verrichten, da jede Körperanstrengung, wegen der dabei unvermeidlichen Blutdrucksteigerung, zu vermeiden ist, also **$66^2/_3$—75 %** Erwerbsverminderung. Die Erfahrungstatsache, daß Nierenleidende trotz ausgesprochener Erkrankung oft eine Zeitlang bis zu ihrem Zusammenbruch schwerere Arbeit leisten, als ihnen zuträglich ist, darf kein Grund sein, die Erwerbsfähigkeit höher einzuschätzen, entsprechend der geleisteten Arbeit.

V. Eitrige Prozesse innerhalb der Niere und in ihrer Umgebung nach Unfall.

Als Unfallfolgen können auftreten: Nierenabszeß und eitrige Nephritis (multiple Eiterherde), Pyelitis, Pyelonephritis und Pyonephrose, Para- und Perinephritis. Folgende Entstehungsmöglichkeiten aller dieser Eiterprozesse kommen als Unfallfolge in Frage:

1. Sekundäre Infektion einer subkutan verletzten Niere (durch Quetschung oder Erschütterung), falls zufällig zur Zeit des Traumas Eitererreger in Blase, Nierenbecken oder Blut vorhanden waren oder kurze Zeit nachher an die Verletzungsstelle gelangen. Dies ist vor allem bei gleichzeitig bestehender Furunkulose beobachtet worden.

2. Infizierung einer gesunden Niere auf hämatogenem Wege durch einen anderweitigen Eiterherd im Körper (Panaritium, Phlegmone), der sich durch Unfall entwickelt hat.

3. Aufsteigende Infektion von der Blase aus bei einer durch Unfall entstandenen Erkrankung der Blase, Prostata, Urethra, vor allem wenn es hierbei zu Störungen der Blasenentleerung gekommen ist, die häufigeres Katheterisieren erforderlich machen. Hierzu sind auch die durch Rückenmarks-Wirbelverletzung bedingten Blasenlähmungen zu rechnen.

4. Enterogene Infektion in sehr seltenen Fällen bei traumatischer Schädigung der Darmwand, wobei der Durchtritt der Darmbakterien durch die an schwere Bauchtraumen sich anschließende Darmlähmung und Obstipation begünstigt wird. Hierher gehören auch die eventuell nach traumatischer Perityphlitis auftretenden perinephritischen Abszesse.

Israel: 10jähriger Knabe wird überfahren, wobei die Räder über den Leib gehen. Kollaps und Bluturin, Am 2. Tag Leib rechts weich, links gespannt. Am 6. Tag Tumor in der linken Lumbalgegend. Am 8. Tag Steigen der Temperatur, Urin eitrig, enthält massenhaft Kolibazillen. Die Operation am 11. Tag ergab drei tiefe Risse in der linken Niere und große perinephritische Eiterung.

Die Beurteilung der Zusammenhangsfrage wird keine Schwierigkeit bereiten, wenn, wie es meist der Fall ist a) die entzündlichen Erscheinungen kurze Zeit (1 bis 2 Wochen) nach einem b) sicher erwiesenen Trauma aufgetreten sind, und c) der Kranke vorher anscheinend gesund und arbeitsfähig war. Wenn auch Arbeitsfähigkeit bis zum Unfall nichts beweist, insofern schon vorher ein latenter eitriger Prozeß bestanden haben kann, so wird doch in der Regel durch die Anamnese und Untersuchung festzustellen sein, ob eine anderweitige Entstehungsquelle für den Eiterprozeß an der Niere vorliegt (ältere Zystitis, gonorrhoische Prostatitis). Lag eine solche latente Erkrankung vor, so kommt immer noch mit Wahrscheinlichkeit die Verschlimmerung in Betracht, wenn die Bedingungen a bis c erfüllt sind. d) Auch bei längerem Zwischenraum zwischen Hervortreten einer Eiterung in der Niere und Trauma ist ein Zusammenhang möglich. Handelt es sich um kleine umschriebene Abszesse nach Trauma, so können diese monate- und selbst jahrelang latent bleiben und erst gelegentlich eines anderweitigen an sich unbedeutenden Unfalls zum Wachsen kommen. Auch kann eine traumatische Hydronephrose erst nach Jahren infiziert werden und dann erst Symptome machen. Ebenso ist bei traumatischer Perinephritis wiederholt eine mehrmonatliche bis mehrjährige

Latenzzeit beschrieben worden (Rosenberger 1 1/2, Cassaignac 10 Jahre). Bei so später Manifestation der Symptome wird das Hauptgewicht bei einer Anerkennung des Zusammenhangs darauf zu legen sein, daß nach dem früheren Unfall sichere Zeichen einer Nierenschädigung bestanden haben (Hämaturie, Eiweiß), und daß in der Zwischenzeit keine anderweitigen Erkrankungen hinzugekommen sind, die an sich die Entwicklung von Eiterprozessen ganz unabhängig von dem früheren Unfall wahrscheinlich machen.

VI. Hydronephrose, Pyonephrose und Unfall.

Vorbemerkungen. Man muß unterscheiden zwischen der echten Hydronephrose, die auf einer Flüssigkeitsretention im Nierenbecken beruht, und der sogenannten Pseudohydronephrose, die auf eine Harnansammlung im perirenalen und retroperitonealen Gewebe um die Niere zurückzuführen ist, infolge einer Verletzung der Niere. Beide Geschwülste lassen sich auf Grund der klinischen Symptome und der Probepunktion, die in beiden Fällen Urin ergibt, oft nicht sicher voneinander abgrenzen. Als Ursache für das Zustandekommen einer echten Hydronephrose kommen alle Veränderungen im Bereiche der Harnwege in Betracht, die zu einer Behinderung des Urinabflusses führen können. Als solche kennen wir: 1. angeborene Verengerungen der Harnwege am Ureter (Klappen, Falten), an der Urethra, abnorme Ausmündungen des peripheren Ureterendes in andere Organe wie Darm, Vagina, Urethra, Lageanomalie der Eintrittsstelle an der Blase, doppelter Ureter, verschmolzene Niere, Hufeisenniere; 2. erworbene Abflußbehinderungen des Urins: Strikturen der Harnröhre und der Ureteren, Pyelitis, Nierensteine, Wanderniere, Kompression und Abknickung des Ureters durch Traumen, peritonitische Adhäsionen bei Erkrankungen der weiblichen Adnexe, nach Perityphlitis, Blasentumoren, Prostatahypertrophie.

Bei der Entstehung fast aller der angeführten erworbenen Störungen im Urinabfluß mit anschließender Hydronephrose und Pyelonephrose können mechanische Traumen eine Rolle spielen. In erster Linie führen Verletzungen der Niere und der Harnleiter durch direkte Gewalteinwirkung oder starke Erschütterung zu Blutungen und Narbenbildung mit Verstopfung des Ureters durch Blutgerinsel und späterem narbigen Verschluß; oder es kann eine sich anschließende Pyelitis zu Konkrementbildung Anlaß geben mit späterer Steineinklemmung im Harnleiter. Ferner vermag eine traumatisch ausgelöste Nierenverlagerung später eine Abnickung des Ureters hervorzurufen. In zweiter Linie können traumatisch entstandene entzündliche Prozesse außerhalb der Harnorgane, ein perirenales Hämatom, ein perinephritischer und subphrenischer Abszeß, eine traumatische Perityphlitis und Peritonitis mit Adhäsionsbildung, zu einer Abnickung oder Kompression eines Ureters führen mit dem Ausgang in Hydronephrose.

Drittens besteht die Möglichkeit, daß ein Unfall auf dem Wege einer Rückenmarksverletzung (Wirbelbruch, Commotio spinalis) eine Blasenlähmung mit chronischer Harnretention auslöst, die bei längerer Dauer zu einer Hydro- und Pyonephrose führen kann, wenn durch Katheterisieren eine Zystitis und aufsteigende Pyelitis entsteht.

Zusammenhangsfrage zwischen Unfall und Hydronephrose.

Da die Mehrzahl der angeführten traumatischen Entstehungsursachen einer Hydronephrose in gleicher Form auch durch unabhängig von einem Unfall entstandene Erkrankung der Harnorgane und deren Nachbarorgane bedingt sein kann, so wird die Beurteilung der Zusammenhangsfrage häufig recht schwierig sein. Eine weitere Schwierigkeit liegt darin, daß die angeborenen Anomalien der Harnwege mit Sackniere oft lange Zeit symptomlos verlaufen und erst in späteren Jahren nach Entwicklung eines größeren Tumors plötzlich in Erscheinung treten können. Ohne Operations- und Obduktionsbefund wird demnach in manchen Fällen selbst durch genaue zystoskopische Untersuchung eine genügend sichere Klarstellung der Pathogenese einer Hydronephrose nicht möglich sein. Bei der Differentialdiagnose zwischen traumatischer oder nichttraumatischer Entstehungsweise müssen folgende Gesichtspunkte besonders berücksichtigt werden:

1. Fehlen von Nierensymptomen vor dem Unfall.
2. Fehlen anderweitiger ätiologischer Momente für eine Hydronephrose: angeborene Anomalien der Harnwege, früher durchgemachte Adnexerkrankungen, chronische Perityphlitis, chronische Peritonitis, Abdominaltumoren, Blasentumor, gonorrhoische Harnröhrenstriktur.
3. Nachweis der Erheblichkeit des Traumas in Gestalt einer direkten Verletzung der Niere, bzw. Feststellung von Folgeerscheinungen des Unfalls, die die Entstehung einer Abflußbehinderung des Urins wahrscheinlich machen. (Rückenmarksverletzung mit Blasenstörungen.)

VII. Nierenverlagerung (Wanderniere) und Trauma.

Vorbemerkungen. Nach dem Grad der Beweglichkeit einer Niere kann man unterscheiden (Penzoldt) zwischen respiratorisch beweglichen Nieren, umgreifbar beweglichen Nieren, wobei die Niere, palpatorisch umgriffen, disloziert und wieder reponiert werden kann, und Wandernieren, d. h. Fällen, in denen die Niere noch weiter entfernt von ihrer normalen Lage im Bauchraum zu finden ist. Nieren, die bei tiefer Inspiration in weiterer Ausdehnung abtastbar sind, und die sich aus dem Bereich des Brustkorbs dislozieren und reponieren lassen, können zu verschiedenartigen Störungen Anlaß geben. Bei der Entstehung der Wanderniere spielt sicherlich in dem größten Teil der Fälle eine angeborene Prädisposition eine Rolle; flachere Nierennische bei der Frau und abnorm bewegliche 10. Rippe, angeborene Schlaffheit der Bindegewebskapsel der Niere und des lig. suspensorium, recht häufig vergesellschaftet mit allgemeiner Enteroptose. Hierzu kommen, als die Senkung der Niere begünstigende Momente, die erworbene Schlaffheit der Bauchwandung nach Geburten und bei Lähmung der Bauchmuskeln.

Für das eigentliche letzte Zustandekommen der abnormen Nierenbeweglichkeit müssen wir die Einwirkung aktiver Kräfte auf die Niere in Anspruch nehmen. Nach der Anschauung von Küster, Wagner u. a. sind es in seltenen Fällen akute mechanische Schädlichkeiten, in der Regel aber chronische Traumen, wie dauerndes Heben schwerer Lasten, angestrengtes und wiederholtes Hochlangen, Pressen bei chronischer Obstipation, Schnüren mit den Rockbändern, wodurch bei angeborener Disposition allmählich eine abnorme Senkung und Beweglichkeit der Niere verursacht wird. Es handelt sich also bei solchen chronischen Traumen nicht um eine Unfallschädigung, sondern um Berufsschädigungen.

Ein Zusammenhang zwischen Unfall und Wanderniere kann nach zwei Richtungen hin in Frage kommen:

1. Durch eine mechanische Gewalteinwirkung kann eine normal gelagerte Niere akut disloziert werden, so daß eine direkte Entstehung der Nierenverlagerung durch ein Trauma vorliegt.

2. Eine bereits vorhandene, aber beschwerdelose Wanderniere wird durch einen Unfall in der Weise verschlimmert, daß vorübergehende oder dauernde Schmerzen ausgelöst werden durch weitere Dislokation der abnorm beweglichen Niere.

1. Akute traumatische Dislokation einer vorher normal gelagerten Niere.

Nach vorliegenden klinischen Beobachtungen muß die Möglichkeit zugegeben werden, daß durch direkte erhebliche Traumen der Nierengegend eine vorher normal gelagerte und normal befestigte Niere aus ihrer Lage gebracht wird und sich zur Wanderniere entwickelt. In den allerseltensten Fällen handelt es sich bei einer solchen plötzlichen traumatischen Dislokation um eine Niere, die normal fixiert war. In der Regel führt ein Trauma wohl nur bei vorhandener Disposition zur Verlagerung, d. h. bei abnormer Schlaffheit der Befestigungsmittel zu einer akuten Verdrängung der Niere aus ihrer normalen Lage.

Die traumatische totale Verlagerung einer normal befestigten Niere wird nur vor sich gehen können bei gleichzeitiger Verletzung der Niere und Zerreißung des die Niere umgebenden Bindegewebes mit Blutungen, so daß stürmische objektive Erscheinungen einer Nierenschädigung auftreten werden (Chok, Hämaturie, Oligurie, starke Schmerzen). Nur wenn solche ausgesprochenen Nierensymptome nach einem Trauma vorgelegen haben und nachher die vom Unfall direkt betroffene Niere disloziert gefunden wird, ist man berechtigt, mit Wahrscheinlichkeit eine traumatische Entstehung der Nierenverlagerung anzunehmen. Daß dies aber ein äußerst seltenes Vorkommnis bildet, geht schon aus den Mitteilungen der Chirurgen hervor, indem z. B. Körte unter 39 Fällen von Nierenquetschung nur dreimal einen geringen Grad von Beweglichkeit der Niere entstehen sah. Häufiger sind die Fälle, in denen nach einem Trauma der Nierengegend ohne schwere Anfangserscheinungen, aber mit anschließenden Schmerzen späterhin eine Wanderniere angetroffen wird. Die Entscheidung, ob in solchen Fällen die Nierenverlagerung tatsächlich durch den Unfall hervorgerufen wurde, oder ob nicht die Wanderniere schon vorher latent bestand und erst durch das Trauma infolge von Zerrungsschmerzen manifest geworden ist, wird niemals mit Sicherheit möglich sein, wenn nicht zufällig der Verletzte vor dem Unfall gründlich untersucht worden ist (s. Abschnitt Verschlimmerung). Ein gewisser Anhaltspunkt für die traumatische Entwicklung der Wanderniere ist nur dann gegeben, wenn beim Fehlen sonstiger ätiologischer Momente für Nierensenkung (schlaffe Bauchdecken, Enteroptose) die Niere sich nur an der vom Unfall betroffenen Seite verlagert findet.

Als Entstehungsursache für eine Nierendislokation kommen nur direkte Traumen der Nierengegend erheblicher Art in Betracht, also Stoß, Hufschlag in die Lendengegend, Aufschlagen mit Lendengegend auf vorspringenden Gegenstand, Quetschung des unteren Brustkorbes zwischen Puffern, Überfahrenwerden. Dagegen ist es abzulehnen, daß ein Stoß vorne am Bauch, einfacher Fall auf den Bauch, eine allgemeine Körpererschütterung, einmaliges schweres Heben eine normal gelagerte und normal befestigte Niere akut dislozieren kann.

Iljin[1]): Ein 23jähriger Kosak erhielt einen Hufschlag gegen die linke Lendenseite und wurde mit starker örtlicher Schmerzhaftigkeit, blutigem Harn und Fieber ins Lazarett aufgenommen, wo er allmählich genas. Einige Monate später wurde eine linksseitige Wanderniere gefunden.

Noever[2]): 14jähriger Junge war mit der linken Seite auf eine Eisenblechplatte gefallen. Daran anschließend Oligurie und Hämaturie. 8 Tage nach dem Unfall wird die linke Niere nach unten verlagert gefunden (unterer Pol medianwärts wenig über Nabelhöhe). Allmähliches Nachlassen der Hämaturie.

Engel[3]): Putzer erhielt einen Stoß mit der Deichselstange eines im Trab fahrenden Wagens in die rechte Lendengegend. Kollaps. Hämaturie während 8 Tagen. Nach 7 Monaten wurde, bei Klagen über Schmerzen am Rückgrat und rechter Rückengegend, in der rechten Bauchseite unterhalb der Leber eine schwer bewegliche, runde, glattrandige Geschwulst gefunden. Der Urin war frei von Eiweiß.

2. Verschlimmerung einer Wanderniere.

Die Frage der Unfallverschlimmerung einer Wanderniere tritt an den Begutachter heran, wenn nach einem schweren oder auch verhältnismäßig leichten Trauma oder nach einer körperlichen Anstrengung bei einem bis dahin arbeitsfähigen Individuum Unterleibsschmerzen aufgetreten sind, und die Untersuchung ein- oder doppelseitige Wanderniere ergibt. Sicherlich muß die Möglichkeit zugegeben werden, daß eine in geringem Grade dislozierte oder mangelhaft befestigte Niere, die vorher keine Symptome gemacht hat,

[1]) Iljin, Ref. Zentralbl. f. Chir. 1893, Nr. 16.
[2]) Noever, Ref. Monatsschr. f. Unfallheilk. 1910, Nr. 3.
[3]) Engel, Die Beurteilung der Unfallfolgen 1913.

durch einen Unfall weiter beweglich werden kann. Das braucht aber nicht der Fall zu sein. Vielmehr wird sich der Vorgang häufig so abspielen, daß der Kranke durch einen bei einer Anstrengung auftretenden Zerrungsschmerz auf sein Leiden aufmerksam wird, und daß dann erst die Beweglichkeit diagnostiziert wird, die schon lange symptomlos bestanden hat. Durch eine traumatische gewaltsame Verlagerung einer schon beweglichen Niere und die dabei auftretende Zerrung des Organs und seiner Gefäße und Nerven werden dann unter Umständen Beschwerden verschiedenster Art ausgelöst, die bisweilen den Ausgangspunkt für eine Neurasthenie oder Hysterie bilden können. Die Verschlimmerung einer bereits vorher beweglichen Niere beruht meistens nicht auf einer weiteren Zunahme der Beweglichkeit durch das Trauma, — denn hochgradige Wandernieren können symptomlos sein —, sondern auf dem akuten Auftreten von Schmerzen nach dem Unfall bei vorheriger Beschwerdefreiheit.

Die Entscheidung, ob eine Unfallverschlimmerung vorliegt, ist deshalb besonders schwierig, weil die Wanderniere in allmählicher Fortentwicklung von einem gewissen Zeitpunkt an jederzeit bei gewöhnlicher Arbeit zu Schmerzen führen kann, so daß wir eigentlich ganz auf die Angaben der Verletzten angewiesen sind, daß die Schmerzen plötzlich bei dem Unfallvorgang aufgetreten sind. Es besteht somit eine gewisse Gleichheit der Bedingungen für den Entschädigungsanspruch bei der Wanderniere und bei den Leistenbrüchen, indem bei beiden Leiden heftige Schmerzen gleich nach dem Unfall gefordert werden.

Für die Anerkennung der Verschlimmerung einer Wanderniere durch einen Unfall sind folgende Gesichtspunkte maßgebend:

a) Der Zustand des Verletzten bis zum Unfall. Der Unfallverletzte muß bis zum Unfall seine volle Arbeit geleistet haben, ohne daß er seiner Umgebung über Beschwerden beim Bücken, beim schweren Heben usw. geklagt hat. Einforderung sämtlicher Krankenscheine der letzten Jahre ist stets nötig.

b) Die Art des Unfalls. Folgende Traumen müssen als geeignet angesehen werden, eine abnorm locker befestigte Niere zu dislozieren oder eine bereits verlagerte Niere zu verschieben oder zu zerren: Direkte Gewalteinwirkungen (Stoß, Fall, Schlag, Quetschung) in der Lendengegend, Stoß und Quetschung des Leibes von vorne, allgemeine Körpererschütterung durch Sturz aus größerer Höhe auf Füße oder Gesäß, Muskelzerrung bei gewaltsamer Rumpfrückwärtsbeugung als Abwehrbewegung des Körperfalles nach vorne, Heben außergewöhnlich schwerer Lasten.

c) Verhalten nach dem Unfall: Der Verletzte muß unmittelbar nach dem Unfallvorgang über stärkere Schmerzen geklagt haben, so daß er die Arbeit unterbrechen mußte und den Arzt zu Rate zog. Besonders wichtig ist das etwaige Auftreten von Einklemmungserscheinungen, heftige gegen Leisten- und Nabelgegend ausstrahlende Schmerzen der kranken Seite mit Brechreiz, galligem Erbrechen,

Neigung zu Ohnmacht, Stuhl- und Harnverhaltung, Entleerung von spärlichem, zuweilen bluthaltigem Harn, gespannter aufgetriebener Leib, Nachlaß der heftigen Erscheinungen nach 12—24 Stunden. Hat dagegen der Kranke nach dem Unfall weitergearbeitet, und erfolgt die Krankmeldung erst nach Tagen oder gar Wochen, so ist das Auftreten von Wandernierenschmerzen in natürlicher Fortentwicklung des Leidens wahrscheinlicher und sind die Ansprüche abzulehnen.

d) Untersuchungsbefund bezüglich sonstiger für Wanderniere ätiologisch wichtiger Momente: Handelt es sich um ein jüngeres Individuum ohne Enteroptose, und befindet sich die Verlagerung an der vom Unfall direkt betroffenen Seite, so wird, wenn der Unfall an sich geeignet war, die Zusammenhangsfrage der Verschlimmerung zu bejahen sein.

Schefold[1]): 22jährige Dienstmagd verspürte beim Heben einer sehr schweren, über ihre Kräfte gehenden Last plötzlich einen ruckartigen, heftigen Schmerz in der rechten Nierengegend. Unmittelbar danach soll der Urin ein Tag lang rot gefärbt gewesen sein. Wenige Tage später wurde rechtsseitige Wanderniere festgestellt. Zusammenhang angenommen. 30% E.-U.

e) Bei älteren Personen, namentlich Frauen mit schlaffen Bauchdecken, nach zahlreichen Geburten, bei vorhandener Enteroptose, wird man mit der Annahme einer Verschlimmerung sehr zurückhaltend sein müssen. Nur für den Fall, daß der Unfall erheblich war und einwandfrei geeignet erscheint zur Auslösung einer Nierenverlagerung, und daß die unmittelbaren Folgen des Unfalls sehr ausgesprochen waren mit Arbeitseinstellung, Zuziehung des Arztes usw., darf die Anerkennung einer Unfallschädigung erfolgen.

Ablehnung erfolgte vom RVA. in folgendem Fall:

Kremplerin verspürte bei dem Versuch, einen schweren Topf zu heben, einen Stich im Kreuz. 2 Tage später wurde an ihr ein rechtsseitiger Leistenbruch und eine Wanderniere derselben Seite festgestellt. Der Leistenbruch wurde entsprechend der bekannten Spruchpraxis als Unfallfolge nicht anerkannt. Hinsichtlich der Nierenverlagerung konnte das RVA. in der Entwicklung des Leidens kein Moment finden, das die Annahme einer wesentlichen Beschleunigung der Entwicklung des Leidens rechtfertige. Die Klägerin hat sieben normale Schwangerschaften durchgemacht. Die Bauchwandungen waren schlaff, so daß Hängebauch bestand und eine Senkung der Leber und wahrscheinlich eine allgemeine Senkung der Baucheingeweide, welche die allmähliche Entstehung der Wanderniere wahrscheinlich mache.

VIII. Nierensteine und Unfall.

Vorbemerkungen. Über den eigentlichen Entstehungsmechanismus der Harnsteine sind unsere Kenntnisse noch ganz unsicher. Wir wissen nur, daß sie durch Ablagerung von harnsauren, phosphorsauren oder oxalsauren Salzen aus dem Urin erfolgt, und daß alle Steine ein organisches aus eiweißartiger Substanz bestehendes Gerüst besitzen. Nach Moritz, Mendelsohn u. a. ist diese eiweißartige Grundsubstanz schon in normalem Harn vorhanden, so daß also eine vorausgehende Erkrankung der Harnwege

[1]) Schefold, Samml. klin. Vorträge d. inn. Med. 214/217. 1912.

mit Bildung von entzündlichen Veränderungen des Nierenbeckens (Schleim, Blut, Eiter) keine unbedingt erforderliche Vorbedingung für Nierensteinbildung darstelltt. Andererseits sprechen die klinischen Erfahrungen dafür, daß alle Vorgänge, die zu einer Harnstauung und zu entzündlichen Prozessen im Nierenbecken oder zu Blutungen führen, eine Gelegenheitsursache für Nephrolithiasis abgeben können. Bei vorhandener Neigung zu Konkrementbildung (Disposition) wird also ein Unfall durch Wandveränderung des Nierenbeckens und Bildung entzündlicher Produkte unter Umständen erst die Entstehung von Steinen ermöglichen.

Die sichere Entscheidung, ob ein Trauma eine Nierensteinbildung veranlaßt oder ein schon vorhandenes Steinleiden nur verschlimmert hat durch Mobilisation von Steinen, wird oft recht schwer zu treffen sein. Es können Nierensteine lange Zeit symptomlos verlaufen oder nur unbestimmte Krankheitserscheinungen machen, und es führen dann erst Traumen der Nierengegend bei vorhandenem Stein zu einer Verletzung des Nierenbeckens mit Blutung und zu Katarrhbildung mit fortschreitender Verschlimmerung. Der Nachweis von Nierensteinen einige Zeit nach einem Unfall ist deshalb kein Beweis dafür, daß diese erst durch den Unfall entstanden sind.

1. Traumatische Entstehung von Nierensteinen.

Für die Auslösung einer Nierensteinbildung durch einen Unfall kommen folgende Möglichkeiten in Betracht.

a) Direkte und indirekte mechanische Traumen der Niere. b) Infektiöse Prozesse an beliebiger Körperstelle, die hämatogen oder aszendierend von der Blase aus zu einer Pyelitis mit sekundärer Steinbildung Anlaß geben. c) Verletzungen der Wirbelsäule und des Rückenmarks, wahrscheinlich ebenfalls nur mittelbar auf dem Wege einer aszendierenden Pyelitis.

a) Direkte Traumen der Nierengegend.

Durch Stoß, Schlag, Fall, Quetschung zwischen Puffern und indirekte Verletzungen der Niere durch starke Erschütterungen des Körpers bei Fall aus größerer Höhe auf Füße oder Gesäß und Quetschung der Nieren bei starker körperlicher Anstrengung kann die dabei auftretende Blutung und Abstoßung von Nierengewebsteilen zur Steinbildung Anlaß geben. Es wirken hierbei Blutgerinnsel und nekrotische Gewebepartikel als Fremdkörper mit, an die sich die Kristalle niederschlagen, wie man dies auch bei der Blasensteinbildung einwandfrei beobachtet hat. Der Nachweis, daß später eine Steinerkrankung allein in der vom Unfall geschädigten Niere vorliegt (Röntgenbild, Operation) wird meistens die Entscheidung der Zusammenhangsfrage ermöglichen.

Es liegen solche Beobachtungen von Casper, Israel, Mirabeau, Engel u. a. vor, in denen ein Blutgerinnsel als Kern von Nierensteinen festgestellt ist.

Casper[1]): Ein sonst gesunder Schreiner erlitt durch Einklemmung der rechten Seite zwischen Rad und Wagendeichsel eine Quetschung der rechten Nierengegend. Bald nachher in Abständen von mehreren Tagen Anfälle mit heftigen Schmerzen in der rechten Nierengegend und Blutharnen nach körperlicher Bewegung. Der getrennt aufgefangene Urin beider Nieren zeigte rechterseits rote Blutkörperchen, Eiweiß und Oxalsäurekristalle. 5 Monate nach dem Unfall Operation: Im rechten Nierenbecken bohnengroßer Oxalatstein mit einem Blutgerinnsel als Kern. Völlige Heilung.

Israel[2]): Ein 22jähriger Mann fiel bei einem Seiltanzversuch 5—6 m tief herab und schlug mit der linken Lumbalseite auf einen Stein auf; Suggilation der linken Nierengegend, krampfartige Schmerzen besonders beim Urinieren. Nach 6 Wochen Koliken in der linken Nierengegend; 10wöchige Behandlung, während welcher die zuerst in mehrtägigen Intervallen auftretenden Schmerzanfälle schwinden (Polyurie). Beschwerdefrei bis 2 Jahre nach dem Unfall; nach einem Fußtritt in die linke Lumbalgegend wiederholt schwere Nierenkolikanfälle. Nach 5 Jahren Operation, die linksseitige Nierensteinbildung ergab.

Engel[3]): Arbeiter erlitt Quetschung der Nierengegend mit anschließender 3—4tägiger Hämaturie. Im Urin Blut, Eiter, Oxalatkristalle. Bei Arbeitsaufnahme trat wieder Blutung auf, die in der Ruhe schwand. Bei der Operation fand sich im rechten Nierenbecken ein halbbohnengroßer Stein, bestehend aus oxalsaurem Kalk, der im Zentrum alte Blutgerinnsel enthielt. Der Kranke blieb geheilt.

b) Mittelbare Entstehung von Nierensteinen infolge einer durch Unfall verursachten Pyelitis.

Ein Unfall kann auf doppelte Weise zu einer Nierenbeckenentzündung führen, auf dem Blutwege, also metastatisch, z. B. bei Panaritium, Phlegmone, Sepsis, Erysipel, und durch aszendierende Entzündung von der Blase aus. Letzteres wird der Fall sein, wenn ein Unfall durch Verletzung von Harnröhre, Blase oder Ureter zu Stauungserscheinungen in den Harnwegen führt mit sich anschließender Entzündung durch Katheterisieren, wodurch dann aufsteigend ein Nierenbeckenkatarrh mit Steinbildung ausgelöst werden kann. Eine solche Beobachtung hat Schönfeld[4]) mitgeteilt:

Ein 28jähriger Arbeiter erlitt durch Fall rücklings auf die Kante eines Brettes eine Zerreißung der Harnröhre. Eine danach auftretende Striktur der Harnröhre und Fistelbildung am Damm machte eine größere Operation erforderlich. Nach 5 Jahren Verschlimmerungsantrag wegen Nierenschmerzen. Die rechte Nierengegend zeigte sich vorgewölbt, die Niere fühlbar und druckschmerzhaft. Die Operation ergab große Eiterhöhle, großen perinephritischen Abszeß, angefüllt mit Eiter (Tassenkopf), bröckligen Gewebemassen, sandartigen Massen und 2 Steinen, von denen der eine glatt und $2^1/_2$ cm lang war, während der andere die Form des Kelchausgusses hatte. Die Niere war in die Bauchhöhle hineingedrängt; an der Oberfläche waren keine Zeichen einer früheren Verletzung nachweisbar. Im Nierenbecken befand sich ein kleinapfelgroßer Stein.

c) Verletzungen der Wirbelsäule und des Rückenmarks.

Es liegen zahlreiche Beobachtungen vor, in denen nach traumatischer Verletzung des Rückenmarks und der Wirbelsäule, teils mit, teils ohne

[1]) Casper, Berl. klin. Wochenschr. 1910, Nr. 19.
[2]) Israel, Chir. Klin. d. Nierenkrankh. Berlin 1901.
[3]) Engel, Die Beurteilung von Unfallfolgen. Berlin 1913, S. 570.
[4]) Schönfeld, Ärztl. Sachverst.-Ztg. 1910, S. 30.

Wirbelsäulenbruch und dadurch bedingte Paraplegie und Blasen-Mastdarmstörungen, frühestens nach einigen Monaten ein- oder doppelseitige Nierensteinbildung festgestellt worden ist. Für das Zustandekommen der Nierensteinbildung hierbei sind verschiedene Erklärungsversuche gemacht worden. Einzelne Autoren nehmen an, daß bei der Erschütterung der Wirbelsäule gleichzeitig eine Erschütterungsschädigung der Nieren verursacht werde, die durch Blutungen in das Nierenbecken eine Konkrementbildung auslöse. Stolper und Wagner[1]) denken an eine durch die spinale Verletzung entstehende Vasomotorenlähmung im Bereich der unteren Extremitäten und kollaterale Anämie der Nieren mit stärkerer Epithelabstoßung. Am meisten Wahrscheinlichkeit hat wohl die Annahme, daß die Blasenstörungen, als meist unvermeidliche Folgeerscheinung der Rückenmarksquetschung, ein häufigeres Katheterisieren nötig machen, wodurch eine Zystitis und Pyelitis zur Entwicklung kommt, die die Steinbildung begünstigen. Ich führe einige Beispiele an.

A. Weber[2]): 19jähriger Arbeiter zog sich durch Sturz aus bedeutender Höhe auf den Rücken eine völlige Lähmung des linken Beines, Parese beider Arme, Blasen- und Mastdarmlähmung zu. Nach 5 Monaten wurde in der Gießener Klinik Steinentleerung beobachtet. Erst allmählich, wahrscheinlich durch Verschwinden eines das Rückenmark komprimierenden Blutergusses, gingen die Lähmungen zurück.

A. Beck: Ein Dragoner erkrankte durch Sturz aus dem zweiten Stockwerk auf den Rücken an einer Lähmung der Unterextremitäten, Harnträufeln und schwerer Zystitis; $3^1/_2$ Monate nach dem Trauma ging nach vorausgegangener Hämaturie ein Konkrement ab. Die Autopsie ergab einen Blasenstein und Nierenkonkremente.

Auch ein Kopftrauma, das eine Erschütterungsverletzung des Halsmarks zur Folge hat, kann Nierensteinbildung veranlassen.

Lax und Müller[3]): Nach einem Sturz auf den Kopf, der ohne Wirbelsäulenläsion von Parese aller Extremitäten, Blasenlähmung und Zystitis gefolgt war, entwickelte sich bei dem Patienten im 3. Jahr nach dem Trauma eine Pyelonephritis und doppelseitige Nephrolithiasis, die durch Sektion bestätigt wurde.

Die Anerkennung eines ursächlichen Zusammenhangs zwischen einem Unfall und Nierensteinbildung wird von der Erfüllung folgender Bedingungen abhängig zu machen sein:

a) Fehlen von Krankheitserscheinungen bis zum Unfall.

b) Der Unfall muß seiner Art nach erheblich und geeignet gewesen sein, direkt oder indirekt eine Steinbildung zu begünstigen. Also entweder nachweislich direkte erhebliche Gewalteinwirkung in der Nierengegend, wobei sofortige Hämaturie nicht unbedingt erforderlich ist, oder anscheinend leichtere Nierenquetschung (körper-

[1]) Wagner u. Stolper, Deutsche Chir., Lfg. 40. 1898.
[2]) Weber, Münch. med. Wochenschr. 1897, Nr. 12.
[3]) Lax u. Müller, Dtsch. Zeitschr. f. Nervenheilk. 12, 333.

liche Anstrengung, Heben) oder Körpererschütterung, aber beide mit anschließender Hämaturie, endlich sicher gestellte traumatische Entstehung einer Pyelitis mit sekundärer Steinbildung.

c) Auftreten der ersten sicheren Steinerscheinungen und Nachweis des Steines erst eine Reihe von Wochen oder Monaten nach dem Unfall. Findet sich röntgenologisch schon nach wenigen Tagen oder innerhalb der ersten 14 Tage ein größerer Nierenstein, so ist ein Zusammenhang abzulehnen. Eine traumatisch entstandene Pyelitis kann noch nach Jahren eine Steinbildung bedingen.

d) Übereinstimmung zwischen Ort der Gewalteinwirkung und Sitz des Steines. Finden sich bei einseitiger Nierenquetschung doppelseitig Steine, so erscheint eine traumatische Entstehung unwahrscheinlich. Eine doppelseitige Nephrolithiasis ist mit einiger Wahrscheinlichkeit nur dann als Unfallfolge anzuerkennen, wenn durch den Unfall eine doppelseitige Pyelonephritis, bzw. Pyelitis verursacht worden ist.

2. Verschlimmerung eines Nierensteinleidens durch Unfall.

Jede Erschütterung einer Niere mit vorhandenem latentem Nierenstein kann eine Verschlimmerung des Leidens bedingen durch:

a) Auslösung einer Nierenblutung mit sich eventuell anschließender Entzündung des Nierenbeckens und Anregung zu vermehrter Steinbildung, so daß in der Folge der Prozeß nicht mehr zur Ruhe kommt.

b) Mobilisation des Steines und Einklemmung im Ureter mit den Folgeerscheinungen von Hydronephrose, reflektorischer Anurie und dadurch nötige Operation.

Da erfahrungsgemäß eine Verletzung des Nierenbeckens durch latenten Nierenstein schon durch eine geringe Erschütterung der Niere, wie sie die alltägliche Arbeit mit sich bringt, erfolgen kann, z. B. Reiten, Fahren auf holprigem Weg, Heben von Säcken, längeres Bücken, so darf natürlich nicht jede während der Arbeit auftretende Hämaturie bei einem vorher anscheinend gesunden Mann ohne weiteres als Unfallereignis aufgefaßt werden. Es ist vielmehr stets der Nachweis erforderlich, daß ein außergewöhnliches Vorkommnis bei der Arbeit, wie z. B. Ausgleiten, Stoß gegen die Nierengegend, oder eine besonders erhebliche Kraftanstrengung stattgefunden hat, die über den Rahmen der gewohnten Arbeitsleistung hinausging.

3. Rentenabschätzung bei Nierensteinen.

Falls eine Operation bei sicher festgestellten Nierensteinen abgelehnt wird, richtet sich die Schätzung der Arbeitsminderung durch das Steinleiden nach der Art der Beschäftigung und der Häufigkeit der Anfälle. Im allgemeinen kann ein Kranker mit Nephrolithiasis keine schwere Arbeit ausüben, da dabei die Gefahr von Blutungen und anderweitigen Komplikationen besteht. Bei Schwerarbeitern wird deshalb die Rente annähernd **40—50 %** betragen. Bei Leichtarbeitern (Aufsichtsbeamten, sitzenden Berufen) wird bei seltenen Anfällen eine weit geringere Rente in Betracht kommen, zumal wenn der körperliche Allgemeinzustand durch die in großen Pausen auftretenden Koliken nicht wesentlich beeinträchtigt ist: **10—25 %**.

IX. Nierentuberkulose und Unfall.

Theoretisch ist die Entstehung einer Nierentuberkulose durch einen Unfall in doppelter Weise denkbar. Erstens könnte ein die gesunde Niere eines tuberkulösen Individuums direkt oder indirekt treffendes Trauma durch Blutungs- oder Erweichungsherde einen günstigen Ansiedlungsboden für zufällig im Blut kreisende Tuberkelbazillen schaffen, so daß es zur Entwicklung einer Nierentuberkulose kommt. Zweitens kommt die Möglichkeit in Betracht, daß durch ein Trauma bei einem Tuberkulösen ein tuberkulöser Herd (in den Lungendrüsen) durch direkte Quetschung oder Erschütterung mobilisiert wird, und daß durch Fortschleppung von tuberkulösem Material auf dem Blut- oder Lymphwege die Niere erkrankt. Beweisende Fälle von traumatischer Entstehung von Nierentuberkulose liegen nicht vor. Der sichere Nachweis, daß auf einem der genannten Wege beim Menschen eine Nierentuberkulose zur Entwicklung gekommen ist, wird mit Sicherheit deswegen nicht erbracht werden können, weil wir nie sagen können, ob die Nieren zur Zeit des Unfalls frei von Tuberkulose gewesen sind. Gerade bei der Nierentuberkulose liegen die Verhältnisse für die Unfallbegutachtung besonders schwierig, da erfahrungsgemäß selbst eine ausgedehnte Tuberkulose der Niere längere Zeit symptomlos verlaufen kann. Es wird deshalb in Fällen mit Hervortreten von tuberkulösen Nierensymptomen nach einem Unfall stets der berechtigte Einwand erhoben werden können, daß das Leiden schon vorher latent bestanden hat und erst durch das Trauma zum Vorschein gebracht worden ist.

Bei dieser Sachlage ist für den Begutachter die Entscheidung der Frage, ob ein tuberkulöses Nierenleiden erst durch den Unfall zur Entwicklung gekommen ist, oder ob es sich nur um eine Verschlimmerung handelt, von geringerer praktischer Bedeutung. Für die Unfallpraxis steht vielmehr im Vordergrund des Interesses der gutachtliche Nachweis: 1. daß bei einem bis dahin anscheinend gesunden Individuum nach dem Unfall eine latente Nierentuberkulose zum Vorschein gekommen ist und dadurch eine Minderung der Erwerbsfähigkeit bei dem vorher voll erwerbsfähigen Mann bedingt hat, oder 2. daß eine zur Zeit des Unfalls schon offenkundig vorhanden gewesene Nierentuberkulose nach dem Trauma einen besonders ungünstigen Verlauf genommen hat.

Für die Anerkennung eines ursächlichen Zusammenhangs zwischen Unfall und Verschlimmerung einer latenten oder offenkundigen Nierentuberkulose werden folgende Gesichtspunkte entscheidend sein.

1. Das Trauma muß geeignet gewesen sein, eine Schädigung der Niere hervorzurufen. In Betracht kommen: erheblicher Stoß,

Schlag, Quetschung der Nierengegend, Überanstrengung, Fall aus größerer Höhe auf Gesäß, Rücken, Füße.

2. Zwischen Trauma und Auftreten der Verschlimmerungserscheinungen müssen enge zeitliche Beziehungen bestehen.

3. Stärkeres oder alleiniges Hervortreten der Nierentuberkulose an der vom Unfall betroffenen Seite.

Beispiel: Ein 43jähriger Mann, bei dem vor 6 Jahren die ersten Krankheitssymptome von Urogenitaltuberkulose festgestellt waren, erkrankt 4 Tage nach einem Fall auf die rechte Seite an einmaliger starker Blutung mit rascher Zunahme der Harnbeschwerden, welche zur Exstirpation der erkrankten Niere führte. Der Anspruch des Kranken wurde abgewiesen, da durch die Entfernung der erkrankten Niere für den Verletzten bessere Verhältnisse geschaffen wurden als vor dem Unfall.

Zeitliches Auftreten der Verschlimmerungserscheinungen.

Auftreten von Blutungen, Fieber, stärkerer Schmerzhaftigkeit und Verschlechterung des Allgemeinbefindens bei einem bis dahin arbeitsfähigen Menschen innerhalb weniger Wochen nach einem Nierentrauma spricht für eine Unfallverschlimmerung, zumal wenn die zystoskopische Untersuchung die Übereinstimmung zwischen Nierenerkrankung und Seite der Gewalteinwirkung ergibt. Bei zur Zeit des Unfalls schon nachgewiesenermaßen ausgesprochener Nierentuberkulose wird jedoch eine wesentlich ungünstige Wendung nur dann angenommen werden dürfen, wenn entweder stärkere Blutungen in unmittelbarem Anschluß an das Trauma auftreten, oder wenn innerhalb der nächsten Wochen der Nierenprozeß mit oder ohne Blutungen unter Fiebersteigerungen, zunehmender Schmerzhaftigkeit und Störung des Allgemeinzustandes eine rapide Verlaufsweise nimmt, bei vorher nur allmählicher Zunahme.

Liegen zwischen Trauma und Beginn der Verschlimmerungszeichen (Blutung, stärkeres Fieber) eine Reihe von Wochen, so darf die Zusammenhangsfrage nur dann bejaht werden, wenn der Verletzte bis zum Unfall trotz bestehender Erkrankung arbeitsfähig war und das Leiden in der vom Unfall betroffenen Niere zum Vorschein kommt. In solchem Fall muß die Möglichkeit zugegeben werden, daß ein zur Zeit des Unfalls kleinerer tuberkulöser Herd eine Reihe von Wochen oder selbst einige Monate braucht, bis er stärkere subjektive Beschwerden und objektive Krankheitserscheinungen hervorruft.

Rentenabschätzung.

Ein an Nierentuberkulose Erkrankter darf nur leichte Arbeiten verrichten, so daß die Erwerbsverminderung **60—75 %** beträgt. Bestehen Fieber, stärkere Schmerzen und schlechter Allgemeinzustand, ist Vollrente zu gewähren.

X. Nierengeschwülste und Unfall.

Unter den Nierengeschwülsten sind es vor allem die Hypernephrome, deren Beziehungen zu Traumen den Gegenstand der Unfallbegutachtung bilden. Die Hypernephrome entwickeln sich aus versprengten Nebennierenkeimen, die nicht nur in der Nebenniere, sondern auch im Rinden- und Markgewebe der Niere und seltener in anderen Bauchorganen (Leber, Bauchfell) gelegen sind. Die aus solchen kongenital versprengten Keimen herrührenden Geschwülste können verhältnismäßig gutartig und während des ganzen Lebens unverändert bleiben. In einer Reihe von Fällen verhalten sie sich aber wie bösartige Krebsgeschwülste, insofern sie eine starke Neigung zum schnellen Wachstum und zur Tochtergeschwulstbildung zeigen. Die Hypernephrome bieten nach Duerck[1]) eine Reihe von Besonderheiten gegenüber anderen Geschwulstarten, wodurch sie in ganz besonderer Weise geeignet erscheinen, daß traumatische Einflüsse bei ihrer Auslösung oder Verschlimmerung eine Rolle spielen können:

1. An derjenigen Stelle, an welcher sich ein sog. Hypernephrom in der Niere entwickelt, muß immer ein kongenital versprengter Nebennierenkeim vorhanden gewesen sein, auf den ein Trauma einwirken kann.
2. Der hohe Fettgehalt und die Größe der Einzelelemente, aus denen sich diese Geschwülste aufbauen, haben eine außerordentliche Weichheit der Geschwulstmassen zur Folge, so daß ein Trauma besonders leicht Veränderungen im Tumorparenchym hervorruft.
3. Die Hypernephrome haben erfahrungsgemäß eine besondere Neigung zum Einwachsen in die Gefäßbahnen und damit zur Ausbreitung im Körper, so daß die traumatische Auslösung von Metastasenbildung näher liegt als bei anderen Geschwülsten.

Unter Berücksichtigung dieser besonderen Eigenschaften der Hypernephrome werden Beziehungen zu traumatischen Einwirkungen darin bestehen können,

1. daß ein direktes Trauma der Nierengegend oder eine starke Körpererschütterung die kongenitalen Keime zur Geschwulstbildung anregt oder schon vorhandene latente und gutartige Gewebeknötchen in die bösartige Form überführt;

2. daß mechanische Gewalteinwirkungen, wozu auch starke körperliche Anstrengungen zu rechnen sind, eine Verschlimmerung bei vorhandener Hypernephrombildung hervorrufen, entweder durch akute Blutungen und maligne Degeneration des Tumorgewebes oder durch beschleunigte Auslösung von Metastasenbildung.

1. Direkt oder indirekt einwirkende mechanische Gewalten als auslösendes Moment für Hypernephrome.

Eine traumatische Verletzung der Niere, die zur Hypernephrombildung den Anstoß geben kann, kommt vor allem zustande durch direkten Fall oder Stoß von vorne, von der Seite oder vom Rücken, zumal bei gleichzeitiger Fraktur der beweglichen Rippen oder der Wirbelsäule. Hierbei spielt nach Küster[2]) die Einkeilung der Niere zwischen 11. und 12. Rippe und der Wirbel-

[1]) Duerck, zit. nach Seeliger. Monatsschr. f. Unfallheilk. 1914, S. 45.
[2]) Küster, Deutsche Chir., Lfg. 526 (1902).

säule eine wichtige Rolle. Nach demselben Autor kann aber auch eine starke Anstrengung zur Nierenverletzung führen, indem durch Muskelzug und durch eine plötzliche krampfhafte Zusammenziehung der Bauchwandmuskeln und des Zwerchfells, namentlich beim Heben schwerer Lasten, eine stoßweise Adduktionsstellung der Rippen zur Wirbelsäule mit Nierenquetschung bedingt wird. Bei indirekter Einwirkung, z. B. Fall auf die Füße, ist „Contrecoup" anzunehmen. Die Feststellung, ob beim Hervortreten eines Hypernephroms einige Zeit nach einem Unfall eine bereits vorhandene latente Geschwulst vorgelegen hat, oder ob die traumatische Entwicklung aus okkulten Geschwulstkeimen erfolgt ist, wird sich niemals sicher entscheiden lassen, da kleinere Hypernephrome lange Zeit klinisch gutartig und symptomlos verlaufen können.

Die Anerkennung eines ursächlichen Zusammenhangs zwischen Trauma und Hypernephrom wird davon abhängig zu machen sein, a) daß bis zum Unfall keinerlei krankhafte Erscheinungen von seiten der Nieren vorhanden gewesen sind (Blutungen, Schmerzen); b) daß das Trauma direkt die Nierengegend mit späterem Sitz der Geschwulst getroffen hat und erheblicher Art war, also eine erhebliche Körpererschütterung durch Fall aus größerer Höhe auf Füße, Gesäß, Rücken, oder eine erhebliche Körperanstrengung mit Zeichen einer Nierenverletzung (Blutung, Eiweißausscheidung); c) daß die ersten Zeichen einer Nierengeschwulst innerhalb der nächsten Wochen oder 3—4 Monaten hervortreten in Gestalt von Hämaturie, Albuminurie und palpabler Geschwulst. Bei einem viel längeren Zwischenraum von 1—2 Jahren bis zum sicheren Nachweis eines Tumors wird man Brückensymptome verlangen müssen, vor allem zeitweise Blutungen, die innerhalb des ersten Halbjahres nach dem Trauma eingesetzt haben.

Seeliger[1]): Fall 1. Hypernephrom mit Hämaturie 2 Monate nach Fall auf den Rücken mit Rippenfrakturen.

60jähriger Zimmermann, bis dahin gesund, fällt vom Dach mit dem Rücken auf einen Mörtelkasten. Multiple Frakturen der 8., 9. und 10. Rippe nahe der Wirbelsäule. Etwas über 2 Monate nach dem Unfall trat Blutharnen auf und ergab die chemische Untersuchung mäßige Albuminurie. Von da an verschlimmerte sich das Befinden zusehends, die Kräfte sanken schnell. Nach $4^1/_2$ Monaten zweite starke Hämaturie und palpatorisch nachweisbarer ausgedehnter Tumor. In den folgenden Monaten schnelles Wachstum und Tod 10 Monate nach dem Trauma. Obduktionsbefund: Beiderseitiges malignes Hypernephrom. Umfangreicher Grawitzscher Tumor der linken Niere mit Einbruch in das Nierenbecken und ausgedehnte Metastasen in Lunge, Magenwand, rechte Niere.

Seeliger: Fall 2. Hypernephrom der linken Niere nach schwerer Quetschung der linken Lendengegend mit Fraktur und Dislokation des ersten Lendenwirbels, 4—5 Monate p. tr. hervortretend.

51jähriger bis dahin gesunder und voll arbeitsfähiger Tagelöhner wurde in gebückter Stellung von einem 6 m hoch herabfallenden Ballen (40 Zentner schwer) in die linke Lendengegend getroffen, so daß er nach vorn überfiel. Am folgenden

[1]) Seeliger, Monatsschr. f. Unfallheilk. 21, 60 (1914).

Tag findet sich Druckschmerzhaftigkeit des 3.—5. Lendenwirbels und Parese der Beine, zu Hause zunehmende Verschlimmerung. 5 Monate nach dem Trauma plötzlich Anfall von intensivem Schmerz in linker Lendenregion und starkes Blutharnen. Nach 10 Tagen erneuter Anfall. Es wird jetzt im Krankenhaus ein großer Tumor festgestellt, der die linke Abdominalgegend vorwölbt. Unter fortschreitendem Verfall Tod 10 Monate nach dem Unfall. Obduktion: Linke Niere von großer Geschwulst eingenommen; 1. Lendenwirbel frakturiert und nach links disloziert. Metastasen in Lunge und 7. rechter Rippe.

2. Beschleunigte Generalisation der Hypernephrome nach einem Trauma.

Der Nachweis, daß ein Trauma durch rein mechanische Absprengung von Geschwulstmaterial und folgende Wegschwemmung durch das Blut die Metastasenbildung in die Wege geleitet und dadurch einen vorzeitigen ungünstigen Ablauf des Leidens bedingt hat, wird sehr schwer zu erbringen sein. Denn es gibt bei den Hypernephromen nach Winkler[1]) Frühmetastasen, die multipel oder solitär zu einer Zeit auftreten, in der von dem Primärtumor noch kaum ernste Zeichen vorliegen und dieser noch klinisch latent sein kann, ferner exquisite Spätmetastasen, deren Entwicklungszeit nach Albrecht[2]) von wenigen Monaten bis zu mehreren Jahren variiert. Bei dieser Sachlage wird eine sichere Beurteilung meist unmöglich sein, ob ein Trauma als mitwirkende Ursache bei einem Einbruch in die Gefäßbahn und Verschleppung der Geschwulstpartikel in den Kreislauf eine Rolle gespielt hat. Nur in solchen Fällen, in denen eine allgemeine Dissemination zeitlich bald nach dem Trauma eingesetzt und einen stürmischen Verlauf mit schnellem Kräfteverfall und tödlichem Ausgang genommen hat, wird ein Zusammenhang mit einer gewissen Wahrscheinlichkeit anzuerkennen sein.

3. Verschlimmerung durch Blutungen in die Geschwulst infolge traumatischer Einflüsse.

Durch ein Trauma verursachte intraparenchymatöse Blutungen, die bisweilen zur Ausbildung bedeutender Blutzysten führen, sowie heftige Blutungen aus dem Tumor mit starker Hämaturie können durch Wachstumsbeschleunigung und durch Schädigung des allgemeinen Kräftezustandes den Krankheitsverlauf bei Hypernephromen ungünstig gestalten. Bei der anatomischen Beschaffenheit der Geschwulst mit reichlichen schwachwandigen Geschwulstgefäßen sind keineswegs immer stärkere mechanische Gewalteinwirkungen zur Auslösung größerer Blutungen erforderlich. Vielmehr genügen nach Beobachtungen von Israel[3]) schon geringfügige Anlässe, wie Erschütterungen beim Springen, Reiten, Fahren, um starke Hämaturien auszulösen. Eine Unfallverschlimmerung durch Hämaturie liegt demnach nur dann vor, wenn ein direktes

[1]) Winkler, Die Gewächse der Nebenniere. Jena 1909.
[2]) Albrecht, Arch. f. klin. Chir. 77.
[3]) Israel, zit. nach Neu. Zeitschr. f. Urologie 1910.

Trauma oder eine außergewöhnliche Erschütterung oder Überanstrengung sicher erwiesen und im unmittelbaren Anschluß die Blutung aufgetreten ist, oder wenn die Obduktion bei einem rapiden Auftreten von Krankheitserscheinungen und schnell tödlichem Ablauf nach dem Unfall eine große Blutung (Zyste) in der Geschwulst ergibt.

Strübing[1]): Intratumorale Blutung nach schwerem Heben mit schnell tödlichem Ausgang.

64jährige, bis dahin stets gesunde Hausbesitzerin hebt eine sehr schwere Last auf, verspürt in demselben Augenblick einen plötzlich einsetzenden sehr heftigen Schmerz der linken Lendengegend, der 8 Tage lang sehr erheblich anhielt, so daß Bettruhe nötig war. Starke körperliche Schwäche besteht vom ersten Krankheitstag an. Eine nach einigen Wochen wegen Temperaturerhöhung und schlechtem Allgemeinbefinden vorgenommene Untersuchung ergibt einen großen Tumor in der linken Bauchseite. Kurze Zeit nachher, nach Operation, Tod unter zunehmender Schwäche. Obduktion: Große Zyste mit blutigem und fettigem Inhalt in Hypernephrom der linken Niere.

XI. Erkrankungen der Blase.

1. Verletzungen der Blase.

Abgesehen von offenen Verletzungen kann die Blasenwand auf verschiedenste Weise durch mechanische Gewalteinwirkung in Mitleidenschaft gezogen werden, indem es entweder nur zu Einrissen der Blasenschleimhaut mit Blutungen oder zu totaler Wandverletzung mit sich anschließender tödlicher Bauchfellentzündung kommt. Derartige Unfallverletzungen werden vor allem leicht bei bereits erkrankten Blasen auftreten, sind aber auch bei vorher nicht nachweislich Blasenkranken beobachtet worden. In Betracht kommen:

a) Stumpfe, die Unterbauchgegend treffende direkte Gewalteinwirkungen, also Fall auf den Bauch, Stoß, Schlag, Quetschung des Bauches. Auch leichtere Druckeinwirkungen können unter Umständen (stark gefüllte Blasen) zu einem vollständigen Einriß der Blasenwand führen. So berichtet Zuckerkandl[2]) über einen 33jährigen gesunden Mann, der nach Bücken über die Kante eines Fasses, um einen am Grund liegenden Gegenstand zu fassen, starke Schmerzen und Blutabgang im Urin hatte. Schnitzler[3]) sah bei einem 15jährigen Lehrling, der mit einem über die Unterbauchgegend gelegten Gurt einen stark belasteten Handwagen ziehen mußte, plötzliches Auftreten von heftigem Harndrang, Bluthamen und Schmerzen in der Blasengegend, spontan und bei Druck. Nach 2 Wochen erfolgte bei Bettruhe Heilung.

b) Nach Erschütterungen der Blase durch Sturz aus größerer Höhe auf Füße oder Gesäß und selbst nach Fall auf das Gesäß durch Hingeworfenwerden bei einer Explosion, ist Bluthamen und Blasenschmerz beschrieben worden.

[1]) Strübing, Dtsch. Archiv f. klin. Med. 137.
[2]) Zuckerkandl, Zentralbl. f. d. Krankh. d. Harnorg. 10, H. 2.
[3]) Schnitzler, Münch. med. Wochenschr. 1900, Nr. 10.

c) Beckenbrüche mit Quetschung oder Anspießung der Blase durch Knochensplitter.
d) Schweres Heben soll ebenfalls eine gesunde Blase unter besonderen Verhältnissen, d. h. bei starker Füllung, zum Platzen bringen und unter Umständen auch leichtere Schädigungen durch Schleimhauteinrisse (mit später anschließender Infektion) veranlassen können. Die Quetschung der Blase kommt hierbei durch die beim starken Heben fest zusammengezogenen Bauchmuskeln zustande, was natürlich nur möglich ist, wenn die Blase stark gefüllt ist.

Assmuth[1]) hat zwei Beobachtungen mitgeteilt, in denen es sich um Blasenruptur bei vorher gesunder Blase gehandelt haben soll.

1. 32jähriger Mann empfindet plötzlich schneidenden Schmerz im Unterleib beim Heben eines 64 Pfund schweren Sackes. Beim Harnlassen wurde nur wenig Blut entleert. Tod nach 6 Tagen. Bauchfellentzündung und Riß an der hinteren Blasenwand.

2. 40jähriger Mann hat beim Heben eines 160 Pfund schweren Steines starke Schmerzen. Allmählich zunehmende Verminderung der Harnabsonderung. Mit Katheter nur wenig Blut entleert. Tod nach 6 Tagen. Bauchfellentzündung und 2 cm großer Riß in der rechten Hälfte der unteren Blasengegend.

Bei der gutachtlicher Anerkennung von Blasenrupturen durch körperliche Anstrengungen ist besondere Vorsicht am Platze, da erfahrungsgemäß bei Blasenleiden (Steinbildung, Überdehnung der Blase durch Prostata-Harnröhrenerkrankung) ein spontanes Einreißen der Blasenwand schon nach geringfügiger alltäglicher Arbeitsleistung auftreten kann. Ergibt die Obduktion oder klinische Untersuchung das Bestehen eines älteren Blasenleidens oder eine Veränderung der Blasenmuskulatur bei einer rupturierten Blase, so wird ein Unfallzusammenhang nur dann anerkannt werden dürfen, wenn die körperliche Anstrengung nachweislich eine für den Verletzten außergewöhnliche gewesen ist.

Kehren[2]) hat einen Fall von Platzen der Blase während der gewöhnlichen Arbeit mitgeteilt, in dem die Obduktion nur eine Fettdurchwachsung der Muskulatur ergab.

46jähriger Kohlenträger empfindet plötzlich während der Arbeit einen heftigen Schmerz in der Blasengegend. Später trat Harndrang mit Bluthamen ein. Tod nach 3 Tagen. An der hinteren Wand der Blase befand sich im Bauchfellteil ein 2,5 cm langer Riß. Vom Raum vor der Blase war Fett in die Muskeln eingedrungen in Gestalt von schmalen und breiten Fettzügen zwischen den Muskelbündeln.

2. Blasenkatarrh.

Eine Entzündung der Blasenschleimhaut kann durch Unfall zustande kommen:

1. bei Blasenverletzung durch stumpfe Traumen bei zufälligem Vorhandensein von Entzündungserregern (Tripper, Prostatitis);

[1]) Assmuth, Petersb. med. Wochenschr. 1881, Nr. 22.
[2]) Kehren, zit. nach Thiem. Handb. d. Unfallerkrank. II, 2, S. 607.

2. durch Übergreifen von Eiterprozessen in der Nachbarschaft der Blase (traumatische Periostitis, Perityphlitis, Peritonitis);
3. durch Blasenlähmung bei Rückenmarksverletzung, traumatisch ausgelöster Tabes oder multipler Sklerose, wodurch häufiges Katheterisieren erforderlich wird.
4. Bei den nach Kälteeinwirkung auftretenden Zystitiden handelt es sich in der Regel nicht um echten Blasenkatarrh, sondern nur um schnell abklingende Reizzustände der Schleimhaut.

Zwölftes Kapitel.

Bluterkrankungen.

A. Leukämie und Unfall.

Über die Ätiologie und die Bedingungen, unter denen eine Leukämie entsteht, wissen wir nichts Sicheres, da allenfalls die Hypothese der infektiösen Genese in neueren experimentellen Übertragungsversuchen bei Tieren (Hühnerleukämie) eine gewisse Stütze zu finden scheint. Jeder Erklärungsversuch der Entstehung des Leidens durch Unfälle und insbesondere durch mechanische Traumen stößt deshalb auf unüberwindliche Schwierigkeiten. Dies um so mehr, als in den wenigen als „traumatische Leukämie" veröffentlichten Fällen eine Blutuntersuchung kurz vor oder unmittelbar nach dem Unfall nicht vorgenommen wurde. Es kann deshalb gegenüber allen bisherigen Beobachtungen der berechtigte Einwand erhoben werden, daß die Leukämie bereits vor dem Unfall bestanden habe, zumal das Leiden längere Zeit bei gutem Allgemeinzustand und guter Leistungsfähigkeit symptomlos vorliegen kann. Unsere Unkenntnis der Pathogenese der chronischen myelogenen und lymphatischen Leukämien gibt uns aber nicht die Berechtigung, die Möglichkeit der Entstehung und Verschlimmerung durch Unfälle ganz abzulehnen. Die Mehrzahl der Forscher steht deshalb auf dem Standpunkt, daß in der Begutachtungspraxis unter gewissen Bedingungen die Zusammenhangsfrage zwischen Trauma und Leukämie zu bejahen ist.

I. Chronische myelogene und lymphatische Leukämie.

Nach den vorliegenden klinischen Beobachtungen können möglicherweise als die Leukämie auslösende und verschlimmernde Unfallschädigungen in Betracht kommen:

1. direkte Traumen der Milz und Milzgegend; 2. allgemeine Körpererschütterung; 3. stumpfe Verletzungen der Extremitäten mit oder ohne Knochenverletzungen; 4. infektiöse Prozesse bei Verletzungen; 5. größere Blutungen. Die von einzelnen Forschern angenommene Bedeutung einer einmaligen körperlichen Überanstrengung und einer Schreckwirkung als auslösende Ursache einer Leukämie muß dagegen als ganz unwahrscheinlich und unerwiesen abgelehnt werden.

1. Mechanische Traumen der Milzgegend.

Diese spielen die Hauptrolle in der Unfallkasuistik der Leukämie.

a) In zahlreichen Fällen wurden schon nach einigen Tagen oder ein bis zwei Wochen sichere Zeichen des Leidens festgestellt (Milztumor, Blutungen), so daß das Trauma als Entstehungsursache mit Sicherheit abgelehnt werden kann und nur die Verschlimmerungsfrage durch Unfall in Betracht zu ziehen ist unter Berücksichtigung des ganzen Krankheitsverlaufs. Da die Dauer der Krankheit, vom ersten Hervortreten deutlicher Erscheinungen gerechnet, meist zwei bis vier Jahre beträgt, so wird man eine wesentliche traumatische Verschlimmerung nur dann mit Wahrscheinlichkeit anerkennen, falls das Leiden innerhalb von Monaten bis zu einem Jahr einen schnell tödlichen Verlauf nimmt.

b) In Fällen, in denen sich einige Wochen oder Monate nach Stoß mit Wagendeichsel oder Hufschlag gegen die Milzgegend oder nach einem Sturz aus größerer Höhe auf die linke Körperseite die ersten Krankheitserscheinungen zeigen, erscheint der Zusammenhang am meisten wahrscheinlich. Wenn auch das vorherige Bestehen des Leidens in solchen Beobachtungen nicht mit genügender Sicherheit auszuschalten ist, so wird man doch eine bei latenter Erkrankung beschleunigende Wirkung des Traumas auf den Krankheitsprozeß nicht ablehnen können. Der spätere autoptische Nachweis von Verletzungen der Milz oder anderer Unterleibsorgane darf für Bejahung des Zusammenhangs nicht als unbedingte Voraussetzung gelten, da ja eine einfache starke Erschütterung mit kleineren Blutungen möglicherweise zur Auslösung genügen kann. Es sind aber mehrfach bei traumatischer Leukämie Verletzungsfolgen an Milz und Verwachsungen mit der Umgebung festgestellt worden.

c) Sehr schwierig ist die Frage bezüglich der maximalen Zeitgrenze zu beurteilen, innerhalb welcher man eine nach Trauma auftretende Leukämie noch als Unfallfolge anerkennen darf. Bei einem Zwischenraum von 1—1 $^{1}/_{2}$ Jahren wird die Anerkennung eines Zusammenhangs nur unter der Bedingung erfolgen dürfen, daß in der Zwischenzeit einzelne Brückensymptome bestanden haben (Blässe, Dyspnoë bei der Arbeit, Blutungen, Schwindel, Herzklopfen, Schweiße, Nachlaß der Leistung), die es wahrscheinlich machen, daß das Leiden bald nach dem Unfall allmählich begonnen und erst später stärkere subjektive Beschwerden verursacht hat, die den Kranken zum Arzt geführt haben. Liegen mehr als 1—2 Jahre zwischen Trauma und Beginn der Erkrankung bei voller Leistungsfähigkeit in der Zwischenzeit, so ist ein Zusammenhang als ganz unsicher zu bezeichnen, da mindestens der gleiche Grad von Wahrscheinlichkeit besteht, daß zufällig bei einem Individuum, das früher ein Bauchtrauma erlitten, eine Leukämie zur Entwicklung kommt. Nur für den Fall, daß bei der Autopsie bei einem mehrjährigen Intervall Verwachsungen oder chronisch entzündliche Prozesse in der Milzgegend (chronische Peritonitis) gefunden werden sollten, würde ich ein Bindeglied zwischen Unfall und Erkrankung für gegeben erachten. Denn es muß die Möglichkeit zugegeben werden, daß traumatische Milzveränderungen eine erhöhte Disposition und Krankheitsbereitschaft schaffen können.

Fälle mit Hervortreten des Leidens innerhalb $^1/_2$—1 Jahr nach Bauchtraumen.

Hermann[1]): Leukämie 17 Wochen nach Fall auf linke Bauchseite.

Mühlenarbeiter stürzte aus dem zweiten Stockwerk mit dem Fahrstuhl, so daß die linke Seite auf das Zementpflaster aufschlug. Er war 5 Monate vorher von zwei Ärzten für Versicherung untersucht worden. Nach 7 Wochen war er fast völlig hergestellt. 17 Wochen nach dem Unfall Milztumor und Leukämie festgestellt. Tod 1 Jahr p. tr.

Knoth[2]): Myelogene Leukämie 3 Monate nach heftigem Stoß gegen linke Bauchseite.

36jähriger Schmied, der stets gesund war, erhielt heftigen Stoß gegen linke Oberbauchseite. Nach 8 Tagen wieder arbeitsfähig, später ziehende Schmerzen im linken Arm, Mattigkeit, Nachtschweiße. 3 Monate nach dem Unfall Anschwellung des Leibes, großer Milztumor und charakteristischer Blutbefund für myelogene Leukämie. Tod 2 Jahre nach dem Trauma. Die Sektion ergab außer der Leukämie Verwachsungen zwischen Leber, Milz, Zwerchfell.

Spörlein[3]): Leukämie 1 Jahr nach Stoß gegen Magengegend.

32jähriger Bierbrauer erhielt einen Stoß mit einer Wagendeichsel gegen die Magengegend, seitdem Mattigkeit, Schmerzen in der linken Seite. Nach einem Jahr Milztumor festgestellt und leukämisches Blutbild. Tod 2—3 Jahre nach dem Trauma.

Fälle von Milzverletzung (Autopsie) und mehrjährigem Intervall zwischen Trauma und Beginn der Leukämie, so daß der Zusammenhang möglich, aber nicht überwiegend wahrscheinlich erscheint.

Ponfick[4]): Myelogene Leukämie $1^1/_2$ Jahre nach Hufschlag gegen linke Seite.

37jähriger Arbeiter erhielt 1874 Hufschlag gegen linke Seite und war danach wegen heftiger Stiche längere Zeit beim Arbeiten behindert. Frühjahr 1875 erneut Stiche und Sommer 1875 allgemeine Schwäche und Herbst zunehmende Dyspnoë, Nasenbluten. Januar 1876 hochgradige Leukämie festgestellt. Sektion: Milzhyperplasie bei alter fibröser adhäsiver Perisplenitis, totale Synechie der Milz mit fibröser Metamorphose der linken Zwerchfellhälfte. Abgelaufene Peritonitis am Pankreasschwanz, linker Nierenkapsel, unterer Fläche der Leber.

Hindenburg[5]): Myelogene Leukämie 11 Jahre nach schwerem Bauchtrauma mit anschließender (8 Wochen lang) Bauchfellentzündung und Milzverletzung.

37jähriger Arbeiter erhielt 1878 einen Hufschlag gegen linke Bauchseite.

[1]) Hermann, Wissenschaftl. Mitt. d. Instituts f. Unfallverletzte in Breslau. 1897.
[2]) Knoth, Zur Kasuistik d. traum. Leuk. Diss. Jena 1896.
[3]) Spörlein, Zur Kenntnis der lienalen Leukämie. Diss. München 1892.
[4]) Ponfick, Virchows Archiv 67 (1876).
[5]) Hindenburg, Dtsch. Archiv f. klin. Med. 54, 216.

Er verlor die Besinnung und lag 8 Wochen krank an Bauchfellentzündung. Ende 1889 traten erste Symptome der Leukämie auf. Juli 1890 fühlbarer Milztumor. Tod März 1894. Obduktion: Milzsubstanz stellenweise von derberen, weißen Bindegewebezügen netzförmig durchsetzt.

2. Traumen des Knochensystems.

Für die Möglichkeit, daß Verletzungen der Extremitäten ohne Infektion unter Umständen bei der Entstehung und Verschlimmerung einer myelogenen Leukämie eine mitwirkende Rolle spielen, scheinen einzelne Beobachtungen zu sprechen. Es kann jedenfalls durch starke Erschütterung oder Brüche der langen Röhrenknochen ein Abschnitt des ganzen myelogenen Gewebesystems geschädigt werden (Knochenmark), dessen Hyperplasie für Leukämie charakteristisch ist. Es muß aber das periphere Trauma nachweislich erheblich gewesen sein, so daß Blutungen oder Zertrümmerung und stärkere Erschütterung des Knochenmarks mit Wahrscheinlichkeit angenommen werden dürfen. Tritt danach innerhalb von Wochen oder Monaten eine Leukämie auf, so wird sicherlich ein nur zufälliges zeitliches Zusammentreffen möglich sein, aber auch ein ursächlicher Zusammenhang oder eine Verschlimmerung des vorher latenten Leidens nicht abgelehnt werden können.

Stempel[1]): Myelogene Leukämie einige Wochen nach Oberschenkeltrauma mit größerer Blutung.

36jähriger Arbeiter, bis zum Unfall gesund, erlitt beim Transport von Rüstbäumen bei plötzlicher Wendung des Wagens von diesen einen heftigen Schlag gegen die Außenseite des rechten Oberschenkels. Er fiel um und konnte nicht mehr gehen. Bei der am folgenden Tag erfolgten Krankenhausaufnahme boten die inneren Körperorgane normalen Befund. Am rechten Oberschenkel fand sich ein fast mannskopfgroßes, unter der Haut gelegenes Hämatom. Bei der Punktion wurde $1/2$ Liter Blut entleert. Einige Wochen nach dem Trauma merkliche Veränderung zunächst des Allgemeinbefindens, Klagen über Mattigkeit und Schwäche. Es trat Gesichtsblässe und leicht gelbliche Hautverfärbung auf. 6 Wochen nach dem Unfall stechende Schmerzen in linker Bauchseite, Druckgefühl am Leib und Luftmangel. Es fand sich Milzschwellung und leukämische Blutbeschaffenheit; $6^1/_2$ Monate p. tr. Tod unter Kollaps und Erscheinungen einer inneren Blutung. Die Obduktion ergab außer dem typischen Befund einer myelogenen Leukämie an Milz und Knochenmark eine veränderte Dünndarmschlinge (in 20 cm Ausdehnung blaurot verfärbt, ihre Oberfläche mit graurötlichen Auflagerungen dicht besetzt) und reichlich geronnenes Blut in Bauchhöhle und um die veränderte Darmschlinge.

3. Leukämie nach Körpererschütterung und Überanstrengung.

Eine allgemeine Körpererschütterung durch Sturz aus größerer Höhe auf Füße, Gesäß, Rücken kann, ebenso wie ein direktes Trauma der Extremitäten, durch Milz und Knochenmarkserschütterung eine in der Entwicklung begriffene Leukämie verschlimmern,

[1]) Stempel, Monatsschr. f. Unfallheilk. 10, 329 (1913). (Daselbst auch ausführliche Kasuistik.)

namentlich auch durch Auslösung von profusen Blutungen. Das gleiche gilt für eine einmalige körperliche Überanstrengung, wenn sich im unmittelbaren Anschluß an diese Blutungen aus Nase oder an inneren Organen einstellen mit anschließender schneller Verlaufsweise. Dagegen muß die Entstehung des Leidens durch einmalige körperliche Muskelanstrengung ganz abgelehnt werden, so daß beim Auftreten der Erkrankung einige Wochen nach einer Überanstrengung ein ursächlicher Zusammenhang als ganz unwahrscheinlich zu bezeichnen ist.

Greiwe[1]): Nach schwerem Heben profuse Zahnfleischblutungen und Tod 9 Tage nachher bei lymphatischer Leukämie.

28jähriger, früher stets gesunder Schlosser empfand nach dem Heben eines ungefähr 2 Zentner schweren Sackes plötzlich Schmerzen in der linken Seite, die Arbeitsniederlegung nötig machten. Am nächsten Tag Blutungen aus dem Mund und Schmerzen in Milzgegend und ärztliche Feststellung von zahlreichen Hauthämorrhagien und permanenten Zahnfleischblutungen. Tod 9 Tage nach dem „Unfall“. Sektion: Lymphatische Leukämie.

Leukämie nach Blutverlust.

Da das Vorkommen von oft profusen Blutungen nicht nur im Spät-, sondern auch im Frühstadium einer Leukämie (Epistaxis) bekannt ist, wird man in allen Fällen von angeblichem Auftreten einer Leukämie nach größeren Unfallblutungen (Nasenbluten nach Kopftrauma, starke Blutung nach leichten Haut-Schleimhautverletzungen) stets in erster Linie daran denken müssen, daß diese Blutungen nicht die Ursache, sondern das erste Zeichen des bereits bestehenden Leidens gewesen sind. Es liegt jedenfalls bis jetzt keine Beobachtung vor, in der sich eine Leukämie infolge eines einmaligen größeren Blutverlustes entwickelt hat. Dagegen ist es sehr wohl möglich, daß ein Trauma bei vorhandener leukämisch-hämorrhagischer Diathese durch Auslösung einer größeren Blutung dem Krankheitsverlauf eine ungünstige Richtung gibt.

Bei dem bis dahin latenten Leiden können die auf der abnormen Blutbeschaffenheit beruhenden arbeitstörenden Erscheinungen, wie Mattigkeit, Dyspnoë, Schwindel, nach einer durch Unfall entstandenen Blutung mit einem Schlage hervortreten und möglicherweise von da an dauernde Arbeitsunfähigkeit bedingen. Bei der Begutachtung der Verschlimmerung einer Leukämie durch Blutungen kommt es vor allem auf den Nachweis an, daß der leukämischen Blutung tatsächlich ein wesentliches Unfallstrauma zugrunde liegt. Denn bei vorhandener hämorrhagischer Diathese treten plötzliche Blutungen oft spontan oder nach ganz geringfügigen mechanischen Einwirkungen auf, wie sie die Gefahr des alltäglichen Lebens mit sich bringt, wie z. B. mehrmaliges Bücken, Pressen beim Stuhlgang, starkes Nasenputzen. So beobachtete ich ein profuses tödliches Nasenbluten nach

[1]) Greiwe, Berl. klin. Wochenschr. 1892.

Hochheben eines Korbes auf die Schulter, wobei nachweislich nur der erhobene rechte Arm stärker an die Nase gestoßen, bzw. diese vorübergehend stärker gedrückt hatte, also ein Vorgang, wie er sich alltäglich bei der Arbeit abspielt. Es ist deshalb Aufgabe des Begutachters, in seinem Gutachten bei der Beurteilung des ursächlichen Zusammenhangs besonders darauf hinzuweisen, daß niemals das unmittelbare zeitliche Auftreten einer Blutung bei einem Leukämiker allein als Anhaltspunkt für eine gewisse Erheblichkeit einer Unfalleinwirkung dienen kann, sondern daß es lediglich auf die richterliche Feststellung ankommt, ob das mechanische Trauma (Stoß, Druck, Erschütterung) erheblicher Art war und damit den Charakter eines außergewöhnlichen Vorkommnisses gewinnt.

II. Akute Leukämie.

Man rechnet zu den akuten Leukämien, die teils in das Gebiet der myeloischen, teils in das der lymphatischen Leukämie gehören, solche Fälle, die ganz plötzlich unter dem Bilde einer Infektionskrankheit beginnen und mit Fieber, Erkrankung der Mund-Rachenschleimhaut und Blutungen aus Zahnfleisch und anderen Schleimhäuten in Haut und Muskulatur einhergehen. Die Krankheit führt in längstens 3—4 Monaten zum Tode. Da es nach dem ganzen Krankheitsverlauf naheliegt, an Infektionen als Ursache der akuten Leukämie zu denken, so sind manche Autoren, wie Sternberg, Ziegler, Jochmann, der Ansicht, daß bakterielle septische Infektionen verschiedener Art bei besonders disponierten Individuen eine akute Leukämie auslösen können. Bei dieser Sachlage wird man die Entstehungsmöglichkeit der Erkrankung durch Traumen mit entsprechender Infektion vorerst nicht ablehnen können, wie dies auch in einzelnen Fällen geschehen ist, in denen sich eine akute Leukämie in unmittelbarem Anschluß an periphere Verletzungen mit an sich geringfügiger Eiterung angeschlossen hatte.

Kraus[1]): Akute (lymphatische) Leukämie nach Fingerverletzung mit tödlichem Ausgang $2^1/_2$ Monate nach dem Unfall.

52jähriger Arbeiter zog sich im Mai 1909 eine Rißwunde am rechten Zeigefinger zu mit anschließender Eiterung. Die Arbeit wurde nicht unterbrochen. Er will aber seitdem an Mattigkeit, Fieber mit häufigem Schüttelfrost, Kopfweh gelitten haben. Am 27. Juni trat er wegen seit einigen Tagen bestehender Halsschmerzen, Kaubeschwerden und Schwellung der rechten Gesichtshälfte in Behandlung. Es fand sich entzündliche Zahnfleischschwellung und Geschwürbildung an Außenseite des Unterkiefers. Wegen Verschlimmerung Aufnahme im Krankenhaus Anfang Juli, wo die Blutuntersuchung akute Leukämie ergab, bei hohen Temperaturen (39° und 40°). Am 16. Juli 1909 starb der Kranke an Pneumonie. Kraus nahm einen Zusammenhang wegen der Kontinuität der Krankheitserscheinungen mit der eitrigen Fingerverletzung mit „überwiegender Wahrscheinlichkeit“ an.

[1]) Kraus, zit. nach Hirsch. Unfall u. innere Medizin 1914, S. 79.

B. Pseudoleukämie und Unfall.

Von demselben Gesichtspunkt ausgehend wie bei der Beurteilung der traumatischen Leukämie, daß nämlich unsere Unkenntnis über die Ursachen der Pseudoleukämie keinen Grund zur Ablehnung der Entstehungsmöglichkeit durch Unfall bilden dürfe, ist mehrfach die Entstehung des Leidens mit mechanischen Traumen in Zusammenhang gebracht und durch Entscheidung des RVA. anerkannt worden. Ob mit Recht, werden erst weitere Beobachtungen ergeben, in denen durch eine zufällige genaue Untersuchung kurz vor dem Unfall das Fehlen von pseudoleukämischen Erscheinungen vor dem Trauma erwiesen ist. In den wenigen bisher mitgeteilten Fällen bestand der Unfall in einer heftigen Brusterschütterung (Bornträger), Sturz vom Wagen mit Aufschlagen des Hinterkopfes auf Pflaster mit Abszeßbildung im Genick (Fürbringer).

Bornträger[1]):

28jähriger Arbeiter bekommt von einem 2 Zentner schweren Sack, der ihm auf den Rücken gewälzt wird, einen heftigen Stoß, so daß er wegen Brustschmerzen sofort die Arbeit aussetzen muß. Er wird in der Folgezeit immer schwächer und stirbt 8 Wochen nach dem Unfall. Befund: wachsbleiche Haut, schneller Puls, schweres Nasenbluten, Schwellung der Hals-, Achsel-, Leistendrüsen, Milz und Leber vergrößert. Keine Vermehrung der weißen Blutkörper.

Fürbringer[2]):

Ein bis dahin gesunder und arbeitsfähiger Arbeiter stürzte am 19. August 1899 vom Wagen mit Aufschlagen des Hinterkopfes aufs Pflaster, war besinnungslos und blutete stark. 6 Wochen später operiert wegen Abszeß im Genick. Der Verletzte will Drüsenschwellungen zuerst annähernd 2 Monate später bemerkt haben. In zweiter Novemberwoche ärztlich Pakete geschwollener Drüsen in Achselhöhle und Hals festgestellt. Tod nach 3 Monaten. Fürbringer nimmt eine Entstehung oder eine Verschlimmerung des schon latent vorhanden gewesenen Leidens mit Wahrscheinlichkeit an, zumal die Stelle der Gewalteinwirkung den erst erkrankten Drüsen am nächsten gelegen hat.

C. Die Bantische Krankheit und Unfall.

Da die Selbständigkeit des von Banti beschriebenen Symptomenkomplexes noch keineswegs sichersteht und eine Abgrenzung gegenüber Leberzirrhosen und luetischen Lebererkrankungen, die unter dem Bilde eines Banti verlaufen, recht schwierig sein kann, so läßt sich über die Frage des Zusammenhangs der Bantischen Krankheit mit Trauma nichts Sicheres sagen. Ich führe deshalb nur 2 Fälle an, in denen ein Trauma dem Leiden vorhergegangen ist.

Momm[3]): 30jähriger Bureaugehilfe, bis dahin stets gesund, wurde von einem Radfahrer an linker Körperseite angefahren, zu Boden geworfen. Außerdem fuhren ihm zwei andere Fahrer über den Leib. Gleich nachher heftige Stiche in linker Seite.

---

[1]) Bornträger, zit. nach Thiem, Handb. d. Unfallerkr. 1, 547.

[2]) Fürbringer, Amtl. Nachr. d. RVA. 1902, S. 491.

[3]) Momm, Dtsch. med. Wochenschr. 1910, S. 791.

Nach 4 Wochen erneut an Stärke zunehmende Schmerzen und Schwellung der linken Bauchseite. Operation: Starker Aszites, mächtig vergrößerte Milz, Leber klein, keine Drüsen, Talmasche Operation. Später Nasenbluten und 12 Punktionen des Aszites in 2 Jahren. Blutbild normal. $4^1/_2$ Jahre nach dem Unfall Milzexstirpation, wobei an Leber nichts Pathologisches gefunden wurde. Geheilt entlassen. Über den weiteren Verlauf nichts bekannt.

Kaltenschnee[1]): Früher stets gesunde Frau fiel zwei Stockwerke tief auf den Bauch. Die Untersuchung der Bauchorgane 4 Tage nach dem Fall ergab normalen Befund. Allmählich zunehmende Schwellung des Leibes und erst 10 Monate nach dem Unfall Schmerzen im linken Hypochondrium. Jetzt großer Milztumor festgestellt. Blutbefund fehlt. Im 11. Monat p. tr. Splenektomie und Tod am folgenden Tag. Sektion: Leberzirrhose? Milz stark vergrößert, mikroskopisch starke Follikelschwellung, hervorgerufen durch Einwanderung lymphatischer (überwiegend basophiler) Elemente.

D. Progressive perniziöse Anämie.

Über die Ätiologie und Pathogenese der perniziösen Anämie wissen wir nichts Sicheres. Sie beruht anscheinend darauf, daß durch uns unbekannte Giftstoffe eine abnorm schnelle Zerstörung der roten Blutkörper stattfindet, so daß wir es mit einer chronischen hämolytischen Anämie zu tun haben. Infolge abnorm starker und schneller Produktion neuer Blutzellen treten dann die Jugendformen der roten Blutkörper im Blut auf, wodurch das charakteristische Blutbild entsteht. Wir wissen, daß durch Darmparasiten (Bothriocephalus), Lues, Puerperium, Pyrodinvergiftung eine Anämie verursacht werden kann, die in ihrem klinischen Symptombild eine weitgehende Ähnlichkeit mit der Biermerschen perniziösen Anämie aufweist. Während letztere aber einen unaufhaltsamen progressiven Verlauf aufweist, können die hämolytischen Anämien bekannten Ursprungs (Lues, Puerperium, Bandwurm) zum Stillstand und zur Ausheilung kommen.

Bei dieser Unsicherheit über die Genese der echten progressiven Anaemia perniciosa werden alle Erwägungen über die Entstehungsmöglichkeit des Leidens durch Traumen rein hypothetischer Natur bleiben. Lediglich der Umstand, daß unsere Unkenntnis über die Entstehungsweise der Erkrankung uns nicht berechtigt, jede Möglichkeit einer traumatischen Auslösung oder Verschlimmerung abzulehnen, hat einzelne Autoren veranlaßt, unter bestimmten Bedingungen einen ursächlichen Zusammenhang mit einer gewissen Wahrscheinlichkeit gutachtlich anzuerkennen. Beim Fehlen jeder wissenschaftlichen Grundlage wird hierbei dem jeweiligen subjektiven Ermessen des Begutachters ein weiter Spielraum bleiben, so daß es vorkommen kann, daß über denselben Begutachtungsfall vollständig widersprechende Urteile über den Zusammenhang abgegeben werden. Auf Grund der vorliegenden klinischen Beobachtungen kann man nur so viel sagen, daß

1. stärkere mechanische Traumen, die mit Erschütterung der Knochen einhergehen, zumal bei gleichzeitigen

[1]) Kaltenschnee, Leukämie u. Pseudoleukämie nach Trauma. Diss. Jena 1911.

2. größeren Blutverlusten, möglicherweise eine auslösende oder verschlimmernde Bedeutung haben können.
3. Der Einfluß eines rein psychischen Traumas (Angst, Schreck) ist ganz unerwiesen und gutachtlich abzulehnen. Die einzige vorliegende Beobachtung von Kraus[1]) ist höchst zweifelhaft, da bereits am folgenden Tag nach der Schreckwirkung eine „gelbliche" Gesichtsfarbe festgestellt wurde, so daß man wohl mit Sicherheit annehmen darf, daß der Kranke schon längere Zeit vor dem Schreckunfall an perniziöser Anämie gelitten hat.

Für die Anerkennung einer unfallsweisen Entstehung bzw. Verschlimmerung einer Anämia perniciosa wird, außer der Erheblichkeit der Körper- oder Knochenerschütterung, der Nachweis eines engen zeitlichen Zusammenhangs mit dem Unfall und das Fehlen von Krankheitserscheinungen vor dem Trauma bei voller Leistungsfähigkeit maßgebend sein. In den bisherigen Beobachtungen sind die ersten Zeichen der Erkrankung einige Wochen bis Monate nach dem Unfall aufgetreten.

1. Fälle, in denen der Zusammenhang vom RVA. anerkannt worden ist.

Autor	Art des Unfalls	Entwicklung der Krankheit	Zeit zwischen Trauma u. Tod	Gutachtliche Begründung der Anerkennung
Kraus (zit. nach Hirsch, Unfall u. innere Medizin 1914)	Fall aus 3—4 m Höhe mit dem Kreuz auf einen eisernen Träger; Bewußtlosigkeit.	Nach 3 Wochen elendes Aussehen, nach 2 Monaten wegen bösartiger Blutarmut und fortschreitender Gewichtsabnahme und unstillbarem Erbrechen Magenkrebs angenommen. Fortschreitende Verschlimmerung.	1 Jahr	1. Bis zum Unfall gesund, 2. Unfall ein schwerer, 3. erste Erscheinungen der Krankheit im kontinuierlichen Zusammenhang mit dem Unfall.
Orth (Amtl. Nachr. des RVA. 6/13)	Fall vom Wagen mit größerer Blutung aus Nase und Stirnwunde, Verletzung an Stirn, Zerreißung der inneren Kniegelenkbänder rechts, Heilung nach 7 Wochen.	Nach 7 Wochen Auftreten von Zeichen einer schweren Blutarmut.	etwa 11 Monate	1. Bis zum Unfall gesund, 2. Fehlen anderer Ursachen für Ausbruch des Leidens, 3. nicht unerheblicher Blutverlust (1/2 Liter), 4. zeitlicher Zusammenhang gegeben.

[1]) Zit. nach Hirsch, Unfall u. innere Medizin. Berlin 1914, S. 75.

2. Fälle mit angenommener Verschlimmerung durch Unfall.

Autor	Art des Unfalls	Entwicklung der Krankheit	Zeit zwischen Trauma u. Tod	Gutachtliche Begründung der Anerkennung
Moritz (publiziert durch Feilchenfeld, Monatsschr. f. Unfallheilk. 1907, S. 86)	Kurz hintereinander zwei Unfälle: doppelter Vorderarmbruch und Sturz vom Rad mit Bewußtlosigkeit.	Schon 1 Jahr vor den Unfällen schlechteres Befinden (infolge schwerer Berufsarbeit!). Nach den Traumen zunehmende Schwäche und anscheinend einige Monate später (?) An. pern. festgestellt.	$4^1/_2$ Monate	1. Bestehen starker erblicher Belastung, die Mutter an perniziöser Anämie und Vater an Blutkrankheit gestorben; 2. schnelles Hervortreten stärkerer Krankheitserscheinungen gleich nach dem zweiten Unfall.
Thiem (Handb. der Unfallerkr. 1, 573	Fall rücklings die Bodentreppe herunter mit Quetschung der linken Körperseite und Blutbeule am Kopf.	Im Anschluß an Unfall linkss. Pleuritis sicca. Zeitliche Angabe fehlt, wann zuerst die An. pern. festgestellt wurde und wird nur angegeben, daß sich später Appetitmangel, Ödeme, Herzverbreiterung und Herzgeräusche einstellten, daß 5 Monate p. tr. eine geringe Besserung nach Behandlung eintrat, und der Tod 13 Monate nach dem Unfall an Influenza und Lungenentzündung erfolgte.	13 Monate	Eine Begründung des Falles hat Th. in seinem Lehrbuch nicht gegeben.

Dreizehntes Kapitel.

Erkrankungen des Stoffwechsels.

A. Diabetes mellitus und Unfall.

Vorbemerkungen über die traumatische Pathogenese der Zuckerharnruhr.

Solange wir über das eigentliche Wesen der diabetischen Stoffwechselstörung nicht mehr wissen als bisher, werden auch alle Erklärungsversuche über den Einfluß von Unfällen bei der Entstehung von vorübergehenden oder dauernden Zuckerausscheidungen zum großen Teil auf Hypothesen beruhen. Immerhin bieten die Ergebnisse des Tierexperimentes in Ergänzung der klinischen Erfahrungen genügende Anhaltspunkte dafür, daß jedenfalls die Möglichkeit der traumatischen Entstehung eines echten

Diabetes mellitus zuzugeben ist. Vom Nervensystem und Pankreas ist es sicher, daß ihre Erkrankung und ihre traumatische Schädigung Diabetes hervorrufen kann. Verletzungen bestimmter Teile des Zentralnervensystems und peripherer Zentren (Boden des IV. Ventrikels, Mittelhirn, Kleinhirn, sympathische Bauch- und Halsganglien) können zu einer Schädigung der regulierenden nervösen Zentren des Kohlehydratstoffwechsels Anlaß geben, so daß im Harn Zucker ausgeschieden wird infolge der plötzlichen Entleerung des Leberglykogens. Wir können uns deshalb wohl vorstellen, daß nicht nur grob anatomische Schädigungen des Zentralnervensystems, sondern auch feinere und funktionelle Störungen den Zuckerstoffwechsel zu beeinflussen vermögen, sodaß bei vorhandener Disposition zu Stoffwechselerkrankungen (Fettsucht, Gicht) auch leichtere Kopftraumen, ferner toxische und rein psychische Unfalleinwirkungen auf das Zentralnervensystem einen Diabetes mellitus auslösen können.

Die durch das Tierexperiment gesicherte Beziehung zwischen Pankreas und Zuckerstoffwechsel hat bisher für die Frage der traumatischen Entstehungsweise eines echten Diabetes keine Bedeutung gewonnen. Nach den Erfahrungen beim Tierexperiment und der menschlichen Pathologie ist für das Entstehen einer dauernden Zuckerharnruhr eine vollständige Ausschaltung der Drüse erforderlich. Es genügt also das Erhaltensein eines relativ kleinen Teiles von funktionsfähigem Drüsengewebe zur Aufrechterhaltung der inneren Sekretion und Verhinderung von Zuckerausscheidung. Da nun bei Traumen in der Regel nur partielle Verletzungen und Zerstörungen des Drüsengewebes zustandekommen, so spielen Unfallschädigungen des Pankreas beim traumatischen Diabetes keine nennenswerte Rolle; höchstens sieht man nach Bauchtraumen schnell vorübergehende Glykosurien auftreten, die möglicherweise auf einer schnell abklingenden Chokwirkung der ganzen Drüse beruhen.

Über Beziehungen zwischen traumatischer Schädigung anderer Bauchorgane, vor allem der Leber, und Diabetes mellitus fehlt uns jede gesicherte experimentelle oder pathologisch anatomische Grundlage, so daß wir bei der Prüfung der Zusammenhangsfrage eines Diabetes nach Bauchtraumen lediglich auf die klinischen Erfahrungen zurückgreifen müssen.

Das gleiche gilt für die Fälle von anscheinendem Auftreten von Diabetes nach toxischen Allgemeinschädigungen des Organismus bei Gasvergiftung, Narkosen, Verbrennungen. Die Annahme, daß derartige Unfallvorgänge eine wesentlich mitwirkende und auslösende Rolle bei Entstehung eines Diabetes spielen können, stützt sich meist nur auf das zeitliche Zusammentreffen beider, ohne daß wir eine befriedigende Erklärung geben können.

Man muß unterscheiden zwischen einer nach Unfällen vorübergehend auftretenden Zuckerausscheidung (Glycosuria e saccharo ed amylo) und einem echten Diabetes mellitus.

I. Alimentäre Glykosurie.

Ursachen: Nach Unfallvorgängen verschiedenster Art wird eine meist schnell abklingende Zuckerausscheidung beobachtet. Eine solche vorübergehende Toleranzschwäche des Körpers für Zucker und Kohlehydrate überhaupt ist festgestellt worden nach Kopftraumen, psychischer Chokwirkung (Angst, Schrecken), allgemeiner Körpererschütterung, peripheren Verletzungen (Knochenbrüchen), Verbrennung, plötzlicher Abkühlung, Narkose, Vergiftungen mit CO^2 und CO. Meist handelt es sich um Zuckerausscheidung, die schon nach 24 Stunden oder einigen Tagen (5—8) schwindet, wobei nicht selten nach Ablauf der Spontanglykosurie noch für eine kurze Zeit eine sog. alimentäre Glykosuria e saccharo nachweisbar ist, also Harnzucker bei Darreichung von 60—80 Traubenzucker nüchtern. Am häufigsten sieht man eine traumatische Glykosurie nach Kopftraumen und zwar vor allem nach schweren Kopfverletzungen mit Brüchen der Schädeldecke und Schädelbasis, seltener nach einfachen Kontusionen mit oder ohne Weichteilverletzungen. So fanden Higgins und Ogden unter 212 Fällen von Kopftrauma 20 mal (9,4 %) Zuckerausscheidung.

Es liegen auch vereinzelte Beobachtungen vor, in denen eine sofort nach dem Unfall einsetzende Glykosurie mehrere Wochen oder Monate angedauert hat und ohne besondere Behandlung restlos geschwunden ist. Da bisweilen außer der Zuckerausscheidung anderweitige Symptome eines Diabetes mellitus, wie Polyurie und Polydipsie, Abmagerung, bestanden haben, so unterscheiden sich derartige nach Traumen auftretende, länger anhaltende Störungen des Kohlehydratstoffwechsels vom echten Diabetes nur durch ihren Endausgang in Dauerheilung. Die Unterscheidung dieser Fälle von echter Zuckerharnruhr ist namentlich anfänglich nicht möglich, und es wird auch keineswegs abgelehnt werden können, daß es sich tatsächlich um leichte Formen von traumatisch ausgelöstem Diabetes mellitus handelt. Jedenfalls muß bei jeder länger anhaltenden Glykosurie nach Unfall die Rentenabschätzung zunächst in gleicher Weise erfolgen, als wenn ein echter Diabetes mellitus vorläge.

II. Diabetes mellitus.

Der sichere Nachweis, daß ein Diabetes mellitus durch einen Unfall mechanischer, psychischer oder sonstiger Art entstehen kann, ist bisher noch nicht erbracht. Denn die diabetische Stoffwechselstörung kann lange Zeit ganz symptomlos bestehen, so daß beim Hervortreten der Erkrankung kürzere oder längere Zeit nach einem Unfall niemals behauptet werden kann, daß der Verletzte vorher keinen Diabetes gehabt habe, es sei denn, daß zufällig vor dem Unfall mehrfach der Urin auf Zucker untersucht worden ist. Insbesondere darf gesundes Aussehen und gute Leistungsfähigkeit nicht als Beweis dafür angeführt werden, daß ein nach dem Unfall Erkrankter vorher nicht an latentem Diabetes gelitten hat. Selbst bei höherem Zuckergehalt kann schwere Arbeit geleistet werden, wie dies bei Gelegenheit von Untersuchungen für Lebensversicherung nicht selten festgestellt wurde.

In der Begutachtungspraxis wird es sich deshalb meistens nicht sowohl nur um die Frage der Entstehung des Leidens durch einen Unfall handeln, als um die gutachtliche Entscheidung, ob der Unfallvorgang seiner besonderen Beschaffenheit nach die Verschlimmerung eines vorher latenten Diabetes verursachen konnte und im speziellen Fall mit Wahrscheinlichkeit eine Verschlimmerung ausgelöst hat.

Auf Grund vorliegender klinischer Beobachtungen sind bisher folgende Unfallschädigungen mit der Entstehung oder Verschlimmerung eines Diabetes mellitus in ursächliche Beziehung gebracht worden:

1. Direkte mechanische Traumen des Kopfes, der Wirbelsäule und erhebliche allgemeine Körpererschütterung.
2. Psychische Traumen (Angst-, Schreckeinwirkung), allein oder kombiniert mit anderweitigen Unfallfolgen.
3. Traumen des Abdomens.
4. Periphere Verletzungen.
5. Toxische und infektiös-toxische Schädigungen (Gasvergiftungen, fieberhafte Prozesse, Verbrennung).
6. Traumatische Neurasthenie und Hysterie als Bindeglied zwischen Unfall und Diabetesentwicklung.
7. Narkose, die wegen anderweitiger Unfallfolgen erforderlich war.

Im folgenden soll im einzelnen erörtert werden, inwieweit und unter welchen Bedingungen man berechtigt ist, diesen Unfallschädigungen eine mitwirkende Rolle bei der Auslösung oder Verschlimmerung der diabetischen Stoffwechselstörung gutachtlich zuzuerkennen.

1. Diabetes nach mechanischen Erschütterungen des Zentralnervensystems (Kopftrauma, Wirbelsäulentrauma, allgemeine Körpererschütterung).

Die Entstehungsmöglichkeit eines Diabetes mellitus durch direkte Kopftraumen und erhebliche Erschütterungen des Zentralnervensystems wird von allen Forschern zugegeben, und in den in der Unfallkasuistik mitgeteilten Beobachtungen von „traumatischem Diabetes" handelt es sich meistens um Kopfverletzungen. Für das Zustandekommen eines Diabetes ist es nicht erforderlich, daß ein Schädelbruch oder überhaupt gröbere anatomische Verletzungen bestimmter Hirnteile durch das Kopftrauma verursacht worden sind, oder daß ein bestimmter Schädelteil durch Stoß, Schlag, Fall getroffen wird. Vielmehr scheint nach den vorliegenden klinischen Beobachtungen jedes erhebliche mit Gehirnerschütterung einhergehende Schädeltrauma zu genügen, um unter Umständen eine Zuckerharnruhr hervorzurufen. Deshalb werden auch anderweitige Unfälle, wie Traumen der Wirbelsäule und erhebliche allgemeine Körpererschütterung durch Fall aus größerer Höhe auf Gesäß, Füße, Rücken, als geeignet angesehen, einen Diabetes auszulösen, sofern sie nachweislich mit einer gleichzeitigen Erschütterung des Gehirns einhergegangen sind.

Die gutachtliche Anerkennung, daß die genannten Schädigungen mit einer gewissen Wahrscheinlichkeit das Auftreten eines Diabetes begünstigt haben, ist von der Erfüllung folgender Bedingungen abhängig zu machen:

a) Nachweis, daß der Verletzte bis zum Unfall keine für latenten Diabetes verdächtige Krankheitserscheinungen geboten hat und voll arbeitsfähig war;
b) Erheblichkeit des Kopftraumas und Auftreten von Zeichen einer Gehirnerschütterung beim Unfall;
c) Auftreten des Diabetes in engem zeitlichen Anschluß an das Trauma.

2. Psychische Traumen und Diabetes.

Seit langem — schon vor der Unfallgesetzgebung — sind Fälle bekannt, in denen nach einem stärkeren psychischen Chok bei vorher anscheinend gesunden Menschen die Erscheinungen eines Diabetes mellitus bisweilen ganz akut aufgetreten sind. Ebenso liegen genügend sorgfältige Beobachtungen vor über Verschlimmerung eines offenkundigen leichten Diabetes nach rein psychischem Trauma, mit schnellem Übergang in die schwere Form und schnell tödlichem Ausgang im Koma. Es kann demnach der ungünstige Einfluß des psychischen Traumas bei Anlage zur diabetischen Stoffwechselstörung oder bei bestehendem Leiden nicht wohl bezweifelt werden. Mit Sicherheit wird man freilich nie behaupten können, daß in den Fällen mit ganz akuter Entwicklung nach einer Chokwirkung das Leiden nicht schon vorher latent in leichter Form bestanden hat. Auffällig ist jedenfalls, daß in solchen Beobachtungen mit sofortigen Diabetessymptomen nach dem Trauma der Verlauf häufig ein sehr schneller ist (s. u. Beispiele). In den in der Literatur mitgeteilten Beobachtungen hat es sich stets um eine erhebliche Schreck- oder Angsteinwirkung gehandelt — Eisenbahnzusammenstoß, Lebensgefahr durch Verschüttung, plötzliche Todesnachricht. Mehrfach wurde bereits am Tage nach dem Unfall Zucker festgestellt, auch bei Personen, bei denen eine besondere Disposition zu Diabetes durch Fettleibigkeit, Gicht, organische oder funktionelle Nervenleiden nicht vorlag. Andere Male lag zwischen Zuckernachweis und psychischem Trauma ein längerer Zwischenraum von Wochen und Monaten. Es ließ sich dann aber feststellen, daß in der Zwischenzeit Krankheitserscheinungen bestanden hatten als Brückensymptome (Gewichtsabnahme, vermehrtes Durstgefühl, verminderte Leistungsfähigkeit), die ein längeres Bestehen des Diabetes seit dem Unfall wahrscheinlich machten.

Brähmer[1]): Akutes Hervortreten von Diabetes nach Eisenbahnzusammenstoß mit Zuckernachweis am Tag nach dem Unfall.

[1]) Brähmer, Ärztl. Sachverst.-Ztg. 1895, Nr. 14.

Vorher anscheinend gesunder (dem Arzt bekannter) Mann wurde bei einem Eisenbahnunfall stark hin und her gerüttelt, aber ohne äußere Verletzung. In den ersten Stunden nach dem Unglück bestanden Zeichen starker Erregung. In der folgenden Nacht großer Durst und tags darauf 1,75% Zucker. Nach 1 Jahr fand sich noch 1—2% Zucker. Ausgang unbekannt.

Lorand[1]): Akutes Einsetzen des Diabetes unmittelbar nach Schreckwirkung mit schnell tödlichem Ausgang.

35jährige Dame lief Gefahr, bei einer Radfahrt mit einem elektrischen Wagen zu kollidieren. Unmittelbar hinterher Durst, Müdigkeit, Abspannung, und Tod im Koma innerhalb eines Jahres nach dem Unfall.

Minkowski[2]): Akute Entwicklung eines Diabetes nach seelischem Chok mit Ausgang in schwere Form.

Junge Frau erhielt die Nachricht, daß ihre Schwiegermutter sich in einem Anfall von Geistesstörung erhängt habe. Unmittelbar nach diesem rein psychischen Trauma trat ein schwerer Diabetes auf, der im Laufe von einem Jahr zum Exitus führte.

Roepke[3]): Allmähliche Entwicklung eines Diabetes innerhalb mehrerer Monate nach Schreck.

Ein fettleibiger, aber bis dahin gesunder Lokomotivführer erlitt bei der Fahrt heftigen Schrecken dadurch, daß er auf dem Bahnkörper Personen bemerkte und nur durch heftiges Bremsen ein Unglück verhüten konnte. Seitdem kränkelte er. Nach 4 Wochen Kopfschmerzen, später Gefühlsstörungen in den Beinen, Mattigkeit; Versuch, Dienst zu machen, mißlang. 9 Monate nach dem Unfall Zuckernachweis und tuberkulöses Lungenleiden. Tod $1^1/_2$ Jahr nach dem Unfall im Koma.

Maßgebende Gesichtspunkte für die Anerkennung des ursächlichen Zusammenhangs.

1. Fehlen von diabetischen Symptomen bis zum Unfall bei voller Leistungsfähigkeit.

2. Nachweis der Erheblichkeit der Schreckeinwirkung. Nicht jedes Erschrecken bei einem Steinfall, Stoß, Fall genügt, als auslösendes Moment anerkannt zu werden. Erforderlich ist das Auftreten von Schreckzeichen nach einem Unfall (Blässe, Zittern, Ohnmacht), falls nicht der Unfallvorgang an sich, wie Verschüttetwerden, lebensgefährliche Lage, Eisenbahnunfall, eine erheblichere Chokwirkung darstellt.

3. Auftreten des Diabetes sofort oder innerhalb der nächsten Wochen und Monate. Bei längerem Abstand bis zum Zuckernachweis, bis ein Jahr und mehr, sind dauernde Brückensymptome erforderlich (organische Hirnsymptome, starke Neurasthenie, diabetische Erscheinungen, Mattigkeit, Durstgefühl, Polyurie).

4. Das Vorhandensein von Fettsucht oder Gicht darf nie einen Grund zur Ablehnung des Zusammenhangs bilden mit der Behauptung, daß der Diabetes auch ohne Unfall durch die Disposition zu

[1]) Lorand, Ref. Monatsschr. f. Unfallheilk. 1904, Nr. 23.
[2]) Minkowski, zit. nach Welz, Monatsschr. f. Unfallheilk. 1915, S. 270
[3]) Roepke, Ärztl. Sachverst.-Ztg. 1908, Nr. 7.

Stoffwechselstörungen entstanden sein würde. Vielmehr ist eine solche Anlage als begünstigender Faktor für die traumatische Auslösung anzusehen.

3. Traumen des Abdomens und Diabetes.

Über das Auftreten von vorübergehender Glykosurie und Diabetes mellitus nach erheblichen stumpfen Gewalteinwirkungen am Abdomen liegen eine Reihe von Beobachtungen vor. Die Entscheidung darüber, ob hierbei Verletzungen bestimmter Organe (der Leber und des Pankreas) oder eine Schädigung der nervösen Bahnen und Zentren (Bauchsympathikus) die wesentliche Rolle spielen, wird zu Lebzeiten wohl niemals, und auch durch die Obduktion meistens nicht zu erbringen sein. Auch die allgemeine Chokwirkung bei schweren Bauchtraumen könnte als auslösendes Moment für einen Diabetes in Betracht kommen. Honigmann[1]), Koerte[2]) u. A. erwähnen das Vorkommen von dauernden Glykosurien bei Pankreaszysten. Koerte fand unter 33 Fällen von traumatisch entstandenen Pankreaszysten, bei denen mehrmals eine Reihe von Jahren vergangen waren, ehe die Zystenbildung bemerkbar wurde, 9 mit Glykosurien. Franke[3]) berichtet über einen Mann, der mit dem Epigastrium gegen eine Kante fiel und sogleich bis zu seinem einige Tage später erfolgenden Tode glykosurisch war. Es fand sich Pankreaszerreißung mit Blutung. Teschemacher[4]) hat einen Fall beschrieben, bei dem erst im Anschluß an eine Operation der Zyste die Glykosurie einsetzte. Grund[5]) sah nach Operation eine beträchtliche Zunahme der schon vorher vorhandenen Zuckerausscheidung und Verschlimmerung der Krankheit bis zum Auftreten von Azetonkörpern.

Eine Schädigung der Leber ist vereinzelt als Ursache der nach einem Bauchtrauma aufgetretenen Zuckerausscheidung angeschuldigt worden, wenn die Gewalteinwirkung besonders in der Lebergegend stattgefunden hatte. Ohne autoptischen Befund, der bisher in keinem der Fälle vorliegt, bleibt aber eine solche Annahme lediglich hypothetischer Natur, da ja eine anderweitige Entstehungsursache, z. B. durch Schädigung nervöser Bahnen, niemals ausgeschaltet werden kann.

Ebstein[6]) berichtet über ein 14jähriges, bis zum Unfall gesundes, blühendes Mädchen, dem ein faustgroßer Stein mit voller Wucht gegen die Lebergegend geworfen wurde, mit sich anschließenden 8 Tage langen Schmerzen und Mattigkeit. Nach 4 Monaten wurde ein ausgesprochener Diabetes mellitus festgestellt. Der Tod erfolgte 3 Jahre p. tr. Obduktionsbefund liegt nicht vor. Trousseau[7]) und Vallon haben Fälle mitgeteilt, in denen nach einem Schlag

[1]) Honigmann, Dtsch. Zeitschr. f. Chir. 1905, S. 19.
[2]) Koerte, Die chirurg. Krkh. u. Verletzg. d. Pankreas, S. 101 u. 111.
[3]) Franke, Diss. Berlin 1902.
[4]) Teschemacher, Münch. med. Wochenschr. 1902, S. 657.
[5]) Grund, Mitt. a. d. Grenzgeb. d. Med. u. Chir. 17, 395.
[6]) Ebstein, Dtsch. Archiv f. klin. Med. 54.
[7]) Trousseau, Med. Klin. Deutsch v. Culman II, S. 741.

in der Lebergegend, bzw. nach Fall eines Ziegelsteins auf den Bauch Diabetes auftrat. Ein im Falle Vallon sich bald nach dem Trauma einstellender Aszites scheint auf eine Leberverletzung hinzuweisen. In einer von Welz mitgeteilten Beobachtung (Gutachten von Prof. Bittorf) trat bei einem 49jährigen Mann, dessen Urin im Februar 1911 zuckerfrei gefunden worden war, 5 Wochen nach dem Unfall am 14. August 1911 mit Stoß einer Deichsel gegen den Unterleib ein Diabetes auf, der nicht mehr schwand. Der Fall ist aber leider nicht eindeutig, insofern gleichzeitig ein Kopftrauma und eine starke Chokwirkung stattgefunden hat und außerdem ein fieberhafter Eiterungsprozeß an der Verletzungsstelle, so daß es unentschieden bleiben muß, inwieweit das Bauchtrauma oder die anderweitigen Schädigungen als auslösende Ursache des Diabetes anzusprechen sind. Schweckendieck berichtet von einem 6jährigen Jungen, der sofort nach einem Stoß gegen die Nabelgegend unter Auftreibung und Empfindlichkeit der Leber mit starkem Durst erkrankte und bei anfänglicher Zuckerfreiheit und späterem Zuckergehalt von $4^3/_4$% und viel Azeton 3 Tage nach dem Unfall im Koma starb.

Auf Grund der vorstehend angeführten Kasuistik ist zweifellos die Möglichkeit zuzugeben, daß in seltenen Fällen stumpfe Traumen des Abdomens die Entstehung eines echten Diabetes begünstigen oder wenigstens einen vorher latenten Diabetes wesentlich verschlimmern können. Wahrscheinlich wird die nervöse Komponente des Traumas, die bei jedem erheblicherem Bauchtrauma als starke Chokwirkung hervortritt, als ein wesentlich wirkender Faktor in Betracht kommen. Denn die mit schmerzhaften Bauchtraumen meist einhergehende nervöse Chokwirkung kann bei schweren Traumen des Abdomens nie ausgeschlossen werden. Die Zusammenhangsfrage wird aber nur dann bejaht werden dürfen, wenn a) das Bauchtrauma nachweislich erheblicher Natur war, also mit stärkeren Chokerscheinungen, Zeichen von Verletzung einzelner Bauchorgane einhergegangen ist, oder durch die spätere Obduktion Verletzungsreste (Narben, peritonitische Stränge, Pankreaszyste, Leberabszeß) nachgewiesen werden. Ein einfacher Stoß, Schlag, Fall auf den Leib ohne nennenswerte Folgeerscheinungen bietet keine genügende Gewähr für eine Verletzung innerer Organe und darf deshalb gutachtlich niemals als geeignet zur Auslösung eines Diabetes anerkannt werden. b) Die Diabeteserscheinungen müssen in engem zeitlichen Anschluß an das Trauma hervorgetreten sein. Bei längerer Zwischenzeit besteht die Möglichkeit, daß erst die Spätfolgen eines Bauchtraumas, z. B. eine chronische Pankreatitis, Pankreaszystenbildung, die Entstehung eines Diabetes begünstigen. Diese müssen aber als Verletzungsfolgen durch Operation oder Obduktion sicher festgestellt sein, wenn man einen Spätdiabetes als Spätfolge einer Bauchkontusion anerkennen soll.

4. Periphere Traumen und Diabetes.

a) Es ist nicht erwiesen und als ganz unwahrscheinlich abzulehnen, daß periphere nichtinfektiöse Verletzungen und stumpfe Traumen der Extremitäten — Stoß, Schlag, Quetschung des Beckens, Fall auf Schulter — als Entstehungsursache eines Diabetes in Betracht kommen. Dagegen wird die Verschlimmerungsmöglichkeit durch an sich geringfügige periphere Traumen von erfahrenen Diabetesforschern zugegeben. So nimmt v. Noorden[1]) auf Grund seiner Erfahrungen, wonach er im Anschluß an leichte Erkrankungen verschiedenster Art, wie eintägiges Fieber (durch Angina), Knochenbrüche der Extremitäten ohne gleichzeitige Hirnerschütterung, den Übergang von leichter in schwere Form des Diabetes beobachtet hat, als möglich und selbst wahrscheinlich an, daß stärkere Quetschungen einer Extremität eine heftige tödliche Steigerung eines Diabetes auslösen können. Jedenfalls handelt es sich um ein äußerst seltenes Vorkommnis, da ich außer den v. Noordenschen Fällen nur noch eine Beobachtung von Lenné in der Literatur gefunden habe (Stern, S. 517).

v. Noorden[2]): 53jähriger Arbeiter, der sich vor dem Unfall völlig wohl gefühlt hatte, erlitt durch Fall eine Quetschung des linken Oberarms und Schultergegend, deren Ausheilung sich auffallend lange hinzog (4—6 Wochen). Zeichen einer Erschütterung des Zentralnervensystems hatten nicht vorgelegen. Nach Wiederaufnahme der Arbeit 6 Wochen p. tr. bestanden sichere Zeichen von Diabetes, dem der Kranke 3 Monate nach dem Unfall im Koma erlag. v. N. nimmt an, daß der Kranke schon Diabetiker war. Wenn man auch über die Art gar nichts wisse, wie periphere Traumen verschlimmernd wirken, so müsse man doch mit der Tatsache rechnen, daß dies vorkomme.

b) Verschlimmerung durch Komplikationen infolge peripherer Traumen. Die zweite Möglichkeit, wie ein peripheres Trauma auf einen bestehenden Diabetes ungünstig einzuwirken vermag, besteht darin, daß durch eine an sich leichte Verletzung infolge des Diabetesleidens lebensgefährliche Komplikationen entstehen, wie Gangrän, Eiterungen. Diese können an sich durch Sepsis oder erforderliche Operation oder Narkose den Tod herbeiführen oder auch durch ungünstige Beeinflussung der diabetischen Störung. frühzeitiges Koma herbeiführen. Feilchenfeld[3]): Ein seit Jahren an schwerem Diabetes leidender 42jähriger Kaufmann erleidet eine Quetschung des rechten Oberschenkels. Eiterung und Tod nach Verlauf von 8 Tagen.

Die Verschlimmerung eines Diabetes durch periphere Traumen ist gutachtlich anzuerkennen,

a) wenn nach erheblichen stumpfen Traumen der Extremitäten mit oder ohne Knochenbruch oder nach Becken-, Schulterquetschungen länger sich hinziehende Beschwerden (Schmerzen, Schlaflosigkeit) aufgetreten sind, und im unmittelbaren Anschluß hieran eine akute und

---

[1]) v. Noorden, Die Zuckerkrankheit.

[2]) v. Noorden, zit. nach Feilchenfeld. Monatsschr. f. Unfallheilk. 1907, S. 84.

[3]) Feilchenfeld, Monatsschr. f. Unfallheilk. 1907, S. 84.

schnell tödlich verlaufende Steigerung des Diabetes erfolgt, bei vorher leichter Form des Leidens.

β) Wenn das periphere Trauma durch das Bindeglied einer traumatischen Neurasthenie ungünstig auf einen bis dahin bereits offenkundigen Diabetes einwirkt.

γ) Wenn an sich geringfügige periphere Traumen Komplikationen, wie Gangrän, Phlegmonen, Thrombosen, verursachen, die infolge des Diabetes einen besonders schweren Verlauf nehmen und dadurch ungünstig auf das Allgemeinleiden einwirken mit Auslösung frühzeitigen Komas nach dem Unfall.

5. Kohlenoxydvergiftung und Diabetes.

Das Vorkommen einer vorübergehenden Zuckerausscheidung nach Kohlenoxydvergiftung ist durch Tierversuche und Beobachtungen am Menschen lange bekannt. Die Glykosurie findet sich meist nur nach intensiver Vergiftung und dauert mehrere Stunden bis zu einigen Tagen; sie steigt selten über 1—2 % an. Die Herabsetzung der Assimilationsgrenze für Traubenzucker bei CO-Vergiftung kann sich beim Fehlen von Spontanglykosurie darin zu erkennen geben, daß Zufuhr von Traubenzucker eine alimentäre Glykosurie hervorruft. Eine Ähnlichkeit der CO-Glykosurie mit dem echten Diabetes liegt darin, daß nach den Angaben von Senff und Pavy der Gehalt des Blutes an Traubenzucker stets erhöht sein soll. Es besteht aber auch die Möglichkeit, daß eine CO-Vergiftung zur Entwicklung eines echten Diabetes mellitus Anlaß gibt. Denn wir wissen, daß das Gehirn durch Blutungen oder Erweichungen bei CO-Vergiftung infolge fettiger Degeneration der Gefäßwände erheblich geschädigt werden kann. Also durch Vermittlung des Zentralnervensystems bei Schädigungen des verlängerten Marks oder sonstiger für den Kohlehydratstoffwechsel wichtiger nervöser Zentren wird eine CO-Vergiftung in gleicher Weise wie Gehirntrauma einen Diabetes auszulösen vermögen.

Ebenso ist es denkbar, daß die bei Sektionen von an CO-Vergiftung Verstorbenen oft festgestellten Blutungen und parenchymatösen Nekrosen an Leber und Pankreas als begünstigende Momente für eine Diabetesentwicklung in Betracht kommen.

Es liegt bisher nur ein durch Obergutachten von v. Strümpell anerkannter, von Ziesche[1]) publizierter Fall von Diabetes im Anschluß an CO-Vergiftung vor. In ihm kommt außer der Vergiftung möglicherweise als weiterer einwirkender Faktor die Körpererschütterung durch Fall auf den Boden beim Eintritt der Bewußtlosigkeit in Frage.

Ziesche[1]): **Der Maurer W., der 10 Jahre lang bis zum Unfall ein regelmäßiger und nüchterner Arbeiter gewesen war, erlitt eine CO-Vergiftung. Es wurde beobachtet, wie er sich mit der Hand an die Stirn griff und im nächsten Augenblick besinnungslos zu Boden fiel. Er war 20 Minuten bewußtlos. Bei einer 3 Tage nach dem Unfall**

[1]) Ziesche, Monatsschr. f. Unfallheilk. **15**, 131.

vorgenommenen Untersuchung war der Urin zuckerfrei. Von dem Unfall an ließ die Arbeitsleistung auffallend nach. Auch soll sofort ein Nachlaß der sexuellen Appetenz und der Geschlechtsfunktionen eingetreten sein. Allmählich stellte sich stärkerer Durst, Heißhunger und Mattigkeit ein. 3 Monate nach dem Unfall wurden bei ausgesprochenen, für Diabetes sprechenden Klagen 6% Zucker festgestellt. Es entwickelt sich die schwere Form des Diabetes, und bestanden 1½ Jahre nach dem Unfall bei der Untersuchung durch v. Strümpell zeitweise bedrohliche Intoxikationserscheinungen bei reichlicher Ausscheidung von Azeton und Azetessigsäure.

6. Kohlensäurevergiftung und Diabetes.

Da bei jeder Behinderung des Sauerstoffzutritts zu den Geweben transitorische Glykosurie auftreten kann (Glykosurie durch Asphyxie), so wird auch die Kohlensäurevergiftung als Ursache von vorübergehender Zuckerausscheidung anzuerkennen sein. Über die Entstehung oder Verschlimmerung eines echten Diabetes durch CO^2-Vergiftung ist nichts Sicheres bekannt. Das Reichsversicherungsamt hat bisher in einem Falle den ursächlichen Zusammenhang zwischen echter Zuckerharnruhr und Kohlensäureintoxikation anerkannt, entgegen der Ansicht der Obergutachter, welche erklärten, daß höchstens die Möglichkeit der Entstehung des Leidens durch CO^2-Vergiftung zuzugeben sei, und daß auch eine Verschlimmerung unwahrscheinlich erscheine.

RE. v. 7. 5. 1904:

24jähriger bis dahin gesunder Monteur K. verrichtete 3 Wochen lang Arbeiten unmittelbar über dem Wasserspiegel einer Quelle, auf welcher eine dicke Kohlensäureschicht lag. In diese mußte K. oft mit dem Kopf bei der Arbeit eintauchen. Wie andere Arbeiter ist auch er öfters unwohl und schwindelig geworden. Eines Tages wurde er bei der Arbeit ohnmächtig. Im unmittelbaren Anschluß an die Arbeit an der Quelle trat bei ihm Zuckerkrankheit ein, die 6 Monate später (nach der Arbeit) zum Tode führte. Eine anderweitige Ursache für den Diabetes konnte nicht festgestellt werden.

7. Wirkung fieberhafter Prozesse auf die Zuckerausscheidung bei Diabetes.

Im Gefolge von verschiedensten akuten Infektionskrankheiten (Pneumonie, Angina, Influenza) ist eine Minderung der Zuckerausscheidung bis zum völligen Schwinden beobachtet worden. Aber auch das gegenteilige Verhalten kommt nicht so selten vor, nämlich ein starker Anstieg der Zuckerausscheidung während der Fieberperiode und ein selbst längeres Anhalten der Verschlimmerung nach Abklingen des Fiebers. Naunyn hat dies bei Pneumonie, Hirschfeld bei Influenza mit Auftreten von Coma diabeticum und v. Noorden auch bei leicht fieberhaften Erkrankungen gesehen und durch Mohr[1]) solche Fälle ausführlich mitteilen lassen. Nach diesen einwandfreien klinischen Beobachtungen liegt eine wesentliche Verschlimmerung eines Diabetes, vor allem durch Beschleunigung des Ausbruchs eines Komas, infolge

[1]) Mohr, Zeitschr. f. klin. Med. 42. Daselbst Literatur.

einer interkurrent entstehenden Unfallinfektion (Phlegmone, Pneumonie, Erysipel) durchaus im Bereiche der Möglichkeit. Es muß für die Annahme einer wesentlichen Verschlimmerung stets der Nachweis erbracht werden, daß ein vorher leichter oder mittelschwerer Diabetes in die schwere Form übergegangen, oder daß ein Koma mit tödlichem Ausgang in unmittelbarem Anschluß an die fieberhafte Komplikation eines Unfalls aufgetreten ist. Eine einfache vorübergehende Erhöhung der Zuckerausscheidung, auch wenn sie sich über Tage oder ein bis zwei Wochen hinziehen sollte und dann abklingt, bedeutet keine nennenswerte Unfallverschlimmerung. Es muß stets der ganze Charakter und die Verlaufsweise des Leidens nachweislich ungünstig beeinflußt worden sein.

van Eden[1]): Beschleunigter Eintritt des Komas durch Panaritium.

31jähriger Deckknecht, der vor einigen Monaten wegen schwerem Diabetes in Behandlung gestanden hatte, verletzte sich den Finger an einem Drahtseil am 10. Juli 1919. Der Arzt stellte, als er den Verletzten zuerst sah, ein Panaritium am 3. Finger fest. Am 21. Juli 1919 Tod im Krankenhaus. Bei der Aufnahme am 19. Juli war er fast ganz bewußtlos; es bestand komatöse Atmung, starker Geruch nach Azeton, im Urin 2,7% Zucker.

8. Abkühlung, Verbrennung, Blitzschlag und Diabetes.

Es wird nicht abzulehnen sein, daß plötzliche Kälteeinwirkungen durch Fall ins Wasser (Külz) oder Verbrennungen (Naunyn) und elektrische Unfälle, Blitzschlag (Hermanides) durch die meist damit verbundene Schreckwirkung bei disponierten Individuen einen Diabetes auslösen können. Beweisende Fälle mit vorher festgestellter Zuckerfreiheit des Urins liegen aber bisher nicht vor, so daß man nur von einer wahrscheinlichen Unfallverschlimmerung sprechen kann, wenn bei vorher anscheinend gesunden Menschen in schneller Folge nach einem solchen Vorkommnis diabetische Erscheinungen aufgetreten sind.

Naunyn[2]): Diabetes nach Verbrennung.

12jähriger Knabe erlitt schwere Brandwunden an Brust, rechtem Arm und beiden Beinen. Nach 7 Monaten Abheilung. Sofort nach dem Unfall verspürte der Knabe übermäßiges Hunger- und Durstgefühl. Ersteres verlor sich nach 7 Monaten, letzteres blieb bestehen. 3 Monate nach der Verbrennung wurde Zucker bei dem dauernd abmagernden Kranken entdeckt.

Schönfeld[3]): 35jähriger Arbeiter erlitt am 13. August 1906 ausgedehnte Verbrennungen 2. und 3. Grades am Körper. Die Heilung zog sich lange hin, so daß er am 2. März 1907 noch voll erwerbsunfähig aus dem Krankenhaus entlassen wurde. Im Februar 1909 wurde bei ihm bei schlechtem Allgemeinbefinden im Urin reichlich Zucker festgestellt. Im November 1909 fand sich außer dem Diabetes noch Lungentuberkulose. Am 24. Januar 1909 Exitus. Ein mittelbarer Zusammenhang zwischen Diabetes, Tuberkulose und Unfall wurde anerkannt.

[1]) van Eden, Monatsschr. f. Unfallheilk. 24, Nr. 2.
[2]) Naunyn, Der Diabetes mellitus. Nothn. Spez. Pathol. S. 66.
[3]) Schönfeld, Monatsschr. f. Unfallheilk. 1910, S. 527.

9. Traumatische Neurasthenie (Hysterie) und Diabetes.

Die Möglichkeit ist zuzugeben, daß ein Unfall mittelbar, d. h. durch das Bindeglied einer traumatischen Neurasthenie und Hysterie, zur Entwicklung eines echten Diabetes mellitus beitragen kann. Denn länger dauernde seelische Erregungen, wie sie eine traumatische Neurasthenie mit sich bringt, können erfahrungsgemäß Störungen des Kohlehydratstoffwechsels in gleicher Weise bewirken wie akute psychische Traumen. Es gehört aber eine solche Entstehungsweise zu den allergrößten Seltenheiten, da zwar alimentäre vorübergehende Glykosurie gar nicht so selten bei funktionellen Nervenstörungen beobachtet wird, dagegen das Zusammentreffen eines echten Diabetes mit einer traumatischen Neurasthenie in der Unfalliteratur kaum erwähnt wird. Ich selber habe unter annähernd 2000 Fällen von traumatischer Neurasthenie niemals posttraumatischen Diabetes beobachtet. Die Mehrzahl der Fälle, die in der Literatur als Beweis für „Diabetes nach traumatischer Neurose" immer wieder zitiert werden, halten einer Kritik nicht stand. Das gilt insbesondere für die Beobachtungen von Ebstein[1]) und Asher[2]).

Der Ebsteinsche Fall ist deshalb ohne Beweiskraft, weil der Unfall mit Kopftrauma und plötzlicher starker Schreckwirkung verbunden war, also mit Schädigungen, die erfahrungsgemäß an sich schon einen Diabetes auslösen können. Außerdem litt der Kranke zur Zeit des Auftretens des Diabetes an Arteriosklerose des Gehirns, so daß also eine ganze Reihe anderer Entstehungsmöglichkeiten des Diabetes vorgelegen haben außer der „traumatischen Neurose". Die Ashersche Beobachtung wird ebenfalls irrtümlich als Diabetesentstehung infolge traumatischer Neurose angeführt; denn bereits 14 Tage nach einem mechanischen geringfügigen Trauma, das aber mit Schreckwirkung verbunden war, fand sich Zucker im Urin, so daß von einer Entwicklung eines Diabetes auf dem Umwege einer traumatischen Neurasthenie nicht die Rede sein kann.

In folgender Beobachtung von Stuelp[3]) erscheint die Diabetesentstehung infolge länger bestehender nervöser Folgewirkungen einer Augenverbrühung nicht unwahrscheinlich.

55jähriger Kapitän erlitt eine leichte Augenverbrennung durch einen mit heißem Schmieröl vermengten Dampfstrahl. Anfänglich heftige Chokwirkung. Heilung ohne nennenswerte Folgen nach einigen Wochen. Bald schlossen sich nun hochgradige Lichtscheu und rein funktionelle Sehstörungen sowie allgemeine nervöse Alterationen mit psychischer Depression an. Ein halbes Jahr hindurch halten die nervösen Störungen nach Art der traumatischen Hysterie an. Urinuntersuchungen ergaben bis $3^1/_2$ Monat nach dem Unfall keinen Zucker; 10 Monate danach aber werden zugleich mit den Zeichen einer Retinitis diabetica 6% Zucker nachgewiesen. Die Zuckerausscheidung blieb unter mäßigen Schwankungen 8 Monate bestehen und ging dann in alimentäre Glykosurie über, die noch nach 3 Jahren bestand.

Unerläßliche Vorbedingungen für die Anerkennung eines ursäch-

---

1) Ebstein, Dtsch. Archiv f. klin. Med. 54. 1895.

2) Asher, Vierteljahrsschr. f. gerichtl. Med. u. öffentl. Sanitätswesen, 3. Folge, 8 u. 9.

3) Stuelp, Zeitschr. f. Augenheilk. 30, 139. 1913.

lichen Zusammenhangs zwischen traumatischer Neurasthenie und Diabetes sind:

a) Sicherer Nachweis (mehrmalige Untersuchung), daß der Urin vor dem Unfall und in der ersten Zeit nach demselben zuckerfrei war, da stets zu berücksichtigen ist, daß ein bestehender, nicht erkannter Diabetes zu nervösen Störungen führen kann, die irrtümlich als traumatische Neurasthenie gedeutet werden, wenn zufällig ein an sich harmloser Unfall stattgefunden hat.

b) Vorhandensein ausgesprochener nervöser Allgemeinerscheinungen zwischen Trauma und allmählicher Entwicklung eines Diabetes.

c) Fehlen anderweitiger Entstehungsursachen eines Diabetes (Lues, Pankreaserkrankung, organisches Gehirnleiden) unabhängig vom Unfall.

10. Rentenabschätzung.

Die Beurteilung der Arbeitsfähigkeit eines Diabetikers ist nicht einfach und wird von Fall zu Fall wechseln, so daß nur allgemeine Grundsätze aufgestellt werden können.

1. Leichte Formen des Diabetes gestatten alle leichten und mittelschweren Arbeiten, sobald nach Diätregelung im Urin kein Zucker mehr auftritt: **20—30 %**. Ist der Zucker längere Zeit (1—2 Jahre) geschwunden, so daß eine wesentliche Steigerung der Toleranz anzunehmen ist, so kann Rente fortfallen.

2. Mittelschwere Formen bedingen stets eine Schonung von allen schweren und teilweise auch mittelschweren Arbeiten und erfordern wegen der gleichzeitigen strengen Diät, die mit größeren Kosten verbunden ist, meist höhere Renten: **50—75 %** Erwerbsverminderung.

3. Vollrente ist erforderlich in allen schweren Formen und in Diabetesfällen mit sekundären Komplikationen (Lungentuberkulose, Arteriosklerose, Nephritis, Neigung zu trophischen Störungen).

B. Gicht und Unfall.

Beziehungen zwischen Gicht und Unfall sind in der Weise möglich, daß durch letzteren ein akuter Gichtanfall ausgelöst wird. Die ärztliche Erfahrung lehrt, daß bei Personen, die zu Gicht veranlagt sind, sowohl akute wie chronische Störungen des Säftestroms das Auftreten von Gichtanfällen begünstigen. Ein Unfall kann deshalb auf doppeltem Wege zu einer Verschlimmerung bei gichtischer Anlage Anlaß geben:

1. einmal durch ein örtliches Trauma, Quetschung, Stoß, einfache Erschütterung, Verstauchung eines Gelenks, Knochenbruch, und

2. mittelbar dadurch, daß eine durch Unfall verursachte längere Bettruhe oder längere Einschränkung der Beweglichkeit von

Gliedern (Lähmungen) infolge von Mangel an genügenden Muskelbewegungen das Zustandekommen einer lokalen Harnsäurestauung und damit gichtischer Anfälle fördert. Für beide Entstehungsmöglichkeiten einer Gichtverschlimmerung liegen hinreichende klinische Erfahrungen vor.

Schmidt[1]) beobachtete bei einem Gichtiker wiederholt nach ganz leichten Gelenkverletzungen richtige Gichtanfälle in dem verletzten Gelenk. Thiem[2]) berichtet über eine Dame, welche durch Sturz von einer Leiter auf beide Arme Speichenbrüche erlitt, wonach bei leidlicher Beweglichkeit des Handgelenks gichtische Verdickungen in den Grundgelenken fast sämtlicher Finger auftraten. Thiem[2]) erkannte eine nach Schulterquetschung daselbst auftretende gichtische Entzündung als Unfallfolge an. Charcot[3]) sah bei einer 40jährigen hemiplegischen Frau nur auf der gelähmten rechten Seite in der Mehrzahl der Gelenke die Knorpel mit Uraten durchsetzt. E. Rindfleisch[4]), der selber Gichtiker war, berichtet über das Auftreten eines tagelangen Gichtanfalls im Knie bei sich nach einem Stoß der Patella gegen eine Bank.

Für die gutachtliche Beurteilung der Zusammenhangsfrage zwischen Gichtanfall und Trauma sind drei Punkte von Wichtigkeit:

1. Erfahrungsgemäß genügen bisweilen schon einfache Überanstrengungen oder leichte Schädigungen eines Gelenks (Stiefeldruck) zur Auslösung eines Gichtanfalls. Es wird also stets der sichere Nachweis gefordert werden müssen, daß tatsächlich eine außergewöhnliche Gewaltanstrengung oder außerordentliche körperliche Überanstrengung erfolgt ist, bevor eine traumatische Auslösung eines Gichtanfalls anzuerkennen ist.

2. Was den Zeitpunkt des Auftretens des Anfalls nach einem Trauma betrifft, so braucht dieser nicht in unmittelbarem Anschluß an die Gelenkverletzung aufzutreten. Vielmehr können eine Reihe von Tagen oder, bei Knochenbrüchen mit Ruhigstellung der Extremität, auch 1—2 Wochen vergehen, bis die Folge des Unfalls (örtliche Gewebeverletzung zusammen mit mangelnder Muskelbewegung) zu einem Anfall führen.

3. Der dritte für die Unfallpraxis wichtige Punkt ist die Frage bezüglich der Dauer des schädigenden Einflusses eines einmaligen Traumas bei Gicht. Es ist ganz abzulehnen, daß ein örtliches Trauma die gichtische Anlage als solche ungünstig beeinflussen kann. Nur die örtliche Verschlimmerung an dem betroffenen Gelenk oder einer Extremität in Gestalt eines akuten Gichtanfalls ist entschädigungspflichtig. Wenn später erneut Gichtattacken an dem früher geschädigten Glied auftreten, so wird man diese nur dann als dauernde Folgeerscheinung des früheren Traumas anzuerkennen haben, wenn durch den Unfall eine dauernde Gelenkveränderung (chronische Arthritis, Gelenk-

[1]) Schmidt, Handb. d. Unfallerkr. von Thiem 2, 2, S. 30.

[2]) Thiem, ebendort 2, 2, S. 30.

[3]) Charcot, zit. nach Ebstein. Die Natur und Behandlung der Gicht. 1906, S. 204.

[4]) Rindfleisch, zit. nach Ebstein, ebendort S. 205.

versteifung) zurückgeblieben ist. Denn nur in diesem Fall besteht die Möglichkeit einer dauernd erhöhten Disposition des Gelenks für weitere gichtische Anfälle infolge leichter auftretender Stockungen der Saftbewegungen.

C. Diabetes insipidus und Unfall.

Vorbemerkungen über die Pathogenese.

Alle bisherigen experimentellen Untersuchungen und klinischen Beobachtungen haben noch nicht zu einer einheitlichen Auffassung über das eigentliche Wesen des Diabetes insipidus geführt. Die Annahme von E. Meyer und Tallquist, daß es sich bei dem echten Diabetes um eine Konzentrationsschwäche handle, daß also eine renale Störung vorliege, ist nach den jüngsten Forschungsergebnissen von Oehme[1]), Veil nicht mehr haltbar. Weit gesicherter erscheint die Vorstellung, daß wir das Wesen der Erkrankung in einer Störung der wahrscheinlich im Zwischenhirn lokalisierten Regulationszentren der Wasserausscheidung zu suchen haben. Daß hierbei die Hypophyse eine Rolle spielt, indem Störungen der Sekretion dieser endokrinen Drüse als Ursache des Diabetes insipidus in Betracht kommen soll, muß nach den experimentellen Ergebnissen im Tierversuch über den Einfluß von Hypophysenextrakten auf die Harnsekretion und den Beobachtungen beim Menschen vom Ausbleiben eines Diabetes trotz völliger Zerstörung der Hypophyse als unerwiesen abgelehnt werden. Vielmehr kommt dem von Aschner[2]) sowie Camus und Roussey gefundenen Polyuriezentrum am Boden des III. Ventrikels eine besondere Bedeutung zu wegen der so häufigen Kombination des Insipidus mit Prozessen an der Hirnbasis. In den Tierversuchen mit anscheinend positivem Polyurieresultat nach Exstirpation der Hypophyse hat es sich wahrscheinlich um Nebenverletzungen der nahe benachbarten Polyuriezentren am III. Ventrikel gehandelt. Wahrscheinlich gibt es noch andere Groß- und Kleinhirnpartien, die mit der Wasserausscheidung durch die Niere in Beziehung stehen und deren Schädigung Polyurie hervorrufen kann. Nach den Versuchen von E. Meyer[3]) nimmt der Reiz der durch Verletzung der Rautengrube beim Tier Polyurie auslöst (Cl. Bernard, Kahler), seinen Weg zur Niere über den Nervus splanchnicus. Vom letzteren wissen wir außerdem, daß seine Durchschneidung von primärer Polyurie gefolgt ist.

Das Krankheitsbild des Diabetes insipidus, dessen Haupterscheinung in der Ausscheidung großer Harnmengen besteht, kann entweder durch primäre Polydipsie oder durch primäre Polyurie mit sekundärer Durstvermehrung zustandekommen. Nur die letztere Form, bei der die vermehrte Harnabsonderung das primäre ist, bezeichnen wir als echten Diabetes insipidus. Die scharfe Abgrenzung beider Arten von Polyurie ist nicht immer leicht. Deshalb sind bis in die Jüngstzeit die für Diabetes insipidus ätiologisch in Betracht kommenden auslösenden Faktoren meistens als für beide Formen geltend angeführt worden.

---

[1]) Oehme, Dtsch. Archiv f. klin. Med. 127 u. Med. Klin. 1919, Nr. 35.
[2]) Aschner, Berl. klin. Wochenschr. 1916, Nr. 28.
[3]) E. Meyer, Zeitschr. f. experim. Pathol. u. Ther. 73.

Für die Frage der Entstehungsmöglichkeit eines Diabetes insipidus durch Unfallvorgänge ergeben sich aus den experimentellen Tatsachen und klinischen Beobachtungen folgende Schlußsätze:

1. Es gibt eine durch Reizung bestimmter Gebiete des Zentralnervensystems — vor allem Boden des III. Ventrikels und der zentralen und peripheren sympathischen Bahnen — hervorgerufene echte primäre Polyurie (gegenüber der Polydipsie). In der menschlichen Pathologie spielen als Entstehungsursachen für die Reizung dieser Zentren und Bahnen Kopftraumen mit oder ohne Schädelbruch eine wichtige Rolle, ferner luetische Prozesse und Tumoren der Hirnbasis. Es besteht auch die Möglichkeit, daß Bauchtraumen durch Splanchnikusverletzung oder durch Einwirkung auf die abführenden Harnwege Polyurie hervorrufen können. Eine Reihe von Erfahrungen sprechen für eine solche Möglichkeit (renale reflektorische Polyurie).

2. Bei der Entstehung einer Polyurie durch primäre Polydipsie spielen psychische Momente, hysterische und neurasthenische Zustände verschiedensten Ursprungs, die wichtigste auslösende Rolle. Ein Unfall kann daher durch eine akute seelische Chokwirkung (Angst, Schrecken) oder durch das Bindeglied einer Hysterie, Neurasthenie oder Psychose eine Polydipsie hervorrufen, die unter dem Bilde eines Diabetes insipidus verläuft.

1. Diabetes insipidus nach Kopftrauma und Körpererschütterung.

Jede erheblichere Hirnerschütterung kann Diabetes insipidus zur Folge haben. Meist handelt es sich aber in den bis jetzt vorliegenden Beobachtungen um schwere Kopftraumen mit Schädelbrüchen, vor allem der Schädelbasis. Letzteres ist aber nicht erforderlich, und ebensowenig brauchen Herdsymptome aufgetreten zu sein (Gehirnnervenlähmungen, Halbseitenlähmungen). Die Polyurie setzt in der Regel sofort oder innerhalb der ersten Tage ein, nach Wiederkehr des Bewußtseins bei Commotio cerebri. Bisweilen ist aber das allmähliche Auftreten der Polyurie erst viele Wochen nach dem Trauma beobachtet worden (Liniger, Piltz). Auch in solchen Fällen mit größerem Zeitintervall wird der ursächliche Zusammenhang bejaht werden müssen, wenn das Kopftrauma nachweislich sehr erheblich war (längere Bewußtlosigkeit) oder mit anfänglichen oder dauernden organischen Herdsymptomen einherging (Augenmuskellähmungen, Optikusatrophie). Denn bei Verletzungen der Hirnhäute und des Gehirns selbst treten bisweilen chronisch entzündliche Prozesse an den Hirnhäuten mit nachträglichen Verwachsungen oder narbigen Schrumpfungsvorgängen und Zystenbildung auf (Meningitis serosa circumscripta), die erst später durch Druckeinwirkung oder Kreislaufstörungen im Bereich der Polyuriezentren einen Diabetes insipidus auslösen können. Die maximale Zeitgrenze, innerhalb welcher man einen nach Kopftrauma auftretenden Diabetes noch als Unfallfolge anerkennen darf, ist sehr schwer zu bestimmen. Da der Diabetes insipidus ein recht seltenes Leiden ist, so wird ein rein zufälliges zeitliches Zusammentreffen mit einem Kopftrauma erst recht ein außerordentlich seltenes Vorkommnis bilden. Das RVA. ist aber sehr weit gegangen und hat sich auf den Standpunkt gestellt, daß durch eine Commotio cerebri eine Disposition geschaffen werde für das spätere Auftreten der Erkrankung aus anderweitiger Ursache. Danach würden selbst Zwischenzeiten von vielen Jahren und Jahrzehnten kein Hindernis für die Bejahung der Zusammenhangsfrage bilden. Diese vom RVA. vertretene Auffassung ist nur bedingt richtig. Von einer erhöhten Disposition zum Diabetes infolge Kopftrauma kann nach unseren jetzigen Anschauungen über die traumatische Genese des Leidens nur insoweit gesprochen werden, als traumatische organische Veränderungen des Gehirns einen locus minoris resistentiae bilden; ein weiteres Kopftrauma von geringerer Intensität vermag dann ein Aufflackern der älteren Gehirnprozesse zu bedingen, und bei akuten oder chronischen infektiösen Prozessen kann leichter eine Ansiedelung von Entzündungserregern mit anschließender Schädigung der Polyuriezentren stattfinden. Bei größeren Zwischenräumen von über 1—1 $^1/_2$ Jahr — nach Abschluß eines traumatischen organischen Hirnprozesses — wird man deshalb einen späteren Diabetes insipidus nur dann als Unfallfolge anerkennen dürfen, wenn er nachweislich im Anschluß an eine bestimmte weitere Unfallschädigung des Zentralnervensystems in Gestalt eines erneuten Kopftraumas oder einer Infektion zur Entwicklung kommt.

Die Dauer des Diabetes insipidus ist eine verschieden lange. In einzelnen Fällen hielt er nur Tage oder Wochen oder Monate an. Mehrfach ist ein Schwinden der Polyurie nach jahrelangem Bestehen beobachtet worden. Bisweilen erfolgt keine Ausheilung.

Fälle mit sofortiger Polyurie nach dem Trauma.

Montard-Martin[1]): 27jähriger Mann erlitt komplizierte Schädelfraktur in rechter Stirngegend durch Sturz. Die Bewußtlosigkeit hielt 11 Tage an. Sofort nach Wiederkehr des Bewußtseins bestand heftiges Durstgefühl und trank der Kranke bis zu 25 l am Tag.

Maucotel[2]): 32jähriger Mann erhielt wuchtigen Stockhieb über den Kopf mit 8 Tage dauernder Bewußtlosigkeit. Sofort während des Krankenhausaufenthaltes 15 bis 20 Liter Harn. Die Polyurie blieb unverändert bestehen.

Kahler[3]): 29jähriger Arbeiter erlitt Kopfquetschung durch eisernen Zylinder. Sofort bewußtlos mit Blutung aus Ohren, Nase, Mund. Abduzens- und Fazialisparese. Wenige Tage p. tr. Polyurie 6 Liter am Tag.

---

1) Montard-Martin, zit. nach Kahler, Zeitschr. f. Heilk. 7, 105.
2) Maucotel, zit. nach Kahler.
3) Kahler l. c.

Fälle mit Auftreten der Polyurie einige Wochen nach dem Trauma.

Boroszky[1]): 31jährigem Eisenbahnarbeiter fiel Balken auf den Kopf. Bewußtlosigkeit und Ophthalmoplegia interna. Am 16. Tag nach dem Unfall plötzlicher Anstieg der Harnmenge auf 7½ Liter. Allmählicher Rückgang, so daß nach weiteren 3 Wochen nur noch geringe Polyurie bestand.

Liniger[2]): 30jähriger Arbeiter fiel rückwärts von einer Mauer auf den Kopf. Bewußtlosigkeit, Zeichen von Hirnerschütterung und Schädelbasisbruch. Bei der Entlassung nach 6 Wochen normales Verhalten des Urins. Annähernd 11 Wochen nach dem Unfall erneute Krankenhausaufnahme wegen großem Durstgefühl, Kopfschmerz, Schwindel. Jetzt Harnmenge 6—8½ Liter. Nach 11 Monaten noch nicht völlige Heilung.

2. Diabetes insipidus nach Bauchtrauma, körperlicher Überanstrengung.

Wenn man sich an die experimentell festgestellte Tatsache hält, daß die im Nervus splanchnicus verlaufenden Sympathicusfasern des Bauches die Übermittler der Reize sind, die vom Gehirn aus eine Polyurie auslösen, so wird man die Möglichkeit zugeben müssen, daß eine Schädigung des Bauchsympathicus und der zugehörigen Gangliengeflechte (Gangl. coeliacum, Plexus renalis) durch Abdominaltraumen einen Diabetes insipidus hervorrufen kann. Ebenso wird unter Umständen ein direktes Rückenmarktrauma durch Stoß oder Schlag gegen die Wirbelsäule eine Polyurie verursachen können, da ja die Fasern des Splanchnicus im Rückenmark Anschluß an das Mittelhirn und Zwischenhirn gewinnen. Ferner sprechen eine Reihe von Erfahrungen für die Möglichkeit, daß auch von der Peripherie aus, d. h. durch Einwirkung auf die abführenden Harnwege, eine reflektorische Polyurie hervorgerufen werden kann, denn Kapsamer[3]) und Casper sahen bei Einführung des Ureterenkatheters und Graser[4]) bei einseitigen Nierenerkrankungen Polyurie des andern gesunden Organs.

Es liegen einzelne ältere klinische Beobachtungen vor, in denen unmittelbar nach Quetschungen und Erschütterungen des Abdomens und nach schwerem Heben (bei Nierenverlagerung) eine Polyurie aufgetreten ist. Ob es sich in diesen Fällen um primäre Polydipsie (infolge gleichzeitiger Chokwirkung) oder um echten Diabetes insipidus gehandelt hat, läßt sich auf Grund der Krankengeschichten nicht sicher entscheiden, da der Einfluß der Flüssigkeitsentziehung auf die Polyurie nicht geprüft wurde. In der folgenden eigenen Beobachtung handelt es sich um echten Diabetes insipidus.

Finkelnburg: Diabetes insipidus nach Bauchtrauma mit Nierenverletzung.

35jähriger Arbeiter Sch., der 12 Jahre vorher einen Bruch der Wirbelsäule erlitten hatte ohne folgende Urinveränderungen (laut mehrfachen Gutachten

[1]) Boroszky, Beitr. z. klin. Chir. 31, 716.
[2]) Liniger, zit. nach Stern, S. 540.
[3]) Kapsamer, Wien. klin. Wochenschr. 1904.
[4]) Graser, Dtsch. Zeitschr. f. Nervenheilk. 1913, S. 176.

über diesen Unfall), erhielt am 5. November 1917 durch ein Rohrstück einen starken Schlag gegen den Unterleib. Er wurde angeblich bewußtlos, fiel zu Boden und wurde mit Wagen zum Krankenhaus geschafft. Anfangs soll der Urin bluthaltig gewesen sein, und es bestanden starke Schmerzen in der linken Unterbauchgegend. Im April 1918 wurden täglich 6—7 Liter Urin entleert mit Spuren Eiweiß. Nach Angabe des Sch. hat die Polyurie etwa 8 Tage nach dem Unfall eingesetzt. Im Juni 1918 fanden sich: Urinmenge schwankend zwischen 7—11 Liter, bei spez. Gew. von 1002—1004, regelmäßig ganz geringe Mengen Eiweiß und mikroskopisch vereinzelte rote Blutkörper. Bei Flüssigkeitsbeschränkung blieb die Stundenwasserausscheidung annähernd gleich groß wie vorher bei Anstieg des spez. Gew. bis 1006 unter entsprechender Körpergewichtsabnahme. Blutdruck maximal 125 mm Hg. Nervensystem ohne Besonderheiten.

Nothnagel[1]): Polydipsie und Polyurie nach Hufschlag gegen Bauch und Fall auf den Hinterkopf.

35jähriger Mann bekam Hufschlag gegen linke Brusthälfte. Er fiel rücklings und schlug mit dem Hinterkopf auf den Boden. Patient konnte nicht selbst aufstehen wegen heftiger Schmerzen an Leib, Nacken und Hinterkopf. Annähernd $^1/_2$ Stunde später großer Durst. In der Folge Polyurie bis $13^1/_2$ Liter pro Tag. Keinerlei objektive nervöse Symptome.

Herescu[2]): Polyurie nach schwerem Heben und Nierendislokation. Heilung durch Nephropexie.

18jähriger Mann verspürte beim Heben einer schweren Last plötzlich einen heftigen Schmerz im linken Hypochondrium, der ununterbrochen andauerte. Gleichzeitig trat Polyurie auf. Tägliche Urinentleerung 12—15 Liter. Die linke Niere stand tiefer und war auf Druck schmerzhaft. Nach der Nephropexie auf lumbalem Wege betrug die Harnmenge am folgenden Tag 1 Liter und blieb von da an in normaler Höhe; gleichzeitig wurde auch der Durst geringer.

3. Diabetes insipidus nach psychischen Traumen.

Eine unter dem Bilde des Diabetes insipidus verlaufende Polyurie findet sich häufig als Begleiterscheinung bei Neurasthenie, Hysterie und bei Kranken mit ausgesprochenen psychischen Zuständen (Schwachsinn, Melancholie, Paranoia, Epilepsie). In diesen Fällen handelt es sich anscheinend um Polydipsie und nicht um primäre Polyurie, hervorgerufen durch ein krankhaftes Durstgefühl oder krankhaften psychischen Zwang, abnorm viel Wasser zu trinken. Über die Entwicklung einer solchen Polydipsie auf der Grundlage einer traumatisch entstandenen Neurasthenie oder Hysterie als Unfallfolge liegen bisher keine Beobachtungen vor; jedoch ist diese Entstehungsmöglichkeit zuzugeben.

Das plötzliche Auftreten von Polydipsie und Polyurie nach Schrecken hat Lacombe[3]) beobachtet.

Eine 33jährige Frau bekam nach einer plötzlichen Todesnachricht sofort heftigen Durst und anhaltende Kopfschmerzen. Sie trank in der folgenden Nacht bereits sehr große Mengen Wasser und zeigte seitdem dauernde Polyurie, die 4 Jahre später noch fortbestand.

[1]) Nothnagel, Virchows Archiv 86, 435.
[2]) Herescu, Ref. Münch. med. Wochenschr. 1903, Nr. 49, S. 2159.
[3]) Lacombe, zit. nach Kahler, Zeitschr. f. Heilk. 7, 105.

4. Beurteilung der Erwerbsfähigkeit bei Diabetes insipidus.

Geringe Grade von Diab. ins. mit Polyurie von 3—4 Liter bedingen keine Minderung der Erwerbsfähigkeit über **10 %**. Schwere Fälle wirken arbeitsstörend durch das häufige Wassertrinken und häufige Urinieren. Außerdem wirkt die Störung der Nachtruhe durch den Urinzwang ungünstig auf den Allgemeinzustand, wozu sich nicht selten Magenstörungen gesellen infolge der dauernden Überlastung des Magens mit Flüssigkeiten (chronische Gastritis). Maßgebend für die Rentenhöhe ist also in erster Linie der körperliche Allgemeinzustand. Finden sich Abmagerung, Appetitlosigkeit, nervöse Störungen durch schlechten Schlaf, so kann die Arbeitsfähigkeit erheblich gemindert sein, bis um **50—60 %**.

Vierzehntes Kapitel.

Erkrankungen der Drüsen mit innerer Sekretion.

I. Morbus Basedowii und Unfall.

Über das Wesen der Basedowerkrankung wissen wir nur soviel, daß ihr eine abnorme Tätigkeit der Schilddrüse zugrunde liegt. Es ist aber noch ganz unbekannt, auf welche Weise die innersekretorische Funktion der Schilddrüse in abnorme Bahnen gelenkt wird, und ob außer der Gland. Thyreoidea auch noch andere Blutdrüsen beim Zustandekommen des Krankheitsbildes in Betracht kommen (Thymus, Geschlechtsdrüsen). Für die Beurteilung der Frage, welchen Unfallschädigungen eine auslösende und mitwirkende Rolle bei der Entstehung des Basedowleidens zuerkannt werden darf, sind wir deshalb vorerst auf die klinischen Erfahrungen angewiesen. Diese sprechen dafür, daß vor allem nervöse Einflüsse für die Entwicklung des Leidens bedeutsam sind, und daß anscheinend auch mechanische Traumen und infektiöse Prozesse bei vorhandener Disposition (neuropathische Veranlagung) das Hervortreten der Erkrankung begünstigen können. Wir müssen uns aber stets bewußt bleiben, daß in Fällen von anscheinender Entstehung der Erkrankung im Anschluß an einen Unfall niemals ausgeschaltet werden kann, daß der Morbus Basedow bereits vorher latent bestanden und durch die Unfallschädigung nur eine Verschlimmerung erfahren hat. Für die Begutachtungspraxis genügt freilich der Nachweis, daß der Erkrankte vor dem Unfall keine seine Arbeitsfähigkeit hindernden Basedowerscheinungen geboten hat, und daß erst im zeitlichen Anschluß an den Unfall das Leiden manifest geworden ist.

1. Schreckwirkung als auslösendes Moment.

Die schnelle, oft fast plötzliche Entwicklung von Basedowsymptomen unmittelbar nach starken psychischen Erregungen (Schreck, Aufregung) ist durch zahlreiche klinische Beobachtungen erwiesen. Meist treten innerhalb weniger Wochen deutliche Erscheinungen des Leidens hervor; bisweilen haben sich schon einige Tage nach dem Unfall einzelne Zeichen bemerkbar gemacht, wie Schilddrüsenschwellung, starkes Herzklopfen.

F. Müller[1]) beobachtete eine akut beginnende und innerhalb $3^1/_2$ Monaten tödlich verlaufende Basedowerkrankung nach einer starken Schreckeinwirkung bei einer 48jährigen, bis dahin gesunden Frau. Hammerschmidt[2]) sah bei einem Rekruten, der schon vor der Einstellung öfters an Herzklopfen litt, nach der ersten Schießübung heftige Erregung (Gliederzittern, Schlaflosigkeit, Angstschweiß) und im Verlauf von 2 Monaten Ausbildung eines schweren Basedow mit allen Symptomen. Haag[3]) berichtet über einen Maurer, der seit 15 Jahren bei voller Arbeitsfähigkeit an Kropf litt, und bei dem, unmittelbar nachdem er Zeuge eines tödlichen Absturzes eines Kameraden gewesen war, Herzklopfen und Zittern auftrat und nach wenigen Wochen ein typischer Basedow zur Entwicklung kam.

Ein ursächlicher Zusammenhang einer Unfall-Chokwirkung mit Entwicklung eines Basedow wird danach stets anzuerkennen sein, wenn

a) bei einem bis dahin gesunden und arbeitsfähigen Menschen nachweislich eine erhebliche Schreckeinwirkung stattgefunden hat (drohende Lebensgefahr, Absturz aus größerer Höhe, Anblick eines Unglücks),

b) die Krankheitserscheinungen innerhalb der ersten 3—6 Wochen in deutlich erkennbarer und die Arbeitsfähigkeit hindernder Weise hervorgetreten sind. Liegen dagegen zwischen Unfall und Beginn des Leidens mehrere Monate oder gar Jahre bei gutem Wohlbefinden und Fehlen von Brückensymptomen, wie Herzklopfen, Mattigkeit, Schwitzen, allgemeine Nervosität, Schlaflosigkeit, so muß eine Beziehung zu dem Schreckunfall als unwahrscheinlich bezeichnet werden.

2. Basedow infolge traumatischer Neurasthenie und Hysterie.

Die Möglichkeit ist zuzugeben, daß auch länger dauernde nervöse Erregungen die Entwicklung eines Basedow begünstigen können, so daß die nach Unfällen verschiedenster Art auftretenden nervösen Zustände und seelischen Verstimmungen (Sorge um die Zukunft) unter Umständen das Bindeglied zwischen Unfall und Entstehung des Leidens bilden. Es scheint dies aber ein sehr seltenes Vorkommnis zu sein, da trotz der großen Häufigkeit von Unfallneurosen die Unfallkasuistik sich über Basedow im Gefolge von traumatischer Neurasthenie und Hysterie ganz ausschweigt.

Die Zusammenhangsfrage wird nur dann mit Wahrscheinlichkeit bejaht werden dürfen, wenn nachweislich sehr ausgesprochene nervöse Allge-

[1]) F. Müller, Dtsch. Archiv f. klin. Med. 51.
[2]) Hammerschmidt, Milit. Zeitschr. 1902, S. 528.
[3]) Haag, Monatsschr. f. Unfallheilk. 1898, Nr. 11.

meinerscheinungen bestanden haben, und sich unmittelbar aus diesen heraus das Krankheitsbild eines Basedow entwickelt. Wenn dagegen nur die nach Unfällen üblichen geringen Zeichen einer traumatischen Neurasthenie vorgelegen haben (Reflexsteigerung, leichte Pulsbeschleunigung, Klagen über Schlaflosigkeit) ohne nennenswerte Einschränkung der Arbeitsfähigkeit, und nun nach mehrjährigem Bestehen leichterer Neurasthenie ein Basedow auftritt, so kann ein Zusammenhang nicht mit der erforderlichen Wahrscheinlichkeit anerkannt werden.

Der Fall von Tetzner, in dem der Autor eine 6 Jahre nach Kopftrauma aufgetretene Basedowerkrankung als Unfallfolge ansieht, wobei die traumatische Hysterie das Bindeglied gebildet haben soll, ist als ganz unsicher anzusehen. Ein nennenswerter Grad von allgemeiner nervöser Übererregbarkeit hat offenbar gar nicht vorgelegen, so daß für eine stärkere nervöse Beeinflussung der Schilddrüsentätigkeit kein hinreichender Anhaltspunkt besteht.

Ein Bohrer wurde am 12. Februar 1900 von einer Transmission am rechten Arm erfaßt und mit dem Kopf gegen die Decke herumgeschleudert, so daß er bewußtlos war. Nach 4 Wochen Aufnahme leichter Arbeit. Im Oktober 1900 bei Klagen über Kopf-Nackenschmerzen außer Knochenverdickung am rechten Arm und leichter Steigerung der Sehnen-Hautreflexe nichts Krankhaftes. Juni 1901 Kürzung der Rente auf 20%, nur leichte Steigerung der Reflexe. Im November 1902 Klagen: zeitweilig Kopfschmerzen, angeblich Nachtwandeln und lautes Sprechen im Schlaf, objektiv nur geringe konzentrische Gesichtsfeldeinengung, Herabsetzung der Augenbindehautreflexe, beginnende Arteriosklerose, Puls 68—80. Rente auf 10% geschätzt. Dann 3 Jahre Arbeit in Pappfabrik. Juli 1905 Renteneinstellung. Januar 1906 angeblich Gehirnkrämpfe. 8. Februar 1906 Arbeitseinstellung. März 1906 wurde Morb. Basedowii, überlagert von Hysterie, festgestellt (Schilddrüsenvergrößerung, Exophthalmus, Pulsbeschleunigung, Stellwag und Möbius positiv).

3. Mechanische Traumen, Überanstrengung und Basedow.

Kopftraumen und Brusttraumen finden sich vereinzelt als auslösende Ursache eines Basedow angeführt, ebenso ein plötzliches Hervortreten von Basedowsymptomen nach körperlicher Überanstrengung. So berichtet Ziemssen über ein Mädchen, bei dem sich nach einer stürmisch durchtanzten Nacht in wenigen Tagen das Leiden entwickelte und nach 8 Monaten tödlich endete. Es handelt sich in solchen Fällen wohl stets um eine freilich oft ganz akute Verschlimmerung bei schon länger bestehender latenter Form, wie auch in der Beobachtung von Ditisheim, in welcher ein 26jähriger Lehrer nach einer Bergpartie mit Beklemmung, Herzklopfen und allgemeinem Unwohlsein erkrankte. Bei Kopf- und Brusttraumen wird die Abgrenzung schwierig sein, ob das mechanische Trauma als solches oder eine gleichzeitige Schreckeinwirkung das auslösende Moment bildet. Jedenfalls wird die Beurteilung des ursächlichen Zusammenhangs nach den gleichen Gesichtspunkten zu erfolgen haben, wie bei der Anerkennung durch Schreckunfall. Die Möglichkeit einer Entstehung des Leidens durch schwere mechanische Traumen des Schädels und der Brust kann jedenfalls nicht abgelehnt werden, wenn ein enges zeitliches Verhältnis besteht, zumal in der Regel eine gleichzeitige Schreckwirkung nicht ausgeschaltet werden kann.

Leniez[1]: a) Ein früher außer Malariaerkrankung stets gesunder Offizier fiel vom Pferd auf den Kopf. Einige Tage Bettruhe wegen Erscheinungen von Hirnerschütterung. Nach 2 Monaten wurden deutliche Zeichen von Basedow festgestellt (Abmagerung, Schilddrüsenschwellung, Tachykardie, Zittern), so daß der Beginn des Leidens sicher schon einige Zeit vor der Untersuchung zurücklag.

b) 33jähriger Offizier erlitt leichte Hirnerschütterung durch Fall vom Pferd. Einen Monat später rasche Abmagerung und Auftreten sonstiger typischer Basedowsymptome.

Finkelnburg (eigene Beobachtung):

Ein 36jähriger Arzt, der 1 Jahr vorher von mir wegen Aufnahme in eine Lebensversicherung genau untersucht und gesund befunden worden war, auch speziell bezüglich Basedowerscheinungen, weil seine Mutter an Basedow gestorben war, stürzte am 18. Oktober 1904 mit Motorrad. 10 Minuten bewußtlos. Von Schreckeinwirkung wußte er nichts zu berichten, da der Fall ganz plötzlich kam durch Platzen des Gummis. 8 Tage Bettruhe wegen heftiger Kopfschmerzen, Erbrechen und Taumeln bei Geh- und Stehversuchen. Nach 14 Tagen Wiederaufnahme seiner Tätigkeit. 3 Wochen nach dem Unfall bemerkte er Zittern beim Schreiben, Herzklopfen nach dem Gehen und zunehmende Schlaflosigkeit. Er nahm sich 14 Tage Urlaub. Bei der Untersuchung 6 Wochen nach dem Unfall fand ich ausgesprochenen Basedow mit Glykosurie.

Sanitätsbericht der preuß. Armee vom 1. Okt. 1897/98.

Bei einem bis dahin gesunden Soldaten zeigten sich einige Wochen nach Hufschlag gegen die Brust die ersten Erscheinungen von linksseitigem Glotzauge mit pulsierendem rechten Schilddrüsenlappen.

4. Rentenabschätzung.

Sobald die Diagnose auf Basedowerkrankung sichergestellt ist, darf dem Kranken keine anstrengende Arbeit zugemutet werden, und ist Schonung von allen psychischen und sonstigen nervösen Reizen erforderlich. Dies gilt vor allem für solche Fälle, in denen eine stärkere Ruhetachykardie besteht. Die Erwerbsverminderung wird deshalb zwischen **50—75 %** schwanken und **100 %** betragen, sobald das Krankheitsbild voll entwickelt ist.

II. Myxödem und Unfall.

Ein ursächlicher Zusammenhang zwischen Myxödembildung und Unfall ist theoretisch in der Weise denkbar, daß durch Verletzung der Schilddrüse und anschließende Operation ein postoperatives Myxödem entsteht, oder daß eine traumatische oder metastatische Thyreoiditis — im Anschluß an infektiöse Prozesse nach Unfall — zu partieller Atrophie und Schädigung der Drüsenfunktion Anlaß gibt. Es sind Fälle mitgeteilt worden, in denen nach direkter Zerrung der Halsgegend durch Heben schwerer Lasten auf den Kopf eine Thyreoiditis entstanden sein soll. Metastatische Entzündungen sind nach Pneumonie, pyämischen Erkrankungen

[1]) Leniez, Zentralbl. f. d. Grenzgeb. d. Med. u. Chirurg. 1911, H. 7.

und anderweitigen akuten Infektionskrankheiten beschrieben worden. In der Literatur werden auch Erkältungen und Gemütsbewegungen als auslösende Ursachen von Myxödem angeführt. Man wird aber gutachtlich nur zugeben können, daß Gemütsbewegungen, ebenso wie auch andere den allgemeinen Kräftezustand schädigende Unfallereignisse (Fieber, Anämie), ein Myxödem verschlimmern können durch nervöse oder toxische oder nutritive Schädigung des ohnehin funktionsuntüchtigen Drüsenparenchyms.

Bornträger[1]) hat in einem Fall die dauernde Verschlimmerung eines Myxödems durch Armphlegmone anerkannt.

Einem 18jährigen Glasergesellen wurde 1881 wegen Kropfes die Schilddrüse völlig entfernt (?). Danach Myxödem. 1895 Verletzung am linken Daumen mit anschließender schwerer Phlegmone, welche vorn auf Unterarm-Oberarm, ja anscheinend noch auf den Rücken fortschreitet und zu zahlreichen Inzisionen bei 8monatlicher Krankenhausbehandlung Anlaß gibt. Während dieser Zeit verschlimmerte sich das Leiden bedeutend. Während W. vor dem Unfall arbeitsfähig gewesen war und anscheinend im wesentlichen nur eine gewisse Gedunsenheit des Gesichts und vielleicht auch der Arme gezeigt hat, bot er später das Bild schweren Myxödems: Haut und Schleimhäute sind blaßgelb, Gesicht, Hals, Brust, Arme sind stark aufgeschwollen. Der linke, verletzt gewesene Arm ist in dieser Weise viel stärker angeschwollen als der rechte. Im Verlauf der Behandlung hat sich dann das Myxödem zunächst wieder erheblich zurückgebildet, anscheinend wohl bis auf den vor dem Unfall bestehenden Grad, jedoch mit Ausnahme des linken Armes, der abnorm geschwollen geblieben ist (3 cm größer als rechts). Als Unfallfolge wurde zunächst die ganze Steigerung des Myxödems, später nur die dauernd gebliebene Schwellung des linken Armes angesehen, die B. ebenfalls als durch Myxödem bedingt auffaßt.

III. Tetanie und Unfall.

Wir wissen, daß das Zustandekommen einer Tetanie auf einer organisch oder funktionell ausgelösten Störung der Epithelkörperfunktion beruht. Alle Unfallvorgänge, die direkt oder indirekt, vorübergehend oder dauernd, die Epithelkörperchen schädigen, werden demnach als auslösende Ursachen einer Tetanie in Betracht kommen. Wir stellen uns vor, daß in solchen Fällen eine latente Tetanie auf der Grundlage eines konstitutionell abnormen Zustandes der Epithelkörper vorgelegen hat. Werden erhöhte Ansprüche an die Funktion gestellt durch infektiöse, toxische, psychische oder Kälteeinflüsse, so wird die relative Insuffizienz in das manifeste Stadium übergeführt. Nach den vorliegenden klinischen Erfahrungen sind es vor allem

a) traumatische postoperative Schädigungen eines oder beider Epithelkörper (Exstirpation, Quetschungen bei Operation), in deren Gefolge das typische Bild einer Tetanie auftreten kann. Traumen des Halses mit operativen Eingriffen und Verletzung der Epithelkörper sind demnach als Ursache einer Tetanie anzuerkennen, wenn sich die Erscheinungen in engem zeitlichen Anschluß hieran entwickeln.

b) Nach Infektionen verschiedenster Art ist das erstmalige Auftreten von Tetanie beobachtet worden. Man hat den Ausbruch der

[1]) Bornträger, Ärztl. Sachverst.-Ztg. 1900, S. 473.

Erkrankung in Verbindung mit Typhus, Angina, Pneumonie und anderen Infektionskrankheiten gesehen, und Chvostek[1]) hat nach künstlicher Einverleibung von Alttuberkulin eine ganz gesetzmäßige Steigerung der Krankheitserscheinungen oder ein Manifestwerden der Tetanie aus einem vollkommen latenten Stadium beobachtet. Ein Unfall kann also mittelbar durch Hervorrufen infektiöser Prozesse tetanieauslösend wirken.

c) Von Intoxikationen, die als Unfallursachen einer Tetanie in Betracht kommen, kennen wir die Chloroformnarkose und CO-Vergiftung. Tödlich verlaufende Tetanie ist unmittelbar nach CO-Intoxikation gesehen worden.

d) Magenerkrankungen traumatischen Ursprungs können schwere Tetanie verursachen. Gatzki[2]) hat eine solche Beobachtung mitgeteilt, in der nach einem Bauchtrauma ein retroperitoneales Hämatom entstanden war, das durch Kompression zu Pylorusverschluß, enormer Magendilatation und tödlicher Tetanie 4 Wochen nach dem Unfall geführt hat.

e) Starke pyschische Schreckwirkung kommt lediglich als auslösendes Moment für einen Tetanieanfall in Betracht. Es ist aber nicht bekannt, daß eine einmalige psychische Chokwirkung eine latente Tetanie in eine manifeste übergeführt hat.

Rentenabschätzung.

Jede Tetanie mit häufigeren Anfällen, vor allem wenn sie durch körperliche Anstrengungen ausgelöst werden, bedingt eine erhebliche Arbeitseinbuße, so daß die Rente auf **50—75 %** Erwerbsverminderung zu schätzen ist. Bei nur seltenen Anfällen genügen Renten von **25—40%**.

IV. Addisonsche Krankheit und Unfall.

Vorbemerkungen.

Nach neueren Untersuchungen von Wiesel[3]) steht fest, daß zum Zustandekommen des Morbus Addisonii nicht nur ein Funktionsausfall der Nebennieren allein in Betracht kommt, wie man bisher annahm, sondern daß auch das außerhalb der Nebennieren liegende chromaffine System (sympathisches Nervensystem) und akzessorische Nebennieren eine wichtige Rolle spielen. Dadurch ist der Schlüssel gegeben zu den früher unklaren Fällen mit schwerster Nebennierenerkrankung ohne Addison. Es ist nicht unbedingt erforderlich, daß das Hauptorgan des chromaffinen Systems, die Nebennieren, Sitz der anatomischen Erkrankung ist, sondern es genügt anscheinend in manchen Fällen zum Zustandekommen des Addisonschen Symptomenkomplexes eine Erkrankung des außerhalb der Nebennieren gelegenen Systems. Möglicherweise können aber von dem Nebensystem aus die Nebennieren reflektorisch mitgeschädigt werden.

---

[1]) Chvostek, Wien. klin. Wochenschr. 1905, S. 969 und 1907, S. 487, 625 u. 787.

[2]) Gatzki, Dtsch. Zeitschr. f. Chir. 67, 330. 1902.

[3]) Wiesel, Handbuch der Neurologie von Lewandowski 4, 364.

Für die Unfallbegutachtung ergibt sich aus diesen neueren Forschungsresultaten der Schluß, daß ein Trauma nicht nur auf dem Wege einer Verletzung der Nebennieren, sondern möglicherweise auch durch Schädigung des chromaffinen Systems außerhalb der Nebennieren zur Entstehung eines Addison beitragen kann. Tatsächlich spielen aber traumatische Verletzungen der Nebennieren und des übrigen Systems bei der Entstehung des Morbus Addisonii praktisch gar keine Rolle, da eine so ausgedehnte Zerstörung beider Nebennieren durch mechanische Traumen nicht vorkommen wird ohne gleichzeitige schwerste Verletzung anderweitiger Unterleibsorgane. Es muß jedenfalls bei der Entwicklung eines Addison einige Zeit nach Bauchtraumen oder allgemeiner Körpererschütterung ein ursächlicher Zusammenhang abgelehnt werden, falls nicht der autoptische Nachweis erbracht wird, daß beide Nebennieren oder ausgedehnte Teile des sympathischen Nervensystems (Grenzstrang, Plexus renalis) durch Blutungen, Quetschungen oder sekundär entzündliche Prozesse zerstört sind. Derartige Beobachtungen liegen bisher nicht vor.

Der vielfach zitierte Fall von Borrmann[1]), in dem ein Sturz vom Wagen mit der rechten Körperseite auf die Kante einer offenstehenden Kiste stattgefunden hat, ist ganz unsicher. Denn es ist als höchst unwahrscheinlich zu bezeichnen, daß die einseitige Rippenquetschung den Anstoß zu der bei der Obduktion gefundenen hyperplastischen Bindegewebswucherung beider Nebennieren geführt haben sollte, zumal die Nieren selbst beiderseits normal befunden wurden, also bei dem Trauma nicht einmal die am Ort der Gewalteinwirkung liegende Niere verletzt worden ist.

Borrmann: 31 jähriger gesunder Mann fiel von einem beladenen Mistwagen herunter mit der rechten Seite auf eine Kistenkante. Fraktur dreier Rippen mit langdauerndem Krankenlager. Nach einem halben Jahr kann Patient wieder arbeiten. Nach Verlauf eines Jahres braune Verfärbung der Haut. Langsame Verschlechterung des Allgemeinbefindens: Abmagerung, gastrische Krisen, Hinfälligkeit. 4 Jahre nach dem Unfall Tod an Addison. Die Obduktion ergibt als Hauptbefund eine Umwandlung beider Nebennieren in sehr große derbe Tumoren unter völligem Schwund der Nebennierensubstanz. Die bindegewebige Wucherung strahlt in das Zwerchfell und in das prävertebrale Gewebe aus, so daß auch die Sympathicusganglien größtenteils mit untergegangen sind. Die mikroskopische Untersuchung ergibt, daß keine Tumorbildung, sondern eine chronische, hyperplastische Bindegewebswucherung vorliegt.

V. Status thymico-lymphaticus und Unfall.

Der Status thymico-lymphaticus ist eine angeborene und vererbbare Konstitutionsanomalie, wobei sich anatomisch neben einem abnorm großen Thymus und hyperplastischen Lymphdrüsen und Milzvergrößerung noch charakteristische Befunde an anderen Organen erheben lassen, vor allem an den Geschlechtsorganen und am Gefäßsystem. Es hat sich herausgestellt, daß die sog. reinen Fälle, die nur Befunde am Thy-

[1]) Borrmann, Dtsch. Archiv f. klin. Med. 86.

mus und am Lymphgewebe erkennen lassen, selten sind. Häufiger finden sich daneben andere Organveränderungen, angeborene Enge des Aortensystems, Genitalhypoplasie, Mißbildungen am Darm, Besonderheiten am Skelett. Die minderwertige oder krankhafte Konstitution führt dazu, daß die Träger derselben gegenüber Reizen, die von dem normalen Organismus ohne weiteres ertragen werden, in abnormer pathologischer Weise reagieren, insofern eine besondere Vulnerabilität und Krankheitsbereitschaft besteht gegenüber Infektionen, Intoxikationen, mechanischen und psychischen Traumen. Man beobachtet nicht selten, daß anscheinend gesunde und kräftige Menschen, die an latentem Status thymico-lymphaticus leiden, ganz plötzlich sterben, entweder ohne nachweisbare äußere Veranlassung oder im Anschluß an geringfügige äußere Einwirkungen: im Bad, nach sexueller Erregung (beim Koitus), nach leichter Schreckeinwirkung, nach Diphtherie- oder Salvarsaninjektion, in der Narkose, nach geringfügigen Verletzungen. Es handelt sich bei diesen plötzlichen Todesfällen um ein akutes Versagen des Herzens, da die Herzen der lymphatisch konstituierten Menschen ebenso leicht versagen, wie die der organisch Herzkranken.

Für die Unfallbegutachtung ist das Vorkommen solcher Todesfälle bei lymphatischer Konstitutionsanomalie deshalb von besonderer Bedeutung, weil bei einem plötzlichen Tod während der Arbeit von seiten der Verwandten des Verstorbenen häufig die Unfallfrage aufgerollt wird. Es wird ein an sich oft harmloses und bedeutungsloses Betriebsereignis, wie stärkere Anstrengung, Kälte- oder Hitzeeinwirkung, leichtes mechanisches Trauma, als Ursache des Todes angeschuldigt. Es ist in derartigen Fällen mit autoptisch festgestelltem Status lymphaticus die Aufgabe des Sachverständigen, in seinem Gutachten darauf hinzuweisen, daß beim Vorhandensein einer lymphatischen Konstitution schon die alltäglichen Einwirkungen des gemeinen Lebens genügen können, um den plötzlichen Tod herbeizuführen. Maßgebend für die Anerkennung eines ursächlichen Zusammenhangs zwischen Tod bei Status lymphaticus und Unfall darf also niemals allein der Nachweis des zeitlichen Zusammentreffens des Todes mit einem Betriebsvorgang sein. Es muß vielmehr gerade in diesen Fällen einwandfrei erwiesen sein, daß der Unfall nicht in einem Betriebsvorgang bestanden hat, wie ihn die Gefahr des gemeinen Lebens häufig mit sich bringt (einfaches Ausgleiten, leichter Stoß einer Extremität, einfache Durchnässung, Arbeit am heißen Ofen), sondern daß eine außergewöhnliche Chokwirkung mechanischer oder seelischer Art kurz vor dem Tode stattgefunden hat. Nur wenn der plötzliche Tod im Anschluß an eine Verbrennung, schmerzhafte Verletzung, starke Schreckwirkung, in Narkose wegen Unfallfolge, oder im Verlauf eines durch Unfall entstandenen infektiösen Prozesses (Panaritium, Phlegmone) erfolgt ist, wird man gutachtlich anerkennen müssen, daß der Unfall eine wesentlich mitwirkende Rolle für den plötzlichen Eintritt des Todes gespielt hat.

VI. Osteomalazie und Trauma.

Es liegen einige Beobachtungen vor, in denen der Entstehung der Krankheit ein mechanisches Trauma, Beckenverletzung, Oberschenkelbruch oder starke Kälteeinwirkung, vorausging und ein Unfallzusammenhang angenommen worden ist. Jeder Erklärungsversuch, wie eine periphere Verletzung zu einer Knochenerweichung des ganzen Skeletts führen kann, muß angesichts unserer Unkenntnis über die Pathogenese der Osteomalazie rein hypothetisch bleiben. Es besteht in allen diesen Fällen der Verdacht, daß ein rein zufälliges zeitliches Zusammentreffen vorgelegen hat, oder daß die Diagnose auf Osteomalazie nicht einwandfrei gewesen ist beim Fehlen eines autoptischen Befundes:

Thiem[1]): Osteomalazie nach Schenkelhalsbruch?

Eine bis zum Unfall gesunde Frau zog sich durch Fall auf ebener Erde einen linksseitigen Schenkelhalsbruch zu; 13 Wochen nach dem Unfall konnte Th. außer dem recht gut verheilten Bruch nichts Abnormes feststellen. Allmählich verschlechterte sich aber der Gang, und Messungen ergaben, daß das linke verletzte Bein kürzer geworden war. Nach 1 Jahr Verschlimmerung durch Schmerzen in dem früher gesunden rechten Bein. Die Röntgenuntersuchung ergab rechts einen Befund wie bei Coxa vara. Einige Wochen später entwickelte sich ein großer Buckel auf der Brust. Die Wirbelsäule zeigte jetzt einen großen, in der Mitte am stärksten nach hinten vorspringenden runden Buckel.

Jaboulays[2]): Osteomalazie nach Schlag gegen linke Leistengegend?

42jähriger Mann bemerkte nach einem Schlag gegen die linke Leistengegend Abnahme der Kräfte, Schmerzen in den Beinen und wurde kleiner und krummer. 4 Jahre später infolge leichten Falles Bruch des linken Oberarms und Oberschenkels. Zunehmende Wirbelsäulenverkrümmung, Knochenbrüchigkeit, so daß der Kranke 5 Jahre nach Beginn des Leidens ganz bettlägerig wurde (60 Knochenbrüche). Im 6. Jahr nach dem Trauma Tod. Durch Obduktion wurde die Diagnose auf Osteomalazie bestätigt.

Schede und Graff: Osteomalazie nach Kälteeinwirkung?

39jähriger, früher anscheinend gesunder Arbeiter mußte 10—30 Minuten in kaltem Wasser schwimmen, um sein Leben zu retten. Er suchte bald darauf wegen heftiger „rheumatischer" Schmerzen einen Arzt auf. Zunehmende Arbeitsunfähigkeit und allmähliche Entwicklung eines Buckels, deren Beginn 4—5 Monate nach dem Unfall datiert wurde; $^4/_5$ Jahr nach dem „Unfall" ganz arbeitsunfähig. Schede stellte die Diagnose auf Osteomalazie und nahm Entstehung des Leidens durch die plötzliche Durchnässung des wahrscheinlich erhitzten Körpers an.

VII. Akromegalie und Unfall.

Die Pathogenese der Akromegalie wird von der einen feststehenden Tatsache beherrscht, daß in allen genau untersuchten Fällen eine Veränderung der Hypophyse makroskopischer oder mikroskopischer Art vorgelegen hat. Es handelt sich fast immer um einen Tumor der

[1]) Thiem, Monatsschr. f. Unfallheilk. 5, 309.

[2]) Jaboulays, Zentralbl. f. inn. Med. 1909, Nr. 4.

Hypophysis, um ein typisches Epitheliom oder Adeno-Epitheliom. Selten sind bei Akromegalie nur zirrhotische Veränderungen, Zysten, Nekrosen, Hämorrhagie gefunden worden. Ganz unsicher ist es, welche besondere Art von innerer Sekretionsstörung bei den genannten Hypophysisveränderungen eine Akromegalie hervorruft, ob eine Hyperfunktion oder eine Hypofunktion der Hypophysis mit einfach verminderter Sekretion, oder ein Fehlerhaftwerden der Absonderung, eine Dysfunktion, anzunehmen ist.

Für die Beurteilung der Frage, ob ein Unfall überhaupt bei der Entstehung einer Akromegalie eine Rolle spielen kann oder ein schon bestehendes Leiden zu verschlimmern vermag, muß uns die Tatsache als Ausgangspunkt dienen, daß in der überwiegenden Mehrzahl der Fälle eine Geschwulstbildung der Hypophyse der Akromegalie zugrunde liegt. Jeder Unfall, der nach unseren jetzt gültigen Anschauungen als geeignet anzusehen ist, eine Tumorbildung im Gehirn auszulösen, also jedes stärkere Kopftrauma, wird auch als mögliche mitwirkende Entstehungsursache einer Hypophysenneubildung mit Akromegalie anerkannt werden müssen.

In zweiter Linie sind die Beziehungen rein psychischer Traumen zur Hypophysenfunktion zu berücksichtigen. Die Hypophyse ist eine Blutdrüse mit innersekretorischer Tätigkeit. So wird man die Möglichkeit nicht ohne weiteres ablehnen können, daß eine starke psychische Chokwirkung ihre Funktion bei vorhandener Disposition in andere Bahnen zu lenken vermag, wie wir ja auch bei anderen Blutdrüsen, der Schilddrüse und den Epithelkörpern, eine ungünstige Beeinflussung ihrer Tätigkeit durch starke Schreckwirkung auf Grund klinischer Erfahrungen anerkennen. Außerdem wissen wir noch gar nicht, ob die Hypophyse jedesmal den primären Ausgangsort der akromegalischen Veränderung bildet, so daß es sehr wohl möglich ist, daß auf nervösem Wege, ebenso wie bei anderen innersekretorischen Drüsen, eine pathologische Funktionssteigerung oder Verminderung ausgelöst werden kann. Eindeutige Beobachtungen über Akromegalie nach psychischen Traumen liegen freilich bisher nicht vor. Denn in keinem der mitgeteilten Fälle von Akromegalie nach Schreckunfall hat vorher eine neurologische Untersuchung stattgefunden. Und in einzelnen Beobachtungen ist ein gleichzeitiges mechanisches Trauma erfolgt (Pel), so daß eine Tumorbildung möglich ist.

Mechanische Traumen als auslösendes oder verschlimmerndes Moment einer Akromegalie.

Periphere Traumen an Extremitäten und Rumpf kommen als mitwirkende Entstehungs- oder Verschlimmerungsursache einer Akromegalie nicht in Frage, es sei denn, daß gleichzeitig eine erhebliche allgemeine Körpererschütterung und Hirnerschütterung stattfindet. Denn es ist ganz abzulehnen, daß ein einfaches peripheres Trauma eine Geschwulstbildung der Hypophyse verursacht.

Kopftraumen, die mit einer erheblichen Gehirnerschütterung verlaufen und durch diese oder durch Schädelbruch die Hypophyse schädigen, werden dagegen durch Auslösung einer Hypophysenneubildung oder durch Blutungen, Zystenbildung oder zirrhotische Prozesse der Drüse als ursächliches Moment für eine Akromegalieentstehung in Betracht kommen können. Es ist auch zuzugeben, daß durch Kopftraumen ausgelöste Blutungen in einer latenten Hypophysengeschwulst diese zu schnellerem Wachstum anregen können.

Allgemeine Körpererschütterung wird nur dann als wesentlich mitwirkende Ursache einer Geschwulstbildung der Gland. pituitaria in Betracht kommen, wenn gleichzeitig nachweislich eine Hirnerschütterung stattgefunden hat (Bewußtlosigkeit, Erbrechen, Pulsverlangsamung).

In der Begutachtungspraxis darf ein ursächlicher Zusammenhang zwischen Schädeltraumen oder Körpererschütterung und Akromegalie anerkannt werden, wenn die gleichen Bedingungen erfüllt sind, wie sie auch für die traumatische Entstehung anderweitiger Gehirntumoren gefordert werden.

a) Nachweis eines erheblichen Schädeltraumas mit Zeichen einer Commotio cerebri oder einer Hirnverletzung.

b) Allmähliche Entwicklung der Zeichen einer Hypophysengeschwulst, bitemporale Hemianopsie, Kopfschmerz, Schwindel, im Lauf von Wochen oder mehreren Monaten bei einem vorher anscheinend gesunden Individuum. Liegen mehr als 1—2 Jahre dazwischen, so ist ein Zusammenhang wegen der Möglichkeit eines zufälligen Zusammentreffens von Akromegalie mit länger zurückliegendem Unfall als unsicher und unwahrscheinlich zu bezeichnen.

c) Verschlimmerung ist anzunehmen, wenn bei schon bestehenden Erscheinungen eines Hypophysentumors vor dem Unfall die Herd- und allgemeinen Hirndrucksymptome und die für Akromegalie charakteristischen Zeichen sich in auffällig schnellem Tempo fortentwickeln bei bis dahin langsamer Verlaufsweise der Krankheit.

Bisher finden sich nur ganz wenige Beobachtungen, in denen man vielleicht die Möglichkeit eines Zusammenhangs zwischen Kopftrauma und Entstehung bzw. Verschlimmerung des Leidens zugeben kann. Da die Akromegalie sich in der Regel ganz schleichend entwickelt, so wird man niemals das Bestehen der Erkrankung vor dem Trauma mit hinreichender Sicherheit ausschalten können.

Unverricht[1]): 31jähriger Mann fiel Juni 1887 40—50 m tief auf ein Dach und erlitt Verstauchung des linken Arms und Kreuzes; 1889 wurde ärztlich bei Klagen über Kopfschmerzen, Schwindel, Flimmern nichts Krankhaftes festgestellt und der besonders kräftige „Hünenbau" des Mannes betont. Trotzdem konnte er wegen seiner Beschwerden seine Arbeit nicht wieder aufnehmen. In

[1]) Unverricht, Münch. med. Wochenschr. 1895, daselbst Literatur u. bei Mendel: Unfall- u. Nervenheilk. 1908, Berlin.

der Folgezeit bemerkte er an sich ein Stärkerwerden der Glieder ohne Fettsucht. Oktober 1895 fand Unverricht eine typische Akromegalie mit Hemianopsie.

Rieder und Bollinger sahen Akromegalie nach einem Hufschlag gegen den Kopf im 10. Lebensjahr, nach dem sich allmählich die Krankheit entwickelt haben soll.

Marinesco beschrieb Akromegalie bei einer 30jährigen Patientin, bei der sich im 25. Lebensjahr annähernd $^1/_2$ Jahr nach einem Fall aus der 2. Etage eine Vergrößerung der Extremitäten und des Gesichts entwickelte und die Menses sistierten. Die Kranke litt seit ihrem 22. Lebensjahr an Epilepsie.

Fünfzehntes Kapitel.

Wundinfektionskrankheiten und akute Infektionskrankheiten.

I. Sepsis und Unfall.

Für die Entstehung einer Sepsis und Pyämie, also einer allgemeinen Blutinfektion des Körpers mit Eitererregern durch einen Betriebsvorgang, kommen folgende Möglichkeiten in Betracht.

1. Verletzungen während der Betriebsarbeit.

Hierbei können die Eitererreger entweder a) sofort bei der Verletzung durch Stich-, Schnitt-, Rißwunde durch den verletzenden Gegenstand in die Wunde gelangen oder b) erst nachträglich bei ungenügender Versorgung der Verletzung und längerem Offenbleiben der Wunde.

Für die Unfallbegutachtung ist es gleichgültig, ob bei einer vernachlässigten Arbeitsverletzung die nachträgliche Infektion der Wunde bei der Betriebsarbeit oder außerhalb des Betriebes stattfindet. Denn in beiden Fällen handelt es sich um eine entschädigungspflichtige Unfallsepsis. Für die Anerkennung eines ursächlichen Zusammenhangs ist also in derartigen Fällen nur der sichere Nachweis erforderlich, daß die Verletzung im Betrieb erfolgt ist, und das ist in erster Linie Aufgabe der unfalltechnischen Behörde.

2. Verletzung außerhalb des Betriebs.

Eine unabhängig von der Betriebsarbeit entstandene Verletzung kann bisweilen erst später während der Betriebsarbeit infiziert werden und eine Sepsis hervorrufen. Es bildet dann das Hineingelangen der Sepsiserreger in die Wunde bei der Betriebsarbeit einen Unfall. Für die Anerkennung eines ursächlichen Zusammenhangs von nachträglicher Wundinfektion mit der Arbeit ist also der sichere oder wahrscheinliche Nachweis erforderlich, daß die Wundinfektion durch die Betriebstätigkeit verursacht worden ist. Die sichere Entscheidung, ob die Infektion außerhalb oder innerhalb des Betriebes entstanden ist, wird freilich meistens gar nicht möglich sein. Für die Anerkennung, daß die Infektion bei der Betriebsarbeit eine größere Wahrscheinlichkeit für sich hat, dienen dem Begutachter die Feststellungen:

a) daß nach der Besonderheit der Betriebsarbeit, — Handhabung mit Schmutz, Dünger, Staub oder Arbeiten in Abfuhrkanälen, Sumpf, Schlamm —, die Gefahr einer Wundinfektion an den Extremitäten oder im Gesicht, durch Kratzen der beschmutzten Hände, erhöht war gegenüber der Infektionsmöglichkeit des gewöhnlichen Lebens. Denn man wird zugeben müssen, daß durch derartige Arbeiten, namentlich mit Durchnässung der Haut, bereits verklebte und verschorfte Wunden wieder aufweichen und sich abschürfen können, so daß die Gelegenheit für das Eindringen der Erreger bei der Beschäftigung mit Schmutz eine besonders große ist.

b) Die längere Betätigung im Betrieb, wenn z. B. bei landwirtschaftlicher Arbeit der größere Teil des Tages von der Betriebsarbeit ausgefüllt ist, wird es bis zu einem gewissen Grad wahrscheinlicher machen, daß eine Infektion während der Arbeit stattfinden konnte. Wenn aber in Zukunft die Arbeitszeit nur auf 8 Stunden beschränkt bleiben sollte, so daß der Verletzte in seiner übrigen freien Zeit sich in größerem Maße mit anderweitiger eigener Arbeit betätigen kann, so wird man keinesfalls von einer erhöhten Ansteckungsgefahr lediglich auf Grund der Arbeitsdauer im versicherungspflichtigen Betriebe sprechen können.

3. Sepsis durch Insektenstich bei der Arbeit.

Nicht jeder zu Blutvergiftung führende Insektenstich während der Betriebsarbeit wird als Unfall anerkannt. Ein Betriebsunfall liegt nur dann vor, wenn der Erkrankte durch seine Betriebstätigkeit der Gefahr, durch ein giftiges Insekt gestochen zu werden, in wesentlich höherem Maße ausgesetzt gewesen ist. Eine gewisse erhöhte Betriebsgefahr liegt vor:

a) wenn im Betrieb selbst oder in dessen unmittelbarer Umgebung verwesende oder eiterhaltige Stoffe sich befinden (Tierkadaver, Abdeckerei, Tierställe, Tümpel mit Abortwasser, septische Stationen der Krankenhäuser). Dadurch kann einmal eine vermehrte Anwesenheit von Insekten verursacht werden, zweitens eine erhöhte Gefahr der Übertragung von Eitererregern durch den Insektenstich bestehen. So hat eine R. E. einen Insektenstich bei einem Steinbrucharbeiter als Betriebsunfall anerkannt, weil sich in dem Steinbruch nachweislich Wassertümpel mit verwesenden Stoffen und sogar Tierkadaver befanden, wodurch eine besondere Anziehung und Brutstätte schädlicher Insekten und damit eine erhöhte Stichgefahr bedingt worden sei.

b) Die Unmöglichkeit zur hinreichenden Abwehr der Insekten infolge der Betriebsarbeit bildet ebenfalls eine erhöhte Gefahr, gestochen zu werden. Dem hat eine Entscheidung Rechnung getragen, indem sie bei einem Kutscher einen Insektenstich als Unfall erklärt hat, weil durch Pferde Insekten in großer Zahl angezogen werden, namentlich im Sommer und beim Fahren durch Wald, und weil der Kutscher durch Achten auf die Pferde und Führung von Peitsche und Zügel einer erhöhten Betriebsgefahr ausgesetzt war, da er weniger in der Lage war, die ihn umschwirrenden Insekten abzuwehren.

4. Sepsis durch spontanes Rezidiv oder durch Mobilisierung eines älteren, abgekapselten Narben- oder sonstigen Eiterherdes infolge von Trauma (Quetschung, Erschütterung).

Es ist bekannt, daß in den nach Eiterung zurückbleibenden Hautmuskelnarben und nach Eiterprozessen an inneren Körperorganen lange Zeit, bis zu Jahren, Eitererreger virulent lagern können, so daß entweder spontan nach Wochen oder Monaten erneute Narbeneiterung auftritt oder im Anschluß an ein Trauma, durch welches das abschließende Narbengewebe gesprengt wird.

a) Wenn die Eiterquelle nachweislich auf eine frühere Verletzung zurückzuführen ist, so wird natürlich auch die Spätsepsis eine Unfallfolge darstellen, auch wenn eine besondere äußere Veranlassung für das akute Aufflackern der Eiterung mit Blutinfektion nicht nachweisbar ist.

b) Wenn die eitererregerhaltige Narbe nicht durch früheren Unfall entstanden ist, so wird trotzdem eine durch traumatische Mobilisierung der Erreger verursachte Sepsis einen Unfall darstellen, da es sehr wohl möglich ist, daß die durch narbige Prozesse abgekapselt liegenden Bakterien ohne das Trauma dauernd latent geblieben wären. Es müssen aber im letzten Fall strengste Anforderungen an den Nachweis gestellt werden, daß der Unfall direkt die Narbe getroffen hat, und daß in engem zeitlichem Anschluß daran die Sepsis aufgetreten ist.

5. Sepsis infolge Weiterverbreitung einer vorhandenen Eiterinfektion durch Betriebsarbeit.

Eine außerhalb des Betriebs entstandene Wundeiterung kann durch die Arbeit im Betrieb wesentlich verschlimmert werden. Zur Bekämpfung einer Entzündung (Panaritium, Lymphangitis) pflegt man das Glied vor jeder Erschütterung oder Überanstrengung zu hüten, damit nicht die Entzündungserreger in die umgebenden Blut- und Lymphbahnen hineingetrieben werden. Es kann also schon die gewöhnliche alltägliche Arbeitsverrichtung genügen, um einen vorhandenen eitrigen Prozeß so zu verschlimmern, daß es zur Sepsis kommt. Eine Unfallverschlimmerung einer Eiterinfektion darf deshalb nur dann angenommen werden, wenn nachweislich ein direktes mechanisches Trauma an der Erkrankungsstelle stattgefunden hat. Dagegen kann eine Verschlimmerung einer Eiterung durch Sepsis, die ohne mechanisches Trauma, lediglich durch Fortführung der Arbeit an Stelle von Schonung erfolgt, nicht als Unfallfolge anerkannt werden. Denn einmal kann jede Eiterung in natürlicher Fortentwicklung und ohne besondere Veranlassung jederzeit zu einer Blutvergiftung führen. Zweitens wird man die Verschlimmerung einer bestehenden örtlichen Eiterung während der Arbeit so gut wie niemals mit der erforderlichen Sicherheit auf einen zeitlich eng umschriebenen Abschnitt der Arbeit zurückführen können.

II. Wundrose (Erysipel).

Eine ursächliche Beziehung zwischen Wundrose und Betriebsunfall liegt vor, wenn

1. eine im Betrieb entstandene offene Verletzung den Ausgangspunkt für ein Erysipel bildet, wobei es für die Anerkennung als Betriebsunfall gleichgültig ist, ob die Wundinfektion sofort bei der Verletzung durch einen Fremdkörper erfolgt oder erst später bei der Arbeit in oder außerhalb des Betriebes;
2. die Infektion im Krankenhaus stattfindet, wobei der Nachweis einer erhöhten Ansteckungsgefahr erbracht werden muß: Zusammenliegen mit Erysipelkranken oder in einem Krankensaal, in dem vorher ein Erysipelkranker gelegen hat, oder wenn notorisch in dem Spital häufiger Erkrankungen an Rose vorkommen bei sanitär unvollkommenen Einrichtungen (älteres Krankenhaus mit Tapeten an den Wänden, die eine Desinfektion erschweren usw.).
3. Tritt Rose ohne nachweislich direkte Betriebsverletzung auf, wie das durch unscheinbare Kratzeffekte bei der Arbeit nicht selten geschieht, und werden gleichwohl Ersatzansprüche erhoben, so darf ein ursächlicher Zusammenhang mit der Betriebsarbeit nur dann bejaht werden, a) falls durch die Besonderheit der Arbeit mit starkem Schwitzen, starker Staubentwicklung ein erhöhter Juckreiz erfahrungsgemäß ausgelöst wird, und b) falls der Erkrankte den weit größeren Teil des Tages im Betrieb tätig ist, z. B. in der Landwirtschaft. Hat er dagegen nur wenige Stunden Betriebsarbeit zu verrichten, und ist er die größere Zeit zu Hause, so muß es abgelehnt werden, daß die Betriebsarbeit eine wesentlich größere Gefahr für eine Infektion geboten hat, als das alltägliche Leben sie mit sich bringt. Es wird hier nur von Fall zu Fall entschieden werden können.

III. Wundstarrkrampf (Tetanus).

Eine Tetanusinfektion setzt immer eine offene Verletzung der Haut oder Schleimhaut voraus. Eine einfache Körpererschütterung oder subkutane Traumen oder Erkältungen und Durchnässungen ohne sonstige Folgezustände an inneren Organen (sog. rheumatischer Tetanus) können nicht als zur Entstehung eines Wundstarrkrampfs geeignete Unfallschädigungen gutachtlich anerkannt werden. Es ist bisher auch nicht erwiesen, wenn auch theoretisch nicht abzulehnen, daß von erkrankten Schleimhäuten des Darms oder der Bronchien aus eine Tetanusinfektion erfolgen kann, falls Tetanusbazillen durch Verschlucken oder Einatmung an verletzte Schleimhautstellen gelangen. In allen solchen Fällen, in denen wegen des Nachweises von Tetanusbazillen in Lungen oder Darm die Schleimhaut als Ausgangsort der Infektion angenommen wurde, wird der nicht zu widerlegende Einwand erhoben werden können, daß eine vorherige und unbeachtet gebliebene kleine Hautverletzung die Eingangspforte gebildet hat, die zur Zeit des Ausbruchs des Tetanus längst verheilt war. Jedenfalls wird man vorerst die Unfallentstehung eines Tetanus nach stumpfen Brust- oder Bauchtraumen mit hypothetischen Schleimhautläsionen höchstens als möglich, aber niemals als wahrscheinlich bezeichnen dürfen.

Als Unfallursachen eines Tetanus kommen demnach nur in Betracht:

1. Mechanische Verletzungen der Haut oder äußeren Schleimhäute (Lippen, Mund, Nase, Mastdarm, Magen), wobei die Erreger durch den verletzenden Gegenstand (Holzsplitter, Nagel, Hacke, Biß) oder erst nachträglich durch Verunreinigung der Wunde mit bazillenhaltiger Erde, Staub, Tiermist in den Körper hineingelangen.

2. Infektion durch nicht genügend sterilisierte Gelatine, die aus Gründen einer Unfallverletzung subkutan injiziert wurde.

Die Anerkennung eines ursächlichen Zusammenhangs zwischen Tetanus und Unfall wird von der Erfüllung folgender Bedingungen abhängig zu machen sein:

a) Die Verletzung muß nachweislich im Betrieb erfolgt sein. Ob die Infektion sofort bei dem Unfall oder erst später durch Verunreinigung der Wunde in oder außerhalb des Betriebs erfolgt, ist gleichgültig, da in beiden Fällen eine Unfallerkrankung anzuerkennen ist.

b) Nach Möglichkeit ist durch Untersuchung exzidierter Teile der Wunde und Narbe (schon vor der Erhebung von Unfallansprüchen) oder des verletzenden Gegenstandes auf Bazillen der Nachweis zu erheben, daß eben die Unfallverletzung den Ausgangspunkt für den Tetanus gebildet hat. Bisweilen gelingt noch nach längerer Zeit (in Roses Fall nach 21 Tagen) der Nachweis der Erreger direkt oder durch Kultur- bzw. Tierversuch.

c) Die Inkubationszeit muß eine genügend lange sein, insofern der Ausbruch des Tetanus mindestens 4—10 Tage nach der Verletzung im Betrieb erfolgt. Treten also schon innerhalb der ersten ein- bis zweimal 24 Stunden ausgesprochene Tetanussymptome auf, so ist ein Zusammenhang mit der Verletzung als unwahrscheinlich abzulehnen. Dagegen bildet eine längere Zwischenzeit von mehreren Wochen bis zum Beginn der klinischen Erscheinungen keinen Gegengrund für eine Anerkennung, da die Inkubationszeit sehr verschieden lang ist und sich nach Lexer bis auf 60 Tage ausdehnen kann.

IV. Wutkrankheit Lyssa humana.

Die Tollwut wird fast ausschließlich durch den Biß kranker Tiere übertragen. Am häufigsten erkranken Hunde (auch Wölfe), seltener Rinder, Pferde, Schafe, Katzen. Eine durch Biß eines wutkranken Tieres im Betrieb erfolgte Infektion mit dem noch unbekannten Virus wird als Betriebsunfall anerkannt. Eine weitere Beziehung zwischen Trauma und Lyssa kann unter Umständen dadurch in Frage kommen, daß geltend gemacht wird, daß eine Gehirnerschütterung oder sonstige schwere allgemeine Erschütterung des Zentralnervensystems den Ausbruch der Erkrankung bei einem anscheinend mit Erfolg geimpften Menschen ausgelöst habe.

Derartige, von Pfister[1]) mitgeteilte Beobachtungen sind aber durchaus nicht eindeutig. Da gerade nach der Schutzimpfung eine lange Inkubationszeit beobachtet wird, so wird man durchaus nicht ablehnen können, daß die

[1]) Pfister, Münch. med. Wochenschr. 1904, Nr. 35.

Erkrankung auch ohne erfolgtes Kopftrauma aufgetreten wäre, selbst wenn bis zu dem Unfall schon eine Reihe von Monaten verflossen sind. In dem Fall von Pfister kam das Leiden erst $3^1/_2$ Monate nach einem schweren Schlag gegen den Kopf und 6 Monate nach dem Biß zum Ausbruch. Bei einer solchen längeren Zwischenzeit zwischen Kopftrauma und Auftreten der Erkrankung muß sicherlich in erster Linie ein zufälliges zeitliches Zusammentreffen von Trauma mit Tollwuterkrankung angenommen werden. Nur bei einem engen zeitlichen Zusammenhang, wenn schon nach wenigen Tagen der Ausbruch der Tollwut nach Gehirn-Rückenmarkserschütterung erfolgt ist, wird man dem Unfall eine gewisse auslösende Rolle nicht absprechen dürfen.

Die Anerkennung einer ursächlichen Entstehung von Tollwut durch Biß eines tollen Hundes im Betrieb ist nicht abhängig von einem gewissen Zeitpunkt des Auftretens der Erkrankung. Denn die Inkubation schwankt zwischen Tagen bis zu 2 und mehr Jahren. Nach Chantemesse[1]) erkrankte ein Gebissener, welcher einer nicht wirksamen Schutzimpfung unterworfen war, erst 26 Monate nach der Ansteckung. Nicolaier[2]) gibt als kürzeste Frist 13 Tage an, man wird aber wohl kaum berechtigt sein, eine früher als 13 Tage nach Biß eines nachweislich tollwütigen Hundes aufgetretene Wutkrankheit als Unfall abzulehnen.

V. Scharlach.

Bei den unter der Bezeichnung „Wundscharlach" mitgeteilten Beobachtungen handelt es sich nur zum allerkleinsten Teil um echte Scharlachinfektion, sondern meist nur um ein scharlachähnliches Exanthem bei Sepsis. Hoffa[3]) hat mit Recht verlangt, daß bei der Differentialdiagnose zwischen den bei Sepsis, Pyämie oder Erysipel auftretenden scharlachähnlichen Exanthemen und echtem Scharlach letztere Erkrankung nur dann anzunehmen ist, wenn neben dem charakteristischen Exanthem noch mindestens einzelne andere Scharlachkrankheitserscheinungen nachweisbar sind: typisches Fieber, Angina, Schwellung der Submaxillardrüsen, Abschuppung, Nephritis. Nur in ganz seltenen Fällen ist einwandfrei das Auftreten eines echten Scharlach im Anschluß an eine äußere Verletzung oder an Operationswunde festgestellt worden, wie in der Eigenerkrankung Leubes, bei dem sich am 7. Tage nach einer Fingerverletzung, bei der Obduktion eines schweren Scharlachs, das typische Krankheitsbild entwickelte, mit Ausgang des Exanthems von der Verletzungsstelle aus.

Weitere Fälle von Strubel mit Erkrankung am 13. Tag nach einer Fingerverletzung und von Bernstein[4]) ebenfalls nach Fingerverletzung mit Lymphangitis müssen schon als zweifelhaft bezeichnet werden. Letzterer namentlich deshalb, weil der Ausschlag nicht von der Verletzungsstelle sich ausbreitete, sondern nur flüchtig an Brust und Beinen erschien

[1]) Chantemesse, zit. bei Nicolaier, Handb. d. ger. Med. 4.
[2]) Nicolaier l. c.
[3]) Hoffa, Volksmanns Vorträge Nr. 292.
[4]) Bernstein, Ärztl. Sachverst.-Ztg. 1908, S. 242.

und erst nach Auftreten einer Scharlachangina erneut auftrat, und weil die gleichzeitige Erkrankung von zwei Geschwistern viel eher den Gedanken an eine gemeinsame Infektion von den Tonsillen aus als Eingangspforte durch das Dienstmädchen nahelegt, das 8 Tage vorher in ihrem von Scharlach befallenen Heimatsdorfe gewesen war. Meistens wird es, auch wenn dem Scharlach kurz vorher eine Verletzung vorausgegangen ist, zweifelhaft bleiben, ob wirklich der Scharlach von der äußeren Wunde ausgegangen ist. Und man wird auch an die Frage, ob eine vorausgegangene Verletzung begünstigend für den Ausbruch einer Scharlachinfektion gewirkt hat, nur dann herantreten, wenn durch schwere Verletzung oder operative Eingriffe die Widerstandsfähigkeit des Organismus wesentlich geschwächt worden ist (hohes Fieber, Mund-Rachenkatarrh usw.).

Der ursächliche Zusammenhang zwischen Scharlacherkrankung und Verletzung bzw. Operation wird nur dann mit großer Wahrscheinlichkeit bejaht werden dürfen, wenn

1. zwischen Verletzung und Auftreten des Exanthems eine Inkubationszeit bestanden hat (mehrere Tage),
2. das Exanthem von der Verletzungsstelle seinen Ausgang genommen und sich dann in typischer Weise auf den übrigen Körper ausgedehnt hat;
3. das Exanthem vor anderen Symptomen aufgetreten ist. Letzteres ist aber durchaus nicht ein absolutes Erfordernis, denn in dem Fall von Leube trat die Angina vor dem Exanthem am verletzten Arm auf. Es ist also möglich, daß die Tonsillen, auch wenn sie nicht die Eingangspforte des Virus sind, doch eine Prädilektionsstelle für das Gift bilden.

Scharlach als mittelbare Unfallfolge kommt dann in Frage, wenn sich ein Unfallkranker während des von der Berufsgenossenschaft angeordneten Krankenhausaufenthaltes infiziert und der Nachweis erbracht wird, daß er durch die besonderen Verhältnisse im Krankenhaus einer erhöhten Ansteckungsgefahr ausgesetzt gewesen ist.

VI. Pocken (Variola).

Eine Pockenerkrankung als Betriebsunfall liegt dann vor, wenn

1. die Ansteckung im Krankenhaus erfolgt ist, das der Erkrankte wegen anderweitiger Unfallfolgen aufsuchen mußte, und in dem zufällig besondere Gelegenheit zur Ansteckung bestand,
2. die Infektion nachweislich durch Beschäftigung mit infektiösem Arbeitsmaterial entstanden ist und zu derselben Zeit anderweitige Pockenfälle in der Umgebung des Kranken nicht vorgekommen sind. So erkrankte ein Hechler an Variola, der mit der Bearbeitung ausländischen Flachses beschäftigt gewesen war, der aus einem Land stammte, in dem echte Pocken herrschten.

VII. Influenza.

Eine Influenzaerkrankung mit lebensgefährlichen Komplikationen (Pneumonie) kann als mittelbare Unfallfolge in Betracht kommen, wenn die Infektion im Krankenhaus stattgefunden hat. Der Nachweis der erhöhten Ansteckungsgefahr im Spital muß aber erbracht werden: also enges Zusammenliegen mit Influenzakranken, bei denen die Erkrankung in besonders bösartiger Form aufgetreten ist und bei besonders ungünstigen hygienischen Verhältnissen im Krankenhaus. Von Wichtigkeit ist auch der Umstand, ob der im Spital Erkrankte aus einem entfernter liegenden Ort stammt, in dem noch keine Influenza geherrscht hatte.

VIII. Angina und Mandelentzündung.

Die Entstehung einer Angina mit ihren oft schweren Komplikationen (Nephritis, Arthritis acuta, Sepsis mit Halsphlegmone) während eines Krankenhausaufenthaltes ist mehrfach als entschädigungspflichtige Unfallfolge anerkannt worden. Zweitens werden Kälteeinflüsse, außergewöhnliche Staub- oder reizende Gaseinatmungen als wesentlich mitwirkende Hilfsursachen einer Angina gelten müssen. Denn alle akut schädigenden Unfalleinwirkungen, die Störungen an dem Kapillarnetz der Rachen- und Tonsillarschleimhaut hervorrufen, bilden begünstigende Momente für die Ansiedelung und Entwickelung von Strepto- und Staphylokokken, die bereits in der Mundhöhle vorhanden sind oder kurz nachher hineingelangen.

IX. Akuter Gelenkrheumatismus und Unfall.

(Polyarthritis rheumatica, gonorrhoischer Gelenkrheumatismus, septischer Gelenkrheumatismus.)

Da der akute Gelenkrheumatismus eine Infektionskrankheit ist, so können stumpfe Gelenktraumen und Erkältungen oder Durchnässungen, Überanstrengungen bei der Arbeit nicht als Entstehungsursache, sondern nur als auslösendes Moment in Frage kommen.

1. Stumpfe Gelenktraumen und Erschütterungen eines Gliedes.

Es muß die Möglichkeit zugegeben werden, daß direkte Gelenktraumen oder starke Erschütterungen eines Gliedes durch Stoß, Schlag, Quetschung, durch Blutungen oder sonstige Verletzungen der Gelenkkapsel einen günstigen Ansiedelungsboden für das zufällig im Körper kreisende, noch unbekannte Virus des akuten Gelenkrheumatismus schaffen können. Dasselbe gilt für die Entstehungsmöglichkeit einer akuten gonorrhoischen Gelenkentzündung durch mechanische Traumen, und zwar sowohl im akuten Stadium der Gonorrhoe, als auch bei chronischer Trippererkrankung. Da die Gefahr besteht, daß ein schon beginnender Gelenkrheumatismus erst durch die bei einem Trauma auftretenden stärkeren Schmerzen dem Kranken zum Bewußtsein kommt und deshalb irrtümlich auf den Unfall zurückgeführt wird, so müssen strenge Anforderungen hinsichtlich eines ursächlichen Zusammenhangs gestellt werden:

a) Der Erkrankte muß nachweislich bis zum Unfall regelmäßig volle Arbeit geleistet haben ohne Klagen über Gelenkbeschwerden.
b) Das Trauma muß nachweislich in einer direkten Verletzung eines Gelenks oder in einer sehr erheblichen Erschütterung eines Gliedes bestanden haben. Eine einfache allgemeine Erschütterung des Körpers (Kopftrauma, Fall auf Brust, Rücken oder Gesäß) genügt nicht für eine Anerkennung.
c) Die Erkrankung muß zuerst in dem vom Unfall betroffenen Gelenk oder Glied aufgetreten sein.

d) Der Beginn der Erkrankung muß in engem zeitlichem Anschluß an den Unfall erfolgen. In den bisherigen Beobachtungen hat sich das Leiden innerhalb von 24 Stunden bis zu 10 Tagen nach dem Trauma entwickelt. Man wird aber die zeitliche Grenze nicht zu eng ziehen dürfen, da es sehr wohl möglich ist, daß nach einem Gelenktrauma die Verletzungsfolgen (Bluterguß, Einrisse der Kapsel, seröser, zunächst nicht infektiöser Erguß) längere Zeit bestehen und eine nachträgliche akute Infektion des Gelenks ermöglichen, wenn später bei Angina oder auf sonstigen Wegen die Erreger der Polyarthritis und der Gonokokkus in das noch weniger widerstandsfähige Gelenk hineingelangen. Bei einem längeren Intervall von Wochen oder gar Monaten wird ein ursächlicher Zusammenhang mit einer späteren akuten Polyarthritis aber nur dann als wahrscheinlich bezeichnet werden dürfen, wenn bis zum Hinzutreten des akuten Gelenkrheumatismus in dem traumatisch geschädigten Gelenk dauernd Krankheitserscheinungen bestanden haben, und zwar nicht nur Schmerzen, sondern auch objektive Zeichen der Verletzung (Gelenkschwellung, Versteifung, Schneeballenknirschen).

Beispiele von akuter Mono- und Polyarthritis ausgelöst durch stumpfe Traumen.

R. Bernstein[1]), Fall I: 38jähriger Bauer glitt beim Heruntersteigen von einem Dach aus und knickte mit dem linken Fuß im Sinne einer Pronation um. Nach 2 Stunden Aussetzen der Arbeit wegen zunehmender Schmerzen. Es fand sich Schwellung und Druckschmerz am linken Fußrücken. Nach 4 Tagen traten unter Fieber Schwellung und Schmerzen im linken Handgelenk, am 5. Tag im rechten Kniegelenk (gleichzeitig systolisches Geräusch am Herzen), am 6. Tag im linken Knie- und rechten Sprunggelenk auf. Am 11. Tag nach dem Unfall waren unter Salizylbehandlung alle Gelenke wieder frei außer dem linken Handgelenk.

Fall V: 18jähriger Arbeiter schlägt mit dem linken Knie heftig auf die Bohlenlage eines Baugerüstes auf, arbeitet aber trotz Schmerzen noch 6 Tage lang. Es fand sich bei der Aufnahme ein deutlicher Erguß im linken Kniegelenk. 3 Tage später traten unter Fieber Schmerzen, Hautrötung und Schwellung am linken Fuß- und Großzehengelenk auf, in den folgenden Tagen in den Schultergelenken und rechtem Kniegelenk. Unter Salizylbehandlung Heilung.

Bosek: Bei einem 12jährigen Mädchen traten nach einer Zerrung des linken Fußgelenkes nach anfänglichem Rückgang der Schmerzen am 6. Tag von neuem Schmerzen, Fieber, dann Schwellung des Fußgelenks und beider Knie ein.

Grünbaum[2]): Ein Tag nach einem Hammerschlag auf die Hand trat eine schmerzhafte Schwellung unter fieberhaften Allgemeinerscheinungen auf. In dem Gelenkerguß wurden Gonokokken nachgewiesen bei dem Kranken, der sich kurz zuvor eine Tripperinfektion zugezogen hatte.

2. Akuter Gelenkrheumatismus nach infizierter Hautwunde oder Gelenkverletzung.

Wenn im Anschluß an infizierte Hautverletzungen oder eitrige Gelenkverletzungen eine fieberhafte allgemeine Gelenkerkrankung auftritt, so handelt es sich in der Regel um eine septische Allgemeininfektion, eine Pyämie mit Beteiligung der Gelenke. Ob eine Wundinfektion

[1]) Bernstein, Zeitschr. f. klin. Med. 42. 1901.

[2]) Grünbaum, Monatsschr. f. Unfallheilk. 1904, S. 1.

auch ohne Pyämie einen echten akuten Gelenkrheumatismus auszulösen vermag, wissen wir nicht, da wir die Erreger des Gelenkrheumatismus nicht kennen. Da aber von manchen Forschern die akute Polyarthritis auf eine Infektion durch abgeschwächte Eiterkokken zurückgeführt wird, so wäre es immerhin denkbar, daß bei einer milde verlaufenden Infektion einer Haut- oder Gelenkverletzung ein echter akuter Gelenkrheumatismus auftreten könnte, ohne daß klinisch das Bindeglied einer allgemeinen septischen Infektion hervortritt. Es kommen jedenfalls nicht so selten strittige Fälle vor, in denen die pyämische Natur der einige Zeit nach einer Wundinfektion akut einsetzenden Polyarthritis nicht sichergestellt ist, ohne daß man deshalb berechtigt wäre, einen Zusammenhang mit der Wunde abzulehnen. Für die Begutachtungspraxis ist es wichtig, daß die akute Polyarthritis nach der Wundinfektion nicht in unmittelbarem Anschluß aufzutreten braucht, sondern erst nach einem längeren Intervall, wobei dann aber erforderlich ist, daß als Bindeglied an der Verletzungsstelle noch ein länger dauernder Reizzustand bestanden haben muß. Derartige Beobachtungen liegen von Kissinger und Thiem vor. Thiem hat in seinem Fall den Zusammenhang mit dem Unfall zunächst abgelehnt, später aber anerkannt, auf Grund der Einwände von Fürbringer und Stern gegen seinen Ablehnungsbescheid.

Thiem[1]): Bei einem 22jährigen Tischler trat nach einer Drahtnadelverletzung des linken Mittelfußes eine Zellgewebsentzündung in der Umgebung des Wundkanals auf. Der Verletzte nahm nach 8 Tagen seine Arbeit wieder auf, hatte aber während der folgenden 9 Wochen, da er ständig arbeitete, Schmerzen im Fuß. 10 Wochen nach dem Unfall entwickelte sich eine Gelenkentzündung des linken Sprunggelenks nebst Anschwellung des ganzen Fußrückens, wobei an der verletzten Stelle Rötung und Schwellung bestand. Gleichzeitig traten Schmerzen im Genick und Schwellungen anderer Gelenke auf. Das RVA. erkannte auf Grund eines Obergutachtens von Prof. Gerhardt den Zusammenhang mit der Wundinfektion an.

Kissinger[2]): 40jähriger Hauer zog sich eine Weichteilwunde am linken Handrücken zu, mit Zerreißung der Strecksehnen des 4. und 5. Fingers und Eröffnung mehrerer Handwurzelgelenke. Zunächst trat Eiterung und Schwellung in der Umgebung der Wunde auf (nach Sehnennaht), jedoch erfolgte nach 5 Wochen Heilung der Wunde. Nach weiteren 13 Tagen traten Schmerzen im Handrücken und im rechten Kniegelenk mit Schwellung und leichtem Fieber auf. Allmähliche Heilung unter Salizylbehandlung.

3. Kälteeinwirkungen und Durchnässungen.

Als auslösende Gelegenheitsursache einer akuten Polyarthritis rheumatica werden von den meisten Autoren auch Erkältungen, wie überhaupt schroffe Temperaturschwankungen angeführt. Als Betriebsunfall kann aber eine Kälteeinwirkung oder Durchnässung nach Überhitzung bei der Arbeit nur dann bei der Entwicklung eines akuten Gelenkrheumatismus anerkannt werden, wenn die Erkrankung in unmittelbarem Anschluß an außergewöhnliche kurz dauernde (bis zu mehreren Stunden) Kälteeinwirkungen aufgetreten ist.

---

[1]) Thiem, Handbuch I, S. 446.

[2]) Kissinger, Klin. Vortr. N. F. 281.

Fürbringer[1]) hat Unfallerkrankung angenommen bei einem Manne, der an einem stürmischen Dezembertage mehrfach seine Arbeitsstätte in einer Malzdarre mit hoher Temperatur wechseln mußte, mit offenem Maischraum und kaltem Luftzug. In einem Fall von Thiem[2]) wurde Gelenkrheumatismus als Unfallfolge nach Erkältung anerkannt bei einer 28 jährigen Witwe, die von der Arbeit erhitzt auf den Hilferuf ihres Jungen in das kalte Wasser gesprungen war und 3 Tage darauf an vielfachem Gelenkrheumatismus erkrankte.

Dagegen bilden Erkältungen infolge Erhitzung oder Durchnässung bei der Arbeit, wie sie vor allem in landwirtschaftlichen Betrieben, im Eisenbahndienst, bei Seeleuten alltäglich vorkommen, keinen Betriebsunfall.

4. Körperliche Überanstrengung.

Einmalige körperliche Überanstrengung kann nur dann als Hilfsursache für die Entstehung einer rheumatischen oder gonorrhoischen Arthritis in Betracht kommen, falls durch eine gleichzeitige übermäßige gewaltsame Gelenkbewegung (Distorsion oder Verstauchung) Kapsel- oder Bändereinrisse mit Blutungen verursacht worden sind, die eine Ansiedlung von Infektionserregern ermöglichen. Es ist also der Nachweis erforderlich, daß eine Gelenkkapselschädigung bei der Überanstrengung tatsächlich erfolgt ist (Schwellung, Gelenkerguß, starke Schmerzhaftigkeit), und daß im Anschluß an diese innerhalb der nächsten Tage in dem betreffenden Gelenk die Entzündung aufgetreten ist und dann erst weitere Gelenke ergriffen hat. Man hat auch versucht, eine chronische Überanstrengung eines Gliedes als Unfall in Beziehung zum akuten Gelenkrheumatismus zu bringen, indem in den Gelenken eines durch Knochenbruch geschädigten Gliedes infolge von Mehrleistung bei dem Gebrauch eine erhöhte Disposition für Gelenkrheumatismus bestehen soll. Das ist aber ganz unerwiesen. Man wird im Gegenteil annehmen dürfen, daß ein verletztes Glied infolge der Beschwerden beim Gebrauch besonders geschont wird, wie dies in der Regel der Muskelschwund beweist.

5. Rückfälle bei einem durch Trauma erstmalig ausgelösten Gelenkrheumatismus.

Treten bei einem akuten Gelenkrheumatismus, dessen erstmalige Entstehung auf ein Trauma zurückzuführen ist, Rezidive auf, so sind die erneuten Anfälle nur dann als Unfallfolge anzuerkennen, wenn sie innerhalb der Rekonvaleszenz zustande kommen, also innerhalb der ersten 2 bis 3 Wochen nach dem ersten Krankheitsschub. Es wird nur in einem solchen Fall die Möglichkeit bestehen, daß die Krankheit noch nicht völlig erloschen war. Das häufige Auftreten einer akuten Polyarthritis bei einem Menschen beruht auf einer besonderen Disposition, die in der Körperbeschaffenheit des Erkrankten begründet ist. Jede spätere Erkrankung ist eine Krankheit für sich, da ein Trauma höchstens als einmalige Hilfsursache bei der Entstehung eines akuten Anfalls, aber nicht als Ursache für eine dauernd erhöhte Disposition für die Erkrankung in Betracht kommt. Es wäre allenfalls eine erhöhte örtliche Disposition durch ein Trauma

[1]) Fürbringer XVII, 28, Obergutachten.
[2]) Thiem, Handb. d. Unfallerkr. 1, 86.

denkbar, wenn vom ersten Anfall in einem Gelenk schwerere Veränderungen zurückgeblieben sind, und gerade dieses Gelenk bei den Rezidiven zuerst erneut erkrankt.

X. Osteomyelitis und Unfall.

Unfallschädigungen kommen nicht nur als direkte Entstehungsursache von Osteomyelitis in Betracht, indem eine offene Verletzung mit hinzutretender Infektion als Eingangspforte für eitererregende Mikroorganismen in den Körper dient. Auch anderweitige Unfälle, wie stumpfe Traumen der Gelenke und Knochen, starke Kälteeinwirkungen, körperliche Überanstrengungen, scheinen bisweilen als auslösende Hilfs- und Gelegenheitsursache beim Zustandekommen der Erkrankung eine Rolle zu spielen. In letzteren Fällen sind die Erreger der Knochenmarksentzündung bereits im Körper vorhanden oder gelangen nachträglich in das geschädigte Gewebe.

1. Osteomyelitis nach offenen Verletzungen.

Die Erkrankung wird durch verschiedene Eitererreger, vor allem Staphylo- und Streptokokken, hervorgerufen, so daß jede Betriebsverletzung mit hinzutretender Infektion (Furunkel, Panaritium, Phlegmone) als Ausgangspunkt für eine Knochenentzündung dienen kann. In den Fällen von anscheinend primärer Entwicklung einer akuten Osteomyelitis hat es sich wahrscheinlich um geringfügige zur Zeit des Auftretens der Erkrankung abgeheilte Verletzungen gehandelt. Der zeitliche Abstand zwischen Unfallverletzung und Beginn der Osteomyelitis kann verschieden lang sein. Meistens treten die ersten Erscheinungen schon einige Tage (1—10 Tage) nach der Wundinfektion auf. Bisweilen vergehen aber auch mehrere Wochen. Solange eine örtliche Entzündung an der Verletzungsstelle noch nicht ganz abgeheilt ist, kann von dieser aus jederzeit eine Verschleppung der Erreger ins Knochenmark erfolgen. Jordan[1]) sah bei einem 14jährigen Knaben 3 Wochen nach Abheilen eines Nackenfurunkels Osteomyelitis im rechten Unterschenkel. Die Verletzung braucht gar nicht erheblich zu sein, denn auch nach Hautabschürfung mit mäßiger örtlicher Entzündung ohne Fieber kann die Erkrankung sich einstellen.

2. Stumpfe Traumen und Erschütterung der Knochen und Gelenke als unmittelbar auslösende Ursache einer Osteomyelitis.

Das Auftreten einer Knochenmarksentzündung wird bisweilen in unmittelbarem Anschluß an direkte stumpfe Traumen oder Erschütterung der Extremitäten beobachtet. Wir müssen annehmen, daß in solchen Fällen die Eitererreger durch vorausgegangene Verletzung oder auf oft unbekannten Wegen (leichte Angina) entweder schon in dem Knochen latent vorhanden waren oder im Blut kreisten. Das Trauma mit Erschütterung gibt dann zu Kreislaufstörungen oder kleinen Blutungen an umschriebener Stelle am Knochenmark oder Gelenk Anlaß, wodurch erst eine Ansiedelung oder schnelle Ausbreitung der Erreger ermöglicht wird. Es genügt eine starke Erschütterung eines Gliedes ohne Knochenbruch — durch Stoß, Schlag,

[1]) Jordan, Beitr. z. klin. Chir. 10, H. 3.

Fall auf Füße oder Arme — zur Auslösung einer akuten Osteomyelitis. Die durch die Gewalteinwirkung verursachten Beschwerden brauchen auch nicht so erheblich zu sein, daß der Verletzte die Arbeit sogleich aussetzt. Die Latenzperiode zwischen Trauma und Hervortreten der Krankheit ist selten länger als einige Tage oder 1 Woche. Man wird auch bei einer längeren Zwischenzeit bis zu mehreren Wochen (3—4) einen Zusammenhang nicht als ganz unwahrscheinlich bezeichnen dürfen, sofern nur dauernd Beschwerden mit Arbeitsbehinderung in dem verletzten Glied bestanden haben. Denn die Knochenmarksentzündung kann sich bei milder Infektion allmählich entwickeln, so daß einige Zeit vergeht, bis sie klinisch nachweisbar wird. Außerdem ist es möglich, daß eine Knochenschädigung durch stärkere Quetschung sich lange hinzieht, so daß noch nach 1—2 Wochen eine Spätinfektion erfolgen kann.

Engel[1]): 24 jähriger Packer erlitt am 1. September 1905 beim Verladen schwerer Teppichballen einen Schlag gegen die rechte Kniegelenksgegend und arbeitete bis zum Abend. Am nächsten Morgen mäßige Schwellung und zunehmende Schmerzen. Am 3. September Bettruhe und Diagnosestellung auf Gelenkrheumatismus. Am 5. September Vereiterung des rechten Kniegelenks, allgemeine Blutvergiftung und große Furunkel an beiden Wangen.

Kramer[2]): 12 jähriger Junge fällt 10—20 Tage nach Überstehen einer eitrigen Fingerverletzung auf die linke Hüfte. Danach bettlägerig, nach 10 Tagen Eiterherd im linken Schenkelhals.

3. Ältere Knochen- und Gelenkverletzung als begünstigendes Moment für später auftretende Osteomyelitis.

Eine Knochen- oder Gelenkverletzung (ohne gleichzeitige offene Wunde) kann mittelbar die Entwicklung einer Osteomyelitis begünstigen, dadurch, daß der Knochenbruch oft noch viele Wochen hindurch einen locus minoris resistentiae für Eitererreger bildet. Gelangen diese längere Zeit nach dem Knochen- oder Gelenktrauma auf irgend eine Weise in den Körper (Verletzung in oder außerhalb des Betriebes, Angina, Furunkel, also ohne Unfallereignis), so bedingt die Bruchstelle eine Lokalisierung der Erreger und die Entstehung der Osteomyelitis an dem früher verletzten Glied. Obwohl also die Infektionsquelle an sich nicht durch den Unfall entstanden ist, so ist die Osteomyelitis gleichwohl als Unfallfolge anzuerkennen, da ja erst durch die ältere Knochenverletzung die Spätinfektion des Knochenmarks ermöglicht worden ist.

Kaufmann[3]): Osteomyelitis 9 Monate nach Oberarmbruch im Anschluß an Angina.

52 jähriger Mann zog sich am 12. Mai 1909 eine rechtsseitige Schulterverrenkung und Bruch des Oberarms im chirurg. Hals zu. Am 14. Tag operative Entfernung des abgebrochenen Humeruskopfes. Ende Juni war er hergestellt und befand sich wohl bis Anfang Januar 1910. Im Anschluß an Mandelentzündung

[1]) Engel, Med. Klin. 1908, Nr. 8.
[2]) Kramer, zit. nach Thiem 1, 431.
[3]) Kaufmann, Handb. d. Unfallmedizin 2, 46.

mit hohem Fieber klagte er sofort über Schmerzen in der rechten Schulter. Am 12. Januar 1910 eröffnete K. einen großen Abszeß mit streptokokkenhaltigem Eiter.

Kaufmann: Osteomyelitis 16 Monate nach Unterarmbruch im Anschluß an Hautverletzung.

Arbeiter erleidet am 23. Juni 1894 einen Bruch des rechten Unterarms. Am 16. November 1895 zog er sich beim Steineabladen eine geringe Hautabschürfung am rechten Zeigefinger zu. Nachher phlegmonöse Entzündung der Bruchstelle und Vereiterung.

4. Kälteeinwirkung als auslösende Ursache einer Osteomyelitis.

Die Möglichkeit läßt sich nicht ganz ablehnen, daß starke Temperaturschwankungen, wie z. B. Fall in kaltes Wasser, Durchnässung und starke Abkühlung nach Überhitzung, sowohl durch Hervorrufen einer Angina, wie auch durch Auslösung von Kreislaufstörungen in einer Extremität die Entstehung einer Osteomyelitis begünstigen können. Der erforderliche Grad von Wahrscheinlichkeit, daß eine Kälteeinwirkung als Gelegenheitsursache der Erkrankung anzusehen ist, wird aber nur dann vorliegen, wenn erstens die Abkühlung eine außergewöhnlich erhebliche war, und zweitens die Knochenentzündung gerade in den von der Kälteeinwirkung betroffenen Gliedmaßen im engen zeitlichen Anschluß an diese eingetreten ist. So hat Ullmann[1]) eine Beobachtung mitgeteilt, in der ein junger Mann an Osteomyelitis erkrankte, nachdem er kurz vorher beim Schlittschuhlaufen mit einem Fuß ins kalte Wasser fiel, aus dem er herausgezogen werden mußte.

Senn[2]): 13jähriger Knabe, der den ganzen Nachmittag bei sehr warmer Witterung geheut und sich erhitzt hatte, trat nachher beim Waschen eines jungen Ochsen bis zur Brust in 6—9° kaltes Flußwasser. Als er nach 3 Minuten das Wasser verließ, fröstelte er stark und klagte über Schmerzen in der rechten Hüfte. Es folgte Schüttelfrost. Am folgenden Tag versuchte Patient Klee heimzuschaffen, mußte aber nach Hause gefahren werden, weil Fieber und Schmerzen zunahmen. Nach 10 Tagen Osteomyelitis des oberen Femurrandes festgestellt und Gelenkkopf entfernt. Als Unfall anerkannt (die sehr schnelle Entwicklung macht es wohl wahrscheinlicher, daß die Erkrankung schon bestanden hat, als die Kälteeinwirkung erfolgte).

5. Osteomyelitis und Überanstrengung.

Es ist erwiesen, daß in seltenen Fällen nach Anstrengungen bei sehr muskelkräftigen Menschen Knochenbrüche und Abrisse von Knochenteilen vorkommen, welche die Ansatzpunkte von Muskeln und Sehnen bilden, ohne daß sich sonstige krankhafte Veränderungen an den Knochen vorher oder nachher nachweisen lassen (Knochensyphilis, Knochenzysten, Knochenbrüchigkeit infolge Erkrankung des Rückenmarks). Derartige Muskelrißbrüche des Knochens ereignen sich besonders im Schaftteil bei Leuten, welche durch Sport oder schwere Arbeit an den gebrochenen Gliedteilen eine ungewöhnlich kräftige Muskulatur haben (Thiem). Auf Grund solcher Beobachtungen wird man es nicht ganz ablehnen können, daß eine plötz-

[1]) Ullmann, Beitr. z. Lehre von der Osteomyelitis. Wien 1891.
[2]) Senn, M. M. 15, 93, zit. nach Kaufmann 2, 44.

liche ruckartige Muskelanstrengung, wie sie beim Schleudern eines schweren Balkens, Eisenbahnschiene, Heben einer schweren Last stattfindet, mit einer stärkeren Zerrung und Erschütterung des Knochens einhergeht, und daß dadurch auch das Knochenmark geschädigt und die Lokalisation von Krankheitserregern ermöglicht werden kann. Meistens wird es sich freilich in Fällen von angeblicher Auslösung einer Osteomyelitis durch eine Muskelanstrengung um das erste Hervortreten von Schmerzen bei schon vorher vorhanden gewesener Knochenmarksentzündung handeln. Es ist deshalb die allergrößte Zurückhaltung bei der Annahme eines ursächlichen Zusammenhangs von „Überanstrengung und Osteomyelitis" geboten. Also nur Fälle von außergewöhnlicher Überanstrengung, die auf eine bestimmte Stelle örtlich schädigend eingewirkt haben, und das Auftreten der Erkrankung grade an dieser Stelle gestatten, die Zusammenhangsfrage mit einer gewissen Wahrscheinlichkeit zu bejahen.

Thiem[1]): 26jährige Frau verspürte nach etwa $1^1/_2$stündigem Dreschen mit Handdreschflegel heftige Schmerzen im Brustbein. Am 5. Tage trat dort eine eitrige Knochenmarkentzündung auf (Berufskrankheit, nicht Unfall).

Salomon[2]): 29jähriger Mann erkrankt nach morgendlichen anstrengenden Ruderübungen abends an Schüttelfrost und heftigen Schmerzen im Brustbein. Es entwickelte sich daselbst eine akute Osteomyelitis. Tod am 10. Tag nach Durchbruch des Abszesses in den vorderen Mittelfellraum.

6. Osteomyelitis nach Kohlenoxydvergiftung.

Es liegt eine Beobachtung von Ziehe und Munk[3]) vor, in der sich nach CO-Vergiftung eine jauchige Knochenentzündung des Schädelknochens entwickelt hat. Ob es sich dabei um eine toxische Knochenmarksschädigung gehandelt hat oder um infektiöse Osteomyelitis, steht wegen des Fehlens einer bakteriologischen Untersuchung nicht fest. Man wird aber jedenfalls zugeben müssen, daß eine CO-Vergiftung durch die dabei häufigen Blutungen und Ernährungsstörungen der verschiedensten Körpergewebe auch das Knochenmark gegenüber im Körper kreisenden Eitererregern weniger widerstandsfähig machen kann.

XI. Typhus, Paratyphus und Unfall.

Der Versuch wird nicht so selten gemacht, eine Typhuserkrankung auf eine Betriebsarbeit zurückzuführen. Folgende Beziehungen zwischen einer Typhusinfektion und Betriebsunfall sind möglich.

1. Infektion mit Typhuskeimen durch Fall bei der Arbeit ins Wasser, das nachweislich Bazillen enthält. Es ist in strittigen Fällen nicht unbedingt erforderlich für die Anerkennung eines ursächlichen Zusammenhangs, daß in dem beim Fall verschluckten Wasser die Typhusbazillen nachgewiesen sind. Vielmehr genügt es, wenn das betreffende Gewässer sonst als Typhusquelle verdächtig ist, oder wenn die Entstehung sonstiger Typhuserkrankungen durch seinen Genuß als sichergestellt, bzw. höchstwahrscheinlich gilt.

---

[1]) Thiem, Handb. d. Unfallerkr. 1, 423.
[2]) Salomon, Schmidts Jahrb. 1882, Bd. I.
[3]) Ziehe und Munk, Amtl. Nachr. 1903, S. 584.

Riedel[1]): Ein in die Trave gefallener Arbeiter, dem dabei das Wasser über dem Kopf zusammenschlug, erkrankte etwa 10 Tage später an deutlichen Typhuserscheinungen und starb schließlich an Lungenentzündung. Da seit Jahren das Travewasser als typhusverseucht galt, und bei Typhuserkrankung von Kindern mehrfach mangels anderer Ursachen das Spielen und Baden in der Trave als wahrscheinliche Infektionsquelle angenommen wurde, so wurde gutachtlich anerkannt, daß auch der Fall ins Wasser als Entstehungsursache des Typhus nicht abgelehnt werden könne, obwohl nicht erwiesen war, daß an der Unfallstelle das Travewasser Bazillen enthielt.

2. Infektion durch Genuß des von der Betriebsverwaltung gelieferten Wassers oder von Nahrungsmitteln, z. B. bei Seeleuten (Fleisch- und sonstige Nahrungsmittel-Vergiftung).

3. Infektion von Arbeitern im Betrieb durch Mitarbeiter, die an ambulantem Typhus erkrankt oder gesunde Typhusbazillenträger sind. Eine solche Möglichkeit einer mittelbaren, durch den Betrieb verursachten Ansteckung gewinnt nur dann den erforderlichen Grad von Wahrscheinlichkeit, wenn die Typhusträger nachweislich in unmittelbare Berührung mit Nahrungsmitteln gekommen sind, die später von anderen Arbeitern im Betrieb genossen worden sind. Es genügt also keinesfalls allein die Tatsache, daß Arbeiter mit Typhusträgern zusammen gearbeitet haben, um damit eine erhöhte Betriebsgefahr anzuerkennen

4. Ansteckung mit Typhus während des Aufenthaltes in einem Krankenhaus, der wegen Unfallfolgen erforderlich war.

5. Erkrankung eines Typhusbazillenträgers an Typhus infolge Verletzung der Typhusbazillen enthaltenden Gallenblase. Seiler (Diss. Berlin 1910) hat einen solchen Fall beschrieben, in dem ein wegen Neurasthenie in der Charité behandelter Arbeiter am Entlassungstag einen heftigen Stoß gegen die Magengegend bekam und am nächsten Tag unter peritonitischen Erscheinungen erkrankte. Die Operation ergab eine durch Typhusbazillen bedingte Cholezystitis. 6 Tage später erneute Temperatursteigerung, die auf eine neue Typhusinfektion bezogen wurde, und Tod an Herzschwäche.

a) Grundsätze für die Anerkennung eines Zusammenhangs.

In allen Fällen, in denen eine Ansteckung infolge eines Vorgangs im Betrieb — Fall ins Wasser, Genuß von Wasser oder Lebensmitteln — oder eine Krankenhausinfektion behauptet wird, genügt es für eine Anerkennung nicht, wenn nach dem zeitlichen Auftreten und den sonstigen Umständen nur die Möglichkeit einer Betriebsinfektion besteht. Die gutachtliche Annahme, daß mit Wahrscheinlichkeit ein Betriebsunfall vorliegt, erscheint nur dann berechtigt, wenn für eine Typhusansteckung aus anderweitigen Gelegenheitsursachen keine hinreichenden Wahrscheinlichkeitsgründe sprechen. Herrscht dagegen z. B. eine Typhusepidemie zur Zeit der angeblichen Infektion im Betrieb, so werden sich die Möglichkeiten einer Ansteckung in und außerhalb des Betriebs die Wage halten, und man wird nicht eine Ansteckung durch einen Betriebsvorgang ohne zwingende Gründe für wahrscheinlicher erklären, sondern dahin entscheiden müssen, daß ein Zusammenhang nicht erwiesen ist. Das gleiche gilt für Typhuserkrankungen, die während des Aufenthaltes im Krankenhaus auftreten. Die Tatsache allein, daß ein Unfallverletzter in einem Krankenhaus an Typhus erkrankt, das während einer Typhusepidemie Typhuskranke beherbergt, ist

[1]) Riedel, Ref. Monatsschr. f. Unfallheilk. 1896, S. 155.

nicht hinreichend, um ohne weiteres das Auftreten der Erkrankung als mittelbare Unfallfolge anzuerkennen. Es muß vielmehr der Nachweis erbracht sein, daß der Erkrankte durch besondere Umstände, wie Zusammenliegen mit Typhuskranken im gleichen Saal, gemeinsames Pflegepersonal, Benutzung gemeinsamer Aborte, einer erhöhten Ansteckungsgefahr ausgesetzt gewesen ist. Denn es besteht sehr wohl die Möglichkeit, daß der Unfallverletzte auch während seines Aufenthaltes im Krankenhaus auf die gleiche Weise eine Ansteckung erfährt, wie dies bei einer herrschenden Epidemie außerhalb des Krankenhauses vorkommt (Besuche, mitgebrachte Lebensmittel, Wasser im Krankenhaus, das der gleichen Quelle entstammt wie das Wasser im ganzen Wohnort).

b) Größere Empfänglichkeit und verminderte Widerstandsfähigkeit gegenüber einer Typhuserkrankung (zu Hause oder während des Aufenthaltes im Krankenhaus) **infolge von anderweitigen Unfallfolgen.**

a) Größere Empfänglichkeit. Eine erhöhte lokale Empfänglichkeit für die Typhus- und Paratyphusinfektion wird ärztlich nur dann als möglich anzuerkennen sein, wenn als Unfallfolge eine chronische Schädigung des Magen-Darmkanals besteht (Achylia gastrica, chronische Enteritis, anderweitige ulzerative Prozesse im Darm), so daß man berechtigterweise annehmen kann, daß die natürlichen Schutzvorrichtungen des Körpers im Magen-Darmtraktus minderwertig waren.

b) Verminderte Widerstandsfähigkeit des Körpers gegenüber dem Typhusgift. Während nur in seltensten Fällen die eben erwähnte Möglichkeit in Frage kommt, daß durch Unfallfolgen die Entstehung des Typhus wesentlich begünstigt wird, kann die verminderte Widerstandsfähigkeit des Körpers gegenüber dem Typhuserreger infolge einer Schwächung des allgemeinen Kräftezustandes durch Unfallfolgen eine bedeutsame entschädigungspflichtige Rolle spielen. Man wird es nicht ablehnen können, daß ein Unfallkranker, dessen allgemeiner Kräftezustand durch schwere Unfallfolgen — Fieber, Eiterung, Blutverlust, Anämie, langes Krankenlager — wesentlich gelitten hat, oder bei dem bestimmte Organe durch Unfall schwer geschädigt sind — Herzmuskelerkrankung, Nierenentzündung, Lungentuberkulose usw. —, weniger günstige Chancen für den glatten Verlauf einer Typhuserkrankung besitzt als ein kräftiger gesunder Mensch. Es wird bei ihm die Lebensgefahr durch Komplikationen sicher größer sein (Nephritis, Herzschwäche), wenn einzelne Organe bereits erkrankt sind. Ein tödlicher Ausgang des Typhus durch Herzschwäche, Nephritis wird deshalb unter Umständen als mittelbare Unfallfolge anzusprechen sein. Der Gutachter wird aber gut tun, bei einem tödlichen Ausgang bei Typhus nur dann einen früheren Unfall als wesentlich mitwirkende Ursache anzuerkennen, wenn der schlechte Allgemeinzustand des Verletzten zur Zeit der Typhuserkrankung in ausgesprochenem Grade bestanden hat, oder wenn ein früher traumatisch entstandenes organisches Herz-Nierenleiden sicher erwiesen ist. Die nachträgliche Angabe der Verwandten, daß der Verletzte sich noch elend gefühlt, noch wenig arbeitsfähig gewesen sei und ähnliches genügt natürlich niemals, um eine wesentliche Begünstigung des tödlichen Ablaufs eines Typhus durch Unfallfolgen anzunehmen.

XII. Malaria.

Erkrankung an Malaria bildet ebensowenig wie andere klimatische Erkrankungen an sich einen Betriebsunfall. Letzterer kommt nur dann in Frage, wenn z. B. ein versicherungspflichtiger Angestellter ins Ausland geschickt und dort durch Stich einer Anophelesmücke infiziert wird. Das RVA. hat anerkannt, daß eine solche Auslandsreise in ihrer ganzen Dauer eine erhöhte Betriebsgefahr bedingt. Ferner kann Malariainfektion als Unfall anzuerkennen sein, falls durch außergewöhnliche Vorkommnisse, wie Übernachtenmüssen im Freien ohne Schutznetze, eine erhöhte Ansteckungsgefahr verursacht worden ist. Auch eine Unfallverschlimmerung ist möglich dadurch, daß durch ein Trauma der Milzgegend ein erneutes Aufflackern einer seit langer Zeit anfallfreien Malaria ausgelöst wird.

Chauffard[1]) sah 2 Tage nach einem Stoß gegen die Milzgegend ein Tertianafieber bei einem Mann auftreten, der früher mehrere Jahre in den Kolonien an Malaria gelitten hatte. Thiem zitiert den Fall eines 38jährigen Mannes, welcher 8 Jahre frei von Malariaerscheinungen gewesen war, und bei dem nach einer Quetschung der Milzgegend die Milz anschwoll und 4 typische Fieberanfälle auftraten.

XIII. Gelbfieber.

Die Ansteckung an Gelbfieber durch Aufenthalt in einer Gegend, die den Versicherten (Seemann) einer erhöhten Infektionsgefahr durch Moskitostiche aussetzt, gilt nicht als entschädigungspflichtiger Betriebsunfall. Ein solcher liegt nur dann vor, wenn durch besondere Vorkommnisse bei der Arbeit eine gegenüber der gewöhnlichen Tätigkeit größere Gefahr der Ansteckung verursacht worden ist. So ist durch RE.[2]) Gelbfieber als Unfall anerkannt worden bei einem Schiffsjungen, der nach kurzem Umschaufeln von Schiffsballast, der aus einem verseuchten Flußbett stammte, an Gelbfieber erkrankte, während vorher auf der 14tägigen Fahrt nach Barbados kein Krankheitsfall vorgekommen war.

XIV. Cholera und Ruhr (epidemische Ruhr und Amöbenenteritis).

Für die Anerkennung einer Cholera- und Ruhrerkrankung als unmittelbare oder mittelbare Unfallfolge sind dieselben Gesichtspunkte maßgebend wie beim Unterleibstyphus. Da eine Infektion beider Erkrankungen nur durch den Mund erfolgt, so bestehen folgende Möglichkeiten einer Ansteckung während der Betriebsarbeit:

1. Fall in durchseuchtes Wasser mit Verschlucken von Wasser oder Beschäftigung in infiziertem Wasser, wobei durch ungenügende Reinigung der Hände die Erreger in den Mund gelangen können.
2. Trinken von verseuchtem Wasser im Betrieb oder Genuß von Nahrungsmitteln, die der Betrieb liefert, falls diese nachweislich mit früher oder kurz nachher an Ruhr oder Cholera Erkrankten in Berührung gekommen sind.

---

[1]) Chauffard, Sem. med. 1896 Nr. 11.

[2]) Ärztl. Sachv. Zt. 1902/13.

3. Aufenthalt in einem Krankenhaus, wenn durch die besonderen Verhältnisse — nicht genügende Isolierung von Ruhrkranken, gemeinsames Geschirr oder Pflegepersonal — eine erhöhte Ansteckungsgefahr bestanden hat.

Ein ursächlicher Zusammenhang zwischen einer Ruhr-Cholerainfektion und Unfall darf aber nur dann angenommen werden, falls durch eine der Gewißheit nahekommende Häufung von Wahrscheinlichkeitsgründen dargetan ist, daß die Ansteckung im Betrieb erfolgt ist. Dies wird nur dann der Fall sein, wenn

a) eine anderweitige Infektionsmöglichkeit außerhalb des Betriebes die geringere Wahrscheinlichkeit für sich hat, insofern in der häuslichen Umgebung und in der Nachbarschaft keine Erkrankungen vorgekommen sind durch eine Infektionsquelle, der auch der im Betrieb Erkrankte ausgesetzt war.

b) Zweitens muß ein enger zeitlicher Zusammenhang zwischen der Betriebsarbeit und dem Ausbruch der Erkrankung erwiesen sein. Bei der epidemischen Ruhr (Shiga-Krusescher Bazillus) beträgt die Inkubationszeit 2 bis 7 Tage, bei der Cholera meist 2—5 Tage, in seltenen Ausnahmen über 7 bis 8 Tage, so daß bei einem wesentlich längeren Zeitintervall zwischen Betriebsarbeit und Erkrankung, z. B. bei Krankheitsbeginn nach Ausscheiden aus dem Betrieb, eine ursächliche Beziehung als unwahrscheinlich abzulehnen ist.

XV. Syphilis und Unfall.

Die Entstehung einer Syphilis als Betriebsunfall ist erstens dadurch möglich, daß eine extragenitale Infektion von im Betrieb entstandenen Verletzungen stattfindet, oder eine Übertragung des Virus erfolgt etwa bei Benutzung der nämlichen Pfeife beim Glasblasen von mehreren Arbeitern, von denen einer Syphilitiker ist. Zweitens wird bisweilen die Entstehung und Lokalisation tertiär-syphilitischer Prozesse am Ort einer Gewalteinwirkung beobachtet.

1. Die extragenitale Infektion von Wunden.

Der gesicherte Nachweis, daß die Syphilisinfektion bei einer im Betrieb erlittenen Verletzung (an Fingern, Füßen usw.) durch die Arbeit erfolgt ist oder außerhalb der Betriebsstätte, wird wohl niemals möglich sein. Eine entschädigungspflichtige Unfallfolge liegt aber nur dann vor, wenn der Beweis der Infektion im Betrieb erbracht ist. Nur wenn viele Wahrscheinlichkeitsgründe dafür sprechen, wie Zusammenarbeiten und Benutzung derselben Instrumente, Badewanne, mit einem Mitarbeiter, bei dem Syphilis festgestellt ist, wird die Anerkennung eines Zusammenhangs möglich sein. Bekannt ist vor allem die Übertragung von Mundsyphilis bei Glasbläsern. Eysell hat über die Ansteckung von 12 Personen durch einen mit genitaler Syphilis behafteten Arbeiter berichtet.

2. Traumatische Lokalisation tertiär-syphilitischer Prozesse.

Nach stumpfen Traumen, Stoß, Quetschung, Fall, beobachtet man bei Tertiärsyphilitischen gummöse Geschwülste der Haut, der Muskeln, ferner syphilitische Schleimbeutelentzündungen, Knochenhautentzündungen, Knochensyphilis, Gelenksyphilis. Wenn sich die Krankheitserscheinungen im unmittelbaren Anschluß an das Trauma entwickeln, so ist die Zusammenhangsfrage leicht zu bejahen. Auch bei allmählicher Entstehung des gummösen Prozesses am Ort der Gewalteinwirkung innerhalb von 4—6 Wochen darf eine Beziehung zum Trauma zugegeben werden. Bei noch längerem Intervall wird der Zusammenhang höchstens als möglich, aber nicht mehr als überwiegend wahrscheinlich bezeichnet werden können, da es sich ebensogut um ein spontanes Aufflackern der Lues handeln kann.

Sechzehntes Kapitel.

Tierische Infektionskrankheiten.

Jede Ansteckung eines Menschen mit tierischen Infektionserregern, die während einer Betriebsarbeit erfolgt, gilt als Unfall. Die frühere Rechtsprechung machte einen Unterschied zwischen einer Übertragung tierischer Erkrankungen durch kurzdauernde Beschäftigung als Betriebsunfall, und einer Infektion bei länger dauernder Beschäftigung als Gewerbekrankheit. Jetzt gilt aber der Grundsatz, daß jede Ansteckung mit einem tierischen Infektionserreger, da sie auf einem einmaligen plötzlichen Eindringen des infektiösen Virus in den menschlichen Körper beruht, den Charakter eines Unfalls in sich trägt, gleichgültig ob der Erkrankte kürzere oder längere Zeit der Ansteckungsgefahr ausgesetzt gewesen ist.

Die Anerkennung, daß eine Infizierung mit tierischen Krankheiten einen Unfall darstellt, erfordert demnach lediglich den Nachweis,

a) daß der Erkrankte in einem Betrieb gearbeitet hat, in dem eine Infektionsgefahr bestanden hat, so daß durch Einatmung oder von der unversehrten Haut oder durch Verletzungen oder durch infizierte Nahrungsmittel ein Eindringen der Krankheitserreger möglich war;

b) daß die Entwicklung der Erkrankung innerhalb eines Zeitraums erfolgt, die eine Ansteckung während der Arbeitsleistung wahrscheinlich macht.

1. Milzbrand.

Eine Infektion mit Milzbrandkeimen kann erfolgen während der Beschäftigung mit milzbrandhaltigem Material (Tierfelle, Haare, Borsten, Hadern, Schlachten kranker Tiere, Filzfabrikation, Dünger, Erde) durch Einatmung, durch Haut- und Schleimhautverletzungen, durch die Haarfollikel der unversehrten Haut (beim Häuteabreiben), durch die Nahrung beim Essen im Betrieb ohne vorherige Reinigung der Hände nach der Arbeit mit infiziertem Material. Auch eine Infektion durch Insektenstich bei der Arbeit gilt als Unfall, ebenso die Milzbrandinfektion durch eine Haut- oder Schleimhautverletzung, wenn diese nachweislich im Betriebe entstanden ist, und wenn dann die Infektion mit Milzbrand außerhalb der Betriebsarbeit stattfindet. Da eine Ansteckung mit Milzbrandbazillen jederzeit auch außerhalb der Betriebsarbeit möglich ist, so ist ein ursächlicher Zusammenhang mit letzterer abzulehnen, falls

a) die Betriebsarbeit keine besondere Ansteckungsgefahr mit sich brachte,

b) eine Eintrittspforte in Gestalt einer Verletzung nicht nachweisbar ist,

c) bei vorhandener Verletzung als Ausgangsort der Erkrankung der Kranke den Nachweis nicht erbringen kann, daß die Verletzung im Betrieb erfolgt ist.

2. Rotz.

Die Rotzkeime vertragen nach Rubner monatelanges Austrocknen. Für eine Übertragung auf den Menschen kommt deshalb nicht nur die direkte Übertragung durch rotzkranke Tiere (Pferd, Esel, Maultier, Ziege, Kaninchen, Hund) in Betracht, sondern auch die mittelbare Ansteckung durch Beschäftigung mit bazillenhaltigen Teilen (Felle, Haare, Exkremente) kranker Tiere. So kann eine Betriebsansteckung eines Gärtners erfolgen durch die Arbeit mit Mist von rotzkranken Tieren. Eine dritte Möglichkeit besteht in der Übertragung von Mensch zu Mensch, wenn Nahrungsmittel von Menschen angefaßt worden sind, die sich vorher mit rotzkranken Tieren beschäftigt haben, oder wenn Wäscherinnen erkranken, die Wäsche von an Rotz erkrankten oder gestorbenen Individuen gewaschen haben. Alle diese verschiedenen Übertragungsmöglichkeiten des Rotzes können als Unfallansteckung in Betracht kommen.

Die wichtigste Bedingung für die Anerkennung einer Rotzerkrankung als Unfall besteht in dem Nachweis, daß die Rotzquelle mit der Betriebsarbeit direkt oder indirekt in Beziehung gestanden hat, wobei eben vor allem zu berücksichtigen ist, daß auch eine mittelbare Ansteckung im Betrieb möglich ist durch einen Mitarbeiter, der sich außerhalb des Betriebes infiziert hat oder Bazillenträger ist. Bei der Ansteckung durch Tiere ist weiter zu erwägen, daß der Rotz in seiner chronischen Form bei Tieren längere Zeit versteckt bestehen kann. So erkrankte ein Verwalter an Rotz, obwohl alle Tiere des Gutsbesitzers anscheinend gesund waren. Erst zwei Wochen nach der Erkrankung des Verwalters wurden bei eingehender tierärztlicher Untersuchung zwei Pferde als rotzkrank festgestellt, so daß Betriebsunfall vorlag. Ist zufällig in einem solchen Fall von chronisch latentem Rotz das Pferd, das die Rotzquelle bildete, schon verkauft, so kann die Feststellung, daß die Ansteckung im Betrieb erfolgt ist, unter Umständen recht schwierig sein.

3. Maul- und Klauenseuche.

Die direkte Übertragung des von Löffler entdeckten Mikroorganismus vom Tier auf den Menschen ist sicher nachgewiesen. Sie erfolgt entweder direkt, besonders auf das Pflegepersonal erkrankter Tiere, oder häufiger durch den Genuß roher Milch oder roher Milchprodukte. Die Inkubation beträgt meist 3—4 Tage. Die Maul- und Klauenseuche ruft beim Menschen eine Erkrankung der Mundschleimhaut, Geschwüre und Bläschenbildung daselbst, höchst selten in der Nase, hervor. Für die Unfallbegutachtung ist es wichtig, daß der Erreger schnell eintrocknet, so daß nur dann ein Betriebsunfall vorliegt, wenn die Ansteckung im unmittelbaren Anschluß an die Beschäftigung mit kranken Tieren oder nach Genuß von Produkten kranker Tiere im Betrieb aufgetreten ist.

4. Drusekrankheit der Pferde.

Sichere Fälle von Übertragung des Erregers der Krankheit (Streptococcus equi) auf den Menschen giebt es nicht. Es liegen aber einzelne Mitteilungen vor, in denen Personen, die mit drusekranken Pferden zu tun hatten, unter sehr eigenartigen Krankheitserscheinungen erkrankten, so daß erfahrene Begutachter einen Zusammenhang dieser Krankheitszustände mit einer Infektion von drusekranken Pferden nicht abgelehnt haben, worin ihnen das RVA. zugestimmt hat. (Entscheid. des RVA vom 22. Juni 1906 auf Grund eines Obergutachtens von A. Fränkel.)

5. Aktinomykose (Strahlenpilzerkrankung).

Die Aktinomykose kommt bei Tieren vor (Rind, Pferd, Ziege, Schwein, Schaf, Hund, Katze), so daß eine direkte Übertragung auf den Menschen vom Tier aus möglich ist, namentlich auch durch die Milch bei Lokalisation der Erkrankung am Euter. Der Pilz findet sich ferner an den Ährengrannen (Gerste), an Gräsern, Getreidekörnern, und kann durch Kauen derselben in den Mund gelangen. Die Infektion des Menschen erfolgt von Wunden der Haut- und Schleimhäute (Zunge, Tonsille, kariöse Zähne), durch Aspiration von Lungen aus, vom Magen-Darmkanal durch infizierte Milch.

Die Feststellung, daß eine Aktinomykose durch eine Betriebsarbeit entstanden ist, ist bisweilen äußerst schwierig, da die Inkubationszeit eine sehr lange sein kann. Sie schwankt zwischen Tagen bis zwei Jahren. Nach Kaufmann ist bei Infektion von Wunden ein mehrjähriges Latenzstadium beobachtet worden. Da sich der Pilz in kariösen Zähnen findet, so besteht auch die Möglichkeit, daß eine Kiefer-Mundverletzung bei vorhandenen Keimen in der Mundhöhle die Entwicklung der Erkrankung auslöst. Von Unfallursachen des Leidens kommen in Betracht:

a) Betriebsverletzungen der Haut- und Schleimhäute. Bei langer Zwischenzeit zwischen Unfallverletzung und Beginn des Leidens wird ein Zusammenhang nur dann anerkannt werden dürfen, wenn sich die Aktinomykose an der früheren Verletzungsstelle entwickelt. So wurde in einem von Rotter begutachteten Fall (Amtl. Nachr. 1906, S. 674) eine durch Hufschlag zwei Jahre vorher erzeugte Hautwunde am Brustbein als Eingangspforte für die bis in die Muskulatur vorgedrungene Hauterkrankung anerkannt.

b) Verletzung der Kiefer-Mundhöhle ohne Hineingelangen des Pilzes durch den Unfall, wenn die Mundhöhle schon vorher die Pilze beherbergte (kariöse Zähne).

c) Primäre Erkrankung der Lungen durch Einatmung pilzhaltigen Staubes oder von Strohteilen beim Strohverladen.

d) Ansteckung bei der Behandlung kranker Tiere oder Melken kranker Tiere (Euteraktinomykose).

e) Sprengung von im Körperinnern abgekapselt liegenden Aktinomykoseherden durch stumpfe Traumen, wodurch eine schnelle Weiterentwicklung ausgelöst wird.

Siebzehntes Kapitel.

Vergiftungen.

I. Vergiftungen durch Metalle.

1. Bleivergiftung.

Die Bleivergiftung bildet stets eine gewerbliche, chronische Vergiftung, die als Unfall in der Regel nicht in Frage kommt, da für das Zustandekommen von akuten Vergiftungserscheinungen zum allermindesten eine mehrtägige Beschäftigung mit Blei erforderlich ist. In Fällen von anscheinend akutem Hervortreten von Bleivergiftung in Gewerbebetrieben wird der Gutachter stets zu betonen haben, daß eine chronische Vergiftung lange Zeit ganz latent verläuft (besonders gut kenntlich an der Basophilenkörnelung der roten Blutkörper), und daß eines Tages ein geringes Plus von Einverleibung genügt zur Auslösung einer Kolik oder sonstiger Krankheitserscheinungen.

Eine akute Blei-Unfallschädigung könnte höchstens in Frage kommen bei unvorsichtiger Anwendung von Bleisalbe bei Unfallverletzungen (Lewin sah Nierenentzündung nach dreitägiger Behandlung mit Bleisalbe) oder bei versehentlicher Vergiftung im Betrieb durch Einnahme von Bleiessig, Bleizucker. Da aber die letale Dosis 20—50 g beträgt, so handelt es sich bei derartigen Vergiftungen meist um Selbstmordversuche.

2. Quecksilber.

Vergiftungen mit Quecksilber kommen als Unfall nur dann in Betracht, wenn durch falsche ärztliche Anwendung bei Behandlung von Unfallverletzungen eine Gesundheitsbeschädigung auftritt. Auch bei außergewöhnlichen Vorkommnissen kann im Krankenhaus, in dem ein Unfallverletzter sich aufhält, eine Hg-vergiftung entstehen. So ist eine Massenvergiftung mit zwei Todesfällen beschrieben worden durch Hg-haltige Luft, die durch eine Störung an der Dampfheizung veranlaßt wurde, wobei Wasserdampf durch die Hg-Dichtung des Reduzierventils durchströmte und sich mit Hg belud (Binz, Arch. f. Hyg. Bd. 46).

3. Zink.

Eine akute Zinkvergiftung, die als Betriebsunfall in Betracht kommen kann, besteht in dem sogenannten Gießfieber. Dies beruht auf Vergiftung mit Zinkdämpfen, die nur beim Gießen von Zink-Kupferlegierungen (also Messing, Tombak, Neusilber) beobachtet wird, beim Gießen von reinem Zink nur dann, wenn er stark überhitzt wird und verdampft. Die Vorboten des Gießfiebers bestehen in süßlichem Geschmack im Munde, Kratzen im Halse, Reizhusten. Einige Stunden nach dem Gusse stellen sich Müdigkeit, allgemeine Schwäche, Appetitlosigkeit, Kopfschmerz, Muskelschmerzen, beschleunigte Atmung und länger dauernder Schüttelfrost ein. Nach mehrstündiger Dauer mit oder ohne Fieber (bis 39—40°) ist der Anfall unter profusem Schweißausbruch vorüber. Mehrfach sind Eiweißausscheidung, Zylinder und weiße Blutkörperchen im Harn beobachtet worden.

4. Kalzium.

Nach Einatmung von Thomasschlackenmehl, unreinem Kalziumphosphat, entstehen Entzündungserscheinungen der Luftwege und Lungen[1]). Meist handelt es sich hierbei um Gewerbekrankheit. Vereinzelt ist die Einatmung als Unfall anerkannt worden (Amtl. Nachr. VII, S. 188), z. B. eine beiderseitige lobuläre Pneumonie, die bei einem Maurer aufgetreten war, der in einem kleinen Raum bei geschlossenen Fenstern alte Malerei und Anwurf abzukratzen hatte und am gleichen Tage erkrankte (zit. nach Kaufmann, Handb. I, S. 33).

II. Vergiftungen durch anderweitige anorganische Verbindungen.

1. Kohlenoxydvergiftung.

Das CO kann als wesentlicher Bestandteil von giftigen Gasen bei den verschiedensten gewerblichen Betrieben durch Einatmung zu akuter und chronischer Vergiftung Anlaß geben. Es findet sich 1. im Leuchtgas (5—10%); 2. im Wassergas, das durch Überleiten von

[1]) Siehe auch Phosphorsäure, S. 326.

Wasserdämpfen über glühende Kohlen gewonnen wird, bis zu 40% neben Wasserstoff (bis 56%), Kohlensäure (14,6%) und Methan (0,1%); 3. bei unvollkommener Kohlenverbrennung als Gichtgas bei Hochöfen (20—30%) im Rauchgas, bei Koksbereitung; 4. in Sprengstoffgasen bei Kohlenkarbonit (etwa 25%); 5. im Grubengas; namentlich nach Grubenexplosionen entwickelt sich bei der raschen Verbrennung von Kohlenstaub durch unvollkommene Oxydation CO.

Das Kohlenoxyd ist ein Blutgift, indem es den Sauerstoff aus dem roten Blutfarbstoff verdrängt und diesen dadurch für den Gasaustausch in der Lunge und das Blut für die Ernährung der Gewebe untauglich macht. Lewin hält es für nicht unwahrscheinlich, daß ein CO-Blut auch ernährungsunfähiges und vielleicht sogar giftiges Eiweiß führt; das ist aber noch nicht erwiesen, so daß wir vorerst für die Pathogenese der nach CO-Vergiftung auftretenden Krankheitserscheinungen die mangelhafte Versorgung mit Sauerstoff verantwortlich machen müssen, wobei es noch ganz unentschieden ist, ob die angenommene Asphyxie auf die nervösen Gewebe selbst oder auf die Gefäße, bzw. auf beides zusammen einwirkt. Dies wird sich vor allem in denjenigen Körpergeweben am stärksten bemerkbar machen, die, wie das Zentralnervensystem, besonders reichlicher Blut- bzw. Sauerstoffzufuhr bedürfen.

Für die forensische Beurteilung von CO-Vergiftungen sind folgende Tatsachen von besonderer Wichtigkeit: a) Das CO verschwindet sehr schnell wieder aus dem Blut, so daß bei genügender Sauerstoffzufuhr schon nach 5 bis 10 Stunden die Abstoßung des Kohlenoxyds aus dem Körper erfolgen, und deshalb die Blutuntersuchung auch nach schweren Vergiftungen schon nach dieser Zeit ein negatives Resultat haben kann. b) Die Stärke der akuten CO-Vergiftung ist durchaus nicht maßgebend für den Krankheitsverlauf. Nach schweren akuten Anfangserscheinungen beobachtet man Wiederherstellung ohne Nachkrankheiten und umgekehrt nach leichten Vergiftungen mit unbedeutenden Anfangssymptomen nicht selten schwere Nachkrankheiten mit tödlichem Ausgang. c) Die nach CO-Gasvergiftung auftretenden Krankheitserscheinungen sind bei der gleichen Gifteinwirkung bei den einzelnen Menschen außerordentlich verschieden. Dies beruht auf der individuellen Disposition der Erkrankten, da von mehreren Arbeitern, die gleichzeitig der gleichen Gaseinwirkung ausgesetzt sind, die einen unter leichten, andere unter schweren Symptomen erkranken. Es darf deshalb in fraglichen Fällen von CO-Vergiftung der Umstand, daß nur ein Arbeiter von mehreren erkrankt, nicht als Gegengrund gegen eine erfolgte CO-Intoxikation angeführt werden, da die Empfänglichkeit und Reaktionsfähigkeit des Einzelindividuums gegen CO eine ganz verschieden starke sein kann aus Gründen, die sich unserer Kenntnis entziehen. Möglicherweise spielt dabei das Alter, eine schon bestehende Blutarmut, eine chronische Infektion (Tuberkulose oder Lues), oder anderweitige chronische Intoxikationen (Alkoholismus) eine begünstigende Rolle für die Einwirkung des CO infolge verminderter Resistenzfähigkeit der roten Blutkörper. d) Eine weitere Ursache für die Verschiedenartigkeit der Symptome und die wechselnde Schwere des

Krankheitsbildes, vor allem auch der Nachkrankheiten, wird, abgesehen von der oben erwähnten individuellen Disposition, darin zu suchen sein, daß bei den gewerblichen CO-Vergiftungen, wie auch bei Leuchtgas, meist noch eine Reihe anderer giftiger Gasbestandteile, wie Methan, Schwefelwasserstoff, eine uns noch nicht bekannte mitwirkende Rolle spielen können.

Krankheitserscheinungen der akuten CO-Vergiftung.

a) Anfangserscheinungen.

In vielen Fällen tritt schnelle Bewußtlosigkeit und Tod schon nach einigen Minuten ein. Häufig erfolgt aber die Bewußtlosigkeit nicht sofort, sondern der Kranke kriecht oder geht noch eine Strecke weit von der Unfallstelle, ruft noch nach Hilfe und verliert erst nach einer Reihe von Minuten bis $^1/_4$ Stunde das Bewußtsein. Oder er läuft in dem gasgefüllten Raum oder Schacht, Grube umher, ohne den Ausgang finden zu können, obwohl er durch Anrufen, Herablassen von Leitern usw. von außen unterstützt wird. In solchen Fällen liegt offenbar als Erstlingssymptom der Vergiftung eine Störung der Orientierung, eine Bewußtseinstrübung vor. Bei einer dritten Gruppe von Kranken sind die Anfangssymptome leichterer Art, indem lediglich über Kopfschmerzen, leichte Benommenheit, Brechneigung, Schwere der Glieder geklagt wird, so daß der Kranke seine Arbeit nach kurzer Unterbrechung fortsetzt. Er kann dann mit einiger Energie, noch längere Zeit, etwa 24—48 Stunden, arbeiten und erst jetzt treten schwere Hirnsymptome ein.

Leppmann hat eine derartige Beobachtung mitgeteilt, in welcher ein Mann beim Anbohren eines Gasrohres ziemlich viel Leuchtgas einatmete, so daß ihm übel wurde und er $^1/_4$ Stunde die Arbeit aussetzen mußte. Am anderen Tage verspürte er Schwere in den Gliedern und Kopfschmerzen, versah aber noch seinen Dienst. Am dritten Tage mußte er den Arzt wegen zunehmender Beschwerden, Erbrechen, Übelkeit und Störung in den Beinen, aufsuchen und konnte von da an nicht mehr arbeiten, da sich in der Folge ein der multiplen Sklerose ähnliches organisches Nervenleiden entwickelte.

Für die gutachtliche Tätigkeit ist es wichtig, daß also im Beginn einer CO-Vergiftung nur leichte Erscheinungen bestehen können, die erst nach Stunden und Tagen in Schwersymptome übergehen. Es müssen aber stets von dem Moment der Vergiftung an gewisse Krankheitserscheinungen bestanden haben, wenn man einen Zusammenhang späterer Krankheitserscheinungen mit CO anerkennen soll.

b) Krankheitsverlauf.

In Fällen mit schweren Anfangserscheinungen, also frühzeitiger Bewußtlosigkeit, Atemnot, dauerndem Erbrechen, Krämpfen, tritt der Tod meist in 2—4 Tagen ein. Übersteht der Kranke diese Zeit, so stirbt er selten noch an der direkten Intoxikation. In den ersten Stunden und Tagen findet man außer Bewußtlosigkeit oder starker Benommenheit oder Delirien blaurot verfärbtes Gesicht, Atemnot, unregelmäßigen, beschleunigten, mitunter gespannten Puls, aufgetriebenen druckempfindlichen Leib, bisweilen Eiweiß- und Zuckerausscheidung, vereinzelt Temperatursteigerungen. Es können sich schon im Laufe des ersten Tages größere Hirnblutungen [Kissinger[1]),

[1]) Kissinger, Monatsschr. f. Unfallheilk. 1908, Bd. 15, S. 261.

Gross[1])], Krämpfe, Halbseitenlähmungen, Tetanie, längerdauernde Chorea hinzugesellen. Als anatomische Grundlage für diese Störungen hat man umschriebene multiple Erweichungsherde und an echte Encephalitis erinnernde Veränderungen gefunden, ferner Kapillarembolie und Gefäßthromben, sowie Gefäßveränderungen mit Intimaverfettung und Endarteriitis obliterans. Von seiten der Lunge hat man nach Sachs[2]) tagelangen Blutauswurf, Bronchitis, Bronchopneumonie, Pleuropneumonie beobachtet, vor allem nach längerer Bewußtlosigkeit (Schluckpneumonie). Levin vertritt den mehrfach angefochtenen Standpunkt, daß selbst geringe Mengen von CO Ernährungsstörungen der Gewebe hervorrufen können, die einen günstigen Boden für den Pneumokokkus vorbereiten. Da die anatomischen Befunde bei CO-Vergiftung Blutungen in Pleura und starke Rötung der Bronchialschleimhäute und ganz frische Bronchopneumonien ergeben haben, so wird man die Möglichkeit einer Pneumonieentstehung durch CO nicht ablehnen können.

c. Nachkrankheiten der CO-Vergiftung.

Außer länger anhaltenden Störungen im Allgemeinbefinden (Blutarmut, allgemeine Körperschwäche, hartnäckige Durchfälle), trophischen Störungen an Haut und Unterhautzellgewebe mit Bildung tiefgehender Abszesse, gelegentlichen Knochenmarksentzündungen, Nierenentzündung und Herzmuskelentartung, sowie langdauernden nervösen Herzstörungen (Stursberg), findet man vor allem Veränderungen des zentralen und peripheren Nervensystems.

Man hat die Entwicklung von Störungen der Intelligenz bis zum Idiotismus, Gedächtnisabnahme, Stimmungsanomalien, Halluzinationen des Gesichts und Gehörs, manie- und melancholieähnliche Zustände beobachtet. Ferner sind Lähmungen der Augenmuskeln, apoplektische Insulte längere Zeit nach der Vergiftung, dauernde epileptische Anfälle, Pupillenträgheit, Sprachstörungen beschrieben und Krankheitsbilder, die mit einer multiplen Sklerose oder einer disseminierten Myelitis oder einer Landryschen aufsteigenden Paralyse eine weitgehende Ähnlichkeit hatten. Stursberg sah Nystagmus, nicht unbedeutende Steigerung der Sehnenreflexe, herabgesetzte Bauchreflexe, Intentionszittern von wechselnder Stärke bis $1^1/_4$ Jahr nach schwerer Leuchtgasvergiftung und dann einen Stillstand bei mehrjähriger Beobachtung. Derartige Beobachtungen, wie sie auch Leppmann mitgeteilt hat, beweisen natürlich gar nicht, daß eine echte fortschreitende multiple Sklerose durch CO-Vergiftung entstehen kann. Wir dürfen vielmehr mit Wahrscheinlichkeit annehmen, daß diesen Zuständen die oben angeführten multiplen Erweichungsherde und Gefäßveränderungen mit Blutungen und vielleicht entzündlichen encephalitischen Herden zugrunde liegen. Erkrankungen peripherer Nerven allein oder verbunden mit Veränderungen des Zentralnervensystems als Folge von Kohlenoxydvergiftung sind mehrfach beschrieben worden.

Zusammenhangsfrage.

Die Beurteilung der Zusammenhangsfrage wird in der Regel keine Schwierigkeiten bereiten. Nur die als Nachkrankheiten auftreten-

[1]) Gross, Dissert. Berlin 1886, zit. nach Sachs, S. 53.
[2]) Sachs, Kohlenoxydvergiftung, Stenogr.

den nervösen Krankheitszustände bedürfen einer sorgfältigen, differentialdiagnostischen Erwägung, damit nicht anderweitige zentrale Nervenleiden einer einige Zeit vorher erfolgten CO-Vergiftung zur Last gelegt werden. In allen solchen Fällen muß bei der Anerkennung eines ursächlichen Zusammenhanges der gutachtliche Nachweis verlangt werden:

a) daß der Kranke bis zum Unfall keine nervösen Krankheitserscheinungen geboten hat,

b) daß nach der Art der Betriebsarbeit eine CO-Vergiftung mit Wahrscheinlichkeit erfolgt ist,

c) daß im unmittelbaren Anschluß an die Gaseinatmung Krankheitserscheinungen aufgetreten sind. Diese brauchen nicht sofort schwerer Art gewesen zu sein. Zum mindesten ist aber zu verlangen, daß nach Zeugenaussagen dem Kranken bei der Arbeit unwohl geworden ist, daß er sofort über Kopfschmerzen, Schwindel, Benommenheit, Übelkeit geklagt, evtl. erbrochen hat, schlechtes Aussehen zeigte, die Arbeit aussetzen mußte, und daß im Anschluß an diese anfänglich leichteren Erscheinungen schwerere zerebrale Symptome mit längerer Nachdauer aufgetreten sind.

d) Unmittelbar oder kurze Zeit nach der Vergiftung dürfen bei der Untersuchung keine Zeichen eines gut charakterisierten Krankheitsbildes, wie einer Paralyse, Tabes, ausgesprochenen multiplen Sklerose, Lues cerebrospinalis (mit positivem Wassermann) nachweisbar sein.

e) Eine Verschlimmerung derartiger schon vorher vorhanden gewesener Leiden durch die CO-Vergiftung ist nur dann anzunehmen, wenn der Kranke trotz der Leiden bis zum Unfall regelmäßig gearbeitet hat, und wenn nach der erwiesenen Gasvergiftung sich ein Nervenleiden in schneller Folge verschlimmert, also: schnelle Verblödung bei Paralyse, bei Tabes schnelle Entwicklung von Ataxie, Krisen, Blasenstörungen, Optikusatrophie, bei Epilepsie Zunahme der Anfälle und evtl. Tod im Status epilepticus, wie es vielleicht in einer Beobachtung von Leppmann der Fall war. Die Verschlimmerung einer Arteriosklerose in Gestalt einer vorzeitigen Apoplexie durch CO-Vergiftung ist möglich (s. Abschnitt Apoplexie).

2. Kohlensäure.

Eine Unfallvergiftung durch Einatmung von CO_2 in größeren Mengen kommt auf verschiedensten Wegen zustande durch a) Arbeiten in Kellereien, in welchen eine Wein- oder Biergärung stattfand, sowie in Preßhefefabriken; b) bei Rauchvergiftung, Brennöfen, wobei CO_2 als Bestandteil des Kohlendunstes eine Rolle spielt; c) bei Arbeiten in alten, geschlossen gewesenen Brunnen und alten Bergwerken, wo sich das Gas infolge seiner Schwere in der Tiefe in stärkerer Verdichtung ansammelt (bei einem CO_2-Gehalt von 8,5% in der Luft treten schon nach Minuten Atemstörungen auf); d) bei Arbeiten in Abtritt-, Dung- und Lohgruben, in welchen durch die Fäulnis und Verwesung CO_2 entsteht, oder in Schiffsräumen bei Ladung von havariertem Roggen oder verschimmelten Papierabfällen (Beobachtung von Ziemke[1]).

Die Wirkung des CO_2. Die lokale Wirkung besteht in einer Reizung der Haut und Schleimhäute, die sich durch Prickeln, Wärmegefühl, Brennen und spätere Abnahme der Feinheit des Tastsinns bis zur Anästhesie zu erkennen gibt. Die Einatmung erzeugt eine Schädigung der inneren Atmung. Enthält die Atemluft viel CO_2 (40—50%), so tritt Dyspnoë, Ohrensausen, Herzklopfen, Beengungsgefühl auf der Brust und tiefe Narkose ein, die bei Zufuhr frischer Luft wieder schwinden kann. Noch stärkere Konzentration bewirkt schnellen Erstickungstod, plötzliches Zusammenstürzen nach einigen tiefen Atemzügen. Bisweilen geht der tiefen Narkose ein kurzes Exzitationsstadium voran mit oder ohne Krämpfe.

3. Chlor.

Das Chlor ist ein grüngelbes, stechend riechendes Gas. Es findet vielfach Anwendung bei Bleichen in Wäschereien, Papierfabriken, Bleichereien, und als Desinfektionsmittel, ferner in Chlorkalk- und anderen chemischen Fabriken, z. B. zur Herstellung von Chloroform, bei der Schwarzfärberei der Baumwolle. Schon 0,01% Chlor in der Einatmungsluft ist schädlich. Ein paar Atemzüge reinen Chlorgases genügen, den Tod herbeizuführen.

Einatmung von Chlor in größeren Mengen und stärkerer Konzentration bewirkt akute Vergiftungserscheinungen:

a) Lokale Schädigung der Schleimhäute, Tränen, Schnupfen, quälenden Husten, starke Atemnot, Brustbeklemmung, Bronchitis, an welche sich krupöse Entzündungen, Hämoptoë, lobuläre Pneumonien anschließen können.

b) Durch Übergang ins Blut — ohne dieses zu zersetzen — gelangt es zum Gehirn und übt narkotische Wirkung aus, allgemeine Lähmung, Bewußtlosigkeit und Tod ohne Krämpfe.

Eine gewerbliche, chronische Vergiftung durch dauernden Aufenthalt in chlorhaltiger Luft ist gegenüber der akuten Unfallvergiftung daran kenntlich, daß die Betreffenden an starker Abmagerung, Appetitlosigkeit, Anämie, Magenschmerzen, Kopfweh, Schlaflosigkeit, chronischer Bronchitis, Stomatitis und Rhinitis leiden. Die Chlorakne ist ebenfalls eine Gewerbekrankheit, die in Fabriken beobachtet wird, in denen elektrolytisch Cl und Ätzkali aus Chlorkalken hergestellt wird: multipel auftretende Veränderungen der Talgdrüsen, aus denen kleine Geschwüre entstehen, in schweren Fällen mit Anämie und Haarausfall.

4. Brom.

Brom (dunkelrotbraune Flüssigkeit), dessen Dämpfe rotbraun und von penetrantem Geruch sind, wird in chemischer Industrie und Laboratorien verwendet und wirkt stark ätzend (fällt Eiweiß) und lähmend auf das Zentralnervensystem. Krankheitserscheinungen: Auf der Haut erzeugt Brom gelbe Flecken und Blasenbildung, bei intensiver Einwirkung tiefe, langsam heilende Geschwüre. Einatmung bewirkt Conjunctivitis, Spasmus glottidis, Bronchitis und lobuläre Pneumonie. Außerdem Kopfschmerz, Benommenheit, Erbrechen, Leibschmerzen und Diarrhoe, maserartiges Exanthem; bei längerer Inhalation tritt Herzklopfen, allgemeine Krämpfe und Tod ein.

5. Schwefelsäure.

Die reine Schwefelsäure ist eine farb- und geruchlose, ölige, in der Hitze flüchtige Flüssigkeit. Eine Unfallschädigung durch sie ist nur in der Weise

[1]) Ärztl. Sachverst.-Ztg. Bd. 13, S. 413.

möglich, daß die Säure durch Platzen von Gefäßen zu Verätzungen der Haut Anlaß gibt, oder daß durch die Einatmung feinster Tröpfchen der in Akkumulatorenfabriken zerstäubten Flüssigkeit bei Ungeübten eine Reizung der Schleimhäute entsteht. Es besteht auch die Möglichkeit, daß diese Reizung zu Bronchitis und dadurch unter Umständen zu Lungenentzündung Anlaß gibt, wenn Infektionserreger in der Lunge vorhanden sind oder nachträglich in diese hineingelangen. Falls unreine Schwefelsäure bei der Füllung von Akkumulatoren benutzt wird, so kann beigemengter Arsenwasserstoff in die Luft übergehen und zu Vergiftungen führen (siehe Arsenwasserstoff).

6. Schwefeldioxyd und schweflige Säure.

Schwefeldioxyd (SO_2) = Schwefligsäure-Anhydrid ist ein farbloses, in Wasser leicht lösliches Gas von erstickend stechendem Geruch. Es wird technisch in komprimierter Form (bei Atmosphärendruck und + 15° C verdichtet es sich zu Flüssigkeit) in Kühlmaschinen gebraucht und entsteht beim Rösten Schwefelhaltiger Erze, bei Schwefelsäurefabrikation, bei Ultramarinfabrikation, beim Schwefeln von Fässern, Wohnräumen und in zahlreichen anderen Betrieben.

Die schweflige Säure H_2SO_3 ist in freiem Zustand nicht bekannt. Man vermutet, daß eine wässerige Lösung von SO_2 das Hydrat enthält. Dagegen sind zahlreiche Salze bekannt. Diese und ihre saueren Salze (Na und Ca) werden technisch viel verwendet zum Bleichen.

Wirkung: 0,03% in der Luft verursacht Husten, Niesen, Konjunktivitis, Kopfschmerz; 0,5% macht die Luft irrespirabel. Diese und höhere Konzentrationen erzeugen Ätzungen der Schleimhäute bei der Einatmung und Erstickung, zuerst Reizungs-, dann Lähmungserscheinungen des Zentralnervensystems und der Muskeln (Erben). Die Betroffenen können sich anfangs wieder erholen nach der Entfernung aus den giftigen Dämpfen, erkranken dann aber nach einigen Stunden an den Folgen der Ätzung: Zyanose, Dyspnoë, hämorrhagische Bronchitis, krupöse Sekundärinfektionen, Pneumonie mit letalem Ausgang.

7. Schwefelwasserstoff (H_2S), Kloakengas.

Schwefelwasserstoff ist ein unter Entwicklung schwefliger Säure verbrennendes farbloses Gas mit charakteristischem Geruch (faule Eier). Die Giftigkeit des H_2S ist sehr groß, da schon ein Gehalt der Atemluft von 0,013% schwer erträgliche, 0,05% bedrohliche Erscheinungen bewirkt; 0,1—0,15% ist auch für den Menschen tödlich.

Gelegenheit zu akuten Unfallvergiftungen bietet sich a) in zahlreichen gewerblichen Betrieben, in denen H_2S benutzt wird, z. B. Hüttenwerken (zur Ausfällung von Kupfer, Arsen, Silber), Schwefelgruben, Kobalt- und Nickelindustrie, Zündhölzchenfabriken, Schwefelsäurefabriken, Kattundruckerei, Leder- und Blechindustrie, Farbindustrie, Retorten zur Destillation von Braunkohlenteer (falls schlecht geschlossen). b) In Kanälen, Abtritten, Grüften oder sonstigen Orten, in denen Fäulnis organischer, schwefelhaltiger Substanzen statthat, findet sich H_2S als Grundbestandteil des Kloakengases ($^1/_4$—4% H_2S neben CO_2, größere oder geringere Mengen von NH_3 und CH_4). c) In ersoffenen Bergbau- und Kohlengruben aus Pyrit kommt H_2S vor, ferner beim Verbrennen von (immer) pyrithaltigen Kohlen tritt es als Hochofengift auf. d) Bei Caissonarbeiten ist Vergiftungstod beobachtet worden, da das Wasser in den Docks 12% H_2S enthielt aus faulenden Abfallstoffen einer chemischen Fabrik.

1. Wirkungsweise: Diese besteht hauptsächlich in Lähmung wichtiger zerebrospinaler Zentren. Außerdem wirkt er lokal irri-

tierend und schädigend auf den Herzmuskel und bindet sich in sauerstoffhaltigem Blut, nicht in venösem Blut, an Hämoglobin. Dieses Sulfhämoglobin ist grünlich gefärbt und ungiftig. Bei durch H_2S Getöteten findet sich nur ein minimaler Bruchteil des Hämoglobins an H_2S gebunden. Die tödlichen Erstickungserscheinungen (Krämpfe), sind Folge der zentralen Lähmung und nicht der Hämoglobinveränderung.

2. Symptome: Eine Unfallschädigung kommt nur bei Inhalationen des Gases in Betracht. Die Krankheitserscheinungen bestehen bei geringerem Gehalt der Luft an H_2S in Reizung der Respirationsorgane (Schnupfen, Husten, Bronchitis), Tachykardie, Schüttelfrost, Fieber und zerebralen Symptomen, wie Kopfschmerz, Schwindel, Mattigkeit, Somnolenz, Brechreiz, unsicherer Gang und Zittern. Vereinzelt sind auch Blasenreiz und Diarrhoe mit heftiger Kolik beobachtet worden. Bei schwächerer Intoxikation treten bisweilen psychotische Erscheinungen auf, ausgesprochener Erregungszustand, Tobsuchtsanfälle, Delirien, klonische und tonische Krämpfe.

a) Apoplektiforme Form: Inhalation von Luft mit mehreren Prozenten H_2S erzeugt sofortige blitzartig eintretende Bewußtlosigkeit und Tod unter den Zeichen der Erstickung ohne Krämpfe (Blumenstock, V. gr. M. 18, S. 295). Zeitliches Auftreten. Wichtig für die Unfallbegutachtung ist die Tatsache, daß sich die Symptome nicht immer sofort, sondern bisweilen erst nach Verlassen der giftigen Atmosphäre einstellen. So sah Cahn (D. A. f. kl. M. 34, S. 121) bei einem Studenten nach einem beschwerdefreien Intervall von einer Stunde Auftreten von Schwindel, Ohnmachtsanfällen, bedrohlicher Atemschwäche.

b) Nachkrankheiten: Gastroenteritis, Koordinationsstörungen, Lähmungen, lang anhaltende Kopfschmerzen, Intelligenzdefekte bis zum Blödsinn. Bisweilen ist noch in der Rekonvaleszenz plötzlicher Tod durch apoplektischen Insult beobachtet worden (Eulenberg, A. S. Zg. 2, S. 95).

Kloakengas.

Die Kloakengasvergiftung bietet dieselben Erscheinungen wie die H_2S-Vergiftung, nur noch heftiger als reiner H_2S. Vor allem wird hierbei die apoplektiforme Form beobachtet mit plötzlichem Hinstürzen und Aussetzen von Puls und Atmung. Als Komplikationen in den sonst günstig ablaufenden Fällen können Aspirations-Lungenentzündungen und fieberhafte Gastroenteritis auftreten durch Hineinfallen in die Jauche bei plötzlich auftretender Bewußtlosigkeit.

8. Schwefelkohlenstoff (CS_2).

Schwefelkohlenstoff bildet in reinem Zustande eine farblose Flüssigkeit von unangenehmen Geruch. Da er ein vorzügliches Lösungsmittel für viele Stoffe ist (Jod, Schwefel, Harze, Kautschuk), wird er technisch viel verwendet. Akute

Vergiftungen ereignen sich durch Einatmung großer Massen von Dämpfen und zwar hauptsächlich beim Vulkanisieren von Kautschuk. Neben der Aufnahme in Dampfform spielt auch das Eindringen durch die unverletzte Haut eine große Rolle (Curschmann, Lehrbuch der Arbeitervers. S. 572). Die Wirkung ist eine starke auf das Nervensystem. Edel sah nach zwölfstündiger Beschäftigung in einer Pumpe mit flüssigem CS_2 ein akutes halluzinatorisches Delirium. Nach Weyl (zit. nach Thiem I, S. 345) tritt bei plötzlicher Vergiftung Benommenheit, Schlaffheit, Pupillenstarre, Empfindungslosigkeit, Erhöhung der Reflexe und schließlich Tod ein.

9. Salpetersäure, salpetrige Säure und Stickoxyd (NO).

a) Salpetersäure.

Die im Handel befindliche und in der Technik vielfach angewandte sogenannte „rauchende Salpetersäure" (85—90% NO_3H) und salpetrige Säure (NO_2H) verursacht bei der Einatmung Reizerscheinungen der Atmungsorgane in gleicher Weise wie Inhalation salpetriger Säure. Bei Einwirkung von Salpetersäure auf organische Substanzen (Zellulose bei der Fabrikation von Schießbaumwolle) entsteht neben Stickoxyd (NO) braunrote Untersalpetersäure (N_2O_3), die mit Wasser zusammen, also auch im Moment der Einatmung und Berührung der Schleimhäute, salpetrige und salpetersaure Dämpfe bildet.

Salpetrige Säure (NO_2H) entwickelt sich bei der Fabrikation von Salpetersäure, Oxalsäure, Nitrobenzol. Vergiftungen kommen zustande durch Bruch oder Explosion von Salpetersäureballons, durch Entzündungen salpeterhaltiger organischer Massen (künstliche Düngemittel aus Salpeter) beim Reinigen von Bleikammern oder der Glowertürme in Anilinfabriken, bei Nitrierarbeiten in Pulverfabriken.

Becker schildert eine Salpetersäurevergiftung bei einem 30jährigen Manne, der rauchende Salpetersäure in einen Napf gegossen hatte und diesen in vorgebeugter Haltung zehn Schritte weit trug, wobei Einatmung der Dämpfe erfolgte. Es trat sofort Bluthusten auf, schließlich ein Katarrh und Verdichtung einer Spitze.

b) Die salpetrige Säure

wirkt erstens lokalätzend auf die Schleimhäute bei der Atmung und zweitens als Blutgift (Methämoglobinbildung). Nach Inhalation stärkerer Dämpfe tritt sofort Dyspnoë, Brustbeklemmung, Schwindel, Husten, Zyanose, Bronchitis mit Auswurf zitronengelber Massen, Diarrhoe und Kollaps ein unter Lungenödem. Auch in anfangs günstig erscheinenden Fällen kann sich Pneumonie hinzugesellen.

Bei Einatmung verdünnter Dämpfe spürt der Betreffende anfangs gar nichts oder nur geringe Beklemmung. Erst nach Stunden können dann schwere Erscheinungen mit starkem Husten, Auswurf von reichlichen schaumigen, auch blutigen und bräunlichen Massen, Tachykardie, Bewußtlosigkeit und Tod unter Erscheinungen von Lungenödem erfolgen. Das nicht seltene Zwischenstadium von Stunden mit Wohlbefinden ist für die Beurteilung wichtig, da es nicht hindern darf, die später auftretenden entzündlichen Erscheinungen an den Atmungsorganen auf die Vergiftung zurückzuführen. Der Harn kann schon am ersten Tage Methämoglobin, Hämatim und Eiweiß enthalten.

c) Stickoxyd.

Stickoxyd entwickelt sich bei Sprengschüssen mit Gesteinskarbonit und kann dabei zu akuter Vergiftung führen. Ein Bergmann klagte nach dem Wegräumen des Gesteins nach einem Schuß mit Gesteinskarbonit über Kopfschmerzen, war am folgenden Tage besinnungslos und starb nach 10 Tagen.

10. Salzsäure.

Die Salzsäure (HCl) ist ein Gas, das sich bis zu 40% im Wasser löst. Diese Lösung, rauchende Salzsäure, bildet in der Luft Nebel. Da HCl-Gas in den verschiedensten Betrieben zur Anwendung kommt (Sodafabrikation, Glasfabrikation, Kattundruckerei, Herstellung von künstlichem Dünger, im Hüttenbetrieb), so kommen Vergiftungen durch Einatmung der Dämpfe zustande; denn 0,05% in der Luft kann auch ein kräftiger Mann nur kurze Zeit vertragen. Die Inhalation von Salzsäuregas hat zur Folge: Reizung und Entzündung der Schleimhäute, Tränen, Bronchitis, heftige Hustenanfälle, evtl. Hämoptoë.

11. Phosphor und Phosphorwasserstoff.

Phosphor. Bei Vergiftungen durch Phosphor handelt es sich in der Regel nicht um einen Unfall, sondern um eine Gewerbeschädigung. Ein Unfall liegt aber z. B. vor, wenn Vergiftungserscheinungen auftreten infolge Hineingelangen von Phosphor in eine Wunde.

Phosphorwasserstoff (PH_3), farbloses, nach faulen Fischen riechendes Gas, wirkt nicht ätzend, da die oberen Luftwege bei der Einatmung ganz normal bleiben. Es ist ein starkes Nervengift, verursacht Lähmung, Bewußtlosigkeit und auch entzündliche Exsudation in den Lungen.

Eine Unfallvergiftung wird beobachtet beim Arbeiten mit weißem Phosphor (Phosphorfabriken) und bei Zersetzung von elektrolytisch gewonnenem Ferrosilizium, welches als Verunreinigung Phosphorkalzium enthält, das in feuchter Luft oder bei Berührung mit Wasser PH_3 abspaltet. Bahr und Lehnkerin (Vierteljahrsschr. f. gerichtl. Medizin u. öffentl. Sanitätswesen Bd. 32, S. 123) haben über tödliche Vergiftung zweier Kinder auf einem mit Ferrosilizium beladenen Rheinschiff berichtet. Es trat Erbrechen, Durst, Koma und nach wenigen Stunden Tod ein. Dietz (Arch. f. Hyg. Bd. 49, S. 275) sah Vergiftung bei einem Arbeiter einer Phosphorfabrik. Druckgefühl auf der Brust, trockener Husten, Ohnmacht, Kopfschmerz, Schwindel, Ohrensausen.

12. Phosphorsäure und ihre Salze.

Phosphorsäure (klare, farb- und geruchlose Flüssigkeit) wirkt nicht spezifisch giftig und nur in hohen Konzentrationen ätzend. Zu Unfallschädigungen können ihre Salze, die sauren Superphosphate, Anlaß geben.

Die Inhalation des Staubes, z. B. beim Streuen von Superphosphat und Thomasmehlmischung als Dünger, kann Reizung der Schleimhäute bedingen, und sollen tödliche Lungenentzündungen hierbei relativ häufig sein. Auch kleinere Hautwunden werden durch Superphosphatstaubentzündung infiziert und können zu tödlicher Sepsis Anlaß geben, wie das Lewin beobachtet hat (Lewin, Ärztl. Sachverst.-Ztg. Bd. 13, S. 221). Die als Düngemittel benutzten Superphosphate (saures Kalziumphosphat neben freier Phosphorsäure) können ferner bei ihrer Darstellung infolge der sich entwickelnden Säuredämpfe Reizung der Atmungsorgane, Hämoptoë und Magen-Darmerkrankungen hervorrufen. Die Thomasschlacke besteht aus Phosphaten (von Kalk, Eisen und Magnesia) und Ätzkalk. Bei der Verarbeitung in Fabriken und Feldern entwickeln sich große Staubmengen, die zu Bronchitiden und Pneumonien Anlaß geben; doch entstehen diese nicht allein durch den Ätzkalk, da derselbe bei Kalkofenarbeiten keine Schädigung durch Inhalation hervorruft.

13. Phosphoroxychlorid ($POCl_3$).

Phosphoroxychlorid zersetzt sich, wie manche Chloride, an feuchter Luft in Salzsäure und Phosphorsäure. Nach Einatmung der Dämpfe beobachtete Rumpf (Med. Klin. 1908, S. 1367) starken Schmerz, Beklemmung, Atemnot, Husten mit schaumigem Auswurf, später auch Bluthusten, Blässe, Lebervergrößerung, Albuminurie, Herzvergrößerung. Alles außer Volumen pulm. auctum ging nach einiger Zeit zurück. Es kommt bei der Vergiftung die Giftwirkung durch Salzsäureeinatmung und die Phosphorsäure in Betracht.

14. Arsenik (arsenige Säure As_2O_3).

Arsenik findet sich im Hüttenrauch, der beim Rösten und Verschmelzen arsenhaltiger Materialien, vor allem in Arsen- und Zinkhütten entsteht, und wird als Reduktionsmittel in der chemischen Technik verwendet. Ebenso wie Arbeiter in Arsenbergwerken sind auch diejenigen in Arsen- und Arsenfarbenfabriken (in Glashütten, Soda- und Stärkezuckerfabriken, wenn As-haltige Schwefelsäure benutzt wird) gefährdet. In Schwefelsäurefabriken kann die Reinigung der Kannen von As-haltigem Schlamm gefährlich sein. Ein Arbeiter, der 3 Zentner Arsenik in 2 Tagen zerstoßen hatte, wurde schwer vergiftet (Dehesme lit. nach Erben, S. 250).

Die Vergiftung erfolgt teils durch Staub, teils durch Einatmung der Arsenikdämpfe. Die intakte Haut resorbiert wahrscheinlich nur unschädliche Mengen; wenn sie aber verletzt oder durch längere Arbeit mit arsenhaltigen Mitteln gereizt ist, so können tödliche Mengen aufgenommen werden. Die Tochter eines Tierarztes, die sich gegen Läuse den Kopf mit einer $^1/_2$proz. Arseniklösung wusch, starb nach 15 Stunden (Müller, Korr. d. Württemb. Ärzte Bd. 67, S. 287).

Wirkung des Arsenik. a) Lokal ätzend und reizend, besonders da, wo sauere Reaktion herrscht (Magen, Darm, Haut, Niere); b) gefäßlähmend (Sinken des Blutdruckes); c) direkt lähmend auf das Zentralnervensystem.

Krankheitserscheinungen. Lokale Erscheinungen an der Haut durch Arsenik in wässeriger Lösung (Rötung, Schwellung, Bläschen, selten eiternde Geschwüre). Inhalation des Staubes führt zu Katarrhen, Haut- und Darmerkrankungen. Die akute Vergiftung, die allein für die Unfallbegutachtung in Betracht kommt, wird, außer durch interne Einverleibung von Arsenik, besonders durch schnelle Resorption von der Haut aus beobachtet.

Sie zeigt sich als eine akute gastrische Form (Arsenikcholera), als akut paralytische und als subakute Vergiftung. Bei der gewöhnlichen Form der akuten Arsenvergiftung, der gastrischen, tritt $^1/_2$—2 Stunden nach Aufnahme des Giftes heftiges, nicht stillbares Erbrechen ein, heftige Magenschmerzen, Meteorismus, meist wasse artige, oft blutige Stühle, Harnverminderung bis Anurie. Später stellen sich Herzstörung, Muskelkrampf, Lähmungserscheinungen, Mydriasis, Sehstörungen und Tod nach 6—24 Stunden ein. Bei der paralytischen Form können Magen-Darmerscheinungen ganz fehlen und stehen die Vergiftungserscheinungen am Nervensystem ganz im Vordergrunde. Nach schnell einsetzendem Koma erfolgt der Tod nach Stunden. Bei der subakuten Form kommt es nach anfänglichen bedrohlichen Magen-Darmstörungen und Allgemeinerscheinungen zu vorübergehender Besserung, an welche sich erneut Schmerzen im Leib, Nierenerscheinungen (Eiweiß- und bluthaltig), bisweilen Ikterus, Dyspnoë, Zyanose, Tachykardie, Koma, Delirien, allgemeine Paralyse anschließen mit tödlichem Ausgang nach einer Reihe von Tagen oder 1—2 Wochen.

Goldscheider: Tod an Vergiftung mit arseniger Säure durch Aufnahme von der Haut aus als Unfall anerkannt.

Ein Mann hatte Schafe mit einer Lösung von arseniger Säure gewaschen. Eine Lösung von 4—5 Liter wurde über die Schafe gegossen und dann gerieben. Er erkrankte im Anschluß daran mit juckenden Knötchen an den Händen, später an anderen Körperstellen, Nierenentzündung, Ödemen. Hierzu kam später eitrige Brustfellentzündung. Nach 8 Wochen Tod. Die Leicheneröffnung ergab eine Nieren- und Leberverfettung.

15. Arsenwasserstoff (H_3As).

Der Arsenwasserstoff ist ein äußerst giftiges Gas, das sich neben Wasserstoff bei der Einwirkung von Säuren auf Metalle entwickelt, wenn Säure oder Metall arsenhaltig sind. Gefährdet sind Arbeiter, welche technisch mit Wasserstoffgas arbeiten, das immer arsenwasserstoffhaltig ist (Füllung von Kautschukballons, Lötarbeit mit Wasserstoffgas, Metallarbeiter in Bleihütten, Bronze- und Eisenblecharbeiter, in Anilinwerken, Akkumulatorenfabriken).

Die Wirkung des H_3As äußert sich als Blutgift (einfache Auflösung der roten Blutkörper). Die Vergiftungserscheinungen treten durch Einatmung des Gases bisweilen sofort, bisweilen erst nach 8—10 Stunden auf, stark blutiger, eiweißhaltiger Harn, Strangurie, Verminderung der Harnmenge bis zur Anurie, Erbrechen, Durchfälle, Dyspnoë, Zyanose, frequenter kleiner Puls, Ikterus, Leber-Milzschwellung, bisweilen auch Fieber. In schweren Fällen tritt unter Delirien, Koma und Krämpfen nach mehreren Tagen der Tod ein.

16. Ammoniak (NH_3).

Farbloses, stechend riechendes, sehr stark reizendes Gas, das sich in großer Menge (bis 33%) in Wasser und Spiritus löst. Es wird benutzt in Kattundruckerei, Bleicherei, Lack und Farbenfabrikation, zur Extraktion des Kupfers aus den gerösteten Erzen, Spiegelfabrikation, beim Ammoniaksodaprozeß, Blutlaugensalzfabrikation, in Eismaschinen. Es entsteht in Form des flüchtigen kohlensauren Ammoniaks oder zusammen mit diesem bei der trockenen Destillation von Steinkohlen und bei Fäulnis organischer Stoffe und ist daher im Leuchtgas und der Luft von Sielen, Senkgruben, Lohgruben usw. enthalten. Beim Gehalt der Luft von 1% NH_3 ist nur kurzer Aufenthalt ohne Gefahr möglich. Kohlensaures Ammonium [$(NH_4)_2CO_3$], farbloses flüchtiges Salz; Schwefelammonium (NH_4HS) wirkt flüssig wie gasförmig ebenfalls ätzend gleich dem Ammonium und hat außerdem noch gewisse dem Schwefelwasserstoffe zukommnde Wirkungen.

Die Unfall-Ammoniakvergiftungen sind bedingt durch Einatmung der Dämpfe: infolge Platzen des Ammoniakballons, Undichtwerden oder Platzen von Ammoniakeismaschinen. Eine mehr chronische Giftwirkung findet statt bei Arbeiten in obigen Fabrikationen, bei Kloakenarbeitern, Guanoarbeitern. Die vorwiegend Ammoniak enthaltenden Kanalgase sind viel weniger gefährlich als die mehr schwefelwasserstoff- resp. schwefelammoniumhaltigen.

Symptomatologie der akuten Vergiftung durch Ammoniakdämpfe.

Die Krankheitserscheinungen bei einer akuten Ammoniak-Einatmungsvergiftung betreffen vor allem sämtliche Schleimhäute, daneben weniger das Zentralnervensystem. Einwirkung von Ammoniakdämpfen auf die Augen bewirkt schon in sehr geringer Konzentration Tränen, Rötung und Entzündung der Konjunktiven. Die Einatmung des Ammoniaks erzeugt heftige Reizung der Schleimhaut an Rachen, Kehlkopf, Bronchien bis zu krupähnlicher und hämorrhagischer Entzündung, Glottisödem, Glottiskrampf, führt bisweilen in Stunden den Tod herbei. Die oft ausgedehnte Entzündung der Bronchien bewirkt Husten mit reichlichem, zuerst glasigem, später selbst blutigem oder eitrigem Auswurf. Als Komplikation durch Eindringen von Infektionserregern können Bronchopneumonien auftreten. Durch Resorption kann bei protrahierteren Vergiftungen die schädigende Wirkung des Ammoniaks auf das Zentralnervensystem zur Geltung kommen durch Auftreten von Erregungszuständen, von Krämpfen, erregter Herzaktion und Koma. Selten ist Albuminurie beobachtet worden.

17. Blausäure und Zyankalium.

Zyankalium wird in der Technik vielfach verwendet und gibt dadurch zu Gewerbekrankheiten Anlaß. Akute Unfallvergiftungen im Betrieb können zustande kommen durch Einatmung von Blausäure bei unvorsichtiger Destillation von Kirschlorbeerwasser, bei Verwendung des zum Abhaaren der Häute verwendeten Gaskalks, bei Stoffärbung mittels Blutlaugensalz, bei der Fabrikation von Zyaniden.

Nieweráth (Zeitschr. f. Medizinalbeamte 1907, S. 20) hat plötzlichen Todesfall eines Arbeiters mitgeteilt, der durch eine Klappe kurze Zeit Kellerluft einatmete, die durch Undichtigkeit eines Abzugrohres blausäurehaltig geworden war. Es genügt selbst das Verdampfen eines ausgespritzten Tropfens.

Die Wirkung beruht auf innerer Erstickung durch Verhinderung der Aufnahme des O aus dem Blut durch die Körperzellen. Bei Einatmung geringer Mengen: Halskratzen, Schwindel, Übelkeit, Brustbeklemmung, Dyspnoë. Bei großen Mengen: plötzliches Zusammenstürzen, tiefes Koma, Mydriasis. Nachwirkungen: Nephritis, Artikulationsstörungen, Arrhytmien.

III. Vergiftungen durch organische Stoffe.

1. Petroleum.

Diejenigen Petroleumsorten, die mehr niedrig siedende Kohlenwasserstoffe, wie Benzin, enthalten, scheinen eher die allgemeine Giftwirkung zustande zu bringen, während andere, bei denen die aromatischen Kohlenwasserstoffe überwiegen, mehr lokale Schädigungen bedingen. Die Schädigung durch Petroleum beruht auf lokaler Einwirkung auf die Haut durch die direkte Berührung (Hauterkrankung) oder durch Einatmung der flüchtigen Gase. Es ist noch nicht klargestellt, ob eine Allgemeinvergiftung auch durch Aufnahme des Petroleums durch die verletzte oder unverletzte Haut erfolgen kann.

Eine akute allgemeine Vergiftung durch einmalige Einatmung von Petroleumdämpfen als Betriebsunfall kann in Betrieben zur Petroleumgewinnung und Paraffingewinnung oder bei Arbeiten in noch nicht abgekühlten Kesseln mit Petroleum oder schlecht gelüfteten Petroleumtanks oder Petroleumpumpen erfolgen. Die akute Vergiftung wird vor allem durch das Benzin verursacht und besteht in Reizung der Atemschleimhäute, rauschartigem Zustande, Benommenheit, Hautzittern, evtl. Krämpfen, Herzschwäche, mit selbst tödlichem Ausgang. Nach glücklichem Überstehen der Vergiftung sind Nachkrankheiten bisher nicht beobachtet worden. Ich führe einige Beispiele von Unfallvergiftung an:

Seydel M.f.U. 1896 No. 10. Fünf Arbeiter, die in einen Petroleumtank behufs Reinigung hineinstiegen, wurden sofort bewußtlos. Bei vier derselben kehrte nach $^1/_4$stündigem Aufenthalt in frischer Luft das Bewußtsein zurück. Der fünfte, ein 50jähriger Mann, kam erst nach langer Zeit zum Bewußtsein. Er zeigte große Schwäche, so daß Kampferinjektionen erforderlich waren. Am zweiten Tage erkrankte er an lobulärer Pneumonie.

Dronineau u. Soler (zit. nach Seydel).

Vergiftung bei zwei Arbeitern, die an einer mangelhaft gelüfteten Pumpe arbeiteten, unter eigentümlichen rauschähnlichen Erscheinungen. Bei dem einen Mann, der an Aorteninsuffizienz litt, verschlimmerte sich der Herzfehler und wurden seine Unfallansprüche als begründet anerkannt.

Kaufmann (zit. I, S. 22).

Der Feuermann einer Kammgarnspinnerei wurde beim Anstreichen der inneren Wände eines noch nicht ganz abgekühlten Kessels mit Petroleum durch Einatmung der Dämpfe bewußtlos. Aus dem Kessel hervorgeholt, kam er zu sich und konnte nach 8 Tagen seine Arbeit wieder aufnehmen. Nach einem halben Jahre meldete er Verschlimmerung an in Gestalt von Kopfschmerz, Schwindel, Schmerzen in Magengegend, Erbrechen, Durchfall. Seine Ansprüche wurden abgewiesen, da nach übereinstimmendem Urteil aller Begutachter bisher weder durch innerliche Einnahme von Petroleum, noch nach Inhalation spätere Nachwirkungen oder Nachkrankheiten beobachtet worden seien.

2. Terpentinöl.

Terpentinöl findet vielfach bei der Firnis- und Lackfabrikation, im Malergewerbe und in Reinigungsanstalten Verwendung, und kann die längere Einatmung der Dämpfe zu akuten Unfallvergiftungen Anlaß geben. Die Einatmung bewirkt Reizung der Atmungsorgane und nervöse Störungen. So tritt nach Kobert Speichel- und Rachenfluß, Hustenreiz, Luftröhrenkatarrh und unter Umständen auch Lungenentzündung ein. Außerdem ist Schwindel, Bewußtlosigkeit und Tod beobachtet worden. Schwere Vergiftung mit tödlichem Ausgang hat Drescher (Zeitschr. f. Medizinalbeamte 1906, S. 131) in folgendem Falle auf Terpentindämpfe zurückgeführt, und die Berufsgenossenschaft hat den Tod als Unfallfolge anerkannt.

Ein Arbeiter hatte die Innenseite eines $3^3/_4$ cbm haltenden Kessels mit Lackfarbe gestrichen. Der Kessel war durch ein mannsgroßes Loch eben zugänglich und stand durch 2 Rohrstützen mit der Außenluft in Verbindung. Die Kesselwärme betrug 23° C. Nach $^1/_2$stündiger Arbeit wurde dem Manne unwohl, er erholte sich draußen, stieg wieder hinein und wurde bald darauf bewußtlos mit dem Oberkörper aus dem Loch hängend gefunden. Der Tod trat sehr bald ein. Die chemische Analyse der Kesselluft ergab: $^1/_{10}$% CO_2. Die Lackharze der Anstrichfarbe waren in Terpentinöl gelöst, die Menge der Farbe betrug 2—3 kg. Die Obduktion ergab nur Blutüberfüllung der Hirnhautgefäße (keine Hautblutung), der Leber und der Milz, besonders der Nieren und leichte Anschoppung der Lunge, also keine triftige Ursache für den plötzlichen Tod.

Als Zeichen einer chronischen Vergiftung — Berufserkrankung — mit Terpentinöl wird angegeben: Nierenschädigung, Hautentzündung, ähnlich der Paraffinkrätze (Curschmann l. c. S. 576).

3. Benzol (C_6H_6).

Benzol, Steinkohlenteerbenzin, aus Steinkohlenteer erhaltener Kohlenwasserstoff, ist eine unangenehm riechende, leicht verdampfende Flüssigkeit. Akute Vergiftungen mit Benzol kommen vor in Kokereien, Teerdestillationen, in denen Benzol hauptsächlich gewonnen wird, in chemischen Fabriken mit Teerfarbendarstellung und sonstigen Gewerben, in denen Benzol als Lösungsmittel für Kautschuk, Fette, Öle, Alkaloide, Phosphor usw. benutzt wird. Die giftigste Benzolart ist das Rohbenzol, was zweifellos auf seinem Gehalt an Toluol, Xylol beruht, da diese Stoffe giftiger als Benzol sind. Ihm folgt an Giftigkeit das sogenannte 90proz. Handelsbenzol und das am wenigsten giftige Reinbenzol.

Da Benzol bei sehr niedriger Temperatur siedet, erfolgt die Vergiftung durch Einatmung der Dämpfe in den genannten Betrieben bei schlechter mangelhafter Lüftung, beim Zerspringen von Gefäßen usw. Die Giftwirkung erstreckt sich vor allem auf das Zentralnervensystem und das Blut. Die Empfänglichkeit für Benzolvergiftung ist individuell verschieden. Sie bewirkt Kopfschmerz, rauschartige Benommenheit, später Krämpfe, Schwindel, Erregungszustände. Tödlicher Ausgang nach nur mehrere Minuten langer Einatmung von Benzoldämpfen ist mehrfach beschrieben worden. Die Obduktion von an Benzolvergiftung Verstorbenen hat ergeben: Lackfarbene Beschaffenheit des Blutes, Auflösung fast aller Blutkörper, Blutung der Magenschleimhaut, Rötung der Schleimhaut des Luftweges, Schlaffheit des Herzens. In Fällen mit günstigem Ausgang und anfänglicher Genesung sind nachhaltige nervöse Störungen beobachtet worden: Epileptiforme Krämpfe, Schwindelanfälle, Herzbeklemmung, allgemeine Schwäche.

4. Nitrobenzol.

Nitrobenzol ist eine gelbe, leicht verdampfende Flüssigkeit, die durch Verdunstung Vergiftung hervorrufen kann. In der Technik findet es bei der Herstellung von Anilin in Anilinfabriken und bei der Sprengstoffindustrie Verwendung. Nitrobenzol ist im Gegensatz zum Benzol ein starkes Blutgift. Es verwandelt Oxyhämoglobin in eine methämoglobinähnliche Verbindung, die zur Sauerstoffübertragung ungeeignet ist. Dies äußert sich in schweren Fällen in der charakteristischen, lividen Verfärbung, Blaufärbung der Haut und Schleimhäute und mühsamer, beschleunigter Atmung. In zweiter Linie ist N. ein Nervengift, das je nach der Intensität der Einatmung zu den verschiedenartigsten nervösen Störungen führt: Kopfschmerz, Schwindel, Ohrensausen, Sehstörungen, taumelnder Gang, lallende Sprache, hochgradige Unruhe, bisweilen mit tobsuchtsartigen Anfällen, klonischen und tonischen Krämpfen, zuletzt tiefes Koma und Tod.

Die Entscheidung, ob es sich bei einer Nitrobenzolvergiftung um eine gewöhnliche Berufserkrankung oder um einen Unfall handelt, ist häufig recht schwer zu treffen. Denn wenn auch in der Mehrzahl der Fälle die Krankheitserscheinungen akut einsetzen, so berechtigt dies doch keineswegs zu der Annahme, daß die anscheinend akuten Vergiftungssymptome auf eine einmalige oder kurzdauernde Gifteinwirkung zurückzuführen sind. Denn bei der Arbeit mit Nitrobenzol handelt es sich in erster Linie um eine schon längere Zeit und allmählich erfolgte Giftzufuhr, die zunächst ohne wesentliche oder mit nur vorübergehenden Beschwerden verlaufen kann. Das plötzliche Einsetzen der akuten Vergiftungserscheinungen ist dann nur der Ausdruck dafür, daß das Maß der Gifteinwirkung überschritten ist, das der Körper bis dahin vertragen konnte, ohne daß erhebliche Störungen hervorgerufen wurden.

Bei der Begutachtung wird demnach das Hauptgewicht darauf zu legen sein, ob schon vor dem Unfallstag einzelne Erscheinungen, wie Blausucht, geringgradige Beschwerden in Gestalt von Abnahme der Leistungsfähigkeit, Klagen über Kopfschmerz, Benommenheit nach der Arbeit bestanden haben. Dann handelt es sich lediglich um ein akutes Aufflackern der Erkrankung bei einer schon länger bestehenden beruflichen Gifteinwirkung und nicht um einen Unfall. Nur wenn bei längerer Arbeitsleistung in dem Betrieb ohne Beschwerden durch ein außergewöhnliches Ereignis, wie Zerspringen eines Gefäßes, beim Hinfallen von Granaten bei der Nachfüllung, nachweislich eine plötzliche starke Einatmung erfolgt ist, mit anschließend auftretenden akuten Vergiftungserscheinungen, kommt ein Unfall in Frage.

5. Dinitrobenzol (Roburit).

Von den Dinitrobenzolen $C_6H_4(NO_2)_2$ wird nur das Metadinitrobenzol teilweise zusammen mit Trinitrobenzol oder Trinitronaphthalin, sowie den Nitrotoluolen in der Sprengtechnik verwendet. Roburit ist ein Gemenge von Dinitrobenzol und Ammoniumnitrit. Es sind alles feste, wenig flüchtige Körper. Die Vergiftung erfolgt vor allem in Roburitfabriken durch Inhalation der Dämpfe und des Staubes. Die akuten Vergiftungssymptome gleichen denen bei Nitrobenzolvergiftung: Braunfärbung des Blutes, hochgradige Zyanose und schwere Atemnot, Schwindel, Benommenheit bis zu tiefem Koma, evtl. Tod.

6. Anilin.

Das Anilin - Amidobenzol ist eine farblose ölige Flüssigkeit von charakteristischem Geruch. Es verdampft schon bei gewöhnlicher Temperatur. Die Giftwirkung kann durch Einatmung der Dämpfe oder durch Resorption von der Haut oder Einatmung von Staub von Anilinsalzen erfolgen. Mit Anilin durchtränkte Kleidungsstücke, z. B. beim Verspritzen der Flüssigkeit oder beim Zerbrechen von Gefäßen, haben sowohl durch Hautresorption wie durch Einatmung des abdunstenden Anilins zu Unfallvergiftungen in Anilinfabriken Anlaß gegeben. Eine Vergiftung eines Chemikers durch benetzte Kleidung sah Dunin (zit. nach Erben S. 333). Schwere akute Vergiftungen entstehen nur durch einen Unfall beim Zerbrechen von Gefäßen (Knaggs, zit. nach Erben S. 333) oder durch eigene Unvorsichtigkeit der Arbeiter, z. B. durch Aufenthalt in einem Destillationskessel (Häusermann u. Schmidt, Vierteljahrsschr. f. gerichtl. Med. u. öffentl. Sanitätswesen Bd. 27, S. 307).

Wirkung: Das Anilin ist ein Blutgift durch Bildung von Methämoglobin und ein Nervengift, indem es das Zentralnervensystem reizt und schließlich lähmt. Das technische rote Anilinöl enthält neben Anilin die noch giftigeren, aber im wesentlichen gleich wirkenden Toluidine. Leichte Vergiftungen kommen in Anilinfabriken sehr häufig vor durch Einatmung, besonders an heißen Tagen, an welchen nach Erben die Zyanose der Arbeiter fast eine allgemeine sein soll. Vergiftung äußert sich außer durch Zyanose in Gefühl von Müdigkeit und Schwäche, Eingenommenheit des Kopfes, taumelndem, unsicherem Gang, kleinem, frequentem Puls, Harndrang, Kopfschmerz. Schwere Vergiftung bedingt Schwindel, plötzliches Zusammenstürzen, schwere Zyanose, Ikterus und Milzschwellung, Pulsverlangsamung, enge, oft reaktionslose Pupillen, Sehstörungen (Papillitis), stertoröse Atmung, tiefes Koma, zuweilen Konvulsionen, Tod in 24—36 Stunden. Auch wirkliche psychotische Erscheinungen mit maniakalischer Erregung (Anilinrausch) sind vor oder nach dem Koma beobachtet worden. Die Nachwirkungen der akuten und chronischen Anilinvergiftung können sehr langwierig sein infolge Entwicklung von hochgradiger Anämie, Schwäche der Muskulatur und hartnäckigen, quälenden Kopfschmerzen, die oft monatelang als einziges Restsymptom zurückbleiben.

7. Toluidin (Amidotoluole).

Toluidine werden zur Darstellung von Rosanilinfarbstoffen benutzt. Bei der Anilinfabrikation entstehen ferner neben dem Anilin auch Toluidine. Ihre

Wirkung ist die gleiche wie die des Anilins, nur reizen sie die Schleimhäute stärker. Als besonders charakteristisch wird Strangurie und Hämoglobinurie angegeben. Eine Unfallvergiftung mit reinem Toluidin sahen Stark (Therap. Monatshefte Bd. 6, S. 376) bei einem Arbeiter, welcher ein Bassin mit Toluidin in der Nacht ausgeschöpft hatte, sowie Friedländer (Neurol. Centralbl. Bd. 19, S. 296) bei einem Arbeiter nach Reparatur eines Toluidinkessels: Koma, Blaufärbung der Schleimhäute, irregulärer Puls, enge Pupillen, Delirien, Krämpfe, Amnesie, mehrere Stunden später heftige Strangurie, blutiger Urin, Penisschwellung.

8. Nitroglyzerin.

Akute Vergiftungen können bei Arbeitern in der Sprengstoffindustrie und bei Sprengungen entstehen. Beim Sprengen bilden sich neben den Verbrennungsprodukten (besonders CO) Nitroglyzerindämpfe. Die Giftwirkung erfolgt durch Einatmung der Dämpfe oder durch Hautresorption, durch Beschmutzung der Hände auch bei unverletzter Haut (Dynamitfabriken). Von der Haut aus können nicht nur lokale Schädigungen, sondern auch schwere allgemeine Vergiftungserscheinungen zustande kommen.

Nach Weber hat Einreiben eines einzigen Nitroglyzerintropfens in die Haut einen 10 Stunden lang anhaltenden Kopfschmerz bewirkt, und nach Bourrie erkrankten französische Offiziere, welche Dynamitpatronen längere Zeit in den Händen hielten (zit. nach Thiem I, S. 353). Die Wirkung erstreckt sich auf das Blut, indem es zu Methämoglobinbildung kommt, und auf das Nervensystem. Im Vordergrund stehen die nervösen Symptome: Kopfschmerz, Schwindel, Delirien, Erbrechen, Bewußtseinstrübungen, Lähmungen, Blutdrucksenkung infolge Gefäßerweiterung. Bei den Sprengarbeitern entsteht nach Aufnahme von viel Verbrennungsgasen Schwindel, Zyanose, Koma, aussetzende Atmung, kleiner Puls, Tod durch Asphyxie oder Erwachen mit Mattigkeit, Erbrechen, Kopfschmerz, intermittierendem Puls.

9. Pikrinsäure.

Die aus Phenol hergestellte Pikrinsäure = Trinitrophenol ($C_6H_2OH(NO_2)_3$, findet Verwendung bei der Herstellung von Steinkohlenteer in der Färberei, in der Sprengtechnik (Melinit, Lyddit, Ekrasit enthalten Prikinsäure) und in Feuerwerkereien. Neben lokaler Ätzwirkung auf die Haut können auch durch die Hautresorption allgemeine Vergiftungserscheinungen zustande kommen. Die Giftwirkung beruht 1. auf Blutschädigung durch Methämoglobinbildung (Entstehen von Ikterus), 2. auf Reizung der Magen-Darmschleimhaut und der Harnorgane und 3. auf Schädigung des Nervensystems. Nach Einatmung von viel Staub hat man beobachtet: Niesen, Stomatitis, Pikrinikterus, Fieber, Koliken, Diarrhoe, Dys- und Strangurie, Oligo- selbst Anurie, Schwindel. Ein Arbeiter, der Melinit durch Vermischen von Salpetersäure mit Karbol erzeugte, bekam Stechen in den Augen, Husten mit Erstickungsanfällen, Zyanose, Tachypnoë, Bronchopneumonie und starb (zit. nach Erben S. 237).

10. Tetrachlorkohlenstoff.

Tetrachlorkohlenstoff ist ein unbrennbarer und unexplodierbarer Ersatz für Benzin, ein leicht flüchtiges Gas, dessen Giftigkeit etwa der des Chloroforms entspricht. Zu Unfallvergiftungen können, abgesehen von seiner Herstellung, Arbeiten in Reinigungsanstalten und chemischen Betrieben Anlaß geben. Das Gas wirkt ohne lokale Schädigung der Atmungsorgane narkotisierend. Die Erholung erfolgt meist rasch und vollständig (Curschmann).

11. Brommethyl und Jodmethyl.

Beide Stoffe werden in der chemischen Industrie bei der Anilinfabrikation und in pharmazeutischen Betrieben verwendet. Die Vergiftung erfolgt durch Einatmung der Gase. Sie sind Nervengifte, die vorübergehende oder dauernde Störungen des Nervensystems hervorrufen.

Krankheitserscheinungen: Leichte Vergiftungen durch Jodmethyl bedingen nach Weyl (Handbuch der Arbeiterkrankheiten) Kopfschmerz, Schwindel, Doppelsehen, Gefühl von Starre der Augenmuskeln und vorübergehende Benommenheit. Die Erscheinungen gehen nach einigen Tagen zurück. Schwere Vergiftungen führen zu rauschartigen Zuständen und Erregung bis zu Tobsucht, Störung der Atmungs- und Herztätigkeit, langdauernder (mehrwöchiger) Bewußtlosigkeit, Sprachverlust, Depressionszuständen und lang anhaltender geistiger Schwäche. Nur ganz geringe Mengen können dauernd bestehenbleibende Störungen hervorrufen.

12. Fluorwasserstoffsäure (HFl).

Die Flußsäure ist ein farbloses Gas, das in der Luft stark raucht und in chemischen Fabriken, in Glasätzereien, in der Tonindustrie und Färbereien Anwendung findet. Die Dämpfe wirken schädigend auf die Schleimhäute (Husten, Schleimhautblutungen, Erbrechen, Kolik) und auf die Haut (starker Schmerz, Dermatitis, langsam heilende Geschwüre). Auch zerebrale Symptome, wie Sehstörungen, sind bei Inhalation beobachtet worden.

13. Osmiumsäure.

Vergiftungen sind auf Laboratorien und chemische Fabriken (Platinraffinerie) beschränkt. Da die Osmiumsäure an der Applikationsstelle reduziert wird, sind Allgemeinwirkungen nicht bekannt. Die Osmiumsäuredämpfe erzeugen heftige Entzündungen der Schleimhäute, Konjunktivitis, Bronchitis mit Dyspnoë und asthmatischen Anfällen. Pneumonie kann sich anschließen. Auf der Haut entsteht eine Schwarzfärbung der Gewebe durch Reduktion der Säure.

14. Borsäure.

Eine Unfallvergiftung durch Borsäure ist nur mittelbar möglich, indem durch unvorsichtige Anwendung des Mittels bei Behandlung von Unfallfolgen, Wundbehandlung, Spülungen der Pleurahöhlen und Abszeßhöhlen, der Harnblase Vergiftungserscheinungen auftreten können. Bert erwähnt tödlichen Ausgang nach Ausfüllen einer Wunde mit 17 g Borsäure unter Erscheinungen eines papulösen Exanthems, Fieber, Zyanose, Kollaps mit irregulärem Puls und unstillbarem Erbrechen.

15. Phosgen ($COCl_2$).

Das Phosgen (Kohlenoxydchlorid) ist ein scharf riechendes Gas, das gelegentlich in chemischen Fabriken gebraucht wird. Es wirkt stark reizend und es genügen geringe Mengen, um schwere Schädigungen hervorzurufen, so daß es sich meist um Unfälle handelt. Die Wirkung kommt dadurch zustande, daß das Gas in der Lunge Salzsäure abspaltet und diese das Lungengewebe verätzt. Infolgedessen kommt es, falls nicht der Tod an Hämoptoë und Lungenödem erfolgt, zu bleibenden Schädigungen.

16. Nickelkarbonyl.

Das Nickelkohlenoxyd führt gelegentlich zu Vergiftungen bei den mit Nickelextraktion beschäftigten Arbeitern. Die Schädigung beruht auf der Wirkung des Kohlenoxyds, vielleicht auch auf der dabei freiwerdenden Kohlensäure.

Achtzehntes Kapitel.

Verletzungen und Erkrankungen durch elektrische Unfälle.

Bei den Schädigungen des menschlichen Körpers durch Elektrizität kommen zwei verschiedene Elektrizitätsquellen in Betracht, die beide zu einer Unfallverletzung des Menschen führen können: Die atmosphärische Elektrizität, d. h. der Blitzschlag, wenn dieser den Verletzten während der Betriebstätigkeit getroffen hat, und die in Gewerbebetrieben vorhandene Elektrizität, Schwach- und Starkstromanlagen. Ein prinzipieller Unterschied zwischen den Blitzschäden und Erkrankungen durch Betriebselektrizität besteht nicht, da man die durch Blitzschlag verursachten Gesundheitsschädigungen sowohl in ätiologischer, als auch pathologisch-klinischer Beziehung mit denen der technischen Elektrizitätswirkung in Parallele stellen kann. Die Folgen der Elektrizitätseinwirkung sind aber wesentlich verschieden, je nachdem es sich um elektrische Schwach- oder Starkströme handelt.

A. Körperschädigungen durch elektrischen Schwachstrom, Telephonunfälle, Telegraphenunfälle.

Die schwachen Induktionsströme (5—10 Volt), die bei der Bedienung des Telephons und Telegraphen in Anwendung kommen, sind so wenig wirksam, daß ernstere Schädigungen des Körpers organischer Natur, wie man sie nach Starkstromverletzungen beobachtet, nicht vorkommen. Ein merklicher Übergang der Elektrizität auf den Telephonisten ist, bei intaktem Hörer, nur dann ausnahmsweise möglich, wenn der Bediener des Apparates beim Wecken des Teilnehmers entgegen der Vorschrift die Verteilungsschnüre nicht am isolierten Griff, sondern am mittleren Ende anfaßt, oder wenn das Unglück es will, daß ein Blitzstrahl im Moment der Bedienung in die Telephonleitung einschlägt, oder wenn die Telephonleitung durch gerissene Drähte zufällig mit einem Starkstromkabel in Berührung kommt. Dadurch wird dem Starkstrom Gelegenheit geboten, in die Schwachstromanlage einzudringen und im Moment der Einschaltung auf den Telephonisten überzugehen. Die Möglichkeit einer Starkstromschädigung ist also auch am Telephon gegeben. Schmalz hat einen solchen Fall beobachtet, in dem eine Telephonistin dadurch einen Unfall erlitt, daß außerhalb des Fernsprechamtes die Telephonleitung mit einer Starkstromleitung von 500 Volt in Berührung kam. Es entwickelten sich schwere funktionelle und organische Störungen.

Bei den sogenannten Telephonunfällen handelt es sich aber in der Regel nicht um eigentliche elektrische Schädigungen, d. h. um den Übergang des elektrischen Schwachstromes auf den Telephonisten, sondern um eine psychische Chokwirkung. Eine plötzliche intensive Schalleinwirkung, stärkere knackende Geräusche oder ein Knall und Knattern in dem Hörer, wie dies beim Wecken oder durch elektrische Entladungen in der Atmosphäre (auch bei fernen Gewittern) bisweilen der Fall ist, erweckt bei dem Telephonisten gleichzeitig mit der starken Klangsensation die Vorstellung, daß er „Strom erhalten" oder „vom Schlag getroffen" sei. Von wesentlicher Bedeutung bei der Entstehung der Telephonunfälle ist vor allem auch die Furcht vor Gewittern, die Telephonophobie. Die Kranken geben meist an, daß sie im Moment des Knackens oder Knalls im Hörer einen heftigen Schlag auf den ganzen Körper verspürt hätten, und daß seitdem ihre Beschwerden aufgetreten seien.

Krankheitserscheinungen.

Die nach Telephonunfällen beobachteten Krankheitserscheinungen weichen wesentlich ab von den nach Starkstrom- und Blitzverletzungen auftretenden Zuständen. Es findet sich ein Gemisch von rein funktionellen Störungen, von neurasthenischen und hysterischen Symptomen, wie man sie auch nach anderweitigen Unfällen sieht, während organische Veränderungen des Nervensystems nicht nachweisbar sind, falls nicht zufällig eine Starkstromschädigung durch Blitzeinschlag in das Telephon erfolgt ist. Die subjektiven Beschwerden beziehen sich, neben häufigen Klagen über Schmerzen in beiden Ohren oder nur an dem Ohr der betroffenen Seite, auf Parästhesien und Hyperästhesie des Gesichts, Überempfindlichkeit gegen Geräusche, Schlaflosigkeit. Seltener sind Anästhesien. Häufig wurden Weinkrämpfe, hysterische Zuckungen der Glieder, Zittern des ganzen Körpers, hysterische Lähmungen eines oder mehrerer Glieder beobachtet. Nervöse Störungen von seiten des Herzgefäßsystems traten nicht selten auf in Form von Pulsbeschleunigung, Herzschmerzen, Gefühl von Herzangst mit anfallsweisen Herzpalpitationen. Vereinzelt ist auch das Auftreten länger dauernder schwerer psychischer Störungen beschrieben worden: Depressionszustände, Beeinträchtigungs- und Verfolgungsideen.

Prognose und Rentenbeurteilung.

Die Prognose ist ungünstig zu stellen hinsichtlich der Wiederaufnahme der früheren Tätigkeit als Telephonist oder Telephonistin. Schon die Furcht vor erneuten „Schlägen" bewirkt, daß die Kranken nach Telephonunfällen mit länger dauernden nervösen Störungen sofort Rückfälle bekommen aus ganz geringfügigen Anlässen und sich gar nicht mehr entschließen können, im alten Betrieb zu arbeiten. Praktisch sind sie meist in dem Dienst nicht mehr verwendbar. Im übrigen wird aber die Rentenabschätzung nach den gleichen Erwägungen erfolgen müssen, wie bei neurasthenischen und hysterischen Zuständen nach anderweitigen mechanischen oder psychischen Traumen, und wie sie S. 514 und 523 ausführlich dargelegt sind.

B. Starkstromschädigungen des Körpers.

I. Entstehungsweise.

Starkstromverletzungen kommen dadurch zustande, 1. daß ein Mensch aus Unvorsichtigkeit Leitungen mit hochgespannten Strömen blanke stromführende Teile der elektrischen Anlage, Anschlußklammern, Schalter, Kabel, Glühlampenfassungen anfaßt, oder daß 2. die Drähte elektrischer Licht- und Kraftleitungen reißen und auf Menschen fallen, oder 3. daß Arbeiter der Funkenentladung bei Überspannung zu nahe kommen. Wird der Körper direkt in den Stromkreis eingeschaltet (bipolare Einschaltung), oder berührt ein Teil der Leitung den Körper, so findet die Entladung durch den Körper hindurch zwischen dem Leitungspol und dem Erdboden statt (unipolare Einschaltung, sog. Kurzschluß durch den Körper hindurch). Auch eine Funkenentladung bei Überlastung resp. Überspannung einer Starkstromleitung kann zu Verletzungen und tödlichen Unfällen Anlaß geben, ohne daß der Verletzte mit der Stromanlage in Berührung gekommen ist. Jellinek[1]) berichtet über einen Wicklermeister, der einem aus einem Transformator (Wechselstrom von 10 000 Volt Spannung) herausragenden Drahtende zu nahe kam und von einem Funkenbüschel getroffen wurde. Er knickte zusammen, soll nach Aussage von Zeugen noch zwei Stufen hinabgestiegen sein und fiel leblos nieder.

Die Körperschädigung ist abhängig von der Stromspannung an den Polen, der Stromstärke im Leiter, der Stromdichte, der Dauer des Kontakts. Eine besondere Empfänglichkeit einzelner Personen gegen die üblen Wirkungen des elektrischen Stroms ist nicht erwiesen. Im allgemeinen gelten Ströme unter 100 Volt Spannung für nicht gefährlich. Doch hat sich in einem Falle die Berührung einer Stromanlage von nur 65 Volt Betriebsspannung als tödlich erwiesen. Andererseits sind Ströme von 2000—3000 Volt ohne dauernden Schaden ertragen worden. Bei der Abschätzung der Stromstärke ist zu bedenken, daß die Intensität des wirksamen Stromes nicht nur von der Stromspannung, sondern auch von der Summe der Widerstände abhängig ist, denen der Strom bei seinem Durchgang durch den in den Stromkreis geratenen Körper begegnet. So schwankt der Berührungswiderstand der Haut zwischen 2000 und zwei Millionen Ohm. Er ist gering bei unbekleideter und feuchter Haut, groß bei derber trockener Haut, bei Schwielenbildung an den Händen, harter Sohlenhaut. Arbeiter in sogenannten nassen Betrieben, z. B. in chemischen Fabriken bei feuchtwarmer, oft mit Salz und Säure geschwängerter Atmosphäre sind stärker gefährdet, wenn die Haut durchfeuchtet und erweicht ist. Vom Standpunkt der Unfallpraxis ist auch zu berücksichtigen, daß die Gefährlichkeit eines Starkstromunfalls abhängig ist von der Beschaffenheit des Fußbodens. Ist die Unterlage, auf der jemand zur Zeit der Berührung mit der Starkstromanlage steht, ein schlechter Leiter, so ist die Gefahr eine geringere, als wenn der Fußboden ein guter Leiter war oder im Bereiche der Stromanlage ein gut ableitender Körper sich befand (z. B. Gasleitung, Wasserleitung). Ferner ist der monopolare Kontakt, bei dem der Stromschluß durch Berührung des Verunglückten mit der Erde gebildet wird, ungefährlicher als der bipolare, bei dem der Verletzte zwischen die beiden Pole der Leitung geraten ist. Es sind somit eine ganz Reihe von äußeren und individuellen Umständen dafür maßgebend, ob ein

[1]) Jellinek, Wien. klin. Wochenschr. 1907, Nr. 46 u. Elektropathologie Mon. 1903.

Starkstrom bei gleicher Voltzahl im Einzelfall mehr oder weniger große Gesundheitsschädigungen hervorruft.

II. Symptomatologie der Starkstromschädigungen.

Falls das elektrische Trauma nicht zu unmittelbarem oder sehr baldigem Tode führt, durch Einwirkung auf die Innervation des Herzens und der Atmung, Chokwirkung oder sonstige noch unbekannte Faktoren (starke Erhitzung des Nervensystems, Hirndrucksteigerung), so können Krankheitserscheinungen an nahezu allen Organen des Körpers auftreten. Diese nach elektrischen Unfällen sich darbietenden Symptome sind lokaler und allgemeiner Natur.

1. Örtliche Erscheinungen.

Bei Berührung eines stromabführenden Gegenstandes entstehen meistens an der Stromein- und -austrittsstelle Veränderungen der Haut verschiedenster Art. Es finden sich entweder nur leichte Epidermisschädigungen, trockene glänzende Haut mit oder ohne Verfärbung, oft mit deutlicher derber Erhebung, oder Hautnekrosen. Zu den spezifischen elektrischen Hautverbrennungen gehören nach Jellinek weiter knorpelige, stearinartige, mehr oder weniger glänzende Hautveränderungen, die vollkommen schmerzlos und gegen Berührung, Stich unempfindlich sind. Nach einigen Tagen zerfällt das Gewebe in Schollen und hinterläßt einen großen Substanzverlust, der sich noch dadurch vergrößert, daß in den folgenden Wochen die anscheinend unversehrte Ober- und Lederhaut in der Umgebung der Verletzungsstelle nekrotisch zerfällt. Die Abheilung unter zunächst dünner Narbenbildung vollzieht sich meist ohne Eiterung. Zu den sogenannten Lokalsymptomen gehören weiter Hautveränderungen, die durch Einwirkung des elektrischen Lichtbogens (Flammenwirkung) entstehen: Echte Brandwunden und brandwundartige Hautzerstörungen, Haarversengungen, Durchlöcherung und Zerreißung der Gewebe. Ferner sind Augenverletzungen beobachtet worden: Iritis, Linsentrübung, Netzhautveränderungen. Diese Lokalsymptome bilden einen wertvollen Anhaltspunkt für eine stattgehabte Starkstromschädigung in sonst zweifelhaften Fällen von elektrischem Unfall. Für die Unfallpraxis ist es aber wichtig, daß makroskopisch erkennbare örtliche Veränderungen in seltenen Fällen fehlen können, so daß ihr Fehlen nicht unbedingt gegen einen stattgefundenen Elektrizitätsübergang spricht.

2. Allgemeinsymptome.

Die Allgemeinsymptome sind funktioneller und organischer Natur und betreffen vor allem das Nervensystem. Sie treten meistens in unmittelbarem Anschluß an das elektrische Trauma auf; zum Teil entwickeln sie sich erst allmählich im Lauf von Tagen, Wochen und Monaten, so daß man berechtigt ist, von Früh- und Späterscheinungen einer Starkstromverletzung zu sprechen.

a) Frühsymptome von seiten des Nervensystems und anderer Organe.

Diese äußern sich vor allem in initialen Störungen des Bewußtseins. Die meisten elektrischen Unfälle gehen mit Bewußtseinsstörung einher, leichten Ohnmachten oder komatösen, langandauernden Zuständen, Erbrechen, Pulsverlangsamung, so daß das Bild eines akuten Hirndruckes vorzuliegen scheint. Die Bewußtlosigkeit kann viele Stunden andauern. Nicht selten sind mit dem Abklingen derselben die Folgeerscheinungen überwunden und treten keine weiteren Krankheitszeichen hervor. Bisweilen tritt auch nicht sofort Bewußtlosigkeit ein, sondern erst nach einiger Zeit. Auch kann ein Fall ohne Bewußtlosigkeit verlaufen und doch ernstere Spätfolgen zeitigen, so daß die Bewußtseinsstörung nicht als Gradmesser für die Schwere der Unfallverletzung und spätere Folgezustände verwertet werden darf. Trotz vollkommenem Fehlen von initialen nervösen Störungen können später schwere organische Nervenläsionen zur Ausbildung kommen (Spätsymptome). Umgekehrt kann, wie das noch jüngst K. Krause für die Blitzschädigungen nachgewiesen hat, nach sehr schweren anfänglichen Erscheinungen mit langdauernder Bewußtlosigkeit rasche und völlige Erholung eintreten ohne Spätfolgeerscheinungen. Neben der initialen Bewußtlosigkeit treten vor allem anderweitige nervöse Reiz und Ausfallserscheinungen als Frühsymptome auf: Kopfschmerzen, allgemeine Krämpfe von epileptischem Charakter, manchmal halbseitige Lähmungen, Stummheit. Die Unterscheidung, ob es sich hierbei um funktionelle hysterische Störungen handelt, oder um leichte organische, schnell ausgleichbare Veränderungen des Zentralnervensystems, ist nicht immer leicht. Unter den schnell vorübergehenden Erscheinungen spielen auch psychische Störungen eine recht große Rolle: Verwirrtheitszustände mit Halluzinationen, Erregungszustände mit lautem Schreien und Toben, oder stuporöse und andere Hemmungszustände.

Krankheitserscheinungen innerer Organe.

Es sind beobachtet worden: Störungen der Herztätigkeit, Pulsverlangsamung und Tachykardien, Irregularitäten; von seiten des Magen-Darmkanals: Meteorismus, Obstipation, kolikartige Schmerzen, ferner geringe Eiweißausscheidung im Urin, in seltenen Fällen leichter Ikterus, Harnretention und Inkontinenz, Blutungen aus den Genitalorganen.

b) Spätsymptome nach elektrischer Starkstrom- und Blitzschädigung.

Funktionelle nervöse Störungen.

Wie nach sonstigen mit Schreckwirkung verbundenen Unfällen, beobachtet man auch nach Starkstromverletzungen und Blitzwirkung nach Abklingen der Initialerscheinungen die Entwicklung langdauernder funktioneller Störungen, einer traumatischen Neurasthenie oder Hysterie.

Diese nehmen unter den Spätfolgen einen breiten Raum ein und weichen in ihrem klinischen Symptomenbild und ihrer Prognose nicht wesentlich ab von den nach anderweitigen Unfallschädigungen entstehenden funktionellen nervösen Zuständen. Die hysterischen Symptome schließen sich nicht selten unmittelbar an die initialen Lähmungen an, so daß ein anfänglich durch die direkte elektrische Einwirkung passager gelähmter Arm später eine typische hysterische Lähmung aufweist. Freilich wird man in solchen Fällen mit erheblichen Erstlingserscheinungen einer Starkstromeinwirkung in Gestalt von initialer Bewußtlosigkeit und motorischen und sensiblen Reiz- und Ausfallserscheinungen, schwer auseinanderhalten können, ob die anfängliche Lähmung rein organischer Art oder ob bereits eine Hysterie im Spiele war. Das typische Bild einer Hysterie nach elektrischem Trauma bot ein Kranker von Hoche[1]).

Ein 38jähriger Schutzmann wird von dem herabfallenden Draht der Tramoberleitung getroffen. Außer einer Lichtempfindung im Moment der Berührung des Drahtes, der rechts Mütze und Uniform streifte, keine Krankheitserscheinungen. Wenige Minuten später unfreiwilliger Abgang von Urin (ohne Bewußtseinsverlust) und Schwäche im rechten Arm. Bei der Krankmeldung hauptsächlich Klagen über Sehstörungen. Augenbefund: S. r. $^{6}/_{24}$, l. = l. Gesichtsfeld rechts konzentrisch auf 20° eingeengt, totale Farbenblindheit, links normale Verhältnisse. Pupillen und Augenhintergrund beiderseits normal. Hörschärfe rechts herabgesetzt. Rechter Arm in toto paretisch bei Klagen über Schmerzen im Arm. Hypalgesie am rechten Arm und angrenzenden Rumpfteilen, normale elektrische Erregbarkeit, normales Verhalten der Sehnenreflexe. Psychisch: starke gemütliche Depression, Neigung zum Weinen, Schlaflosigkeit. Im Laufe der nächsten Wochen Zunahme der Analgesie am Rumpf und Atrophie des rechten Deltoideus mit Herabsetzung der elektrischen Erregbarkeit. Nach 2 Jahren rechts fast totale Amaurose und maximale Gesichtsfeldeinschränkung bei normalem Augenhintergrund.

Organische Nervenstörungen als Spätfolge.

Mit der Diagnosenstellung auf rein funktionelle Störungen bei Starkstromverletzungen muß man vorsichtig sein und darf die Prognosenstellung erst von einer längeren Beobachtung abhängig machen, da bisweilen nach Wochen und Monaten sich organische Krankheitserscheinungen ausbilden können, die als Folgen einer direkten spezifischen Einwirkung der elektrischen Reize auf das periphere und Zentralnervensystem aufzufassen sind. Immerhin sind dies seltene Vorkommnisse gegenüber der Häufigkeit funktioneller Schädigungen, mit denen kombiniert organische Veränderungen zur Entwicklung kommen können. Die durch elektrische Unfälle und Blitzschlag hervorgerufenen organischen Nervenläsionen bieten die mannigfachsten Symptomenbilder und führen bisweilen zu Symptomenkomplexen, die mit einer Dementia paralytica, einer multiplen Sklerose eine gewisse Ähnlichkeit haben können. Außer Lähmungen einzelner oder mehrerer peripherer Nerven, Optikusveränderungen, Gehirnnervenlähmungen sind als Spätfolgen beschrieben worden: Spastische und schlaffe Lähmungen einzelner Gliedmaßen, Epilepsie, bulbäre Er-

[1]) Hoche, Ärztl. Sachverst.-Ztg. 1901, Nr. 18.

scheinungen, progressive Demenz, Aphasie, Apoplexie. Daß eine echte progressive Paralyse oder eine echte multiple Sklerose, wie dies Eulenburg[1]) angenommen hat, durch Starkstromverletzung entstehen kann, ist unerwiesen. In dem Eulenburgschen Fall ist die Diagnose einer Dem. paral. durchaus nicht sicher. Jellinek sah 2 bis 3 Jahre nach elektrischem Unfall bzw. Blitzschlag einer Paralyse ähnliche Krankheitserscheinungen auftreten (s. Kap. Paralyse). In der folgenden eigenen Beobachtung handelt es sich um das allmähliche Auftreten bulbärer Erscheinungen mit zentral bedingter doppelseitiger Taubheit, die nach $2^1/_2$jährigem Bestehen zum Stillstand kamen mit teilweiser Rückbildung.

Finkelnburg[2]): Der 28jährige Schlepper I. V. berührt bei einem Fall mit einem in der Hand gehaltenen eisernen Bohrer eine unter Strom stehende (300 Volt) elektrische Leitung und erhielt einen Schlag ohne Bewußtseinsverlust. Er klagte sofort über Schmerzen in beiden Schläfen und Ohrensausen. Nach 14 Tagen bis 3 Wochen ging er zum Ohrenarzt wegen zunehmender Schwerhörigkeit auf beiden Ohren. Dem Ohrenarzt fiel bereits eine gewisse Undeutlichkeit der Sprache und starrer Gesichtsausdruck auf. In den folgenden Wochen und Monaten Steigerung der Schwerhörigkeit bis zu fast völliger Taubheit, undeutliche Sprache, Schluckstörungen, taubes Gefühl in linker Mundhälfte und Nachlaß des Geschmacks. Nach $1^1/_4$ Jahr fand sich: Verwaschene Sprache, Zungenatrophie mit Fibrillieren, linksseitige totale, rechts fast völlige Fazialislähmung, ausgedehnte fibrilläre Zuckungen im Gebiete des M. orbicularis oculi und des Platysma. Elektrisch partielle EaR. im Fazialis beiderseits. Nach $1^3/_4$ Jahren Rückbildung der Fazialislähmung (bis auf Stirnäste), Besserung der Sprache, des Schluck- und Kauvermögens. Nach $2^1/_2$ Jahren fand sich noch: Doppelseitige, an Taubheit grenzende Schwerhörigkeit, deren Sitz im nervösen Abschnitt, und zwar aller Wahrscheinlichkeit nach im Gehörnervenkern zu suchen ist (Prof. Eschweiler), Zungenatrophie mit Fibrillieren, doppelseitige Postikusparese (wie früher), Schluckvermögen normal, Sprache nur nach langem Sprechen etwas undeutlich, M. frontalis beiderseits unbeweglich, Sehnenreflexe beiderseits normal, kein Babinski.

Die pathologische Anatomie dieser organischen Starkstromveränderungen am menschlichen Nervensystem ist uns noch ganz unbekannt, da keine anatomischen Untersuchungen solcher langdauernden Krankheitszustände vorliegen. Die makroskopische Untersuchung des Zentralnervensystems bei durch Elektrizität Getöteten ergab von frischen Veränderungen: kleinere Blutaustretungen, zumeist an der Grenze der grauen und weißen Substanz, Gefäßzerreißungen der allerfeinsten Kapillaren, Zertrümmerung von Ganglienzellen.

III. Prognose und Rentenabschätzung.

Diese wird bei der Mannigfaltigkeit der möglichen Schädigungen und der wechselnden Ausdehnung von Lähmungs- und sonstigen organischen nervösen Erscheinungen nur von Fall zu Fall entschieden werden können. Das Auftreten von organischen Spätfolgen ist stets ein ernstes Zeichen und verlangt weitgehende Schonung, so daß anfangs

---

[1]) Eulenburg, Berl. klin. Wochenschr. 1905, Nr. 2 u. 3.
[2]) Finkelnburg, Monatsschr. f. Unfallheilk. Bd. 21, Nr. 3.

meist hohe Renten am Platze sind, bis die Verlaufsweise des Falles durch längere Beobachtung ergeben hat, ob es sich um einen stationären oder zunächst noch progressiven Prozeß handelt. Die nach Ablauf von 2—3 Jahren bleibenden nervösen Resterscheinungen sind in gleicher Weise bei der Rentenfestsetzung zu bewerten wie Lähmungserscheinungen, Sehstörungen usw. aus anderweitiger Ursache (Kopftrauma, Apoplexie, Epilepsie).

Neunzehntes Kapitel.

Erkrankung durch Sonnenstich und Hitzschlag.

I. Allgemeines über Definition und Pathogenese des Hitzschlags.

Unter Sonnenstich verstehen wir Folgezustände der direkten Sonnenbestrahlung des Körpers, vor allem des unbedeckten Kopfes, während man als Hitzschlag die infolge Überhitzung des ganzen Körpers auftretenden Krankheitszustände bezeichnet. Ein Sonnenstich kann bei verhältnismäßig niedriger Außentemperatur, ein Hitzschlag bei bedecktem Himmel auftreten. Bei der Entstehung des Hitzschlages spielen neben meist höherer Außentemperatur eine ganze Reihe sonstiger Momente eine wesentlich mitwirkende Rolle: Wärmeerzeugung durch anstrengende körperliche Arbeit, zumal in gebückter Stellung, ferner eine Erschwerung der Wärmeabgabe durch Verdunstung bei Anhäufung von Menschen, beim Marschieren in Kolonnen, Aufenthalt in mit Wasserdampf gesättigten Räumen, wenig durchlässige enganschließende Kleidung. Die Wärmestauung, d. h. das Mißverhältnis zwischen Wärmeproduktion und Wärmeabgabe bildet offenbar den wichtigsten ursächlichen Faktor des Hitzschlages, so daß unter Umständen Hitzschlagunfälle bei Außentemperaturen zustande kommen können, die im landläufigen Sinne nicht als übermäßige Hitze zu bezeichnen sind. Besonders disponiert zu Erkrankungen durch beide Formen von Sonne- und Hitzeeinwirkungen sind Menschen mit Fettsucht, Herzfehler und Arteriosklerose, sowie Alkoholisten. In einer sehr großen Anzahl von Fällen handelt es sich um Mischformen, d. h. um gleichzeitige Einwirkung von Sonnenbestrahlung und Hitzschlag, so daß reine Formen selten sind. Hiervon abgesehen hat eine schärfere Unterscheidung zwischen Sonnenstich- und Hitzschlagerkrankung schon deshalb keine wesentliche praktische Bedeutung, weil die klinischen Krankheitsbilder bei beiden Zuständen eine weitgehende Ähnlichkeit aufweisen. Im folgenden werden deshalb die krankhaften Folgeerscheinungen des Sonnenstichs und Hitzschlags gemeinsam besprochen werden.[1])

---

[1]) Eine noch weitergehende Unterscheidung zwischen „Wärmeschlag“ (= statischem Hitzschlag) bei Personen, die ohne Arbeit durch Einwirken äußerer

Die Pathogenese des Hitzschlags ist noch unbekannt. Wir wissen noch gar nicht, wie die Überhitzung durch direkte Sonnenbestrahlung des Kopfes und die Wärmestauung auf den Körper einwirkt, ob die starken Temperaturerhöhungen an sich das Körpergewebe schädigen oder dabei auftretende toxische Stoffwechselprodukte (Selbstvergiftung). Es scheinen jedenfalls alle Körperorgane betroffen zu werden, vor allem aber das Nervensystem, da die nervösen Störungen ganz im Vordergrunde des Krankheitsbildes stehen.

II. Die Krankheitserscheinungen beim Hitzschlag.

Die Krankheitserscheinungen treten in der Mehrzahl der Fälle in unmittelbarem Anschluß an die Hitzeeinwirkung ganz akut auf, mit oft extrem hohen Temperaturen. Es ist aber für die Unfallpraxis von Wichtigkeit, daß die Temperatursteigerung des vom Hitzschlag Betroffenen schon wieder zurückgegangen sein kann, wenn der Erkrankte in ärztliche Behandlung kommt. Denn nach Beobachtungen von Steinhausen[1]) hat die Körpertemperatur bereits im Augenblick des Einsetzens der Krankheit ihr Maximum erreicht oder überschritten, um mehr oder weniger rasch zu niedrigen und, namentlich in tödlich verlaufenden Fällen, selbst zu subnormalen Werten abzusinken. Es kommt aber auch vor, daß oft längere Zeit, bis zu Stunden, zwischen der Hitzeeinwirkung und dem Einsetzen der ersten Krankheitssymptome verstreicht, nachdem der Betroffene sich schon in völliger Ruhe befindet.

1. Typische Verlaufsformen.

Der Beginn ist meist ziemlich akut mit Bewußtseinsverlust, Ohnmacht bis zu tiefem Koma mit plötzlichem Hinstürzen und unwillkürlichem Abgang von Stuhl und Urin, nachdem kurz vorher Vorboten aufgetreten sind: Übelkeit, Blutandrang zum Kopfe, stechender Kopfschmerz, Flimmerskotom, häufiges Gähnen, Schüttelfrost. In leichteren Fällen bleibt es bei diesen Vorboten, wenn der Kranke sich der Hitzeeinwirkung entziehen kann. Die Bewußtseinsstörung ist annähernd in der Hälfte der Fälle begleitet von motorischen Reizerscheinungen: epileptische allgemeine Konvulsionen, Jacksonsche Krämpfe, Zwerchfellkrämpfe, Schlundkrämpfe, Beiß- und Kaubewegungen, Augenverdrehungen. Nicht selten (nach Steinhausen ein Viertel der Fälle) geht die Bewußtseinsstörung in ein Delirium über mit Verwirrtheit, Halluzinationen, Angstzuständen. Von seiten der inneren Organe finden sich Atmungsstörungen, Beschleunigung und Verlangsamung, periodische Cheyne-Stokessche Atmung, ferner Pulsverlangsamung, Darmblutungen, Gelbsucht. Temperaturerhöhung kann fehlen.

Hitze im Freien oder in geschlossenen Räumnn erkranken, und „mechanischem Hitzschlag", wenn dieser bei gleichzeitiger Arbeit erfolgt, ist zwecklos.

[1]) Steinhausen, Gedenkschrift für v. Leuthold Bd. 2.

2. Atypische Verlaufsformen.

Anstelle der akut und nicht selten von Konvulsionen begleiteten Bewußtlosigkeit stellt sich ein Dämmerzustand ein, der sich in nichts von dem bei echter Epilepsie bekannten unterscheidet, mit Amnesie, wobei z. B. Soldaten den Marsch automatisch fortsetzen. Der Dämmerzustand kann nach Stunden ohne weitere Folgen abklingen oder in Koma oder Delirien mit tödlichem Ausgang übergehen. Zu den seltenen und atypischen Krankheitssymptomen des Hitzschlages gehören auch die organischen Herdsymptome von seiten des Zentralnervensystems, die auf umschriebenen enzephalitischen Veränderungen beruhen, die an allen Teilen des Hirn-Rückenmarks zur Entwicklung kommen können. Es sind beobachtet worden: Hemiplegien von schnell vorübergehender und dauernder Art, Monoplegien im Faszialisgebiet und an Extremitäten, Aphasie, akute Ataxie, bulbäre (dysarthrische) Sprachstörungen, Lähmungen der bulbopontinen Nerven, an Hämatomyelie erinnernde spinale Lähmungen mit Blasen-Mastdarmstörungen. In der Regel bilden sich die Herdsymptome nach Stunden und Tagen zurück. Bisweilen vergehen Wochen und Monate, bis völliger Rückgang erfolgt. Aber auch dauerndes Bestehenbleiben von Hemiplegie ist beobachtet worden.

3. Ausgang des Hitzschlags.

Nach Ablauf von ein- bis zweimal 24 Stunden sind in der Regel die akuten Hitzschlagerscheinungen abgeklungen, und es folgt, falls nicht der Tod durch Koma oder an Herzschwäche eingetreten ist, eine Periode der langsamen Erholung. Es bestehen dann noch Klagen über Stirnkopfschmerz, Schwindel, Mattigkeit, Schlafsucht, Brustbeklemmung, Neigung zu Ohnmachtsanfällen, Schlaflosigkeit, sowie Zeichen von psychischer Verstimmung, Apathie, gesteigerte psychische Reizbarkeit oder Hemmung und Überempfindlichkeit gegen sensible und sensorische Reize. Während der Erholungsperiode können nach 10 bis 14 Tagen nach dem Unfall Rückfälle erfolgen mit erneuter Bewußtseinsstörung, Krämpfen, Delirien und tödlichem Ausgang. Nur in einem Teil der Fälle geht die Heilung endgültig vor sich. In anderen Fällen schließen sich verschiedene Nachkrankheiten an.

III. Den Hitzschlag begünstigende Betriebsverhältnisse.

Besondere Betriebsverhältnisse, welche die natürliche, durch höhere Außentemperatur bedingte Hitzewirkung steigern, vermehren die Gefahr des Hitzschlags. In Betracht kommt:

1. Längere Einwirkung der direkten Sonnenbestrahlung. Arbeit auf unbedecktem Gerüst, Dächern oder auf freiem Feld, zumal wenn der Arbeitende durch häufiges und längeres Bücken an der Atmung behindert war, gilt als begünstigendes Moment für das Zustandekommen eines Hitzschlags.

2. Windstille bei starker Sonnenhitze und schwüler Witterung und Arbeit um die Mittagszeit, wenn bereits eine gewisse Ermüdung vorliegt, begünstigen ebenfalls den Eintritt eines Sonnenstichs. Hierbei wird das Vorhandensein von Krankheitszuständen, wie Arteriosklerose, Herzfehler, Alkoholismus, eine besondere Disposition bedingen, die den Eintritt der Hitzeschädigung erleichtert. Denn es muß ausdrücklich betont werden, daß eine durch Alter oder Krankheit vorhandene Bereitschaft keinen Gegengrund für die Anerkennung des Hitzschlages durch Unfall bildet, wenn die sonstigen äußeren Umstände den Betriebsvorgang als Unfall charakterisieren.

3. Anstrengende Arbeit in schlecht ventilierten Räumen bildet eine erhöhte Betriebsgefahr, namentlich bei gleichzeitiger stärkerer Sättigung des Arbeitsraumes mit Wasserdampf, wodurch die Abdunstungsbedingungen beim Schwitzen erschwert sind (in chemischen Betrieben, Kesselräumen, Schiffsräumen). Äußere Temperaturen über 30° C werden stets bei erwähnten Betriebsverhältnissen als hinreichend hoch zu bezeichnen sein für die Entstehung eines Hitzschlages. Fürbringer hat aber selbst Arbeit bei einer Außentemperatur von 25 bis 27° C mit ununterbrochenem Sonnenschein und bei schwülem Wetter mit schwachem Wind als ausreichend für den Begriff der erhöhten Betriebsgefahr bezeichnet.

IV. Diagnose des Hitzschlages gegenüber anderweitigen plötzlichen Todesursachen.

Die sichere Diagnose, daß ein Hitzschlag vorliegt, kann unter Umständen in Fällen mit schnell tödlichem Verlauf große Schwierigkeiten bereiten, falls ein Obduktionsbefund und ein genügender Befundbericht seitens des erstbehandelnden Arztes nicht vorliegt. Es ist deshalb eine Sektion in jedem Falle von anscheinendem Hitzschlagtod unbedingt zur Klarstellung erforderlich. Die Unterscheidung zwischen Hitzschlagtod und einer Reihe anderweitiger, zu plötzlichem Tode führender Krankheiten, spontaner Hirnblutung oder Hirnembolie bei älteren Arteriosklerotikern oder plötzlichem Tod bei Herz- und Nierenkranken, bei Epileptikern, tödlicher Blutung bei Magen- und Duodenalgeschwür, Ruptur von Aortenaneurysmen, wird ohne Obduktionsbefund bisweilen mit Sicherheit gar nicht möglich sein. Denn plötzliche Bewußtlosigkeit mit oder ohne Krämpfe und Tod im Koma kann in fast gleicher Form bei spontaner Hirnapoplexie (namentlich bei Ventrikelblutungen), wie bei Hitzschlag auftreten, und auch das frühzeitige Auftreten von Lähmungen wird bei beiden Krankheiten beobachtet, wenn auch Hitzschlag meist nicht so schnell zum Tode führt, wie man dies bisweilen bei größeren Hirnblutungen sieht. Als gewisse Anhaltspunkte für das Vorliegen einer anderweitigen Todesursache, insbesondere einer Apoplexie, gegenüber

Hitzschlag werden dem Begutachter in zweifelhaften Fällen dienen müssen:

1. die Feststellung, daß der Verstorbene schon vor dem Anfall Zeichen von Gehirn- oder sonstiger Arteriosklerose oder von Herzerkrankung oder Epilepsie geboten hat, oder früher an Magen- oder Duodenalulcus litt. Über das Vorhandensein derartiger früherer Krankheiten und Krankheitserscheinungen vor dem Unfall (Schwindelanfälle, Kopfschmerzen, Blutbrechen, Syphilis, Atemnot, Krampfanfälle, verminderte Arbeitsleistung durch Atemnot, Herzbeklemmung usw.) wird natürlich nur durch genaue Zeugenerhebungen Aufschluß zu erlangen sein.
2. Das Verhalten des Kranken bei der eingetretenen Bewußtlosigkeit. Plötzliches Einsetzen der Bewußtlosigkeit ohne alle Vorboten, Fehlen von Schwitzen und Klagen über Hitze, von Beginn an blasses Aussehen (in tödlichen Fällen wird zum Schluß Gesichtsblässe auch bei Hitzschlag beobachtet), Fehlen von Dyspnoë, schneller Tod, sofortiges Vorhandensein von Lähmungen spricht in erster Linie für Apoplexie, erhaltenes Bewußtsein mit Lähmungen der Glieder und Sprachstörung für Gehirnembolie.
3. Die besonderen Umstände bei der Betriebsarbeit: Auftreten der Bewußtlosigkeit ohne vorausgegangene körperliche Anstrengung bei einer Hitze oder Sonnenbestrahlung, die von sämtlichen Mitarbeitern ohne irgendwelche Beschwerden vertragen wurde, also das Fehlen von sonstigen, die Überhitzung besonders begünstigenden Umständen bei der Betriebsarbeit spricht mehr für eine anderweitige Todesursache.

In der Regel wird nicht ein einzelnes der hier angeführten Momente den Ausschlag geben dürfen für die Ablehnung eines Hitzschlagtodes, vielmehr werden die einzelnen Faktoren im Rahmen des ganzen Unfallvorganges entscheidende Bedeutung gewinnen. Hierbei wird letzten Endes stets besonderes Gewicht auf den Nachweis gelegt werden müssen, ob der Betriebsvorgang an sich geeignet war, eine gefahrbringende allgemeine Überhitzung des Körpers zu begünstigen. Wenn dies mit Wahrscheinlichkeit der Fall gewesen ist, so wird dadurch in zweifelhaften Fällen die Diagnose zugunsten des Hitzschlags ausfallen. Da außerdem stärkere Überhitzung in gleicher Weise, wie für Hitzschlag, auch für eine Hirnblutung als auslösende Unfallursache in Betracht kommt, so wird man mit der Anerkennung des Zusammenhanges in beiden Fällen dem Kranken und der Berufsgenossenschaft gerecht werden, selbst wenn die Annahme eines Hitzschlags eine Fehldiagnose sein sollte.

Fürbringer hat in dem folgenden Fall wegen des von Hitzschlag abweichenden Krankheitsablaufs einen Hitzschlagtod abgelehnt, obwohl die Betriebstätigkeit und sonstige Umstände das Auftreten eines Hitzschlages als möglich erscheinen ließen.

Ein Maurer erkrankte nach Maurerarbeit und stundenlanger Fußwanderung in sehr heißem Sommerwetter bei feuchter Gewitterluft mit Klagen über Magenschmerzen. Er war bis kurz vor dem am gleichen Tage erfolgten Tod vollständig klar, um schließlich bei blaßblauem Aussehen und Zuckungen das Bewußtsein zu verlieren. Nach dem Krankheitsverlauf müßte die Vermutung einer inneren Verblutung bei latentem inneren Leiden (Magen-, Duodenalulcus, Aortenruptur) näher liegen als Hitzschlag, der für gewöhnlich ein anderes Symptombild bietet.

V. Hitzschlag als Betriebsunfall.

Nicht jeder Hitzschlag während einer Betriebsarbeit ist als Unfall anzuerkennen. Wenn Personen durch besondere krankhafte Zustände oder höheres Alter, Arteriosklerose, Fettsucht, Alkoholismus, Herzleiden, Blutarmut, allgemeine schwächliche Konstitution gegenüber gewöhnlichen Hitzeeinwirkungen weniger widerstandsfähig sind, so kann bei ihnen Hitzschlag unter Witterungs- und Arbeitsverhältnissen eintreten, wie sie alltäglich bei jeder Arbeit vorkommen. Bei solchen Individuen kann also eine Wärmeschädigung des Körpers eintreten ohne besondere Hitzegefährdung durch den Betrieb; es liegt dann Gefahr des gemeinen Lebens vor, und es handelt sich nicht um einen entschädigungspflichtigen Unfall. Die Anerkennung eines Hitzschlages als Unfallereignis wird demnach von folgenden Bedingungen abhängig zu machen sein:

1. Die Hitzeschädigung muß mit Wahrscheinlichkeit auf eine über ein oder mehrere Arbeitsstunden sich erstreckende Hitzeeinwirkung zurückzuführen sein. Wenn ein an Hitzschlag Erkrankter während der heißen Erntezeit sich schon an einer Reihe von Tagen bei der Arbeit häufig schlecht gefühlt hat mit Klagen über zeitweise Kopfschmerzen, Mattigkeit, zeitweises Schwindelgefühl, und dann die Hitzschlagerscheinungen eines Tages in akuterer Weise zum Ausbruch kommen, so liegt ein Betriebsunfall nicht vor, zumal wenn unter den gleichen Arbeitsverhältnissen seine Mitarbeiter nicht erkrankt sind. Man wird in solchen Fällen annehmen können, daß bei dem Erkrankten ganz allgemein eine verminderte Widerstandsfähigkeit gegenüber Hitzeeinwirkungen vorgelegen hat, die sich häufig in geringen Graden bemerkbar macht und schließlich auch einmal zu einem schweren Hitzschlag führen kann. Lediglich infolge der persönlichen Veranlagung wird der Organismus solcher Individuen schon auf Hitzewirkungen krankhaft reagieren, die von normalen Menschen stets ohne Schaden ertragen werden.
2. Durch die besonderen, im Abschnitt III angeführten Umstände bei der Betriebsarbeit muß die Gefahr für das Zustandekommen eines Hitzschlags wesentlich erhöht gewesen sein.
3. Die Hitzschlagerscheinungen müssen in unmittelbarem Anschluß an die Betriebsarbeit aufgetreten sein. Es ist dabei nicht erforderlich, daß sofort schwere Krankheitserscheinungen auftreten, wie dies meistens der Fall ist mit schnell einsetzendem Koma. Denn erfahrungsgemäß können anfänglich nur leichtere Störungen vorliegen, für Stunden und Tage nur Kopfschmerz, Schwindel, Abgeschlagenheit, Mattigkeit.

Fürbringer[1]) (Fall 3). Hitzschlag durch Arbeit in heißem, reichlich Wasserdampf enthaltenden Raum.

57jähriger Arbeiter hatte, nachdem er noch bei bestem Wohlbefinden tüchtig zu Mittag gegessen, auf einem Boden, dessen Temperatur diejenige im Freien von 25° noch um einige Grad übertroffen, heißen mit Dampf aufgedeckten Zucker geschippt. Die Luft des Arbeitsraums enthielt reichlich Wasserdampf. Er fiel während der Arbeit um, konnte diese bald wieder aufnehmen, um wieder niederzustürzen, ohne sich nochmals zu erheben. Tod kurz nach der Einlieferung ins Krankenhaus. Sektion: Verkalkung der Aorta mit mäßiger Vergrößerung des Herzens, punktförmige Blutungen unter dem Herzbeutel und Endokard, intakter Herzmuskel, im Bereich des Gehirns nichts besonderes. (Einige Tage vor dem Unfall hatte der Verstorbene schon über Unwohlsein geklagt, war oft ausgetreten aus dem „warmen" Boden, um Luft zu schöpfen und sich zu erholen.)

Fürbringer (Fall 1): Sonnenstich, bzw. Hitzschlag durch anstrengende Arbeit im Freien bei hoher Temperatur, ohne genügende Erholungspausen und Erfrischung.

Ein Bahnarbeiter hatte bei einer Durchschnittstemperatur von 31° C im Schatten durchweg schwere Muskelanstrengung zu leisten, und zwar Unterstopfen der Schienen mit Kies und Abladen des letzteren in voller Sonnenglut. Dabei fortwährendes Drängen und Antreiben des Schachtmeisters zu schnellem Arbeiten, keine Bewilligung besonderer Arbeitspausen und der Vesper, unzulängliche Wasserdarreichung. Drei Mitarbeiter hatten dabei Anwandlungen von Sonnenstich erlitten Tod an Hitzschlag.

Horn[2]): Sonnenstich (mit organischen Symptomen) durch anstrengende Arbeit an heißem, windstillem Tag in greller Sonne.

28jährige Landwirtsfrau arbeitete um die Mittagszeit (24. Juni) an heißem, windstillem Tag mit Heumachen in greller Sonne. Plötzlich wurde es ihr „dunkel vor den Augen", und sie stürzte ohne weitere Vorboten bewußtlos zusammen. Es fehlt die Erinnerung an die ersten Tage. Nach dem Aufwachen bestand völlige Lähmung der Extremitäten, der Zunge und der Gesichtsmuskulatur sowie Störung des Sehvermögens. 9 Wochen bettlägerig. 11 Monate nach dem Unfall fand sich: Gang taumelnd, ataktisch, nur mit fremder Hilfe möglich; Herabsetzung der groben Kraft. Patellarreflexe gesteigert, beiderseits gleich, Achillesreflexe nicht erhöht. Babinski rechts schwach positiv, Sensibilität intakt. Urin frei. Blutdruck nicht erhöht. Sprache verwaschen. Rechte Pupille > linke, Lichtreaktion beiderseits träge. Linksseitige homonyme Hemianopsie. Insuffizienz der M. rect. int. beim Nahesehen.

VI. Rentenabschätzung.

Nach Abklingen der akuten Krankheitserscheinungen kann nach 14 Tagen bis 3 Wochen in der Regel volle Erwerbsfähigkeit angenommen werden. Etwa aufgetretene organische Nervensymptome (Lähmungen, Krämpfe) sind entsprechend den sonstigen Grundsätzen bei Funktionsausfall von Gliedbewegungen aus anderer Ursache zu bewerten. Länger anhaltende subjektive Kopfbeschwerden (Schmerzen, Schwindel) bedingen je nach der Stärke eine Erwerbsverminderung von **10—25%**.

---

[1]) Fürbringer, Ärztl. Sachverst.-Ztg. 1909, Nr. 2.

[2]) Horn, Dtsch. Zeitschr. f. Nervenheilk. Bd. 54, S. 269.

Zwanzigstes Kapitel.

Geschwulstbildungen nach Traumen.

I. Traumatische Auslösung von Neubildungen.

Ein sicherer wissenschaftlicher Beweis dafür, daß einmalige Gewalteinwirkungen die Entstehung von krankhaften Gewächsen direkt auszulösen vermögen, ist bisher nicht erbracht (Lubarsch[1]). Über die Bedingungen, welche die Zellen zu einer krankhaften Wucherung veranlassen können, wissen wir überhaupt sehr wenig. Die Verfechter der Anschauung über die traumatische Entstehungsmöglichkeit von Geschwülsten, namentlich der für die Unfallkunde praktisch wichtigen Karzinome und Sarkome, finden ihre Hauptstütze in der „Reiztheorie". Denn nach den klinischen Erfahrungen kann es nicht abgelehnt werden, daß chronischen Reizzuständen, also länger dauernden mechanischen und chemischen Einwirkungen eine gewisse Bedeutung beim Zustandekommen von Geschwulstbildungen zukommen kann (Krebsentwicklung auf dem Boden von geschwürigen Prozessen, Narbenkeloide). Das ist aber etwas ganz anderes als ein einmaliges Trauma, das nach sonstigen Erfahrungen höchstens einen schädigenden, den Zerfall von Zellen herbeiführenden Einfluß hat. Trotzdem berechtigt uns unsere Unkenntnis über die Entstehungsursachen einer Geschwulstbildung vorerst nicht, einer mechanischen einmaligen Gewalteinwirkung jede Bedeutung als mitwirkende Ursache abzusprechen unter der Voraussetzung, daß sonstige uns unbekannte Bedingungen für das Zustandekommen einer Neubildung vorgelegen haben. Wir werden deshalb in der Begutachtungspraxis den klinischen Erfahrungen über das nicht so seltene zeitliche Zusammentreffen von Traumen mit Tumorbildung am Ort der Gewalteinwirkung Rechnung tragen müssen.

II. Traumatische Verschlimmerung von Geschwülsten.

Die Möglichkeit, daß ein einmaliges Trauma durch Blutungen, Erweichungen auf die Verlaufsweise eines Tumors einen ungünstigen Einfluß ausüben kann, läßt sich nicht ohne weiteres ablehnen. Der praktische Nachweis wird aber sehr schwer zu erbringen sein, da erfahrungsgemäß die Geschwülste sehr häufig nicht in gleichmäßigem Tempo weiterwachsen, sondern Zeiten des Wachstumsstillstandes mit solchen der Wachstumsbeschleunigung abwechseln können. Es ist also sehr leicht möglich, daß rein zufällig eine schnellere Entwicklung einer Neubildung mit einem Trauma zeitlich zusammenfällt und deshalb irrtümlich dem Unfall zur Last gelegt wird. Theoretisch ist eine Unfallverschlimmerung auf doppelte Weise denkbar:

[1]) Lubarsch, Monatsschr. f. Unfallheilk. 1912, Nr. 9/10.

1. durch Anregung einer Wachstumsbeschleunigung und
2. durch Bildung von Metastasen oder bestimmenden Einfluß für die Lokalisation der Metastasen.

1. Wachstumsbeschleunigung.

Die Annahme des wachstumsanregenden Einflusses eines Traumas durch Blutungen und Erweichungen findet eine gewisse Stütze in der klinischen Erfahrung, daß Gewächse nach vergeblicher Operation oft eine schnelle Entwicklung nehmen. Mit Wahrscheinlichkeit ist eine wesentliche Beschleunigung der Gewächswucherung nur dann anzuerkennen, wenn

a) die Gewalteinwirkung ihrer Natur und Lokalisation nach eine so erhebliche war, daß sie auf den Zellstoffwechsel der Geschwulst schädigend einwirken konnte. Als wichtiger Anhaltspunkt dient hierbei bei Magen-, Darm-, Speiseröhren-, Nierengeschwülsten das Auftreten von äußeren Blutungen. Es ist dies aber durchaus kein unbedingtes Erfordernis, da ja die Blutungen und Nekrosen im Tumor auch in zentral gelegenen Teilen entstehen können;
b) wenn das Wachstum der Neubildung ein im Vergleich zur Norm (je nach der Besonderheit der Geschwulstart) ungewöhnlich beschleunigtes war;
c) wenn die histologische Untersuchung des Gewächses deutliche Spuren einer Gewalteinwirkung (frischere oder ältere Blutungen, ungewöhnliche Nekrosen usw.) und Anzeichen einer ungewöhnlichen Wachstumsgeschwindigkeit aufdeckt (Lubarsch). Letzteres ist vor allem der Fall, wenn der mikroskopische Befund zahlreiche Mitosen, ungewöhnliche Vielgestaltigkeit der Zellen und Kerne ergibt.

2. Traumatische Metastasenbildung.

Während Orth[1]) sich in einem Obergutachten dahin ausgesprochen hat, daß für eine solche Annahme die wissenschaftliche Grundlage fast ganz fehlt, spricht sich Lubarsch[2]) auf Grund eigener Beobachtungen dahin aus, daß durch ein Trauma die Geschwulstmassen direkt in eine Vene einbrechen und dadurch eine schnelle und ausgedehnte Metastasenbildung verursachen können. Letztere Möglichkeit wird man mit Lubarsch durchaus zugeben müssen, wenn auch der klinische Nachweis meist sehr schwierig sein wird, falls nicht im unmittelbaren Zusammenhang mit dem Trauma eine schnelle Generalisation auftritt.

Auf der Grundlage zahlreicher Obergutachten erfahrener Kliniker und pathologischer Anatomen und der darauf sich stützenden Spruchpraxis des RVA. lassen sich bestimmte Grundsätze aufstellen, die für die praktische Unfallbegutachtung in Fällen von anscheinend traumatischer Genese von Neubildungen maßgebende Bedeutung haben (Thiem[3]).

---

[1]) Orth, Amtl. Nachr. d. RVA. 1911, S. 653—655.
[2]) Lubarsch l. c. S. 265.
[3]) Thiem, Handb. d. Unfallheilk. I, S. 626.

3. Richtlinien für die Beurteilung des Zusammenhangs.

Die Anerkennung eines ursächlichen Zusammenhangs zwischen einmaligem Trauma und Gewächsentstehung wird nur dann als einigermaßen wahrscheinlich angesehen werden dürfen, wenn folgende drei Bedingungen erfüllt sind:

1. Sicherer Nachweis, daß eine Gewalteinwirkung stattgefunden hat, und daß diese ihrer Art nach so erheblich war, daß eine länger dauernde Veränderung an der Einwirkungsstelle wahrscheinlich erscheint. Denn nur in solchen Fällen ist die Annahme berechtigt, daß ein länger dauernder Reizzustand am Verletzungsort bestanden hat.
2. Die Geschwulst muß sich an dem Verletzungsort entwickeln oder an einer Stelle, die durch Fortleitung der traumatischen Erschütterung geschädigt werden konnte, z. B. bei Schädeltraumen in der Richtung des Kontrakoups.
3. Der zwischen Trauma und Hervortreten der Geschwulsterscheinungen liegende Zeitraum muß ein derartiger sein, daß er mit der Größe, Art und sonstigen Verlaufsweise der Neubildung in Einklang gebracht werden kann.

In den Einzelbesprechungen über traumatische Gehirntumoren, Magenkrebs usw. ist das Nähere darüber ausgeführt, inwieweit die oben angeführten Hauptforderungen nach der Besonderheit der einzelnen Organgeschwülste sinngemäße Anwendung finden, namentlich auch bezüglich der Frage der zeitlichen Beziehungen.

Einundzwanzigstes Kapitel.

Verletzungen und Erkrankungen des Gehirns und seiner Häute.

I. Pachymeningitis hämorrhagica interna und Trauma.

Vorbemerkungen. Unsere Kenntnisse über die Pathogenese der Pachymeningitis sind durch die Arbeiten von Jores insofern zu einem gewissen Abschluß gekommen, als es nunmehr erwiesen ist, daß sowohl eine primäre Blutung traumatischer oder sonstiger Art, als auch eine selbständig einsetzende aktive Wucherung und Entzündung der inneren Schichten der Dura mater den Ausgangspunkt für eine Pachymeningitis bilden kann. Van Vleuten stellte unter Leitung von Jores experimentell fest, daß schon nach etwa 9 Tagen frisches fibrinhaltiges Blut, unter die Dura gespritzt, sich als „Pachymeningitis“ mit Gefäßneubildung oder richtiger als organisiertes flaches Blutgerinnsel darbietet, so daß das makroskopische Bild eine weitgehende Ähnlichkeit mit demjenigen der echten genuinen Pachymeningitis hämorrhagica aufweist. Eine solche durch traumatische Blutung entstandene Pachymeningitis unterscheidet sich aber grundsätzlich von der genuinen echten Pachymeningitis dadurch, daß die traumatische Pachymeningitis in der Regel einen regressiven Charakter aufweist, indem Gefäß- und Bindegewebsneubildung allmählich zu einer narbigen Umwandlung des traumatisch entstandenen Blutungsherdes führt mit dem Endresultat einer fibrösen Verdickung der Dura. Die genuine Pachymeningitis hämorrhagica interna ihrerseits ist progressiver Natur, indem durch immer erneut auftretende Blutungen zwischen das entzündliche Neugewebe schließlich der Tod durch Hirndruck erfolgt.

In seltenen Fällen scheint ein Kopftrauma nicht nur auf dem Wege einer primären subduralen Blutung eine regressive Pachymeningitis, sondern durch Hervorrufen einer primären entzündlichen Duraveränderung auch eine echte fortschreitende Pachymeningitis hämorrhagica interna hervorrufen zu können. Da dies trotz der Häufigkeit von Schädeltraumen mit oder ohne subdurale Blutungen eine große Seltenheit ist, so wird man annehmen müssen, daß in solchen Fällen von anscheinend posttraumatischer, progressiver Pachymeningitis hämorrhagica eine besondere Disposition für dies Leiden durch Arteriosklerose, Alkoholismus, Lues vorgelegen hat. Auch wird man es nie mit Sicherheit ablehnen können, daß zur Zeit des Traumas schon eine latente Pachymeningitis hämorrhagica bestanden hat, da dies Leiden erfahrungsgemäß längere Zeit symptomlos oder mit nur unbestimmten geringen Beschwerden verlaufen kann. Dann würde die Erkrankung durch das Kopftrauma erst manifest geworden sein. Es liegt nun eine Reihe von Beobachtungen vor, in denen bei vorher anscheinend gesunden Menschen einige Zeit nach einem Kopftrauma die Zeichen einer progressiven Pachymeningitis häm. int. aufgetreten sind und die Obduktion ein Hämatoma durae matris als Todesursache ergeben hat.

Es handelte sich in diesen Fällen stets um direkte Kopftraumen ohne Schädelbruch, aber mit Zeichen von Gehirnerschütterung, nach deren Abklingen aber keine Erscheinungen einer intrakraniellen Blutung bestanden. Nach einem mehrwöchigen beschwerdefreien Intervall oder nach mehrwöchigem Bestehen von unbestimmten Kopfbeschwerden leichterer Art traten dann ziemlich akut Hirndruckerscheinungen auf, bisweilen unter dem Bilde eines apoplektischen Insultes und mit halbseitigen Konvulsionen. Bei der Obduktion oder bei der Operation, die mehrfach mit Erfolg ausgeführt wurde, fand sich meist ein größeres subdurales Hämatom an der Schädelseite, wo die Gewalt eingewirkt hatte, seltener auf der gegenüberliegenden Seite, d. h. in der Gegend des Kontrekoups. In diesen Fällen wies also die klinische Verlaufsweise mit Sicherheit auf einen fortschreitenden Prozeß, indem erst infolge der stetigen Zunahme der pachymeningitischen Veränderung mit Blutungen in das neugebildete Gewebe die Hirndruckerscheinungen einige Zeit nach dem Trauma hervortreten. Die Begutachter kamen deshalb mit Recht zu dem Schluß, daß es sich hierbei nicht um eine primäre traumatische Blutung unter der Dura von regressivem Charakter gehandelt haben könne, sondern um eine echte progressive hämorrhagische Pachymeningitis, bei welcher das Kopftrauma als auslösendes Unfallmoment anzuerkennen sei. Von Pathologen sind namentlich Orth und Busse auf Grund eigener Beobachtungen für die Möglichkeit einer traumatischen Entstehungsweise des Leidens eingetreten.

Orth: Ein bis dahin völlig gesunder Maurer fiel 4 m tief vom Gerüst in den Keller. Vorübergehende Bewußtlosigkeit; nach 8—10 Tagen Klagen über Kopfschmerzen, Schlaflosigkeit, zunehmende Zerstreutheit bei der Arbeit, wie geistesabwesend. Nach 3 Wochen zunehmender Kopfschmerz und vom Arzt festgestellte Pulsverlangsamung, nach 5 Wochen wachsende Benommenheit, Brechneigung, Tod nach 6 Wochen im Koma. Obduktionsbefund: Schädelweichteile und Knochen intakt, starke Abplattung der rechten Hirnhemisphäre durch einen von einer vaskularisierten Membran umschlossenen Bluterguß (250 ccm Blut). Orth nahm an, daß die Blutung nicht eine direkte Folge der Verletzung war, sondern daß sie, wie es gewöhnlich bei der Pachymeningitis der Fall ist, entstanden ist durch eine größere Blutung aus der entzündlich veränderten Kapillarschicht der Dura mater.

Busse: Einem 58jährigen Manne fiel eine Gerüststange auf den Kopf, wobei er die Besinnung für kurze Zeit verlor. Es fanden sich zwei Schädelwunden auf der Scheitelhöhe und am Hinterkopf ohne Knochenverletzung. Es bestanden Klagen über Kopfschmerzen, die an Stärke zunahmen, so daß ein Arbeitsversuch 7 Wochen p. tr. mißlang. Objektiv fand sich nur das Mannkopfsche Zeichen. Ein Jahr nach dem Unfall, nachdem der Verletzte in der ganzen Zeit keine Arbeit verrichtet hatte wegen dauernder periodisch heftiger werdender Kopfschmerzen, trat plötzlicher Tod ein. Die Obduktion ergab: An rechter Durahälfte an der Innenseite sehr dünne Membran von Blutgefäßen und Blutungen, unter linker Durahälfte an seiner dicksten Stelle 6—10 mm dickes Hämatom, das sich vom Boden der vorderen Schädelgrube an der Vorder- und Seitenfläche derselben hinzieht und medial an der Falx cerebri hinten bis annähernd zur Protuberantia occipitalis hinzieht. Die Membran läuft nach den Seiten zu ganz flach und dünn aus, so daß sie schließlich als ein kaum meßbares gelblich-bräunliches Häutchen der Innenfläche aufliegt. Die linke Seite des Gehirns ist ein ganz klein wenig abgeflacht.

Busse: Ein 52jähriger Fuhrmann erlitt einen heftigen Schlag gegen die rechte Stirnhälfte. Er taumelte zurück, wurde aber von den umstehenden Kameraden aufgefangen. Es fand sich Quetschwunde über dem rechten Auge. Die Arbeit wurde nicht unterbrochen. Nach 3 Monaten zunehmende Kopfschmerzen, so daß Arbeitseinstellung erfolgen mußte. Es traten nun schwere Gehirnerscheinungen auf — Bewußtseinsstörungen, Lähmungen, stärkeres Erbrechen —, die zur Annahme einer Hirnhautentzündung führten. Tod $3^1/_2$ Monate p. tr. Obduktionsbefund: Schädelknochen intakt, Gewebe am Periost an der Schädelnarbe leicht gelblichbraun gefärbt. Unter der linken Durahälfte 1,5 cm dicke Schicht von Blutmassen und Gerinnsel, und zwar mit dieser fest verbunden. Auf der rechten Seite der Dura mater ist die Innenseite nur ganz leicht gelbbräunlich gefärbt und hier und da mit kleinen Blutherden bedeckt. Die linke Gehirnhälfte ist vollkommen abgeflacht. Weiche Hirnhaut überall zart und durchscheinend.

De Hartogh: 54jähriger Pferdeknecht fiel beim Durchgehen des Pferdes vom Bock. Stark blutende Kopfwunde, kurze Zeit Bewußtlosigkeit. Am nächsten Tag zum Arzt. Wegen Kontusion der linken Schulter 6 Wochen lang außer Arbeit. Nach 4tägiger Arbeit — also in 7. Woche nach dem Trauma — plötzliche Sprachstörung und rechtsseitige Lähmung. Nach 3 Tagen unter Konvulsionen Exitus. Obduktion: Flaches Hämatom (12 cm breit), in der Durawand beweglich, das nach Einschnitt Blut entleert; alle drei Stirnwindungen links abgeflacht.

Leitende Gesichtspunkte für die Anerkennung eines Zusammenhanges zwischen Trauma und Pachymeningitis hämorrhagica interna.

1. Der Verletzte darf vorher keine nervösen Erscheinungen geboten haben und muß voll arbeitsfähig gewesen sein. Wenn vorher auch nur Klagen über Kopfschmerzen bestanden haben, so spricht dies dafür, daß das Leiden schon in der Entwicklung begriffen war.

2. Ein direktes Kopftrauma oder eine erhebliche allgemeine Körpererschütterung, beide Male mit Zeichen von Gehirnerschütterung, muß sicher erwiesen sein. Eine äußere Verletzung oder ein Schädelbruch braucht nicht vorgelegen zu haben, wenn eine Gehirnerschütterung nachweislich erfolgt ist.

3. Es brauchen im unmittelbaren Anschluß an das Kopftrauma keine Zeichen von intrakranieller Blutung bestanden zu haben. Für den zeitlichen Zusammenhang zwischen Trauma und Pachymeningitis genügt es, wenn in den folgenden Wochen nach dem Trauma zunehmende Kopfbeschwerden aufgetreten sind, wenn sich innerhalb von 3 bis 5 Monaten Hirndrucksymptome allmählich oder plötzlich einstellen, und wenn die Obduktion oder Trepanation ein größeres Hämatom der Dura ergibt, das einseitig stärker ausgebildet ist und dem Ort des Traumas (Narbe) entspricht.

4. Das Fehlen einer örtlichen Übereinstimmung mit dem Ort der Gewalteinwirkung bildet keinen Gegengrund für die Anerkennung eines Zusammenhanges.

II. Akute Meningitis cerebrospinalis nach Unfall.

Allgemeines über die Entstehungsursachen akuter Meningitis durch Unfall.

Die Beziehungen zwischen Unfällen und akuten Entzündungen der Hirnrückenmarkshäute, eitriger, tuberkulöser und rein seröser Natur sind sehr mannigfaltig. Die unmittelbare Entstehung einer akuten Hirnhautentzündung durch direkte mechanische Traumen des Schädels mit Verletzung und anschließender Infektion der Meningen umfaßt nur einen Teil der Unfallmeningitiden. Der Zusammenhang kann auch ein mittelbarer sein, indem die Hirnhäute sekundär erkranken können im Verlauf anderweitiger, an entfernten Körperstellen sich abspielender infektiöser Prozesse, die durch einen Unfall entstanden sind. Drittens können Unfallvorgänge, wie Temperatureinflüsse oder erschöpfende Krankheiten, eine erhöhte Disposition für eine meningeale Infektion schaffen. Es werden deshalb im Einzelfall folgende Entstehungsmöglichkeiten einer akuten Meningitis durch Unfall vom Begutachter in Betracht gezogen werden müssen:

1. Direkte Schädeltraumen mit oder ohne äußere Verletzungen der Kopfweichteile und des Schädelknochens.

2. Allgemeine Körpererschütterungen, die durch gleichzeitige Erschütterung des Schädels zu einer Verletzung der Hirnhäute Anlaß geben.

3. Sekundäre Infektion der Meningen durch infektiöse Prozesse an anderweitigen, entfernt vom Schädel liegenden Körperstellen, die einem Unfall ihre Entstehung verdanken (Phlegmone, Leberabszeß, Perityphlitis, Osteomyelitis, Empyem, Pneumonie).

4. Entstehung einer Meningitis durch Körperschädigungen, die, wie z. B. starke Temperatureinflüsse (Sonnenstich, Hitzschlag, Abkühlung), erschöpfende Krankheiten, Überanstrengungen, die Widerstandsfähigkeit gegenüber der Infektion der Entzündungserreger mindern können.

Die Bedingungen, unter denen die gutachtliche Anerkennung des ursächlichen Zusammenhangs einer akuten Meningitis mit einem der genannten Unfallvorgänge erfolgen kann, werden verschieden sein, je nachdem es sich um die eitrige, tuberkulöse oder rein seröse Form der Hirnhautentzündung handelt.

A. Eitrige Meningitis.

1. Eitrige Meningitis nach Kopftraumen und allgemeiner Körpererschütterung.

Ein Kopftrauma kann auf verschiedene Weise den Anlaß zu einer akuten eitrigen Meningitis geben. In der Regel bilden Verletzungen, entweder bloß der Weichteile oder gleichzeitig der Schädelknochen, eine Eingangspforte für Entzündungserreger verschiedenster Art. Diese können sogleich beim Verletzungsakt in die Schädelhöhle hineingetragen werden und hier eine eitrige Leptomeningitis oder eitrige Enzephalitis mit nachfolgender Meningitis hervorrufen. Bisweilen gelangen die Erreger auch erst später nach Infizierung der Wunde an die Meningen. Aber auch bei geschlossenen Schädeldecken und ohne äußere Verletzung kommt ein Schädeltrauma als Ursache eitriger Meningitis in Betracht. Erfahrungsgemäß vermag eine stumpfe Gewalteinwirkung am Schädel (Steinfall, Schlag, Fall auf den Kopf), ohne daß es zu Brüchen oder Absplitterungen der Schädelknochen kommt, Quetschungen des Gehirns und Verletzungen der Hirnhäute mit Blutungen in dieselbe und Thrombosen hervorzurufen. Dadurch wird ein günstiger Boden für die Ansiedlung pathogener im Blut kreisender Entzündungserreger geschaffen. Die Möglichkeit einer Infektion der Meningen ist vor allem gegeben, wenn zur Zeit der Verletzung in den benachbarten Nebenhöhlen des Schädels oder im Rachen (Meningokokkenträger) oder auch an entfernteren Körperstellen eitrige Prozesse schon vorhanden sind oder bald nach dem Unfall sich entwickeln, so daß von hier aus Mikroorganismen durch die Erschütterung des Kopfes oder auch gleichzeitig des Körpers (bei einem Fall) in die Blutbahn getrieben werden und in die verletzten und weniger widerstandsfähigen Gewebeteile der Meningen hineingelangen. Honigmann[1]) und List[2]) berichten über wahrscheinlich hierher gehörige Beobachtungen:

Ein 36jähriger Mann fällt $2^1/_2$ m tief mit dem linken Scheitelbein auf das Trittbrett eines Pferdebahnwagens und blieb 10 Minuten bewußtlos liegen. Kein Zeichen von Schädelbruch. Am 6. Tag Fieber (39,3 am Morgen), Erbrechen, rasende Kopfschmerzen. Im Laufe der folgenden Tage die gleichen Beschwerden und Ausdehnung der Schmerzen im Rücken vom Nacken abwärts allmählich über die ganze Wirbelsäule mit deutlicher Starrheit der Nacken- und Rückenmuskulatur und leicht opisthotonischer Haltung in Bett. Bei jeder Lageveränderung, bzw. Berührung des Rückens heftige Schmerzen. Nach 8 Tagen langsame Besserung.

List berichtet über einen Fall von eitriger Zerebrospinalmyelitis, die sich bei einem 16jährigen Menschen nach Fall auf den Rücken entwickelte und zum Tode führte. An Schädel und Wirbelsäule keine äußere Verletzung. Da sich in der rechten Hand eine Eiterblase fand und im Liquor Staphylokokken nachweisbar waren, erscheint es nicht unwahrscheinlich, daß das Trauma als begünstigendes Moment für die Entstehung der Meningitis als metastatische Erkrankung von der Eiterblase aus gewirkt hat.

Für die forensische Beurteilung eines ursächlichen Zusammenhanges zwischen Schädeltrauma und akuter eitriger Meningitis ist vor allem die Frage des zeitlichen Auftretens von wesentlicher Bedeutung. Man unterscheidet traumatische Früh- und Spätmeningitiden.

Frühmeningitis.

Die Frühmeningitis entwickelt sich in der Regel in unmittelbarem Anschluß, d. h. innerhalb weniger Tage nach einer offenen Schädelverletzung oder einer Gehirnerschütterung. Die Zusammenhangsfrage ist dann ohne weiteres gegeben. Nur in Fällen, in denen der Zeitabstand zwischen einem einfachen Schädeltrauma ohne äußere Verletzung als Eingangspforte und Beginn der Meningitis ein außerordentlich kurzer ist und etwa wenige Stunden beträgt, wird man die Möglichkeit in Betracht ziehen müssen, daß das Leiden bereits vorher bestanden hat, und daß es sich um ein zufälliges zeitliches Zusammentreffen einer akuten eitrigen Meningitis mit einem Kopftrauma handelt. Wenn schon innerhalb der ersten 12 bis 24 Stunden nach einer Hirnerschütterung das meningitische Krankheitsbild in voller Höhe vorliegt, so hat die Erkrankung schon vor dem Unfall bestanden, und ist ein ursächlicher Zusammenhang abzulehnen. Durch Beobachtungen von F. Schultze, Hoffmann, Gowers, Finkelnburg ist erwiesen, daß eine ausgedehnte eitrige Meningitis latent verlaufen kann, so daß erst 10 bis 24 Stunden vor dem Tode die Krankheitssymptome nach unbedeutenden Vorläufererscheinungen mit voller Wucht hervortreten, obwohl das Leiden schon länger bestanden hat. Ein Kranker von mir, mit durch Obduktion festgestellter ausgedehnter

[1]) Honigmann, Verh. d. schles. Ges. f. vaterl. Kultur 27. IV. 1900.

[2]) List, Fall von traumatischer Meningitis ohne äußere Verletzung. Diss. Kiel 1900.

eitriger Meningitis an Hirnbasis und Konvexität, hat noch 7 Stunden vor dem Tode seinen Kameraden am Klavier vorgespielt bis 10 Uhr abends, hat um Mitternacht plötzlich heftige Kopfschmerzen bekommen und ist um 5 Uhr morgens gestorben[1]). Es bildet demnach die Feststellung, daß ein Unfallkranker bis zum Unfall noch gearbeitet und nicht über wesentliche Beschwerden geklagt hat, keine hinreichende Unterlage für die Annahme, daß eine Meningitis noch nicht vorgelegen haben könne. Diese kann eben längere Zeit symptomlos verlaufen.

Spätmeningitis.

Wir verstehen darunter das Auftreten einer eitrigen Hirnhautentzündung viele Wochen, Monate und selbst Jahre nach einem Schädeltrauma. Für das Zustandekommen einer solchen Spätinfektion der Meningen liegen verschiedene Möglichkeiten vor:

a) Abgekapselte Eitererreger in Kopfnarben oder im Gehirn selbst als Ausgangsort späterer Meningitiden.

Erfahrungsgemäß können nach Aufhören einer Eiterung am Kopf längere Zeit virulente Eiterkokken in Narben, ohne jede Reaktionserscheinungen des umgebenden Gewebes, oder in der Umgebung eines Fremdkörpers im Gehirn selbst (Knochensplitter) latent vorhanden sein. Unter dem Einfluß irgendeiner Schädlichkeit, wie z. B. Überhitzung des Körpers, Infektionskrankheit, erneutes Trauma, können die Eitererreger dann mobil werden und so erst nach Wochen und Monaten zu einer akuten Meningitis Anlaß geben. Nonne[2]) hat das Auftreten einer Mening. purulenta nach einer 6 Jahre zurückliegenden Kugelverletzung des Gehirns beobachtet.

b) Knochenfissuren nach stumpfen Kopftraumen als Ursache von Spätmeningitis.

Nach stumpfen Schädeltraumen ohne Verletzung der äußeren Weichteile hat man Knochenfissuren beobachtet, die bisweilen bis in die Nebenhöhlen des Schädels reichten. Bei einer zufälligen späteren Infektion der Nebenhöhlen bilden derartige nicht völlig geschlossene oder durch Narbengewebe unvollkommen verheilte Fissuren dauernd eine erhöhte Gefahr für eine Infektion der Meningen. Man wird deshalb bei Meningitiden, die längere Zeit nach einem anscheinend nicht erheblichen Schädeltrauma auftreten, stets an die Möglichkeit einer solchen latenten, symptomlos verlaufenen Knochenfissur denken und hierauf bei einer Obduktion besonders achten müssen.

Graf[3]) hat eine Beobachtung mitgeteilt, in der eine Hinterhauptsquetschwunde nach langwieriger Eiterung der Schädelweichteile vollständig zur Ausheilung kam; $5^1/_2$ Monate später nach vollkommenem Wohlbefinden stellte sich bei reaktionslosen Kopfnarben eine akute Meningitis ein. Die Autopsie ergab

---

[1]) Finkelnburg, Über latente eitrige Meningitis. Ärztl. Sachverst.-Ztg. 1916, Nr. 6 (daselbst Literatur).

[2]) Nonne, Neurol. Centralbl. 1907, S. 86.

[3]) Graf, Charité-Annalen Bd. 27, S. 300.

im Hinterhauptsbein eine $2^1/_2$ cm lange, noch nicht durch Kallus geschlossene Fissur, die feine Lücken aufwies, und die als Eintrittspforte für die Erreger der Spätmengingitis gedient hat.

In Beobachtungen von Fujiama[1]) und Rubin[2]) fanden sich als Folge einer Schädelfraktur Fissuren bis in die Lamina cribrosa des Siebbeins, bzw. Narbengänge, die mit der Nasenhöhle eine offene Verbindung darstellten, so daß, wie in dem Fall Rubin, nach 5 Jahren eine zufällige Invasion von Meningitiserregern möglich war.

c) Traumatische Schädigung der Hirnhäute und des Gehirns als disponierendes Moment für spätere Meningitis.

Wenn durch ein stumpfes Schädeltrauma die Hirnhäute oder das Gehirngewebe organisch geschädigt worden sind, so daß es zu narbigen Verwachsungen der Häute untereinander und mit der Gehirnoberfläche, oder zu Erweichungsherden im Gehirn gekommen ist, so wird hierdurch sicherlich die Widerstandsfähigkeit des Gehirns und seiner Häute gegenüber Eitererregern gemindert. Gelangen solche gelegentlich einer Allgemeininfektion des Körpers zufällig später auf dem Blut- oder Lymphwege in die Schädelhöhle, so wird ihre Ansiedelung wahrscheinlich leichter erfolgen können als in gesunden Häuten. Diese erhöhte Disposition zu akuter Meningitis bzw. Hirnabszeß (mit anschließender Hirnhautentzündung) bildet demnach eine mittelbare Unfallfolge.

Die Frage, unter welchen Bedingungen man ein länger zurückliegendes Kopftrauma als disponierendes Moment für das Auftreten einer Meningitis im Verlaufe einer beliebigen Infektionskrankheit anerkennen soll, ist vorläufig recht schwierig zu beantworten. Man wird einen wahrscheinlichen Zusammenhang einer späteren Meningitis mit einem früheren Kopftrauma vor allem dann annehmen dürfen, wenn dieses anfänglich unter Erscheinungen verlaufen ist, die eine traumatische Verletzung der Gehirnhäute und des Gehirns wahrscheinlich machen (längere Bewußtlosigkeit, Zeichen einer Schädelfraktur, Lähmungen der Gehirnnerven oder Extremitäten). Zweitens wird beim Fehlen anfänglicher schwerer Hirnsymptome das dauernde Bestehenbleiben von Hirnreiz- und Ausfallssymptomen (objektive Schwindelerscheinungen, Pulswechsel, starke Kopfschmerzen, Gedächtnisschwäche, Demenz, psychische Reizbarkeit) als Anhaltspunkt dafür dienen können, daß das Gehirn und seine Häute trotz Fehlens gröberer Ausfallserscheinungen durch kleine Blutungen und Erweichungen dauernd geschädigt worden ist, so daß eine dadurch bedingte verminderte Widerstandsfähigkeit gegenüber Krankheitserregern nicht abgelehnt werden kann. In zweifelhaften Fällen wird freilich nur der Obduktionsbefund genügende Unterlagen für die Beurteilung eines Zusammenhangs schaffen können, falls sich Reste von Blutungen, Verwachsungen, Erweichungsherde neben der frischen Meningitis purulenta nachweisen lassen, und falls der vorwiegende Sitz der Eiterung mit dem Sitz der Verletzungsfolgen übereinstimmt.

Orth hat in einem Obergutachten zu der Frage der erhöhten Disposition des Gehirns und seiner Häute durch frühere Schädeltraumen Stellung genommen und in seinem Falle anerkannt, daß ein verhältnismäßig

[1]) Fujiama, Münch. med. Wochenschr. 1901, S. 1784.

[2]) Rubin, Münch. med. Wochenschr. 1908, S. 2127.

leichtes Kopftrauma eine erhöhte Disposition für eine 10½ Monate später erfolgte metastatische Meningitis bei Pneumonie geschaffen habe. Da die Obduktion keine Reste einer Unfallverletzung an Hirnhäuten und Gehirn ergeben hat, fehlt der Beobachtung jede Beweiskraft, denn das Vorhandensein allein von Kopfschmerzen und angeblicher Gedächtnisschwäche nach Schädeltrauma genügt wohl kaum, um mit Wahrscheinlichkeit eine veränderte Widerstandsfähigkeit der Hirnhäute gegenüber im Blut kreisenden Pneumoniekokken anzuerkennen.

Orth: 50jähriger Walkmeister stieß sich beim Aufrichten aus gebückter Stellung an der oberen Tür der Walkmaschine den Kopf an, klagte sofort über heftige Kopfschmerzen, hielt sich den Kopf, setzte sich hin und arbeitete erst am Nachmittag wieder. Von da an auch weiter regelmäßig bei ständigen Klagen über Kopfschmerzen, zeitweises Schwitzen der linken Gesichtshälfte und Schwindelanfälle. Der Arzt konnte keine objektiven Veränderungen feststellen. 10½ Monate nach dem Unfall Lungenentzündung. Nach 14 Tagen Aufstehen. Tags darauf Kopfschmerzen, Verlust der Sprache, Lähmung des rechten Armes und Beines. Tod nach 6 Tagen. Obduktionsbefund: Hirnhautentzündung, keine Reste der Unfallverletzung. Die Hauptveränderungen der Entzündung saßen auf der verletzten Seite, so daß dies als weitere Stütze für die Möglichkeit eines mittelbaren Zusammenhangs gutachtlich angesehen wurde.

In folgendem Fall ist die obergutachtliche Ablehnung eines mittelbaren Zusammenhangs der eitrigen Meningitis mit einem 13 Monate zurückliegenden Kopftrauma mit Recht erfolgt wegen des Fehlens von örtlicher Übereinstimmung zwischen Sitz der Unfallfolgen an der Hirnkonvexität und dem ausschließlichen Sitz der Eiterung an der Basis.

44jähriger Dreher erlitt durch Fall auf Hinterkopf kleine Wunde, Basisbruch mit Gehirnerschütterung. Die Zeichen der Labyrintherschütterung blieben zurück. Nach 13 Monaten Lungenentzündung. 3 Tage später Tod an eitriger Meningitis. Obduktionsbefund: An der Hirnkonvexität alte pigmentierte Narben ohne Eiterung in ihrem Bereich; diese ausschließlich an der Basis.

2. Eitrige Meningitis bei anderweitigen durch Unfall entstandenen Eiterquellen.

Gelegentlich können durch Unfall entstandene Abszesse in Lungen, Leber, traumatische Pleuraexsudate, eitrige Zystitis oder sonstige Eiterungen den Ausgangspunkt eitriger Meningitiden werden, oder es können diese Prozesse, z. B. eine Cholezystitis, durch ein Trauma verschlimmert werden, mit sich anschließender Gehirnabszeßbildung oder Hirnhautentzündung. Dann handelt es sich um eine mittelbare entschädigungspflichtige Unfallfolge, wobei die Zusammenhangsfrage meist klar liegt.

Vulpius[1]): Eitrige Hirnhautentzündung nach Kniequetschung. — Tod als mittelbare Unfallfolge.

43jähriger Arbeiter verletzte sich Ende September durch Anstoßen der rechten Kniegegend. Er kam am 8. Oktober 1910 erstmals zum Arzt, der eine deutliche Anschwellung mit Fluktuation neben der rechten Kniescheibe konstatierte. Er arbeitete weiter. Ende Dezember 1910 wurde er wieder ärztlich untersucht wegen eines Krampfadergeschwürs am linken Unterschenkel. Nach Heilung

1) Vulpius, Monatsschr. f. Unfallheilk. Bd. 18, S. 242.

desselben wurde er wegen Zunahme der Schwellung am Kniegelenk Ende Januar 1911 dem Krankenhaus zur Operation überwiesen. Es entleerte sich ein mit schleimiger Flüssigkeit vermischter eitriger Bluterguß. Die Heilung zog sich lange hin, so daß erst nach mehreren Wochen die Sekretion nachließ. Kurz vor der Ausheilung erkrankte der Patient plötzlich am 13. Mai 1911 mit hohem Fieber und unter den Erscheinungen, die auf eine eitrige Hirnhautentzündung hinwiesen und starb am 18. Mai 1911. Eine Sektion wurde nicht ausgeführt.

3. Übermäßige Erhitzung durch Sonnenbestrahlung und eitrige Meningitis.

Eine Reihe von Autoren geben an, daß durch starke Einwirkung der Sonnenstrahlen eine akute Hirnhautentzündung, selbst eitriger Natur, entstehen kann. Huguenin[1]) führt zwei eigene Beobachtungen an, in denen in fast unmittelbarem Anschluß an stundenlange Einwirkung des Sonnenbrandes bei unbedecktem Kopf ausgesprochene meningitische Erscheinungen auftraten. Dies einmal mit tödlichem Ausgang und dem Befund einer eitrigen Meningitis. Der zweite Fall ging nach einwöchiger Dauer in Heilung aus. Schultze[2]) tritt ohne Anführung eigener Beobachtungen für die Entstehungsmöglichkeit einer eitrigen Meningitis durch Überhitzung ein. Er führt aus, daß, ebensogut wie eine Dermatitis infolge von intensiver Licht- und Hitzeeinwirkung entstehe, bei einer Überhitzung der Meningen auch eine Konvexitätsmeningitis wenigstens einfacher seröser Art sich einzustellen vermöge, und bei einer sehr heftigen Einwirkung auch die Entstehung einer eitrigen Meningitis durchaus nicht außer dem Gebiete der Wahrscheinlichkeit liege. Einmal könnten irgendwelche Eiterung erregende Mikroorganismen zufällig im Blut kreisen und dann in den überhitzten und entzündlich veränderten Häuten einen günstigen Boden zur Ansiedelung finden. Zweitens bestehe die Möglichkeit, daß in dem durch Überhitzung veränderten Blute chemische Stoffe zur Entwicklung kommen, die zu einer eitrigen Entzündung Veranlassung geben.

4. Eitrige Hirnhautentzündung durch plötzliche Abkühlung.

Flechsig[3]) hat in einem Obergutachten angenommen, daß eine starke Abkühlung zu den Schädlichkeiten zu rechnen sei, die eine erhöhte Disposition für die Ansiedelung der Eitererreger in den Meningen schaffen können. Die Beobachtung ist aber durchaus nicht beweisend. Da schon wenige Stunden nach der Abkühlung ausgesprochene Zeichen der Meningitis und innerhalb der ersten 12 Stunden schon Bewußtlosigkeit eintrat, so ist es wahrscheinlicher, daß die eitrige Meningitis schon zur Zeit der Kälteeinwirkung bestanden und sich unabhängig von dieser entwickelt hat.

---

[1]) Huguenin, Ziemßens Handb. d. spez. Pathol. IX, S. 1.

[2]) F. Schultze, Die Krankheiten der Hirnhäute. Nothnagel Spez. Path. Bd. IX, III. Th. 1. Abteil. S. 70.

[3]) Flechsig und Prager, Veröffentl. d. RVA. Bd. 3, Nr. 7.

38jähriger Mann war für kurze Zeit einem heftigen Luftzug ausgesetzt dadurch, daß er barhäuptig in ein Ventilrohr einsteigen mußte. Am Nachmittag desselben Tages Kopfschmerzen, die am Abend zunahmen, ferner Brechneigung, Schwindelanfälle, in der Nacht bewußtlos, schmerzhaftes Aufschreien. Am 12. Krankheitstag Tod an Hirnhautentzündung (Fränkelscher Pneumokokkus). Das Obergutachten nimmt an, daß dieser Kokkus sich in dem Nasenrachenraum vieler gesunder Menschen finde, und daß eine Abkühlung die Einwanderung in das Gehirn begünstigen könne.

Man wird es nicht ablehnen können, daß eine starke Kälteeinwirkung durch Schädigung der Schleimhäute der Atmungsorgane zu einer schnelleren Ausbreitung und Einwanderung von zufällig vorhandenen Eitererregern durch die Schleimhäute in den Körper Anlaß geben kann. Durch das Eindringen der Eitererreger in die Lymph- und Blutwege wird naturgemäß eine erhöhte Gefahr geschaffen sein für eine Meningitisinfektion vom Nasen-Rachenraum aus, so daß eine Unfall-Kälteschädigung der Schleimhäute als mittelbare Entstehungsursache einer Meningitis in Betracht kommen kann. Es muß aber der Nachweis erbracht werden, daß eine außergewöhnliche Abkühlung stattgefunden hat, die über das Maß der Temperatureinwirkungen hinausgeht, wie sie die Gefahr des gemeinen Lebens mit sich bringt.

5. Überanstrengung und eitrige Meningitis.

Die Frage, ob eine körperliche Überanstrengung als disponierendes Moment für die Entstehung einer akuten Meningitis anzuerkennen sei, ist gutachtlich schon erörtert worden. Die Meningen selbst können sich nicht „überanstrengen“. Es kommt also nur die Möglichkeit in Frage, ob die mit starken Anstrengungen verbundene Blutdrucksteigerung, die wir ja auch sonst für die Schädigung erkrankter Gehirngefäße verantwortlich machen, die Ansiedelung von zufällig im Blut kreisenden Eitererregern in den Häuten begünstigen. Da ein gesundes Hirnhautgefäß durch eine einmalige, auch erhebliche Blutdrucksteigerung nicht verletzt werden kann, so müßte es sich schon um ein krankhaft verändertes Gefäß handeln, dessen Wand durch den gesteigerten Blutdruck eine weitere Schädigung erleidet, so daß diese Stelle den Ausgangspunkt für das Eindringen von Entzündungserregern in die Meningen abgibt.

Man wird auf Grund dieser rein theoretischen Erwägungen nur dann berechtigt sein, einen Zusammenhang zwischen einer körperlichen Überanstrengung und akuter Meningitis anzuerkennen, wenn nach der Anstrengung zunächst Zeichen einer Gefäßschädigung aufgetreten sind, die unter dem Bilde eines leichteren oder schwereren apoplektischen Insults verlaufen sind (Schwindelanfall, Ohnmachtsanwandlung, kurze Bewußtlosigkeit auch ohne Lähmungserscheinungen). Eine hieran sich innerhalb einiger Tage anschließende akute Meningitis darf dann mit einiger Wahrscheinlichkeit als sekundäre Unfallfolge angesprochen werden. Diese Voraussetzung ist nicht erfüllt in dem Falle von Kraus[1]), in dem die Entstehung der Meningi-

[1]) Kraus, Prager med. Wochenschr. 1897, Nr. 12.

tis durch eine akute Staphylokokkenarteriitis der Art. fossae Sylvii infolge von Erweiterung des Anfangsteiles derselben durch Blutdrucksteigerung nach Überanstrengung angenommen wird. Ich schließe mich dem Urteil von F. Schultze an, daß die Deduktion von Kraus recht gezwungen erscheint und daß der Fall absolut nicht beweisend ist für die Entstehung einer Überanstrengungsmeningitis bei einem Menschen mit vorher intaktem Herzgefäßsystem.

B. Tuberkulöse Meningitis.

1. Tuberkulöse Zerebrospinalmeningitis nach Schädeltrauma.

Kopftrauma mit gleichzeitiger Körpererschütterung.

Es liegen eine Anzahl von Beobachtungen vor, in denen wenige Tage nach einem erheblichen Kopftrauma, Fall eines Ziegelsteines auf den Hinterkopf, heftiger Schlag gegen den Kopf, bisweilen verbunden mit Körpererschütterung, eine tuberkulöse Meningitis auftrat. Die Obduktion ergab dann neben ausgedehnter Konvexitäts- oder Basilarmeningitis, alte verkäste und erweichte Bronchialdrüsen und miliare Tuberkulose der Lungen oder ältere umschriebene tuberkulöse Prozesse an der Hirnrinde. Man wird in solchen Fällen sicherlich daran denken können, daß ein zufälliges zeitliches Zusammentreffen einer Gehirn- und Körpererschütterung mit dem Ausbruch einer tuberkulösen Meningitis vorliegt. Andererseits wird ganz allgemein zum mindesten die Möglichkeit zugegeben werden müssen, daß durch ein stärkeres Schädeltrauma, namentlich wenn gleichzeitig eine Körpererschütterung stattgefunden hat, ein im Körper vorhandener Tuberkuloseherd in Bronchialdrüsen, Lungen oder im Gehirn selbst mobilisiert werden kann, wobei dann Tuberkelbazillen auf dem Blut- oder Lymphwege in die Meningen gelangen. Sind diese durch das Schädeltrauma gleichzeitig an irgendeiner Stelle stärker geschädigt, so werden die Bazillen besonders günstige Ansiedelungsbedingungen finden.

S. Cohn[1]): 7jähriger Knabe, der Masern, Keuchhusten und zuletzt Influenza durchgemacht hat, fällt am 8. November 1906 rücklings auf der Kellertreppe. Seitdem Klagen über Kopfschmerzen an der Nasenwurzel. Nach 10 Tagen Schulbesuch. Am 22. November 1906 Temperatur 39,2, Puls 104, Sensorium frei, am 25. November leichte Benommenheit, später Nackensteifigkeit, Augenmuskellähmungen. Am 7. Dezember Tod. Obduktion: Ältere Bronchialdrüsen- und geringe Lungentuberkulose. Miliare Knötchen an den weichen Hirnhäuten.

Kopftrauma ohne Körpererschütterung.

Die Möglichkeit einer Infektion der Meningen bei einem tuberkulösen Menschen wird aber auch dann bestehen, wenn allein ein Kopftrauma ohne allgemeine Körpererschütterung eingewirkt hat und entfernt vom Schädel liegende tuberkulöse Herde gefunden werden. Denn wir wissen, daß nicht selten bei Tuberkulösen in der Blutbahn Tuberkelbazillen

[1]) S. Cohn, Ärzt. S.-Zt. 1907, S. 269.

kreisen, so daß auch leichtere Verletzungen der Hirnhäute genügen können, um ein Festsetzen und Wuchern des Tuberkelbazillus zu ermöglichen.

Buol[1]): 28jähriger Mann, der früher lungenleidend gewesen war, erlitt durch schweren Fall auf den Kopf eine Hirnerschütterung. 5 Tage danach erkrankte er mit Fieber und den Erscheinungen einer Konvexitätsmeningitis: 25 Tage nach dem Trauma exitus letalis. Obduktion: Tuberkulöse Konvexitätsmeningitis, dabei an der Innenseite des Schädels 1—2 cm langer Splitter der tabula interna ohne äußere Verletzung des Schädeldachs; außerdem eine Spitzentuberkulose und verkäste Bronchialdrüsen.

Es fragt sich nun, unter welchen Bedingungen nicht nur die Möglichkeit, sondern ein gewisser Grad von Wahrscheinlichkeit vorliegt für einen ursächlichen Zusammenhang zwischen Trauma und Entstehung der tuberkulösen Meningitis. Hierfür werden folgende Gesichtspunkte maßgebend sein:

a) Fehlen von meningitischen Erscheinungen vor dem Unfall und während der ersten 1—2 Tage nach dem Trauma: Bis zur Entwicklung einer tuberkulösen Basilar- oder Konvexitätsmeningitis, die bereits bestimmte Krankheitszeichen bedingt, wie Erbrechen, stärkere Kopfschmerzen, Fieber, werden sicherlich einige Tage erforderlich sein. Sofort nach dem Unfall nachweisbare Symptome, wie Pupillenstörungen, Nackensteifigkeit, Fieber, Augenmuskelparesen, sprechen dafür, daß das Leiden schon vor dem Unfall vorhanden war. Eine gewisse Schwierigkeit der Beurteilung wird bisweilen darin liegen, daß die durch das Schädeltrauma an sich hervorgerufenen Kommotionserscheinungen in den ersten Tagen stärker hervortreten. Es wird dann eine sichere klinische Abgrenzung zwischen den direkten Folgen des Kopftraumas und den später hinzutretenden Meningitissymptomen nicht selten kaum möglich sein. Der Nachweis einer beschwerdefreien Zwischenzeit von mehreren Tagen bis zum Beginn der ersten Meningitiserscheinungen wird also die meiste Gewähr bieten, daß das Trauma tatsächlich auslösend gewirkt hat.

b) Was die erforderliche Erheblichkeit des Kopftraumas betrifft, so wird auch ein an sich leichteres Schädeltrauma, wie einfacher Fall oder Stoß gegen den Kopf ohne Zeichen von Gehirnerschütterung, als auslösende Ursache anzuerkennen sein, aber nur dann, wenn durch die Obduktion der Nachweis erbracht wird, daß im Gehirn selbst oder in den Hirnhäuten ein älterer abgekapselter Tuberkelherd vorlag, der als Ausgangspunkt für die Meningitis gedient hat. Nur in solchen Fällen erscheint es verständlich, daß ein leichteres Schädeltrauma zur Schädigung eines schon tuberkulös erkrankten Gewebsteiles Anlaß geben kann. Handelt es sich aber um gesunde Hirnhäute und ein vorher gesundes Hirn, so muß das Trauma derart gewesen sein, daß eine Erschütterung des Gehirns wahrscheinlich erscheint.

---

[1]) Buol, Korresp. f. Schw. Ärzte. 1896, Nr. 23.

Dies wird der Fall sein, wenn der Schlag gegen den Schädel stark war, oder der Fall auf den Kopf aus größerer Höhe erfolgte und mit vorübergehenden Kommotionserscheinungen verlaufen ist (Erbrechen, Bewußtlosigkeit, gewisse Benommenheit, Schwindel, so daß Arbeitsunterbrechung nötig war).

c) Enge zeitliche Beziehung zwischen Trauma und Beginn des Leidens. In den bis jetzt vorliegenden Beobachtungen traten die allerersten Zeichen in ziemlich gesetzmäßiger Weise am dritten oder vierten Tage p. tr. auf, und entwickelte sich das Krankheitsbild innerhalb 1 bis $1^1/_2$ Wochen zu einer Höhe, daß die Diagnose sicher war. In Fällen, in denen das Leiden erst einige Wochen nach einer Schädelkontusion einsetzt, wird die Wahrscheinlichkeit eines Zusammenhanges in der Regel verneint werden müssen. Nur dann, wenn während der ganzen Zwischenzeit Brückensymptome bestanden haben, wie zeitweise heftige lokalisierte Kopfschmerzen, gelegentliches Erbrechen, leichte Fiebersteigerungen ohne sonstige nachweisbare Ursachen, allgemeine Mattigkeit, Appetitlosigkeit, wird die gutachtliche Annahme einer tuberkulösen Spätmeningitis erlaubt sein. Es ist sehr wohl möglich, daß im Anschluß an das Trauma zunächst ein umschriebener meningitischer Herd entsteht, der erst nach einer gewissen Ausdehnung zu einer allgemeinen Eruption von Tuberkelherden in den Meningen führt.

Für die Anerkennung einer solchen traumatischen tuberkulösen Spätmeningitis wird also vor allem der autoptische Befund von Blutungs- oder Erweichungsherden an Gehirn und Häuten wichtig sein, sowie die Feststellung, daß gerade im Bereiche dieser geschädigten Stellen die Tuberkelaussaat am stärksten besteht, oder daß gar im Bereich der Verletzungsstellen ein größerer Tuberkel sich ausgebildet hat. Lichtheim[1]) hat eine solche Beobachtung mitgeteilt, in der trotz des Intervalls von 3 Wochen wegen der Brückensymptome und der besonderen Lokalisation des tuberkulösen Prozesses ein ursächlicher Zusammenhang nicht unwahrscheinlich erscheint.

Bei dem vorher ganz gesunden Kranken stellten sich erst 3 Wochen nach einem Sturz von einem Dach deutliche Zeichen einer basalen Meningitis ein, nachdem er schon wenige Tage nach dem Unfall heftige Schmerzen über dem rechten Auge verspürt hatte. Die Obduktion ergab ausgedehnte Tuberkeleruptionen der Pia, vor allem auch am rechten Stirnlappen.

2. Tuberkulöse Meningitis als Folge anderweitiger, durch Unfall entstandener oder verschlimmerter Organtuberkulose.

Ein mittelbarer Zusammenhang zwischen einer Meningitis tuberculosa und Unfall liegt dann vor, wenn letzterer auslösend oder verschlimmernd gewirkt hat bei der Entwicklung einer Organtuberkulose (Lungentuberkulose, Urogenitaltuberkulose, Pleuritis), und in deren Verlauf eine tuberkulöse Meningitis auftritt.

[1]) Lichtheim, Die Beziehungen der Tuberkulose des Gehirns zu Traumen des Schädels. Diss. Bern, 1888.

Thiem[1]): Tuberkulöse Hirnhautentzündung durch Quetschung eines tuberkulösen Nebenhodens hervorgerufen.

41jähriger Häuer brach am 13. September 1913 bei einer Fahrt auf einer Leitersprosse durch und fiel dadurch in Reitsitz auf die nächstfolgende Sprosse, so daß er frei schwebte. Er hat die begonnene Schicht noch verfahren, aber nur leichte Arbeit verrichtet, auch am folgenden Tag. Am 17. September Lazarettaufnahme. Der linke Hoden und Nebenhoden fand sich stark vergrößert und prall elastisch. Der linke Hoden und Nebenhoden waren schon fast abgeschwollen, als am 30. September 1913 die Schwellung plötzlich wieder zunahm. Am 16. Oktober 1913 wurde, da das Krankheitsbild auf eine tuberkulöse Hodenerkrankung schließen ließ, in Ätherbetäubung die linke Schleimhauthülle des Hodens gespalten, wobei sich unter hohem Druck stehende, klar gelbliche Flüssigkeit entleerte. Da der linke Nebenhoden deutliche Tuberkel aufwies, wurde er nebst l. Hoden entfernt. Am 5. Nov. Entlassung. Am 9. Dezember erneute Krankenhausaufnahme. Am 17. Dezember Tod an Hirnhautentzündung. Obduktion: Tuberkulöse Meningitis; Verwachsungen beider Lungen mit Rippenfell, Nierentuberkulose.

Operative Eingriffe, wie in dem eben angeführten Fall von Thiem, wirken begünstigend ein auf die Entstehung einer tuberkulösen Meningitis, so daß die durch Unfall-Tuberkulose (Knochentuberkulose) nötig werdenden Eingriffe als mittelbare Entstehungsursache einer Hirnhauttuberkulose in Betracht kommen. Eichelberg hat über 14 in Hagenbachs Kinderspital beobachtete Fälle von Meningealtuberkulose nach Operation bei tuberkulösen Prozessen berichtet.

C. Meningitis serosa und Kopftrauma.

Vorbemerkungen: Bei der Meningitis serosa handelt es sich um einen rein serösen Erguß in den Subarachnoidealraum, der zu einer Vermehrung der Zerebrospinalflüssigkeit und damit zu einer Drucksteigerung in der Schädelrückgratshöhle Anlaß gibt. Die seröse Meningitis geht häufig mit einer Vermehrung der Ventrikelflüssigkeit einher (Hydrocephalus acquisitus). Sie tritt bisweilen in ganz akuter fieberhafter Form auf und bietet dann anfänglich das Symptombild einer akuten eitrigen Meningitis. Nicht selten verläuft sie ganz chronisch unter dem Symptombild einer Gehirngeschwulst, so daß oft monatelang eine Unterscheidung beider Erkrankungen nicht möglich ist und erst der weitere Verlauf mit Ausgang in völlige oder Defektheilung (Optikusatrophie) die Diagnose auf Meningitis serosa sicher stellt. Die Meningitis serosa findet sich als Begleiterscheinung von Infektionskrankheiten (besonders bei Pneumonie und Typhus), im Gefolge entzündlicher Erkrankungen des Ohres oder der Schädelnebenhöhlen und nach Schädeltraumen.

Ein Kopftrauma kann auf verschiedene Weise zur Entwicklung einer serösen Meningitis Anlaß geben, ohne daß wir uns über die jedesmalige Pathogenese der vermehrten Liquorabsonderung ein genügendes Bild machen können. Wir sehen eine Vermehrung des Liquors mit Drucksteigerung im Anschluß an umschriebene entzündliche Prozesse an den Hirnhäuten (Meningitis circum-

[1]) Thiem, M. f. U., Bd. 22, Nr. 6, S. 176.

scripta adhaesiva), bei Otitis media, Hirnabszeß und Enzephalitis auftreten, ohne daß es zu einem Übergang in eine eitrige Zerebrospinalmeningitis kommt. Auch ohne äußere Verletzung der Schädelknochen ist nach Hirnerschütterung die Entwicklung einer chronischen Hirndrucksteigerung mit vermehrter Flüssigkeit in die Schädelrückgratshöhle beobachtet worden. Die Entstehung eines akuten oder chronischen Reizzustandes der Plexus chorioidei (als anscheinender Hauptquelle des Liquor) und der Meningen bei umschriebenen infektiösen Herden traumatischen Ursprungs in der Nachbarschaft des Gehirns oder im Gehirn selbst kann man sich sehr wohl vorstellen auf dem Wege der Toxinwirkung oder durch Übergang wenig virulenter Infektionserreger in die Hirnhäute. Dagegen fehlt uns eine genügende Erklärung für das Auftreten einer chronischen, anscheinend oft jahrelang anhaltenden Liquorvermehrung durch eine einfache Commotio cerebri.

Das Krankheitsbild einer Meningitis serosa, d. h. einer chronisch vermehrten Liquorbildung nach einfachen Kontusionen des Schädels, setzt sich zusammen aus ungewöhnlich hartnäckigen und heftigen Kopfschmerzen, namentlich in der Hinterhauptsnackengegend, Schwindelgefühl, zeitweisem Erbrechen bei länger gebückter Stellung, nach Körpererschütterung (Eisenbahn, Radfahren) und einer durch die Lumbalpunktion nachweisbaren Steigerung des Liquordrucks. Daneben ist bisweilen eine geringgradige Zell- und Eiweißglobulinvermehrung vorhanden. Die starke Vermehrung des Liquors ist daran kenntlich, daß auch nach Ablaß von mehreren Kubikzentimetern der Druck nur langsam sinkt.

Die Diagnose auf einen mit vermehrter Liquorabsonderung einhergehenden traumatischen Hirnreizzustand darf aber nur dann gestellt werden, wenn 1. die Liquordruckerhöhung eine beträchtliche ist, d. h. über 200 mm Wasser bei Horizontallage beträgt, da bisweilen größere physiologische Druckwerte bis zu dieser Höhe gefunden werden, und wenn 2. anderweitige Ursachen für eine krankhafte Drucksteigerung des Liquors fehlen. Denn bei Arteriosklerose, Nephritis, chronischem Alkoholismus, Anämie, Chlorose (bis 700 mm Wasser), Bleimeningitis, Lues sind beträchtliche Steigerungen festgestellt worden. Dagegen ist es nicht erwiesen, daß bei rein funktionellen Nervenleiden, also bei Neurasthenie, Hysterie, eine Liquorvermehrung mit Druckerhöhung vorkommt. Ich habe in über 30 Fällen bei nicht traumatischen Neurasthenien und Hysterien bei sachgemäßem Vorgehen bei der Lumbalpunktion niemals Druckwerte über 160 mm Wasser gefunden. Bei den in der Literatur erwähnten gegenteiligen Befunden, wonach bei den sogenannten Neurosen krankhafte Druckhöhen vorkommen sollen (z. B. Horn: 280 mm Wasser bei Schreckneurose), besteht meines Erachtens der dringende Verdacht, daß die anscheinende Druckerhöhung auf Versuchsfehlern beruhte. Man sieht ja sehr häufig, wie bei ängstlichen Kranken, durch Pressen, unregelmäßige heftige Atmung, wechselnde Spannung der Rückenmuskulatur, Kopfbewegungen, plötzlich ein Emporschnellen der Flüssigkeit im Steigrohr stattfindet und ein Zurücksinken erst nach einigen Minuten erfolgt Dieser Enddruck gibt aber erst das wahre Bild des Druckes in der Schädel-Rückgratshöhle, wobei noch besonders darauf zu achten ist, daß die respiratorischen Schwankungen deutlich hervortreten.

Es wird allseits angegeben, daß Kopftraumatiker nach einer Lumbalpunktion, gleichgültig ob eine Drucksteigerung vorhanden war oder nicht, und ob man nur ganz wenig oder viel Liquor abläßt, über nachfolgende stärkere Kopfschmerzen klagen. Es steht dies im schroffen Gegensatz zu den sonstigen Erfahrungen über den Erfolg einer druckentlastenden Lumbalpunktion bei akuter und chronischer Meningitis serosa, denn beim chronischen Hydrocephalus, bei Lues mit seröser Meningitis, beobachtet man meistens eine anfängliche wesentliche Besserung in Gestalt von Schwinden der Kopfbeschwerden. Dies spricht dafür, daß es sich bei den angeblichen Beschwerden der Unfallkranken nach Lumbalpunktion um eine psychische Reaktion handelt. Ich machte gelegentlich bei einem Kopftraumatiker, der mit einem anderen Unfallkranken zusammenlag, welcher nach Lumbalpunktion anscheinend sehr heftige Kopfbeschwerden bekommen hatte, einen einfachen oberflächlichen Suggestivstich in die Rückenmuskulatur mit dem Erfolg, daß der Betreffende die folgenden Tage über rasende Kopfschmerzen klagte, das Bett nicht verlassen wollte und Verschlimmerungsansprüche geltend machte, da er seit dem „Rückenmarkstich" dauernd starke Kopfbeschwerden habe. An diesen angeblichen, sehr heftigen Beschwerden nach der Lumbalpunktion scheitert auch meist eine Kontrolle bei späteren Nachuntersuchungen auf Hirndrucksteigerung bei Kopftraumen, wegen Verweigerung der nochmaligen Punktion, so daß wir noch gar keine genügenden Erfahrungen darüber besitzen, ob eine solche traumatisch entstandene Liquorvermehrung dauernd bestehen bleibt. In einem Fall konnte ich in Abständen von einem Jahr drei Punktionen machen, die 240, 140, 145 mm Wasser ergaben. Die Kopfbeschwerden wurden stets in gleicher Stärke angegeben, obwohl die beiden letzten Male der Liquordruck ganz normal war.

Rentenabschätzung.

Die Feststellung einer beträchtlichen Drucksteigerung muß stets als wichtiges objektives Zeichen gelten für das Bestehen eines chronischen Reizzustandes in der Schädelhöhle, so daß alle Arbeiten, die mit Bücken und Blutandrang zum Kopfe verbunden sind, vermieden werden müssen. Die Erwerbsverminderung wird demnach mit annähernd 50% zu bewerten sein.

III. Gehirnverletzung durch Kopftraumen und Körpererschütterung.

Allgemeines über Gehirnerschütterung, Hirnquetschung und Hirnkompression.

Die nach stumpfen Schädeltraumen auftretenden Hirnsymptome sind verschieden je nach der Intensität der Gewalteinwirkung, der Beteiligung der Schädelknochen durch Brüche und der Disposition des Verletzten durch gleichzeitige Arteriosklerose, Lues usw. Die übliche Einteilung der nach Schädeltraumen beobachteten nervösen Folgeerscheinungen in Gehirnerschütterung (Commotio cerebri), Hirnquetschung und Hirnkompression ist eine rein äußerliche, da sie den zugrunde liegenden anatomischen Veränderungen nicht genügend gerecht wird. Unter Gehirnerschütterung verstehen wir einen Symptomenkomplex, dessen Hauptmerkmale in Bewußtlosigkeit oder stärkerer Benommenheit, Erbrechen oder Brechneigung,

Pulsverlangsamung bestehen. Dabei fehlen meist klinische Zeichen einer organischen Schädigung des Gehirngewebes. In Wirklichkeit finden sich aber trotz Fehlens klinischer Herdsymptome nach einer stärkeren Gehirnerschütterung recht häufig anatomische Veränderungen in Gestalt von Blutungen in Hirnhäuten und Hirnsubstanz und kleineren Erweichungsherden. Es finden sich also Übergänge zur Hirnquetschung, bei welcher regelmäßig gröbere Verletzungen des Hirngewebes in Form größerer Erweichungs- und Zertrümmerungsherde nachweisbar sind. In der Regel geht außerdem die Hirnquetschung mit gleichzeitiger Gehirnerschütterung einher. Auch bei der dritten Form der Hirnverletzung, der Hirnkompression, handelt es sich um eine meist allmähliche Entwicklung von Hirndrucksymptomen mit Herdsymptomen infolge Blutungen aus den zerrissenen Hirnhautgefäßen. Bisweilen erfolgt aber eine Massenblutung ziemlich plötzlich, so daß zunächst das Bild der Hirnerschütterung mit Bewußtlosigkeit entsteht.

Es handelt sich demnach bei den Folgezuständen von Schädeltraumen überaus häufig nicht um klinisch und anatomisch scharf voneinander abgrenzbare Krankheitszustände. Ganz im Gegenteil muß sich der Begutachter stets bewußt bleiben, daß die Krankheitserscheinungen bei einer Commotio cerebri durchaus nicht rein funktioneller Natur sind, sondern überaus häufig mit organischen Veränderungen der Gehirnsubstanz einhergehen, und daß Hirnerschütterung unter Umständen gleich ernste Spätfolgeerscheinungen zeitigen kann wie die Hirnquetschung (Epilepsie, traumatische Demenz).

A. Hirnerschütterung (Commotio cerebri).

I. Pathogenese.

Über das eigentliche Wesen der Gehirnerschütterung, die nach direkten Traumen des Schädels, Stoß, Schlag, Fall, Quetschung und allgemeiner Körpererschütterung, beobachtet wird, wissen wir nichts Genaues. Die anatomischen Veränderungen an Gehirnsubstanz und Gehirnhäuten, die man häufig in Gestalt von kleinen Blutungen, Erweichungs-, Quetschungsherdchen, Gefäßzerreißungen im Tierexperiment (Jakob) und bei Obduktionen nach tödlich verlaufenen Hirnerschütterungen festgestellt hat, bilden jedenfalls nicht die Ursache, sondern nur eine Begleiterscheinung schwerer Hirnkommotionen. Denn wir sehen nicht so selten gröbere Verletzungen des Gehirngewebes mit Hirnherdsymptomen nach Schädeltraumen, ohne daß gleichzeitig Zeichen einer Gehirnerschütterung mit initialer Bewußtlosigkeit, Erbrechen usw. bestanden haben.

Kocher führt die Erscheinungen der Hirnerschütterung auf ein plötzliches Zusammenpressen der Gehirnmasse durch Übertragung der dem

Schädelknochen erteilten Bewegung (Elastizität der Schädelknochen) auf das Gehirn zurück. Es soll also in der Stoßrichtung eine Verschiebung des Gehirns in toto und seiner einzelnen Teile mit Wirkung auf Liquor, Venen und Kapillaren stattfinden, wobei insbesondere der Anprall der Hirnflüssigkeit an die Ventrikelwandung sekundär zu kleineren Blutungen und Erweichungen in dieser selbst und ihrer Umgebung Anlaß geben soll. Tilmann nimmt an, daß durch die Stoßwirkung eine Zerrung an der Grenze von weißer und grauer Hirnsubstanz mit kapillaren Blutungen entsteht, weil die spezifisch schwerere weiße Substanz einer ihr mitgeteilten Bewegung träger folgt, als die spezifisch leichtere graue Substanz. Andere Autoren, wie Schulten und Fischer, sind der Auffassung, daß die Erscheinungen der Hirnerschütterung auf plötzlichen Veränderungen im Gehirnkreislauf beruhen, auf einem Gefäßkrampf oder Gefäßlähmung. Die bisherigen Erklärungsversuche beruhen also vorerst auf reinen Hypothesen. Soviel steht aber fest, daß jede Hirnkommotion in einer meist schnell vorübergehenden Funktionsstörung des ganzen Gehirns besteht, im Gegensatz zu den auf umschriebene Gehirnteile beschränkten Schädigungen nach einfachen Hirnkontusionen, z. B. Schädelbrüchen.

II. Klinische Symptome.

1. Äußere Verletzungsspuren. Eine Gehirnerschütterung kann durch stumpfe Kopftraumen zustande kommen, ohne daß äußere Verletzungen der Weichteile des Kopfes und der Schädelknochen nachweisbar sind, wenn auch in der Regel mindestens eine Beule bestanden hat. Das Fehlen einer Schädelnarbe und einer Knochenfissur oder Splitterfraktur im Röntgenbild schließt deshalb eine Gehirnerschütterung selbst erheblicher Art durchaus nicht aus. Es ist aber eine Röntgenuntersuchung bei Schädeltrauma stets zur Klarstellung des Falles erforderlich, denn der Nachweis von äußerlich nicht erkennbaren Fissuren und Absprengungen der inneren Tafel des Schädeldaches bietet einen wichtigen Anhaltspunkt für die Bewertung der subjektiven Beschwerden einer Unfallverletzung beim nicht seltenen Fehlen von wesentlichen objektiven Krankheitserscheinungen.

2. Anfangserscheinungen. Jede stärkere Erschütterung des Gehirns verursacht eine in unmittelbarem Anschluß an das Kopftrauma auftretende völlige Bewußtlosigkeit oder stärkere Benommenheit, anfängliche Pulsverlangsamung, Brechreiz, ein- oder mehrmaliges Erbrechen, unregelmäßige Atmung (aussetzend, ungleichmäßig), bisweilen auch unwillkürlichen Harn- oder Stuhlabgang. Ohne diese vom Arzt oder von Zeugen sichergestellten Erscheinungen, von denen die Bewußtseinsstörung das wichtigste Merkmal darstellt, darf die Diagnose auf Hirnerschütterung nach Unfällen nicht gestellt werden. In leichteren Fällen dauert die Bewußtlosigkeit nur einige Sekunden oder Minuten, nach schweren Traumen hält sie stunden- und selbst tagelang an. Dabei ist die Dauer der Bewußtlosigkeit kein absoluter Gradmesser für die Schwere der Hirnschädigung; denn auch Kopftraumen mit nur kurz dauernder initialer Bewußtseinstrübung können später schwere Folgeerscheinungen haben, also prognostisch ungünstig sein.

Im Anschluß an die Bewußtlosigkeit beobachtet man in seltenen Fällen die Entwicklung eines tage- oder wochenlang anhaltenden psychotischen Zustandes, einer sogenannten Kommotionspsychose, die nach Schröder nur das protrahierte Durchgangsstadium von der initialen Bewußtlosigkeit bis zur endgültigen Aufhellung des Bewußtseins darstellt. Die Erscheinungen der Kommotionspsychose, deren Auftreten anscheinend durch Alkoholismus, Arteriosklerose, Lues begünstigt wird, sind sehr mannigfaltig: akute Erregungszustände, starke motorische Unruhe, Ortsverkennung, Halluzinationen, Hemmungszustände, Stupor, Korsakowscher Symptomenkomplex.

3. Folgeerscheinungen der Hirnerschütterung. Die leichteren Grade einer Gehirnerschütterung bedingen in der Mehrzahl der Fälle nach dem innerhalb von Tagen oder Stunden erfolgten Abklingen der anfänglichen Chokerscheinungen keine weiteren Folgezustände. Die Prognose ist aber auch bei anscheinend nicht schwerer Hirnkommotion mit nur kurzdauernden Anfangserscheinungen anfänglich mit Vorsicht zu stellen. Denn trotz Fehlens von klinischen Zeichen einer gröberen organischen Hirnverletzung, von Ausfalls- und Reizsymptomen (Lähmungen, Gefühlsstörungen), wird man das Vorhandensein traumatischer organischer Veränderungen des Gehirngewebes und der Hirnhäute feinerer und gröberer Art niemals mit Sicherheit ausschalten können. Erst der weitere Verlauf der nach einer Hirnerschütterung sich einstellenden nervösen Allgemeinerscheinungen wird die Abgrenzung von funktionellen und organischen Folgen des Schädeltraumas ermöglichen. Als solche kommen in Betracht:

a) Traumatische Neurasthenie und Hysterie und ihre Mischformen.

Als Folge von Gehirnerschütterung entwickelt sich überaus häufig das Symptomenbild einer Neurasthenie oder Hysterie, wie man es in gleicher Weise auch nach beliebigen anderweitigen Unfällen ohne Verletzung des Schädels zu sehen gewohnt ist. Es kann keinem Zweifel unterliegen, daß es sich in einem großen Teil der Fälle bei den Hauptklagen der Kopftraumatiker über Kopfschmerzen, Druckempfindlichkeit des Schädels, Schwindel, gemütlicher Reizbarkeit, schneller körperlicher und geistiger Ermüdbarkeit um rein funktionelle nervöse Störungen handelt, die unter dem Bilde einer Neurasthenie oder Hysterie oder Kombination beider verlaufen. Die Untersuchung gibt in solchen Fällen eine meist nur spärliche Ausbeute an objektiven Krankheitssymptomen in Gestalt von mehr oder minder lebhaften Sehnen- und Hautreflexen, Zittern der Hände, Übererregbarkeit der Herztätigkeit, abnorm unruhigem Wesen, psychischer Reizbarkeit und evtl. Gefühlsstörungen von hysterischem Typ. Es handelt sich bei diesen traumatischen Neurasthenien und Hysterien also nicht so sehr um einen eigentlichen Folgezustand der Hirnerschütterung, als um eine Folge des ganzen Unfallvorganges mit seinen psychischen Einwirkungen. Für die Auslösung der Neurasthenie durch das Schädeltrauma ist eine gleichzeitige Gehirnerschütterung gar nicht erforderlich, da in gleicher Weise jede Schädelverletzung ohne Hirnerschütterung mit ihren anfänglichen Schmerzen an der Verletzungsstelle, sowie der Schreckwirkung beim Unfall, völlig als auslösendes Moment genügt. Der rein funktionelle Charakter zeigt sich denn auch darin, daß die nervösen Erscheinungen nach Wiederaufnahme der Arbeit, Rentenkürzung oder Rentenabfindung schnell und restlos schwinden.

b) Kombinationsformen von funktionellen und organischen zerebralen Störungen (sog. Kommotionsneurose).

Unter der wenig glücklichen Bezeichnung „Kommotionsneurose" hat zunächst Friedemann einen nach Hirnerschütterung auftretenden Symptomenkomplex beschrieben, der sich zum großen Teil mit dem der traumatischen Neurasthenie deckt. Aber die große Hartnäckigkeit der gesamten zerebralen Erscheinungen und anderweitige objektive nervöse Symptome wie Labyrinthstörungen organischer Art, die dem Bilde der einfachen Neurasthenie fremd sind, machen es wahrscheinlich, daß es sich um eine Kombination von funktionellen Störungen mit organischen Veränderungen des Gehirngewebes und der Hirnhäute handelt. Wir müssen annehmen, daß in derartigen Fällen bei dem Schädeltrauma gleichzeitig mit der Hirnerschütterung gröbere materielle Veränderungen des Gehirngewebes entstanden sind, die zu länger anhaltenden Störungen und bisweilen auch zu fortschreitenden Gehirnveränderungen Anlaß geben können. Namentlich die experimentellen Untersuchungen von Jakob[1]) an Affen und Kaninchen haben die Mannigfaltigkeit der bei Gehirnerschütterung vorkommenden diffusen organischen Veränderungen ergeben: durch meningeale Blutungen angeregte Proliferationsprozesse mit stellenweiser Obliteration des subpialen und subduralen Lymphraumes, Blutungen und Erweichungsherdchen, in allen Gehirngebieten degenerative Prozesse an Ganglienzellen und Nervenfasern.

Als klinische Kardinalsymptome der „Kommotionsneurose", die in großer Einförmigkeit nach schweren Kopftraumen mit Hirnerschütterung immer wiederkehren, sind zu nennen: Kopfschmerzen, Schwindelgefühl, besonders beim Bücken, Blutandrang zum Kopf, Druckempfindlichkeit des Kopfes, namentlich an Narbe oder Kontusionsstelle, Überempfindlichkeit des Sehorgans oder Gehörs, Gedächtnisschwäche, schnelle körperliche und geistige Ermüdbarkeit, Schlafstörung, Alkoholintoleranz, Gehunsicherheit, Pulsanomalien und namentlich Pulswechsel bei Lageveränderung des Kopfes, Steigerung der Sehnenreflexe, Zittern der Hände.

Als objektive Symptome einer organischen Läsion des Gehirns und seiner Häute findet man bisweilen bei sorgfältiger Untersuchung in Fällen von anscheinend reiner Hirnerschütterung: Pupillendifferenz, Trägheit einer Pupille bei Lichteinfall, selbst ein- oder doppelseitige Lichtstarre, halbseitige pathologische Steigerung der Sehnenreflexe mit Patellar-Fußklonus, Babinski, geringen Nystagmus, Zeichen einer or-

[1]) Jacob, Deutsche med. Wochenschr. 1912, Nr. 35.

ganischen Labyrinthaffektion, Steigerung des zerebrospinalen Drucks. Von manchen Autoren (Rinderspacher) wird der bisher bei Hirntraumatikern nur vereinzelt festgestellten Liquordrucksteigerung in der Schädel-Rückgratshöhle eine weitgehende Bedeutung zugemessen als Ursache der nach Hirnerschütterung oft so hartnäckigen Kopfschmerzen. Das ist aber sicherlich nur äußerst selten der Fall. Denn ich konnte z. B. in 6 Fällen von Hirnerschütterung mit sehr hartnäckiger Zephalea keine Drucksteigerung feststellen. In Übereinstimmung mit Nonne u. A. habe ich auch beobachtet, daß eine Lumbalpunktion bei Kopftraumatikern, die vorher nur geringe Kopfbeschwerden hatten, stärkere Kopfschmerzen, angeblich dauernder Art, auslösten, so daß sogar von drei Kranken nach der Lumbalpunktion ein Verschlimmerungsantrag gestellt wurde. Es ist also vor der Anwendung der Punktion zu warnen, falls sie nicht auf ausdrücklichen Wunsch des Verletzten vorgenommen wird.

Über die chronische Hirndrucksteigerung nach Schädeltraumen, die unter dem Bilde der Meningitis serosa verläuft, findet sich das Nähere im Kapitel Meningitis.

Im Laufe von ein bis mehreren Jahren können sich die zerebralen Erscheinungen ganz oder teilweise zurückbilden, so daß der Verletzte wieder schwere Arbeit verrichten kann. Am hartnäckigsten ist augenscheinlich, außer dem Kopfschmerz, das Schwindelgefühl, dessen Glaubhaftigkeit nicht selten durch lange Zeit nach dem Unfall bestehen bleibende Labyrinthstörung erwiesen werden kann.

III. Abschätzung der Erwerbsfähigkeit nach Hirnerschütterung.

Hat es sich um eine leichte, schnell abklingende Gehirnerschütterung gehandelt, und sind die objektiven nervösen Symptome wenig ausgesprochen bei gutem Allgemeinzustand (normaler Ohrbefund, kein Pulswechsel bei Lagewechsel, Bücken ohne stärkeren Blutandrang zum Kopf, ohne Zittern oder Körperschwanken), so daß nach Verlauf von einigen Wochen kein Verdacht auf organische Veränderungen besteht, so ist die Rente möglichst zu beschränken. Es genügen dann als Übergangsrente für $^1/_2$ Jahr **10—20%**, da ja nur eine Schonung von längerem Bücken erforderlich ist und möglichst schnelle volle Arbeitsaufnahme im Interesse des Verletzten liegt. Besteht das ausgeprägte Bild der Mischform von „funktionellen und organischen Störungen", so ist größere Schonung erforderlich, wobei aber gleichzeitig eine Arbeitsgewöhnung möglichst frühzeitig (2 bis 3 Monate nach schwerer Hirnerschütterung) anzustreben ist. Meist genügt eine Rente von **50—66$^2/_3$%** für ein halbes Jahr, falls der Verletzte entsprechende Arbeit finden kann. In welchem Tempo dann eine weitere Herabsetzung der Rente möglich ist, läßt sich nur von Fall zu Fall entscheiden. Es richtet sich vor allem nach dem Rückgang der objektiven Symptome, vor allem der Schwindelsymptome beim Bücken, dem Schwinden der Pulsanomalien, des Nystagmus bei Lagewechsel des Kopfes, Rückbildung der Labyrintherscheinungen.

B. Die Hirnquetschung. (Contusio cerebri.)

1. Entstehungsweise. Bei jeder stärkeren Gehirnerschütterung werden kleine Erweichungsherde entstehen. Gröbere Zertrümmerungen des Hirngewebes durch Quetschung finden sich aber in der Regel nur nach erheblichen gewaltsamen Gestaltveränderungen des Schädelknochens, nach schweren direkten Traumen des Schädels, wenn die Grenze der Elastizität des Knochens überschritten wurde und Brüche der Schädeldecke oder des Schädelgrundes, Knochenfissuren, Splitterungen der tabula interna entstanden sind. Auch eine mehr umschriebene Impression der Schädeldecke ohne Splitterbruch kann zu einer ausgedehnten Quetschung der darunterliegenden Hirnrinde führen.

2. Krankheitserscheinungen. Selbst größere Erweichungen mit späterer Narben- oder Hirnzystenbildung können ohne Hirnherdsymptome, nur unter den anfänglichen Erscheinungen des Hirnchoks, verlaufen. Die Quetschungsherde können, je nach ihrem besonderen Sitz in der motorischen Rindenregion, im Stirnhirn, Hinterhauptslappen oder in der Tiefe des Gehirns im Bereich der inneren Kapsel, zu Mono- oder Hemiplegien mit oder ohne Gefühlsstörungen, Aphasien, Hemianopsie, gekreuzter Extremitäten- und Hirnnervenlähmung bei Hirnstammläsionen, Anlaß geben. Bei Quetschungsherden im Kleinhirn können Gehstörung und starker Schwindel auftreten; Brüche des Schädelgrundes bedingen hauptsächlich Lähmungen der Gehirnnerven, Sehnervenatrophie und bisweilen Diabetes insipidus als Zeichen einer Schädigung der Hypophysis. Charakteristisch für jede schwere Hirnkontusion im Gegensatz zur einfachen Hirnerschütterung ist demnach das Nebeneinander von dauernden Herdsymptomen, meist in Gestalt von Lähmungen der Extremitäten, und den allgemeinen Hirnreizerscheinungen, wie wir sie als regelmäßige Folge jeder schweren Hirnerschütterung kennengelernt haben.

3. Vorhersage und Beurteilung. Die Prognose ist demnach bei der Hirnquetschung wesentlich ungünstiger zu stellen als bei der Hirnerschütterung, einmal wegen der Möglichkeit der Epilepsieentwicklung auf der Grundlage der narbigen Prozesse am Gehirngewebe, und wegen der besonderen Hartnäckigkeit der subjektiven Kopfbeschwerden, die ihre genügende Erklärung finden in den zu Kreislaufstörungen führenden Verwachsungen der Hirnhäute untereinander und mit der Gehirnoberfläche.

4. Abschätzung. Bei der Abschätzung der Arbeitbeschränkung durch Folgen einer Hirnquetschung wird man zu berücksichtigen haben:

a) die durch dauernde organische Störungen, wie z. B. Lähmung, Gefühlsstörungen, Sprachstörung, Gehstörung, Kleinhirnschwindel, Augenmuskelstörungen, Sehstörung, bedingte Arbeitsbehinderung;

b) die evtl. gleichzeitigen, epileptischen Anfälle (s. Kapitel über traumatische Epilepsie);

c) die allgemeinen Folgewirkungen auf das Gehirn, die bei jeder schweren Kontusion, namentlich bezüglich Gedächtnisabnahme, psychischer Reizbarkeit, starkem Schwindel usw., sehr störend wirken können. Nach Ablauf der ersten Monate wird immer noch weitgehende Schonung von jeder schweren Arbeit am Platze sein, so daß zunächst Renten von **66²/₃** oder noch höher erforderlich sind bis zur Angewöhnung an die Arbeit. Auch in den folgenden 1 bis 3 Jahren werden die subjektiven Kopfbeschwerden meist noch nach Wiederaufnahme der Arbeit mit **25—30%** zu bewerten sein, wobei man natürlich diese durch allgemeine Hirnreizerscheinungen bedingte Arbeitsminderung der für bestimmte örtliche Folgen zu gewährenden Rente (Lähmung eines Armes, Beines, Sehstörung), entsprechend eingliedern und nicht voll zuzählen wird. Die Rentensätze für die Arbeitsbeeinträchtigung durch Gliedlähmungen, Sehstörung usw. sind nach den üblichen Grundsätzen (s. Tabelle S. 23) zu bemessen.

C. Hirnkompression durch traumatische meningeale Blutungen, Meningealapoplexie.

1. Entstehungsweise. Direkte Traumen des Schädels (Aufschlagen des Kopfes, Schlag, Stoß gegen den Kopf) führen auch ohne gleichzeitige Verletzung der Schädelknochen zu Blutungen in der Schädelhöhle. In der Regel handelt es sich um Oberflächenblutungen infolge Zerreißung von Gefäßen an den Hirnhäuten, entweder am Ort der Gewalteinwirkung oder an der dem Stoß gegenüberliegenden Hirnhälfte. Die Blutung hat ihren Sitz entweder epidural zwischen Schädelknochen und harter Hirnhaut, z. B. bei Verletzung der Art. meningea, oder subdural zwischen Dura mater und weichen Hirnhäuten oder innerhalb letzterer mit Beteiligung der Hirnrinde. Die im Inneren des Gehirns nach Schädeltraumen auftretenden Hirnblutungen sind viel seltener und entstehen vorwiegend bei bereits kranken Gehirngefäßen (Arteriosklerose, Lues). Über ihre Abgrenzung gegenüber Spontanblutungen findet sich das Nähere in dem Kapitel „Gehirnapoplexie".

2. Zeitpunkt der Blutung nach dem Trauma. Im Moment der Gefäßzerreißung an den Hirnhäuten tritt infolge der meist gleichzeitigen Gehirnerschütterung häufig nicht sofort Blut aus, sondern erst, nachdem sich der Verletzte von der Chokwirkung erholt hat und die Herztätigkeit kräftiger geworden ist. Es liegt nicht selten zwischen dem Trauma und dem ersten Auftreten der das Leben bedrohenden Hirndrucksteigerung ein freies Intervall bis zu mehreren Stunden. Dann steigert sich aber die Hirnkompression schnell innerhalb weniger Stunden, so daß ohne operative Druckbeseitigung der Tod eintritt. Bisweilen kann ein noch längerer Zwischenraum bis zu mehreren Tagen zwischen Schädeltrauma und Einsetzen der Blutung liegen, so daß man in solchen Fällen annehmen muß, daß ein Gefäß nur angerissen oder seine Wandung nur teilweise geschädigt war, und erst nach Fortsetzung der Arbeit durch den Blutdruck ein völliges Einreißen zustande gekommen ist.

IV. Gehirnblutung und Unfall.

Das klinische Bild eines „Schlaganfalls", d. h. einer plötzlichen Blutung in der Gehirnsubstanz durch Bersten eines Hirngefäßes mit meist sofortiger Bewußtlosigkeit und halbseitigen Lähmungserscheinungen, kann durch eine Reihe anderweitiger Erkrankungen des Gehirns und der Gehirnhäute vorgetäuscht werden. Bei jeder Begutachtung einer angeblich durch Betriebsunfall entstandenen „Apoplexie" bildet deshalb die differentialdiagnostische Ausschaltung dieser anderweitigen Krankheitszustände, die zu einer Verwechslung mit einer echten Hirnblutung Anlaß geben können, die erste und wichtigste Aufgabe der Sachverständigentätigkeit. Erst nach der Feststellung, daß es sich mit Wahrscheinlichkeit um eine Blutung aus einem geplatzten Gehirngefäß handelt, ist die weitere Frage nach einem ursächlichen Zusammenhang mit dem Betriebsunfall zu erledigen.

A. Abgrenzung der Gehirnblutung von anderweitigen Krankheiten des Gehirns und der Hirnhäute.

Folgende Erkrankungen können bisweilen mit dem Bild einer Hirnblutung eine weitgehende Ähnlichkeit haben, so daß in tödlich verlaufenen Fällen, die auf einen Unfall zurückgeführt werden, eine sichere Diagnose ohne Obduktionsbefund bisweilen gar nicht möglich ist: 1. die Gehirnembolie; 2. die Thrombose der Gehirngefäße; 3. plötzliche Blutung innerhalb eines Hirntumors; 4. die akute hämorrhagische Enzephalitis; 5. die Pachymeningitis hämorrhagica interna.

Gehirnembolie.

Es ist in erster Linie an Gehirnembolie und nicht an Hirnblutung zu denken, wenn es sich um ein Individuum in jüngeren Jahren ohne nachweisbare Arteriosklerose oder Lues handelt, und wenn ein Herzfehler als Emboliequelle vorliegt. Ferner spricht für Embolie das Fehlen von Bewußtlosigkeit und von Kopfkongestion beim plötzlichen Eintritt der Hirnherdsymptome, während umgekehrt der apoplektische Insult in der Regel mit akuten Hirndrucksymptomen, Bewußtlosigkeit, Pulsverlangsamung, Kopfkongestion, Erbrechen, einhergeht. Bei einer Hirnblutung geringeren Grades können aber Hemiplegie oder sonstige Herdsymptome ohne Bewußtseinsverlust auftreten, so daß das Fehlen des Insults keineswegs eine Hirnblutung mit Sicherheit ausschließt. Initiale Krämpfe finden sich häufiger bei Embolie als bei Apoplexie; auch spricht die Neigung zu periodischer Wiederholung der Krampfattacken für Embolie. Differentialdiagnostisch wichtig sind Vorläufererscheinungen der Lähmung (Schwindel, Kopfkongestion), da dies bei Embolie niemals beobachtet wird.

Thrombose der Gehirngefäße.

Diese verläuft in der Regel langsam, so daß innerhalb von Stunden oder Tagen schubweise die Lähmung sich bis zur vollen Höhe entwickelt auf dem Boden einer Arteriosklerose, Lues oder Kachexie verschiedenen Ursprungs. In den seltenen Fällen mit plötzlichem Beginn der Lähmung fehlt die Bewußtlosigkeit, und man kann eine schubweise Ausbreitung der anfänglich geringen Lähmungserscheinungen verfolgen.

Gehirntumor und Pachymeningitis hämorrhagica.

Es kommt vor, daß beide Erkrankungen klinisch fast symptomlos verlaufen, und daß durch eine größere Blutung in die Geschwulst oder in den Subduralraum die Krankheiten mit einem Schlag unter dem Bilde einer Apoplexie in Szene treten. In der Regel wird man aber auch in diesen Fällen mit anscheinend akutem Beginn bei voller Arbeitsfähigkeit durch genaue Anamnese hinreichende Anhaltspunkte finden, daß schon längere Zeit vorher unbestimmte allgemeine Gehirnsymptome bestanden haben, wie Kopfschmerz, Schwindel. Wichtig ist in jedem Falle von fraglicher Apoplexie eine Augenspiegeluntersuchung auch beim Fehlen von Sehstörungen, da eine deutliche Stauungspapille vorliegen kann ohne diesbezügliche Klagen.

Akute, nicht eitrige Hirnentzündung.

Viel schwieriger kann die diagnostische Ausschaltung einer akuten, nicht eitrigen Enzephalitis sein, da eine Meningoenzephalitis klinisch fast apoplektiform und ohne wesentliche Temperatursteigerungen einsetzen und anatomisch das Bild einer Apoplexie mit massiger Blutung in die Hirnhöhlen bieten kann. Selbst einem geübten Pathologen wird in derartigen Fällen ohne mikroskopische Untersuchung die sichere Entscheidung, ob Apoplexie, ob hämorrhagische Enzephalitis, schwer fallen. Es wird deshalb stets Aufgabe des Begutachters sein, in nicht ganz eindeutigen Fällen durch genaue Nachforschung feststellen zu lassen, ob der angeblich an Apoplexie Verstorbene in den letzten Tagen und Stunden vor dem „Schlaganfall“ irgendwelche Krankheitserscheinungen gezeigt hat.

B. Entstehungsursachen einer Hirnblutung durch Unfall.

Alle Unfallvorgänge, die durch direkte mechanische Gewalt, also durch Quetschung und Erschütterung, oder infolge plötzlicher Blutdrucksteigerungen und Blutdruckschwankungen oder auf chemisch-toxischem Wege auf gesunde oder kranke Gehirngefäße schädigend einwirken, kommen als Ursache für eine Hirnblutung in Frage:

1. Direkte Traumen des Schädels und Erschütterung des Gehirns als Folge einer allgemeinen Körpererschütterung.
2. Starke körperliche Anstrengungen mit plötzlicher Blutdrucksteigerung.
3. Seelische Erregung, Schreck, Angst mit Blutdruckschwankungen.
4. Starker Wechsel der Temperatur, Kälteeinwirkung nach vorheriger Überhitzung mit plötzlichen Schwankungen des Gefäßtonus und des Blutdruckes.

5. Toxische Schädigung der Gehirngefäße durch Einwirkung giftiger Gase, wie z. B. CO-Vergiftung.

6. Ungünstiger Einfluß einer Narkose durch Auslösung von Kreislaufstörungen im Gehirn.

7. Apoplexie bei einer durch Unfall verschlimmerten Arteriosklerose gilt als mittelbare Unfallfolge.

1. Direkte Traumen des Schädels und allgemeine Körpererschütterung.

Entstehungsweise der Hirnblutung.

Direkte Gewalteinwirkungen am Schädel durch Stoß, Schlag, Quetschung oder indirekte Erschütterungen des Gehirns bei Fall aus größerer Höhe auf Gesäß, Füße, Rücken bedingen nicht nur Zerreißungen der Gefäße der Hirnhäute mit Oberflächenblutungen, sondern auch der Hirngefäße mit Tiefenblutungen im Gehirn. Es ist dabei nicht erforderlich, daß schwere äußere Weichteilverletzungen zustande kommen, oder daß ein Schädelbruch statt hat, sondern auch ohne diese können bei stumpfen Traumen die Gehirnhäute und das Gehirngewebe durch die Elastizität der Schädelknochen und die Erschütterung in der Richtung der Stoßwirkung schwer geschädigt werden. Über die Oberflächenblutungen nach Verletzung der Hirnhautgefäße und ihre Verlaufsweise mit allmählicher Hirnkompression findet sich das Nähere in dem Abschnitt über Gehirnverletzungen. Die eigentliche Hirngefäßblutung, die Apoplexia cerebri, kommt zustande, wenn bei größeren Kontusions-Erweichungsherden infolge eines Schädeltraumas gleichzeitig größere Gefäße zerrissen werden, oder dadurch, daß ein bereits erkranktes Hirngefäß (Arteriosklerose, Lues) bei einer einfachen Erschütterung des Gehirns platzt, also in gleicher Weise wie bei einer Spontanapoplexie.

Krankheitserscheinungen: Diese sind bei der traumatischen Blutung der Hirngefäße die gleichen wie bei der Spontanapoplexie, die ja vorwiegend ihren Sitz in der Gegend der caps. int. hat: sofortige Bewußtlosigkeit und Halbseitenlähmung. Bisweilen treten aber die Erscheinungen der Hirnblutung nicht sofort nach dem Unfall auf, sondern erst nach Minuten, Stunden oder Tagen, da unter Umständen die Gefäßwand nur zum Teil zerstört wird und erst später rupturiert (s. S. 379). Ist die Blutung nur gering und demgemäß die mit der Blutung einhergehende Hirndrucksteigerung nicht bedeutend, so kann in seltenen Fällen das Bewußtsein beim Eintritt der Lähmung erhalten bleiben. Bei anderweitigem Sitz der Blutung, entfernt von der motorischen Leitungsbahn, können Lähmungen nach dem Schwinden der Bewußtlosigkeit fehlen. Die Entscheidung, ob eine nach einem Kopftrauma aufgetretene Hirnapoplexie durch Ruptur eines gesunden oder kranken Hirngefäßes entstanden ist, läßt sich nicht immer mit Sicherheit treffen. Denn auch ohne nachweisbare periphere Arteriosklerose können einzelne Hirngefäße schon sklerotische Veränderungen aufweisen, und erst recht ist eine versteckte luetische Erkrankung der Gehirngefäße möglich. In jedem Falle von traumatischer Hirnblutung ist deshalb Untersuchung auf Wassermann unbedingt erforderlich. Die Frage, ob die Entstehung der traumatischen Blutung durch bereits bestehende Erkrankung der Hirngefäße begünstigt worden ist, hat schon deshalb für die Begutachtung große praktische Bedeutung, da ja bei erkrankten Hirngefäßen ein weniger erhebliches Trauma genügt, um eine Gefäßzerreißung hervorzurufen.

Ursächlicher Zusammenhang und Abgrenzung gegen Spontanhirnblutung.

Da bei der großen Verbreitung der Arteriosklerose bei der schwerarbeitenden Bevölkerung eine Hirnblutung während der gewöhnlichen Betriebsarbeit jederzeit von selbst entstehen kann, so ist die Gefahr der irrtümlichen Annahme einer durch ein Betriebsereignis verursachten Hirnblutung eine große. Denn in der Mehrzahl der Fälle von Hirnblutung, die zufällig während der Betriebsarbeit aufgetreten sind, werden vom Erkrankten oder dessen Hinterbliebenen Schadenersatzansprüche erhoben. Die Anerkennung eines wahrscheinlichen ursächlichen Zusammenhangs wird deshalb nur unter folgenden Bedingungen erfolgen dürfen:

a) Das Kopftrauma und seine Erheblichkeit muß hinreichend erwiesen sein.

b) Der Zeitpunkt des Auftretens der Hirnblutung muß mit dem Unfall in enger Beziehung stehen, so daß eine Spontanblutung unabhängig vom Unfall weniger wahrscheinlich erscheint.

a) Nachweis der Erheblichkeit des Kopftraumas bzw. der allgemeinen Körpererschütterung.

Als Anhaltspunkte für eine gewisse Erheblichkeit des Kopftraumas dienen dem Begutachter in erster Linie äußerlich oder röntgenologisch erkennbare Verletzungsspuren, vor allem Knochenimpressionen, Knochenfissuren und Splitterungen der Tabula interna des Schädels ohne äußerlich abtastbare Knochenveränderungen. Eine Röntgenaufnahme des Schädels ist deshalb in jedem Falle von Apoplexie nach Schädeltrauma unerläßlich, da beim Fehlen jeder äußeren Verletzung nach stumpfen Gewalteinwirkungen ein Splitterbruch der inneren Knochentafel des Schädels vorliegen kann. Der positive Befund von Verletzungsspuren am Schädel ist von großer Wichtigkeit; das Fehlen derselben schließt aber eine Erheblichkeit der erfolgten Gewalteinwirkung durchaus nicht aus.

Zeichen von Hirnerschütterung nach dem Trauma bilden das wichtigste Kennzeichen der Erheblichkeit der Gewalteinwirkung. Alle Unfälle, in denen nach direkter Kopfverletzung oder nach erheblicher allgemeiner Körpererschütterung (Fall auf Gesäß und Füße aus größerer Höhe) Zeichen einer Gehirnerschütterung aufgetreten sind (Erbrechen, Bewußtlosigkeit, Benommenheit, Pulsverlangsamung), müssen als geeignet zur Auslösung einer Gehirnblutung anerkannt werden. Dabei ist es gleichgültig, ob die Hirnerschütterung gesunde oder erkrankte Hirngefäße betroffen hat; denn jedes mit deutlicher Gehirnerschütterung verlaufene Schädeltrauma vermag auch zur Ruptur gesunder Gefäße zu führen. Aber auch leichtere Schädeltraumen ohne Bewußtseinsverlust werden, zumal bei einem älteren auf Gehirnsklerose verdächtigen Individuum oder bei einem an Lues, Nephritis, Hämophilie, Leukämie leidenden Menschen, als mögliche auslösende Ursache einer Apoplexie anzuerkennen sein. In solchen Fällen muß die Art des Unfallvorganges wenigstens eine gewisse Erschütterung des Gehirns wahrscheinlich machen (z. B. Fall auf Hinterkopf, Steinfall auf Kopf, Anstoßen des Kopfes gegen Balken und Fallen gegen Wand), und es muß die Blutung in unmittelbarem Anschluß an das Kopftrauma aufgetreten sein. Wichtig ist bei solchen leichten Traumen der Nachweis, daß der Verletzte nach Zeugenaussagen gleich nach dem Unfall und bis zu dem Eintritt der Apoplexie gewisse Erscheinungen geboten hat, wie Gesichtsblässe, Zittern, Körperschwankungen, leichte Benommenheit, Klagen über stärkere Kopfschmerzen, Schwindelgefühl, so daß er sich hinsetzen oder hinlegen oder die Arbeit sofort unterbrechen mußte.

b) Zeitliches Auftreten der Apoplexie nach dem Unfall.

In der Regel tritt eine durch Schädeltrauma entstandene Hirnblutung unmittelbar danach auf. Unter Umständen kann die Blutung aber erst nach Stunden, Tagen, Wochen nach einem Trauma erfolgen, und es kann trotz der langen Zwischenzeit ein ursächlicher Zusammenhang möglich sein. Wir sprechen dann von traumatischen Nachblutungen und Spätapoplexien.

α) Unmittelbar auftretende Blutung. In allen Fällen, in denen unmittelbar nach einer sicher erwiesenen Kopfkontusion die Apoplexie mit oder ohne Lähmungserscheinungen eintritt, ist der ursächliche Zusammenhang zuzugeben, auch wenn es sich nur um leichtere Kopftraumen gehandelt hat. Denn bei letzteren wird man damit rechnen müssen, daß eine an sich leichte Erschütterung genügt hat, um ein schon stärker verändertes Gehirngefäß zur Ruptur zu bringen. Bei einem nur kleinen Einriß wird der Blutaustritt nur allmählich erfolgen, so daß bis zur auftretenden Bewußtlosigkeit unter Umständen noch Minuten bis $^1/_4$ Stunde vergehen, während welcher Zeit der Kranke noch umhergehen kann.

β) Nachblutung nach einer Zwischenzeit von mehreren Stunden und Tagen. Erfolgt die Hirnblutung erst nach einer längeren Zwischenzeit von $^1/_2$ bis mehreren Stunden oder erst nach einer Reihe von Tagen, so wird man die traumatische Entstehung ebenfalls nicht ablehnen dürfen, wenn das Kopftrauma nachgewiesenermaßen erheblicher Natur war, d. h. mit Zeichen einer Hirnerschütterung verlaufen ist. Es ist nämlich sehr wohl möglich, daß ein Kopftrauma auf ein gesundes oder schon erkranktes Gehirngefäß nicht durch vollständige Ruptur, sondern durch Einriß einzelner Wandschichten schädigend einwirkt, so daß nur eine sehr starke Wandverdünnung entsteht. Es genügt dann eine Stunden oder Tage nachher verrichtete beliebige Arbeitsleistung mit etwas stärkerer Blutdrucksteigerung (Heben eines Gegenstandes, Pressen beim Stuhlgang, schnelles Laufen), um die krankhaft verdünnten Wandungen zum Platzen zu bringen. Selbstverständlich wird in solchen Fällen längerer Zwischenzeit von vielen Tagen die Frage zu erörtern sein, ob nicht eine Spontanblutung, ganz unabhängig von dem Trauma, vorliegt, namentlich dann, wenn es sich um ältere Individuen handelt, bei denen eine Arteriosklerose nachweislich besteht oder wenigstens wahrscheinlich erscheint.

War aber das Kopftrauma erheblich und von sicheren Anfangserscheinungen einer Hirnerschütterung gefolgt, so wird man trotz bestehender Arteriosklerose mit Neigung zur Spontanblutung die Zusammenhangsfrage mit dem Kopftrauma mit gewisser Wahrscheinlichkeit bejahen dürfen, da ja gerade bei arteriosklerotisch veränderten Gefäßen die Gefahr einer traumatischen Schädigung besonders groß ist. Und handelt es sich bei einer später auftretenden Hirnblutung gar um anscheinend gesunde Menschen ohne sonstige nachweisbare Ätiologie für eine Gefäßerkrankung (Alkoholismus, Blei, Nierensklerose), so muß man die Apoplexie mit noch größerer Wahrscheinlichkeit auf ein voraufgegangenes Trauma zurückführen.

γ) Spätapoplexie nach Schädeltraumen. Man spricht von einer sog. „traumatischen Spätapoplexie", wenn zwischen Unfall und Einsetzen der Hirnblutung ein noch längerer Zeitraum, von mehreren Tagen und Wochen oder gar Monaten, liegt. Derartige Fälle bieten naturgemäß der Beurteilung erhebliche Schwierigkeiten. Je größer der Zwischenraum, um so größer ist die Gefahr, daß man eine zufällig viele Wochen nach einem Kopftrauma auftretende Spontanblutung als Unfallfolge anspricht. Auf Grund der vorliegenden klinischen Beobachtungen und anatomischen Befunde geben die Mehrzahl der erfahrensten Autoren wenigstens die Möglichkeit zu, daß ein Kopftrauma zu einer erst lange Zeit später auftretenden Apoplexie Anlaß geben kann. Dabei ist es aber noch ganz unerwiesen, ob derartige Spätapoplexien nach Traumen aus einem vor dem Unfall gesunden oder bereits erkrankten Gehirngefäß stammen. Denn die bis jetzt bei sog. Spätapoplexie vorliegenden anatomischen Befunde geben kein hinreichend klares Bild über die Gefäßveränderungen, die zur Hirnblutung geführt haben, so daß wir uns auf Vermutungen beschränken müssen.

Erklärungsversuche über das Zustandekommen einer Spätapoplexie.

Im allgemeinen herrscht die Auffassung, daß die Hirngefäße durch die Hirnerschütterung Quetschungsschädigungen mit Ernährungsstörungen erleiden, wodurch es zur Bildung von miliaren Aneurysmen kommt, die dann später bei einer zufälligen stärkeren Blutdrucksteigerung (durch Niesen, Pressen, schweres Heben) plötzlich zum Platzen gebracht werden. Dabei soll die Entstehung von Gefäßalterationen durch gleichzeitig vorhandene traumatische Erweichungsherde besonders begünstigt werden, da nach Marchand im Bereiche von Erweichungsherden die Gefäße ebenfalls von dem Entzündungs- und Entartungsprozeß mitergriffen werden. Bollinger[1]) besonders hat das Zustandekommen von Spätapoplexien auf diesem Wege zu erklären versucht und angenommen, daß der Anprall des Liquor bei Kopftrauma gegen die Wandungen des IV. Ventrikels und des Aquaeductus Sylvii zu Gewebsnekrosen in den unter dem Ependym gelegenen Wandpartien führe, in deren Verlauf die im Bereich der Erweichungsherde liegenden Gefäße erkranken. Wie Langerhans[2]) in kritischer Be-

[1]) Bollinger, Beitr. z. wiss. Med. Festschr. f. Virchow, Bd. II.

[2]) Langerhans, Die tr. Spätapoplexien, Berlin 1903.

sprechung der Bollingerschen Fälle darlegt, hat B. den sachlichen Beweis für seine Hypothese durchaus nicht erbracht. Es steht außerdem fest, daß Spätapoplexien zwar nicht selten mit Veränderungen in den Wandungen des IV. Ventrikels einhergehen, daß aber in sehr vielen Beobachtungen die anscheinende Spätblutung ihren Sitz an Gehirnstellen (Centrum semiovale, Hirnrinde) hat, die gar nicht durch einen Liquoranprall im Sinne Bollingers geschädigt werden können. Außer der traumatischen Entstehung von miliaren Aneurysmen als Ursache von Spätblutungen kommen auch traumatische Gefäßveränderungen sklerotischer Art in Betracht, wie sie von Friedmann, Köppen u. A. nach Kommotionen beschrieben worden sind. Nach diesen Autoren bestehen die posttraumatischen Veränderungen der Gehirngefäße in Kernerweichung, Erweiterung des Lumen, Verdickung und kleineren Ausbuchtungen der Wandung, besonders der Kapillaren. Da es sich vorwiegend um nur mikroskopisch erkennbare Veränderungen handelt, so ist es wohl möglich, daß in den Fällen mit makroskopisch anscheinend normalen Gefäßen solche feinen Gefäßalterationen an umschriebener Stelle die Ursache von Spätapoplexien gebildet haben.

Bei den bis jetzt beschriebenen Fällen von Spätblutung mit einem Abstand von vielen Tagen und vielen Wochen seit dem Trauma, handelt es sich häufig um jugendliche Personen (zwischen 10—20 Jahren) und solche mittleren Alters (20—34 Jahre), bei denen eine anderweitige Ursache für eine Spontanblutung an der Leiche und bei Lebzeiten nicht nachweisbar war, wie Lues, Nephritis, Alkoholismus, Frühsklerose. Es muß aber namentlich bezüglich latenter syphilitischer Erkrankung der Gehirngefäße noch offen bleiben, ob nicht die verfeinerten Untersuchungsmethoden auf hereditäre und erworbene Syphilis in Zukunft manchen unklaren Fall von Gehirnblutung in jüngeren Jahren aufklären werden. Die Zurückführung einer Apoplexie auf ein länger zurückliegendes, nicht erhebliches Kopftrauma wird wahrscheinlich mit der Vervollkommnung unserer Untersuchungstechnik auf Lues immer seltener werden. Wichtig ist in dieser Hinsicht die Angabe von Langerhans, daß er in 8 Jahren 13 tödliche, spontane Hirnblutungen bei jüngeren Individuen ohne voraufgegangenes Trauma gefunden hat, einmal bei einem Kind unter 10 Jahren, dreimal bei Personen zwischen 10 und 20 Jahren, dreimal zwischen 20 und 30 Jahren und sechsmal zwischen 30 und 40 Jahren. Wenn man bedenkt, daß also schon in jungen Jahren Spontanblutungen nichts ganz Außergewöhnliches darstellen, (wobei die Luesfrage in Zukunft besonders berücksichtigt werden muß), und ferner, daß Hirnblutungen nach dem 40. Lebensjahr nicht mehr zu den Seltenheiten gehören, so ist es begreiflich, daß bei der gutachtlichen Beurteilung anscheinender Spätapoplexie die allergrößte Vorsicht am Platze ist. Das Schwergewicht der engen zeitlichen Aufeinanderfolge von Trauma und Hirnblutung fällt ja bei den Spätblutungen ganz fort, so daß wir eigentlich nur auf Grund des Sektionsbefundes, der uns über etwaige Art und Ausdehnung von — klinisch latenten — Gehirngefäßveränderungen und Sitz der Blutung hinreichend Aufklärung gibt, ein einigermaßen sicheres Urteil über die Zusammenhangsfrage abgeben können. Wir werden deshalb namentlich beim Fehlen eines genügenden Sektionsbefundes nur bei strikter Erfüllung ganz bestimmter Bedingungen eine Hirnblutung als mögliche oder wahrscheinliche Spätfolge eines Schädeltraumas bezeichnen dürfen. Als solche führe ich an:

1. Nach dem Krankheitsablauf und objektiven Befund muß eine Hirnblutung wahrscheinlich und eine Hirnembolie oder Thrombose der Gefäße auszuschließen sein.
2. Es muß sich um jüngere Individuen handeln, und es dürfen keine anderweitigen Erkrankungen vorliegen, wie ausgesprochene Arteriosklerose, chronische Nephritis, Syphilis, Alkoholismus, bei denen eine spontane Hirnblutung kein ungewöhnliches Ereignis darstellt. Auch bei höherem Alter (Mitte vierziger Jahre) wird man trotz Fehlens deutlicher peripherer Arteriosklerose eine Sklerose der Gehirngefäße nicht ausschließen können und ohne Sektionsbefund, der den Zustand der Gehirngefäße aufklärt, den Zusammenhang nicht bejahen dürfen. In solchen Fällen wird es weit wahrscheinlicher sein, daß eine viele Tage, Wochen oder Monate nach einem Trauma auftretende Apoplexie eine Folge der natürlichen Fortentwicklung des Leidens darstellt. Würde ein Kopftrauma bei bereits bestehender Gefäßerkrankung wesentlich ungünstig eingewirkt haben, so wäre zu erwarten gewesen, daß eine solche Schädigung sich sofort oder nach wenigen Tagen als Frühblutung bemerkbar gemacht haben würde, aber nicht erst nach vielen Wochen oder gar Monaten.
3. Das Kopftrauma oder die allgemeine Körpererschütterung muß erheblicher Natur gewesen sein mit objektiven Zeichen von Gehirnerschütterung, wenn auch völlige Bewußtlosigkeit nicht erforderlich ist.
4. Das Vorhandensein von sogenannten Brückensymptomen — zeitweise oder dauernde Kopfschmerzen, zeitweises Erbrechen, Schwindel, namentlich beim Bücken und bei Lagewechsel, Pulsänderung bei Lagewechsel des Kopfes, Gedächtnisabnahme, psychische Reizbarkeit, Nachlaß der Arbeitsleistung — wird einen wichtigen Anhaltspunkt für die Bejahung des Zusammenhanges geben. Unbedingt erforderlich für die Anerkennung sind aber dauernde Brückensymptome nicht, denn kleine traumatische Aneurysmen können natürlich bis zum Platzen ganz symptomlos verlaufen, wie das ja auch für nicht traumatische Aneurysmen der Gehirnarterien bekannt ist.
5. Was die Frage der Zeitgrenze für den Eintritt der Blutung betrifft, so läßt sich eine ganz bestimmte maximale Grenze nicht ziehen. In den bisherigen Fällen schwankte die Zeit bis zur Blutung zwischen mehreren Tagen und $^3/_4$ Jahr. Die Annahme erscheint berechtigt, daß annähernd innerhalb dieser Frist eine traumatische Gefäßerkrankung soweit vorgeschritten ist, daß es bei stärkeren Anforderungen an die erkrankte Gefäßwand durch Blutdrucksteigerungen bei der Arbeit zur Perforation kommen wird. Bei größerem Zwischenraum von ein bis mehreren Jahren bis

zur Apoplexie hat eine spontane Entstehung derselben aus anderweitiger Ursache und unabhängig vom Unfall die größere Wahrscheinlichkeit für sich. Dies wird vor allem der Fall sein, wenn der Kranke inzwischen in ein Alter gelangt ist, in dem Gefäßveränderungen erfahrungsgemäß keine Seltenheit bilden. In solchen Fällen mit einem Abstand über ein Jahr wird man deshalb höchstens die Möglichkeit, niemals aber eine Wahrscheinlichkeit des Zusammenhanges annehmen dürfen.

Beispiele von Spätapoplexie nach Kopftrauma.

Schuster[1]): Apoplexie mehrere Wochen nach Kopftrauma mit Herdsymptomen.

18jähriger Arbeiter fiel mit der linken Kopfseite auf steinernen Boden. Er war bewußtlos. Bei der Einlieferung im Krankenhaus 2 Stunden später: keine äußere Verletzung, Sensorium leicht getrübt, 2mal Erbrechen, rechts Abduzenslähmung. Am Herzen leichtes systol. Geräusch. Urin o. B. Wassermann negativ, Blutdruck normal. Lumbalpunktion 20 ccm klarer Flüssigkeit. Allmähliches Schwinden der Kopfbeschwerden. Nach 5 Wochen nach schnellem Bücken Erbrechen, Sprachverlust, Abgang von Urin, rechtsseitige Arm- und Beinlähmung, dann Eintritt von Bewußtlosigkeit. Nach 4 Wochen schrittweiser Rückgang der Lähmung.

Fürbringer[2]): Kopftrauma durch Stoß gegen Balken. Brückensymptome bis zu der 68 Tage später erfolgten Apoplexie (Blutung ins r. Kleinhirn).

42jähriger gesunder Sattler stieß mit dem Kopf heftig gegen einen Balken. Bläuliche Verfärbung der Stirnhaut, häufige Kopfschmerzen, Gedankenschwäche und Vergeßlichkeit. Arbeit nicht ausgesetzt. 68 Tage nach dem Unfall bei der Arbeit Schlaganfall mit fast völliger Bewußtlosigkeit. Als das Bewußtsein wiederkehrte, Klagen über heftige Kopfschmerzen und sofortige Angabe des Unfalls. Wegen Eiterung der Nasennebenhöhlen Stirnhirnabszeß vermutet, Punktion aber resultatlos. Tod 24 Stunden nach der Apoplexie. Obduktionsbefund: Blutung ins rechte Kleinhirn; Herz und Nieren gesund, Aorta etwas verfettet, geringe Arteriosklerose der Arterien der Gehirnbasis; keine Embolie, kein Luesbefund.

2. Körperliche Anstrengung als auslösende Ursache einer Apoplexie.

Ein gesundes Gehirngefäß wird durch eine plötzliche und stärkere Blutdrucksteigerung, wie sie bei jeder sehr anstrengenden Arbeit auftreten kann, niemals zur Ruptur gebracht werden. Nur bereits erkrankte Hirngefäße können durch Wandüberdehnung bei stärkeren Blutdruckschwankungen während der Betriebsarbeit soweit geschädigt werden, daß es unter Umständen zu einer plötzlichen totalen oder teilweisen Wandzerreißung kommt. Grade der Umstand, daß durch körperliche Anstrengung nur bereits erkrankte Gehirngefäße platzen (Arteriosklerose, Lues, Nephritis), erschwert aber ganz außerordentlich die sichere gutachtliche Unterscheidung zwischen einer Spontanapoplexie während der alltäglichen Betriebsarbeit und

[1]) Schuster, Münch. med. Wochenschr., Bd. 43.
[2]) Fürbringer, Rek. d. RVA Bd. 22.

einer Unfallapoplexie infolge von Überanstrengung. Für die Anerkennung einer Gehirnblutung als Betriebsunfall müssen deshalb als Mindestforderungen verlangt werden: a) Nachweis einer außergewöhnlichen Überanstrengung; b) Auftreten der Apoplexie in unmittelbarem zeitlichem Anschluß an eine Arbeitsüberanstrengung; c) Fehlen von Vorboten und Vorläufersymptomen einer drohenden Hirnblutung.

a) Außergewöhnliche Arbeitsleistung.

Über die besonderen Bedingungen, unter denen eine Arbeitsleistung als außergewöhnlich anzusehen ist und dadurch den Charakter eines Betriebsunfalls gewinnt, findet sich Ausführliches im Allgemeinen Teil, Kapitel „Körperliche Überanstrengungen", S. 7. Derartige außergewöhnliche Arbeitsleistungen können erfahrungsgemäß mit einer plötzlichen stärkeren Blutdrucksteigerung einhergehen, als dies bei der gewöhnlichen Arbeit der Fall ist, und damit den Eintritt einer Apoplexie besonders begünstigen. In einem meiner Fälle handelte es sich um außergewöhnliche Anstrengung bei einer schwierigen Geburt eines Kalbes, wobei der an Apoplexie Erkrankte längere Zeit stark an den Beinen des Kalbes ziehen mußte. Ein anderer Kranker meiner Beobachtung erlitt eine Apoplexie, nachdem er viele Stunden lang ohne Unterbrechung angestrengt sich an Rettungsarbeiten bei Verschüttung von Bergarbeitern beteiligt hatte. Daß es dabei zu einer länger anhaltenden außergewöhnlichen Belastung der Gehirngefäße infolge länger dauernder Blutdrucksteigerung kommen konnte, erscheint durchaus wahrscheinlich.

b) Erforderlicher zeitlicher Zusammenhang.

In der Regel tritt eine durch stärkere Blutdrucksteigerung bei der Arbeit ausgelöste Hirnblutung unmittelbar bei der Arbeit auf. Der Vorgang spielt sich so ab, daß der Kranke die Arbeit aussetzt, über Übelsein klagt und dann bewußtlos wird. Es besteht aber die Möglichkeit, daß bis zum Eintritt der Blutung nach einer Überanstrengung selbst Minuten oder Viertelstunden vergehen. Ist die Gefäßwand anfänglich nur an kleinen Stellen eingerissen, so wird das Blut nur allmählich durchsickern, und es wird erst nach einigen Minuten oder selbst $1/4$—$1/2$ Stunde, durch Vergrößerung der Rißstelle bei Fortsetzung der Arbeit oder Versuch der Wiederaufnahme nach anfänglichem Unwohlsein, die größere zu Bewußtlosigkeit führende Blutung erfolgen. Den bisweilen beobachteten Eintritt der Apoplexie nach noch längerer Zwischenzeit bis zu mehreren Stunden müssen wir uns in der Weise erklären, daß durch die Blutdrucksteigerung bei der Anstrengung die schon erkrankte Gefäßwand eine weitere Verdünnung erfahren hat, ohne ganz einzureißen, und daß nach einigen Stunden — namentlich bei Fortführung der Arbeit — die verdünnte Wandstelle dem gewöhnlichen Blutdruck nicht mehr Stand hält und rupturiert.

Schuster[1]): Apoplexie 12 Stunden nach schwerem Heben.

52jähriger arteriosklerotischer Schlosser wollte mittels eines Hebebaumes einen Straßenbahnwagen aufrichten. Hierbei wurde ihm plötzlich schwindlig;

[1]) Schuster, Handb. d. Neurol., Bd. 5, S. 993.

er taumelte, mußte sich niedersetzen, arbeitete dann jedoch weiter. Nach annähernd 12 Stunden, nachdem er auf dem Klosett gewesen war, bekam er eine Apoplexie, angeblich mit Sprachstörung. Letztere bildete sich bald zurück, und es blieb eine schwere Bewegungsstörung des linken Armes und Beines übrig.

Ablehnung eines ursächlichen Zusammenhangs mit einer Überanstrengung muß erfolgen bei einem noch längeren Zwischenraum von vielen Tagen oder gar Wochen zwischen Überanstrengung und Apoplexie. Denn bei erkrankten Gehirngefäßen kann erfahrungsgemäß jederzeit ohne besondere äußere Veranlassung eine spontane Blutung erfolgen, so daß der erforderliche Grad von Wahrscheinlichkeit für eine traumatische Entstehungsweise einer Ruptur nur dann vorliegt, wenn nachweislich ein enger zeitlicher Zusammenhang besteht. Bei einem längeren Intervall besteht demnach nur die Möglichkeit, nicht aber die Wahrscheinlichkeit der traumatischen Auslösung.

c) Fehlen von Krankheitserscheinungen vor dem Unfall.

Das Fehlen von Gehirnerscheinungen vor der Unfallsüberanstrengung bildet die dritte notwendige Vorbedingung für die Anerkennung einer traumatischen Auslösung der Hirnblutung. In manchen Fällen gehen einem apoplektischen Insult längere Zeit „Vorboten" voraus in Gestalt von anhaltenden Kopfschmerzen, Schwindelanfällen, Ohrensausen, als Zeichen von Zirkulationsstörungen infolge zunehmender Atheromatose der Hirnarterien. Diese Vorboten können ganz kurz vor dem Insult eine erhebliche Steigerung erfahren, so daß sich Augenflimmern, allgemeines Unwohlsein, Schwächegefühl, Schwindel, Verwirrtheit, Spracherschwerung einstellen. Es gehört deshalb zu den wichtigsten Aufgaben des Gutachters, durch genaue Zeugenerhebungen über das Verhalten des Apoplektikers in den letzten Wochen, Tagen und Stunden festzustellen, ob bereits vor dem Unfall Krankheitserscheinungen bestanden haben, die für eine drohende Gehirnblutung verdächtig sind. Haben solche Vorboten nachweislich bestanden, so wird ein hoher Grad von Wahrscheinlichkeit dafür sprechen, daß der Kranke schon kurz vor einer Spontanapoplexie gestanden hat, sodaß man in dem Auftreten derselben während einer selbst stärkeren Arbeitsleistung nichts als ein zufälliges zeitliches Zusammentreffen sehen kann. Unbedingt wird das zutreffen, wenn nach Zeugenaussagen in der letzten halben Stunde oder wenige Stunden vor der angeblichen Überanstrengung bei dem Kranken auffällige Erscheinungen bestanden haben in Gestalt von Schwindel, stärkerem Blutandrang zum Kopf oder Gesichtsblässe, Klagen über Unwohlsein.

Fürbringer[1]): Apoplexie eine Stunde nach körperlicher Überanstrengung.

Ein Arbeiter hatte eine schwere Last gehoben und sich unzählige Male gebückt. In der nächsten Stunde überfiel ihn ein Unwohlsein, so daß er sich die Hände vors Gesicht hielt und sich hinlegte; nach kurzem Versuch, die Arbeit wieder aufzunehmen, fühlte er sich aufs neue unwohl und mußte aus der Fabrik abgeführt werden. Der Arzt stellte eine rechtsseitige Halbseitenlähmung mit leichter Sprachstörung fest.

---

[1]) Fürbringer, Amtl. Nachr. RVA., 1898.

Wald[1]): Apoplexie 10—15 Minuten nach schwerem Heben.

Ein 39jähriger Steinmetz richtete mit drei andern Arbeitern einen Steinquader von ungefähr 8—10 Zentnern auf. Er klagte danach sofort — nach andern Zeugenaussagen nach einigen Minuten — über heftige Schmerzen im Kopf. Kurze Zeit darauf wurde er bewußtlos gefunden und starb gleich nach dem Transport im Krankenhaus. Obduktionsbefund: Umfangreiche Blutung im linken Streifenhügel mit Durchbruch in den Ventrikel. Leichte arteriosklerotische Veränderungen der Gehirngefäße an der Gehirnbasis, leichte Atheromatose der Aorta, erhebliche Herzvergrößerung, totale Verwachsung der Pleurablätter mit Lunge und Herz.

3. Psychisches Trauma, Angst, Schrecken als auslösende Ursache einer Apoplexie.

Vorbemerkungen. In welcher Weise eine starke seelische Erregung, starker Schrecken, plötzliche Todesangst auf die Blutgefäße des Gehirns einwirkt, wissen wir nicht. Der Schreck geht sicherlich mit einem plötzlichen Krampf der äußeren Arterien des Kopfes und anscheinend mit einer Herabsetzung der Herzenergie einher, wofür das bleiche Gesicht und der fadenförmige Puls des vom Affekt Betroffenen zu sprechen scheint. Ob aber auch die Gehirn- und Rückenmarksgefäße sich jedesmal analog dem Verhalten der Gefäße des Gesichts plötzlich zusammenziehen, ist keineswegs sicher. Nach Untersuchungen von E. Weber und Strasburger bei Menschen mit Schädeltrepanation verhalten sich die Gefäße des Gehirns gleichsinnig wie die der äußeren Haut gegenüber Kälte- und Wärmereizen, indem bei Kälteapplikation auf die Haut (z. B. kaltes Fußbad) das Gehirnvolumen ab- und erst später wieder zunahm, und bei Wärmeeinwirkung auf die Haut das Volumen zunahm. Bei psychischen Reizen und Unlustgefühlen verhielten sich dagegen die Gehirngefäße umgekehrt wie die peripheren Gefäße, da das Gehirnvolumen anfangs zunahm, während das Armvolumen sank. Diese experimentellen Beobachtungen am Menschen sprechen durchaus dafür, daß bei psychischen Einflüssen wenigstens anfänglich eine Dilatation der Gehirngefäße auftreten kann. Es handelt sich also bei diesen Tonusveränderungen der Hirngefäße um einen Gefäßreflex, der auf dem Wege über das Zentralnervensystem entsteht und ohne Veränderungen des Gesamtkreislaufes oder Änderungen des Blutdruckes einhergeht. Danach scheint die Annahme berechtigt, daß eine psychische Chokwirkung auch ohne allgemeine Blutdrucksteigerung zu plötzlichen Tonusschwankungen der Gehirngefäße Anlaß geben kann. Bei gesunden Gehirngefäßen werden diese natürlich niemals zu einer Wandschädigung führen. Arteriosklerotische oder luetische Gefäße können aber durch einen schroffen Wechsel des Gefäßtonus möglicherweise soweit überanstrengt werden, daß es zu einer Ruptur an stärker veränderten Wandpartien kommt.

Die klinischen Beobachtungen haben nun von jeher dafür gesprochen, daß psychische Erregungen als gesicherte Mitursache für die Berstung einer bereits erkrankten Arterie zu gelten haben. Es liegen hinreichend einwandfreie Fälle vor, in denen in unmittelbarem Anschluß an einen heftigen Schrecken, einen erregten Wortwechsel, bei Todesnachricht, bei Explosion — ohne gleichzeitiges mechanisches Trauma — eine Apoplexie aufgetreten ist, so daß wir in der Unfallpraxis die Möglichkeit unbedingt zugeben müssen, daß ein rein

[1]) Wald, Medizinische Klinik Bonn.

psychisches Trauma die auslösende Ursache bilden kann. Es fragt sich nur, unter welchen Bedingungen der erforderliche Grad von Wahrscheinlichkeit für die Anerkennung eines ursächlichen Zusammenhanges vorliegt. Denn nur bei bereits ausgesprochen erkrankten Hirngefäßen vermag eine seelische Erregung zur Hirnblutung zu führen, und bei der Häufigkeit der Spontanblutungen bei kranken Gehirnarterien besteht natürlich die Gefahr des zufälligen, rein zeitlichen Zusammentreffens einer Spontanapoplexie mit einem psychischen Trauma. Ein Fehlurteil kann nur vermieden werden, wenn ebenso wie bei der Überanstrengungsapoplexie man die gleichen strengen Forderungen stellt bezüglich a) der Erheblichkeit der psychischen Chokwirkung, b) des engen zeitlichen Zusammenhanges zwischen Auftreten der Apoplexie und dem Unfall, c) des Fehlens von Krankheitszeichen zerebraler Natur kurz vor der Blutung.

α) Die Erheblichkeit einer Unfallschreckwirkung wird nur dann vorliegen, wenn eine außergewöhnliche psychische Chokwirkung sich durch objektive Erscheinungen kenntlich gemacht hat. Die Angaben des Kranken allein, daß er vor dem Eintritt einer Hirnblutung sich im Betriebe erschreckt habe durch einen leichten Stoß, Ausgleiten, Fall auf ebener Erde, Hören einer entfernten Detonation mit aufsteigendem Angstgefühl vor Explosion, genügt niemals, um mit Wahrscheinlichkeit einen ursächlichen Zusammenhang anzuerkennen. Derartige geringe seelische Erregungen kommen alltäglich während und außerhalb der Arbeit vor und üben infolgedessen auch keinen plötzlichen oder außergewöhnlichen Einfluß auf das Gefäßspiel aus. Objektive Anhaltspunkte für eine nennenswerte Schreckwirkung liegen nur dann vor, wenn der Kranke gleich danach laut Zeugenaussagen körperliche Anzeichen einer stärkeren seelischen Erregung geboten hat: Gesichtsblässe, Ohnmachtsanwandlung oder völlige Ohnmacht, Zittern der Glieder, Angstschweiß, Unfähigkeit zu stehen und zu gehen, so daß sofortiges Aussetzen der Arbeit erfolgte.

β) Bezüglich des zeitlichen Auftretens einer Schreckapoplexie wird man denselben Erwägungen Raum geben müssen wie bei der Überanstrengungshirnblutung. Das sofortige Einsetzen spricht mit hoher Wahrscheinlichkeit für den Zusammenhang. Man wird auch eine Stunden bis 1—2 Tage später auftretende Apoplexie als Unfallfolge nicht ablehnen können, da ja die Möglichkeit einer anfänglich nur teilweisen Gefäßwandschädigung vorliegt. Bei einem noch längeren Intervall wird man sich aber abweisend verhalten müssen, aus folgenden Gründen: Die Gefäßzerreißung durch eine reine Schreckwirkung setzt immer eine schon ziemlich vorgeschrittene Gefäßwanderkrankung voraus. Eine wesentliche weitere Schädigung durch einen psychischen Insult erscheint deshalb nur dann wahrscheinlich, wenn diese Schädigung auch kurz nach dem Unfall hervortritt in Gestalt einer

Apoplexie. Dem Maximum der Erregung entspricht auch das Maximum des Blutdrucks. Sind aber einige Tage oder eine noch längere Frist seit dem Schreckinsult ohne erkennbare Wirkung verstrichen, so ist die Auffassung berechtigt, daß eine nennenswerte weitere Schädigung des kranken Gefäßes jedenfalls nicht erwiesen ist, und daß die später aufgetretene Blutung zum mindesten ebensowohl durch die Arbeitsverrichtung des gemeinen Lebens entstanden sein kann. Es fehlt demnach bei allen Apoplexien, die später als ein- bis zweimal 24 Stunden nach einer Schreckwirkung auftreten, der im Gesetz geforderte Grad von Wahrscheinlichkeit, da höchstens die Möglichkeit einer Spätfolge des psychischen Traumas zuzugeben ist.

Fürbringer[1]: Tödliche Apoplexie nach Erregung durch Wortwechsel bei einem an Arteriosklerose leidenden Mann vom RVA. anerkannt.

Ein 50jähriger Polier K., der schon vor dem Unfallvorgang an Schlagaderverhärtung gelitten hat (Alkoholabusus), geriet während eines Wortwechsels mit einem Untergebenen in große Erregung und hat anscheinend in unmittelbarem Anschluß hieran eine Gehirnblutung erlitten. Jedenfalls ist dieselbe schon 2 Stunden nach dem Ereignis in schwerer Weise entwickelt gewesen (rechtsseitige Lähmung). Am folgenden Tag trat der Tod ein. Bis zur Erregung hat der Tote seine Tätigkeit ohne nachweisliche Hemmung ausgeübt. Der Gutachter hat sich dahin ausgesprochen, daß nichts dagegen spreche, daß K. ohne jenen blutdrucksteigernden Zwischenfall noch längere Zeit am Leben geblieben wäre.

Fürbringer: Apoplexie 7—8 Stunden nach Aufregung bei der Arbeit.

Ein 47jähriger Formermeister, der einige Tage vor dem Unfallvorgang über zeitweise Kopfschmerzen geklagt hatte, ist morgens infolge von Unbotmäßigkeit einiger Former sehr erregt geworden. Nachmittags 5 Uhr wischte er sich die Stirn, sah ganz blaß aus, taumelte, hielt sich anfangs fest, stürzte auf die linke Seite, stammelte, erbrach und bot sich $1^1/_2$ Stunden später dem Arzt bewußtlos, mit starren Pupillen, vollkommen gelähmt. Der Begutachter schließt einen Zusammenhang mit der Erregung trotz der vielstündigen Zwischenzeit nicht aus, da ein Schlaganfall sich bisweilen allmählich einleite, indem ein zunächst langsames Heraussickern des Blutes erst nach und nach zum deutlichen Bluterguß führen könne. Es sei also möglich, daß der erste Beginn der Blutung bereits am Vormittag stattgefunden habe und ihre Ausdehnung durch das wenig zweckmäßige Verhalten des Kranken (14 mal Ersteigen einer Wendeltreppe) erfolgte.

4. Temperaturschwankungen: Überhitzung für sich allein oder mit anschließender starker Abkühlung und Durchnässung als auslösende Ursache.

Jede starke Temperaturschwankung, vor allem stärkere Überhitzung mit nachfolgender schroffer Abkühlung, verursacht stärkere Blutdruckschwankungen. Die dadurch hervorgerufene plötzliche Erweiterung und Verengerung der Gefäße vermag eine bereits erkrankte

[1] Fürbringer, Ärzt. Sachverst.-Zeitg. 1910, Nr. 9.

Gefäßwand soweit zu schädigen, daß sie einreißt. Nach den vorliegenden klinischen Beobachtungen sind es vor allem Abkühlungen oder Durchnässungen nach der Arbeit in heißen Räumen in durchschwitztem Zustand, in deren Gefolge plötzliche Hirnblutung auftreten kann, bei einem durch Arteriosklerose, Lues, Nephritis weniger widerstandsfähigen Gefäßsystem. Die Anerkennung eines ursächlichen Zusammenhangs zwischen Hirnapoplexie und Temperatureinflüssen ist nur dann erlaubt, wenn

a) der Temperaturwechsel nachweislich ein sehr schroffer war und über den Rahmen der nicht selten bei der Betriebsarbeit vorkommenden Erhitzung und Abkühlung wesentlich herausging. Bilden doch wechselnde Temperatureinflüsse bei Arbeiten an Hochöfen, bei Kesselheizern, Gießern ein alltägliches Vorkommnis. Als begünstigender Faktor für die Hirnblutung ist anzusehen, wenn die Arbeit in überhitztem Raum in länger gebückter Stellung ausgeführt werden mußte.

b) Der zeitliche Zusammenhang muß ein enger sein. Ist die Blutung sofort nachher oder nach einigen Minuten oder $^1/_4$ Stunde aufgetreten, so besteht ein hoher Grad von Wahrscheinlichkeit. Bei einem längeren Zwischenraum bis zu mehreren Stunden wird ebenfalls mit einer gewissen Wahrscheinlichkeit ein Zusammenhang vorliegen, da ja die Blutung nur allmählich erfolgen oder durch die Blutdruckschwankung die Gefäßwand anfangs nur zum Teil einreißen kann mit späterer totaler Ruptur bei Fortsetzung der Arbeit. Liegt dagegen eine Reihe von Tagen zwischen Apoplexie und Unfall, so wird die Bejahung einer wahrscheinlichen Beziehung davon abhängig zu machen sein, daß in der Zwischenzeit bestimmte Klagen über Kopfschmerzen, Schwindel, Blutandrang zum Kopf bestanden haben. Ist dies nicht der Fall, so besteht höchstens die Möglichkeit einer Auslösung durch die Überhitzung, aber niemals der erforderliche Grad von Wahrscheinlichkeit.

Rekursentscheid vom 14. Juni 1902: Apoplexie unmittelbar bei der Arbeit infolge schroffen Temperaturwechsels bei gleichzeitiger Einatmung von Verbrennungsgasen.

47jähriger Former hat am Unfallstag in einem sehr heißen Raum (12 qm groß, 36 cbm Luft fassend), in welchem fortwährend 4—5 Zentner Koks verbrannten, und in dem sich auch eine Bleischmelze befand, mit Lehm ausgestrichene Gießpfannen getrocknet, wobei er sich häufig und länger bücken mußte. Beim Heraustreten aus der heißen Kammer kam er in einen luftigen, besonders im Winter viel kühleren Arbeitsraum. Beim Verlassen der heißen Kammer, nachdem er 10—15 Minuten darin nach der Mittagspause gearbeitet hatte, wurde er ohnmächtig, und kurz nachher trat eine rechtsseitige Lähmung ein. Das Rekursgericht nahm an, daß durch die plötzliche Abkühlung der Körperoberfläche beim Austritt aus der heißen Kammer eine Steigerung des Blutdrucks entstanden sei, die zur Hirnblutung führte. Als begünstigendes Moment wurde betont, daß die heiße Kammerluft stark mit Verbrennungsgasen erfüllt gewesen sei, welche die Atmung erschwerten und damit das Blut im Gehirn stauten.

F. Schultze und Stursberg[1]): Apoplexie 48 Stunden nach Durchnässung in erhitztem Zustand als Unfall anerkannt.

45jähriger Bergmann wurde durch herabstürzende Wassermengen im Betrieb vollständig bis auf die Haut durchnäßt, während er sich in erhitztem Zustande befand. Am folgenden Tag traten Kopfschmerzen, Schwindel und Frost auf und es stellte sich nach weiteren 24—36 Stunden eine rechtsseitige Lähmung mit Störungen des Empfindungsvermögens ein. Bei einer Untersuchung 1 Jahr nach dem Unfall wurden hochgradige Arteriosklerose mit Herzverbreiterung und chronische Nephritis festgestellt, sowie Reste einer rechtsseitigen Lähmung. Unter der Annahme, daß eine Abkühlung der Haut zu einer Zusammenziehung der Hautgefäße und dadurch zu einer Blutdrucksteigerung in den inneren Organen führe, die bei bestehender Gehirnarteriosklerose eine Gehirnruptur verursachen könne, wurde der Unfallzusammenhang bejaht, zumal schon vorher eine Blutdrucksteigerung mit Wahrscheinlichkeit vorgelegen hatte.

5. Narkose und Apoplexie.

Eine Narkose bildet die mittelbare Unfallursache einer Apoplexie, wenn sie zwecks Beseitigung von Unfallfolgen vorgenommen wurde. Die Narkose vermag zweifellos schädigende Einflüsse auf das Herzgefäßsystem auszuüben und schafft bisweilen auch Bedingungen, die den Eintritt einer Hirnapoplexie bei Arteriosklerotikern und Luetikern vor, während oder nach der Operation wesentlich begünstigen können. Eine Hirnblutung kann schon unmittelbar vor dem Eingriff durch die seelische Erregung erfolgen. Schädigend wird während der Narkose einmal die blutdrucksteigernde Wirkung durch Chloroform und Äther wirken, ferner der Erregungszustand im Exzitationsstadium und vor allem auch das starke Würgen und Pressen beim Erbrechen im Beginn oder während der Narkose. Die hierdurch entstehenden Gefäßschädigungen können nach der Operation durch Bronchitiden mit Hustenreiz verstärkt werden. So bekam einer meiner Patienten, der als Alkoholist eine sehr unruhige Narkose durchmachte, am zweiten Tag nach der Operation, unmittelbar nach einem starken Hustenanfall, eine tödliche Hirnapoplexie.

Saenger[2]): Apoplexie in der Narkose.

56jährige Frau wurde wegen Sarkom der linken Brustseite operiert. Herz- und Nierenbefund normal. Beginnende Arteriosklerose. Narkose ohne schweres Exzitationsstadium, dagegen mehrmals Erbrechen. Plötzlich Leichenblässe des vorher geröteten Gesichts, nicht fühlbarer Puls, Atmung zuerst aussetzend, dann oberflächliche Besserung nach künstlicher Atmung. Beim Erwachen Klagen über Steifigkeit im rechten Bein und Hand, Spracherschwerung. Es fand sich typische Hemipl. dextra. In den folgenden 14 Tagen schnelle Besserung.

6. Kohlenoxydvergiftung und Apoplexie.

Nach Kohlenoxydvergiftung beobachtet man Blutungen und Erweichungen im Gehirn, die meist einige Wochen nach der Vergiftung,

[1]) Schultze - Stursberg, Med. Kl. 1912.

[2]) Saenger, Deutsche med. Wochenschr. 1894.

nicht ganz selten auch schon nach wenigen Tagen, auftreten, und zwar in der Regel in den großen Ganglien des Gehirns (nucl. caud., Linsenkern, Thal. opt.). Von Kolisko und Chiari[1]) sind Thrombosen in den Blutungs- und Erweichungsherden als typischer Befund nachgewiesen worden. Bei schon erkrankten Gefäßen werden größere Thrombosen mit schnell einsetzender Hirnapoplexie besonders leicht zustande kommen können.

Chiari[1]): 20jähriges Mädchen starb nach CO-Vergiftung nach 5tägiger Bewußtlosigkeit, tetanischen Krämpfen, Hyperpyrexie. Es fanden sich neben parenchymatöser Degeneration der übrigen Organe symmetrische Blutungen in beiden Thalam. opt. Makroskopisch waren die großen Hirnaterien intakt, und auch mikroskopisch fanden sich nirgendswo Zeichen hyaliner Degeneration. Dagegen sah man, daß die großen Blutungsherde aus kleineren bestanden, in denen sich die thrombosierten Arterien fanden.

Wald[2]) (Bonner Med. Klinik): Apoplexie nach CO-Vergiftung.

46jähriger Maschinenmeister hat am 7. Juni 1909 beim Nachsehen eines Gasmotors „Gichtgas" eingeatmet, das einen hohen Gehalt an Kohlenoxyd gehabt haben soll. Er empfand süßlichen Geschmack auf der Zunge und wurde dann bewußtlos. Als er wieder zu sich kam, war linker Arm und linkes Bein gelähmt, außerdem bestand Flimmern vor den Augen und Kopfschmerz. Nach 8 Tagen hat er wieder langsame Bewegungen mit den linken Extremitäten gemacht, das Gehen wurde besser und der Kopfschmerz verlor sich. Der behandelnde Arzt glaubt typische Zeichen einer schweren Gasvergiftung bei dem Verletzten festgestellt zu haben. Nach Einatmen von Sauerstoff sei die Benommenheit bald geschwunden, und erst später (!) sollen sich Aufregungszustände und linksseitige Lähmung eingestellt haben. Die Untersuchung in Bonn 2 Monate nach der Apoplexie ergab gesundes Herz, normale Gefäße, normalen Blutdruck, keine Nephritis, negativen Blutwassermann.

Es wurde gutachtlich die Möglichkeit eines raschen Eintritts der Apoplexie durch die Gasvergiftung zugegeben, da es denkbar sei, daß für das Auftreten der zentralen Störung Änderungen im Blutkreislauf in Betracht kämen, besonders das Hineingelangen von Blutgerinnseln in das Gehirn, die sich bei Kohlenoxydvergiftung bilden können, oder daß eine direkte Einwirkung des CO auf die Gehirnsubstanz selbst vorgelegen habe.

V. Gehirnabszeß und Unfall.

In der Ätiologie der Hirnabszesse spielen Traumen eine hervorragende Rolle. Folgende Entstehungsmöglichkeiten eines Gehirnabszesses durch Unfall kommen in Betracht:

1. Schädeltraumen schaffen durch Verletzung der Weichteile allein oder gleichzeitig des Schädelknochens eine Eingangspforte für Eitererreger in die Schädelhöhle, möglicherweie auch durch isolierte Fissuren, die bis in die Nebenhöhlen (lamina cribrosa) reichen.

2. Schädeltraumen ohne äußere Verletzung und ohne Knochenbruch verursachen durch Hirnerschütterung Blutungs- und Er-

[1]) Chiari, Münch. med. Wochenschr. 1909, Nr. 23.
[2]) Wald, Unfall u. Gehirnbl. Diss. Bonn 1913.

weichungsherde, die für zufällig im Blut kreisende Eitererreger (Angina) einen günstigen Ansiedelungsboden bieten.

3. Schädeltraumen begünstigen bei vorhandener Eiterung der Schädelnebenhöhlen das gewaltsame mechanische Eindringen der Eitererreger durch Lymphvenenbahnen oder Knochenlücken in die Schädelhöhle.

4. Ein durch Unfall entstandener infektiöser Prozeß an beliebiger Körperstelle bildet die Quelle für metastatische Hirnabszeßbildung, oder der Unfall verursacht eine gewaltsame Sprengung eines schon länger bestehenden, abgekapselten Eiterherdes mit sich anschließender hämatogener Infektion des Gehirns.

1. Hirnabszeß nach Schädeltraumen mit offenen Verletzungen.

(Weichteile allein oder Knochenbruch.)

Es ist ohne weiteres verständlich, daß jede offene Schädelwunde mit oder ohne Verletzung des knöchernen Schädels, sowie subkutane Verletzungen des Schädelknochens allein den Ausgangspunkt für Gehirnabszesse bilden können, entweder durch Infektion von der Wunde oder von den Schädelnebenhöhlen aus. Sind die Eitererreger einmal in die Schädelweichteilwunde hineingelangt, so finden sie zahlreiche Wege (Lymphbahnen, Venen) auf welchen sie in das Schädelinnere und in das Gehirn selbst vordringen können. Meistens handelt es sich freilich bei den Abszessen nach Kopftraumen nicht um einfache Oberflächenverletzungen, sondern um tiefergehende, den Knochen durch Splitterung oder Eiterung in Mitleidenschaft ziehende Unfallschädigungen. Es können dann durch Mitreißen von Eitererregern und Knochensplittern nicht nur Oberflächen-, sondern auch Tiefenabszesse entstehen.

Für die Unfallbegutachtung ist es von Wichtigkeit, daß die nach offenen Schädelverletzungen auftretenden Gehirnabszesse nicht immer in engem zeitlichem Anschluß an das Trauma zur Entwicklung kommen in Form von Oberflächenabszessen an den unter der Verletzungsstelle liegenden Hirnpartien oder seltener an den Stellen des Kontrekoups, entfernt vom Ort des Traumas. Bei solchen Frühabszessen ist ja der Zusammenhang mit dem Unfall ohne weiteres gegeben. Die Abszeßbildung kann sehr schnell vor sich gehen. Beck sah hühnereigroßen Abszeß am 6. Tage nach Schußverletzung, Martius schon nach 36 Stunden. Wir kennen aber nach offenen Schädelverletzungen eine traumatische Spätabszeßbildung, bei der zwischen der Verletzung und dem Beginn des Hirnleidens viele Wochen, Monate und viele Jahre (10—20) liegen können.

Fürbringer[1]): Chronischer Hirnabszeß 8 Jahre nach Kopftrauma mit Eiterung zum Tode führend als wahrscheinliche Todesursache anerkannt.

---

[1]) Fürbringer, Ärzt. Sachverst.-Ztg. 1913, Nr. 1.

36jähriger Maurer erlitt Juni 1900 eine 7 cm lange, klaffende Kopfwunde durch fallenden Backstein mit 5 Wochen lang dauernder Eiterung. Während 8 Jahren Klagen über Kopfschmerz, Schwindel; dabei blasses, trauriges Aussehen, steife Körperhaltung. Anfang 1902 mehrtägiger Anfall von Bewußtlosigkeit. In den letzten Lebenstagen bettlägerig aus Anlaß schweren durch hohes Fieber unerträglichen Kopfschmerzes, Delirien und Krämpfe bedingten Krankseins. Keine Obduktion. Eine Ohreiterung hatte nicht bestanden.

In solchen Fällen von Spätabszessen können entweder gleich nach dem Trauma vorübergehend Erscheinungen einer beginnenden Hirneiterung bestanden haben, die sich nach wenigen Tagen völlig zurückbildeten mit anschließender langer Latenzzeit. Oder es haben nach der Kopfverletzung zunächst gar keine Zeichen einer Störung der Hirnfunktion bestanden, aber nach einem verschieden langen Intervall tritt ein Gehirnabszeß in Erscheinung.

Die Frage des ursächlichen Zusammenhanges zwischen einem solchen Spätabszeß und Kopftrauma wird in der Regel keine besonderen Schwierigkeiten bereiten. Dies dürfte nur dann der Fall sein, wenn eine Weichteilverletzung nicht bestanden hat und nur Knochenfissuren bei dem Kopftrauma entstanden sind, die oft symptomlos verlaufen können. Dadurch, daß solche latente Fissuren nicht selten bis in die Nebenhöhlen des Schädels reichen, kann längere Zeit nach dem Trauma eine Infektion von dort aus erfolgen und zu einer Spätabszeßbildung Anlaß geben. Die Bejahung der Unfallgenese wird auch bei jahrelangem Intervall möglich sein, wenn

a) die Schädelverletzung sicher erwiesen ist, wobei beim Fehlen äußerer Verletzungsspuren (Narbe) eine genaue Untersuchung auf latente Knochenfissuren nötig ist;
b) der Gehirnabszeß unterhalb der Verletzungsstelle (Narbe, Schädeldelle, Fissur) liegt, wobei sich natürlich an einen Oberflächenabszeß durch Fortschreiten eine Tiefenabszeßbildung angeschlossen haben kann;
c) eine andere Eiterquelle nicht nachweisbar ist.
d) Auch bei einer Abszeßbildung an einem dem Ort des Traumas (Narbe) entfernt liegenden Gehirnabschnitt wird der Zusammenhang anzuerkennen sein, wenn sonst jeder anderweitige Ausgangspunkt für eine Eiterung fehlt. Denn es liegen Beobachtungen vor (Janeway, Gowers, Phelps), wonach ausnahmsweise auch an entfernter Stelle, ja selbst in der entgegengesetzten Hemisphäre, ein traumatischer Gehirnabszeß sich entwickelt hat.

2. Gehirnabszeß nach Hirnerschütterung ohne äußere Verletzung und ohne Schädelbruch.

Die Möglichkeit muß sicherlich zugegeben werden, daß durch Kopftrauma ohne äußere Verletzung ein Hirnabszeß entstehen kann, wenn zur Zeit der Gehirnkommotion mit Hirngewebeschädigung im Körper Eitererreger zirkuliert haben (Angina, Furunkel) oder kurz nachher in den Körper gelangten, die dann im verletzten Gehirngewebe einen geeigneten Nährboden finden. Die gegenteilige Ansicht von v. Bergmann, wonach ein Kopftrauma bei Unversehrtheit der Haut und äußeren Decke des Schädels niemals Abszeßbildung zur Folge habe, besteht nicht zu Recht. Folgende Beobachtung von F. Schultze[1]) spricht für die mögliche Entstehung eines Hirnabszesses nach einfacher Schädelkontusion. Bei einem Arzt hatte sich nach einem Fall auf den Kopf vom Rad eine fieberhafte, als Typhus gedeutete Erkrankung eingestellt. Diese war bereits vergessen, als die Symptome eines schweren Hirnleidens eintraten, das als Tumor diagnostiziert wurde. Der Kranke starb vor der in Aussicht genommenen Operation. Bei der Sektion fanden sich nirgends Eiterherde als im Gehirn. Da der Kranke früher einmal eine Blennorrhoë gehabt hatte, erscheint es Schultze nicht unwahrscheinlich, daß von dieser aus noch Entzündungserreger im Körper zurückgeblieben waren.

In den seltenen Fällen, in denen ein Gehirnabszeß ohne nachweisbare äußere Verletzung, also längere Zeit nach einer Hirnerschütterung, auftritt (Spätabszeß), wird man ohne Sektion ein schlüssiges Urteil nie abgeben können. Eine einfache Schädelkontusion mit Commotio cerebri kann nur dann als Entstehungsursache eines Gehirnabszesses gutachtlich anerkannt werden, wenn durch die Obduktion sicher erwiesen ist, daß ein anderweitiger Eiterherd im Körper nicht nachweisbar ist, der als Ausgangspunkt für eine Abszeßbildung gedient haben kann.

3. Schädeltraumen als Ursache eines von den Nebenhöhlen des Schädels ausgehenden Gehirnabszesses.

Ein Kopftrauma kann auf dem Umwege einer Erkrankung des Ohres und der Nebenhöhlen des Schädels in doppelter Weise einen Hirnabszeß veranlassen.

a) Durch primäre Schädigung des Ohres, der Stirn-, Keilbein-, Kieferhöhlen mit sich anschließender eitriger Entzündung derselben vermag ein Unfall mittelbar einen Gehirnabszeß hervorzurufen, wenn der Eiterprozeß auf das Gehirn übergreift. Die Zusammenhangsfrage ist geklärt, wenn die eitrige Erkrankung der Nebenhöhlen sich nachweislich im unmittelbaren Anschluß an ein direktes Kopftrauma mit Verletzung der Nebenhöhlen oder an eine sehr erhebliche allgemeine Körpererschütterung mit Bewußtlosigkeit entwickelt hat. In letzterem Falle, also bei bloßer Erschütterung des Kopfes, muß man von der Annahme ausgehen, daß durch die Erschütterung Einrisse in die Schleimhaut der Nebenhöhlen oder Trommelfelleinriß erfolgt sind, wodurch das Eindringen schon vorhandener oder im Blut zirkulierender Keime ermöglicht worden ist.

b) Durch ein Kopftrauma oder allgemeine Körpererschütterung kann eine schon bestehende Erkrankung der Neben-

[1]) F. Schultze, Dtsch. Zeitschr. f. Nervenh. 1910.

höhlen verschlimmert werden, so daß sich an den Unfall eine Hirnabszeßbildung anschließt. Eine eitrige Erkrankung des Ohres, der Stirnhöhle usw. kann jederzeit zum Hirnabszeß führen, auch ohne daß die Wandungen der Nebenhöhlen zur Usur gebracht werden, also auf dem Lymph- oder Blutwege. Es bestehen enge Verbindungen zwischen den Venen des Stirn- und Siebbeins und den entsprechenden meningealen Venen. Ferner kann durch präformierte Knochenlücken (Dehiszenzen) oder durch Nervenbahnen (Acusticus) eine Infektion erfolgen. Es ist deshalb leicht verständlich, daß jede Erschütterungsschädigung der erkrankten und mit Eiter bedeckten Nebenhöhlenschleimhaut das gewaltsame mechanische Eindringen der Mikroorganismen in die Lymphvenenbahnen, Knochenlücken usw. begünstigen wird.

In allen Fällen, in denen nachweislich schon längere Zeit eine eitrige Nebenhöhlenerkrankung bestanden hat, wird man aber mit der Annahme eines ursächlichen Zusammenhanges eines hinzutretenden Gehirnabszesses mit einem Unfall äußerst zurückhaltend sein müssen, da ja jederzeit in natürlicher Folge dieser Vorgang sich abspielen kann. Die Wahrscheinlichkeit der traumatischen Entstehung ist nur dann anzuerkennen, wenn das Kopftrauma erheblich war, so daß eine gewisse Erschütterung vorgelegen hat, und wenn die Entwicklung des Gehirnabszesses sich zeitlich unmittelbar an das Trauma anschließt, d. h. innerhalb der nächsten 8—10 Tage bereits Gehirnsymptome bemerkbar werden, die sich dann fortschreitend verschlimmern.

4. Metastatische Hirnabszeßbildung als mittelbare Unfallfolge.

a) Durch Unfall entstandener Eiterherd als Ausgangsort für einen Hirnabszeß.

Wenn durch einen Unfall infektiöse Prozesse entstanden sind, also Phlegmonen, Gelenkvereiterung, eitrige Pleuritis, Lungenabszeß oder Gangrän nach traumatisch ausgelöster Pneumonie, Leberabszeß, Osteomyelitis, so können von diesen Eiterherden aus auf dem Blutwege Eitererreger in das Gehirn gelangen und einen Abszeß hervorrufen. Der Nachweis, daß dieser mittelbar durch den Unfall bedingt worden ist, wird in der Regel unschwer möglich sein bei enger zeitlicher Folge der Abszeßentstehung. Es wird zu berücksichtigen sein, daß der primäre Eiterherd bisweilen längst abgeheilt und die Verletzungsstelle schon vernarbt sein kann, wenn der Gehirnabszeß in Erscheinung tritt. Denn dieser kann längere Zeit in kleinerem Umfang bestehen, ohne anfänglich Gehirnsymptome zu machen. Erst bei weiterer Größenzunahme, die spontan oder aus anderweitiger, oft unbekannter Ursache erfolgt (fieberhafte Erkrankungen mit Sekundärinfektion des bestehenden Abszesses, Erschütterung des Kopfes), treten oft ziemlich plötzlich bedrohliche Hirndrucksymptome auf. Eine längere Zwischenzeit zwischen einem traumatisch entstandenen Eiterprozeß an beliebiger Körperstelle und dem Hervortreten des Gehirnabszesses spricht also durchaus nicht gegen einen Zusammenhang mit dem Unfall. In solchen Fällen mit längerem Intervall wird nur der Nachweis erforderlich sein, daß in der Zwischenzeit seit der Unfalleiterung keine anderweitige Erkrankung hinzugekommen ist, die ihrerseits unabhängig von dem länger zurückliegenden Unfall als Ausgangsherd für einen Gehirnabszeß dienen konnte.

Fürbringer: Beob. 3. Metastatischer Hirnabszeß nach traumatischer Pneumonie.

Ein früher gesunder Arbeiter erhielt eine Rippenquetschung mit anschließender Pneumonie. Tod 10 Wochen nach dem Unfall unter den Erscheinungen einer schweren Hirnkrankheit, die sich bei der Sektion als Hirnabszeß erwies. Da bei einer krupösen Pneumonie eitrige Meningitis vorkommt, muß man auch die Abszeßbildung in diesem Falle als metastatisch annehmen, zumal eine sonstige Eiterquelle als Ausgangspunkt für einen Gehirnabszeß fehlte.

b) Sprengung eines schon vorhandenen Eiterherdes durch Unfall mit anschließendem Hirnabszeß.

Die traumatische Entstehung eines Gehirnabszesses durch Verschleppung von infektiösem Material kann auch in der Weise erfolgen, daß ein spontan entstandener, abgekapselter Eiterherd an entfernter Körperstelle, also osteomyelitischer Herd, Leberabszeß, paranephritischer Abszeß, durch ein direktes mechanisches Trauma oder eine Körpererschütterung mobilisiert wird. Gelangen durch Einrisse der Abszeßmembran Eitererreger in Blut- und Lymphbahnen, so kann dies unter Umständen eine schnelle Metastasierung im Gehirn zur Folge haben.

Man wird aber einen Unfall bei einem schon vorhandenen Eiterherd nur dann als direkt auslösendes Moment für die Gehirnmetastase anerkennen, wenn in unmittelbarem Anschluß an das Trauma (innerhalb 8—10 Tagen) sich die ersten Zeichen des Gehirnabszesses bemerkbar machen, nicht aber, wenn ein längerer Zeitraum zwischen Trauma und Beginn der Abszeßerscheinungen liegt. Denn in letzterem Fall wird man mit größerer Wahrscheinlichkeit eine spontane Abszeßbildung annehmen müssen, da ja jederzeit in natürlicher Folge eine Verschleppung von Eitererregern in das Gehirn stattfinden kann.

5. Verschlimmerung eines latenten Gehirnabszesses durch Unfall.

Die Möglichkeit, daß ein latenter Hirnabszeß aus bekannter oder unbekannter Ursache (sog. indiopathischer Abszeß) durch ein Kopftrauma eine unheilvolle Wendung nimmt, so daß im unmittelbaren Anschluß an den Unfall die Erscheinungen des Gehirnabszesses hervortreten und sich fortschreitend verschlimmern, so daß Operation erforderlich wird oder der Tod eintritt, ist zweifellos zuzugeben. Die Bedingungen für die Anerkennung einer traumatischen Verschlimmerung werden dann erfüllt sein, wenn der vorher arbeitsfähige Kranke von dem Unfall an über stärkere Kopfbeschwerden (Kopfschmerz, Schwindel, taumelnden Gang) geklagt hat, und wenn sich innerhalb der nächsten 2—4 Wochen unter Fortbestehen der subjektiven Beschwerden die objektiven Zeichen des Gehirnleidens entwickeln.

Eigene Beobachtung: 24jähriger Infanterist erlitt November 1915 eine Schußverletzung mit Knochensplitterung in der linken Scheitelbeingegend,

Bei der Operation zeigte sich die Dura nicht eröffnet, es steckte aber ein kleiner Splitter an der Dura fest, der entfernt wurde. Nach Heilung der Wunde war der Verletzte beschwerdefrei und verrichtete $1^1/_4$ Jahr Garnisondienst bis Frühjahr 1917, machte auch weite Märsche mit ohne Kopfbeschwerden. Im April 1917 glitt er auf Urlaub beim Holzhacken aus und fiel rücklings mit dem Hinterkopf auf Steinboden. Er war nicht bewußtlos, arbeitete weiter, klagte aber am folgenden Morgen über Kopfschmerzen, die sich im Laufe der nächsten 24 Stunden verstärkten. Nach 36 Stunden trat ein Krampfanfall mit Zuckungen der rechten Extremitäten ein; nach weiteren 12 Stunden wurde M. benommen, klagte über zunehmende Kopfschmerzen; zwei weitere Krampfanfälle, so daß Aufnahme in die medizinische Klinik in vollkommen bewußtlosem Zustand erfolgte. Am 7. Tage nach dem Kopftrauma Exitus. Die Obduktion ergab walnußgroßen Hirnabszeß unterhalb der Knochenverletzung mit Blutungen und eitriger Einschmelzung des Hirngewebes in der weiteren Umgebung des durch eine Abszeßmembran deutlich abgekapselten Hirnabszesses. Man muß annehmen, daß durch das Kopftrauma der latente Gehirnabszeß mobilisiert worden ist, indem durch Erschütterungsschädigung der Abszeßmembran die schnelle Ausbreitung der Eitererreger ermöglicht wurde.

VI. Gehirngeschwülste und Unfall.

Vorbemerkungen: Für die Frage der Entstehung einer Hirngeschwulst durch einen Unfall gelten dieselben Erwägungen wie für die traumatische Geschwulstbildung an anderen Körperstellen. Weder klinische Beobachtungen, noch experimentelle Versuche bieten einen Anhaltspunkt dafür, daß durch einmalige mechanische Traumen, durch psychische Insulte oder einmalige toxische Einwirkung normale Körperzellen zu einem krankhaften fortschreitenden Wachstum angeregt werden können. Die Ansicht der meisten Autoren geht deshalb dahin, daß es sich in den verhältnismäßig sehr seltenen Fällen, in denen in anscheinend enger zeitlicher Folge nach einem Trauma eine nicht infektiöse Hirngeschwulst in Erscheinung tritt, lediglich um die Auslösung der Geschwulstbildung bei vorhandener Disposition handeln kann. Das Trauma hat in solchen Fällen möglicherweise eine mitwirkende Rolle gespielt. Und auch hierfür läßt sich der streng wissenschaftliche Nachweis niemals erbringen. Denn es ist eine Erfahrungstatsache, daß Gehirntumoren sehr lange Zeit klinisch ganz symptomlos verlaufen können, so daß selbst größere Geschwülste erst kurz vor dem Tode erkennbar werden, wenn es durch Blutungen in ihr Gewebe zu plötzlichen stärkeren Hirndrucksteigerungen kommt. Da wir über die Wachstumsenergie und Wachstumsschnelligkeit der verschiedenen Hirngeschwulstarten in ihren verschiedenen Entwicklungsperioden keine hinreichenden Kenntnisse besitzen, so sind wir auch bezüglich der Zeit, die für die Entwicklung einer Geschwulst von dem Zeitpunkt des Traumas an bis zum klinischen Hervortreten erforderlich ist, nur auf Vermutungen angewiesen. Es wird deshalb niemals abgelehnt werden können, daß eine Gehirngeschwulst zur Zeit des Traumas schon latent in ihren ersten Anfängen vorgelegen hat. Wenn gleichwohl in der Begutachtungspraxis von der Mehrzahl der erfahrensten Autoren nicht nur die Möglichkeit, sondern auch unter Umständen die Wahrscheinlichkeit der traumatischen Entstehung der Gehirntumoren zugegeben wird, so geschieht dies vor allem unter dem Zwange der klinischen Erfahrung, daß in zahlreichen Fällen eine gewisse Gesetzmäßigkeit bezüglich der zeitlichen und auch örtlichen Entwicklung von Tumoren nach Schädeltraumen festgestellt werden kann.

A. Auslösende Ursachen einer Hirngeschwulst.

Von Unfallereignissen, die als auslösende oder verschlimmernde Ursache von infektiösen (tuberkulösen und luetischen) und nicht infektiösen Hirngeschwülsten angeschuldigt werden, kommen 1. direkte mechanische Traumen des Schädels oder allgemeine Körpererschütterung mit indirekter Einwirkung auf das Gehirn in Frage; 2. kann ein metastatischer Gehirntumor eine Unfallfolge darstellen, wenn die Gehirnmetastase von einer an anderweitiger Körperstelle traumatisch ausgelösten Geschwulst aus (Knochensarkom, Knochentuberkulose, Magenkrebs usw.) ihren Ausgang nimmt. Dagegen ist es ganz abzulehnen, daß periphere Traumen eine Hirngeschwulst auslösen oder verschlimmern können. Die vorliegende Kasuistik bietet ferner keinen Anhaltspunkt dafür, daß anderweitige Unfallschädigungen, wie psychische Insulte (Schreck, Angst), Verbrennungen, Starkstromverletzungen, chemisch-toxische oder allgemein schwächende Einflüsse (Eiterungen, Anämie), einfache Körpererschütterung ohne Gehirnerschütterung, bei der Entwicklung oder Verschlimmerung einer Gehirngeschwulst eine Rolle spielen können.

B. Maßgebende Gesichtspunkte für die Anerkennung eines ursächlichen Zusammenhangs.

Die gutachtliche Anerkennung, daß ein Unfall mit einer gewissen Wahrscheinlichkeit als Ursache einer Geschwulstbildung in Betracht kommt, wird von der Erfüllung einer ganzen Reihe bestimmter Bedingungen abhängig gemacht werden müssen. 1. Der Verletzte darf bis zum Unfall keinerlei nervöse Krankheitserscheinungen geboten haben. 2. Das Trauma muß eine gewisse Erheblichkeit gehabt haben. 3. Die Diagnose einer Hirngeschwulst muß gesichert sein. 4. Das Auftreten der ersten Geschwulstsymptome muß in einem nach der Besonderheit der Tumorart wechselnden engen zeitlichen Abstand erfolgen. 5. In sonst zweifelhaften Fällen kann der Nachweis der örtlichen Übereinstimmung zwischen Ort der Verletzung (Schädelnarbe, Knochenbruch) und Sitz der Geschwulst entscheidend sein für die Bejahung des Zusammenhanges.

1. Nachweis des Fehlens von Tumorerscheinungen vor dem Unfall.

Gar nicht so selten ist der angebliche Unfall nicht die Ursache, sondern die Folge einer schon bestehenden Geschwulst, indem durch den Tumor ein Schwindelanfall mit sich anschließender Verletzung durch Hinfallen usw. ausgelöst worden ist. Es wird deshalb die besondere Prüfung des Hergangs beim Unfall von außerordentlicher Wichtigkeit sein, wobei sich nicht selten herausstellt, daß ein besonderer äußerer Anlaß für einen Sturz, Hinfallen usw. nicht vorgelegen hat, so daß ein schon bestehender Tumor mit Schwindel die wahrscheinliche Ursache bildet. Daneben ist die zeugeneidliche Vernehmung über etwaige frühere Schwindelanfälle, Klagen über Kopfschmerzen, Gedankenlosigkeit, Abnahme der Leistungsfähigkeit in jedem Falle erforderlich. Die einfache Angabe des Kranken selbst, daß er bis zum Unfall ganz gesund gewesen sei, darf dem kritischen Gutachter gerade bei Hirntumoren niemals genügen. Ich konnte in über der Hälfte der Fälle von angeblich traumatischen Hirntumoren durch genaue Nachforschung feststellen, daß das Leiden schon längere Zeit vor dem Unfalle unzweifelhafte Erscheinungen gezeitigt hatte, die zum Teil nachweislich absichtlich von dem Verletzten und seiner Umgebung verschwiegen wurden (Sehstörungen, Krämpfe, Schwindel beim Leitersteigen und ähnliches), und die erst durch die eidliche Vernehmung ans Tageslicht kamen. Auch die Vernehmung vor dem VA. ohne Eid genügt nicht nach meinen Erfahrungen.

2. Nachweis der Erheblichkeit des Traumas.

Für den Nachweis der Erheblichkeit eines Kopftraumas ist es nicht erforderlich, daß eine äußere Verletzung oder ein Schädelbruch (Fissur) stattgefunden hat; vielmehr genügt

a) die Feststellung, daß der Unfall seiner Art nach geeignet erscheint, eine gewisse Gehirnerschütterung hervorzurufen (Fall eines großen Steines, Ziegelsteines, eiserner Stange, Balken aus einiger Höhe, Fall auf den Kopf aus der Höhe, heftiger Schlag mit Stock gegen den Kopf), und

b) daß Zeichen einer Hirnkommotion bestanden haben. Als solche können gelten: Bewußtlosigkeit oder deutliche Benommenheit, Erbrechen, Ohnmachtsanwandlung mit Gesichtsblässe, taumelndes Gehen neben stärkeren Kopfschmerzen, so daß sofortige Arbeitsunterbrechung erfolgte und mehrtägiges Krankfeiern.

Als nicht genügend erhebliche Unfallereignisse sind in der Regel zu bezeichnen: einfacher Stoß gegen den Kopf oder Fall gegen die Wand beim Ausgleiten, Fall auf ebener Erde mit gleichzeitiger Kopfverletzung, Verschüttung durch fallendes Gestein mit angeblichem gleichzeitigen Betroffensein des Kopfes, Steinsplitterverletzung eines Auges. Nur in solchen Fällen, in denen trotz der an sich anscheinend leichteren Kopftraumen sichere Zeichen von Gehirnerschütterung bestanden haben, erscheint die Erheblichkeit sichergestellt.

c) Besonders wertvoll für die Erheblichkeit eines Traumas ist das Auftreten von vorübergehenden Herdsymptomen infolge von Erschütterungsblutungen und die spätere Entwicklung einer Geschwulst an diesen Stellen oder an Stellen des Kontrekoups, sowie der Nachweis der Übereinstimmung der Verletzungsstelle (Kopfnarbe) mit dem Sitz des Tumors.

d) Eine indirekte Erschütterung des Kopfes als Begleitsymptom einer allgemeinen Körpererschütterung durch Fall aus größerer Höhe (mehrere Meter) auf Beine, Gesäß, Rücken, Schultern) wird stets nur dann als auslösendes Moment einer Hirngeschwulst anerkannt werden dürfen, wenn nachweislich objektive Zeichen einer Hirnkommotion sofort im Anschluß an den Unfall aufgetreten sind. Die Angabe des Kranken, daß sich sofort p. tr. subjektive Beschwerden eingestellt hätten in Form stärkerer Kopfschmerzen, Schwindel, Übelkeit, genügt niemals, wenn nicht durch ärztliches Attest oder einwandfreie Zeugenaussagen eine Hirnerschütterung erwiesen ist. Ist dies der Fall, so muß auch ein indirekt wirkendes Trauma bezüglich seines Einflusses auf die Hirnsubstanz als gleichwertig mit einem direkten Kopftrauma anerkannt werden. Ich kann deshalb Goldscheiders Ansicht nicht beipflichten, daß nur eine unmittelbare Einwirkung auf den Schädel für die traumatische Geschwulstentstehung anerkannt werden dürfe, wie er das in einem Gutachten ausgeführt hat.

Für die traumatische Entstehung infektiöser Geschwülste — Gumma, Tuberkel, Aktinomykose — muß dieselbe Forderung der eben ausgeführten Erheblichkeit des Traumas gestellt werden, wie für solche nicht infektiöser Natur. Denn für die Ansiedelungsmöglichkeit des Erregers der Lues, der Tuberkulose usw. ist eine Gewebeschädigung im Gehirn oder seinen Häuten erforderlich.

3. Gesicherte Diagnose auf Hirntumor.

Unter Umständen kann die Diagnose auf Tumor cerebri bei Lebzeiten lange Zeit ganz unsicher sein, da durch verschiedene anderweitige, raumbeengende Prozesse in der Schädelhöhle ein tumorähnliches Krankheitsbild entstehen kann: vor allem bei Pachymeningitis hämorrhagica interna, beim chronischen angeborenen und erworbenen Hydrozephalus, beim sogenannten Pseudotumor, bei multipler Sklerose, Lues cerebri, bei parasitären Tumoren (Echinokokkus, Zystizerkus), endlich auch bei Hysterie. Sind deshalb die objektiven Gehrrnsymptome nicht vollzählig und eindeutig, und die Entwicklung des Leidens nicht charakteristisch für Tumor, so wird dem Begutachter nichts übrigbleiben als zu erklären, daß nur die weitere Verlaufsweise die sichere Diagnose ermöglichen kann, und daß die Tumordiagnose zur Zeit der Begutachtung noch unsicher ist. Dieses gutachtliche Offenlassen der Diagnose ist für die Berufsgenossenschaft von praktischer Wichtigkeit, da in solchen Fällen im Todesfall unter allen Umständen eine Obduktion vorgenommen werden muß, und die Verwandten von der Notwendigkeit einer solchen im voraus verständigt werden müssen, um eine frühzeitige Sektion zu ermöglichen. Da bisweilen, z. B. bei Pseudotumor, nur eine genaue mikroskopische Untersuchung hinreichende Aufklärung verschaffen kann, die bei der üblichen späten gerichtlichen Obduktion nicht möglich ist, so ist eine möglichst beschleunigte Obduktion erforderlich, die nicht durch längere Verhandlungen mit den Angehörigen erst nach dem Tode verzögert werden darf.

4. Zeitlicher Abstand zwischen Geschwulstentwicklung und Trauma.

Die Entscheidung der Frage, welcher zeitliche Abstand nach unten und oben zwischen Trauma und Hervortreten der ersten Geschwulstsymptome noch als geeignet anzuerkennen ist für die Annahme einer traumatischen Genese, läßt sich nur von Fall zu Fall treffen. Hierbei sind vor allem maßgebend erstens der Sitz der Geschwulst und zweitens die jeweilige Art des Tumors.

a) Kürzeste Frist.

Bis zur Größenentwicklung einer Geschwulst, die zu beginnenden Hirndruck- und Herdsymptomen führt, werden in der Regel auch bei bösartigen schnellwuchernden Gewächsen (Sarkome, Karzinome) mindesten 3 bis 5 Wochen verstreichen.

Wenn schon innerhalb der ersten 14 Tage bis 3 Wochen nach einem Unfall sich allmählich deutliche Krankheitserscheinungen bemerkbar machen, die den Verletzten subjektiv bei der Arbeit stören, so daß er darüber bei seiner Umgebung Klage führt (Kopfschmerz, Schwindel, Sehstörungen) oder den Arzt aufsucht, so ist mit überwiegender Wahrscheinlichkeit anzunehmen, daß der Tumor schon einige Zeit vor dem Unfall bestanden und ganz unabhängig vom Unfall seine Entwicklung genommen hat. Ein frühes Hervortreten von deutlichen Geschwulstsymptomen, etwa schon 3 bis 4 Wochen nach einem Kopftrauma, wäre nur dann denkbar und möglich, wenn die Geschwulstbildung von einer besonders differenzierten Gehirnstelle, etwa im Bereich der motorischen Rindenregion, capsula interna oder in Pons oder Medulla oblongata, ihren Ausgang nimmt. In solchen Fällen werden einige Zeit vor Auftreten von störenden, allgemeinen Hirndrucksymptomen bestimmte Herdsymptome, wie Reizsymptome in einzelnen Gliedern oder Gesichtsmuskulatur (Zittern, Zuckungen) oder Reiz- und Lähmungserscheinungen einzelner Gehirnnerven (Augenmuskelstörungen, leichte Bulbärsymptome), sich unter Umständen schon kürzere Zeit nach dem Unfall (3—4 Wochen) bemerkbar machen, da schon eine kleine Geschwulst zu örtlichen Gehirnstörungen Anlaß geben kann.

Die Ablehnung einer traumatischen Genese wird dann erfolgen müssen, wenn der Tod an Tumor wenige Monate nach einem Unfall erfolgt und die Obduktion eine größere Geschwulst an einer sog. indifferenten Gehirngegend ergibt, rechter Stirn- oder Schläfenlappen. Da an solchen Stellen erfahrungsgemäß längere Zeit ein Tumor wachsen kann, ohne irgendwelche

Herdsymptome zu machen (namentlich diffuse größere Gliome), so ist beim autoptischen Nachweis einer großen Geschwulst schon einige Monate nach einem Unfall der Wahrscheinlichkeitsschluß berechtigt, daß die Geschwulst bereits einige Zeit vor dem Kopftrauma latent bestanden hat.

b) Längste Frist, die noch die Anerkennung eines Zusammenhanges gestattet.

Die Beantwortung der Frage, bis zu welchem Zeitmaximum zwischen Trauma und Beginn der Tumorsymptome man die Wahrscheinlichkeit eines ursächlichen Zusammenhanges noch anerkennen darf, ist oft außerordentlich schwierig. Maßgebend für die Beurteilung im Einzelfall ist stets die besondere Art der Geschwulst und der Sitz des Tumors.

α) Bösartige Tumoren.

Bei bösartigen, schnell wachsenden Geschwülsten (Sarkomen) wird man wohl berechtigt sein, als längste Frist zwischen Unfall und Deutlichwerden der Hirnsymptome 3 bis 4 Monate zu verlangen. In dieser Zeitspanne wird ein schnellwachsender Tumor auch bei Sitz an indifferenter Hirnstelle zum mindesten allgemeine unbestimmte Hirndrucksymptome hervorrufen (zeitweise stärkere Kopfschmerzen, gelegentliches Erbrechen, Schwindel bei gebückter Arbeit), die dann als Brückensymptome beim späteren Auftreten sicherer Tumorsymptome dienen werden. Liegt ein noch größeres Intervall vor, und entwickelt sich ein Sarkom viele Monate bis $^3/_4$ Jahr p. tr. an einer Hirnstelle, deren Befallensein erfahrungsgemäß frühzeitig zu Herdsymptomen Anlaß gibt, so ist ein Zusammenhang als ganz unwahrscheinlich abzulehnen. Dies wird der Fall sein beim Sitz von Sarkomen im linken Stirnhirn, in der motorischen Region, Gegend der inneren Kapsel, Pons und Medulla oblong. und Kleinhirn.

β) Langsam wachsende Geschwülste.

Bei Gliomen, die erfahrungsgemäß überaus langsam wachsen können, ist die Entscheidung wesentlich schwieriger. Die Mehrzahl der Autoren steht auf dem Standpunkt, daß als längstes Intervall für die langsam wachsenden Tumoren (Gliome, Fibrome, Angiome) 1 bis $1^1/_2$ Jahre bis zum ersten Manifestwerden von Tumorsymptomen gerechnet werden dürfen. Ich halte die Annahme eines Zusammenhanges bei so langer Zwischenzeit nach dem Trauma nur dann für berechtigt, wenn die Geschwulst in den schon erwähnten stummen Hirngegenden aufgewachsen ist. Ergibt aber der Krankheitsverlauf und der Obduktionsbefund, daß das Gliom an einer differenten Hirnstelle zur Entwickelung gekommen ist, vor allem auch im Kleinhirn, wobei erfahrungsgemäß Hirndrucksymptome frühzeitig sich geltend machen, so habe ich bisher bei den Begutachtungen als äußerste Frist $^3/_4$ bis 1 Jahr angenommen, innerhalb welcher ich die traumatische Genese als nicht ganz unwahrscheinlich bezeichnet habe. Bei einem noch längeren Zwischenraum bis zu mehreren Jahren wird nur unter ganz bestimmten Umständen die Zusammenhangsfrage bejaht werden können. Dies wird der Fall sein, wenn der anatomische Befund ergibt, daß sich eine Geschwulst im Bereiche einer traumatisch entstandenen Narbe oder Verwachsungsstelle oder einer durch Schädelbruch vorspringenden Knochenleiste entwickelt hat.

In einer Beobachtung von Obernier stellte sich bei einem Kranken, der nach einem Kopftrauma über 10 Jahre lang an epileptischen Anfällen gelitten hatte, Tumorerscheinungen ein, und es fand sich eine Geschwulst, die pilzförmig einer in das Gehirn vorspringenden Knochenzacke aufsaß. Oppenheim hat einen Fall beschrieben, in welchem eine Verletzung der Stirngegend Krämpfe im Gefolge hatte, die dann jahrelang ausblieben. 8 Jahre später entwickelten sich Tumorsymptome, und die Obduktion ergab unter der Narbe ein großes, hartes, teilweise verknöchertes Gewächs. Ähnliche Beobachtungen stammen von Knapp, Taylor u. a. Man darf wohl mit Wahrscheinlichkeit annehmen, daß durch derartige traumatische Glianarben, Verwachsungen und Knochenleisten ein chronischer Reizzustand auf das anliegende Hirngewebe ausgeübt wird, der das Zustandekommen einer Geschwulstbildung begünstigen kann. Diese muß aber an dem Reizort selbst sich entwickeln. Eine reizauslösende Fernwirkung auf andere entfernt liegende Hirngebiete ist als unwahrscheinlich zu bezeichnen.

5. Örtliche Übereinstimmung zwischen Gewalteinwirkung am Schädel und Sitz der Geschwulst.

Der klinische oder autoptische Nachweis, daß sich eine Hirngeschwulst gerade an der Stelle des Schädeltraumas oder wenigstens an der entsprechenden Gehirnhälfte entwickelt hat, die durch eine Weichteilnarbe oder eine Knochendepression als Ort der Gewalteinwirkung gekennzeichnet ist, bildet stets ein wichtiges Glied in der Beweiskette für die Wahrscheinlichkeit eines ursächlichen Zusammenhangs. Denn um so mehr darf damit gerechnet werden, daß nicht nur ein zufälliges zeitliches Zusammentreffen zwischen Geschwulstentwicklung und Trauma vorliegt, sondern daß letzteres durch Blutungen oder sonstige mechanische Einwirkung auf das Gehirngewebe örtlich auslösend mitgewirkt hat. Es darf aber bei der gutachtlichen Beurteilung das Fehlen einer Übereinstimmung nicht gegen die Möglichkeit eines Zusammenhangs verwertet werden, wenn die sonstigen Bedingungen bezüglich Erheblichkeit des Traumas und zeitlicher Entwicklung für eine ursächliche Beziehung zum Trauma sprechen. Einmal läßt sich die genaue Stelle des Kopftraumas oft gar nicht ermitteln, zumal wenn der ganze Schädel durch einen Balken, Steinfall getroffen wurde. Zweitens können erfahrungsgemäß bei Schädeltraumen durch Gegenstoßwirkung auch die der Stelle des Traumas entgegengesetzt liegenden Gehirnteile geschädigt und dadurch zum Sitz einer Geschwulstentwicklung gemacht werden. Ich führe eine derartige Beobachtung von Rössle[1]) an.

[1]) Rössle, Münch. med. Wochenschr. 1911, Nr. 47.

44jähriger Bierfahrer war, $4^1/_2$ Jahre vor seinem Tode an Gliom, durch Aufschlag einer Wagendeichsel an der rechten Kopfseite scheinbar leicht verletzt worden. Bei der Sektion fand sich die Narbe eines langen Schädelbruchs im Bereiche der rechten Schläfenschuppe. Die Dura der mittleren Schädelgrube zeigte mehrere Reste alter Blutungen, und auch die weichen Hirnhäute waren an dieser Stelle durch große gelbe Flecke verändert. Am vorderen Pol des linken Stirnlappens fand sich ein hühnereigroßes Gliom.

Ich führe drei eigene Beobachtungen an, in denen die traumatische Entstehung einer Hirngeschwulst gutachtlich als wahrscheinlich anerkannt wurde, weil alle eben erörterten Vorbedingungen für die Annahme einer Beziehung zu dem Kopftrauma erfüllt waren.

Finkelnburg[1]): Fall 1. Gliom des r. Stirnhirns $2^1/_2$ Monate nach Hirnerschütterung.

31jähriger, vorher ganz gesunder Bergmann erlitt Mai 1908 schweres Kopftrauma durch fallenden Balken aus 3 m Höhe mit Bewußtlosigkeit, ohne Schädelbruch; 14 Tage heftige Kopfschmerzen. August bis September zunehmende Kopfschmerzen. März 1909 Abnahme der Sehschärfe rechts, Juni 1909 auch links. Bis Weihnachten 1909 völlige Erblindung. Linksseitige Steigerung der Sehnenreflexe, keine sonstigen Herdsymptome. Tod Mai 1910 (2 Jahre nach dem Trauma). Bei der Sektion fand sich gerade unter der Kopfnarbe eine talergroße Verwachsung der Hirnhäute mit der Rinde, darunter im rechten Stirnhirn hühnereigroßer zystisch entarteter Tumor (Gliom).

Fall 2. Gliom im III. Ventrikel, Beginn 6—7 Monate nach Kopftrauma.

29jähriger Maurer, früher gesund. Februar 1903 Fall eines mit Mörtel gefüllten Kastens aus 3 m Höhe mitten auf den Kopf. Kurze Bewußtlosigkeit. September 1903 zuerst stärkere Schwindelerscheinungen, nachdem schon 4 Wochen vorher zeitweise stärkere Kopfschmerzen bestanden hatten. Dezember 1903 Abnahme des Sehvermögens. In der Folgezeit taumelnder Gang, doppelseitige Steigerung der Sehnenreflexe. Erst im Februar 1907 Exitus. Die Obduktion ergab kleinkinderfaustgroßes Gliom im dritten Ventrikel, in beide Stirnhirne sich ausdehnend.

Fall 3. Multiple Gliomyxome im Pons. Beginn $2^1/_2$ Monat nach Fall auf Hinterkopf.

12jähriger, früher stets gesunder Junge fiel, nachdem er schon im Vorjahr durch Fall eine leichte Hirnerschütterung erlitten hatte, im Januar 1906 auf dem Eis auf den Hinterkopf; seitdem starkes Schwindelgefühl. März 1906 bei der Aufnahme in die Klinik deutliche bulbäre Symptome; keine Stauungspupille. Anfang Mai plötzlicher Exitus unter den Erscheinungen der Atemlähmung. Die Obduktion ergab multiple, bis bohnengroße, als Gliomyxome aufzufassende Geschwülste im Pons bis in Med. oblong. hereinreichend.

C. Verschlimmerung einer Gehirngeschwulst durch Unfall.

Die Möglichkeit der Verschlimmerung eines bis zum Unfall latenten oder bereits offenkundigen Hirntumors durch ein direktes Kopftrauma oder eine indirekt ausgelöste Hirnerschütterung wird von allen Autoren zugegeben, auch von denjenigen, die sich be-

[1]) Finkelnburg, Sitzungsber. d. Niederrhein. Ges. 1912, Febr.

züglich der Entstehung einer Gehirngeschwulst durch Trauma noch ablehnend verhalten. Die Verschlimmerung ist auf doppelte Weise denkbar: 1. Eine größere traumatische Blutung innerhalb der Geschwulst kann plötzlich zu stärkeren Hirndruckerscheinungen, unter Umständen auch zu plötzlichem oder bald erfolgendem Tod Anlaß geben. 2. Es besteht die Möglichkeit, daß durch ein Trauma eine Geschwulst zu schnellerem Wachstum angeregt wird, sei es durch Blutung innerhalb der Neubildung oder durch Herabsetzung der Widerstandskraft des umgebenden Hirngewebes gegenüber den Geschwulstzellen. Die dritte, bisweilen von den Verletzten oder den Hinterbliebenen vertretene Annahme, daß die Wachstumsenergie einer Gehirngeschwulst begünstigt werden könne durch eine Herabsetzung des allgemeinen Kräftezustandes infolge eines anderweitigen, durch Unfall entstandenen Leidens (Blutarmut, Lungentuberkulose, chronisches Magen-Darmleiden), ist ganz abzulehnen. Denn wir sehen Geschwülste in gleich schneller Weise bei vorher vollkräftigen blühenden, wie bei schwächlichen Menschen sich entwickeln.

Der Nachweis einer wesentlichen Verschlimmerung eines Hirntumors durch Unfall kann dann als erbracht gelten, wenn

a) im unmittelbaren Anschluß an ein Kopftrauma deutliche Hirndrucksymptome auftreten als Zeichen einer plötzlichen, durch Geschwulstbildung ausgelösten Hirndrucksteigerung, so daß wie mit einem Schlag die ganze Schwere des Krankheitsbildes hervortritt und zu einer weitgehenden und länger dauernden Minderung der Arbeitsfähigkeit führt;

b) das Wachstum einer Hirngeschwulst nach dem Trauma eine wesentliche Beschleunigung aufweist im Hinblick auf die besondere Art der Geschwulstbildung. Es ist also die autoptische Feststellung der vorliegenden Geschwulstart für die Beurteilung der Verschlimmerungsfrage von entscheidender Wichtigkeit. Führt z. B. ein Gliom, dessen Verlauf sich erfahrungsgemäß über viele Jahre hinziehen kann, schon mehrere Monate bis 1/2 Jahr nach dem Kopftrauma zu einem tödlichen Ende, nachdem bis zum Unfall geringe Erscheinungen bestanden hatten, so ist eine Wachstumsbeschleunigung durch den Unfall als wahrscheinlich zu bezeichnen. In einem Falle von Schönfeld[1]) war 2 Monate nach dem Unfall mit sofortigen Kopfbeschwerden ein Sarkom der Dura mater als pfenniggroße teigigweiße Geschwulst in der rechten Schläfe fühlbar. Da ein Durasarkom eine schnelle, über 1/2 Jahr, unter Umständen aber auch über mehrere (4—6) Jahre sich hinziehende Verlaufsweise zeigen kann (Heinecke[2])), so erscheint die Annahme eines beschleunigten Wachstums durch Schönfeld nicht unberechtigt. Weniger einwandfrei ist der Orthsche Fall, in dem eine Krebsmetastase in der harten Hirnhaut 12 Wochen nach Fall auf den Hinterkopf mit sofortigen stärkeren Hirnsymptomen zum Tode führte. Da sich bei der Sektion der größte Teil des Schläfen-

[1]) Schönfeld, Ärzt. Sachverst.-Zeitg. 1909, S. 348.
[2]) Heinecke, D. C. Lit. S. 189.

lappens in eine weiche Masse verwandelt vorfand, erklärte Orth in seinem Obergutachten für das RVA. den Verlauf für einen ungewöhnlich schnellen und mit dem Unfall in Zusammenhang stehend.

D. Rentenbewertung.

Wenn die Diagnose auf Hirntumor gesichert ist, so ist der Kranke als voll erwerbsunfähig zu bezeichnen; denn durch jede körperliche Anstrengung können infolge des Blutandrangs zum Kopf stärkere Kopfbeschwerden ausgelöst werden. Besteht zur Zeit der Begutachtung nur der Verdacht auf beginnende Hirngeschwulst, so ist ebenfalls weitgehende Schonung am Platze, so daß nur leichte Arbeit in Frage kommt und eine Rente von **60—75%** Erwerbsverminderung.

Zweiundzwanzigstes Kapitel.

Geisteskrankheiten.

Allgemeines über Geistesstörungen nach Unfällen.

Man beobachtet das Auftreten psychischer Störungen nicht nur nach schweren Kopftraumen, die mit posttraumatischen organischen Veränderungen des Gehirngewebes einhergehen, sondern auch nach leichteren Kopferschütterungen ohne Zeichen einer stärkeren Hirnkommotion. Zweitens können auch nach anderweitigen Körperverletzungen und Unfallschädigungen, wie Vergiftungen, elektrischen Unfällen, Operationen, psychischen Traumen, Psychosen zur Entwicklung kommen. Die nach mechanischen und psychischen Unfallschädigungen auftretenden psychischen Symptomenkomplexe bieten meist kein scharf abgrenzbares klinisches Krankheitsbild. Eine für Unfälle charakteristische, klinisch scharf umrissene besondere Form von „traumatischer Geisteskrankheit“ gibt es nicht. Nach gleichartigen Traumen können ganz verschieden gestaltete psychotische Symptomenkomplexe auftreten, so daß man nicht imstande ist, auf Grund der psychischen Krankheitserscheinungen einen Rückschluß zu machen auf eine stattgehabte bestimmte Unfallschädigung.

Auch läßt sich ein großer Teil der nach Unfällen auftretenden Geistesstörungen nicht in die sonst bekannten Psychosenarten (Melancholie, Manie, Paranoia) einreihen. Denn es handelt sich bei den seelischen Störungen nach Unfall sehr häufig um ganz „atypische Psychosen“, die charakterisiert sind durch das gleichzeitige Vorhandensein von allerverschiedensten Symptomen, wie Absenzen, Verwirrtheitszuständen, paranoiden Zügen, hypochondrisch-depressiven Verstimmungen.

Bei dieser Mannigfaltigkeit der nach Traumen zur Entwicklung kommenden Symptombilder bietet naturgemäß die unfallrechtliche

Beurteilung der Zusammenhangsfrage bisweilen große Schwierigkeit.

Nach Weber[1]) kommen gutachtlich folgende Beziehungsmöglichkeiten zwischen mechanischen, psychischen, kalorischen und chemisch-toxischen Unfallschädigungen und Geistesstörungen in Betracht:

1. Der Unfall hat gar keinen Einfluß auf Entstehung, Verlauf und Dauer einer Psychose, insofern nur eine zufällige zeitliche Aufeinanderfolge vorliegt.

2. Der Unfall wirkt lediglich als auslösende Gelegenheitsursache bei vorhandener Disposition zur Psychose, etwa in gleicher Weise, wie eine Melancholie im Anschluß an Gravidität oder Wochenbett zum Ausbruch kommt.

3. Der Unfall ist bei einem bis dahin völlig gesunden, hereditär nicht belasteten Menschen die einzige und ausschließliche Entstehungsursache der Geisteskrankheit. Dies ist in der Regel nur der Fall bei den nach schweren Kopftraumen auftretenden Psychosen, die auf herdförmigen oder diffusen organischen Veränderungen des Gehirns beruhen.

A. Akute psychische Störungen nach Unfällen.

I. Traumatisches Delirium (Kommotionspsychose).

Als die häufigste und charakteristischste akute Psychose nach Kopftraumen ist das „traumatische Delirium" zu nennen. Nach Kopfkontusionen mit oder ohne Schädelverletzung beobachtet man bisweilen nach dem Erwachen aus der Bewußtlosigkeit, also in unmittelbarem Anschluß an den Unfall, Zustände von Verwirrtheit und Benommenheit. Hierbei stehen entweder hochgradige motorische Unruhe, Halluzinationen und Erregungszustände mit Neigung zu Gewalttätigkeit im Vordergrunde des Krankheitsbildes (agitierte Form) oder, seltener, Zustände von stärkerer psychischer Hemmung und Stupor (stuporöse Form). Bisweilen finden sich Kombinationen beider Formen, so daß aus dem Stupor heraus plötzliche heftige Erregungszustände auftreten, oder es schieben sich in den agitierten Zustand stuporöse Phasen ein (Kölpin[2]). Maßgebend für die Art und Dauer des traumatischen Deliriums ist weniger die Schwere der Hirnerschütterung, als die vorhandene angeborene oder erworbene Disposition (angeborene Minderwertigkeit, Alkoholismus, Lues). Die Dauer ist eine verschiedene, kann sich auf Stunden und Tage beschränken und Wochen oder Monate anhalten. Der Ausgang des akuten traumatischen Deliriums ist vollständige Genesung oder anschließende Neurasthenie oder ein chronischer Defektzustand.

---

[1]) Weber, Deutsche med. Wochenschr. 1907, S. 1517.

[2]) Kölpin, S. kl. Vortr. N. F. Innere Med. Nr. 125.

II. Korsakowscher Symptomenkomplex; Dämmerzustände.

Bisweilen werden in unmittelbarem Anschluß an Kopfverletzungen akute Geistesstörungen beobachtet, die in keiner Weise als spezifisch traumatische anzusehen sind, und bei denen der Unfall lediglich die Rolle einer auslösenden Gelegenheitsursache bei dazu schon disponiertem Hirn spielt, so ein dem Korsakowschen entsprechender Symptomenkomplex. Ferner traumatische Dämmerzustände, die darin den epileptischen gleichen, daß während ihrer Dauer der Kranke nach außen hin gar nicht aufzufallen braucht. Auch Auftreten von Anfällen des manisch-depressiven Irreseins und der katatonischen Form der Dementia praecox kommt bisweilen nach Kopftraumen vor.

III. Schreckpsychosen.

Nach reinen psychischen Traumen (Schreck, Angstzustände bei Eisenbahnunfällen, Verletzungen, Blitzschlag) und nach Unfällen mit leichten Kopftraumen oder sonstiger Körperverletzung neben gleichzeitiger Schreckeinwirkung treten bisweilen psychische Erscheinungen auf, die das Bild der akuten Verwirrtheit bieten und gewisse Ähnlichkeit mit Dämmerzuständen nach Art einer Amentia oder Hysterie haben. Die Kranken sind desorientiert über Ort, Zeit, Person. Es finden sich stuporöse Zustände mit Apathie, Gleichgültigkeit für die Vorgänge der Außenwelt, oder auffällige Euphorie oder starke psychische Erregungszustände mit impulsiven Affekthandlungen (Stierlin[1]).

IV. Delirium tremens und Unfall.

Bei chronischem Alkoholismus kann eine Unfall-Hirnerschütterung, ein peripheres Trauma mit Blutverlust oder starker psychischer Chokwirkung, fieberhafte Wundinfektion, traumatisch entstandene Pneumonie oder sonstige akute Infektionskrankheit die Rolle eines auslösenden Momentes für den Säuferwahnsinn spielen. Auch leichtere Verletzungen kommen als mitwirkende Gelegenheitsursache in Betracht. Ein ursächlicher Zusammenhang ist anzunehmen, wenn a) vor dem Unfall nachweislich keine psychischen Erscheinungen bestanden haben; b) das Delirium im Anschluß an den sicher erwiesenen Unfall aufgetreten ist, bei starken Blutungen unmittelbar nachher, sonst innerhalb der nächsten 2—6 Tage, bei traumatischer Pneumonie unter Umständen auch später in der Rekonvaleszenz; c) eine anderweitige Ursache für den Ausbruch des Leidens nicht nachweisbar ist (Trinkexzeß).

V. Geistesstörungen (primär) nach Vergiftungen.

Die akuten Psychosen nach Vergiftungen, namentlich nach Kohlenoxyd-, Phosphor-, Quecksilber-, Blei-, Schwefelkohlen-

[1]) Stierlin, Deutsche med. Wochenschr. 1911, Nr. 44.

stoffvergiftung, bilden nur dann eine Unfallfolge, wenn sie sich auf eine einmalige, kurz dauernde Gifteinwirkung im Betrieb zurückführen lassen, während es sich sonst in der Regel um Folgen einer Gewerbekrankheit handelt. Die akuten Psychosen äußern sich in tobsüchtiger Erregung mit Verwirrtheit, Sinnestäuschungen und Wahnideen. Nicht selten bleiben Störungen des Gedächtnisses und der Merkfähigkeit zurück.

VI. Geistesstörungen nach elektrischen Unfällen, Blitzschlag, Hitzschlag, Sonnenstich.

Im unmittelbaren Anschluß an schwere elektrische Schädigungen hat man bisweilen das Auftreten von depressiven Zuständen (Selbstmordgedanken) oder von Tobsuchtsanfällen, Verwirrtheit und an das akute traumatische Delirium erinnernden psychischen Symptombildern beobachtet. Als Spätfolge von organischen Starkstromverletzungen des Gehirns können sich Demenzen entwickeln, die an Dem. paralytica erinnern, aber stationär bleiben. Über die nach Hitzschlag und Sonnenstich akut auftretenden Psychosen findet sich das Nähere im Kapitel über Hitzschlag, S. 343.

VII. Geistesstörung nach Operationen.

Unter Umständen bilden auch die nach Operationen auftretenden Geistesstörungen eine indirekte Unfallfolge. Die postoperativen Psychosen entstehen meist einige Tage nach der Operation unter dem Symptombild der akuten Verwirrtheit mit oft tobsuchtartiger Erregung, Verfolgungsideen, Sinnestäuschungen.

B. Chronische Geistesstörungen nach Hirnerschütterung und sonstigen Unfällen.

I. Die posttraumatische Demenz (Dementia posttraumatica nach Köppen).

Die posttraumatische Demenz entwickelt sich nach Kopftraumen bald akut, häufig aus dem Durchgangsstadium eines akuten traumatischen Deliriums, oder meistens exquisit chronisch im Verlauf von vielen Monaten und Jahren nach dem Unfall. Da den posttraumatischen Demenzen organische Gehirnveränderungen zugrunde liegen (Gefäßveränderungen, Narben in der Hirnrinde, gliöse Wucherungen, lakunäre Zysten[1]), so ist für das Zustandekommen derselben stets ein mit Hirnerschütterung einhergehendes Kopftrauma erforderlich.

Krankheitsbild.

Die Demenz trägt bis zu einem gewissen Grade einen progredienten Charakter und ist charakterisiert durch das meist ganz allmähliche Hervor-

[1]) Siehe Arbeiten von Köppen, Arch. f. Psych. Bd. 22, Friedmann ebenda Bd. 23, Dinkler ebenda Bd. 39.

treten von apathischem Wesen, Erschwerung und Verlangsamung aller psychischen Vorgänge, Schwäche des Urteilsvermögens, Herabsetzung der Merkfähigkeit und dadurch bedingter mangelhafter Erinnerung an die Ereignisse der letzten Zeit. Bemerkenswert ist ein gewisses Schwanken in den psychischen Leistungen, wobei die wechselnde psychische Hemmung eine wesentliche Rolle spielt (Kölpin[1]). Neben diesen Symptomen der eigentlichen echten Demenz, die früher oder später stationär wird und nie so hohe Grade wie bei der progressiven Paralyse erreicht, finden sich sehr häufig Symptome der traumatischen Neurasthenie, Hypochondrie und Hysterie, die entweder von Beginn an nach dem Kopftrauma bemerkbar sind und mit dem stärkeren Hervortreten der Demenz verschwinden oder dauernd neben dieser bestehen bleiben. Es kommt schließlich zu einem bleibenden geistigen Defektzustand, wobei sonstige organische Störungen des Zentralnervensystems recht häufig fehlen (bisweilen Pupillenträgheit oder Starre, halbseitige Sehnenreflexsteigerung, Lähmungen einzelner Gehirnnerven). Ganz vereinzelt werden psychische Komplikationen in Form von Wahnideen im Sinne der Verfolgung oder Sinnestäuschungen oder interkurrente deliriöse Zustände beobachtet.

Die Anerkennung einer Demenz als posttraumatischen Folgezustand eines Unfalls hat zur Bedingung: a) den Nachweis einer Hirnerschütterung; b) das Fehlen sonstiger Ursachen einer Demenz (Lues, progressive Paralyse, Alkoholismus, Arteriosklerose); c) den Nachweis des zeitlichen Zusammenhangs, insofern sich die allmähliche Entwicklung der späteren geistigen Störung bei genauer Erhebung der Vorgeschichte in ihren ersten Anfängen bis zum Unfall zurückverfolgen läßt. Bei dieser Feststellung ist besonders wichtig der Nachweis der allmählichen Charakterveränderung (Reizbarkeit) und des anfänglich nur wenig hervortretenden Nachlassens der geistigen Leistungsfähigkeit.

II. Psychische Störungen bei traumatischer Epilepsie.

Die bei traumatischer Epilepsie auftretenden psychischen Störungen unterscheiden sich in nichts von den sonstigen psychischen Störungen bei Epileptikern: kleine psychische Äquivalente mit anfallsweisem Einschlafen, die großen Paroxysmen mit halluzinatorischen Erregungszuständen, Zorn- und Angstaffekten, blindem Zerstörungstrieb und Gewalthandlungen, prä- und postepileptische transitorische Geistesstörungen mit stuporösen Hemmungen und Anfälle mit geordneten automatenhaften Handlungen.

Anscheinend sind bei der traumatischen Epilepsie psychische Störungen, namentlich in Form der sog. psychischen Äquivalente, häufiger als bei den anderen Formen der Epilepsie.

III. Atypische traumatische Psychosen[2]).

Nach schweren und oft auch ganz leichten Unfallschädigungen (Kopftraumen, peripheren Traumen) wird bisweilen die allmähliche Ent-

---

[1]) Kölpin, S. kl. Vortr. N. F. Innere Med. Nr. 125.

[2]) Hasche Klünder, Arch. f. Psych. u. Nervhk., Bd. 44, S. 668.

stehung von ganz atypischen, meist rein funktionellen Psychosen beobachtet, welche sich in keine der bekannten Klassen von Geisteskrankheiten einreihen lassen. In solchen Fällen entwickelt sich meist allmählich innerhalb von Monaten oder mehreren Jahren nach einem Unfall, bisweilen auch plötzlich aus anfänglich neurasthenisch-hypochondrischen oder hysterischen Unfallbeschwerden heraus, eine psychische Erkrankung. Diese weist, neben Störungen des Gedächtnisses, der Merkfähigkeit und Leistungsfähigkeit, regelmäßig ganz verschiedenartige psychische Zustandsbilder auf, wie Absenzen, paranoide Vorstellungen mit Halluzinationen, Verwirrtheitszustände, Pseudodemenzen (Stertz[1]), depressiv-hypochondrische Zustände, die auch bei derselben Psychose im Laufe der Jahre in den einzelnen Stadien des Krankheitsablaufs wechseln können, so daß es unmöglich ist, die Geistesstörung in das übliche Schema einzuordnen. Da der Übergang der nervösen Unfallbeschwerden in die Psychose oft ein ganz allmählicher ist, so kann längere Zeit die geistige Störung verkannt und der Unfallkranke als Simulant beurteilt werden.

Beispiel für die „paranoide Form" der traumatischen Psychose mit allmählicher Entwicklung auf dem Boden einer Unfallneurose:

Kurthen[2]): 31jähriger Arbeiter erleidet im Jahre 1901 oberflächliche und tiefe Hautabschürfungen an den Beinen. In den ersten Jahren nach dem Unfall trat ein schwere Hypochondrie auf mit anschließendem Tremor in dem verletzten Bein und halbseitigen Gefühlsstörungen. Im Jahre 1905 zuerst Beeinträchtigungsideen und Sinnestäuschungen mit Wahnsytem, für welches das Unfallereignis Ausgangs- und Mittelpunkt bildet.

IV. Progressive Paralyse und Unfall.

Vorbemerkungen über Ätiologie und Pathogenese.

Die von älteren und noch bis in die jüngste Zeit von vereinzelten Forschern vertretene Auffassung, daß die verschiedensten Ursachen, wie Kopftraumen, geistige und körperliche Überanstrengung, langdauernde gemütliche Erregungen, für sich allein genügen sollten, um eine echte fortschreitende Dementia paralytica hervorzurufen, hat sich auf Grund unserer jetzigen Erfahrung über die Beziehungen des Leidens zu vorausgegangener Syphilis als irrtümlich erwiesen. Der regelmäßig positive Wassermann im Blut oder Liquor von Paralytikern und der Spirochätenbefund im Gehirn rechtfertigt hinreichend den für die Unfallbegutachtung wichtigen Satz: Ohne vorhergegangene Syphilis keine Paralyse. Die Syphilis ist also die unbedingt notwendige Vorbedingung für die Entstehung der Dementia paralytica. Da aber nur ein kleiner Teil der Syphilitiker an Paralyse erkrankt (Angaben schwankend zwischen 1—5%), so müssen besondere Bedingungen zu der Syphilisinfektion hinzukommen, die die Entwicklung einer Nervensyphilis und einer Paralyse ermöglichen.

Über diese besonderen Bedingungen fehlt uns aber zur Zeit jede sichere

[1]) Stertz, Zeitschr. f. ärztl. Fortb. 1910, Nr. 8 u. 9.
[2]) Kurthen, Über atyp. Unfallps. Diss. Bonn 1911.

Erkenntnis. Die erste und nächstliegende Annahme, daß es verschiedene Spirochätenarten gäbe, von denen einzelne eine besondere Giftigkeit (Affinität) gerade für das Nervensystem besäßen, daß also eine besondere Virulenz die syphilitische Erkrankung des Nervengewebes bedinge, scheint, zumal nach den Tierexperimenten von Jacob und Weigandt, wenig wahrscheinlich. Denn von den unter ganz gleichen Bedingungen lebenden und mit den gleichen Spirochätenstämmen infizierten Tieren erkrankte nur ein Teil an Nervensyphilis. Ebenso ließen sich durch ganz verschiedene Stämme die gleichen Veränderungen am Nervensystem hervorrufen, die mit denjenigen bei Menschen im wesentlichen übereinstimmten. Die zweite Annahme ging dahin, daß geistige oder körperliche Überanstrengungen oder Alkoholismus als Schädlichkeiten aufzufassen seien, die beim betreffenden Individuum bei der Entwicklung der Paralyse regelmäßig eine maßgebende Rolle spielen sollen. Auch das ist nicht erwiesen. Denn wenn auch chronischer Alkoholismus möglicherweise als begünstigender Faktor in einzelnen Fällen in Betracht kommt, so fehlen doch bei vielen Paralytikern in der Vorgeschichte alle exogenen Schädigungen außer der Lues. Es bleibt uns also vorerst nichts übrig, als bei der Mehrzahl der Paralysefälle für das Zustandekommen der Erkrankung eine erhöhte „Disposition" gegenüber dem Syphiliserreger anzunehmen. Diese kann 1. darin bestehen, daß durch individuelle (angeborene) Veranlagung das Nervensystem gegenüber dem Syphilisvirus weniger resistent ist, wie wir ja auch eine individuelle Empfänglichkeit gegenüber anderen Giften beim Menschen kennen. 2. Es besteht die Möglichkeit, daß die Syphiliserreger vermöge besonderer biologischer Körperverhältnisse bei einzelnen Individuen nach längerem Verweilen im Körper eine erhöhte Virulenz erlangen und dann besonders neurotoxisch wirken.

Bei dieser Unsicherheit über die neben der Syphilis maßgebenden Faktoren der Paralyseentstehung ist die Frage schwierig zu entscheiden, welchen Unfallschädigungen man eine mitwirkende Rolle beim Zustandekommen oder der Verschlimmerung des Leidens zuerkennen darf. Hierfür kommen überhaupt nur solche Schädigungen in Betracht, die nach unseren sonstigen Erfahrungen imstande sind, die Gehirnsubstanz direkt oder indirekt organisch zu schädigen. Denn nur dadurch ist es denkbar, daß das Gehirn gegenüber dem Syphilisvirus an Widerstandsfähigkeit einbüßt, und daß die angeborene Disposition zur Paralyse verstärkt wird. Auf Grund dieser Erwägungen sind bisher eine ganze Reihe von Unfallschädigungen: Kopftraumen, allgemeine Körpererschütterung, periphere Traumen, Schreckwirkung, elektrische Einwirkung, Gasvergiftung, Temperatureinflüsse, infektiöse Prozesse als auslösende oder Verschlimmerungsursache einer Dem. paralytica angeschuldigt worden in oft ganz unkritischer und unberechtigter Weise. Im folgenden soll im einzelnen geprüft werden, unter welchen Bedingungen den angeführten schädigenden Unfalleinwirkungen tatsächlich eine mitwirkende Rolle bei Paralyseentstehung bzw. Verschlimmerung zuerkannt werden darf.

1. Mechanische Traumen des Schädels und allgemeine Körpererschütterungen.

Es ist die Möglichkeit zuzugeben, daß direkte Kopftraumen erheblicher Art, die mit einer Hirnquetschung oder einer Hirnerschütterung einhergehen, ferner allgemeine Körpererschütterungen mit gleichzeitiger Erschütterung des Zentralnervensystems bei vorhandener Lues den Anstoß zur Entstehung einer Dementia paralytica geben können. Ebenso vermag auf diese Weise eine schon vorhandene Paralyse verschlimmert zu werden. Das Vorhandensein einer Verletzung der äußeren Kopfbedeckung und des Schädelknochens ist dabei nicht erforderlich, da auch ohne diese eine schwere Schädigung des Hirngewebes zustande kommen kann. Die beim Menschen und im Tierexperiment, auch nach bloßer Hirnerschütterung, festgestellten, oft ganz diffusen mikroskopischen Veränderungen an den Hirnhäuten, Gehirnzellen und Gehirngefäßen sind erheblich genug, daß man sich eine Ansiedelung oder größere Ausbreitung des Syphiliserregers oder auch eine verminderte Widerstandsfähigkeit des Gehirngewebes gegen kreisende Toxine des Erregers vorstellen kann. Haben keine nennenswerten Zeichen einer Hirnkommotion vorgelegen (keine Bewußtlosigkeit, Erbrechen usw.), so liegt die Frage bezüglich der genügenden Erheblichkeit des Traumas als mitwirkender Faktor schon wesentlich schwieriger. Erfahrungsgemäß können aber bei einer Kopfkontusion, die nach dem ganzen Unfallhergang erheblicher Art war (Fall eines Steines aus größerer Höhe, Schlag mit schwerem Balken gegen den Kopf), trotz Fehlens der initialen Bewußtlosigkeit und gröberer klinischer Herdsymptome gleichwohl anatomische Veränderungen vorliegen, so daß man in solchen Fällen ohne anfängliche Hirnkommotionserscheinungen das Verschlimmerungsmoment nicht ohne weiteres ganz ablehnen darf.

Für die Anerkennung, daß ein Kopftrauma auslösend für eine Paralyse gewirkt hat, müssen folgende Bedingungen erfüllt sein:

a) Die eben erörterte Erheblichkeit des Kopftraumas (das natürlich durch Zeugenaussagen erhärtet sein muß).
b) Fehlen von nervösen Erscheinungen vor dem Trauma.
c) Sichere Diagnose gegenüber anderweitigen organischen Gehirnleiden.
d) Entsprechender zeitlicher Zusammenhang zwischen Unfall und Hervortreten des Leidens.

a) Zustand des Verletzten vor dem Unfall.

Der sichere Nachweis, daß ein Verletzter vor dem Unfall keine nervösen Krankheitserscheinungen geboten hat, ist gerade bei der Paralyse von ausschlaggebender Wichtigkeit. Denn ein Paralytiker kann trotz seines Leidens noch regelmäßige körperliche Arbeit leisten, während schon psychische oder sonstige nervöse Erscheinungen bestehen, so daß der Begutachter sich nicht mit der üblichen Arbeitsauskunft begnügen darf. Er muß vielmehr durch genaue Nachfrage bei Vorgesetzten, Mitarbeitern, Hausbewohnern feststellen lassen, ob der Verletzte zeitweise ein eigentümlich verändertes Wesen geboten hat, bei der Arbeit vergeßlich oder leicht reizbar war, im Dienst zum Einschlafen neigte, im Gegensatz zu früher einen unordentlichen Lebenswandel, krankhafte Veränderungen der Schrift oder Sprache gezeigt hat, über Schlaflosigkeit, Kopfschmerz, Schwindel klagte. Derartige an sich geringfügige, aber für Paralyse charakteristische Symptome lassen sich überaus häufig in Fällen von angeblich traumatischer Paralyse bei genauer Nachforschung erheben und bieten wichtige Anhaltspunkte für das Vorhandensein der Erkrankung schon längere Zeit vor einem Unfall. Nicht selten gelingt auch der Nachweis, daß der Verletzte schon vorher an Schwindelanfällen und Gehunsicherheit gelitten hat, so daß der angebliche Unfall bereits Folge des bestehenden Leidens war. Ergibt die Vorgeschichte keine für Paralyse verdächtigen Symptome, so ist man beim Hervortreten deutlicher Erscheinungen nach einem Unfall zum mindesten zur Annahme einer Verschlimmerung berechtigt.

b) Sichere Diagnose der Dem. paralytica.

Die Diagnose darf sich niemals auf die subjektiven Beschwerden stützen, sondern muß, abgesehen von den für Paralyse charakteristischen objektiven Erscheinungen: Pupillenstarre, paralytische Sprache, Demenz, Steigerung der Sehnenreflexe (oder Fehlen bei Taboparalyse), auch durch die Wassermannsche Reaktion im Blut und evtl. im Liquor cerebrospinalis gesichert sein. Wir kennen andere Krankheitsprozesse, die bisweilen mit der echten Paralyse eine weitgehende Ähnlichkeit haben: Chronischer Alkoholismus, atypische multiple Sklerose, Lues cerebrospinalis, posttraumatische Demenz, chronischer Hydrocephalus, Pachymeningitis hämorrhagica interna, so daß die Beurteilung solcher Fälle am besten nur durch einen geschulten Neurologen geschieht.

c) Erforderlicher zeitlicher Zusammenhang.

Zeitliche Beziehung bei Entstehung einer Paralyse durch Kopftrauma.

In Fällen, in denen schon gleich oder 2—3 Wochen nach einem Unfall deutlich wahrnehmbare Paralysesymptome hervorgetreten sind — Wesensänderung, Sprachstörung, Schwindel oder Krampfzustände —, kommt naturgemäß das Trauma als Entstehungsursache nicht in Betracht; denn bis zur Ausbildung einer Hirnrindendegeneration, die klinisch zutage tritt, werden sicherlich viele Wochen erforderlich sein. Es wird daher das erste Auftreten der Paralyse ein viertel bis ein halbes Jahr nach dem Trauma wohl als der für die Anerkennung einer Paralyseentstehung geeignete Zeitraum anzusehen sein. Fraglich ist es aber, ob man mit Ziehen, Berger und Reichardt ein halbes Jahr als äußerste Zeitgrenze festsetzen darf, innerhalb deren Paralyseerscheinungen aufgetreten sein müssen, damit ein Unfall als auslösende Ursache anerkannt wird. Die Anschauungen über das erlaubte Zeitmaximum sind sehr verschieden. Weber und Mendel bezeichnen bei mehr als $1^1/_2$ Jahr Zwischenraum den Zusammenhang als sehr zweifelhaft und lehnen bei mehr als 2 Jahren den Zusammenhang ganz ab. E. Meyer nimmt als längste Zwischenzeit, die noch Anerkennung des Zusammenhanges gestattet, 1—2 Jahre an. Wie schon Kräpelin ausgeführt hat, kann man aber eine bestimmte Zwischenzeit, so wünschenswert dies auch für die Begutachtungspraxis wäre, nicht angeben, da wir gar nicht wissen, wie lange Zeit nach einem Unfall eine durch diesen ausgelöste Paralyse deutliche Erscheinungen machen muß. Es kann nur von Fall zu Fall entschieden werden. Ich halte ein über ein Jahr langes, anscheinend beschwerdefreies Zeitintervall für die alleräußerste zulässige Grenze; denn wir müssen doch erwägen, daß Fälle von Paralyse nach Kopftrauma recht selten sind, und daß deshalb in derartigen Fällen eine besondere Disposition gegenüber traumatischen Schädigungen vorliegen muß. Wir sind darum berechtigt zu der Annahme, daß bei einer erhöhten Disposition das Trauma frühzeitig Paralysesymptome auslösen wird, so daß eben ein schnelleres Hervortreten der Krankheitserscheinungen, innerhalb eines Jahres, als charakteristisches Merkmal für die traumatische Paralyse dienen muß. Ein längerer Zeitraum als ein Jahr zwischen offenkundigen Paralyseerscheinungen und Unfall wird nur dann noch die Bejahung des Zusammenhanges möglich machen, wenn zum mindesten gewisse allgemeine nervöse Erscheinungen vorgelegen haben, die als Frühsymptome einer späteren Paralyse aufgefaßt werden können.

Zeitliche Beziehungen zwischen Kopftrauma und Verschlimmerung der Paralyse.

Das Auftreten von paralytischen Anfällen, Verwirrtheits- und Erregungszuständen in unmittelbarem Anschluß an das Kopftrauma oder schneller geistiger Verfall innerhalb einiger Wochen bei einem vorher noch arbeitsfähigen Manne genügt für die Anerkennung einer wesentlichen traumatischen Verschlimmerung. Ebenso darf eine ungünstige Beeinflussung des ganzen Krankheitsverlaufes durch das Kopftrauma angenommen werden, wenn sich innerhalb von wenigen Wochen und Monaten ein schneller geistiger Verfall bemerkbar macht, oder der Tod schon $^1/_2$—1 Jahr nach dem Unfall bei einem vorher noch ganz oder teilweise arbeitsfähigen Menschen auftritt. Da nach vorliegenden Statistiken beim Manne das Leiden durchschnittlich nach 33, bei Frauen nach 47 Monaten zum Tode führt, so kann ein tödlicher Ausgang $^1/_2$—1 Jahr nach dem Unfall als wesentliche Beschleunigung des Krankheitsverlaufes angesprochen werden. Dabei ist aber Voraussetzung, daß die Paralyse zur Zeit des Unfalls noch nicht weit vorgeschritten war, daß also der Unfallkranke körperlich und geistig noch eine gewisse Rüstigkeit gezeigt hat.

2. Periphere Traumen und Paralyse.

a) Periphere Traumen ohne Komplikationen.

Ein Trauma, welches nicht direkt oder indirekt das Gehirn mit beteiligt, kann niemals als auslösendes oder verschlimmerndes Moment für eine Paralyse in Betracht kommen. Das syphilitische Virus vermag nur dann möglicherweise stärker wirksam zu werden, wenn durch ein Trauma die Widerstandsfähigkeit der Zellen, Gefäße und Fasern der Hirnrinde erheblich gemindert ist. Ein rein peripheres Trauma ist hierzu niemals imstande. Periphere Verletzungen der Extremitäten und des Rumpfes, die ohne gleichzeitige direkte Erschütterungseinwirkung auf das Gehirn und ohne Komplikationen verlaufen sind (Eiterung, Sepsis, längeres erschöpfendes Krankenlager), müssen deshalb als Hilfsursache bei der Entstehung einer Paralyse oder als Verschlimmerungsursache einer solchen ganz abgelehnt werden. In diesem Sinne haben sich fast alle Autoren ausgesprochen, die gutachtlich zu dieser Frage Stellung genommen haben, vor allem Ziehen[1]) und Flechsig[2]). Nur Goldscheider[3]) nimmt den gegenteiligen Standpunkt ein und hat an der Hand zweier eigener Beobachtungen nicht nur die Möglichkeit, sondern auch die Wahrscheinlichkeit eines ursächlichen Zusammenhanges zwischen rein peripheren Verletzungen und Paralyse behauptet. Er bezeichnet es als eine bedauerliche Lücke in unserer Wissenschaft, daß außer Kopfverletzungen nicht auch andere Verletzungen als mögliche Entstehungsursachen einer Gehirnerweichung anerkannt würden. Auf Grund unserer jetzigen Kenntnisse über das Wesen der Krankheit müssen wir aber diese Auffassung, die er in seinem Obergutachten vom Jahre 1901 vertritt, als jeder genügenden Unterlage entbehrend und mit den jetzt vorliegenden wissenschaftlichen Erfahrungen im Widerspruch stehend ablehnen. Ich führe seine Beobachtungen und die Gegengründe an, weshalb meines Erachtens der von Goldscheider anerkannte Zusammenhang der Paralyse mit den Unfällen nicht berechtigt erscheint.

Ein bis dahin gesunder 39jähriger Maurerpolier knickte beim Heruntersteigen von einem 80 cm hohen Fensterbrett nach vorne um und fiel auf die rechte Kniescheibe (Betonboden). Keine Gehirnerschütterung, keine Klagen über den Kopf nach dem Unfall. (5 Kinder sind gestorben, davon 3 im Alter von mehreren Monaten.) Als K. nach $5^1/_2$ Monaten wieder als Polier eintrat, zeigte er Vergeßlichkeit, ließ Umsicht vermissen, so daß er nach 7wöchiger Arbeitsleistung von der Firma entlassen wurde. Bei einer Untersuchung 10 Monate p. tr. fand sich Fehlen der Knie- und Pupillenreflexe. Nach 13 Monaten wurde eine psychische Erkrankung festgestellt. Goldscheider fand bei der Begutachtung 2 Jahre nach dem Unfall eine geringe Aderverhärtung, lichtstarre Pupillen, Fehlen der Kniereflexe, Ptosis rechts, Andeutung von Silbenstolpern, ausgesprochene Demenz, und stellte die Diagnose auf Dem. paralytica. Zeichen von Lues und Alkoholismus fehlten.

Beob. 2. Ein Mann erlitt eine Quetschung des Rumpfes, indem er mit einem zu fällenden Baume, den er erklettert hatte, zu Boden stürzte. Nach seiner Angabe ist er mit Brust und Bauch aufgeschlagen, ist nicht bewußtlos gewesen, hat nicht aus Mund, Ohr oder Nase geblutet. Nach 14 Tagen Arbeitsaufnahme. 12 Wochen nach dem Unfall trat Blasenschwäche auf. Untersuchungen 3 Monate und 7 Monate p. tr. ergaben bei Klagen über Rückenschmerzen und gesteigertem Harndrang keine objektiven Symptome. $1^3/_4$ Jahr nach dem Unfall fand sich Erhöhung der Sehnenreflexe, Pupillendifferenz bei träger Lichtreaktion. 2 Jahre p. tr. mehrfach Krampf- und Lähmungsanfälle, Erschwerung der Sprache und Gedächtnisschwäche. Syphilis und Alkoholismus nicht vorhanden.

Goldscheider begründet seine Annahme, daß in diesen beiden Fällen das periphere Trauma die Paralyse hervorgerufen habe, damit: 1. daß er eine anderweitige Ursache für die Gehirnerweichung, insbesondere Lues, nicht habe

[1]) Ziehen, Amt. Nach. 1911, S. 555.
[2]) Flechsig, Amt. Nach. 1906, S. 492.
[3]) Goldscheider, M. f. Unf. 1902, Nr. 2, S. 48 u. Amtl. Nachr. 1901.

nachweisen können, und 2. daß die zeitliche Folge der Krankheitserscheinungen für eine ursächliche Beziehung zu den Unfällen spreche, und 3. daß es eine Form der Paralyse gebe, welche nicht im Gehirn anfange, sondern vom Rückenmark zum Gehirn aufstiege, so daß also das Knietrauma nach Goldscheider zunächst eine Tabes hervorgerufen haben soll, an welche sich in schnellem Verlauf die Gehirnerkrankung angeschlossen habe.

Keiner dieser von Goldscheider angeführten Beweisgründe für einen Zusammenhang kann als stichhaltig anerkannt werden. Es steht jetzt fest, daß bei Paralytikern, die kein einziges objektives somatisches Zeichen für Lues bieten, gleichwohl die Blut- oder Liquoruntersuchung positiven Wassermann ergibt. Demnach ist die Schlußfolgerung Goldscheiders, daß das Fehlen von Luessymptomen in seinen Fällen für eine anderweitige Entstehungsmöglichkeit der Paralyse zu verwerten sei, eine irrtümliche. Die Mitteilung Goldscheiders stammt aus einer Zeit, in der die Feststellung einer Lues durch die Wassermannsche Reaktion noch nicht bekannt war. Ebensowenig kann in den Goldscheiderschen Fällen das zeitliche Auftreten deutlicher Paralysesymptome $1/_2$ Jahr bzw. 12 Wochen nach den Unfällen als Beweis für die traumatische Entstehungsweise der Gehirnerweichung anerkannt werden. Das Stadium der latenten Paralyse und Taboparalyse mit voller Arbeitsfähigkeit kann sich erfahrungsgemäß über viele Monate, wenn nicht Jahre erstrecken, so daß für das zufällige Zusammentreffen einer peripheren Verletzung mit einer in der Entwicklung begriffenen Paralyse nicht selten Gelegenheit geboten ist. Wir sind also nicht berechtigt, lediglich auf Grund des rein äußerlichen Umstandes, daß bei einer Erkrankung wie der Paralyse, mit sicher festgestellter Luesätiologie, ein beliebiges Trauma vorhergegangen ist, den Schluß auf einen ursächlichen Zusammenhang zu ziehen. Dies darf nur dann geschehen, wenn das Trauma seiner besonderen Art nach auf irgendwelchem denkbaren Wege zu einer Schädigung des Gehirns führen konnte. Es ist aber, wie schon Flechsig ausgeführt hat, bei unseren jetzigen Erfahrungen in der Luesparalyse ganz unverständlich, wie ein peripheres Trauma imstande sein soll, sie unmittelbar auszulösen oder zu verschlimmern. Die letzte Annahme von Goldscheider, daß es sich bisweilen bei der Taboparalyse um einen aufsteigenden, auf das Gehirn übergreifenden Prozeß des Rückenmarks handelt, ist durch den Befund des Lueserregers im ganzen Zentralnervensystem, vor allem im Gehirn, erledigt. Das Luesvirus schädigt aus uns noch ganz unbekannten Gründen bald das Gehirn, bald das Rückenmark, bald beide gleichzeitig.

Es liegen somit nach Ausscheidung der Goldscheiderschen Fälle überhaupt keine Beobachtungen vor, die für die Möglichkeit der Auslösung einer Paralyse durch rein periphere Traumen sprechen.

b) Periphere Traumen mit Komplikationen.

Wenn ein an sich leichter Unfall, also eine periphere Verletzung, durch Komplikationen, wie längere Eiterungen, septische Prozesse, längeres Krankenlager mit gemütlichen Aufregungen und Sorgen für die Zukunft, zu einer weitgehenden Schädigung des allgemeinen Kräftezustandes Anlaß gibt (starke Abmagerung, Blutarmut, nervöser Erschöpfungszustand), so besteht sicherlich die Möglichkeit, daß eine schon bestehende luetische Erkrankung des Zentralnervensystems dadurch ungünstig beeinflußt wird. Es ist wohl denkbar, daß gleichzeitig mit den verschlechterten Ernährungsverhältnissen aller Körpergewebe auch die Widerstandsfähigkeit des Nervengewebes gegenüber dem Syphilisvirus verringert sein kann, so daß eine schnellere Ausbreitung des Prozesses erfolgt. Auch die Frage, ob eine schwere Schädigung des allgemeinen Kräftezustandes bei einem Luetiker die Disposition für die Entwicklung einer Paralyse oder Tabes schaffen kann, wird mit Sicherheit weder bejaht, noch verneint werden können, solange wir noch ganz im Unklaren darüber sind, aus welchen Gründen bei einem nur geringen Teil aller Syphilitiker eine Nervensyphilis zur Entwicklung kommt. In der Regel wird in den äußerst seltenen Begutachtungsfällen, in denen ein die allgemeinen Kräfte erschöpfender Unfall mit einer Paralyse in Zusammenhang gebracht wird, die Frage offen gelassen werden müssen, ob der Unfall auslösend oder bei schon bestehender Erkrankung verschlimmernd gewirkt hat. E. Meyer[1]) hat einen solchen Fall beschrieben, in dem er eine ungünstige Beeinflussung einer Paralyse durch eine Verbrennung angenommen hat.

33jähriger Heizer erlitt Juni 1906 bei einer Zugentgleisung eine Verbrennung an Armen und Gesicht. Ende Juli bis September 1906 Krankenhausbehandlung. Außer etwas Blasenschwäche dort nichts bemerkt. Oktober 1906 zu Hause läppisches Wesen, Vergeßlichkeit, zunehmende Erregung, Sprachstörung aufgefallen. Seit September 1907 in psych. Klinik mit typischer Paralyse.

3. Schreckwirkung als auslösendes oder verschlimmerndes Moment der Paralyse?

a) Entstehung durch psychischen Insult.

Es ist als ganz unwahrscheinlich zu bezeichnen, daß eine einmalige kurze Schreckwirkung oder eine psychische Erregung, selbst wenn diese sich über Minuten bis eine halbe Stunde erstreckt, z. B. bei einem Explosions- oder Brandunglück, Verschüttung im Bergwerk, bei der Entstehung der Paralyse eine wesentlich mitwirkende Rolle spielen soll.

Nach den plethysmographischen Untersuchungen von Berger über die körperlichen Äußerungen psychischer Zustände an einem Schädeltrepanierten scheint die nächste Wirkung des Schreckens eine starke Kontraktion der Hirngefäße zu sein, der bereits nach wenigen Sekunden eine vollständige Erschlaffung der Hirngefäße folgt. Es ist deshalb gar nicht verständlich, wie eine solche höchstens sekundenlange Anämie eine bis dahin gesunde Gehirnrinde soweit schädigen soll, daß dadurch eine erhöhte Disposition gegenüber dem syphilitischen Virus geschaffen wird. Autoren wie Ziehen, Flechsig verhalten sich deshalb auch ganz ablehnend in dieser Frage. So erklärt Ziehen, daß es ihm sehr zweifelhaft sei, ob die seelischen Fak-

[1]) E. Meyer, Deutsche med. Wochenschr. 1907.

toren des Traumas bei einem Syphilitiker genügen, um als Hilfsursache eine Dementia paralytica auszulösen. Und Flechsig äußert sich noch bestimmter, wenn er erklärt: „Ein einmaliger Schrecken spielt erfahrungsgemäß bei der Entwicklung der Paralyse nicht eine irgendwie erhebliche Rolle.“ Die Beobachtungen von Kriege, Witkowski und Thiem, in denen von diesen Autoren die Entstehung einer Paralyse durch Schreckwirkung angenommen wird, sind ohne jede Beweiskraft. Ja, selbst eine Verschlimmerung durch den Unfall erscheint zum Teil ganz unwahrscheinlich.

b) Symptomatische Verschlimmerung durch Schreck.

Die Möglichkeit der symptomatischen Verschlimmerung eines schon vorhandenen Gehirnleidens durch Chokwirkung kann mit Sicherheit nicht ganz verneint werden. Nach vorliegenden klinischen Erfahrungen wird man zugeben müssen, daß das bisweilen unmittelbar nach einem Schrecken zu beobachtende Hervortreten bestimmter Krankheitserscheinungen, z. B. von paralytischen Anfällen, Verwirrtheitszuständen, eine Folge der Schreckwirkung sein kann. Damit ist aber noch nicht gesagt, daß dadurch eine dauernde und wesentliche Beschleunigung des Verlaufs traumatisch ausgelöst ist. Ebenso wie bei Epilepsie eine Schreckwirkung einen einmaligen Anfall hervorrufen kann, ohne folgende Verschlimmerung des Leidens, vermag wahrscheinlich eine seelische Erregung auch bei Paralyse einen paralytischen Insult auszulösen, ohne daß die Erkrankung deshalb wesentlich und dauernd verschlimmert wird. Von einer wesentlichen Verschlimmerung einer Paralyse kann deshalb nur dann die Rede sein, wenn die Erkrankung nach dem Unfall einen besonders schnellen Verlauf zeigt mit schnell fortschreitender Demenz und schnell einsetzender Arbeitsunfähigkeit bei einem vorher noch ganz oder teilweise arbeitsfähigen Menschen. Als Beispiele einer solchen möglicherweise erfolgten Verschlimmerung führe ich folgende Beobachtungen an:

R. E. XIX 165. Ein Arbeiter, bei dem schon vor einem Jahre rechtsseitige Pupillenstarre nachgewiesen wurde, der aber bisher stets arbeitsfähig war, mußte einen schwerverletzten Mitarbeiter unter einem Kran hervorziehen und ins Krankenzimmer tragen helfen. Im Anschluß hieran trat ein paralytischer Anfall auf, und der Mann blieb von da ab völlig erwerbsunfähig.

Flechsig hat die Beschleunigung des Hervortretens der Paralyse, aber keine Beschleunigung des Krankheitsverlaufes in folgendem Falle angenommen, in dem der Tod 2 Jahre nach einem Schrecken eintrat.

Ein Kutscher erlitt dadurch einen Schrecken, daß die Pferde durchgingen und sein Sohn vom Bock herabgeschleudert wurde. Er zeigte bald nachher ein auffallendes Wesen, war aufgeregt, vergeßlich, litt an Sprachstörung. Schließlich völlige Umnachtung und Tod 2 Jahre nach dem Unfall. Da die Krankheitserscheinungen schon in den ersten Wochen nach dem Schrecken beträchtlich waren und von da ab allmählich zunahmen, wurde von Fl. eine Beschleunigung des Hervortretens der Paralyse in seinem Obergutachten mit Wahrscheinlichkeit angenommen.

Die Beobachtung von Sprengeler[1]) bildet ebenfalls ein Beispiel für ein durch Schreck möglicherweise beschleunigtes Hervortreten der Paralyseerscheinungen mit vorzeitiger Arbeitsunfähigkeit, aber ohne Beschleunigung des Krankheitsverlaufes, da der Tod erst $2^1/_2$ Jahre später erfolgte.

Ein 31 jähriger Schlosser erlitt durch Kesselexplosion einen starken Schrecken. Er war angeblich stundenlang der Sprache beraubt. Unmittelbar nach diesem Vorfall machte sich eine schnell fortschreitende Demenz bemerkbar, die mit allen paralytischen Symptomen verbunden war. Tod nach $2^1/_2$ Jahren.

In dem Fall von Kriege[2]), der von dem Autor als Schreckentstehung einer Paralyse angesprochen wird, kann ich weder dies, noch eine Verschlimmerung durch den Schreckinsult zugeben. Da der Erkrankte sogleich nach dem Überfall mit Revolverbedrohung ein verändertes Wesen zeigte, so hat zur Zeit der Schreckeinwirkung mit Wahrscheinlichkeit bereits die Erkrankung in ihren ersten Anfängen bestanden; von einer Entstehung der Paralyse durch den Schrecken kann also gar nicht die Rede sein. Da ferner der Erkrankte fast $2^1/_2$ Jahr lang nach dem Überfall Dienst als Stationsassistent verrichtet hat, so liegt auch keine Verschlimmerung vor.

Kriege: Ein 45jähriger Stationsassistent erlitt am 30. Juni 1901 einen starken Schrecken durch einen räuberischen Überfall, wobei er mit dem Revolver bedroht wurde. Schon gleich nach dem Überfall und in den folgenden Wochen (Umzug in neue Dienststelle) war er in seinem Wesen verändert und kam seiner Frau sonderbar vor. Er war ängstlich, fürchtete sich im Dunkeln, kam mit einem Knüppel nach Hause. Allmähliche Gedächtnisabnahme, Vergeßlichkeit, erhöhte Reizbarkeit, so daß November 1903 seine Pensionierung erfolgen mußte. Im Februar 1904 fand sich das typische Bild einer progressiven Paralyse mit Pupillenstarre, Silbenstolpern, Fibrillieren der Gesichtsmuskulatur, gesteigerten Kniereflexen, Apathie, ausgesprochener Demenz.

In dem Thiemschen Falle kann ich die Schreckwirkung durch Bedrohung mit einem Revolver als auslösende Ursache der Paralyse ebenfalls nicht anerkennen, wie dies Thiem getan hat; denn von der Zeit des Unfalls an zeigte sich der Patient erregt, und bereits 5 Monate nach dem Unfall wurde bei ihm eine vorgeschrittene Hirnerweichung festgestellt, so daß es als ganz sicher gelten kann, daß derselbe schon lange Zeit vor dem Unfall an Paralyse gelitten hat. Man könnte in diesem Falle höchstens die Möglichkeit eines beschleunigten Hervortretens der Paralysesymptome wegen der schnellen Verblödung, aber nicht einmal einen beschleunigten Krankheitsverlauf anerkennen.

Thiem: Ein 37jähriger Friedhofsgärtner wurde von einem Manne mit dem Revolver bedroht, flüchtete und vernahm den Schuß, mit dem der Mann Selbstmord

[1]) Sprengeler, Allg. Zeitschr. f. Psych. 56, Heft 5.
[2]) Kriege, Zeitschr. f. kl. Med. Bd. 55.

beging. Seit diesem Tage zeigte sich der bis dahin ruhige Gärtner erregt und litt dauernd an Beschwerden, die sich bei einer Untersuchung 5 Monate nach dem Unfall als Ausdruck einer vorgeschrittenen Paralyse erwiesen. Pupillenstarre, Schwachsinn, Charakterveränderungen, Schreibstörungen. Der Kranke verblödete schnell und starb 2 Jahre nach dem Schreckvorgang.

Damit ein ursächlicher Zusammenhang zwischen einer einmaligen Schreckwirkung und wesentlicher Verschlimmerung als möglich oder wahrscheinlich zugegeben wird, muß verlangt werden:

a) daß die Schreckwirkung nachweislich eine sehr erhebliche gewesen ist. Denn gegenüber leichten Schreckinsulten, wie sie das alltägliche Leben ständig mit sich bringt, besteht eine gewisse Gewohnheitsabhärtung, so daß eine stärkere Gefäßwirkung, insbesondere auf die Hirngefäße, kaum zu erwarten ist. Anstoßen mit Kopf oder Extremitäten, kleine Schnittverletzungen, Ausgleiten mit Fall auf die Hände bilden demnach keine genügend erheblichen psychischen Insulte, während bei allen Unfallvorgängen, die eine drohende Lebensgefahr bedingen, Furcht, zerquetscht zu werden, zu ertrinken, vom Gerüst abzustürzen, Erfaßtwerden von der Transmission, eine stärkere Chokwirkung auf das Gehirn nicht ausgeschlossen werden kann.

b) Die Verschlimmerungserscheinungen müssen sich sofort nach dem Unfall mit Schreckinsult bemerkbar machen, entweder durch Auftreten eines paralytischen oder apoplektischen Insults, eines akuten Erregungs- oder Verwirrtheitszustandes mit anschließender längerer oder dauernder Arbeitsminderung. Oder es muß eine beschleunigte Verlaufsweise der ganzen Krankheit nachweisbar sein, so daß ein frühzeitiger Tod durch den Unfall nicht auszuschließen ist.

4. Starkstromverletzung und Paralyse.

Es ist bekannt, daß durch Starkstromverletzung organische Veränderungen des Gehirns entstehen können (Optikusatrophie, Gehirnnervenlähmung, spastische Lähmungen), die in manchen Fällen eine gewisse symptomatische Ähnlichkeit mit anderweitigen organischen Erkrankungen des Zentralnervensystems bieten. So sind Krankheitsfälle als Spätfolgen einer elektrischen Schädigung beschrieben worden, die zum Teil unter dem Zustandsbild einer multiplen Sklerose, Bulbärparalyse oder Dem. paralytica verlaufen sind (s. S. 340). Niemals haben diese Krankheitszustände aber den Charakter einer echten, dauernden Progression gezeigt. Auch Jellinek[1]) hat nur paralyseähnliche Erkrankungen gesehen, so daß bisher keine eindeutigen Fälle vorliegen, in denen eine Starkstromverletzung mit Wahrscheinlichkeit den Anstoß zum Auftreten einer echten Dem. paralytica gegeben hat. Daß dies aber möglich ist, wird durchaus nicht abgelehnt werden können. Denn ebenso, wie ein mechanisches Kopftrauma, wird auch eine Starkstrom- oder Blitzschädigung durch Blutungen, Erweichungen oder sonstige direkte Einwirkung auf das Nervenparenchym die Widerstandsfähigkeit des Gehirns gegenüber dem Syphiliserreger und dessen Toxinen wesentlich mindern und das Auftreten einer Paralyse begün-

[1]) Jellinek, Zit. nach Mendel. Unf. i. d. Ätiol. d. Nervenkr., S. 30.

stigen können. In der von Adam[1]) mitgeteilten Beobachtung kann vielleicht eine Beschleunigung des Krankheitsablaufs der schon vorher vorhanden gewesenen Paralyse angenommen werden.

34jähriger Monteur geriet in Stromkreis von 1000 Volt Spannung. Er wurde bewußtlos und zeigte Brandwunden im Gesicht und am Arm. Nach einem Jahr traten Gedächtnisschwäche und Sprachstörungen auf, bald darnach paralytische Anfälle und nach weiteren 13 Wochen der Tod.

5. Kalorische Schädigungen und Paralyse.

(Abkühlung, Durchnässung, Sonnenstich, Hitzschlag.)

Die Verschlimmerung oder Auslösung einer Paralyse durch eine einmalige starke Abkühlung, Durchnässung usw. ist als ganz unbewiesen und unwahrscheinlich gutachtlich stets abzulehnen. Denn es ist nichts darüber bekannt, daß eine Hautabkühlung auf reflektorischem Wege so erheblich auf die Gehirngefäße einzuwirken vermag, daß dadurch länger dauernde Störungen der Gehirnzirkulation mit sekundärer Schädigung der Gehirnrinde entstehen. Sonnenstich und Hitzschlag werden dagegen als möglicherweise begünstigende Faktoren bei der Auslösung einer Paralyse in Betracht zu ziehen sein, falls das Leiden sich in zeitlichem Anschluß an diese entwickelt. Denn wir wissen, daß Insolationen bisweilen zu gröberen organischen Schädigungen der Gehirnhäute und der Gehirnsubstanz Anlaß geben, wodurch sicherlich die Disposition eines Syphilitikers zu Paralyse gesteigert werden kann.

6. Akut fieberhafte Prozesse und Paralyse.

Über einen ungünstigen Einfluß von fieberhaften Prozessen (Erysipel, Phlegmone, Sepsis) auf die Entwicklung oder Verschlimmerung einer progressiven Paralyse ist nichts sicheres bekannt. Es scheint vielmehr das Gegenteil der Fall zu sein, da manche Beobachtungen dafür sprechen, daß die bei fieberhaften Erkrankungen auftretende Vermehrung der weißen Blutkörper hemmend auf den Syphiliserreger einwirkt. Denn nach Beobachtungen von Mattauscheck[2]) an einem Material von 4000 syphilitisch infizierten Offizieren blieben diejenigen von einer Erkrankung des Zentralnervensystems verschont, welche im Frühstadium an einer akuten anderweitigen Infektion erkrankten. Ferner hat Neisser die Beobachtung gemacht, daß von mit Syphilis geimpften Tieren eine Übertragung auf andere Tiere nicht gelang, wenn erstere an einer anderen Infektionskrankheit erkrankten.

7. Körperliche Überanstrengung und Paralyse.

Über die Beziehungen zwischen schwerer körperlicher Anstrengung und Paralyseentwicklung liegt ein Obergutachten von Kraus[3]) und

---

[1]) Adam, Allg. Zeitschr. f. Psych., Bd. 63, Heft 3 u. 4.
[2]) Mattauscheck, Zeitschr. f. d. ges. Neurol., Bd. 8, S. 133.
[3]) Kraus u. Ziehen, Amt R. d. RVA. 1908, S. 749.

Ziehen vor, dessen Schlußsätze in Zukunft für alle einschlägigen Begutachtungen als Richtlinien dienen können:

a) Daß längere Zeit sich wiederholende, sehr heftige Kongestionen an der Entstehung einer Paralyse gelegentlich beteiligt sein können, ist nach unseren klinischen und einigen experimentellen Erfahrungen nicht ganz ausgeschlossen.

b) Daß eine einmalige, selbst sehr heftige Kongestion den Ausbruch einer Dementia paralytica herbeiführen oder den Verlauf beschleunigen kann, ist nicht anzunehmen.

c) Als auslösende Ursache eines einzelnen paralytischen Anfalls kann möglicherweise eine mit ungewöhnlicher Anstrengung verbundene Kongestion in Betracht kommen.

Dreiundzwanzigstes Kapitel.

Verletzungen und Erkrankungen des Rückenmarks und der Rückenmarkshäute.

A. Verletzungen des Rückenmarks und der Häute.

Die Rückenmarkhäute und das Rückenmark können auf verschiedenste Weise durch mechanische Gewalteinwirkungen mit oder ohne Wirbelsäulenverletzung geschädigt werden. Abgesehen von den Stichverletzungen, die für die Unfallbegutachtung wohl kaum in Betracht kommen, sind es

1. Wirbelbrüche, Wirbelluxationen und Wirbelverstauchungen, die zu Quetschungen, Zermalmungen, Blutungen oder Erweichungen des Rückenmarks und seiner Häute Anlaß geben. Die zu Verletzungen der Wirbelsäule führenden Gewalteinwirkungen (Verschüttung, Quetschung, Fall aus größerer Höhe) bedingen meist außer der örtlichen Verletzung des Rückenmarks an der Stelle des Wirbelbruchs gleichzeitig eine allgemeine Erschütterung der Med. spinalis.

2. Erschütterung der Wirbelsäule (Commotio spinalis). Eine Erschütterung der Wirbelsäule kann auch ohne gleichzeitige Verletzung der Wirbel zu Erschütterungsverletzungen des Rückenmarks Anlaß geben in Gestalt von: Blutungen in die Rückenmarkshäute, chronischen Entzündungen der Häute (Meningitis serosa circumscripta), größeren und kleineren zentralen Erweichungsherden und Blutungen (Hämatomyelie) in die Rückenmarkssubstanz, feineren, nur mikroskopisch erkennbaren Rückenmarksschädigungen schnell vorübergehender Art. Endlich kann eine einfache Rückenmarkserschütterung ohne gröbere Verletzungsfolgen auslösend oder verschlimmernd wirken bei vorhandener Disposition zu bestimmten Rückenmarksleiden (Syringomyelie, progressive spinale Muskelatrophie, Poliomyelitis ant. chron., Tabes dorsalis, Sclerosis multiplex). Eine Er-

schütterung der Med. spinalis kommt zustande bei direkten Gewalteinwirkungen, wie Stoß, Schlag, Quetschung der Wirbelsäule erheblicher Art, und bei indirekter Erschütterung derselben durch Fall auf Kopf, Gesäß, Füße aus größerer Höhe.

3. Forcierte Beugungen und Überdehnungen der Wirbelsäule durch willkürliche Bewegungen. Nach Tragen von schweren Lasten auf dem Kopf, forcierter Kopfneigung bei Durchfahrt durch niedrigen Toreingang, plötzlichem ruckartigen Rückwärtsbeugen des Kopfes sind Markläsionen beobachtet worden. Diese sind mit Wahrscheinlichkeit auf eine Distorsion der Wirbel, d. h. auf ein vorübergehendes Voneinanderweichen der Gelenkflächen ohne bleibende Dislokation zurückzuführen. Die plötzliche ruckartige Muskelanspannung bedingt eine übermäßige gewaltsame Beuge-, Streck- oder Rotationsbewegung der Wirbel mit mehr oder weniger vollständiger Zerreißung der Gelenkkapsel, und im Moment des Abweichens des Wirbels aus seiner normalen Lage entsteht eine Quetschung des Rückenmarks. Bei Wagner-Stolper[1]) findet sich eine einschlägige Beobachtung angeführt.

4. Periphere Traumen können nur dann auf das Rückenmark schädigend einwirken, wenn es sich um stärkere Zerrgewalten an Gliedmaßen handelt, z. B. beim Erfassen eines Armes durch Transmission. Die hierbei an den Arm- oder Beinnervengeflechten stattfindende gewaltsame Zerrung pflanzt sich bis zum Rückenmark fort und verursacht bisweilen Abrisse der Rückenmarkswurzeln dicht am Mark und Blutungen in der grauen und weißen Rückenmarkssubstanz. Nach solchen Zerrgewalten ist Schwund der Vorderhornganglienzellen und Pyramidendegeneration beobachtet worden.

5. Starke Muskelanstrengungen, vor allem schweres Heben. Es sind danach Rückenmarkserscheinungen beobachtet worden, die sich nur durch Blutungen der Häute und auch des Rückenmarksgewebes selbst erklären lassen. Der Entstehungsmechanismus einer Rückenmarksverletzung durch eine sehr starke Anstrengung ist nicht geklärt. Wahrscheinlich handelt es sich um vorübergehende Wirbeldislokationen oder um plötzliche starke Druckschwankungen des Liquor spinalis. Bei jeder körperlichen Anstrengung steigt der Liquordruck stark an, wie man das bei jeder Lumbalpunktion im Steigrohr erkennen kann (Husten, Pressen). Normalerweise erfolgt ein schneller Ausgleich durch Abschwellen und Entleerung der Venenplexus im Rückenmarkskanal. Ist ein solcher Ausgleich aber behindert durch Erschwerung des Blutrückflusses zum rechten Herzen, wie es bei angehaltenem Atmen und Pressen bei stärkeren Körperanstrengungen der Fall ist, so kann ein stärkerer Anprall und akuter Druckanstieg des Liquor zu Zerrungen an den Rückenmarkswurzeln Anlaß geben. Denn es ist durch anatomische Befunde festgestellt, daß bei Gehirntumoren mit

[1]) Wagner-Stolper, Deutsche Chir. Bd. 40, Fall 57.

chronischer Drucksteigerung sich an den hinteren und vorderen Rückenmarkswurzeln degenerative Veränderungen nachweisen lassen (Finkelnburg).

I. Spezielle Symptomatologie der Unfallverletzungen der Rückenmarkhäute und des Rückenmarks.

1. Blutungen der Rückenmarkhäute.

Häuteblutungen werden beobachtet nach Wirbelverletzungen, Wirbelverstauchungen, Erschütterung der Wirbelsäule, sehr starken Muskelanstrengungen (schweres Heben). Sie bilden häufig nur eine Begleiterscheinung bei anderweitigen schweren Verletzungen des Rückenmarks, kommen aber auch selbständig vor. Wie sich der mechanische Vorgang beim Zustandekommen von Blutungen in die Häute und in die Rückenmarksubstanz infolge schwerer Anstrengungen abspielt, ist noch ganz unentschieden. Vielleicht handelt es sich in einzelnen Fällen um eine schnell vorübergehende Dislokation von Wirbelgelenken, zumal manche Verletzten einen starken Schmerz im Rücken im Moment des Hebens angegeben haben. Man muß aber auch an die Möglichkeit des Platzens eines bereits erkrankten Gefäßes (Arteriosklerose, Lues) durch die Blutdrucksteigerung bei der Anstrengung denken, sowie an die oben erwähnten akuten Schwankungen des Liquordruckes.

Krankheitserscheinungen. Die nach Erschütterung auftretenden Blutungen finden sich zwischen Wirbeln und Dura mater oder nach innen von der Dura im Arachnoidealsack oder in der Pia selbst. Die durch Zerreißungen der Venenplexus zwischen Wirbeln und Dura entstehenden Blutungen sind die häufigsten. Sie sind selten so erheblich, daß die Dura komprimiert erscheint. Die Blutungen in den Arachnoidealsack bedingen nur bei größerem Umfang klinische Erscheinungen, die außerdem durch eine häufig gleichzeitige Rückenmarksverletzung verdeckt werden. Die Hämorrhagie der Häute führt vorwiegend zu Reiz-, weniger zu Lähmungserscheinungen und dokumentiert sich in erster Linie durch heftige Schmerzen im Rücken, die sich bei Bewegungen verstärken, ausstrahlende Schmerzen im Bereich der vom Druck betroffenen hinteren Rückenmarkswurzeln, Steifigkeit der Wirbelsäule, Hyperästhesie bei Druck auf Haut und Muskulatur, Muskelspasmen. Bei größeren Blutungen werden Kompressionslähmungen an Beinen, Anästhesien, Blasenstörungen meist nicht vermißt. In letzteren Fällen wird die Differentialdiagnose gegenüber gleichzeitiger spinaler Erschütterungsverletzung im Beginn oft unmöglich sein. Die nach isolierter Häuteblutung meist schnelle Besserung bis zur völligen Wiederherstellung im Verlaufe einer Reihe von Wochen (4—8) durch Resorption des Blutextravasates sichert erst die Diagnose.

Häuteblutung nach starker Muskelanstrengung bildet ein seltenes Vorkommnis. In den bisher mitgeteilten Beobachtungen trat die Blutung im Anschluß an das Heben von außergewöhnlich schweren Lasten in gebückter Stellung auf.

Wagner und Stolper[1]): Ein 29jähriger Schichter wollte einen schweren Block ruckweise in die Höhe bringen. Es überstieg seine Kräfte. Er fühlte plötzlich unter einem Krach einen lebhaften Schmerz im Kreuz, der bald über das ganze Rückgrat hin ausstrahlte. Nach einer Viertelstunde konnte er sich nicht mehr auf den Beinen halten, und als er im Wagen im Lazarett ankam, konnte er in Rückenlage die Beine nicht mehr heben. Dabei Steigerung der Kniereflexe, Patellarklonus, alle anderen Reflexe niormal. Sensibilität an den Beinen für alle Qualitäten normal, nur in der Lenden- und Kreuzbeingegend Hyperästhesie für Berührung und Schmerz. Die oberen Lendenwirbel waren sehr druckempfindlich, aber ohne Stellungsanomalie. Es bestand Harnretention. Nach 6 Tagen wurde Harn- und Stuhlentleerung normal. Nach weiteren 7 Tagen verlor sich die Motilitäts- und Sensibilitätsstörung. Nach 5 Wochen Entlassung zur Arbeit und seitdem gesund.

Die Diagnose muß nach dem allmählichen Beginn und dem günstigen Verlauf wohl in erster Linie auf Häuteblutung lauten mit leichter Kompression der Med. spinalis. Eine zentrale Blutung ist abzulehnen und ebenso eine durch vorübergehende Kompression (Wirbelluxation) bedingte Quetschung des Rückenmarks, da in beiden Fällen die Lähmung sofort eingesetzt haben würde und sich kaum so schnell — innerhalb 14 Tagen — ausgeglichen hätte. Ebenfalls um eine Blutung in die Häute des Rückenmarks hat es sich wohl in der Beobachtung von Schindler[2]) gehandelt, vor allem wegen des Überwiegens der Wurzelreizsymptome gegenüber motorischen Lähmungserscheinungen.

32jähriger Arbeiter verspürte sofort nach schnellem Heben einer 2 Zentner schweren Last einen Knacks im Kreuz, Zittern in den Beinen, und das Gefühl, als ob heißes Wasser über sie laufe. Er arbeitete bis Feierabend, bekam zu Hause Schmerzen in den Beinen, besonders beim Bücken und konnte weder Stuhl noch Urin entleeren. Gang unsicher, einknickend, geringe Ataxie, Kniereflexe gesteigert, Hautreflexe normal, Hyperästhesie am Damm, Skrotum, Penis, heftige reißende Schmerzen im Gesäß und Beinen. Nach 14 Tagen Abnehmen der Reizerscheinungen, Stehen mit Unterstützung möglich, Gehen unmöglich. Nach 3 Wochen spontane Urinentleerung. Nach 9 Wochen Gehen ohne Stütze möglich, nach 24 Wochen ausreichendes Gehen, nach 9 Monaten erwerbsfähig bei geringer Abmagerung der linken Wade und Gefühlslosigkeit am Damm, After und Hodensack.

Binswanger[3]) hat in einem Obergutachten die Entstehung einer Blutung in die Rückenmarkshäute infolge Überanstrengung beim vierstündigen Verladen von Holzstoffrollen anerkannt, zumal die Arbeit für den Verletzten eine außergewöhnliche war.

Alter, schwächlicher, rheumatischer Mann, der sonst nur leichte Gartenarbeit verrichtete, mußte während 4 Stunden 35—50 kg schwere Holzstoffrollen gemeinsam mit einem anderen Arbeiter verladen. Bei der Arbeit Klagen über Kreuzschmerzen, legte sich zu Hause unter heftigen Schmerzen zu Bett. Am folgenden Tag: heftige Rücken-Kreuzschmerzen, Gefühl der Taubheit und erhebliche Bewegungsstörungen in den linken Extremitäten. Nach 4 Wochen konnte wieder vorübergehend leichte Arbeit verrichtet werden. Nach dem weiteren Verlauf, mit Verschlimmerung nach 2 Monaten bis zu fast völliger Lähmung im linken Arm und Bein und Tod 2 Jahre p. tr., wird man daran denken müssen,

[1]) Wagner u. Stolper, Deutsche Chir. Bd. 40. S. 199.
[2]) Schindler, Allgem. med. Zentralzeitschr. 1896, Nr. 91.
[3]) Binswanger, Obergutachten. Amtl. Nachr. 1905, S. 505.

daß die Überanstrengung nur auslösend bzw. verschlimmernd gewirkt hat bei einer schon bestehenden latenten Erkrankung der Häute, etwa tuberkulöser Natur (Karies am linken Ellbogen mit Fistelbildung!).

2. Chronische Entzündung der Rückenmarkshäute. Meningitis serosa circumscripta[1]).

Nach Wirbelsäulenerschütterungen auch leichterer Art, die anfänglich ohne Zeichen einer Schädigung der Rückenmarkshäute oder des Rückenmarkes verlaufen sind und nur zu vorübergehenden Rückenschmerzen geführt haben, hat man in seltenen Fällen das allmähliche Auftreten von Reiz- und Kompressionserscheinungen der Med. spinalis beobachtet. Bisweilen bot sich ganz das Bild einer langsam wachsenden Rückenmarksgeschwulst. Als anatomische Grundlage hat die Operation in solchen Fällen ergeben: chronisch entzündliche Veränderungen an den Rückenmarkshäuten, mehr oder weniger ausgedehnte Verdickungen der Dura mater und weichen Häute an umschriebener Stelle, Verklebungen und Verwachsungen der Häute untereinander und mit dem Rückenmark und seinen Wurzeln, Liquoransammlung zwischen den verklebten Häuten, erhöhten Liquordruck.

Krankheitserscheinungen:

Je nach dem Sitz der traumatischen pachy- und peripachymeningitischen Verwachsungen an der Vorder- und Hinterfläche des Rückenmarks werden atrophische Muskellähmungen oder sensible Reizerscheinungen, Schmerzen und Parästhesien in radikularer Ausbreitung die Hauptrolle im Krankenbild spielen. Auch stärkere motorische Reizerscheinungen, fibrilläres Muskelwogen bis zu attackenweise auftretendem Schütteltremor einer Extremität sind beschrieben worden. Erst später gesellen sich zu den Reizsymptomen der Rückenmarkswurzeln spastische Lähmungserscheinungen. Als besonders charakteristisch für das Wesen einer solchen adhäsiven Meningitis nach Trauma schildern einzelne Autoren (Mauss und Krüger) Schwanken im klinischen Bild, das Kommen und Gehen einzelner Symptome, was wohl auf eine wechselnde Druckerhöhung des Liquor im Rückenmarkskanal zurückzuführen ist.

Für die Unfallbegutachtung ist die genaue Kenntnis dieser traumatischen Entzündungen der Rückenmarkshäute von besonderer Wichtigkeit, weil

a) oft gar nicht erhebliche Erschütterungen der Wirbelsäule, wie z. B. in Fällen von Oppenheim und Krause ein Anprall auf die Erde beim Springen über ein Pferd (beim Turnen) oder mehrfaches Fallen auf die Hüfte oder Heben einer sehr schweren Last, als Entstehungsursache für das Leiden in Betracht kommen sollen;
b) das Leiden sich häufig schleichend entwickelt, so daß oft Monate vergehen bis zum ausgesprochenen Hervortreten von Beschwerden;
c) durch eine Operation (Laminektomie) oft völlige Heilung erreicht werden kann.

---

[1]) Mauss und Krüger, Deutsche Zeitschr. f. Nervenhk. Bd. 62, Heft 1—6.

Die Zusammenhangsfrage wird stets zu bejahen sein, wenn im unmittelbaren Anschluß an ein Trauma vorübergehend stärkere Schmerzen im Rücken nachweislich aufgetreten sind, so daß die Arbeit für kürzere oder längere Zeit hat unterbrochen werden müssen, und wenn dann später ohne sonstige nachweisbare Ursache sich fortschreitende Rückenmarkssymptome ausbilden, die nach dem ganzen Symptomenbild durch ein anderweitiges Rückenmarksleiden (Karies mit Kompression, Lues, Syringomyelie, Tabes usw.) nicht erklärt werden können.

3. Rückenmarksblutung, Hämatomyelie.

Blutungen in die Rückenmarksubstanz treten auch ohne jede Wirbelverletzung auf nach einfachen Erschütterungen der Wirbelsäule, wenn diese durch stärkeren Schlag, Stoß, Quetschung direkt getroffen oder indirekt erschüttert wird durch Fall auf Füße, Gesäß, Kopf aus größerer Höhe. Es ist nicht bekannt, ob auch durch starke Muskelanstrengungen eine Rückenmarksblutung entstehen kann (bei vorher erkrankten Gefäßen!), wie dies bei den Rückenmarkshäuten der Fall ist. Die Blutung kann isoliert auftreten, als Hämatomyelie, oder als Begleiterscheinung ausgedehnter Rückenmarksverletzungen, wobei sie dann die Grenzen des traumatischen Erweichungsherdes nach oben und unten überschreitet. Der Sitz der traumatischen Blutung ist fast durchweg die graue Substanz; zuweilen wird die Kuppe der Hinterstränge betroffen. Die graue Substanz ist wegen ihres Gefäßreichtums zu Blutungen praedisponiert. Die Hämatomyelie ist oft nur auf eine Hälfte der grauen Substanz oder ein Vorder- oder Hinterhorn beschränkt und breitet sich vorzugsweise in der Längsrichtung des Rückenmarks aus (Röhrenblutung). Seltener finden sich mehrere größere Blutherde oder eine disseminierte Verbreitung kleinerer Blutherde.

Symptomatologie.

Die Erscheinungen bestehen in einer plötzlichen Leitungsunterbrechung des Rückenmarks: apoplektiform einsetzender Lähmung der beiden Arme oder der Beine, Anästhesie in wechselnder Höhe, Blasen- und Mastdarmlähmung. Die Lähmung wird je nach dem Sitz der Blutung eine schlaffe sein mit Fehlen der Sehnenreflexe (Hals-, Lendenschwellung), oder eine spastische mit gesteigerten Reflexen. Falls nicht der Tod erfolgt, zeigt sich schon innerhalb von Tagen und Wochen ein weitgehender Rückgang der Krankheitserscheinungen, da ja mit der Resorption der Blutung die Druckwirkung auf die Leitungsbahn abnimmt. Meist bleiben aber als Restsymptome Gefühlsstörungen und atrophische Zustände in einzelnen Muskelgruppen dauernd bestehen. Wichtig ist, daß bei kleineren Blutungen auffällige Anfangserscheinungen fehlen können und die spätere genaue neurologische Untersuchung bei unbestimmten Klagen eines Unfallverletzten vereinzelte und wenig hervortretende Symptome einer stattgehabten Hämatomyelie ergibt: Partielle Empfindungslähmung, geringe ein- oder doppelseitige atrophische Lähmung der Glutäalmuskulatur, Schwäche der Rückenmuskeln mit schlechter Fixation des Beckens, Lähmung oder Parese eines einzelnen oder mehrerer Muskeln, z. B. des triceps allein (Oppenheim).

Für die Beurteilung der Zusammenhangsfrage mit einem Unfall ist es wichtig, daß die Blutung nicht immer in unmittelbarem

Anschluß an das Trauma erfolgt, sondern daß oft Stunden vergehen, während derer der Verletzte noch weiter arbeitet, bis die Blutung plötzlich einsetzt. Im Falle von Schefold[1]) traten die Lähmungserscheinungen in beiden Armen und Beinen vier Stunden nach einem heftigen Stoß des Kopfes gegen die Dielen eines Fußgängersteiges ein. Der Verletzte hatte zunächst noch ruhig weitergearbeitet. In dem Fall von Strümpell[2]) trat die Blutung mit Lähmung erst am Tage nach dem Unfall auf: Schulmädchen fiel von einer Leiter auf die Füße. Erst am nächsten Morgen trat in der Schule Schwäche in beiden Armen und beim Treppensteigen in die elterliche Wohnung Schwäche in den Beinen, am gleichen Tage vollständige Paraplegie auf.

Da das Auftreten einer Hämatomyelie und einer Blutung in die Rückenmarkshäute auch spontan ohne traumatische Einwirkung beobachtet wird, z. B. bei Purpura, bei perniziöser Anämie, bei Typhus, im Puerperium, so muß in Fällen, in denen diese Erkrankungen vorliegen, die Zusammenhangsfrage bezüglich der Erheblichkeit eines Betriebsunfalls besonders sorgfältig geprüft werden. Es kann sonst leicht ein rein zufälliges zeitliches Zusammentreffen der Blutung mit einem an sich harmlosen Unfall zur Annahme eines ursächlichen Zusammenhangs führen. So hat Oppenheim[3]) einen Fall mitgeteilt, in welchem ein Kranker mit hämorrhagischer Diathese (Bluter) bei dem einfachen Versuch, ein hohlgelegtes Stück Holz mit dem Fuß zu durchbrechen, eine Rückenmarksblutung erlitt. In einer anderen Beobachtung Oppenheims traten die Zeichen einer Hämorrhagia spinalis bei einem Soldaten während der Ausübung der einfachen Handgriffe mit dem Gewehr auf.

Anerkennung einer traumatischen Entstehungsweise.

Diese ist gutachtlich nur dann erlaubt, wenn a) entweder eine direkte Erschütterung der Wirbelsäule während der Betriebsarbeit erwiesen ist, wobei auch eine solche leichterer Art bei vorhandener Disposition zu Blutungen genügen kann, um als Unfallereignis zu gelten, oder wenn b) eine körperliche Anstrengung, die zu einer Hämatomyelie geführt hat, nachweislich eine außergewöhnliche war. Wenn bei Neigung zu Blutungen schon bei einfachem stärkerem Bücken oder beim Heben und Tragen einer nicht außergewöhnlich schweren Last, wie sie der Kranke auch sonst gewohnt war, eine Hämatomyelie auftritt, so trägt diese gewohnte Betriebsarbeit nicht den Charakter eines Unfallereignisses an sich. Der Gutachter wird in solchen Fällen auszuführen haben, daß vermöge der Neigung zu Blutungen jederzeit eine spinale Hämorrhagie bei dem Kranken auftreten konnte ohne jede Überanstrengung bei ganz geringfügigen Anlässen, wie Pressen beim Stuhlgang, beim Niesen, beim schnellen Treppensteigen. c) Die Rückenmarksblutung muß im engen zeitlichen Zusammenhang mit dem Trauma aufgetreten sein, d. h. innerhalb der nächsten 24 Stunden.

---

[1]) Sammlg. klin. Vorträge v. Volkmann. (Tübinger Klinik.)

[2]) Strümpell, Ref. M. U. 1905, S. 310.

[3]) Oppenheim, Lehrb. d. Nervenkrankh.

4. Rückenmarksquetschung und Erweichung.

Größere Quetschungsherde und Erweichungen, die das Rükkenmark in seinem ganzen Querschnitt oder in größerer Ausdehnung zerstören, werden nach Frakturen und Luxationen der Wirbel beobachtet und bisweilen auch ohne Wirbelverletzung nach sehr starken Erschütterungen der Med. spinalis, z. B. nach Fall aus größerer Höhe auf das Gesäß. Das durch Quetschung oder Erschütterung geschädigte Rückenmarksgewebe verfällt der Nekrose. Bei nicht zu ausgedehnten Zerstörungen kommt es durch Resorption des nekrotisierten Gewebes zur Ausbildung einer zystischen Höhle mit oft glatter narbiger Gliawandung.

Die Erweichungsherde liegen mit Vorliebe in den Hintersträngen an der hinteren Rückenmarkskommissur und in der grauen Rückenmarkssubstanz in einer Längenausdehnung bis zu mehreren Zentimetern. Durch die reaktive Gliawucherung grenzen sich diese traumatischen Höhlenbildungen von der Umgebung ziemlich scharf ab und haben anatomisch oft große Ähnlichkeit mit einer Syringomyeliehöhle. Das anfängliche Symptombild einer apoplektiform einsetzenden schweren Lähmung gestattet zunächst keine sichere Abgrenzung gegenüber einer traumatischen Hämatomyelie. Erst nach dem Zurückgehen der Fernwirkungen bleiben bestimmte Symptomenkomplexe zurück, die, namentlich beim Sitz des Erweichungsherdes in der grauen Substanz. das Zustandsbild einer Syringomyelie darbieten können: partielle Empfindungslähmung, Muskelatrophien, Neigung zu trophischen Störungen. Da bis zum Abschluß des zystischen Vernarbungsprozesses und dem endgültigen Hervortreten der genannten spinalen Unfallerscheinungen oft längere Zeit vergeht, so sind solche unter dem Symptombild einer Syringomyelie auftretenden Höhlenbildungen der Med. spinalis häufig fälschlich als echte traumatische Syringomyelie aufgefaßt und beschrieben worden. In der Regel zeigen aber diese traumatischen Höhlenbildungen bei jahre- und jahrzehntelanger Beobachtung keine Progression, wie dies Kienböck[1]) bei einer kritischen Sichtung des vorliegenden kasuistischen Materials nachgewiesen hat. Bei der gutachtlichen Beurteilung solcher traumatischen Höhlenbildungen müssen wir deshalb davon ausgehen, daß es sich um abgeschlossene Prozesse handelt, die prognostisch wesentlich günstiger zu bewerten sind als eine echte Syringomyelie mit chronischer Progression.

Krankheitserscheinungen bei Quetschungs- und Erschütterungsverletzungen.

Je nach dem Sitz der Schädigung oberhalb der Halsmarkanschwellung oder in dieser selbst, im Brustmark, in der Lendenanschwellung, im Conus tereminalis oder der Cauda equina und je nach der Ausdehnung der Querschnittsläsion wird das Symptombild ein verschiedenartiges sein. Die Tabelle auf Seite 432 gibt Aufschluß über die bei Querschnittsunterbrechung des Rückenmarks in seinen wichtigsten Abschnitten auftretenden Symptome.

Verletzungen des Conus terminalis.

Wird der Conus terminalis allein geschädigt, wie z. B. bei traumatischer Blutung, so findet sich folgendes Bild: Blasen-Mastdarmlähmung, An-

[1]) Kienböck, Jahrb. f. Psych. u, Neural. Bd. 21 S. 50,

ästhesie des Afters und seiner Umgebung bis zu mehreren Zentimetern im Umkreise, ferner der Haut der Hinterfläche beider Oberschenkel in ihren inneren Hälften, der Dammgegend, der äußeren männlichen oder weiblichen Geschlechtsteile, sowie der Mastdarm-Harnröhren-Blasenschleimhaut, Fehlen der sexualen Reflexe und der Achillesreflexe ohne irgendwelche Extremitätenlähmung. Dies Symptombild einer Konusläsion kann in gleicher Weise dann entstehen, wenn die in dem sakralen Teil der Wirbelsäule zuletzt allein zusammenliegenden Wurzelfasern geschädigt werden. Die Differentialdiagnose zwischen Verletzung des Conus terminalis und der Kauda kann also bisweilen sehr schwierig und oft unmöglich sein.

5. Rückenmarkserschütterung ohne gröbere anatomische Läsion.

Geringgradige, oft nur mikroskopisch erkennbare Rückenmarksveränderungen (Tierversuche) finden sich nach direkten und indirekten Traumen der Wirbelsäule und nach peripher einwirkenden Zerrgewalten an den Extremitäten. Die Krankheitserscheinungen treten dann nicht apoplektiform auf, wie bei traumatischer Quetschung und Erweichung, sondern ganz allmählich.

Wir wissen durch die experimentellen Tierversuche von Schmauss, Bikeles, Kirchgässer[1]) u. a., daß nach Erschütterung auch ohne gröbere makroskopisch erkennbare Veränderungen am Rückenmark, also ohne gröbere Erweichungsherde oder Blutungen, vorübergehende Lähmungserscheinungen auftreten können. Mikroskopisch finden sich im Tierexperiment: feinkörnige Degeneration in den Vorderhornganglienzellen, Quellung und Verbreiterung der Achsenzylinder, Degeneration der Markscheiden, stets starke Hyperämie im arteriellen und venösen Gebiet, nur selten als Nebenbefund kleinere Blutungen. Solche feineren Erschütterungsschädigungen der nervösen Elemente müssen wir in allen Fällen annehmen, in denen nach einem Rückentrauma oft nur für Stunden oder Tage Lähmungen und Schwächezustände in den Extremitäten, schnell vorübergehende Gefühlsstörungen oder Blasen- und Mastdarmschwäche sich einstellen. Es erfolgt oft schon nach wenigen Tagen vollständiger Rückgang aller Erscheinungen. Nicht selten kann man aber noch nach Wochen, Monaten und Jahren die stattgehabte Erschütterung erkennen in Gestalt restierender abnormer Steigerung der Sehnenreflexe bei gleichzeitigen Klagen über leichte Ermüdbarkeit nach körperlichen Anstrengungen. Bisweilen treten die Folgeerscheinungen einer Rückenmarkserschütterung nicht unmittelbar nach dem Trauma hervor, wie dies bei größeren Blutungen oder Erweichungen die Regel ist, sondern entwickeln sich mehr allmählich im Verlaufe von Wochen und Monaten zu ihrer vollen Höhe, um dann stationär zu bleiben. Es hat dann anfänglich den Anschein, als handle es sich um ein progressives traumatisches Rückenmarksleiden, während die genügend lange Beobachtung des Falles erweist, daß das Leiden nicht fortschreitender Natur ist. Ich führe zwei Beispiele an.

Leyden: Eine Näherin war in ihrem 28. Lebensjahr von der obersten Stufe einer Treppe gefallen. Sie verspürte sofort vorübergehende Schmerzen in der rechten Hüfte, Schulter, sowie im Kopf und Schwäche aller Extremitäten. Allmählich magerten die Oberextremitäten immer mehr ab; doch blieben im übrigen die Erscheinungen 12 Jahre lang stationär, abgesehen von einer Verschlimmerung

[1]) Kirchgässer, D. Zt. f. Nervenheilk., Bd. 17, S. 422.

Tabelle für die allgemeine Ortsbestimmung der Querschnittläsion (nach Schultze).

	Auf motorischem Gebiete	Auf sensiblem Gebiete	In bezug auf Blase u. Mastdarm, sexuelle Funktion	In bezug auf Reflexe	In bezug auf trophische Störungen
Querschnittsverletzungen der Cauda equina erzeugen:	Schlaffe Lähmungen im Ischiadicusgebiet und den Sakralnerven allein, oder auch im Cruralis oder Obturatorius.	Anästhesien in den gleichen Gebieten; in einzelnen Teilen auch Parästhesien, Hyperästhesien und Schmerzen.	Starke Lähmung; später Cystitis. Impotenz.	Aufgehobensein der Haut- und Sehnenreflexe in den betroffenen genannten Nervengebieten.	Entartungsreaktion und Schwund der Muskeln. Decubitus; trophische Störungen der Haut, Gelenke und Knochen.
Querschnittsverletzungen der Lendenanschwellung:	Je nach dem Sitz schlaffe Lähmung in den sakralen Nerven allein oder auch in den lumbalen (Cruralis, Obturatorius).	Wie oben.	Desgl. Impotenz.	Desgl.	Desgl.
Querschnittsverletzungen des Dorsalteiles:	Lähmung der Beine und einzelner Rumpfteile, bei Läsion des obersten Teiles auch okulopupilläre Symptome. Meist spastische Lähmung.	Anästhesie der Beine u. symmetrisch. Rumpfabschnitte, an der oberen Grenze auch Hyperästhesien und Schmerzen.	Desgl. Impotenz.	Erhaltensein oder Erhöhung der Sehnen- und Hautreflexe. Manchmal auch Fehlen der Sehnenreflexe.	Keine Entartungsreaktion. Oft starke Herabsetzung der elektrischen Erregbarkeit. Decubitus.
Querschnittsverletzungen der Halsanschwellung:	Spastische Lähmung der Beine; Lähmung der Rumpfmuskeln: teilweise od. völlige schlaffe und atrophische Lähmung der Armmuskeln.	Anästhesie der Beine, des Rumpfes bis zur Schulterhöhe, teilweise oder ganz der Arme. Hyperästhesien u. Schmerzen.	Desgl. Impotenz; manchmal Priapismus	Desgl..	Entartungsreaktion der Armmuskeln, sonst dsgl. Oft Temperatursteigerung.
Querschnittsverletzungen des obersten Halsteiles:	Meist sofort eintretenden Tod, oder bei tieferem Sitz und bei Lähmung des Phrenicus nach Tagen oder Wochen Exitus letalis.				
		Ausstrahlende Schmerzen besonders im N. occipit. major.			

der motorischen Störungen im 37. Lebensjahr. Der Befund war: Atrophische Lähmung der Oberextremitäten und spastische Parese der Unterextremitäten, Sensibilität und Sphinkteren normal. Tod an Abdominaltyphus. Die Obduktion ergab adhäsive Pachymeningitis im Halsteil mit Abplattung des Rückenmarks, daselbst zentrale Sklerose der grauen, aber auch der angrenzenden weißen Substanz, auf- und absteigende Strangdegeneration.

Erb: 56jähriger, früher gesunder Landwirt fiel rückwärts heftig auf das Gesäß. Zunächst hatte er bloß das Gefühl von „Zerschlagenheit" an dieser Stelle. Nach 14 Tagen Spannungsgefühl und Schwäche in den Unterschenkeln. Etwa ein Vierteljahr nach dem Unfall hatte sich das Leiden zu seiner vollen Höhe entwickelt und blieb seitdem fast stationär. Es fand sich erhebliche Abmagerung und Atrophie an den unteren Extremitäten, mit teils kompletter, teils partieller Ea. R.; fibrilläre Muskelzuckungen, lebhafte Patellarreflexe, fehlende Achillesreflexe. Hautreflexe: Plantarreflex rechts fehlend, links spurweise, Kremaster und Bauchreflexe fehlend.

6. Rückenmarksschädigung durch Zerrung der Rückenmarkswurzeln.

Bei Unfällen, die zu einer Zerrung von Nervengeflechten Anlaß geben, z. B. des Armgeflechts bei Fall eines Balkens auf die Schulter, gewaltsame Zerrung eines Armes durch Transmission, oder Festhalten mit einem Arm bei einem Fall, gewaltsame Zerrung am Arm bei Einrenkungsversuchen einer Schulterluxation, kommt es nicht nur zu Zerreißungen der peripheren Nervenfasern. Es ist vielmehr durch anatomische Befunde erwiesen, daß dabei auch Abrisse der Nervenwurzeln dicht am Rückenmark, Blutungen in der Rückenmarksubstanz und Degeneration von Vorderhornganglienzellen und der Rückenmarksbahnen entstehen können. Es handelt sich also um eine Zerrungserschütterung des Rückenmarks, die sich nach klinischer Beobachtung nicht nur auf die der betreffenden Extremität zugehörige Rückenmarkshälfte, sondern bisweilen auch auf den ganzen Rückenmarksquerschnitt erstreckt. Da bei diesen Zerrungsschädigungen ein Teil des Nervengewebes geringgradiger in Mitleidenschaft gezogen wird und erst später zugrunde geht, zumal wenn nicht die erforderliche Schonung vor Anstrengungen stattfindet, so treten in bestimmten Muskelgebieten bisweilen erst allmählich trophische Störungen und Muskeldegenerationen hervor. Dadurch kann zunächst der Eindruck erweckt werden, als ob sich im Anschluß an das Trauma ein fortschreitender Rückenmarksprozeß entwickelt hätte. In der Regel bleibt aber der Zustand nach Wochen und Monaten stationär. Ich füge einige einschlägige Beobachtungen an.

Jolly beschrieb einen 34jährigen Mann, der vor 15 Jahren durch eine Maschinenverletzung den linken Arm verloren hatte, der ihm nahe dem Humeruskopf förmlich ausgerissen worden war. In der Folgezeit wurde allmählich der rechte Arm immer schwächer. Der nach 2 Jahren erreichte Zustand blieb in den folgenden 13 Jahren derselbe. Es fand sich: Muskelatrophie rechts an Schulter und Oberarm, Sensibilitätsstörung bis hinab zur Hand. Kienböcks Kranker erlitt bei einem Sturz vom Wagen eine Fraktur des linken Oberarms ohne Lähmungserscheinungen. Allmählich entwickelte sich Atrophie an der rechten Hand ohne Sensibilitätsstörungen.

7. Rückenmarkserkrankung infolge erheblicher Schwankungen des Atmosphärendrucks — Caissonerkrankungen.

Bei Brücken- und Hafenarbeitern, die gezwungen sind, unter Wasser in sogenannten Caissons, d. h. Taucherapparaten, unter einem Luftdruck von mehreren Atmosphären (1—5 Atmosphären) zu arbeiten, treten nach Verlassen der Senkkästen bisweilen verschiedenartige Krankheitserscheinungen auf: Herzstörungen (beschleunigte und unregelmäßige Herztätigkeit), Ohrstörungen, Muskel- und Gelenkschmerzen, Atmungsstörungen und Lähmungen zerebraler und vor allem spinaler Herkunft, spastische Hemi-, Para- und Monoplegien, Blasen- Mastdarmlähmungen, Gehirnnervenlähmungen, Sprach- und Sehstörungen, psychische Störungen.

Die ersten Erscheinungen können bei zu rascher Ausschleusung sofort nach wenigen Minuten (Paraplegie) oder spätestens nach Stunden zur Entwicklung kommen. Die nervösen Symptome gehen meistens im Laufe weniger Tage zurück (2—6 Tage, Lauenstein), ohne Folgeerscheinungen zu hinterlassen. Bisweilen halten die spinalen Lähmungen wochen- und monatelang an oder sind unheilbar. Da nur ein Teil der Arbeiter unter gleichen Arbeitsverhältnissen erkrankt, so scheinen große individuelle Verschiedenheiten in der Neigung zur Caissonkrankheit vorzuliegen. Vor allem scheinen Individuen mit Organerkrankungen — Herzfehler, Lungenleiden, Arteriosklerose, Adipositas — leichter von Caissonkrankheiten befallen zu werden. Man hat bei Tieren experimentell Caissonlähmungen erzeugt, indem man sie eine zeitlang hohem Druck in Behältern aussetzte und diesen Druck plötzlich oder in Zeit von wenigen Minuten herabsetzte. Die Ursache der Luftdruckerkrankung des Rückenmarks hat man bei solchen Tieren in Luftembolie der kleinen Rückenmarksgefäße mit sekundärer Erweichung des Rückenmarksgewebes feststellen können. Bei hohem Druck nimmt das Blut Gas aus der atmosphärischen Luft auf. Dieses bei hohem Druck im Blut gelöste Gas wird beim Übergang in niedrigeren Druck frei, wird mit dem Blutstrom als Fremdkörper mitgeführt und verursacht eine Verstopfung der kleinen arteriellen Gefäße.

Als Entstehungsursache der Caissonlähmung kommt also in erster Linie die zu rasche Ausschleusung mit schneller Drucksenkung in Betracht und nicht die Betriebsarbeit als solche, da die Zeitdauer des Aufenthaltes in dem Caisson weniger von Bedeutung ist für das Auftreten der Krankheitserscheinungen. Es handelt sich also bei der Caissonkrankheit, bei deren Auftreten außerdem eine individuelle Veranlagung eine Rolle spielt, um eine Unfallerkrankung, wie das Fürstner in einem Gutachten über eine Caissonparaplegie dargelegt hat (Rekursentsch., Bd. XI, 372).

II. Abschätzung der Arbeitsfähigkeit nach Rückenmarksverletzungen mit oder ohne Wirbelsäulenschädigung.

Die Beurteilung der Erwerbsfähigkeit nach Wirbelverletzungen mit Rückenmarksschädigung oder nach einfacher Rückenmarkserschütterung richtet sich nach den zurückbleibenden Folgezuständen, die eine mehr oder minder große Störung der Gebrauchsfähigkeit der Gliedmaßen bedingen, wobei natürlich etwaige begleitende Blasen-Mastdarmstörungen besondere Berücksichtigung erfahren müssen. Wenn auch in jedem Einzelfall eine individuelle Beurteilung erforderlich ist, so lassen sich doch einige allgemeine Grundsätze aufstellen.

1. Für die erste Zeit nach einer Commotio spinalis ist stets, auch wenn diese nur leichte Folgeerscheinungen gezeitigt hat (vorübergehende Paresen, stärkere Schmerzen), für 2—3 Monate Vollrente zu gewähren, da durch zu frühzeitige Aufnahme von körperlicher Arbeit die Wiederherstellung der Funktion nur leicht geschädigter Nervenelemente gehindert wird. Dies wird vor allem der Fall sein, wenn Verdacht auf begleitende oder isolierte Blutungen der Rückenmarkshäute besteht (sensible Wurzelreizerscheinungen), an welche sich eine chronische Entzündung anschließen kann. Sind nach Ablauf dieser Zeit keine objektiven organischen Krankheitserscheinungen mehr nachweisbar, so kann der Verletzte mit leichter Arbeit beginnen (75% Rente) und darf nach weiteren 3 Monaten mittelschwere (50%) und nach 1—$1^1/_2$ Jahren auch alle schwere Arbeit ausüben, so daß nach dieser Zeit auf volle Erwerbsfähigkeit zu erkennen ist.

2. Jede vollkommene oder annähernd totale Querschnittsläsion mit Paraplegie bedingt dauernd volle Erwerbsunfähigkeit, da in solchen Fällen die Fortbewegung so erschwert ist, daß die noch vorhandene Gebrauchsfähigkeit der Arme von dem Kranken schwer ausgenutzt werden kann. Ist dagegen bei teilweiser Lähmung der Beine die Fortbewegung mit zwei Stöcken gut möglich, so genügt — bei vorhandener Arbeitsgelegenheit in nicht zu weiter Entfernung von dem Wohnort — eine Rente von 50—75%.

3. Totale oder partielle Lähmungen einzelner Gliedmaßen oder Teile derselben (Hand, Finger, Fuß) sind nach denselben Rentensätzen zu bewerten, wie dies auch sonst bei Verlust oder Gebrauchsunfähigkeit der Glieder durch mechanische Momente üblich ist (siehe S. 23). Der Umstand, daß die Gebrauchsunfähigkeit durch eine Rückenmarksläsion verursacht worden ist, ist kein Grund zur Gewährung einer höheren Rente, da mit dem Abschluß des Rückenmarksprozesses durch Vernarbung des verletzten Nervengewebes die Rückenmarksschädigung an sich keine besondere Schonung erforderlich macht.

4. Sind Blasen- und Mastdarmstörungen zurückgeblieben neben sonstigen Erscheinungen einer Rückenmarksläsion, so sind diese bei der Rentenfestsetzung besonders in Rechnung zu ziehen, da Retentionsbeschwerden und Inkontinenz der Blase eine Gefährdung der Gesundheit bedingt durch Hinzutreten von Blasenkatarrhen, so daß der Kranke bestimmte Arbeiten, bei denen er Durchnässungen, Erkältungen usw. ausgesetzt ist, nicht verrichten darf. Das gleiche gilt für Mastdarminsuffizienz stärkeren Grades (zeitweiser, unwillkürlicher Abgang von Stuhl), da die Arbeitsgelegenheit schon durch das Auftreten unangenehmer Gerüche erheblich eingeschränkt sein kann. Es wird sich deshalb bei Störungen der Blasen- und Mastdarmfunktion, die sich nicht nur in Form vermehrten Urindranges und Verstopfung bemerkbar machen, der Rentensatz zwischen 20 und 30% bewegen.

5. Wirbelsäulenverletzungen ohne dauernde spinale Symptome und ohne stärkere Wurzelreizsymptome (ausstrahlende Schmerzen im Bereich der geschädigten Wirbel) vermindern nach Ablauf des ersten Jahres die Arbeitsfähigkeit nicht wesentlich, so daß nach dieser Zeit die Rentenminderung von der anfänglichen Vollrente auf **50—60%** erfolgen kann, um dann nach weiteren 1—2 Jahren nach erfolgter Angewöhnung an die Arbeit auf **25** und **15%** zu sinken, womit man das mögliche Bestehen von zeitweisen Wurzelschmerzen hinreichend berücksichtigt hat. Eine zurückbleibende mäßige Versteifung der Wirbelsäule bedingt für die Mehrzahl der Berufe keine besondere Minderung der Erwerbsfähigkeit (unter **10%**). Stärkere Versteifungen engen den Arbeitsmarkt schon wesentlich ein, da hierbei alle mit häufigem Bücken verbundenen Arbeiten ausgeschaltet sind, so daß dann häufig bleibende Renten von **20—30%** nötig sind. Ebenso erschwert ein stärkerer traumatischer Buckel die Ausübung schwerer Arbeiten, wie Lasttragen, so daß unter Umständen ebenfalls Renten bis **30%** gewährt werden müssen.

6. Die traumatische Spondylitis (Kümmel) erfordert eine ganz andere Rentenbewertung, die zweckmäßig durch den Chirurgen erfolgt.

B. Tabes dorsalis und Unfall.

I. Vorbemerkungen über Tabesdiagnose.

Wenn der Begutachter sich über die Zusammenhangsfrage zwischen einer das Symptombild einer Tabes bietenden Nervenerkrankung und einem Unfall äußern soll, so bedarf es in erster Linie der sicheren Diagnose auf Tabes dorsalis. Das ist aber nicht immer leicht, da wir wissen, daß Einzelsymptome, wie Pupillenstarre, nach vorausgegangener Lues jahre- und jahrzehntelang bestehen können, ohne daß anderweitige Tabessymptome sich hinzugesellen. Auch findet sich eine Pupillenstarre bisweilen nach Kopftraumen (Basisfrakturen) als einziges Krankheitssymptom ohne sonstige Tabeserscheinungen. Ferner ist bekannt, daß tabesähnliche Krankheitsbilder nicht nur durch spezifisch syphilitische Rückenmarksprozesse (Meningomyelitis specifica), sondern auch durch chronischen Alkoholismus und sonstige toxische Schädigungen verursacht werden können (Ergotintabes). In Begutachtungsfällen darf deshalb zur Vermeidung von Irrtümern die Diagnose auf Tabes dorsalis erst dann gestellt werden, wenn der ganze Symptomenkomplex und die bisherige Verlaufsweise mit langsamer Progressivität auf echte Tabes hinweist bei positiven Luesreaktionen (Wassermann, Nonnesche Reaktionen), und wenn eine multiple Neuritis auf alkoholischer, diabetischer oder sonstiger infektiös-toxischer Grundlage ausgeschaltet werden kann.

II. Ätiologie der Tabes.

Bezüglich der Ätiologie der Tabes dorsalis sind wir dank der verfeinerten Untersuchungsmethoden des Blutes und Liquors auf Wassermann, Eiweiß- und Zellgehalt, sowie durch den direkten Nachweis der Spirochaeta pallida im Gehirn und Rückenmark soweit, sagen zu können, daß jedenfalls in den allermeisten Fällen von Tabes die syphilitische Entstehung erwiesen ist. Daß dies ausnahmslos der Fall ist, dürfen wir aber trotzdem nicht mit voller Sicherheit behaupten. Die Feststellung von Spielmeyer, daß bei Trypanosomeninfektion — also bei Krankheitserregern, die dem Erreger der Syphilis biologisch nahestehen — ein Krankheitsbild im Zentralnervensystem des Hundes erzeugt werden kann, das demjenigen der menschlichen Tabes bis in Einzelheiten gleicht, mahnt zur Vorsicht. Nachdem es einmal erwiesen ist, daß außer dem Luesgift auch noch ein anderes Virus eine ähnliche Einwirkung auf das Nervensystem ausüben kann, wird man die Möglichkeit nicht ablehnen können, daß auch noch andere, uns zurzeit unbekannte Giftstoffe, und unter Umständen auch durch Traumen entstandene infektiöse Prozesse die Entstehung einer Tabes begünstigen können. Daß dies letztere freilich nach dem bisherigen hohen Prozentsatz von Lues bei Tabes zu den allergrößten Seltenheiten gehören wird, muß zugegeben werden. Praktisch wird man also damit rechnen dürfen, daß in der Regel bei einer nach Unfall auftretenden Tabes der Unfall nicht als Ursache, sondern nur als auslösendes Hilfsmoment bei vorhandener Lues in Betracht kommt. Die Fragestellung wird demnach bei Begutachtungen dahin lauten:

1. Können Unfallschädigungen mechanischer, psychischer, thermischer, chemisch-toxischer Art bei einem syphilitischen Individuum eine Tabes auslösen oder eine schon bestehende Tabes wesentlich verschlimmern?
2. Unter welchen besonderen Bedingungen wird dies mit Wahrscheinlich keit zu bejahen sein, so daß ein ursächlicher Zusammenhang berechtigt erscheint?

III. Tabes auslösende Unfallschädigungen.

In der Kasuistik der „traumatischen Tabes“ findet sich eine große Reihe von Unfallschädigungen erwähnt, denen mit mehr oder minder großer Kritik und Berechtigung eine mitwirkende Rolle bei der Tabesentstehung zugesprochen worden ist. Insbesondere sind es direkte und indirekte mechanische Traumen des Schädels und der Wirbelsäule und periphere Traumen, ferner Schreckeinwirkungen, starke Kälteeinflüsse, einmalige körperliche Überanstrengungen, Eiterungen und fieberhafte Prozesse mit Ernährungsstörungen und Anämie, die als mittelbare, eine Tabes auslösende Unfallfolgen angesprochen worden sind. Der sichere Nachweis der traumatischen Entstehung der Tabes, d. h. der Nachweis, daß der Unfallkranke nicht schon an beginnender, aber bis dahin symptomloser Tabes gelitten hat, wird bei einer so langsam und schleichend sich entwickelnden Krankheit, wie es die Tabes darstellt, niemals mit Sicherheit erbracht werden können, falls nicht zufällig vorher eine genaue neurologische Untersuchung stattgefunden hat. Vor allem beweist auch die Feststellung, daß der Kranke bis zum Unfall arbeitsfähig gewesen ist, gar nichts. Denn ebenso wie bei der Sclerosis multiplex, Syringomyelie und anderen organischen Hirn-Rückenmarksleiden, können nicht nur Anfangs-, sondern selbst ausgesprochene objektive Tabessymptome bestehen, ohne daß der

Kranke — von absichtlichem Verschweigen abgesehen — durch sein Leiden nennenswert gestört oder in seiner Arbeit behindert ist. Unter diesen Umständen wird bisweilen auch die Verschlimmerungsfrage in Fällen, in denen bei vorheriger Arbeitsfähigkeit sofort nach einem Trauma das Leiden bereits in Gestalt deutlicher nervöser Ausfallserscheinungen (Pupillenstarre, Fehlen der Knie- und Achillesreflexe) nachgewiesen wird, nicht leicht zu entscheiden sein. Denn in einem gewissen Entwicklungsstadium der Erkrankung ist das Auftreten gewisser subjektiver Beschwerden nichts Außergewöhnliches und darf nicht ohne weiteres als Unfallfolge anerkannt werden.

1. Zentral wirkende mechanische Traumen.

Die Möglichkeit, daß zentral wirkende direkte Traumen des Schädels und der Wirbelsäule und schwere allgemeine Körpererschütterung, die zu einer stärkeren Commotio cerebrospinalis führen, eine Tabes auslösen können, wird übereinstimmend zugegeben, aber gleichzeitig allseits betont, daß eine traumatische Genese eine überaus große Seltenheit ist. Man kann sich das in der Weise vorstellen, daß die feinsten molekularen und gröberen Erschütterungsveränderungen an der Nervenfaser, wie sie Schmauß, Kirchgässer u. a. experimentell festgestellt haben, dem im Blut kreisenden Syphilistoxin eine günstige Gelegenheit zur Einwirkung bieten, wobei es vor allem an den erfahrungsmäßig wenigst widerstandsfähigen Hintersträngen und hinteren Wurzeln zu degenerativen Prozessen kommt. Bisher liegen freilich nur ganz wenig Beobachtungen von solcher Kommotionstabes vor bei Personen, die vorher anscheinend keine Tabes gehabt haben. In der überwiegenden Mehrzahl hat mit größter Wahrscheinlichkeit das Leiden schon längere Zeit bestanden, so daß nur die Verschlimmerungsfrage in Betracht käme. Die gutachtliche Anerkennung eines ursächlichen Zusammenhanges muß stets davon ausgehen, daß a) der Nachweis der Erheblichkeit der Kommotion erbracht ist, und daß b) der erforderliche zeitliche Zusammenhang vorliegt.

a) Erforderliche Erheblichkeit eines Unfalls.

Als hinreichend geeignet sind anzuerkennen: Schädeltraumen mit sicheren Zeichen von Hirnerschütterung oder Bruch der Knochen, starke Kontusion des Rückens durch heftigen Schlag, Stoß, Quetschung, wobei freilich eine Verletzung der Wirbelsäule nicht erforderlich ist, oder Fall aus größerer Höhe auf Kopf, Gesäß, Rücken. Dagegen wird ein einfacher Fall auf die eine Körperseite durch Ausgleiten, Fall auf die Knie oder Hände aus Standhöhe, Fall auf das Gesäß aus stehender Stellung und Fall auf Hinterkopf, Rißquetschwunde über dem linken Auge ohne Hirnerschütterung gutachtlich nicht als für die Annahme eines Unfallzusammenhanges hinreichend erachtet werden können, zumal wenn der Kranke nach dem Unfall keine besonderen Erscheinungen geboten und seine Arbeit sogleich oder nach kurzer Unterbrechung fortgesetzt hat.

b) Erforderlicher zeitlicher Zusammenhang.

Finden sich sofort oder schon nach 8—14 Tagen p. tr. sichere Zeichen einer Tabes (Pupillenstarre, Fehlen der Kniereflexe, Blasenstörungen, Sehnervenschwund), so ist die Auslösung durch den Unfall ganz ausgeschlossen, und es kommt nur in Frage, ob eine Verschlimmerung vorliegt. Für die Entwicklung von traumatisch ausgelösten Degenerationen der Rückenmarksbahnen werden bis zum Hervortreten klinischer Erscheinungen zum mindesten eine ganze Reihe von Wochen erforderlich sein, und es wird deshalb der Zusammenhang zwischen Tabes und Trauma dann am meisten wahrscheinlich sein, wenn die ersten subjektiven und objektiven Krankheitssymptome innerhalb von vielen Wochen und Monaten nach dem Unfall sich dem Kranken bemerkbar machen. Bei der nicht selten sehr langsamen und schleichenden Verlaufsweise des Leidens wird aber unter Umständen auch eine noch längere Zeit etwa bis zu einem Jahre verstreichen können, bevor die Tabesbeschwerden die Arbeitsleistung so erheblich stören, daß ärztliche Hilfe in Anspruch genommen wird. Bei einer noch längeren Zwischenzeit von 1 bis $1^1/_2$ Jahren zwischen klinischem Beginn des Leidens und Trauma fehlt für die Beurteilung der Zusammenhangsfrage jeder gesicherte Boden. Da bei einem Syphilitiker jederzeit ohne nachweisbare äußere Veranlassung eine Tabes auftreten kann, so besteht bei einem größeren Intervall die entschiedene Gefahr, daß die rein zufällige Entwicklung des Leidens längere Zeit nach einem Unfall fälschlicherweise als Unfallfolge verwertet wird. Man wird deshalb, bei einem Abstand von $1—1^1/_2$ Jahren einen Zusammenhang nur dann als hinreichend wahrscheinlich anerkennen dürfen, wenn, abgesehen von der Erheblichkeit des länger zurückliegenden Traumas, ganz bestimmte Bedingungen erfüllt sind.

α) Erstens muß durch genaue (ev. eidliche) Zeugenvernehmungen der Nachweis erbracht werden, daß Brückensymptome bestanden haben, indem innerhalb des ersten Jahres nach dem Unfall nervöse Krankheitserscheinungen aufgetreten sind. Als solche sind zu betrachten: Durch Zeugenaussagen festgestelltes häufiges Klagen über Müdigkeit, Schwäche und Unsicherheit in den Beinen, Schmerzen in den Beinen, Schwindelgefühl, Krankfeiern wegen Rheumatismus, Nachlaß der Arbeitsleistung. (Auskunft bei Arbeitgeber und Kameraden.)

β) Zweitens muß gefordert werden, daß bei einer Untersuchung in der Zeit bis $1^1/_2$ Jahre nach dem Unfall neben den subjektiven Beschwerden ganz sichere objektive Zeichen einer ausgebildeten Tabes nachweisbar sind (Pupillenstarre, Fehlen der Knie- und Achillesreflexe). Denn wenn $1^1/_2$ Jahre nach einem Unfall das Leiden erst in seinen ersten Anfängen bestehen sollte, so daß eine ganz sichere klinische Diagnose nicht einmal möglich ist, so ist die Entwicklung des Leidens nach dem Trauma eine so langsame gewesen, daß vielleicht die Möglichkeit, nicht aber die Wahrscheinlichkeit eines ursächlichen Zusammenhanges bejaht werden kann.

2. Periphere Traumen.

Die Meinung, daß ein peripher einwirkendes Trauma zu einer Tabes führen könne, hat nur dadurch eine Zeitlang Vertreter gefunden, daß die v. Leydensche Schule die Rückenmarksveränderungen bei

Tabes als sekundäre Folge einer Erkrankung der peripheren Nerven ansahen. Nachdem diese Lehre von einer bis zum Gehirn aufsteigenden peripheren Neuritis, zumal von F. Schultze, kritisch widerlegt worden ist, und das Rückenmark mit seinen Wurzeln und Häuten als primärer Sitz der Erkrankung durch anatomische und zytologische Befunde erwiesen ist, entbehrt die Annahme der Tabesauslösung durch ein peripheres, unkompliziertes Trauma jeder wissenschaftlich begründeten Unterlage. Eine selbst schwere periphere Verletzung an sich — Fall auf Knie, Arm mit oder ohne Knochenbruch, einfache Quetschung oder Stoß an einem Glied, umschriebene Verbrennung — kann niemals zur Entwicklung einer Tabes Anlaß geben. Nur bei Komplikationen einer peripheren Schädigung in Gestalt länger dauernder Eiterung, höheren Fiebers und dadurch bedingter allgemeiner Ernährungsstörung und Blutarmut können möglicherweise günstige Vorbedingungen für die Einwirkung des Syphilisvirus auf das Zentralnervensystem geschaffen werden, wodurch der Entstehung des Leidens Vorschub geleistet wird.

3. Erkältungen, körperliche Überanstrengung, psychische Insulte.

Häufige und länger dauernde Durchnässungen und körperliche Strapazen (große Märsche, andauerndes Stehen, anstrengendes Maschinennähen) können möglicherweise die Disposition für eine Tabes steigern und werden sicherlich als verschlimmernde Hilfsursachen angesprochen werden müssen. Es muß aber als unwahrscheinlich abgelehnt werden, daß eine einmalige, als Unfallereignis aufzufassende Kälteeinwirkung, z. B. Fall in kaltes Wasser, oder einmalige Überanstrengung, wie starkes Heben und Tragen, oder gar eine Schreckwirkung als auslösende Ursache einer Tabes in Betracht kommt. In den Fällen, in denen nach einem solchen Ereignis Tabeserscheinungen auftreten, hat es sich stets um ein schon länger vor dem Unfall bestehendes Leiden gehandelt. Es wird deshalb höchstens eine symptomatische Verschlimmerung in Betracht zu ziehen sein, insofern der Unfall ein verstärktes Hervortreten einzelner Symptome begünstigen kann (Magenkrisen, Blasenstörungen, lanzinierende Schmerzen, periphere Neuritis), möglicherweise durch reflektorische Einflüsse auf die Medulla oder direkte Kälteeinwirkung auf die peripheren Nerven, die an sich bei Tabes zu Degenerationen neigen. Eine wesentliche oder gar dauernde Verschlimmerung des ganzen Krankheitsprozesses, die eine dauernde Unfallsentschädigung fordert, wird wohl kaum in Frage kommen. Nur dann, wenn die erwähnten Störungen, vor allem Krisen irgendwelcher Art, ganz akut und zum erstenmal bei einem vorher noch ganz oder teilweise arbeitsfähigen Manne im unmittelbaren Anschluß an den Unfall aufgetreten sind und von da an gehäuft wiederkehren, wird eine dauernde Verschlimmerung zu bejahen sein (s. folg. Seite u. Verschlimmerung).

4. Chronische Eiterungen, langdauernde fieberhafte Prozesse, langdauerndes Krankenlager mit Unterernährung als Folgen eines Unfalls.

Durch alle Krankheitszustände, die die Widerstandsfähigkeit der Körpergewebe durch schlechte Blutbeschaffenheit oder infektiös toxische Einwirkungen herabsetzen, können möglicherweise die Vorbedingungen für die Entstehung einer Tabes bei Syphilitischen geschaffen werden. Die Möglichkeit der Auslösung und selbstverständlich auch der Verschlimmerung ist daher zuzugeben, und die Wahrscheinlichkeit ist gutachtlich anzuerkennen, wenn bei einem vorher nicht nachweislich kranken Individuum nach erschöpfender Unfallkrankheit im Lauf von einigen Wochen und Monaten eine Tabes klinisch deutlich hervortritt, oder wenn einzelne bestimmte Tabessymptome, wie gastrische Krisen, Ataxie, heftige lanzinierende Schmerzen, Optikusatrophie, in unmittelbarem Anschluß an das Krankenlager sich einstellen, und in der Folge die Arbeitsfähigkeit dauernd ungünstig beeinflussen.

IV. Verschlimmerung einer Tabes.

Die Verschlimmerung einer Tabes kann nicht nur durch zentral wirkende mechanische Traumen, sondern auch durch periphere Traumen, starke Anstrengung, starke Kälteeinwirkung verursacht werden. Auch werden die Ansprüche an die Erheblichkeit eines Traumas nicht so weit gehen dürfen, wie sie bezüglich der Auslösung des Leidens gestellt worden sind, da ja ein schon erkranktes Nervensystem auch gegenüber weniger intensiven Erschütterungen und Überanstrengungen und sonstigen Einwirkungen refrigatorischer und toxischer Natur eine geringe Widerstandsfähigkeit aufweisen wird. Die Verschlimmerung einer Tabes kann sich klinisch in doppelter Weise kenntlich machen:

1. Verschlimmerung in Form schneller Entwicklung, bzw. schnellen Hervortretens der Krankheit.

Der ungünstige Einfluß eines Traumas zeigt sich bisweilen darin, daß das ganze Leiden nach dem Unfall ein außergewöhnlich schnelles Tempo einschlägt, indem sich bei einem vorher tabetischen, aber noch arbeitsfähigen Menschen stärkere Ataxie und Gehstörungen, heftige lanzinierende Schmerzen, Blasenstörungen, starker Schwindel, Krisen einstellen, so daß nach kürzerer oder längerer Zeit, d. h. innerhalb weniger Wochen und Monate, seine Arbeitsfähigkeit erheblich gestört ist und dauernd gemindert bleibt.

Für die Anerkennung einer traumatischen Verschlimmerung ist es also eine wichtige Bedingung, daß der Beginn der Verschlechterung unmittelbar nach dem Unfall einsetzt, daß sich also bei dem Kranken schon kurze Zeit, d. h. innerhalb weniger Wochen, nach Wiederaufnahme der Arbeit das Leiden subjektiv und objektiv stärker bemerkbar macht durch Nachlaß der Arbeitsfähigkeit, Notwendigkeit häufigen Krankfeierns und Auftreten objektiver Symptome. Es genügt nicht, daß der Kranke nur über gewisse subjektive Beschwerden, wie Schwäche, Müdigkeit, Kopf- und Rückenschmerzen, klagt. Dies wird bei Unfallkranken so häufig beobachtet, daß solche Klagen allein nicht ohne weiteres als stärkere Tabesbeschwerden gedeutet werden können, auch wenn das Leiden als solches besteht. Entscheidend ist nur die schnelle posttraumatische Entwicklung objektiver Symptome.

E. Mendel[1]): Verschlimmerung durch Fall mit Commotio cerebri anerkannt.

Ein außer rheumatischen Schmerzen gesunder und arbeitsfähiger Buchhalter fällt am 28. Dezember 1896 auf Treppe, 6—8 Stufen tief, und kommt erst am folgenden Tag wieder zum Bewußtsein. Am 11. Januar 1897 bereits Tabes konstatiert, die schnell fortschreitet, so daß nach 4 Wochen bereits weit vorgeschrittene Tabessymptome bestehen und der Kranke dauernd völlig erwerbsunfähig ist.

Schuster[2]): Schnelles Hervortreten der bis dahin latenten Tabes nach schwerer allgemeiner Körpererschütterung.

56jähriger Arbeiter, dessen Arbeitgeber bis zum Unfall bei schwerer regelmäßiger Arbeit nichts von Beschwerden bei ihm bemerkt hatte, wurde am 15. Januar 1899 von einem Rollwagen auf die Straße geschleudert. Einige Stunden nach dem Unfall fand ein Arzt den Patienten mit starren Pupillen in einem Krampfanfall. Im Krankenhaus kam er 8 Stunden nach dem Unfall zur Besinnung. Es fanden sich Geräusch am Herzen und normale Sehnenreflexe. Am 10. Mai 1899 schweres Gefäßleiden (Aneurysma ?). Fehlen der Pupillen- und Patellarreflexe, Herzalgesie. Oktober 1899 außerdem Magerkeit, laute Geräusche an Herzbasis. In der Folgezeit konnte der Verletzte seine Stellung nicht mehr ausfüllen.

2. Verschlimmerung durch Neuauftreten einzelner Tabessymptome nach dem Unfall.

Die Unfallverschlimmerung kann sich dadurch kenntlich machen, daß im unmittelbaren Anschluß an den Unfall Komplikationen auftreten, die vorher nicht bestanden haben: Arthropathien, Knochenbrüche, Optikusatrophie, Schwindelgefühl, Blasenstörungen, Mal perforant., gastrische Krisen. Die gutachtliche Entscheidung, ob das Neuauftreten bestimmter Symptome tatsächlich eine Unfallfolge darstellt, oder ob es sich nur um ein zufälliges zeitliches Zusammentreffen einer örtlichen Spontanverschlimmerung des Leidens mit einem Unfall handelt, ist häufig überaus schwer zu treffen, da ja bei der Tabes häufig in natürlicher Fortentwicklung die oft plötzliche Manifestation von örtlichen Verschlimmerungen beobachtet wird. Es ist deshalb in solchen Fällen mit symptomatischer Verschlimmerung eine besonders vorsichtige und kritische Würdigung am Platze, sowohl bezüglich der Erheblichkeit und Geeignetheit des Unfalls, der örtlichen Übereinstimmung von Verletzungsstelle und Sitz der Komplikation und des engen zeitlichen Zusammenhangs.

[1]) Mendel, Obergutachten Amtl. Nachr. 1899, S. 535.
[2]) Schuster, Handb. d. Neurol. v. Lewandowsky, Bd. 5, S. 1030.

a) Arthropathie und Trauma.

Arthropathie bildet nicht selten ein Frühsymptom einer Tabes Mit der Annahme einer Entstehung des Leidens durch Unfall muß man sehr zurückhaltend sein, da bei der meist schleichenden Entwicklung die Gelenkerkrankung sich erst nach einem geringfügigen Vorgang des alltäglichen Lebens (Anstrengung, Heben) bemerkbar machen kann. Zweifellos wird aber die Entstehung einer Arthropathie auch nach leichteren Unfällen, wie Verstauchung, Umknicken des Fußes, Quetschung, Stoß, bisweilen beobachtet bei vorher ganz leistungsfähigen Menschen. Am meisten beweisend für die Auslösung einer tabischen Arthropathie durch direkte mechanische Traumen sind demnach solche Fälle, in denen im unmittelbaren Anschlusse die Zeichen einer Gelenkschädigung (Erguß, Schwellung, starke Schmerzhaftigkeit) aufgetreten sind, und nunmehr im Laufe der nächsten Wochen oder Monate die Gelenkveränderungen sich nicht mehr zurückbilden und ein schmerzloses Schlottergelenk mit dem charakteristischen röntgenologischen Befund zurückbleibt. Für die Anerkennung eines ursächlichen Zusammenhangs ist es natürlich erforderlich, daß an dem vom Unfall betroffenen Gelenk zuerst die Arthropathie zur Entwicklung kommt. Entschädigungspflichtig ist nur die Erwerbsbeschränkung, soweit sie durch die Gelenkerkrankung bedingt ist. Ein ungünstiger Einfluß auf die ganze Verlaufsweise einer Tabes liegt nur dann vor, falls in schneller Folge noch an anderen Gelenken des geschädigten Beins oder an dem anderen Bein Arthropathien auftreten. Denn es liegt dann die Möglichkeit vor, daß durch die Gebrauchsbehinderung des verletzten Beines an das bis dahin gesunde andere Bein erhebliche Mehranforderungen gestellt werden, die zu einer schnelleren Entwicklung von Gelenkstörungen, Ataxie, Gefühlsstörungen auch an dem nicht vom Unfall betroffenen Glied Anlaß geben. Es handelt sich dann um sekundäre Folgen der Unfallverletzung.

Eigene Beobachtung: Arthropathie nach Kniequetschung durch Fall. Keine Beschleunigung des Krankheitsverlaufs.

Die 35jährige Frau R. ist beim Aufeinanderfahren zweier elektrischen Wagen auf dem Hinterperron zu Boden gefallen und hat sich dabei einen Bluterguß im rechten Knie zugezogen. Die Behandlung der sehr schmerzhaften Knieverletzung zog sich viele Monate hin. Die Schwellung ging nicht mehr zurück, und es entwickelte sich allmählich ein schmerzloses stark verdicktes Schlottergelenk. Ein Jahr nach dem Unfall wurde die R. zuerst neurologisch untersucht und es fand sich das Bild einer ausgesprochenen Tabes: Pupillenstarre, Fehlen der Kniereflexe, Romberg, Ataxie und Gefühlsstörung in Beinen und Rumpf, Sehstörung. 2 Jahre p. tr. beginnende Arthropathie am linken Knie. Tod 5 Jahre nach dem Unfall.

Feilchenfeld[1]): Arthropathie 9 Wochen nach Stoß gegen linkes Knie.

34jähriger Klempner, der früher oft an Schwindelanfällen gelitten hatte, erhielt Stoß eines Hammers gegen das linke Knie. 9 Wochen nach dem Unfall Schwellung des Kniegelenks, die zuerst für tuberkulös gehalten wurde. Gelenkenden waren unförmlich verdickt und deformiert. Rechter Fuß Schlottergelenk. Pupillarreflexe erloschen, Fehlen der Kniereflexe.

---

[1]) Feilchenfeld, Berl. klin. Wochenschr. 1908, Nr. 5.

b) Knochenfrakturen bei Tabes.

Spontanfrakturen finden sich ebenso wie Arthropathie als Frühsymptom einer Tabes. Tilmann[1]) fand unter 5 Fällen von sog. Spontanbrüchen nur bei zweien sofort Tabessymptome, bei den drei anderen erst nach 3½, 5 und 8 Jahren. Es genügen oft an sich unbedeutende Ereignisse, wie körperliche Anstrengungen gewöhnlicher Art, Abspringen vom Wagen, einfaches Hinfallen, Treppensteigen, Aufsteigen aufs Pferd, um eine Fraktur zu verursachen. In allen Fällen von Knochenfrakturen ohne besondere Gewalteinwirkung wird deshalb stets eine sofortige Untersuchung durch einen neurologisch geschulten Untersucher erforderlich sein, wobei nicht selten schon ausgesprochene objektive Tabessymptome bei dem bis dahin beschwerdefreien und arbeitsfähigen Mann aufgedeckt werden. Bisweilen bildet auch, wie eine genaue Erhebung des Unfallhergangs ergibt, die Spontanfraktur den Anlaß zum Unfall, so daß ein entschädigungspflichtiges Unfallereignis gar nicht vorliegt, wie in der folgenden Beobachtung.

Feilchenfeld: Fall 15. Spontanfraktur des Oberschenkels beim Hochheben eines Flaschenkastens als Unfallfolge abgelehnt vom RVA.

Ein 39jähriger Flaschenmeister, der schon seit 2 Jahren an Schmerzen in den Beinen litt, empfand beim Hochheben eines Flaschenkastens heftige Schmerzen in der rechten Hüfte. Er stürzte hin. Es wurde Spontanfraktur und schließlich Tabes festgestellt: Lichtstarre, Blasenstörung, Abschwächung der Kniereflexe.

Die Anerkennung einer tabischen Knochenfraktur als Unfallfolge hat demnach wegen der Häufigkeit der Spontanfrakturen bei Tabes zur Voraussetzung, daß nachweislich entweder eine außergewöhnliche körperliche Anstrengung oder eine direkte Gewalteinwirkung an dem frakturierten Glied stattgefunden hat mit unmittelbar anschließendem Bruch. Dabei werden auch solche unglücklichen Betriebsereignisse als entschädigungspflichtige Ursache einer Knochenfraktur angesehen werden müssen, die durch die bestehende Tabes verursacht worden sind. Wenn z. B. ein Mann infolge seiner tabetischen Ataxie zu Fall kommt durch Ausgleiten auf unebenem oder nassem Boden, und das Bein bricht vermöge seiner abnormen Knochenbrüchigkeit, so liegt ein Betriebsunfall vor.

Heine[2]): Bruch des linken Oberschenkels durch außergewöhnliche Muskelanspannung und Belastung eines Beines.

33jähriger Monteur W. stemmte sich beim Schneiden eines stärkeren Gasrohres mit großer Kraft gegen den Schraubstock. Dabei rutschte das linke Bein aus, wobei W. nicht zu Fall kam, sondern sich an der Gewindekuppe festhielt. Das linke Bein baumelte sofort hinunter, und der sofort geholte Arzt stellte Bruch des linken Oberschenkels fest. 3 Monate nach dem Unfall wurden außer starker Callusbildung und Arthropathie am l. Kniegelenk die Erscheinungen einer ausgesprochenen Tabes festgestellt: Pupillenstarre, linksseitige Abschwächung des Kniereflexes, Romberg.

c) Optikusatrophie und schnelle Erblindung durch Unfall ausgelöst.

Sehnervenschwund kann jahrelang anderen Tabessymptomen vorhergehen. Die Verschlimmerung einer Optikusatrophie mit schneller

[1]) Tilmann, Berl. klin. Wochenschr. 1896, S. 35.
[2]) Heine, Mon. f. Unf., Bd. 11, S. 50.

Erblindung durch Unfälle, die unmittelbar auf den Sehnerven einwirken, kommt vor. Es handelt sich meist um Kopftraumen oder starke Kälteeinwirkungen.

Eigene Beobachtung: Erblindung 7 Wochen nach Hufschlag gegen den Hinterkopf.

Ein Offizier, bei dem ich 3 Jahre vorher beginnende Tabes (Wassermann positiv) festgestellt hatte, und bei dem seit $1^1/_2$ Jahren beiderseits leichte Optikusatrophie mit geringen Sehstörungen bestand, erhielt bei einem Fall vom Pferd in weichen Sand einen Hufschlag gegen Hinterkopf. Er war ganz kurz bewußtlos, stand allein auf, bestieg auch noch das Pferd, bekam aber sofort Erbrechen und starken Schwindel. In den folgenden 10 Tagen heftige Kopfschmerzen. Nach 14 Tagen bemerkte er starke Abnahme des Sehvermögens. Nach 5 Wochen war das Sehvermögen bis auf $^1/_5$ beiderseits herabgesetzt, und nach 7 Wochen bestand fast totale Amaurose bei vorgeschrittener beiderseitiger Optikusatrophie.

Goldscheider und Gräfe[1]) haben eine plötzliche Erblindung bei Tabes als akute, durch Luftzug in Verbindung mit Überanstrengung der Augen herbeigeführte Verschlimmerung einer Optikusatrophie anerkannt.

V. Rentenabschätzung bei Tabes.

1. **Beginnende Tabes dorsalis** erfordert nur Schonung von anstrengender Arbeit und Kälteeinwirkung. In der Regel kann leichte und auch mittelschwere Arbeit lange Zeit durchgeführt werden, falls keine besonderen Komplikationen (Blasenstörungen, Krisen) vorliegen. Je nach dem allgemeinen Kräftezustand genügen Renten von **25—40%** Erwerbsverminderung.

2. In Stadien mit **zeitweisen** stärkeren Beschwerden — lanzinierende Schmerzen, Blasendrang, gastrische Krisen — und beginnenden Gehstörungen kann nur leichte Arbeit geleistet werden: **40—75%** Erwerbsverminderung.

3. Im ausgesprochen **ataktischen Stadium** ist Vollrente zu gewähren, ebenso bei gehäuft auftretenden Krisen, langdauernden lanzinierenden Schmerzen. Nach Abklingen der Krisen, die oft für Monate und selbst Jahre schwinden können, kann wieder Rentenminderung bis auf **75** oder **50%** erfolgen.

4. Die durch **tabische Arthropathien** und **tabische Sehstörungen** verursachte Minderung der Arbeitsfähigkeit ist entsprechend den in der Tabelle, S. 23 angeführten Rentensätzen einzuschätzen.

5. **Blasenstörungen** im Frühstadium der Tabes (ohne sonstige stärkere subjektive Beschwerden): **15—25%**.

C. Multiple Sklerose.

I. Allgemeines über Ätiologie und Pathogenese.

Solange wir über die Ätiologie und Pathogenese der multiplen Sklerose noch im Unklaren sind, werden auch unsere Anschauungen über den Mechanismus und die Art und Weise, wie ein Trauma zur Entwicklung sklerotischer

[1]) Goldscheider, Obergutachten.

Flecke im Zentralnervensystem führen soll, rein hypothetischer Natur sein. Die Beantwortung der Frage, unter welchen Bedingungen eine traumatische Entstehung als möglich anzuerkennen ist, stößt deshalb auf ganz außerordentliche Schwierigkeiten, und wenn sich trotzdem die Mehrzahl der Autoren dafür ausgesprochen hat, daß gewisse Unfallschädigungen bei der Entwicklung und Verschlimmerung des Leidens eine wesentlich mitwirkende Rolle spielen können, so war hierfür in erster Linie die klinische Beobachtung maßgebend. Man hat in einer ganzen Reihe von Fällen das Auftreten von Sklerosesymptomen bei Menschen beobachtet, die bis zu dem Unfall anscheinend ganz gesund und voll arbeitsfähig gewesen waren, so daß der enge zeitliche Zusammenhang zwischen Trauma und anscheinendem Beginn des Leidens dafür zu sprechen schien, daß letzteres auslösend gewirkt habe. Die Tatsache, daß nach Traumen so überaus selten eine multiple Sklerose auftritt, nötigte freilich zu der jetzt gültigen Auffassung, daß das Trauma nicht als direkte, die Krankheit unmittelbar hervorrufende Ursache anzusehen ist, und daß wir eine angeborene oder erworbene Disposition annehmen müssen, wobei dann der Unfall nur als Hilfsmoment in Betracht kommt. Auch im Tierexperiment ist es bisher nicht gelungen, durch Rückenmarkserschütterung ein der Sklerose ähnliches Krankheitsbild oder skleroseähnliche anatomische Veränderungen zu erzeugen.

Der streng wissenschaftliche Nachweis einer traumatischen Entstehungsweise ist schon deshalb unmöglich, weil eine Scl. mult. erfahrungsgemäß lange Zeit ganz symptomlos und mit voller Arbeitsfähigkeit verlaufen kann. Wir werden niemals mit Sicherheit behaupten können, daß das Leiden nicht schon vor dem Unfall latent bestanden hat und lediglich durch den Unfall verschlimmert worden ist. Nur eine zufällige, vor dem Unfall durch geschulten Neurologen ausgeführte genaueste Untersuchung würde einen Fall vielleicht beweiskräftig erscheinen lassen. In der Begutachtungspraxis werden wir uns demnach meistens mit der Annahme und dem Nachweis der Verschlimmerung des bis zum Unfall latenten Leidens begnügen müssen, und es wird unsere Aufgabe sein, diese Verschlimmerung als Unfallfolge zu begründen. Aber auch hier stoßen wir oft auf große Schwierigkeiten. Da eine Scl. mult. erfahrungsgemäß in vielen Fällen keinen gleichmäßig progressiven Charakter zeigt, sondern nicht selten in einzelnen Schüben verläuft, zwischen denen sich monate- und selbst jahrelange Remissionen mit anscheinend völligem Wohlbefinden einschieben, so besteht die Gefahr, daß wir einen kürzere oder längere Zeit nach einem Unfall auftretenden spontanen Schub des Leidens fälschlich als traumatischen Ursprungs ansprechen. Wenn es möglich ist, eine genaue objektive Anamnese (Nachfrage bei Militärbehörde, Krankenkassen, Ortsbehörde usw.) zu erheben, so gelingt überaus häufig der Nachweis, daß der Unfallkranke schon jahrelang vor dem Unfall vorübergehend Skleroseerscheinungen geboten hat, so daß es sich durchaus nicht um Erstlingserscheinungen des Leidens handelt, wie uns der Kranke nicht selten durch absichtliches Verschweigen früherer Krankheitsattacken glauben machen will. Es darf deshalb niemals die anscheinend volle Arbeitsfähigkeit eines Kranken als Beweis dafür genügen, daß der Verletzte vorher nicht an Sklerose gelitten hat. Vielmehr gehört es zu der ersten und wichtigsten Aufgabe des Begutachters, in jedem Falle von anscheinend traumatischer multipler Sklerose die genauesten Ermittlungen seitens der Berufsgenossenschaft über alle selbst viele Jahre zurückliegende Erkrankungen zu veranlassen. Ich lasse einige in dieser Beziehung sehr lehrreiche Beobachtungen von Stursberg[1]) folgen.

[1]) Stursberg, Ärzt. Sach.-Zt. 1903, Nr. 8.

1. Ein 37jähriger Dreher behauptete auf das bestimmteste, nie krank gewesen zu sein. Etwa $2^1/_2$ Monate nach einem Fall auf den Rücken mit anscheinend 2—3 Minuten langer Bewußtlosigkeit bekam er während einer Bahnfahrt vorübergehend Schwindelgefühl und Steifheit in den Beinen. Nach 7 Monaten wurde er arbeitsunfähig. Genauere Nachforschungen ergaben, daß Patient ein Jahr vor dem Unfall an akuter spinaler Lähmung gelitten hatte, die er dem begutachtenden Arzt absichtlich verschwiegen hatte. Es konnte nicht einmal Verschlimmerung angenommen werden, da ja erst 7 Monate später das Leiden eine wesentliche Zunahme gezeigt hatte, so daß keine außergewöhnliche Verlaufsweise vorlag.

2. 32jähriger Tagelöhner erlitt Unfall durch Steinfall auf den Kopf aus 1 m Höhe mit Bewußtlosigkeit, konnte aber nach einer halben Stunde wieder arbeiten. 4—6 Wochen p. tr., nach der Arbeit spannendes Gefühl in den Beinen, nach 4 Monaten arbeitsunfähig, nach 10 Monaten ausgesprochene multiple Sklerose. Nähere Erhebungen ergaben, daß schon 3 Jahre vor dem Unfall nach dem Augenbefund ein zentrales Leiden festgestellt worden war, und daß Patient 5 Jahre vorher wegen allgemeiner Schwäche der Glieder gefeiert hatte. Auch in diesem Falle konnte eine Unfallverschlimmerung nach der ganzen Verlaufsweise nicht angenommen werden.

II. Entstehungs- und Verschlimmerungsursachen bei Unfällen.

Durchmustert man die vorliegende Kasuistik über angeblich traumatische Entstehung bzw. Verschlimmerung der multiplen Sklerose, so finden sich die mannigfaltigsten Unfallschädigungen angeführt, denen einzelne Autoren eine entscheidende Rolle als auslösendes Moment zuerkennen wollen. Im folgenden wird im einzelnen erörtert werden, inwieweit wir tatsächlich hierzu berechtigt sind, denn eine sehr große Anzahl von Mitteilungen von angeblich unfallsweiser Entstehung des Leidens geben zu erheblichen, kritischen Bedenken Anlaß, so daß viele Fälle als nicht beweisend auszuschalten sind. Bisher sind folgende Unfallvorgänge angeschuldigt worden:

1. Direkte Traumen des Schädels und der Wirbelsäule und allgemeine Körpererschütterung.
2. Periphere Traumen mit oder ohne äußere Verletzung.
3. Einmalige starke körperliche Überanstrengung.
4. Heftige Gemütsbewegung.
5. Einmalige erhebliche Temperaturschwankung (Durchnässung, Kälteeinwirkung).
6. Infektiöse Prozesse.
7. Blitz- und Starkstromverletzungen.
8. CO-Vergiftung.

1. Direkte Traumen des Schädels und der Wirbelsäule und allgemeine Körpererschütterung.

Daß Traumen des Schädels und der Wirbelsäule und heftige Erschütterung des ganzen Körpers, die mit einer stärkeren Erschütterung des Zentralnervensystems einhergehen, eine Beziehung zur Entwicklung und Verschlimmerung der Krankheit haben können, wird von allen Autoren einstimmig zugegeben. Es liegen hinreichend zahlreiche Beobachtungen vor, in denen bei vorher nicht nachweislich nervenkranken und bis zum Unfall voll arbeitsfähigen Menschen die Sklerose in engem zeitlichem Anschluß an ein solches Trauma allmählich und fortschreitend hervorgetreten ist. Da eine Sklerose in ihren ersten Anfängen längere Zeit latent bestehen kann, ohne die Arbeitsfähigkeit eines Menschen merkbar zu beeinträchtigen, so wird natürlich der streng wissenschaftliche Nachweis nie zu erbringen sein, daß erst ein Schädel- oder Rückgrattrauma das Leiden ausgelöst habe. Wir werden aber in solchen Fällen mit Fehlen nervöser Krankheitserscheinungen bis zum Unfall die Verschlimmerungsfrage nie verneinen dürfen, wenn die ersten Symptome im engen Anschluß an den Unfall hervorgetreten sind und von da an das Leiden dauernd fortschreitet.

Für die gutachtliche Anerkennung eines ursächlichen Zusammenhanges zwischen mechanischen Erschütterungstraumen und Entstehung bzw. Verschlimmerung einer multiplen Sklerose wird also in erster Linie maßgebend sein: a) Der Nachweis der Erheblichkeit des mechanischen Traumas; b) Ein enges zeitliches Verhältnis zwischen Unfall und Hervortreten der Krankheit; c) Der eventuelle Nachweis der Verschlimmerung bei vorher offenkundigem Leiden.

a) Erheblichkeit des Traumas.

Die Erheblichkeit des Unfalls kann dann als erwiesen gelten, wenn sichere Zeichen einer Hirnerschütterung bestanden haben (Bewußtlosigkeit, starke Benommenheit, Erbrechen, Pulsverlangsamung, Lähmungserscheinungen) oder ein Schädelbruch erfolgt ist mit oder ohne vorübergehende motorische und sensible Ausfalls- und Reizerscheinungen (Lähmungen einzelner Gehirnnerven, Krämpfe, Extremitätenparesen). Es genügt dagegen nicht ein einfacher Stoß mit dem Kopf gegen Balken, leichter Anprall des Kopfes gegen Wagenwand bei Eisenbahnzusammenstoß und ähnliches, wenn der Verletzte nach Zeugenaussage keine besonderen Erscheinungen geboten hat, sofort munter war, die Arbeit fortgesetzt hat, auch wenn er etwa vorübergehend über Kopfschmerzen und Schwindel geklagt haben sollte. Die subjektiven Klagen allein beweisen nichts dafür, daß tatsächlich das Zentralnervensystem wesentlich erschüttert worden ist. Sie finden sich stets auch nach leichten Unfall-Kopftraumen und bieten keinen Anhaltspunkt für die Annahme einer schwereren Einwirkung auf das Gehirn.

Die Erheblichkeit einer Gewalteinwirkung auf die Wirbelsäule und einer allgemeinen Körpererschütterung wird sich ferner aus der Art des Traumas ergeben — z. B. Quetschung zwischen Puffern, Verschüttung unter Gesteinsmassen, so daß der Verletzte befreit werden mußte, Fall aus größerer Höhe von mehreren Metern auf Gesäß, Füße, Schulter, Rücken, auf einen Balken, Stoß einer schweren Deichsel in den Rücken. Von Wichtigkeit ist das Verhalten des Kranken gleich nach dem Trauma. Unfähigkeit.

sich allein zu erheben wegen starker Schmerzen, sofortige Arbeitsunterbrechung, anfängliche Chokerscheinungen (Gesichtsblässe, Zittern, Erbrechen, Urinretention, Ohnmacht), starke Blutunterlaufungen und Quetschungszeichen an der Haut und Muskulatur, anfängliche starke Druckempfindlichkeit der Wirbelsäule, Unfähigkeit sich in den ersten Tagen aufzurichten, alles dies wird dem Begutachter als Richtlinie dafür dienen können, daß das Wirbelsäulentrauma und die Körpererschütterung so erheblich war, daß damit auch eine Erschütterung des Rückenmarkes wahrscheinlich gemacht ist. Umgekehrt wird man das Fehlen der angeführten Zeichen als Gegengrund gegen eine stärkere Einwirkung anzusehen haben und dies im Gutachten besonders betonen müssen.

b) Zeitliches Verhältnis zwischen Trauma und Auftreten von Krankheitszeichen.

α) Auftreten der Sklerosesymptome unmittelbar oder innerhalb weniger Wochen nach dem Trauma.

Die gutachtliche Anerkennung eines Zusammenhanges bereitet keine Schwierigkeit, wenn bei einem vorher arbeitsfähigen Mann im unmittelbaren Anschluß an ein erhebliches Erschütterungstrauma, d. h. sofort oder innerhalb einiger Wochen, bestimmte Zeichen des Leidens sich störend bemerkbar gemacht haben, also Schwindel, taumelnder Gang, Müdigkeit und Steifigkeit in den Beinen, Zittern der Arme, Blasenstörungen, Sehstörungen (Flimmern, Doppeltsehen). Ergibt in solchem Fall die neurologische Untersuchung einige Wochen oder Monate nach dem Unfall sichere Erscheinungen einer Sklerose und zeigt das Leiden dann einen gewöhnlichen progressiven Verlauf, so hieße es den Tatsachen Gewalt antun, wenn man die Auslösungs- und vor allem die Verschlimmerungsfrage verneinen wollte.

β) Intervall von mehreren Monaten bis zu einem Jahr.

Anerkennung des Zusammenhangs.

In einer zweiten größeren Gruppe von Fällen ist das erste Auftreten von nervösen Symptomen erst eine Reihe von Monaten bis ein Jahr nach dem Unfall beobachtet worden, so daß erst nach dieser längeren Zwischenzeit der Kranke in seiner Leistungsfähigkeit wesentlich gestört wurde und deshalb den Arzt aufsuchte. Da erfahrungsgemäß bei allmählicher Entwickelung des Leidens die Arbeitsfähigkeit längere Zeit nicht wesentlich gestört zu werden braucht, so werden wir auch bei einem solchen längeren Intervall den ursächlichen Zusammenhang nicht ohne weiteres ablehnen können. Denn nach der Besonderheit des anatomischen Prozesses bei der multiplen Sklerose können bisweilen Monate vergehen, bis die Rückenmarksveränderungen soweit vorgeschritten sind, daß sie stärkere objektive und subjektive Erscheinungen machen (unsicheren Gang, schnelle Ermüdbarkeit). Eine wesentliche Stütze wird weiter gegeben sein, wenn der Kranke während der regelmäßig geleisteten Arbeit nach Zeugenaussage häufiger über gewisse Beschwerden (Rheumatismus, Steifigkeit, Blutarmut, Schwindelgefühl usw.) geklagt und auch den Arzt deshalb aufgesucht hat, ohne daß dieser zu einer sicheren Diagnose kommen konnte.

Ablehnung des Zusammenhangs.

Die Ablehnung eines ursächlichen Zusammenhanges bei einem Intervall von vielen Monaten bis zu einem Jahr wird aber stets zu erfolgen haben, wenn die nachträglichen genaueren Ermittlungen ergeben, daß der Kranke schon vor dem Unfall an vorübergehenden „Nervenattacken" gelitten hat, die als erste Schübe einer Sklerose anzusehen sind. In solchen Fällen wird man auch nicht von einer wesentlichen Verschlimmerung des schon früher vorhanden gewesenen Leidens sprechen können. Eine Verschlimmerung durch ein Trauma macht sich nach den vorliegenden Erfahrungen stets sofort oder zum mindesten in den folgenden Wochen deutlich bemerkbar in Gestalt eines schnellen Fortschreitens des Leidens. Liegt aber zwischen dem erneuten Hervortreten von Skleroseerscheinungen, bei schon bestehender Sklerose, und dem Unfall ein Zwischenraum von mehreren Monaten, so bietet die Verlaufsweise des Leidens nichts Außergewöhnliches. Dieses geht ja häufig mit kürzeren oder längeren Verschlimmerungsperioden einher, so daß ein rein zufälliges Einsetzen eines Fortschrittes ganz unabhängig vom Unfall die weit größere Wahrscheinlichkeit für sich hat.

γ) Zwischenzeit von ein bis mehreren Jahren zwischen Unfall und Feststellung des Leidens.

Einzelne Autoren neigen dazu, auch bei einer Zwischenzeit von ein bis mehreren Jahren nicht nur die Möglichkeit, sondern unter Umständen auch die Wahrscheinlichkeit einer traumatischen Entstehung zuzugeben. Es liegt sicherlich eine gewisse Willkür darin, bei einem Leiden, bei welchem wir über die Einwirkung molekularer Erschütterungsschädigungen auf den Krankheitsprozeß nur auf Vermutungen beschränkt sind, ein Maximum der Latenzzeit anzugeben und einen bestimmten Zeitpunkt festzusetzen, über welchen hinaus ein Zusammenhang gutachtlich abgelehnt werden soll.

Man muß aber hierbei doch den allgemeinen Erwägungen gerecht werden, daß in erster Linie das zeitliche Zusammenfallen von Trauma und Entwicklung der Krankheitserscheinungen den Gedanken einer traumatischen Auslösungsmöglichkeit wachgerufen hat und als wichtigstes Beweismittel für einen ursächlichen Zusammenhang gilt. Je größer deshalb der zeitliche Abstand ist, desto größer auch die Wahrscheinlichkeit, daß es sich um ein rein zufälliges Zusammentreffen handelt, in dem bei einem Menschen, der in natürlicher Folge an Sklerose erkrankt, zufällig einige Jahre vorher ein Trauma stattgefunden hat. In diesen wegen eines langen Intervalls schwieriger zu beurteilenden Fällen kann uns einzig und allein das Verhalten des Kranken in der Zwischenzeit als Richtschnur dienen.

Hat sich ein später an Sklerose Erkrankter während einer Zwischenzeit von 1—$1^1/_2$ Jahren nach einem Trauma dauernd subjektiv und objektiv unauffällig verhalten, so ist ein Zusammenhang als unwahrscheinlich abzulehnen. Gelingt dagegen der Nachweis, daß der Verletzte innerhalb der ganzen Zwischenzeit dauernd oder vorübergehend Beschwerden gehabt hat, die in das Bild einer sich langsam entwickelnden Sklerose hineinpassen, so wird auch ein längeres Intervall von 1—2 Jahren nach einem sehr erheblichen Trauma bis zum Auftreten deutlicher objektiver Symptome keinen Gegengrund bilden für die Anerkennung einer traumatischen Genese. Rad hat mit Recht einen Zusammenhang abgelehnt bei einem Kranken, der sich 4 Jahre lang nach einem Sturz völlig wohl fühlte und dann an Sklerose erkrankte.

c) Nachweis der Verschlimmerung durch Trauma.

Eine wesentliche Verschlimmerung der schon vorher offenkundigen multiplen Sklerose durch ein Trauma wird sich auf verschiedene Weise bemerkbar machen. Der Nachweis kann als erbracht gelten:

α) Wenn der ganze Krankheitszustand, der bis zum Unfall die Arbeitsfähigkeit in nur beschränktem Maße gehindert hat, sich in den folgenden Wochen und Monaten fortschreitend verschlimmert, also objektiv eine Zunahme fast sämtlicher Beschwerden festzustellen ist (wachsende Gehstörung, Schwindel, Zittern), so daß der Kranke in Kürze ganz arbeitsunfähig wird. Dabei ist es für die Anerkennung der Verschlimmerung gleichgültig, ob der Fortschritt ganz allmählich innerhalb von mehreren Monaten oder akut erfolgt. Das Wichtigste bleibt immer der Nachweis, daß die Verschlechterung des ganzen Krankheitszustandes sofort nach dem Unfall eingesetzt hat, so daß nach Abklingen der ersten Unfallfolgen — Hirnerschütterung mit längerer Bettruhe — ein Arbeitsversuch nicht gelingt oder nur vorübergehend noch Arbeit geleistet werden kann. In solchen Fällen wird, wenn der Kranke bis zum Unfall regelmäßig gearbeitet hat, die ganze Arbeitsunfähigkeit dem Unfall zur Last fallen, da man ja nie sagen kann, wie lange er ohne den Unfall arbeitsfähig geblieben wäre.

β) Zweitens kann sich die Verschlimmerung des Krankheitsbildes auch in einer Verschlimmerung oder im Neuauftreten nur eines einzelnen wichtigen Symptomes zu erkennen geben, — z. B. in stärkerer Parese eines oder beider Beine, Ataxie in einem Arm, plötzlichem starkem Schwindelgefühl, Sprachstörung, Sehstörung —, das sich wieder bessern oder bleiben kann. Es kommt dann gutachtlich nur eine vorübergehende Verschlimmerung in Betracht, eine nur teilweise Minderung der Arbeitsfähigkeit durch Unfallfolge, so daß gerechterweise nur ein gewisser Prozentsatz der verminderten Arbeitsfähigkeit dem Unfall zur Last gelegt werden kann.

Dies ist für die Berufsgenossenschaften von großer praktischer Wichtigkeit, denn das in natürlicher Folge sich allmählich verschlimmernde Leiden wird naturgemäß nach kurzer oder längerer Frist zu einer völligen Arbeitseinstellung führen. Der Gutachter wird also in solchen Fällen, in denen trotz unfallsweiser Verschlimmerung eines einzelnen Symptoms noch monate- oder jahrelang die Arbeit teilweise fortgesetzt wurde oder bei gutem Willen hätte fortgesetzt werden können, den Standpunkt vertreten müssen, daß stets nur die partielle Verschlimmerung zu entschädigen ist, und daß die allmählich in natürlicher Weise fortschreitende Zunahme des Leidens und zunehmende Minderung bis Aufhebung der Leistungsfähigkeit mit dem Unfall nichts zu tun hat und nicht entschädigungspflichtig ist.

Ich führe einige Beispiele an, in denen der ganzen Sachlage nach mit einer gewissen Wahrscheinlichkeit die Annahme eines ursächlichen Zusammenhangs der Sclerosis multiplex mit Kopftraumen, Wirbelsäulentrauma, bzw. schwerer Körpererschütterung gerechtfertigt erscheint.

Windscheid[1]): Schweres Kopftrauma; 3 Monate danach Arbeitseinstellung wegen nervöser Störungen, die sich als beginnende multiple Sklerose entpuppen.

Ein 21jähriger Zimmerer fiel am 15. August 1899 aus einer Höhe von 90 cm mit dem Kopf auf einen Balken. Er war sofort bewußtlos, hatte eine Beule an einem Auge und blutete aus dem rechten Ohr. Nach einer Stunde konnte er die Arbeit fortsetzen. 8 Tage lang hat er ohne Beschwerden weiter gearbeitet. Nach dieser Zeit klagte er über Kopfschmerzen und Schwindel und gab an, daß es ihm wegen Schwindel unmöglich sei, über die Dachsparren zu laufen. Auch sollen schon damals Sprachstörungen aufgetreten sein. Er arbeitete aber noch 3 Monate weiter bis 8. November 1899. Damals fand sich: Schwerfälliger, schwankender Gang, apathischer Gesichtsausdruck, verlangsamtes Auffassungsvermögen. 16 Monate nach dem Unfall wurde festgestellt: Parese der Augenmuskeln, blöder Gesichtsausdruck, geringer Romberg, erhöhte Patellarreflexe. Im Jahre 1901 fand Windscheid das ausgesprochene Bild der multiplen Sklerose; es fehlte nur Nystagmus und Intentionszittern.

Schuster[2]): Kopftrauma und Körpererschütterung, bald nachher Kopfbeschwerden und Störungen im rechten Bein, die später als multiple Sklerose erkannt wurden.

41jähriger, früher anscheinend gesunder Maler fiel von der Höhe einer zehnsprossigen Leiter auf Parkettfußboden auf den Hinterkopf: Vorderarmbruch links. 14 Tage später Klagen über den Kopf, die dauernd bestehen blieben. Nach einigen Monaten Arbeitsaufnahme, aber schon damals Beschwerden im rechten Bein. Später (nach 3 Jahren) Verschlimmerung angemeldet. Die Untersuchung ergab jetzt vorgeschrittene multiple Sklerose.

Schuster[2]): Schwere Körpererschütterung. 7 Monate später deutliche Sclerosis multiplex.

42jähriger Ziegeleiarbeiter wurde 18. Juli 1905 von einem Kippwagen umgerissen, durch die Luft geschleudert und mit Wucht gegen eine Bretterwand geworfen. Er wurde „wie tot" fortgetragen. Nach 3 Wochen Beginn mit leichter Arbeit bis Nov. 1905, wenn auch mit Beschwerden. März 1906 Klagen über Kopfschmerz, Schwindel und Feststellung organischer Nervensymptome. Zunehmende Verschlechterung in den folgenden Jahren und Entwicklung einer typischen multiplen Sklerose.

Mendel[3]): (Fall 1). Schwere Erschütterung der Wirbelsäule. 8 Monate später für Rückenmarksleiden verdächtige Erscheinungen, 2 Jahre p. tr. typische Sklerose.

[1]) Windscheid, Ärzt. S. Zt. 1902, Nr. 1.

[2]) Schuster, Handbuch der Neurologie (Lewandowsky), Bd. 5, S. 1022.

[3]) Mendel, Unfall in der Ätiologie der Nervenkrankheiten, 1908, S. 94.

32jähriger Arbeiter erlitt durch Fall von 18 Säcken gegen den Rücken eine schwere Quetschung mit Rippenbruch. Keine Bewußtlosigkeit. In der Folgezeit Kreuzschmerzen. 8 Monate später bestanden Klagen und Krankheitserscheinungen, die auf ein Rückenmarksleiden hinwiesen. 2 Jahre nach der Verletzung ergab die Untersuchung das Bild der multiplen Sklerose mit allen typischen Symptomen.

2. Periphere Traumen und multiple Sklerose.

a) Entstehung des Leidens.

Ein einfaches peripheres Trauma der Extremitäten oder des Rumpfes ohne gleichzeitige Erschütterung des ganzen Körpers und ohne sich anschließende Eiterungsprozesse und stärkere Chokwirkung kann niemals als Entstehungsursache für eine multiple Sklerose gutachtlich anerkannt werden, z. B. einfache Stöße oder Quetschungen einer Extremität, Stoß oder Überfahren des Leibes, Knöchelbruch. Peripher einwirkende Traumen könnten höchstens dann eine multiple Sklerose hervorrufen, wie dies F. Schultze[1]) ausgeführt hat, wenn sie Infektionsherde schaffen, von denen aus ähnlich wie bei anderen Infektionen eine multiple Entzündung im Nervensystem entstehen könnte, die dann einen progressiven Charakter annimmt. Die ganz vereinzelt mitgeteilten Beobachtungen, in denen sich etwa nach Fall oder Stoß an einem Knie (Mendel, Bierfreund), Quetschung eines Zeigefingers (Liniger), Knöchelbruch, eine Sklerose entwickelt haben soll, sind sämtlich unbeweisend. Denn es ist nicht erwiesen, daß das Leiden vorher nicht bestanden hat, und man darf in manchen Fällen (Liniger, Bierfreund) mit Wahrscheinlichkeit ein schon vorher vorhandenes Leiden annehmen, wobei durch das leichte Trauma lediglich die Aufmerksamkeit auf eine schon länger bestehende leichte Schwäche der Glieder gelenkt worden ist.

b) Verschlimmerung des Leidens.

Die Möglichkeit einer örtlichen Verschlimmerung des Leidens durch ein peripheres Trauma ist insofern denkbar, als bei etwa schon bestehender leichter Parese und Muskelatrophie an einem Glied durch das Trauma (Knochenbruch, schmerzhafte Muskel-Nervquetschung), eine längere Gebrauchsunfähigkeit des Gliedes verursacht wird, wobei die an sich schon krankhaft geschwächte Muskulatur eine weitere Schwächung durch Inaktivitäts- oder neuritische Atrophie erfährt, die sich nicht wieder ausgleicht. Eine weitere Möglichkeit der Verschlimmerung besteht darin, daß nach einem Beinbruch eine länger dauernde übermäßige Belastung des nicht betroffenen Beines und damit eine übermäßige Anstrengung bereits geschädigter motorischer Neurone besteht, die eine schnelle Zunahme der Parese beider Beine zur Folge haben kann. Wir wissen ja, daß bei Sklerotikern durch körperliche Überanstrengung Verschlimmerungen aus-

[1]) F. Schultze, D. Ztschr. f. Nervenheilk. Bd. 38.

gelöst werden können, weshalb wir therapeutisch jede körperlich ermüdende Tätigkeit untersagen.

Ich habe einen Fall beobachtet, in dem eine Kranke mit beginnender Sklerose und ganz leichter spastischer Parese vor einem Unfall mit Oberschenkelbruch noch ganz ohne Schwierigkeiten einherging, Spaziergänge machen konnte und nach dem Unfall eine innerhalb weniger Wochen so schnell zunehmende Parese an dem nicht betroffenen Beine zeigte, daß sie von da an dauernd nur mühsam mit Stock sich fortbewegen konnte, trotz normaler Heilung des Oberschenkelbruches. Dabei zeigten die übrigen Symptome des Leidens in den folgenden $2^1/_2$ Jahren keine nennenswerten Fortschritte, so daß man nur von einer örtlichen Überanstrengungs-Verschlimmerung reden konnte.

Das Vorkommen einer Verschlimmerung des ganzen Krankheitsbildes durch eine einfache periphere Verletzung ohne Komplikationen ist nicht erwiesen und ausgeschlossen. Es ist gar nicht denkbar, wie eine einmalige leichte oder schwere periphere Quetschung auf das gesamte Zentralnervensystem einwirken könnte, so daß dadurch der gesamte, über zahllose Gehirn und Rückenmarksabschnitte sich erstreckende Krankheitsprozeß nachteilig beeinflußt werden sollte. Wenn nach einem peripheren Trauma eine Sclerosis multiplex eine schnellere Verlaufsweise zeigen sollte, so handelt es sich um ein rein zufälliges Zusammentreffen, und ein ursächlicher Zusammenhang ist abzulehnen.

3. Körperliche Überanstrengung.

Man beobachtet bisweilen, daß körperliche Strapazen ungünstig auf eine vorhandene multiple Sklerose einwirken, insofern nach längeren Märschen, Bergtouren, Radtouren eine Verschlimmerung des Leidens eintritt, in Form einer schnellen Entwicklung von Paresen, Blasenstörungen, Ataxie. Meist handelt es sich aber nur um eine vorübergehende Verschlimmerung. Ich sah bei einer Patientin, die seit einem Jahr deutliche Zeichen einer beginnenden Sclerosis multiplex bot (leichte Ermüdbarkeit, gesteigerte Sehnenreflexe, Babinski rechts, leichten Nystagmus), nach einer durchtanzten Nacht eine innerhalb von 2 Tagen sich entwickelnde Parese beider Beine und Blasenstörungen, die erst nach 3 Wochen unter völliger Ruhestellung sich allmählich zurückbildeten. Unter Umständen könnte also eine mehrstündige außerordentliche Körperanstrengung, wie sie während der Betriebsarbeit, z. B. bei Rettungsarbeit im Bergwerk, bei Verschüttung oder bei einem Brandunglück geleistet wird, als „Betriebsunfall“ und Verschlimmerungsursache einer schon offenkundigen Sklerose in Betracht kommen.

Schwerer zu entscheiden ist die Frage, ob auch eine einmalige kurzdauernde körperliche Überanstrengung, wie schweres Heben, Tragen schwerer Lasten, starkes Ziehen, eine multiple Sklerose verschlimmern kann. Eine symptomatische Verschlimmerung wäre in der Weise denkbar, daß die bei sehr starker Muskelanstrengung sich einstellende Blutdrucksteigerung eine Blutung aus einem erkrankten Rückenmarksgefäß auslöst, da ja sowohl die innerhalb wie außerhalb von sklerotischen Plaques befindlichen Gefäße häufig ausgesprochene Wanddegenerationen aufweisen. Es muß aber als ganz unwahrscheinlich bezeichnet werden, daß eine oder mehrere solcher kleinen Blutungen bei Überanstrengung den ganzen Krankheitsverlauf ungünstig beeinflussen, also zu einer schnelleren Entwicklung des ganzen Leidens den Anstoß geben sollten.

Die einzige in der Unfallkasuistik vorliegende Beobachtung mit Anerkennung der Entstehung einer multiplen Sklerose durch „Verheben" aus der Westphalschen Klinik (Kremer[1]) muß ich als ganz unbeweisend ablehnen. Einmal ist eine außergewöhnliche Anstrengung gar nicht erwiesen; außerdem sind schon 3 Tage nach dem „Verheben" deutliche Zeichen der Sclerosis multiplex vorhanden gewesen, so daß von einer Entstehung des Leidens durch den fraglichen Unfall gar nicht die Rede sein kann. Aber auch die Verschlimmerung ist ganz unsicher, zumal eine „Erschütterung und Zerrung" des Rückenmarks, die in dem Gutachten angenommen wird, beim einfachen Tragen einer Last gar nicht erfolgen kann. Wahrscheinlich ist dem Kranken beim Tragen der Last zum erstenmal seine Schwäche der Beine zum Bewußtsein gekommen, und datiert er von da an seine zweifellos lange vor dem Unfall bestehende Erkrankung.

Kremer[1]): Ein 28jähriger Anstreicher half am 30. Juni 1911 beim Abladen von eisernen Masten. Er ist dabei angeblich zusammengeknickt unter dem Gewicht, das auf der Schulter lastete. Er hatte um Hilfe rufen wollen, konnte aber kein Wort hervorbringen. Er hatte keine Schmerzen und war auch abends nicht müder als sonst. Auch am nächsten Tage arbeitete er wie gewöhnlich, ohne etwas zu spüren. Als er abends schnell zur Bahn laufen wollte, merkte er, daß er nicht mehr vorwärts kam. Am 3. Tag morgens wieder nichts Besonderes. Dem Arzt klagte er im Juli 1911 über Schwäche in den Beinen und Hängenbleiben der Fußspitzen am Boden. Im August 1911 wurde im Krankenhaus die Schwäche der Beine fast „komplett", auch konnte er sich nicht recht aufsetzen, weil die Kraft der Bauchmuskeln fehlte. Im November 1911 bei der Untersuchung in Bonn bestand das deutliche Bild einer multiplen Sklerose.

4. Schreckwirkung.

Der Einfluß eines alleinigen psychischen Traumas, einer einmaligen erheblichen Angst- und Schreckeinwirkung für die Entstehung einer multiplen Sklerose ist bisher nicht erwiesen und auch nicht durch eindeutige klinische Beobachtungen glaubhaft gemacht. Dagegen wird eine stärkere psychische Chokwirkung neben gleichzeitigen mechanischen und Kälteeinflüssen unter Umständen als unterstützendes Moment in Betracht zu ziehen sein. Oppenheim[2]) führt an, daß er in einzelnen Fällen nach schwerer Gemütserregung und gleichzeitiger starker Erkältung die Krankheit entstehen sah. F. Schultze[3]) erwähnt dagegen in seinem Lehrbuch und seinem Referat über chronisch-orga-

[1]) Wilh. Kremer, Diss. Bonn 1913. Multiple Sklerose und Unfall.

[2]) Oppenheim, Lehrb. d. Nervenkrankheiten.

[3]) F. Schultze, D. Zt. Nervenh. 1910.

nische Hirn-Rückenmarksaffektionen nach Trauma das psychische Trauma als auslösende Ursache der multiplen Sklerose gar nicht. Er hat also anscheinend keine einschlägigen Beobachtungen gemacht.

Die schädigende Einwirkung einer Schreckwirkung könnte man sich so vorstellen, daß auf psychischem Wege eine länger andauernde Kontraktion von Rückenmarksgefäßen ausgelöst wird. Die hierdurch bewirkte zeitweilige Aufhebung des Stoffzuflusses würde dann auf ein Rückenmark, das durch gleichzeitige molekulare Erschütterungsveränderungen oder thermische Einflüsse bereits geschädigt ist, besonders deletär einwirken können. In gleicher Weise wäre auch die Verschlimmerung eines bestehenden Skleroseleidens immerhin denkbar, da ja ein sklerotisch erkranktes Rückenmarksgewebe infolge vasomotorischer Störungen wesentlich leichter in seinen Ernährungsverhältnissen und Funktionen gestört werden kann, als ein gesundes Rückenmark.

In der Begutachtungspraxis wird man die Verschlimmerungsmöglichkeit und auch Wahrscheinlichkeit dann zugeben, wenn:

a) der Kranke bis zum Unfall keine Krankheitserscheinungen geboten hat und voll arbeitsfähig war;

b) die Schreckeinwirkung eine sehr intensive war und sich objektiv kenntlich machte durch Chokerscheinungen, und gleichzeitig anderweitige ätiologische Momente (Überanstrengung, Erschütterung, Kälteeinwirkung) mit im Spiel waren;

c) die Verschlimmerung unmittelbar im Anschluß an den Unfall, d. h. innerhalb weniger Tage und Wochen deutlich hervorgetreten ist.

5. Kälteeinwirkung.

Ein- oder mehrmalige starke Abkühlung des Körpers, also ein plötzlicher schroffer Temperaturwechsel, soll nach der Ansicht kompetenter Autoren ebenso wie bei der akuten Myelitis auch bei der multiplen Sklerose eine auslösende Rolle spielen können. Krafft Ebing will sogar unter 100 seiner Fälle von multipler Sklerose 40 mal thermische Traumen als Entstehungsursache heranziehen. Spätere Autoren wie Schultze, Oppenheim sind ganz zurückhaltend in dieser Hinsicht und erkennen Erkältungen, meist verbunden mit Überanstrengungen, höchstens als verschlimmernde Hilfsursachen an. Hochhaus hat bei bestimmten Tierarten experimentell durch freilich sehr erhebliche örtliche Kälteeinwirkung (bis 90 Grad) an der Wirbelsäule umschriebene Zerfalls- und Entzündungsherde am Rückenmark mit Lähmungserscheinungen erzeugen können. Immerhin wäre es also denkbar, daß ein schon erkranktes Rückenmarksgewebe durch starke Kälteeinflüsse von der Haut aus mit reflektorisch ausgelösten zentralen Gefäßstörungen ungünstig beeinflußt und geschädigt werden könnte. In den in der Literatur mitgeteilten Fällen handelt es sich freilich meist nicht um eine Kälteschädigung, sondern um die Kombination von körperlichen und psychischen Traumen und gleichzeitiger starker Temperaturschwankung, nach der der Krankheitsbeginn beobachtet wurde.

Oppenheim hat einen Unfallzusammenhang anerkannt bei einem Kranken, der im Winter beim Nachtdienst aus einem überheizten Raum (40° C) in dünner Bekleidung und in Schweiß gebadet, in eine ungeheizte Packkammer (20° Kälte angeblich) gehen und dort arbeiten mußte. Kurze Zeit darauf Auftreten von Krankheitserscheinungen mit Kribbeln und Taubheitsgefühl an Zehen, allmählich auf Arme übergehend. Nach 2 Monaten fanden sich ausgesprochene Veränderungen, die sich fortschreitend zum Bilde der Sklerose entwickelten. In zwei weiteren Beobachtungen von Oppenheim entwickelte sich die Sklerose bei Personen, die angaben, daß sie bei einer Feuersbrunst nackt, bzw. nur notdürftig bekleidet hatten fliehen müssen. Negro[1]) hat das Leiden nach einem Erdbeben bei einem Individuum auftreten sehen, das im Freien unter Schnee zu kampieren gezwungen war. Mendel berichtet über einen 38jährigen Flößer, der im November bei kaltem Wetter ins Wasser fiel und nachher eine Schwäche in beiden Beinen besonders links bemerkte, so daß er zeitweise seine Arbeit aussetzen und nach 2 Jahren den Arzt aufsuchen mußte. Bei der Untersuchung 5 Jahre p. tr. fand sich das typische Bild der multiplen Sklerose. Ein weiterer Fall von Mendel betrifft einen 33jährigen Kaufmann, der auf dem Eise einbrach und 10 Minuten bis zur Herzgegend im Eise steckte. 5 Monate später merkte er den Beginn der Krankheit, die sich bei der Untersuchung durch Mendel 3 Jahre p. tr. als mult. Sklerose erwies.

Zweifellos wird sich bei allen vorstehenden Beobachtungen von einer Entwicklung des Leidens einige Zeit nach der Kälteeinwirkung der berechtigte Einwand erheben lassen, daß vor dem Unfall keine Untersuchung des Nervensystems stattgefunden habe, so daß es ganz unerwiesen sei, daß der Kranke vorher noch keine Skleroseerscheinungen geboten habe. Es wird aber in allen derartigen Fällen die Verschlimmerungsfrage zu erwägen sein und bejaht werden müssen, wenn der Kranke bis zum Unfall regelmäßig gearbeitet und der Umgebung keinen nervenkranken Eindruck gemacht hat, und wenn dann kurze Zeit nach einer nachweislich starken Kälteschädigung das Leiden fortschreitend auftritt.

6. Infektiöse Prozesse als auslösendes oder Verschlimmerungsmoment einer multiplen Sklerose.

Bei den nach Infektionskrankheiten (Pneumonie, Influenza, Masern, Angina) auftretenden multiplen Herderkrankungen des Gehirns und Rückenmarks handelt es sich um akute multiple Entzündungsherde, um eine Myelitis disseminata, die nach ihrer Ausheilung eine gewisse symptomatische Ähnlichkeit mit dem Krankheitsbild der multiplen Sklerose bieten kann. Es ist aber, wie F. Schultze und Strümpell betonen, bisher nicht sicher erwiesen, daß Infektionskrankheiten in der Vorgeschichte der echten fortschreitenden Scle-

[1]) Negro, Neurol. Zentralbl. 1899, S. 459.

rosis multiplex eine besondere Rolle spielen. Man wird andererseits zugeben müssen, daß traumatisch entstandene, akute infektiöse Prozesse, Eiterungen usw. durch Toxinwirkung, fieberhafte Zustände und sich anschließende Anämie die Widerstandsfähigkeit des Körpers und des Zentralnervensystems überhaupt mindern und dadurch unter Umständen zur Entwicklung oder Verschlimmerung einer multiplen Sklerose beitragen können. Es scheint dies aber äußerst selten der Fall zu sein, da die Unfallkasuistik darüber so gut wie ganz schweigt. Thiem[1]) hat eine Beobachtung mitgeteilt, in der man wenigstens die Verschlimmerung einer bis dahin latenten multiplen Sklerose durch eine eitrige Panophthalmitis nicht ausschließen kann.

Ein bis dahin voll arbeitsfähiger Schlosser erlitt am 1. Februar 1913 durch einen Eisensplitter eine Hornhaut- und Linsenverletzung des linken Auges. Am 14. Februar 1913 mußte das Auge wegen Vereiterung entfernt werden. Am 26. März nahm er die Arbeit wieder auf, aber nur mit Unterbrechungen wegen fortgesetzter Kopfschmerzen und weil auch das rechte Auge schwach geworden sei. Am 1. Juni 1913 meldete der Verletzte, daß er sich oft beim Zuschlagen mit dem Hammer verletze und kürzlich auf dem Bürgersteig hingefallen sei. Im August 1913 fand sich Herabsetzung der Sehschärfe auf dem rechten Auge ohne tatsächliche Veränderungen (später erst temporale Abblassung). In der Folgezeit konnte er seine Arbeit nicht mehr wie früher ausüben, klagte auch über zunehmende Schwäche der Beine.. Im Juli 1915, also 2 Jahre nach dem Unfall, wurde eine sehr ausgesprochene „vielfache Herderkrankung des Hirnrückenmarks“ festgestellt, die nach dem ganzen Symptombild als multiple Sklerose anzusprechen war (halbseitige Abblassung des rechten Sehnerven, linksseitige Facialisparese, spastisch-ataktischer Gang, Fehlen bzw. Abschwächung der Bauchdeckenreflexe, doppelseitig Fußklonus und Babinski, Gefühlsstörungen, Zwangslachen).

Nach dem ganzen Krankheitsverlauf hat es sich in diesem Fall tatsächlich um eine mit Sehstörung an dem rechten unverletzten Auge beginnende multiple Sklerose gehandelt, die innerhalb von 2 Jahren nach dem Unfall ziemlich schnell fortschreitend sich zur vollen Höhe entwickelt hat. Die zeitlichen Beziehungen zum Beginn der Erkrankung sind so eng, daß man den Tatsachen Gewalt antun würde, wenn man einen Zusammenhang ablehnen wollte.

7. Starkstrom- und Blitzverletzung.

Durch Starkstrom- und Blitzschädigungen können organische Veränderungen am Zentralnervensystem entstehen (Blutungen, Gefäßzertrümmerung, Gewebezerreißungen), die bisweilen zu Krankheitserscheinungen führen, welche mit dem Bilde anderweitiger Nervenleiden, wie auch der multiplen Sklerose, eine gewisse symptomatische Ähnlichkeit aufweisen und deshalb zu der irrtümlichen Annahme der Entstehung dieses Leidens infolge elektrischen Unfalls Anlaß gegeben haben (Eulenburg[2]), Stövesand[3]). Es ist aber bisher noch nicht erwiesen, daß durch einen elektrischen Schlag eine echte multiple Sklerose

[1]) Thiem, M. f. Unfallh. Bd. 23, Nr. 6.
[2]) Eulenburg, Berl. klin. Wochenschr. 1905, Nr. 3.
[3]) Stövesand und Rieck, Amtl. Nachr. des RVA. 20, 1904.

mit ihrem charakteristischen pathologisch-anatomischen Befund ausgelöst worden ist. Daß dies aber möglich sein kann, ist bei vorhandener Disposition zuzugeben; denn der Starkstrom ruft organische Veränderungen des Nervengewebes hervor, die auslösend wirken können, und die durch Starkstrom entstehenden Rückenmarksschädigungen gleichen denjenigen der mechanischen Verletzung des Med. spinalis. Auch wird man eine Verschlimmerung einer Sklerose durch Starkstromeinwirkung durchaus nicht ablehnen können, falls im engen zeitlichen Anschluß, d. h. innerhalb von Tagen oder einigen Wochen, eine schon vorhandene Sclerosis multiplex eine schnell fortschreitende Entwicklung zeigen sollte.

8. Kohlenoxydvergiftung.

Das Vorkommen einer multiplen Sklerose nach Kohlenoxydvergiftung ist mehrfach behauptet worden. Die vorliegenden klinischen Beobachtungen [Becker[1]), Etienne[2])] über angebliche Entstehung des Leidens durch CO gestatten aber nicht, die CO-Vergiftung unter die auslösenden Ursachen einer echten Sclerosis multiplex einzureichen, wie es in den meisten Lehrbüchern irrtümlich geschieht. Ein durch pathologisch-anatomischen Befund gesicherter Fall liegt nicht vor. Bisher ist nur erwiesen, daß nach CO-Einwirkung als Nachkrankheit ein der multiplen Sklerose ähnliches Krankheitsbild auftreten kann, dem nach den Untersuchungen von Sibelius[3]) multiple enzephalitische oder enzephalomalazische Herde zugrunde liegen, aber nicht die für Sclerosis multiplex charakteristischen sklerotischen Herde. Wie Stursberg[4]) in 2 Fällen von CO-Vergiftung mit nachfolgenden organischen skleroseähnlichen Krankheitserscheinungen gezeigt hat, können die durch CO hervorgerufenen Zerfallserscheinungen am Nervensystem noch längere Zeit nach Aufhören der CO-Giftwirkung fortschreiten. Sie kommen aber dann zum Stillstand und bieten niemals den progressiven Verlauf wie bei der echten multiplen Sklerose.

III. Rentenabschätzung bei multipler Sklerose.

Da erfahrungsgemäß bei Sclerosis multiplex jede körperliche Anstrengung und längeres Gehen ungünstig auf das Leiden einwirkt, so ist auch im Frühstadium weitgehende Schonung nötig. Man wird also auch beim Fehlen von ataktischen Störungen in Armen und Beinen und bei gutem Gehvermögen (ohne wesentliche Unsicherheit) nur leichte Arbeit im Sitzen oder Aufsichts-, Ausgabeposten erlauben dürfen: 50 — 75% Erwerbsverminderung. Sobald das Krankheitsbild ausgesprochen

---

[1]) Becker, Deutsche med. Wochenschr. 1889, S. 515.
[2]) Etienne, Revue neurologique 1900, I. VIII, S. 825.
[3]) Sibelius, Zeitschr. f. klin. Med. 1903, 49, S. 111.
[4]) Stursberg, Deutsche Zeitschr. f. Nervenh. 34 (1908), S. 432.

vorliegt mit Ataxie, Schwindel, unsicherem Gang, Blasenstörungen, ist auf Vollrente zu erkennen; denn dann kann der Erkrankte sich höchstens mit geringen häuslichen Arbeiten betätigen.

D. Syringomyelie und Unfall.

Eine Höhlenbildung im Rückenmark findet sich einmal nach schweren Traumen der Wirbelsäule, die zu größeren Blutungen (Hämatomyelie) oder Erweichungsherden in der grauen oder weißen Rückenmarkssubstanz geführt haben, und zweitens bei der echten Syringomyelie.

I. Die traumatische Höhlenbildung des Rückenmarks (Pseudogliose).

Die traumatische Höhlenbildung, die man als Folgezustand nach Wirbelluxationen, Luxationsfrakturen, Distorsionen der Wirbelsäule und schwerer Commotio spinalis bei intakter Wirbelsäule, z. B. Fall aus größerer Höhe auf das Gesäß, beobachtet, entsteht in der Weise, daß die Blut- und Erweichungsherde, die nach den Untersuchungen von Kocher, Minor, Goldscheider u. a. sich fast stets in der Längsrichtung des Organes ausdehnen, allmählich resorbiert werden, so daß eine von Gliawucherung umgrenzte Zyste zurückbleibt. Klinisch findet sich das Bild einer akut im Anschluß an das Trauma auftretenden spinalen Lähmung. Dabei kann sich wegen des häufigen Sitzes des Blutungs- und späteren zystischen Herdes in der grauen Substanz ein Zustandsbild entwickeln, das mit einer echten Syringomyelie eine gewisse Ähnlichkeit hat, namentlich wenn die zystische Höhle zervikal gelegen ist: Parese mit degenerativer Atrophie einer oder beider Extremitäten, meist dissoziierte Gefühlsstörung, vasomotorisch-trophische und Sympathikusstörung. Diese Fälle sind aber durch ihren weiteren Verlauf scharf abgegrenzt gegenüber der echten Syringomyelie. Es ist Kienböcks[1]) Verdienst, durch kritische Sichtung des vorliegenden kasuistischen Materials den Nachweis geführt zu haben, daß allen diesen Fällen mit dem Zustandsbild einer Syringomyelie das charakteristische und entscheidende Merkmal der genuinen Syringomyelie, die echte Progression, fehlt. Bisher liegt kein einwandfreier Fall vor, in dem sich aus einer solchen akut aufgetretenen traumatischen spinalen Lähmung eine echte progressive spinale Syringomyelie entwickelt hat, obgleich dies durchaus als möglich zuzugeben ist.

Bei diesen Fällen mit traumatischer Gliahöhle einige Zeit nach dem Trauma kann das Krankheitsbild während des langsamen Vernarbungsprozesses gewisse Schwankungen und Fortschritte aufweisen, bald durch Zunahme der Muskelatrophie, bald durch Sensibilitäts- und trophische Störungen infolge nachträglichen Untergangs von partiell durch das Trauma

---

[1]) Kienböck, Jahrb. f. Psych. u. Neur., Bd. 21, S. 50.

geschädigtem Gewebe. Diese Beobachtung, daß bisweilen an den ursprünglich geschädigten Gliedern ein Wechsel der trophischen Störungen — Ulzerationen, später auftretende Gangräne — bemerkbar ist, hat manche Autoren veranlaßt, eine echte Progression anzunehmen. Es handelt sich aber hierbei nur um eine scheinbare Progression, da bei genauer Prüfung ein tatsächliches Fortschreiten auf andere Rückenmarkssegmente, als die anfänglich geschädigten, nicht nachweisbar ist, und es sich lediglich um Schwankungen der Funktionsstörung im Bereich der ursprünglich erkrankten Rückenmarksabschnitte handelt. Als Beispiel führe ich den Fall von Steinhausen[1]) an, den der Autor irrtümlich als echte Syringomyelie im Anschluß an schweres Rückentrauma mit sofortiger Paraplegie deutet, obwohl er selber betont, daß „keine Symptome der Syringomyelie trotz 10jährigen Bestehens außerhalb der von der Blutung betroffenen segmentären Abgrenzung aufgetreten sind“. Tatsächlich handelte es sich nur um in wechselnder Stärke auftretende Geschwürsbildung und Gangrän an dem einen Bein, dessen trophische und vasomotorische Zentren von Beginn an gestört waren, aber nicht um eine Progression des Rückenmarksprozesses.

Steinhausen: Ein 40jähriger Mann erlitt durch Fall aus 3,5 m Höhe mit Kreuz auf Leitersprosse eine schlaffe Lähmung beider Beine und Blasenstörungen, die 8—10 Wochen unverändert bestehen blieben. Am rechten Bein volle Restitution nach $1^1/_2$ Jahren, am linken Bein restierende Schwäche am linken Fuß und Vertaubung an Fuß und Unterschenkel mit leichterem Schwitzen und Hautkühle. In den folgenden 5 Jahren mehrfach Geschwürsbildung an den Zehen des linken Fußes mit schließlichem Übergang in Gangrän, so daß Zehenamputation nötig wurde. Nach 10 Jahren ergab die Untersuchung das gleiche Bild wie 1 Jahr nach der Verletzung, d. h. am rechten Bein normale Motilität und Sensibilität, linkes Bein degenerative Muskelatrophie und Sensibilitätsstörung, vor allem bezüglich des Schmerz-Temperaturgefühls. Oberextremitäten, Blasen-, Mastdarm-, sowie Sexualfunktion ungestört.

Alle derartigen Fälle mit akuten traumatischen Lähmungen im Beginn und nur scheinbarer Progression, die von einem nicht neurologisch geschulten Untersucher häufig fälschlich als traumatische Syringomyelie bei der Begutachtung bewertet und nicht selten unter dieser Fahne publiziert worden sind, müssen natürlich in der Frage der traumatischen Genese einer Syringomyelie ausgeschaltet werden.

II. Die traumatische Syringomyelie.

Nach Ausschaltung der eben besprochenen Pseudo-Syringomyelie bleiben nun aber eine Reihe von Fällen übrig, in denen sich nach Traumen der Wirbelsäule ohne anfängliche Zeichen einer schweren Rückenmarksschädigung, d. h. ohne akute motorische und sensible Anfangs-Lähmungserscheinungen, allmählich und schleichend das Symptombild einer Syringomyelie mit unzweifelhafter echter Progression entwickelt hat. Ob es sich in diesen Fällen in Wirklichkeit um Auslösung der Krankheit bei vorher gesunden Menschen handelt, oder ob das Leiden in seinen ersten Anfängen schon vorhanden war, ohne

---

[1]) Steinhausen, Mon. f. Unf., 1904, S. 97.

subjektive und objektive Symptome zu erzeugen, wird sich wohl niemals mit Sicherheit entscheiden lassen. Denn die ersten Symptome können sich bei der Syringomyelie so schleichend entwickeln und ohne die Arbeit zu behindern, daß sie dem Arzt bei einer Untersuchung vor dem Unfall sehr wohl entgehen können, wenn nicht zufälligerweise eine genaue neurologische Präzisionsuntersuchung vorgenommen wurde. Für die praktische Unfallbegutachtung ist aber die sichere wissenschaftliche Festlegung, daß der später an Syringomyelie Erkrankte vor dem Unfall ganz nervengesund gewesen ist, weniger von Bedeutung, als der Nachweis, daß die Krankheitserscheinungen erst nach dem Unfall hervorgetreten sind, daß also eine wesentliche Verschlimmerung des vorher latenten Leidens anzunehmen ist. Außerdem hat der Begutachter nicht selten, wenn schon vor dem Unfall offenkundige Syringomyeliesymptome bestanden haben, zu entscheiden, ob durch ein Trauma die schon vorhandene Syringomyelie eine wesentlich schnellere Entwicklung genommen und dadurch frühzeitiger eine Minderung der Arbeitsfähigkeit verursacht hat.

Traumatische Auslösung einer Syringomyelie.

Die Frage der traumatischen Auslösung einer Syringomyelie ist bisher nur hinsichtlich zentraler, d. i. die Wirbelsäule und die Medulla direkt betreffender Gewalteinwirkungen und hinsichtlich peripherer Extremitätenverletzungen aufgeworfen worden. Anderweitige Unfallereignisse, wie einmalige körperliche Überanstrengung, psychische Insulte, thermische und elektrische Schädigung, die bei anderweitigen Hirn-Rückenmarkserkrankungen (multiple Sklerose, Vorderhornerkrankungen, Myelitis) häufig als auslösende Momente angesprochen worden sind, spielen bisher in der Unfallsätiologie der Syringomyelie keine Rolle.

1. Direkt und indirekt mechanisch einwirkende Traumen.

Vorbemerkungen. Bezüglich der Einwirkung direkter Traumen für die Entstehung zentraler Gliose liegt die Sache ähnlich wie bei der multiplen Sklerose, wenn auch nicht so schwierig, da ja nach den vorliegenden pathologisch-anatomischen Befunden bei Syringomyelie eine kongenitale Anlage zur Gliose für viele Fälle gesichert erscheint. Schlesinger ist für die disponierende Bedeutung der kongenitalen Anlage gegenüber exogenen Schädigungen besonders entschieden eingetreten. Er konnte unter seinen Syringomyelierückenmarken in nicht weniger als reichlich einem Drittel Zentralkanalmißbildungen feststellen und sieht deshalb die prädisponierenden Bedingungen für die Entwicklung einer Gliawucherung in Anomalien bei der Anlage der Medullarrinne mit Beibehaltung gewisser Eigenschaften der Ependymgliazellen von der Embryonalzeit her. Durch bestimmte Reize, zu denen nach klinischer Beobachtung auch zentral wirkende Traumen mit molekularen Erschütterungen des Rückenmarks (mit oder ohne kleinere Blutungen) zu rechnen sind, kann nun eine Wucherung dieser Zellgruppen ausgelöst werden. Diese bleibt nach Rückenmarktraumen aus, wenn die Disposition zur Gliose fehlt, und es kommt deshalb, wie Kienböck gezeigt hat, auch nach schweren Rückenmarktraumen, nach traumatischen Hämatomyelien oder Erweichungen, in der Regel nur zu einer starken Glianarbe um die traumatische Gliahöhle ohne fortschreitende geschwulstartige Gliose.

a) Genügende Erheblichkeit des Traumas.

Auf Grund der vorliegenden klinischen Beobachtungen wird man unbedingt zugeben müssen, daß direkte Traumen der Wirbelsäule und des Kopfes, die zentral wirkend eine Erschütterung der Medulla erzeugen, geeignet erscheinen, eine zentrale progrediente Gliose auszulösen. Ob hierzu kleinere — anfangs gar keine oder nur geringe Herdsymptome bedingende — Blutungen innerhalb des Rückenmarksgraus erforderlich sind (Schultze, Westphal, Minor), oder ob kleinste, nur molekulare Veränderungen mit Schädigung der Zellvitalität bei vorhandener Anlage genügen, ist von mehr nebensächlicher Bedeutung. Die Erheblichkeit eines zentral einwirkenden Traumas wird dann als vorliegend anerkannt werden müssen, wenn die Art des Unfallvorganges (Fall auf den Kopf und Rücken aus größerer Höhe, Fall von Gestein oder Balken auf Kopf und Rücken, Quetschung des Rückens zwischen Puffern, durch Steinfall, Aufschlagen des Rückens auf Treppenstufe, Schleudern des Körpers gegen Decke oder Wand durch Transmission) eine stärkere Erschütterung des Zentralnervensystems wahrscheinlich macht, oder wenn direkte Verletzungen der Wirbelsäule (Wirbelluxation, Stauchungsbruch, Abszeß von Dornfortsatz) nachweisbar sind. Von Bedeutung ist ferner die Feststellung, daß der Kranke, neben äußeren Verletzungsspuren in Gestalt von ausgedehnteren Haut-Muskelblutungen, sofort nach dem Unfall die Zeichen einer stärkeren Chokwirkung geboten hat, daß er vor Schmerzen anfänglich kaum aufstehen und gehen konnte, so daß sofortige Arbeitseinstellung und längere Ruhelage erforderlich war. Von noch größerer Bedeutung wird natürlich der eventuelle Nachweis leichterer Erschütterungsschädigungen des Rückenmarks in Form vorübergehender Blasenstörungen, leichter Paresen, Babinskischem Phänomen sein. Dagegen darf ein einfacher Stoß oder Schlag gegen den Kopf, ein Fall gegen die Schulter, Fall auf Knie und Arme, Fall auf Hinterkopf auf ebener Erde ohne Zeichen von Hirn-Rückenmarkserschütterung nicht als geeignet bezeichnet werden zur Auslösung einer Syringomyelie.

Als Beispiele für eine wahrscheinliche traumatische Auslösung einer Syringomyelie durch Traumen der Wirbelsäule führe ich Fälle von Nonne und Curschmann an.

Nonne[1]): Einem 29jährigen Schiffer, früher gesund und voll arbeitsfähig als Steuermann, schlug im Oktober 1902 während eines Sturmes mehrere Male das Steuer schwer gegen den unteren Teil der Wirbelsäule. Er blieb noch 2 Tage im Dienst

1) Nonne, Ärzt. Sachverst.-Zeitschr. 1909, Nr. 21.

bis zur Landung, bemerkte in den nächsten Tagen heftige Schmerzen im rechten Oberschenkel und eine Schwäche im linken Bein. Diese nahm zu und trat auch im rechten Bein auf. Er tat ab und zu Dienst, mußte aber seine Tätigkeit Ende 1902 aufgeben. Mitte Januar 1903 fand sich spastische Paraparese der unteren Extremitäten mit Störung der Sensibilität bis etwa zur Höhe der Beckenschaufel. Der Schmerzsinn war am stärksten gestört, Urinverhaltung. Im Laufe von 5 Monaten ging die spastische Lähmung in eine schlaffe über. Es bestand jetzt Anästhesie für alle Qualitäten vom 9. Brustwirbel abwärts bei lebhaften Patellarreflexen, Fußklonus, Babinski. Im Laufe der nächsten Jahre langsamer Aufstieg der Lähmung nach oben. Tod an Cysto - Pyelitis. Obduktionsbefund: Im Rückenmark große Höhle vom unteren Lumbalmark bis ins mittlere Dorsalmark reichend.

Curschmann[1]): Fall 6. Einen 24jährigen Landwirt, der seit dem 12. Lebensjahre ständig an der rechten Gesichtsseite stark schwitzte und errötete, fiel beim Holzfällen ein Baumstamm auf den Rücken und Hinterkopf und schlug ihn zu Boden. Patient blieb $2^1/_2$ Stunden völlig bewußtlos und erholte sich nur langsam. Er bot die Erscheinungen der Commotio cerebri und spinalis. Nach einigen Wochen erholte er sich, jedoch verspürte er noch lange Zeit bei der Arbeit Schmerzen und Unbehagen im Rücken. Annähernd 2 Jahre nach dem Unfall entwickelte sich auf der linken Schulter ein Geschwür resp. eine Eiterbeule, die von selbst aufbrach und auffallenderweise keine besonderen Beschwerden machte. (Keine ärztliche Behandlung, sondern Selbstheilung.) Auch spätere Anschwellungen des linken Armes unter Fieber, Rötung und Verhärtung verliefen ohne Schmerzen. Parese an Armen und Steifigkeit und Schwäche in den Beinen traten erst $2^1/_2$ Jahre nach den Gefühlsstörungen hervor. Curschmann fand das klassische Bild des humero-scapularen Typus der Syringomyelie.

b) Erforderlicher zeitlicher Zusammenhang zwischen Trauma und Beginn der Erkrankung.

Zeitminimum. Treten schon kurz nach dem Unfall, also innerhalb von 14 Tagen bis einigen Wochen, deutliche Zeichen einer Syringomyelie hervor, so ist eine Entstehung durch den Unfall ausgeschlossen. Denn eine Höhlenbildung bzw. Gliawucherung an umschriebener Stelle der Med. spinalis, die sich klinisch bereits mit ihren charakteristischen Erscheinungen bemerkbar macht, kann nicht in so kurzer Zeit zur Entwicklung kommen, da wir aus vielfältiger Erfahrung wissen, daß das Leiden stets einen sehr langsamen, schleichenden Verlauf nimmt. Es kann sich dann nur um eine möglicherweise ausgelöste Verschlimmerung des Leidens handeln. Die Mehrzahl der Autoren stimmt darin überein, daß mindestens $^1/_4$ bis $^1/_2$ Jahr Zwischenzeit bis zum Hervortreten der ersten Krankheitserscheinungen erforderlich ist, wenn eine Auslösung der Erkrankung durch ein Trauma angenommen werden soll.

Zeitmaximum. Wesentlich schwieriger ist die Festsetzung eines Zeitmaximums zwischen Trauma und klinischem Beginn der Erkrankung, dessen Überschreiten also zu einer Ablehnung des ursächlichen Zusammenhanges berechtigen könnte. Wenn auch in der Mehrzahl der Fälle von Syringomyelie, die als traumatisch angesprochen

[1]) Curschmann, Deutsche Zeitschr. f. Nervenhk. Bd. 29, S. 275.

werden, das Leiden innerhalb eines Jahres bemerkbar wurde, so ist man deshalb noch nicht berechtigt, die Zeitspanne von annähernd einem Jahre als äußerste Latenzperiode festzusetzen, über welche hinaus eine ursächliche Beziehung als unwahrscheinlich zu bezeichnen wäre. Wenn die kleinen traumatischen Blutungen, die wir bei vorhandener Disposition zur Gliawucherung als Ausgangspunkt der Höhlenbildung ansehen, an einer Stelle sitzen, die klinisch wenig different ist, etwa unterhalb der Halsanschwellung, so wird längere Zeit vergehen können, bis mit der allmählichen Ausdehnung der Höhle bis in die Halsanschwellung die an den Händen auftretenden Veränderungen sich bei der Arbeit störend bemerkbar machen. Die allerersten Anfänge des Leidens, die meist nur in Veränderung des Schmerz- und Temperatursinns zu bestehen brauchen, werden namentlich beim anfänglichen Befallensein der Schulter-Brust-Oberarmgegend dem Kranken gar nicht zum Bewußtsein kommen, falls er sich nicht zufällig an diesen Stellen verletzt und ihm das Fehlen von Schmerzen bei Geschwürsbildung auffällt.

Es sind zahlreiche Syringomyeliefälle bekannt, in denen die genaue Anamnese ergibt, daß schon viele Jahre vor dem eigentlichen Beginn der Erkrankung mit Arbeitsbehinderung die Kranken an nicht schmerzhaften Brandwunden oder Eiterprozessen an Schultern, Armen, Rücken oder Händen gelitten haben. Man würde also gegen alle wissenschaftliche Erfahrung verstoßen, wenn man willkürlich 1 Jahr als äußerste Grenze festsetzte. Ein so erfahrener Kenner der Syringomyelie wie F. Schultze hat deshalb in einigen Obergutachten die traumatische Auslösung des Leidens nach sehr erheblichen Traumen der Wirbelsäule auch dann noch als wahrscheinlich anerkannt, wenn 3 bis 5 Jahre zwischen Unfall und klinischem Nachweis des Leidens lagen. Man wird bei so langen Latenzperioden freilich einwenden müssen, daß mit der zunehmenden Länge der Zwischenzeit die große Gefahr besteht, daß ein nur zufälliges Zusammentreffen einer Syringomyelie bei einem Kranken mit früherem Wirbelsäulentrauma irrtümlich als Unfall anerkannt wird. Wir werden deshalb meines Erachtens sowohl den wissenschaftlichen Erfahrungen über die Entwicklungsweise des Leidens gerecht werden, wie auch das Zufallsspiel genügend ausschalten, wenn wir nach sicher erwiesenem, erheblichem Trauma bis zum Beginn der Erkrankung 2 bis 3 Jahre als alleräußerste Grenze bezeichnen, innerhalb welcher der Begutachter noch von der genügenden Wahrscheinlichkeit eines Zusammenhanges sprechen darf.

2. Periphere Traumen.

In der Bewertung peripher einwirkender Traumen für die Entstehungsweise einer Syringomyelie steht die überwiegende Mehrzahl der Autoren auf dem Standpunkt, daß eine periphere Auslösung des

Leidens nicht erwiesen und deshalb bei der forensischen Beurteilung abzulehnen ist. Wenn die jüngsten Verfechter der Anschauung von einer Entstehung der Gliose durch periphere Traumen (H. Curschmann) stets von neuem auf die klinischen Beobachtungen hinweisen, in denen periphere Verletzungen als einziges ätiologisches Moment nachzuweisen sind, so steht dem, wie F. Schultze[1]) nachdrücklich betont hat, vor allem entgegen, daß bisher die Abwesenheit der Erkrankung vor dem Trauma in allen bisherigen anscheinend beweisenden Fällen peripherer Genese nicht erbracht ist. Wenn man bedenkt, wie sehr gerade bei der Syringomyelie die ersten Symptome dem Kranken — und auch dem Arzt — entgehen können, falls nicht zufällig ein genauer Nervenstatus erhoben wird, so muss man es als äußerst wahrscheinlich bezeichnen, daß sehr häufig schon vor dem peripheren Trauma klinisch nachweisbare Syringomyeliesymptome bestanden haben. Mit überwiegender Wahrscheinlichkeit wird man das vor allem für solche Fälle behaupten dürfen, in denen bereits kurze Zeit nach dem Unfall, innerhalb von 14 Tagen oder einigen Wochen, deutliche subjektive und objektive Symptome aufgetreten sind (Fall 1, Curschmann). Aber auch den theoretischen Erklärungsversuchen für die Genese einer Syringomyelie durch periphere Traumen fehlt jede sichere wissenschaftliche Grundlage. Es handelt sich um rein hypothetische Annahmen, denen eine praktische Bedeutung nicht zukommt.

Was zunächst die Annahme einer Auslösung von Gliose durch aszendierende Neuritis betrifft, so ist zu sagen, daß das Vorkommen einer N. ascendens durch pathologisch-anatomische Befunde überhaupt nicht bewiesen ist, so daß der größte Teil der Neuropathologen gegenüber dem Begriff der aszendierenden Neuritis sich mit Recht ablehnend verhalten. Wer bis jetzt noch schwankend gewesen ist, müßte eigentlich durch die Kriegserfahrungen überzeugt worden sein, da trotz des enormen Materials von Nervenverletzungen aller Art ohne und mit langwierigen Eiterungsprozessen in der Umgebung der verletzten Nerven niemals Berichte über eine aufsteigende Nervenentzündung erschienen sind. Eine von mir auf der 9. Jahresversammlung deutscher Nervenärzte (1917) angestellte Nachfrage über einschlägige Beobachtungen blieb ergebnislos. Ich persönlich habe unter annähernd 3000 Schußverletzungen peripherer Nerven, trotz besonders darauf gerichteter Aufmerksamkeit, niemals eine N. asc. feststellen können. Es ist, wie schon F. Schultze[1]) eingehend ausgeführt hat, auch die Annahme einer aszendierenden Neuritis ohne Mitbeteiligung der Spinalganglien und ohne Entzündung der vorderen und hinteren Wurzeln, die sie auf ihrem Wege treffen müßte, von übermäßig großer Unwahrscheinlichkeit. Ganz zurückzuweisen ist auch die Fortleitung einer peripher entstandenen Eiterung als Entstehungsweg einer Syrinx, da ja der Glioseprozeß mit chronischen zentralen Eiterungen (Abszessen) nichts zu tun hat. Die Annahme eines Zusammenhanges einer Syringomyelie mit einer aszendierenden Neuritis ist demnach eine willkürliche und durch die Tatsachen nicht gerechtfertigt. Die zweite, von F. Schultze aufgestellte theoretische Möglichkeit besteht darin, daß von einer peripheren Entzündung aus irgendwelche Entzündungserreger und Gifte auf dem Wege des Blutkreislaufs nach dem Rückenmark gelangen und hier unter Umständen syringomyelitische Veränderungen

[1]) F. Schultze, Deutsche Zeitschr. f. Nervenh. Bd. 38.

verschlimmern könnten. Oder man könnte sich vorstellen, nach Curschmann[1]), daß irgendwelche Bakteriengifte allein in den peripheren Nerven in die Höhe steigen. Dabei müßten aber die gifttransportierenden Nerven und Rückenmarkswurzeln ganz verschont werden, und es müßte nach F. Schultze doch viel näherliegen, daß es zu einer Schädigung der Ganglienzellen komme, als zur Gliawucherung. Eine einigermaßen wahrscheinliche und praktische Bedeutung spricht aber F. Schultze auch den von ihm und von Curschmann aufgestellten Möglichkeiten nicht zu. Das gleiche muß für die an letzter Stelle zu erwähnende Curschmannsche Hypothese gelten. Durch Wegfall peripherer Reize nach peripheren Traumen mit längerer funktioneller Schädigung eines Gliedes soll eine trophische Schädigung zentraler Rückenmarkselemente entstehen, die ihrerseits wohl, wenn ich Curschmann recht verstehe, eine sekundäre Gliose zur Folge haben soll. Es ist das aber eine reine Hypothese ohne hinreichende Unterlage, da die von ihm als Analogie angeführten Degenerationen der Vagus-, Fazialis-, Hypoglossuskerne bei Karzinomen des Ösophagus, der Zunge usw. sich sehr wohl auf anderen Wegen erklären lassen, nämlich durch allgemeine Toxineinwirkungen des Krebses.

Ein direkter schädigender Einfluß einer peripher einwirkenden, stumpfen mechanischen Gewalt auf das Rückenmark ist nur dann möglich, wenn es dabei zu einer stärkeren Zerrung an einer Extremität kommt, wie z. B. beim Erfaßtwerden eines Armes durch eine Transmission, Schleifen des Körpers durch am Arm befestigte Zügel, gewaltsames Niederdrücken der Schulter durch Lasten auf der Schulter. Wir wissen durch pathologisch-anatomische Befunde, daß hierbei die Zerrwirkung nicht an den Plexusfasern Halt macht, sondern sich bis zum Rückenmark erstreckt, so daß es zu Ab- und Ausreißen der Rückenmarkswurzeln und Blutungen in der grauen und weißen Rückenmarksubstanz kommen kann. Auf diesem Wege wäre es denkbar, daß ein peripheres Trauma als auslösendes und natürlich auch verschlimmerndes Moment für eine Syringomyelie dienen könnte. Möglicherweise läßt sich auf die Weise der Fall von Baensch[2]) erklären, (medulläre Blutung) der von dem Autor als Überbiegung der Wirbelsäule mit anschließender Syringomyelie gedeutet worden ist.

Der Unfallvorgang spielte sich so ab, daß der Kranke eine viereckige Blechplatte mit einem Kameraden trug, wobei die rechte Kante auf seiner rechten Schulter lag. Infolge Windstoßes hob sich die Platte von der Schulter des anderen, so daß er allein die ganze Last zu tragen hatte. Daß dabei eine stärkere Plexuszerrung erfolgen konnte, liegt nahe, zumal der Verletzte beim Tragen den Kopf nach links gebeugt hielt, wodurch die Plexusfasern in der rechten Oberschlüsselbeingrube an sich schon stark angespannt waren. Ein halbes Jahr später machten sich die Erscheinungen der Syringomyelie bemerkbar.

Zusammenfassend kann man sagen: Zur Zeit gewähren weder die klinischen Erfahrungen noch die sonstigen theoretischen Erklärungsversuche uns eine hinreichend wissenschaftlich gesicherte Unterlage, so daß man berechtigt wäre, die traumatische Entstehung oder allgemeine Verschlimmerung eines zentralen Glioseprozesses durch periphere Traumen

[1]) Curschmann, Deutsche Zeitschr. f. Nervenh. Bd. 29, S. 275.

[2]) Baensch, Beitr. z. Kasuistik d. tr. Syr. Breslau. Diss. 1904.

gutachtlich anzuerkennen. Eine Verletzung eines Gliedes, falls diese ohne gleichzeitige Erschütterung des Körpers oder Zerrwirkung einhergeht, kann niemals zur Entwicklung einer Syringomyelie Anlaß geben.

Verschlimmerung einer Syringomyelie.

Für die Verschlimmerung einer bereits offenkundigen Syringomyelie kommen nicht nur alle zentral wirkenden mechanischen Traumen der Wirbelsäule und des Schädels, wie erhebliche allgemeine Körpererschütterung, in Betracht, sondern auch periphere Traumen.

a) Verschlimmerung durch direkte und indirekte Erschütterungen der Wirbelsäule.

Das schon krankhaft veränderte Gliagewebe bei einer Syringomyelie kann besonders leicht durch Erschütterungsblutungen und -erweichungen geschädigt werden. Dadurch wird nicht nur ein schneller Zerfall der an sich zu Zerfallserscheinungen neigenden Gliose bewirkt werden, sondern auch ein Anreiz zu schnellerem Fortschreiten der krankhaften Gliawucherung entstehen können, was ein frühzeitigeres Hervortreten von klinischen Symptomen und eine vorzeitige Abnahme der Arbeitsfähigkeit zur Folge hat. Jedes die Wirbelsäule unmittelbar treffende Trauma, das seiner ganzen Art nach erheblich genug erscheint, eine Erschütterung des Rückenmarks hervorzurufen (starker Stoß, Schlag, Quetschung, Fall auf den Rücken), wird als Verschlimmerungsmoment anzuerkennen sein. Der erforderliche Nachweis der wesentlichen Verschlimmerung einer Syringomyelie durch einen derartigen Unfall wird dann als erbracht gelten können, wenn die Erkrankung in unmittelbarem, zeitlichem Anschluß an das Trauma eine schnellere Progression zeigt. Für gewöhnlich schreitet ja eine Syringomyelie nur ganz allmählich und schleichend vorwärts, so daß oft viele Jahre und Jahrzehnte vergehen, bis das ausgeprägte Bild vorliegt. Eine ziemlich plötzliche schubweise Verschlimmerung in Gestalt von schneller Entwicklung von atrophischer Lähmung an Händen, Armen oder Schultergürtel oder von ziemlich akutem Einsetzen von Gehstörungen durch spastisch-paretische Erscheinungen an den Beinen, eine schnelle Entwicklung von Gefühls- und trophischen Hautstörungen an den Händen innerhalb weniger Wochen nach einem Unfall bilden deshalb einen wichtigen Fingerzeig für die Annahme einer traumatischen Beschleunigung des ganzen Krankheitsprozesses.

In folgenden Fällen aus der Bonner Medizinischen Klinik[1]) haben wir eine Verschlimmerung als wahrscheinliche Folge eines zentral wirkenden Traumas gutachtlich anerkannt.

Beobachtung 1. Schnelle Progression der seit über 6 Jahre bestehenden Syringomyelie nach Fall aus 1 m Höhe auf den Rücken.

---

[1]) Althaus, Diss. Bonn 1911.

34 jähriger Maurer zog sich im Jahre 1902 am rechten Vorderarm eine große Brandwunde zu, die ihm keine Schmerzen verursachte. Arbeitsfähig bis zum Unfall am 29. Januar 1908. Er fiel an diesem Tage etwa 1 m hoch von einer Mauer in einen Schlammbehälter, wodurch er sich eine Quetschung in der Kreuzgegend und an der Brust zugezogen habe. Er sei nicht bewußtlos gewesen, habe nicht erbrochen und sich auch keine äußeren Verletzungen zugezogen. Dagegen habe er gleich nach dem Unfall Husten mit blutigem Auswurf bekommen, der 6 Wochen lang angedauert habe, während welcher Zeit er auch zu Bett gelegen habe. Im Juni 1908 habe er die Arbeit versuchsweise wieder aufgenommen, mußte dieselbe aber schon nach 3 Tagen wieder niederlegen und habe seitdem nicht wieder gearbeitet wegen folgender, auch heute noch bestehender Beschwerden, die er auf den Unfall zurückführte. Schmerzen auf der linken Seite der Brust, besonders beim Atmen, im Kreuz, in den Schultern, und im linken Bein. Abnahme der Kraft in den Armen, Steifigkeit und Spannen in den Beinen. Untersuchungsbefund: Starke Atrophie der Hand, Arm- und Schultermuskulatur, beiderseitige Aufhebung der Schmerz- und Temperaturempfindung an beiden Händen. Ausgeprägte Totalskoliose nach rechts. Leichte Spasmen der Beine. Diagnose: Syringomyelie. Außer der von der Verbrennung im Jahre 1902 herrührenden Narbe am rechten Unterarm ist auch ein Callus am rechten Schlüsselbein abtastbar. Der Kranke will nie etwas von einem Schlüsselbeinbruch bemerkt haben.

Beobachtung 2. Verschlimmerung einer seit mindestens 6 Jahren bestehenden Syringomyelie nach Fall auf Kopf und Rücken.

Der aus gesunder Familie stammende Tagelöhner C. wurde bei der 6 Jahre vor dem Unfall erfolgten Musterung als dauernd untauglich bezeichnet wegen „Mißbildung des Brustkorbes in erheblichem Maß". Am 8. Februar 1904 fiel er hinterrücks auf Kopf und Rücken und erlitt durch Auffallen eines Stückes Eisen einen Bruch der linken vierten Zehe. Bis zum Unfall voll arbeitsfähig. Seit dem Unfall fühlte er sich schwächer und hatte Schmerzen im Rücken, und ließ seine Arbeitsfähigkeit fortschreitend nach. Die Untersuchung 9 Monate nach dem Unfall ergab: Deutliche Atrophie der Hand-, Arm- und Rückenmuskulatur, starke Kyphoskoliose nach rechts, sowie ausgedehnte Herabsetzung der Temperatur- und Schmerzempfindung, so daß die Diagnose auf Syringomyelie gestellt werden konnte.

b) Verschlimmerung durch periphere Traumen (offene Verletzungen mit anschließender längerer Eiterung, Knochenbruch, Gelenktraumen, Zerrung eines Gliedes).

Die eben aufgeführten peripheren Unfallschädigungen können auf doppelte Weise eine Syringomyelie ungünstig beeinflussen. Eine örtliche Verschlimmerung kann dadurch entstehen, daß das Trauma den Anlaß gibt zu Arthropathien, Knochenbrüchen mit sekundären Muskelatrophien an ganzen Extremitäten oder zu schlecht heilenden geschwürigen Prozessen, wodurch eine weitgehende und dauernde Minderung der Arbeitsfähigkeit verursacht werden kann. Die zweite Möglichkeit der allgemeinen Verschlimmerung einer Syringomyelie durch ein peripheres Trauma ist dann gegeben, wenn es im Anschluß an eine periphere Verletzung zur Entwicklung von langdauernden Eiterprozessen an Haut, Muskeln, Knochen kommt. Durch Schwächung des ganzen Organismus kann unter Umständen nach den klinischen Erfahrungen der schnelleren Entwicklung des Leidens Vorschub geleistet werden. Es ist bekannt, daß derartige Zustände auch auf den Verlauf von anderweitigen organischen Nervenerkrankungen ungünstig einwirken können. So hat z. B. Edinger bei vorher anämisch gemachten Tieren durch Nötigung zu starken körperlichen Anstrengungen experimentell eine Degeneration der Hinterstränge erzeugen können. Man kann sich daher sehr wohl vorstellen, daß die bei länger dauernden infektiösen Eiterungen ständig im Blut kreisenden Toxine auf das bereits krankhaft wuchernde Gliagewebe schädigend einwirken. Ich führe einige Beispiele an.

Verschlimmerung durch leichte Gelenktraumen mit anschließender Arthropathie.

Engel[1]). Ein bis dahin gesunder Arbeiter stieß am 20. Februar 1905 in nicht allzu heftiger Weise mit dem linken Ellenbogen gegen einen Kalkkasten. Er verspürte ein Summen im linken Arm, setzte aber seine Arbeit noch $2^1/_2$ Tage fort. Als er schwerere Arbeit bekam, sah er sich genötigt, diese niederzulegen. 10—14 Tage später stellte der Arzt am linken Ellenbogen eine starke eitrige Zellgewebsentzündung fest (eine rahmigen Eiter erzeugende Öffnung). Eine 3 Monate später erfolgende Röntgenuntersuchung ergab eine Absprengung des Cond. ext. humeri und des Proc. coracoideus ulnae. In der Folge wurde der am Gelenk nicht abklingende Prozeß als tuberkulöser Natur angesprochen, bis ein chirurgischer Obergutachter $1^1/_2$ Jahre nach dem Trauma die Erkrankung als Arthropathie erkannte. Die genaue neurologische Untersuchung ergab eine typische Syringomyelie mit beginnender Muskelatrophie an der rechten unverletzten Hand, Schmerz- und Temperatursinnstörungen an Rumpf und Oberextremitäten. Hier hatte also das leichte Trauma den ersten Anstoß zur Entwicklung der Gelenkkrankheit auf durch Syringomyelie disponiertem Boden gegeben, so daß ein Unfallzusammenhang angenommen werden mußte.

Verschlimmerung durch schwere Quetschung der Hand.

Curschmann: Fall 1. 35jähriger Landwirt, bei dem schon einige Jahre vorher eine Pupillendifferenz bestanden hatte, erlitt durch einen Holzblock eine schwere Quetschung der rechten Hand, mit oberflächlicher Hautabschürfung. Daran schloß sich starke Rötung und Schwellung der Hand mit späterer Hautverfärbung, die weit auf den Unterarm übergriff. 14 Tage bis 3 Wochen später bemerkte Patient, daß die Finger der rechten Hand steifer und schwächer wurden, dann unter lebhafteren Schmerzen in Hand und Arm Taubwerden der Finger. Die Diagnose der Klinik 3 Wochen nach dem Unfall lautete auf Neuritis ascend. (leichte Parese und Sensibilitätsstörungen) im Bereiche des N. ulnaris, Druckempfindlichkeit des Nerven. Ganz allmählich Lähmung und Abmagerung der rechten Handmuskeln (unter Schmerzen) und z. T. der Unterarmmuskeln. $^3/_4$ Jahre nach dem Trauma fand sich deutlicher Hornerscher Symptomenkomplex, rechts typische Klauenhand und Atrophie sämtlicher kleinen Handmuskeln, vasomotorische Störungen, dissoziierte Gefühlsstörung an rechter Oberextremität, Hals und Brust.

Verschlimmerung einer Syringomyelie durch Fingerverletzung mit anschließender Blutvergiftung und Eiterung.

Beobachtung 3 aus der Bonner Medizinischen Klinik[2]): Der 47jährige Tagelöhner K. war bis zu seiner Verletzung angeblich nie krank und voll arbeitsfähig. Durch Reklamation vom Militär befreit. Am

[1]) Engel, Ärzt. S. Zt. 1906, S. 498.

[2]) Althaus, Diss. Bonn 1911.

17. März 1906 verletzte er sich unbedeutend durch Ritzwunde am rechten kleinen Finger. Er beachtete das nicht. Nach einigen Tagen schwoll der ganze rechte Vorderarm bis zum Ellenbogen an, so daß mehrfache Einschnitte nötig waren. Ein halbes Jahr dauerte die Behandlung. Darnach verrichtete er leichte Arbeiten. Im Januar 1907 ist ihm bei sehr kaltem Wetter die rechte Hand erfroren, da er die Kälte in der rechten Hand nicht gespürt habe. Im Anschluß hieran war er 3 Monate arbeitsunfähig, und hat er nach dieser Zeit nur noch wenig gearbeitet. Im Jahre 1910 bei der Aufnahme in Bonn klagt er über Kraftlosigkeit, Steifigkeit, Schmerzen in der rechten Hand. Die Untersuchung ergab an beiden Händen Krallenstellung der Finger und Atrophie der Musc. interossei, Atrophie der Unterarm- und Schultermuskeln beiderseits, Herabsetzung der Schmerz-, Temperatur- und Berührungsempfindung an beiden Händen nebst trophischen Störungen.

III. Rentenabschätzung bei Syringomyelie.

1.. Entstehung einer Syrinx durch Unfall.

Da das Leiden sich meist sehr langsam entwickelt, über viele Jahre und Jahrzehnte hinzieht und ohne nennenswerte subjektive Beschwerden bei gutem körperlichen Allgemeinzustand verlaufen kann, so sind für die Bewertung der Arbeitsfähigkeit maßgebend:

1. der Grad der Muskelatrophie und Muskelschwäche an den Oberextremitäten; 2. die Ausdehnung und Stärke der Gefühlsstörungen und 3. das Vorhandensein von Spasmen oder Atrophien in den Beinen.

Je nach dem Grad der Funktionsstörung der Hand-Armmuskeln werden die in Tabelle S. 23 angeführten Rentensätze in Frage kommen. Dabei ist ferner zu berücksichtigen, daß der Syringomyeliekranke infolge der trophischen Haut-Knochenstörungen einer erhöhten Gefahr der Verletzung und Infektion ausgesetzt ist. Er darf deshalb keine Arbeiten verrichten, bei denen durch starke Kälte- oder Hitzeeinwirkung und ständige oder häufige Durchnässungen die weniger widerstandsfähige Haut ungünstig beeinflußt wird. Demgemäß werden auch in nicht vorgeschrittenen Stadien meist Renten von **30—60**% Erwerbsverminderung nötig sein.

2. Bewertung der Verschlimmerung durch Trauma.

Die Verschlimmerung einer Syringomyelie besteht in vielen Fällen nur in dem frühzeitigen Hervortreten einzelner Symptome des Leidens, wodurch eine schnellere Minderung der Arbeitsfähigkeit verursacht wird, als dies ohne den Unfall der Fall gewesen wäre. Es wird aber durch einen Unfall, der zu einer symptomatischen Verschlimmerung Anlaß gibt, durchaus nicht immer eine dauernd schnellere Progression der Erkrankung ausgelöst. Ein Unfall, der zu einer vorzeitigen Arbeitsminderung führt, braucht deshalb durchaus nicht gleichzeitig eine wesentliche Verkürzung der Lebensdauer zu bedingen. Diese Unterscheidung ist wichtig, wenn Hinterbliebenenansprüche erhoben werden. Diese können nur dann als berechtigt anerkannt werden, wenn, wie z. B. in dem Fall von Nonne, der Krankheitsverlauf ein auffällig schneller ist, wenn also frühzeitig, d. h. innerhalb von einigen Jahren nach dem Unfall, tödliche Komplikationen auftreten (Zystitis, Pyelitis, Phlegmone, Sepsis).

E. Chronische progressive Erkrankung der grauen Vordersäulen des Rückenmarks und Unfall.

(Progressive spinale Muskelatrophie, Poliomyelitis anterior chronica, amyotrophische Lateralsklerose.)

I. Allgemeines über Diagnose, Ätiologie und Pathogenese der Erkrankungen der grauen Vordersäulen.

Im folgenden werden alle unter dem Bilde einer fortschreitenden Degeneration der grauen Vordersäulen verlaufenden Krankheitszustände bezüglich ihrer traumatischen Genese gemeinsam besprochen, also die Poliomyelitis anterior chronica, die progressive spinale Muskelatrophie und auch die amyotrophische Lateralsklerose, obwohl die letztere Erkrankung trotz aller Ähnlichkeit und inneren Verwandtschaft durch die gleichzeitige Beteiligung des kortiko-spinalen motorischen Neurons klinisch eine gewisse Sonderstellung einnimmt. Die gemeinsame Besprechung ist deshalb berechtigt und zweckmäßig, weil die chronische Poliomyelitis und die spinale Muskelatrophie sehr nahe miteinander verwandt sind und bisweilen durch oft unmerkliche Zwischenstufen ineinander übergehen, so daß selbst einem erfahrenen Neurologen nicht immer bei Lebzeiten eine sichere Diagnose möglich sein wird. Es haben deshalb alle theoretischen Erwägungen bezüglich einer traumatischen Entstehungsmöglichkeit in gleicher Weise für beide Krankheiten Geltung, ebenso wie für die amyotrophische Lateralsklerose, da ja auch bei diesem Leiden die chronische Degeneration der motorischen, spinalen und bulbären Kerngruppen klinisch und anatomisch im Vordergrund des Krankheitsbildes steht.

Über die Ätiologie und Pathogenese aller drei Amyotrophien ist nichts Sicheres bekannt. Es teilen deshalb in der Frage der traumatischen Ätiologie diese Erkrankungen das Schicksal aller organischen Hirn- und Rückenmarkserkrankungen ohne sicher festgestellte Ursachen. Wir sind vorerst nicht berechtigt, die Entstehungsmöglichkeit durch Unfallschädigungen mechanischer oder sonstiger Natur nur deshalb abzulehnen, weil auf Grund unserer jetzigen Kenntnisse eine eindeutige und allseits befriedigende Erklärung nicht möglich ist über den Mechanismus und die Art und Weise, wie ein Trauma zur Entwicklung des fortschreitenden Ganglienzellenschwundes den Anstoß geben kann.

II. Traumatische Ursachen einer Erkrankung der grauen Vordersäulen.

Für die jetzt allseits anerkannte Möglichkeit, daß Unfälle bei progressiven Erkrankungen der Vordersäulen des Rückenmarks eine mitwirkende Rolle spielen können, waren lediglich klinische

Erfahrungen maßgebend, daß bisweilen das Auftreten einer fortschreitenden Degeneration der Vorderhornganglienzellen im engeren zeitlichen Anschluß an mechanische Traumen festgestellt wurde. Da dies zeitliche Zusammentreffen mit einem Unfall aber zu den allergrößten Seltenheiten gehört, so herrscht volle Übereinstimmung darüber, daß ein mechanisches oder sonstiges Trauma für sich allein niemals als direkte Entstehungsursache in Betracht kommen kann. Bei der außerordentlichen Häufigkeit schwerer Rückenmarkstraumen ohne anschließende Vorderhornerkrankung wird man deshalb eine traumatische Auslösung nur dann erwarten können, wenn sonstige begünstigende Umstände oder eine Disposition zu dem Leiden vorhanden war, so daß dem Unfall nur die Rolle eines mitwirkenden und auslösenden Hilfsmomentes zukommt. Außerdem wird man niemals mit hinreichender Sicherheit behaupten können, daß das Leiden nicht zur Zeit des Unfalls schon in seinen ersten Anfängen symptomlos bestanden hat, so daß selbstverständlich der streng wissenschaftliche Nachweis einer Unfallentstehung nie erbracht ist. Für die Begutachtungspraxis ist dies aber von mehr nebensächlicher Bedeutung gegenüber der Feststellung einer wesentlichen Verschlimmerung durch einen Unfall. Es wird deshalb die Bejahung der Wahrscheinlichkeit eines ursächlichen Zusammenhanges mit einem Unfall von dem Nachweis abhängig gemacht werden müssen:

a) daß der Kranke bis zum Unfall voll arbeitsfähig war und keine Nervenerscheinungen geboten hat. Hierzu sind stets genaue Erhebungen bei Arbeitgeber, Ortsbehörde und Mitarbeitern erforderlich, falls man nicht groben Täuschungsversuchen zum Opfer fallen will;

b) daß der Unfall seiner Art und Erheblichkeit nach geeignet war, nach den jetzt gültigen Anschauungen das Leiden auszulösen;

c) daß das zeitliche Verhältnis zwischen Unfall und Beginn des Leidens ein so enges ist, daß ein rein zufälliges Zusammentreffen weniger wahrscheinlich erscheint.

Nach den vorliegenden klinischen Beobachtungen, die zum Teil von kompetenten Autoren stammen (Erb, Seiffer u. a.), sollen folgende Traumen als auslösende Ursachen in Betracht kommen können:

1. Direkte Traumen der Wirbelsäule auch verhältnismäßig leichterer Art mit nur geringer Erschütterung und ohne anfängliche spinale Symptome.

2. Indirekte Rückenmarkserschütterung, z. B. durch Fall auf das Gesäß.

3. Einmalige kurzdauernde Muskelüberanstrengung für sich allein (Erb).

4. Zerrungen der Extremitäten mit oder ohne Schreckwirkung.

1. Direkte mechanische Traumen der Wirbelsäule und indirekte Rückenmarkserschütterung.

Erb[1]) tritt dafür ein, daß keineswegs nur schwere Gewalteinwirkungen an der Wirbelsäule mit unmittelbaren Folgen an derselben (Luxationen, Frakturen) oder anfänglichen Lähmungserscheinungen zur Auslösung einer fortschreitenden Vorderhornerkrankung erforderlich sind; er nimmt vielmehr an, daß schon verhältnismäßig leichte Erschütterungen des Rückenmarks genügen. Als solche erkennt er an: Einfachen Fall auf ebener Erde auf den Rücken, Faustschlag in den Nacken ohne anfängliche Folgeerscheinungen, Fall auf das Gesäß aus stehender Stellung oder aus größerer Höhe, starke Zerrung der Arme. Erb denkt ebenso wie auch die anderen Autoren, die die Entstehung einer Poliomyel. chron. und spinalen Muskelatrophie durch leichtere Commotio spinalis annehmen, daß schon bei mäßiger Erschütterung der Wirbelsäule gewisse molekulare Veränderungen der Nervenelemente in der betroffenen Rückenmarkshöhe eintreten, wie in den Erschütterungsversuchen von Schmauß[2]), Kirchgässer[3]). Diese bilden unter gewissen begünstigenden Umständen, wie fortgesetzte anstrengende Tätigkeit nach dem Trauma, angeborene Schwäche oder toxische und infektiöse Schädlichkeiten, den Ausgangspunkt für bleibende und fortschreitende degenerative Vorgänge an bestimmten Bahnen und Zentren des Rückenmarks.

Kienböck[4]) hat durch eine kritische Musterung der bisher als progressive spinale Muskelatrophie bzw. chronische Poliomyelitis nach Traumen mitgeteilten Beobachtungen den Nachweis führen können, daß die Diagnose meistens irrtümlich oder jedenfalls höchst anfechtbar ist. In der Mehrzahl der unter obiger Bezeichnung mitgeteilten Fälle sind die Rückenmarkserscheinungen nach anfänglicher Progression nach dem Trauma nach Wochen und Monaten oder selbst erst nach 1—2 Jahren zum Stillstand gekommen und haben also nicht zu einer progressiven Spinalerkrankung geführt, wie das für die echte progressive Muskelatrophie charakteristisch ist. Wir sind demnach, wie Kienböck mit Recht betont hat, noch nicht berechtigt, die Diagnose auf eine fortschreitende Vorderhornerkrankung zu stellen, wenn die nach einem Rückenmarkstrauma sofort oder später erst allmählich aufgetretenen Lähmungserscheinungen eine Zeitlang fortschreitend zunehmen. Erst eine dauernde Progression, die durch jahrelange Beobachtung oder schnelle Entwicklung des Leidens bis zu seiner vollen Höhe mit tödlichem Ausgang gesichert ist, gestattet die Wahrscheinlichkeitsdiagnose auf eine echte, traumatisch entstandene, chronische Vorderhorndegeneration.

Auch bei Durchführung der streng kritischen und sachlich berechtigten Forderungen Kienböcks bei der Diagnosestellung bleiben immer

[1]) Erb, Deutsche Zeitschr. f. Nervenh. Bd. 45, Heft 1.
[2]) Schmauß, Virchow. Anh. Bd. 122.
[3]) Kirchgässer, Deutsche Zeitschr. f. Nervenh. Bd. 11, S. 406.
[4]) Kienböck, M. f. Unf. 1901, Nr. 11.

noch eine Reihe von Fällen übrig, in denen man mit Erb die Entstehung gewisser fortschreitender Amyotrophien nach direkten und indirekten Traumen der Wirbelsäule mit Rückenmarkserschütterung als außerordentlich wahrscheinlich bezeichnen kann.

Diese Beobachtungen werden uns also vorerst bei künftigen Begutachtungen als Grundlage dienen müssen.

Erb: (Fall 1). Spinale progressive Amyotrophie (spinale Muskelatrophie) nach leichter Rückenmarkserschütterung durch Fall auf Rücken und Faustschlag in den Nacken.

35jähriger Beamter ohne Belastung, ohne Syphilis erlitt 2 mäßig starke Traumata. 1. Fall auf den Rücken ohne alle weiteren Folgen; 4 Wochen später 2. Faustschlag in den Nacken, der etwas Schwindel, aber sonst gar nichts zur Folge hatte. Einen Monat später die ersten Erscheinungen, zuerst im rechten, dann im linken Arm, dann über den Rücken und die Beine sich allmählich ausbreitend. Nach 3 Jahren typischer Fall von spinaler Amyotrophie, sehr vorgeschritten: Sensibilität normal, keine bulbären Symptome, Sehnenreflexe nicht gesteigert, keine Muskelspasmen.

Starck[1]): Subakute spinale progressive Muskelatrophie nach mäßiger Erschütterung der Wirbelsäule (mit Obduktionsbefund).

47jährige Frau fällt 1 m hoch auf rechte Schulter und Rücken; am gleichen Abend Schmerzen und Schwäche in der rechten Schulter und dem rechten Oberarm, der nach wenigen Tagen lahm war. Nach 3 Wochen fibrilläre Zuckungen, erhebliche Abmagerung der rechten Schulter-Oberarmmuskulatur. Partielle EaR im Thenar und Hypothenar; rechts Reflexe erhalten. Weiterhin fibrilläre Zuckungen auch links, fortschreitende Atrophie der Arme, Schultern, Rücken-Bauchmuskeln. Schließlich Zwerchfellähmung. Sensibilität stets normal. Tod 9 Monate nach dem Unfall. Mikroskopisch: In den Vorderhörnern hochgradige Degeneration und Rarefikation der motorischen Ganglienzellen. Entzündliche Erscheinungen fehlen fast ganz, keine Hämorrhagien. Pia etwas verdickt.

W. Seiffer[2]): Amyotrophische Lateralsklerose mit Bulbärparalyse 3 Monate nach Fall auf den Rücken.

43jährige Arbeiterin stürzt am 9. März 1900 von einer Leiter (ca. 4 m tief) rückwärts auf die Scheunenflur, besonders auf die rechte Hüfte. Verstauchung des Hüftgelenks. Wunde am Knie; nicht bewußtlos. Konnte wegen Schmerzen zuerst nicht gehen. Juni 1900: Schwäche und Steifheit des rechten Beins, auch Schwäche im rechten Arm. Zunehmende Verschlechterung. November 1900: Schwere fortschreitende Erkrankung des Zentralnervensystems. Januar 1901 wird in der Charité eine typische Lateralsklerose mit Bulbärparalyse konstatiert.

2. Einmalige kurzdauernde Muskelüberanstrengung.

Erb glaubt auf Grund einer eigenen Einzelbeobachtung — die gleichzeitig den einzigen einschlägigen Fall in der bisherigen Literatur darstellt —, daß mit einer an Gewißheit grenzenden Wahrscheinlichkeit

[1]) Starck, Arch. f. Psych. u. Nerv. Bd. 39, Heft 1.
[2]) W. Seiffer, Charité-Annalen. Bd. 27, S. 542.

angenommen werden darf, daß eine einmalige kurzdauernde Muskelanstrengung für sich allein eine spinale progressive Muskelatrophie auslösen und verursachen kann.

In dem Erbschen Fall handelt es sich um einen sonst gesunden Linkshänder ohne Lues und Alkoholanamnese, der nach reichlich zweistündiger Arbeit in seinem Weinberg beim Versuch der Durchschneidung einer ungewöhnlich starken und harten Weinbergsrebe plötzlich einen heftigen Schmerz im rechten Daumen verspürte. Im Laufe von 1—2 Wochen schwanden die Schmerzen, doch hat er von da ab den rechten Arm etwas mehr geschont. Nach Angabe des Kranken, der nachträglich Betriebsunfallrente beanspruchte, soll nach 2—3 Monaten die rechte Hand allmählich viel schwächer geworden und die kleinen Handmuskeln abgemagert sein. Allmähliche Ausbreitung auf die rechte Oberarm- und Schultermuskulatur ohne Schmerzen und ohne Parästhesien. 1³/₄ Jahr nach dem Betriebsunfall fand Erb am ganzen rechten Arm und rechter Schultermuskulatur die Erscheinungen von chronischer progressiver Muskelatrophie. Nach fast 2jähriger Dauer des Leidens waren auch am linken Oberarm die ersten Krankheitserscheinungen in Gestalt von fibrillären Zuckungen nachweisbar und es fand sich außerdem eine auffällige Steigerung der Sehnenreflexe an den Oberextremitäten und unzweifelhaft pathologische Steigerung der Patellar- und Achillessehnenreflexe mit Fußklonus, während Babinski fehlte. Über den Ausgang des Leidens ist nichts bekannt. Erb stellt die Diagnose auf Amyotrophia spin. progr. chronica und schließt insbesondere amyotrophische Lateralsklerose nicht aus.

Unter Anerkennung und Zugrundelegung der Edingerschen Hypothese von den Aufbrauchskrankheiten des Nervensystems nimmt Erb an, daß Überanstrengungen überhaupt imstande sind, krankhafte Veränderungen im peripheren und zentralen Nerv-Muskelapparat auszulösen. Der bei jeder stärkeren Tätigkeit des Nerv-Muskelsystems im ganzen neuromuskulären Apparat (Ganglienzellen, Leitungsbahnen) normalerweise vorübergehend auftretende Stoffverbrauch soll unter bestimmten Umständen sich zu einer dauernden chemischen und molekularen Stoffwechselstörung auswachsen können, und damit auch zu einem übermäßigen Aufbrauch und einer chronischen Minderung der Zellvitalität führen können. Mit anderen Worten soll unter gewissen Bedingungen, wie sie bei chronischen Infektionen (Syphilis), bei Vergiftungen (Blei, Alkohol) oder bei angeborener Schwäche des Nervensystems gegeben sind, eine einmalige starke Überanstrengung einen übermäßigen Stoffverbrauch in den überanstrengten Ganglienzellen veranlassen können, so daß bei weiterem Gebrauch der Extremitäten eine nicht mehr ausgleichbare Stoffwechselstörung entsteht. Die Folge davon ist dann nach Erb eine fortschreitende Degeneration der motorischen Vorderhornganglienzellen. Diese von Erb in seiner bestechenden Darstellungsweise durchgeführte Hypothese bildet auf den ersten Blick zweifellos einen sehr wohl denkbaren und wertvollen Erklärungsversuch für die Überanstrengungsentstehung einer progressiven Vorderhornerkrankung. Ob wir aber jetzt schon berechtigt sind, auf Grund einer bisher einzeln stehenden Beobachtung so weitgehende Schlußfolgerungen zu ziehen und damit den einmaligen stärkeren Anstrengungen eine so wichtige und praktisch weitgehende Rolle beim Zustandekommen organischer zentraler Rückenmarksveränderungen zuzuerkennen, scheint mir doch nicht ohne Bedenken.

Man erwäge einmal, welche weittragende Bedeutung in der Unfallbegutachtung einmalige körperliche Überanstrengungen — auch für psychische Einwirkungen ließe sich die gleiche Hypothese bezüglich schädigender Einwirkung von starken sensiblen Reizen auf bestimmte Nervenzentren sehr wohl durchführen — gewinnen könnten, wenn man die Erbsche Hypothese auch auf andere Erkrankungen wie die Tabes, multiple Sklerose, die Syringomyelie übertragen würde. Und es liegt doch bei logischer Fortführung der Erbschen Deduktionen hierfür kein Gegengrund vor. Denn auch bei der multiplen Sklerose würde man durch eine einmalige stärkere Überanstrengung zum mindesten eine Verschlimmerung durch dauernd bleibende Überanstrengungsschädigung einzelner Abschnitte des bereits erkrankten spinalen motorischen Neurons zugeben müssen. Das ist aber keinesfalls denkbar.

Ein weit schwerer wiegender Einwand scheint mir aber darin gegeben, daß es nach der Erbschen Hypothese gar nicht verständlich erscheint, weshalb denn bei Überanstrengung der motorischen Zellgruppen des einen Vorderhorns auch die Ganglienzellen des anderen Vorderhorns, die gar nicht überanstrengt worden sind, ebenfalls fortschreitend degenerieren sollen. Und wie soll gar das Übergreifen der Erschöpfungsschädigung auf die motorischen Bahnen und auf die weitab liegenden Zellen des Lendenmarks vor sich gehen. Bei einer Commotio spinalis besteht doch wenigstens die Möglichkeit einer Erschütterungsschädigung des ganzen Rückenmarks. Wir müssen (nach Erb) dann doch zu der weiteren Hypothese greifen, daß durch die erstmalige Schädigung dauernd schädigende abnorme Stoffwechselprodukte gebildet werden, die ihrerseits nun die anderen Ganglienzellen in den gleichen Krankheitszustand überführen. Möglich, aber ganz unerwiesen und bisher ohne Analogie. Ich kann es deshalb vorerst nicht als hinreichend erwiesen erachten, daß eine einmalige kurzdauernde starke Anstrengung — die ja in dem Erbschen Falle in dem Versuch bestanden hat, eine besonders starke Rebe mit der Schere zu durchschneiden — mit einer für eine Unfallanerkennung hinreichenden Wahrscheinlichkeit als auslösendes Moment für eine chronisch fortschreitende Erkrankung der grauen Vordersäulen in Betracht kommt. Es ist auch zum mindesten auffällig, daß, trotz der außerordentlich großen Anzahl von bekannten Arbeitsüberanstrengungsneuritiden verschiedenster Art, bisher niemals das Hinzutreten einer Vorderhornerkrankung beobachtet sein sollte, obwohl doch sicher nach der Erb-Edingerschen Auffassung in solchen Fällen hinreichend Gelegenheit für die Entstehung einer solchen Störung vorlag, zumal, wenn gleichzeitig, wie so häufig, Alkoholismus usw. bestanden hat.

3. Durch Zerrung der Extremitäten ausgelöste Vorderhornerkrankungen.

Es ist durch anatomische Befunde erwiesen, daß gewaltsame Zerrungen an den Extremitäten zu Schädigungen der Rückenmarkssubstanz führen können, die Erschütterungsschädigungen gleichkommen. Man hat nach plötzlicher starker Zugwirkung an einem Arm nicht nur Abrisse der Rückenmarkswurzeln dicht an ihrer Eintrittsstelle in die Med. spinalis, sondern auch Blutungen im Mark selbst und Vorderhornatrophie beobachtet. Es ist also sehr wohl denkbar und anatomisch begründet, daß eine stärkere Zerrgewalt eine Erschütterung des Rückenmarks verursachen kann, die bei vorhandener Disposition als auslösendes Moment für die Entwicklung einer fortschreitenden Vorderhornerkrankung in Betracht kommt.

Erb[1]): (Fall Matz.) Starke Zerrung und Erschütterung beider Arme und Schultern mit nach 2 Jahren hervortretender Poliomyelitis ant. chron. cervicalis.

38jähriger Schmied erlitt am 22. Oktober 1892 durch einen Dampfhammer, der auf einem von ihm mit der Zange gefaßten Eisenstück ausglitt und dasselbe mitriß, eine starke Zerrung beider Arme, so daß er in beiden Schultern, besonders rechts, heftige Schmerzen und stechende Empfindungen hatte. Nach 3 Wochen konnte er wieder auch mit dem rechten Arm anscheinend so gut wie früher arbeiten. Er bemerkte aber, daß er seit dem Unfall nicht mehr so gut wie früher mit den Armen über dem Kopf arbeiten konnte. Diese Behinderung blieb bestehen, bis nach 2—3 Jahren deutliche Parese und Atrophie der ganzen Schultermuskulatur und der meisten Arm- und Handmuskeln mit kompletter und partieller EaR, minimalen fibrillären Zuckungen und fehlenden Reflexen auftrat.

Pagenstecher[2]): Zerrung des rechten Arms mit nach 3 Monaten beginnender progressiver spinaler Muskelatrophie im rechten Arm.

38jähriger Schiffer verlor beim Abspringen vom Schiff den Halt, faßte aber mit dem rechten Arm nach dem Rand des Kahns und hielt sich fest, wobei der Arm stark gezerrt wurde. Danach nur 5 Minuten lang Parästhesien, keine Schmerzen. Arbeitet weiter, kann nur den Arm nicht so gut vorwärts bewegen. Erst im Oktober 1900 deutliche Schwäche im rechten Arm. Im Juli 1901 wurde dann beginnende spinale Amyotrophie im rechten Arm mit EaR, fibrillären Zuckungen und abgeschwächten Reflexen festgestellt. Im linken Arm nur fibrilläre Zuckungen. Januar 1902 Übergreifen auf den linken Arm; fibrilläre Zuckungen am Oberschenkel. Oktober 1903 und Februar 1904 der gleiche Befund. Keine bulbären Symptome.

III. Rentenabschätzung bei Erkrankungen der grauen Vordersäulen.

Maßgebend wird bei der Einschätzung der Arbeitsfähigkeit sein, daß bei jeder Vorderhornerkrankung Schonung von aller anstrengenden Ar-

[1]) Erb, Deutsche Zeitschr. f. Nervenh. Bd. 11, S. 122.
[2]) Pagenstecher, M. f. Unf. Bd. 12, S. 1.

beit erstes Erfordernis ist. Es darf von Beginn des Leidens an nur leichte Arbeit verrichtet werden (Aufsicht, Ausgabe, leichte Hofreinigungsarbeiten, Dienst in Badestube usw.). Die Erwerbsminderung schwankt demnach stets zwischen 50—75%, und es ist Vollrente zu gewähren, sobald die Lähmungszustände sich auf größere Muskelgruppen an einem oder beiden Armen oder an den Beinen ausgedehnt haben.

F. Akute Myelitis und Unfall.

I. Allgemeines über Begriff und Ätiologie.

Das Gebiet der akuten Myelitis ist im Laufe der letzten Jahrzehnte immer mehr eingeengt worden, indem mit der Erweiterung unserer pathologisch-anatomischen Erfahrungen eine Reihe von Rückenmarkserkrankungen, die unter dem Symptombild einer Myelitis verlaufen, auf Grund der anatomischen Befunde abgegrenzt werden konnten. Hierzu gehören nicht nur die durch spezifisch syphilitische oder tuberkulöse Prozesse bedingten spinalen Erscheinungen (Meningomyelitis luetica und tuberculosa), sondern auch die durch mechanische Traumen verursachten Rückenmarkserweichungen mit späterer Höhlenbildung, sowie die Rückenmarksveränderungen nach CO-Vergiftung und infolge erheblicher Schwankungen des Atmosphärendrucks, die sog. Caissonerkrankungen. Man bezeichnet jetzt als akute myelitische Erkrankungen des Rückenmarks nur solche, bei denen infolge von Infektion das Rückenmark an umschriebener Stelle oder durch disseminierte Herde erkrankt (akute Querschnittsmyelitis, Myelitis disseminata, Poliomyelitis acuta). Diese echten entzündlichen Myelitiden treten meist im Anschluß an Infektionskrankheiten auf (Influenza, Typhus, Scharlach, Erysipel, Pneumonie, Diphtherie, Angina, Syphilis, Gonorrhöe) oder nach Eiterungen an verschiedensten Körperstellen (Appendizitis, Pyelitis, Eiterung der Kieferhöhle). Bisweilen tritt eine akute Myelitis als anscheinend primäre Erkrankung auf ohne anderweitige vorausgegangene, infektiöse Prozesse.

II. Unfall-Entstehungsursachen einer Myelitis.

Die von früheren Autoren nicht selten als direkte Entstehungsursache akuter entzündlicher Myelitiden angeschuldigten Faktoren, wie körperliche Überanstrengung, sexuelle Exzesse, Gemütsbewegungen, Schreckeinwirkungen, Erkältung und mechanisches Trauma, können nach unseren jetzt gültigen Anschauungen nur als Hilfs- und Gelegenheitsursachen angesprochen werden. Für die Frage der Entstehungsmöglichkeit einer akuten Myelitis durch einen Unfall gewinnen aber die angeführten Hilfs- und Gelegenheitsursachen eine erhöhte Bedeutung. Denn wir werden es unter Umständen gutachtlich nicht ablehnen können, daß derartige Schädigungen bei gleichzeitig vorhandener Infektionsquelle als wesentliche mitwirkende Gelegenheitsursache beim Zustandekommen einer akuten Myelitis anzuerkennen sind. Folgende Beziehungen zwischen einer Myelitis und Unfällen können in Betracht kommen:

1. Direkte Auslösung einer akuten Myelitis durch mechanische Traumen der Wirbelsäule, durch körperliche Überanstrengung, durch starke Temperatureinflüsse.
2. Mittelbare Entstehung im Anschluß an eine durch Unfall verursachte akute Infektionskrankheit oder entfernt vom Rückenmark aufgetretene Wundinfektion.
3. Eine „Schreckmyelitis" gibt es nicht.

1. Mechanische Traumen.

Direkte Traumen der Wirbelsäule durch Stoß, Schlag, Quetschung und indirekte Erschütterung durch Fall auf Gesäß, Füße, Rücken aus größerer Höhe kommen als Entstehungsursachen einer akuten Rückenmarksentzündung in Frage. Die hierbei auftretenden kleinen Blutungen und Erweichungsherde können einen guten Ansiedelungsboden abgeben für Infektionserreger, die zufällig zur Zeit des Unfalls im Körper vorhanden waren oder kurz nach dem Trauma in den Körper hineingelangt sind. In solchen Fällen werden die Erscheinungen der akuten Myelitis nicht in unmittelbarem Anschluß an das Trauma zur Entwicklung kommen, sondern erst nach Stunden oder Tagen. Denn bis zum Auftreten von Lähmungen infolge der Einwirkung der Infektionserreger oder ihrer Toxine auf das Rückenmarksgewebe mit Bildung von Entzündungsherden wird immer eine gewisse Zeit erforderlich sein. Am klarsten wird die Begünstigung der Myelitisentstehung durch Wirbelsäulentrauma dann zutage liegen, wenn, wie in der folgenden Beobachtung von Einstmann[1]), kurz vorher ein infektiöser Prozeß bestanden hat.

Der 25jährige H. P. bekam Anfang November 1910 auf der rechten Brustseite einen Abszeß, der verschiedentlich inzidiert werden mußte. Nach Ausheilung nahm P. seine Arbeit wieder auf. Etwa 8 Tage später fiel ihm ein schweres Stück Holz auf den Rücken, wonach er plötzlich heftige Schmerzen im Rücken verspürte. Er legte sich zu Bett, und am Abend desselben Tages stellte sich eine Lähmung beider Beine ein (auch Gefühlslähmung an unteren Extremitäten). Am 10. Tage nach dem Trauma fand sich: Arme frei, schlaffe Beinlähmung (sowie der Bauch- und Lendenmuskeln) mit Fehlen der Sehnenreflexe, der Bauch-Kremaster-Plantarreflexe, Sensibilitätsstörung vom 12. Brustwirbel abwärts, Blasen-Mastdarmstörung. Blutuntersuchung ergab vereinzelte Staphylokokken in Agarkultur. Unter Aufsteigen der Lähmung trat der Tod 13 Tage nach dem Unfall ein. Obduktion: Im Wirbelkanal etwa vom 4. Brustwirbel abwärts dickflüssiger, gelber Eiter fast nur an der Rückseite, Rückenmark auf Durchschnitt außerordentlich weich und über Schnittfläche hervorquellend. Rückenmuskulatur vom 4. Brustwirbel bis hinab zum Kreuzbein mit dickem, gelbem Eiter durchsetzt.

Bisweilen kann die Krankheitsbereitschaft eines Rückenmarks nach einer spinalen Erschütterung wochenlang anhalten, so daß eine Spätinfektion der Medulla bei vorhandener oder neu hinzukommen-

[1]) Einstmann, Querschnittsmyelitis und Trauma. Diss. Göttingen 1913, S. 22.

der Infektionsquelle erst Wochen oder Monate nach dem Unfall erfolgen kann.

J. Rülf[1]): Myelitis disseminata 8 Wochen nach Erschütterung durch Minensprengung mit eiternden Verletzungen.

Soldat wurde am 3. Mai 1915 durch eine Minensprengung verletzt. Besinnungslosigkeit und Anzahl von Wunden im Rücken und in der Seite, auch Verletzung eines Dornfortsatzes. Nach 7—8 Wochen gelangen Gehversuche gut, und konnte er von Tag zu Tag besser seine Beine benutzen. Zu der Zeit eiterten einige Wunden noch. Während der Gehübungen begannen dann die Beine und nachher auch die Arme zu versagen, so daß er schließlich ganz gelähmt war und gefüttert werden mußte. Am 4. August 1915 fand sich das typische Bild einer disseminierten Myelitis. Nach Ablauf eines weiteren halben Jahres bildeten sich sämtliche Erscheinungen zurück.

Thiem[2]) hat einen Fall von allmählich nach Körpererschütterung auftretender chronischer Querschnittsmyelitis mitgeteilt.

59jährige Arbeiterin fiel von einem Heuwagen und zog sich einen Bruch der rechten Speiche zu, fühlte aber auch ein eigentümliches Zittern und Schwere in allen Gliedern und im Rücken. Nach 18 Monaten fand sich Steigerung der Kniereflexe, Abmagerung der Beinmuskulatur, Fehlen der Achillessehnen- und Fußsohlenreflexe. Rechts Fußklonus. Haut an den Unterschenkeln fleckig bläulichrot marmoriert. Gehirnnerven normal.

2. Myelitis nach körperlicher Überanstrengung.

Nach starken Körperüberanstrengungen, wie schwerem Heben, Drücken, Ziehen, sind Blutungen der Rückenmarkshäute beobachtet worden, ohne sonst nachweisbare krankhafte Zustände am Herzgefäßsystem. Ganz ablehnen läßt sich deshalb die Entstehungsmöglichkeit einer akuten Myelitis infolge erheblicher Anstrengung nicht. Denn wenn letztere überhaupt eine mitwirkende Rolle spielen kann bei einer Schädigung der Rückenmarkshäute, so besteht auch die Möglichkeit, daß vorhandene Infektionserreger in kleineren Blutungsherden sich ansiedeln und von da aus in das Rückenmark eindringen. Auch ist eine Schädigung des Rückenmarks durch plötzliche starke Druckschwankungen des Liquor spinalis immerhin denkbar. Bei jeder körperlichen Anstrengung und schon beim einfachen Pressen oder Husten steigt der Liquordruck jedesmal plötzlich an, wovon man sich bei Versuchen bei der Lumbalpunktion durch Anstieg der Liquorsäule im Steigrohr überzeugen kann. Normalerweise erfolgt ein schneller Ausgleich solcher Liquorschwankungen durch Entleerung und Abschwellen des Venenplexus im Rückgratskanal. Bei jedem starken Pressen bei körperlichen Anstrengungen tritt nun eine Erschwerung des Blutrückflusses nach dem Herzen ein (Atemanhalten), so daß bei einem plötzlichen Anstieg des Liquordrucks die normale Entleerung der Venenplexus nicht oder schlechter erfolgen kann. Es sind dann die Bedingungen für eine vorübergehende Kompression der Med. spinalis und

[1]) Rülf, Z. f. ges. Neurol. u. Psych. Bd. 33, Heft 5.
[2]) Thiem, Handb. II, 1, S. 338.

Zerrung der Rückenmarkswurzeln gegeben, und es ist auch ein Hineinpressen von zufällig vorhandenen Bakterien in die Lymphwege des Rückenmarks denkbar.

Auf Grund dieser Erwägungen wird man einen ursächlichen Zusammenhang zwischen Überanstrengung und Myelitis anerkennen müssen, wenn erstere sehr erheblich war und sich mehrfach wiederholt hat, und wenn die Entwicklung der Rückenmarksentzündung in unmittelbarem zeitlichen Anschluß aufgetreten ist. Diese Bedingungen erscheinen mir in folgenden Eigenbeobachtungen erfüllt, so daß ich in meinem Gutachten die Zusammenhangsfrage bejaht habe.

Finkelnburg: Die bis dahin gesunde 48jährige W. hat am 13. Juni 1913 beim Zusammenrechen geholfen, was nach den Angaben von landwirtschaftlichen Sachverständigen in dem Fall eine außergewöhnliche Anstrengung bedeutete, zumal wegen drohenden Gewitters das Zusammenlegen des Futterbaus schnell erfolgen mußte, ohne die gewöhnlichen Ausruhpausen. Es wurde ihr bei der Arbeit plötzlich „so komisch". Sie ging dann nach Beendigung der Arbeit mit den andern nach Hause, sorgte noch für das Abendbrot und legte sich gegen 9½ Uhr ins Bett. Am andern Morgen, als sie am Kaffeetisch saß, schlief ihr der rechte Fuß ein. Als sie dann in den oberen Stock ging, zog sich das taube Gefühl über das ganze linke Bein und den Leib bis zur Brust, gleichzeitig heftige Schmerzen und Druck am Magen mit Erbrechen. Dann schnell einsetzende Lähmung beider Beine, so daß sie ins Bett getragen werden mußte. In der Folgezeit besserte sich allmählich der Zustand, so daß die Kranke im Dezember 1913 wieder mühsam gehen konnte und nach weiterer 8wöchiger Behandlung die Lähmungserscheinungen bis auf ataktische Erscheinungen verschwunden waren. Im Februar 1915 bestanden noch Klagen über Taubsein in beiden Beinen, Gürtelgefühl ober- und unterhalb des Nabels, geringe Schwäche in den Beinen und Blasenschwäche.

3. Kälteeinflüsse und akute Myelitis.

Einen sicheren Einblick, in welcher Weise starke Kälteeinwirkungen ein sonst gesundes Rückenmark zu beeinflussen vermögen, besitzen wir nicht. Auch die Tierexperimente haben keine hinreichende Grundlage geschaffen. Denn es ist bisher nur gelungen, durch sehr intensive Kälteeinwirkungen auf das Rückenmark, wie sie in gleicher Weise beim Menschen wohl nie in Betracht kommen, in dem Rückenmark von Kaninchen kleine Nekroseherde zu erzeugen (Hochhaus). Vorerst wird man deshalb annehmen müssen, daß in den vorliegenden Beobachtungen von zeitlichem Zusammentreffen einer akuten Myelitis mit starken Kälteeinwirkungen diese nicht allein das Schädigungsmoment gebildet haben, sondern daß gleichzeitig infektiöse Prozesse mit im Spiele waren. Es wird hierbei freilich zuzugeben sein, daß unter Umständen die Erkältung eine wesentlich mitwirkende Rolle gespielt haben kann, sei es auch nur auf dem indirekten Wege, daß die Kälteeinwirkung den Eintritt von Infektionserregern in die Schleimhäute der Atmungsorgane und damit in den Kreislauf begünstigte. Wir werden deshalb gutachtlich einen Zusammenhang zwischen einer akuten Myelitis und einem Unfallvorgang, der mit einer außergewöhnlichen und erheblicheren Kälteeinwirkung, zumal nach vorheriger Überhitzung, verbunden war, anerkennen müssen, a) wenn keine sonstige Entstehungsursache für die Myelitis nachweisbar ist (vorausgegangene Infektionskrankheit, anderweitiger Eiterherd im Körper), und b) wenn die Erkrankung zeitlich in unmittelbarem Anschluß an den Unfall aufgetreten ist, d. h. innerhalb der ersten 24—48 Stunden. Nicht selten handelt es sich um eine kombinierte Wirkung von Überanstrengung und Erkältung. Klinische Beobachtungen über akute Myelitis nach Kälteeinflüssen, Durchnässung nach Überhitzung, längerem Arbeiten im kalten Wasser, Schlafen auf kalter Erde usw. liegen vereinzelt vor.

F. Schultze[1]) berichtet über einen Kranken, der unmittelbar nach einer intensiven Abkühlung im kalten Eisenbahnwagen an einem sehr kalten Dezembertage rasch an Lähmung erkrankte, nachdem er vorher eine Viertelstunde lang schnell gelaufen war, um den Zug zu erreichen.

Frohmanns[2]) Kranker wurde, als er infolge mehrstündiger Feldarbeit stark erhitzt und in Schweiß gebadet war, beim Pflügen durch ein heftiges Unwetter überrascht, und in kürzester Zeit völlig durchnäßt. Bald darauf leichtes Schwindelgefühl und die Empfindung einer gewissen Schwere in den Beinen, die er auf seine mit dicken Lehmklumpen beschwerten Holzschuhe zurückführte. Als er ohne diese wieder pflügen wollte, wurde er nach wenigen Schritten von einem heftigen Schwindelgefühl erfaßt und stürzte bewußtlos nieder. Als er nach einigen Minuten zu sich kam, bestand eine totale Lähmung beider Beine, verbunden mit reißenden Schmerzen, erschwerter Harnentleerung. Allmähliche Besserung so weit, daß Patient nach einigen Wochen mit Hilfe von Stöcken stehen und langsam gehen konnte.

Rekursentscheidung Bd. 11. 290,

Ein Arbeiter, der an seiner Arbeitsstelle der Zugluft stark ausgesetzt war, brach am 5. April 1895 während der Arbeit plötzlich zusammen und erkrankte an Rückenmarksentzündung. Die Arbeit war besonders anstrengend. In dem Entscheid wird angenommen, daß das Leiden nicht unter dem dauernden Einfluß einer schädlichen Betriebstätigkeit oder ungesunden Arbeitsstätte, sondern infolge plötzlicher Einwirkung der Zugluft auf den angestrengten und überhitzten Körper zum Ausbruch gekommen oder dadurch in seinem Verlauf ungünstig beeinflußt worden ist.

4. Wundinfektion als mittelbare Unfallursache einer akuten Myelitis.

Jeder traumatisch entstandene Eiterprozeß kann zur Entstehung einer akuten Myelitis Anlaß geben. Man hat das Auftreten einer Myelitis nach Panaritium, Appendizitis, Eiterung der Highmorshöhle, Pyelitis, nach septischen Prozessen beobachtet. Sind diese infektiösen Krankheitszustände durch einen Unfall hervorgerufen, und führen sie zu einer akuten Myelitis, so ist der Unfall als mittelbare Ursache der Myelitis anzuerkennen.

v. Strümpell: 16jähriges Mädchen bekam am 19. November 1897 ein ziemlich schweres Panaritium, das am 24. November inzidiert wurde. Am selben Tage bekam die Patientin die heftigsten Kreuzschmerzen, so daß sie kaum

[1]) F. Schultze, Lehrb. d. Nervenkr. S. 207.

[2]) Frohmann, Arch. f. kl. M., Bd. 86, S. 339.

liegen konnte, hatte am 28. November deutliche Schwäche der Beine mit Blasenlähmung. In wenigen Tagen entwickelte sich völlige motorische und sensible Paraplegie der unteren Körperhälfte. Die Lumbalpunktion ergab in der eitrigen Zerebrospinalflüssigkeit Staphylokokken. Tod nach $2^1/_2$ Monaten. Die Sektion ergab eine entzündliche Erweichung im unteren Brustmark.

5. Schreck als angeblich auslösende Gelegenheitsursache.

Bei den nach Schreckeinwirkung auftretenden Lähmungen handelt es sich fast immer um eine funktionelle hysterische Störung. Es sind aber einige wenige Fälle mitgeteilt worden, in denen sich 2 bis 3 Tage nach einer stärkeren seelischen Erregung das Krankheitsbild einer akuten Myelitis entwickelt haben soll. Die bisherigen Beobachtungen einer akuten Myelitis nach Schreck sind so spärlich und so wenig eindeutig, daß man vorerst nur berechtigt ist, von der Möglichkeit eines ungünstigen Einflusses der Schreckwirkung auf ein schon bestehendes Rückenmarksleiden zu sprechen. Der erforderliche Nachweis der Wahrscheinlichkeit, daß eine einmalige Schreckwirkung eine akute Myelitis ausgelöst hat, scheint mir auf Grund der bis jetzt vorliegenden Mitteilungen nicht erbracht zu sein.

In einer Beobachtung von v. Leyden hat gleichzeitig eine allgemeine Körpererschütterung stattgefunden. Die auffällig schnelle Besserung der totalen Lähmung der ganzen Körpermuskulatur spricht außerdem sicher dafür, daß eine erhebliche funktionelle Störung mit im Spiel war.

v. Leyden: Ein 16jähriges Mädchen flüchtete bei einem Einbruch die Treppe hinunter, glitt aus und rutschte auf dem Bauch die Treppe herunter. Ohne äußere Verletzung und ohne Bewußtseinsverlust. Sie erhob sich, konnte gehen, zitterte aber vor Angst und schlief die nächsten 2 Nächte schlecht. Am dritten Tage nach dem Unfall verspürte sie abends Kopfschmerzen und konnte sich am Morgen nicht mehr anziehen, knickte in den Beinen zusammen, empfand Kribbeln und Taubsein in den Armen und krampfartige Schmerzen in beiden Beinen. Die Untersuchung ergab am folgenden Tage totale Analgesie an Armen und Beinen, vollständige Lähmung der Extremitäten, so daß die Kranke gefüttert werden mußte, Sehnenreflexe an Armen und Beinen, sowie Hautreflexe erloschen, erst nach einigen Tagen beiderseitig Babinski, Harnverhaltung, so daß mehrfach katheterisiert werden mußte, Incontinentia alvi, keine Störung der elektrischen Erregbarkeit. Die Lähmung hielt 11 Tage an und besserte sich dann unter suggestiver Behandlung sehr schnell.

Vierundzwanzigstes Kapitel.

Verletzungen und Erkrankungen der peripheren Nerven nach Unfällen.

I. Gehirnnerven.

Eine isolierte Schädigung einzelner Gehirnnerven durch Unfallvorgänge ist ein verhältnismäßig seltenes Vorkommen. Meist handelt es sich um gleichzeitige Schädigung des Gehirns und seiner Häute, sodaß die durch

Erkrankungen der Gehirnnerven bedingte Erwerbsverminderung zusammen mit den Unfallfolgen des Zentralnervensystems bewertet wird. Bisweilen bleiben aber auch die Funktionsstörungen der Gehirnnerven als einzige und dauernde Resterscheinung einer Schädigung des Gehirns und seiner Häute bestehen oder treten isoliert nach Kopftraumen auf; sie sind dann als solche Gegenstand der Begutachtung.

1. Nervus olfactorius.

Ein Ausfall oder partielle Schädigung des Geruchsvermögens kann als Folge einer Verletzung der Nasengegend oder des Schädels durch Schlag, Stoß gegen die Stirn, durch Knochenbruch der vorderen Schädelgrube auftreten. Eine Minderung der Erwerbsfähigkeit durch Ausfall des Geruchsvermögens wird nur bei bestimmten Berufsklassen in Frage kommen, bei Angestellten in Apotheken, Drogenhandlungen, bei Köchen, Weinhändlern und gelegentlich auch bei Arbeitern in chemischen Betrieben, sofern sie etwa ausströmende gefährliche Gase nicht rechtzeitig bemerken und dadurch leichter der Gefahr einer Vergiftung ausgesetzt sind.

2. Nervus opticus.

Abgesehen von einer sekundären Erkrankung des Nervus opticus bei traumatisch ausgelöstem Hirntumor, Sclerosis multiplex, Hirnabszeß, wird ein vollständiger oder teilweiser Schwund des Sehnerven und dadurch bedingte Sehstörungen vor allem nach Brüchen der Schädelbasisknochen beobachtet. Außerdem kann eine durch Schädeltrauma ausgelöste chronische Meningitis serosa zu doppelseitiger mehr oder weniger hochgradiger Störung des Sehvermögens (Neuritis optica mit sekundärer Atrophie) Anlaß geben. Ferner bilden starke Kälteeinflüsse bzw. Zugluft unter Umständen das auslösende Moment für eine Erblindung, wobei freilich meist eine Disposition zu Sehnerverkrankung durch ein vorhandenes organisches Leiden des Zentralnervensystems (Tabes, Sclerosis multiplex) oder eine schon latente Erkrankung vorliegt. So haben Goldscheider und Gräfe die akute Verschlimmerung eines Schwundes des Sehnerven bei einem Tabeskranken in Gestalt einer plötzlichen Erblindung durch Arbeit in heftiger Zugluft in Verbindung mit Überanstrengung der Augen angenommen (Amtl. Nachrichten des R. V. A. 1898, Nr. 6). In der folgenden eigenen Beobachtung von traumatischer Meningitis serosa bildete eine doppelseitige Amaurose den Schlußeffekt der Erkrankung nach Rückgang aller sonstigen Erscheinungen.

Ein 18jähriger Ackerer erhielt durch einen Dreschflegel einen heftigen Schlag gegen die Stirn, so daß er rücklings niederfiel, jedoch ohne das Bewußtsein zu verlieren. Bald nach dem Unfall stellte sich außer Kopfschmerzen und zeitweisem Erbrechen eine zunehmende Sehschwäche ein. 3 Wochen nach dem Unfall fand sich beiderseitige Stauungspapille mit beginnender Sehnervenatrophie, bitemporale Hemianopsie. Nach $1^3/_4$ Jahr bestand doppelseitige Sehnervenatrophie und völlige Amaurose.

Rentenabschätzung.

Je nach dem Grad der Sehstörung bei einseitiger Blindheit zwischen 25 und $33^1/_3$%, bei doppelseitiger Amaurose oder beiderseitiger hochgradiger Sehschwäche 60—100%.

3. Nervus oculomotorius.

Eine Lähmung des Nervus oculomotorius als Unfallfolge kann zustandekommen durch eine Verletzung des Nerven bei Kopfkontusion und durch eine Entzündung infolge starken Kälteeinflusses. Wenn auch eine Okulomotoriuslähmung nach Erkältung immer seltener diagnostiziert wird, seitdem wir isolierte Augenmuskellähmungen verschiedenster Art als Frühsymptome von organischen Leiden des Zentralnervensystems kennengelernt haben (Tabes, Sclerosis multiplex, Lues), so kann doch an dem Vorkommen einer echten Erkältungsneuritis des Nerven nicht gezweifelt werden. So erwähnt Oppenheim einen Kranken, bei dem sich nach einer Gebirgstour, die zu starkem Schwitzen und Abkühlung geführt hatte, unter heftigen Schmerzen eine Okulomotoriuslähmung einstellte. Ich selbst sah einen Schiffsheizer, der, aus dem Kesselraum in stark erhitztem Zustande kommend, auf dem Deck des Schiffes bei starker Kälte (Januar) eine Stunde arbeiten mußte und in der Nacht an einseitiger Okulomotorius- und Abduzenslähmung erkrankte, ohne daß eine anderweitige Ursache (keine Lues, Wassermann negativ) nachweisbar war, und ohne daß sich nach Rückgang der Lähmung nach $2^1/_2$ Monaten später ein anderweitiges Nervenleiden entwickelte. Kopfkontusionen führen meist durch Schädelbasisbruch oder Verletzung der Orbita zu einer totalen oder partiellen Lähmung des III. Nerven. Kopftraumen können aber auch ohne Schädelbruch, wahrscheinlich durch Blutungen, den Okulomotorius in seinem extrazerebralen Verlauf an der Hirnbasis schädigen.

Krankheitsbild.

Nur selten findet sich eine totale Okulomotoriuslähmung: Ptosis, Ausfall des M. rectus superior, inferior, internus, des Obliquus inferior, des Sphincter pupillae, sowie des Akkomodationsmuskels, so daß das Auge bei herabhängendem oberen Lid nur noch nach außen oder unten bewegt werden kann, wobei die Trochleariswirkung noch in einer Raddrehung kenntlich wird; dabei Lichtstarre der mittelweiten Pupille und Fehlen der Konvergenzverengerung. In der Regel sind von Beginn an oder bleiben nach anfangs totaler Lähmung nur einzelne Muskeläste funktionsunfähig. Auch eine Sphinkterlähmung kann das Restsymptom einer anfänglich ausgedehnteren Nervenläsion bilden. In der Mehrzahl solcher Fälle besteht dabei nicht das reine Bild der Robertsonschen reflektorischen Lichtstarre, sondern Lichtstarre bei gleichzeitiger Störung der Konvergenzreaktion. Vereinzelt ist aber auch eine reine reflektorische Starre als Resterscheinung beobachtet worden, nach Schädelbasisfraktur mit wahrscheinlich peripherer Läsion des Okulomotoriusstammes. Schließlich muß auch die posttraumatische Entstehung einer reinen reflektorischen Starre nach Commotio cerebri ohne vorherige Ophthalmoplegia interna zugegeben werden. Axenfeld beobachtete dies einseitig, ich selbst doppelseitig. Ob es sich hierbei um eine Stammläsion oder eine zentrale Schädigung des Höhlengraus handelt, ist noch unentschieden.

Finkelnburg[1]): Doppelseitige Lichtstarre nach Kopftrauma.

Einem 51jährigen, bis dahin gesunden Mann (kein Alkohol- oder Nikotinabusus, Wassermann im Blut und Liquor negativ, Nonne-Apelt negativ, keine Lymphozyste des Liquor) fiel eine schwere eiserne Balancierstange auf den Kopf. Er war sofort bewußtlos und erlangte das Bewußtsein etwa $^1/_2$ Stunde nach der Krankenhauseinlieferung wieder. Es fanden sich drei tiefe Hautverletzungen auf rechtem Schläfenbein, linkem Stirnbein und linkem Scheitelbein, letztere bis auf den von Periost entblößten Knochen reichend. Nach der Einlieferung Erbrechen, Puls 78, Pupillen- und Patellarreflexe vorhanden. Dauernde Kopfschmerzen, die sich nach 3 Wochen verschlimmerten, bei gleichzeitig auftretender Gehunsicherheit. Es fand sich jetzt fehlende Lichtreaktion der engen Pupillen, starker Romberg und vorübergehend nicht auslösliche Kniereflexe. Bei einer Untersuchung in Bonn $1^1/_2$ Jahr p. tr. fand sich vollkommene Lichtstarre beider

[1]) Finkelnburg, Deutsche med. Wochenschr. 1914, Nr. 20.

Pupillen, während bei optischer Einstellung der Augen zum Nahesehen eine deutliche Verengerung der Pupillen erfolgte. Sehnervenscheibe beiderseits normal. Nochmalige Untersuchung von Blut und Liquor auf Wassermann war negativ. Von seiten des übrigen Nervensystems nichts Abnormes außer Fehlen der Achillesreflexe. Sechs Jahre später war der Befund unverändert, und ergab die genaueste Untersuchung keinen Anhaltspunkt für Tabes oder Dem. paral.

Rentenschätzung.

Die vollständige oder teilweise dauernde Beweglichkeitsbeschränkung eines Auges durch Augenmuskellähmung (mit ständigen Doppelbildern) bedingt einen bleibenden Verlust des binokularen Sehens trotz gut erhaltener Sehschärfe. Zur Vermeidung der Doppelbilder muß das erkrankte Auge bedeckt getragen werden, so daß jede derartige Störung dem Verlust eines Auges gleichkommt und wie einseitige Erblindung mit **25%** Erwerbsverminderung zu bewerten ist. Geringere Paresen eines oder mehrerer Augenmuskeln verursachen oft eine mäßige Behinderung bei der Arbeit, so daß unter Umständen nur **10—20%** Rente in Frage kommen. Eine isolierte Störung der Pupillentätigkeit bedingt keine abschätzbare Einbuße der Erwerbsfähigkeit.

4. Trochlearislähmung.

Außer durch Schädelbasisbruch kann die Lähmung auch infolge traumatischer Schädigung des Gehirns bei Blutung nach Schädelkontusion auftreten. Isolierte Lähmung des N. trochlearis ist sehr selten. Klein hat sie nach Fall auf den Hinterkopf bei einem 10jährigen Mädchen beschrieben, das außer dem Doppeltsehen keine sonstigen Verletzungsfolgen des Kopftraumas bot. Die Bewegung des Augapfels ist nach unten und außen beschränkt. Es besteht geringes Ein- und Aufwärtsschielen, und bei Senkung des Blickes treten untereinanderstehende Doppelbilder auf. Die dadurch bedingte Behinderung der Arbeitsfähigkeit beträgt höchstens **10%** bei bestimmten Berufsarten (Feinmechanik).

5. Abduzenslähmung.

Trotz seines langen Verlaufs im Innern der Schädelhöhle, wodurch eine Schädigung des Nerven bei Schädelverletzungen anscheinend leicht eintreten kann, findet sich N. abducens relativ selten bei Schädelbasisfrakturen geschädigt. Isolierte traumatische einseitige Lähmungen sind von Kühne nach Stoß gegen den Hinterkopf, von Aronheim nach Felsenbeinbruch, doppelseitige Lähmung von Isakowitz nach Fall auf den Hinterkopf beschrieben worden. Die anfangs sehr störenden Doppelbilder lernt der Verletzte meist ausschalten, allerdings auf Kosten des ausgeschalteten Auges, das schwachsichtig wird. Die Erwerbsverminderung wird meist auf **10—15%** zu schätzen sein.

6. Trigeminusläsion.

Verletzungen der Orbita, der Schädelbasis können zu Zerreißung, Quetschung und Kompression des V. Nerven und seiner Zweige Anlaß geben. Außerdem führen Quetschungen, Verbrennungen und Verletzungen der Gesichtsweichteile mit tiefergreifender Narbenbildung bisweilen zu dauernden Schädigungen der motorischen und sensiblen Nervenäste. Durch derartige Unfallnarbenbildung, sowie durch traumatisch entstandene Knochenwucherung an den Durchtrittsstellen der drei Äste können schwere neuralgische Beschwerden auftreten infolge von Zerrung oder Druck der sensiblen Ästchen. Da sich als Folgezustände solcher Neuralgien Neurasthenie und Hysterie und vereinzelt auch eine Reflexepilepsie entwickeln kann, so wird unter Umständen die Erwerbsfähigkeit dadurch erheblich beeinträchtigt.

Besonders schwerwiegend kann sich eine Verletzung des 1. Astes gestalten, indem es hierbei zu Ernährungsstörungen der Hornhaut mit Geschwürsbildung (neuroparalytische Geschwüre) und eventuellem Verlust des Auges kommen kann.

Die Verletzungen des 2. Astes mit Gefühlslosigkeit der Wangenhaut und des Gaumens und mit Geschmacksstörungen sind für die Arbeitsfähigkeit ohne wesentliche praktische Bedeutung. Das gleiche gilt für Schädigung des 3. Astes mit Schwäche der Kaumuskeln und Geschmacksverlust in den vorderen zwei Dritteln der Zunge, wenn die Verletzung, wie meistens, einseitig ist.

7. Lähmung des Nervus facialis.

Der Nervus facialis ist der bei Schädelverletzungen, und zwar bei Schädelbasisbrüchen, am häufigsten betroffene Gehirnnerv. Außerdem können Unfälle mit Verletzungen der Weichteile des Gesichts (Druck, Hieb, Stoß) den Nerv nach seinem Austritt aus dem Griffelwarzenloch schädigen. Auch wird eine durch starke Kälteeinwirkung bei der Arbeit entstandene sogenannte Erkältungslähmung unter Umständen als Unfallfolge angesprochen werden müssen. Endlich kann eine traumatisch entstandene Mittelohreiterung sekundär den mimischen Gesichtsnerven beteiligen, so daß die dabei eintretende Lähmung eine indirekte Unfallfolge bildet.

Vorhersage und Rentenabschätzung.

Bei den nach Schädelgrundbrüchen sofort in voller Stärke auftretenden Fazialislähmungen bleibt der Nerv meist dauernd ganz oder teilweise gelähmt. Bruns fand unter 28 Fällen peripherer traumatischer Fazialislähmungen 21mal nach Jahren keine wesentliche Änderung. Erkältungslähmungen können restlos ausheilen. Eine Erwerbsbeeinträchtigung bei totaler Lähmung kann einmal durch die Entstellung bedingt sein, indem der Verletzte dadurch in bestimmten Berufsklassen schwerer Anstellung findet. Ferner wird bei dauernder kompletter Lähmung der mangelhafte Lidschluß und das beständige Abträufeln der Augenflüssigkeit über das herabhängende untere Augenlid mit sich anschließenden Bindehautkatarrhen eine Minderung der Arbeitsfähigkeit für bestimmte Berufe mit Staubschädigungen verursachen, und eine erhöhte Gefahr für Hornhautentzündungen bedingen. Demgemäß wird unter Umständen eine Rente von 10—25% erforderlich sein. Etwaige Gehörs- oder Geschmacksstörungen werden bei einseitiger Lähmung des Nerven keine nennenswerte Schädigung der Erwerbsfähigkeit ausmachen. Bei doppelseitigen stärkeren Lähmungserscheinungen ist der Kauakt gestört, so daß die dadurch erschwerten Ernährungsverhältnisse eine Rentengewährung (10—20%) nötig machen, da durch schlecht gekaute gröbere Nahrungsmittel der Magen-Darmtraktus in Mitleidenschaft gezogen werden kann.

8. Lähmung des Nervus acusticus.

Die bei Schädelverletzungen und vor allem bei Basisbrüchen auftretenden Hörstörungen finden sich meist vergesellschaftet mit anderen Gehirnnervenlähmungen. Horn fand ähnlich wie Sunner unter 100 Fällen von Basisfraktur 54mal Störungen im Akustikusgebiet, die in annähernd 60% nur die Endausbreitungen des Ramus cochlearis, in etwa 10% nur den Ramus vestibularis und in 30% gleichzeitig beide Äste betrafen. Die Beurteilung der Folgen einer Akustikusschädigung hat stets durch einen Ohrspezialisten zu erfolgen unter besonderer Berücksichtigung des sonstigen Ohrbefundes, der überaus häufig ältere vom Unfall unabhängige Ohrveränderungen ergibt.

9. Schädigung des Glossopharyngeus, Vagus und Accessorius innerhalb der Schädelhöhle.

Eine Schädigung der drei Nerven kann durch Blutungen an der Gehirnbasis nach Schädeltraumen ohne Knochenbruch und bei Schädelgrundbrüchen erfolgen, da der 9., 10. und 11. Hirnnerv gemeinsam durch das Foramen jugulare die Schädelhöhle verlassen. Es liegen vereinzelte Beobachtungen über Unfälle mit einseitiger Verletzung der drei Nerven vor.

In den Fällen von J. Krähenmann bestanden folgende charakteristische Erscheinungen: Schluckbeschwerden infolge halbseitiger Lähmung der Gaumenmuskulatur, Stimm- und Sprachveränderungen wegen einseitiger Rekurrenslähmung, halbseitige Gefühlslähmung des Rachens- und Kehlkopfs, Geschmacksstörungen und einseitige Lähmung des M. sternocleido und cucullaris. Balint fand bei einem Mann nach Sturz mit dem Kopf vom Heuwagen auf die hintere Schädelhälfte eine Lähmung des linken Glossopharyngeus (Geschmacksstörung der hinteren linken Zungenhälfte, Abweichen des weichen Gaumens nach rechts beim Intonieren, Fehlen der Rachenreflexe), des Vagus (Schluckstörungen, Stimmbandlähmung, aufgetriebener Leib) und des Accessorius (Lähmung des Kappenmuskels und Kopfnickers). Nach C. Kaufmann ist die Prognose der sämtlichen Folgen der Nervenstörungen eine sehr günstige, obwohl die Muskellähmungen nach einer stärkeren Quetschung bei Schädelbruch größtenteils zu bleiben pflegen. Ein Patient von Kaufmann war in 9 Monaten fast ganz genesen und völlig arbeitsfähig und mußte nur wegen der Schluckbeschwerden langsam und vorsichtig essen, damit er sich nicht verschluckte. Ein zweiter Kranker, der nach 4 Monaten noch hochgradige Störungen aufwies und deshalb auf 40—50% Erwerbsunfähigkeit geschätzt wurde, war nach $5^1/_2$ Jahren vollständig arbeitsfähig in seinem Beruf als Zimmermann. Die Schluckbeschwerden waren bis auf eine leichte Neigung zum Verschlucken geschwunden, desgleichen die Gefühlsstörungen im Gaumen und Schlund, sowie die Störungen der Sprache und Stimme.

10. Isolierte Schädigung des Nervus vagus nach Austritt aus der Schädelhöhle.

Eine isolierte Schädigung des Nervus vagus oder einzelner Äste (Nervus recurrens) kann durch Stich, Quetschung, Blutungen in der Halsgegend oder in der Brusthöhle und spätere Narbenkompression erfolgen. Je nach der Lage der Verletzungsstelle und der Beteiligung der im Stamm enthaltenen Fasern mit verschiedener Dignität wird das Symptombild ein wechselndes sein, so daß eine zusammenfassende Darstellung der Symptome für die einzelnen Höhenläsionen nicht möglich sind. Es können auftreten:

a) Gefühlsstörungen an der hinteren Fläche der Ohrmuschel, einem Teil des äußeren Gehörgangs, Schleimhaut des Rachens, Kehlkopfs und Gaumensegels. Die Folge der Empfindungslosigkeit ist häufiges Fehlschlucken, das zu heftigen Hustenstößen und Anfällen führt und evtl. Schluckpneumonie erzeugen kann.

b) Erschwertes Schlingvermögen.

c) Lähmungen der Kehlkopfmuskeln. Bei einseitiger Lähmung des Nervus recurrens steht das Stimmband der betreffenden Seite sowohl bei Phonation als bei Respiration unbeweglich in sog. Kadaverstellung, d. h. in der Mitte zwischen der phonatorischen Medianstellung und der respiratorischen Abduktionsstellung. Bei Phonation bewegt sich das gesunde Stimmband bis an das gelähmte heran. Dadurch ist die Stimme klangarm bei nicht behinderter Atmung. Bei doppelseitiger Schädigung des Nervus recurrens wirkt die Lähmung der Stimmritzenerweiterer besonders störend, da bei der Atmung an der Stimmritze nur ein schmaler Spalt vorhanden ist und dadurch hochgradige inspiratorische Dyspnoë (erschwerte pfeifende Atmung) entsteht. Thiem hat dies bei einem Mann beobachtet, dem eine Kuh auf Brust und Hals herumgetreten hatte. Sind alle Fasern des Nervus recurrens doppelseitig getroffen, so tritt völliger Verlust der Stimme bei unbehinderter Atmung ein.

d) Störungen der Herztätigkeit. Diese können schon bei einseitiger Vagusparese-paralyse auftreten, aber auch ganz fehlen (Deibel und Weidner). Die Störung besteht in einer oft sehr erheblichen Beschleunigung der Herztätigkeit, vor allem bei doppelseitiger Vagusläsion.

e) Störungen der Atmung. Nach eingehender Beobachtung Weidners und Deibels bedingt einseitiger Ausfall des Nervus vagus bezüglich der Lungen keine Gefahr und keinen bleibenden Einfluß auf die Respiration.

11. Lähmungen des äußeren Astes des Nervus accessorius.

Einseitige Schädigung des äußeren Astes des N. accessorius (für den M. sternocleidomastoideus und den M. cucullaris) kann zustande kommen durch Druck von Lasten auf der Schulter, durch sehr starke körperliche Anstrengung beim Schulterheben und durch Kälteeinflüsse (Erkältungslähmung). Die Folgezustände sind:

Mäßige Schiefhaltung des Kopfes; die Drehung und Hebung des Kinns nach der entgegengesetzten Seite geschieht mit verminderter Kraft; ferner erfolgt die aktive Hebung der Schulter mit stark verminderter Kraftleistung, und kann der Arm nur schwer und mühsam über die Horizontale gehoben werden; auch die Annäherung des Schulterblattes an die Wirbelsäule geschieht weniger kraftvoll. Da der äußere Accessoriusast bei seiner Innervierung des M. cucullaris von Ästen des Pl. cervicalis unterstützt wird, so kann trotz totaler Accessoriuslähmung die Stellung des Schulterblattes eine normale sein.

Rentenabschätzung.

Die Arbeitsfähigkeit ist auch bei einseitiger Lähmung gewöhnlich nicht unbeträchtlich herabgesetzt, da kräftige oder längerdauernde Hebungen der Schulter unmöglich sind oder leicht ermüden. Die Erwerbsverminderung kann je nach dem Grade der Lähmung (Parese oder totale Paralyse) bis zu 30% betragen.

12. Lähmung des Nervus hypoglossus.

Alleinige periphere Lähmungen des Zungenmuskelnerven sind äußerst selten. Meist beruht eine Hypoglossuslähmung auf einer Kernlähmung oder einer oberhalb des Hypoglossuskerns gelegenen Gehirnerkrankung. Die periphere Lähmung findet sich als Folge von Verletzungen des Halses (Nähe des Zungenbeins) durch Quetschung, Überfahrenwerden.

Bei einseitiger Lähmung weicht die Zunge nach der gelähmten Seite hin ab, dabei kann die Spitze der Zunge selbst nach allen Richtungen hin normal beweglich bleiben. Das Sprechen, Kauen und Schlucken geht später infolge der sich einstellenden Übung der gesunden Zungenhälfte in normaler Weise vor sich, so daß die einseitige Schädigung keine Erwerbsverminderung bedingt. Die doppelseitige Lähmung ist dagegen schwerwiegender Natur, da das Schlucken und Kauen wegen mangelnder Hilfe des erforderlichen Zungendruckes stark erschwert ist. Außerdem ist die Sprache stark gestört durch Ausfall der Zungenbuchstaben (d, t, s, l).

II. Extremitätennerven.

1. Lähmungen im Bereich des Plexus brachialis.

Eine kombinierte Lähmung der Schulter- Armnerven kommt in der überwiegenden Mehrzahl der Fälle durch mechanische Traumen zustande. Bisweilen scheinen auch starke Kälteeinwirkungen und infektiöse Prozesse, z. B. traumatisch entstandene Sepsis, Pneumonie, Erysipel, eine auslösende Rolle bei Entzündungen zu spielen, wie dies in dem Kapitel über Neuritis ausgeführt ist. Man wird deshalb in Fällen von akutem Auftreten einer Plexuslähmung in unmittelbarem Anschluß an ungewöhnliche Kälteeinwirkung — wie dies bei einem meiner Kranken der Fall war, der nach anstrengender Arbeit an einer Feuerung eine Zeitlang in eiskaltem Raume sich aufhalten mußte und an rechtsseitiger Armplexusneuritis erkrankte — die Entstehung des Leidens durch Betriebsunfall nicht ablehnen können. Auch nach CO-Vergiftungen sind Lähmungen des Armnervengeflechtes beobachtet worden, wobei es noch unsicher ist, ob die Intoxikation als solche oder eine bei der Bewußtlosigkeit zustande gekommene Druckläsion des Geflechtes die Ursache der Lähmung bildete.

Mechanische Schädigungen des Plexus brachialis.

Offene Verletzungen durch Stich, Schnitt, Schuß bilden bei Unfällen nur selten das schädigende Moment. In der Regel handelt es sich um stumpfe, quetschende, zerrende Gewalteinwirkungen an Schulter oder Extremität, wobei entweder sämtliche Arm-Schulternerven betroffen werden oder nur mehrere Nerven in wechselnder Kombination:

a) Direkte Gewalteinwirkung auf die Plexusfasern in der Oberschlüsselbeingrube kommt zustande durch Fall gegen die Schulter, Fall schwerer Gegenstände auf die Schulter (Balken, Eisenteile, Steinmassen) oder Tragen ungewöhnlich schwerer Lasten auf einer Schulter, plötzliche stärkere Belastung, wenn ein mittragender Arbeiter ausgleitet und nun vorübergehend die ganze Schwere eines Balkens oder einer Eisenschiene auf einer Person ruht.

b) Fall auf den ausgestreckten Arm mit oder ohne Schlüsselbeinbruch, wobei durch die gewaltsame Anpressung der Klavikula an die erste Rippe die zwischen beiden durchtretenden Plexusfasern gequetscht werden können, namentlich dann, wenn der Arm beim Fallen über die Horizontale gehoben war.

e) Starke Zerrung der Arme durch Erfaßtwerden eines Armes von einer Transmission mit Herumschleudern des Körpers, beim Hängen an einem Arm während eines Falles. Auch die bei Einrenkungsversuchen nach Schulterluxationen ausgeführten Armzerrungen können eine Plexuslähmung zur Folge haben.

d) Schulterluxation (Luxatio subcoracoidea) und Fraktur des Oberarmkopfes mit Druck auf das Armgeflecht in der Achselhöhle.

e) Narkoselähmungen, die durch länger anhaltende Hyperextension des Armes bedingt sind, bilden eine indirekte Unfallfolge, wenn die Operation durch einen Unfall erforderlich wurde.

f) Druckschädigung der Nerven in der Achselhöhle beim Krückentragen.

Pathogenese: Beim Zustandekommen der Lähmungen handelt es sich nur zum Teil um eine direkte Quetschungsschädigung des Geflechts; daneben spielt die Zerrung der Nerven eine sehr wichtige und prognostisch bedeutsame Rolle. Denn bei jeder stärkeren Zerrung des Nervengeflechtes, z. B. beim Erfassen eines Beines durch eine Transmission, pflanzt sich die Zerrgewalt bis in die Rückenmarkswurzeln und bisweilen in das Rückenmark selbst fort, so daß nicht nur Ab- und Einrisse im Geflecht selbst, sondern daneben auch direkte Abrisse der vorderen und hinteren Rückenmarkswurzeln beobachtet werden.

Prognose einer Plexusschädigung. Diese wird nicht nur von der Stärke, sondern vor allem auch von der besonderen Art der mechanischen Gewalt abhängig sein, indem alle mit Zerrung einhergegangenen Unfallschädigungen schwerer zu beurteilen sind als einfache Quetschungen, da meist Dauerlähmung einzelner Muskeln zu erwarten ist.

Symptomatologie: Die Ausdehnung einer Lähmung wird natürlich von der Erheblichkeit der Einwirkung abhängen, so daß unter Umständen nur einzelne oder mehrere Muskeln (Deltoideus und Serratus oder Supraspinatus serratus, Biceps) gelähmt sind. Häufig findet sich aber bei Schulterquetschungen wenigstens anfangs das Bild der Erbschen oder Klumpkeschen Lähmung oder beider kombiniert.

Beim Erbschen Typus der Plexusschädigung sind vorwiegend die von der 5. und 6. Halsrückenmarkswurzel versorgten Muskeln betroffen: Mm. deltoideus, biceps, brachialis, supinator longus, infraspinatus und evtl. supinator brevis. Es kann hierbei der Arm nicht bis zur Schulterhöhe gehoben, nicht im Ellbogen gebeugt und nicht ordentlich nach außen gedreht werden.

Bei der sog. unteren Klumpkeschen Plexuslähmung besteht eine Läsion der aus unteren Zervikalwurzeln und der 1. Dorsalwurzel stammenden Nerven mit dem dadurch bedingten Lähmungstypus: atrophische Lähmung im Bereich der kleinen Handmuskeln (Daumen, Kleinfingerballen, Interossei), teilweise Lähmung der Finger-Handbeuger, Gefühlsstörungen im Ulnaris- und Medianusgebiet, okulopupilläre Symptome (geringere Weite der Lidspalte, Eingesunkensein des Augapfels, Pupillenverengerung auf der gelähmten Seite).

Die Frage nach dem Zusammenhang einer Plexuslähmung mit einem Unfall bereitet in der Regel keine Schwierigkeiten, wenn einer der angeführten Unfallvorgänge der Lähmung unmittelbar vorhergegangen ist. Unter Umständen kann nur die Differentialdiagnose gegenüber einer Poliomyelitis acuta nicht ganz leicht sein, wenn Gefühlsstörungen fehlen oder jedenfalls später nicht mehr nachweisbar sind. Entscheidend für die Anerkennung eines Unfallzusammenhanges wird in zweifelhaften Fällen stets der Nachweis sein, daß die Lähmung in unmittelbarem Anschluß an ein mechanisches Insult aufgetreten ist.

Rentenabschätzung.

Die Rentenhöhe wird je nach der Ausdehnung der Lähmung eine wechselnde sein. Im Beginn ist auch bei leichteren Lähmungen, d. h. beim Befallensein von nur einzelnen Muskeln, namentlich rechts, Vollrente erforderlich, da der Arm vollkommen geschont und jede Zerrung und Erschütterung vermieden werden muß, durch welche die Wiederherstellungsaussichten verschlechtert werden. Aber auch nachdem die Lähmung sich ganz oder größtenteils zurückgebildet hat, ist noch mehrere Monate lang Schonung des Armes von jeder Arbeitsanstrengung nötig, so daß für diese Zeit eine der völligen Gebrauchsunfähigkeit des verletzten Armes entsprechende Rente zu gewähren ist. Später restierende Lähmungen einzelner Muskeln (Unterarmbeuger, -strecker, Oberarmheber) sind nach der durch den Ausfall des Muskels verursachten Minderung der Gebrauchsfähigkeit zu beurteilen. Zurückbleibende Gefühlsstörungen an den Händen und Fingern können bei Feinarbeiten unter Umständen eine erhebliche Arbeitsstörung bedingen (20—30%), indem sie feinere Verrichtungen bei Schlosser-, Feilarbeiten ganz unmöglich machen, während sie bei gröberen Arbeiten (Landwirtschaft) weniger störend sind. Aber auch bei diesen besteht die Gefahr von Verletzungen und von Infektionen, da die Kranken in den gefühllosen Hautpartien Einrisse usw. nicht rechtzeitig bemerken.

2. Lähmung des N. axillaris.

Eine Verletzung des N. axillaris kommt zustande durch Stoß, Schlag, Fall auf die Schulter, besonders häufig durch Luxation des Humeruskopfes, Fraktur des Oberarmes in seinem obersten Abschnitt, bei Bergleuten durch anhaltendes Liegen auf der linken Seite beim Erzhauen (Seeligmüller), durch Quetschung und Zerrung des Plexus brachialis in der Oberschlüsselbeingrube und durch Krückendruck. Neuritische Erkrankung des Nerven kann im Anschluß an traumatisch entstandene Entzündungen des Schultergelenkes auftreten, selten nach anderweitigen infektiösen Prozessen (Typhus, Erysipel).

Die Folge einer vollständigen Lähmung des M. deltoideus ist die Unfähigkeit, den Arm nach seitwärts, vorn oder hinten zu heben, wodurch eine große Anzahl der nötigsten gewöhnlichen Verrichtungen des Armes erheblich gestört sind. Ein gewisser Ausgleich ist dadurch möglich, daß bei manchen Menschen durch die Wirkung des M. serratus anticus major, supra- und infraspinatus der Ausfall des Deltoideus zum Teil ersetzt werden kann, so daß eine gewisse Hebung des Armes allmählich sich einstellt trotz Fortbestehens der Lähmung. Der spätere Ausgleich der Funktionsstörung des Armes wird namentlich durch das bei längerem Bestehen der Lähmung sich ausbildende Schlottergelenk beeinträchtigt.

Rentenabschätzung.

Die vollständige und dauernde Deltoideuslähmung ist rechts mit 50%, links mit 30—40% Erwerbsverminderung zu bewerten. Bei teilweisem Ausgleich durch andere Muskeln oder unvollkommener Heilung kann der Schaden geringer werden (20—30%).

3. Lähmung des N. thoracicus longus.

Die Ursachen der Lähmung sind dieselben wie bei der Axillarislähmung, in erster Linie direkte Verletzung und besonderer Druck beim Tragen schwerer Lasten, ferner plötzliche ruckartige Zerrung am Arm nach abwärts, z. B. beim Festhalten eines umstürzenden Kohlenkastens (Brodmann). Da außerdem starke Anstrengungen, sowie häufig und längere Zeit hintereinander ausgeführte Bewegungen, wie sie bei Schustern, Anstreichern, Schneidern, Feldarbeitern (Mähen) vorkommen, zu einer Lähmung führen können (vielleicht durch starke Zusammenziehungen des M. scalenus medius, durch den der Nerv hindurchzieht), so wird die gutachtliche Unterscheidung zwischen Betriebsunfall und Gewerbekrankheit bisweilen schwierig sein. Bernhardt hat das Auftreten der Lähmung auch nach einmaliger oder nur wenige Male wiederholter abnormer Anstrengung beim erzwungenen Hochheben des Armes, beim Herablangen schwer zugänglicher Gegenstände beobachtet. Ein Unfall kann weiter dann in Betracht kommen, wenn die Lähmung nach starken Kälteeinwirkungen, Durchnässungen eintritt, da die sog. rheumatischen Erkältungseinflüsse erfahrungsgemäß ätiologisch eine mitwirkende Rolle spielen.

Symptomatologie: Eine Serratuslähmung ist daran kenntlich, daß a) während der Ruhe und beim herunterhängenden Arme die ganze Skapula der kranken Seite etwas höhersteht, b) der Wirbelsäule genähert ist, und zwar mit dem unteren Winkel stärker als mit dem oberen inneren Winkel; c) der innere mediale Rand des Schulterblattes stärker nach hinten hervortritt und sich namentlich bei aktiver oder passiver Hebung des Armes bis zur Horizontale flügelförmig vom Brustkorb abstellt; d) der Kranke nicht imstande ist, den Arm bei langsamer Hebung über die Horizontale zu bringen, während dies bei Schwingung und Schleuderbewegung des Armes bei rückwärts bewegtem Oberkörper bisweilen gelingt. Nach Thiem kann bei der Armhebung nach vorn die fehlende oder ungenügende Serratuswirkung ersetzt werden durch die beiden pectorales, den

Levator anguli scapulae und die spinalen Cucullarisfasern; bei der seitlichen Armhebung kommen neben letzteren noch die Mm. supra- und infraspinatus und die hinteren Deltoideuspartien in Tätigkeit. Die Ersatzwirkung des M. Cucullaris, der dann eine Drehung des Schulterblattes nach außen vornimmt, so daß dadurch der Arm in der Richtung direkt nach außen gehoben werden kann, ist bisweilen so stark, daß sie, bis auf die Kraft, die Serratuswirkung fast völlig ersetzen kann.

Rentenabschätzung. Die Lähmung des linken Serratus bedingt eine verhältnismäßig leichte Störung, und kann dabei der Verletzte einen großen Teil aller Arbeiten ausführen. Bei rechtsseitiger Lähmung ist Heben von schwerem Hammer, schweren Säcken, Steinen, Arbeiten mit Beil erschwert und mit Stoß nach vorn verbundene Tätigkeit behindert. Die Minderung der Erwerbsfähigkeit wird bis zur Ausheilung oder teilweisen Besserung zwischen 15 und 20% schwanken. Nur bei bleibender kompletter Lähmung wird eine dauernde Rente von 10—15% am Platze sein. Selbst wenn einzelne Kranke, wie der Brodmannsche Patient, trotz der Lähmung schwere Arbeit leisten, so geschieht dies doch sicherlich mit einem größeren Aufwand von Kraftanstrengung und Kraftverbrauch, wodurch ein vorzeitiges Auftreten von Organerkrankungen, z. B. seitens des Herzmuskels, bedingt werden kann. Ich halte demnach Rentenentziehung nur auf Grund von anscheinend voller Leistungsfähigkeit trotz vorhandener Lähmung oder hochgradiger Schwäche des Serratus nicht für berechtigt, es sei denn, daß der Verletzte einen Beruf ausübt, bei dem schwere körperliche Arbeit nicht geleistet wird.

4. Lähmungen des N. subscapularis.

Isolierte Lähmungen des Nerven kommen äußerst selten vor; meist wird er zugleich mit dem ganzen Armnervengeflecht betroffen, so daß die durch seine Läsion bedingte Gebrauchsstörung des Armes bei der Rentenabschätzung in den Hintergrund tritt gegenüber den Funktionsstörungen der anderen Schulter-Armnerven. Nach Eulenburg können ganz isolierte Lähmungen des M. latissimus dorsi nach übermäßigen Anstrengungen bei Bewältigung schwerer Lasten auftreten.

Der Ausfall der vom N. subscapularis versorgten Muskeln (M. subscapularis, teres major, M. latissimus dorsi und serratus posticus inf.) hat zur Folge: ständige Außendrehung des Armes durch Wegfall der Einwärtsroller (M. subscapularis), flügelförmiges Abstehen des Schulterblattes bei herabhängendem Arm (m. latissimus, der den unteren Schulterblattwinkel bei Bewegungen gegen den Brustkorb fixiert), Rückwärts- und Abwärtsbewegung des Armes beeinträchtigt.

5. Lähmung des N. suprascapularis.

Der N. suprascapularis kann bei stärkerem Druck auf die Schulter, durch Tragen schwerer Pakete oder durch Fall auf die Hand, wobei eine gewaltsame Adduktion des Schlüsselbeins an Wirbelsäule und 1. Rippe statthat, verletzt werden. Eine Entzündung des Nerven nach Temperatureinflüssen ist ebenfalls beschrieben worden (Hoffmann), bei Arbeit abwechselnd in heißer Luft, im Freien und in kalten Kellerräumen.

Die Verletzung bedingt die Lähmung der Mm. supraspinatus, infraspinatus und teres major, die sämtlich Auswärtsdreher des Oberarms sind, so daß ihr Ausfall in gewissem Grade Nähen, Schreiben, Zeichnen und alle Arbeiten behindert, bei denen eine Drehung des im Ellbogen gebeugten Armes nach außen erforderlich ist. Der Ausfall des M. supraspinatus vermag sehr selten eine Lockerung der Festigkeit des Schultergelenks und ein Herabsinken des Kopfes aus der Pfanne nach sich zu ziehen und so zum Schlottergelenk zu führen. Nur in solchen

Fällen kommt eine wesentliche Störung der Erwerbsfähigkeit in Betracht, die sonst mit höchstens 10—15% zu bewerten sein dürfte.

6. Lähmung des N. radialis.

Die häufigste Ursache einer Radialislähmung ist Druckschädigung des Nerven: a) durch Stoß, Schlag, Fall gegen Oberarm; b) Knochenbruch und Schulterluxation; c) Schlafdrucklähmung durch Aufliegen des Armes auf harter Unterlage; d) Narkoselähmung nach längerer Abduktion und Hyperextension des Armes; e) Drucklähmung durch Tragen schwerer Gegenstände auf Außenseite des Armes; f) Kompression durch elastische Binde (Esmarchscher Schlauch) bei Operation; g) Krückenlähmung; h) Lähmung durch Fall auf die stark flektierte Hand; i) nach heftiger Kontraktion des Biceps sahen Gowers und Oppenheim die Entwicklung der Lähmung, z. B. beim Anziehen der Stiefel, nach kräftigem Wurf mit einem Stein. Bisweilen entwickelt sich eine Kompressionslähmung des Nerven erst als Spätfolge eines Oberarmbruchs durch den sich ausbildenden Knochencallus. Eine Schlafdrucklähmung des Radialis wird unter Umständen als Unfallfolge anzuerkennen sein, wenn ein stark ermüdeter Arbeiter während der Mittagspause sich die Lähmung zuzieht. Die starke Ermüdung durch anstrengende Arbeit und der dadurch bedingte besonders tiefe Schlaf bildet die Gelegenheitsursache dafür, daß der Schlafende den stärkeren Druck des Armes durch harte Unterlage nicht verspürt und dadurch nicht aufwacht. Auch auf andere Weise soll nach Bernhardt eine Schlaflähmung des Radialis zustande kommen können, nämlich in frei sitzender Stellung, also ohne Druck auf Unterlage. Er beobachtete dies bei einem Bauwächter, der, übermüdet vom Nachtdienst, bei Tage kürzere Zeit auf einem Stuhle schlafend dasaß und keine andere Erklärung für die vorhandene Radialislähmung zu geben imstande war. Da Bernhardt in gleicher Weise den Eintritt der Radialislähmung ohne Beteiligung des Triceps bei einem zweiten älteren Kranken sah, der während des Schlafens im Sitzen auf einem Stuhl die Arme gekreuzt gehalten hatte, wobei die Finger der linken Hand die Vorderaußenseite des mittleren Drittels des rechten Armes, der unterhalb lag, festgehalten hatten, so führt Bernhardt die Lähmung auf den eigenen Druck der umklammernden linken Hand zurück. Joffroy hat einen auf gleiche Weise zustande gekommenen Fall von Radialislähmung beschrieben.

Krankheitserscheinungen. Bei vollständiger Lähmung des N. radialis besteht ein Unvermögen, die Hand und die Finger zu strecken. Beide hängen plantarflektiert herab. Bei basaler Unterstützung der Phalangen der Finger vollzieht sich dagegen die Streckung der Mittel- und Endphalangen in normaler Weise, ebenso die Spreizung und Annäherung wegen Intaktheit der Mm. interossei. Der Daumen kann nicht abduziert und gestreckt werden; die Ab- und Adduktion der Hand erfolgt nur schlecht; bei der Unterarmbeugung springt der M. supinator nicht in normaler Weise als Wulst vor; der Unterarm kann nicht gestreckt und nicht supiniert werden. Je nach Sitz und Schwere der Schädigungen sind die Lähmungserscheinungen verschieden ausgeprägt. Insbesondere ist bei den Schlaflähmungen der M. triceps in der Regel intakt. Die Gefühlsstörungen erstrecken sich bei Sitz der Läsion höher oben nach der Achselhöhle auf die Haut der hinteren Seite des Oberarms und reichen bis zum Handgelenk an der Streckseite des Vorderarms, an der Hand auf Teil der Daumenballenhaut sowie Haut der radialen Seite der Handwurzel und der Mittelhand bis etwa zum 3. Metatarsalknochen, ferner auf die Haut über beiden, jedenfalls aber der basalen Phalange des Daumens und des Zeige- nebst Mittelfingers. Eine auffällige Erscheinung ist das nicht allzu selten beobachtete Fehlen jeder Sensibilitätsstörung bei oft recht schwerer motorischer Lähmung.

Rentenabschätzung. Die Rentenabschätzung einer Radialislähmung wird naturgemäß im Einzelfalle eine sehr verschiedene sein müssen, je nachdem totale Lähmung, teilweiser Ausfall oder nur eine Schwäche einzelner Muskeln besteht. Die Erwerbsverminderung wird bei rechtsseitigem Sitz zwischen **20** und **50%**, linksseitig zwischen **20** und **40%** schwanken. Die mechanischen Apparate zur Hand-Fingerstreckung sind für Schwerarbeiter nicht zu gebrauchen, so daß eine wesentliche Besserung der Erwerbsfähigkeit dadurch nicht bedingt wird.

7. Lähmung des N. ulnaris.

Die Druckschädigungsursachen sind die gleichen wie bei der Radialislähmung. Man kennt auch eine Schlaflähmung des N. ulnaris, die aber wahrscheinlich durch Druck des Gelenkkopfes des Oberarms gegen die Achselhöhlennerven bei Rückwärtslage der im Schlaf unterm Kopf gebeugten Arme zustande kommt, desgleichen eine Narkoselähmung. Bei den Ulnarislähmungen spielen die professionellen Überanstrengungsschädigungen eine große Rolle, so daß der Gutachter die durch den regelmäßigen Arbeitsbetrieb entstehenden Paresen scharf zu unterscheiden hat von echten Unfallähmungen. Solche professionellen Lähmungen sind bei Plätterinnen, Hutmachern, Metalldrehern beschrieben worden. Auch das Vorkommen syphilitischer Erkrankungen des N. ulnaris (und medianus), sowie Schädigung desselben infolge von Infektionskrankheiten (Ileotyphus) oder infektiösen Prozessen (eitrige Pyelonephritis) ist differentialdiagnostisch bei fraglichen Unfallähmungen zu berücksichtigen.

Krankheitserscheinungen: Die bei Schädigung des Nerven an der unteren Hälfte des Unterarms oder am Handgelenk entstehenden Lähmungserscheinungen bedingen eine ebenso schwere Schädigung der Gebrauchsfähigkeit der Hand, wie die Läsionen des Ulnaris am Ellbogengelenk oder weiter oberhalb. Neben der Unfähigkeit, die Hand ellbogenwärts zu beugen, können die beiden letzten Finger der Hand in den Grundgelenken nicht gebeugt und in den Mittel-Endphalangen nicht gestreckt werden, und ist Spreizung und Wiederannäherung nur in geringem Grade durch die langen Fingermuskeln möglich. Der Daumen kann nicht an den Zeigefinger adduziert werden. Die Verwertung der Hand besteht also nur darin, daß in die hakenförmig gekrümmten Finger (Mittel-Endphalangen) etwas eingehängt werden kann, während die anderen Verrichtungen der Hand aufgehoben sind, der Faustschluß nicht möglich ist, zwischen den Fingerspitzen kleine Gegenstände nicht gefaßt werden können. Auch kann die Hohlhand den Stiel eines Instrumentes nicht umklammern. Bei bestehenbleibender Lähmung kommt es schließlich zur Überstreckung des Grundgliedes der beiden letzten Finger (Krallenstellung), so daß auch durch keine Bandage eine bessere Gebrauchsfähigkeit der Hand zu erzielen ist. Die Rentenschätzung wird sich deshalb je nach der Ausdehnung der Lähmungserscheinungen von **20—50%** rechts, und **20—40%** Erwerbsverminderung links bewegen.

8. Lähmung des N. medianus.

Die traumatischen Ursachen der Lähmung sind dieselben wie bei den anderen Armnerven: Stoß, Quetschung, Krückendruck, Luxation und Bruch des Oberarms, vor allem auch Schnittverletzungen an der Beugeseite des Unterarms durch Fall in Scherben, Druckläsion durch Esmarchsche Binde beim Aderlaß, starke Distorsion des Handgelenks, Schlaf- und Narkoselähmung durch Druck des Humeruskopfes bei stark abduziertem und hyperextendiertem Oberarm. Auch eine in kurzen Zeiträumen stattfindende Überanstrengung durch ungewohnte Arbeit, z. B. Heben, Teppichklopfen (Bernhardt), kann zu einer neuritischen Lähmung Anlaß geben und dadurch als Unfallfolge in Betracht kommen. Da gerade im Medianusgebiet häufiger sog. Berufs- oder professionelle Paresen vorkommen bei Arbeiten mit anhaltendem Druck auf einen der Handteller (Plätterin, Tischler, Schlosser), so ist dieser als Berufsschädigung aufzufassende Lähmungszustand scharf auseinanderzuhalten von einer eigentlichen Unfallerkrankung.

Die Lähmungserscheinungen bestehen bei hochsitzenden Läsionen in Unfähigkeit, die Hand und den Unterarm zu pronieren, die Hand kraftvoll zu beugen, die Beugung des Endgliedes des Daumens, Zeige- und Mittelfingers und der Mittelglieder der 4 letzten Finger auszuführen, den Daumen den anderen Fingern gegenüberzustellen. Die Gebrauchsfähigkeit des Arms und der Hand mit mangelhaftem Faustschluß ist also nicht unerheblich beeinträchtigt, in gleicher Weise auch bei tiefersitzenden Verletzungen, wenn auch nicht so sehr wie bei Radialis- oder Ulnarislähmung. Es fallen aber bei der Beurteilung der Arbeitsfähigkeit die Gefäß- und Ernährungsstörungen an der Haut der Finger besonders ins Gewicht, da spontanes Auftreten von Bläschen und Geschwürbildung und leichte Verletzbarkeit bei der Arbeit wegen des mangelhaften Gefühls häufig vorkommt. Bei ungünstiger Heilung wird die Erwerbsverminderung rechts annähernd **45**, links **30—35%** betragen.

9. Verletzungen sensibler Hautäste der Finger.

Durch tiefe, die Seitenflächen eines Fingers treffende Schnitt- oder sonstige Quetschungsverletzungen kann auch ohne gleichzeitige Bewegungsstörungen die Gebrauchsfähigkeit der Hand nicht unerheblich geschädigt werden infolge Durchtrennung der hier verlaufenden Nervenäste oder Narbendruck auf die Hautäste. Einmal wird die Aufhebung der Empfindungsfähigkeit an den Fingerkuppen, vor allem am rechten Daumen und Zeigefinger, die Benutzung der Hand für feinere Vorrichtungen (Feinmechaniker) stören. Zweitens macht unter Umständen die Überempfindlichkeit der Fingerkuppen durch Narbendruck auf kleinere Hautäste die betroffenen Finger gebrauchsunfähig, und durch derartige schmerzhafte Zustände kann rückwirkend die Gebrauchsfähigkeit der ganzen Hand gemindert bzw. aufgehoben werden, zumal wenn sich, wie es nicht selten der Fall ist, hysterische Störungen an der Hand oder allgemeine nervöse Erscheinungen hinzugesellen. Nur durch operative Entfernung der Narben und psychische Allgemeinbehandlung wird eine Besserung zu erreichen sein. In gleicher Weise können Amputationsstümpfe der Finger auf nervösem Wege auch ohne direkte Neurombildung zu erheblichen Störungen der Arbeitsfähigkeit, die dem Verlust der Hand gleichkommen, Anlaß geben.

10. Lähmungen im Gebiet des Plexus lumbalis.

a) Lähmung des Nervus cruralis.

Isolierte Lähmung des Nervus cruralis durch Unfall ist selten. Sie findet sich nach Hieb, Stich, Schuß, Frakturen und Luxationen der Oberschenkel und Beckenknochen. Ferner können Frakturen und Luxationen der unteren Brust- und oberen Lendenwirbel den Anlaß zur Schädigung des Nerven geben, da er ja eine weite Strecke im Wirbelkanal verläuft vor seinem Austritt aus diesem. An dritter Stelle ist das Vorkommen einer Lähmung des Nerven nach Überanstrengung der Beine (Emporsteigen und Tragen schwerer Lasten) zu erwähnen, was von Bernhardt einige Male beobachtet worden ist. Die nach subakuten und chronischen Kniegelenksentzündungen bisweilen auftretende hochgradige Abmagerung der Oberschenkelmuskeln, speziell der Strecker des Unterschenkels, ist nicht als Zeichen einer organischen Erkrankung (Neuritis) des N. cruralis aufzufassen, da in dem Nerv in solchen Fällen nur quantitative Störungen der elektrischen Erregbarkeit, aber keine Entartungsreaktion besteht.

Die Diagnose einer traumatischen Läsion ist leicht zu stellen auf Grund der deutlichen Abmagerung des M. quadriceps, des elektrischen Befundes, der Unfähigkeit, den Unterschenkel zu strecken, und durch den Nachweis des Fehlens sonstiger ätiologischer Momente für eine neuritische Veränderung des Nerven (Alkoholismus, akute Infektionskrankheiten, Zuckerharnruhr).

Rentenschätzung. Bei totaler Lähmung des Unterschenkelstreckers ist die Gebrauchsfähigkeit des Beines erheblich gestört, so daß bis zu 50% Erwerbsverminderung vorliegen kann.

b) Lähmung des N. obturatorius.

Isolierte Schädigung ist sehr selten und durch dieselben traumatischen Vorgänge bedingt wie die Cruralislähmung. Auch eine Hernia obturatoria kann eine Paralyse verursachen. Häufiger ist er gemeinsam mit dem Cruralis betroffen. Bei der Lähmung des Obturatorius können vor allem die Beine nicht fest aneinandergepreßt (Mm. adductor longus, brevis und magnus) und der Oberschenkel weniger gut nach außen gerollt (Wirkung der Obturatoren) und auch nicht nach innen rotiert werden. Die Kranken ermüden leicht beim Gehen. Die Erwerbsverminderung wird meist 10—15% betragen.

c) Lähmung des N. cutaneus femoris externus.

Die Ausfallserscheinungen bestehen in Gefühlsstörung bzw. Parästhesien an der Vorder- und Außenfläche des Oberschenkels bis zum Knie und bedingen keine erwerbsvermindernden Folgen.

11. Lähmungen im Gebiet des Plexus ischiadicus.

a) Lähmung der Nn. glutaeus superior, inferior und cutaneus femoris posterior.

Diese drei Nerven können direkt verletzt werden bei Brüchen des Kreuzbeins oder des Beckens, durch schwere Erschütterung bei Fall auf das Gesäß, infolge Blutungen und Quetschungen der Med. spinalis oder der Cauda equina.

Der Nervus glutaeus superior versorgt den M. glutaeus medius und minimus, den M. tensor fasciae latae, sowie den M. pyriformis, der N. glutaeus inf. den M. glutaeus maximus. Es wird demnach bei Lähmung des Nervus glutaeus superior die Abduktion, Innenrotation und Außenrotation (M. pyriformis) des Oberschenkels behindert sein. Gleichzeitig bewirken beide Muskeln, daß das Becken beim Auftreten wagerecht gestellt bleibt und nicht nach der Seite des Gangbeines herunterfällt. Bei doppelseitiger Lähmung entsteht ein watschelnder Gang wie bei Hüftgelenksverrenkung. Bei Lähmung des Nervus glutaeus inferior ist die Rückwärts- und Auswärtsführung und Streckung des Rumpfes bei fixiertem Schenkel gestört (behindertes Treppensteigen, Aufrichten aus sitzender oder gebeugter Lage).

Rentenabschätzung. Die Lähmung beider Nerven bedingt eine nur unwesentliche Störung der Gebrauchsfähigkeit des Gliedes, die höchstens mit **10—15%** zu bewerten ist.

b) Lähmung des Nervus ischiadicus.

Bei dem langen Verlauf dieses aus der Tiefe des Beckens durch die Incisura superior austretenden und sich bis zur Fußsohle erstreckenden Nerven sind Unfallverletzungen verschiedenster Art leicht möglich. Eine traumatische Schädigung kommt zustande bei 1. Brüchen der Wirbelsäule; 2. Frakturen des Kreuzbeins; 3. Blutungen der Cauda equina durch Fall auf Rücken, Gesäß und Füße aus größerer Höhe; 4. Luxationen und Frakturen des Oberschenkels; 5. chirurgischen Operationen in der Nähe des Nerven; 6. durch direkten Stoß, Schlag, Quetschung am Oberschenkel, Knie, Unterschenkel; 7. zu fest angelegte Verbände oder Esmarchsche Binde; 8. Paralysen im Bereich des N. peroneus bei länger eingehaltener kniender oder hockender Stellung (z. B. beim Legen von Wasserleitungsrohren); 9. Zerrungen und Dehnungen des Nerven beim verfehlten Springen, Fehltritt, Umknicken des Fußes; 10. Eine Lähmung durch Neuritis kann Unfallfolge sein, wenn sie nach traumatisch entstandenen eitrigen Prozessen oder nach CO-Vergiftung auftritt; 11. Lähmung der N. tibialis oder peroneus in der Narkose durch Druck schlecht gepolsterter Beinhalter.

Krankheitserscheinungen: Je nach dem Sitz der Läsion im Becken, oberhalb oder unterhalb der Kniekehle, und je nach der Erheblichkeit der Quetschung werden die Lähmungserscheinungen das ganze Bein oder nur den Unterschenkel bzw. Fuß betreffen. Im ersteren Falle ist die Beugung des Unterschenkels zum Oberschenkel aufgehoben, so daß der Gang dadurch erheblich beeinträchtigt ist, und das Bein nur durch kräftige Streckung im Kniegelenk steifgehalten und gleichsam nur als Stelze benutzt werden kann, falls Fußheber und Strecker (N. peroneus und tibialis) funktionieren. Sind auch diese geschädigt, so ist das Gehen ohne Stock überhaupt nicht möglich, so daß die Erwerbsfähigkeit erheblich beeinträchtigt ist, zumal auch längeres Stehen schwer möglich ist (annähernd **60%**). Lähmung des N. peroneus allein bedingt Herabhängen des Fußes, so daß beim Gehen das ganze Bein in der Hüfte abnorm gebeugt wird, was stark ermüdet und längeres Gehen erschwert (**20—25%** Erwerbsverminderung).

Lähmung des N. tibialis allein bedingt Unfähigkeit des Erkrankten, sich auf den Zehen zu erheben und den Fuß kräftig vom Boden abzustoßen. Es entwickelt sich außerdem Krallenstellung der Zehen, wodurch insgesamt das Gehen leichter ermüdet und auch Belastungsschmerzen auftreten, da durch die veränderte Stellung der Zehen die distalen Enden der Metatarsalknochen größere Belastung als unter normalen Verhältnissen erfahren. Die Erwerbsverminderung wird meist mit **10—20%** zu bewerten sein.

III. Nervenentzündung (Mononeuritis und multiple Neuritis).

A. Entzündung einzelner Nerven. Mononeuritis.

Eine echte Entzündung einzelner peripherer Nervenstämme oder mehrerer zusammenliegender Nerven, sog. Nervenplexus, kann auf verschiedene Weise durch Unfallvorgänge veranlaßt werden. 1. In der überwiegenden Mehrzahl handelt es sich um direkte mechanische Traumen der Nerven mit oder ohne äußere Verletzung. 2. Recht selten führt eine durch Unfall hervorgerufene Intoxikation, z. B. CO-Vergiftung, zu einer Mononeuritis. 3. Starke Kälteeinwirkungen können eine Neuritis bzw. Neuralgie auslösen. 4. Ein Unfall kann mittelbar eine Neuritis dadurch hervorrufen, daß er zu infektiösen Prozessen Anlaß gibt (Pneumonie, Sepsis, Erysipel, Phlegmone), die nun ihrerseits die Entzündung eines oder mehrerer Nerven hervorrufen.

1. Neuritis nach mechanischen Traumen.

Die Verletzung eines Nerven durch einfache Quetschung (Schlag, Stoß, Fall) mit oder ohne gleichzeitige offene Wunde an der Verletzungsstelle führt in der Regel nicht zu einer echten Nervenentzündung, sondern nur zu einer Schädigung des Nervenparenchyms, die eine gesetzmäßige Degeneration im Bereiche der gequetschten Nervenfasern bedingt mit anschließenden motorischen und sensiblen Lähmungserscheinungen und späterer Regeneration der Nerven. Eine echte Neuritis nach Nervenverwundung ist ein seltenes Vorkommnis, und man spricht von einer solchen nur dann, wenn zu einer Verletzung des Nerven entzündliche Erscheinungen hinzutreten. Diese beruhen darauf, daß die Gefäße und das Nervenbindegewebe entzündliche Veränderungen aufweisen, die je nach ihrer Ausdehnung mehr auf die Umgebung des Nerven bzw. seine Scheide beschränkt sind, sog. Para- oder Perineuritis, oder das Bindegewebe zwischen den Nervenbündeln mit beteiligen, Endoneuritis. Dabei wird das Nervenparenchym selbst, soweit es nicht schon direkt bei der Verwundung durch Quetschung geschädigt worden ist, noch weiter sekundär in Mitleidenschaft gezogen. Nicht nur offene Verletzungen mit anschließender Infektion, sondern auch einfache subkutane Quetschungen der Nerven ohne Eindringen von Infektionserregern vermögen eine Neuritis auszulösen.

Die Diagnose einer Neuritis darf dann gestellt werden, wenn Schmerzen an umschriebenen Stellen oder an der ganzen Bahn eines einzelnen Nerven entstanden sind, die sich bei Druck und Bewegung mit Zerrung des Nerven verstärken (beim Hängen des Gliedes), und wenn als wertvolles Kennzeichen der Entzündung eine Schwellung des Nerven nachweisbar ist. Weitere Zeichen der Neuritis bestehen in Parästhesie und Hyperästhesie im Ausbreitungsgebiet des erkrankten Nerven, sowie viel seltener in motorischen Reizerscheinungen (fibrillärem Zittern, tonischen Muskelspannungen), ferner in trophischen Störungen an Haut, Glanzhaut und Muskulatur mit elektrischen Veränderungen (degenerative Lähmung). Bei der noch zu einer traumatischen Nervenschädigung hinzutretenden Neuritis läßt es sich oft schwer auseinanderhalten, welchen Anteil an den motorischen und sensiblen Lähmungserscheinungen der direkten Quetschungsschädigung des Nervenparenchyms oder der gleichzeitigen Entzündung zukommt.

a) Neuritis ascendens.

Von einzelnen Autoren wird die Ansicht vertreten, daß sich im Anschluß an eine traumatische Schädigung und Neuritis eines einzelnen Nerven an anfänglich umschriebener Stelle eine aufsteigende Neuritis, eine sog. Neuritis ascendens, entwickeln könne. Es besteht zweifellos die

Möglichkeit, daß von einer eitrigen Entzündung an einem Nervenstamm aus durch die Lymphbahnen und Bindegewebespalten außerhalb der Nervenstämme die Entzündungserreger nach aufwärts und abwärts fortwandern können und dann oberhalb durch Übergreifen auf das Peri- oder Endoneurium an anderen Nervenabschnitten eine Neuritis hervorrufen. Eine solche aufsteigende Phlegmone des den Nerven umhüllenden Bindegewebes wird dann zu einer Druckschmerzhaftigkeit des Nerven an Stellen oberhalb der Verletzungsstelle führen können. Es werden unter Umständen auch durch eine aufsteigende eitrige Entzündung des Bindegewebes benachbart liegende Nervenstämme ergriffen werden können durch Übergreifen des Prozesses auf das Perineurium dieses Nerven. Dagegen ist eine Fortleitung der Entzündung bis in die Nervenwurzeln und ein Überwandern der Neuritis von einer Körperhälfte über die Medulla hinweg auf die andere Körperhälfte bisher niemals einwandfrei beobachtet worden. Ebensowenig liegen Beobachtungen dafür vor, daß etwa eine Neuritis der Armnerven zu einer Neuritis der Beinnerven geführt hätte. In den bis jetzt beschriebenen Fällen von Neuritis ascendens konnte immer die infizierte Verletzung einer Körperstelle als ursächliches Moment für die Entwicklung einer aufsteigenden Neuritis festgestellt werden. Eine einfache subkutane Quetschung oder Zerrung eines Nerven kann niemals zu einer über die Verletzungsstelle des Nerven hinausgehenden Neuritis Anlaß geben.

Die Beurteilung der Zusammenhangsfrage bei einer Neuritis wird in der Regel leicht sein, wenn das Trauma erwiesen ist. Eine gewisse Schwierigkeit kann nur dadurch entstehen, daß noch anderweitige Ursachen für eine Entzündung, wie Alkoholismus, Blei, Diabetes, als konkurrierende Faktoren nachweisbar sind. Man wird aber in solchen Fällen, da ja bei diesen Leiden zweifellos eine erhöhte Disposition gegenüber traumatischen Einflüssen vorliegt, die traumatische Genese nie ablehnen dürfen, wenn die Neuritis sich gerade an dem vom Unfall betroffenen Glied entwickelt hat. Ist das nicht der Fall, so ist ein ursächlicher Zusammenhang als unwahrscheinlich zu bezeichnen, da es eine wandernde Nervenentzündung nicht gibt in dem Sinne, daß eine stumpfe, subkutane Nervenverletzung eines Gliedes eine Neuritis an anderen Gliedern auslöst.

b) Traumatische Ischias.

Wenn nach einer Beckenverletzung, Knochenabsprengung vom Kreuzbein oder nach einem Fall auf das Gesäß eine Ischias auftritt, so liegt der Unfallzusammenhang meist klar zutage. Schwieriger ist die Beurteilung, wenn die Frage einer traumatischen Zerrung und Überdehnung des Hüftnerven bei Anstrengungen und die Frage einer Kompressionsschädigung durch Muskelanspannung zu entscheiden ist. Bittorf hat eine nach dieser Richtung wichtige Beobachtung mitgeteilt.

Ein 36jähriger Eisenformer zerschlug einen zwischen seinen Füßen liegenden Fehlguß, indem er breitbeinig dastehend mit der rechten Hand einen 50 Pfund schweren Hammer schwang und sich bei jedem Schlag mit dem Rumpf vornüberneigte. Nach einigen Schlägen spürte er plötzlich einen heftigen Schmerz, der von der Kreuz-Gesäßgegend rechts ausgehend durch Oberschenkel, Kniekehle bis zum Fuß hindurchfuhr. Er meldete sich erst nach einigen Tagen krank. Die Schmerzen hielten 7 Monate lang an, dazu gesellte sich Vertaubungsgefühl, Abmagerung des Beines. Die Untersuchung ergab: Rechte Gesäßhälfte schlaffer, Wadenmuskeln flacher, Achillessehnen verdünnt, Peroneusmuskulatur rechts viel dünner. Rechter N. peroneus druckempfindlich, M. tibial ant. völlig, extens.

hallucis fast gelähmt, Achilles rechts fehlend, Gefühl im rechten Unterschenkel und Fuß herabgesetzt. Bittorf nimmt wegen der Beteiligung der Gesäß-Oberschenkelmuskeln und wegen der ungleichartigen Beteiligung der verschiedenen Nerven und Muskeläste eine Wurzelläsion an, entstanden durch Überdehnung der Wurzeln bei maximaler Rumpfbeugung und durchgedrückten Knien.

Bei einer stärkeren Anstrengung in halb gebückter Stellung mit gebeugten Knien und Hüftgelenken kommt nun eine Zerrung des Nerven und seines Wurzelgebietes nicht wohl in Frage, da dabei höchstens eine Kompression des Hüftnerven durch die Beckenmuskulatur erfolgen kann.

Da in der nachfolgenden Beobachtung alle sonstigen ätiologischen Momente für eine Ischias fehlen, und das Leiden in unmittelbarem Anschluß an die für einen nicht besonders muskelstarken Mann erhebliche Anstrengung aufgetreten ist, so habe ich den Unfallzusammenhang anerkannt mit der Begründung, daß die Möglichkeit nicht abzuweisen sei, daß der Nerv an seiner Durchtrittsstelle durch die Beckenmuskeln eine stärkere Quetschung erfahren habe. Der mitbegutachtende Chirurg (Geheimrat Rieder) vertrat die gleiche Ansicht.

Ein wenig kräftiger Kranker meiner Beobachtung empfand plötzlich, als ihm von seinem Mitarbeiter eine zentnerschwere Tonne von hinten auf die linke Schulter geladen würde, wobei er sich halb gebückt hatte, um das Aufladen zu erleichtern, einen heftigen Schmerz in dem im Knie gebeugten linken Bein. Er gab an, daß er im Moment des Aufladens der Tonne auf die Schulter eingeknickt sei und nur mit großer Anstrengung sich vor dem Fallen bewahrt habe. Er mußte die Arbeit sofort aussetzen, verspürte in der Folgezeit zunehmende Schmerzen, die der behandelnde Arzt als Ischias bezeichnete. Als ich den Kranken 6 Wochen nach dem Unfallvorgang sah, fand sich bei sonst normalem Nervenbefund und Fehlen von Alkoholismus, Gicht, Lues, Diabetes eine Abmagerung des linken Unterschenkels um 4 cm gegen rechts, Fehlen des linken Achilles, Ischiasphänomen positiv bei 45 Grad, Hyperästhesie an Außenseite der Wade. Die besonders sorgfältige Nachforschung ergab, daß der Kranke nach den Krankenkassenscheinen in den letzten 8 Jahren niemals wegen Rheumatismus usw. krank gefeiert hatte, und daß er bis zum Unfallstag regelmäßig seine Arbeit als Ablader verrichtet hatte, freilich bei schwerer Leistung geschont worden sei, da er nicht sehr kräftig war.

2. Neuritis durch CO-Vergiftung.

Es liegen vielfache Erfahrungen über das Auftreten peripherer degenerativer Lähmungen nach CO-Vergiftung vor. Vielfach ist angenommen worden, daß diese neuritischen Lähmungen, die alsbald nach dem Erwachen aus dem Koma vorhanden waren, traumatisch-mechanischer Natur seien, indem die Gliedmaßen und die Nervenstämme während der Bewußtlosigkeit einem länger dauernden Druck ausgesetzt gewesen sein sollen. Es steht aber fest, daß so ausgedehnte Plexuslähmungen nach CO-Intoxikationen beobachtet werden, wie sie als Schlaf- und Narkoselähmungen sonst nicht gesehen worden sind. Auch sind Lähmungen an Nerven beschrieben worden, an denen eine Druckwirkung gar nicht stattfinden kann (Augenmuskelnerven, Trigeminus, Fazialis), so daß an dem Vorkommen echt toxischer Neuritiden nach CO-Vergiftung nicht gezweifelt werden kann. Da diese stets in engem zeitlichem Zusammenhang mit der Intoxikation aufzutreten pflegen, so ist die Zusammenhangsfrage mit dem Unfall meist leicht zu entscheiden.

3. Neuritis nach Kälteeinflüssen.

Der Einfluß der Erkältung ist früher sicherlich überschätzt worden, und es hat sich gezeigt, daß bei den anscheinend durch starke Abkühlung ausgelösten Neuritiden in der Regel infektiöse Prozesse mitgewirkt haben. Das Vorkommen einer Neuritis allein durch starke Kälteeinwirkung wird man aber angesichts mancher Beobachtungen, zumal bei der Ischias, nicht ablehnen können. Oppenheim betont ausdrücklich, daß unmittelbar nach einer Kälteschädigung durch Sitzen auf kalter, nasser Unterlage das Leiden entstehen könne. Man wird deshalb eine starke Kälteeinwirkung, wenn sie durch einen außergewöhnlichen Betriebsvorgang bedingt worden ist, z. B. Arbeiten in Zugluft nach Überhitzung am Hochofen oder sitzende Arbeit im Schnee beim Aufhacken des Bodens, zum mindesten als auslösende Gelegenheitsursache für eine Ischias anerkennen müssen.

4. Neuritis nach Infektionskrankheiten und Eiterprozessen, die durch Unfall entstanden sind.

Meist handelt es sich um Polyneuritis im Gefolge von Infektionskrankheiten (Pneumonie, Sepsis, Erysipel). In den Fällen, in denen nach Arm- oder Beinphlegmonen oder nach Gelenkentzündungen traumatischen Ursprungs Neuritiden einzelner oder mehrerer Nerven beobachtet werden, handelt es sich stets um Übergreifen der entzündlichen Prozesse auf das Peri- und Endoneurium der Nerven, wie dies in dem Abschnitt über traumatische Neuritis eingehend erörtert worden ist.

B. Multiple Neuritis.

Dieselben Schädlichkeiten, die erfahrungsgemäß in der Ätiologie der Mononeuritis eine Rolle spielen, nämlich Infektionskrankheiten und sonstige infektiöse Prozesse, sowie Intoxikationen, werden unter Umständen auch für die Entstehung einer Polyneuritis durch Unfall in Betracht kommen. Folgende Möglichkeiten eines ursächlichen Zusammenhangs zwischen einer multiplen Neuritis und Unfallvorgängen müssen berücksichtigt werden:

1. Eine im Anschluß an einen Unfall aufgetretene Infektionskrankheit, wie Pneumonie, Sepsis, Erysipel, Tuberkulose, oder eine Phlegmone bildet den Ausgangspunkt für eine Polyneuritis, so daß diese eine mittelbare Unfallfolge darstellt.

2. Ein durch Trauma ausgelöster oder verschlimmerter Diabetes mellitus führt zu einer diabetischen Neuritis, die somit als indirekte Unfallfolge anzuerkennen ist.

3. Polyneuritis als Folge einer Vergiftung durch CO. Bei den nach anderweitigen Intoxikationen (Quecksilber, Blei, Phosphor, Arsenik, Schwefelkohlenstoff, Dinitrobenzol) auftretenden Neuritiden handelt es sich stets um eine chronische gewerbliche Vergiftung und nicht um Folgen einer einmaligen Unfalleinwirkung der Gifte.

4. Starke Kälteeinwirkung als auslösendes Moment bei vorhandener Disposition, z. B. bei Alkoholisten.

5. Daß Verbrennungen ausgedehnter Art eine Polyneuritis verursachen können, ist bisher nicht beschrieben, scheint mir aber nach eigener Beobachtung nicht unwahrscheinlich.

Die gutachtliche Anerkennung, daß eine Polyneuritis auf einem der eben angeführten Wege durch einen Unfall ausgelöst worden ist, setzt voraus:

a) daß der Kranke vor dem Unfall keine nervösen Erscheinungen geboten hat, und daß außer der Unfallschädigung kein anderweitiges ätiologisches Moment vorliegt oder vorgelegen hat (Infektionskrankheit kurz vor dem Unfall, Angina, Diphtherie, Alkoholismus, gewerbliche Intoxikation), das für eine multiple Neuritis in Betracht kommt;

b) daß der Unfall sicher erwiesen ist als Entstehungsursache für eine Pneumonie, Sepsis, Diabetes mell. usw.;

c) daß sich das Leiden in unmittelbarem Anschluß an den Unfall mit seinen Folgen angeschlossen hat. In den vorliegenden Beobachtungen über multiple Neuritis nach Erysipel und Pneumonie entwickelte sich dieselbe stets schon wenige Tage nach Beginn der Erkrankung.

1. Diabetische Neuritis.

Gewisse Schwierigkeiten kann die Beurteilung bei der diabetischen Polyneuritis bieten, wenn es sich um die Frage handelt, ob die Neuritis bei vorhandener Zuckerkrankheit durch ein Trauma ausgelöst worden ist, so daß eine symptomatische Verschlimmerung anzunehmen wäre. Eine solche Annahme ist nur dann berechtigt, wenn sich nach einer stärkeren Kälteeinwirkung oder sehr heftiger Erschütterung der unteren Gliedmaßen an letzteren die Zeichen einer Neuritis ganz akut entwickeln, so daß bei vorher noch arbeitsfähiger Person in schneller Folge eine hochgradige Gehstörung auftritt. Dies war in folgender Eigenbeobachtung der Fall, in der zum mindesten eine wesentliche Verschlimmerung einer vielleicht schon vorher latenten Neuritis anzunehmen ist.

Finkelnburg: 35jähriger, seit 2 Jahren an mittlerem Diab. mell. leidender Schäfer (Potator) konnte bis zum Unfallstag seinen Dienst regelmäßig verrichten. Ende Februar mußte er beim Ausladen eines Kahnes infolge von Hochwasserschwierigkeit über 2 Stunden lang z. T. bis über die Knie im kalten Wasser arbeiten, und war bei Heraussteigen aus dem Wasser häufig dem kalten Winde ausgesetzt. Am folgenden Tag spürte er reißende Schmerzen in beiden Beinen, die sich nach Bettruhe und heißen Packungen besserten. Am dritten Tage p. tr. bemerkte er Schwächegefühl in beiden Beinen, so daß er schlecht im Zimmer gehen konnte. In den folgenden Tagen nahm die Schwäche zu, so daß er ganz bettlägerig wurde. Die Untersuchung ergab nach 14 Tagen Fehlen beider Knie- und Achillesreflexe, ausgesprochene Parese der Fußheber, des Unterschenkelstreckers, geringere des Fußstreckers. Störung aller Gefühlsqualitäten, vor allem des Lagegefühls an beiden Beinen. Arme frei, Gehirnnerven intakt. Zucker 2,5% bei 60 g Brotzulage. Kein Azeton.

2. Multiple Neuritis nach CO-Vergiftung.

Die nach akuter CO-Vergiftung auftretenden multiplen Nervenlähmungen sind mehrfach schon bald nach dem Erwachen aus dem Koma festgestellt worden, so z. B. ausgedehnte Armplexuslähmungen; in einem anderen Fall war Fazialis, Radialis und Peroneus beteiligt oder Kombinationen von Lähmung der Plexus brachialis und des Ischiadikus derselben

Seite. Die anatomischen Befunde von perineuritischer hämorrhagischer Infiltration machen es wahrscheinlich, daß die Kohlenoxydvergiftung zunächst von den Gefäßen ausgehende zirkumskripte perineuritische und erst in zweiter Linie neuritische Prozesse hervorruft. Auch die akute (apoplektiforme) Entwicklung der peripheren Kohlenoxydparalyse spricht hierfür. Der Ablauf der Lähmungen ist meist langwierig, aber auch in schwereren Fällen ist Heilung eingetreten. (Fall von Schwarz, Letten.)

3. Multiple Neuritis nach Kälteeinwirkungen.

Kälteeinflüsse für sich allein scheinen keine Polyneuritis hervorzurufen, sondern nur bei vorhandener Disposition durch Diabetes, Alkoholismus, Arteriosklerose. Man wird deshalb mit der Anerkennung einer einmaligen Kälteeinwirkung als auslösender Unfallursache vorsichtig sein müssen. Es muß eine außergewöhnliche Kälteeinwirkung sicher erwiesen sein, wie längeres Arbeiten im kalten Wasser, Durchnässung nach stärkerer Überhitzung, und es muß außerdem der Beginn der Neuritis zeitlich im unmittelbaren Anschluß an den Betriebsvorgang erfolgt sein, so daß spätestens innerhalb einiger Tage nach dem Unfall die ersten Erscheinungen aufgetreten sind.

Fünfundzwanzigstes Kapitel.

Die Neurosen.

Begriffsbestimmung und Pathogenese der Unfallneurosen.

(Hysterie, Neurasthenie, Hypochondrie.)

Nach Unfallereignissen allerverschiedenster Art, wie Kopftraumen, örtlichen Traumen an Rumpf und Extremitäten, allgemeiner Körpererschütterung, Blitz- und Starkstromschädigung, Verbrennungen, Gasvergiftungen, rein psychischen Traumen (Angst, Schreckeinwirkung), sehen wir sofort oder nach Abklingen der anfänglichen somatischen Unfallfolgen (Knochenbruch, Eiterungen usw.) nervöse Störungen auftreten. Diese bieten bald das Bild der Hysterie oder Neurasthenie, bald Mischungen beider, woran sich noch Zustände hypochondrischer Verstimmung anschließen können. Die hierfür meist angeführte Bezeichnung „traumatische Hysterie", „traumatische Neurasthenie" ist nicht eindeutig, da ja häufig nicht ein Trauma, d. h. eine Verletzung im eigentlichen Sinne des Wortes, als auslösendes Moment in Betracht kommt, sondern auch anderweitige Unfalleinwirkungen oft rein psychischer Natur, so daß man folgerichtig nur von Hysterie nach Schreck, nach Kopftrauma usw. reden soll. Die sichere Unterscheidung, ob die im Gefolge mechanischer Traumen des Kopfes, der Wirbelsäule, nach allgemeiner Körpererschütterung, Starkstromverletzung sich einstellenden, anscheinend hysterischen und neurasthenischen Zustände stets rein funktioneller, d. h. ausgleichbarer Natur sind, wird nicht immer leicht sein.

Man muß zugeben, daß bei mechanischen Erschütterungen des Zentralnervensystems alle möglichen Übergänge und Abstufungen zwischen gröberen und feineren Gewebeschädigungen vorkommen können bis zu feinsten physikalischen und chemischen Veränderungen, die wir mit unseren heutigen Mitteln anatomisch nicht nachweisen können. Nach Hirnerschütterungen sehen wir nicht selten anfangs neurasthenische Symptome auftreten ohne Zeichen einer organischen Veränderung des Gehirns und beobachten erst nach Wochen, Monaten oder Jahren die Entwicklung von fortschreitenden Störungen der Intelligenz bis zur Demenz. In solchen Fällen können keine Zweifel bestehen, daß die Hirnerschütterung, obwohl anfangs nur neurasthenische Zeichen ohne klinisch erkennbare organische Gehirnschädigungen vorzuliegen schienen, dennoch feinere traumatische Veränderungen der Gehirngefäße und der Gehirnsubstanz verursacht hat, die erst allmählich fortschreitend sich klinisch bemerkbar machten. Bestimmend für die Unterscheidung, ob ein Unfall zu rein funktioneller Störung neurasthenischer oder hysterischer Art oder aber zu organischer Schädigung Anlaß gegeben hat, wird also nur der klinische Befund nach längerer Beobachtungsdauer sein.

Fehlen bei längerer Beobachtung Zeichen, die wir mit unsern jetzigen klinischen Untersuchungsmethoden als organisch bezeichnen (Störungen der Reflexe, der Sensibilität, Motilität, Intellektveränderung), so ist dies für die Beurteilung des Falles maßgebend, nicht aber die hypothetische Annahme, daß trotz Fehlens von klinisch nachweisbaren organischen Veränderungen am Nervensystem möglicherweise materielle Veränderungen feinster Art vorhanden sein können. Wir müssen deshalb praktisch an der möglichst scharfen Unterscheidung zwischen organischen und funktionellen Nervenleiden nach Unfällen festhalten, wobei wir zu den funktionellen Nervenstörungen alle solche Zustände rechnen, bei denen sich sichere Zeichen einer organischen Schädigung des Zentralnervensystems bei genügend langer Beobachtungsdauer nicht nachweisen lassen. Von manchen Autoren, an deren Spitze Oppenheim steht, wird freilich das Vorkommen einer besonderen Krankheitsform nach Unfall angenommen. Diese Auffassung Oppenheims besteht aber nach der jetzt wohl einstimmigen Ansicht aller kompetenten Neurologen nicht zu recht. Eine besondere Unfallerkrankung des Nervensystems, eine „traumatische Neurose“ im Sinne Oppenheims, gibt es nicht, wie dies vor allem die Kriegserfahrungen gelehrt haben.

Oppenheim hat bis in die Jüngstzeit den Standpunkt vertreten, daß im Gefolge mechanischer Traumen nicht nur eine traumatische Neurasthenie und traumatische Hysterie, sondern eine besondere Krankheitsform auftreten könne, die sog. „traumatische Neurose“, die eine eigenartige, vom gewöhnlichen Typus abweichende Kombination der verschiedensten Neurosen darstelle mit gleichmäßig trüber Verstimmung, besonders auch sensibler und sensorieller Anästhesie und schlechter Prognose. Nach Oppenheim vermag der mechanische Akt der Verletzung allein, ohne Vermittlung der Psyche, funktionelle Neurosen zu erzeugen, wobei es sich nach Oppenheims Deutung um eine materielle Schädigung der Hirn-Rückenmarkssubstanz handeln soll, in Form molekularer Umlagerung oder Verschiebung feinster Elemente, also um Folgezustände, die wir mit unseren Hilfsmitteln dem Auge nicht darstellen können. Entsprechend seiner Auffassung von feineren organischen Veränderungen des Zentralnervensystems bei seiner „traumatischen Neurose", wobei die mechanische Erschütterung das wesentliche Moment bilden sollte, hielt Oppenheim die Prognose für eine schlechte und forderte die Ärzte auf, diese Fälle auch beim Fehlen objektiver oder beim Vorhandensein nur weniger objektiver neurologischer Symptome sehr ernst zu nehmen. F. Schultze, Jolly, Eisenlohr haben von Beginn an Einspruch erhoben gegen die Aufstellung der „traumatischen Neurose" als einer neuen Krankheit und den Nachweis geführt, daß diese nichts Neues darstellt, sondern sich zusammensetzt aus den längst bekannten Typen der Hysterie und Neurasthenie mit oder ohne hypochondrische bzw. paranoide Züge.

Neuerdings hat Horn[1]) versucht, die nach Unfällen auftretenden nervösen Störungen nach ätiologischen Gesichtspunkten einzuteilen und hat an Stelle der jetzt üblichen Benennung „traumatische Neurasthenie", „traumatische Hysterie" usw. die Namen „Schreckneurose", „Kommotionsneurose", „lokale Neurose", Neurose nach allgemeiner Erschütterung" usw. vorgeschlagen. Horn nimmt an, daß jeder dieser Krankheitsformen, besonders in frischen Fällen, ein bis zu einem gewissen Grade charakteristisches Symptomenbild entspreche. Er folgt also gewissermaßen den Spuren Oppenheims, nur daß er Namen wählt, welche die Ätiologie noch enger begrenzen. Die von Friedmann eingeführte Bezeichnung „Kommotionsneurose", bei welcher Horn wieder einen zerebralen Typ (nach Kopfkontusion und Commotio cerebri) und einen spinalen Typ (nach schwerer allgemeiner Erschütterung, speziell Commotio spinalis) unterscheidet, ist eine wenig glückliche, da sie trotz des Wortes „Neurose" materielle Veränderungen des Gehirns voraussetzt.

Wir müssen aber daran festhalten, daß wir bisher die Bezeichnung Neurose nur für solche Krankheitszustände anwenden, bei denen eben klinisch keine organischen Veränderungen am Nervensystem nachweisbar sind. Deshalb erscheint der Versuch von Horn, den Namen Kommotionsneurose für klinische Krankheitsbilder einzuführen, bei denen das eine Mal rein funktionelle Störungen, das andere Mal organische Hirn- oder Rückenmarksveränderungen neben funktionellen Symptomen vorhanden sind, nicht zweckmäßig. Ebensowenig kann man Horn darin beipflichten, daß tatsächlich die verschiedenen Unfallschädigungen, wie Schreck, Rückentrauma, Kopftrauma, jedesmal von klinisch scharf abgrenzbaren Krankheitsbildern gefolgt seien, und daß die Prognose wesentlich abhängig sei von der Art des Unfalls. Denn die alltägliche Erfahrung lehrt, daß jedes dieser Unfallereignisse die verschiedensten Gruppierungen von neurasthenischen und hysterischen Krankheitserscheinungen hervorzurufen vermag. Wenn auch durch eine Schreckwirkung besonders häufig Störungen kardiovaskulärer Art und im Bereiche des gesamten vegetativen Nervensystems aufzutreten pflegen, so kann doch kein Zweifel darüber bestehen, daß der gleiche nervöse Symptomenkomplex, wie nach Schreckwirkung, auch nach mechanischen Traumen des Schädels, des Rumpfes usw. beobachtet wird. Die Entwicklung und Gestaltung der nervösen Erscheinungen nach Unfällen sind in weitem Grade nicht sowohl von der beson-

[1]) Horn, Deutsche Ztg. f. Nerv., Bd. 53.

deren Art des Unfallvorganges, wie von der Disposition des Verletzten zu bestimmten nervösen Störungen abhängig. Da außerdem für die prognostische Beurteilung der rein funktionellen nervösen Störungen nach Unfällen die Besonderheit des Unfallvorganges nicht maßgebend ist, und die nach Schreck auftretenden hysterischen und neurasthenischen Symptomenkomplexe ebenso restlos geheilt werden können wie bei Entstehung durch Kopf-, Rücken- oder periphere Traumen, so ist die Aufstellung zahlreicher neuer Krankheitsnamen, wie Schreckneurose, Kommotionsneurose, lokale Neurose usw., ohne wesentlichen praktischen Nutzen. Es dürfte vielmehr auf den Praktiker, der ja als Begutachter in erster Linie in Betracht kommen soll, die Fülle von neuen Bezeichnungen verwirrend wirken, zumal die Erfahrung gezeigt hat, daß dem Praktiker nicht selten schon die diagnostische Abgrenzung von neurasthenischen und hysterischen Erscheinungen Schwierigkeiten macht.

Ich halte es deshalb schon aus didaktischen Gründen für zweckmäßig, bei der folgenden Darstellung der nervösen Unfallfolgen die altbewährte Einteilung beizubehalten und von Neurasthenie, Hysterie, Hypochondrie und deren Mischformen nach Unfällen zu sprechen, wobei im einzelnen Fall bei Begutachtungen an Stelle des Wortes „traumatisch" der größeren Genauigkeit halber die Bezeichnung „Neurasthenie oder Hysterie nach Schreckwirkung, nach mechanischer Gewalt, nach Starkstrom" usw., gewählt werden kann.

Die nach Unfällen auftretenden nervösen Symptomenkomplexe gewinnen nun sehr häufig dadurch ein besonderes Gepräge, daß im Laufe der Zeit zu den primären, unmittelbar durch den Unfall selbst ausgelösten nervösen Störungen sekundäre sich hinzugesellen. Diese entstehen durch Befürchtungs- und Begehrungsvorstellungen, die das ursprüngliche Krankheitsbild durch Hinzutritt von hypochondrisch querulierenden Zügen, durch Neigung zu Aggravation und Simulation verwischen. Unter Umständen schließt sich auch an anfänglich nur geringfügige nervöse Erscheinungen im Lauf der Jahre im Kampf um die Rente das ausgesprochene Bild einer Rentenhysterie oder Rentenneurasthenie an, so daß der Begutachter stets möglichst scharf die primären Unfallfolgen von den sekundär zur Entwicklung gekommenen abtrennen muß. Denn letztere werden unter Umständen, wenn der Rentenkampf unberechtigterweise geführt worden ist, als nicht entschädigungspflichtig abgelehnt werden müssen.

A. Neurasthenie und Unfall.

1. Die Entstehungsursachen einer Unfallneurasthenie.

Unter den Ursachen der Neurasthenie spielt die neuropathische Anlage eine besonders wichtige Rolle, und wir dürfen annehmen, daß beim Auftreten neurasthenischer Zustände nach oft geringfügigen Unfällen dieselben lediglich die auslösende Gelegenheitsursache bilden bei vorhandener Disposition zu nervösen Erkrankungen.

Unfallvorgänge allerverschiedenster Art kommen als direkte oder indirekte Entstehungsursache einer Neurasthenie in Betracht, wobei die Erheblichkeit eines Unfalls durchaus nicht im Einklang zu stehen braucht mit der Schwere der neurasthenischen Krankheitserscheinungen, indem an sich unerhebliche Unfalleinwirkungen eine schwere Neurasthenie im Gefolge haben können. Als auslösende Unfallmomente kommen in Betracht: 1. Leichte oder schwere, zentral oder peripher wirkende Traumen an Kopf, Rumpf, Extremitäten; 2. rein psychische Traumen (Schreck, Angst); 3. chemisch-toxische Unfalleinwirkungen, wie Gasvergiftungen und Verbrennungen, Starkstrom-, Blitzverletzungen; 4. langwierige, mit Schmerzen oder stärkerem Kräfteverlust (Anämie) verbundene Krankheiten (fieberhafte Eiterprozesse, langes Krankenlager); 5. Rentenkampfneurasthenie.

Die Neurasthenie schließt sich hierbei zeitlich entweder unmittelbar an den Unfallvorgang an oder entwickelt sich erst im Verlauf eines durch Unfall hervorgerufenen Krankheitszustandes. Zu diesen Spätneurasthenien ist auch die im Gefolge eines längeren Rentenkampfes auftretende Neurasthenie zu rechnen, die eine entschädigungspflichtige indirekte Unfallfolge nur dann darstellt, wenn der Rentenkampf berechtigt war.

2. Die neurasthenischen Krankheitserscheinungen.

Das eigentliche Wesen der Neurasthenie besteht in einer reizbaren Schwäche des ganzen Nervensystems, d. h. in einer abnormen Übererregbarkeit gegenüber allen Reizen der Außenwelt und der sich im Körper abspielenden Vorgänge, und einer abnorm schnellen Erschöpfbarkeit gegenüber körperlichen und geistigen Anstrengungen. Die allgemein gesteigerte Reizbarkeit wird sich demnach nicht nur auf psychischem Gebiet durch abnorme Reaktion bei alltäglichen Ereignissen des Lebens (Erregungszustände und Zornesausbrüche bei unbedeutenden Anlässen in der Familie und bei der Arbeit gegenüber Vorgesetzten, Kameraden usw.) zu erkennen geben, sondern auch durch Überempfindlichkeit gegen alle Sinnesreize und sonstige alltägliche sensible Reize (Lärm, Hitze, Kälte, Schmerzen). Die abnorme Erschöpfbarkeit findet ihren Ausdruck in einer schnellen Ermüdbarkeit bei körperlichen und geistigen Anstrengungen, die an sich unerheblich sind, und in einer Rückwirkung dieses Gefühls des Versagens auf das ganze somatische und psychische Befinden des Kranken. Die Folge ist ein Darniederliegen der vegetativen Funktionen, hypochondrische Verstimmung, Energielosigkeit, Unvermögen, sich zu konzentrieren. So gestaltet sich die Neurasthenie zu einem Allgemeinleiden. Die nach Unfällen auftretenden neurasthenischen Symptomenkomplexe erhalten nun nicht selten je nach der besonderen Art des Unfalls, dem Ort der Einwirkung eines mechanischen Traumas und der besonderen Veranlagung des Verletzten zur Erkrankung bestimmter Nervenprovinzen eine besondere Färbung, so daß die mannigfaltigsten Symptomenbilder zustandekommen können. Dabei stehen nicht selten einzelne der gleich zu besprechenden Krankheitserscheinungen im Vordergrund des Krankheitsbildes.

a) Kopfschmerzen.

Klagen über Kopfschmerzen und Kopfdruck werden vor allem nach Kopftrauma und allgemeiner Körpererschütterung vorgebracht, nnd zwar wird in der Regel über dauernde Schmerzen geklagt, die bei jeder körperlichen und geistigen Anstrengung, beim Bücken, bei Hitze und Kälte stärker hervortreten. Der Sitz der Schmerzen wird nicht immer nur in die Gegend der Verletzungsstelle verlegt, sondern häufig auch als im ganzen Schädel sitzend bezeichnet. Schon bei leichtem Druck auf die Verletzungsnarbe oder in der Umgebung derselben und bei leichtem Beklopfen des Schädels wird eine Zunahme der Beschwerden angegeben. Nicht selten wird nur über allgemeines Druck- und Spannungsgefühl geklagt. Bei Klagen über Kopfschmerzen ist in erster Linie die differentialdiagnostische Ausschaltung anderweitiger Ursachen für Kopfschmerzen erforderlich, die unabhängig vom Unfall eine Cephalea hervorrufen können. Die Diagnose auf neurasthenischen Kopfschmerz nach Kopftrauma darf erst dann gestellt werden, wenn durch eine Röntgenaufnahme des Schädels ein Schädelbruch der Basis oder eine Splitterung der Tabula interna ausgeschaltet werden kann, beim Fehlen sonstiger Zeichen einer organischen Hirnläsion. Außerdem müssen stets vor Annahme einer durch Unfall entstandenen Cephalea zunächst alle sonstigen ätiologischen Momente ausgeschaltet werden, die unabhängig von dem Unfall Kopfschmerzen bedingen können, also vor allem Nephritis, Lues, Nebenhöhlenerkrankung, Hirntumor, progressive Paralyse.

b) Rückenschmerzen.

Diese bilden eine ständige Klage nach Traumen der Wirbelsäule, des Gesäßes, Beckenquetschungen, also auch dann, wenn die Wirbelsäule selbst gar nicht betroffen worden ist. Die Schmerzen sollen entweder dauernd und dann auch im Liegen, oder nur beim Bücken, beim Fehltreten, beim Heben und Tragen von Lasten auftreten. Das Bild, das ein Unfallkranker mit neurasthenischem Rückentypus nach Wirbelsäulenkontusion bietet, ist meist bei stärkerer Ausprägung ziemlich charakteristisch: Entweder vollständige Unfähigkeit, sich zu bücken, oder vorsichtiges Bücken des Rumpfes bis zu stumpfem Winkel mit Sinken in die Knie bei Steifhaltung der Wirbelsäule und vor allem mit Fehlen der Lendenlordose. Beim Gehen abnorme gestreckte Haltung des Beckens und Vorstrecken des Kopfes. Aufrichten aus Rückenlage durch Rollen des Körpers auf die Seite, Aus- und Anziehen ohne jede Beugung der Wirbelsäule. Schon bei leichtem Streichen, Druck oder Beklopfen der Dornfortsätze zuckt der Kranke zusammen.

Mit der Annahme rein nervöser Rückenschmerzen soll der Begutachter sehr vorsichtig sein, wenn nach der Art des Unfalls eine direkte mechanische Einwirkung auf die Wirbelsäule (Stauchung durch Fall auf Gesäß oder Kopf, Distorsion bei Einklemmung, Überbiegung usw.) nicht abzulehnen ist Stets hat in Fällen mit nachweislich direktem oder indirektem Wirbelsäulentrauma der Chirurge das erste Wort, da durch Absprengung einzelner Wirbelteile, Abknickung von Dornfortsätzen, chronische Veränderungen an den Wirbelgelenken sehr häufig eine objektive Grundlage für die Klagen nachweisbar ist. Gar nicht selten ergibt die Röntgenuntersuchung chronische Veränderungen an der Wirbelsäule, die schon vor dem Unfall vorhanden waren. Recht häufig findet sich auch ein chronischer Rheumatismus der Rücken- und Lendenmuskulatur, der absichtlich verschwiegen wird, obwohl er schon länger bestand, als Ursache der Rückenschmerzen und der Arbeitsbehinderung. Fehlen alle objektiven Krankheitserscheinungen an Wirbeln, Muskeln und Zentralnervensystem, so darf die Diagnose auf funktionelle, psychisch bedingte Rückenschmerzen gestellt werden, wenn evtl. Simulation ausgeschaltet werden kann nach dem ganzen sonstigen Verhalten des Kranken.

c) Schwindel.

Die Klagen über Schwindelgefühl und Schwindelanfälle bis zu taumelndem Gang bilden neben Kopfschmerzen das häufigste Symptom bei einer Unfallneurasthenie. Wenn Schwindel auch besonders stark nach Kopftraumen mit oder ohne Labyrinthbeteiligung betont wird, so findet es sich doch auch recht häufig als Begleitsymptom einer Neurasthenie nach den verschiedenartigsten Unfällen wie Schreckwirkung, allgemeine Körpererschütterung, Starkstromverletzung, Verbrennung usw. Der Kranke klagt vor allem über Schwindelgefühl beim Bücken, beim Besteigen von Leitern, beim Arbeiten in lärmerfüllten Räumen, beim Aufrichten aus Rückenlage. Häufig handelt es sich um ein primäres Angstgefühl; wahrscheinlich kommen aber auch wirkliche Anfälle mit Gleichgewichtsstörung, vermittelt durch vasomotorische Einflüsse, vor.

Bei Klagen über Schwindel bedarf es in allererster Linie einer spezialistischen Untersuchung des Gehör- und Gleichgewichtsapparates, da besonders nach Kopftraumen beim Fehlen sonstiger objektiver Resterscheinungen einer Hirnerschütterung eine traumatisch - organische oder funktionelle Labyrinthschädigung nachweisbar sein kann, die die Angaben des Verletzten über Schwindelanfälle bestätigt. Nicht selten deckt die Ohruntersuchung auch Veränderungen am Innenohr auf, die Folgezustände von absichtlich verschwiegenen alten Mittelohrkatarrhen sind und mit dem Unfall nichts zu tun haben. Nach nachweislich schweren Kopftraumen mit oder ohne Schädelbruch wird man stets zu berücksichtigen haben, daß das geklagte Schwindelgefühl auch organisch bedingt sein kann durch Verletzungen im Stirnhirn oder Kleinhirn (Blutungen, Erweichungen, Zystenbildung), wenn auch sonst nur neurasthenische Symptome vorliegen. Ob solche kleinen traumatischen Blutungen, Erweichungen, Zysten oder Verwachsungen der Häute, je nach ihrer Lokalisation für sich allein oder durch reflektorische Auslösung von Zirkulationsanomalien im Schädelinnern, Schwindelerscheinungen hervorrufen, wird oft schwer zu entscheiden sein. Als eigentliche objektive Zeichen für Schwindel können gelten: Beim Bücken und nach Körperdrehungen auftretender starker Blutandrang zum Kopf mit oder ohne folgende deutliche Gesichtsblässe und Zittern der Hände, gleichzeitiges Körperschwanken mit deutlichem Pulswechsel, d. h. Verlangsamung beim Bücken und starke Beschleunigung beim Aufrichten mit Taumeln nach rückwärts. Die Diagnose auf vom Unfall herrührenden Schwindel wird nur dann erlaubt sein, wenn die Untersuchung keine anderweitigen organischen Entstehungsursachen ergeben hat, wenn also, abgesehen von Labyrinthstörungen, eine Gehirnarteriosklerose, Nephritis mit stärkerer Hypertonie, Anämie, Herzmuskelschwäche, Lues cerebri, Hirntumor, multiple Sklerose, Tabes ausgeschlossen werden kann.

d) Schlaflosigkeit.

Schlaflosigkeit bildet bei der Unfallneurasthenie eine sehr häufige Klage. Entweder besteht nur erschwertes und spätes Einschlafen oder unruhiger, durch häufiges Aufwachen oder schreckhafte Träume unterbrochener Schlaf. Dabei müssen die Angaben des Kranken über „gänzliche Schlaflosigkeit seit Monaten" natürlich mit Vorsicht aufgenommen werden. In der Regel ergibt die Kontrolle, daß nur ein leichter Schlaf besteht, oder daß der Kranke in der ersten oder zweiten Hälfte der Nacht öfters wach getroffen wird, während der Schlaf in der Zwischenzeit ein guter ist. Einen gewissen Anhaltspunkt für den Grad der nervösen Schlafstörung bietet das Schlafbedürfnis des Kranken am Tage. Ein durch schlechten nächtlichen Schlaf müder Neurastheniker legt sich über Mittag hin und spielt nicht mit anderen Kranken im unruhigen Tagesraum Karten.

e) Nervöse Herzstörungen.

Die nach Unfällen auftretenden Störungen des Herznervensystems sind subjektiver oder objektiver Natur. Sie finden sich am ausgeprägtesten nach einem psychischen Trauma (Schreck-Angsteinwirkung), aber auch nach allen anderen Unfallvorgängen, insbesondere nach Traumen der Brust und der Herzgegend. Die subjektiven Beschwerden sind äußerst mannigfaltig und werden als Beklemmung, Herzstiche, Herzbrennen, Gefühl des Herzpendelns, des Herzstillstandes und Aussetzen des Herzschlages geschildert. Bisweilen werden auch an Angina pectoris erinnernde Beschwerden angegeben mit Ausstrahlungen in den linken Arm, Einschlafen der Hände usw. Die objektiven Herzsymptome bestehen in erster Linie in wechselnder Pulszahl und Pulsirregularität in Form von respiratorischer Irregularität und Extrasystolen. Der Puls ist nicht selten schon in der Ruhe dauernd beschleunigt und schwankt zwischen 90 bis 100 Schlägen und mehr, zeigt nach körperlichen Anstrengungen, gemütlichen Erregungen, wozu bereits die ärztliche Untersuchung hinreicht, Steigerungen bis 140 und mehr Schläge in der Minute. In leichteren Fällen findet sich nach leichten Anstrengungen ein Pulsanstieg bis 100—120, der aber schon nach 1—2 Minuten abklingt. Nicht selten kann man durch Druck auf eine schmerzhafte Stelle (Narbe) eine Steigerung der Pulsfrequenz auslösen (Rumpf-Mannkopfsches Symptom). Bisweilen tritt anfallsweise ohne besondere Veranlassung Tachykardie auf bis zu 200 Schlägen bei kleinem weichem Puls. Auch das Vorkommen von Bradykardie ist bei Neurasthenie beschrieben worden. In den Fällen, in denen ich selbst eine stärkere Verlangsamung fand (bis 40 Schläge) konnte ich stets anderweitige Zeichen eines organischen Herzleidens nachweisen.

Akute Herzdilatation, die Horn nach Schreckwirkung beschrieb, habe ich bei Neurasthenie und überhaupt bei funktionellen Nervenleiden nie gesehen, obwohl ich gerade bei den Kriegsexplosionen in der Nachbarschaft von Bonn hierzu reichlich Gelegenheit gehabt hätte. Bei Fällen von angeblicher Herzdilatation nach psychischem Trauma liegt wohl immer eine organische Herzmuskelveränderung vor, die natürlich durch starke plötzliche Inanspruchnahme des Herzens infolge von Blutdrucksteigerung nervöser Art eine Verschlimmerung erfahren kann. Wir wissen aber nie, wie das Herz vor dem Unfall ausgesehen hat, so daß wir auch mit der Annahme einer Verschlimmerung lediglich auf Grund der subjektiven Klagen des Verletzten sehr zurückhaltend sein müssen. Maßgebend wird immer die Arbeitsleistung vor dem Unfall sein. Herzgeräusche kommen bei rein neurasthenischen Herzstörungen nicht vor. Es handelt sich dann stets um anämische Geräusche oder eine organische Herzveränderung.

Die Diagnose auf „Herzneurose" soll nur gestellt werden, wenn durch Röntgenuntersuchung und Herzfunktionsprüfung, genaue

Urinuntersuchung, Schilddrüsenbefund usw. eine anderweitige organische Ursache für die Herzbeschwerden möglichst ausgeschaltet ist (Arteriosklerose, Morb. Basedowii, Lues, Nephritis). Ferner ist bei der Beobachtung Alkohol- und Nikotingenuß ganz auszuschalten, da dadurch nicht selten absichtlich oder unabsichtlich Herzstörungen hervorgerufen werden, die dem Unfall nicht zur Last fallen.

f) Vasomotorische Störungen.

Die Kranken klagen über Gefühl des Blutandranges zum Kopf, Pulsieren im Kopf, Hitzegefühl in Händen und Füßen (namentlich nachts) oder umgekehrt über Einschlafen und ständiges Kältegefühl in den Gliedern. Als objektives Symptom findet sich vor allem ein oft erheblicher Wechsel der Blutdruckhöhe an den verschiedenen Tagen und zu verschiedenen Tageszeiten, sowie nach Anstrengungen und seelischen Erregungen.

Dauernde Blutdruckwerte über 150 mm Quecksilber bei Unfallneurasthenikern in mittleren Jahren (20—40, ohne sonstige Organveränderungen) habe ich nie beobachtet. Bei über 1500 Unfalls- oder Kriegsneurasthenikern betrug der morgendliche Blutdruck im Liegen gemessen, nie über 130—140, meist 120—130. Eine dauernde Blutdruckhöhe von 150 mm. Hg. betrachte ich stets als Zeichen einer organischen Veränderung des Herzgefäßsystems. Auch bei Neurasthenie nach Schreck (40 schwere Fälle, die am 10. bis 20. Tage in meine Beobachtung kamen) habe ich nie dauernd abnorm hohe Blutdruckwerte gesehen, wie sie Horn angibt. Dagegen kann man vorübergehende Steigerung um 20—30 mm Hg. nicht selten bei Unfallneurasthenikern feststellen, vor allem bei Messungen sofort nach Anstrengungen oder gemütlichen Erregungen. Die Dauer der Steigerung erstreckt sich aber selten über $^1/_4$ bis $^1/_2$ Stunde und geht zumal bei Einnahme der Rückenlage prompt zurück.

g) Störungen im Bereiche des Magen-Darmkanals.

Sie finden sich als Begleitsymptome der verschiedensten Unfallneurasthenien auch ohne direktes Betroffensein des Rumpfes und Unterleibes. Die Hauptklagen bestehen in Übelkeit, Brechreiz, Aufstoßen, Sodbrennen, Appetitlosigkeit, Magendruck und Magenschmerzen, Verstopfung oder Durchfall, Abmagerung. Durch derartige Neurosen des Digestionsapparates kann der allgemeine Kräftezustand und damit die Arbeitsfähigkeit eines Unfallneurasthenikers recht erheblich beeinträchtigt werden. In der Mehrzahl der Fälle von angeblichen nervösen Magen-Darmstörungen nach Unfall ergibt aber eine genaue Funktionsprüfung des Magens und Darms, daß den geklagten Beschwerden organische Erkrankungen des Digestionsapparates zugrundeliegen, die sich unabhängig vom Unfall entwickelt haben, und deren häufig schon längeres Bestehen absichtlich vom Kranken verschwiegen wurde.

Die stets erforderliche Untersuchung mittels Probefrühstück, Probemahlzeit, Schmidt-Straßburgerscher Darmprobediät ergibt dann als Grundlage der Beschwerden eine chronische Gastritis, Achylia gastrica, Ulcus ventriculi, chronischen Dünn- und Dickdarmkatarrh.

h) Nervöse Störungen der inneren Sekretion und Anomalien der oberflächlichen Sekretionsorgane.

Namentlich nach Schreckunfällen beobachtet man neben vasomotorischen Störungen eine auffallende Neigung zur Schweißabsonderung, trophische Störungen in Gestalt von starkem Haarausfall unter dem Bild der

Alopecia areata, sowie Kariöswerden der Zähne (Horn), ferner auch Menstruationsanomalien, Glykosurien, in seltenen Fällen auch Polydipsien, die einen echten Diabetes insipidus vortäuschen können.

i) Steigerung der Sehnenreflexe.

Die Sehnen- und Hautreflexe sind bei Neurasthenikern stets sehr lebhaft. Der Kniereflex läßt sich zeitweise von Patella und Tibia auslösen. Bisweilen kann man nach vorausgegangenen Anstrengungen vorübergehend Kniescheiben- und Fußzittern auslösen. Ein dauernder Patellar- und Fußklonus und ein Überspringen des Kniereflexes, indem beim Beklopfen der einen Patellarsehne auch am anderen Bein eine Quadrizepszuckung auftritt, spricht dagegen stets für ein organisches zentrales Nervenleiden.

k) Motorische Reizerscheinungen.

Zittern der Finger in der Ruhe oder in Spreizstellung und Zittern der Arme und Beine nach körperlicher Anstrengung und beim Bücken bildet ein wertvolles Merkmal für bestehende Neurasthenie.

3. Schätzung des Grades der Erwerbsunfähigkeit bei Neurasthenie.

Die Einschätzung der durch neurasthenische Unfallfolgen bedingten Minderung der Erwerbsfähigkeit hängt ab: a) von dem Vorhandensein etwaiger anderweitiger Erkrankungen, unabhängig vom Unfall bestehend; b) von dem Allgemeinzustand des Kranken und c) von dem Einfluß, den bestimmte Einzelsymptome auf die allgemeine oder spezielle Arbeitsfähigkeit des Verletzten ausüben.

a) Anderweitige Krankheitszustände bei Unfallneurasthenie.

Anderweitig vorhandene Erkrankungen, wie Arteriosklerose, Herz-, Lungen-, Nervenleiden, müssen deshalb bei der Bewertung einer Unfallneurasthenie mit berücksichtigt werden, weil die Folgen einer Neurasthenie sich wesentlich stärker geltend machen werden, wenn der auslösende Unfall einen Menschen trifft, dessen Widerstandsfähigkeit zur Zeit des Unfalls geringer ist als bei einem Gesunden, und weil der Ausgleich der neurasthenischen Unfallfolgen sich bei ersterem langsamer vollziehen wird. Indirekt beeinflussen deshalb auch früher schon vorhandene Organerkrankungen den Verlauf und die Schwere einer Unfallneurasthenie, und dies muß bei der Abschätzung berücksichtigt werden.

Traumatische Neurasthenie bei Arteriosklerose.

Wenn sich bei einem Kranken mit Gehirnarteriosklerose, die bis zum Unfall keine wesentliche Arbeitsstörung verursacht hat, infolge eines beliebigen Unfalls eine Neurasthenie mit Kopfbeschwerden entwickelt, so wird die Angabe des Kranken glaubhaft erscheinen, daß die geklagten Kopfschmerzen wesentlich stärker und hartnäckiger sich bei der Arbeit geltend machen, als bei einem gesunden Gefäßsystem. Denn die den neurasthenischen Kopfschmerz meist bedingenden vasomotorischen Störungen (Blutandrang zum Kopf) werden bei erkrankten Gehirngefäßen sicherlich leichter zu länger anhaltenden Kreislaufstörungen im Gehirn und zu stärkeren subjektiven Kopfbeschwerden Anlaß geben können; außerdem vermögen die nervösen Gefäßstörungen ihrerseits ungünstig auf die bestehende Arteriosklerose einzuwirken. Für die praktische Bewertung ergibt sich hieraus der Schluß, daß Kopfbeschwerden, die in ihrer gewöhnlichen Form bei einem sonst gesunden jüngeren Mann nicht als nennenswert mindernde Unfallfolge in Betracht kommen würden, bei einem Arteriosklerotiker bei der Abschätzung wesentlich berücksichtigt werden müssen. Der Umstand, daß es häufig nicht möglich ist, zu entscheiden, welcher Teil der geklagten Kopfbeschwerden auf die bestehende Arteriosklerose, und welcher Teil auf die Neurasthenie zurückzuführen ist, kann niemals zu einer Ablehnung des Zusammenhangs berechtigen. Entscheidend ist in solchen oft recht schwierigen Begutachtungsfällen stets die Feststellung, inwieweit der Kranke bis zu seinem Unfall regelmäßige Arbeit geleistet hat, trotz seiner möglicherweise schon früher vorhandenen arteriosklerotischen Kopfschmerzen. Wir dürfen in solchen Fällen nicht dahin erkennen, daß die Erwerbsverminderung nur zur Hälfte dem Unfall zur Last falle und zum anderen Teil der schon vor dem Unfall vorhanden gewesenen Arteriosklerose. Nur der evtl. Nachweis, daß der Verletzte vor dem Unfall minder leistungsfähig war, gestattet dem Begutachter, bei der Abschätzung der Unfallfolgen zu erklären, daß ein gewisser Prozentsatz, also etwa $^1/_3$ oder $^1/_4$ der tatsächlichen Minderung der Leistungsfähigkeit, nicht als Unfallfolge in Betracht kommt.

Traumatische Neurasthenie bei organischem Herzleiden.

Das gleiche wird der Fall sein, wenn es bei einem früher schon vorhandenen Herzleiden zur Entwicklung einer Neurasthenie mit nervösen Herzstörungen kommt. (Tachykardie.) Während die neurasthenischen Herzstörungen, wie wir später sehen werden, meist eine gute Prognose bieten und trotz längeren Bestehens nicht einen irgendwie erheblichen Grad von Erwerbsverminderung bedingen, wird man in der Bewertung von nervösen Unfallstachykardien bezüglich der Arbeitsfähigkeit bei einem Kranken mit gleichzeitigen organischen Herzveränderungen vielvorsichtiger sein müssen. Das Plus von nervöser Übererregbarkeit des Herzens durch den Unfall zu schon vorhandenen, an sich leichteren Herzmuskelveränderungen bedingt zweifellos eine weitergehende Inanspruchnahme der Herzkraft. Die deshalb notwendige Schonung von schwerer Arbeit, die bei dem Bestehen von rein nervösen Unfallherzstörungen nicht nötig gewesen wäre, stellt daher eine indirekte Unfallfolge dar, die durch das von früher schon vorhandene Herzleiden verursacht wird. In allen diesen und ähnlichen Fällen von Zusammentreffen einer Neurasthenie mit Organerkrankungen wird es für die Beurteilung stets der springende Punkt sein, ob der Verletzte bis zum Unfall volle Arbeit geleistet hat. Ist dies der Fall, was freilich nur durch sehr sorgfältige Erhebungen beim Arbeitgeber usw. nachgewiesen werden kann, und wofür niemals die Angaben des Verletzten allein genügen, so werden die ganzen Folgezustände der Neurasthenie dem Unfall zur Last fallen.

b) Schlechter Allgemeinzustand bei Neurasthenie.

Der körperliche Allgemeinzustand bei Neurasthenie dient uns vielfach als Maßstab für die Erheblichkeit der neurasthenischen subjektiven Beschwerden und den Grad der reizbaren Schwäche des Nervensystems. Sind die Beschwerden sehr ausgesprochen in Form von Kopfschmerzen, hyperalgetischen Zuständen, Schlaflosigkeit, nervösen Magen- und Darmstörungen usw., so pflegt dies eine ungünstige Rückwirkung zu haben auf den allgemeinen körperlichen Zustand und die vegetativen Funktionen. Wir haben dann Neurastheniker vor uns, die nicht nur über zahllose subjektive Beschwerden klagen, sondern auch in Gesichtsausdruck, Haltung, schlechtem Ernährungszustand, schlaffer Muskulatur, Blutarmut, Appetitlosigkeit den Eindruck von allgemein kranken Menschen machen. Sicherlich wird auch ein gesund und frisch aussehender Neurastheniker von seinen Beschwerden nicht unerheblich geplagt sein können, aber das schadet seiner Arbeitsfähigkeit nicht in stärkerem Grade, während dies bei allgemein schlechter Körperbeschaffenheit zweifellos der Fall ist. Wir werden dem Verletzten dann nur leichte und mittelschwere Arbeit zumuten können und bis zur Angewöhnung meist auf **25—40%** Rente erkennen.

Dagegen darf Vollrente bei einer Neurasthenie niemals gewährt werden, da eine hohe Rente stets sehr ungünstig auf die ohnehin meistens vorhandene Energielosigkeit des Neurasthenikers einwirkt, so daß er sich nicht zu spontanem Wiederaufnehmen seiner Arbeit aufrafft.

c) Guter Allgemeinzustand bei traumatischer Neurasthenie.

Ist der Allgemeinzustand ein guter, und bestehen nur einzelne neurasthenische Symptome wie Kopfdruck, Schwindel, gelegentliches Zittern, Pulsbeschleunigung mäßigen Grades, so liegt meist kein Grund zur Rentenzubilligung vor. Es ist eine Erfahrungstatsache, daß Nicht-Unfallneurastheniker trotz mannigfachster subjektiver Beschwerden und mancher objektiver Symptome (gesteigerte Sehnenreflexe, Überempfindlichkeit gegen Geräusche, leichte Tachykardie, Zittern der Hände) schwere körperliche Arbeit leisten, ohne Störung des Allgemeinzustandes. Deshalb bedingen einzelne neurasthenische Krankheitserscheinungen nur unter bestimmten Verhältnissen, d. h. bei bestimmten Arbeitsverrichtungen, eine wesentliche Hinderung und erfordern nur Gewährung ganz kleiner Renten (**10—20%**), die nach Gewöhnung an die Arbeit fortfallen können.

Vor allem sind es die nervösen Herzstörungen, die, wenigstens nach den Klagen des Verletzten, die stärksten Beschwerden verursachen. Längere Zeit sind die nervösen Tachykardien stärkeren Grades auch von uns an der Bonner Klinik mit recht hohen Renten bis 50—60% bewertet worden. Die weitere Beobachtung hat uns aber gelehrt, daß auch eine stärkere Arbeitsleistung trotz hoher Ruhepulse von den Kranken gut vertragen wurde, und daß dabei ein schnellerer Rückgang der Herzstörungen beobachtet werden konnte, als wenn der Verletzte bei höherer Rente nur leichtere Arbeiten (Schonungsarbeiten) verrichtete. Ich habe Gelegenheit gehabt, zahlreiche militärisch eingezogene Rentenempfänger nachzuuntersuchen, die wegen nervöser Unfallstachykardien Renten von 20 bis 40% Erwerbsverminderung bezogen hatten, die unter dem militärischen Zwange sich schnell an körperliche Anstrengungen gewöhnten und bei der Nachuntersuchung durch mich ganz normale Herztätigkeit boten. Meltzer berichtet über einen Fahnenjunker, der trotz ziemlich hochgradiger Erscheinungen von Herzneurasthenie (Puls dauernd 120 bis 132, auch bei halbstündiger Rückenlage) versuchsweise im Regiment eingestellt wurde und schon nach eineinhalbmonatlicher Dienstzeit ganz normale Pulszahlen aufwies. Wir sind auf Grund solcher Erfahrungen berechtigt, keine hohen Renten zuzubilligen, trotz angeblich erheblicher Herzbeschwerden, und werden höchstens als Übergangsrente bei stärkerer Steigerung der Ruhepulse 15—20% gewähren. Voraussetzung ist dabei, daß es sich um jüngere Individuen handelt ohne nachweisbare Arteriosklerose und Herzfehler. Durch eine niedrige Rente und die dem Kranken gegebene Versicherung, daß sein Herz ganz gesund sei, werden wir ihm mehr nützen und ihm schneller seine volle Arbeitsfähigkeit zurückgeben, als durch eine hohe Schonungsrente.

Die Minderung der Erwerbsfähigkeit durch psychische Erscheinungen darf ebenfalls nicht hoch bewertet werden, es sei denn, daß ausgesprochene Angstzustände vorliegen (Furcht vor Betreten von Leitern, von Maschinenräumen usw.) oder Schwindelanfälle, oder daß starke hypochondrische Verstimmung und Energielosigkeit besteht. Man wird auch in diesen Fällen mit der Gewährung einer Rente von 20—30% auskommen, wenn gleichzeitig durch die Berufsgenossenschaft dem Verletzten Gelegenheit zu leichter und mittelschwerer Arbeit verschafft wird.

B. Hysterie nach Unfall.

Die nach Unfällen psychischer Natur und insbesondere nach Traumen mechanischer Art auftretende Hysterie zeitigt dieselben Symptomenbilder, wie wir sie auch sonst bei der Hysterie zu sehen gewohnt sind. Nur durch die bei Unfällen häufige Kombination von neurasthenischen und hysterischen Krankheitserscheinungen mit gleichzeitiger Hypochondrie, sowie durch Hinzutreten von Aggravation und Simulation kann bisweilen die Abgrenzung der traumatischen Hysterie erschwert werden, zumal wenn sie sich nur in Einzelsymptomen äußert. Wir sind nur dann berechtigt, eine Hysterie nach Trauma zu diagnostizieren, wenn sich bestimmte objektive Hysteriesymptome nachweisen lassen, die ja bekanntlich durch ihre Umschriebenheit charakterisiert sind. Wenn das eigentliche Wesen der Hysterie auch noch in Dunkel gehüllt ist, so besteht doch darin Übereinstimmung, daß alle hysterischen Symptome psychogen bedingt sind und auf suggestivem Wege mit einem Schlage restlos beseitigt werden können, auch wenn sie jahrelang bestanden haben. Bei der „reizbaren Schwäche“ der Neurasthenie ist das nicht der Fall. Nichts ist fehlerhafter, als wenn bei einer einfachen Hyperästhesie gegenüber Schmerzreiz und allgemeiner nervöser Überempfindlichkeit, bei angeblich schmerzhaften Druckpunkten, bei einem Weinkrampf nach Gemütserregungen, von Hysterie gesprochen wird, oder wenn gar Rentenhysterie diagnostiziert wird, wo oft genug Rechthaberei, Querulantentum oder durch Gemütsbewegungen erzeugte Neurasthenie eine Rolle spielt (F. Schultze). In dieser Richtung wird bei der Begutachtung täglich schwer gesündigt.

1. Die hysterischen Krankheitserscheinungen.

Von objektiven hysterischen Einzelsymptomen, die die Diagnosenstellung auf Unfallhysterie ermöglichen, sind zu nennen: Lähmungen, Kontrakturen, Gangstörungen, Sensibilitätsstörungen, Zittererscheinungen, Krampfzustände, Dämmerzustände, Seh-, Hör-, Geruch-, Geschmackstörungen. Dagegen bieten die bei Hysterie auftretenden Schmerzen und Neuralgien keine sicheren objektiven Unterscheidungsmerkmale gegenüber den Schmerzzuständen bei Neurasthenie und den peripheren Neuralgien, es sei denn ihre suggestive Beeinflußbarkeit, die aber bei Unfallhysterie meistens versagt.

a) Lähmungen.

Diese können in Form von Monoplegien, Hemiplegien, Paraplegien auftreten. Häufig besteht keine totale Lähmung, sondern nur eine allgemeine Kraftlosigkeit eines ganzen Gliedes oder nur eines Gliedteiles (Hand-, Fuß-, Schultermuskeln). Die Unterscheidung gegenüber organischen Lähmungen ist gegeben: durch die Ausbreitung der Lähmung und das Verhalten der Reflexe und der Sensibilität an dem gelähmten Glied. Die hysterische Lähmung ist niemals beschränkt auf einen einzelnen Muskel oder auf die von einem Nerv versorgten Muskeln. Die bei Hysterie so häufige Anordnung, daß z. B. nur eine Hand, und zwar vollständig, gelähmt ist ohne gleichzeitige anderweitige motorische Störungen im Arm, kommt bei organischen Lähmungen nie vor. Die Sehnenreflexe sind bei organischen Lähmungen entweder krankhaft gesteigert oder sie fehlen, während sie bei hysterischer Paralyse normal bleiben. Eine organische zerebrale Lähmung führt bei gesteigerten Reflexen regelmäßig zu Muskelspasmen und leichten Kontraktionen. Die hysterischen Lähmungen sind meist begleitet von Gefühlsstörungen, die begrenzt sind auf das gelähmte Glied. Die Aphonia hysterica ist die häufigste Form der hysterischen Lähmungen, wobei der Kranke mit tonloser Stimme spricht; seltener ist der Mutismus, die hysterische Stummheit.

b) Kontrakturen.

Die hysterische Kontraktur beschränkt sich auf eine Extremität oder einen Abschnitt derselben (einzelne Finger). Sie befällt oft gleichzeitig Muskelgruppen, wie sie gemeinsam bei organischer Erkrankung nie betroffen werden, z. B. bei dem bekannten Hemispasmus glosso-labio-maxillaris. Bemerkenswert ist das plötzliche Auftreten der Kontraktur nach dem Trauma oder nach einem Krampfanfall und die Steigerung der Kontraktur beim Versuch, die Ansatzpunkte der Muskeln einander zu nähern, im Gegensatz zu der Kontraktur, die die echte Hemiplegie begleitet.

c) Gangstörungen.

Die hysterischen Gehstörungen bieten die allerverschiedensten Formen, spielen sich aber nie ab wie z. B. bei echter Hemiplegie, bei echter Paraplegie.

Das hysterisch gelähmte Bein wird einfach nachgezogen, nicht im Bogen herumgeführt. Oft werden nur ganz kleine trippelnde Schritte gemacht bei guter Abwicklung der Füße, oder der Gang ist breitbeinig wie bei einem Seemann oder taumelnd und stark wackelnd, wobei aber der Kranke meist nicht hinfällt, sondern geschickt nach einem in der Nähe befindlichen Gegenstand faßt. Sehr häufig ist der Gang mit steifen Knien, und von beständigem Zittern der Beine begleitet (pseudospastische Parese). Bekannt ist ferner die Astasie und Abasie, d. h. die Unfähigkeit des Kranken, überhaupt zu stehen und irgendeinen Schritt vorwärts zu machen, während im Liegen alle Bewegungen der Beine in normaler Weise und mit voller Kraft ausgeführt werden. Die Diagnose auf hysterische Gehstörung beruht, abgesehen von der Art des Gehens, die oft ohne weiteres als hysterisch erkennbar ist (trippelnd, hüpfend, springend), weil sie in der Form nie bei organischen zentralen und peripheren Störungen beobachtet wird, vor allem auf dem Verhalten der Sehnen- und Hautreflexe an den Beinen, auf dem charakteristischen Wechsel in der Stärke der Störung. Die Unterscheidung von einer simulierten Gehstörung kann bisweilen schwierig sein und ist oft nur durch längere Beobachtung möglich, die in und auch außer dem Krankenhaus durchgeführt werden muß (s. Kapitel Simulation).

d) Zittern.

Das hysterische Zittern ist in der Ruhe fast beständig vorhanden, feinschlägig oder grobschlägig. In der vom Trauma betroffenen Extremität ist der Tremor in der Regel am stärksten oder allein vorhanden. Er verstärkt sich bei jeder geringsten gemütlichen Erregung oder körperlichen Anstrengung, bisweilen bis zum starken Schütteln (Schüttelkrampf), springt von den Armen, die am häufigsten und stärksten betroffen sind, bei den Untersuchungen auf Beine, Rumpf, Kopf über, so daß der ganze Körper gleichzeitig zittert und der Kranke hinzufallen droht. In der Nacht schwindet das Zittern in der Regel ganz.

Eine Abgrenzung gegenüber dem Zittern bei organischen Nervenleiden ist meist unschwer möglich, da das Intentionszittern bei multipler Sklerose im Beginn des Leidens nur geringgradig ist und dann nur bei Zielbewegungen deutlich hervortritt. Tritt es stärker hervor, dann sind stets die sonstigen Symptome der multiplen Sklerose so ausgesprochen, daß die Diagnose auf das Leiden ohne weiteres gestellt werden kann. Schwieriger kann die Unterscheidung gegenüber einer Paralysis agitans sein, wenn im Beginn der Erkrankung eine Muskelsteifigkeit, Stellwagsches Symptom usw. nicht deutlich vorhanden sein sollte. Das neurasthenische Zittern ist niemals so hochgradig, fehlt in der Ruhe und zeigt sich nur vorübergehend bei Fingerspreizen, bei Aufregungen während der Untersuchung. Der Nachweis der Zittersimulation ist meist leicht (s. Kapitel Simulation).

e) Sensible und sensorische Symptome.

Hysterische Schmerzen: Diese bieten gegenüber den Schmerzzuständen bei Neurasthenie nichts Charakteristisches, wenn auch die Heftigkeit der Schmerzäußerungen bei Hysterie eine größere ist. Besonders häufig sind hysterische Rückenschmerzen und Kopfschmerzen. Der nicht selten von hysterischen Kranken gebrauchte Vergleich mit einem an bestimmter Stelle des Schädels eingeschlagenen Nagel hat für dieses Symptom zur Bezeichnung Clavus hystericus geführt. Man kann bei Hysterischen eigentlich an jeder Körperstelle bei stärkerem Druck „Schmerzstellen" hervorzaubern, wobei es charakteristisch ist, daß die Schmerzpunkte fast bei jeder Untersuchung wechseln, und daß bei abgelenkter Aufmerksamkeit, z. B. beim gleichzeitigen Auskultieren an einer kurz vorher als stark schmerzhaft angegebenen Körperstelle, nunmehr ein starker Druck keine Schmerzreaktion hervorruft. Es muß als Grundsatz für den Gutachter gelten, daß solche anscheinend umschriebenen Druckstellen und hysterogenen Zonen allein niemals die Diagnosenstellung auf Hysterie gestatten, auch wenn sie an den sog. klassischen Prädilektionsstellen vorhanden sind, also in der Gegend der Ovarien (auch beim Mann!), an den Brustwarzen, am Brustbein. Die auf die Gelenke lokalisierten Schmerzen, die hysterischen Arthralgien sind oft schwierig zu beurteilen, namentlich wenn sie sich an Gelenkverletzungen anschließen. Es bedarf vorheriger genauer chirurgischer Untersuchung und oft längerer Beobachtung, da häufig nur das ganze sonstige Verhalten des Kranken und sonstige Hysteriesymptome die Diagnose ermöglichen.

f) Hysterische Anästhesie und Analgesie.

Die Abstumpfungen des Gefühls besitzen einen viel größeren diagnostischen Wert für die Hysteriediagnose als die Schmerzen. Es können alle Gefühlsqualitäten bei Hysterie herabgesetzt oder aufgehoben sein oder nur einzelne Qualitäten, also Verlust der Schmerzempfindung bei erhaltenem Temperatur-, Berührungs- und Lagegefühl, viel seltener Herabsetzung des Berührungsgefühls bei erhaltener Schmerzempfindung, bisweilen bloßer Verlust der elektrischen Empfindung. Letzteres fand ich sehr häufig bei hysterischen Kriegsverletzten. Es finden sich alle Abstufungen zwischen nur geringer Herabsetzung gegen Schmerzreize, Temperatur, Berührung bis zu völliger Analgesie, so daß Hautfalten mit der Nadel durchstochen werden können ohne Schmerzreaktion. Die mit hysterischer Anästhesie Behafteten können in der Regel gleichwohl alle Beschäftigungen verrichten, die ein feines Tasten erfordern, ganz im Gegensatz zu den organischen Gefühlsstörungen, bei welchen die Gebrauchsfähigkeit der Hände erheblich gestört ist. Es sind freilich auch hysterische Störungen der Tiefensensibilität beschrieben worden mit vollkommener Astereognosie, so daß der Kranke Gegenstände nur halten und die Glieder nur bewegen konnte, wenn er dabei hinsah.

Das sind aber sehr seltene Ausnahmen, da die Kranken meist von ihrer Gefühlsstörung gar nichts wissen. Um die von mancher Seite wohl mit Recht angenommene Suggestion von Gefühlsstörungen bei Unfallhysterikern nach Möglichkeit zu vermeiden, darf man nicht in der Weise vorgehen, daß man die Kranken direkt fragt: „Spüren Sie das Stechen auf beiden Seiten gleich deutlich?“ oder: „Spüren Sie das Stechen nicht?“ Man wartet vielmehr die spontane Äußerung des Kranken ab: „Jetzt spüre ich ein Stechen“, oder beim Faradisieren: „Jetzt fühle ich einen Schmerz.“ Auch empfiehlt es sich, plötzlich Kontrollstiche an anscheinend schmerzlosen Hautstellen zu machen und auf eine Reaktion, Zurückziehen des Gliedes, Zusammenzucken, Verziehen des Gesichtes zu achten. Das wird uns freilich bei häufiger untersuchten Unfallkranken, die die Untersuchungsmethoden kennen und zu Aggravation und Simulation von Gefühlsstörungen bei gleichzeitiger Hysterie neigen, nicht weiterbringen. Wichtig für die Diagnose auf hysterische Gefühlsschädigung ist die Verteilung der Gefühlsstörung. Es gibt 1. universelle Anästhesien, 2. die Hemianästhesie, 3. die zirkularen Anästhesien, 4. die insulären oder disseminierten Anästhesien.

Typisch für die häufigste hysterische Störung, die Hemianästhesie, die auch die Schleimhäute und nicht selten die Geschmacks- und Geruchsempfindung halbseitig beteiligt, ist das scharfe Abschneiden in der Mittellinie. Auch die häufigen zirkulären Anästhesien an dem vom Unfall betroffenen Glied sind durch scharfe Abgrenzung, die gewöhnlich senkrecht zur Längsachse der Extremität verläuft, charakterisiert gegenüber den zentralen organischen Lähmungen, bei denen die Gefühlsstörung allmählich in das normale Gefühlsgebiet übergeht, und gegenüber der Ausbreitung der Gefühlsstörung auf die zu bestimmten Nerven gehörigen Hautbezirke bei peripheren Nervenläsionen. Wichtig für die Erkennung einer Gefühlsstörung als hysterisch ist weiter der Wechsel in der Ausdehnung derselben und die Beeinflußbarkeit durch suggestive Maßnahmen, Schwinden nach Elektrisieren usw.

g) Sehstörungen.

Hysterische Blindheit, totale Amaurose ist recht selten. Sie geht mit intakten Lichtreflexen der Pupille einher. In den vereinzelt mitgeteilten Fällen von anscheinender dauernder Lichtstarre bei hysterischer Amaurose (Adamück, Mauthner[1])) hat es sich nicht um Hysterie gehandelt. Beachtenswert ist auch die Beobachtung von Oppenheim, daß auch nicht ausgesprochene hysterische Neuropathen ihm selbst bei Untersuchung mit der elektrischen Taschenlampe bei einzelnen Untersuchungen reflektorische Pupillenstarre zu zeigen schienen, während dieselben Patienten bei Tageslicht reagierten. Das kann wohl auf psychischen Gegeneinflüssen des Schrecks als eines pupillenerweiternden Agens beruhen (Vorsicht vor Täuschungsversuchen durch Atropinisierung). Die konzentrische Gesichtsfeldeinschränkung, die sich bisweilen zusammen mit hysterischen Störungen auf dem Gebiete der allgemeinen Sensibilität findet, kann durchaus nicht als pathognostisches Hysteriesymptom angesprochen werden und ist bei Unfallkranken sehr vorsichtig zu bewerten, da sie ohne Schwierigkeiten simuliert werden kann. So erhielt Klien z. B. bei der Untersuchung eines Wärters, dem er aufgegeben hatte, bei der Augenuntersuchung Angaben zu machen, „als ob er schlecht sehe" ‚ein Gesichtsfeld, das in allen Beziehungen mit dem hysterischen identisch war. Insbesondere zeigt sich, daß auch bei der Angabe des Farbengesichtsfeldes sehr einfache Methoden (Einstellung der Intensitätsschätzung, der Entfernungsschätzung) instinktiv von dem Simulanten angewandt werden, die zu dem hysterischen Gesichtsfeld völlig entsprechenden Resultaten führen. Es genügt ja für die Entstehung der konzentrischen Gesichtsfeldeinengung schon allein die Vorstellung des Nichtsehenkönnens bzw. des Schlechtsehens, und der weitere Schritt bis zu dem Nichtsehen wollen ist ja bei Unfallkranken ein nur unbedeutender, wie bei dem Hysterischen ohne Unfall die etwaige krankhafte Lust an Täuschung des Untersuchers.

Da außerdem eine mäßige Einengung des Gesichtsfeldes auch in Fällen reiner Neurasthenie (Oppenheim) zuweilen zu konstatieren ist, so besitzt dieses von der Charcotschen Schule übermäßig bewertete Symptom nur geringe diagnostische Bedeutung und darf erst recht nicht bei Unfallkranken wegen der leicht möglichen Simulation für sich allein oder mit sonstigen unsicheren Hysteriesymptomen (hyperästhetische Zonen, Zittern) für die Annahme einer Unfallhysterie als hinreichend anerkannt werden, wie das leider gutachtlich immer noch geschieht. Die schon vor über zwei Jahrzehnten von F. Schultze dahin ausgesprochene Warnung, daß ein so wenig geklärtes und leicht simulierbares Symptom für die Praxis nicht als wesentliches Symptom diagnostisch verwertet werden dürfe, hat sich somit voll und ganz bestätigt.

Der Täuschungsversuch kann unter Umständen dadurch vereitelt werden, daß man bei einer zweiten Untersuchung die Entfernung des Objektes vergrößert oder verkleinert. Dabei muß man im ersten Falle ein größeres und im anderen Falle ein kleineres Gesichtsfeld erhalten, als bei der ursprünglichen Perimetrierung; bleibt der Untersuchte stets bei den gleichen Grenzen des Gesichtsfeldes trotz variierter Entfernung, so verrät er seinen Täuschungsversuch. Da sich die Kranken trotz perimetrischer hochgradiger Gesichtsfeldeinschränkung mit vollkommener Sicherheit bewegen, so bedingt das Symptom als solches keine Minderung der Arbeitsfähigkeit.

h) Geschmacksstörung

findet man bei Hysterie in der Form, daß eine Geschmacksperversion vorliegt (bittere und widerlich schmeckende Speisen als angenehm empfunden), oder daß der Geschmack aufgehoben ist. Der Nachweis von Täuschungsversuchen gelingt

[1]) Zit. nach Lewandowski, Handbuch, S. 663.

am besten, wenn man dem Kranken seinen Kaffee oder seine Milch mit Chinin versetzt. Verweigert er nach dem ersten Schluck den weiteren Genuß, so besteht keine stärkere Störung des Geschmackssinns.

i) Die hysterische Schwerhörigkeit

ist meist einseitig und wächst sich höchst selten zur vollständigen Taubheit aus, so daß sie für die Arbeitsfähigkeit keine wesentliche Einbuße bedingt. Der Nachweis, daß eine evtl. Taubheit nur hysterisch bedingt ist (z. B. nach Kopftraumen), d. h. daß sie weder von einer Veränderung des schallaufnehmenden Apparates, noch von einer groben Veränderung im Gehirn herrührt, ist viel schwerer zu erbringen, als bei der hysterischen Blindheit. Wir verfügen nur über die mit reflektorischer Sicherheit eintretenden Reflexe an dem dem (kochlearen) Gehörapparat ganz benachbarten Vestibularapparat. Wenn sich nun die Reaktionen des Vestibularapparates als völlig ungestört erweisen, so ist der Rückschluß berechtigt, daß eine so starke isolierte organische Schädigung des Kochlearisapparates, daß sie zur völligen Taubheit führte, wenig wahrscheinlich ist, so daß die Diagnose zur hysterischen Taubheit hinneigen wird.

k) Hysterische Anfälle.

Diese bieten die mannigfachsten Formen, von einfachen Verdrehungen des Kopfes, Verzerrungen des Gesichts, Hingleiten auf den Boden und Umherwälzen am Boden, regelloses Hin- und Herschleudern der Glieder, Umsichschlagen, krampfhaftes Atmen, Wein- und Lachkrämpfe, Ballen der Fäuste, bis zu den großen Anfällen, bei denen der Körper in krampfhafter Beugestellung steht, so daß nur Kopf und Fersen den Boden berühren, und den plastischen Stellungen. Bietet meist schon die ganze Art der krampfhaften Bewegungen hinreichende Unterscheidungsmerkmale gegenüber den epileptischen Krämpfen mit kurzen rhythmischen Zuckungen der Extremitäten nach anfänglicher kurzer tonischer Starre des Körpers, so dienen als weitere Anhaltspunkte für die hysterische Natur der Anfälle: Das Fehlen von völliger Bewußtlosigkeit (Reagieren auf Schmerzreize), das fast regelmäßige Fehlen von Pupillenstarre, von Bißverletzungen an typischen Stellen (Seite der Zunge), das Fehlen von Zyanose und die Möglichkeit, den Anfall suggestiv zum Schwinden zu bringen. Immerhin können hysterische Anfälle mit epileptischen Anfällen eine weitgehende Ähnlichkeit aufweisen, z. B. beim Auftreten halbseitiger, an Jacksonsche Anfälle erinnernder Krämpfe, durch ganz vereinzelt beobachtete Starre der Pupillen im Anfall, so daß die Diagnose allein auf Grund des Krampfzustandes nicht immer gestellt werden kann. Wichtig ist die Auslösbarkeit der Anfälle durch Druck auf bestimmte Schmerzstellen, das regelmäßige Auftreten nach kleinen Erregungen (Ärger), das Vorhandensein sonstiger hysterischer Stigmata.

Für die Anerkennung eines ursächlichen Zusammenhanges zwischen Unfall und Hysterie sind folgende Gesichtspunkte maßgebend:

1. Der Kranke darf vor dem Unfall keine Hysteriesymptome geboten haben, oder diese müssen wenigstens jahrelang zurückliegen. In letzterem Falle genügt der Nachweis, daß der Unfall bei vorhandener Anlage eine erneute wesentliche Verschlimmerung geschaffen hat durch Auslösung bestimmter Hysteriesymptome, die als solche die Arbeitsfähigkeit beeinträchtigen.

2. Was die Art des auslösenden Unfalls betrifft, so kann jeder auch leichte Unfall — geringfügiges mechanisches Trauma, leichte Chokwirkung (z. B. Explosion in einer viele Kilometer entfernt liegenden Fabrik) als Ent-

stehungsursache in Betracht kommen, wenn der Vorgang bei der Arbeit an sich den Charakter des Betriebsunfalls trägt. Bei vorhandener Anlage zu Hysterie löst schon eine geringfügige Fingerquetschung hysterische Krampfanfälle aus. Bei einem Kranken meiner Beobachtung bildete die Schreckwirkung beim Anblick eines im Betrieb Schwerverletzten die Ursache für einen monatelang dauernden hysterischen Tremor schwerster Art.

3. Was das zeitliche Verhältnis zwischen Unfall und Auftreten der Hysterie betrifft, so ist eine Früh- und Späthysterieentwicklung durch Unfall möglich. In der Regel werden die ersten Hysteriesymptome (Anfälle, Zittern, Lähmung) unmittelbar nach dem Unfall auftreten. Dann ist der Zusammenhang ohne weiteres gegeben.

Es besteht aber auch die Möglichkeit, daß erst die Folgezustände eines Unfalls, also z. B. schmerzhafte Operation, Neurombildung bei Amputationen, Entfernung eines Auges, das auslösende Moment für eine Späthysterie bilden, so daß selbst eine nach Jahren auftretende Hysterie noch als Unfallfolge in Betracht kommen kann. Es ist in diesen Spätfällen aber stets der Nachweis erforderlich, daß bis zum Auftreten der Hysterie dauernd Unfallfolgen bestanden haben, die ihrer besonderen Art nach (Schmerzen usw.) geeignet erscheinen, eine Hysterie hervorzurufen.

4. Eine durch Rentenkampf entstandene Hysterie ist nur dann als Unfallfolge anzusehen, wenn der Rentenkampf berechtigt war. Stellt es sich bei längeren Rentenprozessen heraus, daß die Unfallbeschwerden eines Kranken infolge unrichtiger ärztlicher Diagnosenstellung auch nur zum Teil von der Berufsgenossenschaft abgelehnt worden sind, so ist eine während dieses Rentenkampfes aufgetretene Hysterie entschädigungspflichtig, auch wenn der Unfall an sich nicht sehr erheblich war. Ein Rentenkampf ist dagegen nach der Spruchpraxis des Reichsversicherungsamtes als unberechtigt anzusehen, wenn der Entschädigungspflichtige (Berufsgenossenschaft) angemessenes Entgegenkommen zeigte, der Verletzte aber trotzdem infolge unberechtigter übertriebener Begehrungsvorstellungen eine höhere Rente zu erzwingen sucht. Führt ein solcher allein auf der Verkehrtheit der subjektiven Auffassung des Verletzten beruhender Rentenkampf zu einer Schädigung des Nervensystems, einer Neurasthenie oder Hysterie, so fällt dies allein dem Unfallkranken, aber nicht dem Unfall als solchem zur Last.

2. Abschätzung der Erwerbsverminderung.

Die Minderung der Arbeitsfähigkeit bei Unfallhysterie ist naturgemäß im Einzelfall eine ganz verschiedene, je nach Art und Schwere der Krankheitserscheinungen.

a) Hysterische Totallähmungen — Hemiplegie, Paraplegie, Gliedlähmungen —, wie starke Kontrakturstellungen, Astasie und Abasie, sehr schwere Zitterformen werden eine erhebliche oder vollständige Arbeitsbeschränkung bedingen und praktisch in gleicher Weise bei der Rentenfestsetzung zu bewerten sein wie organische Lähmungen, falls eine Suggestivtherapie versagt hat, was ja bei der Unfallhysterie oft der Fall ist: **50—75%** Rente. Vollrente dürfte nur bei totaler Bein-Rumpflähmung in Frage kommen, wenn auch sitzende Beschäftigung ausgeschlossen erscheint.

b) Dagegen bildet das Vorhandensein einzelner oder mehrerer Hysteriesymptome, wie Anästhesien, Gesichtsfeldeinschränkung, geringes Zittern, einseitige Taubheit, zeitweise Aphonie, geringe Parese in einem Glied oder nur hysterische, subjektive Beschwerden wie Kopf-, Rückenschmerzen, leichte psychische Anomalien, vereinzelte hysterische Anfälle, durchaus keinen Grund für Gewährung höherer Renten, obgleich dies zum Schaden der Kranken leider immer noch geschieht. Durch solche größeren Renten wird nur das Krankheitsgefühl und die Energielosigkeit des Kranken verstärkt und die Gewöhnung an regelmäßige Arbeit und der Wiederausgleich der Störung direkt verhindert. Es ist deshalb die Pflicht des Sachverständigen, in seinem Gutachten die Gründe für Gewährung einer geringeren Rente bei leichteren Hysterieformen in diesem Sinne ausführlich zu begründen, damit der Richter einen Einblick erhält, weshalb gerade bei Hysterikern niedrige Renten am Platze sind, zum Vorteil des Kranken. Ist der körperliche Allgemeinzustand bei einer leichten Hysterie mit einzelnen dauernden oder wechselnd auftretenden Erscheinungen (vereinzelte Anfälle bei der Arbeit) ein guter, so wird die Rente, wenn überhaupt gewährt, nie über 10 bis 20% gehen dürfen. Ein solcher Rentensatz berücksichtigt dann in gerechter Weise die Tatsache, daß ein Hysteriker infolge seines Zustandes zu gelegentlichem Aussetzen seiner Arbeit für ganze oder halbe Tage genötigt ist. Einfache psychische Hysterie und Hysterie mit seltenen und leichten Anfällen oder mit leichter motorischer Störung, hysterischer Anästhesie, geringem Zittern (bei Aufregungen) bedingen keine abschätzbare Erwerbsminderung, und jede Rente fällt am besten von vornherein fort, da dadurch am schnellsten die hysterischen Symptome zum Schwinden gebracht werden. Die Rentenminderung darf bei anfänglich schweren Erscheinungen mit eintretender Besserung nur allmählich erfolgen, da bei brüsken Rentenkürzungen oft plötzliche Rückfälle beobachtet werden, oder der einsetzende Rentenkampf zu einer Verschlimmerung führt.

C. Epilepsie und Unfall.

Die früher herrschende Auffassung von der Sonderstellung der „genuinen Epilepsie“ als einer funktionellen Neurose ohne anatomische Grundlage gegenüber der „symptomatischen Epilepsie“, die durch anatomische Gehirnveränderungen verursacht wird, ist unhaltbar geworden. Wir wissen, daß auch der anscheinend genuinen Epilepsie feinere, nur mikroskopisch nachweisbare organische Veränderungen des Gehirngewebes zugrundeliegen können. Klinisch-symptomatologisch unterscheidet sich freilich die genuine Epilepsie von der im späteren Leben durch traumatische oder entzündliche Hirnprozesse erworbenen Epilepsie vor allem dadurch, daß sie sich besonders häufig auf erblich-degenerativer Basis entwickelt und mit psychischen Veränderungen bis zur Verblödung einhergeht. Dagegen tritt die symptomatische Epilepsie anscheinend auch bei vorher ganz gesunden Personen ohne besondere angeborene Anlage infolge exogener Schädlichkeiten auf, häufig ohne epileptische

Veränderung. Alle schädigenden Einflüsse, die geeignet sind, eine symptomatische Epilepsie zu veranlassen, spielen bisweilen auch als auslösende Gelegenheitsursachen einer „genuinen Epilepsie“ eine wichtige Rolle.

Es gibt nach den vorliegenden klinischen Erfahrungen zwei Wege, auf welchen Unfallschädigungen epileptische Anfälle verursachen können:

1. Einmal durch erstmalige Auslösung epileptischer Krämpfe bei bis dahin latenter, angeborener oder erworbener Disposition (Lues, Alkoholismus, Arteriosklerose) mit weiterhin bestehenbleibender typischer genuiner Epilepsie.

2. Zweitens dadurch, daß der Unfall eine gröbere anatomische Verletzung oder Entzündung des Gehirns bedingt, die eine symptomatische Epilepsie zur Folge hat.

I. Unfallursachen einer Epilepsie.

Alle Unfallvorgänge, die direkt oder indirekt eine grob materielle Schädigung des Gehirngewebes verursachen oder zu vorübergehenden stärkeren funktionellen Störungen der Gehirntätigkeit Anlaß geben, kommen als auslösende Hilfs- und Gelegenheitsursache oder als Entstehungsursache epileptischer Krämpfe in Betracht:

1. Direkte Kopftraumen und allgemeine Körpererschütterung, insoweit sie mit einer Hirnerschütterung verbunden ist.
2. Periphere Traumen mit oder ohne stärkere psychische Chokwirkung.
3. Rein psychische Traumen, Angst, Schreckeinwirkung.
4. Gasvergiftungen durch Blutungen und Erweichungsherde im Gehirn.
5. Starkstrom- und Blitzschädigungen auf gleichem Wege.
6. Kalorische Einwirkungen; Hitzschlag, Sonnenstich (hämorrhagische Enzephalitis).
7. Narkoseeinwirkung.
8. Infektiöse Gehirnprozesse (Enzephalitis, Gehirnabszeß), die auf metastatischem Wege von einem traumatisch entstandenen Eiterherd oder durch eine Unfall-Infektionskrankheit verursacht worden sind.

1. Traumen des Schädels und allgemeine Körpererschütterungen.

a) Genügende Erheblichkeit des mechanischen Traumas.

Nicht nur nach Verletzungen des Schädelknochens mit direkten Verletzungen der Hirnsubstanz durch größere Blutungen oder Erweichungsherde mit Narbenbildung und Hirnzysten, sondern auch nach Schädeltraumen mit einfacher Erschütterung des Gehirns beobachtet man das Auftreten epileptischer Krämpfe. Auch in letzterem Fall kommt es nicht selten durch das elastische Federn der Schädelknochen zu Blutungen an den Hirnhäuten oder oberflächlicher Zerstörung der Gehirnrinde und kleinen Blutungen ohne gröbere nervöse Ausfallserscheinungen und Herdsymptome, aber mit späteren Verwachsungen und Narben, die den Ausgangspunkt für eine spätere Epilepsie abgeben. Bei den nach gröberen organischen Schädigungen der Gehirnrinde oder tieferen Gehirnabschnitte auftretenden Krampfanfällen handelt es sich um eine symptomatische Epilepsie, häufig von Jacksonschem Typus. Es kann aber auch durch einfache Gehirnerschütterung ohne nachweisbare Gehirnverletzung eine Epilepsie zur Entwicklung kommen mit allen charakteristischen Merkmalen der „genuinen Epilepsie". Wir werden deshalb jedes Kopftrauma, das mit sicheren Zeichen einer Hirnerschütterung verlaufen ist (Bewußtlosigkeit, Pulsverlangsamung, Erbrechen), als geeignet anerkennen müssen, bei einem bis dahin nervengesunden Menschen einen epileptischen Symptomenkomplex auszulösen, selbst wenn objektive klinische Zeichen einer gröberen organischen Hirnläsion von Beginn an gefehlt haben. Das gleiche gilt für starke Erschütterungen des Körpers, wie z. B. Fall auf Gesäß, Füße, Rücken aus größerer Höhe, wenn durch dabei eingetretene Bewußtlosigkeit eine gleichzeitige Gehirnerschütterung wahrscheinlich erscheint.

b) Zeitliche Beziehung zwischen Trauma und Epilepsie.

Was den Zeitpunkt des Auftretens der Epilepsie nach einem Erschütterungstrauma betrifft, so stellt sich der epileptische Anfall nur selten unmittelbar nach dem Trauma ein. Meist vergehen Tagen, Wochen, Monate und selbst Jahre bis zum Auftreten der Epilepsie.

α) Solche Beobachtungen sind am einwandfreiesten, in denen sofort nach der Kopfverletzung oder in den ersten Wochen Krampfanfälle aufgetreten sind. In solchen Fällen einmaliger Initialkrämpfe wird man auch dann, wenn erst nach vielen Monaten oder gar Jahren erneut Krämpfe und epileptische Veränderungen hervortreten, einen ursächlichen Zusammenhang anerkennen, es sei denn, daß in der Zwischenzeit anderweitige für eine Epilepsie ätiologisch wichtige Momente wie Lues, chronischer Alkoholismus, neu hinzugekommen sind.

β) In einer weiteren Gruppe von Fällen treten die epileptischen Anfälle nach einem schweren Trauma mit Schädelbruch oder erheblicher Hirnerschütterung erst viele Wochen oder Monate bis ein Jahr nach dem Unfall zum erstenmal auf. Selbst dann wird man die Zusammenhangsfrage beim Fehlen anderweitiger Ursachen (Lues, Alkohol, Blei) bejahen dürfen. Denn wir wissen, daß nach einem Schädeltrauma an Hirnhäuten und Gehirngewebe Veränderungen auftreten können, die erst in allmählich fortschreitender Entwicklung nach Ablauf einer gewissen Zeit einen Hirnreizzustand mit Epilepsie auslösen. (Pachymengitis hämorrh., umschriebene Meningitis serosa, chronischer Hydrocephalus).

γ) Liegen mehrere Jahre zwischen Trauma und Beginn der Epilepsie, so ist die Beurteilung oft recht schwierig. Die Anerkennung wird nur dann möglich sein, wenn das Trauma sehr erheblicher Art war, mit Schädelbruch und sicheren Zeichen organischer Schädigung (anfänglich Lähmungserscheinungen an Extremitäten, Gehirnnerven), so daß ein restierender Narbenherd oder Verwachsungen der Häute mit Hirnrinde wahrscheinlich sind, oder wenn in der Zwischenzeit Brückensymptome in Gestalt von häufigen Kopfschmerzen, Schwindel bestanden haben. Es dürfen aber in der Zwischenzeit keine anderen

Krankheitszustände, wie Arteriosklerose, Lues, Intoxikationen, hinzukommen, die an sich eine Epilepsie hervorrufen können. Im Falle des Todes wird der Nachweis von Verletzungsspuren am Gehirn und Verwachsungen mit den Häuten, Hirnzysten usw. entscheidend sein für die Anerkennung der traumatischen Genese der Epilepsie.

Als recht beweisend für ein Trauma als anscheinend alleinige Ursache der Entstehung einer echten Epilepsie führe ich Fälle von Nothnagel, Finckh und Binswanger an.

Nothnagel[1]): 8jähriger Knabe aus gesunder Familie fiel 12 Fuß hoch herunter mit dem Kopf auf harten Boden. Das Kind war 15 Minuten bewußtlos. Nach weiteren 10 Minuten trat ein ausgeprägter epileptischer Krampfanfall auf. Die Anfälle wiederholten sich von da ab, und das Kind blieb epileptisch.

Finckh[2]) berichtet über ein $2^1/_2$jähriges, aus nicht belasteter Familie stammendes, gesundes Mädchen, das aus der Höhe des ersten Stockwerkes fiel, ohne sich äußerlich zu verletzen. Keine Bewußtlosigkeit. Nach $^1/_4$ Jahr ohne äußere Ursache erster epileptischer Anfall. Später Häufung der Anfälle.

Binswanger[3]): 37jähriger Bergmann, früher gesund, erhielt mit 32 Jahren einen Schlag mit einem annähernd 20—25 Pfund schweren Hammer gegen den Kopf (linke Schläfe). Ging mit Unterstützung nach Hause. Keine äußere Verletzung. Am 4. Tag nach dem Unfall erster Anfall mit Bewußtseinsverlust und Zungenbiß. 3 Tage später zweiter Anfall, von da ab meist jede Woche 5—6 Anfälle.

2. Periphere Traumen und Epilepsie (Reflexepilepsie).

Die Annahme, daß periphere Traumen, besonders schmerzhafte Hand- und ähnliche Verletzungen, die auslösende Gelegenheitsursache für das Auftreten einer Epilepsie bilden könnten, ging von den chirurgischerseits gemachten Beobachtungen aus, daß die Beseitigung des schmerzhaften Reizes, z. B. Exzision einer druckempfindlichen Narbe, das Aufhören der Anfälle zur Folge hatte. Es ist nun ganz zweifellos, daß es sich in einem großen Teil dieser als „Reflexepilepsie" beschriebenen Krankheitszustände nicht um epileptische, sondern um hysterische Zustände handelte. Ferner hat Binswanger[3]) gezeigt, daß in weiteren Fällen von sogenannter Reflexepilepsie das Trauma nur als anfallauslösendes Moment in Betracht kommt, insofern es sich um Individuen handelt, die früher an Epilepsie gelitten haben, und bei denen nach längerer Remission die periphere Verletzung durch Chokwirkung das Leiden erneut ausgelöst hat. Binswanger rechnet deshalb nur solche Fälle zu der echten Reflexepilepsie, in denen durch einen länger dauernden peripheren Reiz die epileptische Veränderung und auch der erste epileptische Anfall hervorgerufen worden sein sollen. Das Vorkommen einer solchen Reflexepilepsie im Binswangerschen Sinne bei einem vorher ganz gesunden und nervös nicht belasteten Menschen ist noch keineswegs sicher erwiesen. Zweifellos ist aber auf Grund zahlreicher Massenbeobachtungen zuzugeben, daß periphere Läsionen, ebenso wie eine Reizung viszeraler und gastrointestinaler Nerven, bei bestehender Veranlagung Krampfanfälle auslösen können.

[1]) Nothnagel, Ziemßens Handb. Bd. 12, 2. S. 201.
[2]) Finckh, Arch. f. Psych. 39. 1905.
[3]) Binswanger, Epilepsie in Nothnagels Handb. Bd. 12, S. 135.

Die allerverschiedensten Traumen, bei denen häufig eine gleichzeitige Schreckeinwirkung mit im Spiel war, sind als krampfauslösend beschrieben worden, wie Beinbruch, Schlag gegen das Gesicht, Verletzung und Narbenbildung der Hand, des Auges. Nothnagel meint, daß am häufigsten Affektionen des N. trigeminus oder des N. ischiadicus zur Reflexepilepsie führen. Bähr[1]) sah nach einem Rippenbruch epileptische Krämpfe auftreten und nach Resektion der in den Brustraum vortretenden Rippenenden schwinden. Binswanger spricht besonders Neuromen eine ursächliche Bedeutung für das Auftreten der Reflexepilepsie nach Verletzungen zu.

Mendel[2]): Epilepsie nach Fingerverletzung mit Amputation.

31jähriger Schlosser, nicht belastet, früher stets gesund, guter Schüler, kein Trinker, zog sich eine Schnittwunde am rechten Zeige- und Mittelfinger zu, die später eine Amputation der beiden letzten Glieder des Mittelfingers nötig machte. Wenige Tage nach der Amputation soll der erste Anfall aufgetreten sein, die seitdem etwa 2mal wöchentlich auftraten mit Zungenbiß und völliger Bewußtlosigkeit. Die genaue Krankenhausbeobachtung ergab Anfälle, die als epileptisch anzusprechen waren, und daß der Patient außerdem an Zuständen mit stark getrübtem Bewußtsein, Wirreden (sog. epileptischen Äquivalenten) litt, auch im ganzen etwas stumpf und schwachsinnig war. Der Druck auf den Amputationsstumpf des Mittelfingers wurde als schmerzhaft angegeben, löste aber keinen Anfall aus.

Schuster[3]): Epilepsie nach Bruch eines Mittelhandknochens.

12jähriger Druckerlehrling, uneheliches Kind einer hochgradig nervösen Mutter, kam mit der rechten Hand in die Maschine und erlitt einen Bruch eines Mittelhandknochens. Nach Abheilung und einige Tage nach Beginn der angeblich sehr schmerzhaften Massagebehandlung erster epileptischer Anfall. In den folgenden Jahren bleiben diese bestehen (alle 4—5 Wochen).

In dem nachfolgenden eigenen Begutachtungsfall habe ich den ursächlichen Zusammenhang der Epilepsie mit einer schweren Handquetschung als wahrscheinlich anerkannt, weil der Kranke bis zum Unfall nicht nachweislich an Anfällen gelitten hatte, anderweitige bekannte Entstehungsursachen einer Epilepsie ausgeschlossen werden konnten und die Entwicklung der Anfälle in zeitliche Beziehung mit dem Unfall zu bringen waren.

Finkelnburg: Der 30jährige Schlosser W., der aus gesunder Familie stammt und nach Aussage der Firma, bei der er 6 Jahre lang vor dem Unfall ohne Krankfeiern gearbeitet hat, ein nüchterner und guter Arbeiter gewesen ist, erlitt am 29. April 1911 eine starke Quetschung der rechten Hand mit großer Hohlhandwunde, die erst nach 6 Wochen verheilte. Wegen der erheblichen Narbenbildung wurden Fibrolysin-Einspritzungen gemacht. W. hat später angegeben, daß er schon während dieser ersten 6 Wochen nach dem Unfall im Krankenhaus zeitweise ein eigentümliches Beben und Zittern in der Hand bei vollem Bewußtsein gemerkt und auch einmal einen Zustand von kurzdauernder Bewußtlosigkeit „wie eine Ohnmacht“ gehabt habe, ohne hierauf besonderes Gewicht zu legen. Im Oktober 1911 nahm W. leichte Arbeit auf. In der Folgezeit sollen sich nun

[1]) Bähr, M. f. Unfallh. 1900. Nr. 10.
[2]) Mendel, Unfall i. d. Ätiol. der Nervenkrankh., S. 165.
[3]) Schuster, Handb. d. Neurologie, Bd. 5, S. 1052.

hier und da Krampfanfälle eingestellt haben bei dauernder schlechter Gebrauchsfähigkeit der rechten Hand wegen Schmerzen in derselben bei der Arbeit. Die Arbeitsgenossen des W. haben mehrfach Anfälle gesehen, bei denen sich zuerst der rechte Arm zusammenkrampfte und W. dann hintenüber oder nach vorn fiel, wobei er sich mehrfach verletzte (am Ofen verbrannt). Anfangs seien die Anfälle leicht gewesen, so daß sich W. oft noch am Tisch festhalten konnte. Im Mai 1913 wurde dem W. wegen seiner Anfälle von der Firma gekündigt, weshalb er Antrag auf Rentenerhöhung stellte (bis dahin 25% wegen der Hand). Mehrfache Krankenhausbeobachtungen ergaben keine Zeichen eines organischen Leidens des Zentralnervensystems, keine Lues, keine Zeichen für Alkoholismus. (Blut- und Liquorwassermann negativ, Nonne negativ.) Allgemeine epileptische Anfälle mit Pupillenstarre, Zungenbiß, Einnässung wurden ärztlich beobachtet.

Eine Untersuchung durch mich 5 Jahre nach dem Unfall ergab ebenfalls normalen Befund am Zentralnervensystem, keine Tetaniesymptome, keine Zeichen für M. Basedowii, deprimierte Stimmung, keine Demenz. Die Handnarbe war auch bei Ablenkung sehr druckempfindlich, die Hand fühlte sich kühler an, zeigte leicht bläuliche Verfärbung. Nervenstämme am rechten Arm und Schulter nicht druckempfindlich. Bei Druck auf die Narbe deutliche Kongestion zum Gesicht, Rötung der Augenbindehäute, aber kein Anfall.

Wenn wir auf Grund des vorliegenden Tatsachenmaterials Stellung nehmen zu der Frage der anfallsweisen Auslösung einer Epilepsie durch periphere Traumen, so ist folgendes zu sagen. Die Auslösung von epileptischen Anfällen ist gutachtlich anzuerkennen, wenn a) der Kranke bis zum Unfall keine Krampfanfälle gehabt hat; b) der Nachweis der epileptischen Natur der Anfälle sicher ärztlich erwiesen ist (Pupillenstarre, Zungenbiß, Einnässung, Bewußtseinsverlust oder Äquivalente); c) der erste Anfall sofort oder spätestens innerhalb weniger Wochen nach der Verletzung aufgetreten ist oder durch nachträgliche Einwirkung an der Verletzungsstelle, Druck auf Narbe, ausgelöst wird; d) anderweitige Ursachen für die Epilepsie mit allen klinischen Untersuchungsmethoden sicher ausgeschaltet werden können (Lues, Alkoholismus, organische Gehirnleiden wie multiple Sklerose, Hirntumor, Hydrozephalus, Arteriosklerose, Bleiintoxikation).

3. Schreckwirkung und Epilepsie.

Die nach Schreckwirkung sich einstellenden „Anfälle" sind in der Regel hysterischer Natur. Es muß aber nach vielfachen Erfahrungen auch die Möglichkeit zugegeben werden, daß durch eine stärkere psychische Chokwirkung (Schreck, Angst, Aufregung bei Unglücken, Verbrennung, Anblick von Verletzten) das Zutagetreten einer Epilepsie bei latenter Disposition begünstigt und eine schon vorhandene Epilepsie durch Auftreten gehäufter Anfälle und schnellere Verblödung verschlimmert werden kann. Vor allem auf der Grundlage einer erworbenen Disposition durch Lues, frühere Kopftraumen, chronischen Alkoholismus, Arteriosklerose vermag unter Umständen das psychische Trauma eine mitwirkende und auslösende Rolle zu spielen. Das erstmalige Auftreten von Anfällen im Anschluß an Gemütsbewegungen, z. B. Schreck beim Blitzeinschlag oder Sturz ins Wasser, Furcht, überfahren oder eingeklemmt zu werden, Verbrennung[1]), ist häufig beobachtet worden. Meist traten die ersten Anfälle

[1]) Es besteht die Möglichkeit, daß bei der Verbrennung außer einer Schreckwirkung auch noch eine toxische Einwirkung auf die Gehirnsubstanz eine Rolle

innerhalb weniger Minuten oder erst nach Stunden oder einigen Tagen auf und schwanden von da ab nicht mehr. Besteht zwischen dem ersten Auftreten und der Schreckwirkung ein noch längerer Zwischenraum von Wochen oder gar Monaten, so muß in der Regel ein Zusammenhang als ganz unwahrscheinlich bezeichnet werden. Nur für den Fall, daß innerhalb eines solchen längeren Intervalls dauernd sehr ausgesprochene nervöse Erscheinungen bestanden haben in Gestalt von Angstzuständen, nächtlichem Aufschrecken, stärkerer Unruhe und Aufregung, wird man zugeben können, daß durch die Schreckwirkung ein Zustand von so erheblicher nervöser Reizbarkeit verursacht wurde, daß dadurch dem Auftreten späterer Epilepsie wesentlich Vorschub geleistet worden ist. Folgende Fälle dienen als Beleg für die Bedeutung des Schrecks als auslösendes Moment.

Schuster[1]): Erster epileptischer Anfall $^1/_2$ Stunde nach Schreckwirkung.

61jähriger Arbeiter mit einem Schnapskonsum von 30—40 Pf. täglich, der außerdem früher ein Kopftrauma erlitten, aber nie Krämpfe gehabt hatte, verunglückte durch Abrutschen mit dem in eine Baugrube stürzenden Erdreich. Nach Zeugenaussagen sank Patient vor Schreck in die Knie, war aber nicht bewußtlos. Er arbeitete noch eine halbe Stunde, benahm sich jedoch auffällig, stand zeitweise untätig wie erstarrt und begab sich deshalb auf Veranlassung seiner Mitarbeiter in die Baubude. Hier bekam er sofort einen schweren Krampfanfall mit Bewußtlosigkeit, der sich nach kurzer Zeit wiederholte. Patient wurde bewußtlos ins Krankenhaus gebracht und kam von da in die Irrenanstalt. Hier wurde Epilepsie festgestellt ohne Zeichen von chronischem Alkoholismus. In der Folgezeit traten die Krämpfe immer mehr in den Hintergrund und verschwanden schließlich ganz, dafür stellte sich aber eine hochgradige geistige Schwäche ein.

E. Mendel[2]): Bei einem 18jährigen jungen Mann entwickelten sich typische epileptische Anfälle, nachdem er unvermutet auf die Leiche seines Onkels stieß, der sich erhängt hatte.

Finkelnburg: Erster epileptischer Anfall einige Stunden nach schwerem Brusttrauma.

26jähriger Arbeiter mit täglichem Schnapsverbrauch von 20—30 Pf. erlitt April 1908 eine Stahlsplitterverletzung der linken Kopfseite. Der oberflächlich in der Knochenhaut sitzende kleine Stahlsplitter wurde September 1908 entfernt. Voll arbeitsfähig bis zum Unfall am 3. November 1911. Früher nach genauen Erkundigungen bei Behörden, Arbeitgebern nie Krampfanfälle. Am 3. November 1911 Schlag gegen die rechte Brustseite durch schweren Hebel. Einige Tage Bluthusten. Einige Stunden nach dem Trauma Anfall von Bewußtlosigkeit mit „Schaum vor dem Munde". Arbeitet an den folgenden Tagen wieder, doch treten mehrfach innerhalb der nächsten 3—4 Wochen Anfälle mit Zucken und Bewußtlosigkeit auf. Diese wurden seltener, aber die einzelnen Anfälle schwerer mit Zungenbiß, Einnässung. Auch wurde ein Dämmerzustand mit stundenlangem Umherirren beobachtet. Die Untersuchung 3 Jahre nach dem Unfall ergab keine Zeichen einer organischen Erkrankung des Nervensystems. Wassermann negativ im Blut und Liquor, keine Zeichen von chronischem Alkoholis-

---

spielt, da ja bei Todesfällen nach Verbrennung nicht nur Gehirnödem, sondern auch diffuse enzephalitische Veränderungen gefunden worden sind (Dohrn, Deutsche Ztschr. f. Chir. Bd. 60, S. 469).

[1]) Handbuch der Neurologie, Bd. 5, S. 1058.

[2]) E. Mendel, Ärzt. S. Zt. 1901, S. 25.

mus. Ein kurzer Anfall von Bewußtlosigkeit mit Pupillenstarre ohne Zuckungen wurde im Krankenhaus beobachtet.

Die Anerkennung eines ursächlichen Zusammenhangs zwischen einer Schreckwirkung und Auftreten epileptischer Anfälle ist davon abhängig zu machen, daß:

a) der sichere Nachweis der epileptischen Natur der Anfälle durch Krankenhausbeobachtung erbracht ist.

b) die Schreckwirkung eine sehr erhebliche gewesen ist (drohende Lebensgefahr, Verschüttung, Feuersbrunst), und anfänglich nach Zeugenaussagen sichere Zeichen einer stärkeren psychischen Chokwirkung bestanden haben (Zittern, Gesichtsblässe, Ohnmacht, Hinfallen);

c) der epileptische Anfall unmittelbar nach dem Unfall oder wenigstens in den nächsten Stunden und Tagen aufgetreten ist.

4. Gasvergiftung und Epilepsie.

Das Auftreten von epileptischen Anfällen, nicht nur vorübergehend unmittelbar nach einer CO-Vergiftung, sondern auch dauernd, ist gelegentlich beobachtet worden. Es kann sich hierbei um die Auslösung einer Epilepsie bei vorhandener Anlage durch die Intoxikation handeln, oder auch um eine sekundäre Folgeerscheinung von enzephalitischen und Erweichungsherden der Gehirnsubstanz infolge der CO-Schädigung, die nach der Vernarbung (Zyste) in gleicher Weise krampfauslösend wirken, wie z. B. ein Hirntumor oder eine sonstige Narbe nach Hirnverletzung. Mendel hat folgende Beobachtung mitgeteilt, in der wohl eine Anlage zur Epilepsie bestand.

20jähriger Maurer, der nach Aussage des Vaters immer etwas „blöde" und weniger geweckt war, als seine Geschwister, aber nie an Krampfanfällen gelitten hatte, zog sich durch 2stündiges Arbeiten an Kokskörben eine Kohlendunstvergiftung zu. Er verfiel während der Arbeit plötzlich in Krämpfe, die eine Viertelstunde dauerten, danach Kopfschmerzen. Seit diesem Tag litt er öfters an Krampfanfällen, zunächst 2—3mal in der Woche, dann alle 4 Wochen 1mal. Außerdem litt er an Schwindel, Kopfschmerzen und Gedächtnisschwäche. Die Untersuchung ergab keinen Anhaltspunkt für organisches Gehirnleiden, das als Ursache für die Epilepsie angesprochen werden konnte (Lues, Paralyse, multiple Sklerose, Hirntumor).

5. Starkstrom- und Blitzschlagschädigung und Epilepsie.

Das Vorkommen epileptischer Anfälle nach Starkstromverletzungen und Blitzschlag ist durch zahlreiche Beobachtungen erwiesen. Es sind nicht nur während der Starkstromeinwirkung selbst tonische und klonische Krämpfe beobachtet worden, so von Jellinek[1]), die erst nach einigen Tagen schwanden, sondern auch das Auftreten der Epilepsie als Spätfolge ist beschrieben worden. Bisweilen bilden die Krämpfe nur eine Begleiterscheinung anderweitiger schwerer organischer Starkstromschädigungen des Gehirns, wie in Beobachtungen von Eulenburg[2]) und Heck[3]), in denen Neuritis optica, Gehirnnervenlähmungen, Hemiparesen, Tobsuchtsanfälle usw. bestanden. Vereinzelt sind die Krampfanfälle

[1]) Jellinek, Elektropathologie. 1903, Stuttgart.
[2]) Eulenburg, Ärztl. Sach. Ztg. 1901, Nr. 3.
[3]) Heck, Allg. med. Zentralztg. 1898, Nr. 75.

erst Tage oder Wochen nach dem Unfall hervorgetreten, nachdem vom Unfall an unbestimmte nervöse Unfallerscheinungen bestanden hatten. In derartigen Fällen besteht die Möglichkeit, daß bei latenter Disposition zu Epilepsie die elektrische Schädigung die auslösende Gelegenheitsursache für das Hervortreten der Anfälle gebildet hat.

Voraussetzung für die Anerkennung eines Zusammenhangs epileptischer Krämpfe mit der Starkstrom- oder Blitzschädigung bildet naturgemäß der Nachweis, daß vorher, nach genauen Ermittelungen, keine Anfälle bestanden haben und daß ein anderweitiges organisches Hirnleiden als Ursache der Krämpfe mit Sicherheit ausgeschaltet worden ist, vor allem auch eine Lues cerebri durch Untersuchung auf Wassermann. Ich führe einige Beispiele von Spätepilepsie nach elektrischer Schädigung und Blitzschlag an.

Jolly[1]): Epilepsiebeginn 14 Tage nach Starkstromunfall ohne sonstige Gehirnsymptome.

24jähriger Straßenbahnschaffner, hereditär nicht belastet, erhielt Starkstrom beim Anfassen der Dachgallerie des Wagens. Bewußtseinsverlust und Fall auf den Rücken. Brandwunden an beiden Händen und heftige Schmerzen im ganzen Körper. Nahm seinen Dienst nach einigen Tagen wieder auf. Etwa 14 Tage später plötzlich Müdigkeit und Bewußtseinsverlust. In der Folgezeit etwa alle 14 Tage Krampfanfälle, die sich bei Krankenhausbeobachtung als epileptisch erwiesen. Nach 2 Jahren keine Zeichen eines organischen Gehirnleidens bei Fortdauer der Anfälle.

Flatau[2]): Epileptische Anfälle wenige Wochen nach Blitzschlagschädigung.

Ein Postbeamter wurde vom Blitz getroffen, während er den Fernhörer am Ohr hielt. Nach vorübergehenden leichten Beschwerden traten einige Wochen später stärkere Störungen auf: Taubheit, Schwäche, Kältegefühl in der ganzen rechten Körperseite, fast täglich leichte Krampfanfälle, seltener schwere mit Bewußtseinsverlust und Zungenbiß, so daß er schließlich den Postdienst verlassen mußte.

Pfahl[3]): Epileptische Anfälle $3^1/_2$ Monate nach Blitzschlag mit nervösen Brückensymptomen in der Zwischenzeit.

34jähriger Arbeiter erhielt Blitzschlag, arbeitete weiter, fühlte sich aber von da an müde und abgespannt und litt an Schwindelanfällen. $3^1/_2$ Monate später erster typischer epileptischer Anfall. Seitdem dauernd Anfälle. Daneben bestanden Zeichen von traumatischer Neurasthenie.

6. Hitzschlag, Sonnenstich und Epilepsie.

Nach Steinhausen[4]) begleiten Krampfzustände in etwa der Hälfte der Fälle die initiale Bewußtseinsstörung beim Hitzschlage. Das für die Unfallbegutachtung wichtige Vorkommen von Epilepsie als Nachkrankheit von Hitzschlag ist namentlich von Gowers[5]) behauptet worden. Jedenfalls ist es außerordentlich selten, da Steinhausen nur einen beweisenden Fall gesehen hat. Finckh[6]) und F. Krause[7]) sahen dauernd be-

[1]) Jolly, Münch. med. Wochenschr. 1912.
[2]) Flatau, Allgem. med. Zentralztg. 1902, Nr. 35.
[3]) Pfahl, Deutsche med. Wochenschr. 1908.
[4]) Steinhausen, Gedenkschrift f. R. v. Leuthold. 1906, S. 769.
[5]) Gowers, Handb. d. Nervenkrankh. 1892 und Lancet 1894, S. 1015.
[6]) Finckh, Allg. Ztschr. f. Psych. 63, 1906.
[7]) Krause, Berl. klin. Wochenschr. 1905, Nr. 44.

stehenbleibende Jacksonsche Epilepsie. Letzterer fand als Ursache eine kortikale Zyste, die wohl aus einem enzephalitischen Herd hervorgegangen war.

7. Narkose und Epilepsie.

Das erstmalige Auftreten epileptischer Anfälle unmittelbar nach einer Narkose ist vereinzelt beobachtet worden, so daß ein Unfall, der eine Operation und Narkose erforderlich machte, unter Umständen als mittelbare auslösende Ursache einer Epilepsie in Betracht kommt. Neben der vorausgehenden gemütlichen Erregung wird eine Narkose an sich durch die toxische Einwirkung auf das Gehirn und durch die bei längerer Dauer der Betäubung auftretenden Kreislaufstörungen im Gehirn sehr wohl imstande sein, vor allem bei vorhandener Disposition (Alkoholismus, Arteriosklerose) Krampfanfälle auszulösen.

Eigene Beobachtung: Erster Krampfanfall 24 Stunden nach Äther-Chloroformnarkose.

Die 23jährige G., aus nicht belasteter Familie stammend und früher stets gesund (laut Nachfrage bei Lehrern, Behörden, Arbeitsstellen früher nie Anfälle), erlitt am 3. September 1917 bei Explosion eine schwere Knochensplitterung des rechten Oberarms. Im Mai 1918 wurde sie wegen Abszeßbildung an der Verletzungsstelle operiert. 24 Stunden nachher trat ein ärztlich beobachteter Krampfanfall auf. Seitdem alle 14 Tage bis 3 Wochen ein oder mehrere gehäufte Anfälle. Bei einer Krankenhausbeobachtung im April 1919 trat ein typischer epileptischer Anfall auf mit Zuckungen, Zungenbiß, Einnässung. Einen weiteren Anfall beobachtete ich selbst im Mai 1919. Die Untersuchung ergab keinen Anhaltspunkt für Lues (Wassermann negativ) oder sonstiges organisches Gehirnleiden.

II. Rentenabschätzung bei Epilepsie.

Jeder körperlich arbeitende Epileptiker ist durch sein Leiden dauernd in seiner Erwerbsfähigkeit gemindert, da er auch bei selten auftretenden Krampfanfällen in der Ausübung solcher Arbeiten behindert ist, bei denen er der Gefahr einer Verletzung oder des Todes im epileptischen Anfall ausgesetzt ist. Der Grad der Erwerbsbeschränkung durch epileptische Anfälle wird bestimmt

1. durch die Häufigkeit und Schwere der Insulte und
2. durch die psychische Veränderung zwischen den Anfällen.

Denn häufiger auftretende Stimmungsanomalien mit stärkerer gemütlicher Reizbarkeit, Neigung zu Widersetzlichkeit oder gar Gewalttätigkeit bei der Arbeit werden stets einen häufigen Wechsel der Arbeitsstelle und Kündigung seitens der Arbeitgeber zur Folge haben.

a) Vollrente wird dann gewährt werden müssen, wenn vollentwickelte Krampfanfälle häufig, d. h. täglich oder fast täglich auftreten, oder wenn bei weniger häufigen epileptischen Insulten ausgesprochene psychische Veränderungen vorliegen (Dämmerzustände, Demenz, erhebliche Reizbarkeit). Derartige Individuen werden erfahrungsgemäß in Betrieben, auch solchen nicht besonders gefährlicher Art, nicht geduldet und können auch keine regelmäßige gewinnbringende Arbeit verrichten.

b) Kranke mit geringgradigen psychischen Störungen und selteneren Anfällen (wöchentlich 1—2) werden noch zu gewissen landwirtschaftlichen Arbeiten oder gewöhnlicher Fabrikarbeit als Tagelöhner befähigt sein, so daß ihnen meist eine Erwerbsfähigkeit von 30—50% verbleibt.

c) Bei selteneren — allmonatlichen — Anfällen und sonst körperlicher und geistiger Rüstigkeit ist das Arbeitsgebiet schon größer, so daß eine ganze Reihe leichter und mittelschwerer Arbeiten für solche Kranke in Betracht kommt, namentlich wenn diese mit anderen Arbeitern gemeinsam ausgeführt werden, so daß durch die dauernde Aufsicht die Gefahr eines plötzlichen Todes im Anfall durch Erstickung (Fall auf Gesicht) eine verhältnismäßig geringe ist. Hier werden Renten von 20—35% am Platze sein.

d) In großen Pausen von vielen Monaten oder Jahren oder nur selten des Nachts auftretende Anfälle beschränken die Arbeitsfähigkeit oft so wenig, daß solche Epileptiker fast als vollwertige Arbeiter anzusehen sind. Ich kenne manche Kranke, die trotz ihrer Anfälle tatsächlich seit Jahren den gleichen Verdienst haben wie ihre Mitarbeiter bei regelmäßig durchgeführter Arbeit. Ihre Erwerbsverminderung auf dem allgemeinen Arbeitsmarkt wird keinesfalls höher als 10—20% einzuschätzen sein.

D. Paralysis agitans und Unfall.

I. Pathogenese und traumatische Entstehungsmöglichkeiten.

Da uns über den Sitz — ob peripher oder zentral — und das eigentliche Wesen der Krankheit jede Kenntnis fehlt, und auch das Tierexperiment uns im Stiche läßt, so bietet sich für einen Erklärungsversuch über die anscheinende Auslösung des Leidens durch Unfallvorgänge gar keine hinreichende wissenschaftliche Unterlage. Es würde sich lediglich um die Aufstellung praktisch wertloser Hypothesen handeln, wie bei den neuerlichen Versuchen, die Schüttellähmung auf Störungen der inneren Sekretion zurückzuführen, obwohl weder die anatomischen Befunde an den Blutdrüsen, noch auch die therapeutischen Versuche mit Organverfütterung irgendwelche Stütze für diese Anschauung ergeben haben. Für die Möglichkeit einer traumatischen Auslösung des Leidens läßt sich eigentlich nur die Tatsache verwenden, daß eine angeborene Disposition für die Erkrankung zweifellos in manchen Fällen vorliegt, da bisweilen mehrere Generationen und gleichzeitig zahlreiche Mitglieder einer Familie in oft jungen Jahren erkranken. Daß bei einem Leiden mit bisweilen so ausgesprochenem Einfluß der Heredität auch exogene Schädigungen, wie Traumen, eine wesentlich mitwirkende Rolle spielen können, ist nicht abzulehnen. Von erheblicherer Bedeutung können aber Traumen mechanischer, psychischer oder sonstiger Art für die Entstehung der Paralysis agitans kaum sein, da Fälle von traumatischer Schüttellähmung in jungen Jahren kaum bekannt sind, und man bei höherem Alter stets mit der Möglichkeit eines zufälligen zeitlichen Zusammentreffens mit einem Unfall rechnen muß.

Der Begutachter, der zu der Frage der Entstehung oder Verschlimmerung einer Schüttellähmung durch Unfall Stellung zu nehmen hat, kann für die Beurteilung der Zusammenhangsfrage nur auf die klinischen Erfahrungen zurückgreifen, die uns über das zeitliche Zusammentreffen des Leidens nach bestimmten Unfallschädigungen berichten. Dadurch ergeben sich naturgemäß große Fehlerquellen bei der Beurteilung, insofern länger bestehende Anfangserscheinungen entweder vom Kranken und dessen Umgebung übersehen oder von ersterem absichtlich verschwiegen werden. Auch lassen sich bezüglich des zeitlichen Abstandes zwischen Unfall und Beginn des Leidens keine ganz bestimmten Grenzen setzen, so daß dem jeweiligen subjektiven Ermessen des Gutachters ein weiter Spielraum gegeben ist. So birgt die Unfallkasuistik der Paralysis agitans zweifellos große Irrtümer und Fehlschlüsse, ganz abgesehen davon, daß recht häufig auch die Differentialdiagnose gegenüber hysterischen Zitterzuständen nicht genügend geklärt worden ist. Die Diagnose auf Paralysis agitans darf niemals lediglich auf Grund von Zitterbewegungen des Kopfes oder der Extremitäten gestellt werden, da die Unterscheidung von hysterischem Tremor nach der Art des Zitterns allein oft gar nicht möglich ist, und gerade bei Traumatikern in erster Linie an hysterischen Tremor gedacht werden muß. Die Diagnose muß sich stützen, abgesehen von dem typischen Zittern (Pillendrehen), das aber erfahrungsgemäß längere Zeit im Beginn ganz fehlen kann, auf das Vorhandensein von permanenter Muskelsteifigkeit (maskenartige Starre des Gesichts, starre Körperhaltung, Pfötchenstellung der Finger), von erschwerten verlangsamten Bewegungen, von Pro- und Retropulsion, und auf das sehr häufige frühzeitige Stellwagsche Symptom (seltener Lidschlag).

II. Unfallschädigungen, die als auslösende oder verschlimmernde Ursache anzuerkennen sind.

Als wesentlich mitwirkende Gelegenheitsursache bei der Entstehung einer Paralysis agitans werden von allen namhaften Autoren auf Grund klinischer Beobachtungen angesehen 1. mechanische, 2. psychische Traumen, vor allem in ihrer kombinierten Wirkung. 3. Körperliche Überanstrengung. Über die auslösende Rolle von infektiösen und toxischen Einflüssen (Eiterungen, fieberhafte Prozesse, Gasvergiftung), Verbrennung, Temperaturschwankungen sind die Ansichten geteilt, wenn auch die Möglichkeit einer symptomatischen Verschlimmerung durch sie nicht abzulehnen ist.

1. Mechanische Traumen.

a) Direkte Kopftraumen, Wirbelsäulentraumen und schwere Körpererschütterung

gehen dem Auftreten einer Schüttellähmung nicht selten voraus. Meistens hat es sich um eine gleichzeitige Schreckeinwirkung gehandelt. Maßgebend für die Anerkennung eines wahrscheinlichen ursächlichen Zusammenhangs wird stets das schnelle Hervortreten der ersten Krankheitserscheinungen innerhalb der ersten Wochen oder spätestens 2—3 Monate nach einem erheblichen Trauma sein, das nachweislich mit einer Erschütterung des Zentralnervensystems einhergegangen ist. Insbesondere spricht für eine traumatische Auslösung, wenn es sich um jüngere Individuen (unter 45 Jahren) handelt, die vorher anscheinend ganz gesund und voll arbeitsfähig gewesen sind. In solchen Fällen wird man zum mindesten gutachtlich zugeben müssen, daß eine Verschlimmerung der in der Entwicklung begriffenen Erkrankung bedingt worden ist.

Schmidt[1]): Paral. agit. 2 Monate nach Fall mit Bewußtlosigkeit.

50jährige, bis dahin gesunde und arbeitsfähige Arbeiterin fiel rücklings die Treppe herunter und war anscheinend bewußtlos. Zwei Monate später: gewisse Starrheit der Halsmuskeln, besonders der Kopfnicker, ebenso einzelner Rumpfmuskeln, Vorwärtsschießen beim Gehen, Tremor des Kopfes und beider Arme, links Pillendrehen von Daumen und Zeigefinger, starrer Gesichtsausdruck, Sehnenreflexe stark erhöht, Störung der Merkfähigkeit.

Mendel[2]): (Fall 4). Paral. agit. 2 Monate nach Kopftrauma mit Schädelbruch.

Einem 50jährigen Maurer, der vorher anscheinend gesund war, fiel ein Ziegelstein auf den Kopf. Wunde und Bruch oder mindestens Einbruch in dem rechten Seitenwandbein. Aus den Akten geht hervor, daß bereits nach zwei Monaten Schwäche in den Armen und geringes Gliederzittern festgestellt wurde; später stupider Gesichtsausdruck. Mendel fand 11 Jahre nach dem Unfall Arteriosklerose und alle Symptome einer ausgesprochenen Schüttellähmung.

b) Periphere Traumen.

Viel häufiger als nach Kopftraumen ist das Auftreten der Paral. agitans nach stumpfen Traumen einer Extremität beschrieben worden (Stoß, Schlag, Verstauchung, Knochenbruch, Zerrung), sowie nach Stich- und Schnittverletzungen mit oder ohne Eiterung, wobei meistens die Zittererscheinungen zuerst in dem vom Unfall betroffenen Glied bemerkt wurden. In Fällen, in denen angeblich schon nach einem leichten Stoß oder Quetschung eines Gliedes, ohne gleichzeitige stärkere Erschütterung des ganzen Gliedes und des Körpers oder ohne Schreckwirkung (Schmerzen), muß ein Zusammenhang als das Leiden zum Vorschein gekommen sein soll, unwahrscheinlich abgelehnt werden. Denn in der Regel sind die Kranken dann erst durch das an sich harmlose Trauma auf das schon bestehende leichte Zittern oder die Muskelsteifigkeit aufmerksam geworden, oder schon vorher vorhandene Beschwerden werden absichtlich behufs Rentenerlangung verheimlicht Folgende Bedingungen müssen erfüllt sein, falls eine Auslösung durch ein peripheres Trauma als wahrscheinlich (nicht nur als möglich) anerkannt werden soll:

α) Nachweislich volle Arbeitsfähigkeit und Fehlen von Krankheitserscheinungen bis zum Unfall.

β) Erheblichkeit des Traumas an einer Extremität, entweder in Form von Zerrung oder Erschütterung des ganzen Gliedes (Fall auf Arm, Knochenbruch) oder des ganzen Körpers oder von gleichzeitiger Schreckwirkung, stärkeren Schmerzen, Nervenverletzung.

γ) Beginn des Leidens zuerst an der geschädigten Extremität (Zittern oder Steifigkeit).

δ) Beginn innerhalb der ersten Wochen. Bei längerem Intervall von mehreren Monaten ist Anerkennung nur dann gestattet, wenn es sich um jugendliche Personen handelt, bei denen eine Schüttel-

[1]) Schmidt, M. f. U. 1904, S. 55.
[2]) Mendel, Unf. i. d. Ätiol. Monogr. S. 146.

lähmung eine außerordentliche Seltenheit darstellt. Bei noch längerer Zwischenzeit bis zu Jahren ist ein Zusammenhang in der Weise möglich, daß die periphere Verletzung zu dauernden Beschwerden (Neuralgien, Neurome) oder zu Lähmungen in einzelnen Muskelgebieten Anlaß gegeben hat. Dadurch wird eine dauernde Mehranstrengung, vor allem auch mit Beschwerden bei der Arbeit im verletzten Glied, verursacht, das dann zuerst und am stärksten erkrankt.

Westphal[1]): Paralysis agitans nach Verbrennung.

58jähriger Mann zeigte 6 Monate nach einer Brandwunde des linken Arms ausgeprägtes Zittern in demselben, das sich allmählich ausbreitete und alle Kennzeichen des paralytischen Zitterns hatte.

Charcot III[2]): Paralysis agitans nach Fußverstauchung.

55jährige Frau verstauchte den linken Fuß. Kurze Zeit darauf bemerkte sie, daß der Fuß zitterte. Drei Jahre blieb das Zittern auf das linke Bein beschränkt; dann wurde die linke Hand, einige Jahre später die rechte Seite ergriffen. Dazu trat Unbeweglichkeit der Gesichtszüge; Neigung des Körpers nach vorn und Pulsion vorhanden.

Mendel[3]): (Fall 7). Paral. agit. nach Fall auf Ellbogen mit Körpererschütterung.

50jährige Frau glitt aus und fiel auf den rechten Ellenbogen; sie legte dem Unfall keinen Wert bei, verspürte aber bald danach zunächst Reißen, dann Zittern im rechten Arm. Später wurde auch das rechte Bein ergriffen; auch bemerkte sie Steifigkeit in der rechten Körperseite. Nach 2 Jahren fand Mendel die typischen Symptome der Schüttellähmung.

2. Psychische Traumen (Schreck, Angst, Sorgen).

Sicher verbürgt ist der Einfluß von Gemütsbewegungen beim Zustandekommen einer Schüttellähmung. Langdauernde Gemütsbewegungen, wie Kummer und Sorge in der Familie, schwere Verantwortlichkeit im Dienst, spielen nach den Angaben der meisten Autoren in der Anamnese der Paralysis agitans eine gewisse Rolle, und es wird namentlich betont, daß nach Aufregungen eine Verschlimmerung bestimmter Krankheitserscheinungen, wie vor allem des Zitterns, beobachtet wird. Für die Unfallpraxis ist weiter von Bedeutung, daß schon von älteren namhaften Autoren (vor der Unfallgesetzgebung) auf das plötzliche Hervortreten des Leidens nach psychischen Chokwirkungen aufmerksam gemacht und den psychischen Traumen von jeher eine mitwirkende Bedeutung zugesprochen worden ist. Wenn auch in manchen dieser älteren und auch jüngeren Beobachtungen die Diagnose nicht zweifelsfrei ist und eine Hysterie (pseudospastische Parese mit Tremor) vorgelegen hat, so sprechen doch neuere Unfallbeobachtungen dafür, daß eine einmalige plötzliche seelische Erregung als auslösendes oder zum mindesten als wesentlich verschlimmerndes Moment anzuerkennen ist. In Fällen von sofortigem Zittern nach einer Schreckwirkung wird man sich vor der Verwechslung mit Hysterie hüten

---

1) Westphal, Charité An. 1877, S. 405.
2) Charcot, Zit. nach Walz, Viert. f. ger. M. 1896, S. 333.
3) Mendel, l. c. S. 147.

müssen und nur dann eine Paral. agit. annehmen, wenn der weitere Verlauf zu den charakteristischen Veränderungen führt. Häufig handelt es sich um eine Kombination von Erschütterung und Schreckwirkung, wie in dem vom RVA. anerkannten Fall von Jolly[1]), in welchem eine Disposition zu der Erkrankung bestand, da ein jüngerer Bruder bereits mehrere Jahre an Schüttellähmung litt.

Steuermann fiel nach einer Havarie, welche ihn stark erregt hatte, auf die Treppe und in die Kajüte. Am folgenden Tag klagte er über Schmerzen im Kopf und linken Arm. 4 Wochen nach dem Unfall trat in letzterem Zittern auf, und 11 Monate p. tr. wurde Schüttellähmung festgestellt.

Charcot[2]): Verschlimmerung durch Schreck.

Ein während der Kommune gefangengenommener Mann wurde gegen die Mauer gestellt, um füsiliert zu werden. Es kam nicht dazu. Als er abtreten sollte, konnte er sich vor Schreck nicht von der Stelle rühren. Er verspürte Steifigkeit in allen Gliedern und zeigte wenige Tage später schon Starre des Blicks und die Unbeweglichkeit der Kopfhaltung.

Ein mittelbarer Zusammenhang mit einem Unfall wird auch dann vorliegen, wenn sich bei einem Unfallverletzten nach länger dauernden seelischen Erregungen, also im Verlaufe einer traumatischen Neurasthenie oder Hysterie, in noch jüngeren Jahren eine Schüttellähmung entwickelt. Es genügt aber nicht, daß nur geringe subjektive nervöse Beschwerden oder geringe objektive Zeichen (gesteigerte Reflexe, leichte Pulsbeschleunigung) bestanden haben Es müssen vielmehr ausgesprochene Erscheinungen von gemütlicher Übererregbarkeit als Unfallfolge aufgetreten sein (langwierige nervöse Störungen mit Sorge um die Zukunft), wenn man einen Zusammenhang mit einer Paral. agitans anerkennen soll.

3. Körperliche Überanstrengung.

Manche Beobachtungen sprechen dafür, daß längerdauernde körperliche Überanstrengungen das Auftreten der Parkinsonschen Krankheit begünstigen und das bestehende Leiden wesentlich verschlimmern können. Es ist also wohl möglich, daß eine mehrstündige außergewöhnlich anstrengende Betriebsarbeit als auslösendes oder verschlimmerndes Moment gutachtlich in Frage kommt.

Heimann[3]) hat über einen Kranken berichtet, bei dem das Leiden in der linken Hand begann, als der Patient ungewöhnlich lange mit der linken Hand eine Elektrode beim Elektrisiertwerden angepreßt gehalten hatte. Krafft-Ebing[4]), nach dem überhaupt die Überanstrengungen bei der Paral. agit. eine große Rolle spielen, sah linksseitige Schüttellähmung bei einem Maler nach Halten der Palette in linker Hand, wobei er stets sehr ermüdete. Ein Kranker von Mendel verspürte nach einer Harztour mit Besteigen des Brockens sofort hinterher eine starke Verschlimmerung mit Steifigkeit und Müdigkeit in beiden Beinen, mit dauernd zurückbleibender Muskelspannung im linken Bein.

---

[1]) Jolly, Amt. R. 1898, S. 188.
[2]) Charcot, Vorlesungen.
[3]) Heimann, Zit. nach Mendel l. c. S. 15.
[4]) Krafft-Ebing, Wiener klin. Wochenschr. 1898, Nr. 1.

III. Rentenbewertung.

Da bei jedem Kranken mit Schüttellähmung möglichste Schonung von gemütlichen Erregungen und körperlicher Überanstrengung erforderlich ist, so ist im Frühstadium des Leidens meist eine Rente von **30—40%** am Platze. Sobald Zittern und Muskelspannung stärker hervortritt, wird die Arbeitsminderung wegen der meist schnellen Ermüdbarkeit höher einzuschätzen sein, **50—75%**. Bei ausgesprochenen Graden des Leidens, vor allem bei stärkerer Rigidität in allen Extremitäten, ist auf Vollrente zu erkennen.

Sachregister.

FSC
www.fsc.org
MIX
Papier | Fördert gute Waldnutzung
FSC® C083411

Kolibri 360 GmbH
Ferdinand-Jühlke-Straße 7
99095 Erfurt, Deutschland
produktsicherheit@kolibri360.de